Jan Markert
Wilhelm I.

Elitenwandel in der Moderne
Elites and Modernity

———

Herausgegeben von / Edited by
Gabriele B. Clemens, Dietlind Hüchtker, Martin Kohlrausch,
Stephan Malinowski und Malte Rolf

Band / Volume 25

Jan Markert

Wilhelm I.

Vom »Kartätschenprinz« zum Reichsgründer

DE GRUYTER
OLDENBOURG

Von der Carl von Ossietzky Universität Oldenburg – Fakultät IV Human- und Gesellschaftswissenschaften – zur Erlangung des Grades eines Doktors der Philosophie genehmigte Dissertation.

Gedruckt mit freundlicher Unterstützung der Geschwister Boehringer Ingelheim Stiftung für Geisteswissenschaften in Ingelheim am Rhein.

ISBN 978-3-11-132358-9
e-ISBN (PDF) 978-3-11-132395-4
e-ISBN (EPUB) 978-3-11-132433-3
ISSN 2192-2071

Library of Congress Control Number: 2024942941

Bibliografische Information der Deutschen Nationalbibliothek
Die Deutsche Nationalbibliothek verzeichnet diese Publikation in der Deutschen Nationalbibliografie; detaillierte bibliografische Daten sind im Internet über http://dnb.dnb.de abrufbar.

Für Christine

Vorwort

Im Jahr 1992 erklärte der eminente Bismarckhistoriker Eberhard Kolb, dass die Geschichte der Reichsgründung ausgeforscht sei. „Alle wichtigen zeitgenössischen Dokumente liegen seit langem gedruckt vor [...]. Wer sich anheischig machen wollte, er könne bei diesem Thema mit frappierenden neuen Befunden aufwarten, würde mit einer solchen Behauptung nur bekunden, daß er mit der reichhaltigen und höchst differenzierten Forschungsliteratur mangelhaft vertraut ist." Mit der hier vorliegenden Studie überlasse ich dem Leserpublikum das Urteil, ob es mir gelungen ist, diese Aussage zumindest etwas geradezurücken.

Bei den folgenden Seiten handelt sich um eine überarbeitete sowie deutlich gekürzte Fassung meiner im November 2022 an der Carl von Ossietzky Universität Oldenburg eingereichten und im Mai 2023 verteidigten Dissertation *„Wer Deutschland regieren will, der muß es sich erobern." Wilhelm I. und die Hohenzollernmonarchie 1840 – 1866. Eine biographische Studie.* Den Kürzungen für die Buchausgabe fielen vor allem die ausführlichen Auseinandersetzungen mit der schier unüberschaubaren Forschungsliteratur zum Opfer. Ich hoffe, dass auf den folgenden Seiten dennoch erkennbar ist, wo ich mit bekannten wie weniger bekannten Fachstimmen übereinstimme – und vor allem wo nicht. Trotz (oder aufgrund) des hier behandelten Themas war es mir ein Anliegen, sowohl analytisch als auch sprachlich keine klassische „Pickelhaubengeschichte" zu schreiben. Die preußisch-deutsche Geschichte steht im 21. Jahrhundert nicht gerade im Ruf, ein attraktives oder zukunftsweisendes Forschungsfeld zu sein. Das gilt umso mehr für eine scheinbar klassische Politikgeschichte. Daher versuche ich auch, die hier behandelte Epoche vom akademischen Staub zu befreien und sie modern erzählt einem historisch interessierten Publikum näherzubringen.

Dieses Buch ist das Ergebnis einer über siebenjährigen durchgehenden Beschäftigung mit dem Leben und der Zeit Wilhelms I. Alles begann mit einer 2017 an der Otto-Friedrich-Universität Bamberg eigereichten Masterarbeit über dessen Herrschaft *nach* der Reichsgründung. Seitdem beschäftige ich mich gewissermaßen mit dem Prequel. Und der erste Hohenzollernkaiser ließ mich keinen Tag allein. Vielen Menschen, die mich auf dieser Reise begleiteten, bin ich zu Dank verpflichtet. Von Anfang an unterstützte und förderte Malte Rolf mein Forschungsinteresse. Für diese umfangreiche Hilfe und Betreuung seit meinen Studientagen möchte ich ihm ausdrücklich danken. Ohne das Vertrauen und die Betreuung von Martin Kohlrausch würde diese Arbeit ebenfalls nicht vorliegen. Der stets gewinnbringende Austausch mit ihm schärfte mein Bewusstsein und Interesse für neue Fragestellungen. Meinen beiden Doktorvätern spreche ich zudem – stellvertretend für das Herausgebergremium – meinen Dank für die Aufnahme dieser Studie in die Reihe *Elitenwandel in der Moderne* aus. Und bei Monika Wienfort möchte ich mich für ihre alles andere als selbstverständliche Bereitschaft bedanken, das Drittgutachten für eine über 1.000 Seiten lange Dissertation zu verfassen.

Bereichert und erleichtert wurde die Arbeit an dieser Studie vor allem durch den regelmäßigen (dank digitaler Technologie sogar nicht selten täglichen) Austausch mit

https://doi.org/10.1515/9783111323954-001

Susanne Bauer und Frederik Frank Sterkenburgh. Sie halfen mir sowohl bei der umfangreichen Archivalien- und Literaturrecherche als auch bei inhaltlichen Fragen, die nicht selten nur jemand beantworten konnte, der den Weg durch das Brandenburg-Preußische Hausarchiv mit verbundenen Augen finden würde. Dafür möchte ich meinen beiden partners in crime meinen herzlichen Dank aussprechen. Da sich unsere Forschungen zu Wilhelm und dessen Ehefrau Augusta erfreulicherweise ergänzen, erwarten den interessierten Leser neben diesem Buch noch weitere neue Einblicke in eine angeblich ausgeforschte Geschichte.

Auch schulde ich Ulf Morgenstern großen Dank, der mir seit den Anfangstagen meiner Promotion stets umfangreiche sowie alles andere als selbstverständliche Unterstützung zukommen ließ. Aber vor allem ließ er mich nie die Hoffnung in die Zukunft der Bismarckforschung verlieren. Bei Recherchen, Forschungsfragen, Korrekturen, Verbesserungsanregungen wie auch freundschaftlichen Ratschlägen vielerlei Art halfen zudem wiederholt Tanja Ahrendt, Caroline Galm, Tobias Hirschmüller, Bärbel Holtz, Sebastian Hundt, Christian Jansen, Frank Lorenz Müller, Tobias Neubauer, Wolfram Pyta und Daniel Stienen. Ihnen allen bin ich zu Dank verpflichtet.

Den ungenannten Mitarbeitern, die mir bei meinen vielen Bibliotheksbesuchen und Archivreisen stets behilflich waren, sei ebenfalls gedankt. Ebenso jenen zahlreichen Diskussionspartnern, mit denen ich im Rahmen von Tagungen und Kolloquien über Wilhelm ins Gespräch kommen durfte. Wie langweilig und erkenntnisarm wäre Geschichtswissenschaft, wenn alle einer Meinung wären? Die bisweilen überraschend passionierten Debatten darüber, was nun eigentlich Wilhelm oder Bismarck historisch genau zu verantworten hätten, halfen mir dabei, meine „steilen Thesen" zu präzisieren. Ich hoffe, dass die hier vorliegenden Seiten auch der zukünftigen Lektüre von Bismarcks *Gedanken und Erinnerungen* keinen Abbruch tun werden.

Ausdrücklich möchte ich mich bei der Konrad-Adenauer-Stiftung bedanken, ohne deren großzügige Förderung die Arbeit an meiner Dissertation nicht möglich gewesen wäre. Bei der Geschwister Boehringer Ingelheim Stiftung für Geisteswissenschaften bedanke ich mich für die finanzielle Unterstützung bei der Drucklegung dieses Buches. Für die Betreuung im Verlag De Gruyter danke ich Benedikt Krüger, Annika Padoan, Ulla Schmidt und Sophie Wagenhofer.

Last but not least kann ich meinen Eltern Petra und Erich Markert meinen Dank nicht genug aussprechen. Ohne sie wären mir Studium und Promotion schlichtweg nicht möglich gewesen. Und vor meinem Vater muss ich meinen Hut ziehen, da es alles andere als selbstverständlich ist, kurzfristig den Alltag stehen und liegen zu lassen, um einen kritischen Blick auf die vorliegenden Seiten zu werfen.

Gewidmet ist dieses Buch Christine. Denn sie gab mir das Jawort, obgleich ich einen kaiserlichen Dauergast (und obendrein auch noch das ganze 19. Jahrhundert im Schlepptau) mit in die Ehe brachte. Ihre tägliche Nähe und Unterstützung erleichterten die Arbeit der vergangenen Jahre auf eine Art und Weise, die ich nicht in Worte zu fassen vermag.

Inhalt

Fünftes Buch Das persönliche Regiment 1857 – 1863

Sechstes Buch Die Eroberung Deutschlands 1863 – 1867

„Unsere Generation erscheint mir wie die *Märtyrer Generation*; wir sollen *Alles* durchmachen; vielleicht viele Umstellungen in der Welt und menschlichen Gesellschaft erleben, die, man muß es der göttlichen Weisheit vertrauen, – einst zum Heil der Menschen ausschlagen sollen, – von welchem Heil ich jedoch jetzt nichts ahnden kann; – wenn unsere Generation dies also *Alles* durchgemacht haben wird, sich selbst aber wohl schwerlich an das Neue gewöhnen wird, so müssen wir hoffen, daß unsere Kinder den Seegen dessen genießen werden, wofür wir leiden!"

Wilhelm an seine Schwester Charlotte, 13. November 1831
GStA PK, BPH, Rep. 51, Nr. 857.

„Gestern ist denn in Norddeutschland die neue Verfassung publicirt worden, nachdem, dies uns auch das Herrenhaus in 2. Lesung unanime angenommen hat. Ein großer wichtiger Schritt, dessen Folgen sich erst in späteren Zeiten ganz entwickeln werden. Gott gebe seinen ferneren Seegen. Wer hätte heut vor einem Jahre, wo die ersten Kämpfe begonnen, ahnden können, daß nach einem Jahre ein solches Ziel erreicht sein würde! [...] Gott entschied auf eine alle menschlichen Combinationen und alle militärischen Dispositionen überflügelnde Art zu Preußens Gunsten und zwar in so kurzer Zeit, daß vielleicht noch nie in der Geschichte sich die Hand der Vorsehung so klar und sichtlich dargetan hat. Wer in Deutschland von nun an der Erste sein sollte, ward durch die politisch richtige und schnelle Benutzung der Siege entschieden und so stehen wir also heute am ersten Abschnitt dieser sichtlichen Führung der Vorsehung zu Gunsten Deutschlands."

Wilhelm an seine Ehefrau Augusta, 26. Juni 1867
GStA PK, BPH, Rep. 51 J, Nr. 509b, Bd. 13, Bl. 57–58.

Einleitung

Der erste Deutsche Kaiser Wilhelm I. starb am 9. März 1888 im Alter von fast einundneunzig Jahren. „Wie kommt es", fragte der Journalist Hermann Klee nur wenige Monate später, „daß das Königthum unter Kaiser Wilhelm sich zu neuer Macht, herrlicher und glänzender wie je, entwickelt hat in einem Jahrhundert, das für die Entwicklung der monarchischen Idee weit ungünstigere Vorbedingungen lieferte als seine Vorgänger?"[1] Klee formulierte lediglich eine rhetorische Frage. Denn er hatte jahrelang im Dienste der Berliner Pressepolitik gearbeitet. Und ihm konnte kaum entgangen sein, dass etwa 200.000 Zuschauer die kaiserliche Sargprozession bei eisigen Wintertemperaturen begleitet hatten.[2] Aber jenseits dynastischer Propaganda wurde jener Weg bislang nie ernsthaft untersucht, der Wilhelm in den ersten deutschen Nationalstaat geführt hatte.[3] Wie war es dem „Kartätschenprinzen" von 1848 gelungen, die Rolle eines Reichsgründers zu spielen?

Dieses Buch soll eine wissenschaftlich fundierte Antwort geben. Es ist der Versuch, endlich eine eklatantes Forschungsdesiderat zu beheben. Und es will eine scheinbar „ausgeforschte" Epoche der deutschen Geschichte neu unter die Lupe nehmen. Denn die Preußen- und Kaiserreichforschung leidet unter einem chronischen Bismarckproblem. Mit dieser provokativen Diagnose ist allerdings nicht jene wiederholt kontrovers diskutierte Frage gemeint, *wie* das politische Erbe des sogenannten Eisernen Kanzlers bewertet werden könne. Stattdessen muss der modernen, vermeintlich kritischen Geschichtswissenschaft ein Bismarckzentrismus vorgeworfen werden – ja letztlich schlichtweg eine Bismarckgläubigkeit.[4] Der Mythos vom Kanzler als Reichsgründer wurde in jüngerer Vergangenheit zwar zusehends dekonstruiert. So wurde etwa die Rolle der deutschen Nationalbewegung und europäischer Strukturzwänge vor 1871 deutlich betont.[5] Doch auf der Handlungsebene der Exekutiventscheidungen wird die

---

1 Hermann Klee, Das preußische Königthum von Kaiser Wilhelm I. Eine historische Studie, Berlin 1888, S. 3–4.
2 Vgl. Volker Ackmann, Nationale Totenfeiern in Deutschland. Von Wilhelm I. bis Franz Josef Strauß. Eine Studie zur politischen Semiotik, Stuttgart 1990, S. 284–287; Michael L. Hughes, Splendid Demonstrations. The Political Funerals of Kaiser Wilhelm I and Wilhelm Liebknecht, in: Central European History Vol. 41, Nr. 2 (2008), S. 229–253, hier: S. 230–244.
3 Vgl. Ottokar Lorenz, Kaiser Wilhelm und die Begründung des Reichs 1866–1871 nach Schriften und Mitteilungen beteiligter Fürsten und Staatsmänner, Jena 1902; ders., Gegen Bismarcks Verkleinerer. Nachträge zu „Kaiser Wilhelm und die Begründung des Reichs", Jena 1903.
4 Vgl. Jan Markert, Kaiser Wilhelm I. und die Hohenzollernmonarchie. Ein Forschungsbericht, in: Jahrbuch für die Geschichte Mittel- und Ostdeutschlands 68 (2022), S. 221–237.
5 Vgl. Dieter Langewiesche, „Revolution von oben?" Krieg und Nationalstaatsgründung in Deutschland, in: ders. (Hrsg.), Revolution und Krieg. Zur Dynamik historischen Wandels seit dem 18. Jahrhundert, Paderborn 1989, S. 117–133; Andreas Biefang, „Der Reichsgründer"? Bismarck, die nationale Verfassungsbewegung und die Entstehung des Deutschen Kaiserreichs, in: Ulrich Lappenküper (Hrsg.), Otto von Bismarck und das „lange 19. Jahrhundert". Lebendige Vergangenheit im Spiegel der „Friedrichsruher

https://doi.org/10.1515/9783111323954-003

Berliner Politik nach 1862 noch immer weitgehend mit der Person Otto von Bismarcks gleichgesetzt. Die Forschung spricht sogar mitunter von einer „Ära Bismarck" und einem „Bismarckreich".[6] Diese unterkomplexen Narrative tradieren letztendlich den politischen Kanzlermythos mit wissenschaftlicher Methodik fort.[7] Und sie können nur auf quellenmonoperspektivischer Basis aufrechterhalten werden. Bismarckquellen erzählen Bismarckgeschichten. Eine erweiterte Quellengrundlage rückt dagegen andere politische Akteure in den Analysefokus der Herrschaftsstrukturen am Berliner Hof. Und ein Akteur, der hier bereits seit 1840 kontinuierlich eine einflussreiche Rolle spielte, war Wilhelm.

Im Mittelpunkt der nachfolgenden Seiten stehen *Person* und *Figur* dieses Monarchen, der als Prinzregent, König von Preußen und Deutscher Kaiser etwa dreißig Jahre über Preußen und Deutschland herrschte – genau so lange wie sein Enkel Wilhelm II. Der dritte und letzte Hohenzollernkaiser fand wiederholt das Interesse der Forschung.[8] Gleiches gilt für Wilhelms älteren Bruder und Vorgänger Friedrich Wilhelm IV.[9] Aber wie sieht es mit „the other Kaiser" aus?[10] Der erste Hohenzollernkaiser fristet ein historiographisches Schattendasein. Keine der bis dato publizierten Biographien und biographischen Skizzen kann oder will sich vom Bismarckzentrismus lösen.[11] Sie ge-

---

Beiträge" 1996–2016, Paderborn 2017 [ND 1999], S. 124–146; Christoph Nonn, Bismarck. Ein Preuße und sein Jahrhundert, München 2015.

6 Vgl. Hans-Christof Kraus, Bismarck. Größe – Grenzen – Leistungen, Stuttgart 2015; Tillmann Bendikowski, 1870/71. Der Mythos von der deutschen Einheit, München 2020; Michael Epkenhans, Die Reichsgründung 1870/71, München 2020; Oliver F.R. Haardt, Bismarcks ewiger Bund. Eine neue Geschichte des deutschen Kaiserreichs, Darmstadt 2020; Christoph Jahr, Blut und Eisen. Wie Preußen Deutschland erzwang 1864–1871, München 2020; Hermann Hiery, Deutschland als Kaiserreich. Der Staat Bismarcks. Ein Überblick, Wiesbaden 2021; Rüdiger Voigt (Hrsg.), Weltmacht auf Abruf. Nation, Staat und Verfassung des Deutschen Kaiserreichs (1867–1918), Baden-Baden 2023; Katja Hoyer, Im Kaiserreich. Eine kurze Geschichte 1871–1918, Hamburg 2024.

7 Vgl. Markus Raasch (Hrsg.), Die Deutsche Gesellschaft und der konservative Heroe. Der Bismarckmythos im Wandel der Zeit, Aachen 2010.

8 Zu Wilhelm II. siehe Lamar Cecil, Wilhelm II., 2 Bde., Chapel Hill/London 1989–1996; John C.G. Röhl, Wilhelm II., 3 Bde., München 1993–2008.

9 Zu Friedrich Wilhelm IV. siehe Walter Bußmann, Zwischen Preußen und Deutschland. Friedrich Wilhelm IV. Eine Biographie, Berlin 1990; Frank-Lothar Kroll, Friedrich Wilhelm IV. und das Staatsdenken der deutschen Romantik, Berlin 1990; Dirk Blasius, Friedrich Wilhelm IV. 1795–1861. Psychopathologie und Geschichte, Göttingen 1992; David E. Barclay, Anarchie und guter Wille. Friedrich Wilhelm IV. und die preußische Monarchie, Berlin 1995.

10 Vgl. Richard Scully, The Other Kaiser. Wilhelm I and British Cartoonists, 1861–1914, in: Victorian Periodical Reviews Vol. 44, Nr. 1 (2011), S. 69–98.

11 Vgl. Erich Marcks, Kaiser Wilhelm I., hrsg. v. Karl Pagel, Berlin ⁹1943; Paul Wiegler, Wilhelm der Erste. Sein Leben und seine Zeit, Leipzig 1927; Franz Herre, Kaiser Wilhelm I. Der letzte Preuße, Köln 1980; Karl Heinz Börner, Wilhelm I. Deutscher Kaiser und König von Preußen. Eine Biographie, Berlin (Ost) 1984; Günter Richter, Kaiser Wilhelm I., in: Wilhelm Treue (Hrsg.), Drei Deutsche Kaiser. Wilhelm I. – Friedrich III. – Wilhelm II. Ihr Leben und ihre Zeit 1858–1918, Würzburg 1987, S. 14–75; Hellmut Seier, Wilhelm I. Deutscher Kaiser (1871–1888), in: Anton Schindling/Walter Ziegler (Hrsg.), Die Kaiser der Neuzeit 1519–1918. Heiliges Römisches Reich, Österreich, Deutschland, München 1990, S. 395–409; Jürgen Angelow,

nügen allesamt nicht einmal wissenschaftlichen Standards. Denn sie verzichten darauf, Wilhelms umfangreichen archivalischen Nachlass systematisch auszuwerten – wenn sie überhaupt ungedruckte Quellen verwenden. Daher weisen die bisherigen Kaiserbiographien gravierende Lücken auf. Und diese Recherchelücken werden explizit oder implizit mit Bismarckquellen gefüllt. Meist folgen die Darstellungen der apodiktischen Quellenlogik, laut dem „Eisernen Kanzler" hätte der Monarch dies und das gesagt oder getan.[12] Die historische Rolle, die Wilhelm zugebilligt wird, kann daher noch immer auf den erstmals 1898 vom Reichstagsabgeordneten Ludwig Bamberger kolportierten Ausspruch reduziert werden, es sei nicht leicht gewesen, unter Bismarck Kaiser zu sein.[13] Dass dieses Marginalnarrativ einer systematischen Quellenanalyse nicht standhält und grundlegend revidiert werden muss, soll dieses Buch zeigen. Es analysiert Wilhelms politische Biographie auf dem langen und vielschichtigen Weg zur deutschen Nationalstaatsgründung.

Die folgenden Seiten wollen keine „klassische" Lebensgeschichte von der Wiege bis zur Bahre erzählen. Vor ebendiesem konstruierten Trugbild biographischer Kohärenz und Sinngebung glaubte der Soziologe Pierre Bourdieu einst warnen zu müssen.[14] Vor allem die deutsche Geschichtswissenschaft nahm sich diese vielzitierte Warnung mit einer methodischen Tabula rasa zu Herzen. Mittlerweile darf dieser Trend aber als überwunden betrachtet werden. Denn die moderne Biographik greift auch auf sozialgeschichtliche Fragestellungen zurück, um über die Analyse individueller Akteure Rückschlüsse auf historische Strukturen zu gewinnen – und umgekehrt.[15] Eine solche multiperspektivische und kontextuelle Methode wird auch für die hier vorliegende biographische Studie verwendet. Die politischen, sozialen und kulturellen Rahmenbedingungen, innerhalb derer Wilhelm agieren konnte und musste, werden rekonstruiert, analysiert und deutlich betont. Stärker als ein strukturgeschichtlicher Ansatz bietet ein

---

Wilhelm I. (1861–1888), in: Frank-Lothar Kroll (Hrsg.), Preußens Herrscher. Von den ersten Hohenzollern bis Wilhelm II., München 2000, S. 242–264; Angela Schwarz, Wilhelm I. (1797–1888), in: Michael Fröhlich (Hrsg.), Das Kaiserreich. Portrait einer Epoche in Biographien, Darmstadt 2001, S. 15–26; Guntram Schulze-Wegener, Wilhelm I. Deutscher Kaiser. König von Preußen. Nationaler Mythos, Hamburg 2015; Robert-Tarek Fischer, Wilhelm I. Vom preußischen König zum Deutschen Kaiser, Köln u. a. 2020.

12 Vgl. Jan Markert, Der verkannte Monarch. Wilhelm I. und die Herausforderungen wissenschaftlicher Biographik, in: FBPG NF 31 (2021), S. 231–244.

13 Vgl. Ludwig Bamberger, Bismarck Posthumus, Berlin 1899, S. 8.

14 Vgl. Pierre Bourdieu, Die biographische Illusion, in: Bios. Zeitschrift für Biographieforschung und Oral History 3 (1990), S. 75–81.

15 Vgl. Ulrich Raulff, Das Leben – buchstäblich. Über neuere Biographik und Geschichtswissenschaft, in: Christian Klein (Hrsg.), Grundlagen der Biographik. Theorie und Praxis des biographischen Schreibens, Berlin 2002, S. 55–68; Simone Lässig, Die historische Biographie auf neuen Wegen?, in: Geschichte in Wissenschaft und Unterricht 60 (2009), S. 540–553; Wolfram Pyta, Geschichtswissenschaft, in: Christian Klein (Hrsg.), Handbuch Biographie. Methoden, Traditionen, Theorien, Stuttgart 2009, S. 331–338; Hans-Christof Kraus, Geschichte als Lebensgeschichte. Gegenwart und Zukunft der politischen Biographie, in: ders./Thomas Nicklas (Hrsg.), Geschichte der Politik. Alte und neue Wege. München 2007, S. 311–332.

solches biographisches Forschen die Möglichkeit, individuelle wie allgemeine Erfahrungshorizonte und Handlungsspielräume zu untersuchen.[16]

Gleichzeitig soll dieses Buch am Lebensbeispiel des ersten Hohenzollernkaisers zu einem monarchical turn der Geschichtswissenschaft beitragen. Wilhelms Leben und Herrschaft sind untrennbar mit der Geschichte monarchischer Strukturen in Preußen und Deutschland verbunden. Die politischen und gesellschaftlichen Umbrüche, die Europa nach der Französischen Revolution prägten, stellten die gekrönten Eliten des Kontinents vor bis dato ungekannte Herausforderungen. Sie sahen sich gezwungen, nach neuen Legitimierungsstrategien zu suchen, wollten sie nicht Gefahr laufen, einer revolutionären Entwicklung zum Opfer zu fallen.[17] Diese Epoche der Neuerfindung der Monarchie erlebte Wilhelm nicht nur aus erster Nähe mit. Er trat auf der historischen Bühne auch als autonomer, ja als teils maßgeblicher Entscheidungsakteur auf. Beispielhaft steht er daher für eine Neubewertung der *politischen* Rolle monarchischer Akteure im Europa des 19. Jahrhunderts. Letztendlich sollen mit dieser Studie vor allem klassische politikhistorische Fragestellungen beantwortet werden. Die moderne Forschung widmet sich dem Themenfeld „Monarchie" meist aus kulturhistorischer Perspektive.[18] Das ist ein legitimer Forschungsansatz. Aber er kann leicht dazu führen, monarchischen Akteuren und Strukturen eine primär zeremonielle oder repräsentative Qualität zuzuschreiben. Doch die gekrönten Häupter des 19. Jahrhunderts waren keine bloßen „Grüßauguste" – auch nicht in konstitutionellen Monarchien. Dieses Buch

---

16 Vgl. Rudolf Vierhaus, Handlungsspielräume. Zur Rekonstruktion historischer Prozesse, in: HZ 237 (1983), S. 289–309.

17 Vgl. Volker Sellin, Gewalt und Legitimität. Die europäische Monarchie im Zeitalter der Revolutionen, München 2011; Jürgen Osterhammel, Die Verwandlung der Welt. Eine Geschichte des 19. Jahrhunderts, Bonn 2010 [ND 2009], S. 828–848; Dieter Langewiesche, Die Monarchie im Jahrhundert Europas. Selbstbehauptung durch Wandel im 19. Jahrhundert, Heidelberg 2013; Frank-Lothar Kroll, Modernity of the outmoded? European monarchies in the 19th and 20th Zcenturies, in: ders./Dieter J. Weiß (Hrsg.), Inszenierung oder Legitimation?/Monarchy and the Art of Representation. Die Monarchie in Europa im 19. und 20. Jahrhundert. Ein deutsch-englischer Vergleich, Berlin 2015, S. 11–19; Jes Fabricius Møller, Die Domestizierung der Monarchien des 19. Jahrhunderts, in: Benjamin Hasselhorn/Marc von Knorring (Hrsg.), Vom Olymp zum Boulevard. Die europäischen Monarchien von 1815 bis heute – Verlierer der Geschichte?, Berlin 2018, S. 35–45; Frank Lorenz Müller, Die Thronfolger. Macht und Zukunft der Monarchie im 19. Jahrhundert, München 2019; Monika Wienfort, Das 19. Jahrhundert als monarchisches Jahrhundert, in: Birgit Aschmann (Hrsg.), Durchbruch der Moderne? Neue Perspektiven auf das 19. Jahrhundert, Frankfurt am Main/New York 2019, S. 56–82.

18 Vgl. David Cannadine, The Context, Performance and Meaning of Ritual. The British Monarchy and the „Invention of Tradition", c. 1820–1977, in: Eric Hobsbawm/Terence Ranger (Hrsg.), The Invention of Tradition, Cambridge u. a. 1983, S. 101–164; Johannes Paulmann, Pomp und Politik. Monarchenbegegnungen in Europa zwischen Ancien Régime und Erstem Weltkrieg, Paderborn u. a. 2000; Matthias Schwengelbeck, Die Politik des Zeremoniells. Huldigungsfeiern im langen 19. Jahrhundert, Frankfurt am Main 2007; Eva Giloi, Monarchy, Myth, and Material Culture in Germany 1850–1950, Cambridge u. a. 2011; Anja Schöbel, Monarchie und Öffentlichkeit. Zur Inszenierung der deutschen Bundesfürsten 1848–1918, Köln 2017.

blendet soft-power-Fragen nicht aus. Aber es soll der Forschung zeigen, dass hard-power-Fragen im Kontext der Monarchiegeschichte nach wie vor relevant sind.

Auch muss betont werden, dass hier lediglich eine Teilbiographie vorliegt. Der analytische Hauptfokus liegt auf dem Zeitraum vor 1867. Denn hier müssen Wilhelms „aktivste" und „einflussreichste" Jahre verortet werden. Dies bedeutet jedoch nicht, dass der Monarch in seinen letzten zwei Herrschaftsjahrzehnten anderen Akteuren die politische Direktive überlassen hätte. Oder dass doch von einem „Bismarckreich" gesprochen werden kann. Aber nach der Gründung des Norddeutschen Bundes sollte sich der Modus operandi von Kaiser und Kanzler ändern, wie hier zumindest angerissen werden kann. Und der Analysezeitraum muss auch aus profanen Gründen beschränkt werden. Eine komplette Kaiserbiographie hätte den Rahmen dieses Buches schlichtweg gesprengt. Denn Wilhelms Leben deckt nicht nur einen Großteil des 19. Jahrhunderts ab, sondern verbindet auch die Epochen des Aufstiegs und Niedergangs der Hohenzollernmonarchie. Vielleicht mag folgende Anekdote demonstrieren, welche historische Tiefe sich hinter den fast einundneunzig Lebensjahren dieses Monarchen verbirgt: Unter den Taufpaten des 1797 geborenen Wilhelm befanden sich die letzten noch lebenden Brüder Friedrichs II. (des Großen). Und als er 1888 starb, stand an seinem Totenbett sein Enkel und Nachfolger Wilhelm II., der als letzter Hohenzollernherrscher in die Geschichte eingehen sollte. Quellenmaterial, diese ereignisreichen Lebensjahre detailliert zu rekonstruieren, gibt es zur Genüge. Für den hier nicht abgedeckten oder lediglich angerissenen Zeitraum wurden diese Dokumente auch bereits ausgewertet. Auf die vielen Publikationen aus der Feder Frederik Frank Sterkenburghs und des Verfassers sei daher ergänzend zu diesem Buch verwiesen. Sie belegen, dass Wilhelm bis 1888 als zentraler politischer Akteur am Berliner Hof betrachtet werden muss. Der Staat, über den dieser Monarch nominell wie faktisch herrschte, war ein *Kaiser*reich. Ein *Bismarck*reich gab es nie.[19]

---

19 Vgl. Frederik Frank Sterkenburgh, Revisiting the „Prussian triangle of leadership". Wilhelm I and the military decision-making process of the Prussian high command during the Franco-Prussian War, 1870 – 71, in: Martin Clauss/Christoph Nübel (Hrsg.), Militärisches Entscheiden. Voraussetzungen, Prozesse und Repräsentationen einer sozialen Praxis von der Antike bis zum 20. Jahrhundert, Frankfurt am Main/ New York 2020, S. 430 – 454; ders., Monarchical Entries in Nineteenth-Century Germany: Emperor Wilhelm I, 1848 – 1888, in: Eva Giloi/Martin Kohlrausch/Heikki Lempa/Heidi Mehrkens/Philipp Nielsen/Kevin Rogan (Hrsg.), Staging Authority. Presentation and Power in Nineteenth-Century Europe. A Handbook, Berlin 2022, S. 259 – 300; ders. Wilhelm I as German Emperor: Staging the Kaiser, London 2024; Jan Markert, Es ist nicht leicht, unter Bismarck Kaiser zu sein? Wilhelm I. und die deutsche Außenpolitik nach 1871, Friedrichsruh 2019; ders., Wider die „Coalition der Jesuiten und Ultramontanen und Revolution". Kaiser Wilhelm I. und die Zentrumspartei, in: Historisch-Politische Mitteilungen 27 (2020), S. 5 – 25; ders., „Wer Deutschland regieren will, muß es sich erobern". Das Kaiserreich als monarchisches Projekt Wilhelms I., in: Andreas Braune/Michael Dreyer/Markus Lang/Ulrich Lappenküper (Hrsg.), Einigkeit und Recht, doch Freiheit? Das Deutsche Kaiserreich in der Demokratiegeschichte und Erinnerungskultur, Stuttgart 2021, S. 11 – 37; ders., Ein System von Bismarcks Gnaden? Kaiser Wilhelm I. und seine Umgebung – Plädoyer für eine Neubewertung monarchischer Herrschaft in Preußen und Deutschland vor 1888, in: Wolfram Pyta/Rüdiger Voigt (Hrsg.), Zugang zum Machthaber, Baden-Baden 2022, S. 119 – 148; ders., Ein Kaiserreich, kein Bismarckreich. Die Hohenzollernmonarchie unter Wilhelm I. in neuer Per-

Neue Fragestellungen tragen dazu bei, tradierte Narrative zu hinterfragen. Das ist auch bei Wilhelms Leben und Herrschaft der Fall. Aber letztendlich ist die Arbeit mit gedruckten wie ungedruckten Quellen conditio sine qua non jeder wissenschaftlich anspruchsvollen Rekonstruktion und Analyse. Und sie ist auch die Raison d'Être der hier vorliegenden Seiten. Denn dieses Buch ist das Ergebnis der ersten systematischen Auswertung des schriftlichen Nachlasses des ersten Deutschen Kaisers, der Heranziehung von Briefen, Denkschriften, Tagebüchern, Memoiren, Depeschen und Reden, die primär in der größeren Sozialsphäre des Berliner Hofs entstanden sind. Bewusst wurde auf eine Selbstbeschränkung unter apodiktischen Auswahlkriterien verzichtet, nach der beispielsweise nur amtliche Quellen berücksichtigt werden, die ihren Weg über Wilhelms Schreibtisch fanden. Ein derart politikhistorischer Quellenpositivismus schränkt Forschungsperspektive und Fragestellung in erheblichem Maße ein. Er reduziert historische Persönlichkeiten auf scheinbar stets rational geleitete Automaten. Persönliche Beziehungen, Emotionen und ideologisierte Wirklichkeitswahrnehmung werden dagegen ausgeblendet. Dies ist hier nicht der Fall. Figur und Person des ersten Hohenzollernkaisers sollen unter Berücksichtigung eines möglichst breiten Quellenspektrums differenziert und analysiert werden.

In erster Linie wird auf den folgenden Seiten die umfangreiche Privatkorrespondenz des Monarchen verwendet. Zeit seines Lebens verfasste Wilhelm fast täglich Briefe – an seine Familie, seine Umgebung, an andere dynastische Akteure in ganz Europa, an Politiker und Militärs. Sein Vater Friedrich Wilhelm III. titulierte ihn bezeichnenderweise bereits 1817 als „fleißigen Familienkorrespondenten".[20] Diese Quellen liegen nur in geringer Auswahl gedruckt oder gar wissenschaftlich ediert vor. Insgesamt wurden für diese Studie etwa 9.310 Briefe aus Wilhelms Feder recherchiert und ausgewertet. Von diesen wurden knapp 6.930 bislang entweder noch nicht publiziert oder sie liegen lediglich empfindlich gekürzt beziehungsweise inhaltlich verändert vor. Die Masse dieser Briefe befindet sich im Geheimen Staatsarchiv Preußischer Kulturbesitz in Berlin. Der dort im Brandenburg-Preußischen Hausarchiv überlieferte schriftliche Nachlass des Kaisers und seiner Familie umfasst 27,5 Laufende Meter. Weitere Recherchen für dieses Buch wurden im Archiv der Otto-von-Bismarck-Stiftung in Friedrichsruh sowie im Erlanger Gerlach-Archiv durchgeführt. Die in den Royal Archives auf Windsor Castle befindliche Korrespondenz Wilhelms mit dem britischen Königshaus konnte zudem in Form von Mikrofilmaufnahmen eingesehen werden.

Ohne diese Archivarbeit wäre die hier vorliegende Neubewertung der preußischen und deutschen Geschichte vor 1867 nicht möglich gewesen. Wilhelm und seine Zeit stehen auch deshalb in Bismarcks Schatten, da das Schrifttum des „Eisernen Kanzlers" in Form mehrbändiger Editionen griffbereit im Bibliotheksregal steht. Ein auch nur

---

spektive, in: Ulrich Lappenküper/Wolfram Pyta (Hrsg.), Entscheidungskulturen in der Bismarck-Ära, Paderborn 2024, S. 23 – 68.

20 Friedrich Wilhelm III. an Charlotte, 23. Juni 1817. Paul Bailleu (Hrsg.), Aus den Briefen König Friedrich Wilhelms III. an seine Tochter Prinzessin Charlotte, in: Hohenzollern-Jahrbuch 18 (1914), S. 188 – 236, hier: S. 198.

ansatzweise vergleichbarer geschlossener gedruckter Quellenkorpus liegt im Fall des ersten Hohenzollernkaisers nicht vor. Die wenigen existierenden Korrespondenzpublikationen sind zudem aus editorischer Perspektive mitunter nicht unproblematisch, wie bereits der Verweis auf jene etwa 6.930 Briefe impliziert. Gleichzeitig ging ein nicht unerheblicher Teil des Originalnachlasses im Brandenburg-Preußischen Hausarchiv während des Zweiten Weltkriegs aufgrund von Bombenangriffen und Plünderungen durch sowjetische Truppen verloren. Diese Quellenverluste können jedoch durch händische Abschriften der Kaiserbriefe gut geschlossen werden. Angefertigt wurden diese Briefabschriften in den 1920er Jahren im Rahmen nie vollendeter Editionsprojekte.[21] Ihr Entstehungsprozess konnte anhand der Korrespondenzen und Arbeitsmaterialien der beteiligten Archivare und Editoren bei den Recherchen für dieses Buch rekonstruiert werden.[22] Und wo es möglich war, wurden die Abschriften mit noch vorhandenen Originalen verglichen.

Diese umfangreichen Recherchen sind *ein* Grund, weshalb dieses Buch einem möglichst quellennahen und quellendichten Analysestil folgt.[23] Aber auch der bereits angesprochene Bismarckzentrismus erlaubt kaum eine andere Methodik, als sogar geschichtswissenschaftliche evergreen-Narrative nicht nur neu zu interpretieren, sondern auf erweiterter Quellengrundlage *neu zu rekonstruieren*. Nicht wenige bis dato kanonische Episoden der Kaiserbiographie und Reichsgründungsgeschichte wurden lediglich unkritisch aus Kanzlerquellen (und vor allem Kanzlermemoiren) übernommen. Diese quellenmonoperspektivische Geschichtsschreibung wird hier erstmals systematisch aufgebrochen. Der erste Deutsche Kaiser, seine Umgebung sowie die monarchische Welt des 19. Jahrhunderts sollen durchgängig selbst zu Wort kommen. Ihre Stimmen werden gewägt, kontextualisiert und beurteilt. Die dabei gewonnenen Schlussfolgerungen mögen mitunter kontrovers sein und laden durchaus zur kritischen Auseinandersetzung ein. Aber ignorieren kann die Forschung die hier ausgewerteten Quellen nicht mehr. Das umfangreiche Quellenmaterial erlaubt zwar keinen Zugang zu Wilhelms Gedankenwelt. Doch können seine Wirklichkeitswahrnehmung, Ambitionen, Strategien und Entscheidungen vergleichsweise detailliert rekonstruiert werden. Gleichzeitig ermöglicht die Neurekonstruktion der Kaiserbiographie auch eine Neubewertung der Geschichte der Hohenzollernmonarchie zwischen Vormärz und Reichsgründung. Auf Basis dieser

---

21 Vgl. Iselin Gunderman, Unvollendet... Zur Edition des Briefwechsels zwischen Wilhelm I. und seinem Bruder Friedrich Wilhelm IV., in: Jürgen Kloosterhuis (Hrsg.), Archivarbeit für Preußen. Symposium der Preußischen Historischen Kommission und des Geheimen Staatsarchivs Preußischer Kulturbesitz aus Anlass der 400. Wiederkehr der Begründung seiner archivischen Tradition, Berlin 2000, S. 389–406.
22 Vgl. GStA PK, BPH, Rep 51 L IV, Nr. 1 und Nr. 1a.
23 Zitate erfolgen in der ursprünglichen Sprache und Typographie, obgleich die Schreibweise der gedruckten und ungedruckten Quellen aufgrund unterschiedlicher editorischer Richtlinien nicht wenige Differenzen aufweist. Hervorhebungen in den Quellen werden durchgängig in *Kursivschrift* übernommen. Soweit nicht anders angegeben folgen die Datumsangaben von Quellen aus dem russischen Zarenreich sowie allgemein zu Ereignissen der Geschichte der Romanowmonarchie dem gregorianischen Kalender.

umfangreichen Quellenarbeit soll im Folgenden argumentiert werden, dass eine angeblich ausdiskutierte Epoche der preußischen und deutschen Geschichte *neuakzentuiert* und in Teilen sogar *grundlegend revidiert* werden muss.

—

Erstes Buch **Unter dem Vater, Friedrich Wilhelm III.**
1797 – 1840

„Auch ich begriff mit der Zeit alles besser."
Kindheit und Jugend im Schatten Napoleons

Wilhelms *politische* Biographie begann in seinen Kindheits- und Jugendjahren. Das ist eine relativ unspektakuläre Tastache. Doch darf die geistig-ideologische Prägung dieser Zeit auf Person und Politik des späteren Kaisers nicht überschätzt werden. Diesem Trugschluss kann leicht verfallen, wer unkritisch rückblickende Quellen aus der Feder des Monarchen liest. Als Wilhelm beispielsweise 1857 testamentarische Aufzeichnungen über sein „vielbewegtes Leben" anfertigte, lagen die späteren Höhen seiner Biographie noch allesamt vor ihm. „Die schweren Verhängnisse, die ich in meiner Kindheit über das Vaterland einbrechen sah, der so frühe Verlust der unvergeßlichen, teuren geliebten Mutter erfüllte von früh an mein Herz mit Ernst. Die Teilnahme an der Erhebung des Vaterlandes war der erste Lichtpunkt für mein Leben."[1] Und ein Jahr vor seinem Tod schrieb er an Bismarck, er erinnere sich daran, wie er „in frühester Jugend [...] die Monarchie meines tiefgebeugten Vaters in ihrer verhängnisvollen Heimsuchung gesehen" habe. „Ich habe aber auch die hingebendste Treue und Opferfreudigkeit, die ungebrochene Erhebung und Kraft und den unverzagten Mut des Volkes in den Tagen seiner Erhebung und Befreiung kennengelernt."[2] Die militärischen Niederlagen gegen Napoleon bei Jena und Auerstadt 1806, die Folgen des Tilsiter Friedens, der Preußens Großmachtstatus quasi über Nacht erodieren ließ, die Generalreformüberholung des Hohenzollernkönigreichs, der Koalitionssieg über das bonapartistische Frankreich, schließlich die politische Neuordnung Europas 1815 – die zeitgenössischen Quellen legen letztlich allesamt nahe, dass der junge Prinz diese Umwälzungen in einem deutlich geringeren Umfang reflektierte, als seine späteren Erinnerungen Glauben machen.[3]

Wilhelm erblickte am 22. März 1797 als zweiter Sohn des preußischen Kronprinzenpaares, des späteren Friedrich Wilhelms III. und dessen Ehefrau Luise, in Berlin das Licht der Welt[4] – „ein prächtiger kleiner Prinz!", wie die Hofdame Sophie Marie von Voß notierte. „Ueberall war große, große Freude."[5] Sechs von Wilhelms Geschwistern sollten das Erwachsenenalter erreichen. Zu ihnen gehörte auch sein älterer Bruder, der 1795 geborene spätere Friedrich Wilhelm IV., in der Familie Fritz oder „Butt" genannt. Dieser

---

1 Aufzeichnungen Wilhelms, 10. April 1857. Ernst Berner (Hrsg.), Kaiser Wilhelms des Großen Briefe, Reden und Schriften, Bd. 1, Berlin 1906, S. 410.
2 Wilhelm an Bismarck, 23. März 1887. Ebd., Bd. 2, S. 418–419.
3 Vgl. Rita Weber, Wilhelm I. Nicht zum König geboren und nicht zum König erzogen, in: Im Dienste Preußens. Wer erzog Prinzen zu Königen?, hrsg. v. d. Stiftung Stadtmuseum Berlin, Berlin 2001, S. 153–164.
4 Zu Friedrich Wilhelm III. und Luise siehe Thomas Stamm-Kuhlmann, König in Preußens großer Zeit. Friedrich Wilhelm III. Der Melancholiker auf dem Thron, Berlin 1992; Luise Schorn-Schütte, Königin Luise. Leben und Legende, München 2003; Daniel Schönpflug, Luise von Preußen. Königin der Herzen. Eine Biographie, München 2010.
5 Tagebuch Voß, 22. März 1797. [Sophie Marie von Voß], Neunundsechzig Jahre am Preußischen Hofe. Aus den Erinnerungen der Oberhofmeisterin Sophie Marie Gräfin von Voß, Leipzig ⁵1887, S. 177.

https://doi.org/10.1515/9783111323954-004

Spitzname war eine Verballhornung des französischen Thronfolgertitels „Dauphin". Denn die Geschwister verglichen den korpulenten Friedrich Wilhelm mehr mit einem Plattfisch denn einem Delphin.[6] Beide Brüder sollten Zeit ihres Lebens ein inniges Verhältnis zu ihrer 1798 geborenen Schwester Charlotte pflegen, der drittältesten der Geschwister, die 1817 den späteren russischen Zaren Nikolaus I. heiratete.[7] Bis zu ihrem Tod 1860 führten Wilhelm und Charlotte einen regelmäßigen, anfangs wöchentlichen, später monatlichen Briefwechsel. Mit seinen Schwestern Alexandrine – die 1822 den späteren Großherzog Paul Friedrich von Mecklenburg-Schwerin heiratete –, und Luise – seit 1825 durch ihre Ehe mit Prinz Friedrich von Oranien-Nassau eine niederländische Prinzessin – sollte er deutlich weniger umfangreich korrespondieren. Wilhelms Verhältnis zu seinen jüngeren Brüdern Carl und Albrecht blieb vor allem nach der Thronbesteigung Friedrich Wilhelms IV. betont distanziert, teilweise sogar antagonistisch. Dies hatte persönliche, in Carls Fall aber auch politische Gründe, wie im weiteren Verlauf dargestellt wird.[8] Albrecht, der jüngste unter den königlichen Geschwistern, brach mit der Hohenzollernfamilie nach 1840 aufgrund seiner öffentlichen Ehe- und Scheidungsskandale.[9]

Die Erziehung der beiden ältesten Brüder Friedrich Wilhelm und Wilhelm wurde dem Pädagogen Friedrich Delbrück anvertraut. Seit 1800 begleitete er in dieser Position den Kronprinzen nahezu tagtäglich. Ein Jahr später wurde auch dessen jüngerer Bruder Delbrücks Schüler.[10] Über Friedrich Wilhelm schrieb Luise 1808, dieser „ist voller Leben und Geist. Er hat vorzügliche Talente, die glücklich entwickelt und gebildet werden." Im Vergleich zu seinem älteren Bruder sei der spätere Kaiser hingegen, „wenn mich nicht alles trügt, wie sein Vater, einfach, bieder und verständig. Auch in seinem Äußeren hat er die meiste Ähnlichkeit mit ihm; nur wird er, glaube ich, nicht so schön."[11]

Wilhelms scheinbar sorgenfreie Kindheit endete abrupt am 17. Oktober 1806. An jenem Tag erreichte den Berliner Hof die Nachricht über die preußische Niederlage gegen Napoleon bei Jena und Auerstedt drei Tage zuvor. König und Königin hatten die

---

6 Vgl. Wilhelm an Friedrich von Oranien-Nassau, 5. Oktober 1814. Herman Granier (Hrsg.), Prinzenbriefe aus den Freiheitskriegen 1813–1815. Briefwechsel des Kronprinzen Friedrich Wilhelm (IV.) und des Prinzen Wilhelm (I.) von Preußen mit dem Prinzen Friedrich von Oranien, Stuttgart/Berlin 1922, S. 136.
7 Vgl. Marianna Buttenschön, Die Preußin auf dem Zarenthron. Alexandra, Kaiserin von Russland, München 2012.
8 Vgl. Wilhelm Moritz von Bissing, Sein Ideal war der absolut regierte Staat. Prinz Carl von Preußen und der Berliner Hof, in: Der Bär von Berlin. Jahrbuch des Vereins für die Geschichte Berlins 25. Folge (1976), S. 124–144; Malve Rothkirch, Prinz Carl von Preußen. Kenner und Beschützer des Schönen 1801–1883. Eine Chronik aus zeitgenössischen Dokumenten und Bildern, Osnabrück 1981.
9 Vgl. Hans Zeidler/Heidi Zeidler, Der vergessene Prinz. Geschichte und Geschichten um Schloß Albrechtsberg, Basel 1995.
10 Vgl. Nele Güntheroth, Friedrich Wilhelm IV. „…Sie wollten vielleicht weniger Ihren guten Ruf, als die Eigenthümlichkeit der jungen Prinzen bewahren…", in: Im Dienste Preußens. Wer erzog Prinzen zu Königen?, hrsg. v. d. Stiftung Stadtmuseum Berlin, Berlin 2001, S. 129–139.
11 Luise an Karl II., April 1808. Malve von Rothkirch (Hrsg.), Königin Luise von Preußen. Briefe und Aufzeichnungen 1786–1810, München 1985, S. 424–425.

Armee begleitet. Wilhelm und seine Geschwister befanden sich in der Obhut Delbrücks und anderer Erzieher, die an jenem Oktobertag „sehr bestürzt" gewesen sein sollen, wie der Kaiser 1878 rückblickend schildern sollte. „Auch ich war sehr bewegt, doch verstand ich den ganzen Ernst der Sache noch nicht." Noch am selben Tag mussten die Königskinder mit ihrer Umgebung aus Berlin vor den vorrückenden napoleonischen Truppen fliehen. Mit der Mutter wurden sie bereits am 18. Oktober im brandenburgischen Schwed wiedervereint. Dort soll Luise ihren Kindern offenbart haben, sie alle würden „noch Schwerem entgegen" gehen. Schließlich endete die Flucht in der preußischen Peripherie in Königsberg. Rückblickend gestand Wilhelm, dort sei der Familie der Ernst der Situation erst langsam deutlich geworden, „und auch ich begriff mit der Zeit alles besser."[12] Seine subjektive kindliche Perspektive musste sich der Implosion der Hohenzollernmonarchie sowie dem abrupten Wandel familiärer Sozialstrukturen erst annähern.

Einschneidend war vor allem der Tod seiner Mutter am 19. Juli 1810, den der erst dreizehnjährige Wilhelm unter „Schluchzen und Weinen" am Sterbebett miterlebte.[13] Dieser Verlust war für ihn eine prägende Erfahrung – ein zentraler Destabilisierungsfaktor seiner frühen Biographie, neben den Kriegs- und Umbruchereignissen seit 1806. Zu seinem Vater sollte der spätere Kaiser laut den Quellen nie ein vergleichbares Verhältnis entwickeln. Friedrich Wilhelm III. habe „nicht so recht mit seinen Kindern zu leben" gewusst, berichtete etwa die Hofdame Caroline von Rochow, „und je erwachsener und selbständiger sie wurden, je geringer blieb der innere Zusammenhang ihres Lebens."[14] Mit der Königin verlor Wilhelm eine emotionale Bezugsperson – und gewann Preußen eine Märtyrerfigur. Denn bereits von den Zeitgenossen wurde Luises Tod als Folge der napoleonischen Gewaltherrschaft verklärt. Die Königin sei nach diesem populären Narrativ an „gebrochenem Herzen" über das Leid von Dynastie und Vaterland gestorben. Auch Wilhelm sprach später von einer Art Martyrium, „die Schwergeprüfte sollte hier auf Erden Freude nach den Schmerzen nicht erleben!!"[15] In Gestalt des Luisenmythos sollte die Königin vor allem im Kaiserreich zu einer nationalen Identifikationsfigur, einer „preußischen Madonna" stilisiert werden. Ihr zweitältester Sohn trug zu dieser Entwicklung maßgeblich bei. So besuchte der Monarch im Juli 1870 nach Ausbruch des Deutsch-Französischen Krieges demonstrativ das Grab seiner Mutter, bevor er die Armee auf den Kriegsschauplatz führte. Implizit sollte also Napoleon III. für das büßen, was der Königin, Preußen und Deutschland unter Napoleon I. widerfahren sei.[16] Unmittelbar nach 1810 war Wilhelm von derartigen mythologischen Konstrukten

---

12 Kurt Jagow (Hrsg.), Der Alte Kaiser erzählt. Anekdoten aus dem Leben Kaiser Wilhelms I., Berlin 1939, S. 7–11.
13 Tagebuch Voß, 19. Juli 1810. [Voß], Neunundsechzig Jahre, S. 379.
14 Luise v. d. Marwitz (Hrsg.), Vom Leben am preußischen Hofe, 1815–1852. Aufzeichnungen von Caroline v. Rochow geb. v. d. Marwitz und Marie de la Motte-Fouqué, Berlin 1908, S. 91.
15 Wilhelm an Augusta, 4. August 1885. GStA PK, BPH, Rep. 51 J, Nr. 509b, Bd. 30, Bl. 26.
16 Vgl. Philipp Demandt, Luisenkult. Die Unsterblichkeit der Königin von Preußen, Köln/Weimar/Wien 2003.

allerdings weit entfernt. Was er in jenen Jahren entwickelte, war ein Hass auf den Bonapartekaiser – ein eher emotionaler und persönlich definierter Hass, weniger bis kaum ein politischer. In seinen Briefen bezeichnete er Napoleon als „Satanus"[17], als „Ungetüm"[18], und er wünschte nichts mehr als ihn „ordentlich für seine Naseweisheit zu kloppen."[19]

Diese Möglichkeit schien sich Wilhelm zu bieten, als Preußen 1813 dem Sechsten Koalitionskrieg gegen Frankreich beitrat. Bereits 1807 war er im Alter von zehn Jahren in die Armee eingetreten, wie es für einen Hohenzollernprinzen business as usual war. Er wurde dem Kommando Oldwig von Natzmers unterstellt, zu dem er schnell eine freundschaftliche Beziehung entwickelte, die beide Männer zeit ihres weiteren Lebens pflegen sollten.[20] Als zweitgeborener Prinz war für Wilhelm eine militärische Karriere geradezu systemimmanent festgelegt.[21] Denn der König herrschte in der Armee als oberster Befehlshaber *uneingeschränkt* – und in Preußen tat er dies bis 1918 nicht nur auf dem Papier. Doch in allen europäischen Monarchien des 19. Jahrhunderts verteidigten die Throninhaber ihre zumindest nominelle militärische Kommandogewalt als fundamentales Instrument der Herrschaftsstabilisierung. Mit der Institutionalisierung und Konstitutionalisierung wurde der Aktionsradius der Krone in politischen Entscheidungsfragen immer stärker begrenzt. Im Militär genoss der Herrscher dagegen vergleichsweise größere Handlungs- und Gestaltungsmöglichkeiten. Dieser Umstand machte das Kriegshandwerk zu einer für alle dynastischen Akteure attraktiven Domäne. Hier etablierte sich ein persönliches Loyalitätsverhältnis von Monarch und Militär. Und hier konnten die – vorrangig männlichen – Dynastiemitglieder auf meritokratische Art und Weise ihre Befähigung zu höheren Positionen unter Beweis stellen. Daher galt die Uniform nicht zu Unrecht als monarchische „Dienstkleidung".[22] Die Resistivität im Kriegsfall sollte sich für das Überleben der Monarchie zudem langfristig als essentiell erweisen. Am militärischen Erfolg maß und brach sich zusehends der politische Erfolg der Krone, während andere traditionelle Loyalitätsbindungen schwanden. Diese Tendenz sollte letztendlich entscheidend dazu beitragen, das Schicksal mehrerer europäischer Dynastien zu besiegeln – im November 1918 auch das der Hohenzollernmonarchie unter Wilhelm II.[23] Als dessen Großvater zu Beginn des 19. Jahrhunderts seine Militärkarriere begann, war diese Entwicklung allerdings noch keineswegs determi-

---

17 Wilhelm an Friedrich Wilhelm (IV.), 22. Mai 1813. Herman Granier (Hrsg.), Hohenzollernbriefe aus den Freiheitskriegen 1813–1815, Leipzig 1913, S. 56.

18 Wilhelm an Charlotte, 3. Februar 1814. Ebd., S. 201.

19 Wilhelm an Friedrich Wilhelm (IV.), 10. September 1813, Ebd., S. 99.

20 Vgl. Weber, Wilhelm I., S. 160–162.

21 Vgl. Thomas Stamm-Kuhlmann, Militärische Prinzenerziehung und monarchischer Oberbefehl in Preußen 1744–1918, in: Martin Wrede (Hrsg.), Die Inszenierung der heroischen Monarchie. Frühneuzeitliches Königtum zwischen ritterlichem Erbe und militärischer Herausforderung, München 2014, S. 438–467, hier: S. 449–450.

22 Vgl. Martin Kirsch, Monarch und Parlament im 19. Jahrhundert. Der monarchische Konstitutionalismus als europäischer Verfassungstyp – Frankreich im Vergleich, Göttingen 1999, S. 190–200.

23 Vgl. Sellin, Gewalt und Legitimität, S. 105–143.

niert. Das soldatische Milieu bot Wilhelm neue Interessensphären und Handlungsräume, an denen er schnell Gefallen fand. „Rein militärisch erzogen", resümierte er 1859, „habe Ich den bei Weitem größten Theil Meiner Thätigkeit der Armee gewidmet".[24]

Den Beginn der sogenannten Befreiungskriege im Frühjahr 1813 musste der sechzehnjährige Wilhelm jedoch aus der Ferne im schlesischen Breslau miterleben. Dort blieb er auf königlichen Befehl mit seinen jüngeren Geschwistern zurück, während der Kronprinz seinen Vater begleitete. Der Prinz schrieb, er sei „neidisch" auf seinen älteren Bruder, der ins Feld ziehen durfte, um „den grand monsieur" – Napoleon – „mit seinen Schaaren zu schlagen. *Wüthend* möchte ich werden, daß ich Dir nicht gleich folgen kann."[25] Wie diese und andere Quellen belegen, waren es vor allem zwei Motive, die den späteren Kaiser wiederholt den Wunsch nach aktiver Kriegsteilnahme formulieren ließen: die Begeisterung für alles Militärische und der Hass auf Napoleon. „Also hast Du auch den Satanas gesehen?", fragte er etwa den Kronprinzen. „Schade, daß ihn bloß die Augenröhren und nicht die Knallflöten erreichen konnten!"[26] Und seinem Vater gegenüber betonte er, die „Truppen fechten zu sehen und mit ihnen gefochten zu haben, ist mein einziger Wunsch!"[27] „Piff, paff, puff, warum hab ich diesen ersten Sieg nicht mit euch theilen können. Heißa lustig hopsaßa, Juchhe Viktoria!!!!!"[28] „Will mit! kann nicht! Au wei geschrien!!!!!!!!!!!!!!!!!!!!!"[29] Wilhelms Briefe aus dem Sommer und Herbst 1813 sprechen eine unzweideutige Sprache.

Erst nach dem Koalitionssieg in der Völkerschlacht bei Leipzig – „Näppel hat denn nun endlich gebüßt", kommentierte der Prinz die Nachricht[30] – erlaubte Friedrich Wilhelm III. seinem zweitältesten Sohn, ihn mit auf die Kriegsschauplätze zu begleiten. Doch die erhoffe Kampferfahrung blieb in den ersten Monaten des Winterfeldzugs 1813/ 14 aus. Wilhelm verbrachte die meiste Zeit hinter den Gefechtslinien in der Nähe des alliierten Hauptquartiers, zusammen mit seinem Vater, dem russischen Zaren Alexander I. und Kaiser Franz von Österreich. Erst am 27. Februar 1814 erlebte Wilhelm bei Bar-sur-Aube seine „Feuertaufe", als er unter das Gewehrfeuer anstürmender französischer Truppen geriet. „Dies war ein unbeschreiblich seliger Moment", notierte er noch am selben Tag, „die ersten kleinen Kugeln gehört zu haben und so recht warm aus dem Laufe."[31] Doch der junge Prinz erhielt auch einen Einblick in die grausamen Seiten des Krieges. Das Schlachtfeld fand er zwei Tage später „sehr belegt mit Toten. Einige waren fürchterlich zerschossen. Auch lag ein einzelner Fuß da."[32] Nach einem weiteren Ge-

---

24 Rede Wilhelms, 3. Dezember 1859. [Wilhelm I.], Militärische Schriften weiland Kaiser Wilhelms des Großen Majestät, hrsg. v. Königlich Preußischen Kriegsministerium, Bd. 2, Berlin 1897, S. 448.
25 Wilhelm an Friedrich Wilhelm (IV.), 30. März 1813. Granier (Hrsg.), Hohenzollernbriefe, S. 7.
26 Wilhelm an Friedrich Wilhelm (IV.), 1. Juni 1813. Ebd., S. 65.
27 Wilhelm an Friedrich Wilhelm III., 7. Mai 1813. Ebd., S. 49.
28 Wilhelm an Friedrich von Oranien-Nassau, 5. Mai 1813. Ders. (Hrsg.), Prinzenbriefe, S. 43–44.
29 Wilhelm an Friedrich Wilhelm (IV.), 2. September 1813. Ders. (Hrsg.), Hohenzollernbriefe, S. 93.
30 Wilhelm an Friedrich von Oranien-Nassau, 29. Oktober 1813. Ders. (Hrsg.), Prinzenbriefe, S. 71.
31 Feldtagebuch Wilhelm, 27. Februar 1814. Berner (Hrsg.), Briefe, Bd. 1, S. 16.
32 Feldtagebuch Wilhelm, 2. März 1814. Ebd., S. 18.

fechtserlebnis berichtete er Charlotte, dies sei ein *„schrecklicher* Anblick" gewesen. *„Es war keine Schlacht sondern ein Schlachten zu nennen,* und wir mitten drin!"[33]

Der Einzug der Koalitionsarmeen in Paris im April 1814 erlaubte Wilhelm, erste Beobachtungen der französischen Kultur und Gesellschaft zu dokumentieren. Was er über den „großen Sündenpfuhl" schrieb, war geprägt von Ressentiments – aber auch augenscheinlicher Bewunderung. „Nein eine solche Stadt!! Man kann sich keinen Begriff von machen, Berlin ist mir indeß doch lieber."[34] Nach wie vor schien ihn emotional primär der Hass auf Napoleon zu bewegen. Dessen Kapitulation und Verbannung auf die Insel Elba geißelte er als unrühmliches Ende einer ereignisreichen Herrscherkarriere. „Kann ein solcher Mensch wohl infamer endigen. 30 mahl schöß ich mich todt, ehe ich dies thäte."[35] Die Nachricht von Napoleons Flucht und Rückkehr nach Paris 1815 passte daher auch in das subjektive Bild, das Wilhelm vom Bonapartekaiser gewonnen hatte. „Da haben wir's was ich von jeher gesagt habe. – N[apoleon] und stille sitzen – indeß daß er ohne Schwerdstreich nach Paris kommen würde, das hat wohl kein Mensch geglaubt."[36] Mit dem Sieg der Alliierten bei Waterloo glaubte er zwar „wahrscheinlich die ganze Sache entschieden; [...] Indes ohne den Tod N[apoleons] kann ich keine Ruhe denken."[37] Die Enttäuschung über die Entscheidung, den Empereur erneut einem Exilschicksal zu übergeben, war daher groß. „N[apoleon] soll, wie es heißt, nach St. Helena gebracht werden; wieder eine felsige Insel", schrieb er Charlotte. „Als wir es hörten, sagten fast alle wie auf ein Zeichen: Da kommt er gewiß wieder, und das bin ich auch überzeugt; – ich bleibe dabei †."[38]

Doch welche politischen Eindrücke hatte Wilhelm von den großen Ereignissen und Entscheidungen der Umbruchjahre 1814/15 gewonnen? Scheinbar wenige, wie die Quellen zu diagnostizieren erlauben. Er hatte während des Feldzugs die Herrscher der beiden Großmächte Österreich und Russland persönlich kennengelernt. Schenkt man seinen späteren Erinnerungen Glauben, dann will er diese vor allem nach ihren Fähigkeiten als Armeeführer bewertet haben, nicht aber als politische Akteure. Kaiser Franz soll dabei vergleichsweise schlecht abgeschnitten haben. Denn „eine militärische Persönlichkeit war er nicht", und „strategisches Talent und Feldherrnblick scheint der Kaiser nicht gehabt zu haben". Alexander I. hingegen „griff [...] gern und viel in das Armeekommando ein, ohne eigentlich zu stören, da er den richtigen Blick hatte."[39] In seiner Familienkorrespondenz titulierte Wilhelm den Zaren auch vielsagend als „Selbstherrscher".[40] Und er schien dem russischen Monarchen mit Bewunderung und

---

33 Wilhelm an Charlotte, 30. März 1814. Granier (Hrsg.), Hohenzollernbriefe, S. 229.

34 Wilhelm an Carl, 4. April 1814. Alexander Meyer Cohn (Hrsg.), Briefe Kaiser Wilhelm des Großen aus den Jahren 1811–1815 an seinen Bruder, den Prinzen Carl von Preußen, Berlin 1897, S. 19.

35 Wilhelm an Charlotte, 7. April 1814. Granier (Hrsg.), Hohenzollernbriefe, S. 234.

36 Wilhelm an Friedrich von Oranien-Nassau, 29. März 1815. Ders. (Hrsg.), Prinzenbriefe, S. 181.

37 Wilhelm an Charlotte, 1. Juli 1815. Ders. (Hrsg.), Hohenzollernbriefe, S. 298

38 Wilhelm an Charlotte, 29. Juli 1815. Ebd., S. 313.

39 Jagow (Hrsg.), Anekdoten, S. 18–20.

40 Wilhelm an Friedrich von Oranien-Nassau, 14. Juli 1813. Granier (Hrsg.), Prinzenbriefe, S. 56.

Ehrfurcht zu begegnen.[41] In Alexander will der Prinz „einen so ungewöhnlichen Mann" gesehen haben, „der gewiß die höchste Achtung verdient", erklärte er 1821. „Er stehet so unendlich viel höher als alles, was ihn umgibt."[42] Hier liegen die Wurzeln jener emotionalen Anhänglichkeit an das Zarenreich, die Wilhelm bis zu seinem Tod immer wieder artikulieren sollte. Doch ihren dezidiert politischen Charakter sollte diese Russophilie erst zehn Jahre nach Waterloo gewinnen, um die weitere Kaiserbiographie kurz vorwegzugreifen. Auch kann die Animosität, die Wilhelm zeit seines Lebens gegenüber Frankreich hegte, in ihrem Ursprung auf den Hass gegen Napoleon datiert werden. Dieses negative Frankreichbild war nach 1815 jedoch noch unkonkret. Napoleon war ihm ein Ungetüm und Paris ein Sündenpfuhl. Aber er betrachtete Frankreich nicht als vermeintlichen Hort der Revolution. Für diese Perspektive bedurfte es erst einer weiteren Barrikadenumwälzung westlich des Rheins.

Auch formulierte der jugendliche Wilhelm keine schriftlichen Reflektionen über die Monarchie als Herrschaftsform. Der Machtanspruch der Herrscher des Ancien Régime, in das er geboren worden war und dessen Zusammenbruch er persönlich miterlebt hatte, war absolut – und sollte es auch im 19. Jahrhundert in mehreren europäischen Monarchien noch lange bleiben. In seinen 1815 verfassten religiösen *Lebensgrundsätzen* äußerte der Prinz zwar seinen Dank dafür, „daß mich Gott in einem hohen Stande hat lassen geboren werden", und erklärte, „daß der Fürst doch auch Mensch – vor Gott nur Mensch ist und mit dem Geringsten im Volke die Abkunft, die Schwachheit der menschlichen Natur und alle Bedürfnisse derselben gemein hat, daß die Gesetze, welche für andere gelten, auch ihm vorgeschrieben sind, und daß er, wie die andern, einst über sein Verhalten wird gerichtet werden."[43] Aber wie viel und was genau in diesem Dokument Wilhelms persönliche Gedankenwelt widerspiegelt, und was stattdessen aus theologischen Vorlagen übernommen worden sein mochte, kann nicht beantwortet werden.[44]

Die jugendliche Prinzenexistenz war von einer dynastisch-exklusiven Wirklichkeitswahrnehmung geprägt. Darüber, welche *ideologischen* Grundlagen einen Fürsten von seinen Untertanen trennten, dürfte sich der spätere Kaiser nur wenige Gedanken gemacht haben – soweit dies überhaupt rekonstruiert werden kann. Es ist zu bezweifeln, dass sich der achtzehnjährige Prinz beispielsweise reflektiert mit dem Legitimationsprinzip des Gottesgnadentums auseinandersetzte. Überhaupt waren sich die meisten dynastischen Akteure des 19. Jahrhunderts der historischen Wurzeln dieses

---

41 Siehe Wilhelms Briefwechsel mit Alexander I., in: Paul Bailleu (Hrsg.), Briefwechsel König Friedrich Wilhelm's III. und der Königin Luise mit Kaiser Alexander I. Nebst ergänzenden fürstlichen Korrespondenzen, Leipzig 1900, S. 518–528.

42 Wilhelm an L. Radziwill, 24. Dezember 1821. Kurt Jagow (Hrsg.), Jugendbekenntnisse des Alten Kaisers. Briefe Kaiser Wilhelms I. an Fürstin Luise Radziwill Prinzessin von Preußen 1817 bis 1829, Leipzig 1939, S. 32–33.

43 *Lebensgrundsätze* Wilhelms, 1815. Berner (Hrsg.), Briefe, Bd. 1, S. 40–41.

44 Vgl. Bernt Satlow, Wilhelm I. als summus episcopus der altpreußischen Landeskirche. Persönlichkeit, Frömmigkeit, Kirchenpolitik, Dissertation, Halle 1960 [maschinenschriftlich], S. 3–6.

auf das achte Jahrhundert zurückgehenden theologischen Konzepts kaum bewusst. Als traditionelle Obrigkeit galt die Monarchie göttlich legitimiert, wie es sich aus biblischen Passagen vermeintlich ableiten ließ. Dieser sakrale Charakter des Königtums, der in der Herrschaftsformel „von Gottes Gnaden" seinen machtpolitischen Ausdruck fand, hatte infolge der Revolutionserfahrungen neue Brisanz gewonnen. Gottesgnadentum und Volkssouveränität standen für zwei entgegengesetzte Herrschafts- und Gesellschafts-modelle.[45] Wilhelm sollte sich mit diesem Metakonflikt allerdings erst Jahre später auseinandersetzen.

Will man dennoch einen langfristigen Nachhall jener Kindheits- und Jugenderfah-rungen auf die politische Biographie des ersten Deutschen Kaisers rekonstruieren, muss dessen Kriegsteilnahme in den analytischen Fokus gerückt werden. So schrieb Wilhelm noch 1887 seinem Sohn über „die schönste Erinnerung Meiner Jugend, die Befreiungs-kriege".[46] Zeit seines Lebens sollte er die praktische Felderfahrung als Zeichen beson-derer militärischer Kompetenz betrachten. Sie galt ihm als Auswahlkriterium bei der Besetzung wichtiger Offizierspositionen, insbesondere in seiner persönlichen Umge-bung.[47] Seiner Ehefrau gegenüber argumentierte er 1858, dass aktive „Kriegs-Erfah-rungen vor Allem genützt werden müßte[n] zum Besten der Armée."[48] Auch hatte er den Krieg als effektives wie effizientes Entscheidungsinstrument unmittelbar wahrnehmen können. Ohne bereits in den Kategorien von Staatskunst und Kriegshandwerk zu sin-nieren, finden sich in Wilhelms Jugendbriefen Formulierungen, die in diese Richtung zumindest deuten lassen. So äußerte er sich wenig bis despektierlich über die Wiener Verhandlungen 1814/15, wo die politische Landkarte Europas neu gezeichnet wurde – „außer daß man kein Ende vom Congreß ersehen kann!"[49] „Mit dem Degen haben wir unsere Aufgabe rein aufgelöst, nun kommt der Feder Krieg!"[50] „Das Schwerdt hat wieder das Seinige in vollem Maaße gethan", erklärte er auch nach Waterloo, „ich hoffe, die Feder wird ein Beispiel daran nehmen!"[51] Argumentative Ansätze wie diese sollten sich auch in späteren biographischen Situationen finden – nicht zuletzt in den Kriegen der 1860er Jahre. Gegenüber dem Militärgouverneur seines Sohnes bezeichnete der spätere erste Hohenzollernkaiser die Armee 1847 vielsagend als „die Basis des Preußischen Staates; durch sie ist derselbe unter allen Regierungen geschaffen worden und durch sie ist dessen Erhaltung nur möglich; denn nur unter dem Schutze und Schirm einer starken und geregelten Armée ist der Frieden zu erhalten".[52] Aus den Revolutions- und

---

45 Vgl. Sellin, Gewalt und Legitimität, S. 79–80.
46 Wilhelm an Friedrich Wilhelm, 1. Januar 1887. Margarethe Landau von Poschinger, Kaiser Friedrich. In neuer quellenmäßiger Darstellung, Bd. 3, Berlin 1900, S. 422.
47 Vgl. Dietmar Grypa, Der diplomatische Dienst des Königreichs Preußen (1815–1866). Institutioneller Aufbau und soziale Zusammensetzung, Berlin 2008, S. 63.
48 Wilhelm an Augusta, 11. Juni 1858. GStA PK, BPH, Rep. 51 J, Nr. 509b, Bd. 6, Bl. 60.
49 Wilhelm an Friedrich von Oranien-Nassau, 22. November 1814. Granier (Hrsg.), Prinzenbriefe, S. 146.
50 Wilhelm an Friedrich von Oranien-Nassau, 5./13. Oktober 1814. Ebd., S. 137.
51 Wilhelm an Charlotte, 1. Juli 1815. Ders. (Hrsg.), Hohenzollernbriefe, S. 298.
52 Wilhelm an Unruh, 25. Oktober 1847. GStA PK, BPH, Rep. 51 J, Nr. 866.

Kriegsjahren war Wilhelm daher zwar mit persönlich wie militärisch prägenden Erfahrungen hervorgegangen. Ein bereits gefestigtes politisches Weltbild besaß er zu jenem Lebenszeitpunkt allerdings noch nicht.

Von dynastischen Ehepflichten:
Kabale und Liebe, Wilhelm und Augusta

Gibt es eine Geschichte aus Wilhelms Leben, die auf ein breites öffentliches Interesse stieß, dann ist es seine unglückliche Romanze mit Elisa Radziwill.[1] Der spätere Kaiser hatte die Tochter des polnischen Magnaten Anton Radziwill und der preußischen Prinzessin Luise erstmals 1815 kennengelernt. In den kommenden Jahren sprach er immer wieder seinen Wunsch aus, um Elisas Hand anzuhalten. Unterstützt wurde er bei dieser Heiratsidee von seinen Geschwistern. Doch nach mehreren Jahren innerdynastischer Debatten zog Friedrich Wilhelm III. im Sommer 1826 einen Schlussstrich unter das Liebesdrama – und verbot seinem zweitältesten Sohn die Ehe. Denn die Familie Radziwill war als nicht ebenbürtig begutachtet worden. Elisas Vater diente lediglich als preußischer Statthalter im Großherzogtum Posen, er herrschte also über kein souveränes Territorium. Wilhelm fügte sich dieser Allerhöchsten Entscheidung. „Ich kann wohl noch glücklich werden im Leben", klagte er seiner Schwester Luise, „aber die Poesie des Lebens ist dahin!"[2] Elisa sollte 1834 im Alter von nur dreißig Jahren an Tuberkulose sterben. Doch diese Episode der Kaiserbiographie ist alles andere als eine reine human interest story. Friedrich Wilhelm III. hatte bereits 1822 seiner Tochter Charlotte erklärt, „daß eine solche Sache aber keine bloße Familien Angelegenheit, sondern eine Staatsangelegenheit ist, sollte Dir, denke ich, einleuchten."[3]

Dynastische Heiratsoptionen unterlagen nicht minder restriktiven institutionellen Zwängen als die Rolle der Krone im Staatswesen. Treffend kann daher von politischen Ehe*bündnissen* gesprochen werden, die allein unter formell gleichberechtigten Akteuren geschlossen wurden.[4] In diesem System war eine nichtstandesgemäße Verbindung – wie es diejenige von Wilhelm und Elisa gewesen wäre – kaum denkbar. Ausnahmen gab es: Friedrich Wilhelm III. hatte vierzehn Jahre nach dem Tod seiner ersten Ehefrau Luise ein zweites Mal geheiratet. Auguste von Harrach entstammte jedoch keiner regierenden Dynastie, die Ehe konnte daher nur morganatisch geschlossen werden.[5] Die bloße Existenz dieser Fürstin von Liegnitz, wie der König seine zweite Ehefrau betiteln ließ, stellte deshalb lange Zeit eine protokollarische Verlegenheit für den Berliner Hof

1 Vgl. Paul Bailleu, Prinz Wilhelm von Preußen und Prinzessin Elisa Radziwill (1817–1826), in: Deutsche Rundschau 147 (1911), S. 161–190; Kurt Jagow, Wilhelm und Elisa. Die Jugendliebe des Alten Kaisers, Leipzig 1930.
2 Wilhelm an Luise, 10. Februar 1827. GStA PK, BPH, Rep. 51, Nr. 853.
3 Friedrich Wilhelm III. an Charlotte, 1. September 1822. Bailleu (Hrsg.), Aus den Briefen, S. 221–222.
4 Vgl. Robert A. Kann, Dynastic Relations and European Power Politics (1848–1918), in: The Journal of Modern History Vol. 45, Nr. 3 (1973), S. 387–410, hier: S. 388–390; Daniel Schönpflug, One European Family? A Quantitative Approach to Royal Marriage Circles 1700–1918, in: Karina Urbach (Hrsg.), Royal Kinship Anglo-German Family Networks 1815–1918, München 2008, S. 25–34; ders., Die Heiraten der Hohenzollern. Verwandtschaft, Politik und Ritual in Europa 1640–1918, Göttingen 2013, S. 74–78.
5 Vgl. Monika Wienfort, Verliebt, verlobt, verheiratet. Eine Geschichte der Ehe seit der Romantik, München 2014, S. 48–49.

https://doi.org/10.1515/9783111323954-005

dar.[6] Und eine morganatische Ehe kam gerade für Wilhelm nicht in Frage, da sein spezifischer Fall das Politikum der dynastischen Thronfolgeregelung berührte. Kronprinz Friedrich Wilhelm hatte 1823 die bayerische Prinzessin Elisabeth geheiratet. Die Ehe des späteren Königspaares zeichnete sich durch eine öffentlich wie privat gelebte gegenseitige Zuneigung aus. Auch sollte Elisabeth eine alles andere als marginale politische Rolle am Hof Friedrich Wilhelms IV. spielen.[7] Doch ihre Verbindung blieb kinderlos. Dieser Umstand warf bereits nach wenigen Jahren die Thronfolgefrage auf – und rückte Friedrich Wilhelms jüngeren Bruder in den Fokus der dynastischen Ehepolitik.

Als zweitgeborener Sohn schien sich Wilhelm mit dem Gedanken einer möglichen Thronbesteigung kaum auseinandergesetzt zu haben, „weil ich [...] durchaus nicht zum Thron passe, auch einmal nicht, ihn also auch – hoffentlich – nie besteigen werde", wie er 1822 Charlotte beichtete.[8] Und ein Jahr später schrieb der Prinz, er sei „mit Leib und Seele Soldat und hoffe als solcher durch Gottes Beistand einst das Meinige zu leisten".[9] Wilhelms militärische Zukunftsperspektiven wurden allerdings seit etwa Mitte der 1820er Jahre durch die Kinderlosigkeit des Kronprinzenpaares tangiert. Sein Verhalten in der Ehefrage erlaubt daher auch Rückschlüsse auf das Eigenverständnis, mit dem der spätere Kaiser seiner frühen dynastischen Rolle begegnete. Ihm war bekannt, dass seit 1824 zwischen Berlin und dem Hof des mindermächtigen Großherzogtums Sachsen-Weimar-Eisenach über die Möglichkeit eines Ehebündnisses verhandelt wurde. Sein jüngerer Bruder Carl hatte dem König den Wunsch angetragen, die Weimarer Prinzessin Marie ehelichen zu dürfen. Deren Mutter Maria Pawlowna, eine Schwester Alexanders I., sah in dieser Verbindung jedoch wenig Vorteile. Denn Carl rangierte in der preußischen Thronfolge hinter seinen beiden älteren Brüdern. Daher verfolgte die Großherzogin die Idee, komplementär den zweitältesten Hohenzollernprinz als Ehepartner für Maries jüngerer Schwester zu gewinnen – die 1811 geborene Augusta.[10] Wilhelm war sich bewusst, dass Maria Pwalowna „ein gnädiges Auge auf mich geworfen hat, um mich für die Tochter zu gewinnen", wie er Elisas Mutter Luise Radziwill klagte, „da ich ihr nur in den Augen steche in der Erwartung, daß Fritz keine Deszendenz bekommt."[11] Als er seinen jüngeren Bruder im November 1826 nach Weimar begleiten musste, wo dieser um Maries Hand anhielt, will er sich als „5. Rad am Wagen" gefühlt haben, wie er dem Kronprinzen schrieb.[12] Es soll zudem nicht unerwähnt bleiben, dass der spätere Kaiser bei dieser „Brautschau" erstmals von seinem Adjutanten Leopold von

---

6 Vgl. Stamm-Kuhlmann, König in großer Zeit, S. 517–520.

7 Vgl. Wilhelm Moritz von Bissing, Königin Elisabeth von Preußen (1801–1874). Ein Lebensbild, Berlin (West) 1974.

8 Wilhelm an Charlotte, 16./17. Februar 1822. Karl Heinz Börner (Hrsg.), Prinz Wilhelm von Preußen an Charlotte. Briefe 1817–1860, Berlin 1993, S. 79.

9 Wilhelm an Charlotte, 2. März 1823. Ebd., S. 87.

10 Vgl. Jagow, Wilhelm und Elisa, S. 207–221.

11 Wilhelm an L. Radziwill, 8. Oktober 1825. Ders. (Hrsg.), Jugendbekenntnisse, S. 154.

12 Wilhelm an Friedrich Wilhelm (IV.), 8. November 1826. GStA PK, VI. HA, Nl. Vaupel, Nr. 56, Bl. 228.

Gerlach begleitet wurde.[13] Nach der Hofdame Caroline von Rochow sei es ein offenes Geheimnis gewesen, dass der Militär auch deshalb auf den Adjutantenposten berufen worden war, um Wilhelm „zum Entschluß in der Wahl einer Gemahlin zu verhelfen, was der alte König brennend wünschte. Diese Aufgabe brachte Gerlach gleich in eine große Intimität mit der ganzen Königlichen Familie".[14]

Der spätere Generaladjutant Friedrich Wilhelms IV. war seit 1826 Teil jener inner-dynastischen und institutionellen Maschinerie, die kontinuierlichen Druck auf den zweitgeborenen Prinzen ausübte, das politisch genehme Ehebündnis mit der Weimarer Prinzessin einzugehen. Sogar sein Bruder Carl soll Wilhelm „desparat" mit der Frage konfrontiert haben, weshalb „ich mich nicht unbedingt für Auguste entscheiden will", berichtete er Charlotte.[15] „Fragt man mich aber aufs Gewissen: Warum entscheidest Du Dich nicht für sie? – So weiß ich nur die Antwort: Da ich keine Passion für sie empfinde, [...] und drum, daß ihr Äußeres, wenngleich für manchen vielleicht anziehend, so weit von meinem Ideale entfernt ist, daß ich dies noch nicht überwinden kann. Sie ist schön, aber wird doch sehr stark schon mit 15 Jahren."[16] Wie er jedoch Luise klagte, glaube er „überhaupt immer mehr" beobachten zu können, „daß eine gewaltige Ligue" am Berliner Hof „entschlossen ist, um mir A[ugusta] coute qui coute anzuschnallen."[17]

Eine nicht zu unterschätzende Motivlage, die Friedrich Wilhelm III. schließlich im Sommer 1828 dazu bewegte, seinem Sohn die Ehe mit Augusta per königlicher Ordre zu befehlen, trug den Namen Emilie von Brockhausen. Unter den Liebesaffären des späteren Kaisers in den 1820er Jahren kann Elisa Radziwill keinesfalls als exzeptionelle amouröse Bezugsperson betrachtet werden – no *Romeo and Juliet*. Caroline von Rochow etwa berichtet in ihren gossip-Beobachtungen des Berliner Hoflebens, Wilhelm „huldigte [...] mehreren jungen Damen der Gesellschaft" und – was nicht einer gewissen Pikanterie entbehrt – „besonders den Freundinnen von Elisa Radziwill, deren Zahl groß war."[18] Unter diesen zahlreichen Liebhaberinnen des Prinzen befand sich auch Emilie von Brockhausen, Tochter des preußischen Diplomaten Carl Christian Georg von Brockhausen und Hofdame der Kronprinzessin.[19] Wilhelm war mit ihr wohl bereits seit 1821 mehr oder minder eng liiert gewesen – zu einer Zeit, als er sich noch Hoffnungen auf eine Vermählung mit seiner vermeintlichen „Jugendliebe" hatte machen können.[20] Friedrich Wilhelm III. ließ Emilies Vater schließlich Anfang 1828 auf eine längere di-

---

13 Zu Leopold von Gerlach siehe Stephan Nobbe, Der Einfluß religiöser Überzeugung auf die politische Ideenwelt Leopold von Gerlachs, Dissertation, Erlangen 1970; Konrad Canis, Leopold von Gerlach, in: Gerhard Becker/Karl Obermann/Sigfried Schmidt/Peter Schuppan/Rolf Weber (Hrsg.), Männer der Revolution von 1848, Bd. 1, Berlin (Ost) ²1988, S. 463–481.
14 Marwitz (Hrsg.), Am preußischen Hofe, S. 190.
15 Wilhelm an Charlotte, 5./7. Juli 1827. Börner (Hrsg.), Briefe, S. 122.
16 Wilhelm an Charlotte, 13. August 1827. Ebd., S. 123.
17 Wilhelm an Luise, 3. November 1827. GStA PK, BPH, Rep. 51, Nr. 853.
18 Marwitz (Hrsg.), Am preußischen Hofe, S. 165.
19 Vgl. Grypa, Diplomatischer Dienst, S. 107.
20 Vgl. Tagebuch L. v. Gerlach, 24. Oktober 1827. GA, LE02777, S. 113.

plomatische Mission schicken. Mit der Entfernung der Familie Brockhausen vom Berliner Hof endete die Prinzenaffäre.[21]

Diese Episode verdient auch deshalb biographische Erwähnung, da Wilhelm zeitweise mit dem Gedanken einer morganatischen Eheverbindung mit Emilie gespielt (oder zumindest gedroht) hatte. Anfang 1827 schrieb er Luise Radziwill, ob es nicht im Interesse seines jüngeren Bruders sei, dass „des Butts Erbteil, wenn er ohne Kinder bliebe, rasch von mir auf Karl übergehen würde und daß, wenn Karl erst vermählt sei, man mich wohl überhaupt von einer Heirat abhalten würde oder meine Ideen mit einer andern Art von Ehe vertraut machen werde, die Karls Deszendenz nicht beeinträchtigte."[22] Auch gegenüber Charlotte spekulierte er, „ob eine Liegnitzsche Ehe für mich jetzt, wo Karl mir vorbeipassiert ist, nicht besser wäre, mag ich nicht entscheiden".[23] Der politischen Verantwortung seiner präsumtiven Thronfolgerrolle glaubte sich Wilhelm nicht gewachsen, wie er selbst gestand. Er habe bereits seit Jahren „Resignationsprojekte [...] herumgetragen, sobald ich es zweifelhaft sah, ob Butt Nachkommen haben würde". Denn er sei nach wie vor überzeugt, „daß ich zu einer so hohen Stelle durchaus nicht die Fähigkeiten habe, meine ganze Richtung von Jugend auf dem Militär zugewandt war, so daß mir die Landesverhältnisse darüber fremd geblieben sind [...] – dies sind wahrhaftig triftige Gründe, die man bedenken muß, wenn es auf das Wohl von Millionen ankommt!"[24] Und Gerlach sollte 1853 rückblickend notieren, dass Wilhelm bereits 1825 „abdizieren wollte, weil er sich nicht zutraute, fähig zum Regieren zu sein."[25] Der spätere Kaiser war seit seiner Kindheit im sozialen Kosmos des Militärischen geprägt und erzogen worden. Dieser Kosmos zeichnete sich mit vergleichsweise autonomen Werten und Normen aus. Vor allem aber bot er eine stringente Karrierebahn. Die Politikerrolle war Wilhelm dagegen noch fremd. Will man jenen politisch unerfahrenen Berufsoffizier auf dem Thron historisch suchen, von dem Bismarckquellen und Bismarckforschung sprechen, kann er rudimentär lediglich in den 1820er Jahren gefunden werden – allerdings ohne Thron.

Im Oktober 1828 hielt Wilhelm schließlich auf königlichen Befehl um die Hand der späteren Kaiserin Hand an. Seiner Familie gegenüber skizzierte er Augusta in geradezu rosaroten Farben. So schwärmte er etwa seinem älteren Bruder, er glaube, mit „Vertrauen u[nd] Ueberzeugung sagen" zu können, „daß ich mich sehr glücklich fühle u[nd] mit Bestimmtheit einer frohen u[nd] heiteren Zukunft, entgegen sehen kann. Ja ich versichere Dir, daß ich Auguste liebe!"[26] „Oft sagt man: die verschiedensten Charaktere geben die besten Ehen", schrieb er auch seinem Vater, „ich denke aber, wir wollen be-

---

21 Vgl. Marwitz (Hrsg.), Am preußischen Hofe, S. 166.

22 Wilhelm an L. Radziwill, 2. Januar 1827. Jagow (Hrsg.), Jugendbekenntnisse, S. 225.

23 Wilhelm an Charlotte, 28. Januar 1827. Börner (Hrsg.), Briefe, S. 118–119.

24 Wilhelm an L. Radziwill, 13. Mai 1827. Jagow (Hrsg.), Jugendbekenntnisse, S. 238.

25 Tagebuch L. v. Gerlach, 13. Februar 1853. GA, LE02756, S. 17.

26 Wilhelm an Friedrich Wilhelm (IV.), 27. Oktober 1828. GStA PK, VI. HA, Nl. Vaupel, Nr. 56, Bl. 252.

weisen, daß auch übereinstimmende es recht gut zusammen haben können."[27] Dem etwa gleichaltrigen Prinz Johann von Sachsen gestand Wilhelm dagegen drei Monate vor der Vermählung, die Verbindung sei „mehr durch die Vernunft als das Herz dictirt" worden.[28]

Augusta begleitete ihren Ehemann bis 1888 als zentrale biographische Konstante. Und politisch sollte sie an dessen Seite eine nicht zu unterschätzende Rolle spielen.[29] Für ihre Gegner wurde die liberale Weimarer Prinzessin zur absoluten Reizfigur – vor allem für Bismarck. Dabei muss dem „Eisernen Kanzler" eine selbst im zeitgenössischen Kontext einzigartige misogyn-paranoide Wirklichkeitswahrnehmung unterstellt werden.[30] Im Kern drehten sich die kontinuierlichen Angriffe und Schmähungen konservativer Hofkreise stets um die Frage, wie viel Einfluss die Kaiserin auf Wilhelm ausübte – und wie erfolgreich diese Versuche waren. So kolportierte Bismarck nach dem Tod seines kaiserlichen Souveräns, dieser soll ihm einmal geklagt haben, „Sie wissen, daß ich unter dem Pantoffel stehe".[31] Wie fast alle Worte, die der Kanzler seinem Kaiser postum in den Mund legte, ist auch dies Bonmot mehr als fragwürdig. Die Forschung folgt diesen Narrativen dennoch weitgehend unkritisch.[32] Der *Wille*, politischen Einfluss

---

27 Wilhelm an Friedrich Wilhelm III., 11. November 1828. Paul Alfred Merbach (Hrsg.), Wilhelms I. Briefe an seinen Vater König Friedrich Wilhelm III. (1827–1839), Berlin 1922, S. 53.

28 Wilhelm an Johann, 16. März 1829. Johann Georg Herzog von Sachsen (Hrsg.), Briefwechsel zwischen König Johann von Sachsen und den Königen Friedrich Wilhelm IV. und Wilhelm I. von Preußen, Leipzig 1911, S. 47.

29 Zu Augusta siehe David E. Barclay, Großherzogliche Mutter und kaiserliche Tochter im Spannungsfeld der deutschen Politik. Maria Pawlowna, Augusta und der Weimarer Einfluß auf Preußen (1811–1890), in: „Ihre Kaiserliche Hoheit". Maria Pawlowna. Zarentochter am Weimarer Hof. 2. Teil (CD-R) zur Ausstellung im Weimarer Schloßmuseum, o. O. 2004, S. 77–82; Alexa Geisthövel, Augusta-Erlebnisse. Repräsentationen der preußischen Königin 1870, in: Ute Frevert/Heinz-Gerhard Haupt (Hrsg.), Neue Politikgeschichte. Perspektiven einer historischen Politikforschung, Frankfurt am Main/New York 2005, S. 82–114; Monika Wienfort, Familie, Hof und Staat. Königin Augusta von Preußen, in: Jürgen Luh/Truc Vu Minh (Hrsg.), Die Welt verbessern. Augusta von Preußen und Fürst von Pückler-Muskau. Siebtes Colloquium vom 28.–30. September 2018, online unter: https://www.perspectivia.net/publikationen/kultgep-colloquien/7/wien fort (veröffentlicht 2018); Birgit Aschmann, Königin Augusta als „political player" in Preußens Politik, in: Ingeborg Schnelling-Reinicke/Susanne Brockfeld (Hrsg.), Karrieren in Preußen – Frauen in Männerdomänen, Berlin 2020, S. 271–290; Caroline Galm, Integrative „Beziehungsarbeit". Augusta von Preußen und ihr politischer Umgang mit der katholischen Bevölkerung, in: Historisch-Politische Mitteilungen 27 (2020), S. 27–49; dies., Anmerkungen zum politischen Handlungs- und Gestaltungsraum der Königin. Das Beispiel Augustas von Preußen, in: FBPG NF 32 (2022), S. 53–70.

30 Vgl. Claudia Kreklau, The Gender Anxiety of Otto von Bismarck, 1866–1898, in: German History Vol. 40, Nr. 2 (2022), S. 171–196.

31 Winfried Baumgart (Hrsg.), Herbert Graf von Bismarck. Erinnerungen und Aufzeichnungen 1871–1895, München 2015, S. 47.

32 Vgl. Heinz Bosbach, Fürst Bismarck und die Kaiserin Augusta, Dissertation, Köln 1936; Helene-Marie Conradi, Die weltanschaulichen Grundlagen der politischen Gedanken der Königin und Kaiserin Augusta, Dissertation, Göttingen 1945 [maschinenschriftlich]; Andreas Rose, Die „alte Fregatte" und ihr „Todfeind". Augusta und der „Eiserne Kanzler", in: Jürgen Luh/Truc Vu Minh (Hrsg.), Die Welt verbessern. Augusta von Preußen und Fürst von Pückler-Muskau. Siebtes Colloquium vom 28.–30. September 2018, online unter: https://www.perspectivia.net/publikationen/kultgep-colloquien/7/rose (veröffentlicht 2018).

auszuüben, kann Augusta allerdings nicht abgestritten werden. „Ich begreife nicht, wie es Personen geben kann, die bei dem, was das Wohl und Wehe ganzer Staaten betrifft, gleichgültig bleiben können", schrieb sie Wilhelm bereits 1829.[33] Politischen Aktivismus sah sie als dezidiert monarchische Verpflichtung. In einem Brief an ihre Mutter sprach die Prinzessin 1844 von „l'immense responsabilité qui repose sur moi, de bien remplir ma vocation et de penser aux devoirs qu'elle m'impose".[34] In dem „Bewußtsein", dass „ich Deine treueste Freundin bin", wie es Augusta 1858 ihrem Ehemann gegenüber formulierte, „werde ich stets nach gewissenhafter Pflichterfüllung streben."[35] Der erste Deutsche Kaiser ermutigte seine Ehefrau in dieser Beziehung sogar ausdrücklich. „Natürlich danke ich Dir sehr, wenn Du mir Alles mitteilst, was Du erfährst", schrieb er ihr beispielsweise 1864.[36] Und bereits 1847 hatte er Augusta erklärt, „höre so viele Urteile wie Du willst, teile sie mir nach wie vor mit, denn das ist Deine Pflicht, aber glaube nur nicht, daß jene Urteile immer die allein richtigen sind, weil sie nicht die meinigen und nicht die der Regierung sind."[37] Allerdings waren beide Ehepartner nur selten einer Meinung. Gegenüber dem sächsischen Ministerpräsidenten Friedrich Ferdinand von Beust soll sich die Kaiserin einmal treffend als „die politische *Soeur grise*" des Berliner Hofs bezeichnet haben.[38]

Als politische (sowie meist oppositionelle) Akteurin bewegte sich Augusta außerhalb der Gestaltungsgrenzen der Hohenzollernmonarchie, die Hausgesetz und dynastische Traditionen den weiblichen Mitgliedern setzten. Weder Thronfolge noch Regentschaft oder andere Politikämter waren für sie vorgesehen. Der Handlungsspielraum von Monarchengattinnen wie von Prinzessinnen war nicht kodifiziert. Allein aufgrund ihrer Existenz als biographische Konstanten waren sie im höfischen System allerdings krypto-institutionalisiert. Letztendlich muss Augustas dynastische Rolle jedoch vor allem als biologischer Natur charakterisiert werden, so profan und despektierlich dies auch klingen mag. Nachwuchs und Thronerben wurden von ihr erwartet. Wie Philipp zu Eulenburg-Hertefeld,– ein Intimfreund Wilhelms II., der die Kaiserin in ihren letzten Lebensjahren persönlich kennenlernte – in seinen Memoiren erzählt, sei es „für eine feinbesaitete Frau" wie Augusta keine Freude gewesen, „lediglich als ein Multiplikationsapparat angesehen zu werden".[39] Jenseits dieser dynastischen Handlungsebenen brach sie mit den spezifischen Geschlechterbildern des 19. Jahrhunderts, die den In-

---

33 Augusta an Wilhelm, 24. Januar 1829. Georg Schuster/Paul Bailleu (Hrsg.), Aus dem literarischen Nachlaß der Kaiserin Augusta. Mit Portraits und geschichtlichen Einleitungen, Bd. 1, Berlin 1912, S 103.
34 Augusta an Maria-Pawlowna, 30. September 1844. Ebd., Bd. 2, S. 304.
35 Augusta an Wilhelm, 11. Juni 1858. GStA PK, BPH, Rep. 51 T, Lit. P, Nr. 12, Bd. 8, Bl. 67.
36 Wilhelm an Augusta, 3. Juni 1864. GStA PK, BPH, Rep. 51 J, Nr. 509b, Bd. 10, Bl. 30.
37 Wilhelm an Augusta, 2. Juli 1847. Schuster/Bailleu (Hrsg.), Nachlaß, Bd. 2, S. 362–363.
38 Friedrich Ferdinand von Beust, Aus drei Viertel-Jahrhunderten, Bd. 2, Stuttgart 1887, S. 244.
39 Johannes Haller (Hrsg.), Aus 50 Jahren. Erinnerungen, Tagebücher und Briefe aus dem Nachlaß des Fürsten Philipp zu Eulenburg-Hertefeld, Berlin ²1925, S. 33.

teressens- und Aktionsradius einer Frau misogyn-restriktiv definierten.[40] Augusta selbst schien sich bewusst gewesen zu sein, dass sie ihren politischen Aktionismus vorsichtig camouflieren musste. So betonte sie beispielsweise 1857 gegenüber ihrem Schwiegersohn Friedrich I. von Baden, „daß ich weder Einfluß wünsche noch besitze, daß ich nur durch das Pflichtgefühl treuer Fürsorge geleitet werde, wenn ich über Dinge spreche und schreibe, die mir als Frau nicht zustehen, ja, die ich vielleicht einseitig oder zu lebhaft erfasse."[41] Und in einem Brief an Wilhelm von 1858 formulierte sie vielsagend, sie müsse einmal „*ausnahmsweise* von dem grundsätzlich von mir festgehaltenen Standpunkt der Nichteinmischung in Angelegenheiten, die mich als Frau nicht unmittelbar berühren, für diesmal" abweichen.[42] Aber diese geschlechtsspezifischen Rollenrestriktionen waren nicht völlig rigide. Königin Elisabeth etwa wurde von der Umgebung Friedrich Wilhelms IV. geradezu aufgefordert, ihren ehelichen Einfluss auch in politischen Fragen einzusetzen.[43] Augustas negatives Image war daher vor allem ein Produkt des konservativen Berliner Hofes, an dem die liberale Weimarer Prinzessin wie ein Fremdkörper wirkte.

Als *Frau, Ehefrau* und *Mutter* wurde von der Monarchengattin zudem erwartet, dass sie populären bürgerlichen Idealen entsprach. Öffentlich sollten Frauen eine lediglich dekorative Rolle an der Seite ihrer Ehemänner spielen.[44] Diese Rollenherausforderung war für dynastische Akteure ungleich größer als für ihre Untertanen. Die Monarchie sah sich um ihrer Popularisierung willen zusehends gezwungen, bürgerliche Familientopoi zu imitieren und anzueignen. Das hieß letztlich nichts anderes, als das vermeintliche Privatleben öffentlich zu inszenieren. Friedrich Wilhelm III. etwa war kein „Bürgerkönig", wie bisweilen kolportiert wurde. Seine demonstrativ gelebte Häuslichkeit war lediglich eine Reaktion auf den bürgerlichen Strukturwandel der Öffentlichkeit. Aber mit diesem Verhalten trug er bereits früh zur Entstehung von Sympathie und Anhänglichkeit gegenüber der königlichen Familie bei.[45] Das Kapital *moralischer* Autorität, das durch ein öffentlich inszeniertes Familienleben der herrschenden Dynastie ge-

---

40 Vgl. Svenja Kaduk, „…die zarten Künste der Damenpolitik": Zur geschlechtlichen Dimension des Politischen deutschsprachigen Nationalhistoriographie, in: Willibald Steinmetz (Hrsg.), „Politik". Situation eines Wortgebrauchs im Europa der Neuzeit, Frankfurt am Main/New York 2018, S. 314–338.
41 Augusta an Friedrich I., 25. Oktober 1857. Hermann Oncken (Hrsg.), Großherzog Friedrich I. von Baden und die deutsche Politik von 1854–1871. Briefwechsel, Denkschriften, Tagebücher, Bd. 1, Berlin/Leipzig 1927, S. 60.
42 Augusta an Wilhelm, 27. Oktober 1858. GStA PK, BPH, Rep. 51 T, Lit. P, Nr. 12, Bd. 8, Bl. 111.
43 Vgl. Tagebuch L. v. Gerlach, 11. Februar 1855. GA, LE02758, S. 24.
44 Vgl. Elke Haarbusch, Der Zauberstab der Macht. „Frau bleiben". Strategien zur Verschleierung von Männerherrschaft und Geschlechterkampf im 19. Jahrhundert, in: dies./Helga Grubitzsch/Hannelore Cyrus (Hrsg.), Grenzgängerinnen. Revolutionäre Frauen im 18. und 19. Jahrhundert. Weibliche Wirklichkeit und männliche Phantasien, Düsseldorf 1985, S. 219–255.
45 Vgl. Thomas Stamm-Kuhlmann, War Friedrich Wilhelm III. von Preußen ein Bürgerkönig?, in: Zeitschrift für Historische Forschung Vol. 16, Nr. 4 (1989), S. 441–460.

wonnen werden sollte, konnte potentiell in *politische* Autorität transformiert werden.[46] Perfektioniert wurde dieses Modell im britischen Königspalast, unter der Ägide des Coburger Prinzen Albert, seit 1840 Ehemann Queen Victorias. Nachdem Victorias Vorgänger auf dem Thron das öffentliche Ansehen der Krone durch ihre als unmoralisch diskreditierte Lebensführung desavouiert hatten, gelang es Albert, die königliche Familie durch eine gezielte Zurschaustellung von Biederkeit und Emotionalität als moralischer Fokuspunkt der viktorianischen Gesellschaft neu zu etablieren.[47] Doch die Konzepte von Liebesheirat, väterlichem Patriarchat, emotionaler Beziehungen und einem familiären Privatleben kollidierten mit den monarchischen Traditionen und Werten der Dynastie als Herrschafts- und Souveränitätsmodell – in Großbritannien wie auch in anderen europäischen Monarchien.

Die dynastische Familie des Ancien Régime war eine Institution der Machtausübung und Machtkoordinierung. Nur schwer konnten die geforderten Doppelrollen von Monarch und Thronfolger, Souverän und Untertan, Vater und Sohn miteinander in Einklang gebracht werden. Bis zu seinem eigenen Herrschaftsantritt übte etwa nicht Wilhelm als Ehemann und Vater die Familiengewalt aus, wie es das bürgerliche Ideal verlangte. Stattdessen unterstand er in allen Entscheidungen persönlicher, familiärer, finanzieller oder politischer Art dem König als dynastischem Hausherrn. Dieses absolute Abhängigkeits- und Unterordnungsverhältnis schuf nicht wenig Konfliktpotential, wie der erste Hohenzollernkaiser selbst wiederholt erleben sollte. Es war nahezu unmöglich, die private und öffentliche Sphäre des Familienlebens auseinanderzuhalten, den Kontrast von Gelebtem und Behauptetem zu minimieren. Die Fassade einer inszenierten Idylle aufrechtzuerhalten, erwies sich für alle königlichen Familien als große Herausforderung – selbst für love matches wie Queen Victoria und Prince Albert. Aber Augusta und Wilhelm konnten nicht einmal auf eine solche emotionale Basis zurückgreifen.

Bereits früh nach der Hochzeit am 11. Juni 1829 konnten erste eheliche Kommunikations- und Umgangsprobleme beobachtet werden. Besonders Augustas geschlechtsunerwünschtes Verhalten war in den Augen ihres vierzehn Jahre älteren Ehemannes ein häusliches Reizthema. Seiner Schwester Alexandrine gegenüber klagte Wilhelm im März 1830, dass sich die Prinzessin „zu oft in Diskussionen einläßt, die sie allerdings mit voller Umfassung des Gegenstandes durchführt, die aber eigentlich über ihre Sphäre gehen, was […] ihr einen Anstrich von femme d'esprit gibt, der nicht erwünscht für sie ist, weil sie überhaupt schon in der Reputation immer stand, daß der Verstand über das Herz regiere." Er habe Augusta daher „schon oft […] empfohlen, ihre sehr gereiften Geistesgaben wenigstens dadurch in Einklang mit ihrem Alter und mit ihrem Geschlecht zu halten, daß ihre Äußerungen weniger als ein festes Urteil erscheinen, als vielmehr

---

46 Vgl. Monika Wienfort, Dynastic Heritage and Bourgeois Morals. Monarchy and Family in the Nineteenth Century, in: Heidi Mehrkens/Frank Lorenz Müller (Hrsg.), Royal Heirs and the Uses of Soft Power in Nineteenth-Century Europe, London 2016, S. 163–179.
47 Vgl. Cannadine, Invention of Tradition, S. 108–116; Hans-Joachim Netzer, Albert von Sachsen-Coburg-Gotha. Ein deutscher Prinz in England, München 1988, S. 215–231; Karina Urbach, Queen Victoria. Die unbeugsame Königin. Eine Biografie, München 2018, S. 104–131.

eine Meinung."[48] Im Juni desselben Jahres notierte Gerlach nach einem Gespräch mit Wilhelm, „die Prinzessin reize ihn durch Rechthaberei in Kleinigkeiten".[49] Und im selben Monat formulierte der Prinz gegenüber Charlotte den Wunsch, „wenn nur erst" Augustas „Herz immer mehr Uebergewicht über den Kopf bekommt, dann wird Alles gut werden."[50] Doch ein halbes Jahr später lamentierte er, seine Ehefrau „ist sehr sehr schwer zu leiten, da dem *Herzen* keine Gewalt über den *Kopf* eingeräumt werden soll. Diese Richtung zu brechen, ist mein unablässiges Bestreben; es giebt Tage wo Ruhe, Sanftmuth, Heftigkeit, Ueberredung, Alles nichts helfen. Das ist manchmal recht hart zu erleben".[51]

„Du wünscht mir zum neuen Jahr: Auguste mehr Weiblichkeit und mir mehr Geduld!", schrieb Wilhelm seiner Schwester im Januar 1831. „Da hast Du den Nagel auf den Kopf getroffen! Wie mich der so ofte Mangel des ersteren schmerzt, kannst Du am besten begreifen, da Du ja weißt, wie mir das Gerade Bedürfnis ist! und wie ich es sonst fand und liebte! Aber nicht minder schmerzt mich mein Mangel an Geduld, obgleich ich täglich darum bete! und mich auch viel öfter jetzt beherrsche."[52] Mit dem hier geäußerten Wunsch, Augusta solle mehr „Weiblichkeit" demonstrieren, berührte der Prinz neben dem geschlechtsunerwünschten Verhalten seiner Ehefrau implizit auch die drängende Thronerbenfrage. Nach der Vermählung sollten über zwei Jahre vergehen, ehe der spätere 99-Tage-Kaiser Friedrich III. geboren wurde. Erst im Februar 1831 konnte Wilhelm seiner Schwester berichten, „daß es scheint daß Auguste, – hopes – ist. Nämlich seit fast 3 Wochen erwartet sie etwas, was nicht kam [...]. Es wird dies Ereigniß gewiß auf uns Beide mächtig wirken, und meine Nachsicht und ihre Weiblichkeit vermehren."[53] Der lang erwartete männliche Nachkomme wurde am 18. Oktober 1831 unter Komplikationen und Instrumenteneingriff geboren.[54] Das Datum als Jahrestag der Völkerschlacht bei Leipzig bezeichnete Wilhelm gegenüber seiner Schwester Luise als „schöne Vorbedeutung" für die potentielle Zukunft seines Sohnes, der bis 1888 ebenfalls Friedrich Wilhelm genannt wurde.[55]

Nicht nur den Eltern, auch der Dynastie und Öffentlichkeit war bewusst, dass der Neugeborene voraussichtlich einst den preußischen Thron besteigen würde. Bereits wenige Tage nach der Geburt berichtete Wilhelm seiner Schwester, dass „oft Anspielungen auf die Zukunft unseres Kleinen gemacht werden!"[56] Friedrich Wilhelms Er-

---

48 Wilhelm an Alexandrine, 26. März 1830. Johannes Schultze (Hrsg.), Hrsg.), Kaiser Wilhelms I. Briefe an seine Schwester Alexandrine und deren Sohn Großherzog Friedrich Franz II., Berlin/Leipzig 1927, S. 60 – 61.
49 Tagebuch L. v. Gerlach, GA, LE02780, S. 11 – 12.
50 Wilhelm an Charlotte, 24. Juni 1830. GStA PK, BPH, Rep. 51, Nr. 856.
51 Wilhelm an Charlotte, 30. Dezember 1830. Ebd.
52 Wilhelm an Charlotte, 23. Januar 1831. Börner (Hrsg.), Briefe, S. 151.
53 Wilhelm an Charlotte, 17. Februar 1831. GStA PK, BPH, Rep. 51, Nr. 857.
54 Vgl. Frank Lorenz Müller, Der 99-Tage-Kaiser. Friedrich III. von Preußen. Prinz, Monarch, Mythos, München 2013.
55 Wilhelm an Luise, 19. Oktober 1831. GStA PK, BPH, Rep. 51, Nr. 853.
56 Wilhelm an Charlotte, 23. Oktober 1831. Börner (Hrsg.), Briefe, S. 164.

ziehung wurde daher von Anfang an auf die Möglichkeit einer Thronbesteigung ausgelegt – anders als dies bei seinem Vater der Fall gewesen war. Grundkonzept und Bildungsinhalte des pädagogischen Programms gingen dabei auf Augusta zurück, die auch die zivilen Erzieher ihres Sohnes auswählte und inspizierte. Die Mutter, nicht der Vater, sollte die zentrale und langfristig prägende Rolle in der Zukunftsplanung des späteren 99-Tage-Kaisers spielen.[57] Wilhelm ließ seiner Ehefrau auf diesem Gebiet freie Hand. Aktiv und gestaltend griff er in die Erziehung seines Sohnes lediglich in militärischen Dingen ein. Dem Militärgouverneur Friedrich Wilhelms erklärte er 1847, er habe sich nicht „den Vorwurf [...] machen" wollen, „meinen Sohn, der voraussichtlich zu anderem Berufe als dem rein militärischen ausersehen ist, meine Vorliebe für das Militär nicht einseitig incolirt zu haben; und mein ganzes Benehmen in dieser Beziehung auf seine Instruction und Erziehung gibt Zeugniß von dieser Ansicht, die durchzuführen mir oft *sehr schwer* geworden ist."[58] Erst mit seinem eigenen Herrschaftsbeginn sollte Wilhelm der politischen Ausbildung seines Sohnes aktives Interesse widmen – und darüber schließlich einen lebenslangen Bruch herbeiführen. Weniger konfliktbelastet sollte sein Verhältnis zu seiner Tochter Luise verlaufen, die am 4. Dezember 1838 geboren und nach ihrer 1810 verstorbenen Großmutter benannt wurde[59] – sieht man einmal davon ab, dass Wilhelm und Luises Ehemann 1866 Krieg gegeneinander führten. Weiterer Nachwuchs blieb dem Prinzenpaar nicht vergönnt, trotz nachweisbarer dynastischer Bemühungen: Wie Wilhelm seiner Schwiegermutter Maria Pawlowna berichtete, erlitt Augusta zwei Fehlgeburten, im März 1842 und im August 1843.[60]

Eine Rückwirkung der Geburt der beiden Kinder auf den ehelichen Modus vivendi kann aus den Quellen nicht rekonstruiert werden. Wilhelms Schwester Alexandrine berichtete Kronprinzessin Elisabeth 1834, ihr Bruder und Augusta würden „wie Hund und Katze leben."[61] Und 1837 klagte der Prinz über den „Egoismus" und die „kaum zu ertragenden Launen" seiner Ehefrau.[62] Diese Launen wurden von manchen Autoren auf

---

57 Vgl. Andreas Bernhard, Friedrich III. Ein Prinz im Widerstreit der Erziehungsmethoden, in: Im Dienste Preußens. Wer erzog Prinzen zu Königen?, hrsg. v. d. Stiftung Stadtmuseum Berlin, Berlin 2001, S. 173–195; Müller, Thronfolger, S. 190–195.

58 Wilhelm an Unruh, 25. Oktober 1847. GStA PK, BPH, Rep. 51 J, Nr. 866.

59 Zu Luise von Baden siehe Clemens Siebler, Luise Marie Elisabeth von Baden 1838–1923, in: Elisabeth Noelle-Neumann (Hrsg.), Baden-Württembergische Portraits. Frauengestalten aus fünf Jahrhunderten, Stuttgart 2000, S. 137–144; Ilona Christa Scheidle, Emanzipation zur Pflicht. Großherzogin Luise von Baden, in: Zeitschrift für die Geschichte des Oberrheins 152 (2004), S. 371–392.

60 Siehe Wilhelms Briefe an Maria Pawlowna vom 7. März 1842 und 19. August 1843, in: Johannes Schultze (Hrsg.), Kaiser Wilhelms I. Weimarer Briefe, Bd. 1, Berlin/Leipzig 1924, S. 138–139, S. 150–151.

61 Alexandrine an Elisabeth, 7. Mai 1834. René Wiese/ Jandausch (Hrsg.), Schwestern im Geiste. Briefwechsel zwischen Großherzogin Alexandrine von Mecklenburg-Schwerin und Königin Elisabeth von Preußen, Bd. 1, Wien/Köln/Weimar 2021, S. 99.

62 Wilhelm an Charlotte, 31. Dezember 1837. GStA PK, BPH, Rep. 51, Nr. 862.

eine angeblich manisch-depressive Erkrankung Augustas zurückgeführt.[63] Marie von Bunsen, eine Berliner Salonnière, die den liberalen Kreisen um Friedrich III. nahestand, setzte diese medizinhistorisch mehr als spekulative Diagnose in die Welt. Als vermeintliche Belege dienen ihr Briefpassagen aus Augustas Korrespondenz mit ihrem Bruder Carl Alexander, in denen die Kaiserin von „profonde tristesse" oder „Schwermut" spricht.[64] Ein derart fachfremder Befund auf Grundlage weniger ausgewählter Zitate muss mindestens kritisch betrachtet werden. Naheliegender ist, dass Augusta lediglich ihr unglückliches Eheleben in Worte zu fassen versuchte. In dieser Perspektive war ihr Schicksal am Berliner Hof keinesfalls exzeptionell. Wie Caroline von Rochow berichtet, soll auch Augustas Schwester Marie „eine wenig harmonische Ehe" mit Wilhelms Bruder Carl geführt haben.[65] Albrecht, der jüngste Bruder unter den Hohenzollerngeschwistern, ließ sich sogar von seiner ersten Ehefrau scheiden.[66]

Es ist zudem nicht unwahrscheinlich, dass Augustas Verhältnis zu Wilhelm auch durch die zahlreichen außerehelichen Affären belastet wurde, die dieser zeit seines Lebens unterhielt. Der erste Hohenzollernkaiser versuchte kaum, Diskretion zu wahren. Vielmehr müssen Wilhelms amouröse Abenteuer als public knowledge betrachtet werden. Während der Märzrevolution soll sich der Barrikadenzorn gar gegen eine Geliebte des verhassten „Kartätschenprinzen" gerichtet haben, wie Leopold von Gerlach 1858 von Wilhelms Sekretär Louis Schneider erfahren haben will. „Schneider erzählt von seinen Verdiensten, wie er den Sturm auf die Tänzerin Fergeois verhindert, von dem an den Theatertüren am 20. März 48 circa mit Kreide gestanden: ‚Morgen kommt die Reihe an Dich!'"[67] „Das Reden über die Ausschweifungen des Prinzen von Preußen wird immer allgemeiner", berichtete der Militär 1859.[68] Und Gerlachs Bruder Ernst Ludwig notierte 1862, „daß Berlin voll sei von der fortdauernden Mätressenwirtschaft des Königs".[69] Auch hier muss betont werden, dass der zweitälteste Hohenzollernprinz keine Ausnahme unter seinen Geschwistern darstellte. Denn das außereheliche Liebesleben der Prinzen Carl und Albrecht war in Berlin kaum weniger Gegenstand des höfischen wie öffentlichen Interesses. Augusta etwa berichtete ihrem Ehemann, jedermann sei in Kenntnis „des sittlichen Verfalls und der politischen Gefahr Deines Bruders Karl", und vor Albrechts „Zudringlichkeit" sei sie von ihrer Schwägerin Elisabeth schon „öfters gewarnt" worden.[70] Dass allerdings auch ausgerechnet Wilhelm die Sorge for-

---

63 Vgl. Karin Feuerstein-Praßer, Augusta. Kaiserin und Preußin, München ²2011, S. 233; Barclay, Mutter und Tochter, S. 78; Fischer, Wilhelm I., S. 67–68.
64 Vgl. Marie von Bunsen, Kaiserin Augusta, Berlin 1940, S. 80–84.
65 Marwitz (Hrsg.), Am preußischen Hofe, S. 202.
66 Vgl. Schönpflug, Heiraten, S. 103–104.
67 Tagebuch L. v. Gerlach, 20. März 1858. GA, LE02760, S. 8.
68 Tagebuch L. v. Gerlach, 14. August 1859. GA, LE02761, S. 88.
69 Tagebuch E. L. v. Gerlach, 10. Dezember 1862. Hellmut Diwald (Hrsg.), Von der Revolution zum Norddeutschen Bund. Politik und Ideengut der preußischen Hochkonservativen 1848–1866. Aus dem Nachlaß von Ernst Ludwig von Gerlach, Bd. 1, Göttingen 1970, S.438.
70 Augusta an Wilhelm, 31. August 1859. GStA PK, BPH, Rep. 51 T, Lit. P, Nr. 12, Bd. 8, Bl. 227

mulierte, seine jüngeren Brüder könnten mit ihrer „unmoralischen Aufführung" das Ansehen der Dynastie gefährden, entbehrt nicht einer gewissen Ironie.[71]

Wahrscheinlich war der erste Deutsche Kaiser zudem Vater mehrerer unehelicher Kinder, wie beispielsweise sein Briefwechsel mit einer gewissen Gabriele de Karska nahelegt, einer polnischen Magnatin. Mit ihr korrespondierte er regelmäßig über seinen „Patensohn" Charles, ließ Mutter und Kind finanzielle Unterstützung und politische Protektion zukommen, und bat dabei um absolute Diskretion.[72] Auch liegt die Vermutung nahe, dass Augusta von Wilhelms zahlreichen außerehelichen Eskapaden Kenntnis hatte. Wie der kaiserliche Zivilkabinettschef Karl von Wilmowski die Nachwelt informierte, soll die Kaiserin nicht gewünscht haben, Damen in der Nähe ihres Ehemannes untergebracht zu sehen, die im Verdacht standen, mit jenem eine Affäre zu unterhalten – darunter Luise von Oriola, Augustas langjährige Hofdame.[73] Catherine Radziwill, die in den 1880er Jahren wiederholt den Berliner Hof besuchte, behauptete gar vielsagend, dass sich die Hofdame über den Tod der Kaiserin „wahrscheinlich freuen würde, weil sie vielleicht im Herzen die unbestimmte Hoffnung nährt, dass, wenn dieses Hinderniss einmal verschwindet, der Kaiser dazu bewogen werden könnte, dem Beispiele seines Vaters folgend, eine zweite Fürstin Liegnitz zu schaffen."[74]

All diese Faktoren trugen wahrscheinlich dazu bei, dass das Verhältnis des Prinzenpaares bereits seit den 1830er Jahren von einer emotionalen Distanz gekennzeichnet war. Und diese Entfremdung sollte im weiteren Eheverlauf sogar räumliche Dimensionen annehmen. Das 1835 eingeweihte Schloss Babelsberg in Potsdam nutzten Prinz und Prinzessin als Sommerresidenz, Hauptwohnsitz war seit 1837 das Berliner Palais Unter den Linden.[75] Während der 1850er Jahre sollte das Paar schließlich Koblenz als Residenz beziehen, Wilhelm aber regelmäßig über mehrere Monate in Berlin bleiben. Nach seiner Herrschaftsübernahme sollte sich dann eine bis 1888 vergleichsweise konstante jährliche Ordnung entwickeln. Diese sah Augusta lediglich in den Winter- und Frühlingsmonaten in der Hauptstadt, im Sommer und Herbst dagegen bevorzugt auf langen Reisen und Aufenthalten in West- und Süddeutschland.[76] Spätestens im geeinten Deutschland konnte daher die Fassade einer bürgerlichen Beziehungsidylle nicht mehr aufrechterhalten werden. Statt des kaiserlichen Ehepaares dominierte eine Mutter-Sohn-Dyade das öffentliche Familienbild der Dynastie: die jung verstorbene Königin Luise und ihr Sohn Wilhelm. Das Martyrium der „preußischen Madonna" fungierte

---

71 Wilhelm an Charlotte, 4. Januar 1835. GStA PK, BPH, Rep. 51, Nr. 861.

72 Vgl. GStA PK, BPH, Rep. 51 J, Nr. 770 bis Nr. 786.

73 Vgl. Gerhard Besier (Hrsg.), Die „Persönlichen Erinnerungen" des Chefs des Geheimen Zivilkabinetts, Karl von Wilmowski (1817–1893), in: Jahrbuch für Berlin-Brandenburgische Kirchengeschichte 50 (1977), S. 131–185, hier: S. 172–174.

74 [Catherine Radziwill], Hof und Hofgesellschaft in Berlin, Budapest ³1884, S. 46.

75 Vgl. Wolfgang Neugebauer, Funktion und Deutung des „Kaiserpalais". Zur Residenzstruktur Preußens in der Zeit Wilhelms I., in: FBPG NF 18 (2008), S. 67–95.

76 Vgl. Karl Hammer, Die preußischen Könige und Königinnen im 19. Jahrhundert und ihr Hof, in: Pariser Historische Studien 21 (1985), S. 87–98, hier: S. 94–95.

zusammen mit dem siegreichen „Heldenkaiser" der Einigungskriege auf der historischen Mythenebene als repräsentative Erfolgs- und Rechtfertigungsstory. In diesem
breit rezipierten Narrativ fand Augusta schlichtweg keinen Platz.[77] Doch als biographische Konstante sollte sie Wilhelms Leben und Herrschaft bis 1888 mitprägen. Dass
die fast sechs Jahrzehnte Eheleben alles andere als harmonisch verliefen, dass beide
Ehepartner in späteren Jahren meist getrennt voneinander lebten, muss aus For-
scherperspektive sogar als Glücksfall betrachtet werden. Denn Kaiser und Kaiserin
waren dadurch gezwungen, meist schriftlich miteinander zu kommunizieren. Die etwa
5.800 überlieferten Briefe Wilhelms und Augustas erlauben einen quantitativ wie
qualitativ einzigartigen Blick in den Modus vivendi des Monarchenpaares.[78] Bisweilen
schrieben sich beide Korrespondenzpartner sogar täglich, und tauschten sich dabei über
mondäne wie hochpolitische Themen aus. Und immer wieder sollte Augusta versuchen,
Wilhelm auf ihre Seite zu ziehen. Erfolg hatte sie dabei aber wenig.

---

77 Vgl. Eva Giloi, Durch die Kornblume gesagt. Reliquien-Geschenke als Indikator für die öffentliche
Rolle Kaiser Wilhelms I., in: Thomas Biskup/Martin Kohlrausch (Hrsg.), Das Erbe der Monarchie. Nachwirkungen einer deutschen Institution seit 1918, Frankfurt am Main/New York 2008, S. 96–116; dies.,
Monarchy, S. 167–172.
78 Vgl. Susanne Bauer, Die Briefkommunikation der Kaiserin Augusta, (1811–1890). Briefpraxis, Briefnetzwerk, Handlungsspielräume, Berlin 2024.

„Ich hieß damals der Revolutionsriecher!"
Restauration und Revolutionstrauma nach 1815

Mit dem Sturz Napoleons begann die sogenannte Restaurationsära. Am demonstrativen Anfang wie im strukturellen Zentrum dieser neuen Epoche stand die Herrschaftsrestauration der Bourbonenmonarchie in Frankreich. Wilhelm befand sich im April 1814 in Paris, als der französische Senat den Grafen von Provence, den jüngeren Bruder des 1793 hingerichteten Ludwigs XVI., zum König proklamierte. „Ein Volk von einer unerduldlichen Tyrannei befreit zu haben, und ihm seinen rechtmäßigen Herren wieder zuzuführen, ist wohl ein Fall der nicht oft vorkommt"[1] – die Perspektive, mit der hier der Hohenzollernprinz jene Ereignisse kommentierte, ähnelte in vielerlei Hinsicht der des Grafen von Provence. Dieser trat seine Regierung als Ludwig XVIII. an – ein Name und eine Ordnungszahl, die eine konkrete monarchische Agenda implizierten. Denn der vermeintliche Ludwig XVII. hatte seine Herrschaft nie angetreten. Doch im dynastischen Legitimitätsverständnis galt er seit dem Augenblick der Hinrichtung seines Vaters als Monarch von Gottes Gnaden. Deshalb hatte Ludwig XVIII. diesen Titel für sich bereits seit dem Tod seines Neffen 1795 in Anspruch genommen. Die tiefen Umbrüche in Frankreich seit 1789 reflektierte der neue Herrscher dennoch. Er restaurierte nach 1814 nicht die absolutistische Monarchie des Ancien Régime. Mit dem Oktroi der charte constitutionnelle versuchte er sich stattdessen an einem Kompromiss, der das Königtum von Gottes Gnaden und den Konstitutionalismus der Revolutionszeit konsolidierte. Diese Restauration sollte für die Geschichte der Monarchie im 19. Jahrhunderts Beispielcharakter besitzen.[2]

Nicht allein Stagnation und Repression prägten den Prozess der Restauration in Europa, sondern auch eine Kompromissfähigkeit der Throninhaber, die sich in einer vulnerablen Position befanden. Revolutionsfurcht wurde zum entscheidenden Handlungsmotiv. Der Verfassungsoktroi, wie ihn Ludwig XVIII. durchgeführt hatte, konservierte die monarchische Herrschaft und stellte gleichzeitig ein Integrationsangebot an die politisierte Bevölkerung dar. Restauration bedeutete nicht den Versuch einer Rückkehr in vorrevolutionäre Zustände. Denn eine solche war schlichtweg unmöglich, hatten doch die Revolutionskonflikte und Napoleonischen Kriege nicht nur in Europa sondern auch global gravierende soziale und geopolitische Veränderungen nach sich gezogen.[3] In diesem Kontext muss die Restauration als Modernisierungsprozess betrachtet werden, als Reaktion auf neuentstandene Machtverhältnisse seit der Französischen Revolution. Das 1815 in Wien geschaffene Kongresssystem stellte den gesamt-

---

1 Wilhelm an Charlotte, 11. April 1814. Granier (Hrsg.), Hohenzollernbriefe, S. 236.
2 Vgl. Volker Sellin, Das Jahrhundert der Restaurationen 1814 bis 1906, München 2014, S. 15–34.
3 Vgl. Ute Planert, Auftakt zum 19. Jahrhundert. Die Neuordnung der Welt im Zeitalter Napoleons, in: Birgit Aschmann (Hrsg.), Durchbruch der Moderne? Neue Perspektiven auf das 19. Jahrhundert, Frankfurt am Main/New York 2019, S. 29–55.

https://doi.org/10.1515/9783111323954-006

europäischen Versuch dar, jene historischen Entwicklungen und Brüche wo möglich zu paralysieren, wo dies aber unmöglich war, zu kanalisieren.[4]

Die Revolutionserlebnisse stellten für die Herrschenden und konservativen Eliten nach 1815 ein kollektives Erfahrungstrauma dar. Und bewältigt wurde dieses Trauma in Form eines politischen Lernprozesses. Die jakobinische Terrorherrschaft und die Napoleonischen Kriege wurden unter dem Eindruck der Gewalt- und Umbrucherfahrungen als vermeintlich inhärente Konsequenz der Revolution gedeutet.[5] Innerhalb dieses konservativen Diskurses fand die Auseinandersetzung mit der Bewegung des politischen Liberalismus statt – einer diffusen, meist individualistisch orientierten Bewegung. Doch allen liberalen Ausprägungen gemeinsam war die Forderung nach einer Reform der 1815 restaurierten absolutistischen Herrschaftssysteme.[6] In den Deutungsparametern des Revolutionsdiskurses standen derartige Forderungen jedoch am Anfang jener teleologischen Entwicklung, die vermeintlich zu Chaos, Anarchie, Gewalt und Terror führen *musste*. Die Restauration war daher auch ein gesamteuropäischer Versuch, eine Wiederholung dieses destruktiven Geschichtsprozesses zu verhindern.

Das Kongresssystem sollte dauerhafte politische und gesellschaftliche Stabilität auf dem Fundament legitimer Herrschaft schaffen. Doch die genaue Definition dieser Legitimität erwies sich als kompliziert.[7] Im Zuge von Revolution und Kriegen waren nicht wenige Staaten und Dynastien von der politischen Landkarte verschwunden. Von deren Zerstörung hatten wiederum andere monarchische Akteure profitiert – im Bund mit oder gegen den Empereur. Das Kongresssystem zeichnete sich daher von Anfang an durch eine vergleichsweise hohe ordnungspolitische Flexibilität aus.[8] Legitimität bedeutete in diesem Kontext vor allem herrschaftspolitische Kontinuität und Stabilität, durch die ein erneutes Ausbrechen revolutionärer Umbrüche verhindert werden sollte. Der Wiener Kongress legitimierte Monarchien des Ancien Régime ebenso wie jene Dynastien, die erst im Windschatten Napoleons zu Titel und Territorium gekommen waren.[9] Legitimität als staatliche Ordnungs- und Handlungsgröße trat im Konfliktfall hinter die geopolitischen und strategischen Eigeninteressen der monarchischen Akteure zurück. Auch wurde unter dem Vorwand der Legitimitätssicherung nicht selten dy-

---

4 Vgl. Matthias Schulz, Europagedanke und europäischer Frieden zur Zeit des Wiener Kongresses, in: Klaus Ries (Hrsg.), Europa im Vormärz. Eine transnationale Spurensuche, Ostfildern 2016, S. 61–70.

5 Vgl. Amerigo Caruso, Nationalstaat als Telos? Der konservative Diskurs in Preußen und Sardinien-Piemont 1840–1870, Berlin 2017, S. 47–48.

6 Vgl. Ernst Rudolf Huber, Deutsche Verfassungsgeschichte seit 1789, Bd. 1, Stuttgart 1957, S. 371–402; Dieter Langewiesche, Liberalismus in Deutschland, Frankfurt am Main 1988, S. 12–15; Heinrich August Winkler, Der lange Weg nach Westen, Bd. 1, München ²2001, S. 76–78; Jörn Leonhard, Liberalismus. Zur historischen Semantik eines europäischen Deutungsmusters, München 2001, S. 127–348.

7 Vgl. Robert Frie, Das Legitimitätsprinzip des Wiener Kongresses, in: Archiv des Völkerrechts 5. Bd., Nr. 3 (1955), S. 272–283.

8 Vgl. Dieter Langewiesche, Der gewaltsame Lehrer. Europas Kriege in der Moderne, München 2019, S. 80–82.

9 Vgl. Hans-Christof Kraus, Machtwechsel, Legitimität und Kontinuität als Probleme des deutschen politischen Denkens im 19. Jahrhundert, in: Zeitschrift für Politik. Neue Folge 45 (1998), S. 49–68.

nastische und staatliche Machtpolitik betrieben. Rechts- und Herrschaftssicherheit bildeten das Fundament des Kongresssystems nach 1815. Dieses System muss mehr als europäisches Equilibrium charakterisiert werden, denn als balance of power der fünf Großmächte Großbritannien, Frankreich, Preußen, Österreich und Russland. Dabei war die Hohenzollernmonarchie mit Abstand das kleinste und schwächste Mitglied der Pentarchie. Aber in diesem Equilibrium konnte auch Berlin in Fragen der allgemeinen Friedenssicherung und antirevolutionären Politik auf Kompromissbereitschaft rechnen. Alle Pentarchiemächte teilten das gemeinsame Interesse am Erhalt der Wiener Ordnung als Fundament legitimer – auf politische und gesellschaftliche Stabilität ausgerichteter, im Regelfall monarchischer – Herrschaft.[10]

Ihren deutlichsten Ausdruck fand diese transnationale dynastische Solidarität im Projekt der Heiligen Allianz Zar Alexanders I., jener institutionalisierten Idee einer aktiven Revolutions- und Kriegsprävention.[11] König Friedrich Wilhelm III. von Preußen, Kaiser Franz von Österreich und andere Monarchen entschieden sich für den Beitritt zum Petersburger Club aus dem vornehmlich defensiven Motiv der Herrschaftssicherung nach innen und außen. Die Heilige Allianz kann daher als bewusstes Gegenprojekt zu den nationalen und liberalen Bewegungen der Revolutionszeit verstanden werden. Nach 1815 bot sich den gekrönten Herrschern ein zeitlich begrenztes window of opportunity einer royalen Internationale. Bis zum großen Monarchiesterben im Ersten Weltkrieg sollte sich dieses Fenster nie wieder öffnen. Denn neben der Nationalisierung als Eingrenzungsfaktor monarchischer Politik sollte insbesondere die Konstitutionalisierung die Stellung der Krone im Staat zusehends institutionalisieren. Dynastische Alleingänge in der Außenpolitik wurden damit effektiv blockiert. Es war daher alles andere als ein Zufall, dass die Heilige Allianz zunächst von den absolutistisch regierenden Fürsten in Sankt Petersburg, Wien und Berlin geschlossen wurde. Denn deren Herrschaft war im Vergleich etwa zum konstitutionellen System in Großbritannien staatlich schwächer integriert und domestiziert.[12]

Die preußisch-russischen Beziehungen funktionierten nach 1815 noch in stärkerem Maße entlang traditioneller dynastischer Kanäle denn moderner diplomatischer Institutionen. So war auch die Heirat von Wilhelms Schwester Charlotte und Alexanders

---

10 Vgl. Paul W. Schroeder, Did the Vienna Settlement Rest on a Balance of Power?, in: The American Historical Review Vol. 97, Nr. 3 (1992), S. 683–706, hier: S. 695–696; Schulz, Europagedanke, S. 64–65; Johannes Paulmann, Globale Vorherrschaft und Fortschrittsglaube. Europa 1850–1914, München 2019, S. 364.
11 Vgl. Philipp Menger, Die Heilige Allianz. „La garantie religieuse du nouveau système Européen"?, in: Wolfram Pyta (Hrsg.), Das europäische Mächtekonzert. Friedens- und Sicherheitspolitik vom Wiener Kongreß 1815 bis zum Krimkrieg 1853, Köln u. a. 2009, S. 209–236; Katja Frehland-Wildeboer, Treue Freunde? Das Bündnis in Europa 1714–1914, München 2010, S. 251–255.
12 Vgl. Johannes Paulmann, Searching for a „Royal International". The Mechanics of Monarchical Relations in Nineteenth-Century Europe, in: Martin H. Geyer/Johannes Paulmann (Hrsg.), The Mechanics of Internationalism. Culture, Society and Politics from the 1840s to the First World War, Oxford/New York 2001, S. 145–176, hier: S. 157–158.

jüngerem Bruder Nikolaus 1817 politischer Natur.[13] Sie schuf neben der Heiligen Allianz eine zusätzliche familiäre Verbindung der Romanows und Hohenzollern. Zudem garantierte das Ehebündnis informell Preußens fragilen Großmachtstatus.[14] Aus machtpolitischer Perspektive rangierte das Zarenreich nach dem Sieg über Napoleon deutlich vor dem Hohenzollernkönigreich, auch vor dem österreichischen Kaiserstaat. Die Heilige Allianz war nie ein Bündnis auf Augenhöhe. Alexanders Allianzpolitik mochte primär ideologisch-solidarisch motiviert gewesen sein. Doch gab sie Sankt Petersburg auch die Möglichkeit, in Europa eine latent hegemoniale Position einzunehmen.

Dass eine einseitige Machtverschiebung innerhalb der Pentarchie nach 1815 verhindert werden konnte, wird meist dem diplomatischen Einfluss des österreichischen Staatskanzlers Klemens von Metternich zugeschrieben.[15] Über fast vier Jahrzehnte gelang es Metternich und anderen Restaurationsakteuren, einen Großmächtekrieg zu vermeiden. Als Kooperationsbasis nutzten sie die gemeinsame revolutionstraumatische Interessenlage. Innenpolitische und gesellschaftliche Spannungen in einem Staat besaßen das Potential, die Stabilität des gesamten Systems zu gefährden. Durch ein komplexes institutionelles Netzwerk diplomatischer Kongresse und eine koordinierte Pentarchiepolitik entstanden erfolgreiche Mechanismen der Konfliktvermeidung. Diese transnationale Verknüpfung innen- und außenpolitischer Fragen hatte jedoch den Effekt, dass das *inter*staatliche Konfliktpotential auf die *inner*staatliche Ebene transferiert wurde – und andersherum.

Eine friedliche Kanalisation beider Krisenebenen lag in Metternichs persönlichem Interesse – und dem der gesamten Habsburgerelite. Die Führungsrolle, die der österreichische Staatskanzler nach 1815 auf dem internationalen Parkett spielte, darf nicht darüber hinwegtäuschen, dass Österreich nach zwei Jahrzehnten fast permanenter Kriegsführung als eine Großmacht im Niedergang charakterisiert werden muss.[16] Die Neuordnung Europas auf dem Wiener Kongress hatte zwar die bis ins Mittelalter zurückreichenden Herrschaftsansprüche der Habsburgermonarchie in Deutschland und Italien bekräftigt. Doch mit diesen dynastischen und territorialen Ansprüchen war auch die Aufgabe verbunden, eine französische und russische Machtexpansion zurückzudrängen. Der Rolle einer zentraleuropäischen Hegemonialmacht konnte der Wiener Hof jedoch aufgrund seiner begrenzten Ressourcen nie gerecht werden – weder militärisch noch ökonomisch. Dieses Sicherheitsdilemma versuchte Metternich durch eine Diplo-

---

13 Vgl. Schönpflug, Heiraten, S. 86–88, S. 194–196.
14 Vgl. Johannes Paulmann, „Dearest Nicky…". Monarchical Relations between Prussia, the German Empire and Russia during the Nineteenth Century, in: Roger Bartlett/Karen Schönwälder (Hrsg.), The German Lands and Eastern Europe. Essays on the History of their Social, Cultural and Political Relations, London 1999, S. 157–181, hier: S. 160–161.
15 Vgl. Wolfram Siemann, Metternich. Stratege und Visionär. Eine Biographie, München 2016.
16 Vgl. Wolf D. Gruner, Der Beitrag der Großmächte in der Bewährungs- und Ausbauphase des europäischen Mächtekonzerts. Österreich 1800–1853/56, in: Wolfram Pyta (Hrsg.), Das europäische Mächtekonzert. Friedens- und Sicherheitspolitik vom Wiener Kongreß 1815 bis zum Krimkrieg 1853, Köln u. a. 2009, S. 175–208, hier: S. 179–180.

matie zu kompensieren, die den Kaiserstaat zum Garanten des Kongresssystems erhob.[17] Allerdings kam das einer Flucht nach vorne gleich, da diese Strategie Wien in eine langfristig unhaltbare Druckposition zwang. Dennoch gab es nach 1815 keine Alternative, die nicht einen Verzicht der österreichischen primus-inter-pares-Stellung bedeutet hätte. Für die Habsburger als ältester imperialer Dynastie Europas lag eine solche freiwillige Verzichtsoption schlichtweg außerhalb von Staatsraison und Wirklichkeitswahrnehmung, wie sich 1859 in Italien und 1866 in Deutschland zeigen sollte.

Metternichs außerösterreichische Restaurationspolitik unterlag daher innerösterreichischen Zwängen. Die politische Instabilität der Habsburgermonarchie, die er stets von revolutionären Gefahren bedroht sah, übertrug er auf das europäische Staatensystem. Jegliche Machtverschiebung im Konzert der Großmächte musste sich nachteilig auf die ohnehin prekäre Stellung Wiens auswirken. Jede Revolution in Europa konnte der Funke sein, der das Pulverfass zur Explosion brachte, auf dem der Thron der Habsburgerdynastie gebaut war.[18] Reformfeindlichkeit, Stagnation, Zensur und Repressionen kennzeichneten daher die Wiener Restaurationspolitik – was einen graduellen sozialen und ökomischen Modernisierungsprozess des Imperiums jedoch langfristig nicht aufhalten konnte.[19] Dieser versuchte Paralysierungsoktroi des Staatskanzlers wurde von Kaiser Franz mitgetragen und mitbestimmt. Zeit seiner Herrschaft ließ sich der Monarch nie auf die Rolle eines passiven Politikbeobachters reduzieren.[20] Kaiser und Kanzler folgten dabei einem kompromissloseren Verständnis monarchischer Restaurationspolitik als Ludwig XVIII.

Doch auch in den deutschen Mittel- und Kleinstaaten versuchten mehrere Fürsten, ihren Machtansprüchen durch eine Konstitutionalisierung von oben zu neuer Legitimation zu verhelfen. Diese Notwendigkeit einer kompromissbereiten Herrschaftskonsolidierung ließ sich vor allem in jenen dynastischen Staatskonstrukten beobachten, die aus der territorialen Konkursmasse des untergegangenen Heiligen Römischen Reiches hervorgegangen waren – etwa die süddeutschen Königreiche Bayern und Württemberg sowie das Großherzogtum Baden. Die dort regierenden Monarchen hatten Titel und Territorien aus den revolutionären Umbrüchen gewonnen. Sie konnten deshalb auf keine traditionelle historische Legitimität zurückgreifen. Erst über den Konstitutionalismus wurden ihre neuen Untertanen an Staat, Dynastie und Krone gebunden.[21] Dass

---

17 Vgl. Heinrich Lutz, Zwischen Habsburg und Preußen. Deutschland 1815–1866, Berlin 1994, S. 23; A. Wess Mitchell, The Grand Strategy of the Habsburg Empire, Princeton 2018, S. 228–231.

18 Vgl. Ulrich Lappenküper, Frühformen politischer Einigung Europas. Metternich und das Europäische Konzert, in: ders./Guido Thiermeyer (Hrsg.), Europäische Einigung im 19. und 20. Jahrhundert. Akteure und Antriebskräfte, Paderborn u. a. 2013, S. 117–135; Matthias Stickler, Die Habsburger – eine alteuropäische Dynastie im Spannungsfeld von Konstitutionalismus und Nationalismus, in: Benjamin Hasselhorn/Marc von Knorring (Hrsg.), Vom Olymp zum Boulevard. Die europäischen Monarchien von 1815 bis heute – Verlierer der Geschichte?, Berlin 2018, S. 125–155.

19 Vgl. Pieter M. Judson, Habsburg. Geschichte eines Imperiums 1740–1918, München [2]2017, S. 140–191.

20 Vgl. Siemann, Metternich, S. 792–803.

21 Vgl. Kirsch, Monarch und Parlament, S. 305–312; Matthias Stickler, Monarchischer Konstitutionalismus als Modernisierungsprogramm? Das Beispiel Bayern und Württemberg (1803–1918), in: Frank-Lo-

dieses Beispiel nicht in allen deutschen Fürstentümern nach 1815 Schule machte, hatte vielschichtige wie länderspezifische Gründe. Die allgegenwärtige Furcht vor einer agitierten Bevölkerung und konspirativen Revolutionszirkeln kann jedoch als Handlungsmotiv *aller* monarchischen und konservativen Eliten der Restaurationsära konstatiert werden. Es war eine geradezu paranoide Furcht – die allerdings fast jeglicher Realitätsgrundlage entbehrte.[22]

Wilhelm schien diese grassierende Revolutionsparanoia bis in die erste Hälfte der 1820er Jahre nur in begrenztem Maße geteilt zu haben. „Ich gehöre wahrlich nicht zu denen, die überall Revolution sehen", schrieb er Charlotte 1820, „und am wenigsten bei uns, wo das Volk so rein und unverdorben ist als irgendwo."[23] „Es sind ja nur einzelne und diese Hitzköpfe, die dergleichen Unsinn sich erdacht haben, welche allerdings leider bei einem Teil der Jugend als ergreifenstem Teil der Nation Eingang gefunden hat."[24] In den Briefen an seine Schwester ging Wilhelm nie so weit, die Existenz revolutionärer Bedrohungen ignorieren oder leugnen zu wollen. Stattdessen differenzierte und relativierte er sie. Und er betonte, dass von den Untertanen der preußischen Krone noch das geringste Gefahrenpotential ausgehe. „Das Volk ist dem Herrscherhaus aufs Allertreueste ergeben", versicherte er Charlotte, „denn der gemeine Mann weiß nichts von Konstitution und Volksrepräsentation. Er ist zufrieden, wenn ihm recht geschieht und er sein gehöriges Auskommen hat. [...] Nirgends finden wir also Anlaß zu einer Revolution, die man uns im Auslande so gerne andichtet!"[25]

Die Vermutung liegt nahe, dass Wilhelm diese Briefe nicht ohne strategische Hintergedanken verfasst haben mochte. Über seine Schwester könnte er versucht haben, dem Petersburger Hof das Bild einer revolutionsfesten Monarchie zu zeichnen. Die regelmäßige Korrespondenz von Bruder und Schwester fungierte als direkter persönlicher und politischer Draht zwischen Sankt Petersburg und Berlin jenseits institutionalisierter Kommunikationskanäle. Aus biographischer Perspektive wird diese Quellensammlung lediglich von der Ehekorrespondenz mit Augusta übertroffen. Insgesamt sind 1.057 Briefe Wilhelms an Charlotte überliefert – dagegen 800 Briefe an seinen älteren Bruder Friedrich Wilhelm IV. sowie 263 und 235 Briefe an seine Schwestern Alexandrine und Luise, die an den mindermächtigen Höfen in Schwerin und Den Haag residierten. Bereits dieser quantitative Vergleich mag die hervorgehobene Bedeutung der Petersburger Korrespondenz illustrieren. Ohne dies explizit formulieren zu müssen, konnte Wilhelm dabei stets davon ausgehen, dass Charlottes Ehemann Nikolaus diese

---

thar Kroll/Dieter J. Weiß (Hrsg.), Inszenierung oder Legitimation?/Monarchy and the Art of Representation. Die Monarchie in Europa im 19. und 20. Jahrhundert. Ein deutsch-englischer Vergleich, Berlin 2015, S. 47–65, hier: S. 49–54; Sellin, Restaurationen, S. 55–66.

22 Vgl. Adam Zamoyski, Phantome des Terrors. Die Angst vor der Revolution und die Unterdrückung der Freiheit 1789–1848, München 2016.

23 Wilhelm an Charlotte, 11. März 1820. Börner (Hrsg.), Briefe, S. 60.

24 Wilhelm an Charlotte, 28. März 1820. Ebd., S. 61.

25 Wilhelm an Charlotte, 9./10. Mai 1820. Ebd., S. 61–63.

Briefe ebenfalls zu Gesicht bekam.[26] Wenn der Prinz seiner Schwester etwa im August 1820 angesichts ihres bevorstehenden Besuchs in Berlin schrieb, sie möge „nicht mit vorgefaßten Meinungen zu uns kommen; denn wenn man mit dergleichen Ideen kommt, so glaubt man in jedem Gesichte, in jedem Anlaß Revolutionen zu sehen“, waren diese Worte auch an den russischen Thronfolger gerichtet.[27] Der Briefwechsel bot Wilhelm ein Instrument, sich daran zu versuchen, die preußisch-russischen Beziehungen zu beeinflussen. Diese Beziehungen wurden bereits zeitgenössisch als special relationship charakterisiert. Sie können auf das Jahr 1806 datiert werden, als Alexander I. und Friedrich Wilhelm III. ein gemeinsames Bündnis gegen Napoleon besiegelt hatten. Der politikmythologisierende Nachhall jenes antirevolutionären Dynastieduetts sollte bis in die frühe Herrschaftszeit Wilhelms II. überleben. Stärker als andere transnationale Beziehungen des 19. Jahrhunderts war daher das Verhältnis von Hohenzollern und Romanows vom Prinzip der monarchischen Solidarität geprägt.[28]

Im öffentlichen Diskurs der Restaurationsära konnte jegliche special relationship mit Rußland allerdings auf lediglich geringe positive Resonanz stoßen. Denn das Zarenreich wurde in Mittel- und Westeuropa aus einer kulturchauvinistischen Perspektive als zivilisatorisch rückständiger Staat betrachtet, als aggressive und auf militärische Expansion fokussierte Großmacht.[29] Vor allem in Großbritannien galt nach 1815 nicht Frankreich, sondern Rußland als geopolitische Bedrohung des Mächteequilibriums.[30] Vor diesem Hintergrund weitverbreiteter Containmentdiskurse über Zar und Zarenreich reflektierte auch Wilhelm, dass er mit seinen „so begreiflichen teuren Gefühlen“, mit denen er „an Petersburg hänge“, wie er seiner Schwester 1829 schrieb, Gefahr laufe, „für einen blinden Anhänger Eurer gehalten zu werden.“[31] Das Stigma eines vermeintlichen „Russlandverstehers“ sollte der erste Hohenzollernkaiser nie abschütteln können, insbesondere nach 1871 – und das durchaus nicht zu Unrecht.[32] Als Alexander I. am 1. Dezember 1825 im Alter von nur siebenundvierzig Jahren überraschend starb, trauerte Wilhelm daher um eine persönliche Bezugsperson wie politische Vorbildfigur. „Ich gestehe, mein Innerstes ist wie umgekehrt“, klagte er seinem ehemaligen militärischen Erzieher Oldwig von Natzmer, „ich kann es noch immer nicht fassen, daß dieser herrliche Mann, diese großartige Seele, dieser Herrscher im wahren Sinne des

---

26 Vgl. Paulmann, „Dearest Nicky...“, S. 161–163.

27 Wilhelm an Charlotte, 5. August 1820. Börner (Hrsg.), Briefe, S. 67.

28 Vgl. Frank-Lothar Kroll, Staatsräson oder Familieninteresse? Möglichkeiten und Grenzen dynastischer Netzwerkbildung zwischen Preußen und Rußland im 19. Jahrhundert, in: FBPG NF 20 (2010), S. 1–41.

29 Vgl. Orlando Figes, Krimkrieg, Berlin 2014, S. 123–124.

30 Vgl. Thomas G. Otte, A Janus-like Power. Great Britain and the European Concert, 1814–1853, in: Wolfram Pyta (Hrsg.), Das europäische Mächtekonzert. Friedens- und Sicherheitspolitik vom Wiener Kongreß 1815 bis zum Krimkrieg 1853, Köln u.a. 2009, S. 125–153.

31 Wilhelm an Charlotte, 30. Dezember 1829. Börner (Hrsg.), Briefe, S. 141.

32 Vgl. Markert, Außenpolitik, S. 26–35.

Wortes, nicht mehr ist!"[33] Und an Luise Radziwill schrieb er, „Europa, die Welt muß trauern um einen solchen Mann, einen solchen Herrscher verloren zu haben. Und was verliere ich persönlich an ihm! Wohl darf ich sagen, daß trotz des Unterschieds der Jahre und des Standes er mir ein wahrhafter Freund war."[34]

Alexanders Tod markierte für Russland eine Zäsur – in vielerlei Hinsicht. Nur wenige Wochen nach dem Thronwechsel brach am 26. Dezember 1825 der sogenannte Dekabristenaufstand auf. In Sankt Petersburg demonstrierten revolutionäre Offiziere öffentlich gegen das autokratische Herrschaftssystem. Innerhalb kürzester Zeit wurde die Protestbewegung allerdings von regierungstreuen Truppen gewaltsam niedergeschlagen. In den darauffolgenden Strafprozessen wurden mehrere Aufständische zum Tode verurteilt, verhaftet, verbannt oder degradiert. Geleitet wurde dieses juristische Nachspiel des Dekabristenaufstandes vom neuen Zaren Nikolaus I. persönlich.[35] Über diese Ereignisse schrieb Wilhelm seiner Schwester Luise, es sei zu bedauern, „daß der Tag der Thronbesteigung Nicolas mit so blutigen Scenen bezeichnet werden mußte! [...] Aber da es Einmal sein sollte, so ist es ein unvergleichlicher Augenblick für den jungen Kaiser gewesen, seine persönliche Bravour, seine Kaltblütigkeit, Milde und Besonnenheit, gleich am ersten Tage so bezeugen zu können, [...] wie überhaupt sein ganzes herrliches Benehmen vom ersten Moment an!"[36] Es sollte nicht bei diesen Beobachtungen aus der Ferne bleiben.

Anfang 1826 reiste Wilhelm anlässlich des Thronwechsels als offizieller Repräsentant der Hohenzollernmonarchie nach Sankt Petersburg. Von dort berichtete er seinem älteren Bruder über Nikolaus, „daß ich selbst in der höchsten Bewunderung seiner bin. Die Klarheit, Bestimmtheit: *Ruhe*, mit welcher er über Alles jetzt spricht, über die unerhörten Vorfälle [...], über den Gang, den er der Untersuchung gegeben hat, [...] kurz um dies Alles in dem lieben Nicola zu finden, [...] kann nur endzücken, u[nd] uns freuen, daß Charlotte einen so herrlichen Mann besitzt."[37] „Man kann nicht genug Deinen herrlichen Kaiser bewundern!", gratulierte er Charlotte, der neuen Zarin Alexandra Fjodorowna. „Alles, was er tut, ist so neu, so kraftvoll, so ganz gemacht, um aufs Volk zu wirken, daß es einem das Herz erhebt."[38] Tatsächlich sollte Nikolaus eine andere, eine persönlichere, direktere und repressivere Herrschaft über das Zarenreich ausüben als sein älterer Bruder Alexander.[39] In den nachfolgenden dreißig Jahren sollte die Roma-

---

33 Wilhelm an Natzmer, 16. Dezember 1825. Gneomar von Natzmer (Hrsg.), Unter den Hohenzollern. Denkwürdigkeiten aus dem Leben des Generals Oldwig v. Natzmer, Bd. 1, Gotha 1887, S. 199 – 200.

34 Wilhelm an L. Radziwill, 13. Dezember 1825. Jagow (Hrsg.), Jugendbekenntnisse, S. 168.

35 Vgl. Nikolas Katzer, Der gescheiterte Staatsstreich des aufgeklärten Adels. Der Dekabristenaufstand von 1825 in Rußland, in: Uwe Schultz (Hrsg.), Große Verschwörungen. Staatsstreich und Tyrannensturz von der Antike bis zur Gegenwart, München 1998, S. 175 – 192.

36 Wilhelm an Luise, 6. Januar 1826. GStA PK, BPH, Rep. 51, Nr. 853.

37 Wilhelm an Friedrich Wilhelm (IV.), 21. Januar 1826. GStA PK, VI. HA, Nl. Vaupel, Nr. 56, Bl. 214.

38 Wilhelm an Charlotte, 7. August 1826. Börner (Hrsg.), Briefe, S. 113.

39 Zu Nikolaus I. siehe Bruce W. Lincoln, Nicholas I. Emperor and Autocrat of All the Russias, DeKalb 1989 [ND 1978]; Nikolaus Katzer, Nikolaus I., in, Hans-Joachim Torke (Hrsg.), Die russischen Zaren 1547 – 1917, München ⁴2012, S. 289 – 314.

nowmonarchie nahezu alle Aspekte des öffentlichen Lebens in Russland zu kontrollieren versuchen. Dieses neue Modell monarchischer Herrschaft verlieh dem Zaren den Ruf eines „Gendarm Europas".[40] Gleichwohl war Nikolaus nicht jener proto-totalitäre Tyrann, als der er bisweilen zeitgenössisch charakterisiert wurde. Denn wie ihr Wiener Pendant stieß auch die Petersburger Restaurationspolitik wiederholt an die Grenzen des bürokratisch Machbaren. Daher sah sich sogar die zarische Autokratie gezwungen, einer begrenzten gesellschaftlichen Modernisierung Kanalisierungsmöglichkeiten zu öffnen.[41]

Wie Metternich war auch Nikolaus I. von der Existenz einer länderübergreifenden Revolutionsverschwörung überzeugt. Und der Dekabristenaufstand war ihm lediglich ein Akt dieses großen Geheimbunddramas gewesen. Das soll er zumindest seinem Schwager Wilhelm 1826 in Sankt Petersburg persönlich erzählt haben. Leopold von Gerlach, der den Prinzen nach Russland begleitete, notierte, der Zar „wiederholt im Familienkreise oft, er sähe sein Leben hier für beendet an [...] denn er könne sich nicht verhehlen, dass wie die Dinge stünden überall ein Mörder für ihn sich finden könnte."[42] Über diese Gespräche mit Nikolaus berichtete Wilhelm seinem Vater, „nach Allem was er mir sagte [...], scheint er wichtige Aufschlüsse für ganz Europa u[nd] dessen revolutionairer Agitation zu Tage zu fördern, er hofft nun daß wenn er auswärts in dieser Beziehung, Requisitionen erläßt, man nicht schlaff verfahren möge."[43] Und er bemerkte auch, „daß die gänzlich geheime Art, mit welcher bei uns diese verbrecherischen Untersuchungen geführt werden, mich u[nd] sehr Viele in den Glauben versetzt haben, als sei eigentlich nichts dahinter gewesen, wenn man nicht durch das was hier geschehen ist u[nd] zu Tage liegt, sich überzeugen müßte, daß doch auch in Cöpenik mancher wirklicher Verbrecher sitzen mag."[44] Was der spätere Kaiser hier zu Papier brachte, war ein politisches „Damaskuserlebnis". In den Gesprächen mit seinem Schwager drängte sich ihm eine vollkommen neue Wirklichkeitswahrnehmung auf. Und in dieser subjektiven Wirklichkeit war die Monarchie eine bedrohte Herrschaftsordnung. Die Revolution schien hinter jeder Straßenecke zu lauern. Wie für Nikolaus war der Dekabristenaufstand auch für Wilhelm eine traumatische Erfahrung. Aber es war keine persönliche Erfahrung. Es war ein Revolutionstrauma by proxy.

Verstärkt wurde dieses Trauma durch Briefsendungen aus Berlin. Wilhelm berichtete in einem Antwortschreiben an seinen Vater, er habe „Akten Auszüge, über die Demagogischen Untersuchungen bei uns" zur Weiterreichung an den Zaren erhalten. Der genaue Inhalt dieser Dokumente lässt sich lediglich indirekt rekonstruieren. „Ich

---

40 Vgl. Zamoyski, Phantome, S. 368–384.
41 Vgl. Frank-Lothar Kroll, Zwischen Autokratie und Konstitutionalismus. Herrschaftsbegründung und Herrschaftsausübung im späten Zarenreich, in: Benjamin Hasselhorn/Marc von Knorring (Hrsg.), Vom Olymp zum Boulevard. Die europäischen Monarchien von 1815 bis heute – Verlierer der Geschichte?, Berlin 2018, S. 101–124, hier: S. 110–113.
42 Tagebuch L. v. Gerlach, 2. Februar 1826. GA, LE02777, S. 24.
43 Wilhelm an Friedrich Wilhelm III., 18. Januar 1826. GStA PK, BPH, Rep. 51 J, Nr. 509a.
44 Wilhelm an Friedrich Wilhelm III., 24. Januar 1826. Ebd.

bin eifrig beschäftigt diese höchst wichtigen u[nd] interessanten Papiere, durchzulesen", heißt es etwa in Wilhelms Brief weiter. „Hinreichend habe ich jetzt die Gelegenheit mich zu überzeugen, was mir bisher noch sehr dunkel war, wie u[nd] wie weit die Verbindungen zu revolutionairen Zwecken bei uns u[nd] in Deutschland gediehen waren."[45] Er „erstaune über Alles, was ich durch diese Mittheilungen erfahre, [...] denn wenn man stets im Dunkeln getappt hat, u[nd] selbst [...] sehr deshalb zu den Ungläubigen gehört hat, – u[nd] nun es mit Einemmale Tag vor einem wird, so faßt man sich kaum vor Erstaunen."[46] Gerlach notierte zudem, er will vom Prinzen erfahren haben, „wie er [...] einen weitläufigen Brief über die Umtriebe in unserem Vaterland erhalten, und wie er sich aus den vorgelegten Sachen, so sehr er auch anfangs daran gezweifelt, nunmehr wirklich von der Existenz einer Verbindung überzeugt habe, die [...] den Zweck der Ausrottung der Regentenfamilie und Einführung einer republikanischen Verfassung gehabt habe."[47] „Ich gehörte bisher auch zu den *Ungläubigen*", gestand Wilhelm seinem älteren Bruder, „weil ich nichts erfuhr, u[nd] gleich Allen Nichtserfahrenden, [...] annehmen mußte, daß man nichts entdeckt habe. [...] Leider haben die hiesigen Ereignisse Aller Welt die Augen öffnen müssen, daß mit solchen Dingen nicht als *Nichtexistirend* umgegangen werden darf; denn sonst kommt es so weit wie wir hier sahen."[48] Er wünsche sich „sehr, daß etwas Ähnliches" wie die Dekabristenprozesse auch „bei uns stattfinden könnte! Ich nehme mir wenigstens vor, bei meiner Rückkehr eine ganz andere Sprache in diesen Dingen bei uns zu führen, da ich sie nun kennengelernt habe".[49] Denn „diese allgemeine u[nd] gleiche Verbreitung der revolutionairen Gesinnungen u[nd] Bewegungen über ganz Europa, ist wirklich höchst merkwürdig, u[nd] kann wahrlich nicht genug bewacht werden."[50] Und Luise Radziwill erklärte er, „unzählige Familien werden ins Unglück gestürzt durch dergleichen Umtriebe, und schon deshalb muß man sie verfolgen, ungerechnet des Blutvergießens, wenn es zu einer Katastrophe wie in Petersburg kommt."[51]

Innerhalb kürzester Zeit hatte Wilhelm einen tiefgreifenden biographischen Wandel vollzogen. Erstmals begann der neunundzwanzigjährige Prinz, sich mit der Zukunftsfähigkeit der Monarchie auseinanderzusetzen. Sie war ihm noch immer gottgegeben. Aber sie schien ihm plötzlich sehr verwundbar. Aus dieser Verwundbarkeit folgte vermeintlich das Gebot, den totalen Machtanspruch der Krone mit allen zur Verfügung stehenden Mitteln zu verteidigen. Dieses Vorbild hatte ihm sein Schwager Nikolaus gegeben. Zurück in Preußen war Wilhelm dann auch bereit, eine vergleichbare Rolle zu spielen. Und um diese Rolle zu bekommen und dann auch effektiv ausfüllen zu können, sollte er am Berliner Hof versuchen, politisch mitzureden. Was der spätere

---

45 Wilhelm an Friedrich Wilhelm III., 20. Februar 1826. Ebd.
46 Wilhelm an Friedrich Wilhelm III., 1. März 1826. Ebd.
47 Tagebuch L. v. Gerlach, 26. Februar 1826. GA, LE02777, S. 42–43.
48 Wilhelm an Friedrich Wilhelm (IV.), 10. März 1826. GStA PK, VI. HA, Nl. Vaupel, Nr. 56, Bl. 217–218.
49 Wilhelm an L. Radziwill, 21. März 1826. Jagow (Hrsg.), Jugendbekenntnisse, S. 199.
50 Wilhelm an Friedrich Wilhelm III., 4. März 1826. GStA PK, BPH, Rep. 51 J, Nr. 509a.
51 Wilhelm an L. Radziwill, 13. Mai 1826. Jagow (Hrsg.), Jugendbekenntnisse, S. 204–205.

Kaiser 1826 quasi im Zeitraffer durchgemacht hatte, war der konservative Bewälti-
gungsprozess der Generation Friedrich Wilhelms III. und Metternichs vor 1815. Und wie
die anderen monarchischen Akteure seiner Zeit versuchte er ein Revolutionstrauma zu
bewätigen – albeit a trauma by proxy. „Ich hieß damals der Revolutionsriecher!",
schrieb er rückblickend noch 1872. „Möge mich mein Riechen *jetzt* mehr Lügen strafen
wie damals."[52] Wilhelm war ein latecomer auf der politischen Bühne der Restaurationsära. Aber als er diese Bühne in Preußen erst einmal betreten hatte, sollte er sukzessiv
versuchen, sie nach seinen Prinzipien neu zu gestalten.

---

52 Wilhelm an Augusta, 20. Mai 1872. GStA PK, BPH, Rep. 51 J, Nr. 509b, Bd. 17, Bl. 20.

„Die souveräne Macht geht mit dem Jahre 1830 zu Grabe."
Die Julirevolution und ihre Folgen

Bis in die späten 1820er Jahre gelang es den konservativen Eliten erfolgreich, die Wiener Ordnung aufrecht zu erhalten. Im Juli 1830 kam es dann aber zur plötzlichen Systemerosion. Denn innerhalb von nur wenigen Tagen ging die Bourbonenmonarchie in einer zweiten Revolution endgültig zugrunde. Provoziert worden war dieser Umsturz durch die Politik Karls X., der 1824 den französischen Königsthron bestiegen hatte. Er brach mit der kompromissbereiten Restaurationspolitik seines Bruders und Vorgängers Ludwig XVIII. Stattdessen strebte er eine neoabsolutistische Herrschaft gegen Parlament und charte constitutionelle an. Als im Sommer 1830 die liberale Opposition die Parlamentswahlen gewann, wagte der König schließlich einen offenen Staatsstreich. Am 26. Juli erließ er die sogenannten Juliordonnanzen, mit denen das Zensusstimmrecht weitestgehend eingeschränkt und eine umfassende Pressezensur oktroyiert werden sollte.[1] Wilhelms Sympathien lagen in dieser offenen Konfrontation von Krone und Parlament bezeichnenderweise auf der Seite Karls X. „In Frankreich gehen die Sachen sonst recht schlecht jetzt wieder", kommentierte er den Wahlsieg der Liberalen gegenüber Charlotte. „Wer weiß wie das endigen wird."[2] Gemeinsam mit Augusta und Leopold von Gerlach hielt er sich am niederländischen Königshof in Den Haag auf, als er von den Juliordonnanzen erfuhr. Seinem Vater schrieb er am 28. Juli, „wenn dieser Coup d'état glückt und ohne Reaction verläuft, so ist Charles X. nur Glück zu wünschen, denn die Wirtschaft würde doch zu toll in Frankreich, wenn nicht, so sind leider die Folgen unberechenbar."[3] Aufgrund der langen Nachrichtenwege konnte Wilhelm beim Verfassen dieses Briefs noch nicht wissen, dass sich seine Befürchtungen bereits bewahrheitet hatten.

Am 27. Juli waren in Paris Barrikaden- und Straßenkämpfe ausgebrochen. Bereits am 31. Juli floh Karl X. aus der französischen Hauptstadt. Und am 2. August dankte er zugunsten seines zehnjährigen Enkelsohns Henri ab, des Herzogs von Bordeaux. Doch zu jenem Zeitpunkt waren die Ereignisse bereits über den gescheiterten Herrscher hinweg gerollt. Das Parlament hatte den als politisch liberal geltenden Louis-Philippe von Orléans aus einer Nebenlinie der Bourbonendynastie öffentlich zum „Bürgerkönig" ausgerufen. Karl X. hatte es schlichtweg versäumt, seine Herrschaft durch eine breite Legitimationsbasis zu sichern. Der Neoabsolutismus, den er sich auf die Fahne geschrieben hatte, hätte nur gegen die innenpolitische Opposition strukturell implementiert und aufrechterhalten werden können. Diese Opposition hatte er nach dem 26. Juli

---

1 Vgl. Pamela M. Pilbeam, The 1830 Revolution in France, London u.a 1994.
2 Wilhelm an Charlotte, 13. Juli 1830. GStA PK, BPH, Rep. 51, Nr. 856.
3 Wilhelm an Friedrich Wilhelm III., 28. Juli 1830. Merbach (Hrsg.), Briefe, S. 76.

https://doi.org/10.1515/9783111323954-007

durch Waffengewalt zu brechen versucht – was ihn letztendlich aller noch verbliebenen Loyalität und Legitimität beraubt hatte.[4]

Diese Perspektive konnte und wollte Wilhelm nicht teilen. „Ich hatte den festen Glauben, bei Allem, was man in Frankreich sich trainieren sah, daß dennoch nichts zum Ausbruch kommen würde", schrieb er seinem Vater am 2. August, „weil eben die Nation die Greuel einer Revolution *gesehen* hat und *kennt*, und also eher wie jede andere davor zurückbeben müßte. Aber nein. Eine 40jährige bittere Erfahrung hat sie nicht klüger, nicht ruhiger gemacht."[5] Er begriff allerdings sofort, dass die Ereignisse in Paris die Wiener Ordnung erodieren würden, gar kollabieren lassen könnten. „Gott gebe jetzt nur Einheit unter den großen Mächten Europas!", fasste er seine Hoffnungen gegenüber Charlotte am 3. August zusammen. „Meine Ansicht ist, daß dieselben sich aufs schnellste vereinbaren müssen, die Sache der Bourbons jedenfalls halten zu wollen, [...] und Charles X. zugleich bewaffnete Hilfe anbieten, sobald er sie verlangen würde, welche sie zu dem Ende nahe der Grenzen konzentrieren und bereit halten würde."[6] Die politischen Akteure, die es in Wilhelms Augen hiervon zu überzeugen galt – die einzigen Entscheidungsträger innerhalb der Pentarchie, auf die er überhaupt hoffen konnte, Einfluss auszuüben –, waren Friedrich Wilhelm III. und Nikolaus I. Deshalb versuchte er, beide Herrscher auf dem Briefweg von der Notwendigkeit einer militärischen Intervention zugunsten der Bourbonendynastie zu überzeugen. „Mir scheint die Crisis gekommen zu sein, wo es sich entscheiden muß, ob die Legitimität oder die Revolution triumphieren soll", erklärte Wilhelm seinem Vater am 6. August. „Die Revolution wird triumphieren, wenn Europa dem jetzigen Treiben in Frankreich ruhig gewähren läßt, sie wird dadurch legalisiert und kein Thron dürfte mehr sicher stehen." Die vermeintliche Zwangslogik der Revolution mache den Krieg „leider unausbleiblich. Handelt Europa nicht so, wie ich es hier andeute, so greift uns Orleans in Zeit von einem Jahre an; das linke Rhein-Ufer ist sein Ziel, um zum Tyrann dann zu werden." Daher müsse „die Heilige Alliance [...] jetzt oder niemals zeigen, daß sie noch existiert".[7] Vom Petersburger Hof forderte er am 10. August entlang derselben Argumentationslinien, das Monarchenkollektiv müsse in dieser existentiellen Krise zeigen, dass es kein bloßer Papiertiger sei. „Die Legitimität wird triumphieren, wenn Europa der Pariser Revolte entgegentritt und Frankreich durch Krieg und Okkupation straft, und dann den legitimen Erben, den Herzog von Bordeaux, auf den Thron setzt."[8]

Auch schien Wilhelm überzeugt gewesen zu sein, dass die Julirevolution das Werk jener vielbeschworenen Verschwörungszirkel gewesen sei. Aus den unterschiedlichen Gerüchten, die er in Den Haag über die Pariser Geschehnisse vernommen haben will, zog er die Diagnose, „daß dem Ganzen ein Plan zum Grunde lag, der völlig zur Ausführung gekommen ist", wie er seinem älteren Bruder schrieb. Obgleich Louis-Philipe

---

4 Vgl. Sellin, Gewalt und Legitimität, S. 16–17.
5 Wilhelm an Friedrich Wilhelm III., 2. August 1830. Merbach (Hrsg.), Briefe, S. 77.
6 Wilhelm an Charlotte, 3. August 1830. Börner (Hrsg.), Briefe, S. 145.
7 Wilhelm an Friedrich Wilhelm III., 6. August 1830. Merbach (Hrsg.), Briefe, S. 81–82.
8 Wilhelm an Charlotte, 10. August 1830. Börner (Hrsg.), Briefe, S. 146.

aus königlicher Dynastie entstammte, konnte Wilhelm in ihm weder einen legitimen Herrscher noch einen Garanten politischer Stabilität erblicken. Es sei offensichtlich, „daß die Sache in Paris nicht zu Ende ist, u[nd] daß die républikanische Parthei im Stillen fortarbeitet, so wie die royalistisch[e] auf Erlösung hofft; so daß also binnen kurzem eine neue Revolution vielleicht zu erwarten ist, oder Anarchie eintritt, die eigentlich jetzt schon herrscht, u[nd] eigentlich vom souvrainen Volk gewünscht oder wenigstens organisirt ist." Angesichts dieser Gefahren könne „Europa nichts anderes thun, als sich zum Verfechter der Rechte der Légitimitet, u[nd] also derer des H[er]z[ogs] v[on] Bordeaux aufwerfen. Der kleine Bordeaux ist der Anknüpfungspunkt für Europa. [...] Denn wo ist das Recht begründet, daß eine Nation ihren König, mit dem sie unzufrieden ist, wegjagt? Was soll aus den Thronen werden, wenn dies Beispiel gut geheißen wird? Welcher Thron möchte dann noch feststehen? Also in den Rechten des Bordeaux muß Europa die Rechte der Légitimität, d.h. die aller seiner Throne vertheidigen. [...] Dies muß Europa thun, wenn es seine einstige Ruhe erhalten will, – denn sonst triumphirt das Revolutionaire Princip in einigen Jahren allenthalben."[9]

Doch die Pentarchie intervenierte nicht. „Frankreich provozieren, hieße ein gefährliches Spiel wagen", antwortete Friedrich Wilhelm III. am 16. August auf die drängenden Briefe seines Sohnes. Stattdessen plädierte er dafür, die Ereignisse westlich des Rheins vorerst aus einer Defensivposition zu beobachten.[10] Mehrere Faktoren trugen im Sommer 1830 dazu bei, dass sich der König und seine Regierung gegen das Wagnis einer Militärintervention entschieden. Preußen wäre im Kriegsfall diplomatisch isoliert gewesen, da sich die Großmächte weder auf eine regime-change-Politik einigen konnten, noch überhaupt ein koordiniertes Vorgehen zustande brachten. Zudem fürchtete man in Berlin den Ausbruch revolutionärer Unruhen im eigenen Lande. Diese angespannte Situation sollte durch ein ideologisch aufgeladenes Kriegsgeschehen nicht noch zusätzlich verschärft werden.[11] Und auch am Wiener Hof fiel die Entscheidung gegen einen Interventionskrieg. Zwar sah Metternich die Revolution ebenfalls als infektiösen Verschwörungsakt. Doch galt die Aufmerksamkeit der sicherheitspolitisch überstrapazierten Habsburgermonarchie primär der revolutionären Entwicklung in Deutschland und insbesondere Italien.[12]

Wilhelm aber zeigte keinerlei Verständnis für diese Position. „Also die Revolte des Pariser Pöbels soll von ganz Europa anerkannt werden und ihr Resultat gekrönt" werden, warf er seinem Vater vor. „Welch' eine Aufforderung für alle Übelwollenden zur

---

9 Wilhelm an Friedrich Wilhelm (IV.), 14. August 1830. GStA PK, VI. HA, Nl. Vaupel, Nr. 56, Bl. 259–263.
10 Friedrich Wilhelm III. an Wilhelm, 16. August 1830. Merbach (Hrsg.), Briefe, S. 86.
11 Vgl. Kurt M. Hoffmann, Preußen und die Julimonarchie 1830–1834, Berlin 1936, S. 9–47; Jürgen Angelow, Von Wien nach Königgrätz. Die Sicherheitspolitik des Deutschen Bundes im europäischen Gleichgewicht (1815–1866), München 1996, S. 92–94; Matthew Rendall, Defensive Realism and the Concert of Europe, in: Review of International Studies Vol. 32, Nr. 3 (2006), S. 523–540, hier: S. 534–537.
12 Vgl. Lappenküper, Frühformen, S. 131–132; Siemann, Metternich, S. 767–769; Zamoyski, Phantome, S. 414–415.

Nachahmung würde in einer solchen Anerkennung liegen."[13] Sollten die Großmächte Louis-Philippe eine Zeit der Herrschaftskonsolidierung erlauben, „dürfen in 10 bis 15 Jahren viele dergleichen Könige auf Europas Thronen sitzen, wenn auch die mit mir Gleichgesinnten für die gute Sache zu sterben werden gewußt haben."[14] Doch Wilhelms Plädoyer für eine kompromisslose Prinzipienpolitik fand in Berlin kein Gehör. Dort mussten sich die Entscheidungsträger an den Realitäten der begrenzten Aktionsmöglichkeiten des Hohenzollernkönigreichs orientieren. Es gelang dem späteren Kaiser nicht einmal, seine persönliche Umgebung am Haager Hof zu gewinnen. Gerlach etwa notierte nach einem Gespräch mit dem Prinzen, dieser „ist für einen augenblicklichen Angriff, ich nicht, aber für ein Nichtanerkennen dieser Dinge."[15]

Das von Wilhelm befürchtete Übergreifen der Revolution auf andere Staaten schien sich bereits einen Monat nach den Pariser Barrikadenkämpfen zu bewahrheiten. Am 25. August kam es zu ersten revolutionären Demonstrationszügen in Brüssel. Diese mündeten schließlich in einem offenen militärischen Konflikt zwischen der belgischen Unabhängigkeitsbewegung und der niederländischen Regierung. Aus diesem Krieg sollte nicht nur ein neuer Staat hervorgehen, das Königreich Belgien, sondern auch eine weitere Spielart monarchischer Herrschaft. Denn der Coburger Prinz Leopold, der zum ersten König der Belgier proklamiert wurde, konnte und wollte sich einer weitgehenden institutionellen Domestizierung von Krone und Dynastie nicht in den Weg stehen. Gleichzeitig verlor König Wilhelm I. der Niederlande die Hälfte seines Staatsgebiets – und damit graduell auch an innenpolitischer Macht. Ein Jahr, nachdem er die belgische Unabhängigkeit 1839 endlich anerkannt hatte, sollte er schließlich abdanken.[16] Da Wilhelm verwandtschaftlich wie freundschaftlich enge Beziehungen zum Haager Hof besaß, verfolgte er auch diese Ereignisse mit politischer Fassungslosigkeit. Gegenüber Charlotte schimpfte er im Juli 1831, Leopolds Inthronisation „ärgert mich in einem Grade den ich garnicht beschreiben kann. [...] mir kommt's immer vor wie eine Napoleonische Créatur, die auf anderer Leute Eigenthum eingesetzt wurde tandis que ce sont les grandes puissances, die einem garantirten Könige sein Land, mitten im Frieden, halbiren, weil es rebellirt hat, und es einem Anderen übertragen."[17] Noch im Februar 1839 sollte er Luise schimpfen, die Kongressmächte müssten den „jetzigen Belgischen Packs" endlich auf dem Schlachtfeld begegnen.[18]

---

13 Wilhelm an Friedrich Wilhelm III., 20. August 1830. Merbach (Hrsg.), Briefe, S. 88.
14 Wilhelm an Friedrich Wilhelm III., 22. August 1830. Ebd., S. 89.
15 Tagebuch L. v. Gerlach, 27. August 1830. GA, LE02780, S. 42.
16 Vgl. Jeroen Koch/Dik van der Meulen/Jeroen van Zanten, The House of Orange in Revolution and War. A European History, 1772–1890, London 2022, S. 149–183.
17 Wilhelm an Charlotte, 31. Juli 1831. GStA PK, BPH, Rep. 51, Nr. 857.
18 Wilhelm an Luise, 1./7. Februar 1839. GStA PK, BPH, Rep. 51, Nr. 853.

Auch in Deutschland kam es seit Anfang September 1830 zu lokalen Aufständen in den Mittel- und Kleinstaaten.[19] Absolutistische Monarchien wie die Königreiche Hannover und Sachsen sahen sich unter dem revolutionären Druck gezwungen, in das Lager der Verfassungsstaaten überzuwechseln. Zudem wurden in den bereits konstitutionell regierten süddeutschen Staaten weitere Reformprojekte implementiert.[20] Die Revolutionsdynamik dieser zweiten Konstitutionalisierungswelle griff jedoch nicht auf die Großmächte Preußen und Österreich über. Wilhelm mahnte allerdings seinen Vater, „die ungestrafte Pariser Revolution findet also, wie ich es leider nur zu wahr ahndete, immer mehr Nachfolger.“[21] Und Charlotte gegenüber klagte der Prinz, er „sehe nicht schwarz, sondern nur wahr!“[22] Derartige offen formulierte „Ultra Ansichten“ sollen schließlich dazu geführt haben, dass der spätere Kaiser nach seiner Rückkehr nach Berlin Ende 1830 „scharf getadelt“ worden sei, wie Gerlach 1849 rückblickend notierte.[23]

Liest man Wilhelms Briefe an seine Schwester aus dem Revolutionswinter 1830/31, drängt sich unweigerlich der Eindruck auf, er sei überzeugt gewesen, die Rolle eines Propheten im eigenen Lande spielen zu müssen. „Täglich fragt man sich: wird denn heute nicht endlich Einmal eine gute Nachricht kommen? – und niemals kommt eine, sondern täglich werden sie schlechter.“[24] „Die souveräne Macht geht mit dem Jahre 1830 zu Grabe, und die jetzigen Souveräne oder ihre Nachkommen werden es einst schwer büßen müssen. Wie sind alle meine Prophezeiungen seit dem Juli und August in Erfüllung gegangen!!“[25] Und: „Was ist das für eine Politik! Und warum befolgt man sie?? Weil die Könige nichts wagen wollen, um ihre Macht aufrecht zu erhalten, [...] und zwar um das Blut ihrer Arméen zu schonen; – aber sie übersehen, daß durch solche Anerkennung der Révolution, sie dieselbe bei sich selbst erziehen, und über kurz oder lang, nicht ihre Arméen bluten werden, sondern ihre friedlichen Unterthanen mit ihnen, und Gräul und Verwüstung im Lande herrschen wird.“[26] Die vernichtende Kritik, die Wilhelm hier auch über die Politik seines eigenen Vaters formulierte, überrascht in ihrer Direktheit und der Schwere der Anklagepunkte. Denn er warf dem König indirekt vor, das Grab der Hohenzollernmonarchie geschaufelt zu haben. Friedrich Wilhelm III. aber war sich der revolutionären Bedrohung durchaus bewusst. „Einen schlimmern und verwickeltern Zustand der Dinge in Europa habe ich noch nicht erlebt, und wie viel schlimmes erlebte ich nicht schon!“, gestand der König seiner Tochter Charlotte Ende

---

19 Vgl. Thomas Nipperdey, Deutsche Geschichte 1800–1866. Bürgerwelt und starker Staat, München 2013 [ND 1983], S. 366–368; Zamoyski, Phantome, S. 394–396; Richard J. Evans, Das europäische Jahrhundert. Ein Kontinent im Umbruch 1815–1914, München 2018, S. 123–124.
20 Vgl. Huber, Verfassungsgeschichte, Bd. 2, S. 30–91; Alexander Thiele, Der konstituierte Staat. Eine Verfassungsgeschichte der Neuzeit, Frankfurt am Main 2021, S. 175–180.
21 Wilhelm an Friedrich Wilhelm III., 16. September 1830. Merbach (Hrsg.), Briefe, S. 96.
22 Wilhelm an Charlotte, 11. September 1830. Börner (Hrsg.), Briefe, S. 147.
23 Tagebuch L. v. Gerlach, [1849]. GA, LE02752, S. 4.
24 Wilhelm an Charlotte, 6. November 1830. GStA PK, BPH, Rep. 51, Nr. 856.
25 Wilhelm an Charlotte, 28. Oktober 1830. Börner (Hrsg.), Briefe, S. 148.
26 Wilhelm an Charlotte, 25. November 1830. GStA PK, BPH, Rep. 51, Nr. 856.

Dezember. Doch „Mäßigung, kaltes Blut, und sich nach Möglichkeit auf das schlimmste gefaßt zu machen und vorzubereiten, ist alles was dabei zu thun ist."[27]

Charlottes Ehemann Nikolaus I. hatte die revolutionären Unruhen im Sommer und Herbst 1830 ebenfalls abwartend beobachtet. Strategische Überlegungen, in Zentral- und Westeuropa unter dem Banner der Heiligen Allianz zu intervenieren, wurden jedoch hinfällig, als im November auch im Königreich Polen ein Aufstand gegen die Romanowherrschaft ausbrach. Seit 1825 war das sogenannte Kongresspolen als Konkursmasse des geteilten Polen-Litauens vom Zaren in Personalunion regiert worden. Alexander I. hatte seinen polnischen Untertanen noch eine Verfassung oktroyiert. Aber Nikolaus hatte auch in Warschau mit den Traditionen seines Bruders gebrochen – und damit den Novemberaufstand provoziert. Zwar sollte dieser Aufstand schließlich niedergeschlagen werden. Doch das militärische Engagement in Polen band die Petersburger Kräfte – und trug dadurch indirekt zum Erfolg der Revolutionen in Frankreich und Belgien bei.[28]

„Also nun auch noch Polen!", so Wilhelms vielsagender Kommentar gegenüber Charlotte. „Daß es mich überrascht hätte, kann ich nicht behaupten, denn die Stimmung der Kabinette ist den Revolutionen ja so hold, daß es mich nur wundert, daß es nicht noch früher losging."[29] Der Aufstand im Königreich Polen mochte sich gegen Sankt Petersburg richten. Aber Berlin konnte diesen Konflikt nicht unbeachtet lassen. Denn die Polnische Frage war auch für Preußen eine innen- wie außenpolitische Sicherheitsfrage. Es bestand die Gefahr, dass die nationalpolnische Bewegung auf die unter Hohenzollernherrschaft stehenden Teilungsgebiete im Großherzogtum Posen und Westpreußen übergreifen könnte. Zwar blieb eine solche Entwicklung 1830/31 aus. Doch kann von einer folgenschweren Zäsur im Verhältnis der Hohenzollernkrone zu ihren polnischsprachigen Untertanen gesprochen werden. Nach 1831 sollten die preußischen Könige und Deutschen Kaiser die Ostprovinzen des Königreichs als potentielle Unruheherde betrachten und behandeln.[30] Auch Wilhelm entwickelte mit dem Novemberaufstand ein dezidiert negatives, von kulturchauvinistischen Ressentiments geprägtes Polenbild. Man dürfe nicht vergessen, erklärte er Charlotte im Mai 1831, „warum die Polen von Europa condamniert wurden, aufzuhören eine Nation zu bilden. Und wenn man freilich eingestehen muß, daß man bei den Teilungen Polens etwas ungewöhnlich verfahren hat, so geschah dies doch eben nur, weil es nicht verdiente und vermochte, vermöge seiner Organisation moralisch und politisch einen eigenen Staat zu bilden."[31]

---

27 Friedrich Wilhelm III. an Charlotte, 21. Dezember 1830. Paul Bailleu (Hrsg.), Aus dem letzten Jahrzehnt des Königs Friedrich Wilhelm III. Briefe des Königs an seine Tochter Charlotte, Kaiserin von Rußland, in: Hohenzollern-Jahrbuch 20 (1916), S. 147–174, hier: S. 154.

28 Vgl. Piotr S. Wandycz, The Lands of Partitioned Poland, 1795–1918, Seattle 1973, S. 105–131; Andreas Kappeler, Rußland als Vielvölkerreich. Entstehung – Geschichte – Zerfall. Aktualisierte Neuausgabe, München 2008, S. 179–180, S. 204–207; Andreas Fahrmeir, Revolutionen und Reformen. Europa 1789–1850, München 2010, S. 212–213; Zamoyski, Phantome, S. 405–409; Evans, Jahrhundert, S. 88–93.

29 Wilhelm an Charlotte, 12. Dezember 1830. Börner (Hrsg.), Briefe, S. 149.

30 Vgl. Marian Biskup, Preußen und Polen. Grundlinien und Reflexionen, in: Jahrbücher für Geschichte Osteuropas. Neue Folge 31 (1983), S. 1–27.

31 Wilhelm an Charlotte, 26. Mai 1831. Börner (Hrsg.), Briefe, S. 160.

Für Berlin sei es eine Existenzfrage, „daß es nur ein Preußen *oder* ein Pohlen geben kann, nebeneinander 13 Millionen Pohlen und dann nur 10 Millionen Preußen, daß [!] gehet nicht, ohne daß dies Pohlen nicht Danzig, und noch mehr verlangt und auch nimmt. Also das Raisonnement eines Preußen ist danach sehr einfach."[32] Und noch 1843 verwarf er die Vorstellung, „daß die Pohlen auf *irgend* eine Art zu gewinnen sind. Räumt man ihnen nur das Geringste ein, so glauben sie gleich an die Wiederherstellung Pohlens [...]. Enfin, ils sont incorrigibles!"[33]

Anfang 1831 war der Funke der Julirevolution von Paris auf die Vereinigten Niederlande, auf Deutschland, Italien und Polen übergesprungen. „Ob alle diese Revolutionen erst ausgebrochen wären, wenn man der Pariser und Brüsseler tüchtig zu Leibe gegangen wäre???" Es war eine rhetorische Frage, die Wilhelm seiner Schwester stellte.[34] „Meine Prophezeiung gehet in Erfüllung, daß im Frühjahr Alles so embrouillirt ist, daß keine Armée die Grenzen verlassen kann."[35] Der Prinz schien zwar zu glauben, er stünde allein auf verlorenem Posten. Doch war der Pessimismus, ja Fatalismus, der seine Korrespondenz durchzieht, symptomatisch für die Stimmung am Berliner Hof. Wilhelm mochte ein politischer Hardliner gewesen sein. Aber es gab kaum einen Angehörigen der Hohenzollerndynastie, der die allgemeine revolutionäre Bedrohung unterschätzte. „Die Lage Europas ist bedenklicher als je", klagte etwa Friedrich Wilhelm III.[36] Und auch Augusta formulierte die tiefsitzende dynastische Angst, „daß des gütigen Schöpfers Vorsorge für unser Geschlecht und seine Leitung für unser zeitliches und ewiges Wohl durch soviel Undank vergolten wird [...]. Die Geschichte zeigt nur zu sehr, welch Unheil solch unrechtmäßiges Verfahren mit sich bringt."[37]

Monarchische Akteure und konservative Eliten in ganz Europa zogen Vergleiche zu den Ereignissen von 1789. Die Julirevolution unterschied sich jedoch in vielerlei Hinsicht von jenem ersten Umbruch, der das Ancien Régime hinweggefegt hatte – und zwar *gerade weil* Revolutionserfahrungen und Revolutionstrauma 1830 die politische Kultur dominierten. Anders als 1789 kam es zu keiner politischen Allianz, keinen gemeinsamen Demonstrationen der bürgerlichen Mittelschichten und der von sozialen Missständen geprägten Unterschichten. Dem „Straßenmob" wurde stattdessen sowohl mit Verachtung als auch mit Furcht begegnet. Er galt als Vorbote einer tiefgreifenden gesellschaftlichen Revolution, einer Totalumwälzung, zu deren Verlierern neben Krone und Adel auch das Bürgertum gehören würde. Der politische Liberalismus bürgerlicher Prägung hatte 1830 seine Revolutionseuphorie verloren.[38] Die Aufstände in Paris und anderen europäischen Städten richteten sich nicht gegen die Monarchie als System,

---

32 Wilhelm an Charlotte, 18. Juni 1831. GStA PK, BPH, Rep. 51, Nr. 857.
33 Wilhelm an Charlotte, 18. März 1843. GStA PK, BPH, Rep. 51 J, Nr. 511a, Bd. 2, Bl. 130.
34 Wilhelm an Charlotte, 24. Februar 1831. Börner (Hrsg.), Briefe, S. 155.
35 Wilhelm an Charlotte, 22. Februar 1831. GStA PK, BPH, Rep. 51, Nr. 857.
36 Friedrich Wilhelm III. an Charlotte, 21. April 1831. Bailleu (Hrsg.), Aus dem Jahrzehnt, S. 156.
37 Augusta an Horn, 20. Januar 1831. Schuster/Bailleu (Hrsg.), Nachlaß, Bd. 1, S. 229–230.
38 Vgl. Theodor Schieder, Das Problem der Revolution im 19. Jahrhundert, in: HZ 170 (1950), S. 233–271, hier: S. 234–236.

sondern gegen eine repressive Herrschaftspraxis, wie sie etwa Karl X. und Nikolaus I. personifizierten.[39] Zudem wurden die Revolutionen von 1830/31 lediglich von einer begrenzten, vor allem städtischen Bevölkerungsschicht mitgetragen. Die zahlenmäßig größere und agrarisch geprägte Landbevölkerung blieb Zuschauer.[40] Denn der politische Liberalismus war ein Elitenprojekt. Er besaß zu jener Zeit kaum Strahlkraft außerhalb der schmalen bürgerlichen Gesellschaftsschicht, die in Deutschland allein zu schwach war, um das soziale Protestpotential in politische Macht zu transformieren.[41] Diese Umstände trugen mit dazu bei, „daß Preußen noch wie eine intakte Insel dastehet", wie Wilhelm im April 1831 mit augenscheinlicher Verwunderung beobachten konnte.[42]

Die Julirevolution und ihre Folgen unterschieden sich auch in anderer Hinsicht von jenen Ereignissen nach 1789. Der Sturz der Bourbonenmonarchie und die Inthronisation des Bürgerkönigs Louis-Philippe fanden ebenso die Duldung der Großmächte wie später die Unabhängigkeit Belgiens. Die Stabilität des europäischen Equilibriums wurde durch diese Umstürze nicht gefährdet. Letztendlich triumphierte zudem das monarchische Herrschaftsmodell auch in den von der Revolution betroffenen Staaten, in Frankreich, Belgien und Deutschland – wenn auch auf neuer, kompromissbereiterer Basis. Nirgendwo kam es 1830/31 zur Konstituierung einer Republik, die einen restaurativ-ideologischen Kreuzzug der Großmächte hätte provozieren können. Das scheinbare politische Naturgesetz, der Revolution müsse über kurz oder lang der Krieg folgen, begann an Überzeugungskraft zu verlieren.[43]

Für das Kongresssystem bedeutete diese Diskursverschiebung eine Zäsur. Das antirevolutionäre Interventionsprinzip war de facto zur Disposition gestellt worden. Die eigenstaatlichen Macht- und Sicherheitsinteressen wogen im Krisenfall stärker als gemeinsam beschworene ideologische Werte einer ohnehin ungenau definierten Legitimitätsordnung. Dadurch verlor auch die Heilige Allianz ihren paneuropäischen Charakter, den Alexander I. einst beschworen hatte. Sie wurde in der Zeit nach der Julirevolution, der Epoche des Vormärz, auf das informelle Bündnis der absolutistischen Höfe in Sankt Petersburg, Wien und Berlin reduziert. Aber auch hier dominierten lokale Macht- und Sicherheitsfragen – etwa die alle drei Teilungsmächte tangierende Polnische Frage –, anstelle eines abstrakten Wunsches, das Banner der Monarchie zu verteidigen.[44] Diese Lokalisierungstendenzen der Großmächte in Zentral- und Osteuropa gingen mit einem wachsenden britisch-russischen Interessengegensatz einher, der bald globale

---

39 Vgl. Evans, Jahrhundert, S. 132–133.

40 Vgl. Wolfram Siemann, Heere, Freischaren und Barrikaden. Die bewaffnete Macht als Instrument der Innenpolitik in Europa 1815–1847, in: Dieter Langewiesche (Hrsg.), Revolution und Krieg. Zur Dynamik historischen Wandels seit dem 18. Jahrhundert, Paderborn 1989, S. 87–102, hier: S. 101–102.

41 Vgl. Nipperdey, Bürgerwelt, S. 288.

42 Wilhelm an Charlotte, 10. April 1831. GStA PK, BPH, Rep. 51, Nr. 857.

43 Vgl. Siemann, Freischaren und Barrikaden, S. 94; Angelow, Sicherheitspolitik, S. 105.

44 Vgl. Harald Müller, Die Krise des Interventionsprinzips der Heiligen Allianz. Zur Außenpolitik Österreichs und Preußens nach der Julirevolution von 1830, in: Jahrbuch für Geschichte 14 (1976), S. 9–56.

Dimensionen annahm. Denn der Londoner Hof sah durch die Petersburger Expansionspolitik auf dem Balkan und in Asien nicht nur seine Maritimherrschaft im Mittelmeer bedroht, sondern auch seinen Kolonialbesitz in Indien. Zudem genoss die konstitutionelle Pariser Julimonarchie in der britischen Öffentlichkeit bald deutlich größere Sympathien als die zarische Autokratie unter Nikolaus I.[45] Diese Mehrebenenentwicklung führte schließlich dazu, dass mit einiger Berechtigung von einem Vormärzdualismus von Ost und West gesprochen werden kann. Allerdings gewann dieser Gegensatz nie jenen ideologischen Charakter, der etwa die Systemkonflikte des 20. Jahrhunderts prägen sollte. Vielmehr determinierte der Wunsch nach allgemeiner Friedens- und Stabilitätssicherung das Verhältnis der Großmächte untereinander noch bis in die Zeit der Märzrevolution.[46] Doch das gemeinsame ideenpolitische Fundament, das die Pentarchie 1814/15 in Wien vereint am Verhandlungstisch gefunden hatte, existierte im Vormärz nicht mehr.

Wilhelm schien diese sich verändernden Räsonnements konservativ-monarchischer Politik in den Jahren nach der Julirevolution allerdings nicht einmal im Ansatz zu reflektieren. Seine fast dogmatische Position hatte sich seit dem Sommer 1830 in keinerlei Weise verändert, wie beispielhaft ein Brief an Charlotte vom Januar 1833 belegt. Darin beklagte er die anhaltende „Nachgiebigkeit" des Kongresssystems, „den Feind zu *consolidiren*, von dem Alle [...] mit *Gewißheit* voraussehen, daß er einst bekämpft werden *muß*!" Er vertrat noch immer den Standpunkt, „daß man nicht coute qui coute diesen Termin hinaus zu schieben suchen muß, weil jeder Monat die Kräfte die wir einst überwinden sollen, mehret und stählet, und unseren Völkern die handgreifliche Ueberzeugung aufdringt, daß das Révolitioniren garkeine so üble und verpönte Sache sei, da man es ungestraft geschehen lasse, wenn Könige und ganze Dynastien zu Lande hinaus gejagt werden."[47] General Natzmer gegenüber erklärte er im April desselben Jahres, er könne „unmöglich den Gang loben [...], den" die Pentarchie „seit 3 Jahren geht. [...] So thut also Europa geradezu dasjenige, was dessen allbekannter Gegner sehnlichst wünscht. [...] Dies aufgestellte Beispiel wird für die Revolutionspartei ein Panier werden, das gezeigt ohne sonderliche Anstrengung die Massen in Bewegung setzen wird."[48] Und noch 1839 schrieb er mit Blick auf die zurückliegende Friedensdekade, „aufgeschoben ist nicht aufgehoben, – in Beziehung auf alle Zerwürfnisse, die doch das Schwerdt einst lösen muß!"[49]

Was Wilhelm nicht sehen konnte und wollte, war, dass in Frankreich die Herrschaft des „Bürgerkönigs" Louis-Philippes als Garant politischer Stabilität fungierte. Dies galt

---

45 Vgl. Katzer, Nikolaus I., S. 310–312; Figes, Krimkrieg, S. 89–123.

46 Vgl. Nipperdey, Bürgerwelt, S. 365; Wolf D. Gruner, Die deutsche Frage in Europa 1800 bis 1990, München 1993, S. 121; Reiner Marcowitz, Frankreich – Akteur oder Objekt des europäischen Mächtekonzerts 1814–1848?, in: Wolfram Pyta (Hrsg.), Das europäische Mächtekonzert. Friedens- und Sicherheitspolitik vom Wiener Kongreß 1815 bis zum Krimkrieg 1853, Köln u. a. 2009, S. 103–123, hier: S. 116.

47 Wilhelm an Charlotte, 6. Januar 1833. GStA PK, BPH, Rep. 51, Nr. 859.

48 Wilhelm an Natzmer, 1. April 1833. Natzmer (Hrsg.), Denkwürdigkeiten, Bd. 2, S. 55–56.

49 Wilhelm an Charlotte, 3. März 1839. GStA PK, BPH, Rep. 51, Nr. 863.

allerdings mehr auf außen- denn auf innenpolitischer Ebene. Die aus der Revolution hervorgegangene Julimonarchie agierte unter der unausgesprochenen Prämisse, dass sie nicht auf traditionelle dynastische Legitimationsquellen zurückgreifen konnte. Stattdessen versuchte sich der neue Monarch sowohl als Erbe des Bourbonenkönigtums wie des Bonapartekaisertums zu inszenieren. Doch eine breite gesellschaftliche Popularität außerhalb der bürgerlichen Mittelschichten blieb Louis-Philippe zeit seiner Herrschaft verwehrt. Das orléanistische Experiment sollte schließlich 1848 scheitern. Denn es gelang der Krone nie, jene Bevölkerungsschichten in die neue politische Ordnung zu integrieren, die im Juli 1830 durch Straßen- und Barrikadenkämpfe den Systemwandel initiiert hatten.[50] Für Wilhelm glich diese Entwicklung geradezu göttlicher Gerechtigkeit. „Da, wo Louis Philipp unrechtmäßig seine Krone *fand*, hat er sie auch wieder *verloren*, das heißt in den Barrikaden!"[51]

Der spätere Kaiser begegnete dem „Bürgerkönig" und der Orléandynastie nach 1830 mit systematischer Verachtung. So bezeichnete er Louis-Philippe etwa vielsagend als „Straßen Flaster König".[52] Oder er schimpfte ihn als Vertreter „einer Thronräuberischen Race".[53] Dabei war sich Wilhelm des unausgesprochenen Verjährungsdilemmas bewusst, der Frage, wann eine illegitime Herrschaft im Laufe der Zeit legitimen Charakter gewann. Denn davon gab es in der europäischen Geschichte zahllose Beispiele. „Soll seine Dynastie auf dem Thron bleiben nach dem Willen der Vorsehung, so wird sich das einst zeigen", schrieb er 1836, „jetzt nach 6 Jahren habe ich diese Ueberzeugung noch nicht, eben so wenig wie man sie nach 6 Jahren der englischen Révolution bei Vertreibung der Stuarts gehabt haben wird."[54] Die Sünde der Barrikadenlegitimation werde es für die Orléansdynastie unmöglich machen, jemals zu den „rein dastehenden Fürstenhäusern Europas" zu zählen, erklärte er 1837. Louis-Philippe bliebe stets „ein Thronräuber und er und seine Nachfolger tragen unrechtmäßigerweise eine Krone. Seine Dynastie mag sich nun jahrhundertelang erhalten oder nicht – die Art, wie er zur Krone gelangte, wird die Geschichte mit unauslöslichen Buchstaben als ein Unrecht verzeichnen."[55] Hier, im Sturz der restaurierten Bourbonenmonarchie und der darauffolgenden orléanistischen Herrschaft, zementierte sich Wilhelms Bild von Frankreich als vermeintlichem Hort der Revolution, das er zeit seines Lebens nicht mehr verlieren sollte.

Nach dem Dekabristenaufstand, jenem ersten Revolutionstrauma by proxy, prägte vor allem die Julirevolution das politische Weltbild des ersten Hohenzollernkaisers. Denn letztendlich sah sich Wilhelm infolge der Entwicklungen seit 1830 gezwungen,

---

50 Vgl. H.A.C. Collingham, The July Monarchy. A Political History of France 1830–1848, London/New York 1988; Michael Erbe, Louis-Philippe (1830–1848), in: Peter C. Hartmann (Hrsg.), Die Französischen Könige und Kaiser der Neuzeit. Von Ludwig XII. bis Napoleon III. 1498–1870, München ²2006, S. 402–421.

51 Wilhelm an Alexandrine, 27. Februar 1848. Schultze (Hrsg.), Briefe an Alexandrine, S. 70.

52 Wilhelm an Charlotte, 25. August 1833. GStA PK, BPH, Rep. 51, Nr. 859.

53 Wilhelm an Charlotte, 8. Mai 1836. GStA PK, BPH, Rep. 51, Nr. 861.

54 Wilhelm an Charlotte, 28. Mai 1836. Ebd.

55 Wilhelm an Alexandrine, 23. Februar 1837. Berner (Hrsg.), Briefe, Bd. 1, S. 120.

verstärkt über die Fragilität der Wiener Ordnung und des monarchischen Herr-schaftsmodells zu reflektieren. Dies geschah aus einer dezidiert europäischen Per-spektive, die er mit vielen anderen konservativen Eliten jener Jahre teilte. Wilhelms Generation war vor allem von den Erfahrungen der Napoleonischen Kriege und der Restaurationsära geprägt worden, nicht – oder lediglich peripher – durch die Franzö-sische Revolution von 1789. Die Julirevolution fungierte für diese Generation als Kris-tallisationspunkt des politischen Diskurses, als allgemeine Sinn- und Orientierungskri-se.[56] Sie wurde nicht zu Unrecht als Zeichen interpretiert, negativ wie positiv konnotiert, dass die Restaurationsära an ihr Ende gekommen war. Endgültig vernichteten die Pa-riser Ereignisse die Illusion, dass die revolutionären Umbrüche zwischen 1789 und 1815 lediglich eine Art historischer „Betriebsunfall" gewesen wären. Diese neue Normalität dynastischer Wirklichkeitswahrnehmungen ging auch an Wilhelms Sohn nicht vorbei. Sein Erzieher Frédéric Godet berichtete 1843, er und Friedrich Wilhelm seien während einer Wanderung einem Jäger begegnet. Daraufhin will Godet den Prinzen gefragt ha-ben, wer ein glücklicheres Leben führen würde – Herrscher oder Untertan? „Un chas-seur, un laboureur il n'a rien à craindre; personne ne veut lui faire du mal", soll der spätere 99-Tage-Kaiser geantwortet haben. „Mais un Prince, on lui veut souvent du mal et il peut être chassé par une révolution comme en France. Pour moi, je pense souvent que j'aurais mieux aimé être un simple laboureur."[57] Diese Quelle spricht Bände. Kein monarchischer Akteur konnte nach 1830 leugnen, dass man in einem Revolutionszeit-alter lebte. Und wer nicht das Schicksal Karls X. erleiden wollte, musste neue Strategien entwickeln, um Thron und Dynastie zu sichern.

---

56 Vgl. Winkler, Weg nach Westen, Bd. 1, S. 79 – 81; Klaus Ries, Europa im Vormärz – eine transnationale Spurensuche, in: ders. (Hrsg.), Europa im Vormärz. Eine transnationale Spurensuche, Ostfildern 2016, S. 9 – 45, hier: S. 39 – 44.
57 Godet an Augusta, [November 1843]. GStA PK, BPH, Rep. 52 A II, Nr. 1, Bl. 31r–v.

Ein Versprechen, das nicht vergehen will:
Preußen unter Friedrich Wilhelm III.

Mit dem Vormärz begann die Öffentlichkeit als gewichtiger Faktor Einzug in den politischen Entscheidungsprozess zu erhalten. Sie drückte sich in unterschiedlichen Formen aus: in Parlaments- und Ständedebatten, einer weitverbreiteten Vereinstätigkeit, und einer wachsenden Presse- und Publikationslandschaft, trotz der in den meisten Staaten nach wie vor geltenden Zensurmaßnahmen der Restaurationsära. Während der 1830er Jahre nahm jene politische Kommunikationsentwicklung ihren Anfang, die nach Ausbruch der Märzrevolution 1848 das Verhältnis von Regierung und Regierten grundlegend verändern sollte.[1] Die Staatsgeschäfte fanden nicht mehr ausschließlich in einem kommunikativen Hinterzimmervakuum statt. Stattdessen wurden monarchische Akteure und konservative Eliten zusehends mit der Herausforderung konfrontiert, dass sie aktiv um die Unterstützung ihrer Untertanen werben mussten. In Deutschland hatten sich seit 1830 mehrere Throninhaber dazu gezwungen gesehen, ihre Macht in Form eines Kompromisses mit der Bevölkerung zu beschränken und dieser politische Partizipationsrechte einzuräumen. Der Übergang zum Konstitutionalismus veränderte Funktion und Charakter der Monarchie fundamental. Diese Systemzäsur trug jedoch auch dazu bei, die weitere Existenz des gekrönten Herrschaftsmodells zu sichern. Allerdings hatten die Konstitutionalisierungswellen nach 1814/15 und 1830/31 lediglich die deutschen Mittel- und Kleinstaaten erfasst. Die Großmächte Österreich und Preußen vollzogen den Schritt zum Verfassungsstaat nicht. Sie wurden nach wie vor absolutistisch regiert.

Dies bedeutete jedoch nicht, dass das Hohenzollernkönigreich in dem Epochenübergang vom Ancien Régime zur Restaurationsära keine tiefgreifenden politischen Transformationen erfahren hatte – im Gegenteil. Jene Zäsurjahre sahen das Aufkommen einer neuen monarchische Praxis, eines Integrationsprozess von Krone und Untertanen.[2] Die Erfahrungen von totaler militärischer Niederlage und darauffolgender französischer Besatzung lösten einen Politisierungsprozess aus, ohne den die Stein-Hardenberg'schen Reformen nicht denkbar gewesen wären. Doch obwohl dieser Prozess nahezu alle Gesellschaftsschichten berührte, blieben die Reformen ein fast ausschließlich bürokratisch-administratives Elitenprojekt. Und Preußen funktionierte primär als Verwaltungs- und Beamtenstaat. Weder agierte diese Beamtenschaft widerspruchsfrei, noch war der innenpolitische Handlungsspielraum der Reformer unbegrenzt. Mit dem Ende der Napoleonischen Kriege nahmen die reformfeindlichen Kräfte schließlich sogar zu. Die Hohenzollernmonarchie der Restaurationsära war ein

---

1 Vgl. Ries, Europa im Vormärz, S. 25–27.
2 Vgl. Barbara Vogel, Verwaltung und Verfassung als Gegenstand staatlicher Reformstrategie. in: Bernd Sösemann (Hrsg.), Gemeingeist und Bürgersinn. Die preußischen Reformen, Berlin 1993, S. 25–40; Sven Prietzel, Friedensvollziehung und Souveränitätswahrung. Preußen und die Folgen des Tilsiter Friedens 1807–1810, Berlin 2020.

https://doi.org/10.1515/9783111323954-008

territorial wie politisch und religiös höchst fragmentiertes Gebilde. Der Flickentep-pichcharakter des Staatswesens spiegelte sich auch innerhalb der politisierten Gesell-schaft wider. Denn das organisierte Vereinswesen, das sich seit 1806 entwickelt hatte, trat mit der Forderung nach Partizipation dem totalen Herrschaftsanspruch der Krone zusehends als eine Art Konkurrenzsouverän entgegen.[3] Noch 1815 konnte König Fried-rich Wilhelm III. von den Reformern überzeugt werden, dieser Herausforderung öf-fentlich mit Kompromissbereitschaft zu begegnen. Er ließ sich ein königliches Verfas-sungsversprechen abringen. Als es am 22. Mai 1815 proklamiert wurde, befand sich der Einfluss der Reformer auf ihrem Höhepunkt.[4] Dieses Versprechen sollte vom Monar-chen jedoch nie erfüllt werden.

Friedrich Wilhelm III. hatte den Reformprozess vergleichsweise apathisch verfolgt.[5] Aber die Reorganisation des Regierungsapparats setzte der Stellung der Krone kaum Grenzen. Nach wie vor konnte sich der König als absolutistischer Monarch betrachten, der alle Macht der Staatsgewalt in seiner Person vereinte. Diese *Verfassungsrechtper-spektive* muss jedoch mit Blick auf die tatsächliche Herrschaftsausübung, die *Verfas-sungspraxisperspektive*, nach 1815 in einigen, alles andere als marginalen Punkten er-gänzt werden. Denn innerhalb des neugeschaffenen Staatsministeriums stieß der Allerhöchste Wille dort an seine Grenzen, wo er keine Unterstützung durch die Minister fand. Über das Ministerialsystem war der preußische Verwaltungsstaat bis auf die Re-gierungsebene durchinstitutionalisiert worden. Die Beamtenschaft konnte ihren Platz im Vorzimmer der königlichen Macht einnehmen. Zwar übernahm der Monarch rechtlich die Leitung des Staatsministeriums. Und ohne sein Plazet konnten keine Be-schlüsse gefasst werden.[6] Doch der entscheidungsbedächtige wie politisch lavierende Friedrich Wilhelm III. neigte dazu, dem mehrheitlichen Votum seiner Minister zu fol-gen. Diese gelangten daher in die Position, eine zumindest in Teilen autonome Agenda verfolgen zu können, obwohl sie auf dem Papier lediglich königliche Befehlsempfänger darstellten.[7]

Dennoch stand Friedrich Wilhelm III. bis zu seinen Tod 1840 im Zentrum des politischen Entscheidungsapparats. Da der Zugang zum Herrscher nur wenigen insti-tutionellen Regeln unterlag, fungierte der Berliner Hof als Konfliktraum, in dem kon-tinuierlich um die Allerhöchste Gunst, also um die Gestaltung des Regierungskurses gerungen wurde. Diese systemimmanente „Logik des Vorzimmers der Macht"[8] sollte

---

3 Vgl. Huber, Verfassungsgeschichte, Bd. 1, S. 118–183; Nipperdey, Bürgerwelt, S. 274–275; Prietzel, Frie-densvollziehung, S. 356–357.
4 Vgl. Huber, Verfassungsgeschichte, Bd. 1, S. 302–305.
5 Vgl. Frank Lothar Kroll, Die Hohenzollern, München 2008, S. 78–79.
6 Vgl. Bärbel Holtz, Das preußische Staatsministerium auf seinem Weg vom königlichen Ratskollegium zum parlamentarischen Regierungsorgan. Nachlese zu einem Editionsprojekt, in: FBPG NF 16 (2006), S. 67–112.
7 Vgl. Werner Frauendienst, Das preußische Staatsministerium in vorkonstitutioneller Zeit, in: Zeit-schrift für die gesamte Staatswissenschaft/Journal of Institutional and Theoretical Economics 116 (1960), S. 104–177, hier: S. 161–162.
8 Christopher Clark, Preußen. Aufstieg und Niedergang 1600–1947, München ⁵2007, S. 457.

erst nach 1858 institutionelle Grenzen finden, unter Wilhelms Herrschaft. Erst dann sollte der politische Entscheidungsprozess auf verantwortliche Personen konzentriert werden. Unter der Herrschaft Friedrich Wilhelms III. trug diese Simultanität bürokratischer und anarchischer Staatsverhältnisse jedoch dazu bei, dass nach 1815 reformfeindliche Kreise die Umgebung des Monarchen dominierten. Diesen Stagnationsakteuren gelang es bis 1817, die Causa Verfassungsfrage innerhalb des Staatsministeriums effektiv zu blockieren und letztendlich zu ersticken.[9]

Der Hohenzollernmonarchie war es nach 1806 erfolgreich gelungen, die Emanzipation ihrer Untertanen in die Wege zu leiten. Dies wirkte sich systemstabilisierend aus. Aber die Krone verweigerte sich einer komplementären Politik in der Partizipations- und Repräsentationsfrage. Das Versprechen von 1815 blieb uneingelöst. Und der Absolutismus war bis 1848 System. In den letzten zwei Jahrzehnten seiner Herrschaft erwies sich Friedrich Wilhelm III. als immun gegen weitere Modernisierungsimpulse. Die weitgehende politische Passivität der Krone in den 1820er und 1830er Jahren bedeutete jedoch keine Totalstagnation in Preußen. Bürokratie und Beamtenschaft füllten das Aktionsvakuum der Regierung, was einen Transfer der Reformpolitik auf die Verwaltungsebene zur Folge hatte. Hier gelang es dem Berufsbeamtentum, die staatliche Modernisierung des Königreichs im begrenzten Rahmen fortzusetzen.[10] Diese bürokratischen Mittelbaureformen wurden nicht *gegen* Friedrich Wilhelm III. durchgeführt. Sie wurden schlichtweg *ohne* ihn durchgeführt.

Dass sich die Krongewalt in Preußen als gestaltendes Politikzentrum de facto verabschiedet hatte, wurde von Wilhelm alles andere als befürwortet. Bereits 1824 berichtete der österreichische Diplomat Ernst August von Steigentesch vom Berliner Hof, der zweitgeborene Prinz würde sich in einer Art Oppositionsrolle „dem Könige gegenüber" befinden, „und um ihn hat sich ein Kreis von Mißvergnügten gesammelt."[11] Zwar war der spätere Kaiser weit davon entfernt, gegen das absolutistische System zu opponieren. Doch kritisierte er die Herrschaftspraxis seines Vaters in Familien- und Hofkreisen mitunter sehr scharf. Das Ministerium, bemerkte Wilhelm beispielsweise 1834 gegenüber Charlotte, sei vor allem durch „Alter und Unfähigkeit" geprägt, da der König sich kaum entschließen könne, langjährige Vertraute aus ihren Ämtern zu entlassen.[12] Bereits drei Jahre zuvor hatte er geschimpft, auch „Papa" selbst, „der Alles leicht findet mitzumachen, was ihm angenehm ist, – findet sich zu Allem unfähig und zu alt, was ihm unangenehm ist; – so kennen wir ihn wohl Alle!"[13] Auch die königliche Sparpolitik wurde von Wilhelm wiederholt verurteilt – vor allem dann, wenn die Al-

---

9 Vgl. Stamm-Kuhlmann, König in großer Zeit, S. 416–431.

10 Vgl. Arthur Schlegelmilch, Das Projekt der konservativ-liberalen Modernisierung und die Einführung konstitutioneller Systeme in Preußen und Österreich 1848/49, in: Martin Kirsch/Pierangelo Schiera (Hrsg.), Verfassungswandel um 1848 im europäischen Vergleich, Berlin 2001, S. 155–177, hier: S. 158–164.

11 Steigentesch an Metternich, 25. Januar 1824. Alfred Stern (Hrsg.), Ein Bericht des Generals v. Steigentesch über die Zustände Preussens aus dem Jahre 1824, in: HZ 83 (1899), S. 255–268, hier: S. 262.

12 Wilhelm an Charlotte, 24. April 1834. GStA PK, BPH, Rep. 51, Nr. 860.

13 Wilhelm an Charlotte, 21./23. März 1831. GStA PK, BPH, Rep. 51, Nr. 857.

lerhöchsten Etatkürzungen das Militär betrafen.[14] Seiner Schwester klagte er 1834, „daß Papa [...] von Jahr zu Jahr öconomischer wird".[15]

Als kleinste und schwächste Pentarchiemacht trat Preußen unter Friedrich Wilhelm III. auf internationalem Parkett als dezidiert defensiver Akteur auf. Das Königreich suchte vor allem Anlehnung an Russland und Österreich. Nach der existentiellen Belastungsprobe der Napoleonischen Kriege sollte die politische und gesellschaftliche Konsolidierung im Inneren durch eine nahezu bedingungslose Friedenspolitik nach außen abgesichert werden. Impulse, eine aktive oder gar expansive Außenpolitik zu verfolgen, gab es weder seitens Friedrich Wilhelms III., noch des Staatsministeriums, noch der Armeeführung. Die ökonomischen und militärischen Mittel zu einer Expansionspolitik waren zwar begrenzt. Aber sie waren vorhanden. Sie blieben schlichtweg ungenutzt.[16] Diese passive, einer Großmacht vermeintlich unwürdige Rolle war von Wilhelm bereits mehrere Jahre vor der Julirevolution attackiert worden. „Hätte die Nation Anno 1813 gewußt", schrieb er General Natzmer 1824, „daß nach elf Jahren von einer damals zu erlangenden und wirklich erreichten Stufe des Glanzes, Ruhms und Ansehens nichts als die Erinnerung und keine Realität übrig bleiben würde, wer hätte damals wohl alles aufgeopfert, solchen Resultates halber?" Wilhelm formulierte diese Frage aus der ihm eigenen militärischen Perspektive. Die politische, diplomatische Perspektive war ihm nicht nur fremd, er verwarf sie sogar implizit. „Die einzige Aufstellung jener Frage verpflichtet auf das heiligste, einem Volk von elf Millionen den Platz zu erhalten und zu vergewissern, den es durch Aufopferung erlangte, die weder früher noch später gesehen wurden, noch werden gesehen werden."[17] Und ein Jahr zuvor hatte er seiner Schwester geschimpft, Preußen sei „im Begriff, unseren von Europa angewiesenen Standpunkt zu verlieren", da „der König aus persönlicher Bequemlichkeit keinen Beruf fühlt, der Welt [...] zu beweisen, daß er noch regen Anteil an den allgemeinen Angelegenheiten nimmt." Mit einem untätigen Monarchen an der Spitze drohe Preußen der Verlust der Großmachtstellung – und das in Friedenszeiten. Ein Heer, das nur Geld koste und keine Verwendung finde, würde der Staat dann nicht mehr benötigen, „sobald wir durch unser Verschulden zu einer Macht zweiter Größe uns erniedrigen; und nicht nur die große Armee nicht, sondern auch eine Menge anderer kostspieliger Dinge brauchen wir alsdann nicht mehr zu haben, z. B. keine Gesandten an allen Höfen." Dieses „Urteil über Papa zu fällen" sei „eine traurige Notwendigkeit [...] weil fast alles Traurige, was ich vorhersehe, ich nur aus seiner Persönlichkeit herleiten kann!"[18] Friedrich Wilhelm III. war kein Alexander I. oder Nikolaus I. Aber in Wilhelms

---

14 Siehe Wilhelms Briefe an Friedrich Wilhelm III. vom 31. Oktober 1833 und 14. Januar 1836, in: [Wilhelm I.], Militärische Schriften, Bd. 1, S. 207–209; Merbach (Hrsg.), Briefe, S. 124–127.
15 Wilhelm an Charlotte, 11. Juni 1834. GStA PK, BPH, Rep. 51, Nr. 860.
16 Vgl. Jürgen Angelow, Geräuschlosigkeit als Prinzip. Preußens Außenpolitik im europäischen Mächtekonzert zwischen 1815 und 1848, in: Wolfram Pyta (Hrsg.), Das europäische Mächtekonzert. Friedens- und Sicherheitspolitik vom Wiener Kongreß 1815 bis zum Krimkrieg 1853, Köln u. a. 2009, S. 155–173.
17 Wilhelm an Natzmer, 31. März 1824. Berner (Hrsg.), Briefe, Bd. 1, S. 66–67.
18 Wilhelm an Charlotte, 13./16. Februar 1823. Börner (Hrsg.), Briefe, S. 83–84.

Augen benötigte das Hohenzollernkönigreich genau einen solchen Autokraten. Aus dieser subjektiven Perspektive betrachtet war die preußische Politik während der Revolutionsjahre 1830/31 letztlich ein Aktionsversagen mit langer Ansage gewesen.

Einem vermeintlich schwachen Monarchen konnte in den bewegten Vormärzzeiten die Krongewalt nur allzu leicht entrissen werden. Und der „Revolutionsriecher" Wilhelm sah reale wie imaginierte Systemgefahren in den 1830er Jahren hinter fast jeder Straßenecke. Als es etwa am fünfundsechzigsten Geburtstag des Königs 1835 in Berlin zu öffentlichen Demonstrationen kam, beklagte der Prinz diesen „infamen Exzeß", bei dem „die populo, wenn auch nur die unterste Klasse, solche Schuld auf sich geladen hat. [...] Dieses Auflehnen gegen die Oberen ist aber der Anfang aller Empörung, und solche Auftritte, wiederholt und geschickt benutzt von Aufwieglern und Demagogen, können zu allem führen!"[19] Vorbei waren die Zeiten, als Wilhelm die preußische Bevölkerung noch als rein und unverdorben bezeichnet hatte. Seit 1826, und erst recht seit 1830, finden sich in seiner Korrespondenz stattdessen Generalverdachtsformulierungen vor allem der städtischen Bevölkerung gegenüber – nicht völlig unbegründet, wie die aktive Straßenkampfträgerschaft der Julirevolution demonstriert hatte. „Der Berliner Plebs ist gewiß einer der unangenehmsten, den es giebt", schrieb er etwa 1839.[20]

Aber wie sollte der angeblich allgegenwärtigen Revolutionsgefahr begegnet werden? Seit 1826 plädierte Wilhelm für Bajonette anstelle von Kompromisslösungen. Doch infolge der revolutionären Erschütterungen 1830/31 begann er, seine Perspektive zumindest in innerpreußischen Fragen etwas zu erweitern. Er formulierte erstmals Argumente und Konzepte, die durchaus als Revolutions*prophylaxe* charakterisiert werden können. Dabei knüpfte er an bereits existierende Regierungstendenzen an. Die Proklamation von 1815 hatte die Schaffung einer gesamtstaatlichen Volksrepräsentation versprochen. Diese sollte aus den Landtagen der einzelnen Provinzen Preußens hervorgehen. Anstelle eines direkt gewählten Nationalparlaments hatten sich die Reformer für den Weg des gestuften und indirekten Repräsentationsprinzips entschieden. Das war eine Absage an die demokratischen Prinzipien der Französischen Revolution, die nach den Erfahrungen von Anarchie, Gewalt und Krieg auf liberale wie konservative Politiker abschreckend wirken mussten.[21] Jene Provinzialstände (oder Provinziallandtage) wurden schließlich 1823 konstituiert. Ihre Kompetenzen waren eng begrenzt. Es handelte sich in erster Linie um Beratungsorgane, die lediglich auf Provinzebene am Administrationsprozess beteiligt waren. Aber die Landtagsabgeordneten stimmten einzeln ab, nicht nach Ständen getrennt. Und der Besitz, nicht die Geburt, galt als Kriterium der Zugehörigkeit zum privilegierten Stand. Daher kann diesen genuin preußischen Institutionen ein zumindest proto-konstitutioneller Funktionscharakter nicht abgesprochen werden.[22]

---

19 Wilhelm an Charlotte, 6. August 1835. Ebd., S. 182.
20 Wilhelm an Charlotte, 7. November 1839. GStA PK, BPH, Rep. 51, Nr. 863.
21 Vgl. Huber, Verfassungsgeschichte, Bd. 1, S. 304 – 305.
22 Vgl. Nipperdey, Bürgerwelt, S. 336; Clark, Preußen, S. 469 – 470; Wolf Nitschke, Zum Verhältnis der Provinziallandtage zum Vereinigten Landtag bzw. zum Preußischen Landtag (1823 – 1875), in: Gabriele

Obgleich die Provinziallandtage während des Vormärz zur Entstehung einer politischen Öffentlichkeit beitragen sollten, mussten sie all diejenigen enttäuschen, die sich eine Erfüllung des Verfassungsversprechens und die Schaffung einer Nationalrepräsentation erhofft hatten. Nicht jedoch Wilhelm. „Die Einführung von Kammern mit Nationalrepräsentation wäre meines Erachtens ein Unglück für uns", bemerkte er bereits 1821. „Man scheint glücklicherweise auch gar nicht daran mehr zu denken."[23] Mit dieser Einschätzung sollte der Prinz Recht behalten. Die Konstituierung der Provinziallandtage war das Maximum dessen, was die Reformer dem König an Repräsentationszugeständnissen hatten abringen können. Dass dieser Kompromiss überhaupt zustande gekommen war, lag nicht zuletzt am preußischen Staatskanzler Karl August von Hardenberg. Dieser versuchte das nach 1806 begonnene Reformprojekt gegen alle Widerstände weiterzuführen – bis zu seinem überraschenden Tod im November 1822.[24] Die Konstitutionalisierung der Monarchie, auf die Hardenberg gegenüber Friedrich Wilhelm III. stets gedrängt hatte, war aber zu jenem Zeitpunkt bereits in weite Ferne gerückt gewesen. Doch hatte der Staatskanzler dafür gesorgt, dass die Auseinandersetzung mit der Verfassungsfrage für zukünftige Generationen unumgänglich blieb. Denn wie fast alle europäischen Staaten musste sich auch die Hohenzollernmonarchie nach Jahren der permanenten Kriegsführung um eine Sanierung des zerrütteten Staatshaushalts bemühen. Neben einer rigorosen Sparpolitik sollte auch die Kreditwürdigkeit der Krone durch die Schaffung öffentlichen Vertrauens in ihre Finanzpolitik gesteigert werden.[25] Das von Hardenberg verfasste Staatsschuldenedikt vom 17. Januar 1820 beinhaltete in einem Nebensatz daher eine politisch weitreichende, ja potentiell systemgefährdende Bestimmung: Sollte der preußische Staat neue Kredite aufnehmen, dürfe dies „nur mit Zuziehung und unter Mitgarantie der künftigen reichsständischen Versammlung" – einer Nationalrepräsentation – „geschehen."[26] Mit diesem Edikt, dieser „konstitutionellen Zeitbombe"[27], war die Hohenzollernmonarchie finanzpolitisch faktisch zur Handlungsunfähigkeit verdammt. Sie hatte sich der Gnade eines nichtexistenten Parlaments ausgeliefert.[28] Wollte die Krone sich von diesen Fesseln lösen, musste

Schneider/Thomas Simon (Hrsg.), Gesamtstaat und Provinz. Regionale Identitäten in einer „zusammengesetzten Monarchie" (17. bis 20. Jahrhundert), Berlin 2019, S. 127–209, hier: S. 133–135; Hedwig Richter, Demokratie. Eine deutsche Affäre. Vom 18. Jahrhundert bis zur Gegenwart, München 2020, S. 74.

23 Wilhelm an Charlotte, 20. November 1821. Börner (Hrsg.), Briefe, S. 72.

24 Vgl. Huber, Verfassungsgeschichte, Bd. 1, S. 307–313; Lothar Gall, Hardenberg. Reformer und Staatsmann, München u. a. 2016, S. 252–257.

25 Vgl. Paulmann, Fortschrittsglaube, S. 324.

26 Verordnung wegen der künftigen Behandlung des gesamten Staatsschuldenwesens, 17. Januar 1820. Huber (Hrsg.), Dokumente, Bd. 1, S. 72.

27 Clark, Preußen, S. 397.

28 Vgl. Herbert Obenaus, Anfänge des Parlamentarismus in Preußen bis 1848, Düsseldorf 1984, S. 719–720; Bärbel Holtz, Wider Ostrakismos und moderne Konstitutionstheorien. Die preußische Regierung im Vormärz zur Verfassungsfrage, in: dies./Hartwin Spenkuch (Hrsg.), Preußens Weg in die politische Moderne. Verfassung – Verwaltung – politische Kultur zwischen Reform und Reformblockade, Berlin 2001, S. 101–139, hier: S. 103–104.

sie das Verfassungsversprechen einlösen. Aber Friedrich Wilhelm III. sollte es nie wagen, Hardenbergs Zeitbombe zu entschärfen.

Auch Wilhelm war sich bereits der Brisanz der Finanzfrage bewusst. „Wäre diese unglückliche Verheißung nicht im Schuldenedikt von 1820 enthalten, so könnte man alle Anforderungen mit unseren bestehenden Provinzialständen zurückweisen", lamentierte er in einem längeren Brief an seine Schwester vom November 1833. „So aber ist das königliche Wort einmal gegeben und das muß gehalten werden. Wie es aber zu halten ist, das ist die schwere Frage." Er sei der „Ansicht, daß Papa sich jetzt damit beschäftigen müßte". Denn zu dessen Lebzeiten bestünde noch die Möglichkeit, dass die Krone, ohne „von unten gezwungen zu sein, [...] eine reichsständische Versammlung konstituieren könnte, der man eine Stellung und Vollmachten noch so beschränkt, wie man will, da sie nicht abgerungen jetzt sein würden, auch nicht als Folge einer papierenen Konstitution erschienen". Irgendeine Konzession in der Verfassungsfrage war ihm letztendlich unumgänglich. Die Frage war nur, ob sich die Krone das Heft aus den Händen nehmen lassen würde oder nicht. „Wird man überhaupt um solche Institutionen herumkommen in Preußen? Ich kann nur mit Nein antworten, – wieder weil das Wort bereits gegeben ist und weil gegen den Strom nicht zu schwimmen ist. Man muß mit ihm schwimmen, aber so steuern, daß man Herr des Fahrzeugs bleibt."[29] Wie der Prinz zudem in einem Brief an General Karl Wilhelm von Willisen vom Juli desselben Jahres betonte, sei ein solcher Verfassungsschritt erst mit einigem zeitlichen Abstand zu den Revolutionen von 1830/31 ratsam. „Jede Veränderung in jener Richtung, in den ersten Jahren nach" der „July-Revolte wäre, meiner Ansicht nach, ein Fehlgriff gewesen; denn sie hätte theils den Schein der Erpressung gehabt, theils den, die Masse durch irgend etwas beschwichtigen zu wollen, also aus Angst u[nd] Mißtrauen dictirt." Würde der König nunmehr aus freiem Entschluss Reichsstände oktroyieren, wäre die Rezeption eine andere, „da sie nun weder erpreßt noch aus Angst ertheilt, erscheinen können." Diese Institutionen dürften die Macht der Krone jedoch nicht einschränken. Sie müssten „wohlverstanden *nur* als berathende Behörde u[nd] keineswegs als mitverwaltende, u[nd] *nur* bei Erhöhung von Steuern u[nd] Abschließung von Anleihen, bewilligend" konzipiert werden.[30]

Neben Wilhelm gab es in jenen Jahren auch weitere Stimmen am Berliner Hof, die für die Präventiveinführung der versprochenen Nationalrepräsentation noch zu Lebzeiten Friedrich Wilhelms III. plädierten.[31] Inwiefern es sich daher um originäre Reformideen handelt, die der Prinz 1833 zu Papier brachte, lässt sich nicht eindeutig rekonstruieren. Sie unterscheiden sich allerdings deutlich von den abstrakt-mystischen Vorstellungen monarchischer Legitimation, die etwa der spätere Friedrich Wilhelm IV. seit den 1820er Jahren formulierte.[32] Anders als der Kronprinz betrachtete dessen

---

29 Wilhelm an Charlotte, 7. November 1833. Börner (Hrsg.), Briefe, S. 173–174.
30 Wilhelm an Willisen, 9. Juli 1833. Paul Ritter (Hrsg.), Vier Briefe des Prinzen Wilhelm von Preußen (Kaiser Wilhelms I.), in: Deutsche Rundschau 134 (1908), S. 187–217, hier: S. 193–195.
31 Vgl. Bußmann, Friedrich Wilhelm IV., S. 197–198; Holtz, Ostrakismos, S. 104–105.
32 Vgl. Barclay, Friedrich Wilhelm IV., S. 48.

jüngerer Bruder das preußische Revolutions- und Konstitutionsdilemma aus geradezu pragmatischer Perspektive. Es soll keineswegs argumentiert werden, dass Wilhelm bereits im Vormärz eine „Revolution von oben" konzipiert und propagiert hätte. Aber zumindest im *Ansatz* nahm er bereits jene spätere Idee vorweg, dass es für Preußen vorteilhafter sei, eine Revolution zu machen, als eine zu erleiden. „Wollte Gott, es könne das Königliche Wort ungesagt gemacht werden!", klagte er Charlotte. „Da das unmöglich" sei, „so gebe Gott, daß der König sich noch entschließt, so lange es *Zeit* ist."[33] Denn niemand könne leugnen, „daß mit fortschreitender Zivilisation" eine Geschichtstendenz, ein „Impuls" vermeintlich in jene Entwicklung deuten würde, „die Repräsentanten der Völker zu konstituieren und sie an den Beratungen über Gesetze teilnehmen zu lassen [...]. Auch bei uns namentlich wird die Zeit kommen müssen, wo etwas der Art geschieht", und dann „muß man mit dergleichen Institutionen fortschreiten, weil man sonst vielleicht durch Gewalt (Revolte) dazu gezwungen wird, – und das ist noch schlimmer".[34] Wie Wilhelm seiner Schwiegermutter Maria Pawlowna berichtete, sollen sowohl seine Schwester als auch ihr Ehemann Nikolaus dieser Ansicht zugestimmt haben.[35] Falls er jedoch die Hoffnung gehegt haben sollte, der Zar würde versuchen, Friedrich Wilhelm III. zu einem Reichsständeoktroi zu bewegen, wurde er enttäuscht.[36]

Hier ließ sich das Zweitgeborenendilemma beobachten, in dem sich Wilhelm vor 1840 befand. Er mochte zwar den informellen Rang eines präsumtiven Thronfolgers bekleiden. Doch war mit dieser Position kein institutionelles Amt und daher kein politischer Einfluss verbunden. Sein älterer Bruder hatte hingegen mit dem Vorsitz der nach ihm benannten Kronprinzenkommission in den frühen 1820er Jahren aktiv dazu beigetragen, die Pläne zur Einführung einer Nationalrepräsentation ad acta zu legen.[37] Wilhelm besaß keine vergleichbaren strukturellen Möglichkeiten, seine politischen Ideen Monarch und Ministerium zur Prüfung vorzulegen. Er musste sich um die Intervention Dritter bemühen, wollte er seiner Agenda Gehör verschaffen.

Das offizielle Betätigungsfeld des Prinzen lag nach wie vor im militärischen Bereich. Und dort gelang es Wilhelm, dank einer profunden Kenntnis operativer, strategischer sowie technischer Fragen, ein professionelles standing zu gewinnen. Anders als die meisten monarchischen Akteure seiner Zeit war die Militärkarriere für ihn mehr als reine Tradition und Formalität. Und sie war ihm mehr als eine öffentliche Zurschaustellung seiner meritokratischen Befähigung.[38] Die informelle Position des „ersten Sol-

---

33 Wilhelm an Charlotte, 23./26. Dezember 1833. GStA PK, BPH, Rep. 51, Nr. 859.
34 Wilhelm an Charlotte, 17. März 1831. Börner (Hrsg.), Briefe, S. 156–157.
35 Vgl. Wilhelm an Maria Pawlowna, 30. Dezember 1833. Schultze (Hrsg.), Weimarer Briefe, Bd. 1, S. 81.
36 Vgl. Siegfried Bahne, Die Verfassungspläne König Friedrich Wilhelms IV. von Preußen und die Prinzenopposition im Vormärz, Habilitationsschrift, Bochum 1970 [maschinenschriftlich], S. 128.
37 Vgl. Obenaus, Parlamentarismus, S. 246–256.
38 Vgl. Hans Müller, Die militärische Wirksamkeit des Prinzen Wilhelm von Preußen, Dissertation, Hamburg 1937; Dierk Walter, Der Berufssoldat auf dem Thron. Wilhelm I. (1797–1888), in: Stieg Förster/ Markus Pöhlmann/Dierk Walter (Hrsg.), Kriegsherren der Weltgeschichte. 22 historische Portraits, München 2006, S. 217–233.

daten der Armee", die er aufgrund seiner militärischen Fachkenntnis und seiner dynastischen Stellung bekleidete, sollte er später durchaus in politisches Kapital umzusetzen versuchen. Vor 1840 konnte oder wollte er dies jedoch noch nicht. Sein Vater zögerte gar, ihm das prestigeträchtige wie einflussreiche Generalkommando des Berliner Garde Corps zu übertragen, als dies 1837 vakant wurde. Wie in fast allen europäischen Staaten übernahm auch das preußische Militär öffentliche Polizeiaufgaben. Im Aufstands- und Revolutionsfall hätte das Garde Corps, also der präsumtive Thronfolger, die Hauptstadt mit Waffengewalt „pazifizieren" müssen.[39] Gegenüber Charlotte klagte Wilhelm, deshalb seien „mit Einemmale énorme Scrupeln den Leuten eingefallen, d.h. sie finden es gefährlich daß ich in Berlin commandire, wenn daselbst *Émeuten* vorfallen!"[40] Denn „bei *Émeuten* wäre ein solches Commando in der Residenz sehr geeignet, um einem Prinzen des Hauses die Popularität zu verscherzen. Es mag sein daß dies in Wahrheit beruhet, aber […] bricht eine aus, so ist sie gegen den Souvrain und das Gouvernement gerichtet, und dies zu vertheidigen ist Einmal unser Platz."[41] Obgleich sich diese dynastischen Popularitätsängste im März 1848 als allzu berechtigt herausstellen sollten, wurde Wilhelm das Generalkommando des Garde Corps 1838 doch noch übergeben – eine Entscheidung, die er als „sehr beglückend für mich" bezeichnete.[42] Zumindest auf der militärischen Handlungsebene fand er Verwendungsmöglichkeiten, den Thron in aktiver Rolle gegen die Revolution zu verteidigen. Politisch konnte er hingegen nur als Mahner aus der hinteren Reihe agieren. Und er blieb ein ungehörter Mahner.

Ob Wilhelms Prophylaxeprojekt die spätere Legitimitätskrise der 1840er Jahre hätte verhindern oder zumindest kanalisieren können, muss offen bleiben. Biographisch ist allerdings festzuhalten, dass er in den frühen 1830er Jahren eine erste monarchische Legitimierungsstrategie zu Papier gebracht hatte. Was er formuliert hatte, war ein (deutlich) begrenztes Partizipationsangebot an die politisierte Bevölkerung, gegeben aus einer Position der Stärke. Diese Stärke sei jedoch vergänglich, dessen war sich Wilhelm sicher. Sie würde spätestens mit dem Tod Friedrich Wilhelms III. zu erodieren beginnen. Dann aber würden die politischen Karten neu gemischt werden. Und dann könnte die Krone in der Verfassungsfrage die Zügel verlieren. Was schlussendlich folgen könnte, war ein Schneeballeffekt in Richtung Parlamentarismus und Demokratie. „Still stehen, oder gar zurückschreiten, kann u[nd] darf kein Staat in seinen Institutionen", schrieb Wilhelm im Mai 1832. „Aber jagen soll er nicht nach Neuerungen; sondern er soll sich ruhig, bedächtig, langsam entwickeln lassen." Die Initiative müsse stets in der Hand des Monarchen bleiben, mahnte er, und wetterte gegen die „neumodische Doctrin […], Alles durch die Menge, und im letzten Fall, durch Rebellion von den Souvrainen zu erzwin-

---

39 Vgl. Gerd Heinrich (Hrsg.), Berlin 1848. Das Erinnerungswerk des Generalleutnants Karl Ludwig von Prittwitz und andere Quellen zur Berliner Märzrevolution und zur Geschichte Preußens um die Mitte des 19. Jahrhunderts, Berlin/New York 1985, S. 7–8.
40 Wilhelm an Charlotte, 15. November 1837. GStA PK, BPH, Rep. 51, Nr. 862.
41 Wilhelm an Charlotte, 30. September 1837. Ebd.
42 Wilhelm an Charlotte, 1. April 1838. GStA PK, BPH, Rep. 51, Nr. 863.

gen."[43] Vor allem geißelte der Prinz die Idee einer aus direkten Wahlen hervorgegangenen Nationalrepräsentation. Die Reichsstände würden keine Bedrohung der Krongewalt darstellen, erklärte er Charlotte, „so lange man fest an Stände[n] hält, d. h. Corporationsweise, wie von Alters her, die Représentanten constituirt, und nicht wie in den anderen Représentationen, nach Willkühr blos durch den cens électorale Menschen zusammenwürfelt, die nichts représentiren als sich *selbst* und *ihre* politischen Idéen."[44] „Was wird aus diesem theoretisch richtig scheinenden Princip, in der Ausführung? Nichts als Partheiungen und Hader, wo zuletzt der Monarch doch drein schlagen muß, als hätte er keinen Représentanten."[45]

Das mahnende Beispiel, das Wilhelm hier implizierte, waren die süddeutschen Mittelstaaten, die seit dem Sturz Napoleons auf konstitutionelle Regierungserfahrungen zurückblicken konnten. Denn das „Geschrei der sogenannten Représentanten" in Bayern, Württemberg und Baden „beweist, was von Représentation zu halten ist! Enfin Vous voyez que je ne change point, aber dennoch überzeugt bin, daß wir all' den Kram einst erleben werden bei uns, aber nicht zum Heil!" Daher komme Alles darauf an, dass „Preußen dem süddeutschen Geschrei nicht nachkrähet."[46] Seit 1830 mache der konstitutionell-parlamentarische „Schwindelgeist [...] reißende Fortschritte in Deutschland, nirgends wird ein haltbarer Damm entgegengesetzt, sondern Concession auf Concession; Constitutionen [...] werden improvisirt; der Souvrain *giebt* sie scheinbar, aber eigentlich geben sie sich die Représentanten, denn viel bleibt gewöhnlich nicht übrig von dem, was der Souvrain ihnen zur Berathung gab!"[47] Aber war das Urteil des späteren Kaisers über den süddeutschen Vormärzkonstitutionalismus berechtigt? In den Königreichen Bayern und Württemberg gelang es den Herrschern erfolgreich, die oktroyierten Verfassungsinstrumente in den Dienst politischer Integration und monarchischer Legitimation zu stellen. Doch sowohl der seit 1816 in Stuttgart regierende Wilhelm I. als auch der Wittelsbacherkönig Ludwig I., der 1825 den bayerischen Thron bestiegen hatte, suchten wiederholt den offenen Konflikt mit Parlamenten und Presse, wenn diese nicht dem Allerhöchsten Willen folgten. Beide Monarchen betrachteten und behandelten die konstitutionellen Ständevertretungen ihrer Königreiche lediglich als öffentliche Foren. Sie dienten ihnen als vermeintliche Indikatoren gesellschaftlicher Stimmungsbilder. Und nicht selten glaubten sie, dieser Stimmung mit Repressionsmaßnahmen begegnen zu müssen.[48] Der württembergische wie der bayerische König sind jedoch nur zwei Vormärzbeispiele für die meist ambivalente, bisweilen aber auch antagonistische Beziehung von Krone und Parlament. Kaum ein Herrscher der konstitutionell verfassten

43 Wilhelm an Willisen, 25. Mai 1832. Ritter (Hrsg.), Briefe, S. 190–191.
44 Wilhelm an Charlotte, 23./26. Dezember 1833. GStA PK, BPH, Rep. 51, Nr. 859.
45 Wilhelm an Charlotte, 12. April 1835. GStA PK, BPH, Rep. 51, Nr. 861.
46 Wilhelm an Willisen, 15. November 1831. Ritter (Hrsg.), Briefe, S. 189.
47 Wilhelm an Luise, 1. Februar 1832. GStA PK, BPH, Rep. 51, Nr. 853.
48 Vgl. Heinz Gollwitzer, Ludwig I. von Bayern. Königtum im Vormärz. Eine politische Biographie, München 1986; Paul Sauer, Reformer auf dem Königsthron. Wilhelm I. von Württemberg, Stuttgart 1997.

Staaten West- und Zentraleuropas wollte von dem Anspruch auf eine nicht nur aktive, sondern auch entscheidende Regierungsteilhabe abrücken.[49]

Dieses Konfliktverhältnis konnte in Extremfällen sogar dazu führen, dass der Monarch seiner Herrschaftsauffassung durch einen Staatsstreich glaubte Geltung verschaffen zu müssen. Zu einem solchen Fall kam es 1837 im Königreich Hannover. Nur wenige Tage nach seinem Herrschaftsantritt ließ der neue König Ernst August proklamieren, dass er sich nicht an die 1833 gegebene Verfassung gebunden fühle. Denn diese war ohne seine Mitwirkung zustande gekommen. Vor allem in bürgerlichen Kreisen wurde der Allerhöchste Staatsstreich verurteilt. Und dort stieß auch der Protest der sogenannten Göttinger Sieben auf breite Sympathien – einer Gruppe von Professoren, die aufgrund ihrer Kritik am Monarchen ihre Anstellung verloren und teilweise des Landes verwiesen wurden. Doch es gelang Ernst August schnell, eine vergleichsweise hohe Popularität unter der ländlichen Bevölkerung zu gewinnen. Die Strahlkraft liberaler Elitenzirkel war nach wie vor gering.[50] Wilhelm seinerseits fand lobende Worte für den königlichen Verfassungsbruch. Ernst August werde den Konstitutionalismus „revidiren und ameilliorisiren im Monarchischen Sinn", jubelte er Charlotte. „Wenn es ihm glückt, etwas Besseres an die Stelle zu setzen und die 2 Kammer-Wirthschaft aufhebt, und dies Alles ohne Réaction im Volke, d. h. der Schreier, vorüber gehet, – so wäre es ein herrliches Beispiel, um dem Constitutions-Kammer-Schwindel ein Ende zu machen."[51] Und den Protest der Göttinger Sieben soll er als „Infamie" bezeichnet haben.[52]

Die Ereignisse in Hannover mochten für Wilhelm gar potentiellen Vorbildcharakter besessen haben. Ernst August hatte immerhin demonstriert, dass ein Monarch eine Verfassung scheinbar nach Belieben revidieren könne, ohne die Guillotine fürchten zu müssen. Noch im Januar 1840, ein halbes Jahr vor dem Tod seines Vaters, argumentierte der Prinz, dass die Zeit gegen die Hohenzollernmonarchie arbeite. Es sei „ebenso glücklich, als beinah unbegreiflich", dass „die Stimmung unter den unteren Volksklassen sich noch so erhält" – „aber zu lange darf man den Bogen auch nicht gespannt halten! Also ist es die höchste Zeit zum beruhigenden Handeln; das Handeln muß daher energisch sein!"[53] Das Verfassungsversprechen von 1815 wollte nicht vergehen. Hardenbergs konstitutionelle Zeitbombe tickte. Anders als sein Vater hatte Wilhelm zumindest Ideen formuliert, wie sie eventuell entschärft werden könnte. Und diese Ideen waren durchaus komplexe Reflektionen über die Grenzen und Möglichkeiten monarchischer Herrschaft. Aber ihm fehlten die Möglichkeiten, in den politischen Entscheidungsprozess einzugreifen.

---

49 Vgl. Müller, Thronfolger, S. 377–378.

50 Vgl. Hans-Georg Aschoff, Die Welfen. Von der Reformation bis 1918, Stuttgart 2010, S. 236–242; Thomas Vogtherr, Die Welfen. Vom Mittelalter bis zur Gegenwart, München 2014, S. 83–84; Thiele, Verfassungsgeschichte, S. 180–186.

51 Wilhelm an Charlotte, 13. Juli 1837. GStA PK, BPH, Rep. 51, Nr. 862.

52 Vgl. Tagebuch Varnhagen, 4. Januar 1838. [Karl August Varnhagen von Ense], Aus dem Nachlaß Varnhagen's von Ense. Tagebücher von K.A. Varnhagen von Ense, Bd. 1, Leipzig u. a. 1861, S. 71.

53 Wilhelm an Grolman, 7. Januar 1840. Berner (Hrsg.) Briefe, Bd. 1, S. 130.

Wilhelms Biographie vor 1840 kann daher als dynastisches Purgatorium charakterisiert werden. Er spielte de facto eine understudy-Rolle zwischen seinem zwei Jahre älteren Bruder und seinem 1831 geborenen Sohn. Ob der spätere Kaiser unter der Herrschaft Friedrich Wilhelms III. überhaupt eine Zukunft für seine Person sah, in der er politisch gestaltend agieren konnte, ist zu bezweifeln. Anlässlich seines zweiundvierzigsten Geburtstages 1839 klagte er seiner Schwester bereits über erste körperliche Alters- und Ermüdungserscheinungen – „da fällt es einem doch oft schwer aufs Herz, ob man mit den zunehmenden Jahren, auch den zunehmenden Anforderungen entspricht!"[54] Und auch nach seinem dreiundvierzigsten Geburtstag 1840 schrieb er in resigniertem Ton, „dieser ganze Körper Zustand, hat mich doch auf Einmal in eine andere Aera des Lebens versetzt; je me vieux, wie man zu sagen pflegt und das Schonungs Sytem, welches mir so neu ist, mahnt an jene neue Aera."[55] Aber keine drei Monate, nachdem er diese Zeilen formuliert hatte, begann sowohl für Wilhelm als auch für Preußen eine neue Umbruchzeit. Und der spätere Kaiser sollte auf der politischen Bühne von dem Hintergrund in die zweite Reihe rücken.

---

54 Wilhelm an Charlotte, 24. März 1839. GStA PK, BPH, Rep. 51, Nr. 863.
55 Wilhelm an Charlotte, 28. März 1840. GStA PK, BPH, Rep. 51, Nr. 864.

Zweites Buch **Gegen den Bruder, Friedrich Wilhelm IV. 1840–1848**

„Deshalb braucht in einer Familie kein Unfriede eingeführt zu sein!"
Hofintrigen vor 1840

Vor der Ernennung Otto von Bismarcks zum preußischen Ministerpräsidenten 1862 prägte keine andere Beziehung Wilhelms politische Biographie stärker als die zu Friedrich Wilhelm IV. Das Verhältnis der beiden königlichen Brüder nahm während der 1840er und 1850er Jahre dysfunktionale, ja bisweilen antagonistische Züge an – mit merklichen, teils gravierenden Folgen für den Gang der preußischen Politik jener zwei Jahrzehnte. Doch wo können die Ursprünge dieses Dynastiebruchs biographisch verortet werden? Als der Kaiser im hohen Alter über die Schuljahre unter Friedrich Delbrück sinnierte, bemerkte er etwa, der Kronprinz sei ihm gegenüber „sehr wild" gewesen. Dies soll dazu geführt haben, dass beide Brüder getrennt unterrichtet wurden, und der Prinz den „Schlägen" des Thronfolgers „entzogen" worden sei.[1] Auch die Hofdame Caroline von Rochow erzählte, dass der junge Wilhelm „gewissermaßen den souffre-douleur von des Kronprinzen Heftigkeit abgeben mußte. Bei jeder Scene sei ihm gesagt worden: ‚Warum reizen Sie auch Ihren Bruder?', anstatt jenen in Schranken und Kampf gegen sich selbst zurückzuweisen."[2] Aber außer diesen Erzählungen über kindliche Konflikte finden sich in den Quellen keinerlei Belege, dass Wilhelms persönliches Verhältnis zum Kronprinzen vor den 1830er Jahre problematisch gewesen sei. Im Gegenteil: Der spätere Friedrich Wilhelm IV. hatte während der Causa Radziwill sogar ausdrücklich Partei für seinen jüngeren Bruder ergriffen.[3]

Wie bereits zeitgenössischen Beobachtern auffiel, schien der musisch und ästhetisch interessierte Kronprinz allerdings das genaue Gegenteil des als bieder und phantasieresistent beschriebenen „Soldatenprinzen" Wilhelm gewesen zu sein. Friedrich Wilhelm IV. sei „von der Natur nicht mit den Eigenschaften eines Soldaten ausgestattet worden", so etwa General Karl Ludwig von Prittwitz.[4] Gegenüber dem Hofsekretär Louis Schneider soll der König sogar offen eingestanden haben, „ich bin kein halb so guter Soldat, als mein Bruder Wilhelm!"[5] Kraft zu Hohenlohe-Ingelfingen, der als Flügeladjutant beiden Monarchen diente und persönlich nahestand, berichtet in seinen Memoiren, Friedrich Wilhelm IV. „war in allen Fächern zu Hause, deshalb interessierte er sich auch mit einer stets regen Lebhaftigkeit für alles, was vorkam. Wissenschaften und Künste, Politik und Heeresangelegenheiten, juristische und Finanzfragen, in allem überstrahlte er seine Ratgeber an Wissen und Einsicht." Über Wilhelm hingegen schrieb er, „die Wissenschaft an sich interessierte ihn gar nicht, so lange er es nicht mit einem

---

1 Jagow (Hrsg.), Anekdoten, S. 5.
2 Marwitz (Hrsg.), Am preußischen Hofe, S. 73.
3 Vgl. Jagow, Wilhelm und Elisa, S. 99–103, S. 125–128.
4 Heinrich (Hrsg.), Berlin 1848, S. 4.
5 Louis Schneider, Aus dem Leben Kaiser Wilhelms 1849–1873, Bd. 1, Berlin 1888, S. 19.

https://doi.org/10.1515/9783111323954-009

praktischen Ergebnis zu tun hatte. [...] Er war eben haushälterisch mit seinen Kopf-
nerven, während Friedrich Wilhelm IV. die seinigen in einer fortwährenden Spannung
erhielt. [...] Friedrich Wilhelm war der Mann der Idee, des Gedankenflusses, Wilhelm
war der Mann des Schaffens, der Tat."[6] Diese unterschiedlichen Interessensphären der
beiden Brüder wurden augenscheinlich auch seitens der Öffentlichkeit rezipiert. So
notierte der Schriftsteller Karl August Varnhagen von Ense 1850, auf den Berliner
Straßen werde erzählt, „der König hat Lust am Zeichnen, das ist sein ganzer Kunstsinn" – aber bei Wilhelm „an Kunstsinn zu denken, fällt keinem Menschen ein."[7] Und
der spätere Kaiser selbst sprach bereits 1828 von „unsern so sehr verschiedenen Charakteren" sowie von „Oppositionspunkte[n]", die zwischen ihm und seinem älteren
Bruder existiert haben sollen. Allerdings betonte er im selben Brief auch, dass „wir in
allen Hauptdingen, Ansichten und Grundsätzen sonst ganz übereinstimmend sind."[8] Die
Ursachen, die Wilhelm nach 1840 zum schärfsten Kritiker und innerdynastischen Antipoden des Königs werden ließen, können letztendlich weder in Kindheit und Jugend
der beiden Hohenzollernprinzen noch in ihren Persönlichkeiten eindeutig verortet
werden. Sie müssen stattdessen in Fragen weltanschaulicher Natur gesucht und gefunden werden.

Seit den 1820er Jahren verkehrte der spätere Friedrich Wilhelm IV. in Kreisen, die
der religiösen Erweckungsbewegung nahestanden. Diese weitverbreitete pietistische
Strömung zeichnete sich durch eine Ablehnung rationalistischer, aufklärerischer Tendenzen innerhalb des Christentums wie der Politik aus. Stattdessen wurde ein persönliches und emotionalisiertes Gottesverhältnis gepredigt. Wie viele andere konservative Eliten seiner Generation hatte der Kronprinz die Napoleonischen Kriege als einen
geradezu religiösen Kreuzzug gegen die Revolution empfunden. Die Erweckungsbewegung fand daher unter Adel und Offizieren viele Anhänger. Und Friedrich Wilhelm IV
und seine Umgebung sahen in dieser Form des konfessionsübergreifenden Glaubens
eine Art ideologisches Heilmittel gegen revolutionäre Tendenzen und Bewegungen.[9]
Wilhelm hingegen bezeichnete die Erweckungschristen als „Frömmler" oder „Sektie-
rer", und sprach von einer „unglücklichen Klasse, welche im Beten untergeht, weil sie
nichts tuet als beten, aber doch [...] das Heiligste und Höchste stets und bei jeder Gelegenheit im Munde haben, doch wohl nur um andern zu beweisen, daß sie Religion
haben, und sich wohl gar aus Eitelkeit damit brüsten."[10] Der Pietismus sei eine „affi-

---

6 [Kraft zu Hohenlohe-Ingelfingen], Aus meinem Leben. Aufzeichnungen des Prinzen Kraft zu Hohenlohe-Ingelfingen, Bd. 2, Berlin 1897, S. 251–253.
7 Tagebuch Varnhagen, 14. September 1850. [Varnhagen], Tagebücher, Bd. 7, S. 327.
8 Wilhelm an L. Radziwill, 1. Juli 1828. Jagow (Hrsg.), Jugendbekenntnisse, S. 272.
9 Vgl. Hans-Joachim Schoeps, Der Erweckungschrist auf dem Thron. Friedrich Wilhelm IV., in: Peter
Krüger/Julius H. Schoeps (Hrsg.), Der verkannte Monarch. Friedrich Wilhelm IV. in seiner Zeit, Potsdam
1997 [ND 1971], S. 71–90; Barclay, Friedrich Wilhelm IV., S. 63–65; Hans J. Hillerbrand, „Ich und mein Haus,
Wir wollen dem Herrn dienen". Friedrich Wilhelm IV. zwischen Frömmigkeit und Staatsräson, in: Peter
Krüger/Julius H. Schoeps (Hrsg.), Der verkannte Monarch. Friedrich Wilhelm IV. in seiner Zeit, Potsdam
1997, S. 23–44, hier: S. 28–33.
10 Wilhelm an L. Radziwill, 21. Juni 1824. Jagow (Hrsg.), Jugendbekenntnisse, S. 102.

chierte Zungen-Religion, worin mir viel Eitelkeit und überhebendes Wesen zu liegen scheint, sowie ein böser Schritt zum Sectieren und Separieren."[11] Falls die Monarchie nicht wachsam sei, sah der spätere Kaiser hier sogar eine neue Gefahr aufkommen. Denn die Pietisten würden „wie die Kletten zusammenhängen und nicht König und Staat, sondern zunächst sich im Auge haben und ihre Partei."[12]

Diese Generalverdachtsperspektive belastete Wilhelms Verhältnis zu Leopold von Gerlach, der ebenfalls der Erweckungsbewegung angehörte. Bereits 1830 berichtete der Adjutant über „ein Gespräch mit dem Prinzen über Pietismus, wobei er ganz böse wurde. Lange hält sich das mit mir nicht mehr, das wird mir immer klarer."[13] Im Jahr 1838 schied er schließlich aus Wilhelms persönlichem Dienst aus. „Mein Verhältniß mit dem Prinzen Wilhelm war nicht mehr haltbar", erklärte er seinem Bruder Ernst Ludwig, „indem ich nichts Reelles mit ihm zu teilen hatte als ihm Vorwürfe zu machen, die er ruhig anhörte, die aber schon deshalb keinen Eindruck auf ihn machten, weil er entschieden feindlich gegen Pietismus usw. sich gestellt hatte."[14] Beide Gerlach-Brüder gehörten zu jenem Zeitpunkt bereits den persönlichen und politischen Kreisen um den Kronprinzen an. Diese unmittelbare Nähe zum Thronfolger und späteren König sollte ihnen bis Ende der 1850er Jahre einen zeitweise alles andere als unerheblichen Einfluss auf die preußische Politik gewähren.[15]

Wilhelms Feindschaft zur Erweckungsbewegung war es schließlich auch, die zusehends seine Beziehung zu seinem älteren Bruder belastete. Im November 1836 erzählte er Charlotte von einer ersten „sehr schmerzlichen Scene mit Butt [...], was seine Leidenschaftlichkeit im Allgemeinen und insbesondere für diese Sekte und Bitterkeit gegen Andersgesinnte bewies." Der Anlass sei gewesen, dass Wilhelm einen pietistischen Priester in Gegenwart seines Bruders kritisiert haben will. „Von dem Moment an, redete er kein Wort mehr mit mir den ganzen Tag", soll aber gegenüber Umstehenden bemerkt haben, „daß es schändlich sei, was ich für Ansichten habe und was ich mir für Äußerungen erlaube!"[16] Und 1838 klagte er, der Kronprinz sei „blind und wild in diesem Punkte, und siehet und höret Niemand an, der anderer Meinung ist."[17] Jene „Sekte" habe „es gewußt, sich seiner ganzen Person und regen Phantasie zu bemeistern, so daß er nur

11 Wilhelm an Friedrich Wilhelm III., 19. Juli 1830. Merbach (Hrsg.), Briefe, S. 73.
12 Wilhelm an Sayn-Wittgenstein, 14. Februar 1838. Hans Branig, Fürst Wittgenstein. Ein preußischer Staatsmann der Restaurationszeit, Köln/Wien 1981, S. 188.
13 Tagebuch L. v. Gerlach, 10. Juni 1830. GA, LE02780, S. 7–8.
14 L. v. Gerlach an E. L. v. Gerlach, 31. März 1838. Hans-Joachim Schoeps (Hrsg.), Neue Quellen zur Geschichte Preußens im 19. Jahrhundert, Berlin (West) 1968, S. 252.
15 Zu Ernst Ludwig von Gerlach siehe Hans-Joachim Schoeps, Das andere Preußen. Konservative Gestalten und Probleme im Zeitalter Friedrich Wilhelms IV., Berlin (West) ⁵1981; Hans-Christof Kraus, Das preußische Königtum und Friedrich Wilhelm IV. aus der Sicht Ernst Ludwig von Gerlachs, in: Otto Büsch (Hrsg.), Friedrich Wilhelm IV. in seiner Zeit. Beiträge eines Colloquiums, Berlin 1987, S. 48–93; ders., Ernst Ludwig von Gerlach. Politisches Denken und Handeln eines preußischen Altkonservativen, 2 Bde., Göttingen 1994.
16 Wilhelm an Charlotte, 20. November 1836. GStA PK, BPH, Rep. 51, Nr. 861.
17 Wilhelm an Charlotte, 4. März 1838. GStA PK, BPH, Rep. 51, Nr. 863.

bei diesen Leuten schwört, alles durch ihre Brille sieht und dermaßen gegen alles eingenommen und guidiert ist, was nicht diese Farbe trägt [...]. Ein ruhiges Wort ist mit Butt hierüber gar nicht mehr zu sprechen."[18]

Zu den Angehörigen dieser Kronprinzenzirkel gehörte auch der preußische Diplomat Christian Carl Josias von Bunsen, der schnell zu einem politischen Berater des späteren Friedrich Wilhelms IV. wurde.[19] Wilhelm missfiel diese fast freundschaftliche Beziehung zutiefst. Sein Bruder sei „von Bunsen amourachirt", schimpfte er Charlotte.[20] „Bunsen gehört aber nun zu den Frömmlern; Butt nennt ihn seinen Busen Freund, und treibt nun also die Freundschaft so weit, daß er sich seinetwegen, mit dem König und dem ganzen Gouvernement [...] in Opposition setzt".[21] Im Jahr 1839 warnte er den Kronprinzen sogar explizit, Bunsens „Parthei [...] unter jeden Umständen nehmen, und sich dadurch zu öffentlichen Bemerkungen bestimmen zu lassen, [...] erscheint mir als ein unrechtes Verfahren, ja selbst ein gefährliches, weil es [...] Dich in officielle Opposition mit dem König setzt".[22] Es entbehrt nicht einer gewissen Ironie, dass der spätere Kaiser in den 1840er Jahren ebenfalls ein fast freundschaftliches Verhältnis zu Bunsen gewinnen sollte.

Vor 1840 kultivierte Wilhelm jedoch ein rigides Freund-Feind-Schema, wenn er von der Umgebung des Kronprinzen sprach. Und er implizierte gar, dass sein älterer Bruder nichts weiter als eine Marionette sinistrer Pietistenkreise wäre. So erklärte er seiner Schwester, es sei fatal, dass die „Frömmelei" im späteren König „ihre Hauptstütze [...] findet."[23] Denn „es würde unausbleiblich eintreten, daß wenn solche Verhältnisse auf dem Thron säßen, der Scheinheiligkeit Thür und Thor geöffnet wäre und die Heuchelei Platz nehmen würde."[24] Eine pietistische Regierung könne sogar der Revolution in die Hände spielen. Immerhin sei es „das Geschäft einer gewissen Rasse von Menschen geworden, alles anzuwenden, um in der öffentlichen Meinung Fritz vom König zu trennen. Diese Rassen sind die Konstitutionellen. Diese sehen sehr wohl ein, daß sie den König so leicht nicht zur Erteilung einer Konstitution bringen werden. Ihre Machinationen gehen nun aber dahin, durch die schroffe Trennung der Ansichten des Vaters und des Sohnes das Volk besorgt und unruhig zu machen, daß beim Wechsel der Regierung [...] auch ein solcher Wechsel von Regierungsart eintreten werde, die Politik als auch der Gesetzmäßigkeit, Gerechtigkeit, Fortschreitung der Administration im Geist der Zeit usw."[25] Wilhelm war nicht die einzige Stimme am Berliner Hof, die mit Blick auf den Kron-

---

18 Wilhelm an Charlotte, 29. März 1838. Börner (Hrsg.), Briefe, S. 196.
19 Zu Christian Carl Josias von Bunsen siehe Erich Geldbach (Hrsg.), Der gelehrte Diplomat. Zum Wirken Christian Carl Josias von Bunsens, Leiden 1980; Hans Becker/Frank Foerster/Hans-Rudolf Ruppel (Hrsg.), Universeller Geist und guter Europäer. Christian Carl Josias von Bunsen 1791–1860. Beiträge zu Leben und Werk des „gelehrten Diplomaten", Korbach 1991.
20 Wilhelm an Charlotte, 24. Februar 1839. GStA PK, BPH, Rep. 51, Nr. 863.
21 Wilhelm an Charlotte, 17. März 1839. Ebd.
22 Wilhelm an Friedrich Wilhelm (IV.), 13. März 1839. GStA PK, VI. HA, Nl. Vaupel, Nr. 56, Bl. 287.
23 Wilhelm an Charlotte, 29. März 1838. Börner (Hrsg.), Briefe, S. 196.
24 Wilhelm an Charlotte, 18. Dezember 1836. GStA PK, BPH, Rep. 51, Nr. 861.
25 Wilhelm an Charlotte, 17. April 1831. Börner (Hrsg.), Briefe, S. 158.

prinzen solche Zukunftsängste formulierte. Zwar hatte der Thronfolger in den 1820er Jahren dazu beigetragen, jegliche Verfassungspläne vom Schreibtisch des Königs verschwinden zu lassen. Aber in den 1830er Jahren wurde er wiederholt verdächtigt, insgeheim unter konstitutionellem Einfluss zu stehen.[26] General Karl Heinrich von Block etwa schrieb 1838 stellvertretend für nicht wenige Militärangehörige, er empfinde Angst, wenn er „einen Blick auf Personen und Verhältnisse wirft, die ins Leben treten, wenn *der dritte Friedrich Wilhelm* nicht mehr der Zeitlichkeit angehört. Gott halte diesen Zeitpunkt recht weit von uns entfernt."[27] Und es blieb nicht unbemerkt, „daß S.H. der Prinz Wilhelm und S.H. der Kronprinz nicht in völliger Übereinstimmung der Ansichten sind, und der erstere fürchtet, daß der letztere mit allen seinen vortrefflichen Eigenschaften nicht geeignet sey", die Verfassungsproblematik „auf eine befriedigende Art zu lösen", wie General Karl von Müffling im selben Jahr berichtete.[28]

Wilhelm versuchte in den 1830er Jahren auf unterschiedliche Weise, seinen älteren Bruder politisch wieder auf Linie zu bringen – auf seine eigene Linie. Bereits im Dezember 1830 suchte er etwa das direkte Gespräch mit Friedrich Wilhelm, wie er Charlotte berichtete. Dabei will er ihm von seinen Ideen erzählt haben, Friedrich Wilhelm III. solle noch zu Lebzeiten die 1815 versprochenen Reichsstände einrichten. „Er ist *ganz* und *völlig* mit meiner Ansicht einverstanden, aber auch wie ich und ihr davon, daß Papa sich zu nichts endschließen wird."[29] Zudem versuchte er den Kronprinzen dazu zu bewegen, die öffentliche Bühne zu suchen, „damit man ihn dort mehr kennen lernt, und damit die unglaublichen Gerüchte über ihn durch die That wiederlegt würden."[30] Er wünsche „sehr, daß der Butt rasch oft *alle* Provinzen" des Königreichs „bereiste […] um zu sehen, zu hören und gesehen und gehört zu werden."[31] Doch diese Geschwistergespräche führten Wilhelm nicht seinem Ziel näher, die politische Zukunft der Monarchie auch strukturell zu garantieren. Um diese Garantie noch zu Lebzeiten seines Vaters zu erreichen, scheute er schließlich nicht einmal davor zurück, gegen seinen eigenen Bruder zu konspirieren.

Die Genesis dieser Hofintrige muss auf den März 1835 datiert werden, als Wilhelm anlässlich der Beerdigung des österreichischen Kaisers Franz nach Wien reiste. Auch diesem Thronwechsel war zuvor das Potential bescheinigt worden, die Habsburgermonarchie über das Instrument der dynastischen Erbfolge politisch zu schwächen. Denn der neue Kaiser Ferdinand litt unter Epilepsie sowie Hydrocephalie. Er galt daher in den Augen seiner Zeitgenossen als regierungsunfähig. Statt ihn jedoch aus der Thronfolgeregelung auszuschließen und somit zu riskieren, das Legitimitätsprinzip öffentlichkeitswirksam zu beschädigen, wurde Ferdinand de facto unter die Vormundschaft der Regierung Metternich gestellt. Diese Nachfolgeregelung hatte Franz für sei-

---

26 Vgl. Bahne, Verfassungspläne, S. 12; Bußmann, Friedrich Wilhelm IV., S. 193.
27 Block an Natzmer, 20. Mai 1838. Natzmer (Hrsg.), Denkwürdigkeiten, Bd. 2, S. 281.
28 Müffling an Sayn-Wittgenstein, 12. Mai 1838. Bahne, Verfassungspläne, S. 13a.
29 Wilhelm an Charlotte, 23./26. Dezember 1833. GStA PK, BPH, Rep. 51, Nr. 859.
30 Wilhelm an Charlotte, 25./27. September 1832. GStA PK, BPH, Rep. 51, Nr. 858.
31 Wilhelm an Charlotte, 28. November 1833. GStA PK, BPH, Rep. 51, Nr. 859.

nen Sohn noch zu Lebzeiten ausarbeiten lassen.[32] Und in Wien wurde Wilhelm von Metternich persönlich über die testamentarisch garantierten Herrschaftsverhältnisse unterrichtet.[33] Der österreichische Staatskanzler schien das Gespräch mit dem Prinzen nicht ohne Hintergedanken gesucht zu haben. Wie der spätere Kaiser formulierte auch Metternich Sorgen über die Zukunft der preußischen Monarchie nach dem Ableben Friedrich Wilhelms III. Seit 1835 kann daher von einer Art informellem Bündnis zwischen beiden Männern gesprochen werden, mit dem Ziel, auch der Herrschaft Friedrich Wilhelms IV. ein testamentarisches Zwangskorsett anzulegen.[34] Vielsagend schrieb der Prinz seinem Vater aus Wien, man müsse „die Weisheit bewundern, mit welcher der verstorbene Kaiser seine letzten Anordnungen traf [...]. Das so zu nennende politische Vermächtnis für seinen Nachfolger, wovon mir Fürst Metternich eine Abschrift im engsten Vertrauen für Sie mitgeben wird, ist ein Muster von Weisheit, Einfachheit und Kürze und muß einen tiefen und heilsamen Eindruck auf Jeden machen."[35] Eine weitere Abschrift des kaiserlichen Testaments ließ Metternich auch an Wilhelm zu Sayn-Wittgenstein schicken, den preußischen Minister des Königlichen Hauses – und informellen Mittelsmann der Wiener Regierung in Berlin.[36] Dieser gegen den Kronprinzen gerichtete konspirative Zirkel von Wilhelm, Metternich und Sayn-Wittgenstein konnte sich auch der Sympathien des Petersburger Hofs erfreuen.[37] Der Hausminister besaß zudem jenen institutionellen Einfluss, der dem späteren Kaiser vor 1840 fehlte. Denn er kontrollierte de facto den persönlichen Zugang zum alternden König sowie die Papiere, die ihren Weg auf den Allerhöchsten Schreibtisch finden durften.[38]

Bereits 1827 hatte Friedrich Wilhelm III. ein erstes politisches Testament verfasst. Darin warnte er seinen Nachfolger, dieser solle sich vor der „allgemein um sich greifende[n] Neuerungssucht" hüten – aber auch vor einer „fast eben so schädliche[n], zu weit getriebene[n] Vorliebe für das Alte".[39] Derartige recht vage Bestimmungen konnten kaum als Grundlage jener institutionellen Sicherheitsgarantie dienen, die Wilhelm vorschwebte. Ein zweiter Entwurf, den der Hausminister vermutlich 1838 verfasste, widmete sich daher explizit der „Unbeschränktheit der Königl[ichen] Macht", so die bezeichnende Formulierung. Die Krongewalt sollte dadurch garantiert werden, „daß

---

32 Vgl. Lorenz Mikoletzky, Ferdinand I. von Österreich (1835–1848), in: Anton Schindling/Walter Ziegler (Hrsg.), Die Kaiser der Neuzeit 1519–1918. Heiliges Römisches Reich, Österreich, Deutschland, München 1990, S. 329–340; Siemann, Metternich, S. 803–808.

33 Vgl. Aufzeichnungen L. v. Gerlach, 21. März 1835. GA, LE02781, S. 9.

34 Vgl. Heinrich von Srbik, Der Prinz von Preußen und Metternich 1835–1848, in: Historische Vierteljahrsschrift 37 (1926), S. 188–198, hier: S. 189–191.

35 Wilhelm an Friedrich Wilhelm III., 14. März 1835. Merbach (Hrsg.), Briefe, S. 118.

36 Vgl. Ludwig Dehio, Wittgenstein und das letzte Jahrzehnt Friedrich Wilhelms III., in: FBPG 35 (1923), S. 213–240, hier: S. 231–232.

37 Vgl. Bahne, Verfassungspläne, S. 16–19; Branig, Wittgenstein, S. 189–190.

38 Vgl. Dehio, Wittgenstein, S. 236–238; Stamm-Kuhlmann, König in großer Zeit, S. 557.

39 Politisches Testament Friedrich Wilhelms III., 20. November 1827. Ernst Heymann, Das Testament von König Friedrich Wilhelm III., in: Sitzungsberichte der Preußischen Akademie der Wissenschaften 15 (1925), S. 127–166, hier: S. 156.

kein künftiger Regent befugt seyn soll, ohne Zuziehung sämtlicher Agnaten in dem Königl[ichen] Hause, eine Aenderung oder Einleitung zu treffen, wodurch eine Veränderung in der jetzigen Verfassung des Staats, namentlich in Beziehung auf die ständischen Verhältnisse und die Beschränkung der Königl[ichen] Macht bewirkt oder begründet werden könnte."[40] Letztlich sollten Friedrich Wilhelm IV. in der Verfassungsfrage also die Hände gebunden werden. Denn die Zusage *aller* Agnaten – der männlicher Dynastiemitglieder – zu gewinnen, war unmöglich. Allein Wilhelms Veto hätte jegliche Reformideen im Keim erstickt. Dieses Testament sollte als institutioneller Obstruktionsbalken fungieren, der es dem Dynastieverband de jure erlauben würde, den König zu kontrollieren. Die Reformstagnation unter Friedrich Wilhelm III. hätte letztendlich die Protektion einer Ewigkeitsklausel genossen. Nichts hinzuzufügen ist daher Heinrich von Treitschkes Verdikt, der als Historiker und Zeitgenosse schrieb, „mit solchen Grundsätzen ließ sich die verwandelnde Welt nicht mehr regieren."[41]

Doch dieser Testamentsentwurf wurde von Friedrich Wilhelm III. nie signiert. Es ist sogar fraglich, ob ihn der König zu Lebzeiten überhaupt je zu Gesicht bekam. Das hinderte Wilhelm jedoch nicht, seinem älteren Bruder den angeblich letzten väterlichen Willen als bindendes Dokument zu präsentieren. In einer auf das Jahr 1845 datierten Niederschrift für Friedrich Wilhelm IV. behauptet der Prinz unverhohlen, Sayn-Wittgenstein soll ihm erst eine Woche vor dem Tod Friedrich Wilhelms III. von der Existenz des Testaments erzählt haben. Es sei dem Hausminister aber nicht möglich gewesen, „die Papiere zur Unterzeichnung vorzulegen", da die Fürstin von Liegnitz, die zweite Ehefrau des Monarchen, den Zugang zu dessen Sterbebett kontrolliert habe. Wilhelm und Sayn-Wittgenstein seien schließlich nach „langem Hin-und-Her-Sprechen" auf die Idee gekommen, die Dokumente „dem Kronprinzen vorzulegen, damit er erkläre, ob, falls bei der täglich steigenden Lebens Gefahr die förmliche Unterschrift nicht mehr zu erlangen wäre, Fritz die ihm einst zu übergebenden Papiere auch ohne jene Unterschrift als die wirklich letztwilligen Anordnungen ansehen würde?" Daraufhin will der Prinz seinem älteren Bruder von dieser Angelegenheit erzählt haben. Und dieser soll versprochen haben, er „werde Alles, was mir Wittgenstein als Papas letzten Willen vorlegt und worin ich seine Handschrift erkenne oder Zusätze von seiner Hand finde, wodurch ich annehmen kann, daß er die Papiere wirklich gesehen hat, als Papas letztwillige Bestimmungen anerkennen und aus Kindes Pflicht befolgen."[42] Dass diese Darstellung in nicht unerheblichen Maßen Wilhelms Phantasie entsprungen sein mochte, liegt mehr als nahe. Wahrscheinlich brachte er hier Schutzbehauptungen zu Papier, um die genauen Hintergründe der Testamentsverschwörung zu maskieren. Belegt ist lediglich, dass der Kronprinz kurz vor dem Tod Friedrich Wilhelms III. gegenüber seinem jüngeren Bruder tatsächlich erklärte, sämtliche testamentarischen Bestimmungen des

---

40 Politisches Testament Friedrich Wilhelms III. (Wittgenstein'scher Entwurf), [1838]. Ebd., S. 157.
41 Heinrich von Treitschke, Deutsche Geschichte im Neunzehnten Jahrhundert, Bd. 4, Leipzig [10]1918, S. 726.
42 Wilhelm an Friedrich Wilhelm IV., [19. März 1845]. GStA PK, VI. HA, Nl. Vaupel, Nr. 58, Bl. 399–401.

Vaters als persönlich bindend zu betrachten. Wilhelm schien daher zumindest in den ersten Jahren nach 1840 vom Erfolg des Testamentcoups überzeugt gewesen zu sein.[43]

Aus den Quellen geht nicht hervor, ob Friedrich Wilhelm IV. je über den genauen Hintergrund dieser konspirativen Ereignisse unterrichtet wurde. Aber das Verhältnis der beiden königlichen Brüder war bereits seit den 1830er Jahren persönlich wie politisch belastet. Nach 1840 sollte es schließlich zum offenen Dynastiebruch kommen. Dabei kann mit einiger Berechtigung argumentiert werden, dass eine solche Entwicklung zwar nicht zwangsläufig, aber doch beziehungsimmanent war. Denn Wilhelms Verhältnis zu seinem älteren Bruder war ein grundlegend anderes als etwa zu seinen jüngeren Geschwistern, mit denen er ebenfalls oft im Streit lag. Friedrich Wilhelm IV. war Kronprinz und schließlich König. Allein dieser Bruderstreit konnte und sollte daher aufgrund des dynastischen Erbrechts eine maßgebliche politische Qualität erreichen. Und Wilhelm schien diese potentiell folgenschweren Implikationen durchaus zu reflektieren. Denn er wies jede Schuld für das Geschwisterzerwürfnis von sich. Noch 1839 behauptete er gegenüber Charlotte, „jene unbegreiflichen Gerüchte über die Uneinigkeit in der Familie und namentlich unter uns Brüdern [...] sind *ausgegangen ausgestreut*, ja *erfunden* worden, von den Frömmlern. [...] Daß man manchmal anderer Meinung ist, kommt ja überall vor, aber deshalb braucht in einer Familie kein Unfriede eingeführt zu sein!"[44] Nach 1840 ließ sich der dynastische Unfriede nicht mehr unter den Teppich kehren. Stattdessen sollte er zu einem Systemcharakteristikum der Hohenzollernmonarchie werden.

---

43 Vgl. Wilhelm an Sayn-Wittgenstein, 13. April 1841. Bahne, Verfassungspläne, S. 34b.
44 Wilhelm an Charlotte, 7. April 1839. GStA PK, BPH, Rep. 51, Nr. 863.

„Ich sage meine Meinung, unbekümmert von wem sie getheilt wird."
Der Weg in die Thronfolgeropposition

Friedrich Wilhelm III. starb am 7. Juni 1840 im Alter von neunundsechzig Jahren. Er hatte Preußen fast dreiundvierzig Jahre regiert – länger als jeder Hohenzollernmonarch nach Friedrich II. (dem Großen). „The King is not regretted by the Nation", berichtete der britische Gesandte in Berlin. „He allowed Events to arise, and attempted to avoid rather than to overcome the difficulties they presented."[1] Mit dem Thronwechsel waren daher öffentliche Hoffnungen auf ein Ende der politischen Stagnation verknüpft. Es herrschte Aufbruchsstimmung. Doch letztlich fungierte lediglich das Zerrbild der *Figur* Friedrich Wilhelm IV. als Projektionsfläche dieser Hoffnungen. Die *Person* des neuen Monarchen sollte die liberale Öffentlichkeit schnell enttäuschen. Und sie sollte auch die konservativen Eliten irritieren.

So schrieb Hausminister Sayn-Wittgenstein keine zwei Monate nach dem Thronwechsel nach Wien, „der Geist der jetzigen Regierung ist ein ganz anderer und das Gegenteil der letzten Regierung."[2] Metternich sollte Friedrich Wilhelm IV. im September 1842 persönlich begegnen. Über das längere politische Streitgespräch, das beide Männer bei dieser Gelegenheit führten, fertigte der österreichische Staatskanzler ausführliche Aufzeichnungen an. Der Herrscher soll ihm gegenüber nicht verhehlt haben, mit den Regierungsprinzipien seines Vaters brechen zu wollen. Preußen sei ein „Ding" ohne „historische Basis, und besteht aus einem Agglomerat von Ländern, [...] welches unter den Händen der Steine, Hardenberge und ihrer Gleichgesinnten, in jene einer *Beamten Oligarchie* gerieth." Da das Königreich ein fragmentiertes Staatsgebilde sei, könne die Monarchie nicht reformiert werden. Denn „man kann nur *etwas Bestehendes* reformieren dh. verbessern. In Preußen dagegen muß *geschaffen* werden, denn das was besteht ist ein Unding." Metternich will die Überzeugung gewonnen haben, dass Friedrich Wilhelms IV. einem „Sinn" verfallen sei, „den ich nicht anders als durch die Worte ‚des *Künstlerischen*' zu bezeichnen vermöchte, und welcher die Menschen die er belebt, leicht auf den gefährlichsten aller Abwege führt: auf jenen, das Erreichbare nicht auf bekannten Pfaden, sondern in neuen von ihnen erfundenen Richtungen zu verfolgen."[3]

Diese Quelle belegt, dass Friedrich Wilhelm IV. die Hohenzollernmonarchie keineswegs als gefestigt ansah, den Herausforderungen der Moderne erfolgreich zu begegnen. Das väterliche Erbe glich einer schweren Hypothek. Wie Herzog Ernst II. von

---

1 Russell an Palmerston, 18. Juli 1840. British Envoys to Germany, 1816–1866, Bd. 2, Cambridge 2002, S. 184.

2 Sayn-Wittgenstein an Metternich, 3. August 1840. Schoeps (Hrsg.), Quellen, S. 204.

3 Aufzeichnungen Metternichs, 16. September 1842. Alfred Stern, König Friedrich Wilhelm IV. von Preußen und Fürst Metternich im Jahre 1842, in: Mitteilungen des Instituts für österreichische Geschichtsforschung 30 (1909), S. 120–135, hier: S. 127–134.

https://doi.org/10.1515/9783111323954-010

Sachsen-Coburg und Gotha treffend beschrieb, schien der neue König „überzeugt" gewesen zu sein, „daß es Zeit sei die Axt anzulegen an die Schäden der Zeit".[4] Friedrich Wilhelm IV. glaubte eine Systemalternative zwischen dem preußischen Staatsabsolutismus vor 1840 und dem westeuropäischen Konstitutionalismus gefunden zu haben. Die Monarchie war ihm historisch gewachsen – nicht staatlich organisiert. Aber die undefinierte Vergangenheit, auf die er sie berief, war letztendlich nicht mehr als ein mythologisiertes Konstrukt. Der geradezu mittelalterliche christliche Ständestaat, den er beschwor, sollte in der Person des Monarchen von Gottes Gnaden eine überparteiliche und politisch uneingeschränkte Ordnungsgewalt besitzen.[5] Die sakrale Legitimation des Königtums, wie Friedrich Wilhelm IV. sie verstand, schloss Kompromisse an den Konstitutionalismus und das Repräsentationsprinzip von vornherein aus. Der Monarch war transzendenter Amtmann Gottes auf Erden. Jeder Versuch, seine Macht zu beschränken, kam daher einer Auflehnung gegen die Schöpfungsordnung gleich.[6] In dieser abstrakten und teils auch widersprüchlichen Vorstellung liegt der Schlüssel zu jenem spezifischen Monarchiemodell, das der König zeit seiner Herrschaft umzusetzen versuchte. Da die genauen Intentionen des Monarchen allerdings nur diesem selbst bekannt waren, verfielen Ministerium und Hof schnell in eine Atmosphäre politischer und personeller Instabilität. Rivalisierende Gruppierungen kämpften um Einfluss. Niemand konnte die nächsten Schritte des Herrschers antizipieren. Seine Person und Politik blieben selbst seinen Geschwistern in mancherlei Hinsicht ein Mysterium.

Im Sommer 1840 war diese Projektagenda noch weitgehend unbekannt – innerhalb wie außerhalb der Berliner Palastmauern. Allgemein dominierte zunächst die Erwartung (oder Befürchtung), der Thronwechsel werde dem ungelösten Verfassungsproblem neue Impulse geben. Nur drei Monate nach dem Tod seines Vaters wurde Friedrich Wilhelm IV. mit jener Systemfrage konfrontiert, die seine Herrschaft bis 1857 determinieren sollte: Nun sag', wie hast Du's mit der Konstitution? Anfang September bat der Oberpräsident der Provinz Preußen Theodor von Schön den Monarchen öffentlich, das Versprechen von 1815 zu erfüllen. Mit Blick auf die bevorstehende Huldigungszeremonie in Königsberg, dem Ort der preußischen Königskrönung von 1701, kann von einer ersten symbolischen Konfrontation von Herrscher und Verfassungsbewegung gesprochen werden.[7] Und Wilhelm glaubte ebenjene Gefahrenentwicklung zu erkennen, vor der er in den 1830er Jahren kontinuierlich gewarnt hatte. Nur zwei Tage nach Schöns

---

4 Ernst II. von Sachsen-Coburg und Gotha, Aus meinem Leben und meiner Zeit, Bd. 1, Berlin ⁶1889, S. 49.
5 Vgl. Barclay, Friedrich Wilhelm IV., S. 88–89; Kroll, Friedrich Wilhelm IV., S. 67–78; ders., Monarchie und Gottesgnadentum in Preußen 1840–1861, in: Peter Krüger/Julius H. Schoeps (Hrsg.), Der verkannte Monarch. Friedrich Wilhelm IV. in seiner Zeit, Potsdam 1997, S. 45–70, hier: S. 50–56; Winfried Baumgart, Friedrich Wilhelm IV. (1840–1861), in: Frank-Lothar Kroll (Hrsg.), Preußens Herrscher. Von den ersten Hohenzollern bis Wilhelm II., München 2000, S. 219–241, hier: S. 225–226.
6 Vgl. Dirk Blasius, Friedrich Wilhelm IV. Persönlichkeit und Amt, in: HZ 263 (1996), S. 589–607, hier: S. 593; Hillerbrand, Friedrich Wilhelm IV., S. 34–42; Clark, Preußen, S. 501.
7 Vgl. Friedrich Keinemann, Preußen auf dem Wege zur Revolution. Die Provinziallandtags- und Verfassungspolitik Friedrich Wilhelms IV. von der Thronbesteigung bis zum Erlaß des Patents vom 3. Februar 1847. Ein Beitrag zur Vorgeschichte der Revolution von 1848, Hamm 1975, S. 10.

Adresse schrieb er dem Oberpräsidenten einen Brief, in dem er dessen „höchste Illoyalität" geißelte, „einem neuen Souverain beim Antritt seiner Regierung Garantien abzufordern [...]. Anklang wird ein solcher Passus wohl finden in der Welt; aber bei *wem*?? Wahrlich nicht bei den Patrioten, d.h. bei denen, welchen das *wahre* Wohl und Heil des Thrones und des Vaterlandes am Herzen liegt; – Anklang wird es bei allen finden, die Umsturz des Bestehenden wollen, die Selbstsucht-Nährer sind und die ihrer Eitelkeit fröhnen."[8]

Friedrich Wilhelm IV. erteilte den konstitutionellen Forderungen eine zwar höflicher formulierte, aber nicht weniger deutliche Absage. Die Huldigungszeremonie bot ihm eine erste Gelegenheit, seine persönliche Vorstellung einer gottgewollten ständischen Herrschaftsordnung der Öffentlichkeit zu kommunizieren.[9] Seiner Schwester Luise jubelte Wilhelm nach diesem königlichen Triumphspektakel, „die Constitutions-Episode, die Monsieur de Schön eingerührt hat", habe „zu einem wichtigen Ausspruch von Butt geführt, der von unermäßlichem Werth ist für alle Zeiten".[10] Nach diesen Auftritten des Herrschers begann sich die öffentliche Aufbruchsstimmung tatsächlich merklich zu kalmieren. So bemerkte Varnhagen nach der Königsberger Huldigung, „die Ablehnung der Reichsstände-Verfassung macht bei aller Glimpflichkeit keinen guten Eindruck. Ich glaube, der König wird diese Sache nun seine ganze Regierungszeit nicht los, sie wird immer wiederkehren."[11]

Der Thronwechsel hatte allerdings auch für Wilhelm unmittelbare Folgen. Denn als Thronfolger standen ihm erstmals politische Einflussstrukturen zur Verfügung. Seit 1840 trug er den Titel „Prinz von Preußen", den bereits der kinderlose Friedrich II. seinem thronfolgeberechtigten Bruder verliehen hatte. Ein „Kronprinz" konnte hingegen nur der direkte männliche Nachkomme eines Königs sein. Als Thronfolger erhielt Wilhelm zudem Sitz und Stimme im Staatsministerium, wie bereits sein Bruder unter Friedrich Wilhelm III.[12] Dieser neue institutionelle Spielraum darf nicht unterschätzt werden. Denn er bot ihm eine *direkte* Kommunikations- und Gestaltungsbühne. Dagegen standen ihm die traditionellen *indirekten* Einflussmöglichkeiten eines Thronerben nur bedingt zur Verfügung.

Im dynastischen System verkörperte der Thronfolger sowohl das Prinzip der Kontinuität als auch des unvermeidbaren Wandels. Er – oder in wenigen Fällen auch sie – war Symbol eines Generationenwechsels, in personeller wie in ideeller Perspektive. In der Person des Thronerben wurde die Monarchie mit dem dynastischen Erbe der Vergangenheit verbunden. Gleichzeitig diente er einer wachsenden und zusehends politisierten Öffentlichkeit als personifizierte Zukunftsfähigkeit des Herrschaftssystems.

---

8 Wilhelm an Schön, 7. September 1840. Johannes Schultze (Hrsg.), Kaiser Wilhelms I. Briefe an Politiker und Staatsmänner, Bd. 1, Berlin/Leipzig 1931, S. 11–12.

9 Vgl. Bußmann, Friedrich Wilhelm IV., S. 111–118; Barclay, Friedrich Wilhelm IV., S. 91–94.

10 Wilhelm an Luise, 14./24. Oktober 1840. GStA PK, BPH, Rep. 51, Nr. 853.

11 Tagebuch Varnhagen, 21. September 1840. [Varnhagen], Tagebücher, Bd. 1, S. 216.

12 Vgl. Natzmer an Brandenburg, 11. Juni 1840. Natzmer (Hrsg.), Denkwürdigkeiten, Bd. 2, S. 312; Tagebuch L. v. Gerlach, 3. Mai 1842. GA, LE02750, S. 5m.

Innerhalb der Dynastie unterstand er allerdings dem uneingeschränkten Disziplinierungsrecht des regierenden Monarchen – in der Regel der eigene Vater. Seine Gestaltungsräume waren daher eng begrenzt und meist auf Repräsentations- und Symbolpolitik beschränkt.[13] Wilhelms Thronfolgerbiographie muss jedoch als vergleichsweise exzeptionell bewertet werden. Als Projektionsfläche für einen Generationenwechsel konnte er kaum dienen. Denn der regierende Monarch war sein gerade einmal zwei Jahre älterer Bruder. Die Möglichkeiten einer soft-power-Politik waren daher von vorneherein begrenzt – und wurden von Wilhelm bis zum Ausbruch der Märzrevolution auch kaum genutzt. Stattdessen begann er sich schnell auf das Aktionsfeld des Staatsministeriums zu konzentrieren. Hier beanspruchte er nicht nur das Recht, in Regierungsfragen gehört zu werden, sondern auch die Politik seines Bruders zu korrigieren oder gar rückgängig zu machen.

Die Rolle eines almost-Ministers war augenscheinlich zeit- und arbeitsintensiv, wie Wilhelm schnell feststellen musste. Gegenüber Charlotte entschuldigte er sich bereits im November 1840 für die Unregelmäßigkeit seiner Korrespondenz, „denn meine Geschäfte, die sich so vermehrt haben und die noch gar keinen rechten genauen Zeitverlauf haben, stören meine ganze alte Zeiteinteilung."[14] Im Januar 1841 klagte er Luise, seine „Civil Carriere, wie ich meine jetzige Stellung nenne, ist mir noch so neu, daß ich Alles näher und détaillirter zu studieren suche; [...] ein schreckliches Gefühl, wenn der Tag, die Woche, zu kurz erscheinen, um seine Geschäfte zu beendigen!"[15] „Ich weiß vor Geschäften nicht, wo mir der Kopf steht; 3 mal die Woche 4stündige im Ministerium und Staatsrath; dazu die täglichen currenten Geschäfte".[16] Und noch im Dezember 1841 lamentierte Wilhelm, er sei „so mit Geschäften überhäuft [...], daß ich fast gar nicht an die Luft komme."[17] Augusta schien es kaum anders zu ergehen. Sie war in ihrer neuen Rolle als Ehefrau des Thronfolgers mit neuen repräsentativen Verpflichtungen konfrontiert worden. Ebenfalls im Dezember 1841 schrieb sie ihrer Mutter, „je sens et j'apprécie les difficultés de ma position, je dirais le poids de ma vocation".[18] Der Historiker Ernst Curtius, der 1844 die Erziehung von Augustas und Wilhelms Sohn übernahm, berichtete im Sommer desselben Jahres über die Prinzessin, es sei „ernster in ihr geworden. Die unendlichen Schwierigkeiten, mit denen in unserer Zeit die Stellung der Fürsten, namentlich der preußischen, verknüpft ist, sind ihr nahe getreten [...]. Um sich selbst ist sie wenig besorgt, und ich glaube, der Gedanke, ob und wann sie die Krone empfangen werde, beschäftigt sie wenig. Aber ihre Lebensfrage ist die Erziehung ihres Sohnes."[19] Für Augusta wie für Wilhelm war die neue Thronfolgerstellung wohl bestenfalls ein

---

13 Vgl. Müller, Thronfolger, S. 16–24.
14 Wilhelm an Charlotte, 11. November 1840. Börner (Hrsg.), Briefe, S. 211.
15 Wilhelm an Luise, 6. Januar 1841. GStA PK, BPH, Rep. 51, Nr. 853.
16 Wilhelm an Charlotte, 27. Januar 1841. GStA PK, BPH, Rep. 51 J, Nr. 511a, Bd. 2, Bl. 8.
17 Wilhelm an Charlotte, 25. Dezember 1841. Börner (Hrsg.), Briefe, S. 221.
18 Augusta an Maria Pawlowna, 19. Dezember 1841. Schuster/Bailleu (Hrsg.), Nachlaß, Bd. 2, S. 299.
19 Curtius an Boissonnet, 19. August 1844. Friedrich Curtius (Hrsg.), Ernst Curtius. Ein Lebensbild in Briefen, Berlin 1903, S. 327–328.

Platzhalteramt. Die Zukunft von Monarchie und Dynastie wurde scheinbar durch den jungen Prinzen Friedrich Wilhelm verkörpert. Niemand konnte vorhersehen, dass die Geschichte schließlich einen genau entgegengesetzten Verlauf nehmen sollte. Die lediglich neunundneunzig Tage dauernde Herrschaft des späteren Königs und Kaisers Friedrich III. ist monarchiehistorisch gesehen nicht mehr als eine Marginalie.

Wilhelm mochte als Thronfolger keinen kommenden Herrscher im Wartestand gespielt haben. Aber in einem anderen Aspekt folgte er nach 1840 schnell dynastischen Strukturmustern, wie sie in vielen europäischen Monarchien zu beobachten waren: die Rivalität von Throninhaber und Thronfolger. Kaum ein Umstand konnte die Wandlungsfähigkeit des Dynastiemodells deutlicher demonstrieren, als wenn der zukünftige Throninhaber gegen die bestehende Regierungspolitik opponierte, in Wort oder Tat. Aus systemerhaltender Perspektive mochte diese Rivalität zwar erwünscht gewesen sein. Aber der Monarch glaubte dadurch nicht selten, seine Politik unterminiert zu sehen. Im Extremfall führte dieser Antagonismus gar zum offenen Bruch.[20] Und dies war auch bei Wilhelm und Friedrich Wilhelm IV. der Fall. Bereits Ende 1840 gestand der Prinz gegenüber Luise, „daß ich mit meinem *König* und *Bruder* auch in Differenzen gerathe; aber so lange es irgend möglich, würde ich doch mein Amt zu verwalten suchen, und nur mich zurückziehen, wenn eine Unmöglichkeit anders zu handeln, vorhanden wäre."[21] Auch Charlotte versuchte er zu beruhigen, „daß ich in keinerlei Art eine Oppositions Parthei hier bilde oder zu bilden beabsichtige."[22] Und Marie de la Motte-Fouqué, die Stiefschwester des preußischen Innenministers Gustav von Rochow, notierte im Januar 1841, „Prinz Wilhelm legt das ehrerbietigste, natürlichste Wesen an den Tag", er „liebt den Bruder" – doch „nicht immer vermag der Prinz dem Bruder zu folgen."[23]

Nach wie vor befürchtete Wilhelm, der Monarch werde über kurz oder lang konstitutionellen Forderungen erlegen. Deutliche konnte diese Liberalismusparanoia des Prinzen etwa im Frühjahr 1841 beobachtet werden, als Hermann von Boyen (erneut) zum preußischen Kriegsminister ernannt wurde. Boyen, der den Reformern um Hardenberg angehört hatte, war 1819 aus diesem Amt verdrängt worden. Bei der Ernennung versuchte Friedrich Wilhelm IV., den Thronfolger aktiv zu involvieren. Denn Wilhelm besaß ein militärisches standing, das der König nie erreichen sollte. Er forderte den Prinzen auf, das Gespräch mit Boyen zu suchen und ihm danach Bericht zu erstatten. „Dann erst kann ich meine Wahl mit Getrostheit betrachten."[24] Zwar gehorchte Wilhelm dieser königlichen Anordnung. Doch sprach er sich nach der Unterredung mit Boyen entschieden gegen dessen Berufung aus. Denn dieser betreibe eine „Courmacherei der liberalen Parthei oder Haschung nach falscher Popularität".[25] Dass Boyen trotz seiner

---

20 Vgl. Müller, Thronfolger, S. 222–224.

21 Wilhelm an Luise, 14./24. Oktober 1840. GStA PK, BPH, Rep. 51, Nr. 853.

22 Wilhelm an Charlotte, 1. Dezember 1840. GStA PK, BPH, Rep. 51, Nr. 864.

23 Tagebuch Motte-Fouqué, 28. Januar 1841. Marwitz (Hrsg.), Am preußischen Hofe, S. 383.

24 Friedrich Wilhelm IV. an Wilhelm, 27./28. Februar 1841. Winfried Baumgart (Hrsg.), König Friedrich Wilhelm IV. und Wilhelm I. Briefwechsel 1840–1858, Paderborn u. a. 2013, S. 62.

25 Wilhelm an Friedrich Wilhelm IV., 28. Februar 1841. Ebd., S. 63.

Einsprüche zum Kriegsminister ernannt wurde, schimpfte Wilhelm seiner Schwester als „Krisis für Armee und Land [...]! Die Landtage, wo Liberalismus herrscht, werden durch Boyens Ernennung Viktoria schreien und viele mit sich entraînieren, denn niemand weiß, wohin man von oben will?!"[26]

Der Öffentlichkeit schien diese erste Thronfolgeropposition nicht verborgen geblieben zu sein. Varnhagen notierte etwa, in den Berliner Salons werde erzählt, „die Ernennung des Generals von Boyen zum Kriegsminister verursacht große Aufregung, und eine Spaltung, welche durch die ganze Armee sich erstrecken wird. Die Liberalen sammeln sich zu ihm, die Ultras zum Prinzen von Preußen, der sich als Boyen's Gegner erklärt."[27] „Die Meinung, der König sei nicht abgeneigt, eine konstitutionelle Veränderung in der Regierungsform einzuführen", berichtete auch Marie de la Motte-Fouqué Ende März 1841, „hat sich schon durch [...] die Anstellung von Boyen verbreitet. Die Brüder des Königs sprechen sich mit großer Offenheit aus." Dem Innenminister, Motte-Fouqués Stiefbruder, soll der König erzählt haben, dass er seine Brüder Wilhelm und Carl deshalb zu einem klärenden Gespräch gebeten habe, „wo sie ihm das Versprechen erneuerten, seinen Weg nicht zu erschweren."[28] Doch obgleich der Thronfolger seinem Bruder Treue gelobt haben soll, setzte er seine Angriffe gegen Boyen fort – implizit also auch gegen den König. Im Juni 1841 etwa zeigte sich Wilhelm entsetzt darüber, dass der Kriegsminister ein neues militärisches Ausbildungssystem einführte. „Alles Bestehende wird für schlecht erklärt, was doch seit 25 Jahren eine Armée geschaffen hat, die sich wahrhaftig nicht zu schämen braucht." Er appellierte daher an seinen Bruder, Boyen „zum Wohl der Armée" Grenzen zu setzen.[29] Im März 1842 klagte er Charlotte, was ihn „am meisten bekümmert, ist Boyens Wirken!! [...] Ich merke es ja längst, daß ich ihm sehr unbequem bin, weil ich nicht zu seinen Ja-Herren gehöre."[30] Und der König schimpfte seinerseits über Wilhelms „unglückseeliges Mißtrauen gegen den KriegsMinister", wie er dem Prinzen im Mai 1843 schrieb.[31]

Die Konfliktcausa Boyen war auch ein Beispiel für die Bemühungen des Thronfolgers, sein standing in Offizierskreisen politisch zu instrumentalisieren. Offen formulierte Wilhelm den Anspruch, „daß ich einen bedeutenden Teil der Armee repräsentiere, dessen Gesinnung und Geist ich kenne und für ihn repondierte".[32] Er könne und wolle es daher nicht zulassen, wie er dem König gestand, „daß ich in den Augen der Armée eine Stellung erhalte, die ich nicht für haltbar erkenne". Würde er nicht mehr die Interessen der Militärführung vertreten, „so ist es um das Vertrauen, welches ich vielleicht in der Armée besitze, geschehen!"[33] Im Januar 1845 soll sich Wilhelm in einem Ministerkonseil

---

26 Wilhelm an Charlotte, 28. Februar/4. März 1841. Börner (Hrsg.), Briefe, S. 214–215.
27 Tagebuch Varnhagen, 12. März 1841. [Varnhagen], Tagebücher, Bd. 1, S. 282.
28 Tagebuch Motte-Fouqué, März 1841. Marwitz (Hrsg.), Am preußischen Hofe, S. 387–388.
29 Wilhelm an Friedrich Wilhelm IV., 4. Juni 1841. GStA PK, VI. HA, Nl. Vaupel, Nr. 58, Bl. 102–110.
30 Wilhelm an Charlotte, 26./28. März 1842. Börner (Hrsg.), Briefe, S. 225.
31 Friedrich Wilhelm IV. an Wilhelm, 24. Mai 1843. Baumgart (Hrsg.), Wilhelm I., S. 89.
32 Wilhelm an Charlotte, 30. Dezember 1843. Börner (Hrsg.), Briefe, S. 247.
33 Wilhelm an Friedrich Wilhelm IV., 9. Juni 1843. GStA PK, VI. HA, Nl. Vaupel, Nr. 58, Bl. 224.

gar offen über die „Unzuverlässigkeit des Königs" in Armeefragen echauffiert haben, wie Leopold von Gerlach notierte.[34] Dies waren erste Symptome einer Autoritätsrivalität von König und Thronfolger. Friedrich Wilhelm IV. und Boyen versuchten Wilhelms Opposition dadurch zu umgehen, dass sie dessen militärorganisatorischen Aktionsradius beschränkten. Über „neue horreurs" des Kriegsministeriums werde er nicht einmal mehr informiert, schimpfte der Prinz im Februar 1843. „Ich vermag nichts mehr gegen alle diese Spielereien; so lange ich konnte, habe ich mich opponirt; jetzt fragt man mich garnicht mehr, und ich erfahre Alles erst, wenn es schon feststeht. [...] Ich werde bald so weit sein, daß ich mich nicht mehr ärgere; dies ist sehr glücklich, wäre aber noch glücklicher wenn ich auch in den Staats Angelegenheit[en] so weit wäre! Dies ist aber freilich etwas ernster, und da werde ich jenen Punkt wohl nie erreichen!"[35]

Wilhelm übertrieb nicht. Auch in genuin politischen Fragen wuchsen die brüderlichen Differenzen und Friktionspunkte bereits im ersten Herrschaftsjahr Friedrich Wilhelms IV. Im April 1841 etwa klagte der Prinz dem Petersburger Hof, Monarch und Ministerium seien weit davon entfernt, „daß jedes Ungebührnis sehr energisch, scharf, ernst und belehrend zurückgewiesen wird, damit das Gouvernement eine bestimmte Farbe bekommt und man nicht glaubt, daß dasselbe mit allen Parteiungen sich familiarisieren will, um Ruhe zu haben."[36] Wilhelm schien zu hoffen, dass Nikolaus I. seinen Einfluss nutzen würde, um den Berliner Schwager fest an die Prinzipien der Heiligen Allianz zu binden. Der Zar stand dem Berliner Hof persönlich wie politisch näher als anderen Höfen in Europa. Friedrich Wilhelm III. soll er sogar als eine Art Vaterfigur betrachtet haben. Sein Verhältnis zu Friedrich Wilhelm IV. muss allerdings als deutlich kühler charakterisiert werden.[37]

Als Wilhelm im April 1841 anlässlich der Hochzeit des russischen Thronfolgers – des späteren Alexanders II. – Sankt Petersburg besuchte, führte er dort mit Nikolaus „einige Unterredungen über unsere Landes Angelegenheiten", wie er seinem Bruder nach Berlin berichtete. Der Zar sei „besorgt, daß Deine Intentionen, in wahrhaft monarchisch-conservativen Principien verharrend, aber dabei Zeitgemäß fortschreiten zu wollen, – von der Bewegungs Parthei mißverstanden u[nd] zu ihren Gunsten ausgebeutet werden mögte, [...] u[nd] somit die Ruhe Preußens, das Zusammenhalten Preußens mit Rußland u[nd] Östreich, u[nd] die Anlehnung Deutschlands an Preußen, als conservativer Staat bisher, verloren gehen dürfte." Der König müsse „eine[r] bestimmte[n] Farbe" folgen, „an die sich Alles gut-conservatif Gesinnte ralliirt, denn *allen* Partheien kann u[nd] darf man nicht zu gleich gefallen wollen, dann würde man farblos u[nd] das ist gewiß das Schlimmste was einem Gouvernement geschehen kann, weil es sich dann im endscheidenden Moment, von allen Partheien verlassen sieht!"[38] Es ist von nachrangiger Bedeutung, ob Wilhelm die Worte seines Schwagers mehr oder we-

---

34 Tagebuch L. v. Gerlach, 22. Januar 1844. GA, LE02750, S. 103–104.

35 Wilhelm an Luise, 1. Februar 1843. GStA PK, BPH, Rep. 51, Nr. 853.

36 Wilhelm an Charlotte, 8. April 1841. Börner (Hrsg.), Briefe, S. 216.

37 Vgl. Lincoln, Nicholas I, S. 143–144, S. 228–229; Kroll, Staatsräson, S. 21–23.

38 Wilhelm an Friedrich Wilhelm IV., 27. April 1841. Baumgart (Hrsg.), Wilhelm I., S. 68–69.

niger wahrheitsgetreu wiedergab. Primär schien er an dem möglichen Effekt interessiert gewesen zu sein, den diese vermeintlich ungeschminkte Mahnung des russischen Herrschers auf Friedrich Wilhelm IV. haben könnte. Auch seine Schwester Alexandrine argumentierte in diese Richtung, als sie ihrer Schwägerin Elisabeth schrieb, „freilich ist Wilhelm vielleicht auch nützlich in Berlin, indeßen eine kurze Abwesenheit schadet wohl nicht, er kann *da* sehr nützen."[39] Erfolg war dem Petersburger Interventionsversuch allerdings nicht vergönnt, wie der Prinz nach seiner Rückkehr nach einer „2stündige[n] Unterredung mit Fritz" berichtete. „Ich muß gestehen", klagte er Charlotte, „daß ich seine Unruhe, Neues schaffen zu wollen, noch lebendiger gefunden habe als sonst! [...] Überhaupt kann ich nicht schildern, wie nach so kurzer Abwesenheit ich hier alles unruhig und aufgeregt finde. [...] Jedermann findet sich berufen, Neues zu erfinden. Alles Bestehende wird runtergerissen. Die unreifsten Ideen werden aufgetischt und von sonst vernünftigen Leuten, bloß weil Quecksilber in aller Adern gefahren ist!"[40]

Das institutionelle und personelle Chaos, das seit 1840 Eingang in die Staatsgeschäfte gefunden hatte, bestürzte den Thronfolger in besonderem Maße. Von einem einheitlichen Regierungsgang konnte keine Rede mehr gewesen sein. „Man sollte glauben, Papa habe das Land in einem chaotischen Zustand hinterlassen. Stehen soll man natürlich nicht bleiben, zu bessern gibt es überall; aber in dem Maaße wie sich jeder jetzt hier berufen fühlt einzureißen, und den Eingang den *Alles* bei Fritzens lebhafter Imáginátion und Geistesfähigkeit findet, ist für mich wahrhaft erschreckend!"[41] Der König sei „von einer so blinden Leidenschaftlichkeit gegen alle Minister und Behörden, daß er vom Fortjagen der Minister, in vollem Ernst, mir sprach!", so Wilhelm im November 1841. „Meine ruhigsten Gegenbemerkungen fanden keinen Eingang. Ich fürchte er wird die Minister nicht fort zu jagen brauchen; mancher, und die besten, werden von selbst gehen! Gott schütze uns!"[42]

Beispielhaft und bezeichnend für die Berliner Regierungsanarchie war der langjährige Konflikt zwischen dem König und Finanzminister Albrecht von Alvensleben-Erxleben. Dieser trat 1842 zunächst als Staatsminister und schließlich 1844 als beratender Kabinettsminister zurück.[43] Im Jahr 1858 sollte Wilhelm mit dem Gedanken spielen, den geschassten Finanzminister zu seinem Ministerpräsidenten zu ernennen. Bereits Ende 1841 betrachtete er Alvensleben-Erxlebens angedrohten Abschied als „eine wahre Landes Calamität!", wie er seinem Bruder schimpfte. „Ein Mann, den Papa so trefflich erkannt u[nd] gewählt hatte [...] – den Mann willst Du gehen lassen!? oder vielmehr, Du hast ihn durch harte Verweise zum Gehen gezwungen?!" Er drängte den Herrscher, „Mittel u[nd] Wege zu finden, Alvensleben zu halten; [...] ich halte sein Bleiben für eine National Sache! Wenn Du doch dies Mal auf meine Worte, die so tief

---

39 Alexandrine an Elisabeth, 19. April 1841. Wiese/Jandausch (Hrsg.), Briefwechsel, Bd. 1, S. 170.
40 Wilhelm an Charlotte, 26. Mai 1841. Börner (Hrsg.), Briefe, S. 217–218.
41 Wilhelm an Charlotte, 3. Juni 1841. GStA PK, BPH, Rep. 5 1 J, Nr. 511a, Bd. 2, Bl. 27.
42 Wilhelm an Charlotte, 1. November 1841. Ebd., Bl. 44–45.
43 Vgl. Barclay, Friedrich Wilhelm IV., S. 99–100.

gefühlt sind, hören wolltest!"[44] „Ich thue alles Mögliche, um ihn" – Alvensleben-Erxleben – „zu halten", klagte Wilhelm seiner Schwester. „Fritz hat ihn aber so verletzt [...], daß er nicht bleiben will." Er befürchte, dass „Alvensleben's Abgang [...] Butt einen sehr großen Nachtheil in der öffentlichen Meinung bringen" könnte.[45] Denn mit der Entlassung des noch von Friedrich Wilhelm III. ernannten Ministers sei „freilich auch gesagt, daß die bisherigen Regieruns Maximen ganz abandonniert werden und daß Preußen einer ganz anderen Aera zugeführt werden soll." Diese Ära würde jedoch lediglich die Verfassungsbewegung ermutigen – was der Prinz unbedingt verhindern wollte. „Solange Männer zu halten sind, die den alten Gang zu erhalten verstanden, so lange ist es mein Wille und meine Pflicht, sie auch contre coeur zum Bleiben zu persuadiren, da mir dies mein Gewissen vorschreibt. Gehen wir erst décidément einen anderen Weg und ich sehe, daß Niemand vom *Alten* mehr zu hemmen vermag, – nun so werde ich auch Niemand mehr auffordern zu bleiben, weil sie unnütz sein würden."[46]

Wilhelm implizierte in diesen Briefen, dass sein Bruder einen Minister nach dem anderen verschleißen würde. Tatsächlich wurden bis 1845 fast alle Ministerämter neu besetzt. Eine einheitliche politische Zusammensetzung erhielt das Staatsministerium allerdings nie.[47] Innerministerielle Friktionen und Rivalitäten waren die Regel, nicht die Ausnahme. Der König schien diese sogar zu ermutigen. Denn sie erlaubten ihm eine entscheidungsstrukturelle Emanzipation, wie sie sein Vater nie versucht hatte. Friedrich Wilhelm IV. suchte den Dialog mit den Ministern. Bevormunden lassen wollte er sich nicht.[48] Diese Entwicklung verfolgte Wilhelm mit unverkennbarer Sorge – „fast in jedem Brief habe ich einen neuen Minister zu melden".[49] Auch Augusta verurteilte das Systemchaos, das ihr Schwager am Berliner Hof etablierte. Im Januar 1843 berichtete sie ihrer Mutter, „que le Roi est dirigé par les meilleures intentions, mais qu'il ne prend pas toujours les bons moyens, et que son ministère est formé d'hommes de tendances trop différentes, pour pouvoir agir bien de concert et d'après un système arrêté."[50] Und Gerlach notierte im Juni 1844, der König werde „häufig beschuldigt, seine alten Freunde u[nd] früheren Ansichten verlassen u[nd] sich Männern von entgegengesetzter Gesinnung um mit der öffentlichen Meinung zu buhlen in die Arme geworfen zu haben". Diese Anschuldigungen wollte der General nicht teilen. Aber auch er musste gestehen, „als der König Fr[iedrich] Wilh[elm] III. starb[,] war [...] eine größere Einheit in der Verwaltung als jetzt."[51]

Nachdem Alvensleben-Erxleben im Frühjahr 1844 schließlich endgültig aus dem Ministerium ausgeschieden war, klagte Wilhelm gegenüber Charlotte, seine „Stellung im

---

44 Wilhelm an Friedrich Wilhelm IV., 13. November 1841. Baumgart (Hrsg.), Wilhelm I., S. 75.
45 Wilhelm an Charlotte, 21. März 1841. GStA PK, BPH, Rep. 51 J, Nr. 511a, Bd. 2, Bl. 47–48
46 Wilhelm an Charlotte, 13. März 1842. Ebd., Bl. 70.
47 Vgl. Huber, Verfassungsgeschichte, Bd. 2, S. 483–484.
48 Vgl. Holtz, Ostrakismos, S. 113; Wolfgang Neugebauer, Die Hohenzollern, Bd. 2, Stuttgart 2003, S. 122.
49 Wilhelm an Charlotte, 18. April 1842. Börner (Hrsg.), Briefe, S. 225
50 Augusta an Maria Pawlowna, 16. Januar 1843. Schuster/Bailleu (Hrsg.), Nachlaß, Bd. 2, S. 302.
51 Tagebuch L. v. Gerlach, 26. Juni 1844. GA, LE02750, S. 116.

Konseil ist nun verzweifelt, indem nun kein einziger mehr in demselben sitzt, der nicht seine frühere liberale-konstitutionelle Richtung gehabt hätte, zwar kuriert tut, aber natürlich nicht allzu gewissenhaft sein würde, die frühere Überzeugung wieder auf-zunehmen, wenn es ihm geboten wird."[52] Und wieder übertrieb der spätere Kaiser nicht. So berichtete auch Gerlach Ende 1845, „das Ministerium" sei „weder unter sich noch mit dem Könige einig. [...] Anders stehen die Sachen doch als vor ½ Jahr. Der Pr[inz] v[on] Pr[eußen] hat [...] keinen Freund im Ministerium, keinen Anhänger u[nd] damals zählte er noch mehrere."[53] Öffentlich wurde dieses augenscheinliche Regierungschaos durchaus wahrgenommen. Und es trug zum raschen Popularitätsverlust des neuen Monarchen bei.[54] Bereits eineinhalb Jahre nach dem Thronwechsel war von einer Aufbruchsstimmung keine Rede mehr. Anlässlich der Feiern zum sechsundvierzigsten Geburtstag des Herrschers 1841 notierte Varnhagen, „die Stimmung ist lau, man hört von keiner freien Beeiferung, die amtliche kommt natürlich nicht in Rechnung. [...] Man wundert sich, wie in dem vollen Jahre doch eigentlich so wenig geschehen ist."[55]

Der Thronwechsel hatte vor allem in bürgerlichen Kreisen Hoffnungen auf liberale Reformen geweckt hatte. Doch diese zerschlugen sich an einer Regierungspolitik, die über ihre eigenen Maßnahmen zusehends in Beunruhigung geriet. Auf jeden Schritt in die eine Richtung schienen zwei Schritte in die andere zu folgen. Dies führte dazu, dass Friedrich Wilhelm IV. Liberale wie Konservative gleichzeitig irritierte. Deutlich konnte dies auch am Beispiel der Pressepolitik beobachtet werden. Bereits kurz nach seiner Thronbesteigung hatte der Herrscher undefinierte Lockerungen des restriktiven Vorzensursystems in Aussicht stellen lassen, das unter seinem Vater eingeführt worden war. Im Dezember 1841 wurden die staatlichen Zensoren schließlich per Allerhöchster Ordre instruiert, auch regierungskritischen Texten den Weg in die Druckpressen zu gewähren, solange diese im Interesse des Landes seien. Es dauerte jedoch nicht lange, bis Monarch und Ministerium diese lediglich vage formulierte Liberalisierungspolitik zu revidieren versuchten. Denn sie sahen sich schnell mit einer wachsenden Zahl oppo-sioneller Publizistik konfrontiert. Wo der Staat nach Jahrzehnten der Repressivpolitik Freiräume zuließ, wurden diese auch genutzt. Und sie wurden von unten erweitert. Den neuen Zensurmaßnahmen, die bereits im Januar 1843 eingeführt wurden, konnte es daher nicht gelingen, diese Freiräume wieder völlig zu schließen. Möglich blieb etwa die Druckpublikation der Landtagsverhandlungen. Dadurch fand aber jene Regie-rungskritik öffentliche Verbreitung, die regelmäßig in den Ständeverhandlungen ge-äußert wurde.[56]

Diese Zensurlockerung war von Wilhelm aktiv bekämpft worden. Überhaupt lehnte er jede publizistische Pluralisierungspolitik ab. „Daß man [...] eine Art Preß-Freiheit

---

52 Wilhelm an Charlotte, 28. April 1844. Börner (Hrsg.), Briefe, S.249–250.
53 Tagebuch L. v. Gerlach, 22. November 1845. GA, LE02750, S. 170–171.
54 Vgl. Bahne, Verfassungspläne, S. 15.
55 Tagebuch Varnhagen, 15. Oktober 1841. [Varnhagen], Tagebücher, Bd. 1, S. 350.
56 Vgl. Keinemann, Preußen, S. 42–45; Obenaus, Parlamentarismus, S. 546; Nitschke, Provinziallandtage, S. 136–137.

bedürfe", hatte er bereits 1833 argumentiert, „um durch die dadurch herbeizuführenden Discussionen Dasjenige kennen zu lernen, was Noth thut, – dagegen bin ich durchaus [...]. Wird die Preß-Fr[ei]h[ei]t in irgend einem Lande bisher, zum Wohle des Ganzen ausgeübt? ist sie nicht überall das Feld auf welchem sich nur Leidenschaften u[nd] Partheiungen bekriegen?"[57] Im April 1841 warnte Wilhelm seinen Bruder, „die Tages Blätter frei zu geben, heißt in unseren Augen nichts anderes, als die Würde u[nd] Ruhe Preußens auf Einmal: ‚Preisgeben'; denn es ist oft ein Hirngespinst, wenn man auch nur im Entferntesten glaubt, die nach gelassenen Zügel der Tages Presse, jemals wieder anziehen zu können, wenn diese anfängt unbequem zu werden. [...] Der Einzige, der es wagte, Carl X büßte es mit dem Exil u[nd] fand sein Grab nicht im Vaterlande!!"[58] Von der Dezemberordre war er von seinem Bruder bezeichnenderweise in Unkenntnis gelassen worden – worüber er sich „freilich etwas frappirt" zeigte.[59] Über die teilweise Revision der Zensurlockerungen im Januar 1843 berichtete er Charlotte, „bin ich etwas hart mit dem Ministerium zusammengekommen, da man doch viel zu liberal geblieben ist, so daß wenig gewonnen sein wird."[60] Noch im Sommer 1843 klagte Wilhelm, „leider [...] grübelt" der König „noch immer über anderweitige Zensurerleichterungen, so daß ich nicht aus dem Fieber komme."[61] Doch er „würde nie die Hände dazu reichen! aber so gehet es bei uns! alle 14 Tage womöglich Neues!"[62] Und wie Natzmer notierte, soll Friedrich Wilhelm IV. „wegen der erweiterten Preßfreiheit" geklagt haben, „daß sein Bruder Wilhelm ihn in dieser Sache wie einen Schuljungen behandelt habe".[63]

Der spätere Kaiser drängte in den 1840er Jahren wiederholt auf restriktive Zensurmaßnahmen gegen „die debordirende Presse", die er als revolutionäre Brandstifterinstitution geißelte.[64] Im März 1845 argumentierte er im Staatsministerium, die Regierung müsse „die große Reizbarkeit der öffentlichen Meinung gegen Beschränkungen der Presse" ignorieren.[65] Die „Bitterkeit", mit der sich der Prinz von Preußen „gegen Konstitution und Preßfreiheit" ausgesprochen haben soll, war laut Varnhagen bald auch außerhalb der Palastmauern Gesprächsthema.[66] Im August 1846 zog Wilhelm gegenüber dem preußischen Landrat Friedrich von Berg die pessimistische Bilanz, „von Tag zu Tag wird es schwerer, die Menschen zu befriedigen, namentlich, seitdem die Presse den Menschen tagtäglich vorredet, wie schlecht es ihnen gehe und wie schlecht die Regenten es mit ihnen meinen. Dies Gift ist nicht wieder zu entfernen und ist deshalb das ver-

---

57 Wilhelm an Willisen, 9. Juli 1833. Ritter (Hrsg.), Briefe, S. 193–194.
58 Wilhelm an Friedrich Wilhelm IV., 18. April 1841. Baumgart (Hrsg.), Wilhelm I., S. 67.
59 Wilhelm an Friedrich Wilhelm IV., 26. Januar 1842. Ebd., S. 79.
60 Wilhelm an Charlotte, 24. Januar 1843. Börner (Hrsg.), Briefe, S. 235.
61 Wilhelm an Charlotte, 30. Mai 1843. Ebd., S. 240.
62 Wilhelm an Charlotte, 20. Juni 1843. GStA PK, BPH, Rep. 51 J, Nr. 511a, Bd. 2, Bl. 147.
63 Aufzeichnungen Natzmers, Februar 1845. Natzmer (Hrsg.), Denkwürdigkeiten, Bd. 3, S. 137.
64 Wilhelm an Friedrich Wilhelm IV., 14. Juni 1844. Baumgart (Hrsg.), Wilhelm I., S. 108.
65 Konseilprotokoll, 25. März 1845. Acta Borussica. Neue Folge. 1. Reihe. Die Protokolle des Preußischen Staatsministeriums 1817–1934/38, hrsg. v. d. Berlin-Brandenburgischen Akademie der Wissenschaften, Bd. 3, Hildesheim u. a. 2000, S. 232–233.
66 Tagebuch Varnhagen, 31. März 1845. [Varnhagen], Tagebücher, Bd. 3, S. 54.

derblichste.“[67] Und noch 1883 sollte er das „Gesetz der Freien Presse“ als den „Ruin der Gesellschaft“ geißeln, da mit diesem Instrument „die zivilisierte Welt aus ihren Angeln gehoben werden kann“.[68]

Auch andere konservative Akteure kritisierten die vermeintlich kompromissbereite Zensurpolitik des Königs – und versuchten, sich der Person des Thronfolgers als Einwirkungsakteur zu bedienen. Bereits im Februar 1843 hatte Gerlach das Gespräch mit Wilhelm gesucht, um diesem mitzuteilen, „daß bei dem jetzigen Stand der Dinge eine Erweiterung der Preßfreiheit unstatthaft u[nd] gefährlich sey“. Der Prinz soll sich „sehr gnädig“ über diesen Meinungsaustausch gezeigt haben.[69] In ihrer Opposition gegen die königliche Politik fanden Wilhelm und sein früherer Adjutant nach ihrem Bruch in den 1830er Jahren eine neue gemeinsame Basis. Wie der Thronfolger klagte auch Gerlach, „daß der jetzige Gang der Regierung zu einem höchst bedenklichen Sieg des Liberalismus führen könnte“, da „alle Concessionen zu dessen Gunsten geendet haben.“ Vor diesem „Siege des Liberalismus“, argumentierte der General, gäbe es allerdings „ein nothwendiges Zwischen Stadium“ – „das ist der Nihilismus der Königl[ichen] Macht u[nd] selbiger ist in vollem Anmarsch.“[70]

Bereits wenige Jahre nach der Thronbesteigung Friedrich Wilhelms IV. folgte dessen Beziehung zu Wilhelm einem recht stringenten Muster. Der König weckte durch sein Auftreten und einzelne Regierungsmaßnahmen Erwartungen an Reformen, die zu erfüllen er nie die Intention hatte. Sein jüngerer Bruder hingegen versuchte das, was er als ziellose und lavierende Politik kritisierte, über direkte und indirekte Kommunikationskanäle zu korrigieren. Spätestens Ende 1842 muss Wilhelms politische Rolle am Berliner Hof daher mit dem unzweifelhaften Label „Thronfolgeropposition“ charakterisiert werden. Und er spielte diese Rolle 24/7. Er lebe „ein schaudervolles Leben hier“, klagte er Charlotte, „da Fritzens nur zu lebhafte Phantasie alle Augenblicke neue der wichtigsten Fragen aufwirft, die immer eigenhändig begutachtet werden müssen. Das ist nicht immer erfreulich und leicht!!“[71] Der König würde versuchen, „bald mit dieser, bald mit jener Partei zu kokettieren, wodurch alle konfus werden!“ [...] Man kommt Tag und Nacht nicht aus der Angst!“[72] Hätte „ich nicht die Jugendprüfungen erlebt“, beteuerte er im März 1843, „ich würde meine Stellung jetzt nicht für haltbar halten.“ Denn es gehöre „eine besondere Besonnenheit dazu, der erste Ratgeber und zugleich der erste Untertan zu sein. Sprechen muß ich, solange ich gefragt werde. Die Antworten werden nicht immer gefallen. Ist befohlen, so bin ich der erste, der gehorcht.“[73]

---

67 Wilhelm an Berg, 3. August 1846. Ludolf Gottschalk von dem Knesebeck (Hrsg.), Unveröffentlichte Briefe Friedrich Wilhelm IV. und Wilhelm I. an Landrat Fritz von Berg, in: FBPG 42 (1930), S. 300–315, hier: S. 302.

68 Wilhelm an Augusta, 5. September 1883. GStA PK, BPH, Rep. 51 J, Nr. 509b, Bd. 28, Bl. 82.

69 Tagebuch L. v. Gerlach, 6. Februar 1843. GA, LE02750, S. 59–62.

70 Tagebuch L. v. Gerlach, 23. Januar 1843. Ebd., S. 46–47.

71 Wilhelm an Charlotte, 2. Dezember 1842. Börner (Hrsg.), Briefe, S. 231.

72 Wilhelm an Charlotte, 24. Januar 1843. Ebd., S. 235–236.

73 Wilhelm an Charlotte, 30. März 1843. Ebd., S. 238–239.

Doch gehorchte der erste Untertan tatsächlich, wenn der König ihm befahl? Im Frühjahr 1843 befand sich nicht nur die politische, sondern auch die persönliche Beziehung der königlichen Brüder auf einem Tiefpunkt. Anfang April bat Wilhelm den Herrscher zu einem klärenden Gespräch. Und über dieses *Streit*gespräch fertigte er ausführliche Aufzeichnungen an. Diese Quelle ist eine detaillierte Momentaufnahme des zu jenem Zeitpunkt bereits irreparabel geschädigten Geschwisterverhältnisses. Auch erlaubt sie eine Rekonstruktion jener Einflussmechanismen, die der spätere Kaiser zeit seiner Thronfolgerbiographie gegenüber Friedrich Wilhelm IV. zu nutzen versuchte. Der König soll sich über Wilhelms ständige „Verdächtigung meiner treusten Räthe" echauffiert haben, „wodurch Du mir das Regieren so entsetzlich schwer machst; Du sprichst über eine Menge Dinge die Du gar nicht verstehest." Auf diesen Vorwurf will Wilhelm geantwortet haben, er sei „freilich kein Gelehrter", er sehe „die Sachen aber practisch" und „wie sie sind" – „ich sage meine Meinung, unbekümmert von wem sie getheilt wird." Wenn der König dies nicht einsehen wolle, „so kann ich Dir keinen Augenblick mehr dienen u[nd] ich lege Dir hiermit mein Commando u[nd] alle meine Stellen, die Du mir im Staate angewiesen hast zu Füßen!" Das war nichts anderes als Erpressung. Denn wäre Friedrich Wilhelm IV. auf das Entlassungsgesuch seines Bruders eingegangen, hätte dies eine dynastische Staatskrise ausgelöst. Die öffentlichen Rückwirkungen wären für die Monarchie potentiell verheerend gewesen. Es war das erste Mal, dass Wilhelm zu diesem Druckmittel griff. Aber es war nicht das letzte Mal. Bis 1888 sollte er immer dann mit seinem Abschied als Thronfolger oder seiner Abdankung als Herrscher drohen, wenn er auf politischen Widerstand stieß. Seinen Worten ließ er jedoch nie Taten folgen – so auch im April 1843. Er will Friedrich Wilhelm IV. geradezu provoziert haben, ihm seine politische Einflussrolle königlich zu sanktionieren. „Willst Du einen Ja Herren aus mir machen, dann sage es nur, dann kann ich Dir nicht dienen, denn solche Stellung streitet mit meinen Pflichten." Der König soll auf diese Drohung gar nicht erst eingegangen sein. Er soll ihn stattdessen mit der vielsagenden Bemerkung verlassen haben, „fahre nur fort in Deinem Handeln."[74] Das war ein struktureller Punktesieg für den späteren Kaiser.

Es konnte daher kaum verwundern, dass Wilhelms Kritik am Regierungskurs nach 1843 zusehends schärfer wurde. Und das Verhältnis von König und Thronfolger nahm dysfunktionale Züge an. Nur einen Monat nach jenem Aprilgespräch schimpfte Wilhelm auch seiner Schwiegermutter, „daß der König incalculable ist, indem es ihm Bedürfnis ist, die Dinge anders anzusehen und anders zu behandeln und zu lösen, als alle anderen erwarten und vermuten müssen." Dieses Allerhöchste Verhalten habe zu einem Klima der allgemeinen Unzufriedenheit geführt – auf beiden Seiten des politischen Spektrums. „Die Konservativen sind verschnupft, weil viel zu viel nach ihrer Ansicht auf einmal geschehen ist; die Liberalen sind verschnupft, weil nicht genug geschehen und manches rückgängig werden mußte." Die einzige Hoffnung sei, „daß der Monarch durch ruhigeres und konsequenteres Handeln diesen Übelständen begegnen und das Vertrauen *zu*

---

74 Aufzeichnungen Wilhelms, 6. April 1843. Baumgart (Hrsg.), Wilhelm I., S. 86 – 89.

Preußen und *in* Preußen wieder herstellen wird."[75] Wilhelm war sich bewusst, gegenüber welchen Korrespondenz- und Gesprächspartnern er es wagen konnte, den Monarchen derart offen zu kritisieren und zu verurteilen. Denn nur allzu leicht konnte mit der Person des Königs auch die Monarchie als System diskreditiert werden. Wenn Wilhelm etwa Landrat Berg im April 1844 schrieb, Friedrich Wilhelm IV. „hat gewiß keinen aufrichtigeren Freund und Untertan als mich im ganzen Lande", formulierte er diese Worte als Prinz von Preußen einem loyalen Untertanen der Krone gegenüber.[76]

Die Thronfolgeropposition fand (noch) jenseits der öffentlichen Handlungsebene statt. Sie war auf Hinterzimmergespräche und Korrespondenzen beschränkt. Zwar bedeutete dies nicht, dass der Bruderzwist nicht auch außerhalb der Palastmauern rezipiert und diskutiert wurde. Doch Wilhelm *versuchte* zumindest, vorsichtig zu agieren. Die Adressaten seiner ungeschminkten Königskritik befanden sich primär im dynastischen Familienkreis, darunter in erster Linie Charlotte und Nikolaus. Im Frühjahr 1845 berichtete er dem russischen Herrscherpaar etwa, „kein Gebiet existiert mehr, auf welches nicht aufregend und auflösend gewirkt wird."[77] „Welch' ein Leiden, wenn ein Monarch an zu reger, unpraktischer Phantasie leidet!!"[78] Der potentielle Effekt dieser regelmäßigen Briefe auf das Preußenbild am Petersburger Hof darf nicht unterschätzt werden. Gleichzeitig war Wilhelm aber bei weitem nicht die einzige Stimme am Berliner Hof, die den König scharf kritisierte. Wie ihr Ehemann verurteilte auch Augusta „die vielen Mängel der jetzigen Regierung, [...] namentlich das Inkonsequente, Willkürliche und Kontrastreiche in der Regierungsweise des Königs".[79] Der preußische Gesandte in Sankt Petersburg Theodor von Rochow klagte ebenfalls über „täglich neue Schwankungen, täglich neue Kämpfe und kein Resultat. Man schafft ohne bestimmtes Ziel, regiert ohne bestimmte Grundsätze, folgt den augenblicklichen Eindrücken, läßt sich von Vorurtheilen bestimmen und dadurch zu Willkürlichkeiten verleiten."[80] Und stellvertretend für nicht wenige Zeitgenossen fragte Varnhagen, „wohin wir gehen, was wir wollen? Niemand weiß es, alle Behörden schwanken in Ungewißheit, die Widersprüche häufen sich, Eifer und Folgerichtigkeit verschwinden."[81]

Gleichzeitig schuf diese institutionelle Richtlinienanarchie neue politische Strukturen am Berliner Hof, die Wilhelm für sich nutzen konnte. „Zusehends bildet sich hier eine Parthei, die man die des Prinzen von Preußen nennen muß, und die ihm gleichsam zuwächst, er mag es wollen oder nicht", notierte Varnhagen im April 1844, „in den höheren Klassen und im Militair ist sie schon sehr merkbar."[82] Auch General Natzmer berichtete im Februar 1845, „der Prinz steht wie bekannt an der Spitze der sogenann-

---

75 Wilhelm an Maria Pawlowna, 10. Mai 1843. Schultze (Hrsg.), Weimarer Briefe, Bd. 1, S. 146–148.
76 Wilhelm an Berg, 21. April 1844. Knesebeck (Hrsg.), Briefe, S. 300.
77 Wilhelm an Charlotte, 24. März 1845. Börner (Hrsg.), Briefe, S. 227.
78 Wilhelm an Charlotte, 24. April 1845. GStA PK, BPH, Rep. 51 J, Nr. 511a, Bd. 2, Bl. 212.
79 Augusta an Wilhelm, 21. Juni 1845. Schuster/Bailleu (Hrsg.), Nachlaß, Bd. 2, S. 351.
80 Rochow an Canitz, 2. April 1844. Bahne, Verfassungspläne, S. 37.
81 Tagebuch Varnhagen, 1. Mai 1842. [Varnhagen], Tagebücher, Bd. 2, S. 66.
82 Tagebuch Varnhagen, 15. April 1844. Ebd., S. 284.

ten conservativen Partei", er genieße gar „ein allgemeines Vertrauen und eine größere Popularität als sein Königl[icher] Herr Bruder."[83] Und Gerlach schrieb im selben Monat, der Thronfolger habe „eine Art von Popularität bei den Liberalisten u[nd] noch mehr bei den Officianten erlangt." Diese verdanke er „seinem Ruf von Antipietismus, aber auch seiner äußeren Haltung, u[nd] daß er den Menschen verständlicher ist als der König".[84] Popularität konnte im monarchischen System als Legitimationsquell dienen – oder als Einflusskapital. Gerüchte, dass Wilhelm bereits als Mitregent seines Bruders agieren würde, entbehrten zwar jeglicher Grundlage. Aber sie belegen, dass der Prinz von Preußen durchaus in einer derartigen Rolle wahrgenommen wurde.[85]

Nicht länger agierte Wilhelm in einer dynastischen understudy-Rolle, als Platzhalter für die Generation seines Sohnes. Stattdessen fungierte der Thronfolger zusehends als personifizierter Sammlungspunkt einer losen Gruppierung reformfeindlicher konservativer Hofakteure. Friedrich Wilhelms IV. monarchische Agenda war für viele seiner Zeitgenossen zu komplex, zu widersprüchlich. Sie konnte sowohl als rückwärtsgewandt als auch als fortschrittlich interpretiert werden. Diejenigen, die befürchteten, der König werde das absolutistische Regime an die Wand fahren, konnten im Prinzen von Preußen einen dynastischen Verbündeten finden. Als Thronfolger konnte Wilhelms erstmals strukturellen Einfluss ausüben. Und er nutzte seine neue Stellung aktiv, um die königliche Politik zu torpedieren. Systematisch drängte er nach 1840 in das Zentrum des politischen Entscheidungsprozesses. Letztendlich versuchte der spätere Kaiser nichts anderes, als dem Monarchen seinen eigenen Willen aufzuzwingen. Und das sollte sich zeit der weiteren Herrschaft Friedrich Wilhelms IV. nicht ändern.

---

83 Aufzeichnungen Natzmers, Februar 1845. Natzmer (Hrsg.), Denkwürdigkeiten, Bd. 3, S. 135.
84 L. v. Gerlach an Thile, 3. Februar 1845. GA, LE02750, S. 147.
85 Siehe Varnhagens Tagebucheinträge vom 12. März 1844 und vom 24. Juli 1845, in: [Varnhagen], Tagebücher, Bd. 2, S. 273, Bd. 3, S. 134.

Ständische Experimente und „das Geschrei nach Konstitution": Hofintrigen nach 1840

Die 1840er Jahre waren in Europa eine Zeit massiven wirtschaftlichen und sozialen Wandels. Innerstaatliche Bewegungsfreiheit und ökonomische Reformen trugen nicht nur zu einem allgemeinen Bevölkerungswachstum bei, sondern auch zu einer Neustrukturierung der Gesellschaft. Diese Entwicklung vollzog sich nicht ohne Krisenerscheinung. Wachsende Armut und Arbeitslosigkeit waren Phänomene, die auch offen skandalisiert wurden. Gleichzeitig gewann das Bürgertum zusehends an ökonomischem Gewicht. Und mit diesem Gewicht konnte es seine Forderungen nach fortschreitender politischer Integration und Partizipation bekräftigen. Zudem ließen Frühindustrialisierung, Freihandel und wirtschaftliche Dynamik die in nicht wenigen Staaten noch existierende ständische Ordnung langfristig obsolet erscheinen.[1] Aus der Perspektive der monarchischen und konservativen Eliten besaß diese Entwicklung ein nicht zu unterschätzendes Gefahrenpotential. Denn sie unterminierte die bestehende Herrschafts- und Gesellschaftsordnung.[2] Gleichzeitig hatte die soziale Frage, die öffentlich diskutierte wachsende Not der unteren Bevölkerungsschichten, einen wunden Punkt des politischen Systems freigelegt. Die Monarchie als gesamtgesellschaftlicher Funktionsrahmen drohte durch das Phänomen des Pauperismus diskreditiert zu werden.

Friedrich Wilhelm IV. war einer der wenigen monarchischen Akteure seiner Zeit, der das Gefahrenpotential der sozialen Frage reflektierte. Und deshalb sinnierte er über Lösungsansätze. Sein christlicher Glaube sowie seine Überzeugung, das Königtum müsse auch als soziale Ordnungsgewalt fungieren, bestärkten ihn in dieser Interessen- und Motivlage. Letztendlich erlaubte ihm diese persönliche Wirklichkeitswahrnehmung allerdings nicht, den sakralen und transzendenten Charakter der Krone im Namen einer staatlich-administrativen, also einer profan-weltlichen Wohlfahrtspolitik aufzugeben. Stattdessen versuchte er individuelle, vor allem kirchliche Armenfürsorgen zu fördern.[3] Sein jüngerer Bruder Wilhelm hingegen betrachtete die soziale Frage nahezu singulär mit Blick auf ihr gesellschaftliches Konfliktpotential. Jedoch differenzierte er durchaus die neuartigen Attribute dieser Protestentwicklungen: Die Politisierung und Mobilisierung der *Prolétarier*, schrieb er 1846, sei der „Anfang der neuen Révolution, welche gegen die reiche *Mittel* Klasse gerichtet ist, wie die erste, gegen die Adels Vorzüge

---

1 Vgl. Ries, Europa im Vormärz, S. 35–38; Fahrmeir, Europa, S. 238–240.
2 Vgl. Winkler, Weg nach Westen, Bd. 1, S. 93–95.
3 Vgl. Frank-Lothar Kroll, Monarchie und Gottesgnadentum in Preußen 1840–1861, in: Peter Krüger/Julius H. Schoeps (Hrsg.), Der verkannte Monarch. Friedrich Wilhelm IV. in seiner Zeit, Potsdam 1997, S. 45–70, hier: S. 61–64; ders., Die Idee eines sozialen Königtums im 19. Jahrhundert, in: ders./Dieter J. Weiß (Hrsg.), Inszenierung oder Legitimation?/Monarchy and the Art of Representation. Die Monarchie in Europa im 19. und 20. Jahrhundert. Ein deutsch-englischer Vergleich, Berlin 2015, S. 111–140, hier: S. 123–127.

https://doi.org/10.1515/9783111323954-011

gerichtet war!"[4] Und 1850 argumentierte er, die „Idée des Communismus" sei „der gefährlichste Feind, der uns droht, da er der handgreiflichste und deshalb der am meisten verführende ist."[5]

Dass gesellschaftliche Phänomene wie der Pauperismus Gegenstand breiter politischer Diskurse wurden, verdeutlicht auch den strukturellen Wandel der Öffentlichkeit jener Umbruchjahre. Landtage, Vereine, Universitäten, Kunst, Literatur und ein wachsender Zeitungsmarkt wurden zu Trägern einer vor allem bürgerlich geprägten Debattenkultur. Seit der Julirevolution war diese organisatorisch und kommunikativ weit fortgeschritten.[6] Sogar in der absolutistischen Hohenzollernmonarchie gelang die Entwicklung einer politischen Öffentlichkeit, ja die Entstehung eines politischen Massenmarkts – insbesondere im städtischen Raum. Die staatliche Zensur stieß zunehmend an die Grenzen ihrer Handlungsmöglichkeiten. Sie konnte die pluralistische und auch regierungskritische Staatsbürgergesellschaft nicht länger umfassend kontrollieren. Ebenso wenig konnten die Repressionsmaßnahmen eine immer dichter werdende Vereins- und Versammlungsarbeit verhindern. Politisierung, Mobilisierung und Selbstorganisation der Öffentlichkeit entzogen die Bevölkerung zusehends dem Zugriff des staatlichen Machtapparates.[7] Dieser scheinbar unaufhaltsame gesellschaftliche, wirtschaftliche und kryptopolitische Wandel der 1840er Jahre forderte das absolutistische System heraus. Es verfiel zusehends in eine allgemeine Legitimationskrise. Dabei nahm die ungelöste Verfassungsfrage eine zentrale Stellung im öffentlichen wie im regierungsinternen Diskurs ein.[8] Friedrich Wilhelm IV. war sich der Brisanz dieser Frage bewusst. Er hoffte sie auf ständischer, nicht auf parlamentarischer Basis lösen zu können. Letztendlich scheiterte dieses Experiment – so viel sei vorweggenommen. Zwar sollten mehrere Faktoren und Entwicklungen dazu beitragen. Doch darf Wilhelms Anteil an diesem langen Weg nach 1848 alles andere als gering bemessen werden.

Bereits anlässlich der Huldigungsfeierlichkeiten im Herbst 1840 hatte Friedrich Wilhelm IV. erste Pläne formuliert, wie Hardenbergs Zeitbombe entschärft werden könnte. Die Krux der Systemfrage war es, gleichzeitig die Forderung nach der Einberufung einer Nationalrepräsentation – den sogenannten Reichsständen – zu erfüllen, ohne dabei konstitutionelle Reformen durchführen zu müssen. Ausgerechnet das von Hausminister Sayn-Wittgenstein verfasste Testament Friedrich Wilhelms III. bot ihm einen möglichen Ausweg. Sollte die Erfüllung des Staatsschuldengesetzes einst unumgänglich sein, verpflichtete dieses Dokument den neuen König, die Darlehensfrage ausgewählten Delegierten der bereits bestehenden Provinziallandtage vorzulegen. Diese

---

4 Wilhelm an Charlotte, 21. Oktober 1846. GStA PK, BPH, Rep. 51 J, Nr. 511a, Bd. 2, Bl. 257.

5 Wilhelm an Charlotte, 13. Januar 1850. Ebd., Bl. 480.

6 Vgl. Nipperdey, Bürgerwelt, S. 299; Dieter Hein, Deutsche Geschichte im 19. Jahrhundert, München 2016, S. 48–49; Leonhard, Liberalismus, S. 439–445.

7 Vgl. Nipperdey, Bürgerwelt, S. 377–378; Obenaus, Parlamentarismus, S. 594–595; Barclay, Friedrich Wilhelm IV., S. 160.

8 Vgl. Johannes Gerhard, Der Erste Vereinigte Landtag in Preußen von 1847. Untersuchungen zu einer ständischen Körperschaft im Vorfeld der Revolution von 1848/49, Berlin 2007, S. 59–61.

Abgeordneten sollten dann einmalig als de-facto-Reichsstände tagen.[9] Bereits kurz nach seiner Thronbesteigung soll Friedrich Wilhelm IV. dem Staatsministerium die Idee unterbreitet haben, aus jeder Provinz vier Landtagsdelegierte auszuwählen, also zweiunddreißig insgesamt, und diesen besagte Testamentsbestimmungen vorzulegen. Dadurch sollten sie öffentlich unter Druck gesetzt werden, dieses einmalige königliche Angebot anzunehmen oder abzulehnen. In letzterem Falle hätte der Monarch für sich das Recht reklamiert, die väterlichen Versprechungen zurückzunehmen und die Verfassungsfrage ad acta zu legen. Diese Idee soll jedoch sowohl seitens der Minister als auch der persönlichen Umgebung des Herrschers abgelehnt worden sein.[10] Denn das Risiko, dass sich die Provinziallandtage mehrheitlich oder gar geschlossen gegen die Krone stellen könnten, wurde als hoch eingeschätzt. Dadurch hätte die schwelende Verfassungsfrage plötzlich an tagespolitischer Brisanz gewinnen können.[11] Sogar der König selbst formulierte schließlich Zweifel, ob es gelingen würde, „das sogenannte gebildete Publikum wie die Nation im Ganzen davon zu überzeugen, daß diese 32 Männer die Reichsstände sein sollen."[12]

Diese vorsichtige Kritik am politischen Testament musste den späteren Kaiser beunruhigen. Denn letztendlich legitimierte allein der dort genannte Agnatenkonsens Wilhelms Mitentscheidungsrolle in der Verfassungsfrage. Im März 1841 bat der König seinen jüngeren Bruder zu einem ersten Gespräch über die Bestimmungen des vermeintlichen väterlichen Testaments. Dabei soll er „vortrefflich" gesprochen haben, schrieb Wilhelm dem Petersburger Hof, „ganz konservativ, was viele nicht mehr glauben wollen, daß er es sei. Es war ungemein interessant. Ich habe mich über vieles sehr offen ausgesprochen!"[13] Einen Monat später drängte der Prinz den König brieflich, er müsse das Testament „sobald als möglich in ein Hausgesetz zu verwandeln", um die Verfassungsfrage auch öffentlich zu ersticken. „Meine Ansicht basirte sich darauf, daß durch Publication jenes Aktes, auf *Einmal u[nd] Ein für Allemal* auszusprechen sei, was aus den Verheißungen des Jahres 1815 u[nd] den folgenden hinsichtlich der Reichsstände geworden u[nd] gemacht sei, so daß [...] jede Mahnung an jene Verheißungen verpönt wäre, was in meinen Augen ein unberechenbarer Vorteil sein würde." Sei dies geschehen, müsse der Herrscher jene 1840 verworfene Idee wieder aufnehmen, zweiunddreißig Provinzialdelegierte zu versammeln. Sobald diese „auf Papas letzten Willen u[nd] durch ein Hausgesetz, zu *Reichsständen für den alleinigen Fall*, geschaffen u[nd] constituirt sind, so hat Niemand mehr ein Recht dagegen zu opponiren, wenngleich es natürlich versucht werden wird."[14]

---

9 Vgl. Heymann, Testament, S. 157–158.
10 Vgl. Tagebuch L. v. Gerlach, 33. Mai 1842. GA, LE02750, S. 5d–5i; Tagebuch Bunsen, 2. April 1844. Friedrich Nippold (Hrsg.), Christian Carl Josias Freiherr von Bunsen. Aus seinen Briefen und nach eigener Erinnerung geschildert von seiner Witwe, Bd. 2, Leipzig 1869, S. 281–282.
11 Vgl. Obenaus, Parlamentarismus, S. 525–527.
12 Aufzeichnungen Friedrich Wilhelms IV., 21. Juli 1840. Bahne, Verfassungspläne, S. 30b.
13 Wilhelm an Charlotte, 21. März 1841. Börner (Hrsg.), Briefe, S. 216.
14 Wilhelm an Friedrich Wilhelm IV., 18. April 1841. Baumgart (Hrsg.), Wilhelm I., S. 65–67.

Friedrich Wilhelm IV. will die Vorstellung, auf diese Weise das Verfassungsversprechen zu umgehen, noch immer „ungemein" angesprochen haben, „und ist an sich weise zu nennen." Doch schätzte er den potentiellen öffentlichen Widerstand größer und gefährlicher ein als sein jüngerer Bruder. Er sei daher „fest entschlossen, weder das Ridicule vor dem halb revolutionirten Europa und dem jämmerlich constitutionellen Deutschland, noch den Tadel aller Gut- und Schlechtgesinnten im Lande auf Mich zu laden, wenn Ich wagen wollte, 32 Deputirte von Vierzehn Millionen [...] vor unserm Volk und der Welt als die Reichsstände der Preußischen Monarchie auszugeben." Daher sei „jedes Fassen der Bestimmungen in ein Hausgesetz: *eitel!*"[15] Hier bewies Friedrich Wilhelm IV. größere Realitätsfähigkeit als der spätere Kaiser. Bereits im Juni 1840 war das von Friedrich Wilhelm III. 1827 eigenhändig verfasste politische Testament publiziert worden. Und es war seitens der Verfassungsbewegung trotz (oder aufgrund) seiner vagen Bestimmungen als Argument *für* konstitutionelle Reformen verwendet worden. Der Testamentsentwurf von 1838 sollte daher zu Lebzeiten Friedrich Wilhelms IV. nie das Licht der Öffentlichkeit erblicken.[16]

In den ersten zwei Jahren seiner Herrschaft setzte Wilhelms älterer Bruder stattdessen auf eine vermeintlich organische Fortentwicklung der Provinzialständeordnung. Wie bereits erwähnt, wurde den Landtagen 1841 gestattet, ihre Verhandlungen öffentlich zu publizieren.[17] Diese Publizität trug dazu bei, eine kommunikative Entwicklung zu beschleunigen, die bereits in der ausgehenden Herrschaft Friedrich Wilhelms III. begonnen hatte. Immer stärker gerieten die Landtagsverhandlungen in den Fokus der Öffentlichkeit. Die Provinzialstände institutionalisierten sich als Schwerpunkt und Motor des politischen Diskurses in Preußen. Über die publizierten Verhandlungsprotokolle fanden Regierungskritik und Staatsgravamina der liberalen Landtagsabgeordneten ein wachsendes Publikum. Und nichts bewegte diese Abgeordneten mehr als die Verfassungsfrage.[18] Wilhelm sah seine schlimmsten Befürchtungen wahr geworden. Er drängte seinen Bruder bereits im August 1841, „daß Du bei den, den Ständen eingeräumten Befugnissen, vor der Hand durchaus stehen bleiben mußt [...]. Nächst dem Stehenbleiben für jetzt ist aber gleichzeitig auch ein ernstes Zurükweisen aller Débordements der Ständ[ischen] Gerechtsame unerläßlich, um Jeden in seinen Schranken zu halten."[19] Der König schien sich jedoch der Illusion hinzugeben, die Provinziallandtage würden irgendwann doch noch seiner Ständevision folgen. „Wenn ich das Glück habe ein gutes folgsames Pferd zu reiten", antwortete er Wilhelm, „so ruck ich ihm nicht bey geringem Stutzen an den OhrenSpitzen im Maul aus Furcht es ‚falsch' zu machen."[20] Um die Gunst der Landtage gleich einem folgsamen Pferd zu gewinnen, musste sich Fried-

---

15 Friedrich Wilhelm IV. an Wilhelm, 21. April 1841. Bahne, Verfassungspläne, S. 41b–42b.

16 Vgl. Blasius, Friedrich Wilhelm IV., S. 88.

17 Vgl. Keinemann, Preußen, S. 15–16; Obenaus, Parlamentarismus S. 539–540.

18 Nipperdey, Bürgerwelt, S. 336; Wolfgang J. Mommsen, 1848. Die ungewollte Revolution, Frankfurt am Main 1998, S. 74–75; Clark, Preußen, S. 469–470.

19 Wilhelm an Friedrich Wilhelm IV., 1. August 1841. Baumgart (Hrsg.), Wilhelm I., S. 71.

20 Friedrich Wilhelm IV. an Wilhelm, 5. August 1841. Ebd., S. 72.

rich Wilhelm IV. jedoch auch bemühen, die Opposition seines Bruders zu brechen. Im April 1841 wurde Wilhelm zum Vorsitzenden der neugegründeten ständischen Immediatkommission ernannt. Mit diesem überraschenden Schritt versuchte der Monarch, den Thronfolger in die Reformpolitik einzubinden. Und dadurch sollte Willhelm letztendlich institutionell neutralisiert werden.[21] Wie das Staatsministerium konnte auch die Immediatkommission aufgrund interner Friktionen keine einheitliche Stimme finden. Ihre Mitglieder waren vom König ausgewählt worden. Sie vertraten in der Verfassungsfrage teils gegensätzliche Positionen.[22] Inmitten dieses neuen Konfliktraums gelang es Friedrich Wilhelm IV., in den Reformfragen stets das letzte entscheidende Wort zu sprechen.

Deutlich konnte diese Entwicklung etwa bei den Verhandlungen über die Einberufung der Vereinigten Ausschüsse beobachtet werden. Bei diesen Ausschüssen handelte es sich um Delegierte der einzelnen Provinziallandtage, die 1842 in Berlin zusammentreten sollten. Letztendlich war es ein institutioneller Testballon, ob die Öffentlichkeit die abgespeckte Reichsständekröte schlucken würde oder nicht.[23] Leopold von Gerlach betrachtete diese Episode nicht zu Unrecht als „ein neues ständisches Experiment, was man machte u[nd] weiter nichts. Der König beschwichtigte sich damit wohl über die übrige Impotenz seiner Regierung."[24] Friedrich Wilhelm IV. hatte die Ausschüsse bereits im Februar 1841 in einer gemeinsamen Sitzung des Ministeriums und der Immediatkommission in Aussicht gestellt. Wilhelm soll diese Idee sofort als „Keim einer Reichsständischen Verfassung" kritisiert haben, worauf sein Bruder laut Sitzungsprotokoll „auf den Tisch schlagend [...] wörtlich" gesagt haben soll, „das werde ich ihnen schon beweisen, daß sie keine Reichsstände sind noch werden sollen!" Auch soll der Monarch bemerkt haben, „der Himmel" wolle ihn „bewahren, daß ich jemals alle Ausschüsse nach Berlin zu berufen brauche." Diese Bemerkungen wurden bezeichnenderweise vom Thronfolger in das Protokoll mit aufgenommen. Sie sollten die Allerhöchste Ablehnung gegen den Konstitutionalismus offiziell dokumentieren.[25]

Als Friedrich Wilhelm IV. im April 1842 dann doch überraschend befahl, die Berufung der Vereinigten Ausschüsse nach Berlin vorzubereiten, äußerten Wilhelm und andere Reformgegner entschiedene Kritik an diesem vermeintlichen Kurswechsel.[26] Die Verhandlungen des Staatsministeriums und der ständischen Immediatkommission zogen sich von April bis Oktober 1842, teils in Gegenwart Friedrich Wilhelms IV. persönlich. Der König plante, die Vereinigten Ausschüsse über die Frage einer Zinsanleihe zum Ausbau des staatlichen Eisenbahnnetzes verhandeln zu lassen, anstelle der im Staatsschuldengesetz von 1820 versprochenen Reichsstände. Nun war es Wilhelm, der sich gegen diese Neudeutung der Verfassungsversprechen aussprach. Laut den Konseil-

---

21 Vgl. Obenaus, Parlamentarismus, S. 545.
22 Vgl. Holtz, Ostrakismos, S. 112–113.
23 Vgl. Obenaus, Parlamentarismus, S. 551–552; Nitschke, Provinziallandtage, S. 138–140.
24 Tagebuch L. v. Gerlach, 7. Dezember 1842. GA, LE02750, S. 41–44.
25 Konseilprotokoll, 22. Februar 1841. Baumgart (Hrsg.), Wilhelm I., S. 58–60.
26 Vgl. Keinemann, Preußen, S. 36–42.

protokollen soll er die Sorge formuliert haben, dass die Provinziallandtage gegen diesen Schritt opponieren würden. Und dann hätte die Verfassungsfrage eine neue eskalative Qualität gewinnen können. In den ersten Monaten der Verhandlungen versuchte er daher, das gesamte Projekt zu Fall zu bringen, um den befürchtenden Widerstand der Abgeordneten und Delegierten gegen die Krone erst gar nicht zu provozieren.[27]

Seine Totalopposition hielt Wilhelm bis August 1842 aufrecht. Dann entschied der König den Verhandlungsstreit einfach per Kabinettsordre. Daraufhin änderte auch der Prinz seine Strategie. Da die Einberufung der Vereinigten Ausschüsse nicht mehr zu verhindern war, forderte er den Monarchen auf, diese doch noch offiziell als Reichsstände zu konstituieren. Jede weitere öffentliche Diskussion über die Verfassungsfrage sollte dadurch im Keim erstickt werden.[28] Denn wie Wilhelm es befürchtet hatte, wurde die königliche Augustordre in liberalen Kreisen scharf kritisiert. Zu Recht warfen sie der Regierung vor, den konstitutionellen Felsen einfach umschiffen zu wollen. Aber Friedrich Wilhelm IV. weigerte sich, das Wort „Reichsstände" öffentlich in den Mund zu nehmen.[29] Seiner Schwester klagte Wilhelm, diese Entscheidung habe „mir unendlich leid" getan. „Doch haben die Discussionen das Gute gehabt, daß Fritz auf das Bestimmteste erklärt hat, daß niemals von moderner Constitution und Reichsständen bei ihm die Rede sein soll [...]. Das ist sehr viel Werth und ich habe von Neuem Muth gefaßt, [...] aber um ganz sicher zu sein, wünschte ich grade so sehr daß er öffentlich aussprechen würde, zur Beruhigung der Gutgesinnten und zur Enttäuschung der Schlecht Gesinnten."[30]

Die Vereinigten Ausschüsse tagten zwischen dem 18. Oktober und dem 10. November achtzehn Mal. Sehr zum Missfallen der Regierung weigerten sie sich, die geforderten Staatsanleihen für den Eisenbahnbau zu gewähren. Unter expliziter Berufung auf das Staatsschuldengesetz argumentierten sie stattdessen, Finanzfragen könne allein eine reichsständische Versammlung entscheiden.[31] Das Staatsdilemma war nicht mehr zu leugnen. Hardenbergs konstitutionelle Zeitbombe paralysierte die Krone auf ökonomischer Ebene. Und sie setzte den König zusehends unter öffentlichen Druck. Aber als Friedrich Wilhelm IV. die Vereinigten Ausschüsse auflöste und verabschiedete, fand er kein Wort zur Reichsständeproblematik. Das war nichts anderes als eine Vogel-Strauß-Taktik.[32] Wieder war die Verfassungsfrage lediglich aufgeschoben worden. Was nun weiter geschehen solle, lamentierte Wilhelm gegenüber seiner Schwester, „hängt ganz

---

27 Siehe die Konseilprotokolle vom 12. Mai sowie vom 14. und 16. Juni 1842, in: Bahne, Verfassungspläne, S. 51b; Acta Borussica. Protokolle, Bd. 3, S. 111–112, S. 118.

28 Vgl. Wilhelm an Charlotte, 16. August 1842. GStA PK, BPH, Rep. 51 J, Nr. 511a, Bd. 2, Bl. 89; Bahne, Verfassungspläne, S. 47.

29 Vgl. Obenaus, Parlamentarismus, S. 563–565; Kroll, Friedrich Wilhelm IV., S. 96.

30 Wilhelm an Charlotte, 26. Oktober 1842. GStA PK, BPH, Rep. 51 J, Nr. 511a, Bd. 2, Bl. 101.

31 Vgl. Keinemann, Preußen, S. 46–50; Huber, Verfassungsgeschichte, Bd. 2, S. 489–490.

32 Vgl. Friedrich Wilhelm IV. an Wilhelm, 10. November 1842. Baumgart (Hrsg.), Wilhelm I., S. 80.

von Fritzens Idéen ab, und da diese bald énorm weit gehen, bald sich wieder rétréciren, so schwebt man in beständiger Bangigkeit!"[33]

Friedrich Wilhelm IV. setzte seit seiner Thronbesteigung auf die Loyalität der Provinziallandtage. Denn diese betrachtete er als vermeintliche Träger des absolutistischen Systems. Die Stände waren weder monarchiefeindlich noch monarchieskeptisch. Doch konnte oder wollte der König nicht sehen, wie weitverbreitet die Forderungen nach konstitutionellen Reformen dort bereits waren. Dies wurde im Verlauf des Jahres 1843 deutlich, als die liberal dominierten Landtage der Provinzen Preußen, Posen und der Rheinlande Anträge verabschiedeten, in denen die Regierung aufgefordert wurde, die politischen Kompetenzen der Provinzialstände auszubauen. Auch unter den schlesischen und westfälischen Abgeordneten stießen Forderungen auf breite Resonanz, die in ihrer Tendenz auf die Einführung von Reichsständen, auf weitere Zensurlockerungen und Verbesserungen der Landtagspublizität drängten. Mehrheitlich abgelehnt wurden diese liberalen Positionen dagegen in den Provinzen Pommern, Brandenburg und Sachsen. Ende 1843 war das Königreich politisch wie geographisch zweigeteilt. Den reformfeindlichen Kernprovinzen stand eine auf repräsentative und partizipatorische Reformen drängende Peripherie gegenüber.[34]

Insbesondere das Verhältnis der rheinischen und westfälischen Landtage zum Berliner Hof war konfliktbelastet. Die Rheinlande waren Preußen 1814 aus der Konkursmasse des napoleonischen Empire zugefallen. Dort hatte die französische Herrschaft eine gesellschaftliche Umbruchphase markiert, deren Folgen noch während des Vormärz deutlich hervortraten. Territorial vom Rest der Hohenzollernmonarchie getrennt war die Bevölkerung der Rheinprovinzen mehrheitlich katholisch und zudem von einer vergleichsweise hohen Frühindustrialisierung und Urbanisierung geprägt. Auch juristisch nahmen die Rheinlande und Westfalen eine Sonderrolle ein. Denn dort galt nach wie vor die egalitäre Rechtsordnung des französischen Code Civil anstelle des ständisch-feudalen Allgemeinen Landrechts. Versuche der Berliner Regierung, die preußische Rechtsordnung auch in den Rheinprovinzen einzuführen, stießen wiederholt auf den entschiedenen Widerstand der lokalen Bevölkerung.[35] Wie viele andere konservative Stimmen am Berliner Hof hatte auch Wilhelm „die unglückselige französische Gesetzgebung" für eine „Entfremdung der Gemüter von Preußen" verantwortlich gemacht. Und er hatte seinen Vater bezeichnenderweise im Revolutionsjahr 1830 gedrängt, „die preußischen Gesetze lieber heute wie morgen einzuführen."[36] Von dieser Forderung ließ er in den Folgejahren jedoch wieder ab. Wie er beispielsweise 1838 schrieb, sei ein solcher Gesetzesoktroi nicht möglich, „ohne die Stimmung am Rhein jetzt

---

33 Wilhelm an Charlotte, 23. November 1842. GStA PK, BPH, Rep. 51 J, Nr. 511a, Bd. 2, Bl. 105.

34 Vgl. Keinemann, Preußen, S. 51–54; Obenaus, Parlamentarismus, S. 567–571.

35 Vgl. Jürgen Herres/Bärbel Holtz, Rheinland und Westfalen als preußische Provinzen (1814–1888), in: Georg Mölich/Veit Veltzke/Bernd Walter (Hrsg.), Rheinland, Westfalen und Preußen. Eine Beziehungsgeschichte, Münster 2011, S. 113–208, hier: S. 129–145.

36 Wilhelm an Friedrich Wilhelm III., 1. September 1830. Merbach (Hrsg.), Briefe, S. 94.

zu irritieren.“[37] Unter Friedrich Wilhelm IV. scheiterte dann 1843 der Versuch, zumindest eine reformierte Strafgesetzordnung einzuführen. Nicht nur die rheinischen Provinzialstände lehnten das neue Gesetz mehrheitlich ab. Auch die bürgerliche Öffentlichkeit wurde in hohem Maße gegen die Berliner Regierung mobilisiert.[38] Wilhelm geißelte diese „künstlich erzeugte Parteiung“, von der er hoffte, dass der König sie öffentlich zurechtweisen würde. „Ich wiederhole es, redet man nicht ein ernstes Wort mit ihnen, so wachsen sie uns über den Kopf und sind unsere Herren.“[39] Er erwarte „eine mißbilligende, strenge Rüge“ der rheinischen Opposition, schrieb er seinem Bruder. Sonst werde es „allgemein heißen, man hat schon nicht mehr den Muth, den Ständen für ihr unglaubliches Benehmen, das Mißfallen, Unzufriedenheit pp. auszusprechen.“[40] Friedrich Wilhelm IV. lehnte es jedoch ab, in den Rheinlanden das vom Thronfolger geforderte öffentliche Exempel zu statuieren.[41]

Doch nicht nur über den König, auch über andere politische Akteure versuchte Wilhelm indirekten Einfluss auf die Landtagsentwicklungen zu nehmen. Bereits in den frühen 1820er Jahren hatte er etwa Karl von Vincke-Olbendorf während dessen aktiver Militärzeit kennengelernt. Vincke-Olbendorf war ein Cousin des liberalen westfälischen Landtagsabgeordneten Georg von Vincke. Anfang 1844 begannen beide Männer, eine regelmäßige Korrespondenz zu führen, die es dem Thronfolger schließlich erlauben sollte, mit Personen und Ideen aus liberalen Kreisen in Kontakt zu treten.[42] Gegenüber Vincke-Olbendorf – also implizit gegenüber Vincke – verurteilte der Prinz jene immer lauter werdenden „konstitutionellen Wirren“ in den Provinzständen entschieden. Es sei Aufgabe der Abgeordneten, „sich als *Vermittler* zwischen Volk und Souvrän“ zu betrachten. „Zum *Vermittler* gehört aber nicht blos Vertretung der Interessen von unten nach oben, sondern ebenso von oben nach unten.“ Krone und Stände müssten gemeinsam versuchen, „bei uns den Geist“ zu „verbannen, der in allen andern Ständischen Verhältnissen Europas dieselben zur Geisel des Souvräns und des Volkes macht.“[43]

Seit den Ausschussdebatten 1842 hatte Wilhelm auf Regierungsebene de facto die Rolle eines Oppositionsführers gegen die königliche Reformagenda übernommen. In allen Landtagen sei die „Tendenz“ zu beobachten, klagte er Charlotte, „was überall gärt und wie man Fritz teils falsch versteht, teils ihn zwingen will, Schritte zu tun, die in verwerfliche Richtung führen müßten. [...] Nur ein fester, konsequenter Gang der Regierung kann dem entgegenbauen, sonst wird grade ein schwankendes System das Geschrei nach Konstitution vermehren und das Regieren stets schwerer und unange-

---

37 Wilhelm an Friedrich Wilhelm III., 30. November 1838. Ebd., S. 134.
38 Vgl. Keinemann, Preußen, S. 53–54.
39 Wilhelm an Charlotte, 7. Juli 1843. Börner (Hrsg.), Briefe, S. 241.
40 Wilhelm an Friedrich Wilhelm IV., 18. Dezember 1843. Baumgart (Hrsg.), Wilhelm I., S. 99.
41 Vgl. Konseilprotokoll, 19. Dezember 1843. Acta Borussica. Protokolle, Bd. 3, S. 178–179.
42 Vgl. Hans-Joachim Behr, ‚Recht muß doch Recht bleiben‘. Das Leben des Freiherrn Georg von Vincke (1811–1875), Paderborn 2009, S. 97–98.
43 Wilhelm an Vincke-Olbendorf, 3. Juni 1844. Schultze (Hrsg.), Briefe an Politiker, Bd. 1, S. 21–22.

nehmer werden!"[44] Diesen Gang wollte Wilhelm seinem Bruder aufzwingen. Im November 1843 notierte Gerlach, der Thronfolger soll offen „von Weggehen u[nd] Zurückziehen von jeder Theilnahme an der Regierung" gedroht haben.[45] Und auch der rheinische Landtagsabgeordnete Josua Hasenclever konnte bestätigen, dass Wilhelm den König schlichtweg zu erpressen versuchte. So berichtete Hasenclever im Juli 1844, der Prinz soll ihm im persönlichen Gespräch erklärt haben, „daß er der erste Ratgeber des Königs sei, aber auch die erste Pflicht habe, zu gehorchen, oder, wenn dies nicht ginge, sich zurückzuziehen, z. B. wenn Acte vorfielen, die, er wolle nicht von seinen Ansprüchen reden, aber die den Rechten seines Sohnes zuwider wären." Wilhelm soll sich sogar offen als „Hauptmann der Opposition" tituliert haben.[46] Diese Quelle legt nahe, dass der spätere Kaiser scheinbar nicht länger versuchte, seine Thronfolgeropposition öffentlich zu verheimlichen.

Spätestens 1844 konnte auch Friedrich Wilhelm IV. nicht länger ignorieren, dass der Versuch gescheitert war, seinen jüngeren Bruder innerhalb der Kommissionsverhandlungen zu neutralisieren. Stattdessen begannen sich um den Thronfolger all jene zu sammeln, denen die königlichen Ideen zu weit gingen. Der Monarch reagierte auf diese Entwicklung zweigleisig: Einerseits wurde Wilhelm fast vollständig vom regierungsinternen Informationsfluss abgeschnitten. Über neue Ständeprojekte sollte er nur noch vom Hörensagen erfahren. Andererseits versuchte Friedrich Wilhelm IV. im Sommer 1844 ein letztes Mal, seinen Bruder von der Möglichkeit einer Neuerfindung des Absolutismus zu überzeugen. Dabei sollte Bunsen dem Herrscher helfen. Dieser war von seinem königlichen Freund und Gönner 1841 auf den diplomatischen Spitzenposten des preußischen Gesandten in London ernannt worden. Dort spannte und pflegte er ein intimes Netzwerk zu Hof- und Regierungskreisen, von dem auch Wilhelm nach 1848 profitieren sollte.[47] Dagegen hatte der spätere Kaiser Bunsens Ernennung 1841 gegenüber Charlotte noch als „Mißgriff" bezeichnet. „Une réputation diplomatique tarée, zum so wichtigen Posten zu erheben."[48] Und Luise schimpfte er, Bunsen gehöre „zu den gefährlichsten und unzuverlässigsten Menschen, dem ich *nie* trauen werde mehr."[49]

Es war kein Zufall, dass Friedrich Wilhelm IV. den vertrauten Diplomaten ausgerechnet nach London versetzt hatte. Zeit seines Lebens verehrte der König Großbri-

---

44 Wilhelm an Charlotte, 24./25. März 1843. Börner (Hrsg.), Briefe, S. 236.

45 Tagebuch L. v. Gerlach, 20. November 1843. GA, LE02750, S. 97.

46 Tagebuch Hasenclever, 20. Juli 1844. Adolf Hasenclever (Hrsg.), Aus Josua Hasenclevers Tagebüchern. Aufzeichnungen über seine Beziehungen vornehmlich zu Mitgliedern der preußischen Königsfamilie, in: FBPG 29 (1916), S. 490–505, hier: S. 491.

47 Vgl. Klaus D. Gross, Der preußische Gesandte in London. Bunsens politisches und diplomatisches Wirken, in: Erich Geldbach (Hrsg.), Der gelehrte Diplomat. Zum Wirken Christian Carl Josias von Bunsens, Leiden 1980, S. 13–34; Hans Becker, Christian Carl Josias von Bunsen. Sein politisches und diplomatisches Wirken im Dienste Preußens und des Deutschen Bundes, in: ders./Frank Foerster/Hans-Rudolf Ruppel (Hrsg.), Universeller Geist und guter Europäer. Christian Carl Josias von Bunsen 1791–1860. Beiträge zu Leben und Werk des „gelehrten Diplomaten", Korbach 1991, S. 103–154, hier: S. 120–146.

48 Wilhelm an Charlotte, 11. Dezember 1841. GStA PK, BPH, Rep. 51 J, Nr. 511a, Bd. 2, Bl. 52.

49 Wilhelm an Luise, 1. Februar 1842. GStA PK, BPH, Rep. 51, Nr. 853.

tannien als vermeintliches Idealbeispiel jener von ihm gepriesenen historisch gewachsenen Ständemonarchie. Diese Anglomanie teilte auch Bunsen. Aber der Diplomat betrachtete hingegen den britischen Konstitutionalismus als Vorbildsystem für Preußen. Beide Männer redeten daher aneinander vorbei. Und sie unterlagen einem romantisierten Englandbild, das mit den Realitäten der Frühindustrialisierung und des britischen Parlamentarismus wenig gemeinsam hatte. Denn wenn Friedrich Wilhelm IV. direkt mit der seit 1837 herrschenden Queen Victoria korrespondierte, ging er fälschlicherweise davon aus, dass die Monarchin in politischen Entscheidungsfragen eine vergleichbare Rolle spielte wie er selbst.[50]

Trotz einer fehlenden geschriebenen Verfassung war die Krone in Großbritannien stärker institutionalisiert als in anderen europäischen Monarchien. Dies bedeutete allerdings nicht, dass Victoria zeit ihrer mehr als sechzigjährigen Herrschaft lediglich die Rolle einer passiven, auf repräsentative, zeremonielle und symbolische Auftritte reduzierten Herrscherin spielte. Insbesondere vor dem Tod ihres Ehemanns Alberts 1861 versuchte die Queen, ihre monarchische Macht offensiv einzusetzen. Wiederholt griff sie aktiv in die britische Politik ein.[51] Und der Prinzgemahl versuchte (erfolglos), ein Herrschaftssystem zu etablieren, wie es sein älterer Bruder Ernst II. in den von diesem seit 1844 regierten Fürstentümern Sachsen-Coburg und Gotha praktizierte: Ein System, in dem ein liberal-konstitutionell regierender Monarch den Anspruch erheben konnte, dem Repräsentationsprinzip werde durch die Krone Rechnung getragen – nicht durch Parlamente.[52] Letztendlich fiel Friedrich Wilhelm IV. daher einem von Queen und Prince Consort inszenierten Trugbild zum Opfer – dem Bild eines politisch einflussreichen Herrscherpaares. Diesen Eindruck versuchten Victoria und Albert in ihrem Briefwechsel sowohl mit den Hohenzollern als auch mit anderen Dynastien zu erwecken.[53] Dass dagegen der britische Fraktionsparlamentarismus gerade unter deutschen Liberalen Vorbildcharakter genoss, konnte oder wollte Friedrich Wilhelm IV. nicht sehen.

In Sommer 1844 wurde Wilhelm an den Londoner Hof geschickt – gewissermaßen eine politische Bildungsreise unter Bunsens Aufsicht. Der Gesandte will den ausdrücklichen königlichen Befehl erhalten haben, er solle dem Thronfolger „eine Anschauung von dem [...] geben, *was Englands Größe ausmacht, was sie gegründet hat und*

---

50 Vgl. Kroll, Friedrich Wilhelm IV., S. 167–171.

51 Vgl. Netzer, Albert, S. 196–214; A.N. Wilson, Victoria. A Life, London 2015 [ND 2014], S. 292–293; ders., Prince Albert. The Man Who Saved the Monarchy, London 2020 [ND 2019], S. 124–125; Karina Urbach, Die inszenierte Idylle. Legitimationsstrategien Queen Victorias und Prince Alberts, in: Frank-Lothar Kroll/ Dieter J. Weiß (Hrsg.), Inszenierung oder Legitimation?/Monarchy and the Art of Representation. Die Monarchie in Europa im 19. und 20. Jahrhundert. Ein deutsch-englischer Vergleich, Berlin 2015, S. 23–33.

52 Vgl. Elisabeth Scheeben, Ernst II., Herzog von Sachsen-Coburg und Gotha. Studien zu Biographie und Weltbild eines liberalen deutschen Bundesfürsten in der Reichsgründungszeit, Frankfurt am Main 1987, S. 61–68.

53 Vgl. Kann, Dynastic Relations, S. 392–393; Urbach, Queen Victoria, S. 42–43

erhält."[54] Es war nicht Wilhelms erster Besuch in Großbritannien. Bereits im Juni 1814 hatte er zusammen mit seinem Vater „das himmlische Land" besucht, wie der junge Prinz geschwärmt hatte. „Der Unterschied zwischen *Allem* in England u[nd] Frankreich ist nicht zu glauben und zu beschreiben, Als wären es zwei verschiedene Weltheile; ich ziehe London, Paris vor."[55] In den darauffolgenden Jahren hatte er den britischen Parlamentarismus jedoch wiederholt kritisiert. Und Victorias Onkel Georg IV. soll er gar eine „Null" geschimpft haben.[56] Die Reise im August und September 1844 änderte Wilhelms Englandbild dagegen wieder zum Positiven. In mehreren Briefen an seinen Bruder äußerte er sich mit Bewunderung über die britische Gesellschaft, Architektonik und Natur. Und er berichtete von Gesprächen mit der königlichen Familie. Gerade Prince Albert habe ihm „durch seinen ruhigen u[nd] klaren Verstand" imponiert.[57] Wie Bunsen über diese Zeit mit dem Thronfolger schrieb, habe Wilhelm „England lieb gewonnen; er bewundert seine Größe, und begreift, daß sie die Folge seiner politischen und religiösen Institutionen ist." Auch habe der Prinz endlich seine Abneigung gegen ihn überwunden. Wilhelm „hat das Eis gebrochen, und alle wichtigen Fragen zu besprechen begonnen, auch die Frage der Fragen. Er hat mich ruhig gehört, theilnehmend, oft zustimmend."[58] Über diese Frage der Fragen, die Verfassungsfrage, verfasste der Gesandte einen ausführlichen Reisebericht (oder Rechenschaftsbericht) für Friedrich Wilhelm IV. Alle „Hoffnungen und Eurer Majestät Wünsche hinsichtlich des Prinzen" seien „in einem Grade erfüllt worden [...], welcher alle meine Erwartungen übertrifft." In Großbritannien habe der Thronfolger sehen können, „wie [...] die monarchisch aristocratische Natur des germanischen Königthums das republikanische Element an seinen richtigen Platz gesteckt und in der Regierung des Reiches zwar billig berücksichtigt, aber doch untergeordnet." Insgesamt mussten Bunsens Ausführungen auf Friedrich Wilhelm IV. jedoch enttäuschend gewirkt haben. Denn Wilhelm sei „noch immer nicht überzeugt, daß im gegenwärtigen Augenblicke irgend etwas Neues" in Preußen „durchaus nothwendig sei." Der Gesandte riet daher, von jeder weiteren Diskussion der königlichen Reformpläne mit dem Thronfolger abzusehen, welche „erst dann fruchtbar werden wird, wenn der Prinz sich überzeugt hat, *daß* etwas geschehen muß."[59]

Obgleich Wilhelm das britische Beispiel durchaus imponiert zu haben schien, besaß der Londoner Hof weder 1844 noch zu irgendeinem anderen Zeitpunkt für ihn Vorbildfunktion. „Man muß das Land sehen, um es zu begreifen", schrieb er während seiner Reise an den preußischen Regierungsbeamten Hartmann von Witzleben, „wegen

---

54 Bunsen an Stockmar, 27. August 1844. Friedrich Nippold (Hrsg.), Aus dem Bunsenschen Familienarchiv I. Der Aufenthalt des Prinzen von Preußen in England im Jahre 1844, in: Deutsche Revue 22 (1987), S. 1–19, hier: S. 7.

55 Wilhelm an Carl, 30. Juni 1814. Cohn (Hrsg.), Briefe, S. 25–26.

56 Tagebuch L. v. Gerlach, 12. März 1829. GA, LE02779, S. 71.

57 Wilhelm an Friedrich Wilhelm IV., 16. Juni 1844. Baumgart (Hrsg.), Wilhelm I., S. 113.

58 Bunsen an Frances von Bunsen, 30. August 1844. Nippold (Hrsg.), Bunsen, Bd. 2, S. 272.

59 Bunsen an Friedrich Wilhelm IV., 9. September 1844. Ders. (Hrsg.), Familienarchiv I, S. 8–18.

Schönheit und Institutionen, aber auch, um sich zu überzeugen, daß Nachäfferei der letztern nur Unheil bringt."[60] Zwar hatte Bunsens Prinzenmission nicht ihren intendierten Effekt erwirken können. Doch demonstrierte diese Episode beispielhaft, welche Hebel Friedrich Wilhelm IV. in Bewegung zu setzten bereit war, um Wilhelms Opposition zu brechen. Auch muss im Gesamtkontext der Biographie des ersten Hohenzollernkaisers betont werden, dass dieser bereits vor seiner Londoner Exilzeit 1848 die Gelegenheit hatte *und nutzte*, das britische Regierungssystem aus nächster Nähe zu beobachten. Mit Blick auf die politische Neuorientierung des Prinzen im Nachmärz müssen die Exilerfahrungen daher in nicht geringem Maße relativiert werden.

Weitreichendere Folgen können dagegen einer anderen vormärzlichen Englandreise attestiert werden. Denn im September 1846 besuchte auch Augusta den Londoner Hof. Dort schlossen sie und Queen Victoria eine persönliche Freundschaft, die beide Damen zeit ihres Lebens in Form einer regelmäßigen Korrespondenz pflegen sollten. Diese Beziehung von Queen und späterer Kaiserin schuf einen neuen dynastischen Kommunikationskanal. Und über diesen Kanal fanden das britische und das preußische Herrscherhaus 1858 schließlich in einem folgenreichen Ehebündnis zusammen.[61] Etwa elfeinhalb Jahre zuvor hatte Victoria ihrem Onkel Leopold I. in vorausschauender Formulierung über Augusta geschrieben, „I believe that she is a friend to us and our family, and I do believe that I have a friend in her, who may be most useful to us."[62]

Für den späteren Kaiser blieb der Londoner Hof 1844 lediglich eine politikbiographische Marginale. Stattdessen gewannen nach Wilhelms Rückkehr aus Großbritannien sowohl der Bruderzwist als auch die preußische Legitimationskrise neue Dynamik. Als Eskalationskatalysator fungierte wieder einmal eine königliche Reformidee: Im engsten Kreis seiner politischen Mitarbeiter zeichnete Friedrich Wilhelm IV. am 27. Dezember 1844 ein umfangreiches Institutionsprojekt, das dem Popularitäts- und Autoritätsverlust der Monarchie entgegenwirken sollte. Was er forderte, war tatsächlich die Konstituierung einer gesamtstaatlichen Ständeversammlung, also von de-facto-Reichsständen. Aber diese sollten nicht aus Wahlen hervorgehen. Stattdessen sollten sie durch die Zusammenberufung *aller* Abgeordneten der existierenden Provinzialstände gebildet werden. Was hatte den König zu diesem Schritt bewogen? Die Emanzipationsentwicklungen in Landtagen und Öffentlichkeit drohten der Krone die Initiative in der Verfassungsfrage zu entreißen. Doch es war vor allem die gravierende staatliche Finanznotlage, die den König die Flucht nach vorne antreten ließ. Den Ausbau des Eisenbahnnetzwerkes konnte die Großmacht Preußen aus militärstrategischen und geopolitischen Zwängen nicht länger aufschieben. Um die hierfür notwendigen Kredite aufzunehmen, musste die monarchische Regierung allerdings in den sauren Reichsständeapfel beißen. Doch eine Konstitution und ein Parlament war Friedrich Wil-

---

60 Wilhelm an Witzleben, 28. August 1844. Schultze (Hrsg.), Briefe an Politiker, Bd. 1, S. 23.

61 Vgl. Conradi, Augusta, S. 65 – 69; Aschmann, Augusta, S. 277 – 278.

62 Queen Victoria an Leopold I., 29. September 1846. Arthur Christoph Benson/Reginald Brett (Hrsg.), The Letters of Queen Victoria. A Selection from Her Majesty's Correspondence between the Years 1837 and 1861, Bd. 2, London 1911, S. 106.

helm IV. nach wie vor nicht bereit zu gewähren. Stattdessen muss der proporsierte sogenannte Vereinigte Landtag als letzter Versuch einer absolutistischen Neuinterpretation des Verfassungsversprechens charakterisiert werden. Ständisch-föderativ zusammengesetzt sollte diese Institution lediglich die Kreditaufnahme des Staates sanktionieren. Den Abgeordneten sollte daher allein das Recht auf Steuerbewilligung genehmigt werden – mehr nicht.[63] Es ist zudem nicht unwahrscheinlich, dass Friedrich Wilhelm IV. auch darauf spekuliert haben mochte, mit dieser bewussten Absage an konstitutionelle Prinzipien endlich seinen jüngeren Bruder gewinnen zu können. Wie Varnhagen Anfang Januar 1845 nach einem Gespräch mit Außenminister Heinrich von Bülow notierte, soll der König den Ministern erklärt haben, falls der Prinz von Preußen auch gegen den Vereinigten Landtag opponieren sollte, „so wird es meinem Herzen weh thun, aber nicht den geringsten Einfluß auf meinen Kopf haben, und nichts kann und soll mich in dem Beschlossenen irre machen!"[64]

Mit dieser Konkretisierung der königlichen Reformagenda nahm auch Wilhelms Thronfolgeropposition im Winter 1844/45 neue Formen an. Die Prinzenfronde am Berliner Hof konnte bis dato lediglich als unkoordiniertes Konglomerat der konservativen Kritiker Friedrich Wilhelms IV. charakterisiert werden. Nachdem der spätere Kaiser allerdings bereits im November 1844 gerüchteweise von den Plänen seines Bruders erfahren hatte, suchte er gezielt den Kontakt zur reformfeindlichen Umgebung des Monarchen. Er versuchte sich am Aufbau einer Hofkamarilla. Als Mittelsmann sollte ihm Leopold von Gerlach dienen. Dieser hatte bereits 1842 ungläubig notiert, „wer hätte mir vor vier oder fünf Jahren glauben gemacht ich würde mit dem Prinzen Wilhelm nach wenigen Jahren einiger sein als mit dem Kronprinzen."[65] In mehreren konspirativen Gesprächen im Winter 1844/45 sondierte der Thronerbe, ob sein früherer Adjutant bereit sei, eine offene Opposition zu unterstützen.[66] Gerlach will dabei allerdings stets betont haben, wie er in seinem Tagebuch berichtet, dass eine „sehr gefährliche" Konfrontation von König und Thronfolger vermieden werden müsse. Der Prinz „möge warten u[nd] seine Patronen nicht verschießen".[67] Diesem Ratschlag folgte Wilhelm nicht.

Als bezeichnend für den Grad der dynastischen Vertrauenskrise kann bereits der Umstand betrachtet werden, dass der Prinz über das Landtagsprojekt erst spät offiziell unterrichtet wurde. Zuerst hatte Friedrich Wilhelm IV. Nikolaus I. und Metternich brieflich in Kenntnis gesetzt.[68] Der russische Herrscher und der österreichische

---

63 Vgl. Huber, Verfassungsgeschichte, Bd. 2, S. 491; Obenaus, Parlamentarismus, S. 649 – 652; Barclay, Friedrich Wilhelm IV., S. 183.
64 Tagebuch Varnhagen, 5. Januar 1845. [Varnhagen], Tagebücher, Bd. 3, S. 5.
65 Tagebuch L. v. Gerlach, 3. Juni 1842. GA, LE02750, S. 6.
66 Siehe L. v. Gerlachs Tagebucheinträge vom 22. November sowie vom 11. und 26. Dezember 1844, in: Ebd., S. 123 – 132.
67 Tagebuch L. v. Gerlach, 17. Dezember 1844. Ebd., S. 129 – 130.
68 Vgl. Friedrich Wilhelm IV. an Nikolaus I., 31. Dezember 1844. Theodor Schiemann (Hrsg.), Kaiser Nikolaus I. und Friedrich Wilhelm IV. über den Plan, einen vereinigten Landtag zu berufen, in: Beiträge zur

Staatskanzler verurteilten diesen neuen Reformplan kaum weniger scharf als der preußische Thronfolger.[69] Gegenüber Charlotte klagte Wilhelm im Januar 1845, er befinde sich „in einer solchen Aufregung über alle diese Dinge, daß ich fast gar nicht schlafe!" Den König habe er wissen lassen, dass „ich mich auf das Bestimmteste dem allen widersetze[n]" werde. Deshalb sei er „fortwährend beschäftigt mit meiner Kontrearbeit für Fritz, um ihm von allem abzuraten." Allzu großen Erfolg schien er sich von dieser Schreibarbeit allerdings nicht versprochen zu haben. Denn Friedrich Wilhelm IV. soll ihm bereits „erklärt" haben, „daß er sich an mich nicht kehren" wolle. Ihm bliebe also nichts anderes übrig, „als einen Revers im Archiv zu deponieren, daß ich mich und meine Nachkommen in der Krone für nicht gebunden halte, diese Institutionen anzuerkennen. [...] Mein Gewissen erlaubt mir nicht zu helfen, und ein Bruch mit Fritz also unausbleiblich. Aber ich muß diesen vorziehen, da ich nicht zum Unglück des Landes die Hand bieten kann!"[70] Was Wilhelm hier androhte, war nichts anderes als ein neuer Testamentcoup. Der Aktenrevers sollte Friedrich Wilhelm IV. unter Druck setzen. Und falls der König nicht nachgab, sollte er einen zukünftigen Staatsstreich rechtlich absichern.

Diese Nachricht trug daher nicht gerade dazu bei, das Zarenpaar über die preußischen Verhältnisse zu beruhigen. Charlotte warnte ihren Bruder, „um Alles in der Welt, mache Du nur keinen *voreiligen* Schritt, den Du bereuen könntest. – Daß Deine Lage zum verzweifeln ist, begreift Nik[olau]s wie ich, vollkommen [...]. Als erster Untertan des Königs müsstest Du Dich nachdem Du alles gesagt was nur menschenmöglich, *fügen*. [...] Auch im Archiv ein *Protest niederzulegen*, kann, wenn Fritz lange regiert und sich das Land nur zu leicht gefunden und gewöhnt an eine liberale Regierung, [...] alsdann wahrlich gefährlich für Dich oder Deinen Sohn werden!"[71] Zwar gestand Wilhelm seiner Schwester, „daß ich mir sage, daß ich selbst vielleicht in den Fall kommen könnte (wenn Gott in seinem Zorn mich auf den Thron beriefe!), keinen Gebrauch von meinem Protest zu machen. Aber es kann auch das Gegentheil eintreten, und daher ist meine Bahn mir vorgezeichnet!"[72] Es ist nicht bekannt, wie weit der spätere Friedrich III. über diesen Familienkonflikt unterrichtet war, der immerhin auch seine eigene Zukunft betraf. Gerlach notierte jedoch, der junge Prinz soll Anfang 1845 gesagt haben, „der König wolle eine Verfassung, sein Vater aber nicht."[73]

Wilhelm hatte Ende Januar desselben Jahres die Arbeit an seiner schriftlichen Kontrearbeit für Friedrich Wilhelm IV. beendet. Das Resultat war ein dreißigseitiges Promemoria. Darin betonte er, dass ihm die „Existenz Preußens auf das Entschiedenste

---

brandenburgischen und preußischen Geschichte. Festschrift zu Gustav Schmollers 70. Geburtstag, Leipzig 1908, S. 275–285, hier: S. 275–278; Tagebuch Varnhagen, 5. Januar 1845. [Varnhagen], Tagebücher, Bd. 3, S. 6; Aufzeichnungen Natzmers, Februar 1845. Natzmer (Hrsg.), Denkwürdigkeiten, Bd. 3, S. 136.

69 Vgl. Bahne, Verfassungspläne, S. 54–55; Keinemann, Preußen, S. 56–58.

70 Wilhelm an Charlotte, 20./21. Januar 1845. Börner (Hrsg.), Briefe, S. 252–253.

71 Charlotte an Wilhelm, 27. Januar 1845. GStA PK, BPH, Rep. 51 J, Nr. 511a, Bd. 2, Bl. 206.

72 Wilhelm an Charlotte, 17. Februar 1845. Ebd., Bl. 207.

73 Tagebuch L. v. Gerlach, 28. Januar 1845. GA, LE02750, S. 139.

gefährdet erscheint, wenn Deine Idéen ohne Modification ins Leben treten könnten". Der vorgeschlagene Vereinigte Landtag war ihm schlichtweg zu groß. Denn alle Landtagsabgeordneten zusammen hätten sich auf etwa 700 Mann belaufen. Und er geißelte den Plan, den Ständen das Recht zur Steuerbewilligung zu gewähren. Das „heißt Preußens König die Fesseln u[nd] die Schranken anlegen, die nur eine Constitution ihm anlegen könnte; wenn er sich auf dem Finanz Felde nicht mehr wie jetzt bewegen kann, so ist Preußens Selbstständigkeit verscherzt." Den Reichsständen dürfe wenn überhaupt nur eine konsultative Funktion eingeräumt werden. Besser noch wäre es allerdings, die Abgeordneten erst gar nicht zu versammeln – „daher entstehet die natürliche Frage, warum Du aber doch nun ausführen willst, was Du nicht auszuführen brauchst???" Den ständigen Beteuerungen, „keine Constitution geben zu wollen, weil Du König von Preußen bleiben willst; d. h. nicht beschränkt sein willst", könne er kein Vertrauen mehr schenken. „Wo soll ich den: Halt! erkennen, da Du Dich von Jahr zu Jahr in Deinen Concessionen steigerst? Ja, wenn Dein Projekt einige Jahre ins Leben getreten wäre, würde eine solche Unsicherheit u[nd] Unruhe in allen Verhältnissen erregt sein, daß die Forderung nach *schriftlicher* Festsetzung der Begrenzungen nach u[nd] in allen Richtungen, *unabweislich* werden wird – u[nd] dann ist die Constitution ganz fertig!!" Vorher hätten allerdings noch die Prinzen des königlichen Hauses ein Wörtchen mitzusprechen. Denn „Du bezwekst eine so totale Umgestaltung der jetzigen Preußischen Stände-Verfassung, daß [...] alle majorennen Agnaten des Hauses gehört werden müssen. Dies ist unbedingte Nothwendigkeit, u[nd] von Papa in seinem politischen Testament speciell ausgesprochen." Ein Prinzenkonsens sei aber so gut wie ausgeschlossen. „Alles gegen Dich! Niemand aus Ueberzeugung bereit, Dir zu helfen! Alle nur Unheil für das Vaterland erblikend!"[74] Was Wilhelm hier Seite auf Seite zu Papier gebracht hatte, war eine schonungslose Abrechnung mit der Person und Politik seines Bruders. Aber zwischen all den Anklageformulierungen versuchte er sich auch an einer eigenen Lösung der preußischen Staatskrise. Allerdings handelte es sich um einen Lösungsansatz, der den Strukturrahmen des absolutistischen Systems nicht verändern sollte. Und ob er damit Gehör finden würde, war mehr als fraglich. Denn mit diesen dreißig Seiten hatte Wilhelm Gerlachs Warnung in den Wind geschlagen. Er hatte den offenen Bruch mit dem König vollzogen.

Am 27. Januar soll Wilhelm seinem ehemaligen Adjutanten gegenüber auch in einem persönlichen Gespräch die „Falschheit des Königs" gegeißelt haben. Wieder will Gerlach geraten haben, er „möchte vorsichtig sein. Ein Widerspruch des Thronerben gegen den König sey immer eine ernste u[nd] wichtige Begebenheit." Stattdessen wäre nun „das Wichtigste [...] daß sich alle Gutgesinnten einigten u[nd] so den König zu einem regelmäßigen Gang brächten u[nd] stärkten, selbst wenn sie ihn opponirten." Wilhelm habe Gerlach daraufhin beauftragt, „über Alles dieses mit dem Könige zu reden, was ich auch versuchen will." Wieder vertraute der General seinem Tagebuch an, Friedrich Wilhelm IV. „bringt es [...] dahin daß ich einiger mit dem Pr[inz] v[on] Pr[eußen] als mit ihm

---

74 Wilhelm an Friedrich Wilhelm IV., Januar 1845. Baumgart (Hrsg.), Wilhelm I., S. 118–128.

bin."[75] Zwei Tage später fand Gerlach dann auch Gelegenheit, mit dem König zu sprechen. Über Wilhelms dreißigseitigen Protestbrief soll der Monarch geschimpft haben, dieser sei „so grob, höhnisch, daß wenn ich den Prinzen nicht für unzurechnungsfähig in dieser Hinsicht hielte, er sich dazu eignete ihn nach Magdeburg" – zur Festungshaft – „zu schicken." Sein jüngerer Bruder wolle nicht verstehen, das allein der Vereinigte Landtag „die Brücke zum Liberalismus für mich u[nd] meine Nachfolger abwerfen" könne. Das Königreich müsse endlich „aus der Krankheit herauskommen, die wir uns à coup de loix durch die Gesetze von 1815, 1820 [...] zugezogen haben." Und das angebliche testamentarische Agnatenrecht werde er ignorieren, „an die Prinzen kehre ich mich nicht. – Wilhelm wird allein stehen" und es nicht „wagen mir zu opponiren u[nd] die Monarchie" zu „opfern."[76]

Anfang Februar will auch Varnhagen von Außenminister Bülow erfahren haben, dass Prinz und König sich „in hartem Kampfe" befänden. Innenminister Adolf Heinrich von Arnim-Boitzenburg soll ebenfalls die Partei des Thronfolgers ergriffen haben. Die Prinzenfronde müsse gebrochen werden, bevor sie weiteren politischen Einfluss gewinnen könne. Einige Minister hätten daher die Idee ins Spiel gebracht, Friedrich Wilhelm IV. solle die Öffentlichkeit gegen seinen Bruder mobilisieren. Denn „eine öffentliche Erklärung des Königs, daß sein Bruder ihm entgegen sei, würde diesen vernichten."[77] Ähnliche Gedanken formulierte zeitgleich auch General Ludwig Gustav von Thile. Gerlach gegenüber argumentierte er, die Thronfolgeropposition sei zwar „sehr unangenehm betrübt für den König aber nicht [...] gefährlich. Im Gegenteil", der Prinz „würde die Popularität des Königs vermehren."[78] Gerlach dagegen betrachtete den „officielle[n] Widerspruch des Prinzen als sehr gefährlich". Es sei „eine Täuschung", wenn man glauben würde, Wilhelms „Widerspruch gegen die beabsichtigten Maasregeln des Königs werde ihm schaden u[nd] dem König nutzen. – Der Prinz wird sich zurückziehen u[nd] ohne Gründe erklären, daß er die Maasregeln des Königs nicht billigen könte." Dann aber würde der Thronerbe „an Popularität bei der großen Masse der anticonstitutionellen Officianten u[nd] wirkl[ich] alt Pr[eußischen] Conservativen u[nd] besonders bei der Armee gewinnen. Officianten u[nd] Armee sind aber in unserm Lande eine Macht."[79] Treffend beschrieb Gerlach hier das Parteigängerdilemma der Monarchie. In einer pluralisierten und politisierten Gesellschaft musste die Krone über kurz oder lang Mehrheiten finden. Aber damit schuf sie sich zeitgleich neue Kritiker und Gegner. Und jede innenpolitische Frontstellung drohte die Legitimationskrise nur noch zu verschärfen. Diese Gefahr schien Wilhelm allerdings als geringeres Übel zu betrachten. Er sah Krone und Dynastie vor allem durch die Reformagenda seines Bruders bedroht. Wie er Luise Anfang Februar schrieb, sei er daher sogar bereit, seine eigene Stellung zu opfern. Er habe „nach Pflicht und Gewissen meine Opposition ein-

---

75 Tagebuch L. v. Gerlach, 27. Januar 1845. GA, LE02750, S. 136–138.
76 Tagebuch L. v, Gerlach, 29. Januar 1845. Ebd., S. 139–142.
77 Tagebuch Varnhagen, 9. Februar 1845. [Varnhagen], Tagebücher, Bd. 3, S. 23–26.
78 Tagebuch L. v. Gerlach, 3. Februar 1845. GA, LE02750, S. 148.
79 L. v. Gerlach an Thile, 3. Februar 1845. Ebd., S. 147.

gelegt, die *mir* wahrscheinlich, aber nicht der *Sache*, den Hals bricht! Ich bin auf Alles gefaßt, aber *mein* Gewissen ist ruhig!"[80]

Letztendlich ließ sich nicht verhindern, dass der Dynastiekonflikt auch auf die öffentliche Handlungsebene transferiert wurde. Bereits Ende Januar sickerten erste Gerüchte über die königlichen Reformideen an die Presse. Und rasch wurden sie in den Landtagen diskutiert. Wieder übernahmen die liberalen Ständeversammlungen eine kommunikative Vorreiterrolle. In den Provinzen Preußen, Westphalen und den Rheinlanden wurde im Frühjahr 1845 offen die Einberufung einer Nationalrepräsentation gefordert.[81] Da aber offizielle Nachrichten über die genauen Regierungspläne ausblieben, kursierten bald die wildesten Spekulationen. So wurde beispielsweise fälschlicherweise behauptet, der König beabsichtige tatsächlich, eine Verfassung zu geben. „Von der Konstitution wird immer lauter gesprochen", berichtete etwa Varnhagen, „aber die meisten Leute wollen die Sache nicht glauben, sie denken es sei ein ausgesprengtes Gerücht."[82] Der Schriftsteller hatte über seine vielen (namentlich nicht genannten) Kontakte in der Berliner Salonwelt sogar erfahren, „daß der Prinz von Preußen für sich und seine Nachkommen protestiren werde". Davon wusste Ende Januar noch nicht einmal Außenminister Bülow etwas, als Varnhagen dieses Thema ansprach.[83] Schon „heißt es", der Thronfolger „habe gesagt, ihm sei die Rolle zugewiesen, die der jetzige König von Hannover als Herzog von Cumberland habe spielen müssen" – in Anspielung auf die Staatsstreichereignisse 1837.[84] Das Hörensagen über die Thronfolgeropposition schien die politisch interessierte Öffentlichkeit Anfang 1845 fast im gleichem Maße zu bewegen wie die Nachrichten über das Reformprojekt an sich. Dieses Bild zeichnen jedenfalls Varnhagens Tagebucheinträge. Mitte Februar sei etwa erzählt worden, „der Prinz von Preußen habe dem König das Verfassungswerk völlig entwunden".[85] In den Straßen der Hauptstadt höre man „die schrecklichsten Aeußerungen", notierte der Schriftsteller, „die Konstitutionsgelüste des Königs waren nur ein Karnevalscherz; [...] der König wollte dem Volke einen Brocken hinwerfen, aber der Prinz von Preußen hat ihn weggeschnappt; der vorige König Friedrich Wilhelm der Vierte, – ‚Sie wollen sagen, der jetzige?' – Nein, der vorige, der jetzige ist der Prinz von Preußen, – und was dergleichen Reden mehr sind."[86] Zwar sind Varnhagens Privataufzeichnungen alles andere als repräsentativ für die öffentliche Meinung jener Tage. Denn er tat nichts anderes, als seine persönlichen Beobachtungen festzuhalten. Aber diese Quellen legen zumindest nahe, dass der Dynastiekonflikt auch jenseits der Palastmauern nicht geringe Aufmerksamkeit fand.

---

80 Wilhelm an Luise, 1. Februar 1845. GStA PK, BPH, Rep. 51, Nr. 853.
81 Vgl. Bahne, Verfassungspläne, S. 68 – 69; Keinemann, Preußen, S. 60 – 69; Mommsen, 1848, S. 75 – 78.
82 Tagebuch Varnhagen, 30. Januar 1845. [Varnhagen], Tagebücher, Bd. 3, S. 15.
83 Tagebuch Varnhagen, 28. Januar 1845. Ebd., S. 13 – 14.
84 Tagebuch Varnhagen, 14. Februar 1845. Ebd., S. 31.
85 Tagebuch Varnhagen, 19. Februar 1845. Ebd., S. 33.
86 Tagebuch Varnhagen, 21. Februar 1845. Ebd., S. 35.

Friedrich Wilhelm IV. fand sich schließlich erst Mitte Februar bereit, auf die dreißigseitige Anklageschrift seines Bruders vom Vormonat zu antworten. Das Verfassen dieses Briefes schien dem König nicht leicht gefallen zu sein. Einen ersten, höchst emotional formulierten Entwurf hatte er auf Rat seiner Minister verworfen. In der schließlich ausgefertigten Brieffassung klagte der König, Wilhelms Schreiben habe ihn „unendlich geschmerzt. Die Beurtheilung mancher meiner Regierungs Handlungen [...] kann allein durch die leidenschaftlichste Aufregung entschuldigt werden." Er zweifle nicht „an Deinem Herzen [...], theuerster Bruder aber eben so wenig an einem schönen Siege durch meinen Stände-Plan." Des Thronerben „Rolle beim Siege" müsse die eines militärischen „Kronfeldherrn" sein.[87] Als Wilhelm diesen Brief Gerlach zu lesen gab, bemerkte selbst der langjährige Vertraute des Monarchen, „was für ein Haufen Phantasterei liegt in dem Kronfeldherrn." Der General bat den Prinzen erneut, „er sollte eine feste Einigung bewirken um den König zu festen Schritten zu bewegen, u[nd] in einer festen Bahn zu halten."[88] Eine öffentlich ausgetragene Palastrevolution sei dagegen „ein gefährliches Beispiel u[nd] eine Landes Calamität."[89] Wieder fand Gerlachs Warnung kein Gehör.

Denn Wilhelm war scheinbar nicht an Deeskalation interessiert. Hinter dem Rücken seines Bruders versuchte er ein geradezu intrigantes Netz auf mehreren Ebenen zu spannen, um den König politisch und dynastisch unter Druck zu setzen. So erklärte er gegenüber Justizminister Friedrich Carl von Savigny, er sei „bereit, meine ganze Stellung, d.h. meine Wirkungsweise im Staatsleben, niederzulegen, wenn es notwendig wäre!" Von Savigny und dessen Kollegen erwarte er, dass auch sie ihren Abschied nehmen sollten, „dann wird der König sich auch belehren lassen – denn den Austritt vielleicht seines ganzen Ministeriums wird er nicht an seinen überspannten Plan setzen!"[90] Das war ein Aufruf an die Minister, den Monarchen zu erpressen. Von seinem Onkel Großherzog Georg von Mecklenburg-Strelitz verlangte Wilhelm ebenfalls, Druck auf den König auszuüben.[91] Ende April traf sich der Prinz auch mit dem britischen Botschafter in Berlin. Wie dessen Gesandtschaftsbericht belegt, leakte Wilhelm dem Londoner Kabinett dabei die Regierungsinterna des Berliner Hofs. Und er soll die Warnung ausgesprochen haben, dass der Vereinigte Landtag letztendlich Preußens Großmachtstatus ruinieren werde. Denn eine konstitutionelle Hohenzollernmonarchie wäre im Inneren paralysiert, „there would be no power to give her aid or protection and she would be unable to afford it to any other State." Dies würde das effektive Ende des Pentarchiesystems bedeuten. Also sei es im britischen Interesse, den König aufzuhalten.[92] Und dem russischen Herrscherpaar schimpfte er zeitgleich, Friedrich Wilhelm IV.

---

87 Friedrich Wilhelm IV. an Wilhelm, 17. Februar 1845. Baumgart (Hrsg.), Wilhelm I., S. 131–132

88 Tagebuch L. v. Gerlach, 2. März 1845. GA, LE02750, S. 158–159.

89 L. v. Gerlach an Stolberg-Wernigerode, 14. April 1845. GA, LE02750, S. 168.

90 Wilhelm an F. C. v. Savigny, 19. März 1845. Schultze (Hrsg.), Briefe an Politiker, Bd. 1, S. 23–25.

91 Vgl. Wilhelm an Georg von Mecklenburg-Strelitz, 24. März 1845. Karl Pagel (Hrsg.), Der Alte Kaiser. Briefe und Aufzeichnungen Wilhelms I., Leipzig 1924, S. 127–128.

92 Westmorland an Aberdeen, 27. April 1845. British Envoys, Bd. 2, S. 215–217.

habe sie seit 1840 alle hintergangen. „Freilich sind wir jetzt bei den Conséquenzien des damals Angeordneten, die auch ich so vorher sah, wenn man nicht mit Ernst, Energie und Conséquenz allen Uebergriffen der Stände, entgegen träte. Man hat dies nicht gethan, – warum? – weil Fritz schon damals endschieden war, denn das ist mir nun klar, so weit zu gehen, wie er es jetzt will; nur hatte er damals nicht die Courage es zu gestehen!"[93]

Aber Wilhelms Suche nach konspirativen Partnern blieb erfolglos. Niemand war bereit, eine preußische Palastrevolte zu unterstützen – vor allem nicht das Staatsministerium. Mit der Entlassung Arnim-Boitzenburg im Juli 1845 schied schließlich auch noch der letzte Minister aus, der gegen den Vereinigten Landtag opponiert hatte.[94] „Ich halte seinen Abgang für eine Calamität", protestierte Wilhelm gegenüber dem König. Er sei „trostlos über" das „Ausscheiden" des Innenministers, „da er im Staats-Ministerium der Letzte war, mit dem ich ganz harmonirte, wo es auf die großen Staats Fragen ankam."[95] Nahezu zeitgleich mit Arnim-Boitzenburgs Entlassung wurde Karl von Canitz und Dallwitz in die neugegründete Kommission zur Beratung der ständischen Angelegenheiten berufen. Der Diplomat gehörte zu den Unterstützern der königlichen Reformpläne. Im September 1845 wurde ihm sogar das Außenministerium übertragen.[96] Wilhelm betrachtete dieses Ernennung als weiteren Beleg, dass sich sein Bruder nur mit Ja-Sagern umgeben wolle, um jeden Widerstand gegen das Ständeprojekt zu brechen.[97] Tatsache war zumindest, dass der Thronfolger zu jenem Zeitpunkt am Berliner Hof nahezu völlig isoliert war.[98] Die Kommission zur Beratung der Ständeeinberufung tagte im Sommer und Herbst 1845 dann auch ohne ihn. Schnell gelang es Friedrich Wilhelm IV., seine Reformpläne bürokratisch absegnen zu lassen.[99]

Derweil war Wilhelms öffentliches Bild bereits weitgehend ruiniert. Rückblickend resümierte Ernst Ludwig von Gerlach, „der Prinz wurde damals, mit Recht, als Gegner alles Liberalisierens in der großen innen u[nd] in der äußeren Politik angesehn."[100] Auch Varnhagens Tagebucheinträge stützen diese Perspektive. Der Schriftsteller wusste von zahlreichen Geschichten über den Thronfolger zu berichten. Zwar ist deren Wahrheitsgehalt mitunter recht zweifelhaft. Aber sie belegen, dass Wilhelm von Teilen der Öffentlichkeit als Feindbild betrachtet wurde. Diese Tagebucheinträge reichen von Gerüchten, der Prinz soll einfache Bürger in aller Öffentlichkeit verprügelt haben, die nicht genügend Untertanenrespekt gezeigt hätten, bis hin zum allgemein geäußerten

---

93 Wilhelm an Charlotte, 24. April 1845. GStA PK, BPH, Rep. 51 J, Nr. 511a, Bd. 2, Bl. 212.
94 Vgl. Holtz, Ostrakismos, S. 128–131; Nitschke, Provinziallandtage, S. 141–147.
95 Wilhelm an Friedrich Wilhelm IV., 14. Juli 1845. GStA PK, VI. HA, Nl. Vaupel, Nr. 58, Bl. 429–430.
96 Vgl. Gernot Dallinger, Karl von Canitz und Dallwitz. Ein preußischer Minister des Vormärz. Darstellung und Quellen, Köln/Berlin 1969, S. 64–72.
97 Vgl. Wilhelm an Sayn-Wittgenstein, 19. Juli 1845. Schultze (Hrsg.), Briefe an Politiker, Bd. 1, S. 31; Tagebuch L. v. Gerlach, 6. November 1845. GA, LE02750, S. 172.
98 Vgl. Bahne, Verfassungspläne, S. 69–70; Barclay, Friedrich Wilhelm IV., S. 188–189.
99 Vgl. Bahne, Verfassungspläne, S. 73; Obenaus, Parlamentarismus, S. 653.
100 Gerlach'sche Familiengeschichte, Bd. 2. GA, FA02362, S. 443.

Ärger, dass die polizeiliche Sperrstunde nicht für jene Soirées und Trinkgelage gelten würde, bei denen der Thronfolger anwesend sei.[101] Aber der spätere Kaiser hatte es nicht nur geschafft, sein eigenes Ansehen zu desavouieren. Mit seiner Thronfolgeropposition hatte er auch der gesamten Hohenzollernmonarchie einen Bärendienst erwiesen. In den unmittelbaren Jahren vor 1848 verloren Krone und Dynastie rapide an Popularität. Wilhelms Anteil an diesem Erosionsprozess war alles andere als gering. „Der absolut gesinnte Prinz spielt wider Willen die Rolle eines konstitutionellen", so Varnhagen, „er macht lauter Opposition gegen den Willen des Königs und schwächt dessen Ansehn durch bösen Tadel."[102]

---

101 Siehe Varnhagens Tagebucheinträge vom 2. Januar sowie vom 15. November 1846, in: [Varnhagen], Tagebücher, Bd. 3, S. 277–278, S. 465.
102 Tagebuch Varnhagen, 12. Oktober 1846. Ebd., S. 451–452.

Parlamentarische Gehversuche einer absolutistischen Monarchie: Der Erste Vereinigte Landtag

Seit dem Sommer 1845 war Wilhelm auf Allerhöchsten Befehl institutionell kaltgestellt worden. An Charlotte berichtete er im November desselben Jahres, er wisse „über die große Frage noch immer nichts, da mir noch nichts mitgetheilt wurde. [...] Es ist trostlos wenn man siehet, was für Hände über das Wohl und Weh des Landes und über dessen Zukunft, zu endscheiden haben!"[1] Noch im Dezember schrieb er Augustas Bruder Carl Alexander, er gehöre nicht zu „den Eingeweihten, weiß also auch nicht, was jetzt gerade beraten wird."[2] Während dieser unfreiwilligen Wartezeit verfasste der Thronfolger ein weiteres Promemoria über die Verfassungsfrage, das er seinem Bruder am 20. November zukommen ließ. Darin griff er erneut jene Punkte auf, die er bereits in seiner dreißigseitigen Januardenkschrift formuliert hatte. Preußen könne sich nicht erlauben, „daß dessen Monarch durch constitutionelle Institutionen in seinem freien Bewegen behindert werde. Aber auch alle Institutionen, die den constitutionellen sich nähern oder in diese überzugehen drohen, sind [...] für Preußen nicht annehmbar." Seien Reformen unumgänglich, so müssten weiterhin die Provinziallandtage „das Fundament der Ständischen Verfassung" bilden. Sollte es eines Tages jedoch unumgänglich sein, Reichstände einzuberufen, dürften diese maximal 150 Abgeordnete zählen. Und jeglichen konstitutionellen oder gar parlamentarischen Tendenzen müsse von Anfang an entgegengearbeitet werden. „Alle Berathungen [...] sind *durchaus consultativ*; von einem Bewilligungs Recht irgend einer Art darf *nie* die Rede sein." Diese Reformskizze schickte Wilhelm seinem Bruder mit der vielsagenden Bemerkung, dass er „glaube es in meiner Stellung verlangen zu können, daß mein Plan geprüft wird."[3] Doch zu jener Zeit war der königliche Entschluss bereits gefallen, alle Landtagsabgeordneten der acht Provinzen in Berlin zu versammeln – beinahe 700 Mann.[4]

Wilhelm erfuhr von dieser Entscheidung allerdings erst im Februar 1846. „Die Gewitter Wolke der Ständischen Verhältnisse, hat sich über mich entladen!", schrieb er Charlotte. „Das Project liegt mir jetzt vor!! [...] So wie es ist, ist Alles zu befürchten!"[5] Am 11. März fand die erste von mehreren gemeinsamen Sitzungen der Ständekommission und des Staatsministeriums statt. Erstmals nahm auch Wilhelm wieder an den Verhandlungen teil. Und sofort schlüpfte er wieder in die Rolle des Oppositionsführers. In seiner Eröffnungsrede warnte er, „es handelt sich um die ganze Zukunft, Ja um die Existenz des Thrones und des Vaterlandes." Er wolle „es im Auge behalten, daß die

---

1 Wilhelm an Charlotte, 8. November 1845. GStA PK, BPH, Rep. 51 J, Nr. 511a, Bd. 2, Bl. 228.
2 Wilhelm an Carl Alexander, 19. Dezember 1845. Schultze (Hrsg.), Weimarer Briefe, Bd. 1, S. 163.
3 Wilhelm an Friedrich Wilhelm IV., 20. November 1845. Baumgart (Hrsg.), Wilhelm I., S. 145–147.
4 Vgl. Bahne, Verfassungspläne, S. 76.
5 Wilhelm an Charlotte, 14. Februar 1846. GStA PK, BPH, Rep. 51 J, Nr. 511a, Bd. 2, Bl. 209.

https://doi.org/10.1515/9783111323954-012

Krone kein jetzt innehabendes Recht aufgebe [...]. Dies bin ich nicht nur mir und meinen Grundsätzen, sondern auch meinen Nachkommen, da es nach dem unerforschlichen Willen der Vorsehung beschlossen scheint, daß die Krone in meiner Linie sich vererben soll und ich in meinem Gewissen verpflichtet bin, den Nachfolgern in der Krone, dieselbe mit ungeschmälerten Rechten überkommen zu sehen, wie ich sie in diesem wichtigen und heiligen Augenblick vor mir sehe!"[6]

In den ersten Verhandlungssitzungen versuchte Wilhelm noch, das Reformprojekt in Gänze zu Fall zu bringen. Erst Ende März gab er seinen Widerstand auf. Zwar akzeptierte er die Mehrheitsentscheidung von Kommission und Staatsministerium. Aber er kritisierte nach wie vor das Recht auf Steuerbewilligung, das der Ständeversammlung gewährt werden sollte.[7] Konnte er den Vereinigten Landtag schon nicht verhindern, dann wollte er zumindest den befürchteten Schaden möglichst gering halten.[8] Eine vergleichbare Strategie hatte der Thronfolger bereits in der Auseinandersetzung um die Vereinigten Ausschüsse 1842 verfolgt. In den weiteren Verhandlungssitzungen bis Mitte April 1846 versuchte Wilhelm deshalb, die Regierungsdiskussionen dahingehend zu lenken, die Rechte der Ständeversammlung möglichst eng zu begrenzen. Sie sollte lediglich rein konsultativen Charakter besitzen. Ihr müsse das Mitspracherecht in Fragen der Finanz-, Militär- und Außenpolitik, sowie die Periodizität verwehrt bleiben. Doch wieder gelang es ihm nicht, die Minister zu gewinnen. In der letzten Sitzung am 15. April unterstützte er daher aus einer weitgehend isolierten Position einen Antrag des Kriegsministers Boyen. Dieser hatte gefordert, dass neben der Ständeversammlung auch eine zweite Kammer geschaffen werden müsse, vergleichbar mit dem britischen Oberhaus.[9]

Mit der Idee einer repräsentativen Adelskammer war Wilhelm vermutlich erstmals von Bunsen in Großbritannien in Berührung gebracht worden. Jedenfalls soll er im November 1844 gegenüber Leopold von Gerlach erklärt haben, sei die Einberufung von Reichsständen unvermeidbar, „so wäre Bunsens Project mit 2 Kammern noch am Besten wenn auch etwas künstlich."[10] Auch in seinem dreißigseitigen Schreiben an Friedrich Wilhelm IV. hatte er bemerkt, „700 Köpfe unter denen die Majorität der Démocratie angehört, [...] müssen einen contre poids von aristocratischer d. h. conservativer Natur haben, u[nd] daher liegt der Gedanke von 2 Kammern auf der Hand! Diese willst Du aber nicht, weil es nach Constitution schmeckt, u[nd] den Geschmack theile ich vollkom-

---

6 Rede Wilhelms, 11. März 1846. Bahne, Verfassungspläne, S. 75b–77b.

7 Siehe die Konseilprotokolle vom 14., 17., 21. und 24. März 1846, in: Acta Borussica. Protokolle, Bd. 3, S. 268–272.

8 Vgl. Heinrich von Treitschke, Der Prinz von Preußen und die reichsständische Verfassung 1840–1847, in: FBPG 1/2 (1888), S. 263–274, hier: S. 268; Obenaus, Parlamentarismus, S. 654–655; Holtz, Ostrakismos, S. 182–183.

9 Siehe die Konseilprotokolle vom 28. und 31. März sowie vom 6., 7., 14. und 15. April 1846, in: Acta Borussica. Protokolle, Bd. 3, S. 272–276.

10 Tagebuch L. v. Gerlach, 22. November 1844. GA, LE02750, S. 125.

men."[11] Verglichen mit der Aussicht auf eine mehrheitlich liberale Abgeordnetenversammlung sah er im konstitutionellen Beigeschmack eines Zweikammersystems augenscheinlich das geringere Übel. So schrieb er auch dem Petersburger Hof, „ob gegen die zu erwartenden *révolutionairen Bestrebungen*! der Versammlung, nicht ein contre poid geschaffen werden müsse, in der Constituirung eines Oberhauses, einer Herren Bank".[12] Aber Boyens Antrag wurde abgelehnt. Wilhelm konnte daher nach dem Ende der Verhandlungen auf keinerlei errungene Konzessionen zurückblicken. „Ich bin mit allen meinen Ansichten zurückgewiesen worden", klagte er Charlotte, „und habe gewöhnlich 1–2 Stimmen Majorität gegen mich gehabt! Gott stehe dem Vaterlande bei, nachdem die ersten Rathgeber der Krone es verlassen durch ihre Maasnahmen!"[13] Der Öffentlichkeit schien auch dieser Dynastiekonflikt im März und April 1846 nicht verborgen geblieben zu sein. So notierte Varnhagen, „man sagt, der König sei mehr als je entschlossen, Reichsstände zu geben, der Widerspruch des Bruders habe ihn nur befestigt, viel leichter würde dieser ihn haben ablenken können, wenn er scheinbar zugestimmt hätte."[14]

Als Wilhelm Anfang Juli Nikolaus I. in Warschau traf, versuchte er auch diese Gelegenheit wieder zu nutzen, einen konspirativen partner in crime zu gewinnen. Wie er Friedrich Wilhelm IV. schrieb, würde sich der Zar einer Begegnung mit dem königlichen Schwager verweigern, „weil er nicht wüßte, wie zwischen Euch eine Conversation möglich sei, nach Eurer Correspondenz, über die projectirten Veränderungen in der Preuß[ischen] Verfassung; darüber zu schweigen, sei wiedernatürlich; Idéen Austausch sei unmöglich, da ein Verständniß doch nicht möglich wäre, so daß es ihm also besser geschienen, dergleichen zu vermeiden."[15] Nikolaus habe dem König nichts mehr zu sagen – so Wilhelms berechnend formulierte Worte. Doch auch dieser Erpressungsversuch blieb erfolglos. Zurück in Berlin berichtete der Prinz seiner Schwester, „mit Fritz hatte ich einige Unterredungen in denen ich die Quint Essenz unserer Unterhaltungen vortrug. Die Gründe aus welchen der Kaiser kein Rendez Vous herbeiführte, wollten nicht einleuchten".[16] Schließlich drängte Wilhelm seinen Bruder, er möge, wenn schon nicht auf Nikolaus, zumindest doch auf Metternich und „seine erfahrungsreichen Mahnungen hören".[17] Doch Friedrich Wilhelm IV. blieb unbeirrt. Gegenüber Bunsen klagte Wilhelm daher, er „sehe sehr schwarz in die Zukunft."[18]

Im Sommer 1846 war die Einberufung des Vereinigten Landtags längst beschlossene Sache. Und der Thronfolger wurde vom König weitgehend ignoriert. Dennoch hörte Wilhelm nicht auf, für sich ein politisches Mitspracherecht zu reklamieren. Es gehe um

---

11 Wilhelm an Friedrich Wilhelm IV., Januar 1845. Baumgart (Hrsg.), Wilhelm I., S. 127.
.12 Wilhelm an Charlotte, 24. Juni 1846. GStA PK, BPH, Rep. 51 J, Nr. 511a, Bd. 2, Bl. 247.
13 Wilhelm an Charlotte, 15. April 1846. GStA PK, BPH, Rep. 51 J, Nr. 511a, Bd. 2, Bl. 244.
14 Tagebuch Varnhagen, 31. Mai 1846. [Varnhagen], Tagebücher, Bd. 3, S. 353.
15 Wilhelm an Friedrich Wilhelm IV., 3. Juni 1846. Baumgart (Hrsg.), Wilhelm I., S. 149.
16 Wilhelm an Charlotte, 18. Juni 1846. GStA PK, BPH, Rep. 51 J, Nr. 511a, Bd. 2, Bl. 245.
17 Wilhelm an Friedrich Wilhelm IV., 28. Juli 1846. Baumgart (Hrsg.), Wilhelm I., S. 156.
18 Wilhelm an Bunsen, 14. Juni 1846. Schultze (Hrsg.), Briefe an Politiker, Bd. 1, S. 37.

„Deine End-Endscheidung über die ständischen Verhältnisse", mahnte er in einem längeren Brief Anfang Juli. Vor allem das Steuerbewilligungsrecht müsse „ein ausschließliches Recht der Krone" bleiben. „Es aufgeben, heißt eines der Hauptvorrechte der Krone aufgeben, welche[n] grade Preußen seine Größe u[nd] Unabhängigkeit verdankt." Denn die Monarchie verliere ihre Macht, sobald sie über die Staatsfinanzen nicht mehr unabhängig entscheiden könne. Gleiches gelte für „die Heeresverhältnisse", also die königliche Kommandohoheit in militärischen Fragen. Diese „dürfen nicht Gegenstände der Petitionen sein. Gewöhnen sich die Stände dies an, so ist es um die Armée geschehen. Weder Lust noch Freudigkeit zum Dienen kann existiren, wenn man unablässig sieht, daß Alles darauf gerichtet ist, die Armée zu schmälern, [...] um sie den Händen des Monarchen nach u[nd] nach zu entziehen."[19] Was Wilhelm hier formulierte, nahm in vielerlei Hinsicht bereits den preußischen Verfassungskonflikt der 1860er Jahre vorweg. Auch als er selbst auf dem Thron sitzen sollte, unterstellte er dem Parlament, heimlich die Befehlsgewalt über die Armee anzustreben. Als Herrscher konnte er gegen diese angebliche Verschwörung angehen – aber als Thronfolger hing er vom Wohlwollen seines Bruders ab. Doch auch als die Verhandlungen über die Ständeeinberufung im September 1846 wieder aufgenommen wurden, gelang es Wilhelm nicht, seinen Forderungen Gehör zu verschaffen.[20] Seiner Schwester schimpfte er, die Minister gingen sogar „*weiter*, im liberalen Sinn, als der König selbst." Er habe daher „schwere Momente zu erleben [...], so daß ich nun den Muth ganz sinken lasse."[21] Aber der Dynastiekonflikt ging einem neuen Höhepunkt entgegen.

Im November und Dezember 1846 führte Wilhelm seine Opposition konsequent fort.[22] Und am 29. Dezember griff er zu Feder und Papier, um wieder eine Denkschrift zu verfassen. Dieses Mal war sie „nur" sechs Briefbögen lang. Er „sehe durch einen Theil der projectirten Institutionen die Rechte, die Würde und die Macht der Krone gefährdet; ich sehe die Gefahr voraus, daß über kurz oder lang, die Macht aus den Händen der Regierung in die, der berathenden Versammlung übergehen, und eine wirkliche Constitution dann ertrotzt werden wird." Dabei wolle er nur, dass auch sein Sohn dereinst „die Krone mit ungeschmälerten Rechten und mit *der* Würde und Macht" erben könne, „wie ich sie heute vor mir sehe. Treten aber die projectirten Gesetze ohne Modification ins Leben, so sind diese Güter für Preußens Krone als verthan zu erachten, und kann ich mich in meinen Gewissen nicht ermächtigt fühlen, ihnen meine Zustimmung zu geben!" Dieses Mal wurden die umfangreichen Elaborate des Thronfolgers nicht ignoriert. Aus einer auf den 4. Januar 1847 datierten Nachschrift dieses Dezemberpromemorias geht hervor, dass Friedrich Wilhelm IV. seinem jüngeren Bruder zumindest in der Herrenhausfrage Konzessionsbereitschaft signalisieren ließ. Wilhelm bemerkte, wenn „das 2 Kammer System angenommen wird, ist Heil und Seegen noch für das Vaterland zu

---

19 Wilhelm an Friedrich Wilhelm IV., 1. Juli 1846. Baumgart (Hrsg.), Wilhelm I. S. 150–153.
20 Vgl. Konseilprotokoll, 12. September 1846. Acta Borussica. Protokolle, Bd. 3, S. 287.
21 Wilhelm an Charlotte, 13. September 1846. GStA PK, BPH, Rep. 51 J, Nr. 511a, Bd. 2, Bl. 253.
22 Siehe die Konseilprotokolle vom 28. November sowie vom 2. und 3. Dezember 1846, in: Acta Borussica. Protokolle, Bd. 3, S. 293–295

erreichen!"[23] Und Charlotte erklärte er, „einige kleine Modificationen sind doch schon erlangt, die Andern als unerheblich vorkommen müssen, die aber dem der da kämpfte, immer als ein Sieg erscheinen!"[24] In einer weiteren Nachschrift berichtete Wilhelm, der König habe ihm durch Innenminister Ernst von Bodelschwingh mündlich mitteilen lassen, dass „er entschlossen sei, den vereinigten Landtag in zwei Kammern nach meinem Vorschlage, abzutheilen [...]. Dagegen erwarte Er daß ich meine übrigen Bedenken als Gegen-Concession nun werde fallen lassen. Der Kampf hierbei für mich war schwer – aber kurz, – und ich sagte diese Forderung zu!" Was ihn zu diesem Schritt bewogen habe, sei der Wunsch gewesen, „mich dem Könige und seinen Plänen wieder zu nähern und anschließen zu können, damit nicht meine Stellung im Vaterlande, eine Oppositions Fahne würde."[25]

Mit Blick auf Wilhelms öffentliches Image war diese Konzessionsbereitschaft allerdings too little too late. Längst galt er auch jenseits der Palastmauern als Oppositionsmittelpunkt der konservativen Kritiker und Gegner des Königs. Doch war er wohl nicht bereit, diese Opposition auch mit auf die Bühne des Vereinigten Landtags zu tragen. Hier zog selbst Wilhelm die Reißleine, nachdem sein Bruder ihm zumindest ein Stück entgegengekommen war. Gegenüber Luise erklärte er, „daß ich einige andere Bedenken gern fallen ließ, um den Riß nicht noch schlimmer für das Vaterland zu machen, der dadurch geschehen wäre, wenn ich durch Versagung meiner Unterschrift, mich officiell in die Opposition geworfen hätte. Was ich in diesen Dingen seit Jahr und Tag gelitten habe, und namentlich in den letzten Wochen, kann kein Mensch begreifen! Daher war mir ein wahrer Stein vom Herzen, als mir endlich die Möglichkeit gebothen wurde, mich dem Butt wieder zu nähern."[26] Und an Friedrich Wilhelm IV. schrieb er, „wenngleich ich nicht ohne Bangen an die Zukunft Preußens mit den zu erwartenden Institutionen denken kann, so ist doch jetzt, wo ein selbstständig conservatives Element geschaffen ist, ein großer Theil meiner Bedenken beseitigt". Erst jetzt werde er „im Stande sein, die neue Gesetzgebung zu vertheidigen, was mir früher unmöglich war!"[27]

Doch diese Worte dürfen nicht darüber hinwegtäuschen, dass nach wie vor gravierende politische Differenzen zwischen beiden Brüdern existierten. Jenes politische Testament, mit dem der Prinz den König in ein institutionelles Zwangskorsett hatte stecken wollen, war nach 1840 letztlich nicht das Papier wert gewesen, auf dem es Hausminister Sayn-Wittgenstein verfasst hatte. Nun, nachdem das ständische Reformprojekt vor seinem Abschluss stand, bestand Wilhelm dennoch darauf, wie er es formulierte, die „Erfüllung des Testaments des seeligen Königs F[riedrich] W[ilhelm] III. in Ausführung zu bringen, die Majorennen Prinzen des Königl[ichen] Hauses zu versammeln, um durch einen Familien Schluß, die questionirte Gesetzgebung sanctioniren zu

---

23 Wilhelm an Friedrich Wilhelm IV., 29. Dezember 1846/4. Januar 1847. Bahne, Verfassungspläne, S. 78b–96b.
24 Wilhelm an Charlotte, 8. Januar 1847. GStA PK, BPH, Rep. 51 J, Nr. 511a, Bd. 2, Bl. 268.
25 Aufzeichnungen Wilhelms, [Januar 1847]. Bahne, Verfassungspläne, S. 96b.
26 Wilhelm an Luise, 3. Februar 1847. GStA PK, BPH, Rep. 51, Nr. 853.
27 Wilhelm an Friedrich Wilhelm IV., 15. Januar 1847. Baumgart (Hrsg.), Wilhelm I., S. 163.

lassen." Es lässt sich nicht genau rekonstruieren, was der spätere Kaiser damit genau zu bezwecken hoffte. Versuchte er sein Gesicht zu wahren? Sollte zumindest die Fassade eines agnatischen Konsens errichtet werden? Oder sollte das Testament im Nachhinein zumindest formell von allen Hohenzollernprinzen bestätigt werden? Damit wäre potentiell ein Präzedenzfall geschaffen worden, auf den sich Wilhelm in Zukunft hätte berufen können. Dies schien zumindest Friedrich Wilhelm IV. befürchtet zu haben, als er erfuhr, dass sich der Thronerbe am 23. Januar mit seinen Brüdern, Cousins und Onkels traf. Laut Wilhelm soll ihm der König daraufhin erklärt haben, „daß Er nichts dagegen habe, wenn ich die Prinzen zu einer gemeinsamen Berathung des Gesetzes berufen wolle. [...] von einer Sanction oder Agnatischem Consens könne und dürfe aber keine Rede sein, in Bezug auf das Gesetz." Ein solcher Sanktionskonsens wäre jedoch auch dann nicht zustande gekommen, wenn es der König erlaubt hätte. Denn laut Wilhelms Aufzeichnungen sollen die Hohenzollernprinzen die Pläne des königlichen Familienoberhaupts einstimmig verurteilt haben.[28] Das war ein Affront sondergleichen. Daher forderte der Herrscher seinen jüngeren Bruder am 31. Januar auf, zusammen mit den anderen Prinzen ihre öffentliche Unterstützung für die Reformgesetze kundzugeben. Letztendlich forderte er also doch noch eine dynastische Bestätigung.[29] Der Thronfolger wies dieses Ansinnen entschieden zurück. Er habe „das Meinige gewissenhaft gethan! Welche Oppositions Punkte bei den Prinzen aber stehen bleiben, hast Du selbst bei dir vernommen, wenngleich Du keine Rücksicht darauf nahmst."[30]

Die Art und Weise, wie der König die Verfassungskrise zu lösen versuchte, hatte sein Verhältnis zu den übrigen Mitgliedern der Hohenzollerndynastie stark belastet. Außer dem Thronfolger war keiner der Brüder in die Verhandlungen involviert gewesen. Laut Leopold von Gerlach wisse beispielsweise Prinz Carl „nicht, wie die Dinge hier stehen u[nd] ist außer sich."[31] Auch Augusta schien in diesem Konflikt die Partei ihres Ehemannes gegen den König ergriffen zu haben. So hatte sie von Wilhelms dreißigseitiger Denkschrift vom Januar 1845 persönlich Abschriften angefertigt, die unter anderem Gerlach zur Lektüre vorgelegt worden waren.[32] Und im Juni 1845 hatte sie ihrem Ehemann von den „vielen Mängel der jetzigen Regierung" geschrieben, „namentlich das Inkonsequente, Willkürliche und Kontrastreiche in der Regierungsweise des Königs".[33] Darüber, welche Rolle die spätere Kaiserin in jener Zeit gespielt hatte, mag auch ein Brief Wilhelms an Charlotte vom Februar 1847 Auskunft geben. Dieser legt nahe, dass das Ehepaar trotz der nach wie vor bestehenden Differenzen einen politisch zweckgebundenen Modus vivendi gefunden hatte. Augusta „ist von mir ganz au courant erhalten worden von dem Ganzen der Verhältnisse und hat sehr vieles für mich von meinen Arbeiten abschreiben müssen. Sie ist in diesem Gebiet ganz mit meinen Ansichten

---

28 Aufzeichnungen Wilhelms, 23. Januar 1847. Bahne, Verfassungspläne, S. 98b–100b.

29 Vgl. Ebd., S. 91–92.

30 Wilhelm an Friedrich Wilhelm IV., 2. Februar 1847. GStA PK, VI. HA, Nl. Vaupel, Nr. 58, Bl. 572–573.

31 Tagebuch L. v. Gerlach, 25. März 1847. GA, LE02751, S. 3.

32 Vgl. Tagebuch L. v. Gerlach, 31. Januar 1845. GA, LE02750, S. 142.

33 Augusta an Wilhelm, 21. Juni 1845. Schuster/Bailleu (Hrsg.), Nachlaß, Bd. 2, S. 351.

einverstanden gewesen und sehr vernünftig, was für mich von großer Beruhigung war, weil sie die einzige war, der ich alles sagte, indem ich es mir in den letzten 2 Jahren zum Vorsatz gemacht hatte, niemand über den mir selbst vorgezeichneten Weg zu Rate zu ziehen, was eine ebenso große Privation als Verantwortlichkeit war."[34] Und auch in Sankt Petersburg geißelten Charlotte und Nikolaus das Berliner Reformprojekt. Das Herrscherpaar soll gar geschimpft haben, Friedrich Wilhelm IV. hätte das Fundament der Heiligen Allianz verlassen.[35] Wilhelms regelmäßige Briefe an seine Schwester dürften bei dieser Einschätzung keine geringe Rolle gespielt haben. So schrieb er ihr am 26. Januar, er sehe „mit einer unbeschreiblichen Wehmut [...] dem Moment entgegen, wo diese Gesetze publiziert werden! Sie kommen mir wie das Grab des alten Preußens vor, das mit Ehre, Ruhm und Glanz dastand!"[36]

Als Mitglied des Staatsministeriums unterzeichnete Wilhelm die Edikte über die Einberufung des Ersten Vereinigten Landtags am 1. Februar 1847.[37] Seinem älteren Bruder schrieb er noch am selben Tag, er habe bei diesem Akt „Gottes Seegen für dieselben unter Thränen erfleht. Möge er nicht ausbleiben und Du mit so starker Hand das Regiment nunmehr führen, als du den Willen hast. Davon hängt Alles nunmehr ab! Das Werk ist gethan! Nach Gewissen habe ich geholfen – aber viel, sehr viel dabei gelitten. Vergiß dies niemals, wenn in der Folge Momente eintreten, die Dir nicht gefallen werden!"[38] Wie er Charlotte berichtete, soll ihm Friedrich Wilhelm IV. für diese Worte sogar gedankt haben, „mich umarmend und sagend: Dein Segen und Gebet unter Tränen wird Gutes bringen!"[39] Deutlich ungeschminkter sprach Wilhelm in einem Brief an Luise vom 3. Februar – dem Tag der Publikation der Reformgesetze –, von einem „Allgemeinen Schiffbruch" der Hohenzollernmonarchie. „Möge in der Zukunft dem König nicht nur der *Wille*, sondern auch die *Möglichkeit* nicht fehlen, mit Energie die Zügel der Regierung nun zu führen! Gehet das Schwanken so fort wie bisher, so ist nichts gewonnen, trotz aller *Träume* der neuen Institutionen; das sage ich mit aller Bestimmtheit voraus, sie werden dann erst recht ihr Unheilvolles zeigen!"[40] Und an Metternich schrieb er, „die Würfel liegen auf dem Tische! Wer das Spiel gewinnen wird, weiß Niemand, aber es liegt in den Händen der Regierung, der gewinnende Theil zu sein, wenn sie sich richtig benimmt!"[41]

Die brüderliche Aussöhnung war letztendlich nichts weiter als eine Inszenierung im Namen der Staatsräson. Nach wie vor betrachtete Wilhelm den König als politische Labilität. Keine Quelle verdeutlicht dies besser als jener Revers, den der Prinz zusammen mit seiner Unterschrift unter die Februarerlasse zu den Akten geben ließ. Darin

---

34 Wilhelm an Charlotte, 15. Februar 1847. Börner (Hrsg.), Briefe, S. 267.
35 Vgl. Buttenschön, Zarenthron, S. 287.
36 Wilhelm an Charlotte, 26. Januar 1847. Börner (Hrsg.), Briefe, S. 264.
37 Vgl. Tagebuch L. v. Gerlach, 25. März 1847. GA, LE02751, S. 3.
38 Wilhelm an Friedrich Wilhelm IV., 1. Februar 1847. GStA PK, VI. HA, Nl. Vaupel, Nr. 58, Bl. 567–569.
39 Wilhelm an Charlotte, 15. Februar 1847. Börner (Hrsg.), Briefe, S. 267.
40 Wilhelm an Luise, 3. Februar 1847. GStA PK, BPH, Rep. 51, Nr. 853.
41 Wilhelm an Metternich, 19. Februar 1847. Srbik, Prinz und Metternich, S. 198.

forderte er eine Rücknahme der Steuerbewilligungs- und Petitionsrechte des Vereinigten Landtags. Er wollte dessen Abgeordnetengröße drastisch reduzieren und dessen Kompetenzen weitestgehend auf die Herrenkurie übertragen. Vor allem aber bestimmte er, „daß diese Urkunde im Staats Archiv niedergelegt werde und dem jedesmaligen Nachfolger in der Krone, binnen der kürzesten Frist nach seiner Thronbesteigung, vom jedesmaligen Minister des Königl[ichen] Hauses, zur Einsicht vorgelegt und der Vermerk daß dies geschehen unter dieselbe gesetzt werde."[42] Mit diesem Dokument hatte Wilhelm seine Drohung offiziell umgesetzt, das Reformprojekt für sich und seine Nachfolger als nicht bindend zu betrachten. Er war also bereit, eine vergleichbare Staatsstreichrolle zu spielen wie 1837 König Ernst August von Hannover. Im Juni 1847 sollte der Thronfolger sogar in einer öffentlichen Rede vielsagend erklären, jeder Monarch besäße „das Recht, das Gesetz seines Vorgängers nach seinem besten Wissen und Gewissen anders auszulegen."[43] Doch diese dynastische Zeitbombe sollte nie zünden. Denn nur ein Jahr später nahm die Märzrevolution dem versuchten Testamentcoup 2.0 jegliche politische Relevanz. Wilhelm reflektierte diese Wendung der Ereignisse selbst, als er seinem Bruder 1850 schrieb, dass sein Aktenrevers von 1847 „keine Gültigkeit mehr hat". Nur auf Befehl des Königs habe er davon abgesehen, diesen vernichten zu lassen.[44] Anders als der spätere Kaiser sollte Friedrich Wilhelm IV. den Konstitutionalismus nach 1848 nie akzeptieren. Die Vermutung liegt daher nahe, dass er diesen Revers seines jüngeren Bruders als eine Option betrachtete, zum ständischen Absolutismus zurückzukehren.

Für Hardenbergs konstitutionelle Zeitbombe war dagegen mit den Februaredikten der Zündungsmoment gekommen. Der Vereinigte Landtag war kein gewähltes Nationalparlament. Noch war er überhaupt ein institutioneller Schritt in Richtung Konstitutionalismus. Stattdessen sollten lediglich alle Abgeordneten der acht Provinziallandtage in Berlin versammelt werden. Dort sollten sie nach Provinzen und Ständen getrennt über ausgewählte Regierungsvorlagen verhandeln – in erster Linie die drängende Frage neuer Staatsleihen und Steuern. Abstimmen durften sie aber gemeinsam. Aufgeteilt war die Körperschaft in die zweiundsiebzig Mitglieder umfassende erste Kammer (die Herrenkurie) und die 537 Abgeordneten der zweiten Kammer (die Drei-Stände-Kurie). Es war ein kompliziertes, sowohl föderale, ständische wie parlamentarische Traditionen inkorporierendes Gebilde. Ob es sich allerdings um Reichsstände handeln sollte, war unklar. Denn dieser Begriff wurde im Gesetzestext bewusst vermieden – ebenso jeglicher Verweis auf das Versprechen von 1815.[45] Und es war für die Krone mehr als fraglich, mit dieser Körperschaft die öffentliche Verfassungsdiskussion beenden zu können. Immerhin hatten bereits die Debatten und Petitionen der Provinziallandtage wiederholt

---

42 Revers Wilhelms zu den Februarerlassen, 3./5. Februar 1847. Bahne, Verfassungspläne, S. 103b–105b.

43 Rede Wilhelms, 17. Juni 1847. Eduard Bleich (Hrsg.), Der Erste Vereinigte Landtag in Berlin 1847, Bd. 4, Berlin 1847, S. 2135.

44 Wilhelm an Friedrich Wilhelm IV., 13. Januar 1850. GStA PK, VI. HA, Nl. Vaupel, Nr. 59, Bl. 545.

45 Vgl. Huber, Verfassungsgeschichte, Bd. 2, S. 492–493; Obenaus, Parlamentarismus, S. 656–658; Clark, Preußen, S. 526–527.

demonstriert, dass dort die Forderungen nach *konstitutionellen* Reformen mehrheitlich befürwortet wurden.

Die Februarerlasse wurden schließlich sowohl von liberaler als auch konservativer Seite kritisiert – von einer Seite als ungenügend, von der anderen als zu weitreichend. Auch in Sankt Petersburg und Wien wurde die Reformakte verurteilt. Allein in London gab es öffentliche Stimmen, die Friedrich Wilhelm IV. zu diesem Schritt gratulierten.[46] „Je mehr ich das Machwerk betrachte", so Varnhagens Kommentar, „desto elender kommt es mir vor, ganz verfehlt in der Grundlage, und wenn was daraus werden soll, so darf kein Stein auf dem andern bleiben. Diese gewaltsame Künstelei mit Ständen taugt gar nichts."[47] Der britische Gesandte im Königreich Württemberg berichtete gar, dass die Februarlasse dort als kodifiziertes Resultat des preußischen Dynastiekonflikts betrachtet worden seien – „whatever small portion of real concession is to be found [...] emanates from the Sovereign, while those who analyze them most severely, observe that each consecutive clause contains some phrase or provision attenuating or abrogating any thing that might be virtually liberal in the one that preceded it, and this tendency is attributed to the counsels and influence of the Prince Heir apparent to the Throne."[48] Dies legt nahe, dass die politisch einflussreiche Thronfolgerrolle des späteren Kaisers auch außerhalb Preußens wahrgenommen wurde.

Wilhelm schien angesichts der liberalen Kritik an den Februarerlassen seine schlimmsten Befürchtungen bestätigt zu sehen. Er sah die die Monarchie schon auf dem Weg in Richtung Konstitutionalismus. „Gerade wie ich es vorhergesagt", schrieb er Charlotte Mitte Februar, „deutet alles darauf hin, daß nun der Anfang gemacht sei und das übrige kommen müsse, d.h. eine wirkliche Konstitution mit Teilung der Gewalten und verantwortlichen Ministern, während Fritz sagt und schreibt, er sei nun am Ziel seiner Institution und nichts werde man mehr von ihm verlangen und erlangen. Nach kurzer Zeit wollen wir zusehen, wer zuerst von ferneren Fortschritten sprechen wird."[49] Und einen Monat später klagte er, die Regierung würde das öffentliche Debattenfeld ihren Kritikern und Gegnern überlassen. Gerade die liberale Publizistik habe „bereits viel Schaden getan, weil das Gouvernement gar nicht zu antworten verstand. Ich habe mich vergeblich bemüht, dies anzuregen, – und wir riskieren, daß uns der Boden unter den Füßen miniert ist, ehe wir noch zusammenkommen!"[50] Auch im Vorfeld der Landtagseröffnung war Wilhelm nicht bereit, eine passive Rolle zu spielen. Beispielsweise legte er seinem Bruder Namenslisten ausgewählter konservativer Politiker „von éminenten Eigenschaften" vor, die in die Herrenkurie aufgenommen werden sollten.[51] Und er kontaktierte mehrere Mitglieder der ersten Kammer persönlich, um sie zu einem

---

46 Vgl. Bahne, Verfassungspläne, S. 96 – 109; Obenaus, Parlamentarismus, S. 668 – 686; Nitschke, Provinziallandtage, S. 147 – 149.
47 Tagebuch Varnhagen, 17. Februar 1847. [Varnhagen], Tagebücher, Bd. 4, S. 30.
48 Malet an Palmerston, 18. Februar 1847. British Envoys, Bd. 2, S. 400.
49 Wilhelm an Charlotte, 15. Februar 1847. Börner (Hrsg.), Briefe, S. 267.
50 Wilhelm an Charlotte, 26. März 1847. Ebd., S. 268.
51 Wilhelm an Friedrich Wilhelm IV., 27. Februar 1847. GStA PK, VI. HA, Nl. Vaupel, Nr. 58, Bl. 594.

gemeinsamen Erscheinen am Eröffnungstag zu bewegen. „Cet acte de présence ist unendlich viel werth bei diesem ersten Auftreten unserer Herrenbank; ich habe überall meine Ansicht in dieser Hinsicht ausgesprochen und mehrere Unsichere dadurch zum Kommen vermagt."[52] Auch wollte er die königliche Eröffnungsrede im Staatsministerium besprechen lassen.[53] Da Wilhelm dort Sitz und Stimme besaß, hätte er so seinem Bruder in den Text hineinreden können. Seinen Einfluss versuchte er sogar in den kleinsten Details der Kleiderwahl des Monarchen geltend zu machen.[54]

Letztendlich ließ sich Friedrich Wilhelm IV. bei den Vorbereitungen für die feierliche Landtagseröffnung am 11. April allerdings von Niemanden hereinreden – auch nicht von seinem jüngeren Bruder. Und seine Thronrede verfasste er persönlich.[55] Den versammeten Abgeordneten präsentierte er sich als „Erbe einer *ungeschwächten* Krone, die Ich Meinen Nachfolgern *ungeschwächt bewahren muß und will*, [...] *frei von jeder Verpflichtung gegen Nichtausgeführtes*, vor Allem *gegen das, vor dessen Ausführung Meinen erhabener Vorgänger sein eigenes wahrhaft landesväterliches Gewissen bewahrt hat."* Und im zentralen Redepassus erklärte er feierlich, *„daß Ich es nun und nimmermehr zugeben werde, daß sich zwischen Unsern Herr Gott im Himmel und dieses Land ein beschriebenes Blatt, gleichsam als eine zweite Vorsehung eindränge, und Uns mit seinen Paragraphen zu regieren und durch sie die alte, heilige Treue zu ersetzen."*[56] Mit diesen Worten wollte der Monarch jeden weiteren Verfassungsforderungen einen Riegel vorschieben. Durch die Einberufung des Vereinigten Landtags meinte er, alle Verpflichtungen aus der Herrschaftszeit seines Vaters erfüllt zu haben. This is as good as it gets. Das gefiel zumindest Wilhelm. Gegenüber Charlotte jubelte er, sein Bruder werde mit der Thronrede „eine Brandfackel in alle liberalen Köpfe werfen, weil er ihre Hoffnungen glücklich abschneidet."[57] Auch Gerlach sei „sehr imponirt" gewesen. Doch will er beobachtet haben, dass die Allerhöchsten Worte sowohl unter Ministern als auch Abgeordneten „Aufregung ohne Gleichen" ausgelöst hätten. Dabei sei auch die Formulierung „Landes Calamität" gefallen.[58] Und Augusta soll über den Redetext gar geweint haben.[59] Tatsächlich hatte Friedrich Wilhelm IV. mit seinen Worten jedes Publikum vor den Kopf gestoßen, das nicht mit beiden Beinen im Absolutismus stand.[60] Noch am Abend des 11. April notierte Varnhagen, dass der „bei Laternenschein" auf den Berliner Straßen diskutierte Redetext Anlass zu wenig schmeichelhaften Äußerungen über den

---

52 Wilhelm an Luise, 31. März 1847. GStA PK, BPH, Rep. 51, Nr. 853.
53 Vgl. Wilhelm an Friedrich Wilhelm IV., 29. März 1847. Baumgart (Hrsg.), Wilhelm I., S. 167.
54 Vgl. Wilhelm an Friedrich Wilhelm IV., 7. April 1847. GStA PK, VI. HA, Nl. Vaupel, Nr. 58, Bl. 605–606.
55 Vgl. Bußmann, Friedrich Wilhelm IV., S. 208–210.
56 Rede Friedrich Wilhelms IV., 11. April 1847. Ludwig Simon (Hrsg.), So sprach der König. Reden, Trinksprüche, Proclamationen, Friedrich Wilhelm IV., Königs von Preußen. Denkwürdigkeiten aus und zu Allerhöchstdessen Lebens- und Regierungsgeschichte vom Jahre 1840–1854, in systematisch geordneter Zusammenstellung, Stuttgart 1861, S. 42–46.
57 Wilhelm an Charlotte, 11. April 1847. Börner (Hrsg.), Briefe, S. 271.
58 Tagebuch L. v. Gerlach, 12. April 1847. GA, LE02751, S. 7.
59 Vgl. Bunsen, Augusta, S. 92.
60 Vgl. Blasius, Friedrich Wilhelm IV, S. 109; Nitschke, Provinziallandtage, S. 150.

Herrscher gegeben haben soll. „Bisher konnte man von Unsinn, jetzt von Wahnsinn reden." – „Der hat Karl's des Zehnten Geschichte schon vergessen [...]." – „Ja, ja, der redselige, wie immer!" – „Sollen wir det alles jloben?" – „Dat is ja wie vom Prediger uf de Kanzel."[61] Auch der Schriftsteller Adolf Streckfuß berichtete, „schon am Abend des 11. April hörte man in Berlin über die Thronrede so rücksichtslose, ja erbitterte Worte, daß die überall gegenwärtigen geheimen Polizisten ihren Vorgesetzten recht beunruhigende Berichte machen mußten."[62] Friedrich Wilhelm IV. selbst schien antizipiert zu haben, dass seine Worte „von Freund und Feind mißverstanden" werden würden, wie er Bunsen schrieb. „Ich konnte aber nicht anders – denn ich weiß, daß die Sechshundert vor mir mich verstanden haben, und das ist die Hauptsache."[63]

Aber das Publikum, das der Monarch mit dem Reichsständespektakel zu überzeugen hatte, war deutlich größer. Denn der Vereinigte Landtag wurde bis zu seiner Schließung am 26. Juni von der politisch interessierten Öffentlichkeit in Berlin und ganz Preußen mit höchstem Interesse verfolgt. Und diese Öffentlichkeit beeinflusste ihrerseits aktiv den Verhandlungsverlauf – zum ersten Mal in der preußischen Geschichte. Ermöglicht wurde diese Wechselbeziehung durch die offizielle Publikation der stenographischen Reden in Presse und Buchdruck. Dieses neue Kommunikationsventil ermöglichte eine bis dato ungekannte Verbreitung liberaler wie regierungskritischer Positionen und Forderungen. Es beschleunigte die Politisierung und Mobilisierung der Öffentlichkeit um ein Vielfaches.[64] Die preußische Hauptstadt „ist nicht mehr zu erkennen", berichtete Peter von Meyendorff, der russische Gesandte in Berlin, „man treibt nichts als Politik, eine Menge neuer, schöner Equipagen rasseln durch die Straßen von 9 Uhr Morgens, wo die Sitzungen anfangen, bis spät in die Nacht."[65] Und Streckfuß schrieb, „in allen Bierhäusern hörte man die Reden [...] der Opposition wiederholen".[66]

Dominiert wurden die Landtagsdebatten bereits nach wenigen Sitzungstagen von den konstitutionellen Forderungen der liberalen aber auch gemäßigt konservativen Abgeordneten. Sie bildeten die Mehrheit in der Drei-Stände-Kurie. Doch nicht nur die überwältigende Resonanz der Verfassungsfrage demonstrierte, dass der königliche Ständeabsolutismus nicht mehr mehrheitsfähig war. Entgegen der Konzeption der föderalen Ständeversammlung begannen die Abgeordneten auch, sich politisch zu gruppieren. Das war nichts weniger als der Beginn einer kryptoparteiischen Organisation unterschiedlicher Fraktionen. Und unter diesen Fraktionen stellten wiederum Kritiker

---

61 Tagebuch Varnhagen, 11. April 1847. [Varnhagen], Tagebücher, Bd. 4, S. 61.
62 Adolf Streckfuß, 500 Jahre Berliner Geschichte. Vom Nischendorf zur Weltstadt. Geschichte und Sage, Berlin ²1878–1879, S. 944.
63 Friedrich Wilhelm IV. an Bunsen, 13. April 1847. Leopold von Ranke (Hrsg.), Aus dem Briefwechsel Friedrich Wilhelms IV. mit Bunsen, Leipzig 1873, S. 129.
64 Vgl. Dora Meyer, Das öffentliche Leben in Berlin im Jahr vor der Märzrevolution, Berlin 1912, S. 76–81; Obenaus, Parlamentarismus, S. 697–698; Gerhard, Der Vereinigte Landtag, S. 71–72.
65 Meyendorff an Charlotte, 14. April 1847. Otto Hoetzsch (Hrsg.), Peter von Meyendorff. Ein russischer Diplomat an den Höfen von Berlin und Wien. Politischer und privater Briefwechsel 1826–1863, Bd. 3, Berlin/Leipzig 1923, S. 307.
66 Streckfuß, 500 Jahre, S. 950.

und Gegner der Regierungspolitik die Mehrheit.[67] Auch spielte die Herrenkurie auf der öffentlichen Diskursebene eine lediglich nachgeordnete Rolle. Als Institution blieb die erste Landtagskammer politisch weitgehend inaktiv. Sie enttäuschte jene Hoffnungen, die Wilhelm auf sie projiziert hatte. Den Herrenkurienmitgliedern, zu denen auch die Hohenzollernprinzen gehörten, gelang es nicht, durch Reden und Petitionen den Verhandlungsverlauf zu beeinflussen. Sie mussten sich in der Rolle eines Obstruktionsorgans begnügen, das regierungskritische Abstimmungen in den gemeinsamen Sitzungen beider Kammern zu verhindern suchte.[68]

Aber obgleich die Herrenkurie außerhalb der Verhandlungsräume kaum wahrgenommen wurden, galt dies nicht für ihr prominentestes Mitglied, den Prinzen von Preußen. Anders als seine königlichen Brüder und Onkel suchte Wilhelm wiederholt die Öffentlichkeit des Rednerpults – insgesamt vierundfünfzig Mal –, um die Krone gegen Kritik und Angriffe zu verteidigen. Er verlangte von der Ständeversammlung gleich dem preußischen „Offizierstand" nichts weniger als „den höchsten Grad der Ehrenhaftigkeit ihrer Mitglieder" – also auch dieselbe militärische Treue dem monarchischen Dienstherren gegenüber.[69] Friedrich Wilhelm IV. hatte schnell das Interesse am Landtagsgeschehen verloren, nachdem dort die Opposition die Oberhand gewonnen hatte.[70] Daher blieb es dem Thronfolger überlassen, die Rolle eines king in parliament zu übernehmen. In dieser Rolle scheiterte er allerdings kläglich. Denn Wilhelms Landtagsauftritte wurden öffentlich stark kritisiert.[71] Und am Ende hatte er Krone und Dynastie einen weiteren Bärendienst erwiesen. Deshalb muss den ersten kryptoparlamentarischen Gehversuchen des späteren Kaisers eine nicht geringe historische Bedeutung beigemessen werden. Sie fungierten als weiterer Eckpfeiler auf dem langen Weg nach 1848.

Es fehlte nicht an Versuchen, Wilhelm mit liberalen Abgeordneten zusammenzubringen, um eine Verständigung zu ermöglichen. Doch diese blieben allesamt erfolglos. So klagte beispielsweise Vincke-Olbendorf, er habe „eine Unterredung mit dem Prinzen gehabt, die mir fast alle Hoffnung auf eine gütige Verständigung raubt."[72] Stattdessen geriet der Prinz schnell mit Vincke-Olbendorfs Cousin Georg von Vincke in Konflikt. Dieser hatte gegenüber dem Landtag erklärt, es sei allgemein bekannt, dass der Thronfolger und andere Mitglieder der Dynastie der Ständereform feindlich gegenüberstanden. Daraufhin wurde er von Wilhelm vor der Versammlung scharf zur Rede gestellt, was schnell öffentliches Gesprächsthema wurde.[73] Vorfälle wie dieser ließen

---

67 Vgl. Gerhard, Der Vereinigte Landtag, S. 72–90.

68 Vgl. Bahne, Verfassungspläne, S. 114–115; Obenaus, Parlamentarismus, S. 688.

69 Rede Wilhelms, 8. Mai 1847. Bleich (Hrsg.), Der Vereinigte Landtag, Bd. 1, S. 497.

70 Vgl. Barclay, Friedrich Wilhelm IV., S. 198.

71 Siehe Varnhagens Tagebucheinträge vom 19. April und 9. Juni 1847, in: [Varnhagen], Tagebücher, Bd. 4, S. 70, S. 101.

72 Vincke-Olbendorf an Below, April 1847. Georg von Below (Hrsg.), Karl Freiherr v. Vincke über die Bewegungen in den Jahren 1847 und 1848. Ungedruckte Briefe desselben, in: Deutsche Revue 27. Jhrg. Nr. 3 (1902), S. 91–108, hier: S. 93–94

73 Vgl. Aufzeichnungen Wilhelms, 14. Mai 1847. Bahne, Verfassungspläne, S. 112b; Tagebuch Varnhagen, 21. Mai 1847. [Varnhagen], Tagebücher, Bd. 4, S. 92.

den Prinzen gegenüber Charlotte den Vorwurf formulieren, die Landtagsopposition ziele darauf ab, „das moralische Ansehn der Regierung zu untergraben und das Vertrauen zu derselben zu erschüttern, was in constitutionellen Staaten heißt: ein Ministerium stürzen. Da dies hier nun nicht éffectiv gehet, so soll es moralisch geschehen." Um dies zu verhindern nutze er die Ministerkonseils dazu, „den Herren meine Meinung zu sagen, und Stellen meiner Mémoiren vorzulesen, die ich in den Débatten vorig Jahr vortrug, und in denen ich *Alles* vorhergesagt habe, was jetzt in 3 Wochen sich *schon* gezeigt hat, und machte nun aufmerksam auf unsere Lage, hinweisend daß Festigkeit und Conséquenz uns allein noch retten kann, vor einer completten Constitution, d. h. vor der Regierung der Stände und dem *Gehorchen* des Königs."[74]

Wilhelm ließ kaum eine Gelegenheit aus, die Staatsminister zu kritisieren. Gegenüber Gerlach soll er ihnen „Nachgiebigkeit" und „Popularitätssucht" unterstellt haben.[75] Seinen Bruder versuchte er auf ihre vermeintlichen „Schwächen u[nd] Fehler" aufmerksam zu machen.[76] Und an Charlotte schrieb er, die Minister hätten sich „einige Blößen gegeben und allerdings den Beweis geliefert, daß sie noch keine geschickte Parlamentarische Gewandtheit besitzen".[77] Außenminister Canitz griff er gar in Anwesenheit mehrerer Abgeordneter an, nachdem dieser es zugelassen hatte, dass außenpolitische Themen in den Verhandlungen adressiert wurden.[78] Der Landtag besitze nicht das Recht, „die höhere Politik vor sein Forum ziehen zu lassen", betonte der Thronfolger in einer Herrenkurienrede.[79] Er könne „1.000 Mal wiederhohlen [...], daß ich dies vorhergesagt hätte, was wir nun erleben!", schimpfte er seiner Schwester. „Wenn ich schadenfroh sein wollte, könnte ich es im vollsten Maaße! aber dazu ist die Sache zu ernst!" Doch im selben Brief wagte es Wilhelm auch mit bizarrer Dreistigkeit zu argumentieren, er müsse „fortwehrend auf au qui vive sein, da ich zugleich Mitglied des Ministeriums bin, also alle Ausfälle auf das Gouvernement mich mit treffen."[80] Was der spätere Kaiser schlichtweg nicht reflektieren konnte oder wollte, war, dass *er selbst* die Position der Regierung schwächte. Das Ministerium saß zwischen zwei Stühlen. Es wurde sowohl vom Thronfolger als auch von der Landtagsmehrheit angegriffen. Und Friedrich Wilhelm IV. hatte sich aus dem Ständedebakel längst zurückgezogen. Zu Recht diagnostizierte Varnhagen daher eine zusehends „kritische Stellung des Prinzen von Preußen im Staate. Er wird es dahin bringen, daß die Minister sich eine stärkere" Stellung „geben müssen. Sein Tadel ist gar oft ein zufälliger, persönlicher, von dem er selber nicht Rechenschaft zu geben weiß; dafür ist er zu gewichtig, ja manchmal ver-

---

74 Wilhelm an Charlotte, 22. Mai 1847. GStA PK, BPH, Rep. 51 J, Nr. 511a, Bd. 2, Bl. 287–288.
75 Tagebuch L. v. Gerlach, 18. April 1847. GA, LE02751, S. 10.
76 Wilhelm an Friedrich Wilhelm IV., 21. August 1847. GStA PK, VI. HA, Nl. Vaupel, Nr. 58, Bl. 625.
77 Wilhelm an Charlotte, 17. Juni 1847. GStA PK, BPH, Rep. 51 J, Nr. 511a, Bd. 2, Bl. 293.
78 Vgl. Tagebuch Varnhagen, 21. Mai 1847. [Varnhagen], Tagebücher, Bd. 4, S. 92–93; Tagebuch L. v. Gerlach, 23. Mai 1847. GA, LE02751, S. 17.
79 Rede Wilhelms, 21. Juni 1847. Bleich (Hrsg.), Der Vereinigte Landtag, Bd. 4, S. 2290.
80 Wilhelm an Charlotte, 27./29. Mai 1847. GStA PK, BPH, Rep. 51 J, Nr. 511a, Bd. 2, Bl. 290.

nichtend."[81] Auch Augusta hatte bereits nach der ersten Verhandlungswoche ihrer Mutter gegenüber lamentiert, dass sich ihr Ehemann nur selbst schaden würde. „Guillaume est terriblement monté et se fait du tort par les propos qu'il tient (mais cela reste entre nous, n'est-ce pas)."[82] Und Vincke-Olbendorf berichtete seinen liberalen Parteifreunden, es sei ein Unglück für das Königreich, „daß unser Zukünftiger sich so entschieden auf die Seite der absoluten göttlichen Macht [...] und Gnade stellt".[83]

Die Massenpolitisierung im Schatten des Vereinigten Landtags schien auch die bislang weitgehend politikfremden unteren Bevölkerungsschichten zu erfassen. Oder zumindest fand dort das Feindbild des Prinzen von Preußen neue Rezipienten. Denn zwischen dem 21. bis 23. April kam es in Berlin zu der sogenannten Kartoffelrevolution. Aus Protest gegen steigende Lebensmittelpreise stürmten Arbeiter mehrere Fleischereien und Metzgereien. Schließlich sah sich der Staat gezwungen, militärisch zu intervenieren. Das war kein preußisches Phänomen. In ganz Europa kam es in der zweiten Hälfte der 1840er Jahre aufgrund von Erntekrisen zu gewalttätigen Hungerunruhen. Die Wut der Berliner Stadtbevölkerung richtete sich dabei auch gegen die Symbole der Hohenzollernmonarchie – und gegen den Prinzen von Preußen. Denn dessen Palais wurde mit Steinen beworfen, wobei mehrere Fenster zu Bruch gingen.[84] Varnhagen war Zeuge dieser Ereignisse, und berichtete von „furchtbare[n] Reden: ‚Alle Reichen müssen todtgeschlagen werden', Verwünschungen gegen den König und die Prinzen."[85] Wilhelm selbst reflektierte den sozialen Protestcharakter der Kartoffelrevolution kaum. Stattdessen war sie ihm nur ein weiterer Beweis, dass eine Revolutionsverschwörung überall am Werk sei. Wie er Charlotte erklärte, habe Preußen nun neben „den geistigen Aufregungen" der Landtagsverhandlungen „auch noch eine körperliche, nämliche eine Emeute, die durch die hohen Preise der Nahrungsmittel erzeugt ist, aber auch gewiß angestiftet ist aus anderen Gründen, wobei die Preise geschickt benutzt werden." Darüber, dass sein eigenes Palais zur Zielscheibe geworden war, verlor er kein Wort.[86] Wilhelm verkannte letztendlich die politische Gefahr, die der Krone durch die sozialen Unruhen drohte.

Die Hungerrevolten 1846/47 forderten die Legitimität der monarchischen Herrschaftsordnung aufs Neueste heraus. Pauperismus und soziale Frage waren nicht länger Probleme, die vor allem innerhalb des Bildungsbürgertums kritisch diskutiert wurden. Stattdessen trug die durch Hungers- und Preisnöte verschärfte soziale Verelendung dazu bei, dass sich auch die unteren Bevölkerungsschichten zusehends staatsgegnerisch

---

81 Tagebuch Varnhagen, 1. Juni 1847. [Varnhagen], Tagebücher, Bd. 4, S. 98.

82 Augusta an Maria Pawlowna, 21. April 1847. Schuster/Bailleu (Hrsg.), Nachlaß, Bd. 2, S. 312–313.

83 Vincke-Olbendorf an Below, 26. Juli 1847. Below (Hrsg.), Briefe, S. 97.

84 Vgl. Meyer, Vor der Märzrevolution, S. 86–98; Hans-Gerhard Husung, Protest und Repression im Vormärz. Norddeutschland zwischen Restauration u. Revolution, Göttingen 1983, S. 174–178; Wolfram Siemann, Die deutsche Revolution 1848/49, Frankfurt am Main 1985, S. 44–48; Manfred Gailus, Food Riots in Germany in the Late 1840s, in: Past & Present 145 (1994), S. 157–193.

85 Tagebuch Varnhagen, 22. April 1847. [Varnhagen], Tagebücher, Bd. 4, S. 71.

86 Wilhelm an Charlotte, 23./24. April 1847. Börner (Hrsg.), Briefe, S. 272–273.

politisierten. Auf die Nöte seiner ärmsten Untertanen reagierte der Staat meist allein mit militärischen Mitteln. Politische Lösungsansätze waren nicht erkennbar. Stattdessen wirkte die Monarchie geradezu hilflos. Zwar war die wachsende Protestbereitschaft des „Proletariats", wie sie sich beispielhaft während der Berliner Kartoffelrevolution gezeigt hatte, noch nicht jene organisierte Arbeiterbewegung, die in der zweiten Hälfte des 19. Jahrhunderts entstehen sollte. Doch intensivierten diese sozialen Unruhen ein Jahr vor Ausbruch der Märzrevolution das innerstaatliche Konfliktpotential in nicht unerheblichem Maße.[87]

Drängender als die soziale Frage war in Preußen 1847 aber die Verfassungsfrage. Mit der Schließung des Vereinigten Landtags am 28. Juni war Friedrich Wilhelm IV. politisch auf ganzer Linie gescheitert. Sein Gegenprojekt zu Konstitutionalismus und Parlamentarismus hatte die Mehrheit der Landtagsabgeordneten nicht überzeugen können. Es war der Krone nicht einmal gelungen, den eigentlichen Grund für die Reichsständeeinberufung zu klären, die Darlehensfrage. Aber die Systemkrise hatte nicht nur neue Brisanz gewonnen. Erstmals in der Geschichte der Hohenzollernmonarchie war auch ein gesamtstaatliches Diskussionsforum geschaffen worden. Diesem Protoparlament war zwar das politische Mitspracherecht verwehrt geblieben. Aber es fungierte als Kommunikationsorgan eines unaufhaltsamen gesellschaftlichen Wandels. Und gegen diesen Wandel erwies sich die Containmentstrategie der Krone als wirkungslos.[88] Nicht zu Unrecht bilanzierte etwa der Coburger Herzog Ernst II., der Vereinigte Landtag „bot dem deutschen Volke wenigstens zum erstenmale den Anblick einer großen parlamentarischen Körperschaft."[89] Und auch Metternich argumentierte treffend, Friedrich Wilhelm IV. habe in Preußen ungewollt die Tür zu einer politisch selbstbewussten Öffentlichkeit „geöffnet, und das, was einmal durch dieselbe eingedrungen ist, läßt sich nicht wieder hinausschieben."[90] Keine Konfliktseite konnte mit dem ergebnislosen Verhandlungsende zufrieden sein. Am Tag der Landtagsschließung habe in Berlin „große Niedergeschlagenheit" geherrscht, so Varnhagen. „Man findet, bei *dem* Ausgange habe niemand etwas gewonnen, nicht der König, nicht die Stände, und viel Unheil werde folgen!"[91] Die Verfassungsfrage war nicht geklärt worden, sondern lediglich vertagt, ja sogar verschärft. „Ein Wort hätte hingereicht", bemerkte der liberale Landtagsabgeordnete Ludolf Camphausen, „den Verfassungsstreit in Preußen auf immer zu beendigen; es ist nicht gesprochen worden, die Folgen müssen getragen werden; die Geschichte aber wird richten zwischen der Regierung und uns."[92] Lediglich Wilhelm

---

87 Vgl. Huber, Verfassungsgeschichte, Bd. 2, S. 414–434; Siemann, Revolution, S. 35–39; Evans, Jahrhundert, S. 238–241; Richter, Demokratie, S. 62–65.

88 Vgl. Barclay, Friedrich Wilhelm IV., S. 194–196; Clark, Preußen, S. 529–530.

89 Ernst II., Aus meinem Leben, Bd. 1, S. 134.

90 Metternich an Wilhelm I. von Württemberg, 6. Juni 1847. Richard Metternich-Winneburg (Hrsg.), Aus Metternich's nachgelassenen Papieren, Bd. 7, Wien 1883, S. 373.

91 Tagebuch Varnhagen, 26. Juni 1847. [Varnhagen], Tagebücher, Bd. 4, S. 109.

92 Rede Camphausens, 17. Januar 1848. Adolf Samter (Hrsg.), Politischer Monats-Kalender. Monat Januar, Königsberg 1848, S. 164.

sprach im Sommer 1847 von einem „Triumph des Gouvernements", wie er Charlotte schrieb. Ein Triumph vor allem des absolutistischen Systems, da „alle Machinationen und Drohungen, den König zu Konzessionen zu zwingen, fruchtlos geblieben sind." Allerdings konnte auch er nicht die gravierenden gesellschaftlichen Veränderungen ignorieren, die während des Landtags offen zu Tage getreten waren. „Das Parteileben, was sich nun bei uns organisiert hat, das faktiöse Anrennen gegen das Gouvernement [...] usw. – Das alles sind Erlebnisse, die niemand freuen können, der das Fortbestehen des alten, ruhig geleiteten, wohl basierten Preußens wünschte!"[93]

Auch Augusta zeigte sich besorgt um die innere Stabilität der Monarchie. Die Wut des König gegenüber der Landtagsopposition, die das Ständeexperiment abgelehnt hatte, „devrait se tourner contre lui-même et non pas contre ceux qui agissent d'après leur conscience et après avoir été autorisés à parler avec franchise et selon leur conviction. Ah, quelle pénible époque et comment finira-t-elle."[94] Die Krone müsse präventiv den Weg kompromissbereiter Reformen gehen, argumentierte die Prinzessin gegenüber Wilhelm, „solange es *freiwillig* geschehen kann, [...] durch billige Berücksichtigung der allgemeinen Wünsche."[95] Und auch auf die politische Zukunft ihres Ehemanns blickte Augusta mit wachsender Sorge. So richtete sie die „Bitte" an Willhelm, er solle sich der Abgeordnetenmehrheit gegenüber nicht „als strafenden Lehrer, sondern als versöhnenden Freund betrachten, eingedenk Deines herrlichen Berufes, das Gute zu fördern."[96] Wie dies funktionieren könne und solle, hatte Augusta während der Landtagsverhandlungen selbst demonstriert. Sie hatte gezielt den Kontakt zu oppositionellen Abgeordneten gesucht und diese an ihre Tafel eingeladen. Es war ein Versuch, auch oppositionelle Kreise in das monarchische System zu integrieren. Während des Vereinigten Landtags wurde die Prinzessin aufgrund dieser Aktivitäten erstmals öffentlich als autonome Politikakteurin wahrgenommen.[97] Aus der Perspektive ihrer Kritiker und Gegner bewegte sich die spätere Kaiserin allerdings nahe an der Grenze zur faktischen Opposition gegen König und Regierung. So berichtete Meyendorff dem Petersburger Hof, dass die Prinzessin „die Gesinnung der königlichen Partei kränkte, indem sie während des Landtages sich vorzugsweise mit den Liberalen unterhielt."[98] Und Friedrich Wilhelm IV. sah sich dazu gedrängt, seinem jüngeren Bruder nahezulegen, er solle Augusta den weiteren Umgang mit Oppositionspolitikern verbieten. Denn diese Kontakte seien bereits Gegenstand der weitverbreiteten regierungsfeindlichen *rumeur publique*.[99]

Vom häuslichen Frieden, von dem Wilhelm noch im Februar 1847 gesprochen hatte, war wenige Monate später nicht mehr viel zu spüren. In einem längeren Brief an Au-

---

93 Wilhelm an Charlotte, 25. Juni 1847. Börner (Hrsg.), Briefe, S. 274–275.
94 Augusta an Maria Pawlowna, 19. Juni 1847. Schuster/Bailleu (Hrsg.), Nachlaß, Bd. 2, S. 313.
95 Augusta an Wilhelm, 30. Juni 1847. Ebd., S. 358.
96 Augusta an Wilhelm, Juni 1847. Ebd., S. 354.
97 Vgl. Conradi, Augusta, S. 24; Behr, Vincke, S. 104–105.
98 Meyendorff an Charlotte, 10. Dezember 1847. Hoetzsch (Hrsg.), Briefwechsel, Bd. 3, S. 315.
99 Friedrich Wilhelm IV. an Wilhelm, 3. Januar 1848. Baumgart (Hrsg.), Wilhelm I., S. 170.

gusta Anfang Juli klagte der Prinz über die wiederholten Versuche, „mich zu Deinen Ansichten zu bekehren". Hätte er auf ihren Rat gehört und ebenfalls den Kontakt zu den Liberalen gesucht, „wie wäre meine Stellung im Lande in diesem Augenblick, wenn ich in Opposition mit dem Gouvernement getreten wäre? [...] Ich bin *stets den* Weg gegangen, den mein Gewissen mir zeigte, und ich habe meine Stellung noch nie verscherzt." Es stünde Augusta frei, „so viele Urteile" zu hören, wie sie wolle, auch aus Oppositionskreisen. Und „teile sie mir nach wie vor mit, denn das ist Deine Pflicht, aber glaube nur nicht, daß jene Urteile immer die allein richtigen sind, weil sie nicht die meinigen und nicht die der Regierung sind. Dann wird sich unsere Stellung leicht finden und Du keine falsche Stellung gegen das Land und gegen den König einnehmen, was Du im Begriff bist zu tun!"[100] Dieser Brief ist beispielhaft für das dynamische Spannungsverhältnis, von dem die Prinzenehe gekennzeichnet war. Zwar mochte die dynastische Zweckgemeinschaft Augusta emotional kaum erfüllt haben. Doch bot sie ihr immerhin weitreichende politische Freiräume und Aktionsfelder, die den meisten Frauen ihrer Zeit verwehrt blieben. Wilhelm ermutigte seine Ehefrau dabei sogar. Aber 1847 fanden sich beide Ehepartner auf entgegengesetzten Seiten des politischen Spektrums wieder. Es sollte bei weitem nicht das letzte Mal gewesen sein. Und weder Wilhelm noch Augusta sollten je langfristig den Versuch aufgegeben, einander von ihren jeweiligen Standpunkten und Ideen zu überzeugen. Im November 1847 berichtete Vincke-Olbendorf nach einem Gespräch mit der Prinzessin, diese sei „trübe, läßt aber doch nicht die Hoffnung sinken, und beim Abschied [...] habe ich ihr versprechen müssen, [...] nicht müde zu werden, sie schriftlich und mündlich bei dem Herrn zu verfechten" – gemeint war Wilhelm.[101]

Der spätere Kaiser selbst vertrat gegenüber Vincke-Olbendorf den Standpunkt, die Hohenzollernkrone habe mit dem Vereinigten Landtag bereits zur Genüge demonstriert, dass sie nicht reformfeindlich sei. „Wer Preußen vorwirft, noch nicht genug dem Fortschritt zu huldigen, der muß wahrlich nicht zu sättigen sein oder böswillige Absichten haben."[102] Tatsächlich kann Wilhelms politisches Agieren in der zweiten Jahreshälfte 1847 allerdings nicht als rigide-reaktionär charakterisiert werden – jedenfalls nicht in Gänze. Dass die oppositionellen Abgeordneten bei ihrer Rückkehr in die Provinzen öffentlich bejubelt wurden, verurteilte Wilhelm etwa gegenüber Charlotte scharf – „man glaubte in Preußen sei so viel Patriotismus, daß solche Scenen nicht eintreten würden!! Wo ist der Patriotismus geblieben?" Derartige Szenen seien nur ein weiterer Beweis, dass „man stündlich auf Unannehmlichkeiten gefaßt sein muß, denn die besiegte Opposition sinnt natürlich auf Rache!"[103] Und an Landrat Berg schrieb er, „seitdem [...] die *neue* Zeit für Preußen bestimmt ward", müsse er als Thronfolger dafür sorgen, „daß die Mitregierenden nicht stärker als der Monarch werden!!!"[104]

---

100 Wilhelm an Augusta, 2. Juli 1847. Schuster/Bailleu (Hrsg.), Nachlaß, Bd. 2, S. 359–363.
101 Vincke-Olbendorf an Below, 29. November 1847. Below (Hrsg.), Briefe, S. 98.
102 Wilhelm an Vincke-Olbendorf, 10. Oktober 1847. Schultze (Hrsg.), Briefe an Politiker, Bd. 1, S. 51.
103 Wilhelm an Charlotte, 7. Juli 1847. GStA PK, BPH, Rep. 51 J, Nr. 511a, Bd. 2, Bl. 297–298.
104 Wilhelm an Berg, 15. September 1847. Knesebeck (Hrsg.), Briefe, S. 303.

Gleichzeitig schien in Wilhelm allerdings auch der Gedanke zu reifen, dass die Monarchie nicht allein auf repressive Instrumente vertrauen dürfe, um die öffentliche Diskurshoheit wiederzugewinnen. Gegen jene „moralische[n] Ohrfeigen", die Krone und Dynastie seit den Landtagsverhandlungen einstecken mussten, könne auch eine staatliche Konzilianzsymbolik helfen, schrieb er im Juli überraschend an Charlotte. Dem Vereinigten Landtag solle beispielsweise die von den Liberalen geforderte Periodizität gewährt werden. Diese Konzession hatte Wilhelm zuvor noch entscheidend bekämpft. Denn eine regelmäßig zusammentretende Reichsständeversammlung barg durchaus parlamentarisches Entwicklungspotential. Doch „der König wird so leicht nicht wieder in eine so günstige Lage kommen, als diese jetzt gewonnene es ist. Wenn er später auf die Périodisierung eingehen sollte, was ich selbst am Ende rathen muß, so ist es keine Concession; wenn man *ihm* gehorcht beim Schluß des Landtags und nicht *er* dem Landtag!"[105] „Fortleugnen kann kein Mensch auf Erden die Zeitbedürfnisse, die sich eben so klar herausstellen wie Tag und Nacht. Sie ignorieren wollen, heißt blind sein wollen."[106] Die *„geistige* Entwicklung" sei „nicht mit Bajonetten zu unterdrücken" argumentierte er im August auch direkt gegenüber Friedrich Wilhelm IV., „namentlich seit Preußen den 3[n] Februar erlebte, womit eine Groß-Macht einen so endscheidenden Schritt that. [...] Es kommt also wie immer darauf an, den politischen Strom zu *leiten* u[nd] ihm ein gehöriges Bett zu bauen, damit er nicht *über*fluhte!"[107] Das war eine begrenzte politische Kompromissbereitschaft. Das waren revolutionsprophylaktische Ideen, wie sie der spätere Kaiser seit den 1830er Jahren nicht mehr formuliert hatte. Wie damals forderte Wilhelm auch im Sommer und Herbst 1847, dass der König das günstige window of opportunity nicht verstreichen lassen dürfe, „weil nach der *Siegreichen* Stellung, welche Du beim Schluß des Landtags eingenommen hast, Niemand von *Concession* sprechen kann, wenn Du jene Modificationen aussprächest."[108] Doch diesen schriftlichen Überlegungen folgten keinerlei Taten. Anders als vor 1847 versuchte der Thronfolger in der Periodizitätsfrage keinen Druck auf seinen älteren Bruder auszuüben. Es blieb bei einer Eintagsfliegenidee. Stattdessen schien Wilhelm mit wachsendem zeitlichem Abstand zu den Landtagsereignissen immer mehr die Überzeugung zu gewinnen, die Regierung könne die Verfassungsfrage auf die lange Bank legen.[109] Der Prinz sei „nicht mehr so befangen und traurig, als er es oft während des Landtages war", berichtete etwa Meyendorff im November 1847.[110] Bis zum Ausbruch der Märzrevolution sollten weder seitens des Königs noch des Thronfolgers irgendwelche Kompromissschritte in Richtung Opposition erfolgen.[111]

---

105 Wilhelm an Charlotte, 13. Juli 1847. GStA PK, BPH, Rep. 51 J, Nr. 511a, Bd. 2, Bl. 299.
106 Wilhelm an Charlotte, 1./2. Dezember 1847. Börner (Hrsg.), Briefe, S. 280.
107 Wilhelm an Friedrich Wilhelm IV., 31. August 1847. GStA PK, VI. HA, Nl. Vaupel, Nr. 58, Bl. 627–628.
108 Wilhelm an Friedrich Wilhelm IV., 9. September 1847. Ebd., Bl. 640.
109 Vgl. Wilhelm an Vincke-Olbendorf, 23./28. November 1847. Schultze (Hrsg.), Briefe an Politiker, Bd. 1, S. 56–57.
110 Meyendorff an Charlotte, 20./22. November 1847. Hoetzsch (Hrsg.), Briefwechsel, Bd. 3, S. 313.
111 Vgl. Bahne, Verfassungspläne, S. 125–126; Barclay, Friedrich Wilhelm IV., S. 201.

Die offene Verfassungsfrage blieb die strukturelle Achillesferse der Hohenzollern-monarchie. Dass bis 1848 keine Lösung gefunden wurde, lag nicht allein an Wilhelm. Denn auch den Ständeexperimenten Friedrich Wilhelms IV. war kein Erfolg vergönnt gewesen. Doch hatte die systematische Thronfolgeropposition die königliche Reformpolitik immer wieder verzögert und verwässert. Und auf der an Einfluss gewinnenden öffentlichen Politikebene hatte der Dynastiebruch jede erhoffte Popularitätswirkung der Herrscheragenda verzerrt und vernichtet. Konflikte zwischen Throninhabern und Thronfolgern gab es in allen europäischen Monarchien des 19. Jahrhunderts.[112] Doch die prinzliche Obstruktionsinstanz in Preußen nach 1840 war exzeptionell. Sie muss geradezu als ein Systemcharakteristikum der Herrschaft Friedrich Wilhelms IV. bewertet werden. Ungewollt legte Wilhelm in jenen Jahren die Axt an das absolutistische System, das er eigentlich zu bewahren suchte. Anders als sein älterer Bruder besaß er vor 1848 kein monarchisches Gesamtkonzept. Er spielte nur auf Zeit. Aber wenn die Monarchie etwas nicht besaß, dann war es Zeit. Weder hatte die Krone auf dem Vereinigten Landtag die seit 1815 schwelende Verfassungsfrage lösen können noch die seit 1820 blockierte Finanzfreiheit gewonnen. Die latente Legitimationskrise der 1840er Jahre hatte seit dem Sommer 1847 vielmehr den Charakter eines offenen Systemkonflikts angenommen. Einer selbstbewussten, politisierten und mobilisierten Öffentlichkeit stand eine scheinbar handlungsunfähige Regierung gegenüber.[113] Vergleichbare Entwicklungen waren zum Jahreswechsel 1847/48 jedoch nicht nur in Preußen, sondern auch in anderen deutschen Staaten zu beobachten – selbst jenen, die bereits konstitutionell regiert wurden. Reformresistenz, Repressionspolitik und soziale Not waren auch dort die Zielscheibe von Massenpetitionen und öffentlichen Protesten. Das Gefühl, am Vorabend einer neuen Katastrophe zu stehen, war zumindest in liberalen Kreisen weit verbreitet.[114] In Berlin schrieb Varnhagen im November 1847, „die Regierung ist gar zu geist- und sorglos; bei all ihrem Sorgen und Mühen kommt nichts heraus, weil es meist in falscher Richtung geschieht. [...] Keine freie Presse, keine Sicherheit der Person! Ein Streifchen Verfassung und Verfassungsrecht in einem Sumpfe von Willkür und Polizeigewalt!" Das Hohenzollernkönigreich „kommt mir gar wackelig vor."[115] Diese Diagnose war spot on.

---

112 Vgl. Müller, Thronfolger, S. 222–245.

113 Vgl. Obenaus, Parlamentarismus, S. 710; Mommsen, 1848, S. 85; Dieter Hein, Die Revolution von 1848/49, München ⁵2015, S. 11–12.

114 Vgl. Husung, Protest und Repression, S. 179–189; Hans-Christof Kraus, Friedrich August II. (1836–1854), in: Frank-Lothar Kroll (Hrsg.), Die Herrscher Sachsens. Markgrafen, Kurfürsten, Könige 1089–1918, München 2004, S. 237–262, hier: S. 248–249.

115 Tagebuch Varnhagen, 23. November 1847. [Varnhagen], Tagebücher, Bd. 4, S. 157–158.

„Es ist ordentlich dégoûtant, wie diese Afferei überhand nimmt."
Die Deutsche Frage vor 1848

Ende Dezember 1870 verfasste Wilhelm im deutschen Hauptquartier in Versailles einen Brief an Augusta. Er erinnerte daran, „wie oft" er von ihr „gescholten worden" sei, „daß ich nicht deutsch genug sei und immer Oesterreich den Vorrang einräumen wollte, während der selige Fritz nur von Deutschlands Einheit träumte und das sein ganzes Sinnen war. Er sollte es nicht erleben und mir fällt mögte man sagen, die reife Frucht in die Hände."[1] Diese Zeilen dienten vor allem dazu, Augustas wiederholte Kritik an der preußischen Deutschlandpolitik zu entkräftigen. Immerhin sollte Wilhelm nur wenige Wochen später zum ersten Deutschen Kaiser ausgerufen werden. Aber er bemerkte auch, dass er lange Zeit kaum im Verdacht gestanden hatte, einst eine führende Rolle in der sogenannten Deutschen Frage zu spielen. Vor der Reichsgründung wurden unter diesem Terminus all jene Problemfelder zusammengefasst, die sich um die staatliche Organisation Deutschlands drehten. Und vor 1848 stellte sich die Frage nach einer deutschen Einheit zumindest für Wilhelm überhaupt nicht. Erst in seiner zweiten Lebenshälfte sollte er „Deutschland" für sich entdecken. Aber dann sollte der spätere Kaiser entschieden dazu beitragen, den borussischen Geschichtsmythos Wirklichkeit werden zu lassen und Preußen auf den Weg in einen deutschen Nationalstaat zu führen. Die Hohenzollernmonarchie wurde letztendlich Opfer einer selbsterfüllenden Prophezeiung.[2]

Preußen, wie es 1815 aus dem Wiener Kongress hervorgegangen war, kann kaum als „nationaler" Staat charakterisiert werden. Das Königreich war vielmehr ein territorial künstlich geschaffenes Konstrukt. Es erstreckte sich geographisch vom Rheinland bis nach Ostpreußen. Innerhalb dieser neugezogenen Grenzen lebten Millionen „Deutsche", die vor 1815 über keinerlei Bindung zur preußischen Krone besessen hatten. Und der Berliner Hof herrschte auch über eine bedeutende polnischsprachige Minderheit. Nach 1864 sollten die Hohenzollernmonarchen schließlich noch eine dänischsprachige und nach 1871 eine französischsprachige Bevölkerung zu ihren Untertanen zählen. Der Charakter einer Universalmonarchie, den das Königreich noch Anfang des 19. Jahrhunderts mit den Imperien der Habsburger und Romanows gemeinsam hatte, wich erst graduell einer deutschnationalen Selbstidentifikation.[3] Eine solche Identität war

---

1 Wilhelm an Augusta, 29. Dezember 1870. GStA PK, BPH, Rep. 51 J, Nr. 509b, Bd. 15, Bl. 238.
2 Vgl. Wolfgang Hardtwig, Von Preußens Aufgabe in Deutschland zu Deutschlands Aufgabe in der Welt. Liberalismus und borussianisches Geschichtsbild zwischen Revolution und Imperialismus, in: HZ 231 (1980), S. 265–324.
3 Vgl. Oswald Hauser, Zum Problem der Nationalisierung Preußens, in: HZ 202 (1966), S. 529–541; Helmut Walser Smith, An Preußens Rändern oder: Die Welt, die dem Nationalismus verloren ging, in: Sebastian Conrad/Jürgen Osterhammel (Hrsg.), Das Kaiserreich transnational. Deutschland in der Welt 1871–1914, Göttingen 2004, S. 149–169.

https://doi.org/10.1515/9783111323954-013

Friedrich Wilhelm III. noch fremd gewesen. So berichtete der preußische Kulturwissenschaftler Wilhelm von Humboldt 1815, der Monarch soll in einem Tischgespräch die Vorstellung einer deutschen Nation entschieden zurückgewiesen haben. „Deutschland im ganzen sei nichts, es wären wohl Österreicher, Preußen, Bayern, nirgends aber Deutsche, im kleinsten Teil der österreichischen Staaten rede man Deutsch, in einem bedeutenden der preußischen Staaten andere Sprachen."[4] Diese Position konnte sich Wilhelm zeit seiner Herrschaft nicht mehr erlauben. Denn da hatte die nationale Frage bereits den Rang einer massenbewegenden Legitimationsinstanz gewonnen, die in Konkurrenz zum Konzept dynastischer Loyalität und Souveränität stand.

Als imagined community definierte das Konzept der „Nation" Identität und Gruppenzugehörigkeit anhand gesellschaftsgemeinschaftlicher Merkmale wie Sprache, Kultur und Geschichte. Der Nationalismus bot im 19. Jahrhundert neue kollektive Orientierung, ein attraktives Wir-Gefühl. Dagegen waren die traditionellen Identitätskonzepte der vorrevolutionären Zeit obsolet oder gar zerstört worden.[5] Auch wenn die Träger des Nationalismus vor allem in elitären Gesellschaftsschichten zu finden waren, handelte es sich doch um ein egalitäres und inklusives Phänomen. Der nationalstaatliche Rahmen versprach Emanzipation und Partizipation. Die Aussicht auf die Überwindung traditioneller Privilegien ließ die nationale Ideologie daher nicht nur für das liberale Bürgertum, sondern auch für demokratische und sozialistische Bewegungen attraktiv erscheinen.[6] Zugleich lag dem Nationalismus von Anfang an ein hohes Konfliktpotential inne. Das Konzept eines ethnisch definierten Nationalstaats schloss Bevölkerungsgruppen aus, die dieser Definition nicht entsprachen. Dies bedeutete nicht zwangsläufig eine Hierarchisierung der Nationen, wie sie im späten 19. Jahrhundert zusehends auch rassisch-biologistisch formuliert werden sollte. Aber die Exklusivität war dem Nationalismus ebenso inhärent wie die Inklusivität.[7]

Für die traditionelle monarchische Herrschaftsordnung stellte dieser politische wie gesellschaftliche Absolutheitsanspruch des Nationalismus eine existentielle Bedrohung dar. Die dynastischen Staaten des Ancien Régime waren infolge historischer Erbfolge-, Eroberungs- und Verhandlungsprozesse entstanden, die dem nationalen Prinzip diametral entgegenstanden. Ein solcher „Länderschacher" erwies sich im 19. Jahrhundert jedoch graduell als unmöglich. Indem nicht mehr die herrschende Dynastie, sondern zusehends die Nation der Bevölkerung als identitätslegitime Bezugsgröße diente, wurde der Handlungsspielraum der Krone maßgeblich eingeschränkt. Dieses aus der Revolutionszeit hervorgegangene Konkurrenzverhältnis sollte bis zum Ausbruch des Ersten Weltkriegs in fast ganz Europa zur Einordnung der Monarchie in

---

4 W. v. Humboldt an C. v. Humboldt, 7. Oktober 1815. Anna von Sydow (Hrsg.), Wilhelm und Caroline von Humboldt in ihren Briefen, Bd. 5, Berlin 1912, S. 95–97.

5 Vgl. Benedict Anderson, Imagined Communities. Reflections on the Origin and Spread of Nationalism. Revised Edition, London/New York 2006.

6 Vgl. Dieter Langewiesche, Reich, Nation, Föderation. Deutschland und Europa, München 2008, S. 36–51.

7 Vgl. Fahrmeir, Europa, S. 279–280; Paulmann, Fortschrittsglaube, S. 346; Eckart Conze, Schatten des Kaiserreichs. Die Reichsgründung von 1871 und ihr schwieriges Erbe, München 2020, S. 29–30.

die Nation führen – und schließlich auch zur Unterordnung.[8] Das enorme Politisierungs-
und Mobilisierungspotential des Nationalismus stellte für die Monarchie jedoch nicht
allein eine Herausforderung dar. Es war auch eine Chance – genauer: ein neuer Legitimationsquell. Bereits die Napoleonischen Kriege hatten dies demonstriert. Friedrich
Wilhelm III. hatte sich 1813 mit einem öffentlichen Appel an die „Nation" gewandt. Er
hatte dynastische und nationale Interessen miteinander verknüpft. Und dadurch hatte
er der Monarchie neue Kombattanten gewonnen.[9] Die Erfahrungen von militärischer
Besatzung, politischer Fremdherrschaft und Demütigung durch das französische Empire können daher als Geburtsstunde der deutschen Nationalbewegung betrachtet
werden. Diese Bewegung war nie einheitlich organisiert. Aber jener politische und
kulturelle Nationalstaatsgedanke, wie er vor 1815 formuliert worden war, sollte sich bis
in das 20. Jahrhundert als prägend und maßgeblich erweisen.[10] A preview of coming
attractions, courtesy of Napoleon.

Der 1815 auf dem Wiener Kongress gegründete Deutsche Bund war kein Nationalstaat. Stattdessen muss dieser Staatenbund als Teil des antirevolutionären Restaurationsprozesses betrachtet werden, der das Movens der Nationalbewegung kanalisieren
sollte. Innerhalb der Wiener Ordnung spielte der Bund eine strukturelle Hauptrolle –
als „Friedensstaat von Europa", so Theodor Schieder.[11] Die föderale Neuordnung der
Konkursmasse des Heiligen Römischen Reiches und des Rheinbundes sollte als defen-
sives und stabilisierendes Zentrum der Pentarchie fungieren: unfähig zur Expansion aus
eigener Kraft, aber stark genug, sowohl äußerem als auch innerem Druck zu widerstehen. Der Bund hatte die Aufgabe, den Frieden und das Equilibrium in Deutschland
und Europa zu sichern. Eine nationale Einheit hatte er hingegen nicht zu schaffen. Er
enthielt sowohl staatenbündische als auch bundesstaatliche Elemente. Er war deutsch
und europäisch zugleich. Ausländische Monarchen waren in Personalunion im Frankfurter Bundestag vertreten. Die Großmächte Österreich und Preußen herrschten über
außerdeutschen Territorialbesitz. Und die Bundesakte war Bestandteil der europäischen
Friedensordnung, garantiert durch die Wiener Signaturmächte. Diese komplexe Kon-
struktion führte dazu, dass die „Innenpolitik" des Bundes stets auch europäische „Au-

---

8 Vgl. Frank-Lothar Kroll, Zwischen europäischem Bewußtsein und nationaler Identität. Legitimationsstrategien monarchischer Eliten im Europa des 19. und frühen 20. Jahrhunderts, in: Hans-Christof
Kraus/Thomas Nicklas (Hrsg.), Geschichte der Politik. Alte und neue Wege, München 2007, S. 353–374,
hier: S. 364–365; Langewiesche, Reich, Nation, Föderation, S. 112–125; Sellin, Gewalt und Legitimität,
S. 217–218.
9 Vgl. Hein, Deutsche Geschichte, S. 25; Dieter Langewiesche, Das europäische 19. Jahrhundert in globaler
Perspektive. Versuch einer historischen Ortsbestimmung, in: Birgit Aschmann (Hrsg.), Durchbruch der
Moderne? Neue Perspektiven auf das 19. Jahrhundert, Frankfurt am Main/New York 2019, S. 310–328,
hier: S. 320–321.
10 Vgl. Gruner, Deutsche Frage, S. 45–52.
11 Theodor Schieder, Das Jahr 1866 in der deutschen und europäischen Geschichte, in: Richard Dietrich
(Hrsg.), Europa und der Norddeutsche Bund, Berlin (West) 1968, S. 9–34, hier: S. 12.

ßenpolitik" war, dass Sankt Petersburg, Paris und London als Garantiemächte ein Mitspracherecht in Fragen der innerdeutschen Politik reklamieren konnten und sollten.[12]

Nationalstaaten waren in Europa bis in das späte 19. Jahrhunderts die Ausnahme, nicht die Regel. Man kann nicht von einer Epoche der Nationalstaaten sprechen – lediglich des Nationalismus.[13] Aber der Bund besaß zumindest auf dem Papier durchaus Entwicklungspotential hin zu einer föderativ-nationalstaatlichen Ordnung.[14] Eine Integration der Nationalbewegung durch die Bundesstrukturen gelang jedoch nie. Das für Vertragsänderungen notwendige Einstimmigkeitsprinzip am Bundestag verhinderte jegliche größere oder kleinere institutionelle Modifikationspolitik. Bereits kurz nach 1815 wurde daher breite öffentliche Kritik an der offenkundigen Reformimpotenz des Bundes laut. Und diese sollte bis 1866 zunehmen.[15] Letztendlich sollte es sich für die Frankfurter Entscheidungsakteure sowohl vor als auch nach 1848 als unmöglich erweisen, den nationalstaatlichen Forderungen gerecht zu werden. Bundesreformdebatten wurden zwar wiederholt geführt. Aber sie blieben allesamt erfolglos.[16]

Will man die latenten Ursachen dieses Scheitern bereits in der Restaurationsära suchen, so lassen sie sich neben der Bundesakte auch in der geopolitischen Neuordnung Deutschlands finden. Denn das Bundesgebiet war de facto in zwei unterschiedliche Einflusssphären der Großmächte Preußen und Österreich geteilt. Der territoriale Schwerpunkt des Kaiserstaats lag nach 1815 neben Ungarn vor allem in Italien, nicht in Deutschland. Bei dem Bundespräsidium, das Wien bis 1866 innehatte, handelte es sich staatsrechtlich nicht um eine hegemoniale Machtposition, sondern um ein Zeremonialamt. Dieses war der Habsburgermonarchie aufgrund ihrer historischen Vorrangstellung im untergegangenen Reich übertragen worden. Berlin hingegen sah sich im Zuge einer Westverschiebung gezwungen, am Rhein die Aufgaben einer Schutzmacht gegen Frankreich zu übernehmen. Langfristig verlagerten sich daher die Sicherheits-, Wirtschafts- und Politikinteressen der Hohenzollernmonarchie von Osten in Richtung Westen – nach Deutschland hinein. Die territoriale Zweiteilung des Königreichs war ein ressourcenbindendes Sicherheitsdilemma. Sie zwang Berlin geradezu, eine *Einfluss*expansion gegenüber den deutschen Staaten zu verfolgen. Und diese Politik schürte dort wiederum die Furcht vor *Eroberungs*expansionen. Die Zweiteilung Deutschlands zwischen Österreich und Preußen stellte für den Bund eine kaum zu unterschätzende Bürde für die Ausbildung einer einheitlichen Gesetz- und Wirtschaftsordnung dar. Verstärkt wurden diese entwicklungshemmenden Tendenzen noch durch den Umstand,

---

12 Vgl. Gruner, Deutsche Frage, S. 105–106; Winkler, Weg nach Westen, Bd. 1, S. 71–72; Brendan Simms, Kampf um Vorherrschaft. Eine deutsche Geschichte Europas 1453 bis heute, München 2014, S. 260–261.
13 Vgl. Osterhammel, Verwandlung, S. 584–585; Paulmann, Fortschrittsglaube, S. 352–353.
14 Vgl. Jürgen Müller, Deutscher Bund und deutsche Nation 1848–1866, Göttingen 2005, S. 205; Wolf D. Gruner, Der Deutsche Bund 1815–1866, München 2012, S. 24.
15 Vgl. Harald Müller, Deutscher Bund und deutsche Nationalbewegung, in: HZ 248 (1989), S. 51–78.
16 Vgl. Marko Kreutzmann, Föderative Ordnung und nationale Integration im Deutschen Bund 1816– 1848. Die Ausschüsse und Kommissionen der Deutschen Bundesversammlung als politische Gremien, Göttingen 2022.

dass sowohl Wien als auch Berlin nur mit Teilen ihres Staatsgebiets zum Deutschen Bund gehörten. Daher verfolgten sie neben deutschen Interessen gleichzeitig auch europäische Großmachtinteressen.[17] Da Preußen allerdings die kleinste und schwächste Großmacht war, sollte es langfristig versuchen, über die Ressourcen der deutschen Mittel- und Kleinstaaten Macht und Sicherheit in Europa zu erlangen. Eine solche Nationalstaatspolitik konnte der rein dynastisch definierte Vielvölkerstaat Österreich weder verfolgen, noch eine Entwicklung in diese Richtung erlauben, wollte er seine fragile Stellung in Deutschland, Italien und Ungarn nicht gefährden.[18] *Revolutions*paranoia und *Nations*paranoia begünstigten sich nach 1815 gegenseitig – in Wien wie in anderen europäischen Hauptstädten.[19]

Doch was die Deutsche Frage betrifft, darf der Frankfurter Staatenbund vor 1848 nicht als politischer Monolith betrachtet werden. Ähnlich der Ost-West-Polarisierung der Pentarchiemächte kann in Deutschland von einer ideologischen Demarkationslinie zwischen konstitutionellen und absolutistischen Systemen gesprochen werden. Monarchen wie Ludwig I. von Bayern oder Wilhelm I. von Württemberg etwa versuchten früh, den Legitimationsquell der deutschen Nationalbewegung vor den dynastischen Karren zu spannen. Beide Könige waren vor allem daran interessiert, die kulturelle Einheit der Nation zu propagieren. Die Bundesinstitutionen waren ihnen politische Klammer genug. Frankfurt am Main diente dem sogenannten Dritten Deutschland, den Mittel- und Kleinstaaten, als Souveränitätsgarant den Großmächten gegenüber.[20] Dagegen monierte der spätere erste Deutsche Kaiser 1831, „kommen die Franzosen einst über den Rhein, so finden sie keine Feinde mehr, sondern in allen konstitutionellen Staaten nur Freunde!"[21] Wie den Kompromiss mit dem Partizipationsprinzip sah Wilhelm auch jeglichen Flirt mit der Nationalbewegung als monarchischen Selbstmord. Die süddeutschen Herrscher würden völlig falsche Prioritäten setzen, schrieb er 1836. Ludwig I. etwa „hat Deutschland immer im Munde, aber hauptsächlich nur für die Kunst. Seine Armee ist völlig degradiert, moralisch und taktisch."[22]

In den 1830er Jahren, als Folge der Julirevolution und ihrer Nachwehen, gewann die Deutsche Frage zusehends an politischer Sprengkraft. Diese Entwicklung wurde nicht nur durch den wachsenden Presse- und Publikationsmarkt begünstigt sowie ein politisiertes und mobilisiertes Vereinswesen. Die nationale Handlungsebene rückte auch deshalb in den Fokus der Öffentlichkeit, da die Rückschläge der liberalen Bewegung in den Einzelstaaten eine Neuorientierung notwendig erscheinen ließen. Was während

---

17 Vgl. Gruner, Deutsche Frage, S. 107–110; Monika Wienfort, Geschichte Preußens, München ²2015, S. 67–68.

18 Vgl. Zamoyski, Phantome, S. 426–433; Siemann, Metternich, S. 648–650.

19 Vgl. Huber, Verfassungsgeschichte, Bd. 1, S. 538–540; Nipperdey, Bürgerwelt, S. 318; Caruso, Nationalstaat als Telos?, S. 46–54.

20 Vgl. Sauer, Wilhelm I., S. 175–176, S. 189–191; Hans-Michael Körner, Geschichte des Königreichs Bayern, München 2006, S. 70–83, S. 93–97.

21 Wilhelm an Charlotte, 11. September 1831. Börner (Hrsg.), Briefe, S. 162.

22 Wilhelm an Charlotte 23. Oktober 1836. Ebd., S. 188.

des Vormärz auf Länderebene gegen die Territorialdynastien nicht durchgesetzt werden konnte, etwa die Verfassungsfrage in Preußen, das sollte auf gesamtdeutscher Bühne gelingen. Konstitutionelle, demokratische und nationale Forderungen gerieten in Wechselwirkung zueinander und wurden mitunter gemeinsam formuliert – öffentlichkeitswirksam etwa auf dem Hambacher Fest 1832. Obwohl diese Entwicklung in den 1830er und 1840er Jahren in ganz Deutschland beobachtet werden konnte, nahmen auch hier die süddeutschen Verfassungsstaaten eine Sonderrolle ein. Sie fungierten als organisatorische Operationsbasen und kommunikative Knotenpunkte der Nationalbewegung.[23]

„Es ist in Süddeutschland eine völlige Auflösung", kommentierte Wilhelm die Nachrichten über das Hambacher Fest. „Das Tollste bleibt aber doch immer die deutsche Wirtschaft. Es ist ordentlich dégoûtant, wie diese Afferei überhand nimmt. Ich begreife nicht, wie es noch werden soll, wenn nicht mit Energie und Ernst in Deutschland eingegriffen wird."[24] Und ein Jahr später schimpfte er, das scheinbar ungezügelte Agieren der Nationalbewegung südlich der Mainlinie „ist ein Scandal! Die Regierungen haben wohl den besten Willen etwas dagegen zu thun, aber Alles zu schwach und ohnmächtig; wo mit solcher Effronterie verfahren wird, können die Gouvernements nur mit Kriegsgerichten antworten; dies einigemale angewendet, so wird schon Ruhe eintreten; aber für eine solche Maaßregel fürchtet man sich – warum? weil die Zeitungen einen rasenden Lärm machen würden!!"[25] Auch für Augusta war das Hambacher Fest „ein wichtiger schlimmer Vorfall" – „schlimmer als alle Zusammenkünfte der früheren Demagogen". Denn dort sei nichts weniger als die „Vorbereitung zur allgemeinen Revolution" getroffen worden.[26] Weder die spätere Kaiserin noch ihr Ehemann sinnierten in den 1830er Jahren über eine Lösung der Deutschen Frage – Kriegsgerichte einmal ausgenommen.

Die Forderungen der vormärzlichen deutschen Nationalbewegung dürfen jedoch nicht als politisches Programm verstanden werden. Sie blieben heterogen, wie die Bewegung selbst. Ausgeklammert wurde vor allem das latente Problem des preußischösterreichischen Dualismus – we'll cross that bridge when we get there. Die geopolitische Zweiteilung der Nation stand jeder staatlichen Einheit im Wege. De jure garantierte die Bundesakte zwar die Gleichberechtigung aller Mitgliedsstatten. De facto kann aber bis 1848 nach Theodor Schieder von einem „dualistischen System mit polyzentrischen Elementen" gesprochen werden.[27] Eine „einvernehmliche Zweier-Hegemonie der beiden Vorrang-Staaten" habe nach Ernst Rudolf Huber „das eigentliche Strukturprinzip des damaligen deutschen Föderalismus" charakterisiert.[28] Bundespolitische Fragen

---

23 Vgl. Nipperdey, Bürgerwelt, S. 307–308; Simms, Vorherrschaft, S. 282–283; Hein, Deutsche Geschichte, S. 46; Evans, Jahrhundert, S. 256–257.
24 Wilhelm an Charlotte, 14. Juni 1832. Börner (Hrsg.), Briefe, S. 166.
25 Wilhelm an Charlotte, 16. Juni 1833. GStA PK, BPH, Rep. 51, Nr. 859.
26 Augusta an Wilhelm, 2. Juni 1832. Schuster/Bailleu (Hrsg.), Nachlaß, Bd. 1, S. 138–139.
27 Schieder, 1866, S. 11.
28 Huber, Verfassungsgeschichte, Bd. 1, S. 671.

waren fast immer bereits zwischen Wien und Berlin *ver*handelt und *ausge*handelt worden, bevor sie den Mittel- und Kleinstaaten in Frankfurt am Main vorgelegt wurden. Keine der beiden Großmächte hatte daher ein Interesse am Ausbau der Bundesinstitutionen, von dem lediglich das Dritte Deutschland profitiert hätte. Der Dualismus war also nicht konfrontativ. Denn Habsburgermonarchie und Hohenzollernmonarchie nutzten den Bund und dessen Organe, um auf gesamtdeutschem Territorium gegen vermeintliche revolutionäre Bedrohungen vorzugehen. Aber der Dualismus war reformhemmend. Er begünstigte eine weitgehende Stagnation der Bundespolitik.[29] Als Juniorpartner des Wiener Hofs verfolgte das Hohenzollernkönigreich nach 1815 einen Kurs informeller Hegemonie in Norddeutschland. Eine paritätische Einfluss- und Interessensphärenteilung des Bundesgebiets kam den preußischen Ideen und Konzepten näher als mögliche Nationalstaatsprojekte. Denn deren Realisierung hätte nur durch einen Konflikt mit Österreich durchgesetzt werden können. Und das stand unter der Herrschaft Friedrich Wilhelms III. nie zur Diskussion.

„Nationale" Erfolge konnte der Berliner Hof vor 1848 nur auf der wirtschaftspolitischen Handlungsebene erzielen, in Form des Deutschen Zollvereins. Doch die preußische Zollpolitik war keineswegs eine Vorstufe der späteren Reichsgründung. Bei der Gründung des Zollvereins 1834 war nicht „schon der Schlachtendonner von Königgrätz" vernehmbar, wie es Heinrich von Treitschke borussisch formuliert.[30] Der wirtschaftlichen Einheit folgte nicht die politische Einheit. Es gab *keine Zwangsläufigkeit* von 1834 zu 1871. Weder im 19. Jahrhundert noch zu einer anderen Zeit funktionierten die deutschen Herrschaftseliten wie ökonomische Automaten. Am Anfang der preußischen Wirtschaftshegemonie standen lediglich kurzfristige, sogar widersprüchliche Bewegründe partikularistischer Natur. Und seitens Friedrich Wilhelms III. gingen keinerlei Impulse aus.[31] Der Zollverein diente dem Königreich als Instrument einer mehr oder minder verdeckten Interessenpolitik. Die ökonomisch schwächeren Mittel- und Kleinstaaten konnten sich der preußischen Präponderanz zusehends kaum entziehen. Dirigiert und getragen wurde die Zollvereinsexpansion in erster Linie jedoch durch die Berliner Bürokratie, nicht durch Staatsministerium und Krone. Letztere verhinderten sogar, dass die Wirtschaftswaffe offen gegen Österreich eingesetzt wurde.[32] Und die Nationalbewegung begegnete der ökonomischen Einheit unter dem absolutistischen Preußen mit

---

29 Vgl. Roy A. Austensen, Austria and the „Struggle for Supremacy in Germany", 1848–1864, in: The Journal of Modern History Vol. 52, Nr. 2 (1980), S. 195–225, hier: S. 204–205; ders., The Making of Austria's Prussian Policy, 1848–1852, in: The Historical Journal Vol. 27, Nr. 4 (1984), S. 86–-876, hier: S. 861; Nipperdey, Bürgerwelt, S. 356–357; Gruner, Deutscher Bund, S. 61–62.
30 Treitschke, Deutsche Geschichte, Bd. 4, S. 379.
31 Vgl. Hans-Werner Hahn, Hegemonie und Integration. Voraussetzungen und Folgen der preußischen Führungsrolle im Deutschen Zollverein, in: Geschichte und Gesellschaft, Sonderheft 10, Wirtschaftliche und politische Integration in Europa im 19. und 20. Jahrhundert (1984), S. 45–70, hier: S. 52–53; Thomas Stamm-Kuhlmann, Preußen und die Gründung des Deutschen Zollvereins. Handlungsmotive und Alternativen, in: Hans-Werner Hahn/Marko Kreutzmann (Hrsg.), Der deutsche Zollverein. Ökonomie und Nation im 19. Jahrhundert, Köln u. a. 2012, S. 33–50; Gruner, Deutscher Bund, S. 51–54.
32 Vgl. Hans-Werner Hahn, Geschichte des Deutschen Zollvereins, Göttingen 1984, S. 52–68.

offener Skepsis und Kritik.[33] Wie sein Vater schien auch Wilhelm die Zollpolitik ohne großes Interesse betrachtet zu haben. Jedenfalls taucht dieses Thema in der prinzlichen Korrespondenz bestenfalls sporadisch auf.[34] Erst in den 1850er und 1860er Jahren sollte er der Zollpolitik größere Aufmerksam widmen.

Ein anderes Politikfeld, auf dem es vor 1848 zumindest rudimentäre Ansätze einer preußischen Deutschlandpolitik gab, war die Verteidigungskoordination des Deutschen Bundes. Hier trat das negative Bundesengagement der Habsburgermonarchie deutlich zutage, die in Italien und Ungarn gebunden war. Preußen sah sich hingegen am Rhein direkt mit der Großmacht Frankreich konfrontiert. Paris wurde in den sicherheitspolitischen Debatten und Planungen des Bundes stets als einziger möglicher Kriegsgegner betrachtet. Weder gegen das Zarenreich noch Großbritannien, erst recht nicht gegen Österreich oder Preußen gab es konflikttheoretische Notfallplanspiele. Das Dritte Deutschland verfolgte in militärischen Fragen vielmehr eine systematische Trittbrettfahrerei im Windschatten der beiden Großmächte. Das sollte sich 1866 als katastrophaler Kurs erweisen.[35] Die exponierte Stellung der Rheinlande ließ aber am Berliner Hof das Interesse an einer engeren militärischen Koordination mit den anderen deutschen Staaten wachsen. Der Versuch der preußischen Regierung, nach der Julirevolution in Süddeutschland Unterstützung für eine Reform der Bundeskriegsverfassung zu suchen, scheiterte jedoch vor allem am Widerstand der Habsburgermonarchie. Nicht zu Unrecht befürchtete Österreich, ein Hohenzollernfeldherrentum könnte der erste Schritt zu einer Bundeskoalition unter der Führung Preußens sein.[36]

Wie den Zollverein betrachtete Wilhelm auch die deutsche Sicherheits- und Verteidigungspolitik nicht aus „nationaler" Perspektive. Gegenüber Charlotte schimpfte er 1831, „der miserable deutsche Bundestag und die dito Bundesstaaten" würden auf diesem Politikfeld gründlich versagen.[37] Der Bund sei militärisch inkompetent, schrieb er Augusta 1838. Denn Frankfurt am Main hätte nicht einmal verhindern können, dass im Zuge der Belgischen Revolution Teile des deutschen Großherzogtums Luxemburg an das unabhängige Belgien abgetreten wurden – „aber der vortreffliche Bund läßt sich ja alles gefallen."[38] Artikulierte Wilhelm zu irgendeinem Feld der preußischen Deutschlandpolitik vor 1848 mehr als oberflächliches Interesse, dann war es qua seiner Erziehung die Militärorganisation des Bundes. Wiederholt berührte er insbesondere die Frage, unter welches Oberkommando Bundes- und Länderheere im Kriegsfall gestellt werden

---

33 Vgl. Andreas Etges, „Der erste Keim zu einem Bunde in Bunde". Der Deutsche Zollverein und die Nationalbewegung, in: Hans-Werner Hahn/Marko Kreutzmann (Hrsg.), Der deutsche Zollverein. Ökonomie und Nation im 19. Jahrhundert, Köln u. a. 2012, S. 97–124.

34 Vgl. Wilhelm an Schweitzer, 27. Mai 1830. Schultze (Hrsg.), Briefe an Politiker, Bd. 1, S. 3; Wilhelm an Charlotte, 23./26. Dezember 1833. GStA PK, BPH, Rep. 51, Nr. 859.

35 Vgl. Dennis E. Showalter, The Wars of German Unification. Second Edition, London u. a. 2015, S. 18.

36 Vgl. Robert D. Billinger Jr., The War Scare of 1831 and Prussian South German Plans for the End of Austrian Dominance in Germany, in: Central European History Vol. 9, Nr. 3 (1976), S. 203–219.

37 Wilhelm an Charlotte, 17. März 1831. Börner (Hrsg.), Briefe, S. 156.

38 Wilhelm an Augusta, 15. Juni 1838. Schuster/Bailleu (Hrsg.), Nachlaß, Bd. 1, S. 70–71.

sollten. Diese Streitfrage habe ihm so manche „schlaflose Nacht gemacht", klagte er dem Diplomaten Joseph Maria von Radowitz 1841.[39]

Die Frustration, die Wilhelm hier formulierte, war durch einen äußeren Konflikt im ersten Jahr der Herrschaft Friedrich Wilhelms IV. verstärkt worden. In der sogenannten Rheinkrise hatte Frankreich zumindest rhetorisch am Rande eines Krieges mit Deutschland operiert. Außenpolitisch wie innenpolitisch paralysiert hatte die Julimonarchie ein Ventil gesucht, um den öffentlichen Druck abzulassen: die Rheingrenze, Frankreichs „natürliche Grenze". Die Pariser Annexionsforderungen und Kriegsdrohungen führten dann wiederum in Deutschland zu einer staaten-, partei- und gesellschaftsübergreifenden Welle nationalistischer Erregung – beispielhaft ausgedrückt im populären Lied *Die Wacht am Rhein*.[40] Da König Louis-Philippe schließlich vor einer militärischen Eskalation zurückschreckte, jubelte Wilhelm über die weitverbreitete Genugtuung, „endlich doch Einmal eine Ohrfeige für Frankreich" erleben zu dürfen.[41] Wie nach 1830 hatte Berlin auch im Zuge der Rheinkrise versucht, die äußere Bedrohung als Anlass zu Verhandlungen über die militärische Gretchenfrage zu nutzen. Und wie nach 1830 scheiterte auch dieser Versuch am Widerstand Österreichs und des Dritten Deutschlands. Allerdings war deutlich geworden, dass es keine realistischen Gegenprojekte zu einem einheitlichen Oberkommando gab, wie es Preußen forderte. Die Frage der Bundeskriegsreform wurde mit dem Ende der Rheinkrise lediglich vertagt. Und bis 1866 sollte sie nie gelöst werden.[42] Weder Friedrich Wilhelm IV. noch sein jüngerer Bruder hatten darauf bestanden, dass das Oberkommando über die Bundestruppen nominell in preußischer Hand liegen müsse. Wilhelm selbst äußerste sich stattdessen positiv über die Idee, das Bundesfeldherrenamt auf König Wilhelm I. von Württemberg oder Prinz Emil von Hessen-Darmstadt zu übertragen.[43]

Doch der Furor teutonicus der Rheinkrise ließ den späteren Kaiser auch neue Reflexionen über das Verhältnis von Monarchie und Nationalismus formulieren. Gegenüber Charlotte erklärte er im Dezember 1840, das „so unglaublich rasche Populairwerden des Rhein Liedes" sei „ein Beweis, wie vortrefflich der Geist im Moment in Deutschland ist und wie ächt *deutsch* er ist, und namentlich am Rhein; das ist ein großer Seegen."[44] Die „angeregte Deutsche Stimmung", schrieb er Luise im Januar 1841, habe überhaupt „das Vertrauen auf Preußen sehr gehoben."[45] Diese Quellen waren primär Momentaufnahmen, beschränkt auf den Jahreswechsel 1840/41. Doch zum ersten Mal schien der spätere Kaiser zu sinnieren, dass die Nationalbewegung der Krone als potentielles Instrument zum Machterhalt und Machtgewinn dienen könnte. Irgendwel-

---

39 Wilhelm an Radowitz, 9. Februar 1841. Schultze (Hrsg.), Briefe an Politiker, Bd. 1, S.3.

40 Lutz, Habsburg und Preußen, S. 199–204; Angelow, Sicherheitspolitik, S. 110–113; Winkler, Weg nach Westen, Bd. 1, S. 86–89; Marcowitz, Frankreich, S. 114–115; Simms, Vorherrschaft, S. 289–291.

41 Wilhelm an Friedrich Wilhelm IV., 3. August 1840. Baumgart (Hrsg.), Wilhelm I., S. 53.

42 Vgl. Angelow, Sicherheitspolitik, S. 123–124.

43 Vgl. Wilhelm an Charlotte, 7. Oktober 1840. Börner (Hrsg.), Briefe, S. 207.

44 Wilhelm an Charlotte, 14./17. Dezember 1840. GStA PK, BPH, Rep. 51, Nr. 864.

45 Wilhelm an Luise, 6. Januar 1841. GStA PK, BPH, Rep. 51, Nr. 853.

che Politikvorschläge gingen aus diesen Betrachtungen allerdings nicht hervor. Auch schimpfte Wilhelm gleichzeitig, „man müsse [...] sich hüten, daß diese Deutschheit nicht debordiere [...]. Früher ahnte man nicht, wohin die Deutschheit führen würde, als man diesem nationalen Gefühl freien Lauf ließ, da man am wenigsten glaubte, daß sie in ihrem Schoße das gebären werde, was man mit derselben soeben in Frankreich besiegt hatte, d. h. die Revolution."[46] Die Agitation der Nationalbewegung geißelte er bald erneut als „Manie, da sich oppositionell auszusprechen, wo ein Gouvernement *gesprochen hat*", wie er seinem Bruder 1846 schrieb, „d. h. mit anderen Worten das Ansehen der Gouvernements geflissentlich zu untergraben!"[47] „Der *deutsche* Aufschwung ist übrigens in meinen Augen, eine völlig unverstandene Sache [...]. Der Aufschwung ist daher gewiß sehr ernst zu überwachen", denn er sei „stark gefärbt, mit der Tendenz, sich öffentlich auszusprechen, weil man einer Königlichen Authorität entgegen treten kann."[48] Bis 1848 sollte Wilhelm die Nationalbewegung nahezu ausschließlich als revolutionäre Gefahr betrachten. Weder identifizierte er sich mit deutschnationalen Ideen, noch formulierte er *irgendwelche* Konzepte oder Skizzen einer preußischen Deutschlandpolitik. Selbstidentifizierung und Wirklichkeitswahrnehmung des ersten Hohenzollernkaisers waren vor 1848 dynastisch-europäisch sowie borussozentrisch. Dem Nationalismus begegnete er mit Ablehnung – *bestenfalls* mit einer grundlegenden Skepsis.

Anders verhielt es sich hingegen mit Wilhelms älterem Bruder. Seit seiner Jugend war Friedrich Wilhelm IV. Anhänger eines romantisierten, vermeintlich historischen Deutschlandbildes – ein mittelalterliches, ein heiliges römisches Deutschland. Wie etwa auch der bayerische König wollte er, wenn er von deutscher Einheit sprach, diese vor allem kulturell verstanden wissen. Vor 1848 zeigte der preußische Herrscher daher kaum Interesse an dem Projekt einer Bundesreform. Stattdessen zelebrierte er öffentlich die idealisierte Kulturnation.[49] Skizzierte er doch einmal Ideen einer politischen Neuordnung Deutschlands, wie etwa in einem Brief an Ludwig I. 1840, so waren diese nicht weniger anachronistisch als seine ständischen Pläne. Denn Friedrich Wilhelm IV. träume davon, wie er es formulierte, „auf dem Haupte des mächtigsten teutschen Fürsten, des erblichen und geburts Präsidenten des Bundes [...] die unbestrittne Erste Krone der Welt, die Krone Karls des Großen wieder" zu „sehen und ausgesprochen" zu „wissen, daß der österreichische Monarch nur als Römischer Kayser [...] Präsident des Bundes sey [...] – das höchste Haupt der Christenheit." Ein in Deutschland, Italien und in Ungarn restauriertes Heiliges Römisches Reich könne dann als „Europäische Macht" mit einer „Bevölkerung von 66.000.000" auftreten. „Und sind *die einig* [...], so kann sie keine Macht der Erde meistern wohl aber können sie *Viele* meistern. Die 30 Millionen Teutsche, als Kern dieser CentralMacht Europa's bildeten dann wieder das *unbestrittne*

---

46 Wilhelm an Charlotte, 15. Januar 1841. Börner (Hrsg.), Briefe, S. 213.
47 Wilhelm an Friedrich Wilhelm IV., 13. August 1846. GStA PK, VI. HA, Nl. Vaupel, Nr. 58, Bl. 533.
48 Wilhelm an Friedrich Wilhelm IV., 9. September 1846. Ebd., Bl. 541–542.
49 Vgl. Barclay, Friedrich Wilhelm IV., S. 272–273; Kroll, Friedrich Wilhelm IV., S. 108–118; ders., Herrschaftslegitimierung durch Traditionsschöpfung. Der Beitrag der Hohenzollern zur Mittelalter-Rezeption im 19. Jahrhundert, in: HZ 274 (2002), S. 61–85, hier: S. 66–77.

Erste Volk der Welt."[50] Modern war an diesen Allerhöchsten Ideen lediglich der Wunsch nach einer deutschen Weltmachtrolle. Alles andere war Mittelalterromantik.

Doch darf Friedrich Wilhelms IV. Habsburgerloyalität als Faktor der preußischen Deutschlandpolitik nicht unterschätzt werden. Das gilt sowohl für die 1840er als auch 1850er Jahre. Denn der König weigerte sich, nationalpolitische Initiativen ohne den Wiener Hof zu ergreifen. Und noch weniger war er bereit, Österreich aus Deutschland hinauszudrängen. „Teutschland" ohne den Kaiserstaat gleiche einer „Bildsäule – ohne Kopf", schrieb er im Februar 1848, wenige Wochen vor der Märzrevolution. „Österreich ist aber Teutschlands Haupt auch *dann*, wenn dies Haupt die Verrichtungen des Hauses nicht üben will."[51] Die Hohenzollernmonarchie hatte nach Friedrich Wilhelm IV. schlichtweg kein historisches Recht, eine Führungsrolle in Deutschland zu beanspruchen. Das galt auch dann, wenn die Wiener Politik auf dem nationalen Feld inaktiv blieb. Wäre es nach diesem preußischen König gegangen, wäre eine deutsche Einheit allein großdeutsch zu Stande gekommen – nicht kleindeutsch, nicht großpreußisch.[52] Eine solche Lösung der Deutschen Frage sollte erst Wilhelm in den Agendafokus des Berliner Hofs rücken.

Der spätere Kaiser war vor 1848 alles andere als ein mittelalterlicher Reichsromantiker. Er mokierte sich sogar bisweilen über diese Gedankenspiele seines Bruders. So dankte er Luise im April 1842 für das Geschenk von Bronzefiguren, „die als *alt teutsch* nach Babelsberg wandern werden. Eigentlich sollte ich sagen: *mittelalterlich*; indessen da wir hier jetzt immer nur von *Deutschland* und garnicht mehr von *Preußen* reden hören, so kommt einem unwillkürlich das Wort in den Mund!!"[53] Auch klagte er über „Butts Passion, die Uniformirung zu ändern", den look der Armee augenscheinlich den – aus Wilhelms Perspektive nationalrevolutionären – Freiwilligenverbänden der Befreiungskriege anzunähern. „Ich sah die Vorstellungen!! mein Preußisches Herz hat sich krampfhaft zusammengezogen! Ich glaubte Frei Corps Fantasien vor mir zu sehen!"[54] Anders als die preußische Verfassungsfrage besaß die Deutsche Frage im Vormärzverhältnis von König und Thronfolger allerdings kein Konfliktpotential. Wilhelms Interesse an „Deutschland" war hierfür einfach zu gering. Und Friedrich Wilhelm IV. verfolgte keine aktive und konkrete Nationalpolitik, aus der sich Friktionspunkte hätten ergeben können. In einer der seitenlangen prinzlichen Denkschriften gegen die königlichen Ständereformen findet sich sogar die Bemerkung, „durch die Geschichte, durch seine Macht u[nd] durch den Wiener Congress, ist Östreich an Deutschlands Spitze gestellt."[55] Das waren strategisch gewählte Worte, adressiert an Friedrich Wilhelm IV.

---

50 Friedrich Wilhelm IV. an Ludwig I., 19. Dezember 1840. Barclay, Friedrich Wilhelm IV., S. 273–274.
51 Friedrich Wilhelm IV. an Redern, 23. Februar 1848. Karl Haenchen (Hrsg.), Revolutionsbriefe 1848. Ungedrucktes aus dem Nachlaß König Friedrich Wilhelms IV. von Preußen, Leipzig 1930, S. 23–24.
52 Vgl. Heinrich von Srbik, Deutsche Einheit. Idee und Wirklichkeit vom Heiligen Reich bis Königgrätz, Bd. 2, München 1935, S. 285; Huber, Verfassungsgeschichte, Bd. 2, S. 847.
53 Wilhelm an Luise, 9. April 1842. GStA PK, BPH, Rep. 51, Nr. 853.
54 Wilhelm an Luise, 11. August 1841. Ebd.
55 Wilhelm an Friedrich Wilhelm IV., Januar 1845. Baumgart (Hrsg.), Wilhelm I., S. 127.

Doch sie belegen auch, dass Wilhelm zu jener Zeit kein Anhänger borussischer Narrative war. Erst nach 1848 sollte sich dieses Geschichtsbild in seinen Schriften und Worten finden.

Augusta hingegen formulierte bereits in den letzten Jahren des Vormärz erste politische Konzepte, in denen sie explizit borussische Topoi aufgriff. Im Februar 1847 argumentierte sie in einem längeren Promemoria, das friderizianische Großmachterbe in Deutschland sei „von seinen Nachfolgern erkannt oder verkannt [...], erweitert oder beschränkt worden". Friedrich Wilhelm IV. sei kein Friedrich der Große, so die implizite Anklage. Denn nach 1840 habe die preußische Krone im Inneren wie im Äußeren an Macht und Einfluss verloren. Es drohe gar die Isolierung des Königreichs, „wenn nicht noch beizeiten *jene allein unentbehrliche Allianz* zustande kommt; – nämlich: *die Allianz Preußens mit Deutschland.* Wäre diese die Grundidee preußischer Politik, so würden die Umstände von selbst Mittel und Wege darbieten, um unerachtet der innern und äußern Hindernisse Preußen und Deutschland durch moralische Verständigung und materielles Übergewicht kirchlich, politisch und militärisch so zu verbinden, daß dieser Staatenverband, mit einer Regierung des Fortschritts an der Spitze, als Wage des europäischen Gleichgewichts jenen Platz in der Weltgeschichte einnehme, der ihm gebührt." Hier findet sich das Konzept einer *symbolischen,* aber auch einer *machtpolitischen* Eroberung Deutschlands. Beides sollte nach Augusta unter dezidiert liberalen Auspizien erfolgen. Wie die nationale Einigung genau gelingen könnte, wusste sie allerdings auch nicht. Denn „bei dem Druck, den Österreich auf den Bundestag ausübt, bei der Souveränitätsverblendung deutscher Fürsten, und der oft bewiesenen Rücksichtslosigkeit Preußens gegen die öffentliche Meinung", könne sie „leider noch nicht voraussehen, wie jenes Ziel erreicht werden soll."[56] Diese Diagnose war in vielerlei Hinsicht spot on. Nicht nur nahm Augusta die nationalpolitischen Möglichkeiten der Hohenzollernmonarchie nach 1848 vorweg. Sie benannte auch explizit jene Gründe, weshalb eine Eroberung Deutschlands ohne Druck (oder Zwang) kaum Aussicht auf Erfolg hatte.

Dagegen war Friedrich Wilhelm IV. in den ersten sieben Jahren seiner Herrschaft bestenfalls daran interessiert gewesen, die Deutsche Frage in den Dienst der königlichen Ständeagenda zu stellen. Die Allerhöchste Deutschlandpolitik nach 1840 – so man diese überhaupt als solche bezeichnen möchte – war symbolisch-romantisch aufgeladen, ohne machtpolitische Ambitionen, und vor allem antikonstitutionell. Mit dieser anachronistischen Agenda konnte der absolutistische Herrscher die Nationalbewegung nicht gewinnen. Die ungeklärte preußische Verfassungsfrage verhinderte eine Annäherung von Hohenzollernkrone und nationaler Öffentlichkeit.[57] Die Konstitutionalisierung des Königreichs war *die* Hauptbedingung für jegliche erfolgreiche dynastische Nationalisierungspolitik. Denn diese war nur mit Kompromissen an das Repräsentations- und Partizipationsprinzip möglich – im institutionellen Diskurs von Krone und *Volks*vertretern. Mit Friedrich Wilhelm IV. war eine solche Politik jedoch nicht zu ma-

---

56 Aufzeichnungen Augustas, Februar 1847. Schuster/Bailleu (Hrsg.), Nachlaß, Bd. 2, S. 509–510.
57 Vgl. Mommsen, 1848, S. 72; Winkler, Weg nach Westen, Bd. 1, S. 75; Hein, Deutsche Geschichte, S. 48.

chen. Und für Wilhelm brauchte es erst den Beinahe-Kollaps von 1848, bevor sich ihm eine Deutsche Frage überhaupt stellte. Die ungeklärte nationale Frage trug neben der Verfassungsfrage und sozialen Frage maßgeblich dazu bei, das politische Protestpotential in Deutschland vor Ausbruch der Märzrevolution nicht nur zu steigern, sondern auch allmählich eskalieren zu lassen.[58] Im März 1848 kreuzten sich diese Konfliktkurven schließlich. Und in Preußen und Deutschland sollte nichts mehr so sein, wie es früher war.

---

[58] Vgl. Nipperdey, Bürgerwelt, S. 400; Siemann, Revolution, S. 49–50; Mommsen, 1848, S. 60; Thiele, Verfassungsgeschichte, S. 199–202; Konrad Canis, Konstruktiv gegen die Revolution. Strategie und Politik der preußischen Regierung 1848 bis 1850/51, Paderborn 2022, S. 1–3.

Drittes Buch **Revolutionserfahrungen 1848 – 1850**

„Ich bin wie vernichtet! Gar keine Aussicht in die Zukunft!"
Die Märztage 1848

Vor 1848 schien ein neuer Umsturz für viele Zeitgenossen nur eine Frage der Zeit gewesen zu sein. Bereits Ende 1845 hatte Varnhagen notiert, „der Gedanke, daß es bei uns zur Revolution kommen müsse, ist so verbreitet und eingewurzelt in den Gemüthern, daß es fast schon eine Revolution" sei, „so zu denken."[1] Kaum mehr als zwei Jahre später überraschte die Barrikadendynamik dann doch nahezu ganz Europa. Auf der Apenninenhalbinsel kam es bereits zum Jahreswechsel 1847/48 zu Straßenunruhen. Eine Synchronität sozioökonomischer, nationaler und konstitutioneller Konfliktentwicklungen hatte auch die italienischen Fürstentümer in eine existentielle Legitimationskrise schlittern lassen. Die absolutistischen Herrscher im Großherzogtum Toskana und dem Königreich Sardinien-Piemont sahen sich schnell gezwungen, ihren Untertanen Verfassungen zu gewähren. Nach dem Ende der Revolution sollte jedoch allein das sardinische statuto albertino in Kraft bleiben. Der Konstitutionsoktroi diente der Savoyenmonarchie als neuer innerer wie äußerer Legitimationsquell. Und er erlaubte dem kleinen Königreich, mit breiter öffentlicher Unterstützung den Weg in einen italienischen Nationalstaat zu beschreiten.[2] Wilhelm beobachtete die revolutionären Ereignisse südlich der Alpen durchaus reflektiert. Bereits im Oktober 1847 argumentierte er, „hätten zur rechten Zeit die italienischen Souveräne Fortschrittsinstitutionen gegeben, so wären sie Herren der Bewegung geblieben, was sie jetzt nicht mehr sind."[3] Und im Januar 1848 schrieb er, „die geistigen Aufregungen der Zeit und die Forderungen der Zeit lassen sich nicht durch Bajonette zurückhalten auf die Dauer, und wenn dann der Sturm losbricht, so muß man Konzessionen machen, die viel weiter führen und gehen als ein vernünftiges Entgegenkommen zur rechten Zeit!"[4] Doch diese Briefzeilen dürfen politikhistorisch nicht überbewertet werden. Denn Wilhelm sah eine Reformnotwendigkeit nur im Ausland. In Preußen setzte er bis in die Märztage allein auf Bajonette.

Das revolutionäre Brandfeuer nahm seinen Anfang an den geographischen Rändern des Kontinents. Erst in Italien – und schließlich in Frankreich. Dort dankte Louis-Philippe nach zweitägigen Barrikadenkämpfen am 24. Februar 1848 ab. Noch am selben Tag wurde öffentlich die Republik proklamiert. Die Pariser Februarrevolution war jener sprichwörtliche Funke, der das kontinentale Revolutionsfass zur Explosion brachte.[5] Gleichwohl greift das Bild einer in Frankreich beginnenden europäischen Kettenrevolution zu kurz. Die jeweiligen Konfliktursachen hatten in allen Ländern ihre regionalen

---

1 Tagebuch Varnhagen, 20. Dezember 1845. [Varnhagen], Tagebücher, Bd. 3, S. 268.
2 Vgl. Sellin, Restaurationen, S. 97–115.
3 Wilhelm an Charlotte, 29. Oktober 1847. Börner (Hrsg.), Briefe, S. 279.
4 Wilhelm an Charlotte, 13. Januar 1848. Ebd., S. 281.
5 Vgl. Siemann, Revolution, S. 58; Mommsen, 1848, S. 108; Evans, Jahrhundert, S. 273.

https://doi.org/10.1515/9783111323954-014

wie überregionalen Besonderheiten.[6] Das Berliner Straßenpublikum erfuhr erst vom 28. auf den 29. Februar vom französischen Königsturz. Diese Nachricht wirkte sich dynamisierend auf Revolutionsentwicklung in der preußischen Hauptstadt aus. Aber das gilt auch für andere Faktoren. Innerhalb der Palastmauern hatte man bereits am 26. Februar von den Pariser Ereignissen erfahren.[7] Für Wilhelm entbehrte Louis-Philippes Sturz nicht einer gewissen historischen Ironie. Seiner Geliebten Fanny Biron von Kurland höhnte er, „so viel steht fest, die July-Dynastie u[nd] das July Gouvernement hat vor der eigenen *Wiege* fléchirt".[8] „Da ist der Finger Gottes sichtbar!", schrieb er Charlotte am 29. Februar. „Daß es aber zur Republik führen würde, das hätte ich denn doch nicht geglaubt! Was wird nun werden. [...] Wir werden sie nicht angreifen, das versteht sich. Aber sichern müssen wir uns. Die Truppen am Rhein werden auf den Kriegsfuß gesetzt, und ich soll als Generalgouverneur nach dem Rhein ernannt werden."[9]

Wie 1830 war Wilhelm auch im Februar 1848 überzeugt, dass eine Revolution in Frankreich a priori militärisches Konfliktpotential mit sich bringen würde. Aber gleichzeitig bot ihm ein solcher Waffengang neue Profilierungsoptionen. Dem König erklärte er deshalb, „wenn Krieg wird, darf ich annehmen, daß Du mir bestimmt in der Armée ein Commando anvertraust."[10] Wie sein jüngerer Bruder weinte auch Friedrich Wilhelm IV. dem gestürzten Bürgerkönig keine politische Träne nach. Und er schätzte die Kriegsgefahr ebenfalls als hoch ein. Daher begann der Berliner Hof Ende Februar, in Deutschland und Europa diplomatische Fühler zur Bekämpfung der potentiellen Bedrohung jenseits des Rheins auszustrecken. Diese Koordinationsversuche sollten jedoch schnell von den Märzereignissen überrollt werden.[11] Nikolaus I. forderte seinen preußischen Schwager noch Anfang März offen auf, sich an die Spitze der bewaffneten Macht ganz Deutschlands zu stellen. Auf russische Unterstützung gegen Frankreich könne Friedrich Wilhelm IV. in drei Monaten rechnen.[12] Auch der Zar hatte das Ende der Julimonarchie begrüßt. Aber die Petersburger Schadenfreude war nicht von langer Dauer. Denn die revolutionäre Dominokette bewegte sich scheinbar ungebrochen weiter in Richtung Osten.[13]

Moderne Verkehrs- und Kommunikationsmöglichkeiten trugen maßgeblich dazu bei, dass sich die Umsturznachrichten innerhalb weniger Tage wie ein Lauffeuer durch Europa verbreiten. In nicht wenigen Städten wurde die Nachrichtenübermittlung sogar

---

6 Vgl. Fahrmeir, Europa, S. 251–253.
7 Vgl. Rüdiger Hachtmann, Berlin 1848. Eine Politik- und Gesellschaftsgeschichte der Revolution, Bonn 1997, S. 120–121.
8 Wilhelm an Fanny, 26. Februar 1848. GStA PK, BPH, Rep. 51 J, Nr. 842, Bl. 5.
9 Wilhelm an Charlotte, 29. Februar 1848. Börner (Hrsg.), Briefe, S. 284–285.
10 Wilhelm an Friedrich Wilhelm IV., 29. Februar 1848. GStA PK, VI. HA, Nl. Vaupel, Nr. 58, Bl. 667.
11 Vgl. Barclay, Friedrich Wilhelm IV., S. 202–203; Hachtmann, Berlin 1848, S. 122.
12 Vgl. Nikolaus I. an Friedrich Wilhelm IV., 7. März 1848. Horst Günther Linke (Hrsg.), Quellen zu den deutsch-russischen Beziehungen 1801–1917, Darmstadt 2001, S. 95–96.
13 Vgl. Lincoln, Nicholas I, S. 278–290; Ludmilla Thomas, Russische Reaktionen auf die Revolution von 1848 in Europa, in: Wolfgang Hardtwig (Hrsg.), Revolution in Deutschland und Europa 1848/49, Göttingen 1998, S. 240–259; Zamoyski, Phantome, S. 524–525.

von den eigenen Revolutionsausbrüchen eingeholt oder überholt. Das soziale Protestpotential, das 1830 noch eine vergleichsweise marginale Rolle gespielt hatte, trug 1848
entschieden zur Konflikteskalation bei. Die von Armut und Verelendung betroffenen
städtischen Unterschichten waren die hauptsächlichen Träger der Revolution. Vor allem
aber unterschied die gesamteuropäische Dimension die Ereignisse 1848/49 von allen
früheren (und nachfolgenden) Revolutionen. Die Wiener Ordnung von 1815 hatte die
Julirevolution zwar nur ramponiert überstanden. Aber sie *hatte* sie überstanden. Mit
dem Jahr 1848 begann das Kongresssystem allerdings zu implodieren.[14] Die Entwicklungen in Deutschland nahmen in dieser Entwicklung nicht nur geographisch eine
zentrale Stellung ein. Dort kam es seit März zunächst in den Mittels- und Kleinstaaten zu
revolutionären Unruhen kam.[15] Und in Preußen wurde die Hauptstadt Berlin als politischer Resonanz- und Entscheidungsschauplatz zum Mittelpunkt der Ereignisse. Dies
sollte den Revolutionsverlauf im Hohenzollernkönigreich von den dezentralen Entwicklungen im übrigen Deutschland unterscheiden.[16]

Am 3. März fanden in Köln öffentliche Demonstrationen statt – die ersten in einer preußischen Großstadt. Etwa zeitgleich kam es in Berlin zu spontanen politischen
Versammlungen auf dem öffentlichen Zeltenplatz im Tiergarten. Dabei wurden Petitionen an den König verfasst, in denen konstitutionelle Reformen gefordert wurden.[17]
Friedrich Wilhelm IV. sah sich zu ersten strategischen Konzessionen gezwungen. Am
6. März gewährte er die Periodizität des Vereinigten Landtags. Innenminister Ernst
von Bodelschwingh hatte ihm diesen Schritt abgerungen.[18] Auch in den übrigen deutschen Staaten versuchten die konservativen Eliten bereits in den ersten Märzwochen,
die Stimmung durch einen graduellen Rückbau des Repressivsystems zu beruhigen. Sie
hatten erkannt, dass die Reformfrage in eine Systemfrage umzukippen drohte. Das
dynastische Geschäftsmodell stand potentiell auf dem Prüfstand. In Frankfurt am Main
begannen sogar hektische Überlegungen über eine Bundesreform. Doch die vormärzlichen Entscheidungsträger mussten bald der Revolution weichen. Und der Bundestag
musste seine nationale Rolle an die demokratisch gewählte deutsche Nationalversammlung in der Frankfurter Paulskirche abtreten.[19] Wilhelm reflektierte diese Epo-
chentendenz erst, als die Krone die Aktionsinitiative bereits verloren hatte. Zu dieser
Entwicklung trug er in entscheidendem Maße selbst bei. Bereits im Rahmen der kö-

---

14 Vgl. Hartmut Kaelble, 1848. Viele nationale Revolutionen oder eine europäische Revolution?, in:
Wolfgang Hardtwig (Hrsg.), Revolution in Deutschland und Europa 1848/49, Göttingen 1998, S. 260–278;
Jonathan Sperber, The European Revolutions, 1848–1851, Cambridge ²2005; Mike Rapport, 1848. Year of
Revolution, New York 2009; Christopher Clark, Frühling der Revolution. Europa 1848/49 und der Kampf
für eine neue Welt, München 2023.

15 Vgl. Huber, Verfassungsgeschichte, Bd. 2, S. 502–547; Siemann, Revolution, S. 60–64; Hein, Revolution,
S. 12–15.

16 Vgl. Siemann, Revolution, S. 67; Wienfort, Geschichte Preußens, S. 74.

17 Vgl. Hachtmann, Berlin 1848, S. 126–128; Canis, Revolution, S. 12–13.

18 Vgl. Barclay, Friedrich Wilhelm IV., S. 205; Hachtmann, Berlin 1848, S. 123–124; Canis, Revolution, S. 16,
S. 25–27.

19 Vgl. Siemann, Revolution, S. 81–84; Müller, Bund und Nation, S. 41–52; Canis, Revolution, S. 8–10.

niglichen Periodizitätserklärung am 6. März war der Thronfolger negativ aufgefallen. Er soll die anwesenden rheinischen Abgeordneten aufgefordert haben, in Köln für Ruhe und Ordnung zu sorgen. „Der Prinz muß hierbei nicht glücklich in Art und Ausdruck gewesen sein", so Varnhagen, „denn die meisten Ständemitglieder zeigten nach seinem Weggehen laute Unzufriedenheit."[20] Seiner Schwester schrieb Wilhelm noch am selben Tag, „hier gärt es natürlich, aber die Periodizitätsentscheidung hat viel umgewandelt."[21] Politische Weitsicht sah anders aus. Aber der spätere Kaiser glaubte scheinbar tatsächlich, dass weitere Konzessionen nicht mehr nötig seien. Am 8. März lehnte er in einer Konseilsitzung die Gewährung der Pressefreiheit ab.[22] Und am 9. März soll der Prinz darauf gedrängt haben, die öffentlichen Versammlungen in der Hauptstadt auseinandersprengen zu lassen, wie der Offizier Eduard von Waldersee in seinen Memoiren berichtet.[23] Wilhelm setzte auf *mehr Soldaten*, nicht auf mehr Konzessionen. „Die Masse muß sehen, daß sie garnichts *ausrichten kann* gegen das Militär", betonte er am 12. März.[24]

Am 9. März war der Thronfolger zudem zum Militärgouverneur in den Rheinlanden und Westphalen ernannt worden. Für Monarch und Ministerium war dies eine Möglichkeit, den Prinzen als Irritationsfaktor aus der unruhigen Hauptstadt zu entfernen.[25] Nach Sankt Petersburg schrieb Wilhelm aber am 11. März, er wolle Berlin nicht eher verlassen, „bis Fritz nicht dem Adressenwesen [...] ein Ende gemacht hat."[26] Und während seine Abreise vorbereitet wurde, tat er scheinbar Alles, um die Stimmung nur noch weiter anzuheizen. Laut dem Revolutionschronisten Gustav Adolf Wolff begab sich der Prinz von Preußen am 13. März „in die einzelnen Kasernen und hielt hier vor den versammelten Soldaten Abschiedsreden, in denen es sich viel von ‚Krieg' und ‚bevorstehenden Kämpfen', von ‚treuem Ausharren' gehandelt haben soll, deren Wortlaut jedoch nicht weiter bekannt geworden ist."[27] Und General Karl von Prittwitz berichtete, dass diese Reden „große Aufmerksamkeit" erregt hätten, da nicht möglich gewesen sei, „überall das nicht militärische Publikum ganz auszuschließen."[28] Letztendlich sollte Wilhelm seinen Posten am Rhein vor Ausbruch der Revolution nicht mehr antreten können. Am 15. März schrieb er Fanny, „die Abreise stehet noch nicht fest, u[nd] da jede

20 Tagebuch Varnhagen, 6. März 1848. [Varnhagen], Tagebücher, Bd. 4, S. 265.
21 Wilhelm an Charlotte, 6. März 1848. Börner (Hrsg.), Briefe, S.286.
22 Vgl. Konseilprotokoll, 8. März 1848. Acta Borussica. Protokolle, Bd. 3, S. 326.
23 Vgl. Hermann von Caemmerer (Hrsg.), Aus den Berliner Märztagen. Aufzeichnungen des Grafen Eduard v. Waldersee, Berlin 1909, S. 4.
24 Wilhelm an M. v. Prittwitz, 12. März 1848. Karl Haenchen (Hrsg.), Neue Briefe und Berichte aus den Berliner Märztagen, in: FBPG 49 (1937), S. 254–288, hier: S. 262.
25 Vgl. Karl-Heinz Börner, Prinz Wilhelm von Preußen. Kartätschenprinz und Exekutor der Konterrevolution, in: Helmut Bleiber/Walter Schmidt/Rolf Weber (Hrsg.), Männer der Revolution von 1848, Bd. 2, Berlin (Ost) 1987, S. 487–512, hier: S. 491.
26 Wilhelm an Charlotte, 11. März 1848. Börner (Hrsg.), Briefe, S. 287.
27 Gustav Adolf Wolff, Berliner Revolutions-Chronik. Darstellung der Berliner Bewegungen im Jahre 1848 nach politischen, sozialen und literarischen Beziehungen, Bd. 1, Berlin 1851, S. 52.
28 Heinrich (Hrsg.), Berlin 1848, S. 50.

Stunde so Wichtiges bringt, so sehe ich auch noch kein Ende ab!"[29] In Berlin kursierte sogar das Gerücht, der König habe dem öffentlich verhassten Thronfolger die Reise untersagt, um die rheinischen Liberalen nicht sofort auf die Barrikaden zu treiben.[30] Laut Varnhagen wurde aber auch erzählt, „der Prinz solle in Berlin bleiben, weil man seines militairischen Eifers hier noch mehr bedürfe, als am Rhein."[31] Die Eigendynamik des Hörensagens machte auch vor dem Thronerben nicht halt.

Am 13. und 14. März kam es in der Hauptstadt schließlich zu den ersten gewaltsamen Zusammenstößen von Demonstranten und Soldaten.[32] „Ueber das geflossene Blut, und wie die Leute natürlich behaupteten, unschuldiger Leute!!! erhitzten sich die Bürger", schimpfte Wilhelm seiner Schwester.[33] Und seinem Bruder erklärte er, die Revolution würde nur der Waffengewalt weichen, „wobei es ganz gleichgültig ist, ob Bluth fließt oder nicht."[34] Dass der Thronfolger der Meinung war, gegen Demokraten helfen nur Soldaten, wurde schnell auch öffentlich bekannt. Am 15. März versammelten sich Demonstranten vor dem Stadtschloss und bewarfen die Wachposten mit Steinen. Ernst von Pfuel, der Militärgouverneur von Berlin, ließ jedoch nicht auf die Menge schießen. Stattdessen befahl er den Rückzug in den Schlosshof, und ließ die Demonstranten erst nach einigen Stunden durch Kavallerie auseinandertreiben. Daraufhin soll Wilhelm dem Militärgouverneur vorgeworfen haben, vor der Revolution eingeknickt zu sein. Der Streit soll sogar so heftig gewesen sein, dass der König dem Prinzen befohlen habe, sich bei Pfuel zu entschuldigen. So wurde es jedenfalls öffentlich schnell erzählt.[35] Aber selbst Prittwitz gestand, dass diese Story nicht allein der Gerüchteküche entsprang. Und sie soll „dem Prinzen, wenigstens in den Augen der nichtmilitärischen Menge, bedeutenden Schaden" zugefügt haben.[36] Nach seiner Flucht aus Berlin schrieb Wilhelm an Charlotte, am 15. März habe eine öffentliche „Aufregung" geherrscht „wegen Klagen, daß auch *Unschuldige* Säbelhiebe erhalten hätten, die beständige Anschuldigung gegen die Truppe, als ob diese beim Einhauen erst jeden einzeln fragen sollte, ob er schuldig oder unschuldig sei!" Deshalb habe er Pfuel „auf das nachdrücklichste zur Rede" gestellt. „Setze Dich auf einen Augenblick in meine Lage und bedenke, daß ich mit Stolz wußte, von welchem Geiste meine Truppen beseelt waren [...], und nun mußte ich sie auf eine Art durch den Gouverneur verwenden sehen, die gegen alle militärischen Ansichten läuft, erwartend, daß sie im entscheidenden Moment durch solche Verwendung de-

---

29 Wilhelm an Fanny, 15. März 1848. GStA PK, BPH, Rep. 51 J, Nr. 842, Bl. 6.

30 Vgl. Tagebuch Varnhagen, 16. März 1848, [Varnhagen], Tagebücher, Bd. 4, S. 283; Wolff, Revolutions-Chronik, Bd. 1, S. 52.

31 [Varnhagen], Tagebücher, Bd. 4, S. 226

32 Vgl. Hachtmann, Berlin 1848, S. 137–141.

33 Wilhelm an Charlotte, 17. März 1848. GStA PK, BPH, Rep. 51 J, Nr. 511a, Bd. 2, Bl. 330.

34 Wilhelm an Friedrich Wilhelm IV., 15. März 1848. Baumgart (Hrsg.), Wilhelm I., S. 171.

35 Vgl. Tagebuch Varnhagen, 16. März 1848. [Varnhagen], Tagebücher, Bd. 4, S. 283–284; Wolff, Revolutions-Chronik, Bd. 1, S. 82–83.

36 Heinrich (Hrsg.), Berlin 1848, S. 74.

moralisiert, den Dienst versagen konnten [...] – und du kannst Dir einen Begriff machen von meiner Stimmung und meinen Gefühlen!"[37]

Wilhelms Verhalten in den Märztagen war nichts weniger als ein Revolutionskatalysator. Für die Straßenöffentlichkeit war der Thronfolger ein rotes Tuch. Das bekamen er und seine Familie schnell am eigenen Leib zu spüren. Der sechzehnjährige Friedrich Wilhelm berichtete, dass er am 15. März auf dem Weg ins Stadtschloss einer Demonstration begegnet sei. Der spätere 99-Tage-Kaiser will befürchtet haben, „nicht mehr durchzukommen; einige Äpfel flogen auch gegen uns, Gesellen drohten mit Fäusten [...]. Von allen Seiten erhob sich Hohngeschrei über mich, und sehr anständig gekleidete Leute schrien mit; zum Glück blieb das Volk beim Hohngeschrei und ließ uns noch durch."[38] Am nächsten Tag, so Varnhagen, versammelten sich vor dem Palais des Thronfolgers „ganze Haufen und schimpften und höhnten ihn, der am Fenster stand."[39] Wilhelm übte in den Märztagen keinen direkten Einfluss auf die Militärführung aus. Aber seine bloße Anwesenheit in der Hauptstadt genügte, um die ohnehin angespannte Situation in Richtung Eskalationsknall zu treiben. Der mobilisierten Öffentlichkeit diente er bereits vor Beginn der Barrikadenkämpfe als ideales Feindbild. Alle Vormärzprobleme des Hohenzollernkönigreichs konnten auf seine Figur projiziert werden.[40] In Wien spielte Metternich eine vergleichbare Rolle. Noch vor Berlin kam es in der österreichischen Hauptstadt zu Straßenkämpfen. Am 13. März wurde der Staatskanzler seines Amtes entlassen und musste Hals über Kopf ins britische Exil fliehen.[41]

„Wien ist mir in alle Glieder gefahren", schrieb Wilhelm am 15. März.[42] Laut dem Adjutanten August Friedrich Oelrichs sei der Thronfolger „sehr ergriffen" gewesen, als er die Nachrichten aus Österreich erhalten habe. Weniger glaubhaft ist jedoch, dass der Prinz am 16. März gegenüber den Staatsministern „die Ansicht ausgesprochen" haben soll, „daß nach diesem Vorgange eine ähnliche Bewegung in Berlin nicht mehr aufzuhalten sein würde, und daß es hiernach besser wäre, freiwillig mit Zugeständnissen im Geiste der Zeit vorzugehen, als sich dieselben später abdrängen zu lassen. Ich entsinne mich daß der Prinz sich hierbei der Worte bediente: ‚Es bleibt nichts übrig, als sich *an die Spitze der Bewegung zu stellen.*'"[43] Oelrichs verfasste seine Memoiren lange nach 1848. Es ist nicht unwahrscheinlich, dass er den „geläuterten" Thronfolger und König

---

37 Wilhelm an Charlotte, 28. März/5. Mai 1848. Karl Heinz Börner (Hrsg.), Der Prinz von Preußen über die Berliner Märzrevolution 1848, in: Zeitschrift für Geschichtswissenschaft 41 (1993), S. 425 – 436, hier: S. 428 – 429.

38 Aufzeichnungen Friedrich Wilhelms, 1848. Heinrich Otto Meisner (Hrsg.), Kaiser Friedrich III. Tagebücher von 1848 – 1866, Leipzig 1929, S. 3.

39 Tagebuch Varnhagen, 16. März 1848. [Varnhagen], Tagebücher, Bd. 4, S. 283 – 284.

40 Vgl. Manfred Messerschmidt, Die politische Geschichte der preußisch-deutschen Armee, München 1975, S. 134.

41 Vgl. Siemann, Revolution, S. 64 – 66; Lutz, Habsburg und Preußen, S. 252 – 254; Mommsen, 1848, S. 121 – 126; Zamoyski, Phantome, S. 523 – 526; Judson, Habsburg, S. 215 – 219.

42 Wilhelm an Fanny, 15. März 1848. GStA PK, BPH, Rep. 51 J, Nr. 842, Bl. 6.

43 [August Friedrich Oelrichs], Die Flucht des Prinzen von Preußen nachmaligen Kaiser Wilhelms I. Nach den Aufzeichnungen des Majors O. im Stabe des Prinzen von Preußen, Stuttgart 1914, S. 12 – 13.

Wilhelm, wie er ihn in den 1850er und 1860er Jahren sah, bereits in den Märztagen anklingen lassen wollte. Die unmittelbaren Quellen zeichnen jedenfalls ein gänzlich gegenteiliges Bild. Bis zu seiner Flucht plädierte Wilhelm kontinuierlich dafür, den Demonstrationen und Aufständen mit Waffengewalt zu begegnen. Und wo seitens des Ministeriums oder des Königs Konzessionen besprochen oder gewährt wurden, lehnte er diese entschieden ab. Die politikstrategische Lernkurve des späteren Kaisers muss in den Märztagen als ausgesprochen flach bezeichnet werden. Erst im Londoner Exil sollte sie langsam steiler werden.

Am 16. März kam es erneut zu gewaltsamen Straßenkämpfen. Dabei wurden mehrere Zivilisten getötet und verwundet.[44] Wie Gerlach notierte, soll der Prinz auf diese Nachrichten mit der Bemerkung reagiert haben, „das Schießen in einer frequenten Gegend hätte imponirt."[45] Am selben Tag ging auch das Gerücht um, eine Menschenmasse wolle das Palais des Thronfolgers stürmen. Die Militärführung reagierte sofort, und verstärkte die dort stationierten Wachen. Sie wollte verhindern, dass es zu Wiener Szenen kommen könnte.[46] Wilhelm schien dieses Ereignis nicht allzu sehr besorgt zu haben. An Charlotte schrieb er, es sei „ein angenehmer Augenblick für mich" gewesen, „wissend daß sie mein Haus zuerst angreifen wollten."[47] Dagegen soll Augusta „schrecklich aufgeregt und unartig gegen Wilhelm" gewesen sein, wie Königin Elisabeth dokumentierte.[48] Am nächsten Morgen soll ein „große[r] Blutfleck vor dem Palais des Prinzen von Preußen" gefunden worden sein, „als wenn er von den Verwundungen des vorigen Tages herrührte", so Waldersee.[49] Der 17. März verlief dann aber vergleichsweise ereignislos – und vor allem gewaltfrei. „Eine politische Démonstration ist *nirgends* erfolgt", berichtete Wilhelm seiner Schwester, „also bloß Aufregung, die, wenn sie dauert, aber schlimmer werden *muß*. Doch hoffe ich ist sie schon gebrochen."[50] Es war die letzte Ruhe vor dem Sturm.

Der 18. März 1848 war eine Zäsur – für Wilhelm, für Friedrich Wilhelm IV., für Preußen und Deutschland.[51] Auf Drängen Bodelschwinghs hatte der König bereits am Vormittag seine Zustimmung zu einem Pressegesetz gegeben, das die Zensur faktisch abschaffte. Auch sollte die vorgezogene Einberufung des Vereinigten Landtags verkündet werden. Die Regierung hoffte, mit diesen Konzessionen die Demonstrationsöffentlichkeit zu spalten und das revolutionsaverse Bürgertum als Kooperationspartner zu gewinnen.[52] Wilhelm war im Stadtschloss anwesend, als sein Bruder um etwa

---

44 Vgl. Hachtmann, Berlin 1848, S. 149–151.

45 Tagebuch L. v. Gerlach, [1849]. GA, LE02752, S. I/13.

46 Vgl. Heinrich (Hrsg.), Berlin 1848, S. 87; Caemmerer (Hrsg.), Märztage, S. 13.

47 Wilhelm an Charlotte, 17. März 1848. GStA PK, BPH, Rep. 51 J, Nr. 511a, Bd. 2, Bl. 330.

48 Elisabeth an Alexandrine, 17. März 1848. Wiese/Jandausch (Hrsg.), Briefwechsel, Bd. 1, S. 383.

49 Caemmerer (Hrsg.), Märztage, S. 15.

50 Wilhelm an Charlotte, 17. März 1848. GStA PK, BPH, Rep. 51 J, Nr. 511a, Bd. 2, Bl. 330.

51 Vgl. Günter Richter, Friedrich Wilhelm IV. und die Revolution von 1848, in: Otto Büsch (Hrsg.), Friedrich Wilhelm IV. in seiner Zeit. Beiträge eines Colloquiums, Berlin (West) 1987, S. 107–131.

52 Vgl. Hachtmann, Berlin 1848, S. 152–154; Canis, Revolution, S. 25–27.

12.30 Uhr einer Bürgerdeputation das Reformpaket feierlich verkündete. Laut Prittwitz soll der Thronfolger die Delegierten mit den Worten verabschiedet haben, „daß der König alles getan hat, was nur irgend gewünscht werden kann; jetzt tun Sie nun auch Ihrerseits dazu, daß alles wieder ruhig werde in der Stadt."[53] Und nach Waldersees Darstellung soll ihn der Prinz danach zur Seite genommen und geschimpft haben, „so weit sind wir nun gekommen, aber wie weit wir noch kommen werden, wissen wir freilich nicht."[54] Es dauerte nicht lange, bis Wilhelm eine Antwort erhalten sollte. Gegen 14.00 Uhr hatten sich vor dem Stadtschloss schätzungsweise um die zehntausend Demonstranten versammelt. Friedrich Wilhelm IV. erschien persönlich auf dem Schlossbalkon, um der Menge die versprochenen Konzessionen mitzuteilen. Tatsächlich soll das bürgerliche Publikum die Reformen als vorbildliche Errungenschaften bejubelt haben. Die unteren Gesellschaftsschichten sollen hingegen Kritik geäußert haben. Für einen kurzen Moment schien Bodelschwinghs divida-et-impera-Kalkül aufzugehen. Dann aber fielen auf dem Schlossplatz um etwa 14.30 Uhr zwei Schüsse. Und innerhalb weniger Stunden wurde ganz Berlin zum Schauplatz blutiger Straßenkämpfe.[55]

Die Frage, wer für die Gewalteskalation verantwortlich war, gab bereits in den unmittelbaren Tagen nach dem 18. März Anlass zu den unterschiedlichsten Verschwörungsmythen. Dem Petersburger Hof berichtete Wilhelm, bei jenen ominösen Gewehrschüssen habe es sich zwar lediglich um einen „unglückliche[n] Zufall" gehandelt. Doch da es nur zwei Schüsse benötigt habe, um „ganz Berlin mit Barrikaden in Zeit von 2 Stunden zu verschanzen, [...] sieht man leider nur zu klar, daß hier ein lang gehegter Plan zur Ausführung kam, den man nur von einem Zufall abhängig machen wollte".[56] Die Barrikadenkämpfe waren für Wilhelm das Resultat einer von langer Hand geplanten Verschwörung. Seit 1826 hatte er kontinuierlich vor angeblichen sinistren Revolutionszirkeln gewarnt. Jetzt glaubte er seine Befürchtungen bestätigt zu sehen. Und mit dieser paranoiden Wirklichkeitswahrnehmung war er am Berliner Hof nicht allein. Denn die meisten konservativen Eliten waren überzeugt, dass sie am 18. März einem konspirativen Plan zum Opfer gefallen wären.[57] Aber auch die revolutionäre Öffentlichkeit witterte eine Verschwörung. So wurde in dem zeitgenössischen Pamphlet *Der Prinz von Preußen und die Berliner Revolution* behauptet, Wilhelm habe als „der eigentliche und unbeugsamste Vertreter des russischen Absolutismus [...] den Befehl gegeben [...], daß die frechen Forderungen einiger weniger Unzufriedenen mit Säbelhieben und Gewehrsalben zurückgewiesen würden. [...] Man sagt, die Bewegung eines Taschentuches in den Händen des Prinzen von Preußen sei das Zeichen gewesen, das Zeichen zu einer Gewaltthat, die in dieser Form wohl kaum in der Geschichte ihres Gleichen suchen mag."[58] Dem Thronfolger waren diese Anschuldigungen bekannt. In

---

53 Heinrich (Hrsg.), Berlin 1848, S. 115.
54 Caemmerer (Hrsg.), Märztage, S. 16–17.
55 Vgl. Hachtmann, Berlin 1848, S. 152–172.
56 Wilhelm an Charlotte, 28. März/5. Mai 1848. Börner (Hrsg.), Märzrevolution, S. 430.
57 Vgl. Hachtmann, Berlin 1848, S. 170–172.
58 Der Prinz von Preußen und die Berliner Revolution, Berlin 1848, S. 3–4.

einem Brief aus dem Londoner Exil an Vincke-Olbendorf versicherte er, „daß ich weder am 18. März [...] noch an einem der vorhergehenden Tage irgendeinen Befehl an die Truppen, welche zur Aufrechterhaltung der Ordnung in Berlin ausgerückt waren, ge- geben habe, also auch an den Schüssen schuldlos bin, welche die Katastrophe des 18. veranlaßt haben *sollen*. Ich habe, als diese Schüsse willenlos erschallten, am ersten Fenster des neuen Vortragszimmers des Königs gestanden, [...] und rief zu den Um- stehenden, die Hände erhebend: Wenn nur niemand in den Fenstern blessiert ist!"[59]

Eine offizielle Kommandogewalt besaß Wilhelm tatsächlich weder in den Tagen vor noch nach dem 18. März.[60] Doch soll er laut Prittwitz unmittelbar nach Ausbruch der Straßengewalt eigenmächtig befohlen haben, weitere Truppen in die Hauptstadt zu verlegen.[61] Zudem kursierte das Gerücht, der Thronfolger soll während der Barrika- denkämpfe „im Schloßhof, bei Einlieferung der Gefangenen, die Soldaten zur Miß- handlung derselben aufgefordert" haben.[62] Nach Varnhagens Aufzeichnungen soll der Prinz die Soldaten „heftig" mit den Worten angeredet haben, „‚Grenadiere, warum habt ihr die Hunde nicht auf der Stelle niedergemacht?' [...] Daß von ihm oder seiner Um- gebung, jedenfalls seinem Sinn und Willen der unerwartete Angriff auf das friedliche Volk ausging, weil man ein Gemetzel haben und Schrecken einflößen wollte, war die entschiedene Meinung aller Zeugen, die damals den Dingen nahestanden."[63] Auch diese Anschuldigungen wies Wilhelm zurück. Er habe lediglich „die Blessierten im Schloß besucht, sorgte eifrigst für Herbeischaffung und Verpflegung für die Truppen und ging auf dem Schloßplatz umher und sprach mit den Soldaten und ließ mir erzählen, wie sie sich geschlagen hatten; es war eine wahre Freude zu hören, wie sie sich äußerten!"[64] Wie sich Leopold von Gerlach erinnert haben will, soll ihm der Prinz jedoch am Abend des 18. März angesichts der Barrikaden- und Straßengewalt erklärt haben, „der König hätte jetzt das Recht alle seine Commissionen zurück zu nehmen."[65] Das entsprach zumindest ganz Wilhelms monarchischem Selbstverständnis. Dem König allein oblag die Interpretation und Ausführung der Gesetze. Ihm waren alle Untertanen zu Gehor- sam verpflichtet. Wurde diese Gehorsamspflicht gebrochen, wie es vermeintlich an je- nem Märztag der Fall gewesen war, musste sich auch der Monarch nicht mehr an die gemachten Reformversprechen halten. Dieses Räsonnement sollte Wilhelm auch wäh- rend des späteren Verfassungskonflikts artikulieren.

---

59 Wilhelm an Vincke-Olbendorf, 20. März 1848. Schultze (Hrsg.), Briefe an Politiker, Bd. 1, S. 61–62.
60 Vgl. Karl Heinz Börner, Die Rolle Prinz Wilhelms von Preußen im Lager der Konterrevolution, in: Helmut Bleiber/Rolf Dlubek/Walter Schmidt (Hrsg.), Demokratie und Arbeiterbewegung in der deutschen Revolution von 1848/49. Beiträge des Kolloquiums zum 150. Jahrestag der Revolution von 1848/49 am 6. und 7. Juni 1998 in Berlin, Berlin 2000, S. 226–233, hier: S. 227.
61 Heinrich (Hrsg.), Berlin 1848, S. 139.
62 Wolff, Revolutions-Chronik, Bd. 1, S. 197.
63 Tagebuch Varnhagen, März 1848. [Varnhagen], Tagebücher, Bd. 4, S. 298.
64 Wilhelm an Charlotte, 28. März/5. Mai 1848. Börner (Hrsg.), Märzrevolution, S. 431.
65 Tagebuch L. v. Gerlach, [1849]. GA, LE02752, S. I/20.

Die Barrikadenkämpfe am 18. März richteten sich jedoch nicht gegen die Person des Königs. Dieser Umstand bot Friedrich Wilhelm IV. die Chance, Thron und Dynastie zu retten. Aber der Preis dafür sollte sein jüngerer Bruder sein. Denn die Figur des Prinzen von Preußen wurde in der Nacht vom 18. auf den 19. März endgültig zum politischen Sündenbock. Er wurde für die Revolutionsgewalt verantwortlich gemacht.[66] So erzählte der Soldat Philipp Lüttichau, die Barrikadenkämpfer seien „wüthend gegen [...] den Prinzen von Preußen" gewesen. „Alles vergossene Bürgerblut (?!), alle vorgeblichen Mißhandlungen der Bürger während der früheren Straßenkravalle bürdeten sie dem Prinzen auf."[67] Auch der Akademiker Moritz Steinschneider berichtete, es sei allgemein geglaubt worden, „dass der Prinz von Preussen auf Vorschreiten des Militärs mit Kartätschen und Granaten gedrungen" habe.[68] Und Varnhagen will „aus sehr zufälliger Mittheilung vom Hofe her" erfahren haben, der Thronfolger hätte am 18. März gefordert, man müsse „die Aufrührer mit Kartätschen zusammenschießen!"[69] Bei Kartätschen handelt es sich um Streumunition, in der Wirkung vergleichbar mit späteren Schrapnellgranaten. Die Gerüchte, der Prinz von Preußen hätte die Stadtbevölkerung mit Artillerie zusammenschießen wollen, entwickelten schnell ein Eigenleben. Am 12. Mai sollte der Revolutionär Max Dortu erstmals öffentlich vom „Kartätschenprinzen" sprechen. Zwar gestand Dortu kurz vor seiner Hinrichtung durch ein preußisches Kriegsgericht 1849, dass er dem Thronfolger diesen spezifischen Moniker zu Unrecht verpasst hatte.[70] Doch muss Wilhelm für die Eskalationsdynamik der Märztage eine alles andere als geringe Verantwortung angerechnet werden. Und Mitleid mit den Barrikadentoten formulierte er nie. Laut Prittwitz soll der Prinz auf „die Klage, daß so viele Unbeteiligte als Opfer gefallen wären", lediglich geantwortet haben, „daß ebenso eine Hofdame beinahe von einer Kugel getroffen worden sei u[nd] d[er]gl[eichen] m[ehr]."[71] Tatsächlich entging Augusta im Stadtschloss scheinbar nur zufällig einem solchen Kreuzfeuer. Als sich die Prinzessin von einem Stuhl erhoben haben soll, während jenseits der Palastmauern der Häuserkampf tobte, „fliegt eine Kugel, gerade da, wo sie gesessen, durchs Fenster und schlägt in die Rückwand [...] ein", notierte ihr Sohn Friedrich Wilhelm – „bald nachher folgte eine zweite."[72] „Es war eine furchtbare Nacht!", klagte Wilhelm seiner Schwester später im Londoner Exil. Um Mitternacht verließ er das Stadtschloss kurzzeitig, um in seinem Palais „von Papieren zu verbrennen und sonst in Sicherheit zu bringen, so viel ich vermochte; denn daß der 19. ein ent-

66 Vgl. Hachtmann, Berlin 1848, S. 184.

67 Philipp Lüttichau, Erinnerungen aus dem Straßenkampfe, den das Füsilier-Bataillon 8ten Infanterie Regiments am 18 t März 1848 in Berlin zu bestehen hatte, u. die Vorgänge bis zum Abmarsch desselben am 19ten Vormittags 11 Uhr, Berlin 1849, S. 14.

68 Steinschneider an Auerbach, 20. März 1848. Adolf Kober, Jews in the Revolution of 1848 in Germany, in: Jewish Social Studies Vol. 10, Nr. 2 (1948), S. 135 – 164, hier: S. 163.

69 Tagebuch Varnhagen, März 1848. [Varnhagen], Tagebücher, Bd. 4, S. 311.

70 Vgl. Julius Haeckel, Der Revolutionär Max Dortu, in: Hans Hupfeld (Hrsg.), Potsdamer Jahresschau. Havelland-Kalender 1932, Potsdam 1932, S. 41 – 57, hier: S. 51.

71 Heinrich (Hrsg.), Berlin 1848, S. 270.

72 Aufzeichnungen Friedrich Wilhelms, 1848. Meisner (Hrsg.), Tagebücher, S. 10.

scheidender Tag sein mußte, war klar; – um 2 Uhr verließ ich mein Haus – um es nicht wieder zu betreten!"[73]

Am Vormittag des 19. März fiel schließlich im Stadtschloss die Entscheidung, das Militär aus Berlin abzuziehen. Für das Offizierscorps kam der befohlene Rückzug einer Niederlage gleich. Deshalb war das blame game aus politikpsychologischer Perspektive von so wichtiger Bedeutung. Niemand wollte für den abgebrochenen Häuserkampf die Verantwortung übernehmen. Wilhelm, Prittwitz und die Militärführung deuteten in ihren späteren Darstellungen mit dem Finger auf Innenminister Bodelschwingh. Dieser soll den König geradezu konspirativ hintergangen haben. Immerhin hatte er ja bereits vor den Barrikadenkämpfen stets zu Konzessionen geraten.[74] Aber es war Friedrich Wilhelm IV. persönlich, der den Rückzugsbefehl erteilt hatte. Denn die einzige militärische Alternative zum verlustreichen Straßenkampf wäre einer Beschießung der Stadt mit Artillerie gewesen. Diese eskalative Ultima ratio fand jedoch nicht das Allerhöchste Plazet. Dadurch verhinderte der Herrscher ein (noch größeres) Blutbad. Allerdings ermöglichte er auch den Militärs, sich aus der Mitverantwortung für die Barrikadenkatastrophe zu stehlen. Das Offizierscorps konnte glaubhaft behaupten, die Armee wäre im Häuserkampf unbesiegt geblieben. Monarch und Ministerium wären den Soldaten dann aber in den Rücken gefallen.[75] Dieses Dolchstoßnarrativ sollte sich bereits im weiteren Revolutionsverlauf als politisch wirkmächtig erweisen. Und langfristig beeinflusste es auch jene spezifisch preußische Militärkultur, die unter Wilhelms Herrschaft in den ersten deutschen Nationalstaat getragen wurde. Nur wenige Tage nach den Barrikadenkämpfen schimpfte der spätere Kaiser seinem Bruder, „der Sieg war so eclatant auf Seiten Deiner Truppen, wie er nur sein kann; der moralische Sieg freilich fiel anders aus!"[76] In Wilhelms Augen hatte sein älterer Bruder am 19. März vor der Revolution kapituliert.

Etwa zeitgleich zum Rückzugsbefehl ernannte Friedrich Wilhelm IV. den 1845 geschassten Innenminister Adolf Heinrich von Arnim-Boitzenburg zum Ministerpräsidenten. Es war das erste Mal seit Hardenbergs Tod 1822, dass dieses Amt in Preußen wieder besetzt wurde. Arnim-Boitzenburg wandte sich gegen die Pläne der Militärführung, den König zur Flucht aus Berlin zu drängen, um die Stadt anschließend zu zernieren, zu belagern, und dann mit Artillerie zu beschießen. Stattdessen riet er dem Monarchen, sich öffentlich an die Spitze der Revolution zu stellen.[77] Gegenüber Charlotte verglich Wilhelm diese Option mit dem ersten Schritt in Richtung Dynastiesturz.

---

73 Wilhelm an Charlotte, 28. März/5. Mai 1848. Börner (Hrsg.), Märzrevolution, S. 431–432.

74 Vgl. Wilhelm an Charlotte 28. März/5. Mai 1848. Ebd., S. 433; Heinrich (Hrsg.), Berlin 1848, S. 268; Tagebuch L. v. Gerlach, [1849]. GA, LE02752, S. I/30.

75 Vgl. Siemann, Revolution, S. 68–69; Barclay, Friedrich Wilhelm IV., S. 213; Hachtmann, Berlin 1848, S. 189–202; Canis, Revolution, S. 28–29.

76 Wilhelm an Friedrich Wilhelm IV., 31. März 1848. Baumgart (Hrsg.), Wilhelm I., S. 181.

77 Vgl. Wolf Nitschke, Konservativer Edelmann und Politiker des Kompromisses – Adolf Heinrich Graf v. Arnim-Boitzenburg (1803–1868), in: Hans-Christof Kraus (Hrsg.), Konservative Politiker in Deutschland. Eine Auswahl biographischer Porträts aus zwei Jahrhunderten, Berlin 1995, S. 89–110, hier: S. 93–97.

Und um den vermeintlichen Schaden der Lähmung und Zerfallserscheinungen um den Thron irgendwie zu begrenzen, will der Prinz die Nähe der Truppen gesucht haben, die aus den nächtlichen Barrikadenkämpfen zurückkamen. Er „dankte den Soldaten für die Ausdauer und den bewiesenen Mut [...]; wenn ich aber an die Offiziere kam, die fest in den Gliedern standen, während ihnen die Tränen über die Wangen auf die Heldenbrust *strömten*, – da konnte ich natürlich die meinigen auch nicht zurückhalten, und stillschweigend drückten wir uns die Hände, während ich laut und unbefangen zu den Leuten sprach! Die Offiziere verstanden, was mein Erscheinen bedeutete!" Durch „diesen Akt" will er geradezu im Alleingang „das Gute gestiftet" haben, „daß die Truppen nicht einen Augenblick wankten!"[78] Das war eine höchst subjektive Situationsanalyse. Sie kann nicht verifiziert werden. Aber seit dem 19. März klaffte zwischen Monarch und Militärführung ein Loyalitätsvakuum. Und Wilhelm machte sich daran, diesen politischen Graben zu besetzen.

Kaum eine Szene mochte diese neue brüderliche Eskalationsebene besser verdeutlichen als jener vielzitierte Degenwurf, über den Varnhagens Tagebuchaufzeichnungen berichten. Laut dem Schriftsteller soll Wilhelm, „nachdem er gehört, daß der König befohlen, das Militair solle abziehen, ganz außer sich den König angeschrien" haben. „„Bisher hab' ich wohl gewußt, daß du ein Schwätzer bist, aber nicht, daß du eine Memme bist! Dir kann man mit Ehren nicht mehr dienen!' Und damit warf er ihm den Degen vor die Füße. Der König, auch außer sich, rief: ‚Das ist zu arg! Du kannst nicht hier bleiben, du mußt fort!"[79] Die Historizität dieser Erzählung wurde und wird unterschiedlich bewertet.[80] Gegenüber Charlotte bemerkte Wilhelm, ihm sei lediglich während einer Diskussion über die Gründung einer Bürgerwehr, der auch Waffen aus den königlichen Lagern ausgeliefert werden sollten, die Geduld gerissen, „da man alle Macht aus den Händen gegeben hatte, um irgend Widerstand leisten zu können!"[81] Prittwitz dagegen erzählte von „eine[r] lebhafte[n] Diskussion im Kabinett des Königs [...]. Prinz von Preußen kam in großer Aufregung heraus und warf seinen Degen auf den Tisch, faßte und beruhigte sich indes bald wieder."[82] Im Jahr 1882 wollte sich der Hofbeamte Rudolf von Stillfried-Alcántara daran erinnern, dass der Thronfolger dem Herrscher den Degen „in heftiger Erregung" in die Hand gedrückt haben soll.[83] Und 1898 ließ Augustas Hofdame Luise von Oriola die Öffentlichkeit wissen, „dass der Prinz von Preußen [...] in tiefer Erregung seinen Degen auf den Tisch geworfen habe mit ähnlichen Worten als:

---

78 Wilhelm an Charlotte, 28. März/5. Mai 1848. Börner (Hrsg.), Märzrevolution, S. 433.

79 Tagebuch Varnhagen, März 1848. [Varnhagen], Tagebücher, Bd. 4, S. 325 – 326.

80 Vgl. Karl Haenchen, Flucht und Rückkehr des Prinzen von Preußen im Jahre 1848, in: HZ 154 (1936), S. 32 – 95, hier: S. 40 – 41; Bußmann, Friedrich Wilhelm IV., S. 262; Barclay, Friedrich Wilhelm IV., S. 214; Canis, Revolution, S. 29.

81 Wilhelm an Charlotte, 28. März/5. Mai 1848. Börner (Hrsg.), Märzrevolution, S. 433.

82 Heinrich (Hrsg.), Berlin 1848, S. 317.

83 Bernhard Kugler, Die Berliner Märztage 1848. Ein Brief Graf Rudolf's von Stillfried-Alcántara, in: Deutsche Rundschau 62 (1890), S. 412 – 422, hier: S. 417.

‚Da könne man nicht mehr mit Ehren dienen.'"[84] Diese Quellen sprechen eine eindeutige Sprache. Am Vormittag des 19. März 1848 kam es zu einer später für alle Beteiligten politisch höchst peinlichen Szene zwischen König und Thronfolger. Und dieser Degenwurf wurde bald auch dem Publikum außerhalb der Schlossmauern bekannt. Wieder einmal hatte sich der Thronfolger durch sein Verhalten selbst geschadet.

Die öffentliche Handlungsebene machte es Wilhelm am 19. März unmöglich, das Führungschaos im Berliner Schloss potentiell zu seiner Gunst zu nutzen. Denn bevor er sich an die Spitze eines militärischen Palastcoups hätte drängen können, entglitt den Thronstrukturen vollends die Aktionsinitiative. Am frühen Nachmittag wurden die Revolutionstoten von einem Trauerzug demonstrativ in den Schlosshof getragen. Unter den lauten Rufen der Stadtbevölkerung musste Friedrich Wilhelm IV. auf dem Balkon erscheinen und den „Märzgefallenen" die königliche Ehre bezeugen. Die symbolische Bedeutung dieses „von unten" oktroyierten Trauerschauspiels kann kaum hoch genug eingeschätzt werden. Der Monarch wurde letztendlich öffentlich gedemütigt. Königin Elisabeth schrieb nur vier Tage später, Friedrich Wilhelm IV. sei „ein andrer Mann geworden, gebrochen und geschlagen."[85] Und Augusta konstatierte, „la monarchie est morte hier, et nous l'avons pleurée à chaudes larmes."[86] Allerdings gelang es dem Herrscher durch diesen Auftritt auch, öffentliche Sympathien zurückzugewinnen. Er nährte das weitverbreitete Sündenbocknarrativ, der „gute König" wäre nicht schuld an dem Gewaltdrama gewesen. Stattdessen hätten seine „schlechten Berater" den Waffeneinsatz befohlen – allen voran der Prinz von Preußen[87] Wilhelm habe seinen Bruder eigentlich auf den Balkon begleiten wollen, wie er Charlotte schrieb. Doch sei er davon abgehalten worden, „weil man mir sagte, daß das Volk wütend auf mich sei, weil ich das Blutbad kommandiert hätte und ich mich daher nicht mehr zeigen sollte." Die Trauerzeremonie schimpfte er einen „Kannibalismus", wie er „in der Weltgeschichte noch nicht gewesen" sei. „Während unten kannibalische Freude herrschte, herrschte oben die zerschmetternste Trauer, – über den Fall des Königtums und der Monarchie; denn dies Gefühl, in Zeit von einer Stunde, die königliche Würde, Ansehen und Macht in den Staub treten zu sehen und die Volkswut und Volkssouveränität an deren Stelle, – war ein fürchterliches Gefühl! Dies war die Stunde des Falls Preußens! von dem es sich *nie* wieder erholen kann!"[88] Wilhelm schrieb diese Zeilen im Londoner Exil. Die Nachmittagsereignisse des 19. März müssen auf dem Weg in diesen biographischen Tiefpunktabschnitt als wichtige Stufe betrachtet werden. Denn während Friedrich Wilhelm IV. sich vor dem Trauerzug verneigen musste, sei ihm laut Wolffs *Revolutions-Chronik* von

---

84 Wilhelm Oncken, Die Flucht des Prinzen von Preußen in den Märztagen 1848, in: Velhagens & Klasings Monatshefte 17. Jhrg. (1902/03), Heft 1, S. 97–106, S. 169–178, hier: S. 100.
85 Elisabeth an Alexandrine, 23. März 1848. Wiese/Jandausch (Hrsg.), Briefwechsel, Bd. 1, S. 387.
86 Augusta an Maria Pawlowna, 18./20. März 1848. Schuster/Bailleu (Hrsg.), Nachlaß, Bd. 2, S. 319.
87 Vgl. Hachtmann, Berlin 184, S. 204–208; Clark, Frühling, S. 491–497.
88 Wilhelm an Charlotte, 28. März/5. Mai 1848. Börner (Hrsg.), Märzrevolution, S. 433.

seinen Untertanen entgegengerufen worden, „das Volk verlangt die Thron-Entsagung des Prinzen von Preußen."[89]

In den darauffolgenden Nachmittags- und frühen Abendstunden fielen im Berliner Stadtschloss die Würfel über Wilhelms Schicksal. Sein Sohn notierte, „mein armer Papa war [...] durch diese furchtbaren Stunden dermaßen angegriffen, daß er furchtbare Kopfschmerzen hatte und den Kopf bald auf die Hand gestützt, bald auf die Brust gesunken lange sprachlos in der Halle saß."[90] Wilhelm schien sich der Gefahr bewusst gewesen zu sein, in der er sich befand – einer politischen wie physischen Gefahr. Als er um etwa 17.00 Uhr erfuhr, dass seine jüngeren Brüder Carl und Albrecht das Schloss bereits verlassen hatten, habe er laut Prittwitz gesagt, „das ist sehr bequem von den Herren; ich weiß, daß, wenn die Rotten jetzt eindringen, sie mich in hundert Stücke zerreißen, aber ich bleibe doch hier, denn mein Platz ist bei dem König." Trotz Augustas Bitten, ebenfalls das Schloss zu verlassen, ließ er lediglich die Kinder Friedrich Wilhelm und Luise in Sicherheit bringen. Mit dieser Aufgabe wurde Adjutant Oelrichs betraut.[91] Danach habe Wilhelm etwa zwei Stunden „fast unbeweglich und stumm" auf einem Stuhl gesessen. Denn „meine physische und moralische Kraft war ganz gelähmt", wie er Charlotte schrieb. Plötzlich sei er von Anton zu Stolberg-Wernigerode aufgesucht worden, einem Vertrauten des Königs. Dieser habe ihm erzählt, „daß eine Deputation unterwegs sei, [...] um vom König zu verlangen, daß er mir befehlen solle, auf mein Sukzessionsrecht zu resignieren". Einen solchen Eklat habe Friedrich Wilhelm IV. jedoch verhindern wollen. Stolberg-Wernigerode sei daher mit dem Allerhöchsten Auftrag gekommen, „ich möchte so schnell wie möglich das Schloß verlassen, damit die Deputation mich nicht mehr fände, er könnte und würde für mich nie resignieren, und wäre ich fort, so sei Zeit und somit alles gewonnen! [...] ich nahm meinen Mantel und ging zum König! Er wiederholte mit wenigen Worten, was Stolberg gesagt, ich konnte nur erwidern, daß, wenn es *ihn* retten könne, so würde ich resignieren, sonst niemals. Da kam die Königin, ganz außer sich! Nie vergesse ich, wie sie ausrief: ‚Nein, du darfst nicht resignieren, aber es ist zu arg, daß auch du noch fort mußt!!' Nun wurde mir ein Zivilpaletot gebracht und eine Mütze. Ich nahm Abschied – und so verließ ich die Majestäten!"[92]

Es ist von einigem biographischen Interesse, dass Wilhelm bereit gewesen sein will, auf sein Thronfolgerecht zu verzichten. Auch der königliche Berater Carl Wilhelm Saegert erwähnt diese *„brüderliche Scene"* in seinem Tagebuch.[93] Sie kann als Beleg angesehen werden, dass der spätere Kaiser das Überleben von König und Monarchie zumindest in jenem Moment über seine eigene Person gestellt haben mochte. Und

89 Wolff, Revolutions-Chronik, Bd. 1, S. 242.
90 Aufzeichnungen Friedrich Wilhelms, 1848. Meisner (Hrsg.), Tagebücher, S. 22.
91 Heinrich (Hrsg.), Berlin 1848, S. 345–346.
92 Wilhelm an Charlotte, 28. März/5. Mai 1848. Börner (Hrsg.), Märzrevolution, S. 435–436. Siehe auch Tagebuch L. v. Gerlach, 14. August 1849. GA, LE02752, S. I/32–I/33; [Oelrichs], Aufzeichnungen, S. 54–55.
93 Tagebuch Saegert, 19. März 1848. Winfried Baumgart (Hrsg.), Der König und sein Beichtvater. Friedrich Wilhelm IV. und Carl Wilhelm Saegert. Briefwechsel 1848 bis 1856, Berlin 2016, S. 350.

Friedrich Wilhelm IV. hatte sich geweigert, auf dieses Angebot einzugehen. Damit hatte er seinen Willen demonstriert, der revolutionären Volkssouveränität keinen Einfluss auf Dynastie und Thronfolge zu erlauben. Aber auch mit Blick auf die weitere Revolutionsentwicklung gewinnt diese Szene rückblickend an Bedeutung. Denn 1848/49 sollte von verschiedenen Seiten die Abdankung Friedrich Wilhelms IV. zugunsten des Prinzen von Preußen gefordert werden. Jedenfalls versuchte Wilhelm bereits wenige Wochen später im Londoner Exil, seine bedeutungsschweren Abschiedsworte zurückzunehmen. „Was ich in dem schreklichen Augenblik des Abschiedes Dir sagen mußte", schrieb er dem König, „gab mir die Pflicht ein, denn Deine Erhaltung in jenen Stunden, war die Hauptaufgabe meines Lebens! Da diese Schrekens Zeit überstanden ist, so ist auch mein Wort von damals gelöst."[94] Und es darf auch nicht vergessen werden, dass der Thronfolger am selben 19. März dem König immerhin auch seinen Degen vor die Füße geworfen haben soll.

Mit der Flucht aus dem Berliner Stadtschloss begann für Wilhelm eine traumatische Odyssee. „Der von der Volkswuth geächtete Prinz irrte von Versteck zu Versteck, um den auf ihn gerichteten Dolchen zu entgehen."[95] Diese Beschreibung aus der Feder des Prinzenerziehers Ernst Curtius war kaum übertrieben. Der öffentliche Hass gegen den Thronfolger zeigte sich in den unterschiedlichsten Formen. Bereits am Morgen des 19. März war laut Prittwitz am Palais des Prinzen „eine dreifarbige Fahne befestigt" worden – wahrscheinlich die nationalrevolutionäre Kokarde Schwarz-Rot-Gold. Auch soll „das Schild eines Gasthofes, zum Prinzen von Preußen benannt, beseitigt" worden sein.[96] Am nächsten Tag ging das Gerücht um, eine Demonstration sei auf dem Weg zum Palais, um es in Brand zu stecken. Zuvor war das Gebäude bereits von Revolutionären nach dem Thronfolger durchsucht worden, ebenso die Dienstwohnungen der Adjutanten, wie der Militär Kraft zu Hohenlohe-Ingelfingen sich später erinnert haben will. „Es ist keinem Zweifel unterworfen, man hätte in umgebracht, wenn man ihn gefunden hätte." Hohenlohe-Ingelfingen will am 20. März Zeuge gewesen sein, wie Universitätsstudenten an das Prinzenpalais „mit ungeheuren schwarzen Buchstaben" die Worte „National-Eigenthum" schrieben. Kurz darauf sei ein Demonstrationszug erschienen. Die Studenten sollen „dem Pöbel" erklärt haben, „jetzt gehöre das Palais der Nation und dürfe nicht verbrannt werden. Der Pöbel zog mit dem Bewußtsein ab, sich ums Vaterland wohlverdient gemacht zu haben."[97] Laut Prittwitz soll die Inschrift „National-Eigenthum" absichtlich angebracht worden sein, um das Palais vor der angedrohten Brandschatzung zu retten. Wer hinter diesem Plan gesteckt haben soll, verriet der General aber nicht.[98] Varnhagen war ebenfalls Zeuge dieses Vorgangs, als er an jenem Tag durch die Revolutionsstadt spazieren ging. Vor dem Palais will er Reden gehört haben, dass der Thronfolger am 18. März den Befehl zum Häuserkampf gegeben haben soll.

---

94 Wilhelm an Friedrich Wilhelm IV., 4. April 1848. Ders. (Hrsg.), Wilhelm I., S. 185.
95 Curtius an seine Eltern, 23. März 1848. Curtius (Hrsg.), Lebensbild, S. 377.
96 Heinrich (Hrsg.), Berlin 1848, S. 344.
97 [Hohenlohe-Ingelfingen], Aus meinem Leben, Bd. 1, S. 57–58.
98 Vgl. Heinrich (Hrsg.), Berlin 1848, S. 372.

„Alles das glauben die Leute zuverlässig zu wissen, die Annahme findet wenigstens in vorausgegangenen Reden nur allzu viel Grund. Daher ein furchtbarer Haß gegen den Prinzen und seinen ganzen militair-aristokratischen Anhang. Es scheint jetzt unmöglich, daß er zur Regierung gelangen könne."[99] Die Figur des „Kartätschenprinzen" war letztendlich eine logische Konsequenz, die Wilhelm durch sein Verhalten seit 1840 selbst zu verantworten hatte. Sein bisweilen geradezu klischeereaktionärer Konservatismus war für die revolutionäre Öffentlichkeit eine Feindbildsteilvorlage par excellence. Am 20. März wurde sogar gefordert, die Märztoten „an keinem anderen Orte als unmittelbar vor dem Palais des Prinzen von Preußen" zu bestatten.[100] Am 22. März notierte Ernst Ludwig von Gerlach, dass er in der Stadt ein Porträt des Thronfolgers auf der Straße liegend gesehen haben will. Es sei „schon ganz bespien, und werde von jedem Vorübergehenden zum Bespeien angeboten."[101] Und Prittwitz berichtete von einem regelrechten „Krieg" gegen Personen und Einrichtungen, die im Verdacht standen, dem Thronfolger nahezustehen.[102]

Wilhelm befand sich seit dem Abend des 19. März auf der Flucht. Vom Stadtschloss aus war er inkognito mit einer Kutsche zum Haus des Beamten Julius von Schleinitz gefahren. Auch über diese erste Zwischenstation vor dem Londoner Exil ranken sich biographisch interessante wie relevante Mythen. Vincke-Olbendorf suchte den Prinzen bei Schleinitz auf, um mit diesem die Kleidung zu tauschen. Zehn Jahre später soll er gegenüber dem Historiker Theodor von Bernhardi behauptet haben, er will Wilhelm in jener Nacht von dessen Plan abgebracht haben, nach Russland zu reisen. Angeblich soll der König die Reise nach Osten sogar befohlen haben.[103] Friedrich Wilhelm IV. hatte in der Nacht vom 19. auf den 20. März allerdings noch keine Entscheidung darüber getroffen, was mit seinem Bruder geschehen sollte. Das Zarenreich war als Exilresidenz jedenfalls nie eine Option gewesen. Zu bekannt war die Assoziation des Thronfolgers mit einer „russisch"-absolutistischen Hofpartei. Bereits am Abend des 20. März kursierte in Berlin das Gerücht, der Prinz von Preußen würde gemeinsam mit Petersburger Truppen in die Stadt einmarschieren, um die Revolution niederzuschlagen. Wieder einmal hatte das Hörensagen ein Eigenleben entwickelt.[104] Auf Charlottes Frage, ob eine Flucht nach Russland möglich gewesen wäre, antwortete Wilhelm später, „Gott! wie gern hätte ich es getan. Aber Du siehst selbst ein, daß dies aus Politik unmöglich war."[105] Vincke-Olbendorf rühmte sich daher eines Verdiensts, den es wohl nur in seiner eigenen Phantasie gab.

---

99 Tagebuch Varnhagen, 20. März 1848. [Varnhagen], Tagebücher, Bd. 4, S. 329–330.
100 Wolff, Revolutions-Chronik, Bd. 1, S. 275.
101 Tagebuch E. L. v. Gerlach, 22. März 1848. Diwald (Hrsg.), Nachlaß, Bd. 1, S. 86.
102 Heinrich (Hrsg.), Berlin 1848, S. 372.
103 Vgl. Tagebuch Bernhardi, 21. April 1858. Bernhardi (Hrsg.), Aus dem Leben, Bd. 3, S. 27.
104 Vgl. Tagebuch Saegert, 20. März 1848. Baumgart (Hrsg.), Beichtvater. S. 357–358; Wolff, Revolutions-Chronik, Bd. 1, S. 283–284.
105 Wilhelm an Charlotte, 17./18. April 1848. Börner (Hrsg.), Briefe, S. 292–283.

Aber auch eine andere Person soll in der Nacht vom 19. auf den 20. März entscheidend in die Biographie des ersten Hohenzollernkaisers eingegriffen haben: der Diplomat und spätere Minister Alexander von Schleinitz.[106] Seine Nichte Alexandra und Philipp zu Eulenburg-Hertefeld behaupten Jahrzehnte nach 1848, Alexander von Schleinitz soll im Haus seines Bruders Julius von Wilhelm ein Geheimdokument erhalten haben. Dieses sollte er dem König geben. Es soll sich um die Verzichtserklärung des Thronerben gehandelt haben. Aber in einem Anflug dynastischer Staatsräson soll Schleinitz das Dokument vernichtet haben. Und aus Dankbarkeit soll ihn Wilhelm dann 1858 zum Minister ernannt haben.[107] In der Forschung wurde diese Erzählung aus zweiter Hand wiederholt als vermeintlicher Tatsachenbericht dargestellt.[108] Doch mit Blick auf die unmittelbaren Quellen der Märztage ist die Story unhaltbar. Denn anstelle eines Thronfolgeverzichts hatte der Prinz in jener Nacht einen geheimen Armeebefehl verfasst. Der Text dieser Ordre ist sogar überliefert. „Sollte es in den Wegen der Vorsehung liegen, daß durch deren unerforschlichen Ratschluß ich in diesen bewegten Zeiten ins Erbfolgerecht zur Thronbesteigung Preußens gelangen sollte, so befehle ich, daß die in und um Berlin konzentriert gewesenen Truppen, und welche sonst noch schleunig heranzuziehen sind, – konzentriert bleiben und meine Befehle abzuwarten haben, da ich sobald als möglich in deren Mitte erscheinen werde, um die Zügel der Regierung ergreifen zu können."[109] Wilhelm war also noch immer überzeugt, die Krone könne der Revolution allein mit Waffengewalt Herr werden. Und er war bereit, im worst case scenario sein dynastisches Erbrecht zu ergreifen. Der Thronfolger wollte selbst inmitten einer strukturinstabilen Krisensituation ein relevanter Politikfaktor bleiben. Die potentiellen Eskalationsfolgen, wäre dieses Szenario eingetreten, liegen fernab der Möglichkeiten historischer Rekonstruktionsversuche. Seitens der DDR-Forschung wurde dieser Ordre für den weiteren Verlauf der Märzrevolution aber eine Relevanz unterstellt, die sie de facto nie besaß. Denn mit der Flucht des Prinzen nach London nur zwei Tage später verlor sie jegliches Realisationspotential.[110] Was aber hat es mit dem Mythos auf sich, die Familie Schleinitz hätte in der Nacht vom 19. auf den 20. März 1848 entscheidend in die Kaiserbiographie eingegriffen? Interessanterweise ähnelt diese Erzählung den Behauptungen Bismarcks, er hätte Wilhelm im September 1862 von der Abdankung zurückgehalten. Als Alexandra von Schleinitz und Eulenburg-Hertefeld mit ihren Memoiren an die Öffentlichkeit traten, war dieses bismarckgläubige Narrativ

---

106 Vgl. Bastian Peiffer, Alexander von Schleinitz und die preußische Außenpolitik 1858–1861, Frankfurt am Main 2012, S. 37–47.

107 Vgl. Alexandra von Schleinitz, Aus den Berliner Märztagen des Jahres 1848. Ein Stück Weltgeschichte in subjectiver Spiegelung, in: Neue Freie Presse (Wien) vom 19. März 1898, S. 1–4; Haller (Hrsg.), Erinnerungen, S. 38–39.

108 Vgl. Bunsen, Augusta, S. 118. Petra Wilhelmy, Der Berliner Salon im 19. Jahrhundert (1780–1914), Berlin/New York 1989, S. 527; Peiffer, Schleinitz, S. 42–43.

109 Ordre Wilhelms, 20. März 1848. Börner, Wilhelm I., S. 78. Siehe auch Caemmerer (Hrsg.), Märztage, S. 33–34.

110 Vgl. Manfred Kliem, Genesis der Führungskräfte der feudal-militaristischen Konterrevolution 1848 in Preußen, Dissertation, Bd. 2, Berlin 1966 [maschinenschriftlich], S. 301; Börner, Exekutor, S. 493–494.

bereits bekannt. Ein Bandwagoneffekt liegt also durchaus nahe. Letztendlich blieb der Prinz der Familie Schleinitz aber nur aufgrund ihrer „selbstlose[n] Hingebung an mich und die Meinigen [...] in jenen trüben und schmachvollen Tagen" dankbar, wie er im Juni 1848 schrieb.[111] Etwas anderes findet sich in seinen Briefen an Julius von Schleinitz nicht.[112]

In den ersten Fluchttagen schien Wilhelm zudem noch gehofft zu haben, bald wieder an den Berliner Hof zurückkehren zu können. Seinem Bruder schrieb er am 21. März, „da die Aufregung gegen mich sich nicht legt, so bin ich nicht nach Potsdam gegangen. [...] Unschuldig leiden ist sehr, sehr hart!"[113] In Potsdam blieb er stattdessen auf der Pfaueninsel versteckt, zusammen mit Augusta und den Kindern. Am Abend des 22. März erhielt er schließlich den königlichen Befehl, unverzüglich nach London zu reisen. Aber welche Motivfaktoren mögen Friedrich Wilhelm IV. zu dieser drastischen Entscheidung bewogen haben? Zunächst einmal wäre der Thronfolger in Großbritannien in Sicherheit gewesen. Anders als das Festland blieben die britischen Inseln von der Revolution scheinbar verschont. Im Ausland wäre der „Kartätschenprinz" außerdem politisch effektiv kaltgestellt worden. Das konnte die öffentliche Erregung beruhigen. Und last but not least wären auch der König und die Minister endlich vom „Irritationsfaktor Wilhelm" befreit worden. Letztendlich wurde der spätere Kaiser im Namen der Staatsräson zum Sündenbock erklärt.[114] „Der Prinz von Preußen hat fortgemußt und hat die Krone auf immer verscherzt", so Marianne Gauer, eine Beispielstimme des Berliner Bildungsbürgertums, „denn ihn beschuldigt man vorzüglich, gegen den König hat man viel weniger."[115]

Wilhelm hatte in der Fluchtfrage kein Mitspracherecht. Seine Reise nach Großbritannien war bereits öffentlich verkündet worden, bevor er überhaupt den königlichen Befehl erhalten hatte. Daher „kann ich gegen dieselbe nicht protestiren, ohne Dich zu compromitiren", klagte er seinem Bruder am 22. März. „Ich murre nicht, ich widersetze mich nicht u[nd] gehorche." Doch wollte er, dass seine „Reise nach England den Stempel einer Mission erhalte", um zumindest offiziell das Gesicht wahren zu können. „Der gewaltige Umschwung der Preuß[ischen] u[nd] deutschen Verhältnisse motivirt wohl hinreichend, eine dergleichen Mission durch mich."[116] Wilhelm war resigniert, die ihm zugedachte Sündenbockrolle zu spielen. Als er sich noch am Abend des 22. März von seiner Familie verabschiedete, habe er „mehrmals [...] vor Bewegung innehalten" müssen, notierte der junge Friedrich Wilhelm. Seinem Vater seien „die hellen Tränen aus den Augen" gekommen, als er mitgeteilt habe, „nach England zu gehen, um

---

111 Wilhelm an J. v. Schleinitz, 15. Juni 1848. [Otto von Schleinitz], Aus den Papieren der Familie von Schleinitz, Berlin 1905, S. 355.
112 Siehe Wilhelms Briefe an J. v. Schleinitz, in: GStA PK, BPH, Rep. 51 J, Nr. 866.
113 Wilhelm an Friedrich Wilhelm IV., 21. März 1848. Baumgart (Hrsg.), Wilhelm I., S. 173.
114 Vgl. Haenchen, Flucht, S. 52–55; Börner, Exekutor, S. 494; Blasius, Friedrich Wilhelm IV., S. 127; Sellin, Gewalt und Legitimität, S. 27.
115 M. Gauer an E. Gauer, 21. März 1848. Haenchen (Hrsg.), Neue Briefe, S. 283.
116 Wilhelm an Friedrich Wilhelm IV., 22. März 1848. Baumgart (Hrsg.), Wilhelm I., S. 173–174.

der Volkswut, die sich auf ihn geladen, zu entgehen und den König so derselben zu entziehen."[117] Auf seiner Flucht von Potsdam über Hamburg nach London wurde der Prinz von Oelrichs begleitet. Denn er sah dem Adjutanten physisch ähnlich. Und deshalb konnte er sich als dessen angeblicher Bruder „Wilhelm Oelrichs" ausgeben. Um die Tarnung perfekt zu machen, rasierte sich der Thronfolger sogar seinen markanten Backenbart ab. In der brandenburgischen Stadt Perleberg wurde er dennoch öffentlich erkannt. Er musste sich kurzzeitig von Oelrichs trennen und durch Sümpfe, Wälder und Wiesen fliehen. Was passiert wäre, wenn Wilhelm einer revolutionären Menge in die Hände gefallen wäre, muss offenbleiben. Die deutsche Geschichte hätte aber höchstwahrscheinlich einen ganz anderen Verlauf genommen. Erst mit der Ankunft in London am 27. März konnte sich der spätere Kaiser in Sicherheit wägen.[118] Doch die demütigenden Umstände der „Thronfolgermission" wurden rasch in Teilen der Berliner Öffentlichkeit bekannt. Wie Varnhagen notierte, habe sich ausgerechnet Wilhelms jüngerer Bruder Albrecht den neuen Straßenmachthabern dadurch anbiedern wollen, dass er offen über „die ganze Flucht, mit allen Umständen" sprach. Dies war sogar dem liberalen Schriftsteller etwas zu viel „brüderliche Bosheit".[119]

Unter allen dynastischen Akteuren in Deutschland hatte allein Wilhelm die Märzrevolution als *politische und physische* Bedrohung erlebt. Zeit seines weiteren Lebens sollte er regelmäßig auf dieses persönliche Trauma zurückkommen. Daran änderte sich auch nichts, nachdem er als populärer „Heldenkaiser" an der Spitze des geeinten Deutschlands stand. Im Mai 1871 etwa mahnte er Augusta, „vergessen wir nicht was der 18. März 1848 und die folgenden Tage über Berlin brachte[n]."[120] Auch nach der Grundsteinlegung des Reichstagsgebäudes unter großer öffentlicher Anteilnahme im Juni 1884 erinnerte er daran, dass er 1848 „an derselben Stelle" von Revolutionären „in der rohesten Art [...] verhöhnt" worden sei.[121] Und Wilhelm II. erzählte, „als ich mich einmal in Berlin über die Huldigungen der Menge beim Aufziehen der Wache vor meinem am Fenster stehenden Großvater freute, meint er hinausblickend: ‚Das ist besser so als wie damals, als die Berliner mich fortjagten! Ich vergesse ihnen das nicht, so lange ich lebe!'"[122] Alber Wilhelm trug selbst die Hauptverantwortung dafür, dass er im März 1848 fortgejagt worden war. Zwar mochte er dem Titel „Kartätschenprinz" nicht im wahrsten Sinne des Wortes entsprochen haben. Denn dieser Gewaltruf war mehr das Resultat der Eigendynamik des Hörensagens. Doch belegen die Quellen, dass der Thronfolger durchaus bereit gewesen wäre, diese Rolle zu spielen, wenn er die strukturelle *Möglichkeit* dazu gehabt hätte. „Mich trifft der ganze Haß des Volkes", klagte er Charlotte am 24. März. „Warum, vermag mir niemand zu sagen, weil alles, was man

---

117 Aufzeichnungen Friedrich Wilhelms, 1848. Meisner (Hrsg.), Tagebücher, S. 29–30.

118 Vgl. Wilhelm an Friedrich Wilhelm IV., 24. März 1848. Baumgart (Hrsg.), Wilhelm I., S. 177–179; [Oelrichs], Aufzeichnungen, S. 57–85.

119 Aufzeichnungen Varnhagens, [1848]. [Varnhagen], Tagebücher, Bd. 4, S. 344.

120 Wilhelm an Augusta, 27. Mai 1871. GStA PK, BPH, Rep. 51 J, Nr. 509b, Bd. 16, Bl. 68.

121 Wilhelm an Augusta, 13. Juni 1884. GStA PK, BPH, Rep. 51 J, Nr. 509b, Bd. 29, Bl. 43.

122 Wilhelm II., Meine Vorfahren, Berlin 1929, S. 210.

erfährt, erlogen und Verleumdung ist! [...] Ich bin wie vernichtet! Gar keine Aussicht in die Zukunft!" Und er mahnte den Petersburger Hof, nicht dem deutschen Beispiel zu folgen. „Erkennt das Rechte und tut das Rechte zur rechten Zeit, damit es Euch nicht wie uns und Österreich geht. Jeder zögerte noch zu lange mit der nötigen Gewährung des Fortschritts!"[123] Das war keine Selbstkritik. Aber diese Worte deuteten immerhin einen politischen Wandlungsprozess an.

---

123 Wilhelm an Charlotte, 24. März 1848. Börner (Hrsg.), Briefe, S. 288–289.

„Das alte Preußen ist [...] dahin – ein neues liegt vor uns."
Vom Exil zum politischen Comeback

Wie Oelrichs in seinen Memoiren erzählt, sollen er und Wilhelm einem sichtlich überraschten Personal begegnet sein, als sie in den Morgenstunden des 27. März 1848 unangekündigt in der preußischen Gesandtschaft in London erschienen. Den rasierten und verkleideten Thronfolger habe zunächst niemand erkannt. Dan aber habe der herbeigerufene Gesandte Bunsen darauf bestanden, den prominenten Besuch sofort publik zu machen. Noch am selben Nachmittag wurde der spätere Kaiser kurzfristig von Queen Victoria und Prince Albert empfangen.[1] Laut Wilhelm habe ihm der Prinzgemahl gesagt, „es müsse für meine Rechtfertigung gewirkt werden u[nd] sie nicht allein der Zeit überlassen bleiben."[2] „Gestern empfing ich den armen Prinzen von Preußen, der außerordentlich angegriffen ist über alles, was in Berlin vorging", berichtete Albert seinem Onkel König Leopold I. „Leute wie er kann Deutschland jetzt nicht entbehren."[3] Die Nachricht über Wilhelms Ankunft verbreitete sich noch am 27. März in den High-Society-Zirkeln der britischen Hauptstadt. Am „nächsten Tag, den 28., kam die vornehme Welt, Minister, und Hof, in langen Reihen vorgefahren, um dem Prinzen ihre Aufwartung zu machen", so Oelrichs. In den Folgetagen trafen aus Berlin mehrere Adjutanten und Attachés zum persönlichen Dienst beim Thronfolger ein. Zu ihnen gehörten der Diplomat Albert von Pourtalès und der Militär Leopold Hermann von Boyen, der Sohn des Kriegsministers. Zusammen mit dem Gesandtschaftspersonal verfügte der Prinz schnell über einen zwar vergleichsweise rudimentären, aber dennoch funktionierenden Stab. Und mit dessen Hilfe konnte er seine Rückkehr nach Preußen koordinieren.[4]

Wilhelms tagtägliches „Treiben" in London soll laut Boyen aus „Visiten, Lunch, Diners, Spazierenreiten, Theater und Abendcirkel" bestanden haben.[5] Unbestätigten Warnungen aus Berlin, dass „Individuen aus der Partei der roten Republikaner" ein Attentat auf den Prinzen vorbereiten würden, soll dieser wenig Beachtung geschenkt haben. Oelrichs klagte, dass sein prinzlicher Herr die Londoner Straßen regelmäßig ohne Begleitung frequentiert haben soll.[6] Über Entbehrungen konnten der Thronfolger und sein Stab nicht klagen. So berichtete Boyen seiner späteren Ehefrau Fanny – die mit Wilhelm bis 1848 eine Affäre unterhalten hatte –, „wir stehen auf, lesen, essen, essen, lassen uns von Bunsen mit geistreichen Combinationen füttern, binden weiße Cravatten

---

1 Vgl. [Oelrichs], Aufzeichnungen, S. 85–88.
2 Wilhelm an Friedrich Wilhelm IV., 27. März 1848. Baumgart (Hrsg.), Wilhelm I., S. 180.
3 Albert an Leopold I., 28. März 1848. Kurt Jagow (Hrsg.), Prinzgemahl Albert. Ein Leben am Throne. Eigenhändige Briefe und Aufzeichnungen 1831–1861, Berlin 1937, S. 179.
4 [Oelrichs], Aufzeichnungen, S. 89–90.
5 Boyen an Fanny, 1. April 1848. Wolf von Tümpling (Hrsg.), Erinnerungen aus dem Leben des General-Adjutanten Kaiser Wilhelms I., Hermann von Boyen, Berlin 1898, S. 67.
6 [Oelrichs], Aufzeichnungen, S. 92–93.

https://doi.org/10.1515/9783111323954-015

um, legen die Hände in den Schooß, schlafen, kurz wir leben wie im Paradies."[7] In den gesellschaftlichen Eventzirkeln begegnete der spätere Kaiser nicht nur Persönlichkeiten der britischen Oberschicht, sondern auch jenen anderen beiden prominenten März-exilanten: Louis-Philippe und Metternich. Der gestürzte Bürgerkönig sei „weniger Carrikatur als ich glaubte, er sprach fast gar nicht über Politik, war aber sehr unbefangen und lebendig", so Wilhelm.[8] Und Metternich soll ihn mit den Worten begrüßt haben, „,wir beide in London, das ist Geschichte des Tages!' – Er ist in seiner Ruhe grandios. Seine Ansicht über sich ist sehr richtig, indem er sagt: ,Ich habe nur eine Vergangenheit und keine Zukunft.' Von mir sagte er, es sei gerade umgekehrt, indem meine Zukunft vielleicht reicher als die Vergangenheit sein könnte!"[9] Der Prinz mache „allenthalben den besten Eindruck durch seine edle Haltung und klare Verständlichkeit", berichtete Bunsen Mitte April an Friedrich Wilhelm IV. „Er selbst lernt viel durch die Gespräche mit den ersten Staatsmännern Englands und ihre Fragen".[10]

Die knapp drei Monate im Londoner Exil waren für Wilhelm eine *biographische* Zäsur. Das soll nicht in Abrede gestellt werden. Aber *politisch* darf diese Zeit nicht überbewertet werden. Denn letztendlich muss der Einfluss der britischen Hauptstadt auf seine Ideenwelt vergleichsweise gering bemessen werden. In London reflektierte Wilhelm lediglich, dass die Märzereignisse Preußen und Deutschland grundlegend verändert hatten. Das absolutistische System hatte politischen Schiffbruch erlitten, „das alte Preußen ist mit seinem Ruhm und seiner Ehre dahin – ein neues liegt vor uns, dem man seinen Dienst weisen *muß*, ohne zu wissen, wohin man es führt!"[11] Diese doch recht allgemeine Perspektive findet sich in nahezu allen Prinzenbriefen aus der Exil-zeit.[12] Aber wie das neue Preußen aussehen sollte, war für Wilhelm noch offen. Eine Imitation des britischen Konstitutionalismus lehnte er 1848 jedenfalls wie bereits 1844 entschieden ab.[13] Seine Londoner Umgebung berichtete wiederholt, dass der Thron-folger „hier und durch die letzten Erfahrungen viel gelernt" habe.[14] Er sei „weit entfernt, an eine Reaktion zu denken".[15] Der Prinz „geht franchesement in's Neue hinein."[16] Und

---

7 Boyen an Fanny, 2. Mai 1848. Tümpling (Hrsg.), Erinnerungen, S. 69.
8 Wilhelm an Charlotte, 27./28. Mai 1848. GStA PK, BPH, Rep. 51 J, Nr. 511a, Bd. 2, Bl. 370.
9 Wilhelm an Charlotte, 11. Mai 1848. Börner (Hrsg.), Briefe, S. 299.
10 Bunsen an Friedrich Wilhelm IV., 14. April 1848. Ranke (Hrsg.), Briefwechsel, S. 195.
11 Wilhelm an Fanny, 13. April 1848. GStA PK, BPH, Rep. 51 J, Nr. 842, Bl. 8.
12 Vgl. Wilhelm an Charlotte, 3. April 1848. Börner (Hrsg.), Briefe, S. 289–290; Wilhelm an O. v. Manteuffel, 7. April 1848. Heinrich von Poschinger (Hrsg.), Unter Friedrich Wilhelm IV. Denkwürdigkeiten des Ministers Otto Freiherrn von Manteuffel, Bd. 1, Berlin 1901, S. 19; Wilhelm an Alexandrine, 18. Mai 1848. Schultze (Hrsg.), Briefe an Alexandrine, S. 71.
13 Vgl. Wilhelm an Charlotte, 27. April/5. Mai 1848. Börner (Hrsg.), Briefe, S. 296; Wilhelm an Georg von Mecklenburg-Strelitz 18. Mai 1848. Pagel (Hrsg.), Briefe, S. 140–141.
14 Pourtalès an Bethmann-Hollweg, 1. Mai 1848, Albert von Mutius (Hrsg.), Graf Albert Pourtalès. Ein preußisch-deutscher Staatsmann, Berlin 1933, S. 51–52.
15 Orlich an Natzmer, 13. Mai 1848. Natzmer (Hrsg.), Denkwürdigkeiten, Bd. 3, S. 220.
16 Albert an Ernst II., 30. März 1848. Ernst II., Aus meinem Leben, Bd. 1, S. 266.

seinem Bruder versicherte der spätere Kaiser, er wolle „unbedingt den Weg gehen, den Du vorzeichnen wirst!"[17]

Wilhelms politisches Profil blieb in der Exilzeit unscharf. Er besaß noch keine konkreten Antworten auf die Frage, welche neuen Legitimierungsstrategien die Hohenzollernmonarchie nutzen sollte, um die Revolutionsgefahr abzuwehren. Friedrich Wilhelm IV. bot da ein anderes Bild. Denn er bewies in den unmittelbaren Tagen nach den Barrikadenkämpfen wiederholt situative Flexibilität. Gemeinsam mit dem neuen Ministerpräsidenten Arnim-Boitzenburg schien er sich öffentlich an die Spitze der Revolution zu stellen. Das konnte beispielhaft in der Deutschen Frage beobachtet werden. Diese hatte durch die deutschlandweite Revolution eine bis dato ungekannte Dynamik gewonnen. Das Schicksal Preußens und Deutschlands war im März und April 1848 in den Augen vieler politischer Beobachter eng miteinander verbunden. Denn es schien nicht unwahrscheinlich, dass der österreichische Vielvölkerstaat unter der Last der revolutionären Nationalitätenkonflikte auseinanderbrechen könnte.[18] Dagegen ritt Friedrich Wilhelms IV. bereits am 21. März öffentlich durch Berlin, bekleidet mit der schwarz-rot-goldenen Nationaltrikolore. Und er verkündete dabei, dass Preußen zukünftig in Deutschland aufgehen solle. Durch diesen inszenierten Auftritt gewann der König kurzfristig Popularität. Es war der erste erfolgreiche Versuch, die Hohenzollernmonarchie unter Rückgriff auf deutschnationale Topoi neu zu legitimieren.[19] Seinem jüngeren Bruder erklärte der Herrscher allerdings, „die Reichsfarben mußte ich gestern freiwillig aufstecken, um Alles zu retten. Ist der Wurf gelungen [...], so lege ich sie wieder ab."[20] Und Wilhelm klagte seiner Schwester, ihm sei die Nachricht über diesen „deutsche[n] Ritt des Königs [...] furchtbar in die Glieder" gefahren. Doch „hat er das Gute für ihn gehabt, daß er von dem Moment an die Berliner für sich hatte und kein Gefangener mehr war!"[21]

Der Weg des späteren Kaisers nach „Deutschland" war 1848 alles andere als geradlinig. Anfangs betrachtete er die Deutsche Frage noch immer als Bedrohung. In einem längeren und emotional verfassten Brief an Luise vom 6. April, den er als sein „politisches Glaubens-Bekenntnis" bezeichnete, schrieb Wilhelm, er „werde in Preußen jetzt verschrien, als Repräsentant des alten Preußischen Systêms, et je m'en fais gloire so zu heißen. [...] Das Systême hieß: ein *selbstständiges*, mächtiges durch sein Heer, angesehenes, blühendes, geachtetes Preußen, als *Großmacht* im Europäischen Staaten Bunde und zugleich Theil Deutschlands. [...] Von dem Augenblick an aber, wo es ausgesprochen wurde, daß Preußen in Deutschland *aufgehen* solle, von da ab änderte sich die Aufgabe der Regierung und also aller künftig handelnden Individuen. [...] Preußen will nicht mehr eine! selbständige Großmacht sein, sondern dies nur in Verbindung mit

---

17 Wilhelm an Friedrich Wilhelm IV., 24. März 1848. Baumgart (Hrsg.), Wilhelm I., S. 177.
18 Vgl. Lutz, Habsburg und Preußen, S. 255–257.
19 Vgl. Barclay, Friedrich Wilhelm IV., S. 216–219; Blasius, Friedrich Wilhelm IV., S. 130; Clark, Preußen, S. 560–561.
20 Friedrich Wilhelm IV. an Wilhelm, 22. März 1848. Hachtmann, Berlin 1848, S. 213.
21 Wilhelm an Charlotte, 17./18. April 1848. Börner (Hrsg.), Briefe, S. 292.

Deutschland sein; es unterwirft sich also in Allem dem Gesammt-Vaterlande und tritt von der ersten Stufe die es bisher einnahm, auf die 2. herunter. Dies ist also der Wechsel des Systêmes, den die Berliner Straßen-Barrikaden herbeiführten. Wer bisher stolz auf seinen Preußischen Namen war, als zu einer Großmacht gehörig, muß sich freilich nun sehr herabstimmen! Doch in das Unwiederbringliche muß man sich fügen! Ist das Opfer im innersten Herzen gebracht – was es kostet sagen keine Worte! – so gehet man getrost der neuen Aera entgegen und jeder muß seine noch übrigen besten Kräfte daran setzen, um das Beste zu erstreben!"[22] Gleichzeitig gewann Wilhelm die Überzeugung, dass für das neue Hohenzollernkönigreich konstitutionelle Reformen unumgänglich seien. Denn nur eine eigene Verfassung könne garantieren, dass Preußen in Deutschland nicht völlig aufgehen würde. So erklärte er Augusta Mitte April, der Absolutismus habe „meiner Überzeugung nach [...] für *das* Preußen" gepasst, „welches in Übereinstimmung mit den anderen Großmächten europäische Fragen zu lösen hatte und durch raschen Entschluß wirken mußte", und dabei „nicht durch eine Verfassung in entscheidenden Momenten in seiner Tätigkeit" habe „gelähmt werden" dürfen. „*Das* Preußen hingegen, welches nur *mit* Deutschland eine Großmacht sein will und danach zu handeln entschlossen ist, kann meiner Überzeugung nach nicht nur eine andere Konstitution haben, sondern muß sie besitzen, um sich die Sympathien Deutschlands zu erwerben, umsomehr, wenn es Aussicht haben sollte, an dessen Spitze berufen zu werden."[23]

Die Idee, Preußen könne durch die Revolution zur neuen deutschen Führungsmacht aufsteigen, war Wilhelm erstmals vom britischen Prinzgemahl nahegelegt worden.[24] Bereits vor 1848 hatte Albert wiederholt argumentiert, ein deutscher Nationalstaat sei nur unter preußischer Leitung möglich. Nach den Märztagen versuchte er, vom Londoner Hof aus auf die Entwicklung in Deutschland Einfluss zu nehmen.[25] Ein mögliches Instrument für diese nationale Agenda hieß Wilhelm. Prince Albert forderte seine deutschen Korrespondenzpartner auf, irgendwie eine Rückkehr des „Kartätschenprinzen" zu ermöglichen. „Solch einen Ehrenmann, und noch dazu den Erben Preußens, können wir in Deutschland nicht entbehren!"[26] Auch Bunsen schien versucht zu haben, den Prinzen in der Deutschen Frage zu beeinflussen. Oelrichs berichtete, der Gesandte „faselte von Deutschland und Deutschtum", und das sehr zum Unmut der konservativen Adjutanten und Attachés.[27] Aber auch der Thronfolger soll nicht gerade „der neuen Bewegung für Deutschland ergeben" gewesen sein, wie der Prinzgemahl lamentierte.[28]

---

22 Wilhelm an Luise, 6. April 1848. GStA PK, BPH, Rep. 51, Nr. 853.
23 Wilhelm an Augusta, 17. April 1848. Schuster/Bailleu (Hrsg.), Nachlaß, Bd. 2, S. 367–368. Siehe auch Wilhelm an Maria Pawlowna, 9./11. April 1848. Schultze (Hrsg.), Weimarer Briefe, Bd. 1, S. 177; Wilhelm an L. v. Gerlach, 16. Mai 1848. Berner (Hrsg.), Briefe, Bd. 1, S. 182.
24 Vgl. Wilhelm an Friedrich Wilhelm IV., 27. März 1848. Baumgart (Hrsg.), Wilhelm I., S. 180.
25 Vgl. H.R. Fischer-Aue, Die Deutschlandpolitik des Prinzgemahls Albert von England 1848–1852, Coburg 1953, S. 37–74; Netzer, Albert, S. 240–244; Frank Lorenz Müller, Britain and the German Question. Perceptions of Nationalism and Political Reform, 1830–63, Basingstoke 2002, S. 110–113.
26 Albert an Leiningen 20. März 1848. Jagow (Hrsg.), Prinzgemahl, S. 184.
27 [Oelrichs], Aufzeichnungen, S. 103–104.
28 Albert an Stockmar, 30. März 1848. Jagow (Hrsg.), Prinzgemahl, S. 184.

Seinem Weimarer Schwager Carl Alexander schrieb Wilhelm, „was wird aus Deutschland werden? Ich fürchte, es gehet mit allen seinen Fürsten zugrunde und einst aus einer Republik erst wieder als etwas Vernünftiges hervor."[29] Offen gestand er Charlotte, „mir würde selbst die Gloriole, an die Spitze Deutschlands zu treten, keine Entschädigung für die verlorene Selbständigkeit Preußens sein."[30] Und Luise gegenüber klagte er, „daß einem das Deutschthum verquer im Leibe liegt!"[31] Eine Rehabilitation auf dem Rücken der Nationalbewegung besaß daher wenig Erfolgspotential. Dennoch sollte der „Kartätschenprinz" solche Ideen gleich einem Ertrinkenden bei jeder sich bietenden Gelegenheit zu ergreifen versuchen. Desperate times call for desperate measures.

In den unmittelbaren Wochen nach seiner Flucht galt Wilhelm im revolutionären Berlin noch immer als public enemy number one. An eine Rehabilitation und Rückkehr war daher erst einmal nicht zu denken. Seine Porträtbilder wurden auf den Straßen weiterhin geschmäht und verhöhnt. In Gottesdiensten verzichteten Prediger auf die ansonsten obligatorische Fürbitte für den Thronfolger. Und am Prinzenpalais wurde die Inschrift „National-Eigenthum" regelmäßig neu angebracht.[32] Allerdings notierte Varnhagen bereits am 26. März, „man arbeitet daran, den Prinzen von Preußen herzustellen, seine Rückkehr möglich zu machen. Die Adlichen und Militairs sehen in ihm ihren Hort."[33] Zu jenen konservativen Unterstützern gehörten auch Leopold und Ernst Ludwig von Gerlach. Um beide Brüder formierte sich im Frühjahr und Sommer 1848 eine einflussreiche Hofkamarilla. Insbesondere Leopold von Gerlach gewann durch seine Stellung als Generaladjutant des Königs einen exzeptionellen Zutritt zu den Räumen der Macht. Tagtäglich begleitete er den Herrscher selbst bei den mondänsten Erledigungen. Ein Kaffeegespräch war an und für sich kein politischer Akt. Aber über solche regelmäßigen Plauderrunden fand der General an Allerhöchster Stelle Gehör. Und dadurch gewannen die Gerlach-Brüder jenseits der Ministerratssitzungen und Parlamentsdebatten Einfluss auf den politischen Entscheidungsprozess.[34]

Doch nach den Märztagen war Friedrich Wilhelm IV. mit dem Dolchstoßstigma behaftet. Deshalb diente Wilhelm den Revolutionsgegnern als politische Projektionsfläche. In konservativen und militärischen Kreisen sei „die Abwesenheit des Abgottes des Heeres" beklagt worden, so Kraft zu Hohenlohe-Ingelfingen.[35] „Im Pr[inzen] v[on] Pr[eußen] personifizirt sich geradezu alles, was wir der Revolution entgegenzusetzen haben, Ewiges, Vergangenes, Zukünftiges", notierte auch Ernst Ludwig von Gerlach. „Seine Position ist zur Geltenmachung aller dieser großen Realitäten äußerst günstig –, er steht rein da […]. Und wie wichtig wird dies alles, wenn man an die Eventualität eines

---

29 Wilhelm an Carl Alexander, 16. April 1848. Schultze (Hrsg.), Weimarer Briefe, Bd. 1, S. 180.

30 Wilhelm an Charlotte, 17./18. April 1848. Börner (Hrsg.), Briefe, S. 292.

31 Wilhelm an Luise, 30. April 1848. GStA PK, BPH, Rep. 51, Nr. 853.

32 Siehe Varnhagens Tagebucheinträge vom 1. und 21. April 1848, in: [Varnhagen], Tagebücher, Bd. 4, S. 363, S. 391; Wolff, Revolutions-Chronik, Bd. 2, S. 492–493.

33 Tagebuch Varnhagen, 26. März 1848. [Varnhagen], Tagebücher, Bd. 4, S. 351–352.

34 Vgl. Canis, Leopold von Gerlach, S. 465–466; Barclay, Friedrich Wilhelm IV., S. 231–246.

35 [Hohenlohe-Ingelfingen], Aus meinem Leben, Bd. 1, S. 71.

Thronwechsels denkt."[36] Diese Eventualität wurde 1848 durchaus diskutiert. Und sie gewann graduell an Staatsstreichbrisanz. Nach dem 19. März hatte das Loyalitätsverhältnis von Militär und Monarch einen absoluten Tiefpunkt erreicht.[37] Deutlich konnte dies am 25. März beobachtet werden. An jenem Tag reiste der König nach Potsdam, wohin die Armee abgerückt war. Dort soll er dem Offizierscorps im Marmorpalais erklärt haben, „dass meine Person seit dem Augenblick, wo die Truppen Berlin verlassen haben nie sicherer gewesen ist als jetzt".[38] Diese Worte waren eigentlich an das Berliner Stadtpublikum gerichtet. In der Hauptstadt wurde die Rede auch sofort publiziert, in der Hoffnung, die revolutionäre Stimmung weiter zu beruhigen.[39] Für die in Potsdam anwesenden Militärs war die königliche Erklärung allerdings eine beispiellose Provokation. Der spätere deutsche Gesandte in Sankt Petersburg Hans-Lothar von Schweinitz berichtete etwa, „Zeichen von Unwillen, Scharren mit den Füßen, Stampfen mit den Säbeln begleiteten diese schmachvollen Worte."[40] Laut Leopold von Gerlach habe der Herrscher im Marmorpalais „fast einen Aufruhr" erregt.[41] Und nachdem er in London von der Potsdamer Szene erfahren hatte, klagte Wilhelm über seinen Bruder, „die Stimmung überhaupt gegen ihn [...] in der Truppe erschreckt mich am meisten!"[42]

Diese Stimmung nahm schließlich sogar konspirative Züge an. Das legen zumindest mehrere Quellen aus dem Umfeld des Offizierscorps nahe. Allerdings geben weder Prittwitz noch andere Mitwisser in ihren späteren Aufzeichnungen konkrete Details. Sie beließen es lediglich bei vorsichtigen Andeutungen. Denn nach 1848 wollte sich niemand als Putschist outen. *Dass* es zumindest vage Staatsstreichideen gegeben haben soll, leugnete jedoch niemand.[43] Bereits dieser Umstand muss als akutes Symptom einer zunehmenden Politisierung und Ideologisierung der preußischen Armee bewertet werden. Das Offizierskorps entfernte sich von dem Konzept einer abstrakten und bedingungslosen Loyalität gegenüber dem Träger der Krone. Stattdessen begannen die Militärs, politische Einflussnahme als Kondition für das traditionelle Treueverhältnis zu fordern. Zwar war ein Auflösungsprozess des monarchischen Selbstverständnisses, wie er in der deutschen Militärführung 1918 beobachtet werden konnte, anno 1848 noch Zukunftsmusik.[44] Doch muss die kontrafaktische Frage offenbleiben, wie die Armee

---

36 E. L. v. Gerlach an L. v. Gerlach, 24. April 1848. GA, LE02764, S. 17–18.
37 Vgl. Hachtmann, Berlin 1848, S. 186–187.
38 Aufzeichnungen L. v. Gerlachs, [ohne Datumsangabe]. GA, LE02764, S. 168.
39 Vgl. Clark, Preußen, S. 546–547.
40 Wilhelm von Schweinitz (Hrsg.), Denkwürdigkeiten des Botschafters General von Schweinitz, Bd. 1, Berlin 1927, S. 30.
41 Tagebuch L. v. Gerlach, 15. Oktober 1855. GA, LE02758, S. 128.
42 Wilhelm an Charlotte, 17./18. April 1848. Börner (Hrsg.), Briefe, S. 293.
43 Vgl. Heinrich (Hrsg.), Berlin 1848, S. 413–414; Caemmerer (Hrsg.), Märztage, S. 42–43; Tagebuch Varnhagen, 3. März 1852. [Varnhagen], Tagebücher, Bd. 9, S. 98.
44 Vgl. Gordon A. Craig, The Politics of the Prussian Army 1640–1945, London u. a. 1955, S. 99–107; Messerschmidt, Armee, S. 135–140; Dierk Walter, Preußische Heeresreformen 1807–1870. Militärische Innovationen und der Mythos der „Roonschen Reform", Paderborn u. a. 2003, S. 200.

nach den Märztagen gehandelt haben würde, hätte sie sich der Unterstützung des Thronfolgers sicher geglaubt.[45]

Konterrevolutionäre Konspirationen gab es in jenen Tagen jedoch nicht nur in Militärkreisen. Die Dynamik und Offenheit des Revolutionsgeschehens ließen mehrere Akteure ihre Möglichkeiten ausloten, sich näher am Zentrum der Macht zu platzieren. Zu diesen suddenly-Verschwörern gehörte auch Wilhelms jüngerer Bruder Carl. Dieser hatte den Thronfolger noch am Abend vor dessen Flucht nach London auf der Pfaueninsel aufgesucht. Und dort hatte er wahrscheinlich versucht, auch Augusta und ihre Kinder zur Abreise zu drängen. Die Entfernung der Thronfolgerfamilie hätte dem drittgeborenen Prinzen im dynastischen Erbfolgerecht eine Aufstiegschance bieten können. Zumindest war es in den Märztagen alles andere als absehbar, ob der „Kartätschenprinz" überhaupt wieder in Amt und Würden zurückkehren könnte.[46] Auch nach dem 22. März suchte Carl wiederholt das Gespräch mit Augusta. Die Prinzessin befürchtete, wie sie Wilhelm schrieb, „daß er es darauf abgesehen hat, in dem Trüben für sich und seinen Sohn zu fischen, und daß er geheime Mittel in Bewegung setzt um sich eine Popularität auf Deine Unkosten zu machen, die seine moralische Geringschätzung sonst nicht zulassen würde."[47] Carls Palastrevolutionspläne blieben der Öffentlichkeit nicht verborgen. Für den ohnehin ramponierten Ruf der Herrscherdynastie war das nur ein weiteres PR-Desaster. „Solche Zwietracht in hohen Häusern pflegt deren Untergang zu bezeichnen!", kommentierte etwa Varnhagen.[48]

Es gingen jedoch auch Gerüchte um, Augusta würde gegen ihren Ehemann konspirieren. Der Prinzessin wurde vorgeworfen, sie solle Alles daransetzen, ihren minderjährigen Sohn auf dem Thron zu sehen. Sie selbst würde dann als Mutter die Rolle einer Regentin übernehmen.[49] Zwar geriet Augusta nach Wilhelms Flucht verstärkt in das Zentrum der politischen Aufmerksamkeit. So soll sie gegenüber Leopold von Gerlach bemerkt haben, „wie sie von den verschiedensten Pretensionen u[nd] Rathschlägen hin u[nd] her bewegt würde, wie ihr einer dieß, der andre das Gegentheil zur heiligsten Pflicht machte", und dabei „weinte sie bitterliche Thränen, u[nd] das wie ein kleines Kind dem der Bock stößt."[50] Doch außer Hörensagen gibt es keine Quellen, die der späteren Kaiserin eine Regentschaftsintrige nachweisen könnten. Wahrscheinlich gehen diese Gerüchte auf den 23. März 1848 zurück. An jenem Tag begegnete Augusta einem bis dato auf der großen politischen Bühne relativ unbekannten Landadeligen

---

45 Vgl. Hachtmann, Berlin 1848, S. 261.

46 Vgl. Aufzeichnungen Friedrich Wilhelms, 1848. Meisner (Hrsg.), Tagebücher, S. 30; Tagebuch E. L. v. Gerlach, 22. April 1849. Diwald (Hrsg.), Nachlaß, Bd. 1, S. 94; Tagebuch L. v. Gerlach, 14. August 1849. GA, LE02752, S. I/33.

47 Augusta an Wilhelm, 26. März 1848. GStA PK, VI. HA, Nl. Preußen, Wilhelm I., Nr. 2.

48 Tagebuch Varnhagen, 3. Mai 1848. [Varnhagen], Tagebücher, Bd. 5, S. 4.

49 Siehe Varnhagens Tagebucheinträge vom 31. März und 21. Juli 1848, in: Ebd., Bd. 4, S. 360, Bd. 5, S. 125 – 126.

50 Tagebuch L. v. Gerlach, 23. März 1848. GA, LE02752, S. II/35 – 36.

namens Otto von Bismarck.[51] Dieser verfolgte während der Märztage den Plan, den König mithilfe bewaffneter Bauern aus dem revolutionären Berlin zu „befreien". Obgleich ihm dieses Himmelfahrtskommando von den Potsdamer Militärs letztlich ausgeredet wurde, bewegte er sich schnell in den Kreisen der traditionellen Herrschaftselite. Und über Prinz Carl erhielt er Zugang zur königlichen Familie.[52] Der spätere Kanzler soll auch versucht haben, Augusta für die Gegenrevolution zu gewinnen. Doch will die Prinzessin solchen „reactionären idéen" sofort eine Absage erteilt haben, wie sie Wilhelm am 24. März berichtete. „Ich beschränkte mich darauf H[errn] v[on] Bismark-Schönhausen zu treffen, dem ich sagte daß Du das Beispiel der treuesten Ergebenheit und Gehorsams gegeben hättest, jede Maasregel gegen die Beschlüße des Königs Deiner Ansicht widersprechen würde. Ich ließ mir sein Ehrenwort geben, daß weder Dein Name noch der unsres Sohnes bei einem solchen reactions Versuch compromittirt werden würde."[53] Und 1862 sollte Augusta erklären, Bismarck sei in den Märztagen „im Auftrage des Prinzen Carl erschienen um die Ermächtigung zu erlangen sowohl den Namen des abwesenden Thronerben als seines Sohnes (der noch unmündig war), zu einer contre Revolution zu benutzen, durch welche die bereits vollzogenen Maasregeln des Königs nicht anerkannt, und dessen Berechtigung, resp. Zurechnungs Fähigkeit beanstandet werden sollten."[54] In seinen Memoiren behauptet der „Eiserne Kanzler" hingegen, es sei die Prinzessin gewesen, die in „lebhafter Erregung" erzählt haben soll, sie wolle die Regentschaft für ihren Sohn übernehmen.[55] Auch kolportierte Bismarck, dass Georg von Vincke die spätere Kaiserin zum Hochverrat ermutigt haben soll. Diese liberale Verschwörung will er persönlich aufgedeckt und verhindert haben. Denn er will Vincke gedroht haben, er werde ihn öffentlich erschießen.[56] Tatsächlich sind aus Augustas Nachlass Aufzeichnungen über ein Gespräch zwischen ihr und Vincke vom 12. April 1848 überliefert. Wahrscheinlich handelt es um ein Diktat der Prinzessin. Der liberale Parlamentarier soll ihr erklärt haben, „Alles ließe sich noch retten, wenn sich nicht jene Persönlichkeit, die an der Spitze steht, durch die Berliner Ereignisse unmöglich gemacht hätte." Diese wenig subtile Forderung nach einer Abdankung des

---

51 Zu Bismarck siehe Erich Eyck, Bismarck. Leben und Werk, 3 Bde., Erlenbach-Zürich 1941–1944; Arnold Oskar Meyer, Bismarck. Der Mensch und der Staatsmann, Stuttgart 1949; Lothar Gall, Bismarck. Der weiße Revolutionär, Frankfurt am Main/Berlin/Wien 1980; Ernst Engelberg, Bismarck, 2 Bde., Berlin (Ost) 1985–1990; Otto Pflanze, Bismarck, 2 Bde., München 1997–1998; Eberhard Kolb, Bismarck, München 2009.
52 Vgl. Max Lenz, Bismarcks Plan einer Gegenrevolution im März 1848, in: Sitzungsberichte der Preußischen Akademie der Wissenschaften Jahrg. 1930, Philosophisch-Historische Klasse, S. 251–276; Haenchen, Flucht, S. 65–76.
53 Augusta an Wilhelm, 24. März 1848. GStA PK, VI. HA, Nl. Preußen, Wilhelm I., Nr. 2.
54 Augusta an Wilhelm, [Juli 1862]. Huber (Hrsg.), Dokumente, Bd. 2, S. 45.
55 NFA, IV, S. 18.
56 Vgl. Tagebuch E. L. v. Gerlach, 11. Oktober 1848, Diwald (Hrsg.), Nachlaß, Bd. 1, S. 121. Tagebuch Hohenlohe-Schillingsfürst, 24. Juli 1874. Friedrich Curtius (Hrsg.), Denkwürdigkeiten des Fürsten Chlodwig zu Hohenlohe-Schillingsfürst, Bd. 2, Stuttgart/Berlin ⁴1907, S. 135–136; Bismarck an F. v. Vincke, 30. April 1895. NFA, III/Bd. 9, S. 273–274; Alexander Andrae-Roman, Erinnerungen eines alten Mannes aus dem Jahre 1848, Bielefeld 1895, S. 30.

Königs will die Prinzessin aus „Ehrfurcht und Ergebenheit" zurückgewiesen haben. Ihre „Lage als Frau" verbiete ihr zudem, irgendeine politische Entscheidungsrolle zu spielen.[57] Eine weibliche Regentschaft war den Hausgesetzen und Traditionen der Hohenzollernmonarchie unbekannt. Sie hätte ein verfassungsrechtliches wie politikkulturelles Novum dargestellt. Aber im Revolutionschaos mochte dies nicht völlig abwegig gewesen sein. Dennoch legen die Quellen nahe, dass die Augustaverschwörung anno 1848 nicht viel mehr als ein Produkt der Bismarck'schen Phantasie war.

Auch in der Ehekorrespondenz zwischen Berlin und London finden sich keine Hinweise auf ein konspiratives Verhalten. Stattdessen versicherte Augusta ihrem Ehemann wiederholt ihre persönliche wie politische Treue. So schrieb sie Wilhelm beispielsweise, „wie die Sachen stehen, liegt unsere Zukunft hier im Lande nun in Gottes Hand [...]. Ich bete für Dich und gedenke Deiner mit inniger Liebe. Hätte ich jetzt die freie Wahl unsres gemeinschaftlichen Unglüks oder eines getrennten Glüks, *nie* würde ich letzteres wählen".[58] Und ihrer Schwägerin Charlotte berichtete die Prinzessin, sie „lebe nun hier *ganz zurückgezogen* und einsam mit den Kindern, wie eine Witwe mit Waisen, im Stillen für meinen unglücklichen Mann wirkend, und im übrigen ergeben und gefasst abwartend was Gott über uns verfügen wird!" Wilhelm sei „ein *unschuldiges* Opfer" der Revolution. „Es kommt jetzt alles darauf an, die Stimmung gegen ihn wieder auszusöhnen, daher ist in *jeder* Hinsicht die *allergrößte Vorsicht* nöthig, zu welcher Du aus Liebe zu ihm gewiss auch *rathen* und *beitragen* wirst."[59] Auch Augusta war daran interessiert, ihren Ehemann zu rehabilitieren. Jede Verschwörung wäre da kontraproduktiv gewesen. Wilhelm schien diese Bemühungen durchaus zu schätzen. So schrieb er seiner Schwiegermutter, „l'amour, l'attachement et le courage qu'Auguste m'a témoignés sont gravés pour toujours dans mon coeur; la séparation d'elle m'est donc doublement pénible!"[60] Und gegenüber Charlotte äußerte er den Wunsch, „Gott gebe mir nur im Hause volle Endschädigung für *das*, was ich in der Heimath *nicht wieder finde*! Das darf ich aber bestimmt annehmen, denn Auguste ist [...] sehr zurückgekommen von Vielem, was sie sich sonst einbildete und was so oft Différenzen zwischen uns erzeugte!"[61]

Aber Wilhelm war sich auch bewusst, dass die Zeit gegen ihn spielte. „Wenn meine Abwesenheit zu lange dauert, so gewöhnt sich die Menge daran, daß ich verschollen bin", klagte er seiner Schwester. „Man rechnet darauf, mich als abdiziert zu betrachten. [...] Dadurch will das Volk zeigen, daß sein Recht so weit geht, die Thronfolge ändern zu können."[62] Aus dieser Perspektive betrachtet war seine Rehabilitation und Rückkehr eine Systemfrage. Auch Friedrich Wilhelm IV. sah die Thronfolgerfrage als politische Sollbruchstolle. „Geschehen *muß* etwas", befahl er den Ministern. Wilhelms „gekränkte Unschuld, sein schnöde und gesetzlos angetastetes Eigenthum fordern das gebiethe-

---

57 Aufzeichnungen von unbekannter Hand, 12. April 1848. Schuster/Bailleu (Hrsg.), Nachlaß, Bd. 2, S. 516.
58 Augusta an Wilhelm, 29. März 1848. GStA PK, VI. HA, Nl. Preußen, Wilhelm I., Nr. 2.
59 Augusta an Charlotte, 30. März 1848. GStA PK, BPH, Rep. 51 J, Nr. 511a, Bd. 2, Bl. 340–341.
60 Wilhelm an Maria Pawlowna, 9. April 1848. Schultze (Hrsg.), Weimarer Briefe, Bd. 1, S. 176.
61 Wilhelm an Charlotte, 27./28. Mai 1848. GStA PK, BPH, Rep. 51 J, Nr. 511a, Bd. 2, Bl. 371.
62 Wilhelm an Charlotte, 27. April/5. Mai 1848. Börner (Hrsg.), S. 297.

risch; noch gebietherischer fordert es der Umstand seiner Stellung zur Krone, die Zukunft der Dynastie, des Staats, des Volkes."[63] Und gegenüber Charlotte klagte der König, „Wilhelms Entfernung bricht mir das Herz!!!!!!!"[64]

Das Staatsministerium, dem der König eine Lösung der Thronfolgerfrage befahl, war ein sogenanntes Märzministerium. Diese ad-hoc-Regierungen waren im Zuge der Revolution in fast allen deutschen Staaten installiert worden. Sie setzen sich aus Persönlichkeiten des bürgerlich-liberalen und reformorientierten politischen Spektrums zusammen. Die Märzminister waren also alles andere als Träger der Revolution. Sie fürchteten die Barrikadenkämpfe kaum weniger als jene in die Enge gedrängten Monarchen, die sie ernannt hatten. Kaum an die Macht gekommen versuchten sie die revolutionären Ereignisse daher sofort zu kanalisieren und konsolidieren. Das geschah auch aus Rücksicht auf die nach wie vor existierenden monarchischen Eliten. Vor allem aber wollten die Märzminister eine weitere Radikalisierung der Revolution verhindern. Kaum eine Stimme des liberalen Bürgertums wünschte eine Wiederholung von 1789.[65] In Berlin war die Ministerpräsidentschaft Arnim-Boitzenburgs lediglich ein kurzes Interregnum. Am 29. März berief Friedrich Wilhelm IV. mit dem Kabinett Camphausen-Hansemann das eigentliche preußische Märzministerium. Mit seinen Reden auf dem Vereinigten Landtag 1847 war der Kölner Liberale Ludolf Camphausen in ganz Preußen bekannt geworden. Bereits kurz nach Ausbruch der Märzrevolution war sein Name daher als Ministerkandidat gehandelt worden. Camphausen hatte sich jedoch geweigert, unter Arnim-Boitzenburg in die Regierung einzutreten. Das hatte einen Kabinettswechsel unumgänglich gemacht. Die Initiative zur Regierungsbildung befand sich nicht länger in königlichen Händen.[66] Camphausen wurde Ministerpräsident und David Hansemann wurde Finanzminister. Dieser hatte sich ebenfalls vor 1848 in den Rheinlanden als einer der führenden Sprecher im liberalen Lager etablieren können. Öffentlich wurde Hansemann sogar als eigentlich Führungsperson des Märzministeriums betrachtet. Dieses Ansehen sollte ihm ermöglichen, den nächsten Regierungswechsel nur drei Monate später unbeschadet zu überstehen.[67]

Von Anfang an verfolgte das Berliner Märzministerium einen vergleichsweise begrenzten Reformkurs. Die alten absolutistischen Eliten sollten in den neuen konstitutionellen Staat eingebunden werden, um mit ihrer Hilfe Ruhe und Ordnung wiederherzustellen. Es entbehrt daher nicht einer gewissen Ironie der Geschichte, dass gerade

---

63 Friedrich Wilhelm IV. an Camphausen, 6. Mai 1848. Erich Brandenburg (Hrsg.), König Friedrich Wilhelm IV. Briefwechsel mit Ludolf Camphausen, Berlin 1906, S. 67–68.
64 Friedrich Wilhelm IV. an Charlotte, 21. April 1848. Haenchen (Hrsg.), Revolutionsbriefe, S. 83.
65 Vgl. Eva Maria Werner, Die Märzministerien. Regierungen der Revolution von 1848/49 in den Staaten des Deutschen Bundes, Göttingen 2008.
66 Vgl. Jürgen Hofmann, Ludolf Camphausen. Erster bürgerlicher Ministerpräsident in Preußen, in: Helmut Bleiber/Walter Schmidt/Rolf Weber (Hrsg.), Männer der Revolution von 1848, Bd. 2, Berlin (Ost) 1987, S. 425–448; Canis, Revolution, S. 43–44.
67 Vgl. Elli Mohrmann, David Hansemann, in: Gerhard Becker/Karl Obermann/Sigfried Schmidt/Peter Schuppan/Rolf Weber (Hrsg.), Männer der Revolution von 1848, Bd. 1, Berlin (Ost) ²1988, S. 417–439.

jene Männer die Monarchie zu retten versuchten, die Wilhelm vor 1848 als angebliche Revolutionäre gebrandmarkt hatte.[68] Auf dem Weg zum Verfassungsstaat suchte die neue Regierung den Ausgleich mit den oppositionellen Kräften. Einen einseitigen Verfassungsoktroi „von oben" oder „von unten" wollten sowohl die Märzminister als auch die liberalen Abgeordneten des Zweiten Vereinigten Landtags verhindern. Die Ständeversammlung trat am 2. April kurzfristig zusammen. Bereits am ersten Verhandlungstag erklärte sich die Landtagsmehrheit allerdings für obsolet. Stattdessen forderten die Abgeordneten, dass eine aus allgemeinen und gleichen Wahlen hervorgegangene Nationalversammlung die Verfassung für das Königreich ausarbeiten sollte. Und in dem von Staatsministerium und Landtag verabschiedeten Wahlgesetz wurde explizit festgelegt, dass die Konstitution gemeinsam von Regierung und Nationalversammlung *vereinbart* werden sollte. Dieses sogenannte Vereinbarungsprinzip hatte weitreichende Implikationen. Einerseits kann es als institutioneller Ausdruck der liberalen Kompromissbereitschaft gegenüber den alten Eliten betrachtet werden. Andererseits bot es dem Monarchen einen gesetzlichen Mechanismus, eigenmächtig gegen die Nationalversammlung vorzugehen. Denn das Gesetz hielt offen, was eigentlich geschehen sollte, falls keine Einigung zwischen beiden Staatsgewalten erzielt werden konnte.[69]

Anfangs genoss das Ministerium Camphausen-Hansemann eine breite öffentliche Zustimmung. Diese reichte vom liberalen bis in das demokratische Politikspektrum. Allein deshalb war es der Regierung möglich, sich der politisch heiklen Thronfolgerfrage zu widmen. Dabei wurden mehrere Optionen sondiert, wie der „Kartätschenprinz" zurück auf preußischen Boden gebracht werden könnte.[70] Eine Möglichkeit war, Wilhelm mit einem aktiven Armeekommando zu betreuen. Denn dies hätte dessen physische Präsenz bei den Truppen erfordert. Im April 1848 boten sich für eine solche Option zwei potentielle Kriegsschauplätze an: Polen und Dänemark. Das Übergreifen der Revolution auf die preußischen Ostprovinzen führte zu einem Wiederaufflackern des Polonismus. Ein unabhängiger polnischer Staat wäre nur *gegen* Russland möglich gewesen. Doch ein Krieg gegen die zarische Autokratie war innerhalb der liberalen und demokratischen Bewegung durchaus populär. Teilweise wurde er sogar geradezu eschatologisch herbeigesehnt. Friedrich Wilhelm IV. und die Märzminister hatten daher einen Balanceakt zu meistern. Denn einerseits mussten sie sich vor den wachsamen Augen der revolutionären Öffentlichkeit glaubhaft vom verhassten Zarenreich distanzieren. Andererseits konnten sie nicht in das allgemeine Kriegsgeschrei einstimmen, ohne diplomatische oder gar militärische Konflikte mit Sankt Petersburg zu riskieren.[71]

Wilhelm stand der Idee eines Waffengangs gegen Russland ambivalent gegenüber. Es gleiche „einer schmerzlichen Catastrophe", klagte er Luise, „dahin die Waffen zu

---

68 Vgl. Hachtmann, Berlin 1848, S. 289–290; Hein, Revolution, S. 31.

69 Vgl. Huber, Verfassungsgeschichte, Bd. 2, S. 582–584; Hachtmann, Berlin 1848, S. 291–294; Canis, Revolution, S. 93–95.

70 Vgl. Hachtmann, Berlin 1848, S. 323.

71 Vgl. Nipperdey, Bürgerwelt, S. 626–628; Bußmann, Friedrich Wilhelm IV., S. 278–279; Hachtmann, Berlin 1848, S. 657–667.

kehren, wohin alle unsere Familien Sympathien uns ziehen!"[72] Gegenüber Charlotte erklärte er, ein Krieg sei nur abzuwenden, wenn der Zar einer polnischen Restauration zustimmen würde.[73] Das war aber eine denkbar unrealistische Option für die von der Revolution unberührt gebliebene Romanowmonarchie. Gleichzeitig bot Wilhelm ein Waffengang allerdings eine einmalige Gelegenheit, als populärer Feldherr nach Preußen zurückzukehren. Deshalb richtetere er an seinen Bruder die Bitte, „sollte es zum Kriege mit Russland kommen, so hoffe ich, [...] daß Du mir ein Commando anvertraust; ich weiß, welch' schmerzliches Wort es ist, für uns an einen Krieg mit dem Kaiser zu denken u[nd] für mich, um ein Commando in demselben zu *bitten*, aber was bleibt übrig, wenn man Soldat ist, als da zu fechten, wo die Ehre u[nd] der Beruf ruft, u[nd] wo ich vielleicht im Stande bin, wieder um dem Vaterland Dienste zu leisten, die ich jetzt nicht leisten kann, um nach vorangegangenem Frieden, meine Scholle zu bestellen, wenn ich lebend zurükkehre u[nd] man mir meine Scholle noch gelassen hat!"[74] Aber der Krieg mit Russland blieb aus.

Es gab im Frühjahr 1848 jedoch einen tatsächlichen Kriegsschauplatz, auf dem die preußische Armee aktiv war: die Herzogtümer Schleswig und Holstein. Der Krieg gegen Dänemark kann durchaus als Nationalkrieg betrachtet werden. Zwar wurden die Herzogtümer von der dänischen Krone in Personalunion regiert. Aber sie waren nicht Teil des Königreichs Dänemark. Holstein war sogar ein Mitgliedstaat des Deutschen Bundes. Dieser staatsrechtliche Zwitterstatus war durch den Nationalismus und Bellizismus auf beiden Seiten des Elbufers noch verschärft worden. Unter dem Schockeindruck der Pariser Februarrevolution hatte der erst im Januar 1848 inthronisierte König Friedrich VII. von Dänemark schließlich die Flucht nach vorne angetreten. Er ließ eine Verfassung proklamieren, die Schleswig in den dänischen Staat inkorporierte. Frankfurt am Main beschloss daraufhin die militärische Bundesexekution gegen Kopenhagen. Aktiv ausgetragen wurde dieser Krieg auf deutscher Seite durch die preußische Armee. Er sollte schließlich 1852 unter dem Druck der Pentarchie mit einem Status-quo-ante-Frieden enden. Bis 1864 blieb die Schleswig-Holstein-Frage ungelöst.[75]

Kurz nach Kriegsbeginn im April 1848 formulierte Friedrich Wilhelm IV. die Idee, sein exilierter Bruder könne sich über den „Ausweg jenes ungemein populären Kommandos in Holstein [...] Lorbeeren bei der Verteidigung teutschen Bodens" erwerben.[76] Die Nachricht, „mir das Commando in Holstein zu übertragen, macht mich sehr glüklich", gestand Wilhelm.[77] „Daß glorreiche Kriegsthaten mir diese Rükkehr möglich

---

72 Wilhelm an Luise, 6. April 1848. GStA PK, BPH, Rep. 51, Nr. 853.

73 Vgl. Wilhelm an Charlotte, 3. April 1848. Börner (Hrsg.), Briefe, S. 290–291.

74 Wilhelm an Friedrich Wilhelm IV., 4. April 1848. Baumgart (Hrsg.), Wilhelm I., S. 183–184.

75 Vgl. Huber, Verfassungsgeschichte, Bd. 2, S. 666–681; Nipperdey, Bürgerwelt, S. 624–626; Steen Bo Frandsen, Dänemark – der kleine Nachbar im Norden. Aspekte der deutsch-dänischen Beziehungen im 19. und 20. Jahrhundert, Darmstadt 1994, S. 62–75; Angelow, Sicherheitspolitik, S. 137–148; Hachtmann, Berlin 1848, S. 668–670; Hein, Revolution, S. 79–84.

76 Friedrich Wilhelm IV. an Reyher, 6. April 1848. Haenchen (Hrsg.), Revolutionsbriefe, S. 65–66.

77 Wilhelm an Friedrich Wilhelm IV., 8. April 1848. Baumgart (Hrsg.), Wilhelm I., S. 186.

machen *können*, hoffe ich, doch ich müßte *Gewißheit* haben, ehe ich an ihre Ausführung denken kann." Was er verhindern wollte, war, „im Holstein[ischen] ein müßiger Zuschauer" zu sein, „ja es könnte mich durch die Presse wohl noch weitere Verhöhnung treffen, daß ich Lorbeeren habe pflüken wollen u[nd] nun unverrichteter Sache ins – Exil zurükkehren müßte."[78] Die gewünschten Garantien schien das Märzministerium dem Thronfolger nicht bieten zum können. Deshalb zögerte Wilhelm lange – zu lange. Denn als die Oberkommandoidee schließlich öffentlich bekannt und sofort kritisiert wurde, betrachtete das Ministerium diesen Rehabilitationsversuch als gescheitert.[79] Der Prinz sah sich vom Berliner Hof hintergangen. Seiner Schwester erklärte er, „die *Vermuthung* war wohl da, daß man mich als Sieger nicht zurückgewießen hätte; aber in *meiner* Lage mußte ich *Gewißheit* haben, und die hat mir weder Fritz noch sein Ministerium gegeben, und somit verstrich die Zeit!"[80] Das Ende seiner Feldherrenträume schien Wilhelm glauben zu lassen, dass die Märzminister gegen ihn arbeiten würden. So äußerte er gegenüber Friedrich Wilhelm IV. den Verdacht, „daß in Deinem jetzigen Conseil, Stimmen sind, die seit lange gegen mich cabalirt haben u[nd] denen meine Resignation sehr am Herzen liegt!"[81] Und seiner Geliebten schimpfte er Ende April, es sei Zeit, „daß man im Ministerium an mich denkt."[82]

Deshalb versuchte Wilhelm von London aus, selbst mehrere Rehabilitationsideen ins Spiel zu bringen. Beispielsweise sinnierte er noch immer über einen Krieg gegen Frankreich, „da könnte sich dann vielleicht eine Stellung für mich finden." Der König müsse nur „Einmal durchgreifen u[nd] dann wird man sehen, wie ich bin u[nd] wie ich nicht bin!"[83] Prince Albert soll zudem die Idee geäußert haben, der Thronfolger könne sich zusammen mit anderen deutschen Prinzen als Abgeordneter der Frankfurter Nationalversammlung wählen lassen. So sei nicht nur dessen Rückkehr garantiert, sondern auch der monarchische Charakter des zu schaffenden Nationalstaats.[84] Laut einer anderen Überlegung des Prinzgemahl sollte Wilhelm dem König „eine Erklärung abgeben, die meine Ansichten u[nd] Gesinnungen über Preußens jetzige Stellung u[nd] meine Stellung zu derselben, aussprächе, damit Du bei passender Veranlassung, Gebrauch von dieser meiner Erklärung machen könntest, wodurch ich mich wieder *möglich* in Preußen machen könne." Spätestens bei der Verabschiedung der Verfassung sei es dann staatsrechtlich notwendig, dass der Thronfolger nach Berlin zurückkehren müsse.[85] Letztendlich war es aber ein auf Augusta und die Familie Schleinitz zurückgehender Plan, der Wilhelm Anfang Juni die Rückkehr ermöglichte. Im konservativ-aristokratisch geprägten Posener Wahlkreis Wirsitz ließ sich der Prinz als Abgeordneter der preußi-

---

78 Wilhelm an Friedrich Wilhelm IV., 13. April 1848. Ebd., S. 190.
79 Vgl. Tagebuch Varnhagen, 21. April 1848. [Varnhagen], Tagebücher, Bd. 4, S. 390–391.
80 Wilhelm an Luise, 30. April 1848. GStA PK, BPH, Rep. 51, Nr. 853.
81 Wilhelm an Friedrich Wilhelm IV., 4. April 1848. Baumgart (Hrsg.), Wilhelm I., S. 185.
82 Wilhelm an Fanny, 29. April 1848. GStA PK, BPH, Rep. 51 J, Nr. 842, Bl. 9–10.
83 Wilhelm an Friedrich Wilhelm IV., 5. Mai 1848. Baumgart (Hrsg.), Wilhelm I., S. 204.
84 Vgl. Wilhelm an Friedrich Wilhelm IV., 20./21. April 1848. Ebd., S. 195–196.
85 Wilhelm an Friedrich Wilhelm IV., 4. April 1848. Ebd., S. 184–185.

schen Nationalversammlung wählen. Einem gewählten Volksvertreter konnten Liberale und Demokraten schlechthin die parlamentarische Arbeit verwehren. Das war ein Treppenwitz der Geschichte. Ausgerechnet das Repräsentationsmandat sollte den „Kartätschenprinzen" zurück in die preußische Hauptstadt führen.[86]

Wilhelm schien sich der kaum schmeichelhaften Außenwirkung dieser Parlamentslösung bewusst gewesen zu sein. Denn er forderte, dass ihn auch die monarchische Regierung „zurückrufen" müsse. Nach wie vor wurde in Berlin versucht, das (wenig glaubwürdige) Narrativ aufrechtzuerhalten, der Prinz von Preußen befände sich in Großbritannien auf einer offiziellen Mission. Konkret würde er dort das britische Marinewesen studieren. Und diese Mission musste erst öffentlichkeitswirksam „abgeschlossen" werden, ehe er als erfolgreicher Matrosenprinz zurückkehren konnte. Dass Wilhelm „gar kein Interesse am Seewesen nahm", wie Oelrichs bemerkte, war für die Staatspropaganda unbedeutend. Stattdessen berichten die Memoiren des Adjutanten von einer der bizarrsten Episoden der Londoner Exilmonate. Denn der Prinz „beschloß, eine Besichtigung der Marine-Etablissements in Portsmouth vorzunehmen, damit es in den Zeitungen ausposaunt würde. Wir fuhren nach Portsmouth und wurden dort von dem Hafenadmiral empfangen und herumgeführt." Dies soll Wilhelm allerdings „ziemlich gelangweilt" haben. Er habe lediglich Interesse für mehrere Damen gezeigt, die sich im Hafen eingefunden hatten, um die persönliche Bekanntschaft des preußischen Thronfolgers zu machen – „ein Zweck, der wenig erreicht wurde, da der Prinz der englischen Sprache nicht mächtig und nur wenige der Damen etwas französisch sprachen."[87] Am 2. Mai konnte Wilhelm dennoch hochoffiziell seinem Bruder und der preußischen Öffentlichkeit berichten, er habe in den britischen Werften genügend Erfahrungen über den Bau von Kriegsschiffen gewonnen. Seine Mission sei erfolgreich beendet. Daher wolle er nach Berlin zurückkehren, um dort beim Aufbau eines konstitutionellen Staatswesens zu helfen.[88] Wie diese Marineerklärung öffentlich rezipiert worden sein mochte, ist nicht genau überliefert.

Die Thronfolgerfrage belegt deutlich, welchen zentralen Stellenwert der Faktor Öffentlichkeit im politischen Entscheidungssystem seit den Märztagen gewonnen hatte. Die Regierung konnte nicht mehr einfach verordnen. Sie musste stattdessen zusehends überzeugen. In Preußen und ganz Deutschland war das staatliche Meinungsmonopol 1848 innerhalb weniger Tage und Wochen völlig implodiert. Öffentlichkeit und öffentliche Meinung verschafften sich nach den Märztagen vor allem in Form einer explosionsartig wachsenden Presse-, Publikations-, Parteien- und Vereinslandschaft Gehör.[89] Diese neue politische Handlungsebene mussten Krone und Märzministerium in ihre Entscheidungen miteinbeziehen, wollten sie die Aktionsinitiative nicht erneut verlieren. Im Fall der Thronfolgerfrage zeigte sich jedoch auch, dass die Öffentlichkeit kein Monolith war. Der „Kartätschenprinz" war vor allem im urbanen Berlin verhasst, dem

---

86 Vgl. [Schleinitz], Papiere, S. 331–334; Börner, Exekutor, S. 497.
87 [Oelrichs], Aufzeichnungen, S. 107–109.
88 Vgl. Wilhelm an Friedrich Wilhelm IV., 2. Mai 1848. Brandenburg (Hrsg.), Briefwechsel, S. 226–228.
89 Vgl. Hein, Revolution, S. 57–67.

Schauplatz der Barrikadenkämpfe. Dagegen fanden sich in den ländlich geprägten Provinzen des Königreichs bereits kurz nach Wilhelms Flucht öffentliche Stimmen, die dessen Rückkehr forderten. So richteten die pommerschen Kreisstände am 19. April eine offizielle Adresse an den Thronfolger und baten diesen, in ihre Mitte zurückzukehren. In der preußischen Hauptstadt wagten die Konservativen hingegen erst Anfang Mai, in anonymen Zeitungsartikeln Partei für den Prinzen zu ergreifen.[90] Zeitgleich erhöhte Friedrich Wilhelm IV. hinter den Kulissen den Druck auf die Minister. Gegenüber Camphausen erklärte der König, „daß ‚ein Schritt zurück‘ die Thronfolge und folglich den Thron selbst in Frage stellt." Er sei daher „felsenfest entschlossen, einer Demonstrazion, die die Thronfolge in Frage stellt, mit den Waffen in der Hand entgegen zu treten."[91]

Die Nachricht von Wilhelms geplanter Rückkehr als gewählter Volksvertreter wurde am 12. Mai in der Berliner Presse bekannt gegeben. Sie löste einen Sturm der Entrüstung aus.[92] „Eine Aufregung, wie sie sich seit den Märztagen nicht gezeigt hatte, herrschte, in Folge der bekannt gewordenen ministeriellen Anträge, einige Tage hindurch in Berlin."[93] Varnhagen dokumentierte „mannigfache Anschläge unter den Linden, alle gegen den Prinzen, seitens der Studenten, der Klubs, eines Theils der Bürgerwehr, Gruppen, in denen er ein Mörder genannt wird."[94] Noch am Abend zogen mehrere tausend Demonstranten direkt vor das Haus des Ministerpräsidenten, um dort gegen die geplante Rückkehr des Thronfolgers zu protestieren.[95] Auch das Prinzenpalais wurde an jenem Abend erneut zur Zielscheibe der revolutionären Wut. Fensterscheiben wurden eingeworfen. Und die Inschrift „National-Eigenthum" wurde erneuert.[96] Wilhelm erfuhr von diesen Ereignissen aus der Presse. „Ich gestehe daß ich viel lieber nun fortblieb", schrieb er Charlotte, „denn ich sehe wohl, daß ich noch sehr unangenehme Momente zu bestehen haben werde!"[97] Er wolle keinen „zweiten Akt" seiner Flucht „ertragen", klagte er Alexandrine, da dieser „schwerer" sei „als der erste, weil damals Aufregung natürlicher war, während sie jetzt noch perfider ist und offizieller sich gebärdet. [...] Was ist aus unserem *alten* Preußen geworden??"[98] Die Regierung gab schließlich am 15. Mai bekannt, dass der Prinz nicht an der Eröffnung der Nationalversammlung am 22. Mai teilnehmen sollte. Stattdessen wurde seine Rückkehr erst für

---

90 Vgl. Wolff, Revolutions-Chronik, Bd. 2, S. 493–496; Hermann von Petersdorff, Kleist-Retzow. Ein Lebensbild, Stuttgart/Berlin 1907, S. 110–116.

91 Friedrich Wilhelm IV. an Camphausen, 12. Mai 1848. Brandenburg (Hrsg.), Briefwechsel, S. 77–78.

92 Vgl. Hachtmann, Berlin 1848, S. 325–331; Clark, Frühling, S. 658–662.

93 Wolff, Revolutions-Chronik, Bd. 2, S. 498.

94 Tagebuch Varnhagen, 13. Mai 1848. [Varnhagen], Tagebücher, Bd. 5, S. 18.

95 Vgl. Massow an Friedrich Wilhelm IV., 13. Mai 1848. Haenchen (Hrsg.), Revolutionsbriefe, S. 97; Wolff, Revolutions-Chronik, Bd. 2, S. 502–505; Hermann Wagener, Erlebtes, meine Memoiren aus der Zeit von 1848 bis 1866 und von 1873 bis jetzt, Berlin 1884, S. 27.

96 Vgl. Tagebuch E. L. v. Gerlach, 13. Mai 1848. Diwald (Hrsg.), Nachlaß, Bd. 1, S. 97; Curtius an Wattenbach, 14. Mai 1848. Curtius (Hrsg.), Lebensbild, S. 380; Wolff, Revolutions-Chronik, Bd. 2, S. 506.

97 Wilhelm an Charlotte, 16. Mai 1848. GStA PK, BPH, Rep. 51 J, Nr. 511a, Bd. 2, Bl. 367.

98 Wilhelm an Alexandrine, 18. Mai 1848. Schultze (Hrsg.), Briefe an Alexandrine, S. 71.

Anfang Juni in Aussicht gestellt. Camphausen und Hansemann hatten diese Beschwichtigungserklärung gegen den Widerstand des Königs durchgesetzt.[99] Die Monarchie musste sich dem öffentlichen Druck beugen.

Allerdings konnte nach dem 12. Mai auch eine Zunahme konservativer Aktionen *pro-Wilhelm* beobachtet werden.[100] Eine prominente Rolle sollte hierbei der Militärschriftsteller und Theaterkünstler Louis Schneider spielen. Am 24. Mai inszenierte er vor der Wohnung des Ministerpräsidenten eine Soldatendemonstration, bei der mehrere Hochs auf den Prinzen ausgerufen wurden.[101] Dieser öffentliche Propagandaerfolg führte Schneider schließlich in den offiziellen PR-Dienst der Hohenzollernmonarchie. Für Wilhelm sollte er nach 1848 vor allem auf publizistischem Gebiet arbeiten.[102] Schneiders Aktivismus war beispielhaft für eine beginnende konservative Öffentlichkeitsmobilisierung. Diese richtete sich gegen Liberalismus und Demokratiebewegung, den seit den Märztagen dominierenden politischen Strömungen.[103] Das trug zur weiteren Pluralisierung der öffentlichen Meinung bei. Und gleichzeitig erweiterte diese Entwicklung den Handlungsspielraum der Regierung.

In London hatte Wilhelm die Entscheidung, seine Rückkehr auf Anfang Juni zu verschieben, als „schlimme Concession" verurteilt, „indem damit ausgesprochen wurde, daß den Clubisten ihr Wille geschehe, d. h. abzuwarten, was die National Versammlung über mich aussprechen werde! [...] So gewaltig die Manifestationen auch von allen Seiten aus den Provinzen in den Zeitungen *für* mich und *gegen* Berlin aussprechen, so sehe ich doch sehr unangenehmen Momenten entgegen und bin ganz gefaßt auf Schüsse, Steinwürfe und Huirungen. Indessen da muß man durch!" In London sei sein Alltag dagegen nach wie vor mit „Dinés, Bälle[n], Opern, Ballet, Drawing-Rooms, Conzerte[n]" gefüllt. „Aus einem solchen Leben in das *politische* sehr *peinliche, gesellige gar nicht mehr* existirende in Berlin zu fallen, ist nicht rosig!"[104] Eine parlamentarische Debatte über seine Rückkehr, „eine Discussion über die Successions Frage" inmitten der Nationalversammlung, „dürfe durchaus nicht zugelassen werden", drängte er den König.[105]

Die Verhandlungen des von Demokraten und Linksliberalen dominierten Parlaments wurden jedoch von der Debatte über den Verfassungsentwurf dominiert, den die Regierung bereits am ersten Verhandlungstag vorgelegt hatte.[106] Dieser Entwurf verortete die politische Macht eindeutig beim Monarchen. Deshalb lehnten ihn die Abgeordneten mehrheitlich ab. Und unter dem Vorsitz des Demokraten Benedikt Waldeck

---

99 Vgl. Hachtmann, Berlin 1848, S. 333–334.

100 Vgl. Tagebuch Varnhagen, 17. Mai 1848. [Varnhagen], Tagebücher, Bd. 5, S. 24; Wolff, Revolutions-Chronik, Bd. 3, S. 3.

101 Vgl. Hachtmann, Berlin 1848, S. 335–336.

102 Vgl. Lore Schatten, Louis Schneider. Porträt eines Berliners, in: Der Bär von Berlin. Jahrbuch des Vereins für die Geschichte Berlins 8. Folge (1959), S. 116–141.

103 Vgl. Hachtmann, Berlin 1848, S. 338.

104 Wilhelm an Charlotte, 27./28. Mai 1848. GStA PK, BPH, Rep. 51 J, Nr. 511a, Bd. 2, Bl. 369–371.

105 Wilhelm an Friedrich Wilhelm IV., 19. Mai 1848. Baumgart (Hrsg.), Wilhelm I., S. 206.

106 Vgl. Huber, Verfassungsgeschichte, Bd. 2, S. 729–730; Siemann, Revolution, S. 142–143; Clark, Preußen, S. 548–549; Canis, Revolution, S. 116–122.

ließen sie einen eigenen Entwurf ausarbeiten. Bis Ende 1848 sollte diese sogenannte Charte Waldeck als Basis der Verfassungsverhandlungen von Nationalversammlung und Staatsministerium fungieren.[107] Friedrich Wilhelm IV. verfolgte die ersten Debatten über die Neustrukturierung seines Königtums mit leidlich aktivem Interesse.[108] Anders sein jüngerer Bruder: Ein Adjutant hatte Wilhelm aus Berlin ein Exemplar der verworfenen Regierungsverfassung zugeschickt. Es war bezeichnend für die ungewisse Stellung des Thronfolgers, dass dieser Schritt nicht von offizieller Seite unternommen worden war. „Ich wünschte beinah, daß es nicht ächt sei", schrieb er dem König, „indem Dinge in demselben stehen, gegen die ich mich ganz erklären muß." Vor allem die proposierte Zusammensetzung der Herrenkammer aus gewählten und ernannten Mitgliedern geißelte er als fatale Konzession an Demokratie und Parlamentarismus. „Wo ist dann bei einer solchen Formation auf irgendein Gegengewicht gegen die 2^e Kammer zu rechnen? [...] Daß [...] die Regierung *selbst* mit einem *solchen* Project auftritt, ist mir unerklärlich!"[109] Als er auch noch von den „Manifestation gegen den Verfassungs Entwurf" und der „miserable[n] Zusammensetzung des Parlaments" erfuhr, lamentierte er, „das Alles kann mich nicht über unsere Zukunft beruhigen". Daher müsse eine Auflösung der Nationalversammlung als Option vorbereitet werden. Und sollten sich die Abgeordneten dem königlichen Befehl widersetzen, müssten Hof und Ministerium aus Berlin fliehen, um ihre Handlungsfreiheit zu behalten.[110] Das entsprach dem Verhalten des österreichischen Kaisers Ferdinand. Dieser hatte am 17. Mai Wien in Richtung Innsbruck verlassen, nachdem in der österreichischen Hauptstadt erneut Demonstrationen und Aufstände ausgebrochen waren.[111] „Den Entschluß des Kaisers von Österreich, Wien mit Innsbruck zu vertauschen, finde ich eben so *héroisch* als *gut*; denn sich fortgesetzt durch Studenten und Littératen regieren zu lassen, ist unwürdig."[112]

Kurz vor seiner Rückkehr nach Berlin war Wilhelms politische Ideenwelt noch immer weitgehend im Vormärz zu Hause. Den Bankrott des absolutistischen Systems hatte er akzeptiert – viel mehr allerdings noch nicht. Deutlich zeigte sich dies auch in der Frage, ob der Thronfolger die zukünftige Verfassung des Königreichs beschwören solle. Camphausen forderte ihn zu diesem Schritt auf. Aber Wilhelm bestand darauf, öffentlich lediglich von einer „Anerkennung der Verfassung" zu sprechen.[113] Den Ministeriumsentwurf einer Presseerklärung änderte er dementsprechend eigenhändig, nachdem er am 28. Mai London bereits verlassen hatte.[114] „Ich kann nicht umhin, diesen

---

107 Die Verfassungstexte des Camphausen'schen Regierungsentwurfs und der Charte Waldeck finden sich in: Michael Kotulla (Hrsg.), Das konstitutionelle Verfassungswerk Preußens (1848–1918). Eine Quellensammlung mit historischer Einführung, Berlin 2003, S. 78–105.
108 Vgl. Blasius, Friedrich Wilhelm IV., S. 135.
109 Wilhelm an Friedrich Wilhelm IV., 20. Mai 1848. Baumgart (Hrsg.), Wilhelm I., S. 206–208.
110 Wilhelm an Friedrich Wilhelm IV., 28. Mai 1848. Ebd., S. 211–212.
111 Vgl. Evans, Jahrhundert, S. 279.
112 Wilhelm an Charlotte, 27./28. Mai 1848. GStA PK, BPH, Rep. 51 J, Nr. 511a, Bd. 2, Bl. 370.
113 Wilhelm an Camphausen, 30. Mai 1848. Brandenburg (Hrsg.), Briefwechsel, S. 234.
114 Vgl. Wilhelm an Friedrich Wilhelm IV., 30. Mai 1848. Berner (Hrsg.), Briefe, Bd. 1, S. 122.

Entschluß des Prinzen tief zu bedauern", klagte Pourtalès, „die Folgen sind unberechenbar." Denn durch die Verweigerung des Verfassungseids „setzt sich der Prinz in
offenen Widerspruch gegen das Ministerium", und würde nur erneut riskieren, öffentlich als Klischeereaktionär angeprangert zu werden. Da Pourtalès mit dieser Kritik
bei Wilhelm jedoch nicht durchgedrungen war, trat er von seinem Attachédienst zurück.[115] Auch Augusta erklärte ihrem Ehemann, es gäbe „gibt nur *ein* Mittel der Rettung,
Dich durch alle möglichen Opfer wieder in Deiner Lage zu befestigen und dabei mit dem
Ministerium Hand in Hand zu gehen, mit dem Ministerium, das es wahrhaft gut mit Dir
meint".[116] Als die Prinzessin diese Zeilen verfasste, befand sich Wilhelm aber bereits
zurück in Preußen.

Die Nachrichten über die bevorstehende Rückkehr des Prinzen von Preußen ver-
ursachten in Berlin Ende Mai erneut öffentliche Unruhen. Diese waren aber kaum
vergleichbar mit den deutlich größeren Demonstrationen nur wenige Wochen zuvor.[117]
Um dennoch der Gefahr von Ausschreitungen vorzubeugen, ließ die Regierung präventiv verkünden, dass dem Thronfolger das Oberkommando des Garde Corps entzogen
worden war. Wilhelm war darüber nicht konsultiert worden.[118] „Du weißt daß ich das
Vertrauen der Armée besitze", schimpfte er seinem Bruder, „welchen Eindruk soll es auf
sie machen, wenn ich bei meiner Rükkehr, aus ihr *ausscheiden* muß??!! Solche Maaß-
nahme könnte bei allerbester Disciplin zur Demonstration führen, die Du u[nd] ich vor
Allem, vermeiden sehen müssen!"[119] Wie die Öffentlichkeit begann sich auch die Armee
als politischer Einflussfaktor von der Krone zu emanzipieren – mit oder ohne „Kartätschenprinz". Diese Entwicklung reflektierte der spätere Kaiser sehr deutlich. Doch
seine Proteste gegen den Kommandoverlust blieben erfolglos. Zurück in Preußen klagte
er dem König noch immer, er habe „weder in der Armée noch im Staat eine Stellung!"[120]

Allerdings wurde Wilhelm auf preußischem Boden mit einem neuen und gerade für
ihn mehr als überraschendem Einflussinstrument konfrontiert: öffentlicher Popularität. Denn seine Reise durch das Königreich habe einem „Triumphzug" geglichen, wie er
Luise berichtete. „Wie konnte ich das erwarten!? Sogar in der Nacht waren die Bauer-
und Burschenschaften alarmirt worden und waren ausgerückt. Nur da riß es ab, wo
es nicht vorher bekannt geworden war."[121] Im rheinländischen Wesel beispielsweise
wurde Wilhelm von Behörden und Militär festlich begrüßt. Angesichts der ihm dort
entgegengebrachten Hurras soll er vielsagend erklärt haben, „Recht, Ordnung und Gesetz müssen herrschen, keine Anarchie; dagegen werde ich mit meiner ganzen Kraft

---

115 Pourtalès an Goltz, 31. Mai 1848. Mutius (Hrsg.), Pourtalès, S. 52 – 54.
116 Augusta an Wilhelm, 6. Juni 1848. Schuster/Bailleu (Hrsg.), Nachlaß, Bd. 2, S. 374.
117 Vgl. Tagebuch Varnhagen 25. Mai 1848. [Varnhagen], Tagebücher, Bd. 5, S. 39; Tagebuch Saegert,
31. Mai 1848. Baumgart (Hrsg.), Beichtvater, S. 387.
118 Vgl. Hachtmann, Berlin 1848, S. 341.
119 Wilhelm an Friedrich Wilhelm IV., 1. Juni 1848. Baumgart (Hrsg.), Wilhelm I., S. 214 – 215.
120 Wilhelm an Friedrich Wilhelm IV., 6. Juni 1848. Ebd., S. 215.
121 Wilhelm an Luise, 8. Juni 1848. GStA PK, BPH, Rep. 51, Nr. 853. Siehe auch Wilhelm an Charlotte, 9. Juni
1848. GStA PK, BPH, Rep. 51 J, Nr. 511a, Bd. 2, Bl. 372.

streben, das ist mein Beruf."[122] Diese Prinzentournee veranschaulichte erneut den soziopolitischen Gegensatz von Peripherie und Zentrum, von urbanem Berlin und ländlichen Provinzen.[123] Bevor er sich in der Revolutionshauptstadt einem ungleich schwierigeren Publikum stellen musste, durfte der „Kartätschenprinz" auf kleineren Bühnen erste vorsichtige Ovationserfolge sammeln. Diese Erfolge sollten den Anschein allgemeiner Popularität erwecken. Denn das konnte auch die Berliner Öffentlichkeit nicht ignorieren. Regie und Inszenierung des Thronfolgercomebacks übernahmen dabei Monarch und Märzminister. Jede potentielle Provokation sollte vermieden werden.[124] So wurde Wilhelm schließlich auch ein Pferderitt nach Berlin verweigert, „damit meine Kameraden mir ja kein Hurrah zurufen!", wie er Augusta schrieb. „Diese Leitung am Gängelbande ist mir zu arg!"[125] Seine Ehefrau und Kinder traf er am 6. Juni in Magdeburg. „Welch' ein Augenblick! nach solcher Trennung!"[126] Die wiedervereinte Prinzenfamilie ging zu Fuß durch die Stadt, und Curtius berichtete, „die Straßen […] füllten sich, Alles drängte sich traulich heran, alle Fenster voll freundlicher Gesichter und wehender Tücher, vielfacher Jubelruf. In diesem fröhlichen Gedränge blieben wir über eine Stunde und wurden, wie im Triumphe, nach Hause gebracht."[127]

Am 7. Juni, dem Todestag Friedrich Wilhelms III., traf Wilhelm schließlich seinen älteren Bruder in Charlottenburg. Dort besuchten König und Thronfolger das Mausoleum ihres Vaters – ein demonstrativer dynastischer Staatsakt. Danach reiste Wilhelm nach Potsdam weiter. Auch in der Garnisonsstadt wiederholten sich die Triumphszenen des von Straßenpublikum, Militär und Behörden gefeierten Prinzencomebacks.[128] Im Potsdamer Marmorpalais ließ Wilhelm am 8. Juni das Offizierscorps zu einer Audienz bitten – im selben Saal, in dem Friedrich Wilhelm IV. am 25. März beinahe einen Armeeaufruhr provoziert hatte. Laut Hohenlohe-Ingelfingen sollen „die ärgsten Heißsporne unter uns" erwartet haben, vom Thronfolger „zum Kampfe gegen Berlin aufgerufen zu werden." Doch Wilhelm soll stattdessen die „Einigkeit in dem Königlichen Hause und Einigkeit der Armee mit demselben" beschworen haben. Unter Hurra-Rufen, die „noch donnernder als vorher" gewesen sein sollen, habe der Prinz sein militärisches Publikum dann verlassen.[129] Seiner Schwester schrieb Wilhelm, es „war mir fast zu viel, als ich diese Ausdrücke der Freude und Anhänglichkeit sah!"[130] Auf einer symbolpolitischen Ebene muss dieser Potsdamer Auftritt als kaum verhohlene Machtdemonstra-

---

122 Wolff, Revolutions-Chronik, Bd. 3, S. 154–155.
123 Vgl. Clark, Frühling, S. 684–705.
124 Vgl. Frederik Frank Sterkenburgh, Monarchical Entries in Nineteenth-Century Germany: Emperor Wilhelm I, 1848–1888, in: Eva Giloi/Martin Kohlrausch/Heikki Lempa/Heidi Mehrkens/Philipp Nielsen/Kevin Rogan (Hrsg.), Staging Authority. Presentation and Power in Nineteenth-Century Europe. A Handbook, Berlin 2022, S. 259–300, hier: S. 270–277.
125 Wilhelm an Augusta, 5. Juni 1848. Schuster/Bailleu (Hrsg.), Nachlaß, Bd. 2, S. 372–373.
126 Wilhelm an Charlotte, 9. Juni 1848. GStA PK, BPH, Rep. 51 J, Nr. 511a, Bd. 2, Bl. 372.
127 Curtius an seine Eltern, Juni 1848. Curtius (Hrsg.), Lebensbild, S. 382–383.
128 Vgl. Wolff, Revolutions-Chronik, Bd. 3, S. 155–156.
129 [Hohenlohe-Ingelfingen], Aus meinem Leben, Bd. 1, S. 81–82.
130 Wilhelm an Luise, 8. Juni 1848. GStA PK, BPH, Rep. 51, Nr. 853.

tion charakterisiert werden. Dass dem „Kartätschenprinzen" nur wenige Tage zuvor das
Gardekommando entzogen worden war, schien in dieser Atmosphäre bestenfalls als
Bürokratienebensächlichkeit gewirkt zu haben. Aber auf die Revolutionsöffentlichkeit
im benachbarten Berlin konnten derartige Szenen provozierend wirken. Deshalb ließ
die Potsdamer Stadtverwaltung kurzfristig eine ebenfalls für den 8. Juni geplante Mili-
tärfeier absagen.[131]

Noch am selben Tag fand aber der Regiehöhepunkt des Prinzencomebacks statt:
Wilhelms Erscheinen in der Nationalversammlung. Diese Parlamentsexkursion stieß
vor allem in Militärkreisen auf Ablehnung. So notierte Hohenlohe-Ingelfingen, das
Potsdamer Offizierscorps habe die Befürchtung geäußert, man werde den Prinzen in
Berlin „ermorden!"[132] Und Leopold von Gerlach schimpfte, es sei eine „grundverkehrte
Meinung", dass überhaupt „ein Akt [...] nöthig ist", den Prinzen „wieder in Berlin einzuführen." Die Monarchie könne es sich nicht leisten, den Thronerben inmitten von
„Tagelöhner[n]" auftreten zu lassen.[133] Wilhelm selbst erklärte später ebenfalls, ihm sei
„das Erscheinen in *dieser* Versammlung [...] nicht leicht" gefallen. Er „that es zum Wohle
des Ganzen." Allerdings will er abgelehnt haben, die Parlamentsbühne in Zivilkleidung
zu betreten. Die Minister sollen versucht haben, ihn dazu zu drängen. „In dieser Forderung lag die erste Concession, mich in den Augen der Armée und in derer die auf mich
zählen – ohne Réactionair zu sein – zu dégradiren, und dann mich von Concession zu
Concession zu drängen. Ich würde mich vor mir selbst geschämt haben, wenn ich den
Rock ausgezogen hätte, in dem man mich immer sieht. Durch meine Entschiedenheit
habe ich den Herrn Faiseurs hier von vorne herein gezeigt, daß ich nicht ihr Ja Herr sein
werde, wenngleich ich auch keineswegs gesonnen bin, das Ministerium zu stürzen, da
es jetzt noch kein anderes giebt."[134] Der König und die Märzminister mochten beim
Prinzencomeback Regie geführt haben. Aber als lead actor besaß Wilhelm genug Star-
power, um einige Drehbuchzeilen umschreiben zu können. Damit unterstrich er, dass er
wieder als autonomer politischer Akteur auftreten wollte. In dieser Beziehung hatte sich
seit dem Vormärz nichts verändert.

Das wiedergewonnene Selbstbewusstsein demonstrierte Wilhelm auch auf dem
Weg zur Nationalversammlung. Denn er fuhr im offenen Wagen durch Berlin. „Niemand erwartete mich", schrieb er Luise, „also kein Empfang, aber *große* Herzlichkeit auf
der Straße von denen, die mich erkannten! In der Versammlung stand ein großer Teil
auf; die Linke rief: niedersetzen! Dann sprach ich, worauf Bravos erfolgten, aber von
links auch Zischen!"[135] Am Rednerpult bezeichnete der Prinz die „konstitutionelle
Monarchie" als „die Regierungsform, welche unser König uns geben und vorgezeichnet
hat. Ich werde ihr mit Treue und Gewissenhaftigkeit meine Kräfte weihen, wie das
Vaterland sie von meinem, ihm offen vorliegenden Charakter zu erwarten berechtigt

---

131 Vgl. Tagebuch L. v. Gerlach, 9. Juni 1848. GA, LE02752, S. II/46.
132 [Hohenlohe-Ingelfingen], Aus meinem Leben, Bd. 1, S. 82–83.
133 Tagebuch L. v. Gerlach, 6. Juni 1848. GA, LE02752, S. II/44–45.
134 Wilhelm an Charlotte, 9. Juni 1848. GStA PK, BPH, Rep. 51 J, Nr. 511a, Bd. 2, Bl. 372–373.
135 Wilhelm an Luise, 8. Juni 1848. GStA PK, BPH, Rep. 51, Nr. 853.

ist." Doch seine „übrigen Geschäfte" würden ihm nicht erlauben, an weiteren Parlamentssitzungen teilzunehmen. Deshalb gab er sein Mandat noch mit der Antrittsrede ab.[136] Dann verließ er die Nationalversammlung. Wilhelms Auftritt als gewählter Parlamentarier hatte lediglich wenige Minuten gedauert. Seitens der demokratischen und liberalen Abgeordneten habe er „Flegeleien gegen sich hinnehmen, u[nd] leiden müssen der Abgeordnete von Wirsitz officiell genannt zu werden", so Leopold von Gerlach. Die ganze Episode habe „sehr kläglich u[nd] unanständig" gewirkt. Aber „der Prinz selbst hat sich ganz gut benommen."[137] Auch Vincke-Olbedorf klagte, „daß der Prinz einen eigentlich doch unangenehmen Empfang in der Nationalversammlung gehabt hat. Ich wünschte, er wäre in Zivil erschienen, das würde schon eine symbolische Anerkennung des neuen Systems gewesen sein, die gewiß einen guten Eindruck gemacht haben würde."[138] Und der königliche Vertraute Saegert notierte, ein Militär habe während des Parlamentsauftritts „einen Mann aus dem Volke bei der Kehle" gepackt, „weil er gezischt hatte, und einer des Prinzen Diener sagte zu dem Volke, wenn ihr nun euch nicht alles gefallen laßt, dann folgen dem Prinzen so und so viel Soldaten, dergleichen wurde sehr mißfällig aufgenommen."[139]

Dennoch muss Wilhelms Comebacktour insgesamt als erfolgreich bewertet werden – sogar der Auftritt in der Nationalversammlung. „Nach dem, was man gegen ihn in der ganzen Zeit geschrieben und gesagt hatte", schrieb Königin Elisabeth, „war es ein Wagestück hin zu gehen, und ein Beweis von Muth, der guten Eindruck machte."[140] Die befürchteten Demonstrationen und Unruhen waren ausgeblieben. Stattdessen hatte der Prinz politische Popularität und militärische Autorität gewonnen. Und er wusste nun unzweifelhaft, wo er sein Publikum finden konnte. Noch am Abend des 8. Juni feierte das Offizierscorps den Thronfolger mit einem Fackelzug am Havelufer von Schloss Babelsberg. Mehrere Ruderboote voller Militärs brachten Hochs auf Wilhelm aus und sangen ihm Loblieder, bis dieser sich schließlich persönlich in ihre Mitte begab. „Er suchte alle Boote mit deren Insassen zu begrüßen. Er kannte ja jeden Einzelnen beim Namen", so Hohenlohe-Ingelfingen. „In kurzen kernigen Worten dankte er für die ihm bereitete Ueberraschung und wiederholte nochmals die Mahnung, vertrauensvoll dem Könige auf seinen Wegen zu folgen. Er mochte wohl die Nothwendigkeit fühlen, jeden Gegensatz zwischen sich und dem Könige von der Hand zu weisen. Denn der Unterschied des Wiedersehens des Königs und der Offiziere von dem des Prinzen mit denselben war zu groß."[141] In der Armee hatte Wilhelm nach den Märztagen eine neue Machtbasis gewonnen. Sie öffnete ihm neue politische Handlungsspielräume. Für Friedrich Wilhelm IV. aber war diese Entwicklung gefährlich.

---

136 Rede Wilhelms, 8. Juni 1848. Berner (Hrsg.), Briefe, Bd. 1, S. 185–186.

137 Tagebuch L. v. Gerlach, 9. Juni 1848. GA, LE02752, S. II/46–47.

138 Vincke-Olbendorf an Below, 10. Juni 1848. Below (Hrsg.), Briefe, S. 107.

139 Tagebuch Saegert, 8. Juni 1848. Baumgart (Hrsg.), Beichtvater, S. 389.

140 Elisabeth an Alexandrine, 13. Juni 1848. Wiese/Jandausch (Hrsg.), Briefwechsel, Bd. 1, S. 399.

141 [Hohenlohe-Ingelfingen], Aus meinem Leben, Bd. 1, S. 84–85.

„Die Constitutionelle Basis mußt Du ausdrüklich festhalten."
Der Weg in den Verfassungsstaat

Welche Zwischenbilanz kann über die Märzrevolution zum Zeitpunkt von Wilhelms Rückkehr gezogen werden? In Preußen wie in fast allen Staaten des Deutschen Bundes hatte die Revolution vor den Thronen Halt gemacht. Die traditionellen Eliten waren vor den Aufständen und Demonstrationen zurückgewichen. Und sie hatten ihre Macht mit den liberalen reformoppositionellen Bewegungen des Vormärz geteilt. Zu einem Systemwechsel, einer fundamentalen politischen und gesellschaftlichen Umwälzung wie 1789 oder 1917/18, war es 1848 in Deutschland jedoch nicht gekommen. Als Ausdruck einer tradierten politischen Kultur war der Monarchismus in den nunmehr mitregierenden bürgerlichen Bevölkerungsschichten ungebrochen – anders als in Paris.[1] Lediglich in München hatte Ludwig I. mehr oder minder freiwillig die Krone niedergelegt. Das rote Tuch konstitutioneller Reformen sowie eine öffentliche Skandalaffäre mit der Tänzerin Lola Montez hatten ihn zu diesem Schritt genötigt. In Bayern überlebten Dynastie und Monarchie den Königsturz dennoch.[2] Im Gegensatz dazu war es dem liberalen Coburger Herzog Ernst II. binnen weniger Tage gelungen, die Revolution vollständig zu kanalisieren. Er hatte nicht einmal ein Märzministerium ernennen müssen.[3]

In Berlin wurde die weitere Revolutionsentwicklung 1848 vor allem von innerpreußischen Konfliktfragen bestimmt. Die zeitgleichen gesamtdeutschen Ereignisse in Frankfurt am Main sollten erst Anfang 1849 größere Relevanz gewinnen. Friedrich Wilhelm IV. hatte in den Märztagen öffentlich vor der Revolution kapituliert. Wilhelm und das Militär mochten ihm dies ankreiden. Aber dadurch war es ihm gelungen, seinen Thron zu retten.[4] Doch die endgültige Implosion des vormärzlichen Ständeabsolutismus schien den König zutiefst berührt zu haben. Im Frühjahr und Sommer 1848 wurde er von seiner Umgebung als passiver, lethargischer und emotional gebrochener Herrscher beschrieben.[5] Langfristig spielte er allerdings auf Zeit – „die Revoluzion will und werde ich mit den Waffen in der Hand bekriegen, sobald Gott ihre Stunde schlagen läßt."[6] Eine mögliche Waffe war das konservativ-aristokratische Offizierscorps, das sich erfolgreich

---

1 Vgl. Hachtmann, Berlin 1848, S. 207; Hein, Deutsche Geschichte, S. 51; Zamoyski, Phantome, S. 536–537.
2 Vgl. Georg Köglmeier, Der Rücktritt König Ludwigs I., in: Sigmund Bonk/Peter Schmid (Hrsg.), Königreich Bayern. Facetten bayerischer Geschichte 1806–1919, Regensburg 2005, S. 65–74.
3 Vgl. Gerd Fesser, Ernst II. Herzog von Sachsen-Coburg und Gotha (1818–1893). Sympathisant und Schirmherr der Liberalen, in: Helmut Bleiber/Walter Schmidt/Susanne Schötz (Hrsg.), Akteure eines Umbruchs. Männer und Frauen der Revolution von 1848/49, Berlin 2003, S. 223–246.
4 Vgl. Baumgart, Friedrich Wilhelm IV., S. 229; Clark, Preußen, S. 553.
5 Vgl. Barclay, Friedrich Wilhelm IV., S. 222.
6 Friedrich Wilhelm IV. an Stolberg-Wernigerode, Juni 1848. Otto zu Stolberg-Wernigerode, Anton Graf zu Stolberg-Wernigerode. Ein Freund und Ratgeber König Friedrich Wilhelms IV., München/Berlin 1926, S. 119–120.

https://doi.org/10.1515/9783111323954-016

allen konstitutionellen Integrationsversuchen der Nationalversammlung und des Ministeriums entzog. Doch die politikstrategischen Interessen der Armeeführung divergierten im Sommer 1848 zusehends von denen des Königs.[7] In dieser Situation fiel Wilhelm eine Schlüsselrolle zu. Nach seiner Rückkehr wurde er seitens der Regierung vom politischen Entscheidungsprozess ferngehalten. Die polarisierende Person des Thronfolgers sollte sowohl außerhalb wie innerhalb der Palastmauern marginalisiert werden. „Uebrigens ist meine Stellung hier ganz so, wie ich sie vorher sah", berichtete Wilhelm Ende Juni an Charlotte, „d. h. ich habe gar keine, so daß durch mein *Nicht-Handeln-Können*, was ich mir zur Richtschnur vor der Hand stellen muß, viele momentane Hoffnungen die sich an mein Erscheinen knüpfen, unerfüllt bleiben, so daß selbst diese Hoffenden mich leicht verkennen könnten. Denn die réactionaire Parthei, welche mich mit Feuer und Schwert auftreten zu sehen erwartete, muß sich getäuscht sehen, weil daran nicht zu denken ist; die Gutgesonnenen, d. h. die, welche wie ich, die neuen Formen wollen, aber mit derselben Ordnung, Gesetz und Gehorsam, wurden ungeduldig, weil sich seit meinem Erscheinen in der Schwäche des Gouvernements nichts ändert; die Wühler Parthei ist damit zufrieden, weil ihr Spiel nicht gestört wird. Meine ganze Stellung beschränkt sich darauf, mit Fritz zu konversieren über die Verhältnisse mit den Ministern, wenn ich sie zufällig sehe, was sehr selten vorkommt, wo ich ihnen meine Meinung freilich deutlich sage."[8]

Dennoch sollte Wilhelm versuchen, eine aktive und gestaltende Rolle innerhalb der antirevolutionären Reaktion zu spielen. Obgleich dies überraschen mag, muss er hier zu den vergleichsweise gemäßigten Akteuren gerechnet werden. Der spätere Kaiser hatte den begonnenen konstitutionellen Transformationsprozess akzeptiert. Nicht wenige konservative Akteure taten sich sehr schwer damit. Wilhelm wollte den Verfassungsstaat in begrenzt partizipatorische Bahnen kanalisieren. In einem politischen Programm, das er kurz nach seiner Rückkehr verfasst hatte, betonte er etwa die Notwendigkeit eines Zweikammersystems. Die erste Kammer sollte allein vom König ernannt werden. Und sie sollte als konservatives Gegengewicht zu einer aus indirekten Zensuswahlen hervorgegangen zweiten Kammer fungieren. Ausdrücklich forderte er, dass die Armee nicht auf die Verfassung vereidigt werden dürfe, „weil sie dadurch zu einer deliberierenden Körperschaft gemacht würde, welche bei eintretendem Konflikt zwischen Monarch und Verfassung gezwungen wäre, zu wählen, für wen sie sich entscheiden wolle."[9] Das Militär wollte er als extrakonstitutionelles Instrument der Krone sehen, das im Konfliktfall gegen Parlament und Verfassung eingesetzt werden konnte. An dieser Position sollte er auch zeit seiner eigenen Herrschaft rigoros festhalten.

Keinen geringen Einfluss auf das Berliner Politikgeschehen im Sommer 1848 hatte der Pariser Juniaufstand. Die Barrikadenkämpfe zwischen Arbeiterdemonstranten und Militär in der französischen Hauptstadt waren die blutige Eskalationskonsequenz der

---

7 Vgl. Messerschmidt, Armee, S. 140; Hachtmann, Berlin 1848, S. 713; Mommsen, 1848, S. 238.
8 Wilhelm an Charlotte, 23. Juni 1848. GStA PK, BPH, Rep. 51 J, Nr. 511a, Bd. 2, Bl. 375.
9 Aufzeichnungen Wilhelms, Juni 1848. Schultze (Hrsg.), Briefe an Politiker, Bd. 1, S. 65 – 66.

neuaufgebrochenen sozialen Konfliktlinien. Bürgerliche Revolutionäre schossen auf proletarische Revolutionäre.[10] Gegenüber General Karl von der Groeben argumentierte Wilhelm, „die Emeute in Paris wird den *Vernünftigen* zeigen, daß auch Republiken nicht sicher davor sind und daß auch sie Barrikaden erlebt, an denen Bürgerblut durch Truppen vergossen wird."[11] Das war eine durchaus zutreffende Diagnose. Auch der zeitgleiche Berliner Zeughaussturm demonstrierte das ungebrochene Gewaltpotential der Revolution. Die Rückkehr des Prinzen von Preußen befeuerte die vor allem in den unteren Gesellschaftsschichten weitverbreitete Furcht, der König plane eine militärische Gegenrevolution. Um einer Hofverschwörung zuvorzukommen, plünderten Demonstranten am 14. Juni das Waffendepot im Berliner Zeughaus. Krone und Dynastie überlebten diesen street-level-Lackmustest nur mit Soldatenhilfe. Es waren die größten Unruhen in der preußischen Hauptstadt seit den Märztagen. Und innerhalb der Palastmauern wurde der Zeughaussturm als ein weiterer Beleg betrachtet, dass der Monarchie eine Guillotinenkatastrophe drohen würde.[12] Die Furcht vor dem Zusammenbruch der staatlichen wie gesellschaftlichen Ordnung bestimmte zusehends auch das bürgerlich-liberale Denken und Handeln. Daher suchten die reformorientierten Akteure die Nähe der monarchischen und militärischen Gewalten – aus Furcht vor dem revolutionären „Pöbel". Der politische Graben zwischen proto-sozialistischen, demokratischen und liberalen Bewegungen wuchs. Schnell wurde er unüberbrückbar.[13]

Die Regierung Camphausen-Hansemann konnte daraus jedoch keinen Vorteil gewinnen. Ihr Verhältnis zu Friedrich Wilhelm IV. war durchgehend angespannt. Denn der König pflegte nach wie vor offen den politischen Umgang mit seinen vormärzlichen Vertrauten und Beratern. Das Ministerium machte er hingegen für alle Regierungsprobleme verantwortlich. Und nur sechs Tage nach dem Zeughaussturm entließ er es schließlich. Camphausens Nachfolger im Ministerpräsidium wurde Rudolf von Auerswald, der Oberpräsident der Provinz Preußen.[14] Gegenüber Charlotte bilanzierte Wilhelm, Camphausen sei „gewiß ein Ehren Mann" gewesen, er habe sich jedoch „mehr Energie und moralischen Muth" von ihm gewünscht, „wodurch er Preußen 3 Monate lang in den schleichenden, matten Gang versetzte".[15] Das Verhältnis des neuen Ministerpräsidenten Auerswald sowohl zum König als auch zum Thronfolger war anfangs vertrauter Natur. Während der Napoleonischen Kriege hatten sie gemeinsam in Kö-

---

10 Vgl. Hachtmann, Berlin 1848, S. 652–655; Clark, Frühling, S. 749–768.

11 Wilhelm an Groeben, 28. Juni 1848. Schultze (Hrsg.), Briefe an Politiker, Bd. 1, S. 67.

12 Vgl. Hachtmann, Berlin 1848, S. 568–585.

13 Vgl. Werner Boldt, Konstitutionelle Monarchie oder parlamentarische Demokratie? Die Auseinandersetzung um die deutsche Nationalversammlung in der Revolution 1848–49, in: HZ 216 (1973), S. 553–622; Dieter Langewiesche, Republik, konstitutionelle Monarchie und „Soziale Frage". Grundprobleme der deutschen Revolution von 1848/49, in: HZ 230 (1980), S. 529–548.

14 Vgl. Mohrmann, Hansemann, S. 433–435; Bußmann, Friedrich Wilhelm IV., S. 223–223; Barclay, Friedrich Wilhelm IV., S. 223–225; Canis, Revolution, S. 122–124.

15 Wilhelm an Charlotte, 13. Juli 1848. GStA PK, BPH, Rep. 51 J, Nr. 511a, Bd. 2, Bl. 383–384

nigsberg freundschaftliche Beziehungen gepflegt.[16] Der zwei Jahre ältere Auerswald sei zwar „ein braver Mensch", so Wilhelm, „aber nicht von der Energie wie wir jetzt Leute brauchen".[17] Eventuell mochte er Hoffnungen gehegt haben, von seinem Kindheitsfreund stärker in die Regierungsgeschäfte involviert zu werden. Aber falls ja, erfüllten sich diese nicht.

Laut Leopold von Gerlach soll Wilhelm nach dem Zeughaussturm bemerkt haben, die neue Regierung müsse „gegen die Republicaner u[nd] Wühler einschreiten".[18] „Zu leugnen ist es nicht", schrieb der Prinz seiner Schwester, dass das Ministerium „in den wenigen Tagen seiner Existenz doch schon Manches fester anfaßt und in Berlin ein heilsamer Eindruck nicht zu verkennen sein soll." Aber nicht der Ministerpräsident, sondern Kriegsminister Ludwig Roth von Schreckenstein habe „sich in rasenden Respect gesetzt". Dagegen sei Auerswalds Position „so schwach, daß kein Mensch Rücksicht auf dieselbe nehmen wird, und das mache ich ihm ganz zum großen Vorwurf und Fritz, daß er es gut heißt." Seinerseits wolle Wilhelm „ganz neutral" agieren, „weil ich diese Dinge nicht anerkennen kann."[19] Und an Auerswald schrieb der Thronfolger, er werde „Passivität" wahren, da „ich mich nicht in die Regierungs Maßregeln einzumischen suche, da mir auch kein Vertrauen vom Gouvernement bewiesen wird, da niemals mein Rath u[nd] meine Ansicht verlangt wird."[20]

Doch trotz dieser Beteuerungen drängte Wilhelm wieder in das Zentrum des politischen Entscheidungsprozesses. Es ging ihm im Sommer 1848 vor allem darum, den Machtansprüchen des Parlaments entgegenzutreten – notfalls mit Gewalt. Auerswald forderte er Anfang Juli erfolglos auf, Streitfragen mit der Nationalversammlung „zur Cabinetts Frage zu machen, so daß die Möglichkeit gegeben ist, mit der Versammlung zu brechen, dieselbe aufzulösen u[nd] das Ministerium zu conserviren. Gefaßt muß man dann auf Alles sein, d.h. wenn die Versammlung sich nicht auflösen lassen will u[nd] sich permanent erklärt; wenn Berlin sie darin unterstützt, dann muß der Sitz der Regierung nach Potsdam verlegt werden, Berlin cernirt u[nd] zur Ergebung gezwungen werden."[21] Nur wenige Wochen später erklärte Wilhelm seinem Bruder, „von dem Verfassungs Projekt, wie es jetzt gar geworden ist, los zu kommen, ist fast unerläßlich; aber freilich auf légalem Wege". Dafür müsse der König einen neuen Ministerpräsidenten ernennen. Dieser würde dann „eine ganz andere, monarchischere Verfassung" als die Charte Waldeck vorlegen. „Sollte die seinige refusirt werden, so müßte zur Auflösung der Versammlung geschritten werden u[nd] eine neue, nach dem – alten –

---

16 Vgl. Elisabeth Richert, Die Stellung Wilhelms, des Prinzen von Preußen, zur preußischen Außen- und Innenpolitik 1848–1857, Dissertation, Berlin 1948 [maschinenschriftlich], S. 13; Barclay, Friedrich Wilhelm IV., S. 242.

17 Wilhelm an Charlotte, 23. Juni 1848. GStA PK, BPH, Rep. 51 J, Nr. 511a, Bd. 2, Bl. 377.

18 Tagebuch L. v. Gerlach, 27. Juni 1848. GA, LE02752, S. II/54.

19 Wilhelm an Charlotte, 7. Juli 1848. GStA PK, BPH, Rep. 51 J, Nr. 511a, Bd. 2, Bl. 379–381.

20 Wilhelm an Auerswald, 25. Juli 1848. Johannes Schultze (Hrsg.), Prinz Wilhelm im Sommer 1848. Briefe an den Ministerpräsidenten Rudolf von Auerswald, in: FBPG 39 (1927), S. 123–133, hier: S. 130–131.

21 Wilhelm an Auerswald, 10. Juli 1848. Ebd., S. 128.

Wahlgesetz gewählt werden – um keinen Coup d'état zu machen. Hoffentlich würde die neue Versammlung besser sein u[nd] seine Verfassung annehmen." Ein möglicher Ministerkandidat für diese Aufgabe sei Georg von Vincke.[22]

Wilhelm war nicht die einzige Stimme am Berliner Hof, die auf eine Ablösung des vermeintlich durchsetzungsschwachen Auerswald durch den Liberalen Vincke drängte. Dessen Popularität sollte gegen die Nationalversammlung instrumentalisiert werden. Doch Vincke lehnte alle königlichen Sondierungsversuche in diese Richtung ab. Auch Wilhelm bat seinen vormärzlichen Landtagskontrahenten brieflich, das Ministeramt zu übernehmen. Er tat dies hinter dem Rücken seines Bruders.[23] Anders als vor 1848 hätten er und Vincke, „ein und dasselbe Ziel [...], aber *jetzt* auf *gleicher* Basis vor Augen, – das Wohl des Vaterlandes und der Dynastie!" Würde Auerswald im Amt bleiben und im Kampf gegen die Nationalversammlung unterliegen, „so bleibt dem König nichts übrig als [...] die Contre-Révolution."[24] Vincke lehnte aber auch diese Bitte ab. Und er mahnte den Thronfolger, „das erhabene Hause der Hohenzollern" müsse sich hüten, „von demselben unseligen Irrtum wie" 1830 das Königtum „der Bourbonen zu Grabe getragen" zu werden.[25]

Diese Warnung war alles andere als unbegründet. Dass Wilhelm zu einem Staatsstreich gegen die Nationalversammlung bereit war, betonte er bei jeder sich bietenden Gelegenheit. Aber eine Verschwörung konnte sich auch gegen den König richten. Das hatten bereits die Märztage gezeigt. Und im Sommer 1848 wurde eine Palastrevolution in Hofkreisen mehr oder minder offen gefordert. Nicht der Herrscher, sondern dessen jüngerer Bruder sei „der einzige Hoffnungsstern der Herrscherfamilie", erklärte beispielsweise die Hofdame Motte-Fouqué Mitte Juni.[26] Ernst Ludwig von Gerlach will zeitgleich von einem ehemaligen Minister erfahren haben, „es sei unmöglich, daß man dem Könige wieder traue. [...] Auch die Königin solle für Abdikation sein. Der Prinz und die Königin zusammen würden etwas können."[27] Ende Juli notierte Varnhagen, es werde erzählt, „General von Prittwitz soll angedeutet haben, er sei zu allem bereit, aber – nicht so lange ein König da sei, auf den man sich nicht verlassen könne."[28] Noch Ende August berichtete Saegert von einer „Partei", die „sich für den Prinzen von Pr[eußen] [...] erklären" wolle, „da sie mit dem Könige unzufrieden sind, weil er ihnen nicht energisch gegen das Volk ist."[29] Und der konservative Publizist Hermann Wagener erzählt in seinen Memoiren, dass im Sommer 1848 „von gewisser Seite sehr ernsthaft

---

22 Wilhelm an Friedrich Wilhelm IV., 31. Juli 1848. Baumgart (Hrsg.), Wilhelm I., S. 218.
23 Vgl. Canis, Revolution, S. 148–149; Behr, Vincke, S. 165–169. Siehe auch L. v. Gerlachs Tagebucheinträge vom 1., 7. und 12. August 1848, in: GA, LE02752, S. II/76–82.
24 Wilhelm an Vincke, 28. August 1848. Friedrich von Klocke (Hrsg.), Georg von Vincke und der preußische Thronfolger Wilhelm um 1848. Bemerkungen aus unveröffentlichten Akten und Briefen, in: Westfälische Forschungen 8 (1955), S. 95–101, hier: S. 99.
25 Vincke an Wilhelm, 30. August 1848. Ebd., S. 100.
26 Tagebuch Motte-Fouqué, 17. Juni 1848. Marwitz (Hrsg.), Am preußischen Hofe, S. 469.
27 Tagebuch E. L. v. Gerlach, 14. Juni 1848. Diwald (Hrsg.), Nachlaß, Bd. 1, S. 101.
28 Tagebuch Varnhagen, 25. Juli 1848. [Varnhagen], Tagebücher, Bd. 5, S. 132.
29 Tagebuch Saegert, 29. August 1848. Baumgart (Hrsg.), Beichtvater, S. 410.

auf eine Thronentsagung des Königs Friedrich Wilhelm IV. hingearbeitet und Emissäre ausgesandt wurden, um in den Provinzen Petitionen in diesem Sinne zu Stande zu bringen.“[30] Wie diese Quellen belegen, gab es am Berliner Hof eine konspirative Thronfolgerpartei. Doch wäre Wilhelm wirklich zu einer Palastrevolution bereit gewesen? Diese Frage kann zumindest nicht pauschal verneint werden.

Bereits die Nachrichten über den Zeughaussturm sollen den Prinzen noch am 14. Juni dazu verleitet haben, über den König sich „kalt u[nd] ihn aufgebend“ zu äußern, so Leopold von Gerlach.[31] Etwa einen Monat später schrieb Charlotte an Wilhelm, „der Wunsch dass Fritz abdizieren möchte, wird immer deutlicher und spricht sich unverhohlener aus. Das ist höchst traurig, aber eine Folge seiner bewiesenen Karakter Schwäche!“ Offen äußerte die Zarin – und unausgesprochen daher auch der Zar – den Wunsch, der Thronfolger müsse „entschlossen und kräftig [...] das Steuer Ruder in den Händen nehmen und muthig das Staats Schiff steuernd es in einen sicheren befestigten Hafen führen.“[32] Seine Schwester spreche „von einem Fall, der bei uns sehr stark besprochen werden soll“, antwortete Wilhelm. „Ich kenne, darf und will solche Ideen nicht hören. Tritt er ein, so wird Gott mir Kraft und Einsicht hoffentlich verleihen, so zu handeln, wie Du es Dir denkst!“[33] Ähnlich soll der Prinz auch gegenüber Gerlach bemerkt haben, „wenn es einmal wieder dazu käme, daß die Truppen im Stich gelassen u[nd] Alles Preis gegeben werden sollte, werde ich Alles daran setzen“, dies zu verhindern.[34] Auch an Auerswald richtete Wilhelm die unmissverständlichen Worte, „daß der König nicht zum 2ᵉⁿ Mal auf halbem Wege umkehre, dafür stehe *ich* ein; *ehe das geschiehet, muß ich nicht mehr sein!*“[35] Und Curtius erklärte Ende August, der Prinz stehe „ernst und fest im Hintergrunde und wartet auf seine Zeit, denn am Ende kann doch nur das Schwert den Knoten zerhauen.“[36] Wilhelm wollte einen zweiten Dolchstoß in den Rücken der Armee um jeden Preis verhindern. Denn auf der bewaffneten Macht gründete die Autorität der Krone. Deshalb hätte er im Notfall wohl auch vor einem Staatsstreich nicht zurückgeschreckt.

Während der König im Spätsommer 1848 in seinen eigenen Palastmauern mit dem Rücken zur Wand stand, vergrößerte sich paradoxerweise gleichzeitig der öffentliche Handlungsspielraum der Regierung. Der Zeughaussturm ließ bürgerliche Rufe nach Ruhe und Ordnung lauter werden. Polizei und Justiz konnten es daher wagen, offen gegen die Verbreitung revolutionärer Schriften vorzugehen, in denen Krone und Dynastie kritisiert wurden.[37] Wilhelm drängte entschieden darauf, diese sich neu bietenden gegenrevolutionären Aktionsfelder so weit wie möglich auszureizen. Er geißelte

---

30 Wagener, Erlebtes, S. 19.

31 Tagebuch L. v. Gerlach, 14. Juni 1848. GA, LE02752, S. II/49.

32 Charlotte an Wilhelm, 12. Juli 1848. GStA PK, BPH, Rep. 51 J, Nr. 511a, Bd. 2, Bl. 387.

33 Wilhelm an Charlotte, 7. August 1848. Börner (Hrsg.), Briefe, S. 306.

34 Tagebuch L. v. Gerlach, 17. Juli 1848. GA, LE02752, S. II/61.

35 Wilhelm an Auerswald, 23. August 1848. Schultze (Hrsg.), Sommer 1848, S. 132.

36 Curtius an T. Curtius, 29. August 1848. Curtius (Hrsg.), Lebensbild, S. 391.

37 Vgl. Hachtmann, Berlin 1848, S. 689.

vor allem die noch immer geltende Versammlungsfreiheit.[38] Das scheinbar schwache Agieren der Regierung führte der Thronfolger immer wieder auf Auerswald zurück. Seiner Schwester klagte er am 1. September, der Ministerpräsident „zeigt leider so wenig moralischen Mut und so wenig Entschlossenheit [...], daß wir immer mehr bergab gehen! Es scheint mir entschieden nötig, daß eine Änderung eintritt! Aber wer??"[39]

Nur drei Tage später verabschiedete die Nationalversammlung einen Antrag, nach dem „die Offiziere allen reaktionären Bestrebungen fern bleiben" und sich auf den Boden der konstitutionellen Ordnung stellen müssten. Über diesen Reaktionserlass sollte die Regierung Auerswald stürzen. Und Friedrich Wilhelm IV. fasste den Entschluss zur Gegenrevolution.[40] Wilhelm schimpfte, die Abgeordneten hätten „auf das Frechste u[nd] Eclatanteste ihr Mandat" überschritten. Und die Minister hätten eine solche Debatte erst gar nicht zulassen dürfen. Der König habe nur noch die Wahl, entweder die Konstituante aufzulösen oder das Ministerium zu entlassen. „Ein Nachgeben durch einen vermittelnden Vorschlag, [...] nämlich doch einen Erlaß an die Armée ergehen zu lassen, der den Willen der Versammlung ausspricht, ist eine reine Unmöglichkeit, wenn man nicht die Officiere völlig demoralisiren will u[nd] ein Ausscheiden en masse erleben will. Daher ist die größte Festigkeit u[nd] Energie nöthig, die es bis aufs Äußerste ankommen läßt."[41] Aber nicht nur Wilhelm betrachtete den Reaktionserlass als politische Sollbruchstelle. Die Militärführung hatte sich den Kontrollversuchen der Nationalversammlung bislang kontinuierlich widersetzt. Nach den Parlamentsdebatten Anfang September forderte das Offizierscorps offen, die Regierung müsse endlich eine antirevolutionäre Politik verfolgen.[42] Und Wilhelm verlangte von seinem Bruder, die Loyalitätsdisziplin innerhalb der Armee um jeden Preis zu sichern. „Nur keine halbe Maasregel, ich beschwöre Dich."[43] Friedrich Wilhelm IV. solle endlich ein konservativeres Ministerium ernennen, bestenfalls unter der Führung von Kriegsminister Schreckenstein. „Nur kein modificirtes Linkes!" Die neue Regierung müsse dann der Nationalversammlung entgegengetreten und sich gleichzeitig auf Barrikadenkämpfe vorbereiten. Aber „die Constitutionelle Basis mußt Du ausdrüklich festhalten."[44]

Wilhelms Warnungen schienen ihren Effekt auf Friedrich Wilhelm IV. nicht verfehlt zu haben. Laut seinem Bruder Ernst Ludwig soll Leopold von Gerlach bereits Ende August über den König bemerkt haben, „die Armee sei sein empfindlichster Punkt."[45] Am 9. September wollen die Gerlach-Brüder mit dem Monarchen einmal wieder über

---

38 Vgl. Wilhelm an O. v. Manteuffel, 23. August 1848. Poschinger (Hrsg.), Denkwürdigkeiten, Bd. 1, S. 20; Wilhelm an Auerswald, 28. August 1848. Schultze (Hrsg.), Sommer 1848, S. 133.

39 Wilhelm an Charlotte, 1. September 1848. Börner (Hrsg.), Briefe, S. 307.

40 Hachtmann, Berlin 1848, S. 706–707.

41 Wilhelm an Friedrich Wilhelm IV., 4. September 1848. Baumgart (Hrsg.), Wilhelm I., S. 227–228.

42 Vgl. Hachtmann, Berlin 1848, S. 713; ders., Die Potsdamer Militärrevolte vom 12. September 1848. Warum die preußische Armee dennoch ein zuverlässiges Herrschaftsinstrument der Hohenzollern blieb, in: Militärgeschichtliche Mitteilungen 57 (1998), S. 333–369.

43 Wilhelm an Friedrich Wilhelm IV., 5. September 1848. Baumgart (Hrsg.), Wilhelm I., S. 228–229.

44 Wilhelm an Friedrich Wilhelm IV., 6. September 1848. Ebd., S. 229–230.

45 Tagebuch E. L. v. Gerlach, 20. August 1848. Diwald (Hrsg.), Nachlaß, Bd. 1, S. 108–109.

eine Gegenrevolution gesprochen haben. „Für die Armee ist Eile nöthig", soll Friedrich Wilhelm IV. dabei erklärt haben, „denn ich kann es ihr nicht verdenken, daß sie wenn sie glaubt, daß ich sie hier Preis gebe *Wilhelm auf den Thron setzt.*"[46] Und auch gegenüber Saegert soll der Herrscher in jenen Tagen die Befürchtung ausgesprochen haben, eine „Aristokratenpartei" wolle „mich absetzen u[nd] meinen Bruder zum König haben".[47] Friedrich Wilhelm IV. betrachtete die militärische Autorität seines jüngeren Bruders augenscheinlich als imminente Bedrohung. Dieser politische Einflussfaktor darf für die zweite Hälfte des Revolutionsjahres nicht gering veranschlagt werden.

Zeitgleich gelang es Wilhelm, neue öffentliche Popularität zu gewinnen. Denn das Bild des Königs als vermeintlich guter Landesvater war seit dem Zeughaussturm in Misskredit geraten. So notierte Varnhagen am 9. September, „daß seit kurzem sehr schnell im Volke sich die Nachricht und Meinung verbreitet, der Prinz von Preußen habe sich der Volkssache zugewendet, auf ihn sei fernerhin zu hoffen, zu rechnen. In den Schenken wird es gesagt, auf den Märkten, Handwerker und Dienstboten theilen es mit."[48] Und einen Tag später berichtete Curtius, „heute zogen [...] die vereinigten Handwerksvereine von Brandenburg und Magdeburg über den Babelsberg und huldigten dem Prinzen und der Prinzessin mit Liedern und Hurrahs!"[49] Wilhelms öffentlich vorsichtiges Agieren seit seiner Rückkehr schien sich auszuzahlen. Kein halbes Jahr nach den Märztagen war der „Kartätschenprinz" scheinbar rehabilitiert – und der König diskreditiert. Neben einem Militärputsch kam somit auch ein populär legitimierter Thronwechsel langsam in den Bereich des politisch Möglichen.

Seit dem Reaktionserlass waren Auerswalds Ministertage gezählt. Der einzige Umstand, der ihn noch im Amt hielt, war die anhaltende Suche nach einem Nachfolger. Dennoch soll Wilhelm laut Ernst Ludwig von Gerlach wiederholt von einem „Weichwerden des Königs" gesprochen haben.[50] Und die Kamarilla schien offenbar zu befürchten, dass der Thronerbe einen drastischen Schritt planen würde. Gegenüber Leopold von Gerlach soll Wilhelm am 14. September „sehr aufgebracht" gedroht haben, „daß wenn jetzt irgend schwache Maasregeln ergriffen würden, er mit seiner Familie nach Stettin gehen würde." Das war de facto wieder die Abdankungsdrohung. Mit Friedrich Wilhelm IV. habe Gerlach daraufhin noch am selben Tag darüber gesprochen, wie ein offener Dynastiebruch verhindert werden könne. Bei dieser Gelegenheit soll der Monarch einen Brief des Prinzen vorgelesen haben, „der ihm, dem K[önig] sein Schwanken in den letzten Tagen auf das Härteste vorhielt, [...] u[nd] zuletzt geradezu von seinen u[nd] seines Sohnes Rechten u[nd] von seinem Abgange nach Stettin sprach. Als der König uns entließ gingen wir nach der kleinen Gallerie, vertrieben die Flügel Adjudanten, lasen u[nd] verbrannten gemeinschaftlich den 2 Bogen langen Brief des

---

46 Tagebuch L. v. Gerlach, 9. September 1848. GA, LE02752, S. II/107–108.
47 Tagebuch Saegert, 3. September 1848. Baumgart (Hrsg.), Beichtvater, S. 411.
48 Tagebuch Varnhagen, 9. September 1848. [Varnhagen], Tagebücher, Bd. 5, S. 188.
49 Curtius an T. Curtius, 10. September 1848. Curtius (Hrsg.), Lebensbild, S. 395.
50 Tagebuch E. L. v. Gerlach, 10. September 1848. Diwald (Hrsg.), Nachlaß, Bd. 1, S. 112.

Prinzen." Das ist Alles, was der Nachwelt über diesen Prinzenbrief überliefert ist, den Gerlach wohl für derart kompromittierend hielt, dass er ihn den Flammen übergab. Am Folgetag habe der General dann wieder das Gespräch mit Wilhelm gesucht, um ihn von dessen Erpressungsplänen abzubringen. Bei dieser Unterredung sei auch Augusta anwesend gewesen. Die Prinzessin „brach mit einer sehr heftigen aber sehr gut gesetzten u[nd] eigentlich nichts als Wahrheit enthaltenen Anklage gegen den König los, sein Abspringen, seine Willkühr[,] sein Herumvagiren im Gespräch um ernsten Diskussionen zu entgehen, u[nd] daß der Prinz ganz Recht hätte nach Stettin zu gehen." Gerlach will dem Thronfolger schließlich lediglich geraten haben, „möglichst wenig zu sprechen u[nd] zu bewirken, daß jedenfalls dem K[önig] Zeit zur Ueberlegung gelassen würde."[51]

Es waren wohl weniger Gerlachs Mediationsversuche, die einen offenen Dynastiebruch verhindert haben mochten. Denn am 15. September übertrug Friedrich Wilhelm IV. das militärische Oberkommando in Brandenburg und Berlin auf General Friedrich von Wrangel. Das war der erste offene Schritt zur Reaktion. Als Oberbefehlshaber der preußischen Truppen hatte der General im Sommer 1848 am Krieg gegen Dänemark teilgenommen. Nach dem zwischenzeitlichen Ende des aktiven Kriegsgeschehens im Norden hatten König und Kamarilla den Entschluss gefasst, Wrangel und dessen Soldaten gegen die Revolution in der Hauptstadt einzusetzen.[52] Ebenfalls Mitte September beauftragte der Monarch zudem einen weiteren General mit der Bildung eines neuen Ministeriums: Ernst von Pfuel. Doch die neue Regierung war von Anfang an lediglich als Übergangsministerium konzipiert. Pfuel besaß daher kaum eigenen Handlungsspielraum, weder gegenüber Friedrich Wilhelm IV. noch gegenüber Wrangel. Er sollte lediglich Zeit schinden. Und im Hintergrund bereiteten König und Kamarilla eine Aktion gegen die Nationalversammlung vor.[53]

Suffice to say dass Wilhelm und Pfuel seit den Märztagen alles andere als politische Freunde waren. Aber der Thronfolger soll den Regierungswechsel als Schritt in die richtige Richtung begrüßt haben, wie Leopold von Gerlach bereits am 16. September zu beobachten glaubte.[54] Einen Tag später schrieb der Prinz dem Petersburger Hof, „jetzt oder niemals muß der Entschluß gefaßt und durchgeführt werden, das Vaterland zu retten oder unterzugehen!" Der König habe endlich „seine ganze Energie wiedergefunden und ist bis jetzt ganz konsequent. Daß er es bleibt, dafür werden Pfuel, meine Wenigkeit und General Wrangel sorgen". Die Nationalversammlung müsse gezwungen werden, sich der Krone zu unterwerfen. „Unterwirft sie sich nicht, so wird sie aufgelöst. Dann gibt es wahrscheinlich Rebellion in Berlin, welches sodann zerniert wird, das Martialgesetz publiziert, die Bürgerwehr aufgelöst und entwaffnet usw. Dies kostet alles

---

51 Tagebuch L. v. Gerlach, 15. September 1848. GA, LE02752, S. II/114–116
52 Vgl. Harald Müller, Friedrich Heinrich Ernst von Wrangel. General der Konterrevolution, in: Helmut Bleiber/Walter Schmidt/Rolf Weber (Hrsg.), Männer der Revolution von 1848, Bd. 2, Berlin (Ost) 1987, S. 513–536.
53 Vgl. Bußmann, Friedrich Wilhelm IV., S. 230–231; Barclay, Friedrich Wilhelm IV., S. 254–256; Hachtmann, Berlin 1848, S. 713–716; Canis, Revolution, S. 163–164.
54 Vgl. Tagebuch L. v. Gerlach, 16. September 1848. GA, LE02752, S. II/117–118.

Blut! Aber nur so kommen wir zum Ziel!" Abschließend bemerkte er allerdings, „ob Pfuel dem allen entsprechen wird, weiß ich nicht."[55]

Der neue Ministerpräsident trat sein Amt offiziell am 21. September an. Und schnell geriet er in Konflikt mit Wilhelm und der Militärführung. Denn auch Pfuel versuchte, einen Kompromiss mit der Nationalversammlung auszuhandeln.[56] Diese Strategie wollte er sich nicht vom Thronfolger torpedieren lassen. Bereits am 22. September forderte Pfuel den König auf, dessen jüngerem Bruder zu verbieten, an den Ministerratssitzungen teilzunehmen. Zwar besaß Wilhelm seit Beginn des konstitutionellen Transformationsprozesses ohnehin weder Stimme noch Sitz im Staatsministerium. Doch muss die bloße Anwesenheit des Thronfolgers nach wie vor ein politischer Irritationsfaktor gewesen sein. Deshalb wurde er schnell institutionell kaltgestellt.[57] Nur drei Tage später soll der Prinz laut Leopold von Gerlach „sehr aufgebracht" gewesen sein. „Er erführe nichts, Pf[uel] stünde ihm nicht Rede, der König ebenso wenig, ihm bliebe nichts übrig als fortzugehen. Noch nie wäre man mit einem Thronerben so umgegangen."[58] Charlotte gegenüber klagte Wilhelm, dass er „nun alles Vertrauen in die Menschen verliere! Denn sobald ein Mann jetzt Minister wird, so wird er Poltron und weiße Salbe! So ist es also auch mit Pfuel gegangen!" Nach wie vor stünde die politische Zukunft von Monarchie und Militär auf dem Spiel. Wie Auerswald drohe auch Pfuel das Vertrauen der Armee zu verlieren, die er zu Kompromissen mit der Nationalversammlung drängen wolle, „während die Republikaner und Demokraten seit 5 Monaten ungestraft, unangeredet alles unterminieren, was der König gegeben hat."[59] Auch seinem Schwager Car Alexander schimpfte er, „eine Armee, [...] die fortwährend moralisch gegeißelt ward, überall persönlich verhöhnt, gereizt, ja gemordet wurde, dennoch in ihrer Pflicht nicht wankte, treu ihrem Eid schweigend duldete, eine Ergebung ohnegleichen zeigte", dürfe nicht „ermahnt" werden, „hübsch stille zu sein". Wrangels Truppen stünden immerhin vor den Berliner Stadttoren bereit. „Dies feige Benehmen des Ministeriums, mit 35.000 Mann hinter sich, ist es, was Preußen dem Gespötte Europas mit Recht aussetzt, – und das verletzt mich tief als Preuße!"[60] Nach nur wenigen Wochen schien der Thronerbe die Hoffnung aufgegeben zu haben, dass mit Pfuel irgendein monarchischer Staat zu machen sei.[61] Seinem Bruder schrieb er Anfang Oktober, „ich fordre von Neuem u[nd] ernstlichst zum Einschreiten gegen die republ[ikanische] Rotte auf."[62] Als Irritationsfaktor ließ sich Wilhelm nicht kaltstellen.

---

55 Wilhelm an Charlotte, 17. September 1848. Börner (Hrsg.), Briefe, S. 308–310
56 Vgl. Harald Müller, Ernst von Pfuel (1799–1866). Der unbequeme Nothelfer auf Zeit, in: Helmut Bleiber/Walter Schmidt/Susanne Schötz (Hrsg.), Akteure eines Umbruchs. Männer und Frauen der Revolution von 1848/49, Berlin 2003, S. 515–562, hier: S. 534–538.
57 Vgl. Tagebuch L. v. Gerlach, 22. September 1848. GA, LE02752, S. II/123.
58 Tagebuch L. v. Gerlach, 25. September 1848. Ebd., S. II/128–129.
59 Wilhelm an Charlotte 27. September 1848. Börner (Hrsg.), Briefe, S. 311–312.
60 Wilhelm an Carl Alexander, 11. Oktober 1848. Schultze (Hrsg.), Weimarer Briefe, Bd. 1, S. 184–185.
61 Vgl. Tagebuch L. v. Gerlach, 2. Oktober 1848. GA, LE02752, S. II/135; Wilhelm an Charlotte, 16. Oktober 1848. GStA PK, BPH, Rep. 51 J, Nr. 511a, Bd. 2, Bl. 400–401.
62 Wilhelm an Friedrich Wilhelm IV., 1. Oktober 1848. Baumgart (Hrsg.), Wilhelm I., S. 232.

Friedrich Wilhelm IV. entschied sich keinen Monat nach Pfuels Ernennung tatsächlich dazu, den Weg in Richtung Reaktion weiter zu beschreiten. Denn Mitte Oktober wurde in der Nationalversammlung diskutiert, ob auch die Armee den Eid auf die Verfassung leisten müsste. Wie Leopold von Gerlach notierte, soll der Herrscher geklagt haben, „dieser Eid bringt mich um alle meine Officiere [...], er ist unmöglich."[63] Dann beschloss die Abgeordnetenmehrheit am 12. Oktober auch noch, das königliche Gottesgnadentum aus der Verfassung zu streichen. Damit hatte das Parlament in den Augen des Monarchen alle roten Linien überschritten. Pfuel hatte diese Resolution nicht verhindern können. Deshalb war seine politische Zukunft seit diesem Tag besiegelt.[64] Friedrich Wilhelm IV. schimpfte, „daß ich mir das Abschneiden meiner Ehre vor Gott nicht gefallen lasse; es entehrt mich vor mir selbst und allen meinen Unterthanen; es ist meine *Abdication*."[65] Bereits am 16. Oktober bat Pfuel um seine Entlassung. Da es jedoch am selben Tag in der preußischen Hauptstadt zu gewaltsamen Straßenunruhen kam, nahm der König das Entlassungsgesuch erst am 21. Oktober an. Vor der Öffentlichkeit sollte Pfuels Abgang noch bis Anfang November geheim gehalten werden. Bis dahin wurde hinter den Kulissen an einer neuen Regierung gearbeitet. Dieses Mal sollte es ein waschechtes Reaktionsministerium sein.[66] Keinen geringen Einfluss auf diese Entscheidungen übten zudem die zeitgleichen Ereignisse in Wien aus. Ende Oktober hatte General Alfred zu Windisch-Graetz die österreichische Hauptstadt mit Waffengewalt „pazifiziert" – also belagert, beschossen, und erobert. Dabei war auch Robert Blum standrechtlich hingerichtet worden, ein populärer Abgeordneter der Frankfurter Nationalversammlung. Danach ließ Windisch-Graetz das Wiener Revolutionsparlament auseinanderjagen.[67] Dieses Beispiel sollte nicht wenige Nachahmer finden. Die Revolution hatte in Deutschland ihren Scheitelpunkt erreicht.

An der preußischen Reaktion hatte Wilhelm keinen aktiven Anteil. König und Kamarilla suchten die passenden Ministerkandidaten. Und sie fanden General Friedrich Wilhelm von Brandenburg, einen unehelichen Sohn Friedrich Wilhelms II.[68] Leopold von Gerlach unterrichtete Wilhelm am 16. Oktober, dass dessen Onkel zum neuen Ministerpräsidenten ernannt werden sollte. Zwar soll der Prinz mit diesem Schritt „völlig einverstanden" gewesen sein. Doch „seine ganze Art diese Sache zu nehmen misfiel mir", so Gerlach, der sich „an die Abdications Pläne erinnernd" gefühlt haben will.[69] Noch Ende Oktober soll Wilhelm seinem Neffen Großherzog Friedrich Franz II. von Mecklenburg-Schwerin über „die Schwäche, in der Preußens Krone zu Grunde geht"

---

63 Tagebuch L. v. Gerlach, 11. Oktober 1848. GA, LE02752, S. II/145–146.
64 Vgl. Blasius, Persönlichkeit und Amt, S. 597–601; Sellin, Gewalt und Legitimität, S. 85–86; Canis, Revolution, S. 173–174.
65 Friedrich Wilhelm IV. an Pfuel, 13. Oktober 1848. Huber (Hrsg.), Dokumente, Bd. 1, S. 467–468.
66 Vgl. Hachtmann, Berlin 1848, S. 717–726; Müller, Pfuel, S. 543–547; Canis, Revolution, S. 183–186.
67 Vgl. Siemann, Revolution, S. 165–170; Judson, Habsburg, S. 277–278; Clark, Frühling, S. 814–843.
68 Siehe L. v. Gerlachs Tagebucheinträge vom 6. und 9. Oktober 1848, in: GA, LE02752, S. II/139–144.
69 Tagebuch L. v. Gerlach, 17. Oktober 1848. Ebd., S. II/155–156.

geklagt haben.[70] Seiner Schwester Luise schrieb er, „am schmerzlichsten bei dem Allen ist der König zu sehen, der [...] bei allen Momenten, wo es Endscheidung gilt, im Stich gelassen wird von seinen Ministern. Es ist zum verzweifeln!"[71] Und die Zarin drängte ihren Bruder erneut unverhohlen, doch endlich nach der Krone zu greifen. „Weisst Du was bei meinem Leiden um Preußen, das schrecklichste Gefühl ist – das ist, das ist – dass ich *mich schäme*. Ja! wenn ein Mann Energie bewiesen hätte seit den März Tagen! aber *Keiner*! [...] Wilhelm! Wilhelm! Wache auf!"[72] Wilhelm hätte die Rolle eines preußischen Windisch-Graetz spielen können und wollen. Aber dieses Casting wurde ihm verwehrt.

Brandenburg setzte derweil Alles daran, nicht das gleiche Schicksal wie seine Vorgänger zu erleiden. Er wollte das Ministerium gegen unverantwortliche Einflüsse abschirmen. Dazu gehörte auch die Kamarilla, die ihn ins Amt gehievt hatte. Aber dazu gehörte vor allem der ständige „Irritationsfaktor Wilhelm".[73] Anfang November soll der Thronfolger gegenüber Leopold von Gerlach geklagt haben, dass er über die Regierungsgeschäfte „nicht genau unterrichtet" sei.[74] Eine wichtige Personalie war der neue Innenminister Otto von Manteuffel. Er war der konzeptuelle Kopf des Reaktionsministeriums. Und nach Brandenburgs überraschendem Tod im November 1850 sollte er schließlich dessen Nachfolger werden.[75] Wilhelm kannte Manteuffel „persönlich sehr genau", wie er Charlotte schrieb, da er „seit 4 Jahren mein Ziviladjutant" war. Nach den Erfahrungen mit Pfuel sei ihm allerdings „bange, irgendjemand zu loben und Erwartungen auf ihn zu setzen." Brandenburg und Manteuffel müssten endlich „das Pomadensystem verlassen [...]. Was einmal von neuen Institutionen verheißen worden ist [...], muß zur Ausführung kommen. Aber es kommt auf das Wie! an."[76] Und Luise erklärte er, die neue Regierung „muß mit Endschiedenheit, Kraft, Energie und Conséquenz auftreten, aber freilich auch nicht unnütz provociren, damit die Massen sich im endscheidenden Moment nicht gegen das Gouvernement erklären." Sei erst einmal „Berlin unterworfen und erläßt der König ein Manifest an die Nation, dann darf man hoffen, daß wir wieder Herr der Verhältnisse werden, wehrend es jetzt umgekehrt ist."[77] Wilhelm musste sich keine Sorgen darüber machen, dass Brandenburg und Manteuffel einen Kompromiss mit der Nationalversammlung suchen würden. Zwar wollten beide

---

70 Tagebuch Friedrich Franz II., 26. Oktober 1848. René Wiese (Hrsg.), Vormärz und Revolution. Die Tagebücher des Großherzogs Friedrich Franz II. von Mecklenburg-Schwerin 1841–1854, Köln/Weimar/ Wien 2014, S. 289.

71 Wilhelm an Luise, 7. November 1848. GStA PK, BPH, Rep. 51, Nr. 853.

72 Charlotte an Wilhelm, 28. Oktober 1848. GStA PK, BPH, Rep. 51 J, Nr. 511a, Bd. 2, Bl. 408.

73 Vgl. Barclay, Friedrich Wilhelm IV., S. 259; Canis, Revolution, S. 185–187, S. 191–193.

74 Tagebuch L. v. Gerlach, 9. November 1848. GA, LE02752, S. II/185.

75 Zu Otto von Manteuffel siehe Günther Grünthal, Im Schatten Bismarcks – Der preußische Ministerpräsident Otto Freiherr von Manteuffel (1805–1882), in: Hans-Christof Kraus (Hrsg.), Konservative Politiker in Deutschland. Eine Auswahl biographischer Porträts aus zwei Jahrhunderten, Berlin 1995, S. 111–133; Sebastian Hundt, Die politischen Vorstellungen des jungen Otto von Manteuffel, in: FBPG NF 30 (2020), S. 95–125.

76 Wilhelm an Charlotte, 8./9. November 1848. Börner (Hrsg.), Briefe, S. 315–316.

77 Wilhelm an Luise, 7. November 1848. GStA PK, BPH, Rep. 51, Nr. 853.

Männer den begonnenen Konstitutionalisierungsprozess nicht abbrechen. Aber sie wollten diesen Prozess in monarchische Bahnen lenken. Das war nur gegen die mehrheitlich demokratisch-liberale Konstituante zu machen.[78]

Von einem „Sieg" über das Parlament versprach sich die Regierung vor allem eine Festigung des prekären Verhältnisses zur Armee. Daher wurde die Nationalversammlung am 9. November auf Allerhöchsten Befehl vertagt. Die Abgeordneten protestierten scharf gegen diesen Schritt. Am nächsten Tag ignorierten sie die Krondirektive einfach und versammelten sich demonstrativ zur Wiederaufnahme ihrer Parlamentsarbeit. Dieser Widerstandsversuch wurde durch den (unblutigen) Einmarsch von etwa 15.000 Soldaten unter Wrangels Kommando gebrochen. Über Berlin wurde der Belagerungszustand verhängt – ein unmissverständliches Zeichen der Restauration des monarchischen Gewaltmonopols. Seitens der Stadtbevölkerung wurde die offene Reaktion nicht nur weitestgehend hingenommen. Wrangels Truppeneinzug wurde vielerorts sogar als Rückkehr zu Ruhe und Ordnung begrüßt. Das Gegeneinander von radikalen Revolutionären und gemäßigten Reformern hatte Letztere doch noch in die Arme der monarchischen Eliten getrieben. Und das gesellschaftliche Potential für eine demokratische Mobilisierung war denkbar gering. Daher verlief die militärische Machtdemonstration der Hohenzollernkrone im Gegensatz zu den Wiener Ereignissen ohne Waffengewalt.[79]

Eine „gewaltsame Beendigung des Zusammenkommens der Versammlung" soll Wilhelm noch am 9. November gefordert haben.[80] Aber bereits am nächsten Tag jubelte er über den friedlichen „Triumph für das Gouvernement [...]. Der Wurf in Berlin ist geglückt!"[81] Laut Curtius sei der Prinz in den Folgetagen „ernst und milde gestimmt" gewesen. Er habe sogar „Gott gedankt [...], daß in Berlin die Bekämpfung der Anarchie so unblutig hat bewerkstelligt werden können, wie er nichts als Gesetz und Ordnung hergestellt sehen wollte." Im selben Brief behauptete der Prinzenerzieher zudem, dass Wilhelms „starker fester Wille in diesen Tagen mächtig eingewirkt" haben soll.[82] Diese Formulierung kann mehrdeutig interpretiert werden. Eine gestaltende Rolle hatte der Thronfolger im Herbst 1848 jedenfalls nicht gespielt. Denn diese war ihm vom Monarchen und den Ministern schlichtweg verweigert worden. Wilhelm hatte seinen Bruder allerdings kontinuierlich unter Druck gesetzt. Vor allem hatte er seine eigene militärische Autorität und Popularität in die politische Waagschale gelegt. Die Wirkung dieser Drohkulisse auf die königlichen Entscheidungen darf nicht unterschätzt werden. Anfang

---

78 Vgl. Canis, Revolution, S. 192.

79 Vgl. Siemann, Revolution, S. 170–172; Hachtmann, Berlin 1848, S. 745–757; Konrad Canis, Die preußische Gegenrevolution. Richtung und Hauptelemente der Regierungspolitik von 1848 bis 1850, in: Wolfgang Hardtwig (Hrsg.), Revolution in Deutschland und Europa 1848/49, Göttingen 1998, S. 161–184, hier: S. 163; ders., Revolution, S. 193–195, S. 199–200.

80 Tagebuch L. v. Gerlach, 10. November 1848. GA, LE02752, S. II/190–191.

81 Wilhelm an Charlotte, 10. November 1848. GStA PK, BPH, Rep. 51 J, Nr. 511a, Bd. 2, Bl. 409. Siehe auch Wilhelm an Friedrich Wilhelm IV., 10. November 1848. Baumgart (Hrsg.), Wilhelm I., S. 233; Wilhelm an Carl Alexander, 11. November 1848. Schultze (Hrsg.), Weimarer Briefe, Bd. 1, S. 187.

82 Curtius an seine Eltern, 26. November 1848. Curtius (Hrsg.), Lebensbild, S. 405–406.

Februar 1849 erklärte der spätere Kaiser, „Preußens altes Geschick bekundet, daß die Armée sein Anker immer *war, ist* und *bleibt!*"[83] Das hatte Friedrich Wilhelm IV. 1848 zu spüren bekommen. Der König hatte den Befreiungsschlag gegen die Nationalversammlung gewagt, um seine monarchische Autorität zu sichern. Der Preis dafür war ein weiterer Popularitätsverlust. Und das kam wiederum seinem jüngeren Bruder zugute. Wie Varnhagen am 10. November notierte, habe er „arge Reden [...] im Volke" gehört. „Es fehlte nicht an Leuten, die den Prinzen von Preußen über den König erhoben."[84] Eine Abgeordnetendeputation bat Wilhelm am 15. November sogar um eine Vermittlung im Konflikt zwischen König und Nationalversammlung.[85] Und Anfang Dezember wurden ihm bei einer Inspektionsreise in den Rheinlanden öffentliche Ovationen entgegengebeacht.[86] Spätestens nach dem 9. November wurde Friedrich Wilhelm IV. als das öffentliche Gesicht der Reaktion wahrgenommen. Dagegen war der Thronfolger an dem Staatsstreich offiziell unbeteiligt gewesen – und damit vermeintlich unschuldig. Das schuf neue Popularität. Politisches Mitsprachrecht konnte er aus dieser Entwicklung allerdings nicht ziehen.

Wilhelm war im Unklaren darüber gelassen worden, was nach der Vertagung der Nationalversammlung genau geschehen sollte. Er wusste lediglich, dass eine Verfassung oktroyiert werden würde. Deren Entwurf hatte er zu Gesicht bekommen, wie er Charlotte Ende November schrieb. Von diesem Dokument schien er sich allerdings kein politisches Heil erwartet haben. Denn „eine *gewählte* 1. Kammer und nicht vom König *ernannte*, ist kein contre poids gegen die Démocratie! Und wo dies fehlt, fehlt jeder Halt für das Königthum. Man hat mich vertröstet, man werde in Zukunft eine bessere 1. Kammer erlangen können. Ich erwiedere, daß die Geschichte noch nicht gelehrt habe, daß man irgendwo constitutionelle Institutionen *verbessert* habe, sondern immer nur verschlechtert."[87] Der Verfassungsoktroi erfolgte bereits am 5. Dezember.[88] „Die Bombe ist geplatzt und die octroyirte Verfassung noch schlechter als ich es dachte", so Leopold von Gerlach.[89] Auch die Kamarilla war in diesen Schritt nicht involviert worden. Es war ein folgenreicher Schritt – und der Beginn der sogenannten Reaktionsära. In dem knappen Jahrzehnt bis 1858 sollte der Versuch unternommen werden, die Hohenzollernmonarchie auf konstitutioneller *und konservativer* Basis zu modernisieren. Aber diese Politik sollten *hoch*konservative Akteure wie die Gerlach-Brüder nur widerwillig mittragen. Und ihnen stand ein Herrscher zur Seite, der das Ende des Absolutismus nie akzeptieren sollte. „Die Verfassung giebt mir ein wenig Bauch-Weh, weil sie ei-

---

83 Wilhelm an Luise, 1. Februar 1849. GStA PK, BPH, Rep. 51, Nr. 853.

84 Tagebuch Varnhagen, 10. November 1848. [Varnhagen], Tagebücher, Bd. 5, S. 272.

85 Vgl. Wilhelm an Carl Alexander, 15. November 1848. Schultze (Hrsg.), Weimarer Briefe, Bd. 1, S. 188; Tagebuch Varnhagen, 18. November 1848. [Varnhagen], Tagebücher, Bd. 5, S. 298.

86 Vgl. Brühl an Natzmer, 17. Dezember 1848. Natzmer (Hrsg.), Denkwürdigkeiten, Bd. 4, S. 28.

87 Wilhelm an Charlotte, 25./29. November 1848. GStA PK, BPH, Rep. 51 J, Nr. 511a, Bd. 2, Bl. 413–414.

88 Der Text der oktroyierten Verfassung findet sich in: Kotulla (Hrsg.), Verfassungswerk, S. 180–199.

89 Tagebuch L. v. Gerlach, 6. Dezember 1848. GA, LE02752, S. II/234–235.

gentlich schlecht ist", klagte Friedrich Wilhelm IV. gegenüber Bunsen.[90] Am Berliner Hof konnte sich niemand vollkommen mit diesem Dokument identifizieren. Es handelte sich um einen ministeriellen Kompromiss, der von Anfang an als Übergangslösung gedacht war.[91] Ernst Rudolf Huber spricht daher zu Recht von einer „konstitutionellen Notverfassung".[92] Die Verfassungsartikel orientierten sich bewusst an der Charte Waldeck. Dies war das Zuckerbrot, das die Regierung der liberalen Öffentlichkeit bot. Mit der ebenfalls am 5. Dezember verkündeten Auflösung der vertagten Nationalversammlung hatte die Opposition hingegen die Peitsche spüren müssen. Gleichzeitig wurden die Wahlen für den ersten preußischen Landtag vorbereitet. Mit diesem Parlament wollte die Regierung die Verfassung konservativ revidieren.[93] Strenggenommen blieb die Monarchie dem Vereinbarungsprinzip damit weiterhin treu. Aber Recht und Legitimität waren nicht notwendigerweise deckungsgleich.

Der Übergang zur Reaktion fand auch auf einer symbolischen Ebene statt. Öffentlich sichtbar wurde er beispielsweise, als Wilhelm und seine Familie am 26. Dezember wieder ihr Berliner Palais bezogen. Das ehemalige „National-Eigenthum" war zurück in dynastischer Hand. Dem Petersburger Hof erklärte der Prinz, dieser Schritt sei geschehen, „weil die beständige Abwesenheit der Königlichen Familie eine Gleichgültigkeit gegen dieselbe erzeuge, da man sich an ihren Nicht Anblick gewöhne."[94] „Preußens Geschick fängt an sich zu heben – aber wir sind noch sehr im Anfang!", so Wilhelms Resümee Ende 1848. „Berlin durch dieselben herrlichen Truppen ohne Schwerdstreich besetzt, die es am 19. März verließen; [...] Ordnung, Ruhe u[nd] Gesetz daselbst zurückgeführt; die National Versammlung verlegt, vertragt u[nd] aufgelöst, eine Verfassung – aber freilich, was für eine! – octroyirt – [...] u[nd] das Alles ohne neue Revolution, die man vorhersah, aber vor der man *nicht* erschreckte."[95] „Brandenburg macht sich einen großen Namen in unserer Geschichte, wenn er ferner Glück hat!" Jedoch sei die vermeintliche „Zufriedenheit" in Berlin „teuer erkauft" worden „durch die Art der Verfassung [...]. Alles kommt nun darauf an, auf die Wahlen durch rechtliche Mittel zu wirken, während unsere Feinde freilich zu allen unrechtlichen Mitteln greifen und schon jetzt eine unglaubliche Tätigkeit entwickeln."[96]

Die Frage, wie die Wahlen beeinflusst werden könnten, beschäftigte auch Brandenburg und dessen Kollegen. Denn kein Minister wollte einer linken Kammer gegenübertreten. Die oktroyierte Verfassung stipulierte aber das allgemeine und gleiche

---

90 Friedrich Wilhelm IV. an Bunsen, 13. Dezember 1848. Ranke (Hrsg.), Briefwechsel, S. 235.

91 Vgl. Günther Grünthal, Zwischen König, Kabinett und Kamarilla. Der Verfassungsoktroi in Preußen vom 5. Dezember 1848, in: ders., Verfassung und Verfassungswandel. Ausgewählte Abhandlungen, hrsg. v. Frank-Lothar Kroll, Joachim Stemmler u. Hendrik Thoß, Berlin 2003, S. 76 – 125, hier: S. 78 – 83; Canis, Revolution, S. 203 – 207.

92 Huber, Verfassungsgeschichte, Bd. 3, S. 35.

93 Vgl. Canis, Gegenrevolution, S. 164 – 165; Hachtmann, Berlin 1848, S. 784 – 786; Mommsen, 1848, S. 257 – 258; Clark, Preußen, S. 574 – 575; Hein, Revolution, S. 98 – 99.

94 Wilhelm an Charlotte, 20. Januar 1849. GStA PK, BPH, Rep. 51 J, Nr. 511a, Bd. 2, Bl. 428.

95 Wilhelm an Fanny, 15. Dezember 1848. GStA PK, BPH, Rep. 51 J, Nr. 842, Bl. 14.

96 Wilhelm an Charlotte, 12. Dezember 1848. Börner (Hrsg.), Briefe, S. 321 – 322.

Stimmrecht, aus dem bereits die Nationalversammlung hervorgegangen war. Im Dezember 1848 gab es am Berliner Hof deshalb erste Verhandlungen über eine mögliche Wahlrechtsänderung. Einigen konnten sich die Minister allerdings nicht – und verschoben die Revision in die Zeit nach der Landtagseröffnung.[97] Aber nicht nur die konservative Regierung wollte einen restriktiven Wahlzensus einführen. Auch der ehemalige Märzminister Hansemann forderte eine Abschaffung des demokratischen Wahlrechts. Gegenüber Wilhelm schimpfte er es „das gefährlichste Experiment von der Welt".[98] Und er nutzte den Kontakt zum Thronfolger, um Einfluss auf die Ministerverhandlungen zu gewinnen.[99] Es bedurfte allerdings nicht erst Hansemann, um Wilhelm in Richtung Zensuswahlrecht zu bewegen. Der spätere Kaiser geißelte den Urnengang a priori als kurzfristige Akklamationsgeste einer unmündigen Bevölkerung. So klagte er Charlotte, es sei „schrecklich [...] zu denken, daß von einem zum rechten Moment gereichten Glas Brandwein eine Wahl gemacht werden kann, die das Land ins Verderben bringt. Das sind die Freuden des Constitutionalismus!"[100] Ttasächlich waren Alkoholexzesse nicht selten Teil der Wahlkultur im 19. Jahrhundert.[101] Völlig substanzlos war Wilhelms Befürchtung daher nicht. Aber er unterstellte der demokratischen und liberalen Seite konspirative Pläne. Und die Regierung ging nicht gegen diese angebliche Wahlverschwörung vor. Luise erklärte er, „die Conservativen sind freilich [...] sehr *Wahl*thätig; aber la partie est inégale, da diese nur rechtliche Mittel anwenden können, wehrend den Democraten *alle* Mittel recht sind; da ist leicht vorher zu sehen, wer die Massen zuletzt gewinnen muß."[102] Und Wrangel mahnte er, „ich sagte dasselbe vorig Jahr vorher, was ich jetzt anspreche: *wir sind nicht vorsichtig genug und werden es teuer bezahlen!*[103]

Im Februar 1849 wurde die Zweite Kammer des ersten preußischen Landtags nach dem demokratischen Stimmrecht gewählt. Für die Regierung fiel das Ergebnis zwiespältig aus. Erneut trat das Stadt-Land-Gefälle deutlich hervor. Denn die ländlichen Wahlkreise waren mehrheitlich konservativ gefärbt. Dagegen dominierten Demokraten und Liberale die Großstädte. In Berlin hatte nicht einmal der noch immer geltende Belagerungszustand die linke Wählermobilisierung verhindern können. Aber bei diesem Wahlausgang war die Regierung nicht bereit, auf repressive Instrumente zu verzichten. Deshalb wurde das Kriegsrecht nach der Landtagseröffnung am 26. Februar um weitere vier Monate verlängert.[104] Wie Wilhelm erklärte, sei das Stimmenremis „viel besser als man erwarten konnte, wenngleich das gesinnungslose Berlin die *Häupter*

---

97 Vgl. Günther Grünthal, Das preußische Dreiklassenwahlrecht. Ein Beitrag zur Genesis und Funktion des Wahlrechtsoktrois vom Mai 1849, in: HZ 226 (1978), S. 17–66, hier: S. 25–28.

98 Hansemann an Wilhelm, 13. Dezember 1848. Poschinger (Hrsg.), Denkwürdigkeiten, Bd. 1, S. 67.

99 Vgl. Alexander Bergengrün, David Hansemann, Berlin 1901, S. 586.

100 Wilhelm an Charlotte, 20. Januar 1849. GStA PK, BPH, Rep. 51 J, Nr. 511a, Bd. 2, Bl. 429–430.

101 Vgl. Richter, Demokratie, S. 50.

102 Wilhelm an Luise, 31. Dezember 1848. GStA PK, BPH, Rep. 51, Nr. 853.

103 Wilhelm an Wrangel, 10. Februar 1849. Schultze (Hrsg.), Briefe an Politiker, Bd. 1, S. 80.

104 Vgl. Huber, Verfassungsgeschichte, Bd. 3, S. 36–38; Hachtmann, Berlin 1848, S. 794–795.

der Parthei gewählt hat, die dasselbe während 7 Monaten knechtete. [...] Wenn jetzt das Gouvernement fest, conséquent! energisch bleibt, so kann sich Vieles zum Guten wenden, doch darf man sich keine Illusionen über das Schwere des Moments machen!"[105] Und die Landtagseröffnung bezeichnete er nicht zu Unrecht als den „wahre[n] Anfang der konstitutionellen Regierung in Preußen! also auch das Aufhören der Selbständigkeit!"[106] Wilhelm sollte nie seinen inneren Frieden mit dem Konstitutionalismus schließen. Aber er war gewillt, die repräsentativen und partizipativen Strukturen als neue Realitäten zu akzeptieren. Seinem Bruder erklärte er beispielsweise, die Krone müsse *„Hand in Hand* [...] mit den Institutionen" gehen, „die für Preußen u[nd] Deutschland, eine neue Zukunft bilden sollen."[107] Auch Augusta betrachtete die neue Ordnung als „ein Produkt der Notwendigkeit", um „demokratische Gelüste zu befriedigen, und dennoch der Regierung Hoffnung zu lassen, dereinst stückweise den verlorenen Boden wieder zu gewinnen."[108] Anderen Konservativen fiel der Systemwechsel hingegen deutlich schwerer. So notierte Leopold von Gerlach im Mai 1849, er will gegenüber Wilhelms Sohn bemerkt haben, „wie ich ihn wegen seiner Jugend beneide da er noch das Ende des absurden Constitutionalismus erleben würde."[109] Und Friedrich Wilhelm IV. sprach despektierlich von einem „Pack", wenn er vom Landtag redete.[110]

Der König ging der nahezu unausweichlichen Konfrontation mit dem neuen Parlament nicht aus dem Weg. Bereits am 27. April ließ er die Zweite Kammer auflösen, nachdem eine Abgeordnetenmehrheit den andauernden Belagerungszustand als ungesetzlich verurteilt hatte. Auf diese Nachricht brachen in Berlin vereinzelte Barrikadenkämpfe aus. Sie wurden jedoch bis zum 30. April vom Militär niedergeschlagen.[111] Die Neuwahlen im Juli sollten nicht mehr auf Basis des demokratischen Stimmrechts erfolgen. Stattdessen wurde das sogenannte Dreiklassenwahlrecht oktroyiert. Anders als das spätere Reichstagswahlrecht war das Landtagsstimmrecht nicht allgemein, sondern lediglich auf die Steuerzahler beschränkt. Es war auch nicht gleich. Denn die Wähler wurden nach der Höhe ihres Steueraufkommens in drei Klassen mit unterschiedlichem Stimmengewicht eingeteilt. Geheim war es auch nicht. Denn die Stimme musste öffentlich abgeben werden. Und es war nicht direkt. Denn die eigentlichen Abgeordneten wurden von Wahlmännern bestimmt. Das Dreiklassenwahlrecht genießt in der Forschung daher einen alles andere als vorteilhaften Ruf. Aber im Kontext seiner Entstehungszeit war dieser Wahlmodus in erster Linie eine tragfähige Kompromisslösung zwischen Konservativen und gemäßigten Liberalen. Mit dem Zensuswahlrecht

---

105 Wilhelm an Christian August von Augustenburg, 6. Februar 1849. Johannes Heinrich Gebauer (Hrsg.), Der „Prinz von Preußen" und der Herzog Christian August von Augustenburg. Nach den Briefen des Prinzen, in: Deutsche Rundschau 241 (1934), S. 176–181, hier: S. 178–179.
106 Wilhelm an Charlotte, 26. Februar 1849. Börner (Hrsg.), Briefe, S. 326.
107 Wilhelm an Friedrich Wilhelm IV., 24. Juni 1849. Baumgart (Hrsg.), Wilhelm I., S. 250.
108 Aufzeichnungen Augustas, 15. Januar 1849. Schuster/Bailleu (Hrsg.), Nachlaß, Bd. 2, S. 524–525.
109 Tagebuch L. v. Gerlach, 8. Mai 1849. GA, LE02752, S. II/354.
110 Friedrich Wilhelm IV. an Wilhelm, 20. April 1849. Baumgart (Hrsg.), Wilhelm I., S. 238.
111 Vgl. Huber, Verfassungsgeschichte, Bd. 3, S. 40–48; Hachtmann, Berlin 1848, S. 801–804.

sollte sowohl eine Entwicklung in Richtung Demokratie als auch eine Rückkehr zum Ständeabsolutismus verhindert werden. Deshalb kann der Wahloktroi durchaus als Symptom der Modernisierungsfähigkeit der Hohenzollernmonarchie nach 1848 betrachtet werden. Es darf nur nicht vergessen werden, dass es sich um eine *konservative* Modernisierung handelte.[112] Wie Wilhelm auf die Einführung des Dreiklassenwahlrechts reagiert haben mochte, kann nicht rekonstruiert werden. Denn in den Quellen finden sich schlichtweg keine expliziten oder impliziten Äußerungen zu den innenpolitischen Vorgängen in Berlin. Seit dem Frühjahr 1849 war er vor allem mit der Deutschen Frage beschäftigt. Und im Sommer zog er nach Süddeutschland in den Revolutionskrieg. Erst Ende des Jahres meldete er sich wieder zur Verfassungsfrage zu Wort. So betonte er im Dezember, „wir stehen heute besser wie vor einem Jahre. Aber was ist alles verloren!! [...] Warum? Weil wir seit 18 Monaten Institutionen haben, die nirgends anders genützt haben als die Nationen zu demoralisieren. [...] Doch was hilft klagen! wir sind einmal auf diesem Wege und *müssen* ihn gehn mit *Vernunft, Besonnenheit und Rechtlichkeit.*"[113] Der spätere Kaiser war zum Konstitutionalismus resigniert.

Im Herbst und Winter 1849 debattierten Landtag und Regierung die seit langem geplante Verfassungsrevision. Diese Verhandlungen stärkten vor allem die Position der Krone gegenüber dem Parlament. Sie implementierten das Monarchische Prinzip anstelle der Volkssouveränität im neugeschaffenen Konstitutionalismus. Langfristig gravierende Folgen für die weitere preußische (und deutsche) Geschichte sollte vor allem die Regelung des parlamentarischen Budgetrechts haben. Es handelte sich um eine Grundsatzdebatte zwischen den Anhängern des Monarchischen und des Parlamentarischen Prinzips. Beide Seiten hatten korrekt erkannt, dass der Landtag über den Hebel des Steuerbewilligungs- und Staatshaushaltsrechts eine der Krone gefährliche Machtposition einnehmen konnte. Schließlich setzte sich in den Verhandlungen eine auf Ernst Ludwig von Gerlach zurückgehende hochkonservative Rechtsinterpretation durch. Der Staat könne die bestehenden Steuern auch dann erheben und ausgeben, wenn eine Haushaltseinigung zwischen Regierung und Landtag nicht zustande kommen würde. Denn auch im Konfliktfall müsse die Regierung finanziell handlungsfähig bleiben. Diese sogenannte Lückentheorie sollte Wilhelms Herrschaftsjahre bis 1866 maßgeblich determinieren.[114] Allerdings gingen dem späteren Kaiser die beschlossenen Verfassungsrevisionen nicht weit genug. Anfang Januar 1850 schrieb er Vincke-Olbendorf, „jetzt will

---

112 Vgl. Grünthal, Dreiklassenwahlrecht, S. 54–56; Thomas Kühne, Dreiklassenwahlrecht und Wahlkultur in Preußen 1867–1914. Landtagswahlen zwischen korporativer Tradition und politischem Massenmarkt, Düsseldorf 1994, S. 24–26; Neugebauer, Hohenzollern, Bd. 2, S. 133–134; Hedwig Richter, Moderne Wahlen. Eine Geschichte der Demokratie in Preußen und den USA im 19. Jahrhundert, Hamburg 2017, S. 242–253.
113 Wilhelm an Berg, 8. Dezember 1849. Knesebeck (Hrsg.), Briefe, S. 305–306.
114 Vgl. Hans-Christof Kraus, Ursprung und Genese der „Lückentheorie" im preußischen Verfassungskonflikt, in: Der Staat Vol. 29, Nr. 2 (1990), S. 209–234, hier: S. 214–219; Günther Grünthal, Verfassung und Verfassungskonflikt. Die Lücke als Freiheit des Monarchen, in: ders., Verfassung und Verfassungswandel. Ausgewählte Abhandlungen, hrsg. v. Frank-Lothar Kroll, Joachim Stemmler u. Hendrik Thoß, Berlin 2003, S. 208–223, hier: S. 214–215.

man Institutionen geben, die uns in 3 Jahren dahin und weiter bringen, als 20jährige moderierte Verfassungen die süddeutschen Staaten brachten. Wenn wir daher in unserer Verfassung nicht bedeutende Modifikation eintreten lassen, so sind wir in 3 Jahren so weit, wie Frankreich nach der ersten Revolution, d. h. nach 70 Jahren kann es sich nicht erholen."[115]

Im Dezember 1849 verfasste Wilhelm zudem zwei ausführliche Promemoria über die in seinen Augen noch notwendigen Revisionen. Eine Denkschrift berührte allgemeine Verfassungsfragen. Sie basierte auf Entwürfen aus Hansemanns Feder.[116] Die andere widmete sich speziell der Stellung des Kriegsministers. Der Thronfolger argumentierte, die Verfassung „enthält immer noch so viel hauptdemokratische Bestimmungen", dass weitere zukünftige Revisionen notwendig wären. Das Vereins- und Versammlungsrecht beispielsweise müsse entschieden begrenzt werden. Sonst sei „die Auflösung des Staates in wenig Jahren unvermeidlich." Auch forderte er erneut „die Bildung einer wahrhaft konservativen ersten Kammer", die ausschließlich vom König ernannt werden sollte. Das Dreiklassenwahlrecht war ihm zudem nicht restriktiv genug. Es „muß so modifizirt werden, daß man die möglichste Wahrscheinlichkeit hat, auch bei Betheiligung der Demokratie an den Wahlen eine konservative Majorität zu erlangen." Letztendlich müsse sich das Ministerium bei den Revisionsverhandlungen stets die Frage stellen, „ob mit der Emanirung in der jetzigen Gestalt die Zukunft Preußens gesichert, möglich, oder nicht vielmehr auf immer gefährdet ist."[117] Über den Kriegsminister schrieb Wilhelm, „er hat nur die Befehle des Königs auszuführen, oder seine Vorschläge nach eingeholter Allerhöchster Genehmigung ins Leben treten zu lassen." Keinesfalls dürfe die Hohenzollernmonarchie auf militärpolitischem Gebiet dem konstitutionellen Beispiel folgen. „In Preußen ist der König der Kommandierende der Armee und ist es von Generation zu Generation, im vollen Sinne des Wortes gewesen." Die königliche Kommandogewalt werde jedoch durch die Verfassungsregelung bedroht, dass der Kriegsminister dem Landtag gegenüber verantwortlich war. Daher sei es notwendig, die Befugnisse des Kriegsministeriums auf ein Minimum zu reduzieren. Nur so könne verhindert werden, dass der Oberbefehl über die Armee den Herrscherhänden dereinst von der Volksvertretung entrissen werde.[118]

Die königliche Kommandogewalt war ein zentraler Aspekt des preußischen Konstitutionalismus. Bis 1918 sollte die Hohenzollernkrone ihre militärischen Prärogativen erfolgreich gegen jegliche parlamentarische Reformbestrebungen verteidigen. Aus dieser langfristigen Perspektive betrachtet ging das Offizierscorps siegreich aus den Revolutionsjahren hervor. Es war ihm gelungen, sich als maßgeblicher politischer Einflussfaktor zu etablieren und den Konstitutionalisierungsprozess in einem entschei-

---

115 Wilhelm an Vincke-Olbendorf, 5. Januar 1850. Schultze (Hrsg.), Briefe an Politiker, Bd. 1, S. 96–97.
116 Vgl. Bergengrün, Hansemann, S. 623–624.
117 Aufzeichnungen Wilhelms, 11. Dezember 1849. Poschinger (Hrsg.), Denkwürdigkeiten, Bd. 1, S. 428–432.
118 Aufzeichnungen Wilhelms, 11. Dezember 1849. GA, LE02765, S. 126–127.

denden Aspekt zu blockieren.[119] Doch zwischen Märzrevolution und Reichsgründung blieb das Kriegsministerium ein wunder Punkt der Militärmonarchie. Wie seine „zivilen" Kollegen war auch der Kriegsminister gegenüber dem Landtag verantwortlich, sofern Budgetfragen berührt wurden. Aufgrund der extrakonstitutionellen Kommandogewalt des Monarchen lief er jedoch jederzeit Gefahr, in einen Kompetenzkonflikt von Krone und Parlament zu geraten. Denn die Abgeordneten konnten über den Haushaltshebel potentiell versuchen, auch auf Kommandofragen Einfluss zu nehmen.[120] Diesen vermeintlichen „Verfassungsfehler" hatte Wilhelm sofort erkannt. Und nach seinem Herrschaftsantritt sollte er sich daranmachen, ihn zu beheben. Angekündigt hatte er dies bereits 1849.

Im Januar 1850 nahm die Landtagsmehrheit die revidierte Verfassung schließlich an. Nachdem auch Friedrich Wilhelm IV. sein königliches Plazet gegeben hatte, wurde sie am 2. Februar offiziell publiziert. Sie sollte bis zum November 1918 in Kraft bleiben.[121] Im historischen Vergleich kann die Genesis des preußischen Konstitutionalismus nicht als exzeptionell bezeichnet werden. Eine monarchische Oktroyierung war die Regel, nicht die Ausnahme. Die Mehrheit der europäischen Verfassungsstaaten des 19. Jahrhunderts entstanden auf diese Weise. Langfristig erwies sich die oktroyierte Konstitutionalisierung als erfolgreiche Legitimierungsstrategie. Denn sie beließ den Herrscher im Besitz seiner Souveränitätsrechte, während sie zeitgleich dessen Untertanen die Möglichkeit zur politischen Partizipation und Integration bot. So entstanden entwicklungsoffene Interaktionsbereiche und Loyalitätsverhältnisse. Zwar war der Oktroi in Preußen gegen die Nationalversammlung erfolgt – aber unter Einbeziehung des Landtags. Dem Vereinbarungsprinzip war dadurch immerhin in einem Mindestmaße Rechnung getragen worden. Aber das Monarchische Prinzip blieb Systemcharakteristikum. Dem Parlamentarismus war ein konstitutioneller Riegel vorgeschoben worden. Doch auch hier muss betont werden, dass die Hohenzollernmonarchie im europäischen Vergleich keinen Sonderweg ging.[122] In zentralen Punkten der königlichen Prärogativen schwieg sich die preußische Verfassung zum Zeitpunkt ihrer Entstehung allerdings aus. Sie postulierte die gemeinsame Zusammenarbeit von Parlament und Regierung im Gesetzgebungsprozess als Normalfall. Was im Konfliktfall geschehen sollte, war eine Frage der Rechtsinterpretation. Der preußische Konstitutionalismus

---

119 Vgl. Konrad Canis, Die politische Taktik führender preußischer Militärs 1858–1866, in: Ernst Engelberg (Hrsg.), Diplomatie und Kriegspolitik vor und nach der Reichsgründung, Berlin (Ost) 1971, S. 45–85.
120 Vgl. Huber, Verfassungsgeschichte, Bd. 3, S. 76–78; Walter, Heeresreformen, S. 225–228.
121 Vgl. Huber, Verfassungsgeschichte, Bd. 3, S. 51–52; Canis, Revolution, S. 339–344. Der publizierte Text der revidierten Verfassung findet sich in: Kotulla (Hrsg.), Verfassungswerk, S. 223–244.
122 Vgl. Kirsch, Monarch und Parlament, S. 299–373; Sellin, Gewalt und Legitimität, S. 182–191; Müller, Thronfolger, S. 36–40.

kannte jedenfalls keine Kompromissmechanismen. Hier lag ein weiterer Keim des späteren Verfassungskonflikts.[123]

Wilhelm begrüßte die revidierte Verfassung als politischen Triumph über die Revolution. So erklärte er seinem Bruder, es gäbe zwar „noch manche Punkte, die ich verändert gewünscht hätte, aber wenn sie so modificirt durchgehet, so läßt sich doch regieren".[124] *„Ehre dem König"*, jubelte er gegenüber Augusta, „der mit festem Blick und gewissenssicher das verlangte, was Noth that; *Ehre dem Ministerium* das seinem Herrn [...] fest und entschieden, sogar bis zu seinem möglichen Fall, zur Seite stand; *Ehre der Kammer,* die zum erstenmal den Beweis lieferte, daß sie in ihrer Majorität wahren Patriotismus besitzt, die, wenn es das Wohl und die höchsten Interessen des Thrones und des Landes gilt, Eigenliebe, Egoismus, Stolz, genährte Hoffnungen, – zum Opfer zu bringen weiß".[125] Hier muss eine biographische Zäsur konstatiert werden. Der Umgang des Ministeriums Brandenburg mit Nationalversammlung und Landtag schien Wilhelm davon überzeugt zu haben, dass die Monarchie auch im konstitutionellen System erfolgreich agieren könne. Denn er hatte beobachtet, dass sich ein Parlament zu einem gewissen Grad durchaus „lenken" ließ. Diese Erfahrung trug mehr dazu bei, ihn für den Verfassungsstaat zu gewinnen, als die drei Monate im Londoner Exil. Seinem Bruder gegenüber argumentierte er, der preußische Konstitutionalismus müsse den anderen Monarchien ein Vorbild sein. „Es kommt vor Allem darauf an, daß Preußen bei sich Institutionen hat, die haltbar und regierbar sind; ist das erreicht und *erkannt,* dann werden sich die Sympathien und *Nachahmer* schon finden."[126] Und Augusta erklärte er, man sei nun an einem Punkt angekommen, „wo noch eine Anknüpfung und eine Fortsetzung des *alten* Preußens unter *neuer Form* möglich ist, d. h. wo dem unhaltbaren Konstitutionalismus die Spitzen abgebrochen werden können, was ihn überhaupt regierbar und lebensfähig macht."[127] Der preußische Thronfolger identifizierte sich nicht mit dem monarchischen Konstitutionalismus. Er *arrangierte* sich lediglich.

Friedrich Wilhelm IV. fiel jedoch bereits ein strategisches Arrangement schwer. Zur Eidzeremonie am 6. Februar 1850 musste der Herrscher geradezu gedrängt werden. Denn immerhin zog er mit dem öffentlichen Verfassungseid einen symbolischen wie staatsrechtlichen Schlussstrich unter den vormärzlichen Ständeabsolutismus.[128] Auch Wilhelm hatte seinem Bruder zu dem Konstitutionsschauspiel geraten – auf explizite Bitten des Ministeriums.[129] Die Eidzeremonie betrachtete er gewissermaßen als Ende

123 Vgl. Hans Boldt, Die preußische Verfassung vom 31. Januar 1850. Probleme ihrer Interpretation, in: Geschichte und Gesellschaft. Sonderheft Vol. 6. Preußen im Rückblick (1980), S. 224–246.

124 Wilhelm an Friedrich Wilhelm IV., 13. Januar 1850. GStA PK, VI. HA, Nl. Vaupel, Nr. 59, Bl. 546.

125 Wilhelm an Augusta, 28. Januar 1850. GStA PK, BPH, Rep. 51 J, Nr. 509b, Bd. 2, Bl. 9. Siehe auch Wilhelm an Luise, 1. Februar 1850. GStA PK, BPH, Rep. 51, Nr. 853.

126 Wilhelm an Friedrich Wilhelm IV., 25./26. Januar 1850. GStA PK, VI. HA, Nl. Vaupel, Nr. 59, Bl. 559–560.

127 Wilhelm an Augusta, 26. Januar 1850. Schuster/Bailleu (Hrsg.), Nachlaß, Bd. 2, S. 404.

128 Vgl. Bußmann, Friedrich Wilhelm IV., S. 243; Barclay, Friedrich Wilhelm IV., S. 308–309.

129 Vgl. Augusta an Wilhelm, 28. Januar 1850. Schuster/Bailleu (Hrsg.), Nachlaß, Bd. 2, S. 404; L. v. Gerlach an Wilhelm, 31. Januar 1850. GA, LE02753, S. 34–35.

der Revolution „vom 18. März 48 bis 6. Februar 50", wie er Augusta schrieb. Nach der Katastrophe der Märztage habe der König „dem Volke" erst einmal „zeigen" müssen, „was es heiße, einige Monate nach der neuesten verlangten Mode regiert zu werden. Ich hielt dafür, daß es mit dem Falle des Camphausenschen Ministeriums genug sei, der König fand es noch nicht an der Zeit, einzulenken. Erst mit Auerswalds Fall fand der König, daß es nun genug der Art sei; das Pfuelsche Ministerium sollte, auch durch meine Beihilfe, den neuen Gang dem Volke kund tun. Der Himmel fand, daß es noch zu früh sei, schlug die sonst so tüchtigen Leute mit Blindheit, so daß sie schlimmer als ihre Vorgänger wurden, – und damit war das Maß voll. Dem Volke gingen die Augen auf, was es heiße, eine Katastrophe heraufbeschwören; es hatte genug von der achtmonatlichen Probe der modernen Regierung, und das Ministerium Brandenburg ward mit Vertrauen begrüßt, weil es Vernunft erwarten ließ."[130] Dieser Abriss der innerpreußischen Revolutionsgeschichte impliziert klare teleologische Linien. Solche fanden sich 1848 allerdings weder in Wilhelms Biographie noch der Friedrich Wilhelms IV. Die einzige erkennbare Konstante war ein brüderlicher Antagonismus, der Preußen bisweilen an den Rand einer Palastrevolution gebracht hatte. Und hier muss der alles andere als unerhebliche Einfluss des späteren Kaisers auf dem Weg der Hohenzollernmonarchie zum Verfassungsstaat verortet werden. Diesen Weg zu beschreiten war Wilhelm nicht leichtgefallen. Aus London war er jedenfalls nicht als konstitutioneller Musterschüler zurückgekehrt. Aber er hatte graduell erkannt, dass die Monarchie zu ihrem weiteren Überleben der öffentlichen Unterstützung bedürftig war. Der Konstitutionalismus war ihm *eine* Möglichkeit, die Krongewalt neu zu legitimieren. Eine andere Möglichkeit, Loyalitätsdruck zu erzeugen, war die Deutsche Frage.

---

130 Wilhelm an Augusta, 9. Februar 1850. Schuster/Bailleu (Hrsg.), Nachlaß, Bd. 2, S. 412–413.

„Das Nicht zu Standekommen einer deutschen Einigung ist das Ziel der Révolution." Preußen und das Paulskirchenreich

Bereits im Vormärz hatten Nationalbewegung und Nationalstaatsidee auf der politischen Handlungsebene eine alles andere als marginale Rolle gespielt. Das galt für Deutschland und Europa. Doch 1848 gewann die Deutsche Frage enorm an Dynamikpotential. Und dies sollte sich maßgeblich auf das Revolutionsgeschehen auswirken. Denn in den nationalistischen Ideenkonstrukten bündelten sich die politischen Forderungen nach Partizipation, Repräsentation und Egalität. Diese bestimmten schließlich die Debatten und Verhandlungen der ersten gesamtdeutschen Nationalversammlung in Frankfurt am Main.[1] Im Zuge der Revolutionen von 1848/49 und ihren unmittelbaren Folgen etablierte sich die nationale Frage als unverrückbarer Entscheidungsfaktor der europäischen Politikebene. Für die Monarchie bedeutete diese Entwicklung eine elementare Zäsur. Eine Politik der transnationalen monarchischen Kooperation, eine Politik der Heiligen Allianz, sollte sich im Nachmärz als unmöglich erweisen. Stattdessen konnte nach 1848 ein langfristiger Prozess der Nationalisierung von Krone und Dynastie beobachtet werden. Er veränderte den Charakter monarchischer Herrschaft irreversibel. Aber er bot den Throninhabern auch neue politische Gestaltungsräume. Wilhelm reflektierte diesen Transformationsprozess deutlicher als viele andere dynastische Eliten. Doch die Überzeugung, dass der monarchische Nationalismus zukunftsweisend sein könnte, fiel ihm 1848 nicht gerade wie Schuppen von den Augen.

Noch im Londoner Exil betrachtete der spätere Kaiser die neuaufgeworfene Deutsche Frage ambivalent bis kritisch. Die in der Frankfurter Paulskirche tagende Nationalversammlung geißelte er gegenüber Luise als revolutionäres und somit als illegitimes Gouvernement. Dort würden Abgeordnete „ohne Befugnisse, vollkommen Deutschland regieren! So etwas ist noch nicht da gewesen! Man muß sich ärgern – und schweigen!"[2] Im April wurde ihm der Entwurf eines „Reichsgrundgesetzes" zugesendet, was ihm eine erste Möglichkeit gab, das mögliche Paulskirchendeutschland zu begutachten. Verfasst worden war der Text von den prominenten Juristen Friedrich Christoph Dahlmann und Wilhelm Eduard Albrecht, die 1837 zu den Göttinger Sieben gezählt hatten. Sie forderten einen kleindeutschen Bundesstaat unter einem erblichen Hohenzollernkaisertum.[3] Seinem Bruder schrieb Wilhelm, der Verfassungsentwurf sei „besser, als ich erwartete" – und genau deshalb werde er voraussichtlich „nicht so angenommen werden. Die

---

1 Vgl. Mark Hewitson, „The Old Forms are Breaking Up, … Our New Germany is Rebuilding Itself". Constitutionalism, Nationalism and the Creation of a German Polity during the Revolutions of 1848–49, in: The English Historical Review Vol. 125, Nr. 516 (2010), S. 1173–1214.

2 Wilhelm an Luise, 30. April 1848. GStA PK, BPH, Rep. 51, Nr. 853.

3 Vgl. Canis, Revolution, S. 106–108. Der Text des sogenannten *Entwurfs des deutschen Reichsgrundgesetzes* findet sich in: Hans Fenske (Hrsg.), Vormärz und Revolution 1840–1849, Darmstadt 1976, S. 299–302.

https://doi.org/10.1515/9783111323954-017

Erblichkeit des Oberhauptes hatte ich nicht erwartet u[nd] dürfte dies ein großer Stein des Anstoßes werden! Ich hätte ein Wahl Reich sehr vorgezogen, weil dann Aussichten für Andre geblieben wären, was die Gemüther mancher Souveraine beruhigt haben würde." Den Souveränitätsrechten der einzelnen Landesfürsten – also implizit auch des Königs von Preußen – müsse höhere politische Priorität beigemessen werden. Daher fordere er ein fürstliches Vetorecht gegenüber dem Parlament. Auch das von Dahlmann und Albrecht proponierte Zweikammersystem kritisierte er scharf. Denn die gewählten Abgeordneten sollten im Parlament gemeinsam mit den Fürsten verhandeln. „Das finde ich denn doch den Souverainen zu viel zugemuthet, daß sie sich noch öffentlich sollen systematisch degradiren lassen, da sie doch schon so große Opfer bringen u[nd] eigentlich mediatisirt sind!"[4] In einem für die Publizistik verfassten Promemoria bezeichnete der Prinz den Verfassungsentwurf hingegen als „eine großartige Erscheinung unserer Zeit", und formulierte seine „Hauptbedenken" deutlich vorsichtiger.[5] Dies war ein strategischer Versuch des „Kartätschenprinzen", der Nationalversammlung Entgegenkommen zu signalisieren – und dadurch seine öffentliche Rehabilitation vorzubereiten.

Wilhelms Selbstidentifizierung, Wirklichkeitswahrnehmung und Weltbild waren und blieben borussozentrisch. Die Deutsche Frage betrachtete er mehr als Bedrohung denn als Chance der Hohenzollernmonarchie. Und dies erklärte er so auch nach seiner Rückkehr aus London. Die „Umgestaltung Deutschlands", die Friedrich Wilhelm IV. während der Märztage öffentlich gefordert hatte, dürfe lediglich „eine moralische Einheit erzeugen", hieß es in einer prinzlichen Denkschrift. „Eine Nivellierung der einzelnen Staaten, ein Aufgehen derselben in Deutschland war dort nicht verlangt. Für Preußen ist dies *Aufgehen* undenklich, und wenn Preußens Selbstständigkeit durch Kreierung eines Reichsoberhauptes und durch das Parlament zu F[rankfurt] a. M. Eintracht geschiehet, so muß Preußen aus Deutschland ausscheiden."[6] Auch Augusta beobachtete die parlamentarischen Ereignisse in Frankfurt am Main anfangs mit Sorge. Die spätere Kaiserin befürchtete eine von der Paulskirche ausgehende Wiederholung vermeintlich revolutionsinhärenter Gewaltzyklen: Anarchie, Krieg und Diktatur.[7]

In der Tat muss der Frankfurter Nationalversammlung ein hohes inneres wie äußeres Konfliktpotential attestiert werden. Die Homogenitätskomponente des Nationalismus bedrohten die Existenz dynastischer Staatskonstrukte – wie etwa der Habsburgermonarchie. Hier stimulierten die teils rivalisierenden deutschen, ungarischen, tschechischen, italienischen und polnischen Nationalitäten einen zentrifugalen Zersetzungsprozess, der letztendlich nur durch Waffengewalt unterdrückt werden konnte. Auch nach außen trat der deutsche Nationalismus zusehends aggressiv auf. Unter die egalitären Freiheiten des Nationalprinzips mischten sich verstärkt kulturchauvinistische und expansive Ansprüche gegen andere Nationalitäten. Der erste Schleswig-Hol-

---

4 Wilhelm an Friedrich Wilhelm IV., 3. Mai 1848. Baumgart (Hrsg.), Wilhelm I., S. 202–203.
5 Aufzeichnungen Wilhelms, 4. Mai 1848. Berner (Hrsg.), Briefe, Bd. 1, S. 81–83.
6 Aufzeichnungen Wilhelms, Juni 1848. Schultze (Hrsg.), Briefe an Politiker, Bd. 1, S. 65–66.
7 Vgl. Bunsen, Augusta, S. 125.

stein-Krieg war auch das Resultat dieser Großmachtambitionen. Doch weitere potentielle Nationalkriege wurden auf den Frankfurter Rednertribünen bereits vorweg-
gedacht. Das Paulskirchenparlament operierte rhetorisch teilweise am Rande eines
allgemeinen europäischen Krieges.[8] Diese neuaufgebrochenen bis losgetretenen Nationalitätenkonflikte destabilisierten die internationale Ordnung. Auch trugen sie entschieden zu einer Fragmentierung und Gegenmobilisierung der verschiedenen revolutionären und reformorientierten Bewegungen in Deutschland bei. Und sie sollten die
Position der Paulskirche gegenüber den deutschen Einzelstaaten langfristig schwächen.[9]
Ungewollt spielten die Frankfurter Abgeordneten damit den Akteuren der Reaktion in
die Hände.[10]

Von Anfang an war nicht allein das Verhältnis der traditionellen Vormärzeliten
zur Paulskirche von Spannung geprägt, sondern auch das der revolutionären Parlamente der Einzelstaaten. Sie befanden sich in einem kontinuierlichen politischen und
publizistischen Kompetenzkonflikt mit Frankfurt am Main.[11] Dieses Rivalitätsverhältnis
wurde in Berlin durch die preußische Nationalversammlung institutionalisiert.[12] Ambivalent bis ablehnend wurde dort Ende Juni 1848 auf die Konstituierung einer provisorischen gesamtdeutschen Regierung reagiert. An die nominelle Spitze dieser Reichszentralgewalt wählten die Frankfurter Abgeordneten den österreichischen Erzherzog
Johann. In der öffentlichen Wahrnehmung galt der sogenannte Reichsverweser als
Befürworter einer deutschen Einigung, als liberaler Gegner Metternichs, als Förderer
der Künste und der Wissenschaften, sowie durch eine morganatische Ehe als volksnah.
Da er andererseits aus dem Hochadel stammte, konnten auch diejenigen Abgeordneten
die Wahl begrüßen, die das Bündnis mit den monarchischen Eliten suchten. Aktiv oder
gar maßgeblich sollte Johann die Revolutionsentwicklung allerdings nie beeinflussen. In
Berlin wurde diese Wahl dennoch parteiübergreifend als Provokation betrachtet. Denn

---

8 Vgl. Klaus von See, Freiheit und Gemeinschaft. Völkisch-nationales Denken in Deutschland zwischen
Französischer Revolution und Erstem Weltkrieg, Heidelberg 2001, S. 53 – 63; Manfred Kittel, Abschied vom
Völkerfrühling? National- und außenpolitische Vorstellungen im konstitutionellen Liberalismus 1848 – 49,
in: HZ 275 (2002), S. 333 – 383; Hans Henning Hahn, Die Anfänge des völkischen Diskurses in der Paulskirche 1848, in: ders. (Hrsg.), Hundert Jahre sudetendeutsche Geschichte. Eine völkische Bewegung in drei
Staaten, Frankfurt am Main u. a. 2007, S. 39 – 59; Hans-Christian Petersen, Deutsche Antworten auf die
„slavische Frage". Das östliche Europa als kolonialer Raum in den Debatten der Frankfurter Paulskirche,
in: Michael Fahlbusch/Ingo Haar/Anja Lobenstein-Reichmann/Julien Reitzenstein (Hrsg.), Völkische
Wissenschaften: Ursprünge, Ideologien und Nachwirkungen, Berlin/Boston 2020, S. 54 – 79.
9 Vgl. Huber, Verfassungsgeschichte, Bd. 2, S. 639 – 647; Siemann, Revolution, S. 146 – 157; Lutz, Habsburg
und Preußen, S. 285 – 292; Hein, Revolution, S. 73 – 78.
10 Vgl. Bernhard Mann, Soldaten gegen Demokraten? Revolution, Gegenrevolution, Krieg 1848 – 1850, in:
Dieter Langewiesche (Hrsg.), Revolution und Krieg. Zur Dynamik historischen Wandels seit dem
18. Jahrhundert, Paderborn 1989, S. 103 – 116.
11 Vgl. Hein, Revolution, S. 53 – 54; Canis, Revolution, S. 181 – 182.
12 Vgl. Hachtmann, Berlin 1848, S. 671 – 673; Winkler, Weg nach Westen, Bd. 1, S. 112 – 122.

nicht wenige Preußen fürchteten eine vermeintlich beginnende Mediatisierung des Königreichs unter einer Habsburgerregierung.[13]

Wilhelms Reaktion auf die Reichsverweserwahl 1848 nahm in vielerlei Hinsicht bereits seine Position in der Kaiserwahl 1849 vorweg. Gegenüber Charlotte argumentierte er, „daß man gegen die geschehene Wahl protestiren müsse, weil man dem Frankfurter Parlament es *nie* zugestehen durfte, eine solche Wahl *ohne* die Fürsten vorzunehmen [...], denn das heißt nichts anders, als die République erklären, denn wenn die Répresentanten des *Volkes* sich das Recht beilegen, ein Oberhaupt zu wählen, ohne die *noch* vorhandenen Souveraine zu *fragen*, so ist das in meinen Augen, République, wenn die Souveraine *nachher* Ja dazu sagen." Doch wie er selbst betonte, barg ein solcher Protest das Risiko eines offenen Konflikts mit der Paulskirche, „d. h. daß ein Sturm gegen Preußen als Un-Deutsch, losbrechen würde. Den *müßte* und *könnte* man aber bestehen, indem wir [...] das ganze Preußische Volk *für* die Sache gehabt haben würden, denn die Nation will sich nicht durch Deutschland médiatisiren lassen." Beim König habe er mit dieser Eskalationsstrategie allerdings kein Gehör gefunden, „und so stehen wir auf dem unsicheren Boden, was aus Preußen vis à vis Deutschland werden soll."[14] Statt den Konflikt mit dem Reichsverweser zu suchen, trat Friedrich Wilhelm IV. im August öffentlich mit Johann im Rahmen des Kölner Dombaufests auf. Diese Reise war ein erster Versuch, die Popularität des Königs außerhalb Berlins und Potsdams zu sondieren.[15] Wilhelm schimpfte daraufhin seinem Bruder, er unterwerfe sich symbolisch der Reichszentralgewalt. Die Kölner Entrevue spiele allein den revolutionären „*Deutschthümler*[*n*]" in die Hände.[16] Hier traten erneut die Grenzen des Londoner Einflusses zutage. Denn Prince Albert hatte den preußischen Thronfolger erfolglos davon zu überzeugen versucht, „die Ernennung des Erzherzogs Johann rettet Deutschland vor der Republik und dem Separatismus."[17]

Einen ersten öffentlichen Höhepunkt erlebte das Spannungsverhältnis zwischen preußischer und deutscher Nationalversammlung in der Debatte um den Huldigungserlass des Reichskriegsministers Eduard von Peucker. In diesem Erlass wurden die einzelstaatlichen Armeen aufgefordert, dem Reichsverweser am 6. August öffentlich zu huldigen. Preußische Liberale wie Konservative verurteilten diesen Frankfurter Akt als Angriff auf die Souveränität und Traditionen der Militärmonarchie. Sogar das Berliner Parlament und der Königshof standen in dieser Streitfrage auf derselben Seite. Der Regierungsbeschluss, die Huldigungszeremonie im Königreich zu untersagen, fand da-

---

13 Vgl. Tobias Hirschmüller, „Freund des Volkes", „Vorkaiser", „Reichsvermoderer" – Erzherzog Johann als Reichsverweser der Provisorischen Zentralgewalt von 1848/1849, in: Jahrbuch der Hambach-Gesellschaft 20 (2013), S. 27–57.
14 Wilhelm an Charlotte, 7. Juli 1848. GStA PK, BPH, Rep. 51 J, Nr. 511a, Bd. 2, Bl. 380–381. Siehe auch Wilhelm an Auerswald, 10. Juli 1848. Schultze (Hrsg.), Sommer 1848, S. 127–128.
15 Vgl. Ursula Rathke, Die Rolle Friedrich Wilhelms IV. von Preußen bei der Vollendung des Kölner Doms (Teil II), in: Kölner Domblatt. Jahrbuch des Zentral-Dombau-Vereins 48 (1983), S. 27–68.
16 Wilhelm an Friedrich Wilhelm IV., 7. August 1848. Baumgart (Hrsg.), Wilhelm I., S. 225.
17 Albert an Wilhelm, 4. Juli 1848. Jagow (Hrsg.), Prinzgemahl, S. 187.

her nur wenig Kritik.[18] Auch Wilhelm hatte den Ministern gegenüber argumentiert, Preußen müsse endlich zeigen, „daß es sich nicht médiatisiren läßt. Wenn wir jetzt einen Finger nachgeben, so ist in 6 Wochen die ganze Hand u[nd] dann das Ganze verloren." Die staatliche Selbständigkeit der Hohenzollernmonarchie „muß erhalten, ja *erkämpft* werden, wenn es sein muß, u[nd] wir dürfen dieserhalb einen Bruch mit F[rankfurt] a. M. nicht scheuen, sondern wir müssen ihn sogar wünschen."[19] Und seiner Geliebten Fanny schrieb er über die Paulskirche, „wir müssen sehen, von der Geschichte los zu kommen".[20] Dagegen argumentierte Augusta, eine „Trennung Preußens von Deutschland" wäre „jetzt, bei der allgemeinen Verbreitung der Einheitsidee [...] wenn auch nicht unmöglich, jedenfalls höchst gefährlich".[21] Im Sommer und Herbst 1848 übte die Prinzessin zumindest in der Deutschen Frage keinen nachweisbaren Einfluss auf ihren Ehemann aus.

Die Diskrepanz von Machtanspruch und Durchsetzungsgewalt der Paulskirche hatte es Preußen und anderen deutschen Staaten im August 1848 ermöglicht, sich offen gegen die Reichszentralgewalt zu stellen, ohne politische Sanktionen fürchten zu müssen. Reichsverweser und Reichsminister mochten Erlasse veröffentlichen, Befehle erteilen, Kommissäre einsetzen und um internationalstaatliche Anerkennung kämpfen. Aber ihre Realautorität hing letztendlich von der Kompromissbereitschaft einzelstaatlicher Akteure ab.[22] An den deutschen Höfen war jegliches Entgegenkommen allein Kalkül. Das Auftreten gegenüber der Zentralgewalt war abhängig davon, ob es vorteilhaft beziehungsweise notwendig erschien.[23] Am deutlichsten zeigte sich der Papiertigercharakter der Paulskirche im Krieg gegen Dänemark. Dessen Verlauf wurde auf deutscher Seite allein von den Entscheidungen *preußischer* Militärs und *preußischer* Diplomaten bestimmt. An die Vorgaben aus Frankfurt am Main hielten sie sich nicht.[24] Doch der säbelrasselnde Papiertiger warf wiederholt die Streitfrage auf, welche deutschen wie außerdeutschen Territorien Teil des Paulskirchenreichs sein sollten. Dies

---

18 Vgl. Bußmann, Friedrich Wilhelm IV., S. 281–283; Jonathan Sperber, Festivals of National Unity in the German Revolution of 1848–1849, in: Past & Present 136 (1992), S. 114–138, hier: S. 119–123; Hachtmann, Berlin 1848, S. 673–681.

19 Wilhelm an Auerswald, 24. Juli 1848. Schultze (Hrsg.), Sommer 1848, S. 129.

20 Wilhelm an Fanny, 18. Juli 1848. GStA PK, BPH, Rep. 51 J, Nr. 842.

21 Aufzeichnungen Augustas, Oktober 1848. Schuster/Bailleu (Hrsg.), Nachlaß, Bd. 2, S. 521.

22 Vgl. Ralf Heikaus, Die ersten Monate der provisorischen Zentralgewalt für Deutschland (Juli bis Dezember 1848). Grundlagen der Entstehung – Aufbau und Politik des Reichsministeriums, Frankfurt am Main u. a. 1997; Thomas Stockinger, Ministerien aus dem Nichts. Die Einrichtung der Provisorischen Zentralgewalt 1848, in: Jahrbuch der Hambach-Gesellschaft 20 (2013), S. 59–84.

23 Vgl. Sabine Thielitz, Adel in der Zeit des politischen Umbruchs. Gottlieb von Thon-Dittmer und Otto von Bray-Steinburg im bayerischen „Märzministerium" von 1848, in: Markus Raasch (Hrsg.), Adeligkeit, Katholizismus, Mythos. Neue Perspektiven auf die Adelsgeschichte der Moderne, München 2014, S. 171–207.

24 Vgl. Nipperdey, Bürgerwelt, S. 614–615; Angelow, Sicherheitspolitik, S. 143–144; Martin Rackwitz, Dahlmanns größte Herausforderungen: Die Schleswig-Holstein-Frage und die Verfassungsfrage in der Deutschen Nationalversammlung 1848/49 im Spiegel der politischen Karikatur, in: Utz Schliesky/Wilhelm Knelangen (Hrsg.), Friedrich Christoph Dahlmann, Husum 2012, S. 71–100; Canis, Revolution, S. 145–146.

tangierte die Sicherheitsinteressen der Pentarchie – und zwei dieser Großmächte, Österreich und Preußen, sogar existentiell. Eine Machtverschiebung in Richtung des kontinentalen Zentrums musste sich zudem negativ auf die Positionen Frankreichs sowie der Flügelmächte Großbritannien und Russland auswirken. Ein deutscher Nationalstaat hätte 1848/49 zwar nicht zwangsläufig *gegen* Europa geschaffen werden müssen – aber mindestens *ohne* Europa.[25]

Vor allem der Petersburger Hof war bereit, eine nationalrevolutionäre Revision der Bundesordnung unter allen Umständen zu verhindern. Denn die Paulskirchenziele bedrohten sowohl die russische Hegemonialposition in Ostmitteleuropa als auch die zarische Autokratie. Seit Ausbruch der Märzrevolution verfolgte Nikolaus I. eine Politik, die seinem Ruf als „Gendarm Europas" durchaus gerecht wurde. Innerhalb der Romanowmonarchie verschärfte die Autokratie ihre Repressivpolitik gegen reelle wie imaginierte Gegner. Nach außen suchte der Zar seinen traditionellen Einfluss auf die Höfe in Wien und Berlin geltend zu machen – etwa indem die Zarin ihren Bruder Wilhelm zur Palastrevolution aufrief.[26] Dem russischen Herrscherpaar war bereits die Konstitutionalisierung der Hohenzollernmonarchie ein Dorn im Auge. Aber mit der Märzerklärung, Preußen solle in Deutschland aufgehen, hatte Friedrich Wilhelm IV. für sie die rote Linie endgültig überschritten. „Preußen, mein liebes altes Preußen kann doch nicht in Deutschland gänzlich aufgehen", so Charlotte. „Diese Chimäre von Fritz ist sündlich".[27] Sie forderte von Wilhelm, „Preußen sollte en Masse" aus Deutschland „austreten [...]. Aber Fritz mit seinem Schreien zu Deutscher Einigkeit, wäre ein Widerspruch mit sich selbst. *Dir allein* stünde es zu, aber wie ist es möglich, wenn Fritz nicht abdankt. Du hast nicht gesagt und unterschrieben ‚Preußen soll von nun an in Deutschland aufgehen'. Du bist also nicht gebunden."[28] Wie bereits dargestellt leistete Wilhelm diesen Petersburger Rufen nicht Folge. Doch mussten sowohl der spätere Kaiser als auch die deutsche Nationalbewegung seit der Märzrevolution Wege finden, sich von dem Alpdruck einer russischen Intervention zu befreien.

Im Sommer und Herbst 1848 spielte die Frankfurter Politik für Wilhelm noch eine lediglich nachgeordnete Rolle. Wie die Mehrheit der politischen Akteure in Berlin – egal ob im Lager der Revolution oder der Gegenrevolution – betrachtete er die preußische Verfassungsfrage als dringlicheres Problem. Doch gab es bereits konservative Stimmen, die der Deutschen Frage eine ebenso wichtige Bedeutung für die Zukunft des Königreichs beimaßen. Eine dieser Stimmen war der Diplomat Joseph Maria von Radowitz. Anders als etwa die Gerlach-Brüder lehnte er die nationale Frage nicht pauschal als

---

25 Vgl. Wolf D. Gruner, Die europäischen Mächte und die deutsche Frage 1848–1850, in: Gunther Mai (Hrsg.), Die Erfurter Union und das Erfurter Unionsparlament, Köln u.a. 2000, S. 271–305; Heinrich August Winkler, Die Deutschen und die Revolution. Eine Geschichte von 1848 bis 1989, München 2023, S. 27–31.

26 Vgl. Christian Friese, Rußland und Preußen vom Krimkrieg bis zum Polnischen Aufstand, Berlin 1931, S. 38–39; Kroll, Staatsräson, S. 24–25; Clark, Frühling, S. 904–916.

27 Charlotte an Wilhelm, 12. Juli 1848. GStA PK, BPH, Rep. 51 J, Nr. 511a, Bd. 2, Bl. 387.

28 Charlotte an Wilhelm, 31. Juli 1848. Ebd., Bl. 387–388.

inhärent revolutionär ab. Stattdessen hatte Radowitz bereits vor 1847 den König von der Notwendigkeit einer preußischen Deutschlandpolitik zu überzeugen versucht. Die Verknüpfung nationaler und dynastischer Interessen sollte der Krone ein neues revolutionsprophylaktisches Instrument bieten. Diese Position vertrat er 1848 auch in Frankfurt am Main, wo er als Abgeordneter für einen kleindeutschen Nationalstaat unter preußischer Führung warb. Radowitz war Repräsentant eines modernen, flexiblen Konservatismus, der sich von dem Dogmatismus der Restaurationsära zu lösen begann. Auch Bismarck sollte diesen konservativen Pragmatismus für sich entdecken – allerdings erst zu einer Zeit, als 1848/49 bereits der Vergangenheit angehörte. Anders als dem späteren Kanzler war Radowitz auf deutschlandpolitischem Terrain kein Erfolg vergönnt. Doch ohne den Diplomaten wäre die nationale Frage nach den Märztagen wohl kaum zu einem zentralen Movens der Hohenzollernpolitik geworden.[29]

Was Radowitz ebenfalls von Bismarck unterschied, war der königliche Souverän, unter dem beide Männer eine Lösung der Deutschen Frage in Angriff nahmen. Denn auch im Schatten der Paulskirche gab es am Berliner Hof keinen größeren Gegner einer kleindeutschen Politik als Friedrich Wilhelm IV. selbst. Er könne „Gott zum Zeugen anrufen", so der Herrscher Anfang Mai 1848, dass er eine deutsche Kaiserkrone „nicht will und zwar aus dem einfachen Grunde, weil Österreich aus Teutschland dann scheidet, wir über 1/3 *Teutschlands* und obendrein die ganze Macht Östreichs für Teutschlands Ansehen und Vertheydigungs-Kraft verlieren."[30] Und gegenüber Radowitz erklärte er im Juni, Preußen könne in einem geeinten Großdeutschland lediglich „erbl[icher] *Erzfeldherr* des Reichs" sein. Dieses (letztlich undefinierte) Amt erhalte das Königreich „aus des Kaysers Hand", nachdem es einen „Eide der Lehnstreue" geleistet habe.[31] Ein kleindeutscher Nationalstaat war mit diesem König nicht zu gründen. Noch im Revolutionssommer klagte Radowitz seiner Schwiegermutter, seine ganze Politik „scheitert, wie ich mit dem tiefsten Schmerze sagen muß, an der persönlichen Stellung des Königs zu Deutschland."[32] Und 1880 soll Bismarck seinem Arzt Eduard Cohen über die Reichsgründung bemerkt haben, „mit Friedrich Wilhelm IV. hätte er das nie durchgesetzt."[33]

Doch weshalb war Wilhelm bereit, eine Politik mitzutragen, die mit allen Hohenzollerntraditionen brach? Wie fand der spätere Kaiser 1848/49 zu „Deutschland"? Zwei

---

29 Zu Joseph Maria von Radowitz siehe Paul Hassel, Joseph Maria v. Radowitz. 1797–1848, Berlin 1905; Friedrich Meinecke, Radowitz und die deutsche Revolution. Zugleich Schlußband des Werkes Joseph Maria von Radowitz von Dr. Paul Hassel, Berlin 1913; Konrad Canis, Joseph Maria von Radowitz. Konterrevolution und preußische Unionspolitik, in: Helmut Bleiber/Walter Schmidt/Rolf Weber (Hrsg.), Männer der Revolution von 1848, Bd. 2, Berlin (Ost) 1987, S. 449–486; David E. Barclay, Ein deutscher „Tory democrat"? Joseph Maria von Radowitz (1797–1853), in: Hans-Christof Kraus (Hrsg.), Konservative Politiker in Deutschland. Eine Auswahl biographischer Porträts aus zwei Jahrhunderten, Berlin 1995, S. 37–67.
30 Friedrich Wilhelm IV. an Stolberg-Wernigerode, 3. Mai 1848. Stolberg-Wernigerode, Ratgeber, S. 117.
31 Friedrich Wilhelm IV. an Radowitz, 13. Juni 1848. Walter Möring (Hrsg.), Joseph Maria von Radowitz. Nachgelassene Briefe und Aufzeichnungen zur Geschichte der Jahre 1848–1853, Stuttgart 1922, S. 54.
32 Radowitz an L. K. v. Voß, 17. August 1848. Ebd., S. 62.
33 Aufzeichnungen Cohens, 5. Dezember 1880. GW, Bd. 8, S. 389.

zeitgleiche Entwicklungen schienen im Spätherbst und Winter des Revolutionsjahres maßgeblich bestimmend gewesen zu sein: der Beginn der preußischen Reaktion und die sich abzeichnende Trennung Österreichs von der Frankfurter Nationalversammlung. Mitte Oktober klagte Wilhelm gegenüber Charlotte, die „Schwäche und Nachgiebigkeit" des Ministeriums Pfuel treibe „auch die patriotischten Preußen" in die Arme der Paulskirche. Die Deutsche Frage „gewinnt Raum in *allen* Klassen!" Dadurch habe die Frankfurter Nationalversammlung eine „moralische Macht" gewonnen. Diese müsse „geschickt genutzt werden [...], um Vorteil daraus zu ziehen, zur Herstellung der Gesetzlichkeit bei uns!"[34] Ende November erklärte er, da „durch Pfuels unerhörte Fehler die Augen Preußens sogar nach Frankfurt a/M gewendet worden sind", könne sich auch das Ministerium Brandenburg kein „schroffes Auftreten" gegen die Paulskirche leisten. Andernfalls drohe ein „Umschlag in der *guten* Gesinnung [...], die jetzt sich anfängt für unser Gouvernement sich wieder zu regen, seitdem es Energie zeigt."[35] Und ebenfalls Ende November schrieb Augusta an Innenminister Otto von Manteuffel, die preußische Krone befände sich „in der Lage, sich der deutschen Central Gewalt nicht unterordnen zu wollen, aber doch ihrer moralischen Unterstützung zu bedürfen." Dieses Räsonnement sei von ihrem Ehemann „*geprüft* und *gebilligt*" worden.[36]

In Frankfurt am Main beschloss das Parlament am 27. Oktober mehrheitlich die Aufnahme der deutschsprachigen (und tschechischsprachigen) Provinzen Österreichs in den zu gründenden Nationalstaat. Dieses Großdeutschland hätte allein auf den territorialen Trümmern der geteilten Habsburgermonarchie errichtet werden können. Doch mit der beginnenden österreichischen Reaktion gewann auch die neue Wiener Regierung unter Ministerpräsident Felix zu Schwarzenberg Bewegungsfreiheit. Metternichs Nachfolger wollte sowohl auf den konstitutionellen als auch nationalen Konfliktfeldern einen Sieg über die Revolution erringen. Zurückführen in die vormärzliche Stagnation wollte er die Habsburgermonarchie allerdings nicht.[37] Am 27. November erteilte Schwarzenberg den Frankfurter Plänen eine offizielle Absage. Stattdessen forderte er die Aufnahme aller Länder der Habsburgermonarchie in das Paulskirchenreich – Großösterreich statt Großdeutschland. Ein Vielvölkerreich von 70 Millionen Einwohnern wäre jedoch die Antithese eines Nationalstaats gewesen. Und es hätte nichts weniger als den völligen Kollaps des europäischen Mächteequilibriums bedeutet. Schwarzenbergs imperiale Idee scheiterte daher sowohl am Veto der Pentarchie als auch an der deutschen Nationalbewegung. Die Mehrheit der Frankfurter Abgeordneten sollte sich schließlich im Winter 1848/49 notgedrungen für ein Kleindeutschland ohne Österreich entscheiden. In dieser Situation befand sich Preußen in einer Position der Stärke.

---

34 Wilhelm an Charlotte, 16. Oktober 1848. GStA PK, BPH, Rep. 51 J, Nr. 511a, Bd. 2, Bl. 399–400.
35 Wilhelm an Charlotte, 25./29. November 1848. GStA PK, BPH, Rep. 51 J, Nr. 511a, Bd. 2, Bl. 414.
36 Augusta an Manteuffel, 24. November 1848. Poschinger (Hrsg.), Denkwürdigkeiten, Bd. 1, S. 40–41.
37 Vgl. Gunther Hildebrandt, Felix Fürst zu Schwarzenberg (1800–1852). Ein weitsichtiger Vertreter des konservativen Lagers in Österreich, in: Helmut Bleiber/Walter Schmidt/Susanne Schötz (Hrsg.), Akteure eines Umbruchs. Männer und Frauen der Revolution von 1848/49, Berlin 2003, S. 741–786.

Denn die Mittel- und Kleinstaaten hatten der norddeutschen Großmacht schlichtweg nichts entgegenzusetzen.[38]

Sollte es stimmen, „daß Östreich officiell sich von Deutschland lossagt", jubelte Wilhelm Ende November, „so ist Preußens Spiel gewonnen, weil wir mit aller Freundlichkeit, aber aller Würde und Bestimmtheit, als einzige Großmacht *Europas* die zu Deutschland nun nur noch gehört, auftreten."[39] Diese kleindeutsche Perspektive machte einen neuen Konflikt mit dem habsburgerloyalen König geradezu unvermeidbar. Der 9. November 1848 war nicht nur der Tag, an dem Ministerpräsident Brandenburg die Berliner Nationalversammlung schloss. An jenem Datum wollen die Gerlach-Brüder auch Zeugen eines Streitgesprächs zwischen Wilhelm und Friedrich Wilhelm IV. gewesen sein, das „hart an das Komische streifte[,] in wie fern der König, die Kaiser Krone annehmen solle oder nicht" so Leopold von Gerlach. „Der Prinz behauptete, daß wenn der König sie Oesterreich überließe, so würde Preußen mediatisirt, der König sagte das Gegentheil [...] – u[nd] schloß damit hier käme es ganz auf persönliche Ueberzeugungen an?!"[40] Und etwa zwei Wochen später notierte der General, der Thronfolger würde zu „Kaiserkronengelüsten neigen, wahrscheinlich aus Alt-Preuß[ischer] Ländersucht."[41] Es war wohl der *machtpolitische* Aspekt der Deutschen Frage, der den späteren Kaiser im November 1848 erstmals nationalpolitische Aspirationen formulieren ließ. Wilhelm wurde von der Aussicht auf einen äußeren Machtgewinn der Hohenzollernmonarchie motiviert. Mindestens aber wollte er eine österreichische Deutschlandpolitik verhindern. Für König und Kamarilla blieb hingegen das mittelalterliche Reich der alleinige Bezugspunkt jeder preußischen Deutschlandpolitik.[42]

Dies führte zu der paradoxen Situation, dass sich Wilhelm in der Deutschen Frage scheinbar in Richtung Revolutionsseite bewegte. Zumindest fand er dort schnell potentielle Bündnispartner. Denn Ende November reiste Heinrich von Gagern nach Berlin, der Präsident der Frankfurter Nationalversammlung. In der preußischen Hauptstadt wollte er sondieren, ob der König bereit wäre, eine deutsche Kaiserkrone anzunehmen.[43] Der hessische Liberale zählte zu den prominentesten Vertretern der kleindeutschen Paulskirchenfraktionen. Und Gagern gehörte zu denjenigen Parlamentariern, die einen Bruch mit den monarchischen Eliten unter allen Umständen zu vermeiden suchten.[44] Doch mit Friedrich Wilhelm IV. war ein Kompromiss von Volkssou-

---

38 Vgl. Huber, Verfassungsgeschichte, Bd. 2, S. 796–807; Siemann, Revolution, S. 193–195; Lutz, Habsburg und Preußen, S. 300–304; Manfred Botzenhart, Die Habsburger Monarchie und der deutsche Nationalstaat 1848/49. Eine multinationale Herrschaftsordnung unter dem Druck der Völker, in: Patrick Bahners/Gerd Roellecke (Hrsg.), 1848 – Die Erfahrung der Freiheit, Heidelberg 1998, S. 107–118; Mommsen, 1848, S. 272–277.
39 Wilhelm an Charlotte, 25./29. November 1848. GStA PK, BPH, Rep. 51 J, Nr. 511a, Bd. 2, Bl. 414–415.
40 Tagebuch L. v. Gerlach, 10. November 1848. GA, LE02752, S. II/190–191.
41 Tagebuch L. v. Gerlach, 26. November 1848. Ebd., S. II/222.
42 Vgl. Schoeps, Preußen, S. 44–46; Barclay, Friedrich Wilhelm IV., S. 278–280.
43 Vgl. Canis, Revolution, S. 198–199.
44 Zu Heinrich von Gagern siehe Gunther Hildebrandt, Heinrich von Gagern. Führer der Liberalen im Frankfurter Parlament, in: Helmut Bleiber/Walter Schmidt/Rolf Weber (Hrsg.), Männer der Revolution

veränität und Fürstengewalt nicht zu machen – und erst recht nicht ein Deutschland ohne Österreich. Wie Leopold von Gerlach dokumentierte, habe der König Gagern zwar eine Audienz gewährt. Aber dabei habe er unmissverständlich erklärt, „der vom Aufruhr durchlockerte Boden Deutschlands sei nicht dazu geeignet einen Kaiserthron darauf zu bauen." Und „keinenfalls würde er die Krone von dem Volke sondern nur von den Fürsten annehmen."[45] In drastischeren Worten schimpfte der Herrscher etwa zwei Wochen später gegenüber Bunsen, die Frankfurter Kaiserkrone sei mit dem „Ludergeruch der Revolution von 1848, der albernsten, dümmsten, schlechtesten –; wenn auch, Gottlob, nicht bösesten dieses Jahrhunderts" behaftet. „Einen solchen imaginären Reif, aus Dreck und Letten gebacken", werde „ein legitimer König von Gottes Gnaden" nie annehmen können. „Soll die tausendjährige Krone deutscher Nation, die 42 Jahr geruht hat, wieder einmal vergeben werden, *so bin ich es und meines Gleichen, die sie vergeben werden.* Und wehe dem, der sich anmaßt, was ihm nicht zukommt!"[46] Friedrich Wilhelm IV. mochte zwar nicht der einzige Faktor gewesen sein, an dem das Paulskirchenreich im April 1849 zerbrechen sollte. Aber ein Kleindeutschland *ohne* oder gar *gegen* den König von Preußen war ein illusionäres Wolkenschloss. Das Scheitern der Frankfurter Kaiserpläne war ein Scheitern mit Ansage.

Doch weshalb verließ Gagern Berlin im Glauben, ein Hohenzollernkaisertum sei nach wie vor eine realistische Option? Wer gab der Paulskirche die falsche Hoffnung, ihr Agoniemoratorium um weitere vier Monate zu verlängern? Wilhelm. Oder zumindest muss konstatiert werden, dass er während Gagerns Zeit in Berlin versuchte, auch eine Rolle in der deutschen Politik zu spielen. Denn wie der Prinz seiner Schwester schrieb, habe er mit dem Parlamentspräsidenten am 27. November „lange Unterredungen" geführt. Das unverhohlene Nein seines Bruders gegenüber den Frankfurter Kaiserplänen könne neue Gefahren heraufbeschwören. Denn es sei „leicht möglich, daß dieser Endschluß des Königs eine Crisis in der ganzen Deutschthümelei erzeugen kann, und daß, wenn Gagerns gewiß persönlich laidirte Eitelkeit mit ihm durchgehet, für Preußen er nur sehr nachtheilig wirken kann." Deshalb habe Wilhelm argumentiert, „daß ich es für unmöglich hielte, daß bei der Beschaffung der Central Gewalt die vorhandenen Souveraine ignorirt werden sollten, da die doch das erste Recht hätten, *sich* ein Oberhaupt zu bestellen, und dies nicht von ihren Unterthanen empfangen könnten. Eingeräumt habe ich vollkommen dabei, daß da Einmal das Deutsche Parlament sich eine moralische Macht in Deutschland erworben habe, ihm auch bei der Bestimmung über das Oberhaupt eine Meinung über das Oberhaupt eingeräumt werden müsse; aber als alleiniger Verschenker der Kaiser Krone könne man das Parlament doch nicht anerkennen." Die Deutsche Frage sei nur durch einen Kompromiss von Fürsten und Nationalversammlung zu lösen, „ein trotziges Festhalten auf der einen oder der anderen Seite könne natürlich nicht zum Ziele führen. – In wie weit dies Raisonnement auf Gagern

---

von 1848, Bd. 2, Berlin (Ost) 1987, S. 357–390; Frank Möller, Heinrich von Gagern. Eine Biographie, Habilitationsschrift, Frankfurt am Main 2003 [unveröffentlicht].

45 Tagebuch L. v. Gerlach, 26. November 1848. GA, LE02752, S. II/222.

46 Friedrich Wilhelm IV. an Bunsen, 13. Dezember 1848. Ranke (Hrsg.), Briefwechsel, S. 233–234.

Einfluß üben wird, weiß ich nicht; er *schien* demselben sich anzuschließen."[47] Auch seinem Schwager erklärte Wilhelm, „daß Preußen den großen Moment keineswegs übersiehet, der es an die Spitze Deutschlands stellen kann; es kommt also nur darauf an, daß durch diplomatische Wege [...] die Souvräne Deutschlands über die Frage: *ob* sie Preußen zum Oberhaupt wählen wollen, – sondiert werden, um dann über den Modus dieser Wahl einig zu werden." Sei dieser Kompromiss erst gefunden, „beschließt die Paulskirche, daß *ein* Oberhaupt sein möge, und die *Souvräne* Deutschlands tragen dem Könige von Preußen diese Stelle erblich an, so wird dieser sich nicht sträuben, sie anzunehmen."[48]

Was der spätere Kaiser im November 1848 vorschlug, war eine Reichsgründung von oben *und* unten. Die „moralische" Autorität der Frankfurter Nationalversammlung sollte Preußen den Weg ebnen, das revolutionäre Deutschland monarchisch zu bändigen – und zu erobern. Das Paulskirchenparlament fungierte auf nationaler Ebene als institutionalisierter Kristallisationspunkt der öffentlichen Meinung. Gegen die Öffentlichkeit sah Wilhelm keine Möglichkeit, die Deutsche Frage im preußischen Sinne zu lösen. Den Mittel- und Kleinstaaten räumte er zwar ein offizielles Mitspracherecht ein. Aber ohne das österreichische Gegengewicht konnten die Fürsten das alternativlose Hohenzollernkaisertum bestenfalls akklamieren. Diese Fürstenbundfiktion sollte nach 1866 Realität werden. Im Revolutionswinter 1848/49 beging Wilhelm allerdings denselben Fehler wie Gagern: Beide Männer schienen zu glauben, dass Friedrich Wilhelm IV. eine quantité négligeable sei. Doch der habsburgerloyale König ließ sich weder von Parlamenten noch von seinem jüngeren Bruder in eine kleindeutsche Richtung lenken.

Die Deutsche Frage trieb nicht nur einen neuen Keil zwischen König und Thronfolger. Sie begann Wilhelm auch von jener hochkonservativen Hofgesellschaft zu entfremden, deren reaktionärer Hoffnungsträger er lange Zeit gewesen war. Schnell kursierten Gerüchte, er und Augusta hätten Gagern das preußische Ministerpräsidium in Aussicht gestellt, um über einen Regierungswechsel Berlin in die Paulskirche zu führen. Unausgesprochen stand der Vorwurf im Raum, der Prinz stünde unter dem liberalen Einfluss seiner Ehefrau.[49] Augusta sei „über die deutsche Sache ganz verdreht", schimpfte etwa die Königin.[50] Gegen diese Anschuldigungen versuchte sich die Prinzessin zu verteidigen. Als Frau stünde sie der Politik „zu fern [...] um eine andere als blos individuelle Meinung aussprechen zu können", argumentierte sie pflichtschuldig gegenüber ihrer Schwägerin Charlotte. „Dass aus dem Chaos der Trieb nach Einigung unter den Deutschen und der höhere Einfluss Preußens auf die deutschen Verhältnisse geläutert hervorgehen möge, ist mein Wunsch; dass aber noch manche Stürme bevor-

---

47 Wilhelm an Charlotte, 25./29. November 1848. GStA PK, BPH, Rep. 51 J, Nr. 511a, Bd. 2, Bl. 415–416
48 Wilhelm an Carl Alexander, 28. November 1848. Schultze (Hrsg.), Weimarer Briefe, Bd. 1, S. 189–190.
49 Vgl. Tagebuch E. L. v. Gerlach, 8. Dezember 1848. Diwald (Hrsg.), Nachlaß, Bd. 1, S. 145–146. Siehe auch L. v. Gerlachs Tagebucheinträge vom 28. November 1848 und vom 16. Januar 1949, in: GA, LE02752, S. II/225–226, S. II/264.
50 Elisabeth an Alexandrine, 22. März 1849. Wiese/Jandausch (Hrsg.), Briefwechsel, Bd. 1, S. 459.

stehen, verhehle ich mir nicht, und somit mache ich mir keine Illusionen."[51] Dieses Eheklima mochte Wilhelm bestärkt haben, seinen Blick nach Frankfurt am Main zu richten. Eine andere Frage ist es dagegen, ob die spätere Kaiserin ihrem Ehemann den Weg nach „Deutschland" gezeigt haben mochte. Zumindest finden sich in den Quellen keinerlei Hinweise, dass Augusta im Revolutionswinter einen maßgeblichen Agendaeinfluss ausübte.

Für Wilhelm waren es Entwicklungen fernab der Berliner Palastmauern, die der Deutschen Frage eine vermeintlich neue Dynamik verliehen. Am 2. Dezember 1848 dankte Kaiser Ferdinand zugunsten seines achtzehnjährigen Neffen Franz Joseph ab. Ministerpräsident Schwarzenberg muss als einer der zentralen Akteure des österreichischen Thronwechsels betrachtet werden. Die Person des entscheidungsschwachen Epileptikers Ferdinand stand einem reaktionären Neuanfang ebenso im Weg wie dessen öffentliche Figur. Denn der Kaiser hatte seinen Untertanen in den Märztagen ebenfalls ein Verfassungsversprechen gegeben. Um dieses Versprechen als hinfällig betrachten zu können, benötigte der Ministerpräsident einen neuen Herrscher. Der symbolische Schaden, den das Monarchische Prinzip durch den erzwungenen Kaisersturz davontragen konnte, war ein Preis, den sowohl Schwarzenberg als auch Franz Joseph bereit waren zu zahlen.[52] Wilhelm hingegen soll hinter dem Thronwechsel „eine Oester[reichische] Absicht auf die Kaiserkrone" vermutet haben, notierte Leopold von Gerlach. Berlin habe sich eventuell gar die Aktionsinitiative in der Deutschen Frage „entgehen lassen", so der offene Vorwurf des Prinzen.[53] Dem neuen Habsburgermonarchen war Wilhelm erstmals bei Manövern im Herbst 1846 begegnet. Er hatte den damals sechzehnjährigen Franz Joseph als eine „déliciose Erscheinung" beschrieben, „ernst, élégant, dreist u[nd] rasch zu Pferd, wirklich zum Entzücken."[54] Nach 1848 sollte er den etwa dreiunddreißig Jahre jüngeren Kaiser hingegen als seinen Hauptrivalen um die Vorherrschaft in Deutschland betrachten.[55]

---

51 Augusta an Charlotte, 24. Januar 1849. GStA PK, BPH, Rep. 51 J, Nr. 511a, Bd. 2, Bl. 430 – 431.

52 Vgl. Helmut Rumpler, „Dass neu und kräftig möge Österreichs Ruhm erstehen!" Der Thronwechsel vom 2. Dezember 1848 und die Wende zur Reaktion, in: Ernst Bruckmüller/Wolfgang Häusler (Hrsg.), 1848. Revolution in Österreich, Wien 1999, S. 139 – 154; Marion Koschier, „Aus solchen Wirren den lösenden Gang zu finden". Herrschaftskonsolidierung in der Habsburgermonarchie zwischen äußerer Bedrohung und innerer Reform (1848 – 1860), in: Frank-Lothar Kroll/Dieter J. Weiß (Hrsg.), Inszenierung oder Legitimation?/Monarchy and the Art of Representation. Die Monarchie in Europa im 19. und 20. Jahrhundert. Ein deutsch-englischer Vergleich, Berlin 2015, S. 95 – 108.

53 Tagebuch L. v. Gerlach, 5. Dezember 1848. GA, LE02752, S. II/234.

54 Wilhelm an Friedrich Wilhelm IV., 28./30. September 1846. GStA PK, VI. HA, Nl. Vaupel, Nr. 58, Bl. 556.

55 Zu Franz Joseph siehe Egon Caesar Conti Corti, Mensch und Herrscher. Wege und Schicksale Kaiser Franz Josephs I. zwischen Thronbesteigung und Berliner Kongreß, Graz u. a. 1952; Jean Paul Bled, Franz Joseph. „Der letzte Monarch der alten Schule", Wien u. a. 1988; Harm-Hinrich Brandt, Franz Joseph I. von Österreich (1848 – 1916), in: Anton Schindling/Walter Ziegler (Hrsg.), Die Kaiser der Neuzeit 1519 – 1918. Heiliges Römisches Reich, Österreich, Deutschland, München 1990, S. 341 – 381; Michaela Vocelka/Karl Vocelka, Franz Joseph I. Kaiser von Österreich und König von Ungarn 1830 – 1916, München 2015.

Bereits in den unmittelbaren Tagen und Wochen nach dem Wiener Thronwechsel drängte Wilhelm darauf, eine Entscheidung in der Deutschen Frage zu suchen. Preußen dürfe nicht länger reagieren, „man muß schleunigst in mündliche Unterhandlungen und Verabredungen mit den *Königen* Deutschlands treten", argumentierte er gegenüber Monarch und Ministerium. „*Eile* ist nötig; das Zuspät! tritt sonst unfehlbar ein."[56] „Die deutsche Frage wird immer ernster für Preußen", schrieb er seiner Schwester am 20. Januar 1849. Allerdings sei die Regierung in Berlin „unendschloßen was zu thun ist."[57] Und wie Gerlach am 15. Januar nach einer Unterredung mit Wilhelm notiert hatte, verfolge dieser offen die „Idee der Preuß[ischen] Hegemonie mit einer Eleminirung Oestreichs."[58] Friedrich Wilhelm IV. schenkte den Forderungen seines jüngeren Bruders jedoch kein Gehör. Stattdessen erging er sich weiterhin in lethargischen Loyalitätsbekundungen gegenüber der Habsburgermonarchie. Anders Ministerpräsident Brandenburg, der wie Wilhelm die neuaufgeworfene Deutsche Frage als potentielle Autoritätsressource betrachtete. Am 23. Januar ergriff er daher die Initiative, und ließ eine Zirkulardepesche an die deutschen Staaten senden. In dieser erklärte sich die Hohenzollernmonarchie bereit, in Deutschland einen „engeren" Bundesstaat zu organisieren. Österreich könne sich diesem Kleindeutschland später auf diplomatischer Ebene in einem „weiteren" Staatenbund anschließen. Dieses Konzept ging auf Gagern zurück. Er und Brandenburg hofften, durch die großdeutsche Kompromissformel sowohl Friedrich Wilhelm IV. als auch den Wiener Hof gewinnen zu können.[59] Schwarzenberg versuchte 1849 ebenfalls, einen offenen preußisch-österreichischen Konflikt zu vermeiden. Wie die meisten konservativen Politiker in Deutschland fürchtete er, dass ein Großmächtekrieg letztendlich der Revolution zum Sieg verhelfen würde. Aber er war nicht bereit, eine nationalstaatliche Neuordnung Deutschlands unter preußischer Führung zu erlauben. Jede Konzession an das Nationalitätenprinzip drohte das imperiale Fundament des Habsburgerreiches nur noch weiter zu erodieren. Die Rückkehr zur föderativen Bundesordnung war Schwarzenbergs Ziel – bestenfalls in großösterreichischer, mindestens aber in großdeutscher Form. In diesem restaurierten Bund sollte Preußen wieder den Juniorpartner der Wiener Regierung spielen. Dann könnten beide Großmächte die Revolution effektiv bekämpfen, wie sie es bereits vor 1848 gemeinsam getan hatten.[60]

Wilhelm war Anfang 1849 ebenfalls darum bemüht, einen Großmächtekrieg zu verhindern. Denn ein solcher würde über kurz oder lang auch die übrigen Signatur-

---

56 Wilhelm an Friedrich Wilhelm IV., 13. Dezember 1848. Haenchen (Hrsg.), Revolutionsbriefe, S. 263.
57 Wilhelm an Charlotte, 20. Januar 1849. GStA PK, BPH, Rep. 51 J, Nr. 511a, Bd. 2, Bl. 430.
58 Tagebuch L. v. Gerlach, 15. Januar 1849. GA, LE02752, S. II/263.
59 Vgl. David E. Barclay, Preußen und die Unionspolitik 1849/50, in: Gunther Mai (Hrsg.), Die Erfurter Union und das Erfurter Unionsparlament, Köln u. a. 2000, S. 53–80, hier: S. 60–61; Canis, Revolution, S. 222–236. Der Text der preußischen Zirkularnote findet sich in: Huber (Hrsg.), Dokumente, Bd. 1, S. 363–366.
60 Vgl. Manfred Luchterhandt, Österreich-Ungarn und die preußische Unionspolitik 1848–1851, in: Gunther Mai (Hrsg.), Die Erfurter Union und das Erfurter Unionsparlament, Köln u. a. 2000, S. 81–110.

mächte von 1815 involvieren. „Somit wäre also ein europäischer Krieg da und Preußen der Kriegsschauplatz."[61] Mit der Formel vom engeren und weiteren Bund sei es hoffentlich gelungen, „daß man sich Österreich nicht *sofort* zum Feinde in Deutschland" gemacht habe, wie er drei Tage nach Brandenburgs Zirkulardepesche schrieb. Doch könne die Habsburgermonarchie nur eine „Stellung neben Deutschland" einnehmen, „intim politisch verbunden mit demselben, was soweit gehen könnte, daß man sich gegenseitig seine *Grenzen* garantierte."[62] „*Zu* Deutschland kann" Österreich „mit seinen 20 Millionen Slaven nicht stehen, wie es auch nicht im deutschen Lande mit ihnen stand", erklärte er Charlotte.[63] „Will Österreich an die Spitze eines Reiches treten, [...] so kann Preußen als bisherige Großmacht nicht eine Provinz dieses Reichs werden. Es tritt also aus. Wo ist dann die Einheit Deutschlands?"[64] Mit der Zirkulardepesche habe das Ministerium endlich „unseren Standpunkt" in der Deutschen Frage „angegeben", jubelte er Luise. Jetzt sei das Paulskirchenparlament an der Reihe, Kompromisse einzugehen. Offen werde Preußen „keine Gelüste zeigen nach dieser noch nicht existirenden Krone, wenngleich wir sehr erböthig sind, nach wie vor, geistigen und matériellen Beistand zu leisten, wie es unserer *Größe* zukommt, die man aber auch drüben anerkennen muß. [...] Preußen darf seine eigene Geschichte nicht verleugnen, es darf aber auch die Deutschen Sympathien nicht verscherzen; da muß durch lavirt werden." Schlussendlich müsse jedoch auch die Frankfurter Nationalversammlung anerkennen, wer im Bündnis von Fürstengewalt und Volkssouveränität der Stärkere sei. „Daß ohne Preußens Hinzutreten, Deutschland nichts wird, ist gewiß; es kommt also nur auf die Bedingungen an, unter denen man sich vereinigt."[65] Sei ein kleindeutscher Bund erst einmal konstituiert, wäre es für die Hohenzollerndynastie ein Leichtes, sich „als Reichsverweser, vorläufig Zeitlebens, dann vielleicht erblich später, an die Spitze des engeren Deutschlands zu stellen."[66]

Doch Wilhelm hatte die Rechnung ohne das designierte Reichsoberhaupt gemacht. Friedrich Wilhelm IV. lavierte zwar – aber nicht zwischen preußischen Traditionen und deutscher Nationalbewegung, wie es sein jüngerer Bruder wollte. Zwar ließ der Herrscher sein kleindeutsches Ministerium zumindest diplomatisch gewähren. Gleichzeitig verlor er sich aber immer wieder in großdeutschen Mittelalterideen. Selbst Leopold von Gerlach versuchte dem König in einem längeren Gespräch am 22. Januar zu erklären, „der Gedanke mit der römischen Kaiserwürde passe für unsere Zeit nicht." Denn „alle Preußischen Offiiciere, den Prinzen von Preußen incl[usive] sähen in einer Deutschen oder auch Römischen Kaiserwürde Oestreichs die Unterordnung Preußens unter Oestreich, u[nd] das würde man stets für eine Schmach halten." Stattdessen habe der

---

61 Wilhelm an Charlotte, 26. Februar 1849. Börner (Hrsg.), Briefe, S. 327.
62 Wilhelm an Carl Alexander, 25. Januar 1849. Schultze (Hrsg.), Weimarer Briefe, Bd. 1, S. 192.
63 Wilhelm an Charlotte, 7. Juni 1849. GStA PK, BPH, Rep. 51 J, Nr. 511a, Bd. 2, Bl. 452.
64 Wilhelm an Charlotte, 26. Februar 1849. Börner (Hrsg.), Briefe, S. 327.
65 Wilhelm an Luise, 1. Februar 1849. GStA PK, BPH, Rep. 51, Nr. 853. Siehe auch Wilhelm an Charlotte, 2. Februar 1848. GStA PK, BPH, Rep. 51 J, Nr. 511a, Bd. 2, Bl. 432.
66 Wilhelm an Friedrich Franz II., 12. Februar 1849. Schultze (Hrsg.), Briefe an Alexandrine, S. 73.

General seinen Souverän davon zu überzeugen versucht, „der Hauptsache nach auf den Deutschen Bund zurückzukommen, darin ohne Weiteres Oestreich wie früher das Präsidium zu überlassen, eine Einrichtung die keinen Anstoß geben könne, da sie 33 Jahre bestanden hätte ohne daß es irgend jemandem eingefallen wäre daß Preußen durch Anerkennung dieses Präsidiums seiner Ehre das Mindeste vergeben hätte. Der Bund müsse aber verstärkt u[nd] militärisch besser organisirt werden." Doch Friedrich Wilhelm IV. „fand diesen Vorschlag sehr complicirt u[nd] seine Idee viel einfacher."[67] Mit diesem König konnte eine realistische Lösung der Deutschen Frage schlichtweg nicht gefunden werden.

Im Frühjahr 1849 versuchte Wilhelm dennoch, seinen Bruder für die Kaiserfrage zu gewinnen. Im konstitutionellen System waren die direkten Einflussmöglichkeiten des Thronfolgers allerdings begrenzt. Kamarillamitglieder wie Gerlach wurden täglich an die königliche Tafel geladen – der Prinz von Preußen nicht. Und neben diesen strukturellen Restriktionen dürfen auch persönliche Faktoren nicht vergessen werden. Immerhin war Friedrich Wilhelm IV. 1848 mit der Drohkulisse einer Palastrevolution konfrontiert worden. So berichtete der Historiker Maximilian Duncker, Wilhelm habe ihm geklagt, „sein Einfluß sei gering, nur in entscheidenden Momenten könne er zu seinem Bruder gehen."[68] Daher musste Wilhelm primär versuchen, sich schriftlich Gehör zu verschaffen. „Du weiß daß ich Deine Piétäts Gefühle für Oestreich immer getheilt habe", versicherte er dem König Mitte März, „doch aber dürfen diese nicht auf Unkosten Preußens exploitirt werden." Die Deutsche Frage müsse gelöst werden, aus außen- wie innenpolitischen Gründen. Die Revolution könne besiegt werden, wenn „Preußen an der Spitze des deutschen Bundesstaats" stünde. Öffentlich werde die engere Union immer lauter gefordert. „Gegen diesen Strom läßt sich nicht mehr ankämpfen. Dein Endschluß kann also nicht zweifelhaft jetzt mehr sein, wenn die deutschen Fürsten Dich erwählen sollten."[69]

Wilhelm hoffte scheinbar, eine monarchisch legitimierte Kaiserwahl könne den königlichen Widerstand brechen. Einer solchen Herrscherkur schien durch die preußische Zirkulardepesche immerhin diplomatisch der Boden bereit worden zu sein. Seit dem 22. Januar hatten sich insgesamt achtundzwanzig deutsche Regierungen bereit erklärt, einem engeren Bund beizutreten. „Spricht die Pauls Kirche, Preußen das Oberhaupt zu – wozu sie garkein Recht hat", argumentierte Wilhelm, „so bestätigt sie durch ihr *moralisches* Gewicht jedoch das, was jene 28" deutschen Regierungen „bereits viel früher ausgesprochen haben." Preußen müsse die sich bietende Gelegenheit ergreifen. Erhalt oder Untergang der Monarchie stünden auf dem Spiel. „Der *jetzige* Zustand kann nicht fortdauern, weil er zum Untergange der meisten Souveraine Deutschlands durch die rothe Republik führt." Preußen sei kein absolutistischer Staat mehr, daher könne der König die öffentliche Meinung „nicht *überhören*, wenn auch

---

67 Tagebuch L. v. Gerlach, 22. Januar 1849. GA, LE02752, S. II/278–279.
68 Duncker an C. Duncker, Mai 1849. Johannes Schultze (Hrsg.), Max Duncker. Politischer Briefwechsel aus seinem Nachlaß, Stuttgart/Berlin 1923, S. 16.
69 Wilhelm an Friedrich Wilhelm IV., 14. März 1849. Baumgart (Hrsg.), Wilhelm I., S. 234–235.

nicht immer blindlings annehmen."[70] Dominiert wurde der öffentliche Diskurs von der Deutschen Frage. Deshalb müsse auch Preußen auf der Welle des Nationalismus reiten. Nur dann könne die Hohenzollernkrone erfolgreich versuchen, dies Ideologie in konservative und preußische Bahnen zu lenken, um einen demokratischen Umsturz zu verhindern. Dieses Räsonnement bildete den Kern der monarchischen Agenda des ersten Hohenzollernkaisers nach 1848. Es war eine kohärente, konsistente und persistente Agenda, wie die weitere Geschichte zeigen sollte. Explizit betonte er im September 1849 gegenüber Charlotte, „das Nicht zu Standekommen einer Deutschen Einigung ist das Ziel der Révolution, die zwar diese Einigung auch an der Stirn trägt, aber nur um die Republik zu gründen, oder sonst Anarchie zu säen, bei der sich gut Fischen läßt. Diesen Unterschied sogenannter *gleicher* Bestrebungen muß man sich sehr klar machen. [...] man muß also die *Sache* aus den Händen der Révolution reißen, um sie correct zu formen. Auf diese Art eine Deutsche Einigkeit wollen heißt also nicht, die Gelüste der Révolution fördern, sondern ihnen entgegentreten."[71]

Was der spätere Kaiser hier formulierte, waren keine neuen Ideen. Und aus den Quellen kann nicht rekonstruiert werden, ob beispielsweise Radowitz ein (größerer oder kleinerer) Konzepteinfluss beigemessen werden muss. Aber 1849 war Wilhelm zumindest die prominenteste Stimme am Berliner Hof, die offen ein dynastisches Hijacking der Nationalbewegung forderte. Lange vor Bismarck rückte er den *revolutionsprophylaktischen* Aspekt der Deutschen Frage in den Agendafokus der preußischen Politik. Spätestens seit Anfang 1849 war „Deutschland" für den späteren Kaiser nicht mehr allein von machtpolitischem Interesse. Denn die nationale Politikebene bot der Krone auch einen neuen Legitimierungsquell. Die *Nationalisierung* der Monarchie konnte auch zu einer *Monarchisierung* der Nation führen. Dann bestand die Chance, die Anhänger der deutschen Nationalbewegung in loyale Untertanen des preußischen Königtums zu verwandeln. Die deutsche Geschichte nach 1866 sollte Wilhelm in nicht unerheblichem Maße Recht geben.[72] Der Weg in das deutsche Kaiserreich begann für ihn im Revolutionswinter 1848/49. Die Märzrevolution markierte einen historischen Einschnitt, der langfristig eine Neudefinition monarchischer Herrschaft notwendig machte. Dies hatte er zumindest mit Blick auf die Deutsche Frage schneller und deutlicher erkannt als viele andere konservative Eliten. Friedrich Wilhelm IV. sollte ein solches Umdenken zeit seiner Herrschaft nie gelingen. Ende März 1849 erklärte der König stattdessen, „ehe als daß er seine Position mit der Kaiserkrone compromittirte würde er abdiciren."[73] Dass hingegen der Thronfolger in der Deutschen Frage anderer

---

70 Wilhelm an Friedrich Wilhelm IV., 19. März 1849. Ebd., S. 236–237.

71 Wilhelm an Charlotte, 12. September 1849. GStA PK, BPH, Rep. 51 J, Nr. 511a, Bd. 2, Bl. 462.

72 Vgl. Manfred Hanisch, Nationalisierung der Dynastien oder Monarchisierung der Nation? Zum Verhältnis von Monarchie und Nation in Deutschland im 19. Jahrhundert, in: Adolf M. Birke (Hrsg.), Bürgertum, Adel und Monarchie. Wandel der Lebensformen im Zeitalter des bürgerlichen Nationalismus, München 1989, S. 71–91.

73 Tagebuch L. v. Gerlach, 21. März 1849. GA, LE02752, S. II/330.

Auffassung als der König war, wurde in jenen Tagen auch außerhalb der Palastmauern Gesprächsthema.[74]

Am 28. März 1849 wählten 290 Abgeordnete der Frankfurter Nationalversammlung Friedrich Wilhelm IV. zum erblichen Kaiser der Deutschen – 248 hatten sich der Stimme enthalten. Am Vortag hatten sogar lediglich 267 Parlamentarier für die Annahme der kleindeutschen Reichsverfassung votiert und 263 dagegen. Das Paulskirchenreich war auf einem Minimalkonsens gegründet. Ein Jahr nach Beginn der Märzrevolution einte die Parlamentsfraktionen letztlich allein der Wunsch, den Nationalstaat endlich zu konstituieren. Will man dennoch einen parlamentarischen Verhandlungssieger ausmachen, muss der Analysefokus auf Gagern fallen, der seit Dezember 1848 als Reichsministerpräsident amtierte. In Hinterzimmerverhandlungen war es ihm gelungen, dem Hohenzollernkaisertum eine knappe Mehrheit zu verschaffen. Dafür hatten er und die Liberalen den Preis vergleichsweise parlamentarischer bis demokratischer Verfassungsbestimmungen zahlen müssen – darunter das allgemeine, gleiche und direkte Reichstagswahlrecht.[75] Bestenfalls kann jedoch nur von einem Pyrrhussieg gesprochen werden, den die sogenannten Erbkaiserlichen errungen hatten. Denn es war illusorisch zu glauben, dass Friedrich Wilhelm IV. *diese* Verfassung annehmen würde.[76] Nachdem er von seiner Kaiserwahl erfahren hatte, erklärte der König dem österreichischen Gesandten in Berlin sofort, „er würde die Krone nicht annehmen. [...] Er erkenne nur den deutschen Fürsten das Recht zu, einen Kaiser zu wählen – das sey ein altes Recht – aber selbst aus ihrer Hand würde er die Krone nicht annehmen, wohl aber mitstimmen für den Kaiser von Österreich."[77]

Am 3. April empfing Friedrich Wilhelm IV. eine Abordnung der Paulskirche, die ihm offiziell die kleindeutsche Herrscherwürde anbot. Angeführt wurde diese „Kaiserdeputation" von Eduard Simson, Gagerns Nachfolger im Parlamentspräsidium.[78] Der Monarch lehnte die Kaiserkrone ab. „Ich würde dem Sinne des deutschen Volkes nicht entsprechen, Ich würde Deutschlands Einheit nicht aufrichten, wollte ich, mit Verletzung heiliger Rechte und [...] ohne das freie Einverständnis der gekrönten Häupter, der Fürsten und der freien Städte Deutschlands, eine Entschließung fassen, welche für sie und für die von ihnen regierten deutschen Stämme die entscheidendsten Folgen

---

74 Vgl. Tagebuch Varnhagen, 4. März 1849. [Varnhagen], Tagebücher, Bd. 6, S. 72; K. F. v. Savigny an Hatzfeldt-Trachtenberg, 18. März 1849. Willy Real (Hrsg.), Karl Friedrich von Savigny 1814–1875. Briefe, Akten, Aufzeichnungen aus dem Nachlaß eines preußischen Diplomaten der Reichsgründungszeit, Bd. 1, Boppard am Rhein 1981, S. 405.

75 Vgl. Hildebrandt, Gagern, S. 377–382; Möller, Gagern, S. 327–330.

76 Vgl. Bernhard Mann, Das Ende der Deutschen Nationalversammlung im Jahre 1849, in: HZ 214 (1972), S. 265–309, hier: S. 266–272; Bußmann, Friedrich Wilhelm IV., S. 285–286; Blasius, Friedrich Wilhelm IV., S. 166–174.

77 Prokesch an Schwarzenberg, 29. März 1849. Hans Fenske (Hrsg.), Quellen zur deutschen Revolution 1848–1849, Darmstadt 1996, S. 303–304

78 Vgl. Adolf Laufs, Eduard Simson – Präsident der deutschen Nationalversammlung zu Frankfurt am Main 1848/49, in: Bernd-Rüdiger Kern/Klaus-Peter Schroeder (Hrsg.), Eduard von Simson (1810–1899). „Chorführer der Deutschen" und erster Präsident des Reichsgerichts, Baden-Baden 2001, S. 43–70.

haben muß."[79] Das war zwar ein verklausuliertes Nein. Aber es *war* ein Nein. Und es richtete sich gegen die Frankfurter Reichsverfassung und das parlamentarisch legitimierte Kaisertum. Friedrich Wilhelm IV. war nicht den Verlockungen einer Hohenzollernherrschaft über das außerösterreichische Deutschland erlegen, die ihm Wilhelm erfolglos hatte schmackhaft machen wollen. Denn für ihn war die Deutsche Frage, wie sie in der Paulskirche diskutiert wurde, nur ein weiteres Spielfeld der Revolution. Um der Gegenrevolution zum Sieg zu verhelfen, musste sie daher von Berlin nach Frankfurt am Main „exportiert" werden.[80]

Was König und Thronfolger unterschied, war die Frage, *wie* die Revolution überwunden werden könne. Der spätere Kaiser war nicht bereit, den neugefundenen Legitimationsquell „Deutschland" versiegen zu lassen. Und er wollte ein Umschlagen der Frankfurter Sympathien für Preußen verhindern. Daher lud Wilhelm noch am Abend des 3. Aprils die Kaiserdeputation gemeinsam mit Augusta zur prinzlichen Dinnertafel. Das Thronfolgerpaar bemühte sich um politische Schadensbegrenzung. Sein Bruder habe die Krone eigentlich gar nicht abgelehnt, will er den Abgeordneten gegenüber argumentiert haben. Der König habe „sein *erstes*, aber nicht sein *letztes* Wort gesprochen", und letztendlich die Nationalversammlung nur aufgefordert, die Reichsverfassung auf konservativer Basis zu revidieren. Daher müsse die Frankfurter Zentralgewalt sofort in Verhandlungen mit den deutschen Höfen treten. Aber es sei „große Eile" notwendig. „Nur wenn der König die Überzeugung habe, daß die zu übernehmende Stellung auch so gerüstet sei, wie es die hohen Verpflichtungen mit sich brächten, um die Einheit und die Wohlfahrt Deutschlands fördern zu können, würde er sie definitiv annehmen."[81] Nach Simsons Memoiren soll der Prinz ihm an jenem Abend sogar erklärt haben, „Sie behaupten, der König habe abgelehnt, ich, er habe angenommen." Beide Männer sollen ausführlich über das Verhältnis von Volkssouveränität und Fürstengewalt gesprochen haben. Der Parlamentarier will im Gespräch mit Wilhelm etwa betont haben, kein Monarch werde „über Deutschland herrschen, der nicht mit einem Tropfen demokratischen Oels gesalbt worden" sei. Darauf soll der Thronfolger geantwortet haben, „das glaube ich auch, mit einem *Tropfen*, hier aber haben wir davon eine ganze *Flasche*." Und zuletzt soll der Prinz geschimpft haben, falls die Deutsche Frage ungelöst bleiben würde, „dann folgt die Republik!"[82] Auch der Parlamentarier Karl Biedermann berichtete, Wilhelm und Augusta seien „durchdrungen" gewesen „von der hohen Bedeutung dieses Tages." Beide sollen die Abgeordneten beschworen haben, „an dem glücklichen Ausgange unserer Sendung nicht zu verzweifeln, das Werk der Verständigung nicht vorschnell abzubrechen."[83] Über diese „Kurmacherei" des Prinzenpaares der

---

79 Rede Friedrich Wilhelms IV., 3. April 1849. Huber (Hrsg.), Dokumente, Bd. 1, S. 405.
80 Vgl. Siemann, Revolution, S. 204; Baumgart, Friedrich Wilhelm IV., S. 232; Hein, Revolution, S. 123–124.
81 Aufzeichnungen Wilhelms, 4./8. April 1849. Schultze (Hrsg.), Weimarer Briefe, Bd. 1, S. 202–206. Siehe auch Wilhelm an Charlotte, 7. April 1849. Börner (Hrsg.), Briefe, S. 329–330.
82 Bernhard von Simson (Hrsg.), Eduard von Simson. Erinnerungen aus seinem Leben, Leipzig 1900, S. 186–188.
83 Fenske (Hrsg.), Quellen, S. 310–311.

Kaiserdeputation gegenüber sollen in den Tagen nach dem 3. April „unglaubliche Dinge" am Berliner Hof erzählt worden seien, so Leopold von Gerlach.[84]

Jenseits der höfischen Gerüchteküche und hochkonservativen Echokammer gewann der Thronfolger allerdings immer mehr an Popularität. Der im Sommer 1848 begonnene öffentliche Rehabilitationsprozess des „Kartätschenprinzen" gewann durch die Deutsche Frage neue Dynamik. Varnhagen etwa notierte, die „Verstimmung" über die Ablehnung der Kaiserkrone sei in Berlin „allgemein" gewesen, „selbst die Stockpreußen wollen zum Theil die Annahme; viele Leute sagen ohne Scheu, daß sie jetzt den König aufgeben, daß sie auf den Prinzen von Preußen hoffen."[85] Und aus Frankfurt am Main berichtete der dortige britische Gesandte, auch die zurückgekehrte Kaiserdeputation habe Wilhelm als Projektionsfläche der nationalen Hoffnungen entdeckt – „the thoughts [...] of this party are now turned towards the Prince of Prussia. Their object is to see him on the Prussian throne – they trust that the popular excitement will be so great as not only to force the dissentient Sovereigns to accept the constitution themselves, but to engage them to call upon the King of Prussia to accept it likewise, as it stands, or with such slight modifications as the National Assembly can consistently adopt, and they hope that the King having no other alternative will abdicate in favour of his brother."[86]

Die Frage, ob ein Thronwechsel in Preußen 1849 den Frankfurter Kaiserplänen zum Erfolg verholfen hätte, muss spekulativ bleiben. Wilhelm zumindest drängte nach dem 3. April darauf, die Paulskirchenverfassung als Verhandlungsbasis für eine Nationalstaatsgründung unter preußischer Führung zu nutzen. Doch dürfe sich die Hohenzollernmonarchie niemals „der F[rankfurt] a[m] M[ainer] Volks-Souveränität in den Arm werfen", schrieb er Handelsminister August von der Heydt am 20. April. Denn „das hieße, die Revolution für ewig offen erhalten."[87] Diesen Revolutionsweg wählten scheinbar achtundzwanzig deutsche Regierungen. Denn sie erklärten am 14. April in einer Kollektivnote die Annahme der Paulskirchenverfassung. Genau dieselben Regierungen hatten Berlin bereits im Januar ihre Bereitschaft zum Eintritt in einen engeren Bund signalisiert. Es handelte sich um die mindermächtigen deutschen Höfe, deren kleinstaatliche Existenz seitens der revolutionären Nationalbewegung wiederholt zur Disposition gestellt worden war. Sie standen unter öffentlichem Druck, ihren nationalen Nutzen unter Beweis zu stellen. Deshalb wagten sie die präventivstrategische Flucht nach vorne. Dagegen waren die Königreiche Bayern, Hannover, Württemberg und Sachsen nicht gewillt, im Namen der Nationalstaatsidee Souveränitätskompromisse einzugehen. Anders als die Kleinstaaten verfügten die Mittelstaaten über (begrenzte) politische, militärische und ökonomische Einflussinstrumente. Dieser Umstand erlaubte es ihnen, sowohl gegenüber Berlin und Wien als auch Frankfurt am Main keinen vor-

---

84 Tagebuch L. v. Gerlach, 10. April 1849. GA, LE02752, S. II/344. Siehe auch Elisabeth an Alexandrine, 9. April 1849. Wiese/Jandausch (Hrsg.), Briefwechsel, Bd. 1, S. 461–462.

85 Tagebuch Varnhagen, 4. April 1849. [Varnhagen], Tagebücher, Bd. 6, S. 113.

86 Cowley an Palmerston, 6. Mai 1849. British Envoys to Germany, Bd. 3, S. 68.

87 Wilhelm an Heydt, 23. April 1849. Schultze (Hrsg.), Briefe an Politiker, Bd. 1, S. 83–84.

auseilenden Gehorsam praktizieren zu müssen. Letztendlich war das Dritte Deutschland in der nationalen Frage 1849 kaum weniger gespalten als die zwei Großmächte.[88]

Wilhelm geißelte diese augenscheinliche Uneinigkeit der deutschen Mittel- und Kleinstaaten, von der allein die Revolution profitieren würde. Hätten jene achtundzwanzig Staaten die Reichsverfassung nicht anerkannt und stattdessen das Bündnis mit der Hohenzollernmonarchie gesucht, „so zog dies Gewicht gewiß die Königreiche nach sich, und Preußen wäre als Schirmherr oder Verweser an ihre Spitze getreten, mit einer modificirten Verfassung, die die Staaten nicht médiatisirte und Preußen eine Hegemonie möglich und durchführbar machte. Nun stehet die Sache umgekehrt. Preußen stehet jetzt den Königreichen näher als jenen 28, die die Schiffe mit Gagern, hinter sich abgebrannt haben. Wir können jene Verfassung nicht unmodificirt annehmen, – somit stehet man sich also blank gegeneinander, und ich sehe bis diesen Moment noch keine Ordnung, bevor sich nicht die Königreiche aussprechen."[89] Ein möglicher Ausweg aus dieser innerdeutschen Frontstellung schien sich dem Prinzen am 5. Mai zu bieten, als er in Berlin von dem Frankfurter Abgeordneten Friedrich Daniel Bassermann aufgesucht wurde.[90] Der Parlamentarier soll ihm einen möglichen Verfassungskompromiss mit der Paulskirche vorgeschlagen haben, schrieb Wilhelm dem König. „Preußen nimmt die Central Gewalt, so zu sagen, interimistisch an, [...] erklärt aber dabei, daß, wenn bestimmte Punkte bei der Revision [...] nicht modificirt werden, es die définitive Central Gewalt nicht annehmen werde; daher ist von einer eidlichen Verfassung nicht die Rede." Diese Idee „ließe sich wohl in Ueberlegung nehmen", so der Thronfolger.[91] Der spätere Kaiser fungierte als letzte Hoffnung jener Frankfurter Abgeordneten, die noch immer den Kompromiss mit den monarchischen Eliten suchten.

Doch Bassermanns Vermittlungsversuch kam zu spät. Während er mit Wilhelm darüber sprach, wie die Reichsverfassung noch gerettet werden könnte, waren die Ereignisse über die Paulskirche bereits hinweggerollt. Denn Anfang Mai hatten demokratische Bewegungen in Frankfurt am Main und anderen deutschen Städten dazu aufgerufen, den Nationalstaat durch zivilen Ungehorsam und bewaffneten Kampf zu erzwingen. Die sogenannte Reichsverfassungskampagne wendete sich gegen jene Herrschaftseliten, die wie Friedrich Wilhelm IV. an einem Kompromiss nicht interessiert waren.[92] Der preußische König war das zentrale Hindernis gewesen, das weder die Frankfurter Nationalversammlung noch der spätere Kaiser hatte überwinden können. Eine potentielle Mediationsbasis hätte nur ohne die Person des Herrschers gefunden

---

88 Vgl. Huber, Verfassungsgeschichte, Bd. 2, S. 852–853; Wolfram Siemann, Gesellschaft im Aufbruch. Deutschland 1848–1871, Frankfurt am Main 1990, S. 26–27.

89 Wilhelm an Luise, 25. April 1849. GStA PK, BPH, Rep. 51, Nr. 853. Siehe auch Wilhelm an Carl Alexander, 18. April 1849. Schultze (Hrsg.), Weimarer Briefe, Bd. 1, S. 200–201.

90 Vgl. Huber, Verfassungsgeschichte, Bd. 2, S. 854–855; Wigbert O. Werner, Zwischen Liberalismus und Revolution. Friedrich Daniel Bassermann – Ein politisches Portrait, Heidelberg 2007, S. 264–274.

91 Wilhelm an Friedrich Wilhelm IV., 5. Mai 1849. Baumgart (Hrsg.), Wilhelm I., S. 238–239.

92 Vgl. Nipperdey, Bürgerwelt, S. 661–663; Siemann, Revolution, S. 204–216; Lutz, Habsburg und Preußen, S. 308–313; Mommsen, 1848, S. 292–299; Hein, Revolution, S. 125–131.

werden können. Wilhelms monarchische Agenda blieb von diesem Misserfolg allerdings unbeeinflusst. „Trotzdem, was geschiehet und noch geschehen mag", schrieb er etwa am 9. Mai, „bleibe ich bei meiner Überzeugung, daß Preußen berufen ist, an die Spitze Deutschlands zu treten."[93]

Die Implosion der Paulskirche war keine Zäsur. Bereits seit Ende 1848 hatte die Nationalversammlung sukzessiv an politischem Einfluss verloren. Zwar lösten sich im Mai 1849 immer mehr Parlamentsfraktionen auf und verließen Frankfurt am Main. Doch die Nationalstaatsidee war zu dieser Zeit längst in den politischen Fokus anderer Akteure und Institutionen gerückt. In ganz Deutschland war es zu einer gesellschaftsübergreifenden Diskursverschiebung gekommen. Die Existenz einer offenen Deutschen Frage wurde allgemein reflektiert und debattiert – auch seitens der konservativen Eliten. Als zentraler Faktor der politischen Handlungsebene war das Konzept „Nation" nicht mehr wegzudenken. Diese Diagnose legt nahe, dass eine Enddatierung der Revolutionen von 1848/49 alles andere als eindeutig ist. Dies gilt vor allem für den Berliner Hof. Dort proklamierte Friedrich Wilhelm IV. am 28. April 1849 offiziell und unverklausuliert, dass er Reichsverfassung und Kaiserwürde nicht annehmen werde. Aber noch am selben Tag lud das Staatsministerium die deutschen Regierungen in die preußische Hauptstadt ein, um über die Konstituierung einer engeren Union zu verhandeln. Es wäre ein allzu unterkomplexes Narrativ, jenen Apriltag einfach als Zäsurdatum zu charakterisieren – als Ende der Paulskirchenpolitik und Beginn der preußischen Unionspolitik. Denn Brandenburg und Radowitz folgten schlichtweg derselben Politiklinie, die sie bereits drei Monate zuvor in der Januarzirkulardepesche formuliert hatten.[94] Doch der verantwortliche Ministerpräsident kann nicht als „Architekt" der Unionspolitik bezeichnet werden. Dieser Moniker gebührt dem unverantwortlichen königlichen Ratgeber.

Radowitz konnte und wollte sich allein auf das Allerhöchste Vertrauen stützen. Das Amt des preußischen Außenministers lehnte er sogar ab, als es ihm Ende April angeboten wurde. Diese Unverantwortlichkeit befreite ihn von institutionellen Restriktionen. Aber sie machte ihn für Kritiker und Gegner auch leicht angreifbar.[95] Neben dem König suchte und fand Radowitz allerdings einen weiteren dynastischen Protektor: Wilhelm. Nach einem Gespräch mit dem Prinzen über die Deutsche Frage Ende April notierte der Diplomat, der Thronfolger „möchte sich im wesentlichen auf einen Standpunkt stellen, der ungefähr der meinige ist."[96] Radowitz hatte Wilhelm gewinnen können, da er deutschlandpolitisch genau das proposierte, was der spätere Kaiser seit mehreren Monaten gefordert hatte. Die von Berlin geführte kleindeutsche Union sollte auf der zwischenstaatlichen Verhandlungsebene monarchischer Regierungen konstituiert werden. Und die Unionsverfassung war letztendlich eine konservativ revidierte Reichsverfassung. Das Monarchische Prinzip sollte dem Nationalstaat zu Grunde lie-

---

93 Wilhelm an Saucken-Tarputschen, 9. Mai 1849. Schultze (Hrsg.), Briefe an Politiker, Bd. 1, S. 88.
94 Vgl. Siemann, Gesellschaft, S. 27–28; Canis, Gegenrevolution, S. 166–170.
95 Vgl. Barclay, Friedrich Wilhelm IV., S. 287–288.
96 Tagebuch Radowitz, 28. April 1849. Möring (Hrsg.), Briefe, S. 83.

gen – nicht der Parlamentarismus. Dieser Kompromiss war für den gemäßigten Liberalismus durchaus akzeptabel. Und seinen königlichen Souverän versuchte Radowitz dadurch zu gewinnen, dass der Unionsplan nicht mehr von einer Kaiserwürde sprach. Der König von Preußen sollte lediglich als primus inter pares eines Fürstenkollegiums amtieren. De facto wären jedoch die Machtverhältnisse innerhalb der Union auf eine Hohenzollernsuprematie hinausgelaufen – wie es später im Kaiserreich der Fall sein sollte.[97]

Die Unionspolitik scheiterte jedoch bereits in ihren Anfängen auf der diplomatischen Handlungsebene. Denn es gelang dem Berliner Hof nicht, die politisch relevanten Mittelstaaten als Bündnispartner zu gewinnen. Lediglich Hannover und Sachsen schlossen mit Preußen am 26. Mai das sogenannte Dreikönigsbündnis. Doch beide Königreiche hatten das Traktat nur unter der Bedingung signiert, dass das gesamte außerösterreichische Deutschland der Union beitreten werde. Von diesem diplomatischen Geburtsfehler sollte sich die Unionspolitik nie erholen.[98] Eine solche Weitsicht war Wilhelm nicht vergönnt. Er begrüßte das Dreikönigsbündnis als „ein Schutz- und Trutzbündnis", wie er Carl Alexander schrieb, und als „die Vereinbarung über eine neue Reichsverfassung. In beiden Beziehungen tritt Preußen an die Spitze, und erwartet man, wer sich diesem Bunde anschließen will."[99]

Doch das innerdeutsche Interesse, dem preußischen Nationalprojekt beizutreten, hielt sich in Grenzen. Die meisten Fürstenhöfe begrüßten das Ende der Paulskirche. Weshalb sollten sie sich nach dem scheinbaren Ende der Barrikadengefahr einer neuen nationalrevolutionären Politik unterwerfen? Denn gemessen an den vormärzlichen Politiknormen war auch die Unionspolitik revolutionär.[100] „Der Bruch mit König Gagern von Frankfurt muss klar und bestimmt sein", schimpfte etwa Charlotte, „und nicht halb."[101] In jeder nationalen Politik „liegt [...] der Keim zu Alle dem Gräuel der Anarchie, woran jetzt Deutschland leidet, und wovon man nach gerade geheilt sollte sein, da man die Folgen nun schon in Flammen und Blut hat blühen sehen."[102] Das war eine unmissverständliche Warnung, dass der Berliner Hof mit dem Feuer der Revolution spiele. Anders als ihr Bruder wollte die Zarin nicht reflektieren, dass die nationale Frage nach 1848 nicht länger ignoriert werden konnte. Wo Friedrich Wilhelm IV. und Charlotte einen Kniefall vor der Revolution sahen, erkannte Wilhelm einen qualitativen Neustart, eine Überlebenschance der Monarchie. Im Windschatten der Unionspolitik sollte der

---

97 Vgl. Hans Boldt, Die Erfurter Unionsverfassung, in: Gunther Mai (Hrsg.), Die Erfurter Union und das Erfurter Unionsparlament, Köln u. a. 2000, S. 417–432. Der Text der auf den 28. Mai 1849 datierten Unionsverfassung findet sich in: Huber (Hrsg.), Dokumente, Bd. 1, S. 551–559.

98 Vgl. Huber, Verfassungsgeschichte, Bd. 2, S. 887–888; Siemann, Gesellschaft, S. 28–29; Canis, Revolution, S. 294–299. Der Text des Dreikönigsbündnisses findet sich in: Huber (Hrsg.), Dokumente, Bd. 1, S. 540–543.

99 Wilhelm an Carl Alexander, 26. Mai 1849. Schultze (Hrsg.), Weimarer Briefe, Bd. 1, S. 208–209.

100 Vgl. Gunther Mai, Erfurter Union und Erfurter Unionsparlament, in: ders. (Hrsg.), Die Erfurter Union und das Erfurter Unionsparlament, Köln u. a. 2000, S. 9–52, hier: S. 12–13.

101 Charlotte an Wilhelm, 10. Mai 1849. GStA PK, BPH, Rep. 51 J, Nr. 511a, Bd. 2, Bl. 450.

102 Charlotte an Wilhelm, 13. Juni 1849. Ebd., Bl. 455.

Thronfolger neue Wege sondieren, um die Deutsche Frage im preußischen Sinne zu lösen. Jene Frage war Ende 1848 zum Dreh- und Angelpunkt seiner monarchischen Agenda geworden. Und Eduard Simson, der Friedrich Wilhelm IV. erfolglos die Frankfurter Kaiserkrone angetragen hatte, sollte Wilhelm im Dezember 1870 in ähnlicher Rollenverteilung erneut begegnen. Denn als Präsident des Reichstags des Norddeutschen Bundes sollte er den Herrscher im Namen des deutschen Volkes bitten, mitten im Deutsch-Französischen Krieg die Kaiserwürde anzunehmen. „Wie eigen, daß das Schicksal will, daß Simson wieder der Ueberbringer einer so wichtigen Mission ist wie 1849", sinnierte Wilhelm im Versailler Hauptquartier gegenüber Augusta. „Ihm selbst wird der Unterschied nun wohl einleuchten von damals und jetzt, wo er so wild über die Antwort des Königs war, daß er zuvor die Einwilligung der Fürsten verlangte ehe er die – papierne Krone annehmen könne und er jetzt bitten muß, die von den Fürsten angetragene Krone anzunehmen. Das sind Schicksalsschläge."[103] Der zweiten Kaisermission sollte mehr Erfolg beschieden sein als jenem ersten gescheiterten Revolutionsversuch 1849. Aber 1870 hieß der König von Preußen auch nicht Friedrich Wilhelm IV.

---

103 Wilhelm an Augusta, 15. Dezember 1870. GStA PK, BPH, Rep. 51 J, Nr. 509b, Bd. 15, Bl. 225–226.

„Ich handle in des Königs Auftrag, so Gott will, für ganz Deutschland."
Der Revolutionskrieg 1849

Im April 1857, ein halbes Jahr bevor ihn die Regierungsunfähigkeit Friedrich Wilhelms IV. unversehens in das politische Entscheidungszentrum rücken sollte, verfasste Wilhelm testamentarische Aufzeichnungen. In diesem Dokument charakterisierte er den Revolutionskrieg im Sommer 1849, als er „in Deutschland [...] Ordnung und Zucht herstellen konnte", als einen Höhepunkt seines bisherigen Lebens.[1] Mehrere Gründe mochten ihn zu dieser autobiographischen Sinndeutung veranlasst haben. In der bayerischen Pfalz und im Großherzogtum Baden machte der spätere Kaiser zum ersten Mal seit seiner Jugend wieder aktive Kriegserfahrungen. Dort fand er einen politischen Aktionsraum, in dem er zwar nicht autonom, aber fernab des Berliner Hofs doch vergleichsweise frei agieren konnte. Und diese Möglichkeit versuchte er zu nutzen, um Deutschland für Preußen zu erobern.

Denn von Anfang an betrachtete Wilhelm die Aufstände im Schatten der Reichsverfassungskampagne als neue Chance, die „Kaiser Geschichte" doch noch im Hohenzollernsinne zu beenden, wie er Luise schrieb. „Die Leute können die Gloriole[,] daß Preußen an die Spitze Deutschlands treten soll, nicht vereinigen mit der Bedingung, die man" an „die miserable Verfassung stellt; das ist schlimm!"[2] Dem Militär Gustav von Zitzewitz erklärte er, „die Republikaner" hätten endlich „die Maske abgeworfen und suchen sofort auf dem Wege der Empörung gleich zu erreichen, was ihnen sonst noch jahrelang Anstrengungen gekostet hätte, sie aber sicherer zum Ziele führte, wenn sie ein Schattenbild von Kaiser geschaffen hätten."[3] Und gegenüber General Natzmer erklärte er, *wer Deutschland regieren will, muß es sich erobern*; à la Gagern geht es nun einmal nicht. [...] Aber daß Preußen bestimmt ist, an die Spitze Deutschlands zu kommen, liegt in unserer ganzen Geschichte, – aber das *wann* und *wie*? darauf kommt es an."[4] Mit der Reichsverfassungskampagne hatte sich das Frankfurter Rumpfparlament als Kompromisspartner der monarchischen Eliten selbst aus dem Spiel genommen. Daher konnte Wilhelm offen argumentieren, jede parlamentarische Lösung der Deutschen Frage sei zum Scheitern verurteilt. Etwa dreizehn Jahre später sollte auch Bismarck dieses Diktum machtstaatlicher Politik aufgreifen. Nur wenige Tage, nachdem ihn Wilhelm zum Ministerpräsidenten ernannt hatte, sollte der spätere Kanzler argumentieren, „nicht durch Reden oder Majoritätsbeschlüsse werden die großen Fragen der Zeit entschieden [...], sondern durch Eisen und Blut."[5]

---

1 Aufzeichnungen Wilhelms, 10. April 1857. Berner (Hrsg.), Briefe, Bd. 1, S. 410.
2 Wilhelm an Luise, 25. April 1849. GStA PK, BPH, Rep. 51, Nr. 853.
3 Wilhelm an Zitzewitz, 20. Mai 1849. Schultze (Hrsg.), Briefe an Politiker, Bd. 1, S. 90.
4 Wilhelm an Natzmer, 20. Mai 1849. Natzmer (Hrsg.), Denkwürdigkeiten, Bd. 4, S. 64.
5 Rede Bismarcks, 30. September 1862. GW, Bd. 10, S. 140.

https://doi.org/10.1515/9783111323954-018

Aber auch die Paulskirchenlinke versuchte 1849, die deutsche Einheit auf dem Gewaltweg zu erzwingen. Doch jener finale Barrikadenakt besaß zu keinem Zeitpunkt realistische Erfolgschancen. Weder konnte die demokratische Bewegung darauf hoffen, die preußische Armee im offenen Gefecht zu besiegen. Noch kam der Reichsverfassungskampagne eine deutschlandweite Aufstandsentwicklung zur Rettung, die eine solche militärische Konfrontation obsolet hätte machen können. Der Rückhalt für die Demokraten war in allen Bevölkerungsschichten gering. Und die Bereitschaft zum gewaltsamen Kampf war selbst in den eigenen Reihen zu kontrovers – von den liberalen und gemäßigten Reformfraktionen ganz zu schweigen. Die Nationalstaatsidee genügte (noch) nicht, fanatische Massenheere zu mobilisieren. Noch weniger traf dies auf die Idee der Republik zu. Denn diese war im politischen Diskurs eine lediglich marginale Attraktivitätserscheinung. Weder das Gros des Bürgertums noch der Landbevölkerung war im Sommer 1849 bereit, einen gesellschaftlich-politischen Umsturz im Namen der Frankfurter Reichsverfassung zu unterstützen.[6]

Einzig in der bayerischen Pfalz und in Baden gelang der Reichsverfassungskampagne der Sturz der monarchischen Regierung. Im Großherzogtum hatte sich auch die Armee den revolutionären Kundgebungen und Protesten angeschlossen. Aber diese einzigartige Revolutionsentwicklung besaß eine lange Vorgeschichte. Die Legitimität der herrschenden Zähringerdynastie musste bereits während des Vormärz als instabil und öffentlich unpopulär charakterisiert werden. Neben einer inneren Reformstagnation hatte zu dieser Entwicklung auch der Skandal um Kaspar Hauser und dessen angeblich royale Herkunft beigetragen. Den Armeeaufstand hatte aber paradoxerweise der Zwang durch die Paulskirche ausgelöst. Denn Frankfurt am Main hatte eine deutschlandweite Soldatenquote eingeführt. Daraufhin hatte die badische Regierung pflichtschuldig beschlossen, etwa dreimal so viele Wehrpflichtige als sonst einzuberufen. Diese Maßnahme löste die ersten Soldatenmeutereien aus. Schließlich fielen sie mit der Reichsverfassungskampagne zusammen und griffen auch auf die benachbarte Pfalz über. Am 13. Mai sah sich Großherzog Leopold gezwungen, überstürzt ins preußische Koblenz zu fliehen. Von dort aus bat er Friedrich Wilhelm IV. am 25. Mai in Form einer offiziellen diplomatischen Note um militärische Unterstützung gegen die Mairevolutionäre. Und der König war sofort bereit, im Angesicht der wiederaufgeflammten Revolution monarchische Solidarität zu demonstrieren.[7]

---

6 Vgl. Mommsen, 1848, S. 293; Hein, Revolution, S. 131; Fahrmeir, Europa, S. 280.

7 Vgl. Lloyd E. Lee, Baden between Revolutions: State-Building and Citizenship, 1800–1848, in: Central European History Vol. 24, Nr. 3 (1991), S. 248–267; Uwe A. Oster, Die Großherzöge von Baden (1806–1918), Regensburg 2007, S. 145–147; Lothar Machtan, Star-Monarch oder Muster-Monarchie? Zum politischen Herrschaftssystem des Großherzogtums Baden im langen 19. Jahrhundert, in: Detlef Lehnert (Hrsg.), Konstitutionalismus in Europa. Entwicklung und Interpretation, Köln/Weimar/Wien 2014, S. 257–286, hier: S. 261–264; Peter H. Wilson, Eisen und Blut. Die Geschichte der deutschsprachigen Länder seit 1500, Darmstadt 2023, S. 476.

Wilhelm bewarb sich aktiv um das Oberkommando über die preußische Interventionsarmee.[8] Es wurde ihm am 8. Juni übertragen.[9] Im September sollte der Prinz
seiner Schwester rückblickend schreiben, sie könne sich nicht vorstellen, „wie's mir
auf's Herz fiel, als ich den Befehl zur Uebernahme des Commandos erhielt! Wissend daß
ich in 33 Friedens Jahr[en] mir *Friedens* Vertrauen bei der Armée verschafft hatte, fiel es
mit Zentner Schwere mir auf's Herz, ob ich nun auch im Kriege diesem Vertrauen
entsprechen würde?"[10] Das Ausüben militärischer Kommandorollen gehörte im 19. Jahrhundert zu den populärsten wie erfolgreichsten Legitimationsstrategien monarchischer
Eliten. Hier konnten sie ihre Führungsposition unter Beweis stellen und sich öffentlichkeitswirksam um die Sicherheit von Land und Bevölkerung bemühen. Dies galt
umso mehr, wenn die Kommandorolle mit einem aktiven Kriegseinsatz verbunden war.
In der Mitte des 19. Jahrhunderts war es den Fürsten zudem noch möglich, ein militärisches Oberkommando aktiv auszuführen. Ihre soldatische Erziehung erlaubte ihnen zumindest zu einem gewissen Grad, auch mit professionellen Fachmilitärs Schritt
halten zu können.[11] Mit der wachsenden Komplexität strategischer und operativer
Entscheidungsprozesse sollte sich dies ändern. Das Kriegshandwerk ging effektiv in
die Hände der Generäle über, und die dynastischen Akteure wurden in eine dekorative
Kommandoposition gedrängt. Ihnen blieb meist nur noch das militärische Zeremoniell.
Dies sollte auch für den letzten Hohenzollernkaiser Wilhelm II. und seinen Sohn
Kronprinz Wilhelm gelten. Und in den Schützengräben des Ersten Weltkrieges verlor
das Herrscherhaus schließlich auch noch den symbolischen Glanz der Feldherren-
rolle.[12]

Im Sommer 1849 standen die preußischen Truppen hingegen unter Wilhelms
Kommando. Und in den Augen Friedrich Wilhelms IV. zog sein jüngerer Bruder für die
gottgewollte Herrschaftsordnung „gegen wild zusammengeraffte, indisziplinirte Rebel-
lenHaufen" in den Revolutionskrieg. Das Kriegsziel sei, „die Häupter der Rebellen todt
oder lebendig" in die Hände zu „bekomme[n] u[nd] so, durch Abschlagen des Hauptes,
den Körper der Rebellion" zu „tödte[n]."[13] Dagegen bestärkte Augusta ihren Ehemann,
auf dem Schlachtfeld die Deutsche Frage zu entscheiden. „Viele Stimmen erheben sich
dafür, daß Du berufen sein möchtest, an der Stelle der Zentralgewalt den Mittelpunkt für

---

8 Vgl. Tagebuch L. v. Gerlach, 7. Juni 1849. GA, LE02752, S. II/379.

9 Vgl. Börner, Exekutor, S. 504.

10 Wilhelm an Luise, 5. September 1849. GStA PK, BPH, Rep. 51, Nr. 853.

11 Vgl. Müller, Thronfolger, S. 295–296.

12 Vgl. Wilhelm Deist, Kaiser Wilhelm II. als Oberster Kriegsherr, in: John C.G. Röhl (Hrsg.), Der Ort Kaiser
Wilhelms II. in der deutschen Geschichte, München 1991, S. 25–42; Holger Afflerbach, Wilhelm II as
supreme warlord in the First World War, in: Annika Mombauer/Wilhelm Deist (Hrsg.), The Kaiser. New
Research on Wilhelm II's role in Imperial Germany, Cambridge 2003, S. 195–216; Katharine Anne Ler-
mann, Wilhelm's War: A Hohenzollern in Conflict 1914–18, in: Frank-Lorenz Müller/Heidi Mehrkens
(Hrsg.), Sons and Heirs. Succession and Political Culture in Nineteenth-Century Europe, London 2016,
S. 247–262.

13 Friedrich Wilhelm IV. an Wilhelm, 10. Juni 1849. Baumgart (Hrsg.), Wilhelm I., S. 239–240.

das südwestliche Deutschland zu bilden", schrieb sie ihm aus Berlin.[14] Es darf nicht vergessen werden, dass zeitgleich zum Revolutionskrieg Radowitz versuchte, das Dritte Deutschland für die preußische Unionspolitik zu gewinnen. Dieser diplomatischen Handlungsebene versuchte Wilhelm militärisch entgegenzuarbeiten. Mit Waffendruck sollten die Mittel- und Kleinstaaten in die Union geführt werden. Unmissverständlich erklärte er, „Baden hat unsere Hilfe in Anspruch genommen; wir werden sie leisten, wenn es sich dem neuen Bunde anschließt."[15] Auch dem exilierten Großherzog Leopold verschwieg der preußische Thronfolger nicht, dass er seine Interventionsmission als Teil der Unionspolitik betrachtete. Er wolle versuchen, „durch Waffengewalt die Auswüchse der Zeit niederzuwerfen, während mein König u[nd] Bruder der Welt u[nd] namentlich Deutschland zeigt, wie er neben dem Bajonett, gleichzeitig die Réconstruirung Deutschlands sich für möglich denkt."[16] Und dem Großherzog von Mecklenburg-Strelitz schrieb er, „ich handle in des Königs Auftrag, so Gott will, für ganz Deutschland."[17]

Bei derartigen Nationalaspirationen mochte es kaum überraschen, dass Wilhelm auf dem Kriegsschauplatz nach großmöglichster Handlungsfreiheit strebte. Zumindest aus Berlin wurden ihm keine engen Grenzen gezogen. „Mir ist übrigens wegen [...] unserer deutschen oder äußeren Politik *gar keine* Weisung zugekommen; ich handle ganz nach meinem Schnabel", berichtete er Augusta.[18] Anders sah es mit den Frankfurter Bundestruppen aus, die ebenfalls mit der Niederschlagung der Aufstände betraut worden waren. Kommandiert wurden diese von Reichskriegsminister Eduard von Peucker. Und sie unterstanden nominell dem nach wie vor amtierenden Reichsverweser Johann.[19] Wilhelm wollte daher versuchen, den „Reichsverweserschen Intriguen" in Südwestdeutschland „das Genik zu brechen", wie er seinem Bruder erklärte.[20] Eigenmächtig traf der Prinz etwa die Entscheidung, die preußischen Truppen nicht mit Peuckers Armee zu vereinen, wie es Frankfurt am Main und Wien angeboten hatten. Offiziell habe er dieses Ansinnen deshalb abgelehnt, da „ich mich stark genug fühlte und keiner Unterstützung bedürfe [...]. Diese Antwort glaubte ich geben zu müssen, weil es Preußens Politik und Interesse erheischen, daß wir hier allein die Sache machen".[21] Inoffiziell formulierte er die Befürchtung, dass vor allem der Wiener Hof „einen genau vorher überdachten Plan" verfolge. Österreich wolle „sich eine milit[ärische] Macht im südlichen Deutschland schaffen, mit welcher es [...] jenen Plan durchführen will. Dies kann kein anderer sein, als das neue Preuß[ische] Bündniß zu vernichten." Deshalb

---

14 Augusta an Wilhelm, 28. Juni 1849. Schuster/Bailleu (Hrsg.), Nachlaß, Bd. 2, S. 375.

15 Wilhelm an Carl Alexander, 26. Mai 1849. Schultze (Hrsg.), Weimarer Briefe, Bd. 1, S. 209.

16 Wilhelm an Leopold von Baden, 25. Juni 1849. GStA PK, BPH, Rep. 51 J, Nr. 21f1, Bl. 64.

17 Wilhelm an Georg von Mecklenburg-Strelitz, 30. Juli 1848. Pagel (Hrsg.), Briefe, S. 154.

18 Wilhelm an Augusta, 18. Juli 1849. Schuster/Bailleu (Hrsg.), Nachlaß, Bd. 2, S. 381.

19 Vgl. Canis, Revolution, S. 307–308.

20 Wilhelm an Friedrich Wilhelm IV., 30. Juli 1849. Baumgart (Hrsg.), Wilhelm I., S. 267–268.

21 Wilhelm an Friedrich Wilhelm IV., 7. Juli 1849. GStA PK, VI. HA, Nl. Vaupel, Nr. 59, Bl. 352–353.

dürfe Berlin „diesen Moment nicht vorübergehen lassen, Terrain zu gewinnen!"[22] Der spätere Kaiser führte in der Pfalz und in Baden *auch* einen Krieg gegen die Revolution. Aber in erster Linie führte er einen preußischen Expansionskrieg in Deutschland.

Trotz des ungleichen Kräfteverhältnisses zwischen Interventionstruppen und Revolutionsarmee sah sich Wilhelm auf dem Kriegsschauplatz physischen Gefahren ausgesetzt. Am 12. Juni wurde außerhalb der pfälzischen Ortschaft Niederingelheim ein Attentat auf ihn verübt. Bis 1888 sollten noch mindestens vier weitere folgen. Aus einem Kornfeld wurde ein Schuss auf den Prinzen und sein militärisches Gefolge abgegeben, der einen Kutscher im Oberschenkel traf. Als mutmaßlicher Attentäter wurde ein gewisser Adam Schneider verhaftet, der jedoch im Februar 1850 aus Mangel an Beweisen freigesprochen wurde.[23] Friedrich Wilhelm IV. sah in diesem Ereignis nur eine weitere Bestätigung, dass sich sein Bruder im Kampf „gegen MeuchelMörder" befände – und dass die Monarchie es „mit Teufeln zu thun" habe. Wilhelms Kommando könne man daher „eine Engels-Mission nennen."[24] Entgegen der königlichen Bitten und Warnungen lehnte Wilhelm es jedoch ab, sich im weiteren Kriegsgeschehen auf weniger exponierte Positionen zurückzuziehen. Denn er war überzeugt, dass ein solches Verhalten das militärische Loyalitätsverhältnis riskieren könnte. Er müsse sich den Soldaten auch im offenen Gefecht präsentieren, um „zu zeigen, daß man mit ihnen theilt."[25]

Diese Selbstdarstellung als unerschrockener und populärer Feldherr zieht sich durch alle Kriegsbriefe des Thronfolgers. In Baden will er „vom Volke freudig empfangen worden" sein. Und selbst einfache Menschen sollen sich persönlich bei ihm bedankt haben, „um die Freude der Befreiung vom Joche auszusprechen."[26] „Übrigens werden wir überall als Eretter empfangen und nur in den Städten gibt es verbissene Gesichter."[27] Gegenüber Natzmer gestand Wilhelm jedoch, dass der Kampf gegen „die badenschen treulosen Truppen [...] nicht so ganz leicht" ginge, „wie man glaubt."[28] Die Aufständischen lieferten der professionellen Hohenzollernarmee vor allem immer wieder kleinere Rückzugsgefechte.[29] Von einer solche Kriegsführung versprach sich Wilhelm wenig öffentliche Symbolwirkung. Stattdessen habe er „sehr einen größeren Hauptschlag gewünscht, wegen des moralischen Eindruks", klagte er seinem Bruder.[30] Aber er könne die Revolutionstruppen „nicht zum Haupttreffen bringen, weil sie sich bei Nacht abziehen, wenn sie Gefahr wittern, und dann streichen sie en débandade durchs Land, bis

---

22 Wilhelm an Friedrich Wilhelm IV., 13. Juli 1849. Baumgart (Hrsg.), Wilhelm I., S. 259–260.

23 Vgl. Wilhelm an Friedrich Wilhelm IV., 14. Juni 1849. GStA PK, VI. HA, Nl. Vaupel, Nr. 59, Bl. 29; Boyen an Fanny, 16. Juni 1849. Tümpling (Hrsg.), Erinnerungen, S. 81; Daniel Staroste, Tagebuch über die Ereignisse in der Pfalz und Baden im Jahre 1849: Ein Erinnerungsbuch für die Zeitgenossen und für alle, welche Theil nahmen an der Unterdrückung jenes Aufstandes, Bd. 1, Berlin 1852, S. 168–159.

24 Friedrich Wilhelm IV. an Wilhelm, 14. Juni 1849. Baumgart (Hrsg.), Wilhelm I., S. 244.

25 Wilhelm an Friedrich Wilhelm IV., 24. Juni 1849. Ebd., S. 249.

26 Wilhelm an Friedrich Wilhelm IV., 26. Juni 1849. GStA PK, VI. HA, Nl. Vaupel, Nr. 59, Bl. 325.

27 Wilhelm an Charlotte, 4. Juli 1849. Börner (Hrsg.), Briefe, S. 334.

28 Wilhelm an Natzmer, 28. Juni 1849. Berner (Hrsg.), Briefe, Bd. 1, S. 209.

29 Vgl. Showalter, German Unification, S. 37–41.

30 Wilhelm an Friedrich Wilhelm IV., 13. Juli 1849. Baumgart (Hrsg.), Wilhelm I., S. 257.

zu einem neuen Rendezvous.“[31] Mit der Belagerung der Festungsstadt Rastatt kam der spätere Kaiser jener ersehnten „Entscheidungsschlacht“ noch am nächsten. Das „letzte Refuge der Rebellen“, so Wilhelm, ergab sich den preußischen Truppen am 23. Juli. Demonstrativ weigerte sich der siegreiche Prinzkommandeur, der Kapitulation beizuwohnen. Er habe „nicht officiell Zeuge der Schmach dieser Schufte sein“ wollen.[32] Allerdings will er die „Demütigung“ jener „Bande“ genossen haben, wie er Charlotte jubelte, „deren Führer auf Tod und Leben Volksbeglücker sein wollten! Wenngleich man nicht das geringste Mitleid mit dieser Bande haben konnte, so hat mir doch der Akt des Niederlegens der Waffen im Angesicht unserer Truppen einen unauslöschlichen Eindruck gemacht!“[33] Getrübt wurde die militärische Triumphinszenierung der Monarchie über Revolution und Republik allerdings durch den Umstand, dass es mehreren Aufständischen gelungen war, der Gefangennahme zu entkommen. Gegenüber General Reyher schimpfte der Thronfolger, „der Instinkt treibt dies Geschmeiß immer im richtigen Augenblick zur Flucht.“[34]

Wilhelms Sprachwahl erlaubt keinen Zweifel darüber, was er von seinen demokratischen Kriegsgegnern hielt. Und er zeigte eine deutliche Tendenz zur Brutalisierung – in Wort und Tat. Als sich beispielsweise der preußische Landtagsabgeordnete Gottfried Kinkel zusammen mit anderen Revolutionären ergab, bemerkte Wilhelm vielsagend, „schade, daß er nicht *gleich* todt war.“[35] Dem König klagte er zudem wiederholt über die angeblich zu nachsichtige Militärstrafgerichtsbarkeit. Es sollten keine langwierigen Prozesse über Schuld oder Unschuld geführt werden, „der Eindruk prompter Justiz gehet gänzlich verlohren! [...] denn nur durch diesselbe ist Gesetz, Ordnung u[nd] Gehorsam zu erlangen, in einem Lande, wo alles durchwühlt ist. Schon jetzt zeigen sich die Folgen des schleppenden Justiz Weges, indem die Leute an Begnadigung wegen Mangel an Schuld glauben, oder *uns* Angst vor Strenge zumuthen!“[36] Als er von der Begnadigung mehrerer Revolutionäre erfuhr – darunter auch Kinkel –, schimpfte er seinem Bruder, „diese Milde“ schaffe „einen schlimmen Eindruk! Hunderte sind durch Mit-Schuld dieser Kerls gefallen, u[nd] sie leben; um in Kurzem uns nochmals gegenüber zu stehen; denn daß sie los kommen auf irgend eine Art, davon bin ich überzeugt.“[37] Zynisch kann argumentiert werden, dass der „Kartätschenprinz“ in Baden endlich versuchte, seinem Titel auch gerecht zu werden.

In der demokratischen Publizistik wurden Wilhelm und der Interventionsarmee ein zügelloser Hang zur Grausamkeit unterstellt.[38] Dieser Ruf schien ihnen auch vor-

---

31 Wilhelm an Carl Alexander, 3. August 1849. Schultze (Hrsg.), Weimarer Briefe, Bd. 1, S. 211.
32 Wilhelm an Friedrich Wilhelm IV., 23. Juli 1849. Baumgart (Hrsg.), Wilhelm I., S. 263–265.
33 Wilhelm an Charlotte, 4. August 1849. Börner (Hrsg.), Briefe, S. 335.
34 Wilhelm an Reyher, 6. August 1849. Schultze (Hrsg.), Briefe an Politiker, Bd. 1, S. 94.
35 Wilhelm an Friedrich Wilhelm IV., 29. Juni 1849. GStA PK, VI. HA, Nl. Vaupel, Nr. 59, Bl. 330.
36 Wilhelm an Friedrich Wilhelm IV., 13. Juli 1849. Baumgart (Hrsg.), Wilhelm I., S. 258.
37 Wilhelm an Friedrich Wilhelm IV., 26. September 1849. Ebd., S. 282.
38 Vgl. Reue eines preußischen Soldaten über die Greuelthaten des „herrlichen Kriegsheeres“ in Baden. In der Verzweiflung von ihm niedergeschrieben zur Warnung für seine Kameraden, Brüssel ²1849.

auszueilen. So will beispielsweise die Schriftstellerin Henriette Feuerbach in Baden unter den flüchtenden Aufständischen eine allgemeine „Preußenfurcht" beobachtet haben. „Die Furcht vor den Preußen war so groß, daß selbst die Verwundeten aus dem Spital liefen, wenn noch die Füße trugen."[39] Und der Revolutionär Otto von Corvin erzählt in seinen Memoiren, er sei in Rastatt Zeuge der Hinrichtung eines arretierten Journalisten gewesen. Dieser habe sich schuldig gemacht, Wilhelm publizistisch angegriffen zu haben. Und „um dem Prinzen zu gefallen" sei er „mit großer Eile" verurteilt worden. „Die Kugeln tödeten ihn nicht und man mußte ihn mit Bajonetten erstechen."[40] Insgesamt fällten preußische Kriegsgerichte einundsechzig Todesurteile, von denen siebenundzwanzig vollstreckt wurden. Im Kontext der Kriegspraxis des 19. Jahrhunderts war diese Zahl vergleichsweise gering. Denn die Militärführung war nicht an einer Gewaltpazifizierung der badischen Bevölkerung interessiert, geschweige denn an Massenexekutionen und Massenverfolgungen. Ein blutiges Strafregime hätte sich nachteilig auf jeden monarchischen Restaurationsversuch ausgewirkt. Dadurch wäre die Aussöhnung von Bevölkerung und Krone langfristig verhindert worden.[41] Der Gewaltraum im Großherzogtum Baden war strukturell nicht entgrenzt.

Friedrich Wilhelm IV. weigerte sich sogar, von Berlin aus in die Justizprozesse einzugreifen. Wilhelm hatte ihn dazu wiederholt aufgefordert. Aber hier setzte der Herrscher seinem jüngeren Bruder rote Linien.[42] Also suchte der Prinz andere Wege, die Okkupationspraxis in kompromisslosere Bahnen zu rücken. Wenn ihm Friedrich Wilhelm IV. kein Gehör schenkte, würde es Wilhelm vielleicht mit dem nominellen Landesherrn Leopold gelingen. Der konstitutionelle Großherzog habe schließlich mitzuverantworten, dass Baden „seit 20 Jahren systematisch ruiniert worden ist unter der Firma des Fortschritts; jetzt sehen wir, wohin das geführt hat!"[43] Mitte Juli wandte sich der Prinz mit einem längeren Brief direkt an jenen Monarchen, dem er Land und Thron zurückerobert hatte. Leopold stehe nach dem Revolutionskrieg vor der Aufgabe, die „in der neueren deutschen Geschichte ungekannte Treulosigkeit [...] auf eine éclatante Weise" zu verfolgen und zu verurteilen. „In unserer wühlerischen Zeit muß es den Wühlern wie den Truppen gezeigt werden, daß die Treulosigkeit u[nd] Eidvergessenheit ein ernstes, strenges Gericht treffen. [...] Meiner Ansicht nach müßten Sie damit sofort beginnen [...] alle diejenigen, welche als Militairs sich an dem hochverräterischen Unternehmen betheiligt [...] haben –, kriegsrechtlich zu behandeln". Und langfristig forderte er den Großherzog auf, den „constitutionellen Kammern" den Kampf anzusagen.[44] Es ist möglich, dass Leopold dem späteren Kaiser Gehör geschenkt haben mochte.

---

39 Feuerbach an Heydenreich, [1849]. Hermann Uhde-Berhays (Hrsg.), Henriette Feuerbach. Ihr Leben in ihren Briefen, S. 151–153.

40 Otto von Corvin, Aus dem Leben eines Volkskämpfers. Erinnerungen, Bd. 4, Amsterdam 1861, S. 79–80.

41 Vgl. Clark, Preußen, S. 556; Showalter, German Unification, S. 41.

42 Vgl. Barclay, Friedrich Wilhelm IV., S. 284–285.

43 Wilhelm an Reyher, 5. September 1849. Schultze (Hrsg.), Briefe an Politiker, Bd. 1, S. 95.

44 Wilhelm an Leopold von Baden, 16. Juli 1849. GStA PK, BPH, Rep. 51 J, Nr. 21f1, Bl. 66–70.

Denn zurück auf seinem Thron entließ der Großherzog fast die gesamte badische Armee und baute sie personell neu auf.[45]

Wilhelm war jedoch nicht der einzige Hardliner in den Reihen der preußischen Interventionsarmee. Einen Gesinnungsgenossen fand er im späteren Kriegsminister Albrecht von Roon.[46] „Unthätig sind wir namentlich in Bezug auf Handhabung der Gerechtigkeit", schimpfte Roon seiner Ehefrau Anna vom badischen Kriegsschauplatz. Der General vertrat wie der Prinzkommandant die Position, dass eine kompromisslose Strafjustiz conditio sine qua non sei, um die „Herstellung des Rechtsbewußtseins in diesem durch und durch unterwühlten Volke" überhaupt erst zu ermöglichen.[47] Roon war erstmals im November 1848 in das Leben seines späteren kaiserlichen Souveräns getreten. Wilhelm hatten ihn gebeten, die militärische Erziehung seines Sohnes zu übernehmen.[48] Dieses Ansinnen hatte Roon jedoch abgelehnt. Denn seine politischen „Ueberzeugungen dürften als verdächtig und reaktionär erachtet werden" – not the best company für einen konstitutionellen Thronerben.[49] Mit dieser ehrlichen Argumentation mochte sich Roon zwar einen früheren Zutritt zum Berliner Hof verbaut haben. Aber im Sommer 1849 war Wilhelm nicht mehr auf der Suche nach einem politisch vermarktbaren Prinzenerzieher. Stattdessen fand er in dem General einen gleichgesinnten Revolutionsgegner. Der Thronfolger sei „immer in gleicher Weise gnädig gegen mich", so Roon. „Wo er mich sieht, ist er freundlich, giebt mir jedesmal die Hand, hört gelegentlich gern meine Meinung u. s. w."[50] Jenen Fehler vom November 1848 sollte der spätere Kriegsminister nicht noch einmal wiederholen. Vielmehr sollte er seit dem Sommer 1849 die Kunst üben und schließlich perfektionieren, Wilhelm nach dem Mund zu reden.

Sein symbolisches Ende fand der Revolutionskrieg am 18. August, als der preußische Thronfolger gemeinsam mit Großherzog Leopold in die badische Hauptstadt Karlsruhe einzog. Dort dankte der Monarch Wilhelm öffentlich für dessen militärischen Dienste.[51] „Der Prinz ist [...] heiter gestimmt", berichtete dessen Adjutant Boyen. „Die unausbleiblichen Einwirkungen des vorigen Jahres fangen unter der Genugthuung zu verschwinden an, welche in diesem Jahre eine erfolgreiche und umfassende Thätigkeit ihm gewährt."[52] Den inszenierten Feldherrenruhm betrachtete Wilhelm als Höhepunkt seiner erfolgreichen Rehabilitation „nach dem tiefen Verhängnis, welches über mich

---

45 Vgl. Wilson, Eisen und Blut, S. 476.

46 Zu Albrecht von Roon siehe Heinz Helmert, Albrecht von Roon. Zwischen Krone und Parlament, in: Gustav Seeber, (Hrsg.), Gestalten der Bismarckzeit, Bd. 2, Berlin (Ost) 1986, S. 1–25; Walter, Heeresreformen, S. 209–215.

47 Roon an A. v. Roon, 14. Juli 1849. Waldemar von Roon (Hrsg.), Denkwürdigkeiten aus dem Leben des Generalfeldmarschalls Kriegsministers Grafen von Roon. Sammlung von Briefen, Schriftstücken und Erinnerungen, Bd. 1, Berlin ⁵1905, S. 251–252.

48 Vgl. Wilhelm an Roon, 5. November 1848. Ebd., S. 219–220.

49 Roon an Wilhelm, [November 1848]. Ebd., S. 230.

50 Roon an A. v. Roon, 31. Juli 1849. Ebd., S. 255.

51 Vgl. Craven an Palmerston, 19. August 1849. British Envoys, Bd. 3, S. 336–337; Staroste, Erinnerungsbuch, Bd. 2, S. 243–245.

52 Boyen an Fanny, 28. August 1849. Tümpling (Hrsg.), Erinnerungen, S. 81.

gekommen war", wie er Augusta schrieb. Das Jahr 1849 sei „unstreitig eins der wichtigsten meines Lebens."[53] Und Luise erklärte er, es sei „eine wahre Gnade des Himmels" gewesen, „daß Preußen berufen war, jetzt wieder eine endscheidende, kräftige und mächtige Rolle zu übernehmen, und daß ich persönlich zum Dank verpflichtet bin, zur Durchführung dieser Rolle erwählt worden zu sein."[54] Am 13. Oktober konnte sich Wilhelm auch der Berliner Bevölkerung als siegreicher Prinzkommandant zeigen. Bei seinem festlichen Einzug in die Hauptstadt soll er öffentlich bejubelt worden sein. Zumindest berichtete er dies Großherzog Leopold. „Dieser Einmarsch ist stark contrastirend mit den Ereignissen des 19ᵗᵉⁿ März 1848, u[nd] giebt Veranlassung zu sehr ernsten Betrachtungen über die Menschen!"[55] Laut Varnhagen sei „beim Empfange des Prinzen von Preußen" allerdings auch „Zischen und Pfeifen gehört" worden, „und mehrere Leute wurden durch die Konstabler verhaftet."[56] Derartige Szenen schienen Wilhelms wachsender Popularität jedoch keinen Abbruch getan zu haben. Nur einen Monat später bescheinigte etwa der linksliberale Publizist Ludwig August von Rochau dem preußischen Thronfolger eine öffentliche Autoritätsrolle. „Wir haben in Deutschland nur einen Mann, welcher den alten monarchischen Kultus durch seine Persönlichkeit noch einigermaßen hält, und dieser Mann ist der Prinz von Preußen."[57] Und im Juni 1850 notierte auch Varnhagen, „daß der Prinz von Preußen immer mehr Ansehn erlangt".[58]

Neben Wilhelm versuchte sich im Sommer 1849 auch ein anderer monarchischer Akteur in Deutschland an der Rolle des militärischen Revolutionsbezwingers. Der junge Kaiser Franz Joseph konnte den letzten revolutionären Brandherd der Habsburgermonarchie, den ungarischen Unabhängigkeitskrieg, allerdings nur mit Hilfe russischer Truppen niederschlagen. Nikolaus I. hatte das Waffenbündnis mit Wien nicht allein aus Gründen monarchischer Solidarität geschlossen. Denn die Interventionspolitik im Sinne der Heiligen Allianz erlaubte dem Zaren auch, eine politische Rolle in Deutschland zu spielen. Österreich musste im Inneren stabilisiert und gestärkt werden, um Franz Joseph und Schwarzenberg zu ermöglichen, die preußische Unionspolitik zu torpedieren. Nikolaus hatte in Ungarn eingegriffen, um die Deutsche Frage wieder zu schließen.[59]

Wilhelm schien diese langfristige Strategie nicht verborgen geblieben zu sein. Seinem Bruder erklärte er, es „wäre ein unabsehbares Unglück", sollte die Union unter österreichischem und russischem Druck aufgegeben werden, „da Preußens Weg ein für alle Mal fest gezeichnet jetzt ist."[60] „Die deutsche Frage stehet sehr im Vordergrunde und

---

53 Wilhelm an Augusta, 31. Dezember 1849. Schuster/Bailleu (Hrsg.), Nachlaß, Bd. 2, S. 398.
54 Wilhelm an Luise, 5. September 1849. GStA PK, BPH, Rep. 51, Nr. 853.
55 Wilhelm an Leopold von Baden, 17. Oktober 1849. GStA PK, BPH, Rep. 51 J, Nr. 21f1, Bl. 81.
56 Tagebuch Varnhagen, 15. Oktober 1849. [Varnhagen], Tagebücher, Bd. 6, S. 396.
57 Rochau an Dingelstedt, 13. November 1849. Christian Jansen (Hrsg.), Nach der Revolution 1848/49. Verfolgung, Realpolitik, Nationsbildung. Politische Briefe deutscher Liberaler und Demokraten 1849 – 1861, Düsseldorf 2004, S. 51.
58 Tagebuch Varnhagen, 28. Juni 1850. [Varnhagen], Tagebücher, Bd. 7, S. 229.
59 Vgl. Friese, Rußland und Preußen, S. 41 – 42; Lincoln, Nicholas I, S. 311 – 316; Bled, Franz Joseph, S. 103 – 111; Mommsen, 1848, S. 290 – 291; Evans, Jahrhundert, S. 296 – 299.
60 Wilhelm an Friedrich Wilhelm IV., 22. August 1849. GStA PK, VI. HA, Nl. Vaupel, Nr. 59, Bl. 425.

wir dürfen nicht Inkonsequentien dulden", schrieb er General Reyher, „wir müssen das engere Bündnis fortführen, den Reichstag berufen und immerfort offenes Spiel spielen."[61] Nach wie vor versuchte er, Radowitz auf militärischer Ebene entgegenzuarbeiten. Als nach der Rastatter Kapitulation im Staatsministerium Stimmen laut wurden, der Thronfolger solle sofort nach Berlin zurückkehren, lehnte Wilhelm dieses Ansinnen entschieden ab. Sein „Abgang von hier jetzt" hätte „einen nicht zu berechnenden Nachtheil" zur Folge. „Gewiß ist es, daß man in F[rankfurt] a/M u[nd] Wien, triumphiren wird, sobald ich meine Stelle aufgebe, die ihnen ein Dorn im Auge ist".[62] Wieder bestärkte Augusta ihren Ehemann in dieser Haltung. So schrieb sie ihm, „von allen Seiten spricht man mir die Hoffnung aus, daß Du einen Zentralpunkt *gegen* die preußenfeindlichen Bestrebungen bilden wirst."[63] Auch nach seiner schließlichen Rückkehr in die preußische Hauptstadt drängte Wilhelm seinen Bruder, das strategisch wichtige Großherzogtum nicht preiszugeben. „So lange wir Süd-Deutschland durch unsere *allein*-Besetzung *ganz* Badens, politisch u[nd] strategisch flaquiren, so lange sind wir Herren Süd-Deutschlands, so lange kommt kein Süd-Deutscher Sonder-Bund zusammen", argumentierte er im Januar 1850. „Unserm Ansehen in Deutschland, in Europa, kann kein größerer u[nd] empfindlicher Schlag beigebracht werden, als wenn es gelingt, unsere Stellung in Süd Deutschland zu paralysiren [...]. Hat Oestreich erst einen Ort im Baden[schen] besetzt, so greift es allmählig nach mehr, gehet nie hinaus u[nd] incorporirt es sich."[64] Das Bild, das Wilhelm hier implizit heraufbeschwor, war das einer scheinbar unvermeidlichen Konfrontation von Hohenzollernmonarchie und Habsburgermonarchie. Noch schien er nicht davon überzeugt gewesen zu sein, dass diese Konfrontation militärischer Natur sein müsse. Aber der spätere Kaiser hatte mit dem Revolutionskrieg erstmals seine Bereitschaft demonstriert, die Deutsche Frage auch mit Waffengewalt zu lösen. Und er war dabei, ein neues Feindbild zu gewinnen: Österreich.

---

61 Wilhelm an Reyher, 5. September 1849. Schultze (Hrsg.), Briefe an Politiker, Bd. 1, S. 95.
62 Wilhelm an Friedrich Wilhelm IV., 30. Juli 1849. Baumgart (Hrsg.), Wilhelm I., S. 267–268.
63 Augusta an Wilhelm, 20. August 1849. Schuster/Bailleu (Hrsg.), Nachlaß, Bd. 2, S. 386.
64 Wilhelm an Friedrich Wilhelm IV., 9. Januar 1850. Baumgart (Hrsg.), Wilhelm I., S. 289–290.

Der Feind heißt Österreich:
Die preußische Unionspolitik

Die preußische Unionspolitik war kein bloßes Nachspiel der Märzrevolution. Stattdessen müssen jene zwanzig Monate, in denen Radowitz 1849/50 die Berliner Politik mitgestaltete, als direkte Fortsetzung der Frankfurter Ereignisse betrachtet werden – als Übergangszeit von der Revolution zur Reaktion.[1] Für Wilhelm verfestigte sich in diesem Zeitraum die Überzeugung, dass die Zukunft der Hohenzollernmonarchie unzertrennbar mit der Deutschen Frage verknüpft war. Langfristig mochte sich der spätere Kaiser durch diese Position neue politische Handlungsspielräume schaffen. Doch mittelfristig sollte der preußische Thronfolger am Berliner Hof an Einfluss verlieren. Denn für jene hochkonservativen Kreise, die ihn bis 1848 als reaktionären poster boy betrachtet hatten, war Wilhelm scheinbar plötzlich zu einem Nationalrevolutionär geworden.[2]

Die Kamarilla geißelte die Unionspolitik als gefährlichen Irrweg. Anstatt der Revolution den Todesstoß zu geben, schienen sich Monarch und Ministerium als Steigbügelhalter der Paulskirchenideen zu versuchen.[3] Wie die Gerlach-Brüder stand auch Bismarck einer „nationalen" Politik dezidiert ablehnend gegenüber. Öffentlich brandmarkte der spätere Kanzler den Unionsplan gar wiederholt als Verrat an der preußischen Geschichte.[4] Die Hochkonservativen konnten die staatlich sanktionierte Revolutionspolitik allerdings nicht torpedieren, ohne Gefahr zu laufen, in offene Opposition gegen die Krone treten zu müssen. Daher schossen sie sich auf Radowitz als vermeintlich sinistren Strippenzieher ein, der den König vom Pfad der Gegenrevolution abgebracht hätte. Ernst Ludwig von Gerlach überlieferte etwa das vielsagende Kamarillabonmot, wenn der Diplomat dem König erzählen würde, „der Teufel ist ein Eichhörnchen, so glaubt er es."[5] Um die Union zu Fall zu bringen, musste Radowitz gestürzt werden.

Tatsächlich trafen die Hochkonservativen mit ihrer Anklage einen wunden Punkt des jungen preußischen Konstitutionalismus. Denn Friedrich Wilhelm IV. konnte und wollte seine Regierungspraxis nicht an das neue System anpassen. Er umging seine verantwortlichen Minister, und suchte stattdessen die Nähe unverantwortlicher Vertrauensmänner – darunter prominent Radowitz. Diese aus dem Absolutismus über-

---

1 Vgl. Warren B. Morris Jr., The Prussian Plan of Union. Traditional Policy by „Revolutionary" Means, in: The Historian Vol. 39, Nr. 3 (1977), S. 515–530; Siemann, Gesellschaft, S. 25–36.
2 Vgl. Tagebuch L. v. Gerlach, 28. Mai 1850. GA, LE02753, S. 110–111.
3 Vgl. Hans-Christof Kraus, Die Konservativen und das Erfurter Unionsparlament, in: Gunther Mai (Hrsg.), Die Erfurter Union und das Erfurter Unionsparlament, Köln u. a. 2000, S. 393–416.
4 Vgl. Andreas Kaernbach, Bismarcks Konzepte zur Reform des Deutschen Bundes. Zur Kontinuität der Politik Bismarcks und Preußens in der deutschen Frage, Göttingen 1991, S. 55–70; Pflanze, Bismarck, Bd. 1, S. 80–87; Hans Fenske, Bismarck und die deutsche Frage 1848 bis 1870, in: FBPG NF 26 (2016), S. 55–89, hier: S. 57–59.
5 Tagebuch E. L. v. Gerlach, 10. September 1849. Diwald (Hrsg.), Nachlaß, Bd. 1, S. 208

https://doi.org/10.1515/9783111323954-019

nommene Logik des Vorzimmers der Macht nutzte der Unionsarchitekt systematisch aus, um den Herrscher auf seiner Seite zu halten. Doch als Revolutionsremedium verlor die nationale Frage für den König zusehends an Dringlichkeit und Wirkmacht, je mehr die Frankfurter Ereignisse der Vergangenheit angehörten. Und innerlich lehnte Friedrich Wilhelm IV. jedes kleindeutsche Gedankenspiel nach wie vor ab. Am Berliner Hof war die Machtbasis der Unionspolitik also von Anfang an fragil.[6] Neben Radowitz fiel daher vor allem Wilhelm die entscheidende Rolle zu, den König durch permanente Überzeugungsversuche auf Linie zu halten. So schrieb er seinem älteren Bruder beispielsweise im Oktober 1849, dieser müsse „entschlossen" bleiben, „die betretene deutsche Bahn zu gehen; das ist gewiß das allein Richtige!"[7]

Nach dem Ende des Revolutionskrieges schien es zumindest mittelperspektivisch nicht unmöglich, auf dieser Bahn zu (irgend)einem Erfolg zu gelangen. Am 30. September schlossen Preußen und Österreich eine Übereinkunft über die Bildung einer interimistischen Bundeszentralkommission. Diese hielt die Frage der genauen zukünftigen Organisation Deutschlands bewusst offen.[8] Auch besiegelten beide Großmächte das Ende der nach wie vor auf dem Papier bestehenden Reichszentralgewalt unter dem Reichsverweser-Erzherzog Johann. Wilhelm konnte diesem Schlussakt der Paulskirchenregierung persönlich beiwohnen, als er sich im September in Frankfurt am Main aufhielt. Dort begegnete er auch dem fallengelassenen almost-Nationalstaatsoberhaupt. Nach Berlin schimpfte der Prinz, Johann stünde vollkommen im Dienste der österreichischen Regierung. Auf Schwarzenbergs Geheiß übe er einen derart unheilvollen Einfluss auf alle in der Stadt anwesenden Politiker und Diplomaten aus, „daß sie völlig unsicher über Frankfurt a/M. Anschluß an uns geworden sind, während sie vor einigen Tagen noch bestimmt sich anschließen wollten." Um dieser Gefahr entgegenzuwirken, scheute Wilhelm auch nicht vor unzweideutigen Drohungen zurück. „Ich habe mich sehr bestimmt gegen die Machthaber hier ausgesprochen und hingewiesen daß die zuletzt Kommenden keinen guten Platz finden würden und namentlich würde Frankfurt a/M. *dann* wohl niemals auf Berücksichtigung, den Reichstag in seinen Mauern zu besitzen, sich Rechnung machen können."[9] Überhaupt sei er in der Stadt „sehr thätig", um den Abschluss des preußisch-österreichischen Interimsvertrags zu beschleunigen.[10]

Es „muß Waffenstillstand zwischen Preußen und Österreich sein, damit deren Bruch nicht das Triumphgeschrei der Revolution werde", argumentierte Wilhelm gegenüber Bunsen. „Unter diesem Waffenstillstand müssen wir unser engeres Bündnis zustande bringen, während Österreich es bekämpfen wird; indessen der Waffenstillstand gibt doch die Garantie, daß, mit Geschick operiert, wir eher zustande kommen

---

6 Vgl. Bußmann, Friedrich Wilhelm IV., S. 296–300; Blasius, Friedrich Wilhelm IV., S. 187; Barclay, Unionspolitik, S. 67.
7 Wilhelm an Friedrich Wilhelm IV., 6. Oktober 1849. GStA PK, VI. HA, Nl. Vaupel, Nr. 59, Bl. 491.
8 Vgl. Lutz, Habsburg und Preußen, S. 316–317; Kaernbach, Bismarcks Konzepte, S. 45–46. Der Text der preußisch-österreichischen Übereinkunft findet sich in: Huber (Hrsg.), Dokumente, Bd. 1, S. 548–550.
9 Wilhelm an Friedrich Wilhelm IV., 6. September 1849. GStA PK, VI. HA, Nl. Vaupel, Nr. 59, Bl. 448–449.
10 Wilhelm an Friedrich Wilhelm IV., 9. September 1849. Ebd., Bl. 453–454.

und an Sympathien und Kraft gewinnen, ehe Österreich sich zum förmlichen Bruch entschließt."[11] „Glückt dieser ganze Plan nicht", schrieb er Charlotte, „dann bleibt Preußen nur übrig, sich allein auf seine eigenen Füße zu stellen, und abwartend die Dinge sich entwickeln sehen."[12] Wilhelm sah die Hohenzollernmonarchie nach wie vor in einer Position der Stärke, da ohne sie langfristig kein deutscher Nationalstaat geschaffen werden könne. „Das ist es auch", betonte er etwa im April 1850, „was ich immer en avant stelle, wenn von der Deutschtümelei geredet wird, was aus Preußen würde, wenn keine Einheit, oder wie ich nur sage, größere Einigkeit, zu Stande kommt – weil ich stets antworte: daß Preußen sich dann selbst genüge als Großmacht, und da würde es sich sogleich zeigen, daß Deutschland *ohne* Preußen nicht bestehen kann."[13]

Eine entschiedene Gegnerin jeglicher preußisch-österreichischen Ausgleichspolitik war dagegen Augusta. Unverblümt erklärte sie ihrem Ehemann, „auf dem Wege der Unterhandlungen hat Preußen nie gesiegt, und so wird es auch jetzt den Kürzeren ziehen."[14] Zwar äußerte die Prinzessin nicht offen den Wunsch nach einer militärischen Konfrontation der Großmächte. Doch bereits Ende 1849 betonte sie vielsagend, dass „keine Nachgiebigkeit Preußens gegen Österreich denkbar ist, weil eine solche mit seiner Ehre, mit seiner Wohlfahrt und mit seinen Verpflichtungen gegen Deutschland unvereinbar sein würde."[15] Wilhelm hielt seiner Ehefrau entgegen, „der Bruch zwischen Österreich und Preußen sei der europäische Krieg und der des Sozialismus" – eine bezeichnende Reflexion über die potentiellen gesellschaftlichen Rückwirkung einer solchen Konflagration, wie sie die Revolutionskriege nach 1789 zumindest im Ansatz bereits hatten erahnen lassen.[16] Auch in Frankfurt am Main habe der Prinz gegenüber allen dort vertretenen Repräsentanten betont, „daß nur im Zusammengehen mit Österreich, sowohl Deutschland als Europa gerettet werden kann", wie er seinem Bruder berichtete. Gleichzeitig betonte er allerdings erneut, dass „nur die Unions Stellung" Preußen „zum Ziele" führen könne.[17] Und an Bunsen schrieb Wilhelm Ende 1849, ein Krieg sei „das Traurigste, was wir zwischen uns und Österreich erleben könnten. Doch werden wir ihm nicht entgehen, wenn wir ungerecht angegriffen werden."[18] Wann aber konnte sich Preußen als ungerecht angegriffen betrachten? Bis Ende 1850 sollte der Thronerbe immer mehr mögliche Antworten auf diese Frage finden.

So formulierte Wilhelm etwa bereits im September 1849 gegenüber Charlotte den Vorwurf, dass die Habsburgermonarchie „in der Bekämpfung der preußisch-deutschen Tendenzen [...] der Demokratie die Hände reicht. Die Demokraten sehen vollkommen ein, daß Preußens konsequentes Fortschreiten auf dem Wege, auf welchen es gedrängt

---

11 Wilhelm an Bunsen, 11. September 1849. Berner (Hrsg.), Briefe, Bd. 1, S. 215–216.
12 Wilhelm an Charlotte, 12. September 1849. Börner (Hrsg.), Briefe, S. 339.
13 Wilhelm an Charlotte, 13. April 1850. GStA PK, BPH, Rep. 51 J, Nr. 511a, Bd. 2, Bl. 494.
14 Augusta an Wilhelm, 16. September 1849. Schuster/Bailleu (Hrsg.), Nachlaß, Bd. 2, S. 393.
15 Augusta an Wilhelm, 20. Dezember 1849. Ebd., S. 542.
16 Wilhelm an Augusta, 3. Oktober 1849. Ebd., S. 395.
17 Wilhelm an Friedrich Wilhelm IV., 31. Dezember 1849. Baumgart (Hrsg.), Wilhelm I., S. 287.
18 Wilhelm an Bunsen, 5. Dezember 1849. Berner (Hrsg.), Briefe, Bd. 1, S. 219.

ist, zum Ziele, d.h. zu einer größeren Einigung Deutschlands führen kann. Daß dies geschehe, ist trotz aller Deutschomanie der Demokraten gerade das, was sie nicht wollen. Sie wollen die Republik." Preußen hingegen wolle „die Tendenzen der Revolution bekämpfen, also einen neuen weltgeschichtlichen Abschnitt zu schließen suchen."[19] Nach dem Intermezzo des Revolutionskrieges fand sich Wilhelm in einer vertrauten Position wieder: Die Deutsche Frage begann ihn von seiner konservativen Sozialsphäre zu entfremden. Und sie führte ihn erneut in die Nähe der gemäßigten Liberalen um Gagern. Anders als die ehemalige Paulskirchenlinke unterstützten die Erbkaiserlichen die Unionspolitik, wie sie es am 28. Juni 1849 in ihrem *Gothaer Programm* erklärt hatten. Im Erfurter Unionsparlament, das im Januar 1850 in Preußen und den deutschen Kleinstaaten auf Grundlage des Dreiklassenstimmrechts gewählt wurde, sollten sie die Berliner Regierung sogar fast bis zur Willfährigkeit stützen. Die Linksliberalen und Demokraten hatten die Wahl dagegen boykottiert – ebenso wie Österreich und die Königreiche Bayern, Hannover, Sachsen, und Württemberg. Auch auf der Wahlebene war somit das begrenzte politische Fundament der Erfurter Union offenbart worden.[20]

Wilhelm war sich dieser neuen parteipolitischen Frontlinien bewusst. Treffend bemerkte er etwa gegenüber Augusta, Gagerns Fraktion spiele in Erfurt eine Rolle „wie 1849 in Frankfurt a.M., die Konservativen im *Vergleich* der roten Republik".[21] „Übrigens fühlte ich mich jetzt über jene Männer triumphierend viel embarrassierter als im vorigen Herbst, als die Rollen umgekehrt standen", berichtete er nach einer Audienz mit mehreren Erbkaiserlichen im September 1849.[22] Und Anfang Januar 1850 betonte er, „jetzt, wo wenigstens wir wieder zu Kraft und Macht gekommen seien, würden die Herren wohl einsehen, daß sie sich wohl auf uns, wir uns aber nicht auf sie zu stützen brauchten. [...] Vor den Kopf darf man freilich diese Männer nicht stoßen, weil sie sonst leicht *rot* werden könnten, wahrlich nicht vor Scham, sondern aus Republikanismus."[23] Wie bereits ein Jahr zuvor demonstrierte Wilhelm im Umgang mit ausgewählten Volksvertretern eine vergleichsweise hohe Flexibilität, zu der Friedrich Wilhelm IV. und andere dynastische Eliten außerstande waren. Allerdings war diese Flexibilität rein strategisch motiviert. Der Prinz war bereit, gemeinsam mit den gemäßigten Liberalen die Deutsche Frage zu lösen. Aber er lehnte es entschieden ab, die Erbkaiserlichen oder andere Parlamentarier an der monarchischen Macht zu beteiligen. So schimpfte er gegenüber Bunsen, „die Radowitz'sche deutsche Verfassung" sei „so

---

19 Wilhelm an Charlotte, 26. November 1849. Börner (Hrsg.), Briefe, S. 341–342.
20 Vgl. Christian Jansen, Der schwierige Weg zur Realpolitik. Liberale und Demokraten zwischen Paulskirche und Erfurter Union, in: Gunther Mai (Hrsg.), Die Erfurter Union und das Erfurter Unionsparlament, Köln u.a. 2000, S. 341–368; ders., Einheit, Macht und Freiheit. Die Paulskirchenlinke und die deutsche Politik in der nachrevolutionären Epoche 1849–1867, Düsseldorf 2000, S. 222–228; Peter Steinhoff, Die „Erbkaiserlichen" im Erfurter Parlament, in: Gunther Mai (Hrsg.), Die Erfurter Union und das Erfurter Unionsparlament, Köln u.a. 2000, S. 369–392; Möller, Gagern, S. 354–371.
21 Wilhelm an Augusta, 12. Januar 1850. Schuster/Bailleu (Hrsg.), Nachlaß, Bd. 2, S. 401.
22 Wilhelm an Augusta, 10. September 1849. Ebd., S. 391–392.
23 Wilhelm an Augusta, 3. Januar 1850. Ebd., S. 399–400.

liberal, daß weder die unterzeichnenden noch beitretenden Mächte den Glauben haben können, daß sie so durchführbar sei."[24] Seinen Bruder drängte er, in Erfurt sofort „eine modificirte Verfassung" vorzulegen, anstatt diese wie die preußische Konstitution erst später zu revidieren. „Denn etwas anzunehmen, was allgemein als nicht durchführbar anerkannt ist, wieder in der Hoffnung, es modificirt zu sehen, wie es in Berlin geglückt ist, heißt das Geschick doch etwas zu sehr in die Schranken rufen!"[25] Und gegenüber Vincke-Olbendorf argumentierte der Prinz, er könne der Ansicht „nicht beitreten, daß man lieber eine schlechte Verfassung annehmen müsse, als die Dinge überhaupt in Frage lassen; das heißt à la Paulskirche im April 1849 handeln."[26]

Wilhelm betonte Anfang 1850 wiederholt, dass die Berliner Regierung nicht die Fehler der Frankfurter Nationalversammlung wiederholen dürfe. Es müsse nicht lange *ver*handelt, sondern schnell *ge*handelt werden. Hätten Preußen und die mindermächtigen deutschen Regierungen den Bundesstaat erst einmal konstituiert, würde die Union eine nationale Sogwirkung entwickeln, der sich auch die Mittelstaaten langfristig nicht entziehen könnten – „die Königreiche kommen dann von selbst, nach einigem Weigern, zu uns".[27] Die Union müsse daher von Anfang an institutionell derart konzipiert sein, dass diesem zukünftigen Beitritt des gesamten außerösterreichischen Deutschlands nichts im Wege stehe. „Nur keinen *unüberschreitbaren* Damm gezogen, der hindert, daß doch ganz Deutschland einst zum *engeren Bündnis* gehöre", forderte Wilhelm daher Mitte Februar 1850 von Radowitz.[28] Auch seinem Bruder schrieb er, eine „géograph[ische] Beschränkung des engeren Bundes dürfen wir nie zugeben, weil unser Wunsch ja grade sein muß, allmählig ganz Deutschland in demselben aufgenommen zu sehen; nichts dergl[eichen] also geschehe, was diese Zukunft tractatenmäßig unmöglich macht."[29] Mit Blick auf die Frage, ob sich Wilhelm vor 1866 mit einer preußisch-österreichischen Zweiteilung Deutschlands etwa entlang der Mainlinie hätte arrangieren können, sind diese Quellen von nicht geringem Interesse. Denn bereits 1850 erhob der spätere Kaiser den Anspruch, dass der Herrschaftsbereich der Hohenzollernmonarchie langfristig bis an die österreichischen Grenzen ausgedehnt werden müsse.

Doch nach wie vor war Friedrich Wilhelms IV. innerhalb Preußens das zentrale Hindernis für eine solche kleindeutsche Politik.[30] So notierte Leopold von Gerlach Mitte Februar, der König habe ihm gegenüber während einer Kaffeerunde „den Gedanken" formuliert, „Österreich die vollständige Abnahme der Verfassung vom 26. Mai und die Teilung der Zentralgewalt zugleich vorzuschlagen! [...] Er machte nur die feinsten Räsonnements über sein Verhältnis zu Österreich u.s.w."[31] Und Radowitz klagte, der

---

24 Wilhelm an Bunsen, 3. August 1849. Schultze (Hrsg.), Briefe an Politiker, Bd. 1, S. 92.
25 Wilhelm an Friedrich Wilhelm IV., 13. Januar 1850. GStA PK, VI. HA, Nl. Vaupel, Nr. 59, Bl. 546–547.
26 Wilhelm an Vincke-Olbendorf, 5. Januar 1850. Schultze (Hrsg.), Briefe an Politiker, Bd. 1, S. 97.
27 Wilhelm an Carl Alexander, 14. Januar 1850. Ders. (Hrsg.), Weimarer Briefe, Bd. 1, S. 217–218.
28 Wilhelm an Radowitz, 15. Februar 1850. Ders. (Hrsg.), Briefe an Politiker, Bd. 1, S. 98.
29 Wilhelm an Friedrich Wilhelm IV., 16. Februar 1850. Baumgart (Hrsg.), Wilhelm I., S. 297.
30 Vgl. Barclay, Unionspolitik, S. 69–70.
31 Tagebuch L. v. Gerlach, 12. Februar 1850. GA, LE02753, S. 41.

Monarch würde durch seine „mittelalterlich-reichsmäßige Deferenz gegen Österreich" die inneren und äußeren Gegner der Union nur ermutigen. „Er ist in innerster Seele davon durchdrungen, daß nur dem Erzhause die Kaiserkrone in Deutschland gebühre und daß alles, was dagegen geschehe, ja selbst geschehen müsse, doch eigentlich eine bloße Usurpation sei."[32] Wie Radowitz sah sich auch Wilhelm mit dem worst case scenario konfrontiert: history repeating. Die Erfurter Union drohte wie das Paulskirchenreich an ihrem designierten Oberhaupt zu scheitern. Sollte dies geschehen und der König die Nationalbewegung erneut brüskieren, warnte der Prinz seinen Bruder, könnten die Folgen für die Hohenzollernmonarchie katastrophal sein. „Ich fürchte, daß eine augenblickliche Schilderhebung der Révolution stattfinden würde, und die Antipathie gegen Preußen würde stärker sein als nach dem 3ten April" 1849, „da man das Abspringen von unseren eigenen Plänen uns nachweisen würde, was uns um alles Ansehen brächte."[33]

Am 20. März 1850 trat das Erfurter Unionsparlament zusammen. Zwar verfolgte Wilhelm die dortigen Verhandlungen durchaus mit Interesse. Doch maß er ihnen im Kontext der Unionspolitik eine lediglich angeordnete Rolle bei – nicht völlig zu Unrecht, denn das Unionsparlament war alles andere als eine zweite Paulskirche. Auf die Frage, „was wird Erfurt bringen?", wie der Prinz sie Anfang März formulierte, dürfe es letztendlich nur eine Antwort geben: „Wir müssen den Ton angeben und nicht immer abgestimmt werden."[34] Diese Linie verfolgten auch Radowitz und das Ministerium Brandenburg, die von der Konstituante eine Revision des Verfassungsentwurfs vom Mai 1849 forderten. Das Ziel war es, sich auch noch der letzten parlamentarisch-demokratischen Rudimente der Paulskirchenverfassung zu entledigen. Nur so konnte die Regierung hoffen, sowohl die hochkonservative Opposition zu brechen als auch den König an das Unionsprojekt zu binden. Mit dem Wahlboykott der Mittelstaatenkönigreiche war das Dreikönigsbündnis de facto aufgekündigt worden. Ohne jenes diplomatische Fundament der Maiverfassung war eine ursprünglich geplante Annahme en bloc letztendlich gegenstandslos geworden.[35] Friedrich Wilhelm IV. verstieg sich sogar zu der Drohung, „geht das Enbloc *durch*, so geht Preußen aus der Union *heraus*."[36] Das ging wiederum seinem jüngeren Bruder zu weit. Wilhelm befürchtete nicht zu Unrecht, dass der König nur einen geeigneten Vorwand suchen würde, um die Unionspolitik fallen zu lassen. Friedrich Wilhelm IV. könne mit seiner Drohung doch nur den Fall meinen, „falls keine *sofortige* Révision *stipulirt* würde. Wird diese jedoch stipulirt, dann sehe ich keinen Grund zum Austritt? Dieser würde immer ein Aufgeben und Imstichlassen der Verbündeten involviren".[37] Wie der Thronfolger dem Diplomaten Karl Friedrich von Savigny erklärte, müsse die Erfurter Union so schnell wie möglich zustande kommen. Dann

32 Aufzeichnungen Radowitz', 2. Mai 1850. Möring (Hrsg.), Briefe, S. 225.

33 Wilhelm an Friedrich Wilhelm IV., 19. Februar 1850. GStA PK, VI. HA, Nl. Vaupel, Nr. 59, Bl. 580–581.

34 Wilhelm an Reyher, 1. März 1850. Schultze (Hrsg.), Briefe an Politiker, Bd. 1, S. 102–103.

35 Vgl. Mai, Erfurter Union, S. 34–36; Barclay, Unionspolitik, S. 73–74.

36 Friedrich Wilhelm IV. an Wilhelm, 11. April 1850. Baumgart (Hrsg.), Wilhelm I., S. 311.

37 Wilhelm an Friedrich Wilhelm IV., 13. April 1850. GStA PK, VI. HA, Nl. Vaupel, Nr. 59, Bl. 647.

„könnten wir 28 als Einheit mit jenen fünf" – Österreich, Bayern, Hannover, Sachsen und Württemberg – „unterhandeln, und das moderne Volkshaus könnte zu einer begutachtenden Behörde herabkonstituiert werden neben einer 2- oder 3-köpfigen Einheit, welche an der Spitze des Staatenbundes stände."[38] Preußen und die ihm angeschlossenen Staaten könnten dergestalt in Deutschland aus einer Position der Stärke agieren, versuchte er seinen Bruder zu überzeugen – „der Zeit muß es dann überlassen bleiben, welches von beiden Bündnissen die stärkste Attraktions Kraft auf das andere ausüben wird, um endlich ein einiges Deutschland zu bilden!"[39] „Unser Weg bleibt uns vorgezeichnet; *wir dürfen* Keinen verlassen; wenn man *uns* verläßt, so wird sich das Weitere schon finden."[40]

Am Erfurter Parlament sollte die Union nicht scheitern. Vor allem die Erbkaiserlichen hatten kein Interesse an langwierigen und potentiell konfliktreichen Grundsatzdebatten. Sie hatten aus den Fehlern der Paulskirche gelernt. Den Gegnern sollte keine Zeit gegeben werden, das Nationalstaatsprojekt zum zweiten Mal zu Fall zu bringen. Mehrheitlich nahmen die Abgeordneten die Unionsverfassung bereits am 12. April an – gegen die Minderheit der preußischen Hochkonservativen. Nach dieser Vorentscheidung begannen sie direkt mit den von Berlin geforderten Revisionsverhandlungen. Diese sollten sowohl die preußische Eigenstaatlichkeit als auch strukturelle Suprematie des Berliner Hofs innerhalb des Bundesstaats sichern. Die Hohenzollernmonarchie sollte unabhängig von Unionsstaaten und Parlament über Krieg und Frieden entscheiden können – und die Unionsverfassung sollte letztlich gar der revidierten preußischen Verfassung angeglichen werden.[41] Wilhelm begrüßte dieses „spezifische Preußentum" der Abgeordneten, wie er Augusta schrieb, „weil man an ihrer Gesinnung hat abmessen können, daß eben in diesem Kernlande, um das sich Deutschland sammeln soll, eine *Selbständigkeit* der Ansichten vorwaltet, die gerade das Hauptingredienz ist, was dem Ganzen dereinst den Halt geben wird."[42]

Am 29. April beschloss die Parlamentsmehrheit die Annahme der revidierten Verfassung, die danach den Unionsregierungen zur weiteren Verhandlung vorgelegt werden sollte. Die Erfurter Konstituante wurde noch am selben Datum vertagt – und trat nicht wieder zusammen. Die Hoffnungen der Erbkaiserlichen, Friedrich Wilhelm IV. würde sofort ein provisorisches Unionsministerium berufen, mit dem der Bundesstaat seine Regierungstätigkeit beginnen könne, sollten sich nicht erfüllen. Stattdessen wurden auf Vorschlag des Corburger Herzogs Ernst II. Vorbereitungen für einen Fürstenkongress in Berlin getroffen, um dort auch die monarchischen Regierungen offiziell an

---

38 Wilhelm an K. F. v. Savigny, 23. März 1850. Real (Hrsg.), Briefe, Bd. 2, S. 501–502. Siehe auch Wilhelm an Leopold von Baden, 23. März 1850. GStA PK, BPH, Rep. 51 J, Nr. 21f1, Bl. 99.
39 Wilhelm an Friedrich Wilhelm IV., 25. März 1850. Baumgart (Hrsg.), Wilhelm I., S. 304.
40 Wilhelm an Friedrich Wilhelm IV., 2. April 1850. GStA PK, VI. HA, Nl. Vaupel, Nr. 59, Bl. 630.
41 Vgl. Jochen Lengemann, Das deutsche Parlament von 1850. Wahlen, Abgeordnete, Fraktionen, Präsidenten, Abstimmungen, in: Gunther Mai (Hrsg.), Die Erfurter Union und das Erfurter Unionsparlament, Köln u. a. 2000, S. 307–339.
42 Wilhelm an Augusta, 22./24. April 1850. Schuster/Bailleu (Hrsg.), Nachlaß, Bd. 2, S. 417–418.

die Union zu binden. Für den preußischen König bot diese Entscheidung eine nicht unwillkommene Möglichkeit, Zeit zu gewinnen und ein Definitivum in der Unionspolitik hinauszuzögern.[43] Diese Hinhaltetaktik schien Wilhelm jedoch nicht zu erfassen. Vielmehr schrieb er seinem Bruder, er sei „sehr glücklich und freue mich ungemein", dass der Herrscher den Coburger Vorschlag angenommen hatte. „Da die Révision in Erfurt [...] größtenteils conservatif ausgefallen ist, so scheint mir ein solches Zustandebringen des Ganzen durch den Fürstentag sehr glücklich erdacht."[44] Eine Nationalstaatsgründung über den Weg persönlicher dynastischer Diplomatie war nicht nur auf der inszenatorischen Ebene das denkbar deutlichste Alternativmodell zum Frankfurter Parlamentarismus. Daher begrüßte der spätere Kaiser die Fürstenkongressidee.

Seit dem Ende des Revolutionskrieges hatte Wilhelm an den deutschen Höfen für den Anschluss an die Union geworben. Dabei drohte er allerdings bisweilen wenig subtil mit möglichen militärischen Konsequenzen, sollten sich Herrscher und Regierungen diesem Anschluss verweigern. Gegenüber Diplomaten aus Hannover und Hessen-Darmstadt habe er etwa im Februar 1850 erklärt, Berlin könne nicht zulassen, dass „ein feindliches Bündnis zwischen" den preußischen Kernprovinzen und den Rheinlanden existiere. Allein aus geographischen Gründen müsse die Hohenzollernmonarchie also darauf bestehen, dass beide Staaten sich der Union anschließen. Ansonsten würde „uns [...] nichts übrig bleiben [...], als uns dem mit aller *Gewalt* entgegenzusetzen; denn eine *feindliche* Truppenmasse zwischen uns eingeschoben, *müßten* wir niederwerfen."[45] Und einen Monat später schrieb er einem hessischen Minister, es sei „für mein Gouvernement und vor allem für mich bei meiner Kommandostellung" wichtig „zu wissen, wie es mit den Staaten stehet, die meine Truppenaufstellung durchschneiden."[46]

Auf dem Berliner Fürstenkongress vom 8. bis 16. Mai sollten derartige Drohungen ausbleiben. Stattdessen versuchte Radowitz, die anwesenden sechsundzwanzig Monarchen und deren Minister auf dem Verhandlungsweg zu einer bindenden Annahme der Erfurter Verfassung zu bewegen. Doch letztendlich konnten sich die Kongressteilnehmer nur auf die provisorische Fortdauer des Unionsbündnisses einigen.[47] Konrad Canis spricht daher nicht zu Unrecht von einer „Bankrotterklärung" der dynastischen Deutschlandpolitik.[48] Radowitz beklagte vor allem, dass sich Friedrich Wilhelm IV. geweigert hatte, den Verhandlungen persönlich beizuwohnen. Lediglich zu Beginn und Ende des Fürstenkongresses habe der König „sich in *allgemeinen Ausdrücken*" seinen monarchischen Kollegen gegenüber geäußert.[49] Wilhelm hatte seinen Bruder zuvor noch explizit gewarnt, sollte die Unionspolitik scheitern, „so bist Du und sind alle

---

43 Vgl. Huber, Verfassungsgeschichte, Bd. 2, S. 897–898; Canis, Revolution, S. 367–368, S. 372–373.
44 Wilhelm an Friedrich Wilhelm IV., 22. April 1850. GStA PK, VI. HA, Nl. Vaupel, Nr. 59, Bl. 662–663.
45 Wilhelm an Augusta, 26. Februar 1850. Schuster/Bailleu (Hrsg.), Nachlaß, Bd. 2, S. 413–414.
46 Wilhelm an Schaeffer-Bernstein, 26. März 1850. Schultze (Hrsg.), Briefe an Politiker, Bd. 1, S. 104–105.
47 Vgl. Huber, Verfassungsgeschichte, Bd. 2, S. 899–900; Mai, Erfurter Union, S. 39–40.
48 Canis, Revolution, S. 374.
49 Aufzeichnungen Radowitz', 8./16. Mai 1850. Möring (Hrsg.), Briefe, S. 245.

Fürsten compromittirt vor der Welt, vor ihren Unterthanen und vor der *Pauls-Kirche*, indem *diese* sagt [...] ,Wir konnten und wir hatten es gemacht, weil die Fürsten nie etwas zu Stande bringen werden! und so zeigte es jetzt sich wieder!'"[50] Über den enttäuschenden Ausgang des Fürstenkongresses schrieb er schließlich Charlotte, immerhin hätten die Verhandlungen „gezeigt, daß der größte, wenn auch nicht mächtigste Teil Deutschlands, mit Preußen fest zusammengeht. Dies Bündnis muß also seine Existenz wahren, wenn, wie es zu erwarten leider steht, Österreich es mit gewaffneter Hand sprengen will."[51]

Wilhelms Furcht vor einem Großmächtekrieg war im Sommer 1850 alles andere als unbegründet. Seit dem Ende der innerimperialen Revolutionskonflikte hatte Österreich zielstrebig versucht, die 1848 verlorengegangene Hegemonialposition nördlich der Alpen zurückzugewinnen. Bereits die Mittelstaatenkönigreiche hatten die konsolidierte Habsburgermonarchie als Bündnispartner gegen die Unionspolitik genutzt – eine Parteinahme *gegen Preußen*, jedoch nicht notwendigerweise *für Österreich*. Über die innerdeutsche Blockbildung sollte vielmehr einer Restauration des Deutschen Bundes der Weg bereitet werden.[52] Dies war auch Schwarzenbergs Ziel. Preußen sollte mittelfristig zur Aufgabe der Unionspolitik gezwungen werden und langfristig zurück in die Juniorpartnerrolle der österreichischen Hegemonialreaktion – Metternich redivivus.[53] Allerdings kann nicht ausgeschlossen werden, dass der österreichische Ministerpräsident 1850 auch Optionen jenseits einer simplen Pressionsstrategie verfolgt haben mochte. Zumindest lehnte er eine militärische Avilierung des innerdeutschen Rivalen im Eskalationsfall nicht kategorisch ab.[54]

Wilhelm seinerseits attestierte Österreich eine aktive Kriegsvorbereitungspolitik, „die wohl auf eine bewaffnete Zerstöhrung" dessen abziele, „was in Erfurt sich constituiren kann", wie er Luise erklärte. Ein preußisch-österreichischer Krieg könne jedoch potentiell „ein Europäischer Krieg, kann leicht ein 7 oder 30 jähriger werden; es schaudert der Gedanke!"[55] Obwohl er nach wie vor keine Illusionen über das Zerstörungspotential eines solchen Großmächtekonflikts hegte, schien er seit dem Frühjahr 1850 graduell die Überzeugung gewonnen zu haben, dass ein Waffengang letztlich unvermeidbar sei. „Unwillkürlich siehet man nach dem Degen, denn nur ihm scheint die Lösung vorbehalten!", schrieb er etwa im März an General Reyher.[56] Und zwei Monate später argumentierte er gegenüber Monarch und Ministerium, dass Preußen „berufen

---

50 Wilhelm an Friedrich Wilhelm IV., 9. Mai 1850. GStA PK, VI. HA, Nl. Vaupel, Nr. 59, Bl. 679–680.

51 Wilhelm an Charlotte, 22./24. Mai 1850. Börner (Hrsg.), Briefe, S. 348–349.

52 Vgl. Huber, Verfassungsgeschichte, Bd. 2, S. 893–894; Müller, Deutscher Bund, S. 53–54.

53 Vgl. Roy A. Austensen, „Einheit oder Einigkeit"? Another Look at Metternich's View of the German Dilemma, in: German Studies Review Vol. 6, Nr. 1 (1983), S. 41–57, hier: S. 44–46; ders., Metternich, Austria, and the German Question, 1848–1851, in: The International History Review Vol. 13, Nr. 1 (1991), S. 21–37, hier: S. 3132; Brandt, Franz Joseph I., S. 349–352; Hildebrandt, Schwarzenberg, S. 773–774.

54 Vgl. Nipperdey, Bürgerwelt, S. 671; Kaernbach, Bismarcks Konzepte, S. 49; Lutz, Habsburg und Preußen, S. 388; Showalter, German Unification, S. 42; Canis, Revolution, S. 288.

55 Wilhelm an Luise, 2. April 1850. GStA PK, BPH, Rep. 51, Nr. 853.

56 Wilhelm an Reyher 22. März 1850. Schultze (Hrsg.), Briefe an Politiker, S. 104.

ist, einst an die Spitze Deutschlands zu treten." Ein „Krieg zwischen Östereich und Preußen" wäre „unvermeidlich", wenn sich Wien dieser historischen Mission in den Weg stellen würde. Dann sei „die kritische Lage Preußens gegenüber seinen an numerischem Gehalt überwiegenden Gegnern nicht zu verkennen." Dieser Gefahr „ist nur der Stern Preußens gegenüber zu stellen, seine tüchtige Armee und sein Recht, während die öffentliche Meinung bald zu Ungunsten Östereichs entscheiden wird. Vor allem aber bedenke Östereich, wie seine Lage wird, wenn es in diesem Kampfe unterliegt!"[57] Was Wilhelm hier proposierte, war die radikale Idee, dass Preußen im Kriegsfall die öffentliche Meinung, also die deutsche Nationalbewegung, gegen Österreich mobilisieren müsse. Im Jahr 1850 blieb diese hybride Kriegsstrategie ein reines Gedankenspiel. Aber 1866 sollte der spätere Kaiser ein solches Zweckbündnis von Hohenzollernmonarchie und Revolution tatsächlich suchen.

Sechzehn Jahre vor Königgrätz spielte der Faktor Öffentlichkeit jedoch keine konfliktdeterminierende Rolle. Anders sah es mit dem Petersburger Hof unter Nikolaus I. aus, der als Arbiter mundi im Dualismusstreit agierte. Wieder suchte die zarische Politik den direkten dynastischen Kommunikationsdraht nach Berlin. Und wieder richteten sich die Einflussversuche an Wilhelms Adresse. So schrieb Charlotte ihrem Bruder, „ich mögte auch dass *Du* bei den alten Grundsätzen bliebst und Dich nicht durch die deutschen Träumereien irre machen liessest."[58] „Inconséquènzen und Widersprüche liegen in aller Handlung der Preußischen Regierung seit 2 Jahren." Dass man in Berlin glaube, „*mit einer Hand* den Degen gezogen *gegen* die Révolution" kämpfen zu können, „während man mit *der anderen* Hand sich *das unpraktische* ihrer Werke aneignete, bleibt leider zu unbegreiflich um es zu expliciren!"[59] Gegen solche Anklagen erwiderte Wilhelm, es sei schlichtweg unmöglich, das Rad der Zeit zurückzudrehen – weder in der Verfassungsfrage noch in der Deutschen Frage. „Es gibt wohl keinen größeren Antagonisten der Constitution als mich, und wahrlich, die Neu-Zeit hat dies nicht vermindert; aber kann man immer gegen den Strom schwimmen? Dasselbe gilt auch von der sogenannten deutschen Träumerei."[60] Dieser veränderte Ton der Geschwisterkorrespondenz war symptomatisch für den sich beschleunigenden Zersetzungsprozess transnationaler Fürstendiplomatie seit 1848. Die russische Militärintervention in Ungarn 1849 mochte als monarchischer Solidaritätsakt inszeniert worden sein. Doch wurden die Beziehungen der Höfe in Sankt Petersburg, Wien und Berlin anno 1850 bereits weitgehend von realpolitischen Staatsinteressen bestimmt.[61]

In dieser sich abzeichnenden diplomatischen Frontstellung stand Preußen zwar durchaus die Option offen, auf das Mobilisationspotential der deutschen Nationalbe-

---

57 Aufzeichnungen Wilhelms, 19. Mai 1850. Heinrich von Sybel (Hrsg.), Denkschrift des Prinzen von Preußen (Kaiser Wilhelm's I.) über die deutsche Frage, in: HZ 70 (1893), S. 90–95, hier: S. 91–95.
58 Charlotte an Wilhelm, 11. März 1850. GStA PK, BPH, Rep. 51 J, Nr. 511a, Bd. 2, Bl. 490.
59 Charlotte an Wilhelm, 24. Mai 1850. Ebd., Bl. 501.
60 Wilhelm an Charlotte, 11. März 1850. Ebd., Bl. 487.
61 Vgl. Paulmann, ‚Royal International', S. 174–175; ders., Pomp und Politik. Monarchenbegegnungen in Europa zwischen Ancien Régime und Erstem Weltkrieg, Paderborn u. a. 2000, S. 125–127.

wegung zurückzugreifen. Eine derart unleugbar revolutionäre Politik war das Ministerium Brandenburg allerdings nicht bereit mitzutragen – und Friedrich Wilhelm IV. erst recht nicht. Stattdessen suchte die Berliner Regierung nach dem Fürstenkongress den diplomatischen Ausgleich mit beiden Großmächten. Ende Mai lud der Zar zu einer Entrevue nach Warschau ein, bei der Österreich durch Schwarzenberg, Preußen durch Wilhelm vertreten werden sollte.[62] Es konnte kaum ein Zufall gewesen sein, dass ausgerechnet der russophile Thronfolger mit dieser Mission beauftragt worden war. Wilhelm schien der Begegnung mit seinem Schwager, der ersten seit Ausbruch der Märzrevolution, ambivalent entgegenzusehen, wie er Charlotte vor seiner Abreise schrieb. „Seine Ansichten sind ebenso prägnant wie die unsrigen und meinigen. Wo soll da eine Verständigung herkommen?! [...] Gott verhüte den Krieg. Er kann es durch Nikolas Ausspruch!"[63]

Auch in Warschau versuchte Wilhelm, den Zaren in die Verantwortung über Krieg oder Frieden zu nehmen – eine Perspektive, die Nikolaus augenscheinlich nicht teilte. Wie der Prinz in einem ausführlichen Bericht nach Berlin dokumentierte, habe der russische Herrscher zwar versichert, „daß er keinen Angriff auf einen Unschuldigen dulden werde, jedoch auch nur dann, wenn keine Tractate verletzt würden, deren Mit Signatair Russland sei." Auch „Schwarzenberg hat dem Kaiser u[nd] mir versichert daß Oestreich nicht daran denke, die Union mit den Waffen in der Hand zu sprengen, jedoch im letzten Augenblick des Abschieds auf meinem Ausspruch, daß wir also in Frieden neben einander ferner gehen würden – nur mit: ‚ich wünsche es!' antwortete."[64] Derartige Worte konnten Friedrich Willhelm IV. und seine Minister kaum als Friedensgarantie betrachten. Die Heilige Allianz war effektiv zerbrochen. Schwarzenberg konnte über diesen diplomatischen Punktesieg nach Wien berichten, der Zar habe sich über den preußischen König „mit Verachtung" ausgesprochen. Und Wilhelm habe auf ihn wie „ein beschränkter Kopf und von der neupreußischen Politik durch und durch imprägniert" gewirkt.[65] In Berlin sollen die Warschauer Nachrichten Friedrich Wilhelm IV. „empört" empört haben, so Leopold von Gerlach. *„Ich glaube nicht an einen Krieg* mit Oesterreich aber an eine *recht tüchtige Blamage* für uns", prophezeite der Kamarillageneral. „Die Union wird uns *lappenweise abgerissen*, wir zanken uns darum mit ganz Europa und enden mit nichts. Der König, Radowitz, Brandenburg, alle wollen etwas anderes und das Ende ist, dass Preußens Macht in Deutschland nicht wächst und dass die schwachen deutschen Staaten keine Stütze an Preußen wegen seiner elenden Politik finden."[66] Auch Wilhelm zog ein alles andere als positives Resümee über das Wieder-

---

62 Vgl. Canis, Gegenrevolution, S. 171–172; ders., Revolution, S. 289–292.
63 Wilhelm an Charlotte, 22./24. Mai 1850. Börner (Hrsg.), Briefe, S. 348–349.
64 Wilhelm an Friedrich Wilhelm IV., 31. Mai 1850. Baumgart (Hrsg.), Wilhelm I., S. 316–325. Siehe auch Wilhelm an Augusta, 27. Mai 1850. Schuster/Bailleu (Hrsg.), Nachlaß, Bd. 2, S. 421.
65 Schwarzenberg an Prokesch, 3. Juni 1850. Heinrich Friedjung, Österreich von 1848 bis 1860, Bd. 2/I, Stuttgart/Berlin ³1912, S. 515–516.
66 Tagebuch L. v. Gerlach, 2. Juni 1850. GA, LE02753, S. 115–116.

sehen mit seinem Schwager.[67] „Der Kaiser will den unterstützen, der sich den Traktaten am nächsten hält. Dies ist so vieler Deutungen und Auslegung fähig, daß kein Schluß zu ziehen ist", klagte er Charlotte.[68] Und Augusta erklärte er, „ist eine Verständigung mit Österreich möglich, ohne unserer Ehre zu nahe zu treten, so wird niemand froher und zufriedener darüber sein als ich. Aber ich sehe leider keine Verständigung mehr!"[69]

Zumindest am Londoner Hof stieß die Unionspolitik nicht auf Widerstand. Dorthin war Wilhelm nach der Warschauer Entrevue gereist. Seinem Bruder schrieb er, Queen und Prinzgemahl „freuten sich zu hören, daß Du fest an der Union hältst, mit dem Wunsch, eine Verständigung mit Östreich dennoch zu erzielen; je fester Preußen diesen Weg fortgehet, je eher würde Östreich endlich nachgeben".[70] Es ist einerlei, ob Wilhelm hier tatsächlich die Worte des britischen Herrscherpaares wiedergab oder doch eher seine eigenen Ideen. Der intendierte Effekt war jedenfalls klar: Friedrich Wilhelm IV. musste auf Linie gehalten werden. „In der dänischen Friedens Frage haben wir bereits den anderen Mächten nachgegeben [...] um Deutschland vor einem Europäischen Krieg zu bewahren. Nun kommt die Reihe an uns die Anderen zum Nachgeben zu zwingen", schrieb er aus London.[71] Und wie Queen Victoria ihrem Onkel Leopold berichtete, habe der preußische Thronfolger auf sie und Albert einen hoffnungsvollen Eindruck gemacht – „we have been able to appreciate his *real* worth fully; he is so honest and frank, and so steady of purpose and courageous."[72] Der Londoner Besuch 1850 trug dazu bei, die dynastischen Beziehungen zwischen dem preußischen und britischen Königshaus zu intensivieren. Gleiches konnte jedoch nicht über die politischen Beziehungen der beiden Länder gesagt werden. Denn das britische Kabinett unter Premierminister Palmerston hatte die Unionspolitik trotz anfänglicher Sympathien bereits als de facto gescheitert eingestuft.[73]

Maßgeblich zur desaströsen Außenwirkung der Berliner Deutschlandpolitik hatte Schwarzenbergs Entschluss beigetragen, offiziell zu Bundesrestaurationsverhandlungen in Frankfurt am Main einzuladen – noch während in Berlin der Fürstentag stattfand. Waren anfangs noch lediglich jene Regierungen im Rumpfbundestag vertreten, die der Union ohnehin oppositionell gegenüberstanden, nahm ihre Mitgliederzahl bis September kontinuierlich zu. Je deutlicher es wurde, dass die Unionspolitik innerhalb des Pentarchiekonzerts auf erheblichen Widerstand stieß, und je länger das Revolutionsgeschehen der Vergangenheit angehörte, desto mehr Staaten sagten sich vom Nationalstaatsprojekt los.[74] Auch innerhalb des preußischen Staatsministeriums gewannen im Sommer 1850 die Unionsgegner die Überhand. Innenminister Otto von

---

67 Vgl. Wilhelm an Luise, 3./15. Juni 1850. GStA PK, BPH, Rep. 51, Nr. 853.
68 Wilhelm an Charlotte, 31. Mai 1850. Börner (Hrsg.), Briefe, S. 349.
69 Wilhelm an Augusta, 26. Juni 1850. Schuster/Bailleu (Hrsg.), Nachlaß, Bd. 2, S. 424.
70 Wilhelm an Friedrich Wilhelm IV., 22. Juni 1850. GStA PK, VI. HA, Nl. Vaupel, Nr. 59, Bl. 728.
71 Wilhelm an Friedrich Wilhelm IV., 3./4. Juli 1850. Ebd., Bl. 744–745.
72 Queen Victoria an Leopold I., 9. Juli 1850. Benson/Brett (Hrsg.), Letters, Bd. 2, S. 256.
73 Vgl. Müller, Britain, S. 116–129.
74 Vgl. Huber, Verfassungsgeschichte, Bd. 2, S. 900–903; Kaernbach, Bismarcks Konzepte, S. 48–49.

Manteuffel hatte Radowitz' Agenda bereits seit langem als innen- und außenpolitisch gefährlich kritisiert. Bis August gelang es ihm, unter anderem Kriegsminister August von Stockhausen und Ministerpräsident Brandenburg von der vermeintlichen Aussichtslosigkeit einer Politik zu überzeugen, deren Durchsetzung nur durch einen Großmächtekrieg zu erreichen sei. Zwar hielt Friedrich Wilhelm IV. nach wie vor an Radowitz fest. Doch wartete er letztendlich nur darauf, dass ihm Österreich eine gesichtswahrende Brücke aus dem Unionsdilemma bauen würde.[75]

Für Wilhelm machte sich diese graduelle Ministerfrontverschiebung zunächst dadurch bemerkbar, dass er kaum noch offizielle Nachrichten aus Berlin erhielt, während er auf diplomatischen Missionen in Deutschland und Europa die Unionspolitik verteidigte. Bereits im Mai klagte er seinem Bruder, dass „ich en pied de la lettre garnichts mitthetheilt erhalte!"[76] Und im September schimpfte er, „was zwischen Berlin u[nd] Wien vorgehet, weiß ich nicht, weil keine Sylbe mir zukommt!!"[77] Er „lebe nur von Zeitungs Nachrichten. [...] Ein so vollständiges Ignoriren meiner Stellung und Person, kann ich wirklich nicht mehr länger ertragen. Ich glaube, daß ich mit Recht verlangen kann, au courant der Verhandlungen gehalten zu werden, die in allen wichtigen Punkten schweben, damit ich doch weiß, was für Anträge gehen und kommen und wie sie angesehen und beantwortet werden sollen."[78] Gegenüber seiner Ehefrau äußerte der Prinz gar die Vermutung, dass „hinter meinem Rücken [...] intigriert werde", obgleich es „nicht leicht sein wird, mich aus dem Sattel zu heben, – was freilich gewisse Anstrengungen nur verdoppeln wird. Darum dürfte meine Anwesenheit in Berlin in der nächsten Zeit sehr notwendig sein."[79]

Den Juli verbrachte Wilhelm daher in der preußischen Hauptstadt, in der Nähe des Königs. Dieser erste längere Berlinaufenthalt seit Monaten gewährte ihm eine neue Innenperspektive der Ministerverhandlungen, an denen er auf Allerhöchste Ordre wieder teilnehmen durfte. Das labile Fundament, auf dem Radowitz und die Unionspolitik schwankten, war mittlerweile offenkundig. Friedrich Wilhelm IV. soll laut Gerlach die Unionsverfassung etwa explizit als „einen A-Wisch" bezeichnet und erneut erklärt haben, „dass das Ideal des grossen Mittelreichs unter dem gekrönten und gesalbten Kaiser von *Oesterreich, Römischer Kaiser* festgehalten werden müsste [...] usw. usw."[80] Wilhelm glaubte den Herrscher allerdings noch immer „*vollkommen* fest in dem Beschluß, die Union aufrecht zu erhalten", wie er Augusta am 10. Juli schrieb.[81] „Im Ministerium sind die Ansichten mit denen des Königs noch nicht übereinstimmend", berichtete er am 13. Juli. „Manteuffel und noch einige Kollegen wollen so weit gehen, gegen Österreich die mögliche Aufgabe der Unionsbasis vom 28. Mai durchblicken zu

---

75 Vgl. Canis, Revolution, S. 384–387.
76 Wilhelm an Friedrich Wilhelm IV., 2. Mai 1850. GStA PK, VI. HA, Nl. Vaupel, Nr. 59, Bl. 678.
77 Wilhelm an Friedrich Wilhelm IV., 4. September 1850. Baumgart (Hrsg.), Wilhelm I., S. 330.
78 Wilhelm an Friedrich Wilhelm IV., 11. September 1850. GStA PK, VI. HA, Nl. Vaupel, Nr. 59, Bl. 772–773.
79 Wilhelm an Augusta, 1. Juli 1850. Schuster/Bailleu (Hrsg.), Nachlaß, Bd. 2, S. 425.
80 Tagebuch L. v. Gerlach, 24. Juli 1850. GA, LE02753, S. 146.
81 Wilhelm an Augusta, 10. Juli 1850. Schuster/Bailleu (Hrsg.), Nachlaß, Bd. 2, S. 427.

lassen, um den Krieg zu evitieren, den sie für unvermeidlich halten. Dies ist mir unfaßlich, woher diese Püsillanimität kommt."[82] Ein solches Vorgehen würde „die grellste Konzession gegen Österreich sein, die nur erdacht werden kann", schimpfte er in einem Brief vom 16. Juli. „Bei diesen Leuten hat Österreich seinen Zweck erreicht, nämlich durch Ermüdung an *sein* Ziel zu kommen, indem es seinerseits *nicht* ermüdet. [...] Es ist ein merkwürdiges Ereignis, daß der König gerade jetzt fester in der Unionsfrage ist als seine Minister, und daher hoffe ich auf einen irgend guten Ausgang der Sache noch und suche zu wirken, wo ich kann."[83] Wilhelm konnte oder wollte nicht sehen, dass auch sein Bruder die Unionspolitik bereits längst aufgegeben hatte. Er und Radowitz waren die last men standing.

Zumindest brieflich versuchte allerdings auch Augusta, ihrem Ehemann den Rücken zu stärken. „Man *muß* Dich hören, *wenn der Prinz von Preußen als erster Untertan der Stimme der Wahrheit den* Nachdruck verleiht, ohne welchen seine Stellung bald eine zweifelhafte werden würde, denn alles baut auf Deine Konsequenz und Dein patriotisches Ehrgefühl!"[84] Sie könne kaum ausdrücken, „wie wohl es mir tut, daß wir in diesem ernsten Moment völlig übereinstimmen, und daß ich Deiner edlen, festen, konsequenten und patriotischen Haltung volle Anerkennung widmen kann."[85] Und gegenüber ihrem Vertrauten Alexander von Schleinitz geißelte die Prinzessin das „beständige Rücksichtnehmen auf Österreich nach aller erlittenen Unbill von dort [...]. Was soll aber aus Preußens Ehre werden [...] wenn es seinen einzigen wahren Verbündeten (denn die Fürsten lassen uns im Stich), das Vertrauen der nationalen Partei in Deutschland verliert."[86] Wie Wilhelm war auch Augusta im Sommer 1850 bereit, die Deutsche Frage notfalls durch eine Revolution von oben zu lösen.

Einen Verzicht auf die Union „werden wir uns nicht gefallen lassen und einen Konflikt nicht scheuen", erklärte der Prinz seinem Weimarer Schwager.[87] Ein Waffengang sei kaum noch zu vermeiden, argumentierte er gegenüber Charlotte, da „klar ist [...], daß Oestreich [...] Preußen bei allen Gelegenheiten chicaniren will und somit zu Mitteln greift, die den Krieg herbeiführen müssen!!!"[88] „*Jedermann* und vor *allem* die *Offiziere* beklagen die Möglichkeit eines Krieges mit Österreich", berichtete er Augusta aus Berlin, „aber alle sind bereit, ihr Leben einzusetzen, wenn Österreich unserer Ehre zu nahe tritt."[89] Die zusehends konfrontative Atmosphäre am Berliner Hof erreichte ihren ersten Höhepunkt während einer Konseilsitzung am 19. August. Allein Wilhelm, Radowitz und der König weigerten sich in jener Runde, dem österreichischen Druck

---

82 Wilhelm an Augusta, 13. Juli 1850. Ebd., S. 427–428.
83 Wilhelm an Augusta, 16. Juli 1850. Ebd., S. 432–434.
84 Augusta an Wilhelm, 15. Juli 1850. Ebd., S. 431.
85 Augusta an Wilhelm, 21. Juli 1850. Ebd., S. 434.
86 Augusta an A. v. Schleinitz, 8. Juli 1850. [Schleinitz], Papiere, S. 339.
87 Wilhelm an Carl Alexander, 3. August 1850. Schultze (Hrsg.), Weimarer Briefe, Bd. 1, S. 230.
88 Wilhelm an Charlotte, 1. August 1850. GStA PK, BPH, Rep. 51 J, Nr. 511a, Bd. 2, Bl. 512.
89 Wilhelm an Augusta, 12. August 1850. Schuster/Bailleu (Hrsg.), Nachlaß, S. 438.

nachzugeben.[90] Nach den Ministerverhandlungen soll es laut Gerlach sogar zu einem Eklat gekommen sein. Denn als der Kamarillageneral mit Blick auf Radowitz „absichtlich" bemerkt habe, „das sind die Menschen, welche dem Könige in der Zeit der Not den feigesten Rat gegeben haben", sei Wilhelm förmlich explodiert. Er „geriet in Zorn", habe Gerlach angefahren, „darauf verstehe ich keinen Spass. Sie mögen in einer Bataille Mut haben, Radowitz hat den energischsten Rat gegeben. Es haben jetzt Leute ein echec Preußens gewollt, um recht zu behalten." Friedrich Wilhelm IV. soll bei dieser Szene still geblieben sein. Noch am selben Abend habe er allerdings gegenüber Gerlach im Privatgespräch erklärt, „man müsse die" Unionsverfassung „aufgeben, denn sie stünde [...] auf einem revolutionären Boden".[91]

Diese kaum zu verheimlichende Uneinigkeit am Berliner Hof hatte Schwarzenberg wiederholt ausgenutzt und verstärkt. Durch diplomatische Drohungen und Lockungen hatte er kontinuierlichen Druck ausgeübt, bis sich die Unionsgegner schließlich in der Mehrheit befanden.[92] Radowitz klagte gegenüber Wilhelm, die Unionspolitik wäre längst von Erfolg gekrönt gewesen, wenn „nicht in unserem eigenen Lager der Verrat wühlte! Das ist die schmerzlichste und bei weitem schädlichste Seite unserer Lage."[93] Für den Diplomaten gab es im Spätsommer und Herbst 1850 nur den Lichtblick, dass sich Friedrich Wilhelm IV. nach wie vor weigerte, ihn fallen zu lassen. Die Union war mittlerweile zu einer politischen Ehrenfrage geworden – ein eigendynamischer Ehrendiskurs, der wohl kaum einen politischen Akteur in Preußen unberührt ließ. Neben der liberalen Öffentlichkeit forderten auch Teile des Offizierscorps und nicht zuletzt der populärere Thronfolger, dass eine Demütigung Preußens durch Österreich um jeden Preis verhindert werden müsse. Der König sah sich daher mit dem Dilemma konfrontiert, die Unionspolitik so lange aufrecht zu erhalten, bis er ihren Anhängern einen politischen Kompensationspreis präsentieren konnte. Diese Kompensation sollte eine ausgebaute Position der Hohenzollernmonarchie im restaurierten Deutschen Bund sein. Um diese zu erreichen, musste er mit Wien aus einer Position der Stärke verhandeln.[94]

Der Herrscher beauftragte daher erneut seinen jüngeren Bruder, außenpolitischen Handlungsspielraum für Preußen zu gewinnen. Ende August und Anfang September bereiste Wilhelm die Höfe in Darmstadt, Wiesbaden und Karlsruhe, um die dortigen Monarchen und Minister zum Festhalten an der Union zu bewegen – oder zu zwingen. Dem Großherzog von Hessen-Darmstadt habe er etwa offen gedroht, „daß wenn eine Verständigung nicht zu Stande käme, u[nd] Darmstadt zu Oestreich hielte, die Eventualität eintreten müßte, daß Darmstadt durch unsere Truppen, bei Exécutions Maasregeln Seitens Oestreichs, besetzt werde", wie er nach Berlin berichtete.[95] Den Herzog von Hessen-Nassau schimpfte er einen „Zwitter", der durch seine lavierende Politik

90 Vgl. Barclay, Friedrich Wilhelm IV., S. 296–297.
91 Tagebuch L. v. Gerlach, 19. August 1850. GA, LE02753, S. 163–164.
92 Vgl. Barclay, Friedrich Wilhelm IV., S. 292–295; Canis, Revolution, S. 379–384.
93 Radowitz an Wilhelm, [September 1850]. Möring (Hrsg.), Briefe, S. 289.
94 Vgl. Mai, Erfurter Union, S. 42–43; Canis, Revolution, S. 387.
95 Wilhelm an Friedrich Wilhelm IV., 29. August 1850. Baumgart (Hrsg.), Wilhelm I., S. 326.

„weder Österreich gewinnen noch uns für ihn günstig stimmen" werde.[96] Und im noch immer von preußischen Truppen besetzten Baden wil Wilhelm versichert haben, „daß Preußen einseitig die momentane Unausführbarkeit der Union nicht aussprechen könne, indem es diejenigen, die mit Treue u[nd] Vertrauen bei ihm verharrten, nicht verlassen dürfe."[97] Wie erfolgreich, wie vergeblich oder wie kontraproduktiv diese letzten diplomatischen Missionen des preußischen Thronfolgers gewesen sein mochten, muss offen bleiben. Weder ein kurzfristiger noch langfristiger Effekt auf die Unionspolitik kann rekonstruiert werden. Denn noch bevor Wilhelm nach Berlin zurückehren konnte, sollte der schwelende preußisch-österreichische Machtkonflikt den Rand einer militärischen Eskalation erreichen. „Wir verteidigen die Union bei jeder Gelegenheit und werden ihr Prinzip *immer* aufrecht erhalten", betonte er gegenüber seiner Ehefrau Ende August 1850.[98] Nur wenige Wochen später sollte der Thronerbe vor die Frage gestellt werden, wie weit er wirklich zu gehen bereit war, um dieses Prinzip zu verteidigen.

---

96 Wilhelm an Wintzingerode, 7. September 1850. Ludolf Gottschalk von dem Knesebeck (Hrsg.), Briefwechsel Wilhelms I. mit Fritz Freiherr v. Wintzingerode, in: FBPG 41 (1928), S. 126–136, hier: S. 128.
97 Aufzeichnungen Wilhelms, 12. September 1850. Baumgart, (Hrsg.), Wilhelm I., S. 331.
98 Wilhelm an Augusta, 21. August 1850. Schuster/Bailleu (Hrsg.), Nachlaß, Bd. 2, S. 439.

Kriegsziel: Deutschland – Endstation: Olmütz.
Der Großmächtekonflikt im Winter 1850

Am 12. September 1850 floh der hessische Kurfürst Friedrich Wilhelm aus seiner Residenzstadt Kassel nach Wilhelmsbad. Von dort aus bat er fünf Tage später die Frankfurter Bundesversammlung um militärische Unterstützung, um seine Herrschaft zu restaurieren. Der Rumpfbundestag gab dieser Bitte am 21. September auf österreichischen Vorschlag statt. Wie 1849 Großherzog Leopold von Baden benötigte der Kurfürst Waffenhilfe gegen seine eigenen Untertanen.[1] Mit dem scheinbaren Ende der Revolution hatte Friedrich Wilhelm versucht, zum vormärzlichen Neoabsolutismus zurückzukehren. Aber nachdem das Parlament Anfang September der Reaktionsregierung das Budget verweigert hatte, rief er den Kriegszustand aus. Und wie in Baden verweigerte die Armee dem Herrscher den Gehorsam. Aber es war nicht der ideologische Konflikt von Monarchischem Prinzip und Parlamentarismus, der die Hessen-Kassel-Krise über den Rang eines kleinstaatlichen Lokalereignisses hob. Das Kurfürstentum war zum Zeitpunkt, als Friedrich Wilhelm den restaurierten Bundestag um Intervention bat, nominell nach wie vor Mitglied der Erfurter Union. Eine Besetzung des Landes durch Bundestruppen hätte die Hohenzollernmonarchie militärstrategisch bedroht. Denn sie hätte die Rheinlande und die dort stationierten Truppen von den preußischen Kernprovinzen abgeschnitten.[2]

Wilhelm bezeichnete die ersten Nachrichten über die Flucht des Kurfürsten spöttisch als „ein Ereigniß neuer Art, indem ein Gouvernement sich flüchtet vor seinen eigenen Maßregeln, ohne daß ein Aufstand ausgebrochen ist!"[3] Die Verantwortung für den offenen Verfassungskonflikt trage allein der Herrscher, der Parlament und Öffentlichkeit unnötig provoziert habe, der „mit dem Kopf nach wie vor durch die Wand rennt!"[4] – eine Argumentation, die der Prinz im Vormärz so wohl kaum formuliert hätte. Gleichzeitig könne „diese ganze Hessische Episode [...] unbedingt zu Gunsten der Union und Preußens umschlagen, wenn wir sie richtig erfassen". Berlin müsse ebenso schnell wie vorsichtig vorgehen. „Das Schwierige ist nur, daß wir bei unserem Auftreten glücklich lavieren zwischen Aufrechterhaltung des monarchischen Princips und Nicht Befürwortung der Auflehnung der Unterthanen gegen ihren Herrn. Dies Dilemma scheint indessen der Hessen-Fritz selbst zu lösen, indem er flagrant im Unrecht sich befindet. Da nun aber der Pseudo Bundestag dieser Ansicht direct entgegengetreten ist, so wird ein ernster neuer Conflict mit Oestreich unvermeidlich sein, der aber, wie schon gesagt, gewiß zu unseren Gunsten ausschlagen wird."[5] Preußen dürfe vor allem nicht zulassen, dass jener Pseudo-Bundestag in die Lage versetzt werde, auf der internatio-

---

1 Vgl. Losch, Der letzte deutsche Kurfürst Friedrich Wilhelm I. von Hessen, Marburg 1937.
2 Vgl. Huber, Verfassungsgeschichte, Bd. 2, S. 908–915; Siemann, Gesellschaft, S. 85–88.
3 Wilhelm an Friedrich Wilhelm IV., 15. September 1850. GStA PK, VI. HA, Nl. Vaupel, Nr. 59, Bl. 786.
4 Wilhelm an Charlotte, 20./23. September 1850. Börner (Hrsg.), Briefe, S. 351.
5 Wilhelm an Friedrich Wilhelm IV., 23./28. September 1850. GStA PK, VI. HA, Nl. Vaupel, Nr. 59, Bl. 794–795.

https://doi.org/10.1515/9783111323954-020

nalen Bühne „Lebensfähigkeit und Lebenstüchtigkeit zu beweisen" und sich durch eine Bundesexekution zu legitimieren. „Ich glaube daher, daß [...] Preußen nicht anstehen darf, Hessen auch ohne *fremde* Okkupirung abzuwarten, zu besetzen, um mitsprechen zu können. Freilich wird ein solcher Schritt gewaltige Contestationen nach sich ziehen; aber un fait accompli ist viel werth!"[6]

Wilhelm appellierte in seinen Briefen nach Berlin im September und Oktober wiederholt, Monarch und Ministerium müssten diese plötzliche Chance ergreifen. Denn „Preußen hat in diesem Moment es wieder in Händen, die Sympathien fast ganz Deutschlands zu gewinnen. Und nicht etwa, indem es der Démocratie schmeichelt, sondern indem es offen und fest zeigt, wo und wie Recht und Ordnung vertheilt ist. [...] Wir müssen rasch das Land besetzen und durch ein Manifest deutlich aussprechen, daß wir nicht kommen, um die Auflehnung von Unten nach Oben zu unterstützen, eben so wenig um für das Gouvernement zu wirken, sondern um Gesetz und Ordnung her-zustellen, wozu Bedingungen zu beiden Seiten zu stellen wären. – Versäumen wir in diesem Augenblick auf diese Art die Sympathien für uns zu benutzen, so triumphirt in wenig Wochen der Bundestag, und um Preußens Ansehen ist es geschehen."[7] Stärker noch als den Revolutionskrieg 1849 betrachtete Wilhelm die Hessen-Kassel-Krise nahezu singulär aus einer deutschlandpolitischen Perspektive. Die hochkonservative Umgebung des Königs lehnte die Idee einer Pfandbesetzung des Kurfürstentums hingegen ent-schieden ab. Zu groß war der Kamarilla die militärische Eskalationsgefahr. Zuwider war ihr die Vorstellung, preußische Soldaten könnten für eine meuternde Armee und gegen einen legitimen Herrscher ins Feld ziehen.[8] „Wohin sind wir geraten!!", so Leopold von Gerlach.[9]

Wie der Thronfolger drängte allerdings auch Radowitz auf eine fait-accompli-Poli-tik – und das seit dem 26. September sogar im Amt des preußischen Außenministers. In diese verantwortliche Regierungsposition war er vor allem von Wilhelm gedrängt worden.[10] Er fühle „die Notwendigkeit und Wichtigkeit Ihrer Ernennung", schrieb der Prinz dem neuen Außenminister, „da es bei dem gemischten Sinn des Ministeriums Ihnen allein in Ihrer *jetzigen* Stellung möglich sein wird, durch energische Maßregeln, dasselbe mit sich fortzureißen, und, so Gott will! durch glückliche Erfolge, – Vertrauen zu Ihnen und zu sich selbst zu geben!" Ein Erfolg sei es etwa, „mit 30000 M[ann] in Hessen" einzumarschieren. Denn dann könne Österreich „uns nicht so leicht Gesetze vorschreiben. Erst handeln und *dann* räsonieren, heißt es jetzt; das Entgegengesetzte haben wir nun 1½ Jahr vergeblich angewendet. [...] Ich hoffe, Sie werden nicht ruhen, ehe *Sie* nicht auf dem Papier Mannschaft und Zeit berechnet sehen und dem König vorgelegt wissen."[11]

---

6 Wilhelm an Friedrich Wilhelm IV., 2. Oktober 1850. Ebd., Bl. 801–802.
7 Wilhelm an Friedrich Wilhelm IV., 9. Oktober 1850. Ebd., Bl. 812–813.
8 Vgl. Huber, Verfassungsgeschichte, Bd. 2, S. 914–915.
9 Tagebuch L. v. Gerlach, 27. Oktober 1850. GA, LE02753, S. 204.
10 Vgl. Barclay, Friedrich Wilhelm IV., S. 298–299.
11 Wilhelm an Radowitz, 29. September 1850. Schultze (Hrsg.), Briefe an Politiker, Bd. 1, S. 119–123.

Die unausgesprochene Gefahr einer militärischen Eskalation, eines innerdeutschen, sogar eines potentiell europäischen Krieges, nahm Wilhelm billigend in Kauf. Gegenüber dem Petersburger Hof versuchte er zu argumentieren, das Wiener und Frankfurter Agieren beweise unzweifelhaft, „daß Preußen aus der Position gedrängt werden soll, die es doch noch in Norddeutschland innehat. [...] Dies liegt so, daß es Preußen in 2 Hälften trennt, und da sollen wir es uns gefallen lassen, daß adversaire Militärkräfte sich dort etablieren, so daß wir zwischen den beiden Hälften keine Verbindung mehr haben?? Wenn noch nichts Österreichs Tendenz dokumentiert hätte, Preußen lähmen zu wollen, so müßte dieses Verfahren doch jedermann die Augen öffnen."[12] Anders als sein jüngerer Bruder zögerte Friedrich Wilhelm IV. allerdings, im Namen der Union Vabanque zu spielen. Am 15. Oktober sandte er Ministerpräsident Brandenburg nach Warschau, um dort unter der Vermittlung des Zaren mit Kaiser Franz Joseph und Schwarzenberg über eine mögliche friedliche Beilegung der Krise zu verhandeln. Brandenburg sah sich jedoch sofort mit der Forderung nach einer vollständigen Aufgabe der Unionspolitik konfrontiert. Schwarzenberg war bereit, die Hessen-Kassel-Krise als politischen Hebel zu nutzen, Berlin endlich wieder in den restaurierten Bund zu zwingen. Und er konnte dabei auf die aktive Unterstützung Sankt Petersburgs rechnen.[13]

Die Nachrichten aus Warschau schienen Wilhelms schlimmste Befürchtungen über eine „Österreich-Russisch-Süddeutsche Allianz" zu bestätigen, wie er Augusta schrieb. „Wenn also nicht der eintretende Winter den Krieg noch hinauszieht und Brandenburg nicht reussiert, so ist der Krieg unausbleiblich und sehr nahe".[14] Bei einem möglichen Waffengang bliebe Preußen nur noch die deutsche Nationalbewegung als Bündnispartner, sollten „die Fürsten und Regierungen [...] vergessen, was sie Deutschland schuldig sind" – eine kaum verhohlene Umsturzdrohung, die er in diesem Brief an Charlotte und Nikolaus richtete.[15] Eine Allianz mit der sprichwörtlichen Revolution sei angesichts der äußeren Bedrohung notwendig und legitim, „Preußen muß überall auf *Gemeinschaft* in den deutschen Fragen dringen, weil Österreich *überall* uns *ausschließen* will."[16] Was Wilhelm forderte, war nichts weniger als eine politische wie militärische Eskalation der Krise. Diese Position brachte ihn schnell in Konflikt mit Kriegsminister Stockhausen.[17] Ende Oktober drängte der Prinz in Berlin, endlich die Mobilmachung und mögliche Operationspläne zu besprechen. Auf diese Forderung ging der Kriegsminister zwar ein. Aber nur, um den säbelrasselnden Thronfolger davon zu überzeugen,

---

12 Wilhelm an Charlotte, 15. Oktober 1850. Börner (Hrsg.), Briefe, S. 353.
13 Vgl. Heinrich von Sybel, Graf Brandenburg in Warschau (1850), in: HZ 58 (1887), S. 245–278; Huber, Verfassungsgeschichte, Bd. 2, S. 916–917; Angelow, Sicherheitspolitik, S. 156–159.
14 Wilhelm an Augusta, 20. Oktober 1850. Schuster/Bailleu (Hrsg.), Nachlaß, Bd. 2, S. 441–442.
15 Wilhelm an Charlotte, 21. Oktober 1850. Börner (Hrsg.), Briefe, S. 354.
16 Wilhelm an Augusta, 22. Oktober 1850. Schuster/Bailleu (Hrsg.), Nachlaß, Bd. 2, S. 444–445.
17 Vgl. Ludwig Dehio, Zur November-Krise des Jahres 1850. Aus den Papieren des Kriegsministers von Stockhausen, in: FBPG 35 (1923), S. 134–145.

„wie schädlich und gefährlich unsere Lage" durch das Festhalten an der Union sei, wie er Gerlach schrieb.[18]

Am 28. Oktober versammelten sich der Prinz von Preußen, Radowitz und Stockhausen zu einem ersten „Kriegsrat" – so Wilhelms vielsagende Bezeichnung dieser Gespräche in einem Brief an Augusta. Einen Tag später berief Friedrich Wilhelm IV. eine Folgekonferenz ein, in der er sich der Position seines Bruders und des Außenministers anschloss, obgleich er noch nicht bereit war, eine Mobilmachung anzuordnen. „Die Würfel sind so gut wie gefallen; der König ist ganz fest entschieden, seiner Politik treu zu bleiben. Es war eine inhaltschwere Konferenz! Es soll Brandenburgs morgende Rückkehr abgewartet werden, um den letzten Entschluß zu fassen."[19] Augusta jubelte über diese Nachrichten ihres Ehemanns – „Gottlob, es gibt noch Hohenzollern!"[20] Für Gerlach war der 29. Oktober hingegen „ein trauriger Tag", Königin Elisabeth „war vom Morgen an in Tränen", und der König habe sich „in höchster Aufregung" befunden. Die Tagebuchaufzeichnungen des Generaladjutanten legen nahe, dass Wilhelm in jenen Herbsttagen 1850 neben Radowitz als zentraler Einflussakteur am Berliner Hof bewertet werden muss. Denn in militärischen Streitfragen konnte der Thronfolger für sich eine exzeptionelle Expertise reklamieren. Von Stockhausen will Gerlach gar erfahren haben, „daß der König zuletzt den Prinzen von Preußen die Entscheidung überlassen und daß dieser für den Krieg votiert hätte."[21]

Am 31. Oktober traf Brandenburg in Berlin ein. Wilhelm konnte ihn zunächst „nur flüchtig" sprechen. In Warschau habe der Ministerpräsident die Überzeugung gewonnen, „daß in der deutschen Frage eine Verständigung möglich sei".[22] Im weiteren Verlauf des Tages erklärte Brandenburg gegenüber König und Thronfolger, dass Schwarzenberg die sofortige Aufgabe der Unionsverfassung forderte. Dann könne Preußen auf eine Parität mit Österreich im restaurierten Bund sowie auf Kooperation in Kurhessen hoffen. Wie Wilhelm gegenüber Radowitz bemerkte, dem er von Brandenburgs Vortrag noch am selben Tag berichtete, könne Berlin zwar die Unionsverfassung „im factum als unausführbar anerkennen." Doch müsse am Prinzip der Union festgehalten und „eine andere Verfassung" ausgehandelt werden. „Wäre darin Verständigung erzielt, so könnte man vor der Welt hintreten und sagen: die alte gehet nicht, auf diesen Basen soll eine *neue* gebildet werden." Gleichzeitig müsse sich Preußen die Mobilisierungsoption offenhalten und Österreich auffordern, jegliche Truppenbewegungen zu unterlassen, „und nach ungenügender Antwort mobil machen, oder es gleich tun".[23] Eine solche Eskalationspolitik, wie sie der Thronfolger explizit forderte, und wie sie der König implizit zu dulden schien, lehnte Brandenburg entschieden ab. Am 1. November verlangte der Ministerpräsident dem Monarchen ultimativ ein Konseil für den Folgetag

---

18 Stockhausen an L. v. Gerlach, 26. Oktober 1850. GA, LE02766, S. 204.
19 Wilhelm an Augusta, 29. Oktober 1850. Schuster/Bailleu (Hrsg.), Nachlaß, Bd. 2, S. 446–447.
20 Augusta an Wilhelm, 31. Oktober 1850. Ebd., S. 448.
21 Tagebuch L. v. Gerlach, 31. Oktober 1850. GA, LE02753, S. 206.
22 Wilhelm an Augusta, 31. Oktober 1850. Schuster/Bailleu (Hrsg.), Nachlaß, Bd. 2, S. 448.
23 Wilhelm an Radowitz, 31. Oktober 1850. Schultze (Hrsg.), Briefe an Politiker, Bd. 1, S. 125–126.

ab, um eine Entscheidung über Krieg oder Frieden herbeizuzwingen. Und im Gespräch mit Gerlach soll er am selben Tag zugestimmt haben, *„daß das wirksamste Mittel die Schwierigkeiten zu beseitigen, die Entlassung Radowitz wäre."* Auch sei Brandenburg „außer sich über König und Prinz von Preußen" gewesen, „den letzteren erklärt er für toll."[24]

Das fast vierstündige Ministerkonseil am 2. November 1850 muss für Wilhelm als einschneidender biographischer Moment bewertet werden. Die Mobilmachung fand keine Mehrheit. Stattdessen plädierten die Minister für die Annahme der österreichischen Forderung, also für die Aufgabe der Unionspolitik. Der Thronfolger und Radowitz waren isoliert, der König gab schließlich der Ministermehrheit nach. In einem längeren Brief vom selben Tag klagte Wilhelm seiner Ehefrau in emotionalen Worten, „man unterwirft sich fast in allem den österreichischen Forderungen und hofft so den Frieden zu erkaufen. [...] Unsere Schmach ist ausgesprochen, und sie wird zu nichts helfen, denn Österreich wird uns doch den Krieg machen, et nous démolir après nous avois avilis, letzteres ist geschehen!" Er fühle sich wie „vernichtet", sogar an die Märztage 1848 erinnert. „Mir ist gerade zu Mute, wie am 19. März!"[25] Auch Augusta zog diesen bezeichnenden Vergleich: „Am 19. März 1848 wurde das *alte*, am 2. November 1850 das *neue* Preußen begraben!"[26] Und Wilhelms Adjutant Boyen berichtete seiner Ehefrau, „der Prinz weinte wie ein Kind, daß ich nicht anders konnte, als ihm um den Hals fallen und sagen, daß die Ehre seines Namens wenigstens für die Geschichte gerettet sei." Boyen hatte während der Konseilsitzung zusammen mit anderen Militärs in einem Vorzimmer gesessen. Darunter befand sich auch Gerlach, der aufgrund seiner Opposition gegen die Mobilmachung von den anderen Anwesenden „tüchtig verarbeitet" worden sei, bis „sein bewegliches Maul verstummte".[27] Der Generaladjutant will an jenem Tag keine Hoffnung gehegt haben, Einfluss auf den König auszuüben, „weil mir das Streiten und Zanken mit ihm schmerzhaftig" sei. Während einer kurzen Verhandlungspause ließ Friedrich Wilhelm IV. ihn jedoch zu sich rufen, „fing [...] bitterlich an zu weinen über die unpreußische mutlose Gesinnung seiner Minister, keinesfalls wollten sie eine Mobilmachung der Armee, sie wollten uns wehrlos den Österreichern überliefern. [...] Mich rührte der König und ich wurde ganz zärtlich gegen ihn, küsste ihm die Hände usw." Nach der Konseilsitzung „kam der Prinz von Preußen weinend und zornig heraus, schimpfte auf die Minister und ihre Feigheit, nannte sie pleutres usw. Alles, weil sie nicht mobil machten."[28] Andere Quellen berichten sogar, Wilhelm soll die Minister nicht nur beleidigt, sondern ihnen auch mit der Faust gedroht haben.[29]

---

24 Tagebuch L. v. Gerlach, 1. November 1850. GA, LE02753, S. 208–209.

25 Wilhelm an Augusta, 2. November 1850. Schuster/Bailleu (Hrsg.), Nachlaß, Bd. 2, S. 449–451.

26 Augusta an Camphausen, 6. November 1850. Anna Calpary (Hrsg.), Ludolf Camphausens Leben. Nach seinem schriftlichen Nachlaß, Stuttgart/Berlin 1902, S. 382. Siehe auch Augusta an Wilhelm, 5. November 1850. Schuster/Bailleu (Hrsg.), Nachlaß, Bd. 2, S. 454.

27 Boyen an Fanny, 2. November 1850. Tümpling (Hrsg.), Erinnerungen, S. 89–90.

28 Tagebuch L. v. Gerlach, 2. November 1850. GA, LE02753, S. 209–210.

Stockhausen sah sich durch die „Heftigkeit, Bitterkeit und Beharrlichkeit" des Thronfolgers dazu genötigt, Friedrich Wilhelm IV. am 3. November mit seinem Abschied zu drohen. „Da der Prinz [...] mit jener persönlichen Feindseligkeit eine prämedirte Widersetzlichkeit verbindet, welche die Armee untergraben und endlich umstürzen würde, so giebt es nur einen Weg zur Abwendung eines so großen Uebels – nämlich die Entfernung der Person des jetzigen Kriegsministers von dieser Stelle, da der König nicht den Nächsten zum Thron und zugleich den Höchsten in der Armee aus letzterer zu entfernen vermag, Beide aber nicht neben- oder miteinander gehen können."[30] Wilhelm will am selben Tag noch unter den „Kopfschmerzen" der Konseilkrise gelitten haben, wie er seiner Ehefrau schrieb. Und er schimpfte, hätte sich der König „entschlossen, das Ministerium fallen zu lassen, so wäre alles besser gewesen". Er wolle sich politisch zurückziehen, „und lasse von nun an das Ministerium gewähren; meine Zustimmung zu seinen Schritten hat es nicht."[31] Boyen riet ihm, sofort aus Berlin abzureisen, um seine Opposition auch öffentlich zu demonstrieren. Der Prinz sei „tief gebeugt [...] dazu geneigt" gewesen, „hebt indeß mit Recht hervor, daß es auch darauf ankomme, seine Uebereinstimmung mit dem Könige zu zeigen und also diesen nicht brüskement zu verlassen."[32]

Jene Tage um den 2. November 1850 fanden die beiden königlichen Brüder in einer seit 1840 nicht mehr dagewesen politischen Familiarität. Noch enger verbunden waren allerdings Wilhelm und Radowitz. Letzterer nahm am 3. November seinen Abschied als Außenminister. Nur vier Tage später brachte der Diplomat ein Rechtfertigungsresümee seiner Politik zu Papier. Darin erklärte er, „der König und der Prinz von Preußen stellten sich mir in der schärfsten Weise zur Seite, und hinter mir stellte sich das Volk. Hier kann dieses viel mißbrauchte Wort ohne Scheu angewendet werden, denn mit Ausnahme der unverbesserlichen Clique der blinden oder verblendeten Reaktion sind wohl alle Parteien einig darin gewesen, daß meine Forderung diejenige war, welche Preußens Pflicht und Ehre erheische."[33] Als Radowitz im Dezember 1853 im Alter von sechsundfünfzig Jahren starb, sollte Wilhelm an dessen Witwe schreiben, er „habe einen Freund verloren, den ich in den schwersten Zeiten, die das Vaterland trafen, erst vollkommen gefunden und als solchen erfunden habe!"[34]

Kurzfristig wurden die Konseilbeschlüsse noch einmal zur Disposition gestellt, nachdem in Berlin bekannt geworden war, dass bayerische Truppen bereits am 1. No-

---

29 Vgl. Tagebuch Varnhagen, 2. November 1850. [Varnhagen], Tagebücher, Bd. 7, S. 390–391; E. v. Manteuffel an L. v. Gerlach, 3. November 1850. GA, LE02766, S. 218; Roon an A. v. Roon, 20. November 1850. Roon (Hrsg.), Denkwürdigkeiten, Bd. 1, S. 261–262.
30 Stockhausen an O. v. Manteuffel, 3. November 1850. Poschinger (Hrsg.), Denkwürdigkeiten, Bd. 1, S. 306–307. Siehe auch Eichmann an K. F. v. Savigny, 5. November 1850. Real (Hrsg.), Briefe, Bd. 2, S. 543–544.
31 Wilhelm an Augusta, 3. November 1850. Schuster/Bailleu (Hrsg.), Nachlaß, Bd. 2, S. 451–453.
32 Boyen an Fanny, 3. November 1850. Tümpling (Hrsg.), Erinnerungen, S. 90–91.
33 Aufzeichnungen Radowitz', 7. November 1850. Möring (Hrsg.), Briefe, S. 353.
34 Wilhelm an M. v. Radowitz, 30. Dezember 1853. Berner (Hrsg.), Briefe, Bd. 1, S. 351.

vember mit der Okkupation Hessen-Kassels begonnen hatten. Es drohte die befürchtete Zweiteilung der Hohenzollernmonarchie durch feindliches Militär. Daraufhin erklärte sich Berlin bereit, die Unionspolitik aufzugeben, sofern die Bundesexekution die preußischen Etappenstraßen nicht berühren würde. Doch Wien und Frankfurt am Main lehnten dieses Verhandlungsangebot ab. Als schließlich auch noch die Nachricht eintraf, dass die österreichische Armee bereits am 30. Oktober mobilisiert worden war, befahl Friedrich Wilhelm IV. am 5. November doch noch die Mobilmachung. Nur drei Tage später kam es nahe der hessischen Stadt Bronnzell zu einem Vorpostengefecht zwischen preußischen und bayerischen Truppen. Doch außer einem Kavalleriepferd wurden keine Opfer gemeldet. Der Monarch hatte gegenüber dem Ministerium neuen Handlungsspielraum gewonnen, da Brandenburg am 3. November schwer erkrankt war – und drei Tage später überraschend verstarb. Otto von Manteuffel übernahm daraufhin das Amt des Ministerpräsidenten zunächst interimistisch, ab dem 19. Dezember schließlich offiziell.[35]

Von der Überstürzung dieser Ereignisse wurde Wilhelm sichtlich überrascht. Sein politischer Einfluss war nach dem 2. November schnell evaporiert. „Alles stürzt auf einmal auf uns ein! Brandenburg ist tot!", berichtete er Augusta am 6. November. „Im Trauerhaus erfuhr ich – die Mobilmachung der Armee. Ich sprach noch niemand und sah den Befehl noch nicht, weiß also den Zusammenhang der Maßregel mit den Gründen noch nicht zu fassen. Vor 6 Tagen wollten dieselben Männer eher sterben als mobil machen – und nun!"[36] Die preußische Armee müsse nun Zeit gewinnen, erklärte er Charlotte am 12. November, „Österreich ist durch seine Alliierten sehr stark und stärker als wir; dennoch müssen wir den Kampf wagen, [...] denn Österreich hofft uns zu vernichten. Wir können im Anfange unterliegen, nicht aber auf Dauer!" Wilhelm appellierte an seine Schwester, den Zaren davon zu überzeugen, sich in diesem deutschen Nationalkrieg nicht gegen die Hohenzollernmonarchie zu stellen. Denn die Berliner Regierung handle allein nach der Maxime, „daß es eine öffentliche Meinung gibt in Preußen, die man nicht ignorieren darf, wenn man nicht in den Abgrund stürzen will."[37]

Die öffentliche Meinung, die der Thronfolger im liberalen Pressejubel über die Mobilmachungsorder zu diagnostizieren glaubte, setzte Preußen zwar unter Eskalationsdruck. Gegenüber Vincke-Olbendorf betonte Wilhelm etwa, „daß für die rohe Masse ein unblutiges Ende dieser Krisis nach diesem Ausschwung gefährlich ist."[38] Und Augusta schrieb ihrem Ehemann, „daß es *wahrhaft erhebend* ist, die Begeisterung zu sehen, die sich seit drei Tagen der Rheinprovinz bemächtigt hat! Wo 500 Mann eingezogen werden, kommt die doppelte Anzahl mit patriotischen Liedern."[39] Doch hier sah Wilhelm auch endlich jene Chance, die deutsche Nationalbewegung unter der preußischen

35 Vgl. Srbik, Deutsche Einheit, Bd. 2, S. 69; Huber, Verfassungsgeschichte, Bd. 2, S. 918–919; Barclay, Friedrich Wilhelm IV., S. 301; Canis, Revolution, S. 395–396.
36 Wilhelm an Augusta, 6. November 1850. Schuster/Bailleu (Hrsg.), Nachlaß, Bd. 2, S. 457.
37 Wilhelm an Charlotte, 12. November 1850. Börner (Hrsg.), Briefe, S. 354–355.
38 Wilhelm an Vincke-Olbendorf, 13. November 1850. Schultze (Hrsg.), Briefe an Politiker, Bd. 1, S. 129.
39 Augusta an Wilhelm, 11. November 1850. Schuster/Bailleu (Hrsg.), Nachlaß, Bd. 2, S. 462–463.

Fahne zu mobilisieren. Am 5. November sei „ein kühner Entschluß gefaßt worden – die Nation hat aus einem Munde geantwortet; sie steht unter den Waffen, weil man sich auf *sie stützte*", schrieb er dem liberalen Landtagsabgeordneten Ernst von Saucken-Tarputschen. „Jetzt kommt alles darauf an, diesen kühnen Griff zu benutzen, aber mit großem Bedacht muß noch verfahren werden. [...] Wirken Sie auf Ihre Kammergenossen, damit von *Hause* aus kein Österreich provozierendes Drängen in den Debatten stattfindet, bis wir gerüstet sind. Preußens *Ehre* aber immer obenan, dann folgt Deutschland von selbst."[40] Den König warnte er davor, den mit der Mobilmachung beschrittenen Eskalationsweg nicht zu verlassen – denn „dies verträgt die Armée nicht."[41] Von Tag zu Tag „stärken wir uns matériel, folglich auch moralisch – und wir können die Zähne immer ernster zeigen. Jetzt aber ein Nachgeben in die Östreich[ischen] Forderungen, wäre die vollständige Niederlage Preußens – ohne Schwerdstreich! Der Aufschwung in der Nation ist so unglaublich, daß er [...] bis zur Exaltation sich steigern könne. [...] Aber wird diesem Aufschwung ins Gesicht geschlagen, [...] so kehrt sich diese Exaltation *gegen* die Regierung." Sollte dies geschehen, würde der Herrscher dazu gezwungen werden, „die Idéologen u[nd] Phantasten von 1848 zu Ministern zu machen! Und was dann?"[42] Das waren mehr als taktische Drohungen, mit denen der König auf Linie gehalten werden sollte. Wilhelm formulierte hier durchaus zutreffende Reflexionen über die neuen konstitutionellen Spielregeln, innerhalb derer die Hohenzollernmonarchie agieren musste. Die Gefahr von Parlamentarismus und Revolution war keineswegs überwunden. Erst eine Erfolgspolitik nach außen konnte ihm einen belastbaren Loyalitätsdruck im Inneren erzeugen.

Diese prinzlichen Einflüsterungen schienen von Erfolg gekrönt gewesen zu sein. Denn in den Tagen nach dem 5. November schenkte Friedrich Wilhelm IV. jenen Stimmen kein Gehör, die zu einem friedlichen Ausgleich mit Wien rieten. „Der König in einer blinden Wut gegen alle, die den Sieg über ihn und Radowitz davongetragen hatten", notierte Gerlach. „In seinem steten Schimpfen auf Manteuffel und Stockhausen und entschieden mißtrauisch gegen mich."[43] Einen „Krieg mit Österreich" betrachtete der Generaladjutant als „das größte Unglück, was uns treffen kann, weil dieser uns notwendig in die Hände der Revolution und zuletzt in die des Auslandes liefern muss", wie er Wilhelm schrieb.[44] Ähnlich formulierte es auch Gerlachs Parteifreund Bismarck, der Ende November seiner Ehefrau Johanna schimpfte, „*ich kenne keine Ehre, die darin besteht, daß man den Weg der Revolution mit Worten verdammt und mit Thaten geht.*"[45]

---

40 Wilhelm an Saucken-Tarputschen, 18. November 1850. Schultze (Hrsg.), Briefe an Politiker, Bd. 1, S. 131–133.
41 Wilhelm an Friedrich Wilhelm IV., 11. November 1850. Baumgart (Hrsg.), Wilhelm I., S. 337.
42 Wilhelm an Friedrich Wilhelm IV., 23. November 1850. Ebd., S. 338–339.
43 Tagebuch L. v. Gerlach, 12. November 1850. GA, LE02753, S. 217.
44 L. v. Gerlach an Wilhelm, 16. November 1850. GA, LE02765, S. 150a.
45 Bismarck an J. v. Bismarck, 24. November 1850. GW, Bd. 14/I, S. 183.

Dagegen wurde die Aussicht auf einen Waffengang innerhalb des liberalen Parteienspektrums und sogar in Teilen der demokratischen Bewegung begrüßt, ja direkt herbeigesehnt. Gegen die reaktionären Mächte Österreich und Russland sollte jener große Nationalkrieg geführt und gewonnen werden, der 1848/49 in Paulskirchenkreisen wiederholt thematisiert worden war. Paradoxerweise war die öffentliche Zustimmung zur Erfurter Union augenscheinlich nie höher als Ende 1850 – als sie in ihren letzten politischen Todeszuckungen lag.[46] Dabei fungierte die Figur des späteren Kaisers als nationale Projektionsfläche. So erfuhr in Berlin der liberale Historiker Maximilian Duncker von einem Parteifreund aus den Rheinlanden, dass dort öffentlich ein „Thronwechsel zugunsten des Prinzen von Preußen" gefordert worden sei.[47] Und aus Oldenburg erreichte ihn der Bericht, dass auch dort der Kriegsjubel weit verbreitet sei. „Das sind Gedanken, wie sie nicht bloß den Demokraten kommen. Ich habe sie in den bergischen Fabriken von den besten und wohlhabendsten, der Regierung ergebensten Männern gehört. [...] Die Hoffnung ist der Prinz von Preußen."[48] Wilhelm schien sich seiner Popularität durchaus bewusst gewesen zu sein. Er prahlte gegenüber Augusta, die Mobilmachungsordre sei eine „Folge meines Auftretens am 2." November, „und die ganze Armee, ja vielleicht das Volk, dankt es mir jetzt schon, daß ich so energisch auftrat." Jegliche öffentliche „Huldigungen" müsse er jedoch „zurückweisen, um den König ins richtige Licht zu stellen."[49] Endlich sei sein Bruder „entschlossen, den Kampf anzunehmen, u[nd] lieber wird Preußen mit Ehren untergehen, als in Schande bestehen!"[50] Und als er am 15. November zum Oberbefehlshaber der gegen Österreich bestimmten preußischen Hauptarmee ernannt wurde, jubelte Wilhelm, „daß man Ernst machen will. Ein Krieg wäre nur dann zu vermeiden, wenn Österreich uns solche Konzessionen macht, die so in die Augen springend sind, daß jedermann sagen muß: nun wäre ein Krieg Unsinn."[51]

Doch Konzessionen wurden tatsächlich ausgehandelt. Am 25. November reiste Manteuffel auf königlichen Befehl nach Olmütz, um dort mit Schwarzenberg einen letzten Weg aus der Eskalationsspirale zu suchen. Laut Gerlach soll der Thronfolger Brandenburgs Nachfolger nach dessen Abreise „einen Fälscher und Verräter" geschimpft haben.[52] Und seiner Ehefrau erklärte Wilhelm, er habe sich „prinzipaliter dagegen erklärt", Manteuffel ein solches „Rendevouz" anzuvertrauen. Lediglich „als Zeitgewinn kann ich nichts dagegen haben."[53] Die am 29. November 1850 in Olmütz vereinbarte Punktation zwischen Preußen und Österreich schob den Großmächtekrieg allerdings nicht auf – sie ließ vielmehr jede Kriegsgefahr verpuffen. Später sollte dieses

---

46 Vgl. Siemann, Gesellschaft, S. 32–33; Winkler, Weg nach Westen, Bd. 1, S. 127.
47 Büttner an Duncker, 21. November 1850. Schultze (Hrsg.), Briefwechsel, S. 38.
48 Leverkus an Duncker, 1. Dezember 1850. Ebd., S. 40.
49 Wilhelm an Augusta, 20. November 1850. Schuster/Bailleu (Hrsg.), Nachlaß, Bd. 2, S. 465.
50 Wilhelm an Leopold von Baden, 14. November. GStA PK, BPH, Rep. 51 J, Nr. 21f1, Bl. 104.
51 Wilhelm an Augusta, 15. November 1850. Schuster/Bailleu (Hrsg.), Nachlaß, Bd. 2, S. 463.
52 Tagebuch L. v. Gerlach, 25. November 1850. GA, LE02753, S. 229–230.
53 Wilhelm an Augusta, 25. November 1850. Schuster/Bailleu (Hrsg.), Nachlaß, Bd. 2, S. 466–467.

Dokument als „Schmach von Olmütz" in die borussische Geschichtsschreibung eingehen. Friedrich Wilhelm IV. und Manteuffel sollte vorgeworfen werden, die preußische Ehre und nationale Einheit Deutschlands geopfert zu haben, ohne die militärische Probe aufs Exempel gewagt zu haben. Aber im unmittelbaren Kontext der Novembertage 1850 konnte die Punktation durchaus als bestmöglicher Kompromissfrieden betrachtet werden. Zwar musste Preußen die Unionspolitik aufgegeben. Doch ihre Undurchführbarkeit war längst ein politisches Faktum. Die zukünftige Gestaltung Deutschlands sollte stattdessen in freien Konferenzen verhandelt werden – nicht durch die von Österreich dominierte Bundesversammlung, was Schwarzenberg lange gefordert hatte. Zudem sollten die preußischen Etappenstraßen in Kurhessen durch die Bundesexekution nicht berührt werden.[54]

Auch Wilhelm betrachtete die Olmützer Punktation anfangs als deutschlandpolitischen Möglichkeitserfolg, „indem Österreich alle Punkte nachgeben hat, die es bisher beharrlich verweigerte", wie er es in einem Promemoria vom 1. Dezember formulierte. Niemand könne leugnen, „daß es der *Zusammenberufung* der preußischen Armee *nur* bedurfte, um Österreich *ohne Schwertstreich* zum *Nachgeben zu nötigen.*" Nunmehr müsse der Berliner Hof jedoch Garantien erwirken, „daß seine höhere als bisherige Stellung im Deutschen Bunde anerkannt werde, [...] also die Geltung, die größte deutsche Macht seit 1848 geworden zu sein".[55] Die Union mochte offiziell gescheitert sein, aber ihr Prinzip sollte weiterverfolgt werden. Augusta erklärte er, Preußen sei durch den Vertrag „wieder *eingesetzt in sein Recht*, in allen schwebenden deutschen Fragen *mit zu handeln*, und dadurch auch für seine Unierten aufzutreten." Was er jedoch in diesen ersten Tagen nach Olmütz bereits scharf kritisierte, war „die moralische Ohrfeige, die wir in Hessen hinnehmen", wo Berlin die Bundesexekution akzeptiert hatte.[56] Diese Konzession „würden die Kammern u[nd] die Armée nicht ertragen", argumentierte er gegenüber dem badischen Prinzen Friedrich, seinem zukünftigen Schwiegersohn, „da zu einer solchen Concession gar kein Grund mehr vorliegt, nachdem in Olmütz Preußen u[nd] Oestreich sich die Hand gebothen haben, um Hessen *gemeinschaftlich* zu réconstruiren." Die bellizistische Öffentlichkeit habe ihre politische Position hörbar und unmissverständlich artikuliert, und einem „solchen Aufschwung eines Volkes muß man Rechnung tragen u[nd] das Ministerium thut es nicht."[57] Dass es einen Backlash gegen die „Schmach von Olmütz" geben würde, antizipierte Wilhelm hier bereits durchaus zutreffend.

Noch am 1. Dezember kam es daher während eines Konseils zu einem Konflikt zwischen dem Thronfolger und den Ministern, ob Preußen eine Okkupation Kurhessens durch Bundestruppen erlauben solle. Allein Wilhelm sprach sich dagegen aus. Justiz-

---

54 Vgl. Wolfgang Frischbier, „Die Schmach von Olmütz" – Mythos und Wirklichkeit, in: FBPG NF 25 (2015), S. 53–81. Der Text der Olmützer Punktation findet sich in: Huber (Hrsg.), Dokumente, Bd. 1, S. 580–582.
55 Wilhelm an Augusta, 1. Dezember 1850. Schuster/Bailleu (Hrsg.), Nachlaß, Bd. 2, S. 472. Siehe auch Wilhelm an Friedrich Wilhelm IV., 4. Dezember 1850. Baumgart (Hrsg.), Wilhelm I., S. 340.
56 Wilhelm an Augusta, 2. Dezember 1850. Schuster/Bailleu (Hrsg.), Nachlaß, Bd. 2, S. 468–469.
57 Wilhelm an Friedrich (I.), 9. Dezember 1850. GStA PK, BPH, Rep. 51 J, Nr. 21m, Bd. 1, Bl. 5–6.

minister Ludwig Simons soll Gerlach nach den Verhandlungen erzählt haben, „der Prinz von Preußen hat uns verflucht."[58] „Das Ministerium ist nicht zu halten", schimpfte Wilhelm seinem Bruder am 4. Dezember, und drängte ihn, es vollständig zu entlassen. Denn „die Bavaro-Hessische Concession, verträgt Armée u[nd] Nation nicht! Es stehet Alles auf dem Spiel!" Der König müsse diesen Schritt vor allem mit Blick auf die Öffentlichkeit vollziehen. „Handle rasch, *ehe die Nation* weiß, daß Du Dich mit dem jetzigen Ministerium identificirt hast!!"[59] Auch Augusta forderte einen Ministerwechsel. „Ich wünsche keineswegs den Krieg, wenn ein ehrenvoller Frieden möglich ist, der jetzige ist aber *kein* ehrenvoller, und diese Männer können auch keinen mehr aufrecht erhalten." Und ihren Ehemann drängte die Prinzessin, sich von der Regierung zu distanzieren und die Nähe der Landtagsopposition zu suchen – „denn wenn jemals, so ist *jetzt* der Moment da, wo Krone, Armee und Staat zu retten, Deine friedliche Stellung zu den Vertretern der Nation notwendig ist."[60] Dagegen ignorierte Friedrich Wilhelm IV. die öffentliche Handlungsebene nach Olmütz vollkommen – oder zumindest das, was Wilhelm und Augusta als Öffentlichkeit betrachteten. „Berlins verdreckte u[nd] unterwühlte Meinung, das bubenhafte Gebehrden der II Kammer, das Bier- u[nd] Weinstuben Gewäsch der Hauptstadt *ist nicht die öffentliche Meinung*", schimpfte der Herrscher seinem jüngeren Bruder. Und er warnte Wilhelm ausdrücklich davor, „jetzt irgend wie u[nd] -wodurch der Opposizion zu gefallen. Das wäre gräßliches Unglück u[nd] sehr *unklug* u[nd] Unrecht."[61] Der König und Ministerpräsident Manteuffel hielten an Olmütz fest, da sie in dem Großmächteabkommen *endlich* einen Weg aus der fast dreijährigen Revolutionsmisere sahen. Die Kriegsgefahr wurde gebannt und die Deutsche Frage wurde aus den Händen der Nationalbewegung gerissen. Alles weitere sollte am diplomatischen Verhandlungstisch beschlossen werden – ein Tisch, zu dem nur die traditionellen Herrschaftseliten Zutritt hatten. Der Preis, den Preußen für diesen Schlussstrich zu zahlen hatte, war das Ende aller nationalen Führungsaspirationen. Aber das Reaktionsministerium konnte und wollte es sich leisten, die öffentliche Enttäuschung darüber zu ignorieren.[62]

Im weiteren Verlauf des Dezembers 1850 reflektierte auch Wilhelm immer mehr, dass Olmütz lediglich auf dem Papier als Kompromissfrieden betrachtet werden konnte. „Preußens Ehre bestehet nicht darin, von Österreich im Gengelband genommen zu werden! und den Frieden à tout prix zu wollen", schimpfte er etwa gegenüber General Wrangel.[63] An Bunsen schrieb er, „der 29. November zu Olmütz und der 1. Dezember zu

---

58 Tagebuch L. v. Gerlach, 2. Dezember 1850. GA, LE02753, S. 238. Siehe auch E. v. Manteuffel an L. v. Gerlach, 1. Dezember 1850. GA, LE02766, S. 251.
59 Wilhelm an Friedrich Wilhelm IV., 4. Dezember 1850. Baumgart (Hrsg.), Wilhelm I., S. 341–342.
60 Augusta an Wilhelm, 5. Dezember 1850. Schuster/Bailleu (Hrsg.), Nachlaß, Bd. 2, S. 473.
61 Friedrich Wilhelm IV. an Wilhelm, 4. Dezember 1850. Baumgart (Hrsg.), Wilhelm I., S. 342.
62 Vgl. Siemann, Gesellschaft, S. 33–36.
63 Wrangel an Wilhelm (mit Marginalien des Prinzen), 15. Dezember 1850. Schultze (Hrsg.), Briefe an Politiker, Bd. 1, S. 135.

Potsdam entschied den Wechsel des Systems Preußens in der deutschen Frage!"[64] Seiner Schwester klagte Wilhelm, Olmütz „vergesse ich Manteuffel niemals!"[65] Er allein sei es gewesen, der „die Demüthigung Preußens *vorhersagte*, und darum einen Gang uns gewünscht hätte, der dies nicht herbeigeführt hätte."[66] Und laut Gerlach habe sich der Prinz dem König gegenüber sogar „erbittert" darüber geäußert, „daß der Krieg nicht zustande gekommen" sei.[67] Nicht einen Monat nach Omlütz machte der spätere Kaiser keinen Hehl daraus, dass er überzeugt war, Manteuffel habe den Karren sprichwörtlich gegen die Wand gefahren. Damit missachtete er die königliche Warnung, keine Opposition zu machen. Dies hatte zur Folge, dass er am Berliner Hof schnell politisch isoliert wurde. Stattdessen gewann die Kamarilla wieder an Einfluss.[68]

Doch während die Regierung Olmütz gegen eine immer lauter werdende öffentliche Empörungswelle verteidigen musste, konnte der Prinzen von Preußen erfolgreich als dynastischer Kristallisationspunkt der Oppositionsstimmen fungieren. So schmeichelte der Diplomat Karl Friedrich von Savigny dem Thronfolger im Januar 1851, „alle lebendigen Geister in Preußen und in ganz Deutschland" würden auf dessen „erhabene Person" schauen. Wilhelm sei gar „die kräftigste Stütze für das monarchische Prinzip in ganz Deutschland."[69] Im selben Monat klagte Savignys Kollege Albert von Pourtalès über Friedrich Wilhelm IV., den er einst bewundert hatte, „so lange der Jämmerliche seinen Stuhl inne hat, [...] werden die letzten zwei Monate [...] als eiserner kalter Harnisch dienen gegen seine gutmütigen, persönlich wohlwollenden Absichten und seine Redensarten und Artigkeiten."[70] Und der Historiker Theodor von Bernhardi notierte während einer Reise durch die schlesische Provinz 1852, dass der Prinz von Preußen dort breite öffentliche Popularität zu genießen schien. „Was ihm die Sympathien der Bevölkerung zugewandt hat, ist die Ueberzeugung, daß er 1850 den Krieg wirklich geführt hätte. Consequenz, die man jetzt schmerzlich vermißt, sei jedenfalls von dem Prinzen zu erwarten".[71]

Obgleich die preußische Öffentlichkeit in Olmütz eine Demütigung, ja eine „Schmach" sah, hatte der Wiener Hof keinen Anlass, in Siegeseuphorie zu verfallen. Glaubt man den Memoiren des sächsischen Ministerpräsidenten Friedrich Ferdinand von Beust, soll ihm Schwarzenberg Anfang 1851 gesagt haben, „Sie hätten lieber gewollt, wir hätten gerauft. Ich auch."[72] Zwar ist nicht auszuschließen, dass der österreichische Ministerpräsident eine militärische Eskalation in Kauf genommen hätte. Doch eine andere Frage ist es, ob ihm Kaiser Franz Joseph und die Wiener Generalität in einen

---

64 Wilhelm an Bunsen, 23. Dezember 1850. Berner (Hrsg.), Briefe, Bd. 1, S. 262.
65 Wilhelm an Charlotte, 11. Dezember 1850. Börner (Hrsg.), Briefe, S. 356.
66 Wilhelm an Charlotte, 19. Januar 1851. GStA PK, BPH, Rep. 51 J, Nr. 511a, Bd. 2, Bl. 538.
67 Tagebuch Leopold von Gerlach, 9. Dezember 1850. GA, LE02753, S. 242.
68 Vgl. Barclay, Friedrich Wilhelm IV., S. 302–304.
69 K. F. v. Savigny an Wilhelm, 6. Januar 1851. Real (Hrsg.), Briefe, Bd. 2, S. 563–564.
70 Pourtalès an Bethmanmn-Hollweg, 13. Januar 1851. Mutius (Hrsg.), Pourtalès, S. 56.
71 Tagebuch Bernhardi, [April 1852]. Bernhardi (Hrsg.), Aus dem Leben, Bd. 2, S. 117.
72 Beust, Drei Viertel-Jahrhunderte, Bd. 1, S. 122.

Großmächtekrieg gefolgt wären. Denn die Habsburgermonarchie hatte im Inneren noch immer mit den Nachfolgen der Revolution zu kämpfen. Und es war alles andere als garantiert, ob das Zarenreich dem fragilen Bündnispartner Waffenhilfe angeboten hätte. Nikolaus I. war daran interessiert, den preußisch-österreichischen Dualismus zu restaurieren. Weder Berlin noch Wien sollte in die Position versetzt werden, Sankt Petersburg gefährlich zu werden. Am russischen Veto war daher auch Schwarzenbergs wiederholt kolportiertes Großösterreichprojekt gescheitert. Die *russische* Direktive hatte die Olmützer Verhandlungen determiniert – nicht die österreichische.[73]

War der deutsche Dualismus vor 1848 lediglich latent als politische Konfliktlinie hervorgetreten, entwickelte sich die preußisch-österreichische Rivalität spätestens 1850 zu *dem zentralen Faktor* jeder Deutschlandpolitik. Beide Großmächte betrachteten Deutschland als machtpolitischen Gestaltungsraum. Die im Inneren durch prekäre Nationalitätenkonflikte bedrängte Habsburgermonarchie war strukturell geradezu gezwungen, eine restaurative Status-quo-Politik zu verfolgen. Dagegen konnte sich die territorial wie kulturell und sprachlich weitgehend in Deutschland integrierte Hohenzollernmonarchie der Deutschen Frage aus nationalstaatlicher Perspektive annähern. Olmütz kann aus dieser Perspektive als letzter Höhepunkt des österreichischen Führungsanspruchs in Deutschland betrachtet werden. Nach 1850 konnte Wien zwar weiterhin großen Einfluss auf die Bundespolitik ausüben. Doch der Konflikt mit der Nationalbewegung sollte bis 1866 dazu führen, dass dieser Einfluss stetig im Schwinden begriffen war.[74]

Für Wilhelm bedeutete das Scheitern der Unionspolitik vor allem eine weitere biographische Zäsur. In seinen Augen hatte sich die Hohenzollernmonarchie eine einmalige historische Chance durch die Finger gehen lassen. Weder war die Revolutionsgefahr gebannt worden, noch hatte sich Preußen in die erste Reihe der Pentarchiemächte drängen können. „Wäre der Mobilmachung der Krieg gefolgt, mit einer Gesinnung wie sie das preußische Volk in jenem Moment zeigte, so stand Preußen an der Spitze Deutschlands und brauchte keine Diplomatie und Revolution mehr zu scheuen", argumentierte er etwa im März 1851. „Krieg ist gewiß ein ernstes Ding, aber der Friede ist nur erträglich, wenn er eine ehrenvolle Existenz gewährt."[75] Und einen Monat später lamentierte er, „es war im November" 1850 „ein zweites 1813 und vielleicht noch erhebender, weil nicht ein siebenjähriger fremdherrschaftlicher Druck diese Erhebung hervorgerufen hatte, es war ein allgemeines Gefühl, daß der Moment gekommen sei, wo Preußen sich die ihm durch die Geschichte angewiesene Stellung erobern sollte!"[76] Dennoch könne langfristig nicht verhindert werden, dass „Preußens Geschick dereinst sich erfüllen und es an der Spitze von Deutschland stehen" werde. Doch

---

73 Vgl. Egmont Zechlin, Die Reichsgründung, Berlin (West) 1967, S. 10–11; Lincoln, Nicholas I, S. 329; Bled, Franz Joseph, S. 119; Luchterhandt, Unionspolitik, S. 104–105; Frischbier, Olmütz, S. 74–78; Simms, Vorherrschaft, S. 309–310.

74 Vgl. Lutz, Habsburg und Preußen, S. 389; Clark, Preußen, S. 571; Gruner, Deutscher Bund, S. 73–74.

75 Wilhelm an Berg, 28. März 1851. Knesebeck (Hrsg.), Briefe, S. 308–309.

76 Wilhelm an Natzmer, 4. April 1851. Natzmer (Hrsg.), Denkwürdigkeiten, Bd. 4, S. 141.

dürfe Berlin nicht allzu viel Zeit verstreichen und die Deutsche Frage bis zum Siede-
punkt kochen lassen. „Die Unterbrechung dieses Dramas *kann* schlimme Früchte tragen,
weil alle Klassen mit derselben nicht einverstanden sind."[77] Olmütz müsse der Hohenzollernmonarchie ein Warnsignal sein. Ein *zweites Olmütz* würde die Krone kaum
überleben können. Diese Perspektive sollte Wilhelms Wirklichkeitswahrnehmung
letztendlich bis zur Reichsgründung bestimmen. Und noch 1874 sollte er als Kaiser argumentieren, dass die Berliner Regierung im Kulturkampf gegen den politischen Katholizismus „nicht aufgeben könne, ohne ein zweites Olmütz" zu erleiden.[78] Das Ol-
mütztrauma war aus dem Revolutionstrauma geboren. Es war jedoch weniger ein
monarchisches, denn ein preußisches Spezifikum. Und dieses Trauma war zudem auf
ein konkretes Feindbild fixiert: Österreich. Nach 1850 sollte Wilhelm die Deutsche Frage
daher nicht nur als Systemfrage betrachten, sondern auch als Konfliktfrage. Sie galt ihm
erst als potentieller und schließlich unvermeidbarer Casus belli im Verhältnis der beiden deutschen Großmächte.

Auf dem langen Weg nach Königgrätz war Olmütz für Wilhelm in mehrerer Hinsicht ein biographischer Dreh- und Angelpunkt. Nicht nur hatte er erstmals seine Bereitschaft demonstriert, die deutschen Fürsten zu ihrem nationalstaatlichen Glück
notfalls militärisch zu zwingen. Er hatte auch wiederholt argumentiert, dass er im
Kriegsfall einen Umsturz der föderativen Ordnung in Deutschland billigend in Kauf
nahm. Schon sechzehn Jahre vor Bismarcks vielzitierter Formulierung, „soll Revolution
sein, so wollen wir sie lieber machen als erleiden", war Wilhelm bereit gewesen, einer
solchen Konfliktlogik zu folgen.[79] Anders als 1866 war es allerdings eine Logik des un-
kalkulierbaren Risikos gewesen. Denn 1850 wirkten externe Faktoren auf den Großmächtekonflikt ein, die sich jeglicher Projektion entzogen. Allein die Rolle des Petersburger Hofs blieb mindestens ein Unsicherheitsfaktor. Wilhelm hatte das preußische
Aktionspotential nach außen schlichtweg überschätzt. Erst 1878 soll der Kaiser gegenüber seiner Tochter Luise bemerkt haben, er hätte seinen Bruder und Manteuffel im
Winter 1850 zu Unrecht getadelt. „Jetzt müsse er sagen, es sei gut gewesen, daß es damals nicht zum Schlagen gekommen, da der Zustand der Armee kein günstiger gewesen
wäre."[80]

---

77 Wilhelm an J. v. Schleinitz, 19. April 1851. Schultze (Hrsg.), Briefe an Politiker, Bd. 1, S. 142–143.
78 Tagebuch Hohenlohe-Schillingsfürst, 12. April 1874. Curtius (Hrsg.), Denkwürdigkeiten, Bd. 2, S. 116.
79 Bismarck an E. v. Manteuffel, 11. August 1866. GW, Bd. 6, S. 120.
80 Aufzeichnungen Luises von Baden, 1. August 1878. Wolfgang Steglich (Hrsg.), Quellen zur Geschichte
des Weimarer und Berliner Hofes während der Krisen- und Kriegszeit 1865/67, Bd. 2, Frankfurt am Main
1996, S. 471.

Viertes Buch **Gegen den Bruder und die Kreuzzeitungspartei 1850 – 1857**

Ein Leben von Augustas Gnaden?
Der Koblenzer Hof

Nach 1850 befand sich Wilhelms Residenz in Koblenz. Glaubt man Bismarck, soll der spätere Kaiser fernab von Berlin unter Augustas liberalem Einfluss gestanden haben. Die Prinzessin soll ihren Ehemann benutzt haben, um vom Rhein aus die preußische Politik zu torpedieren.[1] Und dieses Narrativ war wirkmächtig. Tatsächlich kann während der Reaktionsära von einem Gegenhof gesprochen werden, der sich in Koblenz um Wilhelm und Augusta bildete. Denn er stand in impliziter Konkurrenz zum Berliner Hof um Friedrich Wilhelm IV.[2] In der Monarchie war der Hof ein institutionalisierter Ort des politischen wie kulturellen Austausches. Zwar musste er diese Funktion in der zweiten Hälfte des 19. Jahrhunderts zusehends mit Parlamenten, Universitäten, Kongressen und Museen teilen. Aber um dieser Zentrifugalentwicklung entgegenzuwirken, entfaltete die Hofhaltung in ganz Europa eine neue Prunkrenaissance.[3] In Preußen war der Berliner Hof auch das politische Entscheidungs- und Machtzentrum des Landes.[4] Um die politikkulturelle Deutungshoheit musste er allerdings zusehends mit Koblenz konkurrieren. Denn der Gegenhof fungierte als Schaltstelle der Opposition und bot dieser eine dynastisch legitimierte Resonanzbühne.

Wilhelm war im September 1849 zum Militärgouverneur der Rheinlande ernannt worden. Dem Thronfolger sollte nach dem Revolutionskrieg eine neue offizielle Verwendung zugeteilt werden. Und gleichzeitig konnte er das Gouverneursamt als eine Vertröstung für das verlorene Kommando des Garde Corps betrachten. Im März 1850 zogen Augusta und die Kinder in die neue Koblenzer Residenz. Wilhelm folgte seiner Familie erst im Dezember desselben Jahres – also nach Olmütz.[5] Wie er Charlotte bereits im April 1850 geschrieben hatte, solle seine Anwesenheit am Rhein der dortigen Bevölkerung „Respect vor der Authorität" beibringen.[6] Sein politisches Misstrauen gegenüber den liberal geprägten Rheinlanden hatte sich seit dem Vormärz nicht verändert. Er wolle dort Alles versuchen, um nicht wie 1848 „zum zweiten Mal überrascht" zu werden. „Das ist meine Aufgabe hier im Gange zu erhalten, wozu aber gehört, dem Volk kein unnützes Mißtrauen zu zeigen. [...] Seit 33 Jahren hat man die Rheinländer durch

---

1 Vgl. NFA, IV, S. 73–74, S. 77–80.
2 Vgl. Barclay, Friedrich Wilhelm IV., S. 326; ders., Mutter und Tochter, S. 80–81.
3 Vgl. Karl Ferdinand Werner, Fürst und Hof im 19. Jahrhundert: Abgesang oder Spätblüte?, in: ders. (Hrsg.), Hof, Kultur und Politik im 19. Jahrhundert, Bonn 1985, S. 1–53; Karl Möckl, Hof und Hofgesellschaft in den deutschen Staaten im 19. und beginnenden 20. Jahrhundert. Einleitende Bemerkungen, in: ders. (Hrsg.), Hof und Hofgesellschaft in den deutschen Staaten im 19. und beginnenden 20. Jahrhundert, Boppard am Rhein 1990, S. 7–16.
4 Vgl. Bärbel Holtz/Wolfgang Neugebauer/Monika Wienfort (Hrsg.), Der preußische Hof und die Monarchien in Europa. Akteure, Modelle, Wahrnehmungen (1786–1918), Paderborn 2023.
5 Siehe Wilhelms Briefe an Friedrich Wilhelm IV. vom 26. September 1849 sowie 6. März und 11. Dezember 1850, in: GStA PK, VI. HA, Nl. Vaupel, Nr. 59, Bl. 601–602, Bl. 854–855, Bl. 859.
6 Wilhelm an Charlotte 13. April 1850. GStA PK, BPH, Rep. 51 J, Nr. 511a, Bd. 2, Bl. 493.

https://doi.org/10.1515/9783111323954-021

Lobhudelei gewinnen wollen. Man hat sie aber nur verzogen und nicht gewonnen. Ich glaube auch im entferntesten nicht, daß ich sie gewinnen werde. Aber sie werden mich achten – le cas échéant, fürchten lernen!"[7]

Nach Varnhagen kursierte in den Berliner Salons das Gerücht, Augustas Feindschaft zu König und Hofgesellschaft hätte den Umzug der Thronfolgerfamilie notwendig gemacht. Die Prinzessin soll geklagt haben, sie könne es in Berlin „nicht aushalten unter all der Erbärmlichkeit, mit der sie leben müsse."[8] Sie soll „das Volksmensch" oder „die demokratische Guste" geschimpft worden sein.[9] Daher soll ihr „bedeutet worden" sein, „sie möge nur noch am Rhein bleiben. Sie sei dort weniger schädlich als hier, heißt es, wiewohl noch immer schädlich genug."[10] Diese Quellen legen nahe, dass Augustas Opposition gegen ihren königlichen Schwager öffentlich wahrgenommen wurde. Und tatsächlich ging dieser Gerüchtediskurs nicht allzu weit an der Realität vorbei. Denn wie ihr Ehemann hatte auch die Prinzessin ein alles andere als unbelastetes Verhältnis zu Friedrich Wilhelm IV. Dieser klagte Charlotte 1849, „Lady William" sei voller „Haß" auf seine Minister. „Die Arme ist überhaupt, mit Erlaubnis zu sagen, unerträglich."[11] Im Jahr 1852 berichtete Wilhelm seiner Schwiegermutter über Augusta, „on n'ose presque pas prononcer le nom du Roi, ni parler du ministère et des chambres, sans voir se décomposer sa figure."[12] Und die spätere Kaiserin selbst geißelte die Herrschaft ihres Schwagers als ein einziges Unglück für die Hohenzollernmonarchie. Nach Beginn der Neuen Ära sollte sie ihrem Ehemann schreiben, „läge nicht die Regierungszeit vom Jahre 1840–1858 zwischen Deinem jetzigen Amte, wie viel besser stünde es um Preußen und wie schwerer ist jetzt die Aufgabe für Dich!"[13]

Da es nach Olmütz ein offenes Geheimnis war, dass Wilhelm und Augusta in Opposition zum König standen, zogen sie in Koblenz auch andere Kritiker und Gegner der Reaktionspolitik an. Am Berliner Hof wurde diese Entwicklung mit wachsender Sorge beobachtet. Immerhin war es nicht irgendein Prinz, der sich offen in Oppositionskreisen bewegte, sondern der Thronfolger. So verfasste beispielsweise General Hans Wilhelm von Schack 1851 einen ausführlichen Bericht, in dem er die Koblenzer Zustände in den schwärzesten Farben malte. Dort „steht man der jetzigen Politik unserer Regierung fast rücksichtslos entgegen". Das Zentrum „dieser Ungehörigkeit" sei Augusta. Ihr „Wirken in Koblenz und überhaupt am Rhein dürfte nicht so beachtungslos bleiben. [...] Alles, was ich von Koblenz höre, der Einfluß, der sich überall bemerkbar macht, erfüllt mich mit Trauer und Besorgnis. Unter den sämtlichen Umgebungen des Hofes befindet sich nicht eine Persönlichkeit, die den Einflüssen der Prinzeß zu widerstehen vermag." Daher könne leicht „ein Moment eintreten [...], daß der Prinz ohne seinen Willen und ohne

---

7 Wilhelm an Charlotte, 6. April 1851. Börner (Hrsg.), Briefe, S. 357–358.
8 Tagebuch Varnhagen, 2. Februar 1851. [Varnhagen], Tagebücher, Bd. 8, S. 46.
9 Tagebuch Varnhagen, 13. Oktober 1857. Ebd., Bd. 14, S. 106–107.
10 Tagebuch Varnhagen, 15. Oktober 1850. Ebd., Bd. 7, S. 364.
11 Friedrich Wilhelm IV. an Charlotte, 19. März 1849. Haenchen (Hrsg.), Revolutionsbriefe, S. 400.
12 Wilhelm an Maria Pawlowna, 2. April 1852. Schultze (Hrsg.), Weimarer Briefe, Bd. 1, S. 248–249.
13 Augusta an Wilhelm, 6. Juni 1859. GStA PK, BPH, Rep. 51 T, Lit. P, Nr. 12, Bd. 8, Bl. 164.

sein Wissen in eine Situation gedrängt werden könnte, die die bedenklichsten Folgen haben müßte."[14] Auch der Diplomat Theodor von Rochow schimpfte über Augusta, „dass diese erlauchte Fürstin *durchaus* vom Rhein fort muss. Sie führt, hoffentlich, ohne sich dessen bewusst zu sein, eine Spaltung herbei, die für Preußen bedenklich sein kann."[15] Und Friedrich Wilhelm IV. schrieb seinem jüngeren Bruder, er sei „betrübt wie betäubt durch das, was ich von allen Seiten [...] darüber höre, daß das Koblenzer Schloß als Zentrum aller militärischen und politischen Opposition gilt."[16] „Am meisten drängt sich den Treuen hier die bekannte Anschauung auf, durch das Betragen *der* Officiere, die vom Rhein hierher kommen u[nd] eine gewaltige Widerwilligkeit gegen KriegsMinisterium u[nd] Gouvernemt zur Schau tragen."[17]

Für Wilhelm waren solche Unterstellungen gefährlich. Denn letztendlich wurde *ihm* vorgeworfen, unter Augustas Pantoffel zu stehen. Eine solche Unterordnung erlaubten allerdings weder die zeitgenössischen Geschlechtertopoi noch die monarchische Selbstwahrnehmung. Und außerdem musste er politische Sanktionen des königlichen Familienoberhaupts verhindern. Deshalb will der Thronfolger seiner Ehefrau wiederholt „Bemerkungen über ihr hiesiges Auftreten" gemacht haben, wie er Carl Alexander bereits 1850 schrieb. „Was soll man hier denken, wo mein Wirken ein offizielles-positives ist, [...] wenn man A[ugusta] ganz entgegensetzt mit meinem Ansichten sich äußern hört! *Namentlich* wenn sie mit ihrem Frondieren gegen den König fortführe, [...] was fast ihr zur Lebensaufgabe geworden war!! Unglückliche Szenen habe ich dieserhalb mit ihr gehabt!"[18] Dem König erklärte er hingegen 1851, die „Mißbilligungen gegen Auguste" seien nichts anderes als Rufmord. „Daß sie so wenig wie ich mit dem Gang der Verhältnisse in und seit Olmütz sich identificiren kann, ist gewiß; aber sie vermeidet jegliche öffentliche Conversation und Äußerung darüber. [...] Ich muß Dich also inständigst bitten, solchen Klatschereien keinen Glauben zu schenken [...]. Es scheint mir eben eine vollkommene Klique gegen mich zu cabaliren, denn sonst wären *solche* unglaublichen Verdrehungen meiner politischen öffentlichen Äußerungen unmöglich."[19] Aber bis zum Ende der Reaktionsära sollte es Wilhelm nicht gelingen, gegen das Bild von der intriganten Prinzessin und dem unterwürfigen Prinzen anzukommen.

Auch schien Augusta dem späteren Kaiser diese Aufgabe nicht gerade erleichtert zu haben. Denn wie Wilhelms Ehebriefe aus den 1850er Jahren belegen, soll seine Ehefrau beispielsweise verlangt haben, ihr seine Korrespondenz mit dem Berliner Hof zur Kontrolllektüre vorzulegen. Und sie soll ihn auch aufgefordert haben, nicht mehr regelmäßig in die preußische Hauptstadt zu reisen.[20] Augusta *versuchte*, ihren Ehemann

---

14 Schack an L. v. Gerlach, 29. März 1851. GA, LE02767, S. 42–45.
15 Rochow an L. v. Gerlach, 21. August 1852. GA. LE02768, S. 246d.
16 Friedrich Wilhelm IV. an Wilhelm, 1. April 1851. GStA PK, VI. HA, Nl. Vaupel, Nr. 60, Bl. 53.
17 Friedrich Wilhelm IV. an Wilhelm, 10. April 1851. Baumgart (Hrsg.), Wilhelm I., S. 366–367.
18 Wilhelm an Carl Alexander, 12. März 1850. Schultze (Hrsg.), Weimarer Briefe, Bd. 1, S. 221–222.
19 Wilhelm an Friedrich Wilhelm IV., 1./3. April 1851. GStA PK, VI. HA, Nl. Vaupel, Nr. 60, Bl. 68–71.
20 Siehe Wilhelms Briefe an Augusta vom 29. Mai und 14. August 1857, in: GStA PK, BPH, Rep. 51 J, Nr. 509b, Bd. 5.

zu beeinflussen. Das kann nicht bestritten werden. Aber erfolgreich waren diese Versuche nur bedingt. So gelang es der späteren Kaiserin nie, Wilhelm von Ideen zu überzeugen, die dessen persönlicher Wirklichkeitswahrnehmung widersprachen. Über die brieflichen Argumente seiner Ehefrau schrieb er beispielsweise 1860, dass diese „wenn auch nur Bekanntes bestätigen, doch immer wichtig als Ergänzungen sind."[21] Aber die Prinzessin konnte ihn mit Personen in Berührung bringen, deren Bekanntschaft er unter anderen Umständen wohl kaum gemacht hätte.[22] So sollte Bernhardi noch 1861 über seine wiederholten Hofbesuche notieren, dass Augusta „zwar in politischen Dingen durchaus keinen Einfluß" auf Wilhelm ausübe. Doch „sie macht die Atmosphäre, in welcher der König lebt. – Namentlich gehen die Einladungen zu den kleinen Soiréen ganz allein von ihr aus."[23] Über diese Vermittlerrolle konnte Augusta *indirekt* politischen Einfluss ausüben. Aber dieser Einfluss war bestenfalls punktuell. Und schon gar nicht hatte sie ihren Ehemann in die Opposition gegen den König getrieben.

Im Konstitutionalismus unterlag die Rolle des Thronerben neuen strukturellen wie politikkulturellen Spielregeln. Dieser Umstand kann auch Wilhelms Agieren während der Reaktionsära erklären helfen. Im Vormärz hatte er Sitz und Stimme im Staatsministerium besessen. Diese institutionellen Instrumente waren ihm im Verfassungsstaat genommen. Das Schicksal kodifizierter *direkter* Einflusslosigkeit teilte der spätere Kaiser mit fast allen europäischen Thronfolgern der zweiten Hälfte des 19. Jahrhunderts. Wollten sie ihrer Stimme dennoch Gewicht verleihen, bot sich ihnen die Alternative einer *indirekten* Einflussnahme an. Der Weg über die symbolische Politikebene war attraktiv und erfolgversprechend. Denn der der Faktor Öffentlichkeit hatte seit 1848 eine unverrückbare Position im politischen Entscheidungsprozess eingenommen. Über die mediale Bühne konnten nachgestellte dynastische Akteure ihre Offenheit für einen Politik- und Strukturwandel demonstrieren. Dadurch konnten sie Popularität gewinnen. Und ein populärer Thronerbe konnte politisch kaum ignoriert werden.[24]

Wilhelm suchte in den 1850er Jahren auf unterschiedliche Weise die Nähe und Unterstützung der Öffentlichkeit. Er hatte aus dem PR-Desaster der Märztage gelernt. Im Jahr 1858 sollte er Luise gegenüber reflektieren, „daß seit 30 Jahren, *Alles* viel mehr in die *Öffentlichkeit* im Leben der Staaten und der Menschen getreten ist".[25] Diese Politikebenenverschiebung wollte er sich zunutze machen. Eine Person, die ihm dabei half, war Louis Schneider. Der Thronfolger beauftragte den Schriftsteller unter anderem mit

---

21 Wilhelm an Augusta, 28. Oktober 1860. GStA PK, BPH, Rep. 51 J, Nr. 509b, Bd. 8, Bl. 74.
22 Vgl. Marwitz (Hrsg.), Am preußischen Hofe, S. 206; Justus Gruner, Rückblick auf mein Leben V, in: Deutsche Revue 26. Jhrg., Nr. 2 (1901), S. 180–193, hier: S. 191–192.
23 Tagebuch Bernhardi, 24. Mai 1861. Bernhardi (Hrsg.), Aus dem Leben, Bd. 4, S. 129.
24 Vgl. Frank Lorenz Müller, „Winning their Trust and Affection". Royal Heirs and the Uses of Soft Power in Nineteenth-Century Europe, in: Heidi Mehrkens/Frank Lorenz Müller (Hrsg.), Royal Heirs and the Uses of Soft Power in Nineteenth-Century Europe, London 2016, S. 1–19, hier: S. 1–12; ders., Thronfolger, S. 217–220.
25 Wilhelm an Luise, 11./20. April 1858. GStA PK, BPH, Rep. 51, Nr. 853.

dem Verfassen und Publizieren mehrerer biographischer Artikel. In Schneiders Darstellungen erschien der Prinz als Personifikation militärischer und monarchischer Tugenden.[26] Publikumswirksamer aber waren Wilhelms zahlreiche öffentliche Auftritte, die er seit 1849 absolvierte – und die Reden, die er dabei hielt. Friedrich Wilhelm IV. war der erste Hohenzollernmonarch gewesen, der vor öffentlichem Publikum gesprochen hatte. Dessen „eminentes Redner Talent" hatte Wilhelm zwar 1842 gelobt. Aber er hatte auch kritisiert, „daß dies Redenhalten nicht gut ist, weil es Antworten herbeiführen könnte, die man nicht wünschen mögte."[27] Nach Olmütz waren ihm kritische Antworten hingegen erwünscht. Also fing auch der Prinz von Preußen an, öffentlich zu reden. Und er sprach vor allem über die vermeintlichen Fehltritte der Regierung nach Olmütz. Nie machte er den König zur direkten Zielscheibe seiner Kritik. Stattdessen prangerte er den Einfluss der unverantwortlichen Kamarilla an.[28] Der Graben, der Wilhelm seit 1850 von den Hochkonservativen trennte, wurde dadurch unüberbrückbar. So schimpfte Leopold von Gerlach 1851, das Verhalten des Prinzen sei „kläglich. Nimmt man dazu, daß er den Tänzerinnen und Tänzern hinter den Kulissen und in den Proben seine Ministerlisten vorlegt, daß seine Hure, die Fergier, eine Demokratin ist, daß der Balletmeister Herquet die Grenadiere, welche als Statisten dienen, abtreten läßt, damit sie nicht die unpassenden Reden Seiner Königlichen Hoheit hören, [...] so erhält man ein einladendes Bild."[29] Und 1853 klagte der Generaladjutant, „wenn ich mir diesen Herrn als König denke, so versagt mir meine Phantasie, und daran sehe ich, dass meine Zeit abgelaufen ist."[30]

Aber Gerlachs Zeit war alles andere als abgelaufen. Und das galt für die Hochkonservativen allgemein. Denn in der Reaktionsära waren sie auf allen Politikebenen omnipräsent. Mit der 1848 gegründeten *Neuen Preußischen Zeitung* besaßen sie ein eigenes publizistisches Organ, das de facto die Rolle einer Regierungspresse übernahm. Da auf den Titelseiten ein Eisernes Kreuz prangte, wurde umgangssprachlich von der *Kreuzzeitung* gesprochen. Im Landtag gelang es der sogenannten Kreuzzeitungspartei, das Debattenklima nach rechts zu verschieben. In der zweiten Parlamentskammer sicherte das Dreiklassenwahlrecht der Konservativen Fraktion unter dem Juristen Friedrich Julius Stahl durchgehende Mehrheiten. Die gemäßigten Liberalen blieben in der Minderheit. Linksliberale und Demokraten waren im Parlament erst gar nicht vertreten. In der ersten Parlamentskammer verteidigte Ernst Ludwig von Gerlach die Interessen

---

26 Vgl. Frederik Frank Sterkenburgh, Narrating Prince Wilhelm of Prussia. Commemorative Biography as Monarchical Politics of Memory, in: Heidi Mehrkens/Frank Lorenz Müller (Hrsg.), Royal Heirs and the Uses of Soft Power in Nineteenth-Century Europe, London 2016, S. 281–301.

27 Wilhelm an Charlotte, 2./11. Oktober 1842. GStA PK, BPH, Rep. 51 J, Nr. 511a, Bd. 2, Bl. 97.

28 Vgl. Tagebuch L. v. Gerlach, 23. Februar 1851. GA, LE02754, S. 41; Tagebuch E. L. v. Gerlach, 23. Februar 1851. Diwald (Hrsg.), Nachlaß, Bd. 1, S. 284; Tagebuch Bernhardi, 16. Oktober 1851. Bernhardi (Hrsg.), Aus dem Leben, Bd. 2, S. 96; Tagebuch L. v. Gerlach, 30. April 1853. GA, LE02756, S. 60; Tagebuch Varnhagen, 30. April 1853. [Varnhagen], Tagebücher, Bd. 10, S. 134.

29 Tagebuch L. v. Gerlach, 14. Januar 1851. GA, LE02754, S. 17.

30 Tagebuch L. v. Gerlach, 26. April 1853. GA, LE02756, S. 58.

der Kreuzzeitungspartei und aristokratischen Elite. Sein Bruder Leopold fungierte schließlich als Schaltstelle zum Berliner Hof, wo er tagtäglich mit Friedrich Wilhelm IV. und den Ministern ins Gespräch kam. Dieser durchinstitutionalisierte Zugang zur Macht sollte in der preußischen Parteiengeschichte beispiellos bleiben.[31]

Da einer Opposition von links strukturelle Grenzen gesetzt waren, trat die sogenannte Wochenblattpartei als politischer Hauptgegner der Kreuzzeitungspartei auf. Benannt war sie nach dem seit 1851 erscheinenden *Politischen Wochenblatt*. Unter der Führung des Juristen Moritz August von Bethmann-Hollweg waren die Reformkonservativen ideologisch zwischen Liberalen und Hochkonservativen angesiedelt. Bethmann-Hollweg hatte sich von seinen ehemaligen Parteifreunden Stahl und Gerlach getrennt, da er nicht mehr bereit gewesen war, die konservative Frontstellung gegen den Konstitutionalismus mitzutragen. Auch in der nationalen Frage grenzten sich die Reformkonservativen deutlich nach rechts ab. Es war daher kein Zufall, dass die Wochenblattpartei Zustimmung und Unterstützung vor allem in jenen Kreisen fand, die Olmütz abgelehnt hatten. Dem Diplomaten Robert von der Goltz gelang es, mehrere seiner Kollegen für Bethmann-Hollwegs Parteineugründung zu gewinnen, darunter Bunsen, Alexander von Schleinitz und Pourtalès. Goltz war 1851 entlassen worden, nachdem er Ministerpräsident Otto von Manteuffel kritisiert hatte. Wilhelm hatte sich vergeblich für ihn eingesetzt. Über diese Diplomatenzirkel konnte die Wochenblattpartei schnell enge Kontakte zum Koblenzer Hof aufbauen. Das Thronfolgerpaar bot den Reformkonservativen nicht nur dynastische Protektion, sondern auch finanzielle Unterstützung. Dies ging sogar so weit, dass das *Politische Wochenblatt* Ende der 1850er Jahre nur noch durch die Koblenzer Geldspenden am Leben erhalten werden konnte. Denn eine Massenbasis konnte der Reformkonservativismus nie mobilisieren. Die Wochenblattpartei gewann primär deshalb politisches Gewicht, da sie als Thronfolgerpartei betrachtet wurde.[32]

Diese Außenwirkung war durchaus berechtigt. Wilhelms und Augustas Nähe zur Wochenblattpartei war innerhalb wie außerhalb der Berliner Palastmauern ein offenes Geheimnis. „Der Prinz von Preußen begünstigt das ‚Preußische Wochenblatt', so Varnhagen.[33] Und Bernhadi notierte, *„der Prinz von Preußen am Rhein ist der Parthei Gerlach-Stahl ein Dorn im Auge*; er gewinnt da eine Popularität, die ihr sehr unange-

---

31 Vgl. Kraus, Ernst Ludwig von Gerlach, Bd. 2, S. 547–699; Johann Baptist Müller, Der politische Professor der Konservativen – Friedrich Julius Stahl (1802–1861), in: Hans-Christof Kraus (Hrsg.), Konservative Politiker in Deutschland. Eine Auswahl biographischer Porträts aus zwei Jahrhunderten, Berlin 1995, S. 69–88; Julius H. Schoeps, Doktrinär des Konservatismus. Ernst Ludwig von Gerlach und das politische Denken im Zeitalter Friedrich Wilhelms IV., in: Peter Krüger/Julis H. Schoeps (Hrsg.), Der verkannte Monarch. Friedrich Wilhelm IV. in seiner Zeit, Potsdam 1997, S. 413–426; Dagmar Bussiek, „Mit Gott für König und Vaterland!" Die Neue Preußische Zeitung (Kreuzzeitung) 1848–1892, Münster 2002, S. 103–154.
32 Vgl. Walter Schmidt, Die Partei Bethmann Hollweg und die Reaktion in Preußen 1850–1858, Dissertation, Berlin 1910; Arno Dorn, Robert Heinrich Graf von der Goltz. Ein hervorragender Diplomat im Zeitalter Bismarcks, Halle an der Saale 1929, S. 53–84; Michael Behnen, Das Preußische Wochenblatt (1851–1861). Nationalkonservative Publizistik gegen Ständestaat und Polizeistaat, Göttingen u. a. 1971.
33 Tagebuch Varnhagen, 17. Dezember 1855. [Varnhagen], Tagebücher, Bd. 12, S. 338.

nehm ist".[34] Die Existenz einer Thronfolgerpartei stellte für die Dynastie ein nicht zu unterschätzendes Risiko dar. Denn damit wurden Prinz und König automatisch zu Streitobjekten der parlamentarischen Polarisation. Gleichwohl kann nicht allein Wilhelm der Vorwurf gemacht werden, dass es den Hohenzollern in den 1850er Jahren mehr schlecht als recht gelang, ihre strukturelle Position *über* den Parteien zu wahren. Immerhin galt Friedrich Wilhelm IV. nicht zu Unrecht als Parteimann der Hochkonservativen. Doch muss die Konkurrenz von Wochenplattpartei und Kreuzzeitungspartei als weiterer Problemfaktor im ohnehin bereits stark belasteten Verhältnis der beiden königlichen Brüder bewertet werden. So schimpfte Friedrich Wilhelm IV. dem Thronfolger 1855, „Du weißt daß die Bethm[ann]-Hollw[eg] Parthey Dich (seys mit Recht oder Unrecht) als ihr Haupt, wenigstens als ihnen sehr geneigt betrachten."[35] Wilhelm antwortete, „man thut mir wohl eine sehr unangenehme Ehre an, wenn man mich als *Haupt irgend* einer Parthei bezeichnet; denn das bin ich Gott sei Dank nicht u[nd] werde es auch niemals sein." Aber „daß ich mit meinen Ansichten der Beth[mann]-Hollweg Parthei am nächsten stehe, ist ein factum".[36] Und 1856 erklärte er, „daß das politische Wochenblatt *im Allgemeinen* meinen Beifall hat, [...], weil ich *im Allgemeinen* mit meinen Ansichten, der Fraction, die dasselbe réprésentirt, am nächsten stehe, [...] wehrend ich in keinerlei Art, die Politik dieser Fraction, nachbethe, sondern sehr selbständig meine Ueberzeugung habe".[37]

Der Berliner Hof versuchte wiederholt, die Opposition von Thronfolger und Reformkonservativen zu unterbinden. So fiel das *Politische Wochenblatt* systematisch der staatlichen Zensur zum Opfer. Personifiziert wurde der preußische Repressionsapparat vor allem durch den hochkonservativen Innenminister Ferdinand von Westphalen und den Berliner Polizeipräsidenten Carl Ludwig von Hinckeldey. In der Hauptstadt versuchte Hinckeldey seit Ende 1848, das Protomodell eines modernen Polizei- und Überwachungssystems aufzubauen. Westphalen unterstützte ihn dabei nicht nur aktiv. Der Minister drängte den Polizeipräsidenten auch regelmäßig zu einem energischen Durchgreifen gegen die oppositionelle Presse – und darunter prominent das *Politische Wochenblatt*.[38] Die arbeitsaufwändige Präventivzensur des Vormärz wurde im konstitutionellen Preußen durch eine Nachzensur ersetzt. Letztendlich erwies sich dieses System allerdings als ineffizient. Denn es war der Regierung kaum möglich, den ständig wachsenden Publikationsmarkt effizient zu kontrollieren. Die Zensur konnte erst dann tätig werden, wenn die Oppositionskritik gedruckt und somit bereits in der Welt war. Der Streisand-Effekt funktionierte auch im Preußen der 1850er Jahre. Deshalb versuchte

---

34 Tagebuch Bernhardi, 12. Mai 1853. Bernhardi (Hrsg.), Aus dem Leben, Bd. 2, S. 166.
35 Friedrich Wilhelm IV. an Wilhelm, 9. Februar 1855. Baumgart (Hrsg.), Wilhelm I., S. 490.
36 Wilhelm an Friedrich Wilhelm IV., 9. Februar 1855. Ebd., S. 491.
37 Wilhelm an Friedrich Wilhelm IV., 14. Januar 1856. Ebd., S. 513.
38 Vgl. Barclay, Friedrich Wilhelm IV., S. 341–344; Stephan M. Eibich, Polizei, „Gemeinwohl" und Reaktion. Über Wohlfahrtspolizei als Sicherheitspolizei unter Carl Ludwig Friedrich von Hinckeldey, Berliner Polizeipräsident von 1848 bis 1856, Berlin 2004; Ernst Hinrichs, Staat ohne Nation. Brandenburg und Preußen unter den Hohenzollern (1415–1871), hrsg. v. Rüdiger Landfester, Bielefeld 2014, S. 438–440.

das Ministerium Wege zu finden, die öffentliche Meinung zu lenken. So wurden gezielt Journalisten und Zeitungen subventioniert, um regierungsfreundliche Artikel in die Welt zu setzen. Aber alle Versuche, ein offiziöses Pressenetzwerk aufzubauen, misslangen in Preußen genau so wie in den anderen deutschen Staaten. Und über die tendenziöse *Kreuzzeitung* konnte nur ein begrenztes Publikum gewonnen werden. Da der Staat die öffentliche Meinung nicht lenken konnte, versuchte er sie einzuschränken. Das wurde in der Presse kritisiert. Diese Kritik diente Westphalen und Hinckeldey wiederum als Legitimation, die Presse zu zensieren. Letztendlich fielen die Reaktionspolitiker also ihrem eigenen Misstrauen zum Opfer.[39] Wilhelm geißelte diese Gängelungspolitik gegenüber der Öffentlichkeit scharf. Den Ministerpräsidenten warnte er davor, „nur Polizeistaatliches wirken zu lassen; man muß auch Vertrauen dem Volke zeigen, was nicht heißt Popularitätsjagd machen, oder die Verführer des Volkes gewinnen zu lassen."[40]

Dem Koblenzer Gegenhof war mit Polizeistaatmitteln nicht beizukommen. Deshalb suchte die Kamarilla andere Wege, „das prinzliche Hauptquartier demobil zu machen", wie es Leopold von Gerlach formulierte.[41] Bereits im Frühjahr 1851 wurde versucht, Wilhelm wieder näher an den Berliner Hof zu bringen. Über eine Abgeordnetendelegation aus Pommern wurde dem Thronfolger das Angebot gemacht, ein Militärkommando in Stettin zu übernehmen. Er lehnte ab.[42] Im Sommer desselben Jahres versuchte auch Hausminister Anton zu Stolberg-Wernigerode, „das rheinische Verhältnis zu lösen."[43] Er bot dem Prinzen nach Absprache mit Ministerpräsident Manteuffel das Präsidium des preußischen Staatsrats an. Dieses Gremium hatte im absolutistischen System Gesetzesvorlagen für das Ministerium beraten. Im Konstitutionalismus war es de facto bedeutungslos geworden. Wilhelm lehnte erneut ab.[44] Und sogar als ihm im Frühjahr 1853 das Oberkommando des Garde Corps angetragen wurde, weigerte er sich, Koblenz zu verlassen. „Natürlich würde in *gewöhnlichen* Zeiten eine Combination, wo ich wieder mit diesen lieben Truppen in Verbindung stehen könnte, mir das Liebste sein, was ich wüßte", schrieb er Luise.[45] Aber wie er Charlotte erklärte, könne er seine „besondere Vertrauensstellung" in Koblenz nicht aufgeben. „30 Jahre lang hat man die Rheinländer nur gelobhudelt und ihrer Eitelkeit flattiert, so daß sie glaubten, sie seien etwas besonderes. Ich trete ihnen mit voller Billigkeit und Anerkennung des Guten entgegen, verziehe sie aber keinen Moment und glaube, sie dadurch bereits viel preu-

---

39 Vgl. Christopher Clark, After 1848. The European Revolution in Government, in: Transactions of the Royal Historical Society. Sixth Series Vol. 22 (2012), S. 171–197, hier: S. 191–194.

40 Wilhelm an O. v. Manteuffel, 25. März 1851. Poschinger (Hrsg.), Denkwürdigkeiten, Bd. 1, S. 418.

41 Tagebuch L. v. Gerlach, 17. Januar 1851. GA, LE02754, S. 23.

42 Siehe E. L. v. Gerlachs Tagebucheinträge vom 19. Januar und 16. Februar 1851, in: Diwald (Hrsg.), Nachlaß, Bd. 1, S. 281, S. 283.

43 Stolberg-Wernigerode an O. v. Manteuffel, 24. Juni 1851. Stolberg-Wernigerode, Ratgeber, S. 100.

44 Vgl. Tagebuch L. v. Gerlach, 4. Juli 1851. GA, LE02754, S. 202–203; Wilhelm an O. v. Manteufel, 11. Juli 1851. Berner (Hrsg.), Briefe, Bd. 1, S. 289–291.

45 Wilhelm an Luise, 14. April 1853. GStA PK, BPH, Rep. 51, Nr. 853.

ßischer gemacht zu haben als sie waren [...]. Jetzt wäre meine Abberufung vom Rhein gleich einem Mißtrauen."[46] Die laut Stolberg-Wernigerode „in einer Gesellschaft älterer Gardeoffiziere" geäußerte „Hoffnung [...] den Prinzen von Preußen wieder ganz an Berlin und die Garde gefesselt zu sehen", blieb unerfüllt.[47] Und Alexandrine schimpfte, „da sitzt sie gewiß dahinter, dann könnte sie keine Rolle spielen." Gemeint war ihre Schwägerin Augusta.[48]

Konnte Wilhelm schon nicht dazu bewegt werden, die Rheinlande zu verlassen, wollte die Kamarilla zumindest versuchen, die Koblenzer „Clique zu sprengen, durch Versetzung Auerswald und mehrere Personen [...] in der Umgebung des Prinzen", so Gerlach.[49] Der ehemalige Ministerpräsident Rudolf von Auerswald amtierte seit 1850 als Oberpräsident der Rheinprovinz. In diesem Amt bezog er eine Wohnung im Erdgeschoss des Koblenzer Schlosses. Das Prinzenpaar residierte über ihm im ersten Stock, was zu täglichen Kontakten führte.[50] Aber Auerswald hielt sich mit Kritik an Olmütz und Manteuffel nicht zurück. Deshalb gelang es den Gerlach-Brüdern im Sommer 1851, den König zu überzeugen, ihn seines Amtes zu entheben. Sein Nachfolger wurde der Kreuzzeitungspolitiker Hans Hugo von Kleist-Retzow.[51] Wilhelm will von dieser Entscheidung „ganz zufällig" erfahren haben, wie er Auerswald berichtete. Kleist-Retzow könne „allein durch seinen Charakter reüssieren, durch Manier und Grundsätze schwerlich!"[52] Wilhelms und Augustas Verhältnis zu ihrem neuen Schlossmitbewohner war daher von Anfang an belastet. Und das sollte sich bis zum Ende der Reaktionsära nicht ändern. Abschätzig sprach die Prinzessin vom „Antipoden", der in Koblenz „so gehaßt wird, daß ich mich gar nicht wundern sollte, wenn es einmal zu irgend einer éclatenten Démonstration käme."[53] Vor allem aber sollte es kaum jemanden überraschen, dass der spätere Kaiser nur wenige Wochen nach seinem Regentschaftsantritt 1858 Kleist-Retzow aus Koblenz entfernen ließ.[54]

Wilhelms Sohn schien die 1850er Jahre als besonders bedrückend empfunden zu haben. So war der spätere 99-Tage-Kaiser nicht zu Unrecht davon überzeugt, dass er und seine Eltern unter Kleist-Retzows Oberpräsidentschaft kontinuierlich ausspioniert wurden.[55] Auch der präsumtive Thronerbe wurde bisweilen zur Zielscheibe der

---

46 Wilhelm an Charlotte, 16. Mai 1853. Börner (Hrsg.), Briefe, S. 373–374.
47 Stolberg-Wernigerode an L. v. Gerlach, 23. April 1853. GA, LE02769, S. 74.
48 Alexandrine an Elisabeth, 16. April 1853. Wiese/Jandausch (Hrsg.), Briefwechsel, Bd. 2, S. 132.
49 Tagebuch L. v. Gerlach, 17. März 1851. GA, LE02754, S. 83.
50 Vgl. Börner, Wilhelm I., S. 109.
51 Vgl. Wolf Nitschke, Junker, Pietist, Politiker – Hans Hugo v. Kleist-Retzow (1814–1892), in: Hans-Christof Kraus (Hrsg.), Konservative Politiker in Deutschland. Eine Auswahl biographischer Porträts aus zwei Jahrhunderten, Berlin 1995, S. 135–156.
52 Wilhelm an Auerswald, 13. Juli 1851. Schultze (Hrsg.), Briefe an Politiker, Bd. 1, S. 144–145.
53 Augusta an Wilhelm, 31. Oktober 1857. GStA PK, BPH, Rep. 51 T, Lit. P, Nr. 12, Bd. 7, Bl. 316.
54 Vgl. Konseilprotokoll, 13. November 1858. Acta Borussica. Protokolle, Bd. 5, S. 49–50.
55 Vgl. Tagebuch Varnhagen, 29. Juli 1851. [Varnhagen], Tagebücher, Bd. 8, S. 25; Tagebuch Bernhardi, 30. Januar 1857. Bernhardi (Hrsg.), Aus dem Leben, Bd. 2, S. 332; Friedrich Wilhelm an Augusta, 27. Sep-

Kamarillapläne. So schimpfte Gerlach, dass der junge Friedrich Wilhelm „ohne alle Leitung in die Welt geht und heranwächst und vielleicht bald, wie die anderen hiesigen Prinzen, einer Tänzerin zur Beute fallen wird."[56] Und Bismarck bemerkte vielsagend, „meiner Ansicht nach sollte bei Erziehung von Thronfolgern der Wille des regierenden Herrn maßgebender sein als der der Mutter des jungen Erben."[57] Im Mai 1855 beschloss Friedrich Wilhelm IV., seinem Neffen den Offizier Helmuth von Moltke als Adjutanten zur Seite zu stellen. Wilhelm und Augusta vermuteten hinter dieser Personalie nur eine weitere Schikanemaßnahme. Der spätere Kaiser schimpfte seinem Bruder, „zu einer fortgesetzten, ich möchte sagen, Kontrolle, haben wir niemals Veranlassung" gegeben.[58] „Abgesehen von diesem allen wirst Du mir aber aber noch dies zugeben müssen, daß es für uns *Eltern* ungewöhnlich hart ist, einen uns und namentlich meiner Frau unbekannten Mann ausersehen zu sehen, der bei dem Sohn die erste Stellung einnehmen soll."[59] Moltke blieb nicht verborgen, dass seine Anstellung zu neuen Problemen im königlichen Haus geführt hatte. Seiner Ehefrau Marie berichtete er, „daß der Prinz von Preußen sogar mit großer Gereiztheit sich" gegen ihn „ausgesprochen" haben soll.[60] Wilhelm sollte seinen Frieden mit Moltke erst nach einem persönlichen Gespräch im September desselben Jahres schließen. Wie er Augusta schrieb, will er dem Offizier erklärt haben, „daß wir aus Selbstständigkeits-Rücksichten für Fritz, und aus Spionerei für uns eine solche Anstellung nicht gewollt hätten. Seit 3 Jahren seien diese Ideen von uns siegreich bekämpft worden. Jetzt, als *sein Name* genannt worden, hätten jene Spionier-Ideen fallen müssen, da er sich dazu nicht hergeben werde, um so weniger, weil bei uns nichts zu Spionieren sei, da wir alles öffentlich treiben. [...] Nach dieser Auseinandersetzung begrüßte ich ihn mit vollem Vertrauen."[61] Diese Vertrauensbasis sollte sich für Moltke langfristig auszahlen. Als Prinzenadjutant stand er nach 1855 auch im tagtäglichen Verkehr mit Wilhelm. Und er schien den späteren Kaiser schnell von seinen militärischen Kompetenzen überzeugen zu können. Denn trotz seines vergleichsweise niedrigen Dienstalters wurde Moltke mit Beginn der Neuen Ära zum Chef des Generalstabs ernannt. Dieses Amt sollte er bis 1888 bekleiden.[62]

---

tember 1863. Heinrich Otto Meisner, Der preußische Kronprinz im Verfassungskampf 1863, Berlin 1931, S. 160–161.

56 Tagebuch L. v. Gerlach, 28. Januar 1853. GA, LE02756, S. 9.

57 Bismarck an E. L. v. Gerlach, 2. Mai 1853. GA, ER02492.

58 Wilhelm an Friedrich Wilhelm IV., 28. Mai 1855. GStA PK, VI. HA, Nl. Vaupel, Nr. 63, Bl. 38.

59 Wilhelm an Friedrich Wilhelm IV., 28. Mai 1855. Ebd., Bl. 40.

60 Moltke an M. v. Moltke, 3. Juni 1855. Eberhard Kessel (Hrsg.), Helmuth von Moltke. Briefe 1825–1891. Eine Auswahl, Stuttgart [1959], S. 262–263.

61 Wilhelm an Augusta, 21. September 1855. GStA PK, BPH, Rep. 51 J, Nr. 509b, Bd. 3.

62 Zu Helmuth von Moltke siehe Heinz Helmert, Helmuth von Moltke. Über die Macht des Schwertes und den Entschluß zum Kriege, in: Gustav Seeber (Hrsg.), Gestalten der Bismarckzeit, Bd. 1, Berlin (Ost) ²1987, S. 106–124; Lothar Burchard, Helmuth von Moltke, Wilhelm I. und der Aufstieg des preußischen Generalstabs, in: Roland G. Foerster (Hrsg.), Generalfeldmarschall Helmuth von Moltke. Bedeutung und Wirkung, München 1991, S. 19–38; Olaf Jessen, Die Moltkes. Biographie einer Familie, München 2010, S. 45–234.

Wilhelm hatte seinen Gouverneursposten in Koblenz 1849 mit dem Anspruch angetreten, die rheinische Bevölkerung an der kurzen Leine zu halten. Aber nur wenige Jahre später begann er bereits, die Interessen der Westprovinzen gegen den Berliner Hof zu verteidigen. Einerseits dürften die persönlichen Erfahrungen in Koblenz dazu geführt haben, dass er seine Generalverdachtsbrille bald abnahm. Andererseits hatten der Thronfolger und das rheinische Bürgertum einen gemeinsamen politischen Gegner: die Kreuzzeitungspartei. So schrieb Wilhelm seinem Bruder 1853, dieser „muß u[nd] kann man mit der Stimmung" am Rhein „vollständig zufrieden sein [...]. Unberechenbaren Schaden stiften in dieser Beziehung die Verdächtigungen welche die †Zeitung fortwehrend gegen die Rhein Provinz ausstößt u[nd] die zu allererst zur *Opposition* u[nd] zur Entfremdung des Preuß[ischen] Regiments hier beitragen werden. Es ist zum Verzweifeln daß Niemand sich ausreden läßt, daß diese unglükliche Zeitung Dein Organ sei!! was freilich eine gewisse Parthei absichtlich verbreitet! Du solltest doch endlich Einmal dazwischen fahren."[63] Und im selben Jahr erklärte er Luise, dass er seine „hiesige Stellung fortgesetzt als eine Vertrauens Stellung ansehen" würde, „so daß ich sie nicht aufgeben *kann*."[64]

Über diese Vertrauensstellung versuchte Wilhelm im Frühjahr 1856, Einfluss auf die politischen Entscheidungen in Berlin zu gewinnen. Denn Kleist-Retzow wollte in der Rheinprovinz eine neue Gemeindeordnung einführen, die vor allem die staatliche Aufsicht stärken sollte. Wilhelm protestierte gegen diesen scheinbaren neuen Kontrollversuch. Dem König schimpfte er, „mit der jetzigen Vorlage dieses Gesetzes hat" Kleist-Retzow „hier allen Boden verloren. [...] Er gehet streng nach seinem bekannten Dictum vorwärts: mit 6 Räten aus Pommern, mache ich in 6 Jahren die Rheinländer zu Pommern – d.h. übersetzt: Alles was ich vorfinde muß in Pommersches Systêm verändert werden."[65] Dieser Protest schien am Berliner Hof Gehör zu finden. Denn Friedrich Wilhelm IV. beschloss, seinen jüngeren Bruder in die Gemeindeordnungsfrage aktiv einzubinden. Im Mai 1856 wurde Wilhelm zum ersten Mal seit 1850 wieder zu einer Sitzung des Staatsministeriums eingeladen. Dies legt nahe, dass der König bereit gewesen sein mochte, dem Thronfolger die symbolische Rolle eines Interessenvertreters der Rheinlande zuzugestehen. „Der Provinz zu Liebe habe ich mich zu erscheinen endschlossen", berichtete Wilhelm seiner Ehefrau. „Die ganze Gesellschaft habe ich stumm begrüßt. Denn außer der dienstlichen Diskussion gehen mich die Herren nichts an."[66] Die Minister sollen sich geweigert haben, eine Modifikation der Gemeindeordnung überhaupt zu diskutieren, geschweige denn umzusetzen. Diese Erfahrung „gab mir [...] den Maaßstaab unseres erbärmlichen Gouvernements!"[67] Wilhelms Interventionsversuch mochte erfolglos gewesen sein. Aber die rheinisch-liberale *Kölnische Zeitung*

---

63 Wilhelm an Friedrich Wilhelm IV., 26. Januar 1853. Baumgart (Hrsg.), Wilhelm I., S. 422–423.

64 Wilhelm an Luise, 14. April 1853. GStA PK, BPH, Rep. 51, Nr. 853.

65 Wilhelm an Friedrich Wilhelm IV., 28. April 1856. Baumgart (Hrsg.), Wilhelm I., S. 526–527. Siehe auch Wilhelm an O. v. Manteuffel, 8. Mai 1856. Poschinger (Hrsg.), Denkwürdigkeiten, Bd. 3, S. 83.

66 Wilhelm an Augusta, 9. Mai 1856. GStA PK, BPH, Rep. 51 J, Nr. 509b, Bd. 4.

67 Wilhelm an Augusta, 10./11. Mai 1856. Ebd.

würdigte ihn dennoch – was der Thronfolger zunächst begrüßte.[68] Dann aber warf ihm die *Kreuzzeitung* vor, in Opposition zur Regierung zu stehen. Daraufhin ließ Wilhelm eine Berichtigung des „etwas zu enthusiastisch *für mich*" verfassten Artikels der *Kölnischen Zeitung* drucken, „da sonst leicht die Animosität" in Berlin „gegen die Rheinländer noch wachsen könnte, wenn man hier siegestrunken den *dortigen Ärger* siehet und schadenfroh ist. Bei meiner Stellung ist die *größte Vorsicht* nöthig, ohne jemals die Wahrheit zu verleugnen."[69] Diese Episode ist aus mehreren Gründen erwähnenswert. Denn einerseits demonstriert sie, wie sich Wilhelms Position gegenüber der Rheinprovinz geändert hatte. Andererseits belegt sie auch, dass der Prinz die neue Bedeutung der öffentlichen Politikebene reflektierte und zu instrumentalisieren versuchte. Dies unterschied ihn von Friedrich Wilhelm IV. und den Hochkonservativen. Denn am Berliner Hof schienen nicht wenige Politikakteure zu glauben, dass man noch immer Politik in vormärzlichen Strukturen machen könne. Leopold von Gerlach bemerkte über den Gemeindeordnungskonflikt etwa, dass sich die Regierung nicht durch die „sogenannte öffentliche Meinung [...] irre machen lassen" dürfe.[70]

Diese öffentliche Meinung hatte Wilhelm am Koblenzer Hof nicht zum ersten Mal entdeckt. Er hatte sich nicht von Augusta und deren Tischgesellschaft irre machen lassen. Aber dennoch muss hier aus biographischer Perspektive ein langfristig prägender Lebensabschnitt verortet werden. In der preußischen Peripherie kam der Thronerbe mit Personen in Berührung, deren Bekanntschaft er zuvor lediglich marginal hatte machen können. Doch diese neue Umgebung war nicht ursächlich für sein oppositionelles Agieren in den 1850er Jahren. In Koblenz fand lediglich eine Entwicklung Bestätigung und Bestärkung, die 1848 begonnen und mit Olmütz ihren vorläufigen Höhepunkt erreicht hatte. Augusta gelang es in diesen Jahren zwar indirekt, begrenzten Einfluss auf ihren Ehemann auszuüben. Denn beide Ehepartner hatten gemeinsame politische Gegner: Friedrich Wilhelm IV. und die Kreuzzeitungspartei. Dieser Feindbildfokus ließ persönliche wie politische Differenzen in den Hintergrund treten. Aber unter dem Pantoffel seiner Ehefrau stand Wilhelm nicht. Und das gilt für *jeden* Abschnitt seines Lebens.

---

68 Vgl. Wilhelm an Augusta, 19. Mai 1856. Ebd.
69 Wilhelm an Augusta, 24. Mai 1856. Ebd.
70 Tagebuch L. v. Gerlach, 2. Mai 1856. GA, LE02759, S. 87.

„Man muß auch Vertrauen dem Volke zeigen."
Die Reaktion in Preußen

Das Reaktionsjahrzent war keine Zeit des politischen Rollbacks, geschweige denn eine Restaurationsära 2.0. In den 1850er Jahren ging es nicht zurück in den Vormärz. Stattdessen muss eine mindestens ambivalente bis vorsichtig progressive Bilanz gezogen werden. Zwar gelang es den Reaktionsregierungen in Deutschland, den Modernisierungsprozessen die Dynamik der Revolutionsjahre zu entziehen. Aber langfristig war diese Entwicklung nicht aufzuhalten. Dabei fanden sich die maßgeblichen Fortschrittsakteure nicht allein innerhalb der wachsenden bürgerlichen Elite. Denn auch die traditionellen Staatsmänner verfolgten eine pragmatische Modernisierungspolitik, mit der sie die postrevolutionäre Ordnung nicht nur zu stabilisieren, sondern auch revolutionsprophylaktisch zu flexibilisieren versuchten. Es gab einen breiten Konsens, dass es keinen Reformstau wie vor 1848 mehr geben durfte. Der Stagnation war die Implosion gefolgt. Und eine Wiederholung dieser Entwicklung wollten letztendlich auch die Hochkonservativen verhindern. Daher kann die Reaktionsära nicht als ledigliche Übergangszeit zwischen Revolution und Reichsgründung marginalisiert werden. Vielmehr müssen ihre eigenständigen Dynamiken betont werden.[1]

Am Berliner Hof wurde diese Modernisierungspolitik von Ministerpräsident Otto von Manteuffel aktiv mitgetragen. Die von ihm angestoßenen oder aufgegriffenen Reformen sollten dem monarchischen Staat die volle politische, ökonomische und gesellschaftliche Aktionsinitiative zurückgeben. Sie sollten einerseits die Krone, andererseits die Bürokratie stärken. Beides waren für Manteuffel Notwendigkeitsinstitutionen, ohne die es dem parteifragmentierten Staat nicht möglich sei, umfassende wirtschaftliche Reformen anzustoßen. Langfristig sollte der materielle und soziale Wohlstand der Bevölkerung gesichert werden, um so einen Loyalitätsdruck zu erzeugen. Diese Politik versuchte Manteuffel nicht gegen den Landtag durchzusetzen. Er akzeptierte das 1850 konservativ revidierte Verfassungssystem als notwendigen Legitimationsquell der Monarchie. Eine Rückkehr zu ständisch-absolutistischen Verhältnissen schien ihm nach 1848 unmöglich. Aber dennoch spielte das Parlament für ihn eine nachgeordnete Rolle. Die Kompetenzen des Landtags wollte er so eng als möglich begrenzt sehen.[2] Wilhelm sollte nach seinem Herrschaftsantritt sogar erfahren, dass die Regierung die Abgeordneten über die genauen Staatsfinanzen während der Reaktionsära belogen

---

1 Vgl. Hans-Christof Kraus, Nur Reaktion und Reichsgründung? Ein neuer Blick auf Preußens Entwicklung von 1850 bis 1871, in: Wolfgang Neugebauer (Hrsg.), Oppenheim-Vorlesungen zur Geschichte Preußens an der Humboldt-Universität zu Berlin und der Berlin-Brandenburgischen Akademie der Wissenschaften, Berlin 2014, S. 213–239; Christian Jansen, Gründerzeit und Nationsbildung 1849–1871, Stuttgart 2011, S. 31–117; Anna Ross, Beyond the Barricades. Government and State-Building in Post-Revolutionary Prussia, 1848–1858, Oxford/New York 2019.
2 Vgl. Karl Enax, Otto von Manteuffel und die Reaktion in Preußen, Dissertation, Dresden 1907; Huber, Verfassungsgeschichte, Bd. 3, S. 161–163; Grünthal, Manteuffel, S. 124–127; Hundt, Manteuffel, S. 110–118.

https://doi.org/10.1515/9783111323954-022

hatte. Manteuffel und die Minister hatten so versucht, das leidige parlamentarische Haushaltsbewilligungsrecht zu umgehen.[3] Der Ministerpräsident wollte die Staatsmacht in der Institution der Krone konzentriert sehen.

Es mag daher wie eine Ironie des Schicksals anmuten, dass Manteuffels Politik ausgerechnet von Friedrich Wilhelm IV. selbst systematisch unterminiert wurde. Regelmäßig überging der König das Ministerium und suchte stattdessen den Austausch mit Höflingen und Günstlingen. In den 1850er Jahren funktionierte der Berliner Hof entlang strukturanarchischer Konfliktregeln. Der politische Entscheidungsprozess war daher von Konkurrenzkämpfen verantwortlicher und unverantwortlicher Ratgeber der Krone geprägt. In diesem instabilen Herrschaftssystem gelang es Manteuffel lediglich, seinen Ministerkollegen gegenüber eine Richtlinienautorität durchzusetzen. Eine dem Herrscher 1852 abgerungene Kabinettsordre institutionalisierte den Ministerpräsidenten als alleinige Kontaktperson zwischen Monarch und Ministerium. Dagegen waren Manteuffels Versuche, seinen königlichen Souverän auf Linie zu halten, nie von langfristigem Erfolg gekrönt.[4]

Bis zu seinem Lebensende blieb Friedrich Wilhelm IV. von dem Ideal einer pseudohistorischen Ständeordnung überzeugt. Letztendlich versuchte er auch nach 1848, irgendwie einen Weg zurück zum Vereinigten Landtag von 1847 zu finden.[5] Gegenüber dem österreichischen Kaiser klagte der König 1853, er sei im Februar 1850 von seiner Umgebung gezwungen worden, „eine miserable, französisch moderne Constituzion zu beschwören!!!!! [...] Enfin; es ist geschehen u[nd] mein Wort ist mir heilig u[nd] ich brech' es nicht. Ich *kann*, ich *darf* u[nd] ich *will* aber grade mit der Hülfe der beschwornen Gesetze *aus denselben herauskommen*. Wenn Gott mir beysteht, was ich hoffe, so *ersetze* u[nd] *tödte* ich die französischen ‚Idólogieen' durch ächt-teutsche, ständische Einrichtungen".[6] Bis zu seiner Erkrankung und Regierungsunfähigkeit 1857 blieb es daher das zentrale Agendaziel des Königs, die preußische Verfassung auf ständischer Grundlage zu revidieren – oder sie bestenfalls ganz aufzuheben.[7]

Ein mögliches Vorbild für eine solche Staatsstreichpolitik war die neoabsolutistische Restauration in Österreich 1851. Ministerpräsident Schwarzenberg hatte die im März 1849 oktroyierte Verfassung stets nur als Mittel zum Zweck der inneren Revolutionsbekämpfung betrachtet. Nachdem der Wiener Hof das Gewaltmonopol im gesamten Imperium erfolgreich zurückgewonnen hatte, erließ Kaiser Franz Joseph im

---

3 Vgl. Wilhelm an Augusta, 30. November 1857. GStA PK, BPH, Rep. 51 J, Nr. 509b, Bd. 5.

4 Vgl. Kurt Borries, Preußen im Krimkrieg (1853–1856), Stuttgart 1930, S. 37–38; Neugebauer, Hohenzollern, Bd. 2, S. 146; Clark, Preußen, S. 579; Ross, Barricades, S. 48–49.

5 Vgl. Bußmann, Friedrich Wilhelm IV., S. 422; Blasius, Friedrich Wilhelm IV., S. 217; Baumgart, Friedrich Wilhelm IV., S. 233.

6 Friedrich Wilhelm IV. an Franz Joseph, 28./29. September 1853. AGKK, II/Bd. 1, S. 201.

7 Vgl. Günther Grünthal, Konstitutionalismus und konservative Politik. Ein verfassungspolitischer Beitrag zur Ära Manteuffel, in: ders., Verfassung und Verfassungswandel. Ausgewählte Abhandlungen, hrsg. v. Frank-Lothar Kroll, Joachim Stemmler u. Hendrik Thoß, Berlin 2003, S. 224–259; Hans-Christof Kraus, Konstitutionalismus wider Willen – Versuche einer Abschaffung oder Totalrevision der preußischen Verfassung während der Reaktionsära (1850–1857), in: FBPG NF 5 (1995), S. 157–240.

August 1851 mehrere von Schwarzenberg verfasste Edikte, mit denen die graduelle Rückkehr zum Absolutismus vorbereitet wurde. Schließlich wurde die Märzverfassung am 31. Dezember desselben Jahres durch das sogenannte Silvesterpatent offiziell aufgehoben. Franz Joseph muss als maßgeblicher Dirigent dieses Restaurationsprozesses charakterisiert werden – und nicht Schwarzenberg. Seit seiner Thronbesteigung 1848 hatte sich der junge Monarch kontinuierlich von seinem Ministerpräsidenten zu emanzipieren begonnen. Mit Schwarzenbergs überraschendem Tod im April 1852 gelang es dem Kaiser dann endgültig, sich als unumgängliche Erst- und Letztinstanz des politischen Entscheidungsprozesses zu etablieren.[8] Doch eine neoabsolutistische Restauration wie in Österreich blieb im nachmärzlichen Deutschland die Ausnahme. Zwar verfolgten fast alle Throninhaber der Mittel- und Kleinstaaten seit 1850 eine Reaktionspolitik, die darauf abzielte, die repräsentativ-partizipatorischen Reformen der Revolutionsjahre weitestgehend zu revidieren. Aber kein monarchischer Akteur wagte es, dem Habsburger Rollbackbeispiel zu folgen. Zu groß schien das Risiko einer neuerlichen Barrikadenstimmung.[9]

Ähnlich wie sein älterer Bruder betrachtete auch Wilhelm den 1848 begonnenen konstitutionellen Transformationsprozess keinesfalls als irreversible Entwicklung. Bereits während der Warschauer Entrevue im Mai 1850 will der spätere Kaiser gegenüber Nikolaus I. argumentiert haben, eine weitere Revision der preußischen Verfassung sei eine politische Notwendigkeit. Während sein russischer Schwager „gern mit dem Schwerdte die Constitution mit Stumpf u[nd] Stiel ausrotten" wolle, habe Wilhelm „ihm meine Ueberzeugung" ausgesprochen, „daß sie sich selbst überleben würde; für den Augenblick sei aber nichts anderes zu thun, als auf gesetzlichem u[nd] légalem Wege die Auswüchse nach u[nd] nach zu beschneiden".[10] Ähnlich schrieb er an Manteuffel ein halbes Jahr später, „daß alle in der Verfassung selbst liegenden Mittel aufgeboten werden müssen, damit das konstitutionelle Prinzip nicht das monarchische besiege und daher alle Uebergriffe der Kammern scharf und ernst zurückgewiesen werden müssen."[11] Dieser verfassungspolitischen Handlungsmaxime sollte Wilhelm bis 1888 treu

---

8 Vgl. Huber, Verfassungsgeschichte, Bd. 3, S. 33–35; Bled, Franz Joseph, S. 124–128; Hildebrandt, Schwarzenberg, S. 774–778; Koschier, Herrschaftskonsolidierung, S. 103–106; Vocelka/Vocelka, Franz Joseph I., S. 94–95.
9 Vgl. Dieter Brosius, Georg V. von Hannover – der König des „monarchischen Prinzips", in: Niedersächsisches Jahrbuch für Landesgeschichte 51 (1979), S. 253–291, hier: S. 268–276; Johannes Merz, Max II. Die soziale Frage, in: Alois Schmid/Katharina Weigand (Hrsg.), Die Herrscher Bayerns. 25 historische Portraits von Tassilo III. bis Ludwig III., München 2001, S. 330–342; Katharina Weigand, König Maximilian II. Kultur- und Wissenschaftspolitik im Dienst der bayerischen Eigenstaatlichkeit, in: Sigmund Bonk/Peter Schmid (Hrsg.), Königreich Bayern. Facetten bayerischer Geschichte 1806–1919, Regensburg 2005, S. 75–94; Alexander Dylong, Hannovers letzter Herrscher. König Georg V. zwischen welfischer Tradition und politischer Realität, Göttingen 2012, S. 127–138.
10 Wilhelm an Friedrich Wilhelm IV., 27. Mai 1850. Baumgart (Hrsg.), Wilhelm I., S. 314.
11 Wilhelm an O. v. Manteuffel, 11. Dezember 1850. Heinrich von Poschinger (Hrsg.), Preußens auswärtige Politik 1850 bis 1858. Unveröffentlichte Dokumente aus dem Nachlasse des Ministerpräsidenten Otto Frhrn. v. Manteuffel, Bd. 1, Berlin 1902, S. 45.

bleiben – in guten wie in schweren Tagen. „Ich habe mir den Beinamen des Reaktionärs auf gesetzlich verfassungsmäßigem Wege gegeben", erklärte er etwa Vincke-Olbendorf.[12] Und gegenüber dem preußischen Major Leopold von Orlich betonte er, „Bajonette sind nur gut gegen die *Bündnisse* der Zeit aber nicht gegen die *Wahrheit* die in der Zeit liegt. Diesen Unterschied richtig zu fassen, ist alleinige Staats-Weisheit."[13] Wilhelm mochte den Absolutismus zwar nach wie vor als Idealvorstellung monarchischer Herrschaft verehren. Doch machte er sich keine Zweifel darüber, dass dieses System in Preußen jegliches strukturelle Fundament verloren hatte.

Dies belegt etwa ein längeres Schreiben, das er für seinen Bruder im Mai 1851 verfasste, kurz bevor der König den Zaren in Warschau besuchen sollte. Es nicht unwahrscheinlich, dass sich der Prinz von diesem Dokument einen Einfluss sowohl auf Friedrich Wilhelm IV. als auch auf Nikolaus I. erhofft haben mochte. So argumentierte er, dass „die politische Entwicklung Russlands u[nd] Preußens [...] eine so verschiedene" sei, „daß man wohl ein *allgemeines politisches Ziel*, die Unterwerfung der Révolution, vor Augen haben muß, daß man aber nie vergessen muß, wie man in einem civilisirten u[nd] cultivirten Staat, ganz andere Mittel hat, die Révolution zu *hindern*, durch fortschreitende Institutionen, als blos sie durch die Bajonette zu verhindern. Die Rébellion u[nd] Emeute, bekämpft allein das Bajonett, nicht aber die *Wahrheiten*, die in der Bewegung der Zeit liegen. Hat man diesen Rechnung getragen (das neue modische Wort) u[nd] zwar nicht à la März 48, so kann man ruhigen Gewissens Bajonette u[nd] Kanonen gegen Rébellion los lassen. *Verkennt* man aber die Zeit u[nd] die Lage der Länder, dann erzeugt man Révolution. Dies letztere *Verkennen* ist leider tief in Nicolas Auffassung *begründet*."[14] Ob dieser Brief in den Warschauer Gesprächen thematisiert wurde, lässt sich nicht eindeutig rekonstruieren. Leopold von Gerlach notierte zumindest, Nikolaus habe gegenüber seinem königlichen Schwager „über die Verkehrtheiten des Prinzen von Preußen" geschimpft, der plötzlich den Konstitutionalismus für sich entdeckt habe.[15] Allerdings soll der russische Herrscher auch offen erklärt haben, „er habe Vertrauen zu Manteuffel und zu dem Ministerium, aber in keiner Weise zu dem König. [...] Er sagte geradezu, dass er den Österreichern näher stünde als uns, weil jene mit dem Konstitutionalismus gebrochen hätten."[16] Bis zum Tod des Zaren sollte die einstige special relationship von Romanows und Hohenzollern irreparabel beschädigt bleiben. Sie war den Revolutionen von 1848/49 und ihren Folgen zum Opfer gefallen.

Immerhin versuchte Wilhelm, den Draht nach Sankt Petersburg aufrecht zu erhalten – und den russisch-österreichischen Flirt zu unterbinden. An Charlotte schrieb er im Herbst 1851, dass Preußen politisch „viel besser" dastünde als „Österreich, dessen innere Zustände sehr übel und faul erscheinen [...]. Der Kaiserstaat kommt mir dabei

---

12 Wilhelm an Vincke-Olbendorf, 5. März 1851. Schultze (Hrsg.), Briefe an Politiker, Bd. 1, S. 139
13 Wilhelm an Orlich, 22. Mai 1850. Hermann von Egloffstein (Hrsg.), Kaiser Wilhelm I. und Leopold von Orlich, Berlin 1904, S. 38.
14 Wilhelm an Friedrich Wilhelm IV., 10. Mai 1851. Baumgart (Hrsg.), Wilhelm I., S. 379–380.
15 Tagebuch L. v. Gerlach, 21. Mai 1851. GA, LE02754, S. 150.
16 Tagebuch L. v. Gerlach, 29. Mai 1851. Ebd., S. 162–165.

vor wie ein Koloß auf tönernen Füßen."[17] Die neoabsolutistische Restauration habe dort nur glücken können, „da die österreichische Verfassung noch nicht ins Leben getreten war".[18] Und seinem Bruder erklärte er, dass die österreichischen „coup d'états [...] wohl schwerlich revolutionäre Folgen haben [...] wie 1830 in Frankreich die Ordonnances." Preußen dürfe den Verfassungsweg dagegen nicht verlassen, „der wenn auch langsam aber doch gesetzlich zu besseren Zuständen führen muß."[19] „Gehet das Ministerium" den österreichischen Gang, „d. h. mit Perfidie die Verfassung zu untergraben und den König zum Meineid zu nötigen, – so trete ich bestimmt gegen das Ministerium auf, ich mag in Memel, Berlin oder Saarlouis mich befinden."[20]

Diese Drohung war vor allem gegen die Kamarilla gerichtet. Den König warnte Wilhelm explizit vor Leopold von Gerlach, der „Dich in Verhältnisse drängen will, die mit Vernichtung der Verfassung endigen sollen. Diese wird sich *mit der Zeit* selbst ruiniren; Gerlachs Weg führt zu einer 2^n Révolution, darum ist er Dir gefährlich."[21] Auch seinem jüngeren Bruder Carl erklärte der Thronfolger, dass die Kreuzzeitungspartei „die Verhältnisse in Preußen auf einen Punkt zurückführen will, der die Erfahrungen der letzten 40 Jahre ignoriren soll." Eine solche Politik sei Barrikadenzündstoff. „Ich verabscheue den Unsinn von 1848 ebenso, wie die retrograde Absicht der Kreuz-Zeitung, weil alle Extreme nichts taugen. Daß aber in aller großer Zeit Begebenheiten auch *Wahrheiten* enthalten sind, denen man die Augen nicht verschließen darf, wenn sie auch mit noch so vielen Schlakken umgeben sind, darf niemand leugnen, und es kommt eben nur darauf an, diese Schlakken zu entfernen, d. h. den *Unsinn* der aufgeregten Zeiten, um diese *Wahrheit* zu erkennen."[22] Und gegenüber Vincke-Olbendorf zog er die politikstrategische Bilanz, „an das *Bestehende* muß man *anschließen* das, was *jetzt* erst *möglich* ist! Da liegt der Stein der Weisen!"[23]

Wie aber konnte eine postrevolutionäre Stabilisierungspolitik aussehen, wenn es nach Wilhelm gegangen wäre? In der ersten Hälfte der 1850er Jahre widmete er seine Aufmerksamkeit mehreren politischen Handlungsfeldern, Reformfragen und Systemproblemen der Hohenzollernmonarchie. Er tat dies mit unterschiedlicher Vehemenz, differenziertem Interesse, aber stets mit eigenständigem Profil – und nie als parteipolitischer Advokat des Wochenblattkreises. So begrüßte er es etwa, als Friedrich Wilhelm IV. im August und September 1851 wie bereits im Vormärz die preußischen Provinzen bereiste und endlich wieder öffentliches Profil zeigte. „Er hat sehr zur rechten Zeit und am rechten Orte gelobt und getadelt, was freilich die super Constitutionellen nicht ertragen wollen, die im Monarchen nur eine Marionette sehen mögten", berichtete

---

17 Wilhelm an Charlotte, 23. Oktober 1851. Börner (Hrsg.), Briefe, S. 364.

18 Wilhelm an Charlotte, 3. September 1851. Ebd., S. 362.

19 Wilhelm an Friedrich Wilhelm IV., 3. September 1851. GStA PK, VI. HA, Nl. Vaupel, Nr. 60, Bl. 197–198.

20 Wilhelm an Wrangel, 15. Dezember 1850. Schultze (Hrsg.), Briefe an Politiker, Bd. 1, S. 136.

21 Wilhelm an Friedrich Wilhelm IV., 9. Dezember 1850. Baumgart (Hrsg.), Wilhelm I., S. 344.

22 Wilhelm an Carl, 16. April 1854. GStA PK, I. HA, Rep. 89, Nr. 3042, Bl. 69.

23 Wilhelm an Vincke-Olbendorf, 3. Januar 1854. Schultze (Hrsg.), Briefe an Politiker, Bd. 2, S. 3.

er Luise, „dahin wird es so Gott will, in Preußen nicht kommen!"[24] Folgt man allerdings Varnhagens Tagebucheinträgen, soll „die Reise des Königs [...] überall nur schlechte Eindrücke" hinterlassen haben. „Im Volke gehen die schlimmsten Urtheile herum, es nennt den König mit den höhnendsten Spitznamen."[25]

Ebenfalls 1851 besuchte Wilhelm die Londoner Weltausstellung, ein pet project des britischen Prinzgemahls. Dort wurde der Öffentlichkeit der industrielle Fortschritt als Teil einer monarchischen Erfolgsgeschichte präsentiert.[26] Laut Herzog Ernst II. habe ihm der spätere Kaiser in London erklärt, „es sage seinen Gefühlen [...] sehr zu, so für das Wohl der arbeitenden Classen von den höchsten Stellen der Gesellschaft herab gesorgt zu sehen."[27] Und seiner Schwester schrieb Wilhelm, er habe auf der Weltausstellung erkannt, „daß der Masse der Menschen Arbeit und dadurch Nahrung verschafft werden muß durch jede Regierung. Aber freilich nicht [...] durch Revolution und Gewalt, sondern durch Gesetz und Ordnung."[28] Doch es blieb bei diesen vagen Reflektionen. Nach seiner Rückkehr aus London verschwand die soziale Frage sogar gänzlich aus Wilhelms politischer Perspektive. Konzepte, *wie* die unteren Bevölkerungsschichten für die Monarchie gewonnen werden könnten, sollte er bis 1888 nicht formulieren.[29]

Wie bereits 1844 und 1848 vermochte der Londoner Hof auch im Nachmärz keine politische Impressionswirkung auf den preußischen Thronfolger entfalten zu können. Dies belegen etwa mehrere Briefe, in denen sich Wilhelm Anfang 1853 gegenüber liberalen Korrespondenzpartnern wie Bunsen und Vincke-Olbendorf über den britischen Parlamentarismus ausließ. Zwar folge er der Argumentation, dass „in einem konstitutionellen Staate [...] die Krone nur mächtig" sei, „wenn sie sich in Harmonie mit den Repräsentanten des Landes erhält." Diese Harmonie könne ein parlamentarischer Monarch allerdings nur erhalten, indem er die Mehrheitsparteien an der Regierung beteilige, *„oft aber gegen seine bessere Überzeugung vielleicht."*[30] „Also bleibt in dieser Beziehung der englische Monarch doch immer abhängig in der Wahl des Ganges seiner Regierung von der Stimmung des Parlaments, und somit stehet er genau genommen doch nicht *über* den Parteien, sondern richtet sich nach der, welche die Überhand im Parlament hat." Es sei genau jene Abhängigkeit der Queen von den Willkürpositionen sich regelmäßig ändernder Parlamentsmehrheiten, „was mich immer vor diesen Institutionen kopfscheu macht, namentlich in einem Staate wie Preußen, wo das persönliche königliche Ansehen so hoch immer gestanden hat, und weil mit Veränderung dieser Stellung auch eine totale Veränderung in der Gesinnung des Volkes ihm anerzogen werden muß."[31] An einem staatlichen social-engineering-Experiment konnte und

---

24 Wilhelm an Luise, 26. September 1851. GStA PK, BPH, Rep. 51, Nr. 853.
25 Tagebuch Varnhagen, 10. September 1851. [Varnhagen], Tagebücher, Bd. 8, S. 324.
26 Vgl. Netzer, Albert, S. 253–269; Wilson, Albert, S. 221–266.
27 Ernst II., Aus meinem Leben, Bd. 2, S. 78.
28 Wilhelm an Charlotte, 1./2. Mai 1851. Börner (Hrsg.), Briefe, S. 360.
29 Vgl. Markert, Ein Kaiserreich, kein Bismarckreich, S. 61–64.
30 Wilhelm an Bunsen, 18. Januar 1853. Schultze (Hrsg.), Briefe an Politiker, Bd. 1, S. 206–207.
31 Wilhelm an Bunsen, 15. Februar 1853. Ebd., S. 213–214.

wollte sich Wilhelm in Preußen nicht versuchen. Hier kreuzten sich Realismus und Monarchismus. Die preußische Bevölkerung werde sich nie daran „gewöhnen [...], ihren König noch mächtig und groß sich zu denken, wie sie ihn seit *150 Jahren* kennen, wenn er vom Majoritätswillen abhängig wird. Diese 150 jährige *Gewöhnung* ist sehr hoch anzuschlagen in Preußen."[32] „Eine parlamentarische Gesetzgebung, aber keine parlamentarische Regierung verlangt Preußen allein. – Wer auf diesem Wege gehet, der gehet mit mir."[33]

Für Wilhelm lag die Sollbruchstelle zwischen parlamentarischer *Gesetzgebung* und parlamentarischer *Regierung* in der Frage, wer die Minister ernennen und entlassen konnte: die Krone oder der Landtag? Seinen Bruder warnte er, der Systemkipppunkt sei dann erreicht, wenn „ein von den Kammern *zurückgewiesenes Gesetz*, [...] den Wechsel des Ministeriums zur Folge haben muß."[34] „Das Parlament soll eine Kontrolle führen über die Regierung", erklärte er Vincke-Olbendorf, „diese soll und muß sich verteidigen und wird ebenso oft in ihrem Rechte gegen parteiische Ankläger bleiben als im Unrecht überführt werden; letzteres braucht dann aber nicht zum Abtreten immer zu nötigen, wohl aber ein wohltätiges Aufmerksammachen nach sich ziehen, und das ist bei *gewissenhaften* Beamten immer zu erwarten; hat man dergleichen *nicht*, so muß der Souverän sie schon aus *diesem* Grunde *entfernen*, wozu parlament[arische] Aufdeckungen (Kontrollierung) die Veranlassung bieten werden."[35] Vincke-Olbendorf schien diesen Prinzenbrief für derart wichtig gehalten zu haben, dass er ihn mehreren Personen vorlegte – darunter Bernhardi. Dieser notierte nach der Lektüre durchaus treffend, „*hier stehen wir offenbar an der Grenze dessen, was der Prinz zuläßt. Ihn weiter führen, ihn überzeugen wollen, ist ein mißliches Unternehmen.*"[36] Für Wilhelm blieb das Monarchische Prinzip die zentrale Systemachse. Auch nur einen Zentimeter Kompetenzverschiebung in Richtung Parlamentarismus hätte er freiwillig nie zugestanden. Bis 1888 sollte dies die Krux des preußisch-deutschen Konstitutionalismus sein.

Um eine parlamentarische Regierung institutionell unmöglich zu machen, forderte Wilhelm weitere Verfassungsrevisionen. Diese sollten allerdings vor einem Neoabsolutismus österreichischer Art Halt machen. „Eine *Schein*verfassung will ich auch nicht und niemand in Preußen, aber jeder will eine *ausführbare* und *darum* nicht die *jetzige.*"[37] Wiederholt drängte er etwa auf die Einführung eines noch restriktiveren Wahlgesetztes für die Zweite Landtagskammer. Das Dreiklassenwahlrecht sei nicht konservativ genug, „ich denke mir vier Steuerquoten, die in der ersten die Höchstbesteuerten enthielten und so herabsteigend, damit alle Interessen vertreten werden könnten."[38] Auch war Wilhelm bereit, die Ständerestauration seines Bruders bis zu einem gewissen

---

32 Wilhelm an Stockmar, 11. Februar 1853. Ebd., S. 211–212.
33 Wilhelm an Vincke-Olbendorf, 2. Januar 1853. Ebd., S. 201.
34 Wilhelm an Friedrich Wilhelm IV., 7. Februar 1853. Baumgart (Hrsg.), Wilhelm I., S. 426–427.
35 Wilhelm an Vincke-Olbendorf, 7. August 1857. Schultze (Hrsg.), Briefe an Politiker, Bd. 2, S. 112–113.
36 Tagebuch Bernhardi, 16. September 1857. Bernhardi (Hrsg.), Aus dem Leben, Bd. 2, S. 365.
37 Wilhelm an Stockmar, 11. Februar 1853. Schultze (Hrsg.), Briefe an Politiker, Bd. 1, S. 211–212.
38 Wilhelm an Bunsen, 15. Februar 1853. Ebd., S. 214–215.

Grad zu unterstützen – jedenfalls solange diese nicht zu einer konstitutionellen Total-revision führen würde.

Als Friedrich Wilhelm IV. 1851 die vormärzlichen Provinzialstände zu reaktivieren versuchte, begrüßte Wilhelm diesen Schritt. Jedoch wurde er im Unwissen darüber gelassen, dass diese Maßnahme als strukturelles Fundament einer – letztendlich nie zu Ende geführten – Staatsstreichprogrammatik konzipiert worden war.[39] Die Stände-reaktivierung sei zwar „etwas Ueberraschendes", schrieb er in einem ausführlichen Promemoria im November 1851. Aber er könne darin „nichts Verfassungswidriges [...] finden". Preußen sei „gewaltsam auf die constitutionelle Bahn geworfen worden", wo-durch „das ständische Element in den Hintergrund gedrängt ist" – dieses müsse man nun „mit den neueren Institutionen [...] verschmelzen." Auch sei ein erheblicher Teil der politischen Öffentlichkeit „keinesweges blinder Anhänger der modernen Constitution, im Gegentheil er will sehr erhebliche Modificationen in derselben, die für Preußens Existenz, unabweisbar sind; aber er verlangt dieselbe auf légalem, gesetzlichem Wege, die zu keiner Verstimmung führen können, die, bei der Aufgeregtheit der Gemüther u[nd] bei der nicht ruhenden Propaganda der politischen Umsturz Parthei, zu Aus-brüchen führen dürften, die eine weise Regierung vermeiden muß."[40] Daher müsse der König versuchen, die Unterstützung von Landtag und Presse zu gewinnen – „damit in einiger Zeit, wenn die öffentliche Meinung sich mit der Idee der Veränderung überhaupt noch mehr vertraut gemacht hat, die Regierung dann die Initiative ergreift und mit verschiedenen Verfassungs-Veränderungen hervortritt."[41] Preußen müsse „der Staat des Fortschritts sein u[nd] bleiben" und „auf einen Punkt *zurükkommen*, den wir nach *1847* ohne das Jahr *1848* im *Fortschreiten* erreicht haben würden. Dieser Punkt darf aber kein Stehenbleiben oder gar Zurükschreiten gegen den *vor* 1847 sein."[42] In der Stän-derestauration grenzte sich Wilhelm zudem dezidiert von der Position der Wochen-blattpartei ab. Denn deren parlamentarischer Wortführer Bethmann-Hollweg hatte diese Maßnahme öffentlich als verfassungswidrig kritisiert.[43] Der Thronfolger war kein blinder Parteimann.

Auch in den langwierigen innerministeriellen und parlamentarischen Debatten über die Reorganisation der Ersten Landtagskammer, die von 1851 bis 1854 dauerten, stand Wilhelm auf der Seite des Königs. Ermutigt durch die Ständereaktivierung kon-zipierte Innenminister Ferdinand von Westphalen einen Plan, der die Entfernung al-ler gewählten Mitglieder dieses Parlamentshauses vorsah. Stattdessen sollte es aus-schließlich mit vom Monarchen ernannten Großgrundbesitzern besetzt werden. Diese konservative Umstrukturierung der Ersten Kammer in ein genuines Herrenhaus, wie

---

39 Vgl. Huber, Verfassungsgeschichte, Bd. 3, S. 166; Kroll, Friedrich Wilhelm IV., S. 104–105; Nitschke, Provinziallandtage, S. 156–157.
40 Wilhelm an Friedrich Wilhelm IV., 10. November 1851. Baumgart (Hrsg.), Wilhelm I., S. 383–386.
41 Wilhelm an Friedrich Wilhelm IV., 20. Januar 1852. GStA PK, VI. HA, Nl. Vaupel, Nr. 60, Bl. 333–334.
42 Wilhelm an Friedrich Wilhelm IV., 7. Februar 1853. Baumgart (Hrsg.), Wilhelm I., S. 427–428.
43 Vgl. Moritz August von Bethmann-Hollweg, Die Reaktivierung der Preußischen Provinziallandtage, Berlin 1851; Barclay, Friedrich Wilhelm IV., S. 323–325.

diese Institution nach 1854 auch offiziell heißen sollte, trug Manteuffel als letzte programmatische Verfassungsrevision mit. Weiteren neoabsolutistischen Restaurationsprojekten verwehrte sich der Ministerpräsident – und entzog ihnen dadurch den Regierungsboden.[44]

Wilhelm betrachtete eine allein durch den Herrscher ernannte Herrenbank auch nach 1848 als konservativ-aristokratisches Garantiefundament der Krongewalt. „Denn eine 1. Kammer, ½ ernannt und ½ vom Volke gewählt, ist ein Unsinn", erklärte er Luise 1852.[45] In einer im März desselben Jahres verfassten – und anonym publizierten – Denkschrift argumentierte er, „daß in der 2ten Kammer das BewegungsPrinzip der Zeit sich darstellt, weshalb dieselbe aus ausgedehnten Volkswahlen hervorgeht. Um dieser nur zu leicht überfluthenden Bewegung ein Gegengewicht zu setzen, konstituirt man eine 1te Kammer, welche das Prinzip des vernünftigen Erhaltens repräsentirt." Dabei müsse die Krone auf den „großen, und zwar befestigten, Grundbesitz" als „konservative[s] Element" der Gesellschaft zurückgreifen. „Eine auf dieser Grundlage basirte 1te Kammer verspricht bei richtig getroffener Königlicher Auswahl zu den Ernennungen allen Ansprüchen zu genügen, die an solche Institutionen gemacht werden müssen."[46] Während der Prinz von Preußen allein die Landaristokratie favorisierte, wollte die Kreuzzeitungspartei dem gesamten preußischen Adel die Herrenhausmitgliedschaft offenstellen, unabhängig von dessen jeweiligem Großgrundbesitz – or lack thereof. Denn nicht wenige hochkonservative Abgeordnete mussten andernfalls um ihren Parlamentssitz fürchten.[47] In der *Kreuzeitung* wurde die Thronfolgerdenkschrift daher öffentlich kritisiert.[48] Daraufhin sah sich Wilhelm gezwungen, wie er es gegenüber Bunsen formulierte, „mich [...] einer Bezeichnung" zu „bedienen, die sonst nicht über meine Lippen kommt, nämlich: Junkertum."[49]

In den Auseinandersetzungen mit dem Landtag über die Kammerreform im Frühjahr 1852 spielte der Thronfolger eine aktive Rolle. Friedrich Wilhelm IV. bestand sogar darauf, dass sein Bruder in dieser Zeit in Berlin blieb, „um ferner thätig zu sein, bei unseren wichtigen Fragen" und „die Partheiungen zu beschwichtigen", so Wilhelm an Charlotte.[50] Über Vincke-Olbendorf versuchte der Prinz daher, die Zustimmung der Liberalen zur Regierungsvorlage zu gewinnen. Denn, wie er dem Herrenhausabgeordneten schrieb, gehöre er „nicht zu denjenigen [...], welche das Gute, wenn es auch von Personen und Parteien kommt, mit denen ich sonst nicht harmonisiere – verwerfen.

---

44 Vgl. Günther Grünthal, Parlamentarismus in Preußen 1848/49–1857/58. Preußischer Konstitutionalismus – Parlament und Regierung in der Reaktionsära, Düsseldorf 1982, S. 295–316; Barclay, Friedrich Wilhelm IV., S. 350–354.

45 Wilhelm an Luise, 1. Februar 1852. GStA PK, BPH, Rep. 51, Nr. 853.

46 Aufzeichnungen Wilhelms, März 1852. Tümpling (Hrsg.), Erinnerungen, S. 108–111.

47 Vgl. Kraus, Ernst Ludwig von Gerlach, Bd. 2, S. 578–584.

48 Vgl. Wilhelm an Vincke-Olbendorf, 8. April 1852. Schultze (Hrsg.), Briefe an Politiker, Bd. 1, S. 170–171; Wilhelm an Berg, 18. April 1852. Knesebeck (Hrsg.), Briefe, S. 310.

49 Wilhelm an Bunsen, 20. März 1852. Schultze (Hrsg.), Briefe an Politiker Bd. 1, S. 167.

50 Wilhelm an Charlotte, 23. Februar 1852. GStA PK, BPH, Rep. 51 J, Nr. 511a, Bd. 2, Bl. 572–573.

Darum bin ich zufrieden, wenn die 1. Kammerkonstituierung durch Ihre Fraktion unterstützt wird."[51] Laut Leopold von Gerlach soll Manteuffel in „Zorn geraten" sein, als er von dieser prinzlichen Nebenpolitik erfuhr, die ohne Wissen des Staatsministeriums geschah.[52] Angesichts dieser anarchischen Regierungsstrukturen schimpfte der Ministerpräsident, er „bitte Gott, dass er uns einmal gründlich ausfegen und sollte es Haus und Hof, Haut und Haar, Leib und Leben kosten".[53] Dass am Hof zeitgleich offen spekuliert wurde, der König wolle die Minister entlassen, da diese an der Herrenhausreform zu scheitern drohten, dürfte Manteuffels Frustration kaum gelindert haben. Als Urheber dieser Gerüchte galt bezeichnenderweise der Prinz von Preußen.[54] Tatsächlich argumentierte Wilhelm unverhohlen gegenüber seinem Bruder, „die Unsicherheit, welche in allen Maaßregeln schon lange dem Ministerium das allgemeine Vertrauen entzogen hat, hat in der Pairs Frage ihren Kulminations Punkt erreicht. [...] Eine Änderung des Ministeriums erscheint daher unabwendbar".[55] Manteuffel und die Minister hätten „bei allen Partheien verspielt." Nur mit Personen, „die die allgemeine Achtung und das allgemeine Vertrauen genießen", sei ein erfolgreicher Abschluss der Reform möglich.[56] Auf Manteuffel wirkte ein konzentrischer Druck auf mehreren Politikebenen. Er musste dem König irgendwie eine Landtagsmehrheit für die Verfassungsrevision zustande bringen, während gleichzeitig der Thronfolger an seinem Stuhl sägte. Gegenüber Gerlach soll der Ministerpräsident im Mai 1852 geklagt haben, er sei seines Amtes überdrüssig, „bei dem er dem Könige nichts recht machte und beleidigende Briefe vom Prinzen von Preußen erhielte".[57]

Auch 1853 änderte sich an dieser Richtlinienarchie von oben nichts. Die Herrenhausreform blieb ein Küchendesaster mit zu vielen Köchen. Vom König verlangte Wilhelm sogar offen, „mich bei der Wahl der Personen hören zu wollen."[58] Er versuchte etwa zu verhindern, dass auch die Hohenzollernprinzen einen Sitz in der Ersten Kammer erhalten sollten, wie es auf dem Vereinigten Landtag 1847 der Fall gewesen war – mit desaströsen öffentlichkeitswirksamen Folgen, primär für den Thronfolger selbst.[59] Den Prinzen könne nicht erneut zugemutet werden, die Parlamentsbühne zu betreten, schrieb er Manteuffel, „weil ihre Position zum König und Gouvernement oft eine sehr schiefe werden kann" – implizit dürften beide Korrespondenzpartner sich darüber im Klaren gewesen sein, dass lediglich *ein* Prinz wiederholt in eine schiefe Position zu König und Gouvernement getreten war. Als Abgeordnete wären die Agnaten zudem gezwungen gewesen, einen Verfassungseid zu schwören, was Wilhelm bereits

---

51 Wilhelm an Vincke-Olbendorf, 1. März 1852. Schultze (Hrsg.), Briefe an Politiker, Bd. 1, S. 164.
52 Tagebuch L. v. Gerlach, 11. März 1852. GA, LE02755, S. 51.
53 O. v. Manteuffel an L. v. Gerlach, 9. März 1852. GA. LE02768, S. 78.
54 Siehe L. v. Gerlach Tagebucheinträge vom 12. und 13. März 1852, in: GA, LE02755, S. 53–54.
55 Wilhelm an Friedrich Wilhelm IV., 13. Mai 1852. GStA PK, VI. HA, Nl. Vaupel, Nr. 60, Bl. 407–409.
56 Wilhelm an Friedrich Wilhelm IV., 31. Mai 1852. Bl. 415–417.
57 Tagebuch L. v. Gerlach, 19. Mai 1852. GA, LE02755, S. 93.
58 Wilhelm an Friedrich Wilhelm IV., 12. Februar 1853. Baumgart (Hrsg.), Wilhelm I., S. 429.
59 Vgl. Wilhelm an Friedrich Wilhelm IV., 29. Juli 1853. GStA PK, VI. HA, Nl. Vaupel, Nr. 61, Bl. 199–205.

1848 vehement abgelehnt hatte. „Wir Prinzen schwören keinen Militäreid, können also auch keinen Konstitutionseid schwören!"[60] In dieser Streitfrage konnte sich Wilhelm letztendlich durchsetzen. Zwar blieb dem König die Möglichkeit der Einberufung der Hohenzollernprinzen in das Herrenhaus verfassungsrechtlich offen. Sie sollte jedoch von keinem preußisch-deutschen Herrscher bis 1918 ergriffen werden.

Mit der offiziellen Umbenennung der Ersten Landtagskammer in Herrenhaus und der Zweiten Kammer in Abgeordnetenhaus 1855 fanden die Verfassungsrevisionen schließlich auch ihren symbolischen Abschluss. Auf der parlamentarischen Ebene war diese Politik maßgeblich von den Hochkonservativen mitgetragen worden. Mit dem Herrenhaus sollte den aristokratischen Eliten bis 1918 ein institutionalisiertes Refugium ihrer sozialpolitischen Interessenverteidigung zur Verfügung stehen.[61] Gleichzeitig dominierten die konservativen Fraktionen zumindest bis 1858 auch das Abgeordnetenhaus, denn die Demokraten und Linksliberalen boykottierten die Parlamentswahlen. Das Herrenhaus und Dreiklassenwahlrecht fungierten als jene strukturellen Rahmenbedingungen, die der Politikkultur der Reaktionsära enge Grenzen setzten. Aber andererseits ermöglichte diese Entwicklung den vormärzlichen Eliten langfristig die Integration in jenen Konstitutionalismus, den sie früher aktiv bekämpft hatten. Anders als Österreich blieb Preußen auch nach der Revolution ein Verfassungsstaat – ein institutionell konservativ-aristokratisch geprägter Verfassungsstaat, aber ein Verfassungsstaat none the less.[62] Auch Wilhelm wurde durch diese Entwicklung die Akzeptanz konstitutioneller Politiknormen erleichtert. „Wenngleich noch viel, sehr viel zu tun ist, so gehet es doch vorwärts in Preußen", schrieb er 1853 an Handelsminister August von der Heydt.[63] Und dem prominenten Berliner Wissenschaftler Alexander von Humboldt erklärte er, „der Abschluß der organischen Gesetze ist [...] unerläßlich, damit endlich Festigkeit in die Staatsmaschine kommt".[64]

Wenn die Verfassungsrevisionen etwas gezeigt hatten, dann, dass Wilhelm auch nach Olmütz systematisch in das Zentrum des politischen Entscheidungsprozesses drängte. Und Friedrich Wilhelm IV. war durchaus bereit, seinem Bruder eine begrenztes Mitspracherecht zuzugestehen, wenn er sich davon Vorteile versprach. Auch in Militärfragen versuchte der König, den Thronfolger wie bereits im Vormärz aktiv zu involvieren. Nachdem etwa Kriegsminister Stockhausen im Januar 1852 entlassen worden war, wurde Wilhelm vom Herrscher aufgefordert, mit dem designiertem Nachfolger Eduard von Bonin „Rücksprache" zu nehmen.[65] Obwohl Bonin zwar fachlich für das Kriegsministerium prädestiniert war, kritisierte Friedrich Wilhelm IV. dessen politische

---

60 Wilhelm an O. v. Manteuffel, 24. Februar 1853. Denkwürdigkeiten, Bd. 2, S. 300.
61 Vgl. Hartwin Spenkuch, Das Preußische Herrenhaus. Adel und Bürgertum in der ersten Kammer des Landtags 1854–1918, Düsseldorf 1998.
62 Vgl. Grünthal, Parlamentarismus, S. 315; ders., Verfassungskonflikt, S. 212; Nipperdey, Bürgerwelt, S. 681; Langewiesche, Liberalismus, S. 75; Barclay, Friedrich Wilhelm IV., S. 323.
63 Wilhelm an Heydt, 9. April 1853. Schultze (Hrsg.), Briefe an Politiker, Bd. 1, S. 227.
64 Wilhelm an A. v. Humboldt, 5. April 1853. Ebd., S. 226.
65 Friedrich Wilhelm IV. an Wilhelm, 1. Januar 1852. Baumgart (Hrsg.), Wilhelm I., S. 400.

Nähe zur Wochenblattpartei. „Will er [...] brouillerie mit Östreich u[nd] Rußland, Streben nach teutschem Kaiserthum!!!!, Unveränderlichkeit der Verfassung wenn dieselbe *auf legalem Wege* zum bessern zu führen ist, etc etc[,] so ist das Opposizion u[nd] den so opponirenden kann ich nicht brauchen."[66] Wilhelm verfasste daraufhin einen längeren Brief über das Gespräch mit Bonin, dessen Ernennung er befürwortete. Denn der General sehe die militärischen wie politischen Verhältnisse „ungefähr eben so an wie ich".[67] Nicht nur konnte der Prinz über Stockhausens Entlassung jubeln, dem er dessen Verhalten in der Hessen-Kassel-Krise nicht vergessen hatte, und der „den Erwartungen der Armee als Kriegsminister nicht entsprochen" habe, wie er Charlotte schrieb. In Bonin fand er auch eine Vertrauensperson im Reaktionsministerium. „Die Veränderungen, die er verlangt, sind vollständig mit meinen Ansichten übereinstimmend, so daß in dieser Beziehung ich zufrieden mit seiner Wahl bin."[68] Bonins Ernennung nahm Wilhelm auch sofort als Anlass, einer hochkonservativen Abgeordnetendelegation aus Pommern öffentlich vorzuwerfen, die Kreuzzeitungspartei habe die Interessen der Armee im Landtag nicht angemessen vertreten.[69]

Derartige gezielte Provokationen können als Bestandteil einer sich seit 1852 herauskristallisierenden Strategie des Thronfolgers betrachtet werden, die Hochkonservativen als gesondertes Feindbild zu isolieren. Mit wachsendem zeitlichem Abstand zu Olmütz reflektierte Wilhelm, dass Manteuffel zumindest in verfassungspolitischen Fragen eine pragmatisch-flexible Position vertrat, die seiner persönlichen monarchischen Agenda näher lag als der dogmatischen Programmatik der Kreuzzeitungspartei. Obgleich der erste Hohenzollernkaiser dem Ministerpräsidenten Olmütz nie verzeihen sollte – so verhinderte er etwa im Januar 1853 erfolgreich, dass Manteuffel mit dem Schwarzen Adlerorden ausgezeichnet wurde[70] –, begann er diesen allmählich zu *tolerieren*, ja sogar gegen die Kreuzzeitungspartei zu *protegieren*. „Manteuffels Abgang ist jetzt nach Innen und Außen ein Calamität", erklärte Wilhelm im August 1853.[71] Dessen Politik „scheint aber von der *kleinen aber mächtigen Partei* übel genommen zu werden, und daher kabaliert man an M[anteuffels] Sturz".[72] Bis zum Ausbruch des Krimkriegs versuchte der Prinz daher auch wiederholt, einen Keil zwischen Manteuffel und dessen hochkonservative Ministerkollegen zu treiben, insbesondere Innenminister Westphalen und Kultusminister Karl Otto von Raumer.[73]

---

66 Friedrich Wilhelm IV. an Wilhelm, 9. Januar 1852. Ebd., S. 401.

67 Wilhelm an Friedrich Wilhelm IV., 7. Januar 1852. GStA PK, VI. HA, Nl. Vaupel, Nr. 60, Bl. 315–317.

68 Wilhelm an Charlotte, 13. Januar 1852. Börner (Hrsg.), Briefe, S. 366–367.

69 Vgl. Tagebuch E. L. v. Gerlach, 19. Januar 1852. Diwald (Hrsg.), Nachlaß, Bd. 1, S. 299; Tagebuch Varnhagen, 21. Januar 1852. [Varnhagen], Tagebücher, Bd. 9, S. 29.

70 Vgl. Wilhelm an Friedrich Wilhelm IV., 4. Januar 1853. Baumgart (Hrsg.), Wilhelm I., S. 413; Tagebuch L. v. Gerlach, 16. Februar 1853. GA, LE02756, S. 19.

71 Wilhelm an Friedrich Wilhelm IV., 22. August 1853. GStA PK, VI. HA, Nl. Vaupel, Nr. 61, Bl. 231.

72 Wilhelm an Bunsen, 16. April 1853. Schultze (Hrsg.), Briefe an Politiker, Bd. 1, S. 229.

73 Vgl. Borries, Krimkrieg, S. 40; Richert, Prinz von Preußen, S. 90.

Manteuffel sei „jetzt auf dem richtigen Wege", schrieb Wilhelm seinem Bruder im März 1853, „die Crisis von 1848 ist überwunden u[nd] er ergreift den Moment richtig, wo es darauf ankommt, eine vernünftige liberale Richtung in der Gesetzgebung zu gehen, wehrend W[estphalen] u[nd] R[aumer] rétrograde gehen u[nd] sich von der Parthei, *die nichts vergessen und nichts gelernt hat,* immer mehr umstriken u[nd] zu falschen Schritten in der Richtung dieser Parthei, verleiten lassen."[74] Er drängte den Ministerpräsidenten sogar direkt, Westphalens und Raumers Entlassung zu fordern – und stattdessen neue Minister aus dem Wochenblattkreis zu nehmen. „Ich muß Sie daher auffordern, fest gegen jene Ultra-Reaktionäre aufzutreten und sehr entschieden der kleinen Partei entgegenzutreten, denn nur dann wird der König endlich einwilligen, Leute zu entfernen, die ihn um Liebe und Vertrauen beim Volke bringen."[75] Doch weder Manteuffel noch Friedrich Wilhelm IV. gingen je auf Wilhelms wiederholte Forderungen nach einem Ministerwechsel ein. Und entgegen seiner eigentlichen Intentionen *schwächte* der Thronfolger die Position des Ministerpräsidenten durch seine Interventionsversuche strukturell sogar. Denn letztendlich war Wilhelm nur ein weiterer unverantwortlicher Akteur, der am Berliner Hof glaubte, in der Politik mitsprechen zu müssen. Manteuffel gelang es nur deshalb, sich in den 1850er Jahren im Amt zu halten, da der König schlichtweg keinen passenden Nachfolger finden konnte. Weder Hochkonservative noch Reformkonservative konnten dem Herrscher Kandidaten präsentieren. Gleichzeitig wollte keine Seite riskieren, den politischen Gegner durch einen Ministerwechsel potentiell zu stärken. Und auch der Thronfolger stützte den Ministerpräsidenten nur deshalb, da er in ihm das kleinere Übel sah. Dieser parteipolitische Dissens bildete Manteuffels Machtfundament.[76] Eine populäre Legitimität war das nicht.

Obgleich die Reaktionsära nicht jene finstere Zeit war, als die sie langhin dargestellt wurde, konnte und wollte kaum ein Zeitgenosse leugnen, dass der Berliner Hof den Kampf um die öffentliche Gunst nach 1850 weitgehend verloren hatte. Zudem war Friedrich Wilhelm IV. als Monarch denkbar ungeeignet, die Hohenzollernkrone im jungen Verfassungsstaat zu verankern. Sein jüngerer Bruder bewies dagegen eine deutlich größere Realitätsfähigkeit. Dieser Kontrast führte dazu, dass der Dynastiebruch im Laufe der 1850er Jahre wieder virulent werden sollte – wenn auch unter gänzlich anderen Vorzeichen als im Vormärz. Denn obgleich der spätere Kaiser den Konstitutionalismus *sehr eng* begrenzt sehen wollte, galt er den Hochkonservativen als Abtrünniger. Im großen ideologischen Jahrhundertkonflikt schien der einstige Erzreaktionär Wilhelm die Seiten gewechselt zu haben. So notierte Bernhardi, „daß in den Kreisen der Kreuzritter der Prinz von Preußen, die Prinzessin und der junge Prinz ‚*die Demokraten-Familie*' genannt werden."[77] Und Friedrich Wilhelm IV. soll gegenüber Nikolaus I. gar einmal „von Abdikation gesprochen" haben, „zu der er bereit sein würde,

---

74 Wilhelm an Friedrich Wilhelm IV., 30. März 1853. Baumgart (Hrsg.), Wilhelm I., S. 440.

75 Wilhelm an O. v. Manteuffel, 5. April 1853. Poschinger (Hrsg.), Denkwürdigkeiten, Bd. 2, S. 318.

76 Vgl. Huber, Verfassungsgeschichte, Bd. 3, S. 182; Blasius, Friedrich Wilhelm IV., S. 218.

77 Tagebuch Bernhardi, 7. August 1855. Bernhardi (Hrsg.), Aus dem Leben, Bd. 2, S. 244.

wenn sein Nachfolger nicht konstitutioneller als er wäre."[78] Was solche Quellen aller-dings vor allem aussagen, ist, dass es dem preußischen Thronfolger im Nachmärz endlich gelang, als Projektionsfläche zukunftsfähiger Politikalternativen aufzutreten. Denn die Zukunft der Hohenzollernmonarchie lag im Konstitutionalismus. Das war spätestens 1855 auch unter den Hochkonservativen zähneknirschender Konsens. Anders sah es hingegen in jener anderen großen postrevolutionären Streitfrage aus: Welche Rolle sollte Preußen in Deutschland spielen?

---

78 Tagebuch L. v. Gerlach, 26. Mai 1852. GA, LE02755, S. 97.

„Ländereroberung" oder „moralische Eroberung"?
Die Deutsche Frage nach Olmütz

Ebenso wenig wie die Verfassungsfrage konnte die Deutsche Frage in den 1850er Jahren ignoriert werden. The genie was out of the bottle. Trotz der gescheiterten Frankfurter und Erfurter Projekte hatte sich das nationale Diskursnarrativ als zentraler Bestandteil der Politikkultur etablieren können. Mit am deutlichsten konnte diese Entwicklung in Preußen beobachtet werden. Denn dort waren 1849/50 nicht wenige politische Akteure auf den kleindeutschen Geschmack gekommen. Und diesen Geschmack hatten sie trotz Olmütz nicht verloren. Zu ihnen zählte auch Wilhelm. Der spätere Kaiser drängte sich sogar geradezu in die Rolle des Spiritus rector der preußischen Deutschlandpolitik. Vom ersten bis zum letzten Tag der Reaktionsära (und darüber hinaus) versuchte er, die Hohenzollernmonarchie an die Spitze Deutschlands zu führen. Die Mittel, mit denen dies gelingen sollte, waren nicht mehr militärischer Natur. Denn der Nationalstaatsgründungskrieg war in Olmütz scheinbar auf unbestimmte Zeit „vertagt" worden. Daher sah sich der spätere Kaiser gezwungen, Deutschland zunächst auf symbolischer Ebene zu gewinnen. Diesem öffentlichen Sieg sollte dann die Machtpolitik folgen, sobald Preußen wieder dazu imstande sei. Und sein Gegner im Kampf um Deutschlands Zukunft war nach wie vor die Habsburgermonarchie.

Bereits im Februar 1851 brachte Wilhelm ein erstes ausführliches Nationalprogramm zu Papier. Zeitgleich verhandelten in Dresden die deutschen Regierungen über die Bundesrestauration. Die Adressaten der prinzlichen Aufzeichnungen über „unsere jetzige politische Lage [...], wie ich sie auffasste seit dem Olmützer SystemWechsel", waren Friedrich Wilhelm IV. und Otto von Manteuffel. Beiden Männern warf der Thronfolger ein „blinde[s] Unterordnen" unter Österreich vor. „Auf diesem Wege kann Preußens Macht und Ansehen nicht gedeihen, und dies" sei ein „Gefühl, welches selbst die konservative Klasse erschüttert."[1] Denn es sei im Wiener Interesse, „daß Deutschland keine moralische Einheit werde, weil dasselbe dadurch zu einem Gewicht in Europa gelangt, welches Gewicht Oesterreich selbst gefährlich zu werden drohen könnte. Daher wird Oesterreich stets bemüht sein, alle und jede wahre Einigung Deutschlands zu hintertreiben." Preußen müsse dagegen „gerade den entgegengesetzten Weg in der deutschen Politik [...] verfolgen. Ihm muß Alles daran gelegen sein, daß Deutschland eine moralische Einheit werde, weil dies Deutschlands Aufgabe ist, indem es nur durch eine solche Einigung Kraft, Macht, Würde und somit Ansehen und Gewicht in der europäischen Politik erhalten kann." Zunächst müsse es das Ziel der preußischen Regierung sein, „überall die Parität mit Oesterreich anzustreben und fest durchzuführen." Sobald diese Zwischenetappe erfüllt sei, werde es „von einer neuen Krisis [...] abhängen, ob Deutschland leben oder sterben soll. Leben wird es unter Preußens Leitung, sterben unter Oesterreichs; unter beider Leitung wird es wie bisher fortquiemen, und das wird

---

1 Wilhelm an Friedrich Wilhelm IV., 20. Februar 1851. GStA PK, VI. HA, Nl. Vaupel, Nr. 60, Bl. 4 – 5.

https://doi.org/10.1515/9783111323954-023

das Resultat von Dresden sein. [...] Nur wenn Preußen diesen Weg geht, wird es mit der Zeit eine Stellung des Vertrauens wiedergewinnen, welche es jetzt in Deutschland ein-gebüßt hat, und so doch dem Ziele entgegengehen, welches ihm von der Vorsehung vorgezeichnet ist, nämlich Deutschlands Lenker und Führer zu werden."[2]

Was Wilhelm in dieser Denkschrift selbstbewusst formulierte, war ein borussisches Geschichtsbild – und in vielerlei Hinsicht symptomatisch für die nationalen Diskurse im postrevolutionären Preußen. Nicht nur in liberalen, sondern auch in konservativen Kreisen wurden immer mehr Stimmen laut, dass die Hohenzollernmonarchie eine historische Mission in Deutschland zu erfüllen hätte. Erleichtert wurde diese veränderte Selbst- und Kollektividentifikation der staatstragenden Eliten durch die machtstaatlich-monarchische Komponente, welche die Deutsche Frage im Zuge der Unionspolitik ge-wonnen hatte. Aus dieser Perspektive betrachtet war die Nationalstaatsgründung ein Expansionsauftrag friderizianischen Ursprungs.[3] Auch Friedrich Wilhelm IV. konnte solche Argumente nicht mehr völlig ignorieren. So hatte er seinem jüngeren Bruder noch im Dezember 1850 versichert, „ich denke nicht daran die Paritaet in dem von Östreich jetzt aufgestellten System aufzugeben."[4] Allerdings belegen Leopold von Ger-lachs Tagebuchaufzeichnungen, dass der Herrscher nach wie vor über mittelalterliche Restaurationsideen sinnierte. Nur eine Woche, nachdem Wilhelm jenes Februarpro-memoria verfasst hatte, erörterten der Generaladjutant und sein königlicher Souverän die Dresdner Bundesverhandlungen. Als Gerlach dabei bemerkt habe, „daß Osterreich die Kaiserwürde ambitionierte, applaudiert der König. Er hat sogar Schwarzenberg dergl[eichen] vorgesprochen."[5] Und ein Jahr später soll Friedrich Wilhelm IV. gegen-über Nikolaus I. erklärt haben, in Deutschland würde es „nicht eher ruhig werden, bevor Österreich nicht das Kaisertum, und er, der König, die *Connetable-Würde* erhalten hätte."[6]

Zwar kollidierten 1851 in Dresden unterschiedliche Konzepte einer Bundesrestau-ration. Aber die Reanimation des römisch-deutschen Kaisertums stand nie auf der Ta-gungsordnung. Schwarzenberg versuchte ein letztes Mal, das Bundesgebiet auf alle Habsburgerterritorien auszuweiten. Und Manteuffel drängte auf eine preußisch-öster-reichische Parität in der zu schaffenden Bundesexekutive. Letztendlich konnte jedoch keine der beiden Großmächte ihre Wunschziele erreichen. Als kleinster gemeinsamer Nenner aller Dresdner Verhandlungspartner erwies sich lediglich die Rückkehr zum vormärzlichen Bundestag. Denn auch die Mittelstaaten waren nicht bereit, Österreich oder Preußen zu mehr struktureller Macht zu verhelfen. Bayern, Württemberg und Sachsen drängten stattdessen auf eine Stärkung der Föderativordnung. Doch dies lehnten wiederum die Kleinstaaten ab. Sie weigerten sich, den Mittelstaatenkönigrei-

---

2 Aufzeichnungen Wilhelms, 20. Februar 1851. Poschinger (Hrsg.), Dokumente, Bd. 1, S. 107–112.
3 Vgl. Langewiesche, Liberalismus, S. 68–69; Ewald Frie, Preußische Identitäten im Wandel (1760–1870), in: HZ 272 (2001), S. 353–375, hier: S. 368–374; Caruso, Nationalstaat als Telos?, S. 257–258, S. 312–313.
4 Friedrich Wilhelm IV. an Wilhelm, 10. Dezember 1850. Baumgart (Hrsg.), Wilhelm I., S. 349.
5 Tagebuch L. v. Gerlach, 27. Februar 1851. GA, LE02754, S. 57.
6 Tagebuch L. v. Gerlach, 24. Mai 1852. GA, LE02755, S. 95.

chen eine gesonderte Position in Deutschland einzuräumen. Und auch Wien und Berlin waren an einer Stärkung der Bundesstrukturen nicht interessiert. Denn dem innerdeutschen Rivalen sollten keine potentiellen Instrumente geboten werden, eine institutionelle Hegemonie oder gar Suprematie zu erlangen. Mit der Restauration des Statusquo-ante-1848 in Deutschland konnten schließlich auch Großbritannien, Frankreich und Russland leicht ihren Frieden schließen. Von der Mitte des Kontinents sollte zunächst keine destabilisierende Wirkung mehr ausgehen.[7]

Wilhelm erfuhr über die Dresdner Verhandlungen bezeichnenderweise nur aus der Presse, nicht aber über Regierungskanäle. Dem König schimpfte er wiederholt über „Manteuffels fortgesetzte Nachgiebigkeit" gegenüber Schwarzenberg. Vor allem geißelte er die Rückkehr zum Wiener Bundespräsidium. Denn „eine solche Stellung Oestreichs *über* Preußen im 19ten Jahrhundert ist ein Unding! [...] Selbst die Einräumung des alleinigen Vorsitzes an Oestreich als ein *Ehren-Vorrecht*, wäre eine neue moralische Niederlage für Preußen, da der *Name* zur *Sache* hierbei nichts ist!"[8] Die Bundespräsidiumsfrage betrachtete er gar als eine symbolpolitische Existenzfrage. „Ohne Parität des Vorsitzes ist Preußen ganz gleich mit allen andern Staaten Deutschlands gestellt." Doch Berlin könne es sich nicht erlauben, auf Vertragsebene mit Bayern oder dem mindermächtigen Fürstentum Schaumburg-Lippe gleichgestellt zu werden, da es „eine *Europäische Großmacht* ist, und aus diesem Verhältniß ganz gleich berechtigt mit Oestreich *in* Deutschland stehet", und „darum muß es die Parität auch des Vorsitzes verlangen."[9]

Mit jedem Dresdner Verhandlungstag schwand die Aussicht auf eine paritätische Bundesrestauration – und damit auch Wilhelms Interesse an dem Konferenzgeschehen. „Von Dresden schweige ich!", schrieb er etwa Bunsen. „Alles, was dort geschieht, hat nur insofern Interesse noch für mich, als Preußen nicht ganz miserabel daraus hervorgeht. Eine Verkleisterung der deutschen Verhältnisse kann nur das Resultat sein, wenn man nicht die Prinzipien der Verbindung ändert, das heißt Bundesstaat statt Staatenbund."[10] Gegenüber Charlotte klagte er, „ist der alte Bundestag mit allen seinen Übeln und Unhaltbarkeiten, wie er dies in 33 Jahren bewiesen hat, erst wieder installirt, [...] so wird eine Neugestaltung Deutschlands wohl sehr lange auf sich warten lassen".[11] Und in einem Brief an General Groeben bemerkte der Prinz in resigniertem Ton, irgendwann „wird das Schwert doch noch entscheiden müssen, aber erst in einer *sehr* fernen Zeit, die *wir* nicht mehr erleben, aber wohl mein Sohn."[12]

Die Dresdner Konferenzen wurden am 15. Mai 1851 geschlossen. Bundesrechtlich sah Deutschland wieder so aus wie vor den Revolutionen von 1848/49. Der preußisch-

---

7 Vgl. Julius H. Schoeps, Von Olmütz nach Dresden 1850/51. Ein Beitrag zur Geschichte der Reform am Deutschen Bunde. Darstellung und Dokumente, Köln/Berlin 1972; Lutz, Habsburg und Preußen, S. 391–393; Müller, Bund und Nation, S. 56–61.

8 Wilhelm an Friedrich Wilhelm IV., 3. März 1851. Baumgart (Hrsg.), Wilhelm I., S. 350–351.

9 Wilhelm an Friedrich Wilhelm IV., 1./3. April 1851. GStA PK, VI. HA, Nl. Vaupel, Nr. 60, Bl. 57–61.

10 Wilhelm an Bunsen, 16. März 1851. Berner (Hrsg.), Briefe, Bd. 1, S. 276.

11 Wilhelm an Charlotte, 6. April 1851. Börner (Hrsg.), Briefe, S. 357.

12 Wilhelm an Groeben, 4. April 1851. Schultze (Hrsg.), Briefe an Politiker, S. 142.

österreichische Dualismus hatte jegliche Reformen in Richtung einer nationalstaatlichen Integration verhindert. Anders als im Vormärz war die Großmächterivalität nicht mehr latent, sondern evident, seit Olmütz auf öffentlicher Diskursebene sogar virulent geworden war. Aber nicht nur die Nationalbewegung konnte mit dem Dresdner Ergebnis nicht zufrieden sein. Denn die Deutsche Frage war noch immer nicht gelöst. Und damit war das Revolutionsproblem lediglich vertagt worden – sehr zum Leidwesen der monarchischen Eliten.[13] Selbst Schwarzenberg lamentierte, „der alte Bundestag" sei „ein schwerfälliges, abgenüztes, den gegenwärtigen Umständen in keiner Weise genügendes Zeug. Ich glaube sogar, daß die gründlich erschütterte sehr wackelnde boutique beim nächsten Anstoß von Innen oder Außen schmählich zusammenrumpeln wird."[14] Und Prince Albert prophezeite, „der Bundestag beginnt seinen Bundesschlaf!"[15]

Untätig war der restaurierte Bundestag nicht. Allein die Reaktionsagenda sorgte in den 1850ern für rege Aktivitäten in Frankfurt am Main. Vor allem der Wiener Hof versuchte systematisch, den innerösterreichischen Neoabsolutismus über die Bundesstrukturen außenpolitisch abzusichern. Das war Metternich redux.[16] Und wie im Vormärz wollte die Habsburgermonarchie die Hohenzollernmonarchie erneut als Juniorpartner im Kampf gegen die Revolution gewinnen. Das Ministerium Manteuffel war auch bereit, diesen Reaktionstango bis zu einem gewissen Grad mitzutanzen. Denn nur eine koordinierte Politik der Großmächte konnte jenen Druck erzeugen, dem sich auch die Mittel- und Kleinstaaten in Frankfurt am Main kaum zu entziehen vermochten. Der institutionelle Motor dieser Zentripetalkraft war der bereits im August 1851 installierte Reaktionsausschuss. Mit ihm wurden Repressionen, Zensur, Überwachung und Verfolgung in die Einzelstaaten transferiert.[17]

Diese Frankfurter Großmächtekollaboration kritisierte Wilhelm wiederholt. Leicht könne öffentlich der Anschein erweckt werden, dass Preußen von Österreich „ins Schlepptau genommen ist u[nd] keine Selbständigkeit mehr habe", wie er Friedrich Wilhelm IV. warnte. Sollte die Berliner Regierung blind der „Verfahrens Art des s[o]g[enannten] Polizei Staats" folgen, würde sie jegliche Hoffnung auf eine moralische Eroberung Deutschlands zunichtemachen. Preußen dürfe nicht den „Sündenbock" für den österreichischen Polizeistaat spielen, „der ihm seine Tendenz theilen hilft um die Hälfte des Odiums auf uns zu wälzen. Große Wachsamkeit ist von Nöthen, da die Démocraten u[nd] Rothen thätiger aber geheimer wie je sind; diese Wachsamkeit muß aber mit Vertrauen zum Volke gepaart sein."[18] Von jeglicher „Mitschuld" an einer unpopulären Repressivpolitik „müssen wir uns freihalten", drängte der Thronfolger auch

---

13 Vgl. Müller, Bund und Nation, S. 69 – 70; Gruner, Deutscher Bund, S. 76 – 77.
14 Schwarzenberg an Prokesch, 29. März 1851. QGDB, III/Bd. 1, S. 388.
15 Albert an Wilhelm, 18. Juni 1851. Jagow (Hrsg.), Prinzgemahl, S. 235.
16 Vgl. Enno E. Kraehe, Austria and the Problem of Reform in the German Confederation, 1851 – 1863, in: The American Historical Review Vol. 56, Nr. 2 (1951), S. 276 – 294; Austensen, Supremacy, S. 210 – 211; Judson, Habsburg, S. 286 – 306.
17 Vgl. Huber, Verfassungsgeschichte, Bd. 3, S. 134 – 138; Müller, Bund und Nation, S. 90 – 145.
18 Wilhelm an Friedrich Wilhelm IV., 23. März 1851. Baumgart (Hrsg.), Wilhelm I., S. 354 – 356.

Manteuffel, „sonst giebt's ein zweites 1848!"[19] Diese Quellen belegen erneut, welchen hohen Stellenwert Wilhelm der Öffentlichkeit als politischem Entscheidungsfaktor beimaß. Auf dieser Politikebene glaubte er der Hohenzollernkrone eine nationale Massengefolgschaft gewinnen zu können.

Diese Strategie war alles andere als realitätsfremd. Denn in der Reaktionsära gewann die deutsche Nationalbewegung mediale Omnipräsenz. Presse, Publizistik, Vereinswesen und die einzelstaatlichen Parlamente dienten ihr als öffentliche Bühnen. Diesen Diskursräumen konnten die Reaktionsregierungen trotz vielseitiger Repressivmaßnahmen nie Herr werden. Anders als im Vormärz konnte die Deutsche Frage nicht strukturell totgeschwiegen werden. Stattdessen musste nahezu jeder politische Akteur – egal welcher Parteirichtung – zur Nationalstaatsproblematik implizit oder explizit Stellung beziehen. Mit dem Ende der Dresdner Konferenzen wurde der Schwerpunkt der Bundesreformdebatte aus den Regierungszimmern in die Öffentlichkeit verlagert. Dort sollte sie zusehends einen vertikalen Druck erzeugen, dem sich nach dem Ende der Reaktionsära weder Berlin noch Frankfurt am Main entziehen konnten. Wien sollte es immerhin bis in die 1860er Jahre versuchen.[20] Bis dahin blieben die preußisch-österreichischen Beziehungen trotz aller Frankfurter Kooperationsmaßnahmen angespannt. Einer Entente cordiale, die Friedrich Wilhelm IV. am Berliner Hof wohl nur allein mitgetragen hätte, stand eine offene Großmächterivalität im Wege. Beiden Regierungen blieb letztendlich nichts anderes übrig, als jede strukturelle Machtverschiebung zu Gunsten der Gegenseite zu verhindern. Dieser Kalte Krieg wurde zum Dreh- und Angelpunkt der Deutschen Frage.[21]

Dem Bundestag fiel hierbei eine institutionelle Schlüsselposition zu. Denn dort konnte jede Bundesreform mit dem Einstimmigkeitsprinzip zu Fall gebracht werden. „Wen sendet Preußen nach Frankfurt a. M.?" Diese Frage richtete Wilhelm noch vor dem Ende der Dresdner Konferenzen an Manteuffel. „Gott gebe, daß dies ein sehr fester, klarer Mann sei, der die heillosen Intrigen, die unserer warten, kennt und nicht beschönigt."[22] Die Wahl des Königs fiel auf Bismarck. Der im April 1851 gerade einmal sechsunddreißig Jahre alte Amateurdiplomat war von Leopold von Gerlach und der Kreuzzeitungspartei aktiv protegiert worden.[23] Zunächst begleitete der spätere Kanzler den erfahrenen Diplomaten Theodor von Rochow nach Frankfurt am Main. Nach nur wenigen Monaten wurde Rochow nach Sankt Petersburg versetzt – und Bismarck übernahm offiziell den „augenblicklich wichtigsten Posten unsrer Diplomatie", wie er

---

19 Wilhelm an O. v. Manteuffel, 25. März 1851. Poschinger (Hrsg.), Denkwürdigkeiten, Bd. 1, S. 418.
20 Vgl. Müller, Bund und Nation, S. 70–71.
21 Vgl. Huber, Verfassungsgeschichte, Bd. 3, S. 130–132; Nipperdey, Bürgerwelt, S. 684–685; Lutz, Habsburg und Preußen, S. 393–394.
22 Wilhelm an O. v. Manteuffel, 20. April 1851. Poschinger (Hrsg.), Dokumente, Bd. 1, S. 148–149.
23 Vgl. Hans-Christof Kraus, Bismarck und die preußischen Konservativen, in: Ulrich Lappenküper (Hrsg.), Otto von Bismarck und das „lange 19. Jahrhundert". Lebendige Vergangenheit im Spiegel der „Friedrichsruher Beiträge" 1996–2016, Paderborn 2017 [ND 2000], S. 226–250, hier: S. 230–235.

gegenüber seiner Ehefrau jubelte.[24] Dass Wilhelm mit dieser Personalie alles andere als einverstanden war, mochte kaum überraschen. Bismarck war ihm bislang lediglich als Kreuzzeitungspolitiker bekannt, als Gegner der Unionspolitik. Er warnte seinen Bruder, dass Österreich am Bundestag versuchen werde, Preußen zu mediatisieren. „Rochows Wahl nebst Bismarck scheint mir die geeignetste Brücke zu diesem Wege, da Beide ganz im Östreich[ischen] Interesse zu sein scheinen. Ich bin gewiß für *Einigkeit* mit Oestreich, aber nicht für *Unterdrücken*. Nach F[rankfurt] a/M. gehört gewiß ein specifischer Preuße, eben ein solcher der das Zusammengehen nicht im Unterthänigsein gegen Oestreich findet. Nur dies fürchte ich von Beiden Genannten."[25]

Wilhelms Position gegenüber Bismarck änderte sich jedoch bereits wenige Monate nach dessen Ernennung. Denn schnell wurde deutlich, dass der neue Bundestagsgesandte eine fast programmatische Obstruktionspolitik gegen Wien verfolgte, um die Berliner Interessen in Frankfurt am Main zu wahren.[26] Preußen kenne „keinen andern Exercierplatz als Deutschland, schon unsrer geographischen Verwachsenheit wegen", so Bismarck 1853, „und grade diesen glaubt Oestreich dringend auch für sich zu gebrauchen; für beide ist kein Platz nach den Ansprüchen, die Oe[sterreich] macht, also können wir uns auf die Dauer nicht vertragen. Wir athmen einer dem andren die Luft vor dem Munde fort, einer muß weichen oder vom andern ,gewichen werden', bis dahin müssen wir Gegner sein".[27] Wie Wilhelm war auch Bismarck kein Anhänger eines deutschen Nationalismus. Beide Männer betrachteten „Deutschland" allein aus einer interessenmotivierten Perspektive. Aber anders als sein späterer kaiserlicher Souverän verfolgte der Bundestagsgesandte in der nationalen Frage zunächst lediglich außenpolitische Ziele. Deutschland war ihm ein Expansionsterritorium, keine Revolutionsprophylaxe. Erst unter Wilhelms Herrschaft sollte auch Bismarck darüber sinnieren, die Nationalbewegung vor den Karren der Hohenzollernmonarchie zu spannen.[28] Dennoch muss in der Frankfurter Gesandtenzeit der erste Fundamentbaustein jenes exzeptionellen Vertrauensverhältnisses von Kaiser und Kanzler verortet werden, das den Gang der Berliner Politik vor 1888 geradezu determinieren sollte.

Bereits im Juni 1851 konnte Bismarck seinem Bruder Bernhard berichten, der Thronfolger „scheint [...] mit meiner Person, ganz ausgesöhnt."[29] Und einen Monat später schrieb Wilhelm seinem Bruder, der designierte Bundestagsgesandte habe ihm in einer persönlichen Unterredung imponiert. „Die Darstellung u[nd] die Beurtheilung der

---

24 Bismarck an J. v. Bismarck, 28. April 1851. GW, Bd. 14/I, S. 206.
25 Wilhelm an Friedrich Wilhelm IV., 26. April 1851. GStA PK, VI. HA, Nl. Vaupel, Nr. 60, Bl. 129–130.
26 Vgl. Arnold Oskar Meyer, Bismarcks Kampf mit Österreich am Bundestag zu Frankfurt (1851 bis 1859), Berlin/Leipzig 1927; Jürgen Müller, Bismarck und der Deutsche Bund, in: Ulrich Lappenküper (Hrsg.), Otto von Bismarck und das „lange 19. Jahrhundert". Lebendige Vergangenheit im Spiegel der „Friedrichsruher Beiträge" 1996–2016, Paderborn 2017 [ND 2000], S. 202–226.
27 Bismarck an L. v. Gerlach, 19./20. Dezember 1853. GW, Bd. 14/I, S. 334.
28 Vgl. Lothar Gall, Bismarck, Preußen und die nationale Einigung, in: Ulrich Lappenküper (Hrsg.), Bismarcks Mitarbeiter, Paderborn u. a. 2009, S. 1–15.
29 Bismarck an B. v. Bismarck, 24. Juni 1851. GW, Bd. 14/I, S. 226.

Verhältnisse u[nd] Auffassungs Art der Stellung Preußens auf dem Bundestage u[nd] zu Deutschland, geben mir das Gefühl daß in allen diesen Dingen Bismark Schönhausen viel klarer, heller u[nd] entschiedener siehet, als Rochow. [...] Ich glaube jetzt selbst, daß er gut in F[rankfurt] a/M selbständig sein wird."[30] Der Prinz würde „Herrn von Bismarck nur mehrere Jahre und graue Haare" wünschen, berichtete Rochow ergänzend nach Berlin.[31] In den Jahren vor 1857 sollten Wilhelm und Bismarck wiederholt den persönlichen wie schriftlichen Austausch suchen. Ein wunder Punkt blieb allerdings das Verhältnis des späteren Kanzlers zu Augusta. Denn die Prinzessin ließ den Kreuzzeitungspolitiker stets spüren, dass sie ihre erste Begegnung in den Märztagen nicht vergessen hatte. So klagte Bismarck etwa im Oktober 1855 über die despektierliche „Zurücksetzung", mit der Augusta ihn und seine Ehefrau bei einer Audienz behandelt habe. Es war Johannas erster Besuch am Koblenzer Hof gewesen. „Wenn auch der Prinz von Preußen mit hoher Liebenswürdigkeit sich der merklichen Verlassenheit meiner Frau annahm, so kam doch ihr unverdorbener hinterpommerscher Royalismus etwas thränenschwer aus dieser Probe zurück."[32]

Wilhelm hingegen lobte den Bundestagsgesandten in mehreren Briefen. An Bunsen etwa schrieb er 1852 über Bismarck, „wenngleich er zur äußersten Rechten gehört, so ist er viel zu sehr Patriot, um Preußen *unter* Österreich belassen zu wollen."[33] Ein Jahr später erklärte er dem König, er müsse in der Bundespolitik „ganz auf Bismarcks Energie u[nd] Kraft" vertrauen.[34] Und 1859 betonte er gegenüber Augusta, der Gesandte habe am Bundestag „vielleicht durch Persönlichkeit angestoßen, aber seine Position als Preuße war ganz korrekt; er ist und wird aber angefeindet, weil er sich nicht blindlings dem Öst[erreichischen] Willen unterwarf und daher nicht auch dem der andern Gesandten. Wäre dies geschehen, so war Frieden sofort mit uns; was *wir* aber geworden wären, ist eben so gewiß!! – méditatisirt."[35] Dennoch war es kein Zufall, dass Bismarcks Name nie fiel, wenn Wilhelm seinem Bruder in den 1850er Jahren wiederholt mögliche Ministerkandidaten nannte. Der Prinz schätzte den *Diplomaten*, nicht aber den *Kreuzzeitungspolitiker* Bismarck. Erst nach dem Ende der Reaktionsära sollte der spätere Kanzler versuchen, diesen Imagemakel durch Opportunismus zu beheben. Denn da hieß der Machthaber am Berliner Hof nicht mehr Friedrich Wilhelm IV. – sondern Wilhelm.

Das Ministerium Manteuffel sah den Primat der preußischen Deutschlandpolitik im restaurierten Bund. Und auch Bismarck versuchte zeit seiner Gesandtschaft, die Berliner Interessen vor allem *innerhalb* der Frankfurter Institutionen zu verteidigen.[36] Wilhelms nationaler Fokus lag hingegen *außerhalb* der Bundesstrukturen. Auf der öffentlichen Politikebene sollte Deutschland moralisch erobert werden. Nur mit diesem

---

30 Wilhelm an Friedrich Wilhelm IV., 16. Juli 1851. Baumgart (Hrsg.), Wilhelm I., S. 381.
31 Rochow an O. v. Manteuffel, 11. Juli 1851. OBS, A 211.
32 Bismarck an L. v. Gerlach, 7. Oktober 1855. GW, Bd. 14/I, S. 416.
33 Wilhelm an Bunsen, 15. Januar 1852. Schultze (Hrsg.), Briefe an Politiker, Bd. 1, S. 157.
34 Wilhelm an Friedrich Wilhelm IV., 14. Januar 1853. Baumgart (Hrsg.), Wilhelm I., S. 419.
35 Wilhelm an Augusta, 9. Mai 1859. GStA PK, BPH, Rep. 51 J, Nr. 509b, Bd. 7, Bl. 7.
36 Vgl. Kaernbach, Bismarcks Konzepte, S. 113–115.

symbolischen Kapital glaubte er, langfristig eine Machtverschiebung zugunsten der Hohenzollernmonarchie erreichen zu können – zumindest so lange, wie der preußische Aktionsradius durch Bund und Pentarchie restriktiert war. Die Möglichkeit einer zukünftigen militärischen Eroberung schloss er jedoch bewusst nicht aus. Bis 1871 sollte er in der Deutschen Frage nie alternativlos agieren. Aber da Preußen „vorläufig keine Ländereroberung beabsichtigen kann", argumentierte er 1852 gegenüber Bunsen, „so muß es moralische (politische) Eroberungen in Deutschland machen."[37]

Eine solche Gelegenheit schien sich in Gestalt der Zollvereinskrise zu bieten. Ausgelöst wurde dieser Konflikt im September 1851 durch die Berliner Entscheidung, den norddeutschen Steuerverein (bestehend aus dem Königreich Hannover, dem Großherzogtum Oldenburg und dem Fürstentum Schaumburg-Lippe) in den Deutschen Zollverein aufzunehmen – ohne Absprache mit den übrigen Mitgliedstaaten. Da es Deutschland ohnehin wirtschaftlich bereits dominierte, konnte sich das Hohenzollernkönigreich diese Provokation leisten. Die Mittelstaatenkönigreiche forderten daraufhin allerdings, Österreich ebenfalls in den Zollverein aufzunehmen. Etwa drei Jahre lang versuchten Wien, München, Stuttgart und Dresden, einen koordinierten Druck auf Berlin auszuüben. Schlussendlich scheiterten sie jedoch an der ökonomischen Präponderanz Preußens im außerösterreichischen Deutschland.[38]

Wilhelm betrachte diesen Konflikt allein aus der Perspektive des Großmächtedualismus. Handels-, finanz- und wirtschaftspolitische Aspekte oder Detailfragen blieben in den zahlreichen Briefen unerwähnt, die er zwischen 1851 und 1853 an den Berliner Hof richtete. Preußen müsse „sich *stark* [...] zeigen, indem es zum *Wohle ganz Deutschlands* gereicht", betonte er gegenüber dem Ministerpräsidenten.[39] Ein zweites Olmütz müsse unter allen Umständen verhindert werden. „Die vielen Konzessionen, welche Preußen seit 1849 macht, haben den Gegnern Muth gemacht, daß wir den Mund voll nehmen und zuletzt doch klein beigeben. Dies wird auch jetzt versucht werden." Es sei eine Leichtigkeit, die öffentliche Meinung gegen Österreich und die Mittelsaaten zu mobilisieren, „weil wir die Sympathien der Völker für uns haben, deren materieller Wohlstand im Verbande mit uns sich so sichtbar hob."[40] „Die Gegnerischen Cabinette handeln in dieser Frage, Diamétralement gegen das Interesse ihrer Völker, die ganz auf Preußens Seite stehen", argumentierte er auch gegenüber Friedrich Wilhelm IV., „sind da nicht die Ereignisse von 1848 erklärlich, wenn sich die Unterthanen auflehnen!?!"[41] Preußens Interessen und die der Nationalbewegung seien identisch – diese Argumentation zieht sich wie ein roter Faden durch Wilhelms Briefe. Und jede Regierung, die sich der borussischen Mission in den Weg stellte, könne die Barrikaden gleich selbst er-

---

37 Wilhelm an Bunsen, 29. Dezember 1852. Schultze (Hrsg.), Briefe an Politiker, Bd. 1, S. 197.
38 Vgl. Huber, Verfassungsgeschichte, Bd. 3, S. 145–150; Helmut Böhme, Deutschlands Weg zur Großmacht. Studien zum Verhältnis von Wirtschaft und Staat während der Reichsgründungszeit 1848–1881, Köln/Berlin (West) 1966, S. 35–48; Hahn, Zollverein, S. 140–151.
39 Wilhelm an O. v. Manteuffel, 12. Oktober 1851. Poschinger (Hrsg.), Dokumente, Bd. 1, S. 233.
40 Wilhelm an O. v. Manteuffel, 22. April 1852. Ders. (Hrsg.), Denkwürdigkeiten, Bd. 2, S. 110–111.
41 Wilhelm an Friedrich Wilhelm IV., 1. Juni 1852. GStA PK, VI. HA, Nl. Vaupel, Nr. 60, Bl. 421.

richten. „Wenn die kleinen Monarchen fortfahren mit Nichtachtung der *wahren* Interessen ihrer Unterthanen, um Cabinettspolitik zu treiben, um der Preußischen Hegemonie zu entgehen, so werden es diese Monarchen dereinst persönlich zu büßen haben."[42] Noch sei es nicht möglich, die Politik der Jahre 1849/50 wieder aufzunehmen – „das heißt in meinen Augen jedoch nicht, daß man deshalb die Aufgabe, die Friedrich II. Preußen gestellt hat, selbständig in Deutschland u[nd] Europa zu stehen u[nd] *seiner Zeit* an die Spitze Deutschlands zu kommen, – vergißt oder hintenansetzt. Die bisherigen Versuche dieser Art waren *verfrüht*, aber niemals *falsch* im *Principe*."[43]

Wilhelm formulierte hier ein fundamentales Einigungsgebot, das die Hohenzollernmonarchie einst in Deutschland erfüllen müsse. Zwar schien er zu glauben, wie er etwa im März 1853 hervorhob, dass dieser Systemtransformationsauftrag „eine Frage der Zeit" sei. Doch „erfüllen wird sich Preußens Beruf, wenn es auch nur erst meinem Sohne beschieden sein sollte."[44] Dieses langfristige, allen anderen politischen Fragen übergeordnete Ziel dürfe auch in der Zollvereinskrise nicht aus den Augen verloren werden. Und mit der Nationalbewegung als Bündnispartner könne Preußen aus einer Position der Stärke agieren – was 1850 versäumt worden war. „Bange machen gilt nicht!", forderte er seinen Bruder daher auf. „Seit 20 Jahren genießen die deutschen Staaten die Vortheile des Zoll Vereins, glauben sie dieselben vorwiegend wo anders zu finden, so mögen sie uns dies [...] darlegen und dann abmarschieren wohin sie wollen".[45] Preußen säße am längeren Hebel, und das müsse es die opponierenden Zollvereinsstaaten auch offen spüren lassen. „Wollt Ihr bei uns bleiben oder nicht? [...] Bleibt Ihr nicht, so gehet nach Hause und Preußen wird mit seinen Treuen allein abschließen."[46] „Ein Rükschritt auf diesem Gebiethe stürzt uns von Neuem von der Stufe des Ansehens u[nd] Vertrauens, welche wir seit ½ Jahr mit Mühe erklimmen, denn eine Zoll-Défaite stürzt uns unbedingt zu Östreichs Füßen!"[47]

Wie zentral, ja geradezu pathologisch das Feindbild Österreich in der post-Olmütz-Wirklichkeitswahrnehmung des späteren Kaisers fixiert war, belegen dessen Reaktionen auf den überraschenden Tod Felix zu Schwarzenbergs im April 1852, inmitten der Zollvereinskrise. „So wie ich diese Todes Nachricht las", schrieb Wilhelm seinem Bruder, „fiel es mir wie ein Blitz durch die Seele, daß man von Wien aus und mit den *gewonnenen* Staaten auf Preußen aus *dem* Gesichtspunkte zu wirken suchen wird, daß so vielerlei Mißverständnisse aus Schwarzenbergs Persönlichkeit entsprungen seien, so daß man nun" auf „eine nähere Verständigung hoffen könne und dazu namentlich die Zoll-Frage als Anfangspunkt in den Vordergrund stellen wird." Sogar ein toter österreichischer Ministerpräsident sei eine Gefahr für Berlin – „und jener von mir oben

---

42 Wilhelm an Wintzingerode, 19. Oktober 1852. Knesebeck (Hrsg.), Briefwechsel, S. 134.
43 Wilhelm an O. v. Manteuffel, 8. September 1852. GStA PK, VI. HA, Nl. Manteuffel, O. v., Titel 1, Nr. 2, Bd. 1, Bl. 123–124.
44 Wilhelm an J. v. Schleinitz, 30. März 1853. [Schleinitz], Papiere, S. 360–361.
45 Wilhelm an Friedrich Wilhelm IV., 3. Dezember 1851. GStA PK, VI. HA, Nl. Vaupel, Nr. 60, Bl. 258–259.
46 Wilhelm an Friedrich Wilhelm IV., 29. April 1852. Ebd., Bl. 401.
47 Wilhelm an Friedrich Wilhelm IV., 17. April 1852. Baumgart (Hrsg.), Wilhelm I., S. 405.

aufgestellte Gesichtsunkt wird unfehlbar benutzt werden, um Preußen zur Nachgiebigkeit zu vermögen. Du mußt indessen auf diesem Terrain unerschütterlich fest bleiben!"[48] Wie Schwarzenberg versuchte auch Franz Joseph, die Hohenzollernmonarchie mit einer zielstrebigen Pressionspolitik zurück in die vormärzliche Juniorpartnerrolle zu zwingen. Aber die kaiserliche Risikodiplomatie glaubte sich auf Machtressourcen stützen zu können, die Österreich schlichtweg nicht besaß. Langfristig sollte der junge Herrscher daher maßgeblich persönlich dazu beitragen, das systeminhärente Sicherheitsdilemma der Habsburgermonarchie eskalieren zu lassen. Am Ende dieser Entwicklung standen Solferino und Königgrätz.[49] Nicht völlig zu Unrecht konnte Wilhelm daher gegenüber Charlotte argumentieren, Franz Josephs Ziel sei es, „Preußen, diesen Parvenu, auf seinen Standpunkt vor dem Siebenjährigen Krieg zurückzuführen." Der geforderte Beitritt Österreichs zum Zollverein sei nichts weiter als „eine Chimäre", ein Täuschungsmanöver. Stattdessen sei Wien auf „die Vernichtung desselben aus, weil es ein Werk Preußens ist, und Preußen daher natürlich als Stifter und größte Macht an dessen Spitze steht."[50] Und seinen Bruder warnte er, Österreich spiele in der Zollfrage „immer die alte Leier, natürlich jetzt wahrscheinlich mit einem gewürzten Brei umgeben, aus dem des Pudels Kern immer durchblickt: Nachgeben, d.h. Avilirung Preußens."[51]

Um dieses Ziel zu erreichen, so Wilhelms Unterstellung, würde der Wiener Hof vor keiner Intrige zurückschrecken. Ministerpräsident Manteuffel warnte er sogar vor einer Verschwörung „in der *nächsten* Umgebung des Königs". Kamarilla und Kreuzzeitungspartei würden auf „Nachgiebigkeit" gegenüber Österreich drängen.[52] Und wie der Thronfolger seinem Bruder direkt schrieb, will er erfahren haben, „daß die Oester[reichischen] *Emißairs* in Berlin kein Mittel, auch Gold nicht unversucht lassen, um die Sache zum Sturz zu bringen". Friedrich Wilhelm IV. müsse sich vor den Einflussversuchen seiner Umgebung hüten. Denn die Zollfrage „ist für Preußen eine *Lebens* Frage."[53] An den anderen deutschen Höfen kursiere über den König bereits das Gerücht, „*Du selbst* neigst zur *Nachgiebigkeit* gegen Wien und so würde Deutschlands Interesse gewiß in der 12. Stunde geopfert werden. [...] Ich fürchte Deine *allernächsten* Umgebungen geben solche Disposition von Dir fälschlich zu erkennen, und thun Dir hierin, wie in so Vielem, großen, großen Schaden!"[54] Wilhelm könne seinem Bruder „gar nicht schildern", wie er vielerorts gefragt werde, „wird Preußen auch festhalten in der Zoll Frage? Ich habe immer erwiedert, *meiner* Ueberzeugung nach, ja! Aber Kopfschütteln war immer die Antwort, ein Beweis wie wenig man von der Energie und Consequenz bei

---

48 Wilhelm an Friedrich Wilhelm IV., 7. April 1852. GStA PK, VI. HA, Nl. Vaupel, Nr. 60, Bl. 381–382. Siehe auch Wilhelm an O. v. Manteuffel, 13. April 1852. Poschinger (Hrsg.), Denkwürdigkeiten, Bd. 2, S. 106–107.
49 Vgl. Mitchell, Grand Strategy, S. 258–261, S. 279–289.
50 Wilhelm an Charlotte, 6./18. Oktober 1852. Börner (Hrsg.), Briefe, S. 368–369.
51 Wilhelm an Friedrich Wilhelm IV., 15. August 1852. GStA PK, VI. HA, Nl. Vaupel, Nr. 60, Bl. 470.
52 Wilhelm an O. v. Manteuffel, 18. Mai 1852. Poschinger (Hrsg.), Dokumente, Bd. 1, S. 407.
53 Wilhelm an Friedrich Wilhelm IV., 2. Mai 1852. GStA PK, VI. HA, Nl. Vaupel, Nr. 60, Bl. 404–405.
54 Wilhelm an Friedrich Wilhelm IV., 31. Mai 1852. Ebd., Bl. 415–417.

uns glaubt."[55] Implizit warf er Friedrich Wilhelm IV. in diesen Briefen vor, die Gerüchte über dessen Österreichhörigkeit seien keinesfalls haltlos. Wie bereits im Vormärz betrachtete Wilhelm seinen älteren Bruder als schwachen Herrscher und Sicherheitsrisiko. Gegenüber Manteuffel und Bismarck klagte der Prinz sogar offen, „wie impressionable der König ist"[56], und wie „die Östreicher immer darauf rechnen, daß der König durch gewissen Einfluß, plianter als sein Ministerium gegen Wien sein werde".[57]

Als Wilhelm daher im Dezember 1852 seitens des Staatsministeriums erfuhr, dass Franz Joseph noch im selben Monat persönlich nach Berlin reisen werde, schrillten bei ihm alle Alarmglocken. In einem Brief an den König vom 13. Dezember bezeichnete er „diesen Besuch als eine Finesse ohne Gleichen!" Er weigerte sich, zur Kaiservisite von Koblenz nach Berlin zu reisen, da „mein Herz mich nicht hinzieht." Wenn die Entrevue nicht mehr verhindert werden könne, müsse Friedrich Wilhelm IV. die Verantwortung für ihren Ausgang persönlich tragen. „Setze dieser Finesse alle Würde u[nd] Festigkeit entgegen – u[nd] Preußen stehet höher denn zuvor! Wenn nicht – so ist unser kaum wieder aufblühendes Ansehen auf lange, lange von Neuem vernichtet."[58] Und offen forderte er Manteuffel nur einen Tag später auf, die Direktive der Monarchenbegegnung selbst in die Hand zu nehmen. Der Ministerpräsident müsse dafür Sorge tragen, „so wenig als möglich politische Diskussionen" zwischen beiden Herrschern zu erlauben. Es grause ihm vor dem Gedanken, „daß Preußen sich – verführen ließe."[59]

Friedrich Wilhelm IV. soll sich über dieses Benehmen seines jüngeren Bruders „sehr geärgert" haben, so Leopold von Gerlach.[60] Besonders sauer stieß ihm Wilhelms Weigerung auf, nach Berlin zu reisen – und damit einen öffentlichen Eklat zu riskieren. In unmissverständlicher Befehlssprache schrieb der König daher am 15. Dezember an den Thronfolger, die Kaiservisite sei ein „in jeder Hinsicht, erfreuliches u[nd] wichtiges Ereigniß. [...] Darum ist es gut, wenn Du den Kayser nachmachst u[nd], wenn er mehr als 80 Meilen macht um Preußen eine Höflichkeit zu erweisen, Du dieselbe Distance zurücklegst um den Kayser zu ehren."[61] Am 17. Dezember reiste Wilhelm daher in sprichwörtlich letzter Minute von Koblenz ab – „freiwillig ging ich nicht", schimpfte er gegenüber Bunsen. Aber „einem königl[ichen] Befehl muß ich gehorchen."[62] Der Thronfolger verpasste Franz Josephs Einzug in Berlin – was der Öffentlichkeit nicht verborgen blieb, und Anlass zu unterschiedlichen Gerüchten gab. „Es ist ein auffallender Schimpf, daß er so spät gerufen worden, daß er den Kaiser nicht hat mit empfangen

---

55 Wilhelm an Friedrich Wilhelm IV., 7./10. Juni 1852. GStA PK, VI. HA, Nl. Vaupel, Nr. 60, Bl. 421.
56 Wilhelm an O. v. Manteuffel, 10. Mai 1853. Poschinger (Hrsg.), Dokumente, Bd. 2, S. 66.
57 Wilhelm an Bismarck, 5. April 1853. OBS, B 125, Bl. 27.
58 Wilhelm an Friedrich Wilhelm IV., 13. Dezember 1852. Baumgart (Hrsg.), Wilhelm I., S. 408–409.
59 Wilhelm an O. v. Manteuffel, 14. Dezember 1852. Poschinger (Hrsg.), Denkwürdigkeiten, Bd. 2, S. 8–10. Siehe auch Wilhelm an Heydt, 16. Dezember 1852. Schultze (Hrsg.), Briefe an Politiker, Bd. 1, S. 189–191.
60 Tagebuch L. v. Gerlach, 16. Dezember 1852. GA, LE02755, S. 229.
61 Friedrich Wilhelm IV. an Wilhelm, 15. Dezember 1852. Baumgart (Hrsg.), Wilhelm I., S. 409–410.
62 Wilhelm an Bunsen, 17. Dezember 1852. Schultze (Hrsg.), Briefe an Politiker, Bd. 1, S. 193.

können", notierte Varnhagen.[63] Andere sollen hingegen spekuliert haben, der Prinz habe die Reise auf eigene Faust angetreten, um „zu wachen, daß Oesterreich nicht in Berlin den Meister spiele."[64]

In der Hauptstadt soll Wilhelm schnell den Streit mit der Umgebung des Königs gesucht haben, wie Gerlach dokumentierte.[65] Ob der Thronfolger auch mit Franz Joseph Gespräche geführten haben mochte, lässt sich aus den Quellen nicht rekonstruieren. Entgegen seiner Befürchtungen betrachtete Wilhelm die Entrevue allerdings als politischen Erfolg, wie seine Briefe belegen. Seinem Bruder gratulierte er, „daß Du in der Zoll Frage fest geblieben bist, was ja eben beweise, daß man vollkommen gut zusammenstehen könne, ohne seine Selbständigkeit und Würde durch Inconsequenz zu opfern."[66] „Bei dieser Visite war nur eine Gefahr für Preußen, falls sie benutzt werden sollte, um uns in der 12. Stunde aus unserer handelspolitischen Stellung zu culbutiren. Der Versuch ist sehr ernst und wiederholt in den 4 Tagen gemacht worden", berichtete er Charlotte. Doch weder Ministerium noch König hätten dem nachgegeben. Somit „ist der Beweis geliefert, den ich beständig seit 2 Jahren verlangte, daß wir Hand in Hand gehen können, wenn Österreich Preußens Selbständigkeit respektiert."[67] Und gegenüber Luise bilanzierte er, „wie unmöglich es für Deutschland ist, Preußen seine innehabende Stellung zu rauben, beweisen die nun 3 Jahre dauernden fruchtlosen Anstrengungen. Die *moralische Eroberung* die Preußen durch den Zoll Verband in Deutschland gemacht hat, zeigt sich jetzt auf das Eclatanteste, da wohl die *Cabinette*, nicht aber die Völker denselben zerstören wollten. Dies ist der Weg der Preußen von der Geschichte vorgezeichnet ist; auf dem muß es fortschreiten."[68] Wilhelms nationale Aspirationen blieben ungebrochen. Dies galt auch für sein negatives Österreichbild. „Daß ich trotz dieser Visite den weißen Röcken nicht über den Weg traue – versteht sich von selbst"[69]

Preußen gelang es schließlich bis Ende 1853, als Triumphator aus der Zollvereinskrise hervorzugehen – indem es den Deutschen Zollverein vertraglich einfach aufkündigte. Durch dieses ultimative Vorgehen, wie es Wilhelm seit 1851 wiederholt gefordert hatte, wurde die ökonomische Abhängigkeit der Vertragspartner vom preußischen Wirtschafts- und Handelsraum schonungslos offengelegt. Und Berlin konnte den Zollverein zu seinen Konditionen neu konstituieren – ohne Österreich. In diesem Konflikt waren die Interessengegensätze der Großmächte, aber auch zwischen Preußen und dem Dritten Deutschland als nahezu unüberbrückbare Barrikade einer föderativen Bundesreform hervorgetreten. Jene Staaten, die das Frankfurter System aktiv auszubauen versuchten, waren an der Hohenzollernpräponderanz gescheitert. Diese Niederlage wurde in erster Linie dem restaurierten Bund zugeschrieben. Keine drei Jahre nach den

---

63 Tagebuch Varnhagen, 18. Dezember 1852. [Varnhagen], Tagebücher, Bd. 9, S. 438.
64 Tagebuch Varnhagen, 21. Dezember 1852. Ebd., S. 440–441.
65 Siehe L. v. Gerlachs Tagebucheinträge vom 19. und 22. Dezember 1852, in: GA, LE02755, S. 233–234.
66 Wilhelm an Friedrich Wilhelm IV., 26. Dezember 1852. GStA PK, VI. HA, Nl. Vaupel, Nr. 60, Bl. 509–510.
67 Wilhelm an Charlotte, 11. Januar 1853. Börner (Hrsg.), Briefe, S. 371.
68 Wilhelm an Luise, 6. Januar 1853. GStA PK, BPH, Rep. 51, Nr. 853.
69 Wilhelm an Orlich, 29. Dezember 1852. Egloffstein (Hrsg.), Wilhelm I., S. 52.

Dresdner Konferenzen war dessen öffentliches Ansehen bereits nachhaltig desavouiert.[70]

Die Erosion der Frankfurter Strukturen war genau das, was Wilhelm als strategisch wünschenswert für die preußische Deutschlandpolitik betrachtete. Nur auf den Trümmern des von Österreich geführten Bundes glaubte er einen kleindeutschen Nationalstaat errichten zu können. Wie er 1851 vielsagend bemerkt haben soll, würde er im Kriegsfall nicht einmal ein „Armee-Kommando für den Bund übernehmen, denn diese projektierten Armeen dienten zur Knechtung von Deutschland."[71] Wenn vorausgesetzt wurde, dass Preußens und Deutschlands Interessen identisch seien – und Wilhelm tat dies –, dann waren Kompromisse mit Wien und Frankfurt am Main unmöglich. Stattdessen musste der preußische Druck so stark sein, dass sich ihm die anderen deutschen Staaten nicht entziehen konnten. Die Zollvereinskrise schien dem Prinzen den Erfolgsbeweis für diese Strategie geliefert zu haben. „Wir sind im *Äußern* jetzt gewiß auf richtigem Wege, da wir doch ab und zu Selbstständigkeit zeigten und sofort das Gewicht *fühlten*, welches wir besitzen, wenn wir nur *wollen*."[72]

Dieses Gewicht versuchte der spätere Kaiser auch auf dynastischem Wege zu maximieren. Und wie bereits 1849 fiel dem Großherzogtum Baden eine scheinbare Schlüsselrolle auf dem Weg in ein Hohenzollerndeutschland zu. Dort hatte der spätere Friedrich I. 1852 die Regentschaft für seinen regierungsunfähigen älteren Bruder Ludwig übernommen. Um die im Inneren noch immer instabile Zähringermonarchie außenpolitisch zu stärken, suchte der neue Herrscher gezielt das Bündnis mit Berlin.[73] Über Karl Friedrich von Savigny, den preußischen Gesandten in Karlsruhe, bat der Regent im Februar 1854 Wilhelm um die Hand von dessen Tochter Luise.[74] Im September 1855 wurde das Ehebündnis nach längeren Verhandlungen schließlich zwischen beiden Parteien besiegelt.[75] Den Abzug der preußischen Besetzungstruppen aus Baden während der Hessen-Kassel-Krise 1850 hatte der Thronfolger als „ein sehr schmerzliches Ereignis" bezeichnet.[76] Sein neuer Schwiegersohn sollte ihm diesen gekappten Draht nach Karlsruhe ersetzen. Und mit Baden als Verbündetem konnte die Hohenzollernmonarchie auch Druck auf die Mittelstaaten ausüben. „Die Dankbarkeit ist in Deutschland für Preußen so ziemlich verschwunden", schrieb Wilhelm dem Karlsruher Hof im April 1852, „nur in Baden habe ich sie bisher *allein* noch gefunden!"[77]

---

70 Vgl. Hahn, Hegemonie, S. 63; Müller, Bund und Nation, S. 149; Gruner, Deutscher Bund, S. 87.

71 Tagebuch L. v. Gerlach, 8. März 1851. GA, LE02754, S. 70.

72 Wilhelm an Bunsen, 16. April 1853. Schultze (Hrsg.), Briefe an Politiker, Bd. 1, S. 229.

73 Zu Friedrich I. siehe Hermann Oncken, Großherzog Friedrich I. von Baden. Ein fürstlicher Nationalpolitiker im Zeitalter der Reichsgründung, Berlin/Leipzig 1926; Lothar Gall, Der Liberalismus als regierende Partei. Das Großherzogtum Baden zwischen Restauration und Reichsgründung, Wiesbaden 1968; Walther Peter Fuchs, Studien zu Großherzog Friedrich I. von Baden, Stuttgart 1995.

74 Siehe den Briefwechsel K. F. v. Savignys mit Wilhelm vom 18. und 22. Februar 1854, in: Real (Hrsg.), Briefe, Bd. 2, S. 637–640.

75 Vgl. Wilhelm an Friedrich (I.), 1. September 1855. GStA PK, BPH, Rep. 51 J, Nr. 21m, Bd. 1, Bl. 50–51.

76 Wilhelm an Schaaf, 14. November 1850. Schultze (Hrsg.), Briefe an Politiker, Bd. 1, S. 130.

77 Wilhelm an Friedrich (I.), 21. April 1852. GStA PK, BPH, Rep. 51 J, Nr. 21m, Bd. 1, Bl. 8–9.

Friedrich I. war einer der wenigen Fürsten, die bis 1866 bereit waren, die Deutschlandpolitik des späteren Kaisers bis zu einem gewissen Grad mitzutragen. Dass die große Masse der gekrönten Häupter einer preußischen Lösung der Deutschen Frage ablehnend bis feindlich gegenüberstand, wusste Wilhelm. Dieser Umstand war für seine monarchische Agenda allerdings nachrangiger Natur. Denn anders als noch im Rahmen der Unionspolitik betrachtete er seit Olmütz die Nationalbewegung als den Steigbügelhalter, der Preußen an die Spitze Deutschlands führen sollte. Die öffentliche Meinung musste der Berliner Hof allerdings auf zwei scheinbar getrennten, für den Prinzen jedoch untrennbar miteinander verwobenen Politikfeldern gewinnen. Eine erfolgreiche Deutschlandpolitik sollte die Monarchie im Inneren neu legitimieren. Und gleichzeitig sollte ein funktionierender monarchischer Konstitutionalismus Preußen nach außen als einen attraktiven Partner der Nationalbewegung etablieren – in bewusster Abgrenzung zur neoabsolutistischen Habsburgermonarchie. Wie Wilhelm im Juli 1857 bemerkt haben soll, sei überhaupt *„die Verfassung* [...] *das Einzige, wodurch wir in Deutschland unsern Rang behaupten können*; in allen anderen Richtungen [...] werde uns Oesterreich den Rang ablaufen."[78] Aus dieser pessimistischen Situationsanalyse sprach die Erfahrung, dass es Preußen während der Reaktionsära nicht gelungen war, einer deutschen Einigung näher zu kommen. Stattdessen schienen sich seit 1851 mehrere Akteure, Faktoren und Entwicklungen gegen die Hohenzollernmonarchie verschworen zu haben – in erster Linie aber die Wiener Politik. Im März 1858 schimpfte der spätere Kaiser seinem Schwiegersohn, es sei „beim besten Willen nicht mehr möglich, mit Österreich fertig zu werden, und den redlichen Willen, mit Österreich mich gut zu stellen, habe ich wahr und wahrhaftig gehabt!"[79] In seinem Februarpromemoria 1851 hatte Wilhelm argumentiert, erst eine neue Krisis werde Preußen einer Lösung der Deutschen Frage näherbringen. Die historische Entwicklung sollte ihm Recht geben.

---

78 Tagebuch Bernhardi, 22. Juli 1857. Bernhardi (Hrsg.), Aus dem Leben, Bd. 2, S. 352–353.
79 Wilhelm an Friedrich I., 31. März 1858. Oncken (Hrsg.), Briefwechsel, Bd. 1, S. 67.

„Unsere Parole: Vorsicht aber Freundlichkeit."
Die plebiszitäre Monarchie Napoleons III.

Am 29. August 1870 erreichte der deutsche Vormarsch in Frankreich den Ort Varennes-en-Argonne, „wo man sich natürlich der Schmerzensscene Louis XVI. vergegenwärtigte", wie Wilhelm an Augusta schrieb. Neunundsiebzig Jahre zuvor waren dort der Bourbonenkönig und seine Familie nach ihrer Flucht aus dem revolutionären Paris verhaftet worden. „Es durchzuckt Jedermann der Gedanke an jene Arretirung, die das Königspaar aufs Schaffot brachte, womit alle Piétät und alle Fundamente des Königtums entwurzelt wurden – dieserhalb mit der Grund ist daß wir jetzt im Kriege hier stehen. Denn seit jener Schreckenszeit ist Frankreich nie dauernd zur Ruhe gekommen."[1] Frankreich als Hort der Revolution – dieses Bild zeichnete Wilhelm etwa einen Monat nach Ausbruch des Deutsch-Französischen Krieges. Und dieser Konflikt führte zu einem weiteren Systemwechsel westlich des Rheins: zum Sturz des Seconde Empire, zur Gründung der Dritten Republik, und zur kurzlebigen Existenz der Pariser Commune. Diese Ereignisse bezeichnete der erste Deutsche Kaiser im Mai 1871 als „ein Gottesgericht", nachdem er als siegreicher Feldherr in die neue Reichshauptstadt Berlin zurückgekehrt war. „Seit bald einem Jahrhundert ist dieses Volk von Stufe zu Stufe gesunken [...]. Keine Regierung, kein Staatsmann ist gefunden worden diesen sich anhäufenden Schlamm zu säubern und so hat ein unglücklich geführter selbstverschuldeter Krieg nach dem Frieden einen Bürgerkrieg entzündet wie er unmöglich im 19. Jahrhundert erscheint. [...] Möge Deutschland für lange Zeit vor solchen Dingen bewahret bleiben."[2] Diese historische Anklage richtete sich vor allem gegen einen Mann, dessen mehr als zwanzigjährige Herrschaft über Frankreich im Krieg gegen Deutschland ihr jähes Ende gefunden hatte: Napoleon III.[3]

Wie der erste Bonapartekaiser prägte auch dessen Neffe Wilhelms Biographie in erheblicher Weise. Neben den außenpolitischen Abenteuern, mit denen der Empereur das Pentarchiekonzert destabilisierte, konfrontierte er die europäischen Fürsten mit einer weiteren Herausforderung: der plebiszitären Monarchie.[4] Die Pariser Februarrevolution und das allgemeine und gleiche Wahlrecht hatten Louis Napoleon im Dezember 1848 den Weg in das französische Präsidentenamt geebnet. Dem Prince-Prési-

---

1 Wilhelm an Augusta, 29. August 1870. GStA PK, BPH, Rep. 51 J, Nr. 509b, Bd. 15, Bl. 89.
2 Wilhelm an Augusta, 30. Mai 1871. GStA PK, BPH, Rep. 51 J, Nr. 509b, Bd. 16, Bl. 70–71.
3 Zu Napoleon III. siehe Jasper Ridley, Napoleon III and Eugenie, New York 1980; William E. Echard, Napoleon III. and the Concert of Europe, Baton Rouge/London 1983; Roger Price, The French Second Empire. An Anatomy of Political Power, Cambridge 2004 [ND 2001]; Michael Erbe, Napoleon III. (1848/52–1870), in: Peter C. Hartmann (Hrsg.), Die Französischen Könige und Kaiser der Neuzeit. Von Ludwig XII. bis Napoleon III. 1498–1870, München ²2006, S. 422–452; Johannes Willms, Napoleon III. Frankreichs letzter Kaiser, München ²2014.
4 Vgl. Kirsch, Monarch und Parlament, S. 210–213; Erbe, Napoleon III., S. 424; Osterhammel, Verwandlung, S. 845; Evans, Jahrhundert, S. 325–326.

https://doi.org/10.1515/9783111323954-024

dent war es gelungen, das revolutionäre Stimmrecht in den Dienst einer konservativen Politik zu stellen. Nicht wenige Staatsmänner sollten diesen Coup zu emulieren versuchen – allen voran Bismarck.[5] Dass Napoleon das Präsidentenamt als institutionelles Sprungbrett zur Kaiserwürde nutzen würde, war eine Entwicklung, die kaum einen politischen Beobachter überraschen sollte. Zu den Präsidentschaftswahlen 1852 hätte er nach der Verfassung von 1848 gar nicht antreten dürfen. Im Jahr vor dem Urnengang griff in dem postrevolutionären Land jedoch die Furcht vor sozialen Unruhen, gar vor einem Bürgerkrieg um sich. Diese gesellschaftlichen wie politischen Spannungen sollten es dem Kaiser-to-be erlauben, sich per Staatsstreich als messianische Führerfigur zu inszenieren.[6] In Preußen beobachtete Wilhelm diese Entwicklungen jenseits des Rheins genau. „Frankreich gährt, der Président hat sich auf ein gefährliches Terrain begeben", schrieb er Mitte November 1851.[7] Nur wenige Wochen später ließ Napoleon am 2. Dezember die Pariser Nationalversammlung auflösen – bezeichnenderweise dem Jahrestag der Kaiserkrönung seines Onkels 1804. Am 14. Januar 1852 oktroyierte er eine neue Verfassung, die ihm diktatorische Prärogativen auf zehn Jahre sowie die Möglichkeit der unbegrenzten Wiederwahl gewährte. Innerhalb der französischen Bevölkerung konnte der Staatsstreich kaum Gegenkräfte mobilisieren. Stattdessen stimmten etwa sieben Millionen Staatsbürger in einem noch im Dezember 1851 abgehaltenen Plebiszit für die Verfassungsänderung – und nur knapp 700.000 Wähler dagegen.[8]

Auch im europäischen Ausland wurde Napoleons Vorgehen toleriert. Implizit wurde der Coup sogar als notwendige Präventivmaßnahme gegen die soziale Revolution begrüßt. Diese Reaktionen waren gewissermaßen symptomatisch für die Entwicklung konservativer Ideen und Politik seit dem Vormärz. Konservativismus und dogmatischer Legitimismus gingen nicht länger a priori Hand in Hand.[9] Es war daher bezeichnend, dass der Pariser Staatsstreich im Hohenzollernkönigreich einhellig allein von den Hochkonservativen verurteilt wurde.[10] „Die †Zeitung hat complett den Verstand verlohren in ihren Angriffen gegen den Presidenten!", schimpfte Wilhelm gegenüber seinem Bruder. In Preußen müsse man „zufrieden sein, daß Louis Napoléon wahrscheinlich auf längere Zeit, Ruhe und Ordnung bei sich und dadurch auch bei uns erhält." Eine lange Herrschaftszeit prophezeite er dem Prince-Président allerdings nicht, „da er auf einem unhaltbaren Primat und Boden stehet, aber *wann*? Das ist eine andere Frage!"[11] „Vom Rechtspunkt muß man schweigen und sich freuen, daß die Anarchie vorläufig beseitigt ist", erklärte er auch Otto von Manteuffel. „Auf wie lange, das weiß Gott allein."[12] Doch der Thronfolger kritisierte die Kreuzzeitungspartei nicht nur auf der

---

5 Vgl. Mommsen, 1848, S. 242; Willms, Napoleon III., S. 117.
6 Vgl. Ridley, Napoleon III, S. 286–293.
7 Wilhelm an Orlich, 14. November 1851. Egloffstein (Hrsg.), Wilhelm I., S. 48.
8 Vgl. Price, Second Empire, S. 27–35; Erbe, Napoleon III., S. 432–435; Willms, Napoleon III., S. 102–107.
9 Vgl. Ridley, Napoleon III, S. 313–315; Caruso, Nationalstaat als Telos?, S. 350.
10 Vgl. Kraus, Ernst Ludwig von Gerlach, Bd. 2, S. 586–589.
11 Wilhelm an Friedrich Wilhelm IV., 17. Dezember 1851. GStA PK, VI. HA, Nl. Vaupel, Nr. 60, Bl. 282–283.
12 Wilhelm an O. v. Manteuffel, 12. Dezember 1851. Poschinger (Hrsg.), Denkwürdigkeiten, Bd. 2, S. 87.

Hinterzimmerebene. Am 19. Januar äußerte er auch öffentlich gegenüber einer hochkonservativen Abgeordnetendeputation, „über das in Frankreich Geschehene dürfe man sich freuen, nur schade, daß es nicht legitim" gewesen sei.[13]

Gegenüber Luise bezeichnete Wilhelm den Staatsstreich sogar als „Notwehr", und er gönne „dem Présidenten seinen Sieg, weil er ihn de longue main mit Einsicht vorbereitet und im richtigen Augenblick mit Umsicht und Energie durchgeführt hat, – allerdings eine Lehre, wie man diesseits und jenseits des Rheins, die Dinge hätte machen sollen 1848!!" Was den Thronfolger beunruhigte, war nicht das Schreckgespenst eines zweiten französischen Kaiserreichs – sondern das scheinbar demokratische Fundament, auf dem Napoleon seine Herrschaft errichtete. Das Plebiszit sei „eine furchtbare colossale Manifestation der Volks Souverainité" gewesen, „ein furchtbares Instrument in den Händen der Umsturz Parthei, was den unteren Klassen sehr lehrreich und begreiflich sein muß; dies schleichende Gift ist viel schlimmer als offener Kampf, und kommt er dann doch dereinst, – wer weiß wie weit alsdann jene Lehre um sich gegriffen hat."[14] Napoleon „baut auf Franzosen und Volkssouveränität – also auf Sand!"[15] Plebiszitär legitimiert sei die Bonapartepräsidentschaft allein dem öffentlichen Politikwillen ausgeliefert und daher strukturell instabil. „Wo soll da Dauer und Sicherheit herkommen?" Wolle Napoleon seine Herrschaft konsolidieren, müsse er ein „Säbelregiment perpetuieren [...]. Ein äußerer Krieg kann unbedingt ihn auf eine Zeitlang allen Parteien raillieren. Aber, was dem Onkel als größten Feldherrn nicht gelang zu erhalten, wird dem Neffen noch weniger gelingen." Auf diese Entwicklung müsse sich die Pentarchie vorbereiten.[16]

Doch Wilhelm schien für die nahe Zukunft nicht mit einem napoleonischen Kriegsabenteuer zu rechnen. Die Erfahrungen mit der Julimonarchie hatten das Restaurationsdogma widerlegt, dass eine Pariser Revolutionsregierung unweigerlich versuchen würde, die französischen Grenzen auszudehnen. „Ich persönlich glaube überhaupt so bald an keinen Krieg", erklärte der Prinz im Februar 1852, „weil der Präsident ihn nicht *braucht* bis jetzt, um sich zu erhalten oder zu befestigen [...]. Indessen das kann sich in *dem Lande* alles sehr rasch ändern."[17] Und zwei Monate später schrieb Wilhelm, „in der Hauptsache bleiben Preußen und Frankreich Feinde. Die Siebenmeilenstiefel des Präsidenten werden ihm auch noch den Krieg zuziehen, noch *braucht er* ihn nicht zu seiner Selbsterhaltung; *der* Moment kann aber auch kommen, und dann müssen wir verhütet haben, daß er nicht die Großmächte unter sich isoliert und einen oder die anderen für sich gewonnen hat, und daß er keine Alliierte in Süddeutschland findet."[18]

---

13 Tagebuch Varnhagen, 21. Januar 1852. [Varnhagen], Tagebücher, Bd. 9, S. 29. Siehe auch E. L. v. Gerlachs Tagebucheintrag vom 19. Januar 1852, in: Diwald (Hrsg.), Nachlaß, Bd. 1, S. 299.
14 Wilhelm an Luise, 10. Januar 1852. GStA PK, BPH, Rep. 51, Nr. 853.
15 Wilhelm an Natzmer, 8. April 1852. Berner (Hrsg.), Briefe, Bd. 1, S. 304.
16 Wilhelm an Bunsen, 31. Dezember 1851. Schultze (Hrsg.), Briefe an Politiker, Bd. 1, S. 149–151
17 Wilhelm an Carl Alexander, 3. Februar 1852. Schultze (Hrsg.), Weimarer Briefe, Bd. 1, S. 247.
18 Wilhelm an Berg, 18. April 1852. Knesebeck (Hrsg.), Briefe, S. 310.

Napoleon war 1852 zu sehr innenpolitisch gebunden, als dass er sich sofort in außenpolitische Abenteuer hätte stürzen können. Aktiv warb er öffentlich für die Restauration des Kaisertums. Auf Massenkundgebungen ließ sich der populistische Diktator bereits als Empereur akklamieren, bevor ihm am 21. November fast acht Millionen Wähler die erbliche Kaiserwürde übertrugen.[19] Zwar war das Seconde Empire auf plebiszitärer Basis errichtet worden. Doch der neue Herrscher berief sich auf eine zumindest symbolische dynastische Legitimität. Denn mit der Titulatur „Napoleon III." zählte er nicht nur Napoleon I. als legitimen Vorgänger auf dem Kaiserthron, sondern auch dessen einzigen ehelichen Sohn Napoleon Franz Bonaparte – der nie regiert hatte, und 1832 mit einem österreichischen Herzogtitel verstorben war. Letztendlich handelte Napoleon III. nicht anders als Ludwig XVIII. 1814. Denn auch jener Monarch hatte sich eine de facto fiktive Kontinuitätslinie zu Nutzen gemacht.[20]

Für Napoleon bedeutete der dynastische Herrschertitel vor allem neue außenpolitische Handlungsoptionen. Denn dem Emprereur stand der Eintritt in das europäische Fürstenkartell potentiell offen, während er dem Prince-Président verwehrt geblieben wäre. Keine monarchische Regierung verweigerte dem Seconde Empire die offizielle Anerkennung – auch nicht Preußen.[21] Wilhelm begrüßte diesen Schritt aus pragmatischen Gründen. Persönlich schien er damit zu hadern, den Volkskaiser in offiziellen Schreiben als ebenbürtigen „Monsieur mon frère" angesprochen zu sehen. „Kein Land hat so viel durch den 1. Napoléon gelitten als Preußen", klagte er Luise, „kein Volk hat so viel Opfer gebracht und so viel Blut vergossen, um ihn und seine Sippschaft zu stürzen als Preußen, – und nun müssen wir doch *diesen* anerkennen! Es bleibt aber nichts übrig, als bonne mine àu mauvais jeu zu machen, aussi longtemps que cela dure! Dank ist man dem Mann gewiß schuldig, daß er bei sich und dadurch in Europa der Wiederkehr der Anarchie Einhalt that. Aber Sympathie kann man nicht für ihn haben und fallen wird er comme l'oncle."[22] Und noch 1864 sollte er Augusta erklären, „daß Napoleon *nie* der Freund Deutschlands sein wird sondern immer die Rheingrenze im Auge hat u[nd] *jede* Gelegenheit benutzen wird, diesen Plan darauf zu realisiren ist mir u[nd] jedem Denkenden klar, also unsere Parole: Vorsicht aber Freundlichkeit."[23] Die Revolutionstraumata waren Wilhelm in der Causa Napoleon keine politischen Handlungsmaxime. Seinem Bruder gegenüber betonte er, „wir müssen *jede Art* von Provocation vermeiden, um uns das Kaiser-Reich nicht auf eine oder die andere Art, auf den Hals zu ziehen."[24] Dazu gehöre auch, endlich den anhaltenden Presseattacken der *Kreuzzeitung* ein Ende zu setzen. „Obgleich ich keine Sympathien für Napoleon hege, bei aller Gerechtigkeit, die ich ihm widerfahren lasse, erscheint mir die Sprache der ,Kreuzzeitung' völlig deplazirt

---

19 Vgl. Price, Second Empire, S. 42–43; Erbe, Napoleon III., S. 435–436.

20 Vgl. Sellin, Gewalt und Legitimität, S. 71–72.

21 Vgl. Bernhard Unckel, Österreich und der Krimkrieg. Studien zur Politik der Donaumonarchie in den Jahren 1852–1856, Lübeck/Hamburg 1969, S. 25–32; Ridley, Napoleon III, S. 356–358.

22 Wilhelm an Luise, 6. Januar 1853. GStA PK, BPH, Rep. 51, Nr. 853.

23 Wilhelm an Augusta, 6. Juli 1864. GStA PK, BPH, Rep. 51 J, Nr. 509b, Bd. 10, Bl. 57.

24 Wilhelm an Friedrich Wilhelm IV., 6. Dezember 1852. GStA PK, VI. HA, Nl. Vaupel, Nr. 60, Bl. 491–492.

und nicht *länger zu dulden* gegen einen *anerkannten* Souverän."[25] Napoleon III. war zu einem unumstößlichen Faktor der europäischen Diplomatie geworden. Diese Tatsache versuchten die Hochkonservativen zu ignorieren. Wilhelm bewies hingegen eine größere Realitätsfähigkeit. Die plebiszitäre Monarchie war eine Provokation, ein Konkurrenzmodell der traditionellen Herrschaftsordnung. Dennoch mussten nicht wenige konservative Eliten eingestehen, dass die napoleonische Politik von Erfolg gekrönt war. Dem Bonapartekaisertum sollte es bis 1870 gelingen, Frankreich ökonomisch und gesellschaftlich zu modernisieren. Gleichzeitig behielt die Krone in einem scheinparlamentarischen System weitgehende Handlungsfreiheiten. Napoleon war es augenscheinlich geglückt, die vielen Herausforderungen zu meistern, mit denen sich das Europa der Könige konfrontiert sah.[26]

Doch ganz wie es Wilhelm und andere politische Beobachter prophezeit hatten, sollte der Empereur bald versuchen, auch außerhalb Frankreichs Einfluss und Macht zu gewinnen. Napoleons plebiszitäre Herrschaftslegitimität band die innere Stabilität des Sescond Empire letztendlich existentiell an eine Erfolgspolitik nach außen. Anders als sein Onkel setzte der dritte Bonapartekaiser allerdings nicht auf eine militärische Eroberungspolitik – eine solche Politik wäre gegen ein koaliertes Europa kaum durchsetzbar gewesen. Stattdessen wollte er sich des Nationalitätenprinzips bedienen, um den Kontinent unter französischer Führung neu zu ordnen. Das war eine nicht weniger expansive und aggressive Machtpolitik. Aber sie war gekleidet im Mantel der Volkssouveränität und Völkersolidarität. Zwar hatten auch das Bourbonenkönigtum und die Julimonarchie versucht, die Wiener Verträge von 1815 zu revidieren und Frankreich in Europa zurück in eine Hegemonrolle zu führen. Doch die Revolutionsradikalität unterschied die bonapartistische Außenpolitik von ihren Vorgängerregierungen.[27] Für Wilhelm lag hier der fatale Konstruktionsfehler, an dem Napoleons Herrschaft langfristig scheitern musste. Irgendwann würde den Empereur das gleiche Schicksal ereilen, wie fast allen französischen Monarchen seit 1789. „Nach *menschlichen* Begriffen, wird der Mann so viele Steine zusammentragen um seine Pyramide zu erbauen, bis oben gegen die Spitze auch ein falscher Stein sich einreihen dürfte, der dann die ganze Geschichte écrouliren läßt und zwar bis ins Fundament; da ja in Frankreich garkein Fundament mehr existirt; dieser Gedanke ist es aber auch, der die Unmöglichkeit vorher sehen läßt, daß *keine* Dynastie auf dem Thron jenes Landes, jemals etwas Stabiles wieder schaffen wird! Frankreich hat längst culminirt und gehet langsam einer ganz anderen Existenz entgegen, einer Trennung, die *wir* aber wohl nicht mehr erleben!"[28] Diese Zeilen verfasste Wilhelm 1853. Er konnte nicht ahnen, dass er das Seconde Empire um fast achtzehn Jahre überleben sollte.

---

25 Wilhelm an O. v. Manteuffel, 29. Januar 1853. Poschinger (Hrsg.), Dokumente, Bd. 2, S. 32.
26 Vgl. Kirsch, Monarch und Parlament, S. 214; Erbe, Napoleon III., S. 438–439; Price, Second Empire, S. 46–47; Sellin, Gewalt und Legitimität, S. 180–181; Clark, After 1848, S. 177.
27 Vgl. Echard, Napoleon III., S. 161–166; Sellin, Gewalt und Legitimität, S. 116–120; Erbe, Napoleon III., S. 437; Willms, Napoleon III., S. 160–161.
28 Wilhelm an Luise, 1. Februar 1853. GStA PK, BPH, Rep. 51, Nr. 853.

„So droht man nicht einem Bruder. So droht man vor allem nicht dem König."
Preußen und die Orientalische Frage

Im Krimkrieg fand der Antagonismus der beiden königlichen Brüder seinen letzten Höhepunkt. Denn dieser internationale Konflikt um hegemoniale Einflusssphären im Osmanischen Reich hatte auch folgenreiche innerpreußische Rückwirkungen. Wilhelm und Friedrich Wilhelm IV. rangen um nichts Geringeres als die Frage, welche Rolle Preußen im postrevolutionären Deutschland und Europa spielen solle. Deutlich traten in dieser Krisenzeit zudem jene Dynamiken hervor, welche das nachmärzliche Pentarchiekonzert von dem des Vormärz unterschieden. Der graduelle Zerfall des Osmanischen Reichs hatte die sogenannte Orientalische Frage bereits lange vor dem Kriegsausbruch 1854 aufgeworfen. Es handelte sich um eine Streitfrage von gesamteuropäischen Dimensionen. Denn auf dem Balkan und um die türkischen Meerengen konzentrierten sich unterschiedliche Interessenkonflikte – vor allem der britisch-russische Gegensatz. Seit Beginn seiner Herrschaft verfolgte Nikolaus I. das Ziel, den Petersburger Hof langfristig als institutionelle Schutzmacht der christlichen Untertanen der Hohen Pforte – des Sultanspalasts in Istanbul – zu etablieren. Eine russische Hegemonie im Orient und Schwarzmeerraum betrachtete London allerdings als Bedrohung der britischen Kolonialinteressen in Indien und Afghanistan. Akuten Charakter gewann die Orientkrise erst 1853, als Nikolaus begann, diplomatischen Druck auf die osmanische Regierung auszuüben, der Orthodoxen Kirche im Heiligen Land politische Privilegien zu garantieren. Der Zar glaubte sich sowohl der britischen als auch der österreichischen Unterstützung sicher. Wien sei ihm Dank für die militärische Niederwerfung der Ungarischen Revolution 1849 schuldig. Und in London hatte er mit dem seit Ende 1852 amtierenden Premierminister George Gordon Aberdeen bereits 1844 unverbindliche Gespräche über eine mögliche Aufteilung des Osmanischen Reichs geführt. In völliger Unkenntnis des britischen Parlamentarismus hatte der Autokrat Nikolaus diese Unterredung als carde blanche interpretiert. Im Februar 1853 begann Sankt Petersburg daher mit einer aktiven Pressionspolitik gegenüber der Hohen Pforte. Und als diese nicht nachgab, besetzten russische Truppen schließlich am 2. Juli in einem Faustpfandmanöver die osmanischen Fürstentümer Serbien, Moldau und die Wallachei. Sowohl London als auch Wien und Paris verurteilten diese Gewaltpolitik. Und noch bevor der Krieg offiziell ausgebrochen war, stand Nikolaus vor dem Scherbenhaufen seiner autokratischen Diplomatie.[1]

Wilhelm hatte diese Ereignisse anfangs lediglich peripher beobachtet. Gegenüber General Natzmer argumentierte er im März, im Orient „kommt es nicht zum Schlagen,

---

[1] Vgl. Lincoln, Nicholas I, S. 330–336; Norman Rich, Why the Crimean War? A Cautionary Tale, Hanover/London 1985, S. 15–33; Figes, Krimkrieg, S. 170–178; Baumgart, The Crimean War 1853–1856. Second Edition, London/New York 2020, S. 14–15.

https://doi.org/10.1515/9783111323954-025

denn niemand gönnt sich die Beute" – kaum eine freudige Perspektive „für uns Soldaten, die doch auch gern etwas Resultat so langer Friedensvorbereitungen sehen möchten." Kriegslorbeeren glaubte Wilhelm mit seinen sechsundfünfzig Lebensjahren nicht mehr sammeln zu können. Er müsse sich „wohl mit der Badener Episode begnügen. Meinem Sohn dürfte anderes beschieden sein!"[2] Im Juni wurde der Thronfolger vom König und Ministerpräsident Otto von Manteuffel schließlich über die Regierungsverhandlungen informiert, welche Position Preußen in dem sich abzeichnenden Konflikt einnehmen solle. Die in Berlin favorisierte Idee, „eine Vermittelung, durch welche die fünf Großmächte das Protektorium über die Christen im Orient übernehmen", fand auch Wilhelms Zustimmung. Denn für den Zaren sei dies „die mindeste Kompromittirung."[3] Wie er Friedrich Wilhelm IV. erklärte, betrachte er „diese Frage als vom Christlichen Standpunkt allein […], und von demselben hätte ganz Europa dieselbe Verpflichtung, nämlich den Christen eine gesetzlichere Existenz zu sichern; es sei daher zu bedauern, daß sich Rußland nicht mit allen Großmächten über diese Frage vorher verständigt habe, da sein einseitiges Vorgehen die unausbleiblichen Folgen bereits nach sich zögen".[4] Als Wilhelm diese Zeilen schrieb, hatten Großbritannien und Paris bereits ihre Mittelmeerflotten in Richtung der türkischen Meerengen in Bewegung gesetzt. Eine militärische Eskalation war mit diesem Schritt wahrscheinlicher geworden.[5]

Anders als die britische Regierung verfolgte Napoleon III. im Orient keine kolonialen Ziele. Stattdessen trat er den Petersburger Protektoratsplänen im Heiligen Land offiziell im Namen des Katholizismus entgegen. So konnte er hoffen, das Bonapartekaisertum auch sakral zu legitimieren. Vor allem aber wollte der Empereur über den Großmächtekonflikt eine geopolitische Neuordnung Europas erzwingen. Das Seconde Empire sollte sich an der Seite Großbritanniens als gleichberechtigte Macht etablieren. Nikolaus I., der personifizierte Gegner des Nationalitätenprinzips, sollte militärisch so weit geschwächt werden, dass der „Gendarm Europas" eine Revision der Verträge von 1815 nicht mehr verhindern könne. Und schließlich sollten nach dem Waffengang auf einem internationalen Friedenskongress weitreichende territoriale Kompensationsfragen auch jenseits des Orients verhandelt werden.[6]

In Berlin versuchte Friedrich Wilhelm IV., einen Großmächtekrieg noch zu verhindern. Da sein jüngerer Bruder über persönliche Kontakte zum britischen Königshof verfügte, schickte er diesen Ende Juni 1853 nach London. Dort sollte Wilhelm für das Protektorat *aller* fünf Großmächte über die osmanischen Christen werben. Was dieses Projekt allerdings vollkommen außer Acht ließ, waren die geopolitischen Interessengegensätze der britischen, französischen und russischen Regierungen.[7] Wilhelm be-

---

2 Wilhelm an Natzmer, 26. März 1853. Natzmer (Hrsg.), Denkwürdigkeiten, Bd. 4, S.177–178.
3 Wilhelm an O. v. Manteuffel, 3. Juni 1853. Poschinger (Hrsg.), Dokumente, Bd. 2, S. 76.
4 Wilhelm an Friedrich Wilhelm IV., 21. Juni 1853. GStA PK, VI. HA, Nl. Vaupel, Nr. 61, Bl. 157.
5 Vgl. Rich, Crimean War, S. 34–65; Figes, Krimkrieg, S. 184–204; Baumgart, Crimean War, S. 15–16.
6 Vgl. Ders., Der Friede von Paris 1856. Studien zum Verhältnis von Kriegführung, Politik und Friedensbewahrung, München/Wien 1972, S. 37–41; Rich, Crimean War, S. 5–7.
7 Vgl. Borries, Krimkrieg, S. 58–60.

richtete aus London, er habe gegenüber Queen und Prinzgemahl „Deiner Instruction an mich getreu" betont, „daß Du endschlossen seist, in der orientalischen Frage mit England zu gehen, ohne uns jedoch deshalb mit Russland zu brouilliren u[nd] dahin zu wirken, daß England sich nicht zu eng mit Fr[an]kr[eich] verbinde." Prince Albert habe jedoch auf die Gefahr hingewiesen, dass „bei ausbrechendem Kriege in der Türkey, die Pohlnischen Länder zur Insurection schreiten würden, die wir in Posen bekämpfen müßten, u[nd] da unbedingt Frankreich einen Pohlnischen Aufstand unterstützen werde, so geriethe Preußen dadurch in den allgemeinen Krieg u[nd] würde Alliirter Rußlands." In einem solchen Fall könne Preußen nicht mehr neutral bleiben. Dann, so Wilhelm, „ist unsere Aufgabe sehr einfach: ‚Wir bekämpfen die *Aufständischen* bei uns u[nd] diejenigen, welche sie *unterstützen* würden.'"[8]

Mit jenen Aufständischen meinte der spätere Kaiser allerdings nicht allein die polnischen und napoleonischen Revolutionsheere. Auch Russland schien drauf und dran zu sein, Europa in einen Weltenbrand zu stürzen. An Charlotte und Nikolaus richtete Wilhelm die unmissverständliche Warnung, „die tractatenwiedrige Besetzung der Fürstenhümer *im Frieden*" sei eine „Précédedenz [...] von unberechenbarer Tragweite!!"[9] „Rußlands einseitiges Vorgehen [...] gegen das europäische Gleichgewicht" könne zu einem Krieg führen, „der unbedingt die Revolution unter die Waffen rufen würde in Ungarn, Italien, vielleicht in Polen, so daß der Kaiser also dieses Element heraufbeschwört, statt es niederzudrücken nach seinen Prinzipien!!"[10] Und seinem Bruder erklärte er, „genau das also, was wir von Westen befürchteten [...], kommt uns nun von Osten, von *der* Macht die die Traktaten Aufrechterhaltung zu ihrer Devise gemacht hatte!"[11] Wie diese Quellen belegen, verwarf Wilhelm bereits im Sommer 1853 die Idee, Preußen könne in der Orientkrise eine bedingungslose Neutralitätsposition einnehmen. Jede Neutralität müsse dort ihre Grenzen finden, wo die existentiellen Interessen der Monarchie bedroht wurden. Aus dieser Perspektive betrachtet war auch ein Waffengang keine indiskutable Option – gegen Westen *oder* Osten. Ernst II. sollte später behaupten, Wilhelms Positionierung in der Orientkrise „hing wenigstens sicherlich mit dem Aufenthalte in London im Jahre 1853 zusammen." Denn dort hätten er und sein Bruder Albert ihren Einfluss auf den preußischen Thronfolger geltend gemacht. Ernst habe Wilhelm bei dieser Gelegenheit sogar das „Du" im persönlichen Umgang angeboten.[12] Diese Darstellung muss allerdings bezweifelt werden. Der Londoner Hof wie die britische Öffentlichkeit betrachteten die Orientalische Frage aus einer geradezu dogmatisch russophoben Perspektive.[13] Das Verhältnis des späteren Kaisers zum Zarenreich war zwar bereits seit den Revolutionsjahren deutlich abgekühlt. Aber

---

8 Wilhelm an Friedrich Wilhelm IV., 27. Juni 1853. Baumgart (Hrsg.), Wilhelm I., S. 444–445.
9 Wilhelm an Charlotte, 1./2. August 1853. GStA PK, BPH, Rep. 51 J, Nr. 511a, Bd. 2, Bl. 607–608.
10 Wilhelm an Charlotte, 13. Juli 1853. Börner (Hrsg.), Briefe, S. 375–376.
11 Wilhelm an Friedrich Wilhelm IV., 2. August 1853. GStA PK, VI. HA, Nl. Vaupel, Nr. 61, Bl. 209.
12 Ernst II., Aus meinem Leben, Bd. 2, S. 93.
13 Vgl. Rich, Crimean War, S. 7–11; Figes, Krimkrieg, S. 228–238.

die Kreuzzugsrhetorik der Westmächte und demokratischen wie liberalen Kreise in Deutschland sollte er stets verurteilen.

Wilhelms Position in der Orientkrise deckte sich weitgehend mit derjenigen der Wochenblattpartei. Diese lehnte eine bedingungslose Neutralität ebenfalls ab. Zwar mochten die Reformkonservativen der britischen Politik mit größeren Sympathien begegnen. Doch forderten sie in erster Linie, dass die Hohenzollernmonarchie den Großmächtekonflikt dazu nutzen müsse, ihre Selbständigkeit gegen West und Ost zu verteidigen. Und sollte die Krise neue äußere Handlungsoptionen ermöglichen – etwa in der Deutschen Frage – müsse Preußen diese sofort ergreifen.[14] Die Kreuzzeitungspartei war hingegen nicht bereit, eine diplomatische oder gar militärische Pressionspolitik mitzutragen – schon gar nicht im Bündnis mit dem bonapartistischen Frankreich gegen das zarische Russland.[15] Aber die Kamarilla verurteile die Petersburger Gewaltpolitik in den Donaufürstentümern nicht weniger scharf als der spätere Kaiser.[16] Letztendlich stritten Reformkonservative und Hochkonservative daher nicht über die Frage, „mit oder gegen Russland?" – sondern „bedingungslose oder bedingte Neutralität?"

Virulent sollte dieser Gegensatz erst nach dem Kriegsausbruch werden. Bis dahin versuchten König und Thronfolger, eine Konflikteskalation noch gemeinsam zu verhindern. Ein österreichisches Militärmanöver in Olmütz im September 1853, bei dem auch Nikolaus I. anwesend war, gab Wilhelm die Gelegenheit, sich in einer Mediatorrolle zu versuchen. Den Zaren will er eindringlich vor den Folgen der russischen Orientpolitik gewarnt haben. „Die Art u[nd] Weise wie der Kaiser die Unterredung führte, bewies mir, daß er innerlich fühlt, zu weit gegangen zu sein", so Wilhelms subjektive Bilanz der Olmützer Entrevue.[17] Louis Schneider, der den Thronfolger begleitet hatte, habe dagegen „von dem törichten antirussischen und antiösterreichischen Betragen der Umgebung des Prinzen von Preußen" berichtet, so Leopold von Gerlach.[18] Nikolaus hatte in Olmütz aktiv versucht, Preußen und Österreich als Verbündete zu gewinnen. Da Friedrich Wilhelm IV. allerdings anders als Kaiser Franz Joseph nicht anwesend war, ließ er Berlin nach den Manövern wissen, er wünsche den König in Warschau zu treffen. Diese Einladung lehnten Monarch und Ministerium jedoch ab. Denn sie wollten die preußische Neutralität nicht kompromittieren. Gerlach hatte sich hingegen für eine Begegnung mit dem Zaren ausgesprochen.[19]

---

14 Vgl. Reinhold Müller, Die Partei Bethmann-Hollweg und die orientalische Krise 1853–1856, Halle an der Saale 1926; Borries, Krimkrieg, S. 24–35; Hans-Christof Kraus, Wahrnehmung und Deutung des Krimkrieges in Preußen. Zur innenpolitischen Rückwirkung eines internationalen Großkonflikts, in: FBPG NF 19 (2009), S. 67–89, hier: S. 73–75.

15 Vgl. Schoeps, Preußen, S. 98–102; Kraus, Ernst Ludwig von Gerlach, Bd. 2, S. 627–640; ders., Wahrnehmung und Deutung, S. 75–80.

16 Siehe L. v. Gerlachs Tagebucheinträge vom 16. und 19. Juli 1853, in: GA, LE02756, S. 103, S. 106.

17 Aufzeichnungen Wilhelms, 26./28. September 1853. Borries, Krimkrieg, S. 344–346. Siehe auch Wilhelm an Friedrich Wilhelm IV., 24. September 1853. GStA PK, VI. HA, Nl. Vaupel, Nr. 61, Bl. 243–248.

18 Tagebuch L. v. Gerlach. 6. Oktober 1853. GA, LE02756, S. 137.

19 Vgl. Borries, Krimkrieg, S. 64.

Auch Wilhelm hatte die Warschauer Entrevue abgelehnt. Er fürchtete, Nikolaus könne seinen Bruder zu einer preußisch-russischen Allianz bewegen. „Um Gottes Willen erhalte Dir die *Freiheit des Handelns* u[nd] binde Dir durch keine Versprechungen die Hände, noch *weniger* durch Tractate", schrieb er dem König.[20] Und dem britischen Prinzgemahl erklärte er, nur „wenn Preußen u[nd] Östreich in ihrer Neutralität verharren" sei ein Konflikt mit Frankreich oder Russland zu verhindern, „denn, mit wem sollten denn diese zwei Großmächte in Krieg gerathen, wenn *sie* Niemand herausfordern?" Sollte dagegen Österreich als aktive Kriegspartei auftreten, „dann wird Frankreich die Campagne in Italien entfesseln, sie wird sich über Ungarn, vielleicht Pohlen, verbreiten, u[nd] Östreich dadurch an allen Punkten gelähmt sein." Dann könne die Hohenzollernmonarchie nicht länger neutral bleiben. Dann müsse sie diese Situation nutzen, um neue Handlungsfreiheiten zu gewinnen. Und „so dürfte das ein Moment sein, wo Preußen in Deutschland ein Wort zu sprechen haben könnte!"[21] Noch spielte die Deutsche Frage eine lediglich nachgeordnete Rolle in der Orientkrise. Doch wie bereits dieser Brief belegt, reflektierte Wilhelm durchaus die potentiellen Rückwirkungen, die der Konflikt an der Peripherie des Kontinents auf dessen Zentrum nach sich ziehen könnte.

Mit der osmanischen Kriegserklärung an Russland am 16. Oktober erreichte die Orientkrise eine neue Eskalationsstufe. Etwa zwei Monate später drängte Wilhelm seine Schwester und seinen Schwager, so schnell wie möglich Friedensverhandlungen anzubahnen, bevor London und Paris in den Konflikt eingreifen würden. Niemand könne Interesse daran haben, diesen lokalisierten Krieg „zum europäischen ausarten zu lassen."[22] Anfang Januar 1854 erfuhr der Thronfolger jedoch, dass sich die Flotten der Westmächte auf dem Weg ins Schwarze Meer befanden, um dort die osmanische Marine zu unterstützen. Daraufhin schrieb er resigniert an Manteuffel, „diese intempestive Maßregel muß den allgemeinen Krieg herbeiführen."[23] „Diese Bevormundung im Sch[warzen] Meer *kann* sich Rußland nicht gefallen lassen, und so wird dieser *scheinbar* den Krieg *vermeidenden sollender* Akt gerade den Krieg *herbeiführen.*"[24] Zumindest auf der diplomatischen Ebene wurde der Großmächtekrieg zeitgleich aktiv vorbereitet. Denn sowohl Russland als auch die Westmächte versuchten, Preußen und Österreich auf ihre jeweilige Seite zu ziehen.[25]

„Niemals seit langer Zeit ist Preußens Stellung so mächtig gewesen als in dieser Krisis." Die Bilanz, die Wilhelm hier in einem längeren Brief an den König Ende Januar zog, war durchaus berechtigt. „Von allen Seiten verlangt man Preußen zum Bundesgenossen, fühlend, daß sein Gewicht die Waagschale neigen macht." Jetzt sei es in den Händen der Regierung, mit diesem Gewicht die preußische Souveränität zu verteidigen.

---

20 Wilhelm an Friedrich Wilhelm IV., 2. Oktober 1853. Baumgart (Hrsg.), Wilhelm I., S. 456.
21 Wilhelm an Albert, 22. Oktober 1853. AGKK, II/Bd. 1, S. 221–222.
22 Wilhelm an Charlotte, 31. Dezember 1853. Börner (Hrsg.), Briefe, S. 378–379.
23 Wilhelm an O. v. Manteuffel, 8. Januar 1854. Poschinger (Hrsg.), Dokumente, Bd. 2, S. 261.
24 Wilhelm an Bunsen, 15. Januar 1854. Schultze (Hrsg.), Briefe an Politiker, Bd. 2, S. 4.
25 Vgl. Borries, Krimkrieg, S. 88–97; Unckel, Krimkrieg, S. 110–124.

Berlin dürfe sich etwa nicht allzu zu sehr an Wien anlehnen, das „uns wiederum in sein Gängelband nehmen will, d. h. uns zu einer Neutralitäts-Erklärung zwingen möchte, in welcher wir keine Selbständigkeit mehr haben, sondern uns nach Oesterreich richten müssen, als den Schöpfer dieses Systems." Gleichzeitig dürfe sich der König nicht Napoleon III. zum Feind machen, sonst „läßt Frankreich die revolutionären Kräfte los und wir haben zwischen Weichsel, Donau, Po und Rhein mit diesem zu kämpfen und können Rußland nicht unterstützen." Ein Bündnis mit Sankt Petersburg sei allerdings unmöglich, denn „die öffentliche Meinung in Preußen, Oesterreich und Deutschland ist – leider – gegen Rußland; es hat deren Sympathien seit einem Jahr verscherzt; die Allianz [...] mit Rußland ist unpopulär und daher ein fruchtbares Feld für propagandistische Bestrebungen. [...] Heißt dies etwa, Rußland andern Tages den Krieg zu erklären? Keineswegs. Aber Preußens Selbständigkeit in seinem Handeln muß allerdings Rußland *zeigen*, daß es *sogar* Preußen zum Feinde haben *kann*, wenn es den Weltfrieden *eigensinnig* vernichten will."[26] Wie Wilhelm zudem Anfang Februar an Luise schrieb, sei es ihm persönlich zwar nicht leicht, auf eine Politik gegen das Zarenreich zu drängen. Doch dürfe man „nicht vergessen, daß der gute Nicolas das Alles de gaité de coeur heraufbeschworen hat. [...] Das muß er sich selbst sagen, also auch die möglichen Folgen sich klar machen, wenn er nicht einlenkt. In diesem Dilemma ist er nun Einmal!"[27] Letztendlich könne die zarische Politik zu einem Konflikt zwischen Hohenzollernmonarchie und Romanowmonarchie führen. „Dies heißt keineswegs, daß Preußen und Österreich deshalb morgen an Rußland den Krieg erklären sollen", erklärte Wilhelm seiner Schwester Alexandrine Ende März. „Es soll nur so viel heißen, daß Rußland nicht auf deren Unterstützung rechnen kann, da sie ihm Unrecht geben müssen. Und in Perspektion muß sich freilich deshalb Rußland auch sagen, daß es sogar Österreich und Preußen als Feinde sehen kann, wenn es dem ausgebrochenen Kriege nicht bald ein Ende macht."[28] Wilhelm war sich bewusst, dass „ein Krieg mit dieser Macht kein Kinder Spiel" sein würde, „wie 1812 uns gezeigt hat, wo 200.000M[ann] 500.000M[ann] besiegten. Freilich waren das ganz andere Verhältnisse, aber was dann: – wenn Rußland aus *diesem* Kampfe als Sieger hervorginge?"[29]

Der spätere Kaiser betrachtete einen Waffengang gegen den Petersburger Hof lediglich in einer existentiellen Konfliktsituation als Handlungsgebot. Dennoch war die Kamarilla überzeugt, „der Prinz von Preußen wolle den Krieg mit Russland", wie Leopold von Gerlach Ende Januar notierte.[30] Der Generaladjutant vermutete britische Einflüsterungen. Dieser Londoner und Koblenzer Verschwörung könne nur „durch eine enge Allianz zwischen Österreich und Preußen" entgegengearbeitet werden, „der sich

26 Wilhelm an Friedrich Wilhelm IV., 23. Januar 1854. Peter Rassow (Hrsg.), Der Konflikt König Friedrich Wilhelms IV. mit dem Prinzen von Preußen im Jahre 1854. Eine preußische Staatskrise, Mainz 1961, S. 691–682.

27 Wilhelm an Luise, 1./2. Februar 1854. GStA PK, BPH, Rep. 51, Nr. 853.

28 Wilhelm an Alexandrine, 25. März 1854. Schultze (Hrsg.), Briefe an Alexandrine, S. 78.

29 Wilhelm an Orlich, 13. Januar 1854. Egloffstein (Hrsg.), Wilhelm I., S. 58.

30 Tagebuch L. v. Gerlach, 27. Januar 1854. GA, LE02757, S. 10.

alle deutsche[n] und europäische[n] Mittel- und Kleinstaaten nach und nach anschließen", später auch Russland, „soweit es seine kriegerische Stellung erlaubt. Preußens
Beruf ist, die vermittelnde Macht zwischen dieser Allianz und England zu sein."[31] Ein
preußisch-österreichisches Bündnis wurde allerdings von Gerlachs Protegé Bismarck
vehement abgelehnt. Der Bundestagsgesandte schrieb Mitte Februar an Manteuffel,
„es würde mich ängstigen, wenn wir vor dem möglichen Sturm dadurch Schutz suchten,
daß wir unsre schmucke und seefeste Fregatte an das wurmstichige alte Orlogschiff
von Östreich koppelten."[32] Wie sein späterer kaiserlicher Souverän hatte auch Bismarck
erkannt, dass die Orientkrise neue außenpolitische Handlungsspielräume schaffen
könnte. Anders als Wilhelm war er jedoch zu keinem Zeitpunkt bereit, auch eine
Positionierung *gegen* das Zarenreich als eventuell interessengebotene Option zu betrachten.[33] Oder um ein vielzitiertes Bismarck'sches Bonmot umzumünzen: Der Bundestagsgesandte versuchte Schach zu spielen, obgleich er sich sechzehn von vierund-
sechzig Feldern von Haus aus selbst verboten hatte.[34]

Alle Petersburger Versuche schlugen fehl, Preußen und Österreich Anfang 1854 zu
einer bewaffneten Neutralität gegen Westeuropa zu bewegen. Dem Wiener Hof hatte
Russland sogar angeboten, bei einer territorialen Neuordnung des Balkans mitentscheiden zu dürfen. Doch stattdessen begann Österreich, die koordinierte Kooperation
mit Preußen zu suchen – was das Zarenreich innerhalb der Pentarchie effektiv isolierte.[35] Seit Beginn der Orientkrise hatte Wien genau wie Berlin erfolglos versucht, eine
Mediatorrolle zwischen Sankt Petersburg, Paris und London zu spielen. Die Habsburgermonarchie verfolgte im Großmächtekonflikt vorrangig defensive Ziele – motiviert
durch eine existentielle Revolutionsfurcht. Nur wenige Jahre nach der neoabsolutistischen Restauration sahen der Kaiser und die Minister die fragile Nationalitätenstabilität
des Imperiums durch Russlands Orientpolitik bedroht. Eine potentielle Massenpolitisierung und Massenmobilisierung der Balkanbevölkerung gegen das Osmanische Reich
konnte leicht auch auf die österreichischen Territorien übergreifen. Seitens des Seconde
Empire musste Wien zudem mit einer revolutionären Pressionspolitik in Norditalien
rechnen, sollte man Partei für das Zarenreich ergreifen. Napoleons Warnungen in diese
Richtung waren unmissverständlich. Daher erschien der österreichischen Regierung
zunächst eine Neutralitätsposition, später aber auch eine graduelle Annäherung an die
Westmächte als einzig opportune Strategie. Durch diplomatische Isolation und militärischen Druck sollte der Petersburger Hof zur Aufgabe seiner Kriegspolitik gezwungen
werden. Und dadurch sollte der für die Habsburgermonarchie so dringend notwendige
Frieden erhalten bleiben.[36]

---

31 Tagebuch L. v. Gerlach, 31. Januar 1854. Ebd., S. 13–14.
32 Bismarck an O. v. Manteuffel, 15. Februar 1854. GW, Bd. 1, S. 427.
33 Vgl. Engelberg, Bismarck, Bd. 1, S. 426; Pflanze, Bismarck, Bd. 1, S. 104; Nonn, Bismarck, S. 98–100.
34 Vgl. Bismarck an L. v. Gerlach, 2./4. Mai 1860. GW, Bd. 14/I, S. 549.
35 Vgl. Rich, Crimean War, S. 101–103; Figes, Krimkrieg, S. 238–241; Baumgart, Crimean War, S. 31–32.
36 Vgl. Franz Eckhart, Die deutsche Frage und der Krimkrieg, Berlin 1931, S. 4–9; Lutz, Habsburg und
Preußen, S. 403–405; Mitchell, Grand Strategy, S. 268–269; Baumgart, Crimean War, S. 40–41.

Wilhelm und das wurmstichige alte Orlogschiff verfolgten in der Orientkrise letztendlich ähnliche Strategien. Aber anders als Kaiser Franz Joseph war der preußische Thronfolger nicht zentraler und finaler Entscheidungsträger. Wilhelms späterer Kriegsgegner definierte in Wien persönlich den Aktionsradius des österreichischen Ministerpräsidenten und Außenministers Karl Ferdinand von Buol-Schauenstein. Franz Joseph und Buol-Schauenstein suchten seit Anfang 1854 gezielt das Bündnis mit Preußen, über das sie langfristig auch die übrigen deutschen Staaten zu gewinnen hofften. Doch dieser gesamtdeutsche Pressionsblock gegen Russland sollte nie zustande kommen. Als kontraproduktiv erwies sich nicht zuletzt die desaströse Kommunikationsdiplomatie des Kaisers gegenüber Berlin und Frankfurt am Main, denen er geradezu befahl, der österreichischen Führung Folge zu leisten.[37]

Zu einer solchen Unterordnung war Wilhelm nicht bereit. Aber er drängte auf eine koordinierte Großmächtepolitik gegen das Zarenreich, das „sich unverzeihlich unbesonnen, unvorsichtig, illoyal u[nd] herausfordernd in seine Lage gratuitement gestürzt" habe, wie er in einem ausführlichen Promemoria Mitte Februar schrieb. Sollte es zu einem Krieg zwischen den Westmächten und Russland kommen, „so ist die Stellung der deutschen Großmächte eine expectative. [...] Deutschlands Interesse ist, sich den beiden Groß M[ächten] anzuschließen, in dieser executiven Stellung, damit sie gemeinschaftlich dereinst ihr Gewicht in *die* Wagschale legen, die Recht u[nd] Interessen verlangen."[38] Und gegenüber Manteuffel argumentierte der Prinz, Preußen dürfe „sich nach keiner Seite die Hände durch Veto, Konvention, Traité u.s.w. [...] binden, bis nicht ein europäischer Krieg uns nöhigt, Partei zu ergreifen, die dann freilich nach Westen neigt."[39]

Zwar mochten sich Österreichs Sicherheitsinteressen mit denen Preußens weitgehend decken. Doch wie Wilhelm seinem Bruder in einem Brief vom 24. Februar erklärte, dürfe trotz der akuten Orientkrise nicht die schwelende Deutsche Frage vergessen werden. Wien „sucht sich nach und nach unserer Position zu nähern, folgt *uns* also, und wünscht nun uns zu überflügeln." Berlin besitze jedoch den geographischen Vorteil, dass „Oesterreich durch reine Grenz-Verhältnisse zu anderen Maßregeln, als wir, früher gedrängt werden muß. Darf ich also raten, so muß Preußen ganz auf der beschrittenen Bahn verharren. Preußen wird nun die *einzige* Macht sein, die ihr Gewicht meist in die Waagschale zu legen haben wird, wenn die anderen sich *verbissen* haben werden. Dies ist eine grandiose und Preußens würdige Rolle!"[40] Am selben Tag schrieb Wilhelm auch dem Petersburger Hof, „das Schwert wird also entscheiden müssen!! Und was soll es entscheiden?? Ob Rußland etwas mehr oder etwas weniger Rechte über die griechische Kirche in der Türkei ausüben soll!!" Das Zarenreich befände sich in einer vergleichbaren Situation wie Preußen 1850 – und dieses Beispiel könne verdeutlichen, dass

---

37 Vgl. Unckel, Krimkrieg, S. 292; Bled, Franz Joseph, S. 171; Brandt, Franz Joseph I., S. 359 – 361; Vocelka/Vocelka, Franz Joseph I., S. 116.

38 Aufzeichnungen Wilhelms, 15./16. Februar 1854. Borries, Krimkrieg, S. 350 – 351.

39 Wilhelm an O. v. Manteuffel, 14. Februar 1854. Poschinger (Hrsg.), Dokumente, Bd. 2, S. 319 – 320.

40 Wilhelm an Friedrich Wilhelm IV., 24. Februar 1854. Rassow (Hrsg.), Staatskrise, S. 699 – 700.

die Orientkrise nicht das Ende der „alten Verhältnisse zwischen beiden Familien und Staaten" bedeuten müsse. „Jetzt endscheidet sich Preußen gegen die russische Politik, wie Rußland damals gegen die Preußische; Quand la question sera vidé, wird das alte Verhältnis sich auch wieder herstellen, ja, um so mehr herstellen müssen, weil der Krater auf dem Frankreich ruhet, stets die Gefahr für uns Alle haben wird, wie bisher, und die nur in *diesem* Moment niedergehalten werden könne, daß man ihr point de gain de cause gibt."[41]

Nikolaus konnte und wollte diese vergleichsweise nüchterne Perspektive nicht teilen. Die Feindschaft Großbritanniens und Frankreichs hatte er zwar bereits akzeptiert – spätestens nachdem ihm die britische Regierung am 27. März den Krieg erklärte, und Napoleon diesem Schritt einen Tag später folgte. Doch die Weigerung der Höfe von Preußen und Österreich, seine Partei zu ergreifen, geißelte der Zar als persönlichen Affront, ja als Verrat. Er brach sogar demonstrativ die Korrespondenz mit Friedrich Wilhelm IV. ab.[42] Seit 1854 fiel daher allein Charlotte die Aufgabe zu, den Kontakt zu ihren Brüdern aufrecht zu erhalten. Aber auch die Zarin beschönigte das Familienzerwürfnis nicht. Gegenüber Wilhelm erklärte sie Mitte März, „von Politik schreibe ich garnichts, Du gehst von einem ganz andern Gesichts Punkt aus, und stellst Dich nicht auf den Platz der Andern. – Daraus kann nur Bitterkeit entspringen, und das ist schrecklich zwischen Geschwister[n]!!"[43] Und am Schweriner Hof klagte Alexandrine, „ich fürchte, Bruder Wilhelm ist etwas stark vom englischen, blauen Dunst umnebelt, den Auguste geschickt unterhällt."[44]

Zeitgleich gab in Berlin Friedrich Wilhelm IV. der preußischen Neutralität offizielle Konturen. In einer Regierungsdenkschrift erklärte der König, er wolle keine „neutralité vaseillante & indécise" verfolgen, sondern eine „neutralité souveraine. Preußens Neutralitaet soll wirklich unbetheiligt, nicht hierhin nicht dorthin neigend seyn, aber selbstständig u[nd] selbstbewußt, stark, fest, achtungsgebiethend nur, wenn es nöthig wird auch bewaffnet."[45] Mit dieser Entscheidung versuchte der Herrscher sowohl dem preußischen Staatsinteresse als auch seinen persönlichen Gefühlen Rechnung zu tragen. Er *wollte* sich nicht in eine Allianz mit dem napoleonischen Frankreich begeben. Aber gleichzeitig *konnte* er nicht die Partei Russlands ergreifen, und dadurch dessen vertragsbrüchige Expansionspolitik legitimieren. Sowohl ein Kriegseintritt auf Seite des Westens wie des Ostens hätte für Preußen potentiell desaströse Folgen bedeutet. Denn entweder wären die Rheinlande oder die polnischen Provinzen zum Kriegsschauplatz geworden.[46]

---

41 Wilhelm an Charlotte, 24. Februar 1854. GStA PK, BPH, Rep. 51 J, Nr. 511a, Bd. 2, Bl. 619 – 621.

42 Vgl. Friese, Rußland und Preußen, S. 61; Lincoln, Nicholas I, S. 348; Kroll, Staatsräson, S. 27.

43 Charlotte an Wilhelm, 16. März 1854. GStA PK, BPH, Rep. 51 J, Nr. 511a, Bd. 2, Bl. 624.

44 Alexandrine an Elisabeth, 7. Februar 1854. Wiese/Jandausch (Hrsg.), Briefwechsel, Bd. 2, S. 161.

45 Aufzeichnungen Friedrich Wilhelms IV., 27. Februar 1854. Borries, Krimkrieg, S. 352.

46 Vgl. Winfried Baumgart, Zur Außenpolitik Friedrich Wilhelms IV. 1840 – 1858, in: Otto Büsch (Hrsg.), Friedrich Wilhelm IV. in seiner Zeit. Beiträge eines Colloquiums, Berlin 1987, S. 132 – 156, hier: S. 139 – 140;

Eine nach allen Seiten hin verkündete Passivitätsposition war jedoch nicht die Art Neutralität, die Wilhelm seit dem Sommer 1853 gefordert hatte. Berlin sollte sich die Option eines Kriegseintritts jederzeit offenhalten – und dies auch gegenüber London, Paris, Wien und insbesondere Sankt Petersburg offen kommunizieren. In einem längeren Brief vom 12. März schimpfte er seinem Bruder, „Du hast die Position, die meiner Ansicht nach die allein richtige war, nämlich die der *Selbstbestimmung*, verlassen." Stattdessen solle „Preußen in dem bevorstehenden Kampfe *müßiger* Zuschauer *bleiben*". Eine solche Stellung sei dem Hohenzollernkönigreich „nicht würdig, weil wohl Belgien, Holland, Schweden, Dänemark neutral bei europäischen Konflikten bleiben können, nicht aber eine Großmacht, in welcher Bezeichnung es schon liegt, daß ohne sie nichts in Europa geschehen darf, an welchem sie nicht tätig beteiligt, natürlich den Zeitpunkt sich ganz vorbehaltend, wann sie zur Tat glaubt schreiten zu müssen. Gar keinen Teil nehmen involviert beim Schluß des Dramas, nicht mit sprechen zu können, oder wenigstens nicht *gehört* zu werden; das ist also wiederum einer Großmacht nicht würdig." Wolle Preußen nicht als Großmacht abdanken, müsse es im Ost-West-Konflikt „als Secundant beider Duellanten" agieren, der „Frieden *gebietet* und *den zwingt*, der nicht gutwillig es tun will, die Waffen niederzulegen."[47] Hier formulierte Wilhelm (wieder einmal) einen fundamentalen Interessen- und Perspektivengegensatz. Denn er unterstellte seinem Bruder (wieder einmal), Preußens Stellung in Deutschland und Europa aufs Spiel zu setzen. Friedrich Wilhelm IV. habe dieser Brief „unaussprechlich betrübt", wie er es in seinem Antwortschreiben formulierte. Schuld daran sei nicht „die kriegerische Tendenz gegen unsern alten, treuen kaiserlichen Freund und Schwager Nikolaus – es ist vor allem die tiefe Unzufriedenheit, das tiefe Mißtrauen *mir* gegenüber."[48] Auch dieser neue Dynastiebruch blieb der Öffentlichkeit nicht verborgen. Laut Varnhagen kursierte etwa das Gerücht, der Thronfolger soll „erklärt haben, wenn der König sich zu Rußland halte, so werde er mit Frau und Kind nach England abziehen; darauf sei ihm vom Könige spitz geantwortet worden: ‚Du bist ja schon einmal dort gewesen, Du kannst wieder hingehen!'"[49] Für Außenstehende schienen Friedrich Wilhelm IV. und Wilhelm einen personifizierten Systemkonflikt auszutragen. Lag Preußens Zukunft im Osten oder Westen? Diese Perspektive mochte die Positionen von König und Thronfolger nur unzureichend widerspiegeln. Aber in einer hochemotionalisierten Atmosphäre konnte aus derlei Unterstellungen schnell eine Staatskrise entstehen. Und eine solche Atmosphäre herrschte Anfang 1854 am Berliner Hof.

Ein weiteres Problemfeld, das die Beziehung der beiden königlichen Brüder bereits seit längerem belastete, war Wilhelms Freimaurermitgliedschaft. Im Mai 1840 hatte der Prinz mit Erlaubnis seines Vaters das Protektorat über die preußischen Logen übernommen. Friedrich Wilhelm IV. und die Pietisten verdächtigten die Freimaurerei da-

---

ders., Crimean War, S. 43–44; Dirk Blasius, „Neutralität und Interessensphäre". Friedrich Wilhelm IV. und der Krimkrieg, in: FBPG NF 26 (2016), S. 179–195.

47 Wilhelm an Friedrich Wilhelm IV., 12. März 1854. Rassow (Hrsg.), Staatskrise, S. 704–707.
48 Friedrich Wilhelm IV. an Wilhelm, 15. März 1854. Ebd., S. 711.
49 Tagebuch Varnhagen, 8. März 1848. [Varnhagen], Tagebücher, Bd. 10, S. 465.

gegen, unchristliche Riten zu praktizieren – Vorurteile, die später auch Bismarck teilen sollte.[50] Wilhelms Sohn trat im November 1853 ebenfalls einer Loge bei. Und da dies sofort Gegenstand der Presseberichterstattung wurde, befand sich der König plötzlich in einer recht peinlichen Situation. „Er, der so scharf bei den Predigern besonders, gegen den Freimaurerorden aufgetreten, kann jetzt nicht verhindern, daß sein Neffe und Erbe in denselben eintritt", notierte Leopold von Gerlach. Gegenüber seinem Generaladjutanten habe der König auch geklagt, dass er dem jungen Prinzen im persönlichen Gespräch von diesem Schritt abgeraten haben will. Aber der väterliche Einfluss sei größer gewesen als der königliche.[51] Im Januar 1854 wurde die Freimaurerproblematik schließlich virulent. Denn mehrere Zeitungen behaupteten, der Herrscher habe seinem Neffen den Logenbeitritt ausdrücklich erlaubt. Friedrich Wilhelm IV. soll über diese fake news „empört" gewesen sein, wie Gerlach am 25. Januar berichtete. Und als ob das nicht genug gewesen wäre, hatte Wilhelm einige Tage zuvor am Hof einen öffentlichen Eklat ausgelöst. Dort soll er bei einer Ordenszeremonie mehrere hochkonservative Abgeordnete, die ausgezeichnet worden waren, als „Jochherren" beschimpft und „gesagt haben, der König liest oft nicht, was er unterschreibt!! Das erzählte mir Seine Majestät heute früh", so Gerlach.[52] Friedrich Wilhelm IV. brachte seine Missbilligung dieser Vorgänge noch am 25. Januar in einem Brief an seinen jüngeren Bruder zu Papier, den „ich nicht ohne Aufregung schreibe." Wilhelms „wirklich unglaubliche Reden" und die „unerhörte Eselei der jüngsten Publikationen" würden die Krone geradezu zwingen, in den Seiten der *Kreuzzeitung* öffentlich Stellung zu beziehen. Dies könne nur verhindert werden, indem der Thronfolger selbst ein mea culpa publiziere.[53] Dazu war Wilhelm aber nicht bereit. In seinem Antwortschreiben forderte er den Monarchen sogar auf, von jeder Pressemaßnahme abzusehen, „weil ich sonst Briefe publiciren muß, die das Gegenteil Deines Zeitungsartikels enthalten."[54] Das war eine unverhohlene Drohung, den König öffentlich zu diskreditieren – ein Erpressungsversuch. „So droht man nicht einem Kameraden", schrieb Friedrich Wilhelm IV. daraufhin. „So droht man nicht einem Bruder. So droht man vor allem nicht dem König."[55]

Inmitten der Orientkrise trug diese Episode nicht unerheblich zur Intensivierung des brüderlichen Antagonismus bei. Am Berliner Hof herrsche „eine fürchterliche Konfusion", so Ernst Ludwig von Gerlach, „der Prinz v[on] Preußen sei nun durch seine Freimaurerei, durch sein Buhlen mit der Linken in der inneren Politik und durch sein Anti-Russentum Führer einer prinzlichen Partei gegen die königliche."[56] Sein Bruder Leopold resümierte, die Wochenblattpartei „hat den Prinzen von Preußen zum sicht-

---

50 Vgl. Satlow, Wilhelm I., S. 41–46; Grypa, Diplomatischer Dienst, S. 287–288.
51 Tagebuch L. v. Gerlach, 8. November 1853. GA, LE02756, S. 150–151.
52 Tagebuch L. v. Gerlach, 25. Januar 1854. GA, LE02757, S. 8–9. Siehe auch Friedrich Wilhelm IV. an Saegert, 25./26. Januar 1854. Baumgart (Hrsg.), Beichtvater, S. 235.
53 Friedrich Wilhelm IV. an Wilhelm, 25. Januar 1854. Rassow (Hrsg.), Staatskrise, S. 763–764.
54 Wilhelm an Friedrich Wilhelm IV., 25. Januar 1854. Ebd., S. 764.
55 Friedrich Wilhelm IV. an Wilhelm, 25. Januar 1854. Ebd., S. 765.
56 Tagebuch E. L. v. Gerlach, 28. Januar 1854. Diwald (Hrsg.), Nachlaß, Bd. 1, S. 339.

baren Anführer. Der Prinz ist für ihre Pläne gewonnen, ohne dass er sie vollständig kennt und ihre Tragweite misst. [...] Sie wollen zunächst das Heft in Händen bekommen und besonders den König durch den mächtigen Einfluss des Prinzen von Preußen zu ihrem Zwecke nötigen."[57] Um den Thronfolger vor dieser angeblichen Verschwörung zu warnen, wurde Bismarck vorgeschickt. Denn der Bundestagsgesandte war der einzige Kreuzzeitungspolitiker, dem Wilhelm Vertrauen schenkte. „Man beschwört mich feierlich, bei dringender Landesgefahr, ich solle nach Berlin kommen", schrieb Bismarck Anfang Februar aus Frankfurt am Main. Der Prinz soll einen „Kriegsplan gegen Rußland" vorgelegt haben, und „er schiebt das Ministerium nach der Linken rüber."[58] Einen Monat später fand sich der Kanzler tatsächlich in der preußischen Hauptstadt zu einer Audienz beim Thronfolger ein.[59] Allerdings brachte dieses Gespräch der Kamarilla nicht den gewünschten Erfolg. Denn Wilhelm schimpfte, dass Bismarcks „Auffassung einem Gymnasiasten gleicht!"[60] Und laut dem Bundestagsgesandten habe ihm der spätere Kaiser „gesagt, die Kreuzzeitungspartei [...] wolle Preußen mit Gewalt zu einem Kriege mit den Westmächten treiben."[61]

Die Hochkonservativen waren nicht die einzigen, die im Frühjahr 1854 eine Hofverschwörung witterten. Wilhelm schien seinerseits überzeugt gewesen zu sein, dass die Kreuzzeitungspartei in russischen Diensten stand. Gerlach und andere Kamarillaköpfe seien „Erzrussen", erklärte er Manteuffel.[62] Überall könne man Beweise eines intendierten „Systemwechsels" beobachten. In der Umgebung des Königs würden immer mehr Personen platziert werden, die „ganz weiches Wachs in den Gerlach-Nikolaus-Händen" seien. So solle Friedrich Wilhelm IV. zu einem Bündnis mit Russland bewegt werden. „Daß die preußische Politik eine wetterwendische wieder werden soll, werde ich nie zugeben, eher thue ich einen eklatanten Schritt, um der Welt zu beweisen, daß ich mit solcher Inkonsequenz nichts zu thun haben will und werde."[63] Das war keine leere Drohung. Je mehr sich die Orientkrise verschärfte, desto näher kam Wilhelm einem offenen Bruch mit seinem Bruder.

Anfang März erfuhr der Thronfolger, dass Bunsen seines Amts enthoben werden sollte. In London hatte der Gesandte seit 1853 aktiv versucht, Preußen auf Seite der Westmächte in den Großmächtekrieg zu führen. Über mehrere Monate hinweg hatte Friedrich Wilhelm IV. dieses eigenmächtige Handeln seines Vertrauten aus Kronprinzentagen toleriert bis ignoriert. Doch dann war bekannt geworden, dass Bunsen eine Denkschrift verfasst und lanciert hatte, in der er detailliert skizzierte, wie Russland

---

57 Aufzeichnungen L. v. Gerlachs, [April 1854]. GA. LE02770, S. 128–129.

58 Bismarck an L. v. Gerlach, 3. Februar 1854. GW, Bd. 14/I, S. 343–344.

59 Vgl. Theodor Schiemann, Bismarck's Audienz beim Prinzen von Preussen. (Gedanken und Erinnerungen I, 113–115.) Zur Kritik der Bismarck-Kritik, in: HZ 83 (1899), S. 447–458.

60 Wilhelm an O. v. Manteuffel, 4. März 1854. Poschinger (Hrsg.), Dokumente, Bd. 2, S. 349.

61 Tagebuch L. v. Gerlach, 5. März 1854. GA, LE02757, S. 28.

62 Wilhelm an O. v. Manteuffel, 9. März 1854. Poschinger (Hrsg.), Denkwürdigkeiten, Bd. 2, S. 422.

63 Wilhelm an O. v. Manteuffel, 8. Februar 1854. Ebd., S. 419.

nach einer militärischen Niederlage territorial aufgeteilt werden sollte.[64] Derartige Kriegszielphantasien wurden auch innerhalb der britischen Regierung und am Londoner Hof offen ausgesprochen.[65] In Berlin sinnierte Kamarillamitglied Marcus Niebuhr dagegen darüber, ob die Denkschrift juristisch als Landesverrat gewertet werden könnte. „Wenn man Bunsen nachweisen kann, dass er Posen angeboten, so kann man ihn hinrichten. Wegen der anderen Punkte müsste der böse Vorsatz nachgewiesen werden: dann 5–20 Jahre Zuchthaus."[66] Doch sowohl Schafott als auch Gefängnis blieben dem Diplomaten erspart. Mit Bunsens Diplomatenkarriere war es 1854 allerdings zu Ende. Dabei hatte er bezeichnenderweise noch den Prinzen von Preußen um Vermittlung gebeten.[67] Und tatsächlich drängte Wilhelm seinen älteren Bruder, den Diplomaten zwar „tüchtig mopsen und wischen" zu lassen, „aber bei seiner Stellung zur Königin, Prinz Albert und dem Gouvernement wäre seine Abberufung ein komplettes Aufgeben unserer Politik."[68] Er selbst schulde Bunsen „höchste Dankbarkeit [...] für die schmerzliche Zeit, die ich in seinem Hause 1848 zubrachte und die mein Interesse für ihn ewig in meinem Herzen wach erhalten werde."[69] Und dem Ministerpräsidenten schimpfte der Prinz, die Entlassung eines derart prominenten Gegners der Petersburger Politik sei ein „Eklat! [...] Dann muß ja Europa unsere Umsattelung ins russische Lager sehen."[70] Das Ganze sei das Resultat jener „colossale[n] Intrigue", die sich gegen alle Gegner eines preußisch-russischen Bündnis richten würde – also letztendlich gegen den Thronfolger selbst. Das Ziel der Verschwörer sei es, „daß *mein* Einfluß gebrochen werden sollte." Dies wolle die Kamarilla dadurch erreichen, dass sie „die Leute meiner Grundsätze" aus der Nähe des Königs entfernen würde. Zu guter Letzt unterstellte Wilhelm seinem Schwager Nikolaus auch noch, diese Verschwörung zu finanzieren: „Und ist dies Alles erst fertig, dann wird der Erfolg des ruß[ischen] Goldes, was bis in die Vorkammer des Königs rollt, klar dastehen, u[nd] Preußen ins ruß[ische] Lager verkauft sein, gegen öffentliche Meinung u[nd] gegen Preußens Interessen. Dahin hat es die Camarilla gebracht."[71] Diese Briefe legte Manteuffel dem König vor. Friedrich Wilhelm IV. schimpfte nach der Lektüre, sein „unglückl[icher] Bruder ist [...] toll vor Aufgereiztheit die ihm sein hôtel des Princes zuzieht, pflegt u[nd] dämonisch anschürt."[72]

Wilhelms wiederholte Versuche, Gnade für Bunsen zu erreichen, fielen an Allerhöchster Stelle allesamt auf taube Ohren. Dem geschassten Diplomaten klagte er Ende April, er „habe Lanzen für Sie gebrochen, wo ich nur konnte! [...] Wenn Sie auch in Ihrer

64 Vgl. Borries, Krimkrieg, S. 108–131; Gross, Gesandte, S. 28–33; Becker, Bunsen, S. 142–146.
65 Vgl. Baumgart, Friede von Paris, S. 26–37; Rich, Crimean War, S. 107–110.
66 Niebuhr an L. v. Gerlach, 6. März 1854. GA, LE02770, S. 50.
67 Vgl. Borries, Krimkrieg, S. 128–129.
68 Wilhelm an Friedrich Wilhelm IV., 6. März 1854. Rassow (Hrsg.), Staatskrise, S. 702.
69 Wilhelm an Friedrich Wilhelm IV., 1. Mai 1854. Ebd., S. 777.
70 Wilhelm an O. v. Manteuffel, 6. März 1854. Poschinger (Hrsg.), Dokumente, Bd. 2, S. 353.
71 Wilhelm an O. v. Manteuffel, 8. März 1854. GStA PK, VI. HA, Nl. Manteuffel, O. v., Titel 1, Nr. 2, Bd. 2, Bl. 26–27.
72 Friedrich Wilhelm IV. an Saegert, 8. März 1854. Baumgart (Hrsg.), Beichtvater, S. 249.

Auffassung de la correction de la carte de l'Europe zu lebendig und zu feurig *für* dieselbe vorgegangen sind und sie gut heißen, so sehe ich darin noch keinen Grund zur Verfolgung Ihrer Person, die nun 2 Monat[e] dauert".[73] „Daß Ihr Fall von Petersburg ausgehet, ist mir gewiß, und habe ich es Allerhöchsten Orts nicht verschwiegen."[74] Wilhelm betrachtete zumindest Bunsens Nachfolger in London, Albrecht von Bernstorff, als glückliche Wahl. Denn dieser hatte 1851 den preußischen Gesandtschaftsposten in Wien räumen müssen, da er nicht bereit gewesen war, die Olmützer Punktation mitzutragen.[75] „Bunsens Weitsichtigkeit kann er nicht ersetzen", schrieb Wilhelm an Prince Albert, „aber ich halte ihn für einen besonnenen Diplomaten *bisher* auf *richtigem* Wege."[76] Aber die Causa Bunsen verschob die Kräfteverhältnisse am Berliner Hof noch stärker zugunsten der Hochkonservativen. So jubelte Wilhelms jüngerer Bruder Carl, dass „die Bethmann-Hollwegsche Klique [...] an der Allerhöchsten Einsicht endlich Schiffbruch erlitten" habe.[77] Friedrich Wilhelm IV. verbot dem Thronfolger Ende März sogar den weiteren Umgang mit Wochenblattpolitikern.[78] „Ich sage Dir jetzt *sehr ernst*, daß das *unstatthaft* ist und *Dich* und *mich* kompromittiert."[79] Und Alexandrine schimpfte über Wilhelm, „man müßte ihn einsperren."[80]

Dennoch schien einem offenen Bruch der Boden entzogen worden zu sein, als am 20. April überraschend ein preußisch-österreichischer Bündnisvertrag abgeschlossen wurde. Beide Großmächte verpflichteten sich zum gegenseitigen Beistand im Fall eines Angriffs von außen. Und sie forderten Russland dazu auf, die okkupierten Donaufürstentümer zu räumen. Diese im Geheimen vorbereitete Allianz sollte die preußische Neutralität gegenüber West und Ost garantieren – zumindest, wenn es nach Friedrich Wilhelm IV. gegangen wäre. Aber Österreich betrachtete das Dokument ausschließlich als Druckmittel gegen Russland. Als dem König dieser eklatante Interpretationsgegensatz nicht lange nach Vertragsschluss mitgeteilt wurde, versuchte er sofort, die Bündnisbestimmungen zu revidieren. Damit war die Allianz de facto gegenstandslos geworden.[81] Aber für eine kurze Zeit sah es Ende April aus, als ob das Hohenzollernkönigreich seine passive Beobachterrolle aufgegeben hätte. Und Wilhelm äußerte die Hoffnung, dass der koordinierte preußisch-österreichische Druck Nikolaus I. zum Nachgeben zwingen würde. So schrieb er seinem Schwager, „ließe sich das ganze Drama nicht mit einem

---

73 Wilhelm an Bunsen, 24. April 1854. Schultze (Hrsg.), Briefe an Politiker, Bd. 2, S. 11.

74 Wilhelm an Bunsen, 27./28. April 1854. Ebd., S. 14–15.

75 Zu Albrecht von Bernstorff siehe Peter Alter, Albrecht Graf von Bernstorff als preußischer Gesandter in London, in: ders./Rudolf Muhs (Hrsg.), Exilanten und andere Deutsche in Fontanes London, Stuttgart 1996, S. 416–430; Eckardt Opitz, Die Bernstorffs. Eine europäische Familie, Heide 2017, S. 64–70.

76 Wilhelm an Albert, 13. Mai 1854. AGKK, II/Bd. 1, S. 676.

77 Carl an L. v. Gerlach, 7. März 1854. GA, LE02770, S. 50.

78 Vgl. Tagebuch L. v. Gerlach, 29. März 1854. GA, LE02757, S. 42; Friedrich Wilhelm IV. an Saegert, 29. März 1854. Baumgart (Hrsg.), Beichtvater, S. 257.

79 Friedrich Wilhelm IV. an Wilhelm, 28. März 1854. Rassow (Hrsg.), Staatskrise, S. 714.

80 Alexandrine an Elisabeth, 10. April 1854. Wiese/Jandausch (Hrsg.), Briefwechsel, Bd. 2, S. 174.

81 Vgl. Borries, Krimkrieg, S. 169–181; Eckhart, Krimkrieg, S. 45–62; Unckel, Krimkrieg, S. 125–133. Der preußisch-österreichische Vertragstext findet sich in: Huber (Hrsg.), Dokumente, Bd. 2, S. 12–14.

Duell vergleichen, in welchem nach Beseitigung des Ehrenpunktes die Sekundanten ‚Halt' geböten? [...] und wird nicht bei diesem grandiosen Duell das Schutz- und Trutz-Bündniß vom 20. April mit 1.000.000 Soldaten in seiner abwartenden Stellung darstellen können und müssen?"[82] Doch nur etwa zwei Wochen nach dem 20. April sollte der Berliner Hof wieder zur bedingungslosen Neutralität zurückkehren. Und der spätere Kaiser sollte Preußen an den Rand einer Staatskrise treiben.

Nach wie vor war Wilhelm geradezu paranoid davon überzeugt, dass er und seine Umgebung von der Kamarilla verfolgt werden würden. Dem Wochenblattpolitiker und Diplomaten Guido von Usedom erklärte er am 3. Mai, „da man mich nicht beseitigen kann, so sollen alle *daran glauben*, d.h. fortgeschafft werden, die mit mir gleich denken!"[83] Nur einen Tag, nachdem der Prinz diese Zeilen verfasst hatte, wurde Kriegsminister Eduard von Bonin entlassen. Auch Bonin hatte seit längerem argumentiert, Preußen müsse im Kriegsfall das Bündnis mit den Westmächten suchen. Diese Meinung sprach er auch öffentlich im Landtag aus. Da mehrere hochkonservative Offiziere dem König klagten, der Kriegsminister habe durch die Parlamentsreden das Vertrauen der Armee verloren, entschloss sich Friedrich Wilhelm IV. am 4. Mai, Bonin seines Amtes zu entheben. Der Thronfolger sollte am nächsten Tag durch General Groeben über diesen Schritt informiert werden. Bevor Groeben den königlichen Auftrag allerdings ausführen konnte, hatte Bonin bereits das Gespräch mit Wilhelm gesucht.[84] Also glaubte sich der Prinz von seinem Bruder übergangen, „da ich nichts erhalten habe", wie er Manteuffel noch am Vormittag des 5. Mai schrieb. Dieser „Ungerechtigkeitsschritt des Königs" müsse sofort rückgängig gemacht werden. Daher forderte er den Ministerpräsidenten auf, ein Entlassungsgesuch einzureichen und dadurch Friedrich Wilhelm IV. unter Druck zu setzen. „Ich verlasse morgen Berlin, wenn nicht von Ihnen dahin gewirkt wird, daß ein an den König abgehendes Schreiben um Zurücknahme des Schrittes unterstützt und durchgesetzt wird."[85] Das war ein Erpressungsversuch. Manteuffel antwortete umgehend und bat, „daß Ew. K.H. in dieser kritischen und für das Vaterland höchst gefährlichen Zeit durch Ausführung rascher Entschließungen die Lage der Dinge nicht noch schlimmer machen wollen, als sie an sich schon ist."[86] Als Wilhelm noch am Abend des 5. Mai dieses Antwortschreiben las, konnte und wollte er seine Enttäuschung über „eine solche Passivität des Premierministers" nicht verbergen. „Drei Jahre habe ich geschwiegen, heute habe ich gesprochen, wo die Intrige mich trifft. [...] Alle Personen, die mit mir vertraut sind, sind in wenig Wochen beseitigt, verabschiedet, fortgeschickt; weil man mir nicht direkt zu Leibe konnte, so mußten Jene büßen. Das lasse ich mir nicht gefallen. [...] Ich habe vier Monate hier ausgehalten, und jetzt empfange ich den Lohn,

---

82 Wilhelm an Nikolaus I., April 1854. GStA PK, BPH, Rep. 51 J, Nr. 21m, Bd. 1, Bl. 17–18.
83 Wilhelm an Usedom, 3. Mai 1854. Schultze (Hrsg.), Briefe an Politiker, Bd. 2, S. 16.
84 Vgl. Borries, Krimkrieg, S. 133–139.
85 Wilhelm an O. v. Manteuffel, 5. Mai 1854. Poschinger (Hrsg.), Denkwürdigkeiten, Bd. 2, S. 441–442.
86 O. v. Manteuffel an Wilhelm, 5. Mai 1854. Ebd., S. 442.

einen Freund entsetzt zu sehen, den ich empfohlen hatte, ohne daß man mir auch nur ein Wort sagte!"[87] Die Thronfolgeropposition hatte ihren Kulminationspunkt erreicht.

Am selben Vormittag hatte sich Wilhelm auch schriftlich an seinen älteren Bruder gewandt. „Seit wann entläßt Du denn Deine Minister wegen einzelner Äußerungen? [...] Seit 1848 hast Du bei jedem Kriegsminister-Wechsel mich konsultiert, [...] und jetzt?" Er könne daher „in dieser Handlung unverkennbar einen Mangel Deines Vertrauens" sehen, was „ich nicht gleichgültig hinnehmen kann und darf. [...] Ich muß [...] den Sturz Bonins als gegen mich gerichtet betrachten, und daher lege ich hiermit gegen seine Entlassung als erster Offizier der Armee entschiedenen Protest ein, und ersuche Dich zum Wohle *Deiner selbst, der Armee* und *Deiner politischen Stellung* in diesem *wichtigen* Moment die Entlassung Bonins sofort rückgängig zu machen." Sollte sich der König dem verweigern, wolle Wilhelm sofort nach Baden reisen, wo sich seine Familie aufhielt. Denn er wünsche, „fern von Berlin zu sein, wenn Dein politischer System-Wechsel eintritt, *ohne* welchen [...] Bonins Entlassung *völlig unerklärlich* ist".[88] Es kann kaum bezweifelt werden, dass sich Wilhelm im Klaren gewesen sein mochte, was er hier zu Papier gebracht hatte. Denn es war nicht das erste Mal, dass er seinen Bruder erpresste. Und wie bereits 1848 versuchte er seine militärische Autorität zu nutzen, um den Herrscher in eine andere politische Richtung zu zwingen. Doch seit dem Revolutionsjahr hatte Wilhelm im hochkonservativen Offizierscorps an Rückhalt verloren. Popularität genoss er lediglich in Oppositionskreisen – Kreise, die am Berliner Hof sukzessiv an Einfluss verloren hatten. Daher hatte der Thronfolger im Mai 1854 keine wirksamen Druckmittel, um seinen Erpressungsversuch glaubhaft zu untermauern. Aus dem Brinkmanship war ein Bluff geworden – und kein sehr guter.

Wilhelms Brief wurde dem König noch am Nachmittag des 5. Mai in Sanssouci vorgelegt. Gemeinsam mit Leopold von Gerlach und Friedrich von Wrangel besprach Friedrich Wilhelm IV., wie auf diesen neuen Thronfolgereklat reagiert werden sollte. Nach Gerlachs Tagebucheintrag sei Wrangel „der Meinung" gewesen, „dem Prinz[en] zu befehlen, nach Stettin zu gehen und ihn von seiner Umgebung zu sondern. ‚Wenn der König sich das gefallen läßt', setzte er hinzu, [‚]so wird es dahin kommen, daß er den Prinzen bitten muß, seine Krone anzunehmen'". Dagegen habe der Generaladjutant argumentiert, „der König solle gar nicht antworten, sondern dem Prinzen durch eine gewöhnliche Kabinetts-Orde ‚den Urlaub' bewilligen, ihn aber von seinem Kommando am Rhein entbinden und seine Umgebung versetzen." Schließlich sollen sich alle drei Männer darauf geeinigt haben, dass der Monarch seinem Bruder gemäß Gerlachs Vorschlag einen „Urlaub" befehlen solle. Dann habe der Herrscher einen Antwortbrief verfasst, „den Seine Majestät uns vorlas und sich Zusätze gefielen ließ."[89] Darin attestierte Friedrich Wilhelm IV. dem Thronfolger einen „aufgeregten Nervenzustand", weshalb Wilhelm „der Pflege und Kur" bedürfe, „und so geb' ich Dir den gewünschten

---

87 Wilhelm an O. v. Manteuffel, 5. Mai 1854. Ebd., S. 443.
88 Wilhelm an Friedrich Wilhelm IV., 5. Mai 1854. Rassow (Hrsg.), Staatskrise, S. 719–720.
89 Tagebuch L. v. Gerlach, 6. Mai 1854. GA, LE02757, S. 64.

Urlaub nach Baden [...]. Es versteht sich von selbst, daß Deine Funktionen während des Urlaubs ruhen." Damit war der Prinz de facto degradiert worden. Und der König warnte seinen Bruder ausdrücklich, „das *Protestieren im Namen der Armee* ignoriere ich diesmal noch. Du selbst wirst Dir am besten beantworten, was jeder militärische Vorgesetzte *dann tun muß* (wenn er sein Amt nicht niederlegt), der *im Namen von Truppen* gegen höhere Befehle *protestiert*. Keine Armee ‚*darf*' protestieren und die Preußische – ‚*tut es nicht*'. Sie würde im selben Augenblick aufhören, die Preußische Armee zu sein."[90]

Mit dieser Briefpassage stand nicht nur die justiziable Anklage der Befehlsverweigerung im Raum, sondern auch der politische Vorwurf des Hochverrats. Wilhelms Erpressungsversuch war gescheitert. Und dies schien der spätere Kaiser auch sehr schnell selbst realisiert zu haben. Denn bereits am 6. Mai antwortete er dem König in relativierenden Worten, „der Ausdruck: *als erster Offizier der Armee* ist nichts als eine Bestärkung, daß ich *nicht nur* als Bruder, sondern auch als *Soldat* Dich anflehte, die Sache rückgängig zu machen. Hätte ich im Namen der Armee sprechen wollen, [...] dann hättest Du mir den Kopf vor die Füße legen müssen!"[91] Der implizit angedrohte Militärcoup war nach gerade einmal vierundzwanzig Stunden scheinbar wieder vergessen. Aber der offene Bruch von König und Thronfolger war nicht mehr zu verheimlichen. Bereits am 7. Mai reiste Wilhelm aus Berlin ab. Und Friedrich Wilhelm IV. war demonstrativ nicht gekommen, um seinen Bruder in den „Urlaub" zu verabschieden. Diese Rolle musste stattdessen der Diplomat Hermann Ludwig von Balan übernehmen. Der Prinz „faßt alle diese Dinge rein persönlich als gegen ihn gerichtet auf", notierte Balan. „Er hat den König nicht mehr gesehn [...], er wollte sich bei den Entschliessungen die sich vorzubereiten schienen, nicht betheiligen."[92] You can't fire me, I quit! – Wilhelms Verhalten kann durchaus als renitent charakterisiert werden. „Meine zeitweise Abwesenheit ist nötig, indem der König in nächster Zeit zu Entschlüssen genötigt werden dürfte, bei denen ich ein Hemmschuh sein würde", erklärte er beispielsweise General Groeben.[93] Und gegenüber Savigny behauptete er ebenfalls, er sei „fortgegangen, um keinen Hemmschuh abzugeben, dem man beim Verbleiben in loco wohl noch übler begegnet wäre als bisher."[94]

Noch ehe Wilhelm Berlin verlassen hatte, kursierten bereits die ersten öffentlichen Nachrichten über die Dynastiekrise.[95] In Offizierskreisen und innerhalb der Kreuzzeitungspartei wurde die Thronfolgerinsubordination mitunter scharf kritisiert.[96] So dokumentierte Varnhagen am 11. Mai, „in Potsdam sind die Gardeoffiziere gegen den Prinzen von Preußen sehr aufgebracht, sie schimpfen laut auf ihn, wie 1848 auf den

---

90 Friedrich Wilhelm IV. an Wilhelm, 6. Mai 1854. Rassow (Hrsg.), Staatsakrise, S. 724.

91 Wilhelm an Friedrich Wilhelm IV., 6. Mai 1854. Ebd., S. 726.

92 Tagebuch H. K. v. Balan, 7. Mai 1854. AGKK, II/Bd. 1, S. 659–660.

93 Wilhelm an Groeben, 7. Mai 1854. Schultze (Hrsg.), Briefe an Politiker, Bd. 2, S. 17.

94 Wilhelm an K. F. v. Savigny, 9. Mai 1854. Real (Hrsg.), Briefe, Bd. 2, S. 644.

95 Vgl. Tagebuch Varnhagen, 7. Mai 1854. [Varnhagen], Tagebücher, Bd. 11, S. 59–60.

96 Siehe L. v. Gerlachs Tagebucheinträge vom 12. und 16. Mai 1854, in: GA, LE02757, S 68, S. 71.

König."[97] Doch nur sechs Tage später, so der Schriftsteller, „zogen große Haufen durch das Brandenburger Thor [...] in die Stadt, sammelten sich vor dem Palaste des Prinzen von Preußen, und brachten ihm und dem Kaiser von Oesterreich lautes Hoch." Dabei „soll auch der Ruf gehört worden sein: ‚Der König soll abdanken!‘"[98] „Ew. K.H. schleunige Abreise findet immer mehr den Beifall des umsichtigen, wohlmeinenden Publikums", berichtete auch Usedom in einem Brief vom 12. Mai. Und er bat den Thronfolger, „die heuchlerische Scheinpolitik der Kreuzzeitungspolitik [...] durch Ihre Abwesenheit von hier *fortwährend*" öffentlich zu „desavouieren."[99] Mit dieser Forderung war Usedom nicht allein. Manche Oppositionsstimmen formulierten offen die Hoffnung, die Dynastiekrise könne als Hebel genutzt werden, das Reaktionsministerium zu stürzen.[100]

Doch Wilhelm war nicht bereit, nach dem gescheiterten Erpressungsversuch sofort erneut Vabanque zu spielen. Stattdessen versuchte er in Baden als Gast seines großherzoglichen Schwiegersohns weiterhin an einem Rechtfertigungsnarrativ zu stricken. „Weder habe ich durch meine Abreise den König zwingen wollen, den Minister Bonin zu behalten, noch seine Politik nach *meinen* Ansichten regeln zu sollen", beteuerte er etwa gegenüber Alexandrine. „Der Grund ist vielmehr der, daß ich in der Entlassung Bonins den *Anfang eines politischen Systemwechsels* sehe."[101] Luise schimpfte er, „die Nachstellungen die ich von den Umgebungen des Königs zu erdulden gehabt habe, und die ich immer bei ihm zu entlarven und zum guten Verständniß zwischen ihm und mir, zu bringen gewußt habe, – übersteigen Alles was man sich an Intriguen nur vorstellen kann. Gott! wohin ist unser Hof und unsere Familie nur gekommen! Warum kannte man denn zu Papas Zeiten keine Intriguen?"[102] Bereits seit Monaten sei er „in Berlin Zielscheibe der Verfolgungen der nächsten Umgebungen des Königs gewesen", klagte er auch gegenüber Charlotte. „Es fing mit einer Freimaurerischen Verfolgung im Januar an und pflanzte sich auf alle möglichen andern Gebiethe über, so daß ich schon 3 mal den Entschluß faßte, Berlin zu verlassen, um Leuten das Terrain gänzlich überlassen, die nur auf Kränkungen für mich sannen." Jede Verantwortung, dass es zum öffentlichen Eklat gekommen war, wies Wilhelm weit von sich. „Hätte der König meinen falsch verstandenen Protest *mit* der Explication, durch die ich meinen Kopf offerirte, bekannt gemacht, – hätte er meinen Wirkungskreis nicht sistirt, hätte er mir das Abschiednehmen nicht untersagt, – so wäre der ganze Hergang nur zu einer Persönlichen, oder so zu sagen, Familien Explikation gekommen. So aber mußte er einen, und *sollte* er

---

97 Tagebuch Varnhagen, 11. Mai 1854. [Varnhagen], Tagebücher, Bd. 11, S. 65.

98 Tagebuch Varnhagen, 17. Mai 1854. Ebd., S. 74.

99 Usedom an Wilhelm, 12. Mai 1854. Schultze (Hrsg.), Briefe an Politiker, Bd. 2, S. 20–22.

100 Vgl. C. Duncker an Mathy, 12. Mai 1854. Ders. (Hrsg.), Briefwechsel, S. 57; Hohenzollern an Wilhelm, 15. Mai 1854. Karl Theodor Zingeler, Karl Anton, Fürst von Hohenzollern. Ein Lebensbild nach seinen hinterlassenen Papieren, Stuttgart u. a. 1911, S. 97–98; Ernst II. an Friedrich (I.), 16. Mai 1854. Oncken (Hrsg.), Briefwechsel, Bd. 1, S. 9.

101 Wilhelm an Alexandrine, 18. Mai 1854. Schultze (Hrsg.), Briefe an Alexandrine, S. 79.

102 Wilhelm an Luise, 15. Mai 1854. GStA PK, BPH, Rep. 51, Nr. 853.

einen officiellen Charakter annehmen."[103] Dem Coburger Herzog malte der Prinz das Schreckensbild einer ungezügelten Kreuzzeitungspolitik am Berliner Hof an die Wand. Sollte es dazu kommen, „wird Preußen der Störenfried in Deutschland werden, statt dessen Hort und Leiter zu sein."[104] Und dem britischen Prinzgemahl schrieb er, Friedrich Wilhelm IV. sei drauf und dran, eine weitere „Inconséquenz" zu „begehen", wie „Olmütz bereits ein Beispiel lieferte u[nd] zeigte".[105]

Der Londoner Hof sah in der Maikrise wohl eine neue Möglichkeit, Preußen auf die Seite der Westmächte zu ziehen. Zumindest versuchte das britische Herrscherpaar, den Hohenzollernkonflikt weiter anzuheizen und die Stellung Friedrich Wilhelms IV. zu unterminieren. So wurde Wilhelm von Prince Albert in seinem Glauben an eine sinistre Hofverschwörung ausdrücklich bestärkt. „Die Entlassung General von Bonins ist ein weiterer Beleg, daß nicht ‚diplomatische Vergehen', sondern Mangel an knechtischem Russentum Bunsens wirkliches Verbrechen war."[106] Und Queen Victoria sinnierte gegenüber Augusta, „die Stellung des Königs wird nicht haltbar sein; glaubst Du, daß das Volk sie billigen wird?"[107] Die spätere Kaiserin soll im Mai 1854 mit dem Londoner Hof sogar sondiert haben, ob die preußische Thronfolgerfamilie in Großbritannien Quartier beziehen könne. So will Bismarck erfahren haben, dass Augusta „die Rückkehr nach Potsdam nicht wünschen" solle, „und von beachtenswerther Quelle [...] sind Andeutungen gemacht worden, daß es sich empfehle, den Mangel an Einverständniß mit der jetzigen Berliner Politik durch einen zeitweiligen Aufenthalt der Prinzlichen Familie in England schärfer auszuprägen."[108] Öffentlich wäre eine solche Reise schwerlich als etwas anderes als eine Flucht betrachtet worden. *Wie* respektive *ob* eine Deeskalation dann noch möglich gewesen wäre, muss offenbleiben. Denn aufgrund von Quellenverlusten im Zweiten Weltkrieg können die Exilideen nicht detailliert rekonstruiert werden.[109]

Alle Planspiele, die Dynastiekrise weiter eskalieren zu lassen, scheiterten letztendlich an Wilhelm. Keine zwei Wochen, nachdem er Berlin hatte verlassen müssen, begann er seine Rückkehr zu planen. „Ein dauerndes Schisma *darf* zwischen dem König und mir nicht stattfinden", erklärte er gegenüber Ernst II. am 19. Mai, „daher gehe ich mit meiner Familie zu meiner silbernen Hochzeit am 11. Juni nach Berlin, wodurch der Familienfrieden hoffentlich hergestellt ist. Indessen ich bleibe nur 5 – 6 Tage dort und werde von nun an den politischen Verhandlungen keinen Theil mehr nehmen, es sei denn, daß die Schwenkung nach Osten *nicht* reussirt."[110] Auch Friedrich Wilhelm IV. war nicht daran interessiert, den Thronfolger in eine öffentliche Märtyrerrolle zu

---

103 Wilhelm an Charlotte, 4. Juni 1854. GStA PK, BPH, Rep. 51 J, Nr. 511a, Bd. 2, Bl. 625 – 627.
104 Wilhelm an Ernst II., 19. Mai 1854. Ernst II., Aus meinem Leben, Bd. 2, S. 162.
105 Wilhelm an Albert, 13. Mai 1854. AGKK II/Bd. 1, S. 675.
106 Albert an Wilhelm, 31. Mai 1854. Jagow (Hrsg.), Prinzgemahl, S. 279.
107 Queen Victoria an Augusta, 13. Mai 1854. Jagow (Hrsg.), Queen, S. 170.
108 Bismarck an L. v. Gerlach, 19. Mai 1854. GW, Bd. 14/I, S. 357.
109 Vgl. Borries, Krimkrieg, S. 142 – 144; Conradi, Augusta, S. 77 – 80.
110 Wilhelm an Ernst II., 19. Mai 1854. Ernst II., Aus meinem Leben, Bd. 2, S. 161.

drängen. Eine Staatskrise musste verhindert werden, während in Europa ein Groß-mächtekrieg tobte.[111] So notierte Gerlach am 23. Mai, der Monarch sei „außer sich über den üblen Eindruck, den die Reden des Prinzen in Berlin und Wien hervorgebracht."[112]

Allerdings bestand Friedrich Wilhelm IV. darauf, dass sich sein Bruder offiziell für den Insubordinationsversuch entschuldigen musste. „Du hast Dich an mir als Deinem Könige, als an Deinem Kriegsherrn, als an Deinem Bruder vergangen", schrieb er Wilhelm am 24. Mai. „*Du hast meiner Armee und meinen Untertanen ein böses Beispiel gegeben. Das mußt Du gutmachen. Ehe das nicht geschehen ist, darf und kann ich Dich nicht wiedersehen.*"[113] Ein solches Schuldeingeständnis schien der spätere Kaiser allerdings partout vermeiden zu wollen. Bereits am 21. Mai hatte er dem König lediglich erklärt, sein Brief sei „mißverstanden" worden, „in einem Sinne der mir völlig fremd war [...], was Dein brüderliches Herz ohne Zweifel erkennen wird."[114] Und am 28. Mai schrieb er, „daß es mir im tiefsten des Herzens leid tut, durch die Verhältnisse dahin gebracht worden zu sein, Dir wehe zu tun und Dich verletzt zu haben."[115] I'm sorry you feel that way – ein Schuldeingeständnis sah anders aus. Doch die Zeit spielte für den Prinzen. Denn der 7. Juni war der Todestag Friedrich Wilhelms III. Diesen dynastischen Trauertag beging die Herrscherfamilie seit 1840 öffentlich gemeinsam. Und am 11. Juni sollte Wilhelms und Augustas Silberhochzeit gefeiert werden. Daher wurden die Thronfolger-erbriefe am Berliner Hof als Entschuldigungen akzeptiert. Denn „sonst", notierte Gerlach am 2. Juni, „wäre der Prinz hergekommen comme si rien n'était und der König hätte noch schlechtere Geschäfte gemacht."[116] Noch am selben Tag betonte Wilhelm allerdings gegenüber Groeben, er habe sich Nichts zu Schulden lassen kommen. Allein der König trage die Verantwortung, dass „die Sache an die große Glocke gehängt" worden sei.[117]

Am 7. Juni fand die inszenierte Aussöhnung von König und Thronfolger am Mausoleum im Charlottenburger Schlosspark statt. „Das Wiedersehen [...] war herzlich vom König und allen", schrieb Wilhelm dem Petersburger Hof.[118] Und seinem älteren Bruder dankte er am 8. Juni „für die brüderliche liebevolle Art, mit welcher Du mich gestern an dem Erinnerungsschweren Tag empfangen hast."[119] Mit den Silberhochzeitsfestivitäten wenige Tage später wurde die Rückkehr des Thronfolgers in die Hauptstadt auch öf-fentlich gefeiert. Varnhagens Tagebucheinträge erzählen von „Huldigungen" und „Beei-ferung" seitens der Berliner Bevölkerung.[120] Zumindest auf der öffentlichen Politik-ebene konnte Wilhelm die Maikrise als Punktesieg betrachten. „Der Prinz von Preußen

111 Vgl. Borries, Krimkrieg, S. 149; Barclay, Friedrich Wilhelm IV., S. 378–379.
112 Tagebuch L. v. Gerlach, 23. Mai 1854. GA, LE02757, S. 75.
113 Friedrich Wilhelm IV. an Wilhelm, 24. Mai 1854. Rassow (Hrsg.), Staatskrise, S. 742–743.
114 Wilhelm an Friedrich Wilhelm IV., 21. Mai 1854. GStA PK, VI. HA, Nl. Vaupel, Nr. 62, Bl. 64.
115 Wilhelm an Friedrich Wilhelm IV., 28. Mai 1854. Rassow (Hrsg.), Staatskrise, S. 749.
116 Tagebuch L. v. Gerlach, 2. Juni 1854. GA, LE02757, S. 79.
117 Wilhelm an Groeben, 2. Juni 1854. Schultze (Hrsg.), Briefe an Politiker, Bd. 2, S. 27.
118 Wilhelm an Charlotte, 15. Juni 1854. Börner (Hrsg.), Briefe, S. 383.
119 Wilhelm an Friedrich Wilhelm IV., 8. Juni 1854. GStA PK, VI. HA, Nl. Vaupel, Nr. 62, Bl. 74.
120 Tagebuch Varnhagen, 12. Juni 1854. [Varnhagen], Tagebücher, Bd. 11, S. 105.

ist populärer geworden wegen seiner antirussischen Gesinnung", berichtete der liberale Landtagsabgeordnete August von Saucken-Julienfelde aus der Provinz Preußen. „Der Tag seiner silbernen Hochzeit ist in allen Städten hier mehr oder minder gefeiert worden."[121] Doch diese Popularität in Oppositionskreisen darf nicht darüber hinwegtäuschen, dass Wilhelms politischer Einfluss am Berliner Hof einen neuen Tiefpunkt erreicht hatte. Er hatte den Bogen schlichtweg überspannt. „Es ist mir nicht gleichgültig, daß Du mich für einen Esel hälst", schimpfte Friedrich Wilhelm IV. noch Anfang August. „Das Aussprechen aber Deiner unbrüderlichen Gesinnung muß ich Dir aber verbieten, denn das ist zu arg und ich muß an Deinem Herzen zweifeln."[122] Während an der Peripherie des Kontinents der erste Großmächtekrieg seit 1815 geführt wurde, war der spätere Kaiser effektiv kaltgestellt worden. Oder wie er Bunsen klagte, „gedenken Sie meiner, dem nichts übrig geblieben ist, als *schweigender* Zuschauer zu sein bei dem Drama, in dem ich *sonst* handeln *konnte!*"[123] Lange sollte Wilhelm allerdings nicht schweigen.

---

121 Saucken-Julienfelde an Duncker, 3. August 1854. Schultze (Hrsg.), Briefwechsel, S. 59.
122 Friedrich Wilhelm IV. an Wilhelm, 4. August 1854. Rassow (Hrsg.), Staatskrise, S. 755.
123 Wilhelm an Bunsen, 24. Juni 1854. Schultze (Hrsg.), Briefe an Politiker, Bd. 2, S. 28.

„Hören und sehen ohne Auffälliges ist und bleibt meine Stellung."
Der Krimkrieg und seine Folgen

Ende Juli 1854 verfasste Wilhelm einen an Landrat Friedrich von Berg adressierten Brief. In diesem Dokument versuchte er sich an einer subjektiven Bilanz der preußischen Krimkriegspolitik. Die Krux aller Ereignisse seit dem Sommer 1853 sei es, dass Russland „von Haus aus Unrecht" habe. Und das Zarenreich werde auch weiterhin eskalativ agieren, „*so lange es hoffen kann*, eine oder zwei der Großmächte auf seine Seite zu ziehen. Schneidet man ihm diese Hoffnung ab, so wird der herrliche Kaiser Nikolas gewiß nachgeben und Frieden machen." Daher hätten allein Preußen und Österreich die Macht, den Zaren „in wenigen Wochen durch allgemeine Kriegsperspektive" zu Friedensverhandlungen zu zwingen. In Wien sei dies erkannt worden – in Berlin aber nicht. „Aus lauter falschen Maßregeln werden wir, statt zum Frieden, den wir wünschen, zum Kriege kommen, den man nicht wünschen kann!"[1] Doch Wilhelm wurde auch von einer weiteren Furcht getrieben. Das Schisma zwischen beiden deutschen Großmächten könne auch der Habsburgermonarchie in die Hände spielen. Seinen älteren Bruder will er in einer Unterredung Ende Juni ausdrücklich vor einem „Zerwürfniß mit Östreich" gewarnt haben. „Nur in dem festen Zusammenhalten beider Staaten sind die Nachtheile zu paralysiren die Östreich überhaupt vielleicht gegen Preußen im Schilde führte, denen es seinen Lauf lassen wird, wenn wir es im Stiche lassen." Mit der Politik der bedingungslosen Neutralität stünde die Hohenzollernmonarchie sowohl in Europa als auch in Deutschland allein da. „Eine solche Isolierung Preußens" sei „nachtheilig und gefährlich vis à vis Östreich, wenn es mit den Westmächten vereint bleibt, weil es dann seine Machinationen gegen uns ungestört treiben kann."[2]

Für Wilhelm mochte der außenpolitische Gegner im Krimkrieg Russland heißen. Aber dies bedeutete nicht, dass er Österreich plötzlich mit Vertrauen begegnete. Oder dass er die Deutsche Frage aus den Augen verloren hatte. Im Gegenteil: Der Großmächtekrieg schien jene neue Krisis zu sein, die der nationalen Politikebene neue Dynamik verleihen konnte. Und wenn der Berliner Hof weiterhin in Passivität verharre, könne es leicht geschehen, dass die nationale Frage im *Habsburger* Sinne gelöst werden würde. So schrieb er dem neuen preußischen Gesandten in London Albrecht von Bernstorff, „eine enge Verbindung zwischen Österreich und den Westmächten *muß* eintreten – als deren Preis dürfte die *Deutsche* Kaiserkrone in Wien empfangen werden und Preußen wieder Chrurfürt von Brandenburg spielen müssen. Dahin bringt uns die Camarilla bei uns! und glaubt sich noch einen Dank von Rußland zu erwerben."[3]

---

1 Wilhelm an Berg, 28. Juli 1854. Knesebeck (Hrsg.), Briefe, S. 313.
2 Aufzeichnungen Wilhelms, 30. Juni 1854. Borries, Krimkrieg, S. 373–375.
3 Wilhelm an Bernstorff, 1. August 1854. Karl Ringhofer (Hrsg.), Im Kampfe für Preußens Ehre. Aus dem Nachlass des Grafen Albrecht v. Bernstorff, Staatsministers und kaiserlich deutschen außerordentlichen

https://doi.org/10.1515/9783111323954-026

Ähnlich schimpfte der Prinz auch gegenüber General Reyher, „Preußen würde erst wieder zufrieden sein, wenn es Schlesien und die Rheinprovinz aufgegeben habe!!! Das ist †Zeitungspatriotismus!!"[4]

Wilhelms Habsburgparanoia war zumindest nicht völlig abwegig. So sinnierte etwa Anton Prokesch von Osten, der österreichische Gesandte am Frankfurter Bundestag, 1854 offen darüber, „ob man eine Konstellation nicht herbeiwünschen, und wenn sie da ist, benützen soll, um Preußen mit Hilfe der Seemächte auf eine unschädliche Größe zu reduzieren."[5] Und 1855 soll sogar Ministerpräsident Buol-Schauenstein erklärt haben, „kommt es zum Krieg, so ist es mir viel lieber Preußen hält nicht mit uns. Ein Krieg mit Preußen gegen Rußland ist für uns eine große Verlegenheit. Hält dagegen Preußen mit Rußland, so führen wir mit Frankreich Krieg gegen Preußen. Dann nehmen wir Schlesien, Sachsen wird wieder hergestellt und wir haben einmal Ruhe in Deutschland. Um den Preis mag immerhin Frankreich die Rheinlande nehmen."[6] Aus diesen Quellen kann allerdings keine konkrete Kriegszielprogrammatik abgeleitet werden. Beide österreichischen Politiker machten vielmehr ihrer Frustration über die preußische Regierung Luft. Denn solange sich Friedrich Wilhelm IV. weigerte, der Wiener Krimkriegspolitik zu folgen, bestand wenig Hoffnung, auch die Mittel- und Kleinstaaten auf Linie zu bringen.[7] Tatsächlich sollten sich die deutschen Regierungen bis 1856 in Frankfurt am Main nicht auf eine gemeinsame Position im Großmächtekrieg einigen. Für den Bund war die Außenwirkung dieser strukturellen Inkompetenz verheerend. Nicht einmal bei drohender Kriegsgefahr von West und Ost gelang es ihm, sich als Organ nationaler Interessen zu profilieren.[8] Diese Perspektive spiegelte sich auch in Wilhelms Korrespondenz wider. Dort taucht Frankfurt am Main nicht einmal als nebensächlicher Krimkriegsschauplatz. Für den späteren Kaiser wurden alle relevanten Entscheidungen allein in den Hauptstädten der fünf Großmächte getroffen.

Die Ereignisse des Sommers 1854 schienen Wilhelms Wirklichkeitswahrnehmung Recht zu geben. Anfang Juni wurde die österreichische Armee in Koordination mit den Westmächten mobilisiert. Diese Drohpolitik bewegte Russland zwei Monate später dazu, die seit über einem Jahr okkupierten Donaufürstentümer zu räumen. Doch dem Abzug der Petersburger Soldaten folgte nicht die Rückkehr der osmanischen Regierungshoheit. Stattdessen hieß die neue Besatzungsmacht auf dem Balkan Österreich. Damit hatten sich Kaiser Franz Joseph und seine Minister de facto auf die Seite der Westmächte gestellt. Diese neue Frontstellung wurde auch zeitgleich mit einer Friedensnote unterstrichen, die Großbritannien, Frankreich *und* Österreich dem Zarenreich

---

und bevollmächtigten Botschafters in London und seiner Gemahlin Anna geb. Freiin v. Koenneritz, Berlin 1906, S. 220.

4 Wilhelm an Reyher, 7. Oktober 1854. Schultze (Hrsg.), Briefe an Politiker, Bd. 2, S. 29.

5 Prokesch an Buol-Schauenstein, 22. März 1854. [Anton Prokesch von Osten], Aus den Briefen des Grafen Prokesch von Osten, k.u.k. österr. Botschafters und Feldzeugmeisters (1849–1855), Wien 1896, S. 365–366.

6 Srbik, Deutsche Einheit, Bd. 2, S. 250.

7 Vgl. Austensen, Supremacy, S. 216; Angelow, Sicherheitspolitik, S. 184–185.

8 Vgl. Müller, Bund und Nation, S. 166–194; Gruner, Deutscher Bund, S. 79–80.

vorlegten. Die Donaufürstentümer sollten unter eine Garantie der Pentarchiemächte gestellt werden. Gleiches galt für das Protektorat über die Christen im Osmanischen Reich. In den Donaumündungen sollte die freie Schifffahrt gesichert werden. Und der russischen Schwarzmeerflotte sollte das Passieren der türkischen Meerengen untersagt werden. Insbesondere dieser vierte Punkt war für Russland unannehmbar. Denn er hätte das Ende jeder Hegemonialaspirationen im östlichen Mittelmeerraum bedeutet. Es bedurfte daher erst der militärischen Zwangslage, um die zarische Regierung 1856 in diesen sauren Apfel beißen zu lassen. Mit der Landung britischer, französischer und osmanischer Truppen auf der russischen Halbinsel Krim im September 1854 wurde diesem Kriegsausgang langfristig der Boden bereitet.[9]

Doch diplomatisch hatte der Großmächtekrieg bereits drei Monate zuvor eine neue Dynamik gewonnen. Ausschlaggebend dafür war die Habsburgermonarchie gewesen. Und die Hohenzollernmonarchie? Willhelm schimpfte, die österreichische Politik „muß uns als Preußen blessieren, aber *wer* hat denn Österreich zu solcher Sprache getrieben? Niemand als *wir selbst* durch unsere Schlangenwege; das reißt jedermann, also auch dem österreichischen Kabinett, die Geduld!"[10] Doch nach wie vor fand der Thronfolger am Berliner Hof kein Gehör. Stattdessen musste er im Herbst irritiert feststellen, dass der König plötzlich überzeugt zu sein schien, der Wiener Hof werde nur „durch jesuitische Machinationen getrieben [...], gegen Rußland zu gehen."[11] Friedrich Wilhelm IV. fabulierte tatsächlich von einer „päpstliche[n] Verschwörung (Östreich als Scharfrichter an ihrer Spitze) [...] gegen das Evangelische Wesen", wie er in einem Brief an seinen jüngeren Bruder schrieb.[12] Für Wilhelm war dies nur ein weiterer vermeintlicher Beleg, dass der Herrscher fremdgesteuert wurde – und mit ihm die preußische Politik. Gegenüber Otto von Manteuffel klagte er, „ich sehe darin nichts als neue Intriguen der Kreuzzeitungspartei den König gegen Oesterreich aufzureizen, ein Moment, wo es immer klarer wird, daß Preußen seine früheren Verpflichtungen wird nothgedrungen, statt freiwillig, erfüllen müssen."[13]

Anstatt den Konflikt mit dem Papsttum zu suchen, solle sich Preußen endlich den Westmächten anschließen, argumentierte Wilhelm in einem Brief an den König Mitte November. „Nur wenn" Russland „das fest vereinte Europa gewaffnet gegen sich siehet, wird es nachgeben [...]. Möge man in keiner Phase dieses Krieges, den Ausgangspunkt u[nd] das Endziel dieses Krieges aus den Augen verliehren; der Ausgangspunkt ist die übermüthige, ungerechte, überspannte Forderung Russlands an die Pforte; das Endziel ist die Aufgabe Europas, daß Russland aus dem daraus entsprungenen Kriege, nicht als Sieger, d.h. nicht als Rechtbehaltener Theil hervorgehe!"[14] Der erste Schritt, dies zu

---

9 Vgl. Unckel, Krimkrieg, S. 134–146; Rich, Crimean War, S. 141–143; Figes, Krimkrieg, S. 278–294; Baumgart, Crimean War, S. 19–21.

10 Wilhelm an K. F. v. Savigny, 13. Oktober 1854. Real (Hrsg.), Briefe, Bd. 2, S. 648.

11 Wilhelm an O. v. Manteuffel, 25. Oktober 1854. Poschinger (Hrsg.), Dokumente, Bd. 2, S. 520.

12 Friedrich Wilhelm IV. an Wilhelm, 6. November 1854. AGKK, II/Bd. 2, S. 214–215.

13 Wilhelm an O. v. Manteuffel, 4. November 1854. Poschinger (Hrsg.), Dokumente, Bd. 2, S. 539–540.

14 Wilhelm an Friedrich Wilhelm IV., 12. November 1854. Baumgart (Hrsg.), Wilhelm I., S. 486.

verhindern, sei die Rückkehr zum preußisch-österreichischen Bündnisvertrag – und dann die Kriegsallianz mit Großbritannien und Frankreich. „Die Verbündeten vom 20. April von den Westmächten zu trennen, ist die Aufgabe Rußlands, und gelingt ihm dies, dann bleibt es auch Sieger in der orientalischen Frage und somit hat es uns Alle überrumpelt!"[15] Sollte das Zarenreich den Krimkrieg gewinnen, „dann hat es moralisch die Weltherrschaft wobei Schleswig-Holstein und Olmütz nur kleine Vorläufer seiner Pression gewesen sein werden, die es auf Preußen und Deutschland auszuüben beginnen wird!"[16] Deshalb sei ein Frieden notwendig, der „Rußland eine politische Lection gebe, die dasselbe fürs erste von Wiederholungen abhält."[17] Wieder verlor Wilhelm die Deutsche Frage nicht aus den Augen. Jede zukünftige preußische Deutschlandpolitik hing vom Ausgang des Kriegsgeschehens im Orient ab. Russland musste militärisch verlieren, um den außenpolitischen Aktionsradius der Hohenzollernmonarchie nicht noch mehr schwinden zu lassen. Deshalb suchte der spätere Kaiser seit dem Sommer 1854 das aktive Bündnis mit den Westmächten. Nur auf Augenhöhe mit London, Paris und Wien sah er den preußischen Großmachtstatus garantiert. Denn Wilhelm wollte „weder nach russischen noch nach der französischen, englischen oder österreichischen Pfeife tanzen."[18]

Am 2. Dezember 1854 schlossen London, Paris und Wien einen offiziellen Bündnisvertrag ab. Alle drei Mächte wollten ihre Politik gegenüber Sankt Petersburg gemeinsam koordinieren, und der Habsburgermonarchie wurde für den Kriegsfall militärische Unterstützung zugesagt. Von dieser Nachricht wurde Berlin vollkommen überrascht. Und mit dieser Entwicklung war die Hohenzollernmonarchie diplomatisch effektiv isoliert.[19] „Jetzt müßte die Rolle eintreten die ich Preußen als Secundant in dem Duell zudachte", schrieb Wilhelm seiner Schwester, „aber in dem Moment sind wir ausgeschlossen von den Verhandlungen! Die Schließung des 2. Dezember Vertrags hinter unserem Rücken [...] ist tief verletzend für jedes Preußische Herz. Wenn man nach dem: *Warum* wir so behandelt werden fragt, so muß man leider zugestehen, daß wir es uns selbst zugezogen haben, indem wir alle unsere eingegangenen Verbindlichkeiten, so bald sie abgeschlossen waren, auf indirectem Wege zu paralysiren suchten; daher handelt man nun *ohne uns*, doch wissend daß uns die Macht der Verhältnisse bald zu *einem* Endschluß bringen müssen. Wohin dieser Endschluß ausfallen wird, [...] weiß Fritz wohl allein!"[20] Und dem König erklärte er, noch „hast Du es [...] vollständig in der Hand, Russland zum Frieden zu zwingen, durch die bestimmte Aussicht daß Du zum 2. Dezember Bündniß treten wirst, wenn es nicht *aufrichtig* jetzt den Frieden betreibt, oder mit den Worten meines Briefes vom 23. Januar 1854: In der *Drohung* daß 300.000

---

15 Wilhelm an O. v. Manteuffel, 20. November 1854. Poschinger (Hrsg.), Dokumente, Bd. 2, S. 569.

16 Wilhelm an Friedrich (I.), 7. Februar 1855. Oncken (Hrsg.), Briefwechsel, Bd. 1, S. 32.

17 Wilhelm an Ernst II., 28. April 1855. Ernst II., Aus meinem Leben, Bd. 2, S. 264.

18 Wilhelm an Berg, 3. Februar 1855. Knesebeck (Hrsg.), Briefe, S. 315.

19 Vgl. Borries, Krimkrieg, S. 250–252; Unckel, Krimkrieg, S. 184–186; Rich, Crimean War, S. 144–145.

20 Wilhelm an Luise, 15. Januar 1855. GStA PK, BPH, Rep. 51, Nr. 853.

Preußen gegen Russland gesendet werden würden, liegt *allein der Friede*!!"[21] Aber weder Friedrich Wilhelm IV. noch Manteuffel waren zum Jahreswechsel 1854/55 bereit, vom eingeschlagenen Neutralitätskurs abzuweichen.[22] Seinem jüngeren Bruder schimpfte der König, er wolle „lieber untergehen[,] als *Ehre, Treu* u[nd] *Glauben* mit Füßen treten – aus Furcht – wie Östreich!!!!!!!"[23]

Dennoch konnte auch Friedrich Wilhelm IV. nicht leugnen, dass ein Weg aus der diplomatischen Isolation gefunden werden musste. Und gleichzeitig war er immer noch von der Existenz einer päpstlichen Verschwörung gegen das protestantische Preußen überzeugt. Daher sandte er noch im Dezember 1854 den preußischen Gesandten in Rom, Guido von Usedom, nach London. Dort sollte der Wochenblattpolitiker die Möglichkeit einer preußisch-britischen Kooperation jenseits der Trippelallianz und offizieller Bündnisse sondieren. Doch diese königliche Spezialmission war weder mit dem Ministerpräsidenten noch mit dem preußischen Gesandten in London abgesprochen worden. Usedoms Unterhandlungsangebote wurden daher von keinem verantwortlichen britischen Politiker ernst genommen. Stattdessen wuchs das Misstrauen der Londoner Regierung gegenüber dem Berliner Hof. Friedrich Wilhelm IV. galt nicht länger als verlässlicher Verhandlungspartner. Als konstitutioneller Monarch scheiterte er auch in der Diplomatie.[24] Aber sogar in der persönlichen Umgebung des Herrschers stieß die sogenannte Mission Usedom auf Ablehnung. Königin Elisabeth soll bemerkt haben, „dass es noch kein Jahr sei, als Seine Majestät dem Prinzen von Preußen verboten, mit Usedom zu sprechen, und jetzt würde er vom Könige nach England gesandt."[25] Auch Wilhelm verhehlte nicht, dass er „diese ewigen Spezialmissionen nicht liebe", wie er Manteuffel erklärte.[26] Und nachdem Usedom mit leeren Händen nach Berlin zurückgekehrt war, schrieb er seinem älteren Bruder, „scheint wohl eigentlich alles zwischen Dir u[nd] den Westmächten abgebrochen zu sein."[27]

In Wilhelms Augen war die preußische Krimkriegspolitik im Frühjahr 1855 ein einziger Scherbenhaufen. Da er am Berliner Hof nach wie vor kein Gehör fand, setzte er Alles daran, sich von den dort getroffenen Entscheidungen zu distanzieren. Gegenüber Berg versicherte er etwa, „daß ich nach wie vor zu allen Veranlassungen nach Berlin komme, wie es meine Pflicht, mein Gefühl mit sich bringt, mit dem Könige bin ich nach wie vor auf dem allerbrüderlichsten und herzlichsten Fuße; mehrere Male hat er meinen Rat *verlangt*; ich habe ihn unverhohlen gegeben; ob er ihn befolgt, stehet bei ihm; ich habe nicht danach zu fragen, ich bin also außer Schuld, wenn die Dinge nicht

---

21 Wilhelm an Friedrich Wilhelm IV., 2. Januar 1855. AGKK, II/Bd. 2, S. 339.
22 Vgl. Angelow, Sicherheitspolitik, S. 179–180.
23 Friedrich Wilhelm IV. an Wilhelm, 3. Januar 1854. AGKK, II/Bd. 2, S. 348.
24 Vgl. Borries, Krimkrieg, S. 264–268; Hans-Joachim Schoeps, Der Weg ins Deutsche Kaiserreich, Berlin (West) 1970, S. 40–50.
25 Tagebuch L. v. Gerlach, 18. Dezember 1854. GA, LE02757, S. 299.
26 Wilhelm an O. v. Manteuffel, 1. April 1855. Poschinger (Hrsg.), Dokumente, Bd. 3, S. 92.
27 Wilhelm an Friedrich Wilhelm IV., 3. April 1855. Baumgart (Hrsg.), Wilhelm I., S. 499.

nach meinem Wunsche gehn."[28] „Seit nun bald einem Jahre, wo ich mich von allen politischen Einmischungen dispensiert habe, sind bei uns die Dinge von Inkonsequenz zu Inkonsequenz fortgeschritten und preise ich meine Haltung, die mich vor neuen Kompromittierungen schützte", betonte der Prinz auch in einem Brief an den badischen Abgeordneten Friedrich Theodor Schaaf.[29] Alexandrine berichtete er, da er aus Berlin „keine Papiere" über die Krimkriegspolitik „sehe, kenne ich die Details gar nicht, et je ne m'en mêle pas!"[30] Und Luise klagte er, „was Preußen für eine Rolle übernehmen wird wenn *nicht* Friede wird, ist mir völlig unklar. [...] Daß ich mit blutendem Herzen Nicolas Heer bekämpfen würde, ist nur *zu* natürlich; *dies* zu *verhüthen*, habe ich *ihm* das coalirte Europa zeigen wollen, vor dem er mit *Ehren* zurückgehen konnte und der *Friede* wäre *hergestellt* gewesen; so aber wie wir verfahren, kommt es zum Krieg!"[31]

Es war eine kontrafaktische Frage, wie Nikolaus I. reagiert haben würde, wenn sich neben den anderen drei Großmächten auch Preußen offen gegen ihn gestellt hätte. Und Wilhelm sollte nie eine Antwort erhalten. Denn der Zar starb am 2. März 1855 überraschend im Alter von achtundfünfzig Jahren. „Der Gedanke, daß es ihm nicht vergönnt sein sollte, den *falschen* Zug des Jahres 1853 [...] wieder *gut zu machen*, schmerzt mein Freundesherz tief!!"[32] Der neue russische Herrscher hieß Alexander II.[33] Die Hoffnung, dass er den Großmächtekrieg beenden würde, war in Preußen, Deutschland und Westeuropa anfangs weit verbreitet.[34] Wilhelm war hingegen skeptisch. Sein Neffe sei „nicht im Stande, so nachgiebig sich [...] zu zeigen, wie es N[ikolaus] *gekonnt* hätte, dem eine 30jährige Regierung, Liebe und Vertrauen seiner Nation zur Seite stand und der dieselbe jetzt mit fortgerissen hat", erklärte er Luise.[35] „Ob er *jetzt* friedfertiger sein *darf* als der Vater, bezweifle ich, da die orthodoxe Partei ihn bewacht und beobachtet!"[36] Zumindest auf dynastischer Kommunikationsebene brach Alexander II. mit der väterlichen Politik, und nahm die Korrespondenz mit seiner Berliner Verwandtschaft wieder auf.[37] Vor allem mit seinem Onkel Wilhelm sollte der neue Zar eine persönlich wie politisch enge Beziehung führen.[38] Aber die Hoffnungen auf ein schnelles Kriegsende enttäuschte er schnell. Wie Nikolaus war auch Alexander nicht bereit, einen Frieden auf Basis der vier Punkte vom Sommer 1854 zu schließen. Stattdessen setzte er darauf, die

---

28 Wilhelm an Berg, 3. Februar 1855. Knesebeck (Hrsg.), Briefe, S. 314.
29 Wilhelm an Schaaf, 6. April 1855. Schultze (Hrsg.) Briefe an Politiker, Bd. 2, S. 38.
30 Wilhelm an Alexandrine, 23. Februar 1855. Schultze (Hrsg.), Briefe an Alexandrine, S. 83.
31 Wilhelm an Luise, 1. Februar 1855. GStA PK, BPH, Rep. 51, Nr. 853.
32 Wilhelm an J. v. Schleinitz, 4. April 1855. Schultze (Hrsg.), Briefe an Politiker, Bd. 2, S. 35.
33 Zu Alexander II. siehe Alfred J. Rieber, Alexander II. A Revisionist View, in: The Journal of Modern History Vol. 43, Nr. 1 (1971), S. 42–58; Heinz-Dietrich Löwe, Alexander II., in: Hans-Joachim Torke (Hrsg.), Die russischen Zaren 1547–1917, München ⁴2012, S. 315–338.
34 Vgl. Borries, Krimkrieg, S. 275–277; Bruce W. Lincoln, The Romanovs. Autocrats of All the Russias, New York 1981, S. 426–427.
35 Wilhelm an Luise, 11./13. März 1855. GStA PK, BPH, Rep. 51, Nr. 853.
36 Wilhelm an Berg, 29. März 1855. Knesebeck (Hrsg.), Briefe, S. 315.
37 Vgl. Friese, Rußland und Preußen, S. 97–99, Kroll, Staatsräson, S. 27–29.
38 Vgl. Markert, Außenpolitik, S. 14–19, S. 35–39, S. 49–56.

britische und französische Öffentlichkeit kriegsmüde werden zu lassen. Den unter Druck gesetzten Regierungen hoffte er dann weitreichende Konzessionen abtrotzen zu können.[39]

Auch Wilhelm sah die Möglichkeit, wie er Ernst II. schrieb, dass „die Westmächte […] durch ihre Anstrengungen […] mürbe" werden und einen schnellen Frieden suchen könnten. „Schlagen jedoch diese Friedenshoffnungen fehl, dann kommt die große Frage was nun? Für Oesterreich und die Westmächte ist die Beantwortung einfach: Krieg! Wie aber steht sie betreffs Preußens und Deutschlands? Dies ist unberechenbar bei der hiesigen Individualität." Aber „um Rußland nicht zum Siege kommen zu lassen", müsse Preußen „sich mit dem Westen verständigen und mit Oesterreich Deutschland führen in der Richtung, die die allein richtige ist."[40] König und Kamarilla „bercieren" sich „mit der Illusion, stark und mächtig zu sein", schimpfte er Alexander von Humboldt, „weil wir nichts taten – und sehen nicht, daß die Art, wie wir dahin gelangten, uns alles Vertrauen und Ansehn raubte im In- und Auslande!"[41] Dabei liege es doch gerade „in Preußens Hand", wie er gegenüber Prince Albert argumentierte, „Europa den Frieden zu erkämpfen u[nd] sich selbst eine hohe Stellung in Deutschland zu erwerben."[42]

Aber von irgendeiner hohen Stellung konnte 1855 nicht die Rede gewesen sein. Die Hohenzollernmonarchie wurde als Großmacht kaum mehr wahrgenommen. Zu den von Januar bis Juni tagenden Wiener Konferenzen war die preußische Regierung nicht einmal eingeladen worden.[43] Dort gelang es der russischen Delegation erfolgreich, die Trippelallianz gegeneinander auszuspielen und einen Abbruch der Verhandlungen zu provozieren. Daraufhin sah sich Österreich gezwungen, die kostspielige Armeemobilisierung an der Grenze zur Romanowmonarchie zu beenden. Alexanders II. Strategie schien mittelfristig aufzugehen.[44] Für Wilhelm kam diese Entwicklung einer Hiobsbotschaft gleich. Den König warnte er nach dem Konferenzabbruch, dass „Russland wahrscheinlich nunmehr über die Alliierten in der Krim siegen wird, da es nun, nachdem es von Östreich nichts mehr zu besorgen hat, so viel Verstärkung von der Östr[eichischen] Grenze fort u[nd] nach der Krim ziehen kann, als es nur will!" Olmütz werde, „nach Erlebnissen, wie sie uns das Jahr 1855 vorführen könnte, ein Geringes gegen *das* sein, was wir künftig erfahren können, wenn man es wagen wollte, *gegen* Russlands Willen aufzutreten. […] Dies zu verhindern, war *meine* politische Auffassung seit 2 Jahren."[45]

Im Sommer 1855 kam es auch zum ersten Wiedersehen von Wilhelm und Charlotte seit Kriegsbeginn. Das Verhältnis der beiden Geschwister war nach wie vor stark be-

---

39 Vgl. Figes, Krimkrieg, S. 464–465.

40 Wilhelm an Ernst II., 16. März 1855. Ernst II., Aus meinem Leben, Bd. 2, S. 253–255.

41 Wilhelm an A. v. Humboldt, 30. März 1855. Schultze (Hrsg.), Briefe an Politiker, Bd. 2, S. 33.

42 Wilhelm an Albert, 29. April 1855. AGKK II/Bd. 2, S. 577.

43 Vgl. Borries, Krimkrieg, S. 299–300.

44 Vgl. Friese, Rußland und Preußen, S. 74–77; Martin Senner, Wien 1855 – Paris 1856. Zwei Friedenskonferenzen im Spiegel einer neuen Aktenedition, in: Francia 26 (1999), S. 109–127, hier: S. 110–118.

45 Wilhelm an Friedrich Wilhelm IV., 7. Juni 1855. Baumgart (Hrsg.), Wilhelm I., S. 501–502.

lastet. Zu ihrem Geburtstag im Juli 1854 hatte die Zarin einen Brief von ihrem Bruder erhalten, in dem dieser den Krimkrieg mit der Hessen-Kassel-Krise verglich. „1850 hatte Preußen keinen Alliirten, 1854 hat Rußland keinen!"[46] Dieses Schreiben soll bei Charlotte „Herzklopfen" verursacht haben, so der preußische Gesandte in Sankt Petersburg Hugo von Münster-Meinhövel. „Der Prinz von Preußen hat es wieder nicht lassen können, trotz der Bitte der Kaiserin, sie mit Politik zu verschonen, Ihr wieder, wenn auch nicht viel, darüber zu schreiben."[47] Ein Jahr später reiste Wilhelm anlässlich des siebenundfünfzigsten Geburtstags seiner Schwester nach Sankt Petersburg. Da es der erste Geburtstag der Zarenwitwe nach dem Tod ihres Ehemannes war, spielte der Thronfolger auch die Rolle des Kondolenzvertreters der Hohenzollernmonarchie.

Seinem Bruder schrieb Wilhelm, er habe Charlotte bei diesem Wiedersehen „die gebrochene Existenz" ansehen können. „Sie lebt ganz in der Erinnerung der glücklichen Zeiten und nur selten berührt sie den Schmerz, – weil sie dann bald vor Tränen nicht mehr sprechen kann."[48] Über das Kriegsgeschehen habe er mit seinem Neffen Alexander und anderen Petersburger Politikakteuren lediglich „einige oberflächliche Unterredungen" geführt, berichtete er Augusta. „Ich höre immer ruhig zu, um mir eine Ansicht der hiesigen Auffassung genau zu verschaffen u[nd] habe dann immer nur gesagt, – weil man *dies hier* ganz zu vergessen scheint, *was* denn die Veranlassung zum Kriege gegeben hat??"[49] Alles, was er am russischen Hof sah und hörte, schien ihn in seinen Urteilen über die preußische Krimkriegspolitik zu bestätigen. Denn „uns lobt man natürlich, weil wir ihnen indirekt die Möglichkeit, in der Krim zu siegen, verliehen."[50] Diese subjektiven Eindrücke brachte Wilhelm auch in einer ausführlichen Denkschrift für König und Staatsministerium zu Papier. „Gegen Preußen ist die Dankbarkeit auf Aller Lippen weil man es als den Retter Rußlands aus großer Gefahr betrachtet". Auch werde „allgemein [...] der Frieden gewünscht", allerdings „steht begreiflicher Weise daneben der Satz: nur ein ehrenvoller Friede ist denkbar."[51] Wie Leopold von Gerlach notierte, sei die Wirkung dieses Schriftstücks in Berlin gleich Null gewesen. Der Generaladjutant selbst schimpfte sie „ein klägliches Dokument der Gedanken- und Gesinnungslosigkeit dieses Herrn."[52] Dennoch formulierte Wilhelm nach seiner Rückkehr die Hoffnung, in Sankt Petersburg „Gutes dadurch gestiftet zu haben, daß neben dem alten Verwandten, Freunde u[nd] Cameraden den ich ganz blicken ließ wie in alten Zeiten, doch den *entschiedenen* politischen Gegner ich aussprechen ließ, und Eingang gefunden haben dürfte, da man meine Sympathien für dort kennt, aber dennoch keinen Lobhudler in mir fand, sondern Wahrheit hören ließ, die man wohl

---

46 Wilhelm an Charlotte, 13. Juli 1854. GStA PK, BPH, Rep. 51 J, Nr. 511a, Bd. 2, Bl. 634–635.
47 Münster-Meinhövel an L. v. Gerlach, [Juli/August 1854]. GA. LE02770, S. 218–219.
48 Wilhelm an Friedrich Wilhelm IV., 15. Juli 1855. GStA PK, VI. HA, Nl. Vaupel, Nr. 63, Bl. 45.
49 Wilhelm an Augusta, 16. Juli 1855. GStA PK, BPH, Rep. 51 J, Nr. 509b, Bd. 3.
50 Wilhelm an Reyher, 26. Juli 1855. Schultze (Hrsg.), Briefe an Politiker, Bd. 2, S. 40.
51 Aufzeichnungen Wilhelms, [Juli 1855]. Theodor Schiemann (Hrsg.), Eine Denkschrift des Prinzen von Preußen über die russische Politik vom Juli 1855, in: HZ 87 (1901), S. 438–448, hier: S. 442–448.
52 Tagebuch L. v. Gerlach, 6. August 1855. GA, LE02758, S. 116–118.

nicht oft dort gehört hat."[53] Aus den Quellen lässt sich jedoch weder ein direkter noch ein indirekter Nachhall dieser Petersburger Reise auf die zarische Politik ableiten.

Eine neue Dynamik gewann das Kriegsgeschehen erst mit dem Rückzug der russischen Truppen aus Sewastopol Anfang September. Zuvor war die Festungsstadt etwa ein Jahr lang unter hohen Verlusten auf beiden Seiten belagert worden.[54] Mit dieser plötzlichen Entwicklung war absehbar, dass Sankt Petersburg die Krimhalbinsel langfristig nicht werde halten können. Auch Wilhelm gestand seinem Bruder, „diese Wendung hatte ich nicht erwartet."[55] „Natürlich ist die Sache nicht aus, und das Blatt kann sich noch wenden", argumentierte er gegenüber Luise. Dies sei für Russland allerdings nur möglich, „wenn es die Mittel des Landes erlauben, den Krieg fortzuführen" – und das sei mehr als fraglich. Ob die Diplomatie diese neue Chance zu Friedensverhandlungen nutzen werde, könne er seiner Schwester nicht berichten. Denn „bis jetzt erfuhr ich hierüber keine Sylbe [...] aus Berlin."[56] Seiner Ehefrau jubelte Wilhelm zeitgleich, „meine Actien steigen immer mehr! denn wir, nicht ich, sind nur Schuld, daß im May Rußland nicht nachgab und nun malgré nous solche Niederlage erleiden mußte!"[57] Öffentlich müsse er sich allerdings noch immer zurückhalten. Denn der absehbare Sieg der Westmächte könne die Kamarilla zu Verzweiflungstaten reizen. „Jetzt mehr wie je muß ich jeden Schein von *Handeln* vermeiden, es mag oppositionell oder regierungsanhänglich genannt werden. Hören und sehen ohne *Auffälliges* ist und bleibt meine Stellung".[58]

Dennoch gelang es Wilhelm und Augusta im Herbst 1855, ihre politischen Gegner erneut zu provozieren – wenn auch ungewollt. Bereits seit dem Frühjahr 1851 hatte das Thronfolgerpaar mit Queen Victoria und Prince Albert darüber verhandelt, deren älteste Tochter mit dem späteren Friedrich III. zu vermählen. Von dieser Ehe erhoffte sich der Londoner Hof einen direkten Einfluss auf Preußen und Deutschland zu gewinnen. Die junge Princess Royal Victoria, genannt „Vicky", sollte an der Seite des zukünftigen preußischen Königs liberalen und nationalstaatlichen Reformen den Weg bereiten.[59] Es war daher kaum vermeidbar, dass diese Eheverhandlungen im Krimkriegskontext von den Gegnern einer Westbindung der Hohenzollernmonarchie scharf angegriffen wurden. Ein Besuch des Prinzen Friedrich Wilhelm in London fiel sogar zeitlich mit dem Fall

---

53 Wilhelm an Orlich, 7. September 1855. Egloffstein (Hrsg.), Wilhelm I., S. 64–65.
54 Vgl. Figes, Krimkrieg, S. 544–558; Baumgart, Crimean War, S. 168–171.
55 Wilhelm an Friedrich Wilhelm IV., 13. September 1855. Baumgart (Hrsg.), Wilhelm I., S. 504.
56 Wilhelm an Luise, 18. September 1855. GStA PK, BPH, Rep. 51, Nr. 853.
57 Wilhelm an Augusta, 13. September 1855. GStA PK, BPH, Rep. 51 J, Nr. 509b, Bd. 3.
58 Wilhelm an Augusta, 20. Oktober 1855. Ebd.
59 Zu Victoria (der sogenannten Kaiserin Friedrich) siehe Hannah Pakula, Victoria. Tochter Queen Victorias, Gemahlin des preußischen Kronprinzen, Mutter Kaiser Wilhelms II., München 1999; Rainer von Hessen (Hrsg.), Victoria Kaiserin Friedrich. Mission und Schicksal einer englischen Prinzessin in Deutschland, Frankfurt am Main/New York 2002; Frank Lorenz Müller, „Frauenpolitik". Augusta, Vicky und die liberale Mission, in: Frauensache. Wie Brandenburg Preußen wurde, hrsg. v. d. Generaldirektion der Stiftung Preußische Schlösser und Gärten Berlin-Brandenburg, Berlin 2015, S. 252–258.

Sewastopols zusammen.[60] Wie etwa Münster-Meinhövel aus Sankt Petersburg berichtete, habe sich die Zarenfamilie in beleidigenden Worten über die Princess Royal ausgesprochen. „Eine hässliche Königin ist in Preußen unerhört und jedenfalls ein Übelstand, namentlich wenn sie obenein ungraziös sein sollte, was bei einer Engländerin wohl zu erwarten ist."[61] Und Charlotte selbst schimpfte ihrem Bruder, „in dem Augenblick wo Sevastopol von uns verlassen und Frankreich und England darüber jubelten, in dem Augenblick Deinen Sohn (den Neffen Deiner Russischen Schwester, den Enkel von Russlands Monarchen) nach England zu senden ist ein trauriger Umstand, und wenn der junge Mann es wollte, hättest Du ihn zurückhalten müssen." Das Heiratsprojekt sei ein Unglück für Preußen, „da England immer für den Fortschritt der Révolution handelt und predigt [...]. Aber was rede ich da, was Du Alles [...] hundertmal ausgesprochen hast mit Klarheit der Einheit, bis die vielen Reisen nach England Dich umnebelten."[62] Wie vielen politischen Weggefährten des späteren Kaisers war es auch Charlotte alles andere als leicht, sich einen Reim darauf zu machen, was mit ihrem Bruder seit 1848 eigentlich geschehen war. Während andere Stimmen den biographischen Bruch auf Augusta und den Koblenzer Hof zurückführten, sah die Zarenwitwe den Kriegsgegner Großbritannien als Verantwortungstäter. Beide subjektiven Erklärungsansätze griffen – und greifen – ins Leere. Für Wilhelm besaß der Londoner Hof keine monarchische Vorbildfunktion. Aber anders als Russland war Großbritannien nicht daran interessiert, eine preußische Lösung der Deutschen Frage zu verhindern. Die Ehe seines Sohnes mit der Tochter der Queen war ihm nach Olmütz eine weitere Möglichkeit, den preußischen Aktionsradius zu vergrößern. Nach den Hochzeitsfeierlichkeiten von Prinz und Princess in Berlin im März 1858 sollte Wilhelm seiner Schwester erklären, „daß ein Stück Geschichte sich zugetragen hat, indem die zwei mächtigsten protestantischen Staaten sich vereinen, und zwar 2 Staaten, die berufen sind, an der Spitze der Zivilisation zu stehen; denn das ist Preußen und England gewiß, so verschieden ihre ganze Lage, Institutionen und Geschichte waren und bleiben werden."[63]

Doch zum Jahreswechsel 1855/56 unterlag die preußische Außenpolitik einem immer stärker werdenden Zwangsdruck. In Österreich und Schweden wurde aktiv der Kriegseintritt auf Seite der Westmächte vorbereitet, sollten die Kampfhandlungen nicht im Frühjahr 1856 enden. Und die Vereinigten Staaten von Amerika drohten, als Verbündete des Zarenreichs die britischen Kolonien im späteren Kanada anzugreifen. Das Potential einer *globalen* Eskalation war alles andere als gering.[64] Zu Recht argumentierte Wilhelm, dass Preußen dann nicht länger neutral bleiben könne. „Was die anden tun werden, wenn nicht Frieden wird, ist zweierlei", schrieb er Bunsen, „entweder man überläßt uns unserer Isolierung sich freuend über dadurch konstatierte Degradation unserer Stellung – oder man *drängt* uns, und wir müssen *gezwungen* nachziehen, also

---

60 Vgl. Müller, 99-Tage-Kaiser, S. 51–52; Schönpflug, Heiraten, S. 199–204.
61 Münster-Meinhövel an L. v. Gerlach, 5. September 1855. GA, LE02771, S. 204.
62 Charlotte an Wilhelm, 16./27. Oktober 1855. GStA PK, BPH, Rep. 51 J, Nr. 511a, Bd. 2, Bl. 683–639.
63 Wilhelm an Charlotte, 23. März 1858. Börner (Hrsg.), Briefe, S. 402.
64 Vgl. Baumgart, Crimean War, S. 12.

ohne irgend einen Vorteil sich bedingen zu *können* und zu *dürfen.*"[65] Und Major Orlich erklärte er, „nur eine *Drohung* mit Krieg, Seitens Mittel Europas, kann heute noch den Frieden herbeiführen; fehlt dieser aber der Ernst u[nd] Nachhaltigkeit (wie 1854 im May) dann entbrennt der Rest Europas in Krieg, in welchem wir vermuthlich – zusehen *wollen*, u[nd] *gestattet* man uns dies, dann sind wir éclipsirt *mit* unserem Willen, *gegen* unserem Willen; das klingt paradox, ist aber doch wahr!"[66]

Die Entscheidung gegen einen Weltkrieg wurde Anfang Januar 1856 am Petersburger Hof getroffen. Eine Ausdehnung der Front gegen neue Kriegsgegner drohte die ohnehin überspannten russischen Kapazitäten vollends an den Rand des Zusammenbruchs zu bringen. Daher ließ Alexander II. die Westmächte am 16. Januar wissen, dass er zu Friedensverhandlungen auf Basis der vier Punkte bereit war. Dieses Angebot wurde von Napoleon III. sofort aufgegriffen. Nach dem Fall Sewastopols hatte der Empereur auf eine schnelle Beendigung des öffentlich zusehends unpopulären Kriegsgeschehens gedrängt. Zwar war die britische Regierung kaum daran interessiert, die weitgestreckten Kriegsziele einem Verhandlungsfrieden zu opfern. Doch war sie ebenfalls nicht gewillt, den Waffengang ohne Bündnispartner weiterzuführen.[67] Und Preußen? Dessen Großmachtstatus stand offen zur Disposition, als am 25. Februar der Pariser Friedenskongress eröffnet wurde. Erst nach zwei Wochen wurde das isolierte Königreich auf Drängen Napoleons nach Paris eingeladen. Denn der Empereur war daran interessiert, *alle* Pentarchiemächte am Verhandlungstisch zu versammeln. In der französischen Hauptstadt sollte der Revision der Kongressordnung von 1815 diplomatisch der Boden bereitet werden.[68]

Friedrich Wilhelm IV. schien sich nicht daran zu stören – oder es überhaupt zu reflektieren –, dass Preußen die Rückkehr in die Pentarchie ausgerechnet Napoleon zu verdanken hatte. „Die Form, Zeit u[nd] Gründe der Einladung nach Paris ist eine Herzerhebende Quittung für die Politik, die ich unter so viel Schimpf, Drohen, Lästern u[nd] Ungezogensein von England u[nd] soviel Fallstricken Frankreichs verfolgt habe, ohne zu wanken."[69] Wilhelm betrachtete die Pariser Ereignisse mit einer weniger rosaroten Brille. „Ueber Preußens Rolle bei diesen Friedens Aussichten mögte ich am liebsten schweigen", klagte er Prince Albert.[70] Und Augusta berichtete er vom Berliner Hof, „hier herrscht Blindheit, und der Friedenstaumel läßt allen Patriotismus schlafen gehen! Dieser Taumel nämlich ist so groß, daß man sich völlig über Preußens Isolirung freut."[71] Der Hohenzollernmonarchie wurde in der französischen Hauptstadt lediglich eine diplomatische Nebenrolle zugestanden. Die Hauptrolle spielte Napoleon III. Und der zeremonielle Konferenzpomp versinnbildlichte den bonapartistischen Hegemonialan-

---

65 Wilhelm an Bunsen, 5. Januar 1856. Schultze (Hrsg.), Briefe an Politiker, Bd. 2, S. 52 – 53.
66 Wilhelm an Orlich, 9. Januar 1856. Egloffstein (Hrsg.), Wilhelm I., S. 66.
67 Vgl. Baumgart, Friede von Paris, S. 47 – 125; Rich, Crimean War, S. 157 – 181; Figes, Krimkrieg, S. 558 – 575.
68 Vgl. Borries, Krimkrieg, S. 327 – 329; Baumgart, Friede von Paris, S. 204 – 211.
69 Friedrich Wilhelm IV. an Wilhelm, 20. März 1856. Baumgart (Hrsg.), Wilhelm I., S. 519.
70 Wilhelm an Albert, 29. Februar 1856. AGKK II/Bd. 2, S. 850.
71 Wilhelm an Augusta, 9. März 1856. GStA PK, BPH, Rep. 51 J, Nr. 509b, Bd. 4.

spruch in ganz Europa. Eine großangelegte geopolitische Neuordnung des Kontinents gelang dem Empereur allerdings nicht. Keine der anderen Großmächte war bereit, nach dem soeben beendeten Krimkrieg auf dem Kartentisch neues Konfliktpotential zu schaffen. Aber auch die von der britischen Regierung seit 1853 wiederholt geforderte territoriale Aufteilung des Zarenreichs stand nicht zur Debatte. Russland musste auf dem Balkan Teile Bessarabiens abtreten und die Neutralisierung des Schwarzen Meeres akzeptieren. Der Petersburger Machtspielraum wurde stark geschwächt – aber nicht gebrochen.[72] Charlotte gegenüber beteuerte Wilhelm, dass „ich *diesen* Frieden", der am 30. März in Paris unterzeichnet wurde, „niemals für Russland verlangt und gewünscht hätte!! *Meine* Politik ging, wie Du weißt, dahin, Russland vor dem Europäischen Krieg zu *bewahren*, und damit auch für alle die nun eingetretenen Folgen!!"[73] „Nach meinem Plan wäre Rußland viel besser davon gekommen, aber freilich mit einer wohlverdienten Lektion", erklärte er auch Bunsen.[74] Und General Natzmer schrieb er, „wäre meine Politik vom 20. April 1854 fest verfolgt worden, so kam Rußland viel besser fort, indem es nur eine moralische Lektion bekam, während es jetzt eine viel ernstere moralische und materielle dazu erhält! und der Nimbus seiner Macht sehr gesunken ist, wenn auch mit allen kriegerischen Ehren." Nun aber habe „diese unangenehme Episode" ihr Ende gefunden, „die uns der herrliche Kaiser so kurz vor seinem Ende hätte ersparen sollen!"[75]

Kontrafaktische Fragestellungen über die Krimkriegsgeschichte trieben allerdings nicht nur Wilhelm um. Sie waren und sind auch für die Geschichtswissenschaft von Interesse. Denn das tradierte Forschungsnarrativ kolportiert, dass sich die Hohenzollernmonarchie im Krimkrieg langfristig den Dank des Zarenreichs gesichert habe. Dieser Dank habe es später Bismarck erlaubt, mit russischem Wohlwollen die Kriege gegen Österreich und Frankreich zu führen. Friedrich Wilhelm IV. könne daher indirekt als Grundsteinleger der Reichsgründung betrachtet werden. Und es sei eine Ironie des Schicksals gewesen, dass Wilhelm ausgerechnet jene Diplomatie bekämpft habe, die Preußen schließlich den Weg ins Kaiserreich ebnen sollte.[76] Aber dieses Narrativ ist nicht nur unterkomplex. Es ist auch unhaltbar. Ob „Dankbarkeit" im 19. Jahrhundert überhaupt als diplomatisch relevanter Faktor bewertet werden kann, muss mindestens kritisch hinterfragt werden. Und selbst wenn der Petersburger Hof nach 1856 irgendeine Form von „Dankbarkeit" gegenüber Preußen empfunden haben mochte, war davon spätestens Mitte der 1860er nichts mehr zu spüren. Sowohl 1866 wie 1870/71 versuchte die russische Regierung, die geopolitische Neuordnung Deutschlands diplomatisch zu verhindern. Einen politischen oder gar militärischen Druck konnte die Romanowmonarchie nur deshalb nicht ausüben, da sie im Inneren gebunden und nach außen zu

---

72 Vgl. Baumgart, Friede von Paris, S. 176–187.
73 Wilhelm an Charlotte, 29. März 1856. GStA PK, BPH, Rep. 51 J, Nr. 511a, Bd. 2, Bl. 696.
74 Wilhelm an Bunsen, 5. April 1856. Schultze (Hrsg.), Briefe an Politiker, Bd. 2, S. 66.
75 Wilhelm an Natzmer, 2. April 1856. Natzmer (Hrsg.), Denkwürdigkeiten, Bd. 4, S. 212–213.
76 Vgl. Borries, Krimkrieg, S. 100–101, S. 340; Eckhart, Krimkrieg, S. 213–215; Rassow (Hrsg.), Staatskrise, S. 761–762; Schoeps, Kaiserreich, S. 54–55; Bußmann, Friedrich Wilhelm IV., S. 390–391.

schwach war. Daher war Alexander II. anders als sein Vater gezwungen, letztendlich ein Arrangement mit einem geeinten Deutschland unter preußischer Führung zu suchen.[77]

Der Krimkrieg hatte die Modernisierungsdefizite der Romanowmonarchie schonungslos offengelegt. Ein militärischer, ökonomischer und gesellschaftlicher Rückschritt den Westmächten gegenüber konnte nicht länger geleugnet werden. Dieser innere Rückschritt musste erst überwunden werden, um wieder Einfluss nach außen zu gewinnen. Seit 1858 ließ der Zar deshalb eine Reformpolitik vorbereiten, die beispielsweise 1861 zur Aufhebung der Leibeigenschaft und 1874 zur Einführung der allgemeinen Wehrpflicht führte. Was Alexander betrieb, war sowohl Modernisierung als auch Revolutionsprophylaxe und Aufrüstung. Außenpolitisch gelang es dem Reformmonarchen tatsächlich, das russische Expansionspotential nach dem Krimkriegsdesaster wieder zu stärken. Und im Inneren stabilisierte er erfolgreich das absolutistische Herrschaftssystem. Erst mit den Revolutionen von 1905 sollten der Romanowmonarchie konstitutionelle Reformen abgerungen werden.[78] In Berlin sah Wilhelm seinen Neffen innenpolitisch auf jenen Pfaden wandeln, für die er selbst seit 1848 stets geworben hatte. So schrieb er Charlotte 1858 über die zarischen Reformen, „mir scheint, daß man ruhig und besonnen und langsam den Bedürfnissen der Zivilisation nachkommt. Und wenn dies auch nicht ohne manche Gefahren möglich ist, so muß man sie riskieren, damit nicht, wie in Frankreich, dergleichen von unten verlangt wird."[79] Aber noch 1880 soll der Kaiser bemerkt haben, „es sei begreiflich, daß die Russen eine Konstitution für sich wollten [...]. Und doch sei eine Konstitution für Rußland der Anfang des Zerfalls."[80]

Auch auf dem diplomatischen Handlungsfeld begann für Russland nach dem Krimkrieg eine Phase der Neuorientierung. Personifiziert wurde dieser Richtungswechsel durch den noch 1856 ernannten Außenminister Alexander Michailowitsch Gortschakow. Dieser brach mit den Prinzipien der Heiligen Allianz. Anders als unter Nikolaus I. sollte das Russland Alexanders II. in Europa nicht mehr die Rolle des intervenierenden Revolutionspolizisten spielen. Stattdessen sollten die Petersburger Staatsinteressen in Kooperation mit dem Seconde Empire verteidigt und gestärkt werden, das nach dem Krimkrieg die latente Hegemonialstellung des Zarenreichs in Europa erbte. Den Beziehungen zur second-rate-Großmacht Preußen maß Gortschakow dage-

---

77 Vgl. Friese, Rußland und Preußen, S. 89–97; Eberhard Kolb, Rußland und die Gründung des Norddeutschen Bundes, in: Richard Dietrich (Hrsg.), Europa und der Norddeutsche Bund, Berlin (West) 1968, S. 183–219; Jean-Baptiste Duroselle, Die europäischen Staaten und die Reichsgründung, in: Theodor Schieder/Ernst Deuerlein (Hrsg.), Reichsgründung 1870/71. Tatsachen – Kontroversen – Interpretationen, Stuttgart 1970, S. 386–421, hier: S. 403–407; Stéphanie Burgaud, Plädoyer für eine Reise nach Moskau. Eine neue Deutung der Bismarckschen Rußlandpolitik (1863–1871), in: FBPG NF 18 (2008), S. 97–116; dies., La politique russe de Bismarck et l'unification allemande. Mythe fondateur et réalités politiques, Strasbourg 2010; Horst Günther Linke, Bismarck und Gorčakov. Verlauf und Beweggründe einer spannungsreichen Beziehung, Friedrichsruh 2021.
78 Vgl. Werner E. Mosse, Alexander II and the Modernization of Russia. Revised Edition, New York 1962.
79 Wilhelm an Charlotte, 23. März 1858. Börner (Hrsg.), Briefe, S. 402.
80 Tagebuch Hohenlohe-Schillingsfürst, 20. Januar 1880. Curtius (Hrsg.), Denkwürdigkeiten, Bd. 2, S. 288.

gen bis 1870 eine nachgeordnete Bedeutung bei.[81] Damit spielte der Petersburger Hof den Plänen Napoleons III. in die Hände, die Verträge von 1815 zu revidieren. Zumindest diplomatisch lag die Wiener Ordnung 1856 bereits brach. Eine transnationale Monarchenkoalition, die der Pariser Destabilisierungspolitik hätte entgegenwirken können, existierte schlichtweg nicht mehr. Die Heilige Allianz war bereits infolge der Märzrevolution zur bloßen Fiktion degradiert worden. In Olmütz war ihr der Todesschein ausgestellt worden. Und der Krimkrieg war ihr letzter Sargnagel, als sich auch noch Österreich und Russland feindlich gegenüberstanden. Das imaginierte Ideal monarchischer Solidarität konnte nach der Pariser Konferenz nicht mehr als tragfähige Basis des Pentarchiekonzerts fungieren. Einzelstaatliche Interessen und nationale Egoismen sollten stattdessen das Verhältnis der Großmächte untereinander bestimmen. Sogar London zeigte nach 1856 nur noch bedingt Interesse, das fragile europäische Equilibrium durch eine aktive Interventionspolitik zu verteidigen. Der Ausgang des verlustreichen Krimkrieges hatte sowohl die britische Regierung als auch Öffentlichkeit enttäuscht. In den Folgejahren sollte sich das Empire daher verstärkt auf innen- und kolonialpolitische Fragen fokussieren.[82]

Diese Entwicklungen hatten vor allem für Österreich negative Rückwirkungen – ja sogar katastrophale. Das ohnehin prekäre Sicherheitsdilemma des multiethnischen Imperiums verschärfte sich unter dem neuen Dynamisierungsdruck in Europa rapide. Und nur zehn Jahre nach dem Pariser Kongress war der Habsburger Hegemonialanspruch in Italien und Deutschland völlig kollabiert. Denn dieser Anspruch war nur durch das Kongresssystem aufrecht zu erhalten gewesen, durch eine koordinierte Außenpolitik mit Preußen und Russland. Diese Stabilisierungsstrukturen besaß Österreich nach 1856 nicht mehr.[83]

Die Stellung der Hohenzollernmonarchie in dieser neuen Ära der Großmächtepolitik war hingegen undefiniert. Auch Berlin konnte nicht mehr auf das Sicherheitsnetz der Wiener Ordnung zurückgreifen. Dieses sicherheitspolitische Vakuum war umso gefährlicher, da das Königreich in den unmittelbaren Jahren nach dem Krimkrieg diplomatisch isoliert war. Doch langfristig bot die Offenheit des Pentarchiekonzerts auch neue außenpolitische Handlungsräume – und damit Expansionsmöglichkeiten. Ohne das Systemobstakel einer neuen Olmützkoalition rückte eine preußische Lösung der Deutschen Frage wieder in den Bereich des Möglichen. Wilhelm reflektierte dies deutlich. Nur wenige Tage nach dem Ende der Pariser Konferenz schrieb er seinem Bruder, „neue politische Constellationen können sich nach diesem Frieden bilden, u[nd] die fast ekelhafte Coquetterie der Franzosen u[nd] Russen dürfte hierin einen Fingerzeig geben." Ein Bündnis zwischen Paris und Sankt Petersburg werde sich wahrscheinlich gegen die österreichische Territorialherrschaft in Italien und auf dem Balkan richten.

---

81 Vgl. Horst Günther Linke, Fürst Aleksandr M. Gorčakov (1798–1883). Kanzler des russischen Reiches unter Zar Alexander II., Paderborn 2020.
82 Vgl. Frehland-Wildeboer, Treue Freunde, S. 297–305; Simms, Vorherrschaft, S. 316–318; Evans, Jahrhundert, S. 333–334; Baumgart, Crimean War, S. 224–227.
83 Vgl. Mitchell, Grand Strategy, S. 271–278.

Für Berlin würde sich also „die *Welt*-Frage" stellen, „wohin hat es sich zu wenden in einem solchen Falle? Preußens Welt Aufgabe ist Fortschritt, also auch Vergößerung; hierin würde also ein Theilnehmen *gegen* Östreich in obigem Fall liegen, wenn ein gerechter Grund dazu vorliegen sollte. Auf der anderen Seite steht das deutsche Interesse, d. h. Deutschland nicht zu spalten, was im angedeuteten Fall nicht ausbleiben *kann*. Dies scheinen mir die beiden Gruppen zu sein, nach denen Preußen sich um zu schauen hat, um – nach *Umständen* zu handeln."[84] Und auch gegenüber Augusta argumentierte er, dass Preußen auf eine günstige Gelegenheit warten müsse, die Olmützer Ordnung zu revidieren. Bis dahin habe man „sich zu hüten [...], daß man von *Niemand dupirt* oder ins *Schleppthau* genommen wird, er mag Franzose, Russe oder Engländer und Östreicher heißen. Es heißt: freundlich mit Jedermann, aber immer die Augen auf den Tisch!"[85] Aber anno 1856 waren diese Quellen noch kein preview of coming attractions. Wilhelm besaß weder die notwendigen persönlichen noch strukturellen Einflussmechanismen, um den König in eine andere Politikrichtung zu drängen. Am Berliner Hof war er „lediglich" ein konstanter Irritationsfaktor. Daran sollte sich auch in den letzten Jahren der aktiven Herrschaft Friedrich Wilhelms IV. nichts ändern.

---

84 Wilhelm an Friedrich Wilhelm IV., 4. April 1856. AGKK, II/Bd. 2, S. 877.
85 Wilhelm an Augusta, 5. August 1856. GStA PK, BPH, Rep. 51 J, Nr. 509b, Bd. 4.

„Lüge, Unklarheit, Inconséquenz, Spionage."
Die letzten Herrscherjahre Friedrich Wilhelms IV.

Die Maikrise 1854 mochte der letzte Höhepunkt des Antagonismus zwischen König und Thronfolger gewesen sein. Aber dies bedeutete nicht, dass Wilhelms Opposition nach dem Krimkrieg an Virulenz verlor. Denn die letzten Jahre der Reaktionsära waren in Preußen von Krisen und Skandalen geprägt. Die Hohenzollernmonarchie drohte in eine neue Legitimationskrise abzurutschen. Daher versuchte Wilhelm noch immer aktiv, am Berliner Hof Gehör zu finden. Es kann sogar argumentiert werden, dass er sich in jener Zeit noch intensiver um politische Einflussnahme bemühte. Wie die prinzliche Korrespondenz belegt, verbrachte er nach 1855 längere Zeiträume in der preußischen Hauptstadt als in der ersten Hälfte der 1850er Jahre. Er schien die Nähe von Monarch und Ministerium zu suchen. Wilhelm war auf diese Reisen auch deshalb angewiesen, da er seitens der Regierung nach wie vor kaum offizielle Mitteilungen erhielt. Mitte Oktober 1855 etwa wurde er von einem Bericht seines Adjutanten Boyen alarmiert, der sich im Auftrag des Prinzen „in Berlin etwas umgesehen hat", dass dort „eine dumpfe Stimmung herrschte, durch Theuerung und die unverzeihlichen Wahl-Regierungs-Umtriebe herbeigeführt. Die Sache scheint ernst zu sein."[1] Was meinte der spätere Kaiser mit diesen Umtrieben? Am 8. Oktober 1855 war die preußische Bevölkerung zum Urnengang aufgerufen worden. Und Innenminister Westphalen hatte erstmals versucht, die Landtagswahlen systematisch zu beeinflussen. Den für die Organisation der Wahlgänge verantwortlichen Landräten war befohlen worden, nahezu sämtliche Wahlämter mit regierungsnahen Personen zu besetzen. Diese sollten vor Ort Druck auf die Stimmberechtigten ausüben. Letztendlich handelte es sich um nichts anderes als staatliche orchestrierte „Wahlhilfe" für die Kreuzzeitungspartei. Westphalen war sich der prekären Legalität dieser Maßnahmen bewusst gewesen. Denn er hatte explizit angemahnt, das Ganze vertraulich zu behandeln. Aber der Stimmzwang sickerte trotz aller Vertuschungsversuche an Presse und Landtag durch. Und die Regierung geriet in das Kreuzfeuer der öffentlichen Kritik.[2]

Wilhelm geißelte diese Maßnahmen als „Terrorismus der politischen Überzeugung", da die Regierung „nur Ja-Herren *haben* will, und alle, die sich unterstehen, eine andere Ansicht zu haben, ausschließen will".[3] Wie er seinem badischen Schwiegersohn schrieb, sei er *„weit entfernt*, dem Gouvernement eine Einwirkung auf die Wahlen *abzusprechen*, aber diese muß immer legal und loyal sein." Westphalen und die Kamarilla hätten ihrer Politik allerdings nicht einmal den Anschein von Legalität und Überparteilichkeit gegeben. „Die *Partei* wird mit einer solchen Kammer alles nach ihrem Belieben durchsetzen, und wahrlich nicht *alles* zum wahren Wohle des Ganzen!"[4] „Durch

---

1 Wilhelm an Augusta, 18. Oktober 1855. GStA PK, BPH, Rep. 51 J, Nr. 509b, Bd. 3.
2 Vgl. Richter, Moderne Wahlen, S. 352–355.
3 Wilhelm an Groeben, 1. Dezember 1855. Schultze (Hrsg.), Briefe an Politiker, Bd. 2, S. 46–48.
4 Wilhelm an Friedrich (I.), 9. November 1855. Oncken (Hrsg.), Briefwechsel, Bd. 1, S. 39.

https://doi.org/10.1515/9783111323954-027

Wahlumtriebe ist ein Zersetzungs und Entsittlichungs Element mehr in unsere Zustände gekommen, was meist seine sehr bösen Folgen tragen wird" schimpfte er Major Orlich.[5] Und seiner Ehefrau berichtete der Prinz aus der Hauptstadt, sie könne sich „keine Vorstellung machen [...], wie die Corruption bei Beamten und Anderen zunähme", ja vom Staat sogar „künstlich erzogen würde, weil man Niemandem mehr gestatten wolle, eine *eigene* Meinung zu haben, wodurch man die Heuchelei heraufbeschwöre."[6]

Doch die Kritik des Thronfolgers richtete sich auch gegen den Herrscher. Friedrich Wilhelm IV. hatte Westphalen immerhin agieren lassen. Und er hatte den Hochkonservativen sogar öffentlich zu ihrem Wahlsieg gratuliert. Dies war in Wilhelms Augen eines preußischen Königs unwürdig. „Es ist die complette Herabsteigung des Monarchen zum Parthei-Mann!" Sein Bruder habe durch dessen Verhalten dem Konstitutionalismus Hohn geschlagen – „dann braucht man überhaupt keine Versammlungen, aus denen die Regierung *Rath* haben will; dann können Kammer, Provinzial-Landtage, Kommunal-L[and]T[age] etc. eingehen; wenn man *nur* Ja-Herren haben will, so kann *man diese* ganz und ihren kostspieligen Apparat *dazu* ersparen."[7] Im Dezember 1855 wandte sich der Prinz mit einer brieflichen Warnung an General Groeben, der im Herrenhaus auch der Kreuzzeitungspartei angehörte. „Das Jahr 1848 ist ebenso ein solches Zeitzeichen für Preußen gewesen wie 1806, und mein ganzer Wunsch gehet dahin, daß es dereinst nicht heiße: Wir hätten nichts gelernt und nichts vergessen!" Wilhelm forderte den General auf, diesen Brief dem König vorzulegen.[8] Laut Leopold von Gerlach habe Groeben diesen Auftrag auch tatsächlich erfüllt, „und nun macht der König dem Prinzen Vorwürfe über dies, [...] über Westfalen usw., hält ihm auch das Preußische Wochenblatt vor."[9] Unüberhörbar frustriert klagte Wilhelm seiner Ehefrau, „*noch* gehet *den* Leuten, die *so* handeln, kein Licht auf, – bis es zu spät sein wird."[10] Und folgt man Varnhagens Tagebucheinträgen, wurde auch dieser neue Bruderzwist öffentliches Gesprächsthema. „Der Prinz beklagt die inneren Zustände, und sagt unter andern das merkwürdige Wort, die Kammer der Abgeordneten, wenn man ihr Freiheit gestatte, würde eine ganz andre Haltung einnehmen, als sie jetzt hat", so der Schriftsteller.[11]

Dass der Prinz von Preußen die Regierungspolitik geißelte, dürfte 1855 für die Untertanen der Hohenzollernkrone keine Überraschung gewesen sein. Aber im selben Jahr nahm ein politischer Skandal seinen Anfang, der die dysfunktionalen Strukturen am Berliner Hof vollends öffentlich bloßstellen sollte. Über zwei Jahre hinweg sorgte der sogenannte Potsdamer Depeschendiebstahl innerhalb und außerhalb der Palastmauern für Furore. Dieser Skandal, den David Barclay treffend als „preußisches Watergate"

---

5 Wilhelm an Orlich, 9. Januar 1856. Egloffstein (Hrsg.), Wilhelm I., S. 66.

6 Wilhelm an Augusta, 19. November 1855. GStA PK, BPH, Rep. 51 J, Nr. 509b, Bd. 3.

7 Wilhelm an Augusta, 13. November 1855. Ebd.

8 Wilhelm an Groeben, 12. Dezember 1855. Schultze (Hrsg.), Briefe an Politiker, Bd. 2, S. 51–52.

9 Tagebuch L. v. Gerlach, 14. Januar 1856. GA, LE02759, S. 13.

10 Wilhelm an Augusta, 26. Februar 1856. GStA PK, BPH, Rep. 51 J, Nr. 509b, Bd. 4.

11 Tagebuch Varnhagen, 31. Januar 1856. [Varnhagen], Tagebücher, Bd. 12, S. 375.

charakterisiert, fand bislang nur wenig historiographisches Interesse.[12] Dabei vermag kaum eine Episode besser zu illustrieren, wie sehr die Monarchie in den letzten Herrschaftsjahren Friedrich Wilhelms IV. an populärer Legitimität verloren hatte. Denn der Depeschendiebstahl demonstrierte, wie weit Preußen noch von einem funktionierenden Konstitutionalismus entfernt war.

Ihren Anfang nahm die Skandalgeschichte im November 1855, als Carl Techen verhaftet wurde. Der ehemalige Militär war dabei ertappt worden, wie er Regierungskorrespondenzen an die französische Gesandtschaft in Berlin verkauft hatte. Er hatte das Dienstpersonal von Leopold von Gerlach und Kabinettsrat Marcus Niebuhr bestochen, ihm deren Papiere abzuschreiben. Im Polizeiverhör gestand Techen schließlich, dass er von niemand Geringerem als Otto von Manteuffel persönlich beauftragt worden war, den Generaladjutanten und Kabinettsrat des Königs auszuspionieren. Seit 1853 hatte der Ministerpräsident die gestohlenen Briefe genutzt, um sich heimlich über die Schritte der Kamarilla zu informieren. Im Juli 1855 hatte Manteuffel die Zahlungen dann aber eingestellt. Also hatte sich Techen mit den Geheimpapieren aus dem Herzen des preußischen Regierungsapparats an die französische Gesandtschaft gewandt – und das mitten im Krimkrieg. Aber für den Berliner Hof wurde es noch peinlicher. Denn unter den beschlagnahmten Dokumenten befand sich auch ein Brief des vorbestraften Journalisten Emil Lindenberg. In diesem auf den 27. Juni 1855 datierten Schreiben berichtet Lindenberg seinem Auftraggeber Gerlach, wie Wilhelm in einer Offiziersrunde über die Kreuzzeitungspartei geschimpft haben soll.[13] Damit stand also auch der Verdacht im Raum, dass die Kamarilla den Thronfolger ausspionieren ließ. Und als die Polizeiuntersuchungen schließlich an die Öffentlichkeit durchsickerten, konnte sich der Berliner Hof nur noch um Schadensbegrenzung bemühen.[14]

Wilhelm war bereits seit dem Sommer über Lindenbergs Korrespondenz mit Gerlach informiert gewesen. „Ob der Brief echt ist, ob der Briefsteller in fortgesetzter Korrespondenz mit Gerlach stehet, ob ich ausspioniert werden soll ist mir völlig unbekannt und gleichgültig", erklärte er dem König, „indem alle meine Wege öffentlich sind, ich also keiner Spione bedarf, die auf meinen Wegen lauern."[15] Das Schreiben war dem Prinzen „aus mir bis heute unbekannt gebliebener Quelle zugekommen", wie er im Dezember rückblickend erklärte.[16] Und Friedrich Wilhelm IV. hatte von Gerlach im August Aufklärung über diese „nichtswürdige Intrige" verlangt."[17] In einer undatierten Aufzeichnung erklärte der Generaladjutant, er könne nicht mit Sicherheit sagen, ob Lindenbergs Schreiben echt sei, „da ich dergleichen Briefe zu verbrennen pflege." Daher warf er seinerseits Wilhelm vor, „sich auf entschieden unerlaubten Wegen der Korre-

---

12 Vgl. Barclay, Friedrich Wilhelm IV., S. 357–360.
13 Vgl. Lindenberg an L. v. Gerlach, 27. Juni 1855. GStA PK, VI. HA, Nl. Vaupel, Nr. 63, Bl. 55–56. Siehe auch L. v. Gerlachs Tagebucheintrag vom 28. Juni 1855. GA, LE02758, S. 95.
14 Vgl. Tagebuch Varnhagen 26. November 1855. [Varnhagen], Tagebücher, Bd. 12, S. 324.
15 Wilhelm an Friedrich Wilhelm IV., 24. August 1855. GStA PK, VI. HA, Nl. Vaupel, Nr. 63, Bl. 54.
16 Wilhelm an Friedrich Wilhelm IV. 18. Dezember 1855. Baumgart (Hrsg.), Wilhelm I., S. 507–508.
17 Friedrich Wilhelm IV. an L. v. Gerlach, 10. August 1855. GA, LE02776, S. 23.

spondenz des Generaladjutanten des Königs zu bemächtigen."[18] Zwar konnte nie geklärt werden, wer dem Thronfolger Lindenbergs Brief geleakt hatte, ob Techen oder jemand anderes. Aber dass Gerlach sofort mit dem Finger auf Wilhelm zeigte, nachdem er selbst der Spionage beschuldigt worden war, spricht Bände über die Misstrauensatmosphäre unter Friedrich Wilhelm IV. Von 1855 bis 1857 wurde so gut wie jede Person am Berliner Hof irgendwann von irgendwem des Briefdiebstahls bezichtigt.

Mit Techens Verhaftung gewann der Skandal schließlich eine neue Dynamik. Das Ausmaß der aufgedeckten Hofintrigen schien selbst Wilhelm zu schockieren. „Wohl dem, der aus diesem Sauerteig sich fern gehalten hat!!"[19] Um zumindest für seine *Figur* die Kontrolle über das öffentliche Narrativ zurückzugewinnen, forderte er seinen Bruder im Dezember auf, Lindenberg der Verleumdung anzuklagen. Dem Thronfolger war dabei bewusst, dass ein solcher Skandalprozess auch Gerlach kompromittieren musste.[20] Friedrich Wilhelm IV. wiederum konnte kein Interesse daran haben, dass Lindenbergs Verhältnis zum Generaladjutanten vor Gericht diskutiert werden sollte. Im März 1856 klagte Wilhelm, dass „ich nun *4 mal* um Bestrafung des Lindenberg vergeblich den König angegangen bin".[21] Erst im September desselben Jahres wurde Anklage gegen Lindenberg erhoben – und Gerlach musste als Belastungszeuge aussagen.[22] Laut seinem Bruder Ernst Ludwig soll der Generaladjutant deshalb gegenüber Wilhelm bemerkt haben, „wäre er nicht der Prinz, so müßte er ihn fordern."[23] Ein Duell fand nicht statt. Und Lindenberg wurde im Februar 1857 schließlich zu neun Monaten Haft verurteilt. Aber bereits nach wenigen Tagen begnadigte Friedrich Wilhelm IV. den wannabe-Spion.[24] Wieder sah Wilhelm die Kamarilla am Werk. „Diese Verblendung der Parthei gehet über allen und jeden Horizont!", schimpfte er Augusta[25] Und seinem Schwiegersohn erklärte er, „daß man sich in ein Netz von Intrigen verstrickt hat, aus denen der Ausweg zu finden, für den Nicht-Eingeweihten unmöglich ist!!"[26]

Doch 1856 strebte Wilhelm in der Causa Briefdiebstahl nicht nur gegen Lindenberg eine Verleumdungsklage an. Denn im Februar erreichte ihn die Nachricht, dass der Kreuzzeitungspolitiker Hermann Wagener öffentlich spekuliert haben soll, der Thron-

---

18 Aufzeichnungen L. v. Gerlachs, [1855]. GA. LE02772, S. 190–191.

19 Wilhelm an Augusta, 15. November 1855. GStA PK, BPH, Rep. 51 J, Nr. 509b, Bd. 3.

20 Vgl. Wilhelm an Friedrich Wilhelm IV., 9. Dezember 1855. GStA PK, VI. HA, Nl. Vaupel, Nr. 63, Bl. 63–64; Tagebuch L. v. Gerlach, 15. Dezember 1855. GA, LE02758, S. 165; Wilhelm an Friedrich Wilhelm IV., 18. Dezember 1855. Baumgart (Hrsg.), Wilhelm I., S. 507–509.

21 Wilhelm an Augusta, 8. März 1856. GStA PK, BPH, Rep. 51 J, Nr. 509b, Bd. 4.

22 Vgl. Tagebuch Bernhardi, 25. September 1856. Bernhardi (Hrsg.), Aus dem Leben, Bd. 2, S. 331; Tagebuch E. L. v. Gerlach, 12. November 1856. Diwald (Hrsg.), Nachlaß, Bd. 1, S. 376; E. L. v. Gerlach an L. v. Gerlach, [3. Februar 1857]. GA, LE02773, S. 36.

23 Tagebuch E. L. Gerlach, 3. Februar 1857. Diwald (Hrsg.), Nachlaß, Bd. 1, S. 383.

24 Vgl. Friedrich Wilhelm IV. an Wilhelm, 7. Februar 1857. GA, LE02773, S. 16–17; Wilhelm an Friedrich Wilhelm IV., 9. Februar 1857. Ebd., S. 18.

25 Wilhelm an Augusta, 19. Februar 1857. GStA PK, BPH, Rep. 51 J, Nr. 509b, Bd. 5.

26 Wilhelm an Friedrich I., 2. März 1857. GStA PK, BPH, Rep. 51 J, Nr. 21m, Bd. 1, Bl. 74–76.

folger wäre der eigentliche Drahtzieher hinter dem Depeschendiebstahl gewesen.[27] „Dieser infamen Verleumdung muß ich auf die Spur kommen", berichtete er Augusta, „und ich muß in das Wespen-Nest endlich ein Loch machen."[28] Er wolle „die Sache so publique wie möglich" machen, „damit man weiß, daß *ich* die Sache verfolge."[29] Doch anders als im Fall Lindenberg verweigerte der Herrscher seinem jüngeren Bruder den Rechtsweg im Fall Wagener ohne-wenn-und-aber. „Es ist eine complette Rechts-Verweigerung, die mich trifft!!", lamentierte Wilhelm. Er äußerte sogar den Verdacht, „daß der König *selbst* der Verbreiter der Gerüchte über mich ist!"[30] Und seinem Bruder warf er brieflich vor, das Wohl der Kamarilla über das des Thronfolgers zu stellen. Denn „wer das Licht nicht zu scheuen braucht, braucht auch die Untersuchung nicht zu scheuen, und der stehet dann auf demselben Boden mit mir."[31] Das Verhältnis der königlichen Brüder war irreparabel beschädigt – seit langem. Der Potsdamer Depeschendiebstahl war lediglich ein Symptom dieser dysfunktionalen Dynastiestrukturen.

Für das öffentliche Ansehen von Monarch und Ministerium war der Skandal allerdings verheerend. Das Intrigennetz schien bis in die Allerhöchsten Kreise zu reichen. Und dem König wurde vorgeworfen, eine polizeiliche Aufklärung aktiv zu verhindern.[32] Im März 1856 wurden schließlich mehrere der geleakten Dokumente in der Broschüre *Der Potsdamer Depeschen-Diebstahl* publiziert, die dem Skandal einen Namen gab. Darin zeichnete der anonyme Herausgeber ein vernichtendes Bild der Zustände am Berliner Hof. „Der Ministerpräsident des Königs setzt dem Generaladjutanten und dem Cabinetsrath des Königs, beiden zugleich dessen vertraute Freunde, einen Spion, der ihm – mindestens – ein ganzes Jahr lang ihre Papiere zuträgt, in deren Besitz er, wie der Ministerpräsident sofort weiß, nur ‚auf bedenkliche Weise' gelangen kann. Und der Generaladjutant des Königs setzt zur selben Zeit, nur auf kürzere Frist, in der Person eines bestraften Verbrechers, einen Spion gegen den Bruder seines Königs, den Vertheidiger und Erben unserer Krone, und nimmt von der Hand des bestraften Verbrechers einen Bericht an, der von ‚gehässigen Verleumdungen' gegen den erlauchten Prinzen voll ist." Das zeitgenössische Publikum wurde abschließend gewarnt, „sich nicht zu tief" mit diesen Ereignissen zu beschäftigen. Denn „wer ein vaterländisches Herz hat", könne glatt „den Verstand verlieren".[33]

Als wäre das noch nicht genug, wurde Preußen im selben Monat von einem weiteren Skandal erschüttert. Am 10. März 1856 wurde der Berliner Polizeipräsident Carl Ludwig von Hinckeldey vom Herrenhausabgeordneten Hans von Rochow-Plessow er-

---

27 Vgl. Tagebuch L. v. Gerlach, 23. Februar 1856. GA, LE02759, S. 36; Tagebuch Varnhagen, 19. März 1856. [Varnhagen], Tagebücher, Bd. 12, S. 417–418; Tagebuch Bernhardi, 21. März 1856. Bernhardi (Hrsg.), Aus dem Leben Bernhardis, Bd. 2, S. 300–301.
28 Wilhelm an Augusta, 20. Februar 1856. GStA PK, BPH, Rep. 51 J, Nr. 509b, Bd. 4.
29 Wilhelm an Augusta, 21. Februar 1856. Ebd.
30 Wilhelm an Augusta, 26. Februar 1856. Ebd.
31 Wilhelm an Friedrich Wilhelm IV., 27. Februar 1856. GStA PK, VI. HA, Nl. Vaupel, Nr. 63, Bl. 84–85.
32 Vgl. Tagebuch Varnhagen, März 1856. [Varnhagen], Tagebücher, Bd. 12, S. 411.
33 Der Potsdamer Depeschen-Diebstahl, Berlin 1856, S. 7.

schossen. Hinckeldey hatte im Juni 1855 auf königlichen Befehl Rochow-Plessows Offizierscasino räumen lassen. Daraufhin hatte der Abgeordnete den Polizeipräsidenten zum Duell gefordert. Hinckeldey war kurzsichtig und im Schusswaffengebrauch ungeübt. Seine Bitte, Friedrich Wilhelm IV. möge das Duell untersagen, blieb aber ungehört. Daher wurde der Monarch öffentlich für den Tod des Polizeipräsidenten verantwortlich gemacht.[34] Und Wilhelm witterte eine neue Kamarillaverschwörung. „Hinckeldeys Sturz war seit Jahr und Tag von der †Zeitungs Parthei beschlossen und conséquent verfolgt, weil er es wagte den König vor derselben zu warnen", erklärte er Luise.[35] Denn „die Animosität, die aus vielen Reibungen zwischen Militair und Polizei entstanden war, hat jene Partei benutzt, um Offiziere und Junkertum gegen Hinckeldey zu hetzen – und hat réussirt."[36] „Wenn man dazu noch den Depeschendiebstahl zählt, so haben wir ein Bild unserer inneren Zustände, das nichts als Fäulnis verrät."[37] Und Charlotte schimpfte er, „Lüge, Unklarheit, Inconséquenz, Spionage eine über die andere, zeugen von Zuständen wie sie in Preußen sonst ungekannt waren; nirgends ist Einheit, weil überall der Dualismus regiert!"[38]

Aber Wilhelm suchte den Konflikt mit seinem Bruder und dessen Umgebung nicht nur auf der innenpolitischen Bühne. Denn 1856/57 stand Preußen kurz davor, einen Krieg gegen die Schweiz zu führen. Seit 1707 hatten die Hohenzollernkönige das Schweizer Fürstentum Neuenburg (oder Neuchâtel) in Personalunion regiert.[39] Dieses vormoderne Herrschaftskonstrukt fand 1848 faktisch sein Ende, als in Neuchâtel die monarchische Regierung gestürzt und die Republik ausgerufen wurde. Friedrich Wilhelm IV. hielt jedoch nach wie vor an seinen dynastischen Rechten fest. Und 1852 waren sie ihm von der Pentarchie zumindest formal bestätigt worden. Im Jahr 1856 sollte der König schließlich versuchen, seine Herrschaft in Neuchâtel auch effektiv zu restaurieren – durch einen von Preußen unterstützten royalistischen Staatsstreich.[40] Und Wilhelm spielte bei dieser Krise eine aktive Rolle.

Am 22. August 1856 empfing der Thronfolger einen Repräsentanten der Neuenburger Hohenzollernpartei in Berlin. Laut Leopold von Gerlach soll dieser „um [...] die Billigung des Königs zu einer ‚reaction' in Neufshatel" gebeten haben. Noch am selben Tag berichtete der Prinz seinem Bruder und Manteuffel über die Putschpläne. „S.M. billigten alles und gingen scharf ins Geschirr. Eigenhändige Briefe an Bonaparte,

---

34 Vgl. Barclay, Friedrich Wilhelm IV., S. 383–386.

35 Wilhelm an Luise, 26. März 1856. GStA PK, BPH, Rep. 51, Nr. 853.

36 Wilhelm an Ernst II., 13. März 1856. Ernst II., Aus meinem Leben, Bd. 2, S. 355.

37 Wilhelm an J. v. Schleinitz, 8. April 1856. Schultze (Hrsg.), Briefe an Politiker, Bd. 2, S. 72.

38 Wilhelm an Charlotte, 29. März 1856. GStA PK, BPH, Rep. 51 J, Nr. 511a, Bd. 2, Bl. 696.

39 Vgl. Wolfgang Stribrny, Die Könige von Preußen als Fürsten von Neuenburg-Neuchâtel (1707–1848). Geschichte einer Personalunion, Berlin 1998.

40 Vgl. Edgar Bonjour, Vorgeschichte des Neuenburger Konflikts 1848–56, Bern/Leipzig 1932; ders., Englands Anteil an der Lösung des Neuenburger Konflikts 1856/57, Basel 1943; ders., Der Neuenburger Konflikt 1856/57. Untersuchungen und Dokumente, Basel/Stuttgart 1957; Huber, Verfassungsgeschichte, Bd. 3, S. 248–253.

Österreich und Russland, zwölf Bataillone nach Basel usw."[41] Über die getroffenen Pläne wurde Stillschweigen vereinbart. In seinen täglichen Briefen an Augusta beispielsweise erwähnte Wilhelm die im Verborgenen köchelnde Neuchâtel-Krise mit keinem Wort. Erst am 2. September ließ er die Bombe platzen. Denn am selben Tag hatten die Putschisten das Neuenburger Stadtschloss gestürmt – und waren sofort verhaftet worden. Der royalistische Staatsstreich hatte nur wenige Stunden gedauert. „Da das *höchste Geheimniß* nöthig, so schrieb ich Dir nichts", gestand Wilhelm seiner Ehefrau. Er sei „sehr erschüttert durch die Neuchateller Nachrichten. Die Contre-Révolte hatte so gut angefangen!"[42] „Das Manquiren des Coup scheint der Feigheit der Gutgesonnenen zugeschrieben werden zu müssen", schimpfte er, „die, wie zu allen Zeiten überall, die Hände in den Schoos legen und den Ausgang abwarten, um sich nicht zu compromittiren!"[43]

Weshalb aber hatte Wilhelm eine Politik aktiv unterstützt, deren Erfolgschancen von Beginn an mindestens fragwürdig waren? Eine Politik, die scheinbar nichts mit seiner monarchischen Agenda für Preußen und Deutschland zu tun hatte? In einer ausführlichen Denkschrift für den Wochenblattdiplomaten Robert von der Goltz gab der spätere Kaiser darauf eine Antwort. Der Neuenburger Konflikt war für ihn eine Prinzipienfrage. Denn die republikanische Herrschaft anzuerkennen „hieße die über Neuchâtel ergangene auswärtige Revolution als zu rechtstehend anerkennen: das ist unmöglich! Wenn erst die Großmächte der Schweiz, deren Unrecht sie durch das Protocoll von 1852 officiell anerkannt haben, nicht zum Nachgeben zwingen, so muss Preußen sich sein Recht durch die Waffen zu erzwingen suchen." Berlin kämpfe in Neuenburg gegen die Revolution. Und in Europa müsse das Hohenzollernkönigreich demonstrieren, dass es seine Interessen auch durch Waffengewalt zu verteidigen bereit sei.[44] Letztendlich versuchte Wilhelm nichts anderes, als in der Schweiz das Krimkriegsdebakel zu kompensieren. „Alles kommt darauf an, ob wir *endschieden* sind, den Ehren-Punkt durch ein *Duell* auszufechten", erklärte er Augusta.[45] „Alles wäre zu verlangen, wenn die Welt wüßte, daß Preußen sich zuletzt *selbst Recht nehmen* würde; aber daran glaubt seit Olmütz und Orient Niemand".[46] Werde Preußen allerdings daran „gehindert, sein anerkanntes Recht mit den Waffen zu erringen, so erleidet es in 8 Jahren die dritte Niederlage, moralisch und politisch".[47] Und an Bunsen schrieb der Prinz, er sei sogar bereit, „einen europäischen Krieg" zu riskieren. „Wir sind auf *alles* gefaßt! – und müssen wir zu

---

41 Tagebuch L. v. Gerlach, 25. August 1856. GA, LE02759, S. 148–149. Siehe auch Wilhelms Aufzeichnungen vom September 1856, in: Schultze (Hrsg.), Briefe an Politiker, Bd. 2, S. 79–81.
42 Wilhelm an Augusta, 2. September 1856. GStA PK, BPH, Rep. 51 J, Nr. 509b, Bd. 4.
43 Wilhelm an Augusta, 10. September 1856. Ebd.
44 Wilhelm an Goltz, [1856]. GStA PK, BPH, Rep. 51 J, Nr. 866.
45 Wilhelm an Augusta, 27. Oktober 1856. GStA PK, BPH, Rep. 51 J, Nr. 509b, Bd. 4.
46 Wilhelm an Augusta, 25. Oktober 1856. Ebd.
47 Wilhelm an Stockmar, 13. November 1856. Schultze (Hrsg.), Briefe an Politiker, Bd. 2, S. 86.

den Waffen greifen, dann kann von einem *Aufgeben* Neuchatells nicht mehr die Rede sein."[48]

Auch Friedrich Wilhelm IV. glaubte in Neuenburg die Monarchie gegen die Revolution verteidigen zu müssen. Und wie sein jüngerer Bruder war er bereit, diesen Systemkonflikt notfalls auch militärisch auszutragen.[49] Kurzzeitig bot diese außenpolitische Krise daher König und Thronfolger die Möglichkeit, *miteinander* anstatt *gegeneinander* zu operieren. Seit Oktober wurde Wilhelm sogar aktiv in die Kriegsplanungen involviert. Doch die brüderliche Harmonie fand bereits im Dezember ihr Ende. Denn der Herrscher ernannte nicht den Thronfolger, sondern General Groeben zum designierten Oberbefehlshaber der gegen Bern aufgestellten Armeen.[50] Wilhelm betrachtete dies als Affront, der ihm umso schwerer wog, da im Januar 1857 sein fünfzigjähriges Militärdienstjubiläum öffentlich gefeiert wurde. „Ich weiß daß alle hochgestellten Generale etc. den König unabläßig gebeten haben, mir dies Commando zu geben, klagte er Charlotte, „aber er hat es nicht nur nicht gethan, sondern mir nicht ein Wort geschrieben aus welchen Gründen er mir eine solche Vertrauens Stellung vorenthält! Ich bin einige Tage so zerschlagen gewesen, daß ich mich noch kaum erhole und gern garnicht nach Berlin gegangen wäre, da mir eine Jubiläums-Feier und eine Nicht-Betheiligung am Kriege wie ein Pasquil aussiehet!"[51] Und wieder vermutete der Thronfolger eine Kamarillaverschwörung. Anfang Januar schrieb er General Natzmer, „gedenken Sie in dieser Zeit des gefeierten Jubilars zugleich teilnehmend des – zu Hause gelassenen Feldherrn!! wegen Gerlach."[52] „Etwas Schwereres ist mir in den 50 Jahren nicht geschehen!"[53]

Da er sich erneut gedemütigt sah, zog sich Wilhelm auch aus der aktiven Kriegsplanung zurück. Seinem Schwiegersohn Friedrich I. erklärte er, „da ich selbst *inactiv* bleibe, so ist auch die Lust am Ganzen sehr matt; dennoch wünsche ich für *Preußen* unbedingt das Ziehen des Degens."[54] Doch der Degen sollte nicht gezogen werden. Wie bereits ein Jahr zuvor lud Napoleon III. auch im Februar 1857 zu einem Großmächtekongress in Paris ein, um dort die Neuchâteller Frage zu verhandeln. Der Empereur sah in der Krise eine weitere Gelegenheit, in Europa die Rolle eines Arbiter mundi zu spielen. Auch Großbritannien war nicht an einem Krieg zwischen Preußen und der Schweiz interessiert. Sollten die anderen deutschen Staaten mit in diesen Konflikt gezogen werden, waren unweigerlich die Interessen der Pentarchie berührt. Ohne das Plazet jener Mächte, die ihm 1852 noch die Neuenburger Souveränität garantiert hatten,

---

48 Wilhelm an Bunsen, 10. November 1856. Ebd., S. 81–82.

49 Vgl. Bußmann, Friedrich Wilhelm IV., S. 397–411.

50 Vgl. Hans-Dierk Fricke, Der vermiedene Krieg zwischen Preußen und der Schweiz. Operationsgeschichtliche Aspekte der „Neuenburger Affaire" 1856/57, in: Militärgeschichtliche Zeitschrift 61 (2002), S. 431–460, hier: S. 440–453.

51 Wilhelm an Charlotte, 28. Dezember 1856. GStA PK, BPH, Rep. 51 J, Nr. 511a, Bd. 2, Bl. 712.

52 Wilhelm an Natzmer, 7. Januar 1857. Berner (Hrsg.), Briefe, Bd. 1, S. 406.

53 Wilhelm an Charlotte, 14. Januar 1857. GStA PK, BPH, Rep. 51 J, Nr. 511a, Bd. 2, Bl. 719.

54 Wilhelm an Friedrich I., 5. Januar 1857. GStA PK, BPH, Rep. 51 J, Nr. 21m, Bd. 1, Bl. 72.

schreckte Friedrich Wilhelm IV. vor einer militärischen Eskalation zurück. Daher akzeptierte er die Einladung nach Paris.[55]

Auch Wilhelm war bereit, eine diplomatische Lösung der Krise zu akzeptieren – solange Preußen am Verhandlungstisch einen Sieg erringen konnte. Dies sei jedoch bei den „Veleitäten einer gewissen Parthei" alles andere als gewiss, wie er Bernstorff schrieb.[56] Und seiner Schwester klagte er, „noch scheint man in Berlin sehr unklar zu sein, was man will und was nicht."[57] Daher versuchte er in der preußischen Hauptstadt im Februar 1857, sich bei Friedrich Wilhelm IV. und Manteuffel Gehör zu verschaffen.[58] Gegenüber beiden Männern argumentierte er, Preußen müsse auf die Freilassung der Putschisten drängen. Damit würde die Berner Republik offen ihr „Unrecht" eingestehen und die Hohenzollernsouveränität anerkennen. Erst dann könne Berlin über die neue Form der staatsrechtlichen Eingliederung Neuchâtels in das Schweizer System verhandeln.[59] Letztendlich werde wohl Alles auf einen freiwilligen Verzicht der Souveränitätsrechte über Neuchâtel hinauslaufen, lamentierte Wilhelm, „aber ehe es dazu kommt, werden noch 100mal Seitensprünge gemacht werden, als dächte man nicht davon, schließlich so zu verfahren! Und wessen Ansehen leidet allein dabei!? Wo soll das Vertrauen herkommen!"[60] Mit dieser Prophezeiung sollte er Recht behalten.

In dem am 26. Mai unterzeichneten Vertrag von Paris erklärte sich die Schweiz bereit, die Putschisten freizulassen. Und Friedrich Wilhelm IV. verzichtete im Gegenzug auf seine Neuenburger Souveränitätsrechte. Anders als sein jüngerer Bruder sah der König diese Lösung allerdings als eklatante diplomatische Niederlage an. Denn ihm war es nicht gelungen, die Pentarchie von seinem Legitimitätsverständnis zu überzeugen. Stattdessen war in seinen Augen die Schweizer Revolution auch noch staatsrechtlich sanktioniert worden.[61] Charlotte klagte er, die „Neuenburger Sache ist ein Nagel zu meinem Sarge! [...] Das wirklich Furchtbare ist die Muthlosigkeit für die eigene gute heilige Sache, weil die Revoluzion Allen imponirt."[62]

Friedrich Wilhelm IV. war kurz vor dem Ende der Reaktionsära politisch gescheitert. Das von ihm propagierte Monarchiemodell vermochte mit den postrevolutionären Strukturen weder im Inneren noch im Äußeren Schritt zu halten. Otto von Manteuffel war es nur *gegen* seinen königlichen Souverän gelungen, Preußen auf konservativer Basis zu stabilisieren und modernisieren. Und selbst dieser Erfolg war ständig von den neoabsolutistischen Allüren des Herrschers und dessen unverantwortlicher Umgebung

---

55 Vgl. Bonjour, Neuenburger Konflikt, S. 162–165; Fricke, Vermiedener Krieg, S. 458–459; Ulrich Lappenküper, Bismarck und Frankreich 1815 bis 1898. Chancen zur Bildung einer „ganz unwiderstehlichen Macht"?, Paderborn u. a. 2019, S. 107–108.
56 Wilhelm an Bernstorff, 6. Februar 1857. Ringhofer (Hrsg.), Nachlass, S. 353.
57 Wilhelm an Charlotte, 17. Februar 1857. GStA PK, BPH, Rep. 51 J, Nr. 511a, Bd. 2, Bl. 722.
58 Vgl. Bonjour, Neuenburger Konflikt, S. 222–226.
59 Vgl. Wilhelm an Friedrich Wilhelm IV., 13. Februar 1857. Baumgart (Hrsg.), Wilhelm I., S. 543–545; Wilhelm an Augusta, 26. Februar 1857. GStA PK, BPH, Rep. 51 J, Nr. 509b, Bd. 5.
60 Wilhelm an Friedrich I., 19. März 1857. GStA PK, BPH, Rep. 51 J, Nr. 21m, Bd. 1, Bl. 78.
61 Vgl. Bußmann, Friedrich Wilhelm IV., S. 410; Barclay, Friedrich Wilhelm IV., S. 388–389.
62 Friedrich Wilhelm IV. an Charlotte, 17. Juni 1857. Blasius, Friedrich Wilhelm IV., S. 236.

bedroht.[63] Der dogmatische Konservativismus, wie ihn in Preußen König und Kreuz-zeitungspartei repräsentierten, befand sich in der zweiten Hälfte der 1850er Jahre in ganz Europa in der Defensive. Denn er schien die neue Legitimationskrise der Monar-chie nicht mehr lösen zu können. Genau das versprach ein pragmatischer, reformori-entierter, vor allem aber *staatsegoistischer* Konservativismus, wie ihn in Preußen der spätere Kaiser repräsentierte. Dieser Konservativismus entfernte sich von idealisierten Handlungsparametern und orientierte sich stattdessen an den gegebenen Realitäten. Mit dem Aufkommen der sogenannten Realpolitik fand die Wiener Ordnung schließ-lich auch auf der ideologischen Ebene ihr Ende.[64] Der Dauerkonflikt von Wilhelm und Friedrich Wilhelm IV. war daher auch ein personifizierter Ideenkonflikt. Bereits vor dem Sturz des Reaktionsministeriums 1858 war sowohl Hochkonservativen wie Re-formkonservativen als auch Liberalen bewusst, dass ein Thronwechsel nicht nur dy-nastisch eine Zäsur bedeuten würde.[65] Als der König in der ersten Jahreshälfte 1856 unter gesundheitlichen Problemen litt, wurde innerhalb wie außerhalb der Palast-mauern sofort diskutiert, wie eine neue Regierung unter Wilhelms Herrschaft ausse-hen könnte.[66] Derartige Spekulationen erlauben zumindest eine partielle Rekonstruk-tion der öffentlichen Wahrnehmung des preußischen Thronfolgers. Sie legen nahe, dass Wilhelm acht Jahre nach der Märzrevolution als dynastische Projektionsfläche der Zukunftsfähigkeit der Hohenzollernmonarchie fungierte. Oder wie es Bernhardi for-mulierte: „Der Prinz ist Gegenstand der allgemeinen Hoffnung."[67]

Doch diese öffentliche Popularität stand in deutlicher Diskrepanz zu dem politi-schen Einfluss, den Wilhelm am Berliner Hof besaß. Und anlässlich seines sechzigsten Geburtstags 1857 schien sich ihm die Frage zu stellen, ob er seine monarchische Agenda überhaupt je realisieren könne. Er habe ein Alter erreicht, in dem man „viel mehr *hinter* als *vor* sich hat", antwortete er auf einen der vielen Geburtstagsglückwünsche.[68] „Ueberhaupt, wenn man ein 60er geworden ist, muß man sich nur noch in den Kindern *fortlebend* ansehen".[69] Nur ein halbes Jahr, nachdem Wilhelm diese Zeilen geschrieben hatte, rückte er unversehens in das Zentrum des politischen Entscheidungsprozesses. Und in dieser Position sollte er Preußen, Deutschland und Europa verändern.

---

63 Vgl. Barclay, Friedrich Wilhelm IV., S. 348–349.

64 Vgl. Winkler, Weg nach Westen, Bd. 1, S. 137–139; Frank Möller, Vom revolutionären Idealismus zur Realpolitik. Generationswechsel nach 1848?; in: HZ Beihefte 36 (2003), S. 71–91; Caruso, Nationalstaat als Telos?, S. 183, S. 340; Evans, Jahrhundert, S. 371–372.

65 Vgl. Tagebuch Varnhagen, 12. Juli 1855. [Varnhagen], Tagebücher, Bd. 12, S. 172; Tagebuch E. L. v. Ger-lach, 24. Februar 1856. Diwald (Hrsg.), Nachlaß, Bd. 1, S. 369; Saucken-Julienfelde an Duncker, 13. April 1856. Schultze (Hrsg.), Briefwechsel, S. 70; Tagebuch L. v. Gerlach, 2. Mai 1856. GA, LE02759, S. 99.

66 Vgl. Bußmann, Friedrich Wilhelm IV., S. 412–414.

67 Aufzeichnungen Bernhardis, [Sommer 1855]. Bernhardi (Hrsg.), Aus dem Leben, Bd. 2, S. 238.

68 Wilhelm an Wintzingerode, 30. März 1857. Knesebeck (Hrsg.), Briefwechsel, S. 136.

69 Wilhelm an Roon, 28. März 1857. Roon (Hrsg.), Denkwürdigkeiten, Bd. 1, S. 332.

Fünftes Buch **Das persönliche Regiment 1857–1863**

„Jeder ziehet nach seiner Richtung. Ich höre Alle an."
Die Dynastiekrise 1857/58

Im 19. Jahrhundert bedeutete ein Thronwechsel fast immer eine politische Zäsur. Aber nur selten markierte er auch einen Epochenwechsel. Das war in Preußen nach 1857 der Fall. Der Thronwechsel von Friedrich Wilhelm IV. zu Wilhelm war ein langwieriger Prozess, der mit einer plötzlichen dynastischen Staatskrise im Oktober 1857 begann und mit dem Sturz des Reaktionsministeriums im November 1858 endete. Auf einer symbolpolitischen Ebene dauerte er sogar bis zum Tod Friedrich Wilhelms IV. im Januar 1861 und Wilhelms Königskrönung im Oktober desselben Jahres. Aber bereits zwei Jahre bevor der spätere Kaiser den Königsthron besteigen sollte, hatte er die Herrschaftsstrukturen am Berliner Hof grundlegend verändert. Schon zeitgenössisch wurde von dem Beginn einer „Neuen Ära" im Hohenzollernkönigreich gesprochen.[1] Der Umbruch blieb jedoch nicht auf Preußen beschränkt. Denn er läutete auch das Ende der Reaktionsära in ganz Deutschland ein. Und mit Wilhelm in charge gewann der preußisch-österreichische Dualismus einen geradezu zwangsläufig eskalativen Charakter.

Am Anfang dieser Entwicklung stand Friedrich Wilhelms IV. gesundheitsbedingte Regierungsunfähigkeit. Seit dem Sommer 1857 zeigte der König erste Symptome einer Gehirnarteriensklerose. Als Folge mehrerer Schlaganfälle litt er zunächst unter einer neurologischen Störung des Sprachvermögens und schließlich ab Herbst 1859 auch unter körperlichen Lähmungen.[2] Erste öffentliche Gerüchte über den Gesundheitszustand des Herrschers kursierten bereits im August 1857.[3] Seitens der Regierung wurde anfangs versucht, dieses Thema schlichtweg totzuschweigen. Erst als im Oktober die Übertragung der Regierungsgeschäfte auf den Thronfolger notwendig wurde, sollten sich Hof und Staatsministerium an die Öffentlichkeit wenden. Auch Wilhelm wurde nur unzureichend über das Befinden seines Bruders informiert, worüber er sich offen beklagt haben soll. Was der Prinz genau erfahren durfte, wurde von der Hofbürokratie bestimmt.[4]

Politisch akut wurde die Erkrankung des Monarchen erstmals im September. Alexander II. hatte seinen Onkel zu einer Entrevue à trois mit Napoleon III. am Stuttgarter Hof eingeladen. Doch Friedrich Wilhelm IV. lehnte ab, da Kaiser Franz Joseph nicht teilnehmen sollte. Er weigerte sich, einer diplomatischen Koalition gegen Öster-

---

1 Vgl. Joseph Edmund Jörg, Die neue Aera in Preußen, Regensburg 1860.
2 Vgl. Friedrich Vogel, Die Krankheit Friedrich Wilhelms IV. nach dem Bericht seines Flügeladjutanten, in: Otto Büsch (Hrsg.), Friedrich Wilhelm IV. in seiner Zeit. Beiträge eines Colloquiums, Berlin (West) 1987, S. 256–271.
3 Vgl. Tagebuch Varnhagen, 17. August 1857. [Varnhagen], Tagebücher, Bd. 14, S. 47–48
4 Vgl. Tagebuch L. v. Gerlach, 2. August 1857. Ulrike Agnes von Gerlach (Hrsg.), Denkwürdigkeiten aus dem Leben Leopold von Gerlachs, General der Infanterie und General-Adjutanten König Friedrich Wilhelms IV. Nach seinen Aufzeichnungen hrsg. v. seiner Tochter, Bd. 2, Berlin 1892, S. 524; O. v. Manteuffel an Hatzfeldt-Trachenberg, 8. September 1857. Poschinger (Hrsg.), Denkwürdigkeiten, Bd. 3, S. 201.

https://doi.org/10.1515/9783111323954-028

reich den Weg zu bereiten.[5] Wilhelm kritisierte diese Entscheidung scharf. Er schrieb seinem Bruder, dass „ich Deine Anwesenheit bei einem solchen Kaiser-Rendez-Vous [...] für unerläßlich halte."[6] Denn wie er Otto von Manteuffel erklärte, wäre „ein solches Rendezvous [...] für Preußens ganze Stellung sehr wichtig gewesen [...], da der König nicht nur sich, sondern Deutschland repräsentiert hätte, welches bei der Händereichung zweier solcher Kaiserreiche über dasselbe weg nicht gleichgültiger Zuschauer bleiben darf." Und sollte die Stuttgarter Entrevue tatsächlich der erste Schritt zu einer französisch-russischen „Koalition gegen Oesterreich sein [...], dann wird Preußen zuzusehen haben, wohin es schlägt, und könnte Friedrichs des Großen Traditionen auch wieder zur Geltung kommen."[7] Doch wie *jedes* Mal seit Olmütz schlug auch dieser letzte Versuch fehl, Friedrich Wilhelm IV. in kleindeutsche Bahnen zu lenken. Stattdessen beschloss der König, Napoleon in Darmstadt zu treffen, wie Wilhelm am 15. September erfuhr. „Wie unwürdig!", schimpfte er Augusta, „Ich werde nun erwarten, was beschlossen wird, um dann jedenfalls nach Darmstadt zu kommen zu suchen."[8] Die Vermutung liegt nahe, dass der Thronfolger seinem Bruder schlichtweg nicht zugetraut haben mochte, die Begegnung mit dem Empereur ohne „Aufsicht" zu meistern. Doch Wilhelm sollte nicht als plus one nach Darmstadt reisen. Stattdessen sollte er den kranken König vertreten. „Als ich soeben den König um Erlaubniß bat", berichtete er Manteuffel am 16. September, „während seines Darmstädter Rendezvous mich auch in Darmstadt einfinden zu dürfen, erwiderte er mir, daß er dem Rathe der Aerzte folgend, kein Rendezvous mit Napoleon haben werde, daß es aber sehr gut wäre, wenn ich ihm des Königs Bedauern, ihn nicht sehen zu können, mündlich ausspräche."[9] Damit war Wilhelm zumindest auf der diplomatischen Bühne unversehens in die erste Reihe gerückt. Und das bei einer Entrevue mit niemand Geringerem als Napoleon III.

Etwa dreizehn Jahre bevor der erste Hohenzollernkaiser den Empereur auf dem Schlachtfeld von Sedan in Kriegsgefangenschaft nehmen sollte, begegneten sich beide Männer zum ersten Mal am 25. September in Darmstadt. Und zumindest Wilhelm soll von diesem Treffen positiv überrascht gewesen sein. Seinem Bruder berichtete er, dass Napoleons „äußere Erscheinung nichts Imponirendes hat, da er sehr klein ist, sich jedoch mit Ruhe, Würde u[nd] Takt bewegt, so gewinnt er außerordentlich bei der Conversation, wenn ihn dieselbe interesirt oder angenehm ist."[10] Auch seiner Ehefrau schrieb er, der französische Herrscher sei „einfach wahr *erfrischend*, nicht mehr sagend als er will, – daß man sich ungemein à son aise mit ihm befindet und wirklich angezogen fühlt."[11] Das Gespräch der beiden späteren Kriegskontrahenten soll lediglich allgemeine

5 Vgl. Friese, Rußland und Preußen, S. 135–139; Ridley, Napoleon III, S. 417–419; Sauer, Wilhelm I., S. 543–550.

6 Wilhelm an Friedrich Wilhelm IV., 22. August 1857. GStA PK, VI. HA, Nl. Vaupel, Nr. 63, Bl. 166.

7 Wilhelm an O. v. Manteuffel, 2. September 1857. Poschinger (Hrsg.), Dokumente, Bd. 3, S. 375.

8 Wilhelm an Augusta, 15. September 1857. GStA PK, BPH, Rep. 51 J, Nr. 509b, Bd. 5.

9 Wilhelm an O. v. Manteuffel, 16. September 1857. Poschinger (Hrsg.), Dokumente, Bd. 3, S. 386–387.

10 Wilhelm an Friedrich Wilhelm IV., 25. September 1857. Baumgart (Hrsg.), Wilhelm I., S. 550.

11 Wilhelm an Augusta, 25. September 1857. GStA PK, BPH, Rep. 51 J, Nr. 509b, Bd. 5.

politische Themen berührt haben. Allerdings will der Prinz die Gelegenheit genutzt haben, den Empereur vor etwaigen militärischen Abenteuern in Deutschland zu warnen. So soll Napoleon gefragt haben, ob „der innere Zustand Deutschlands beruhigt ist u[nd] zu keinen Besorgnissen mehr Anlaß giebt?" Wilhelm habe daraufhin geantwortet, „daß momentan keine Besorgnisse existirten, indem die Massen wohl eingesehen hätten, daß sie mit ihren geregelten Regierungen besser sich befänden, als mit dem verheißenen Glük der Umsturz Parthei. Doch glaubte ich daß man sich keiner Illusion hingeben dürfe, als würden neuere *äußere* Anlässe ohne Nachhall in Deutschland bleiben, indem die révolut[ionäre] Parthei sehr wachsam u[nd] sehr geschikt sei u[nd] daher jede Veranlassung ergreifen werde, um ihre Zweke zu fördern."[12] Die öffentliche Wirkung dieser Entrevue schien in Preußen allerdings alles andere als vorteilhaft gewesen zu sein. Denn niemand schien so recht zu wissen, weshalb sich der König durch den Thronfolger hatte vertreten lassen. Wie Varnhagen in seinem Tagebuch berichtet, soll diese ungleiche Begegnung von Empereur und Prinz in den Berliner Straßen- und Salongesprächen als „unwürdig" und „empörend" bezeichnet worden sein. „Auf das Volk bleibt dergleichen nicht ohne Einwirkung, es staunt, es lacht, es verachtet."[13]

Am 6. Oktober wurde der Berliner Hof schließlich zum Handeln gedrängt. Während eines Besuchs des russischen Herrscherpaares erlitt Friedrich Wilhelm IV. einen weiteren Schlaganfall und verlor sogar für längere Zeit das Bewusstsein. Wilhelm, der sich ebenfalls in der Hauptstadt aufhielt, berichtete Augusta noch am selben Tag, dass die Umgebung des Monarchen alarmiert sei.[14] Ein Thronwechsel war plötzlich kein abstraktes Gedankenexperiment mehr. Und damit standen auch die seit Olmütz herrschenden Machtverhältnisse und Freund-Feind-Strukturen auf dem Kopf. Eine ärztliche Diagnose über den Allerhöchsten Gesundheitszustand sollte noch mehrere Tage auf sich warten lassen. Aber bereits am 7. Oktober besprach die Kamarilla die Frage, was passieren würde, „wenn es mit S.M. schlimmer wird?", so Leopold von Gerlach. „Wir müssen nothwendig uns mit dem Prinzen von Preußen und Manteuffel nähern."[15] Und einen Tag später schrieb Wilhelm seiner Ehefrau, die sich in Koblenz aufhielt, „eine Art Besorgniß beschleicht mich heute zum 1^n mal."[16] Am 9. Oktober besprach er mit Manteuffel, was geschehen würde, sollten die Ärzte dem König eine dauerhafte Regierungsunfähigkeit bescheinigen. Für diesen Fall sah die Verfassung eine Regentschaft des Thronfolgers vor. Außer mit dem Ministerpräsidenten und seinem Sohn will Wilhelm dieses politisch heikle Thema „mit *Niemanden*" besprochen haben. „So erhalte ich mir den Kopf frei, schneide allen Insinuationen den Zugang zu mir ab", erklärte er Augusta.[17] Gerlach und die Kamarilla fanden in den unmittelbaren Tagen nach dem 6. Oktober daher keine Gelegenheit, um die Gunst des potentiellen neuen Herrschers zu buhlen.

---

12 Wilhelm an Friedrich Wilhelm IV., 30. September 1857. Baumgart (Hrsg.), Wilhelm I., S. 551–554.
13 Tagebuch Varnhagen, 30. September 1857. [Varnhagen], Tagebücher, Bd. 14, S. 93.
14 Vgl. Wilhelm an Augusta, 6. Oktober 1857. GStA PK, BPH, Rep. 51 J, Nr. 509b, Bd. 5.
15 Tagebuch L. v. Gerlach, 7. Oktober 1857. Gerlach (Hrsg.), Denkwürdigkeiten, Bd. 2, S. 536.
16 Wilhelm an Augusta, 8. Oktober 1857. GStA PK, BPH, Rep. 51 J, Nr. 509b, Bd. 5.
17 Wilhelm an Augusta, 9. Oktober 1857. Ebd.

„Mein Posten schrumpft ohne Königliches Vertrauen in nichts zusammen, ich bin also fertig", notierte der Generaladjutant am 9. Oktober.[18]

Kaum ein Kreuzzeitungspolitiker mochte ernsthaft darauf vertraut haben, auch unter Wilhelms Herrschaft in Amt und Würden bleiben zu können. Aber es gab in jenen Oktobertagen hochkonservative Stimmen am Berliner Hof, die darauf spekuliert haben sollen, mit einem Thronwechsel den Konstitutionalismus abschaffen oder zumindest das Mitspracherecht des Landtags weiter einschränken zu können.[19] Denn sie glaubten im Besitz eines Druckmittels zu sein. Friedrich Wilhelm IV. hatte ein geheimes politisches Testament verfasst, in dem er seinen Nachfolger offen zum Staatsstreich aufforderte. Der genaue Inhalt dieses Dokuments ist nicht überliefert, da es von Wilhelm II. nach seiner Thronbesteigung 1888 vernichtet wurde.[20] Leopold von Gerlach will das Testament jedoch gelesen haben und berichtet in seinem Tagebuch, dass der König darin „seinen Nachfolger ermahnt, nicht die verderbliche Verfassung zu beschwören, welche er, leider, beschworen und damit seinen Pflichten gegen die geerbte Krone entgegen gehandelt hätte. Diese Verfassung sei verderblich, sie verdürbe die Treue der Untertanen usw. Der König hat bei dieser Schrift an eine ständische Verfassung, an einen Freibrief, an einen König gedacht, der sich wohl seine Steuern bewilligen ließe, er aber in der Gesetzgebung usw. frei sei."[21] Doch ebenso wenig wie Wilhelms Testamentcoups sollte es Friedrich Wilhelm IV. gelingen, seinem Nachfolger politisch die Hände zu binden. Und sogar die Gerlach-Brüder lehnten einen offenen Verfassungsbruch entschieden ab. So argumentierte Ernst Ludwig von Gerlach vielsagend, dies „wäre eine kühne Politik und endlich würde" der neue Herrscher „doch wieder bei *einem* Verfassungseide anlangen, – *une* charte sera desormais une verité Louis Philippe 1830."[22] Gleichzeitig forderten beide Brüder allerdings auch, die verfassungsrechtliche Regentschaft müsse unter allen Umständen vermieden werden. Denn dieser Regelung musste der Landtag zustimmen – und das war ihnen ein gefährlicher Schritt in Richtung Parlamentarisches Prinzip. „Die Regentschaft ist der größte Sieg der Konstitution, denn sie macht die Stände zum Schiedsrichter über den König", so Leopold von Gerlach.[23] Was der Generaladjutant und der Herrenhausabgeordnete stattdessen forderten, war eine extrakonstitutionelle Stellvertretung des Thronfolgers für den König. Eine solche Regelung war bereits vor 1848 angewandt worden, wenn sich der Monarch auf Reisen befand.[24] Wilhelm politischer Gestaltungsraum würde bei dieser Lösung sehr eng begrenzt sein. Daher war vor allem der Wochenblattkreis daran interessiert, den Thronfolger schnell im Regentenamt zu sehen. So notierte Usedom, „die Partei am Ruder

---

18 Tagebuch L. v. Gerlach, 9. Oktober 1857. Gerlach (Hrsg.), Denkwürdigkeiten, Bd. 2, S. 538.
19 Vgl. Tagebuch L. v. Gerlach, 15. Oktober 1857. Ebd., S. 540–541; E. L. v. Gerlach an L. v. Gerlach, 17. Oktober 1857. GA, LE02773, S. 202.
20 Vgl. Huber, Verfassungsgeschichte, Bd. 3, S. 165.
21 Tagebuch L. v. Gerlach, 19. April 1858. GA, LE02760, S. 40.
22 E. L. v. Gerlach an L. v. Gerlach, 21. Oktober 1857. GA, LE02773, S. 207–208
23 Tagebuch L. v. Gerlach, 3. Juni 1858. GA, LE02760, S. 59.
24 Vgl. E. L. v. Gerlach an L. v. Gerlach, 12. Oktober 1857. GA, LE02773, S. 200.

hält einen solchen Zwischenzustand für sehr glücklich, weil der Prinz darin nichts gegen sie thun wird, sie vielmehr Zeit haben sich bei ihm fest zu setzen oder ihm möglichst zu sich herüber zu ziehen [...]. Sie thun nicht nur Dies, sondern *sagen* es auch."[25] Und Augusta schrieb ihrem Ehemann, dass „unter den Patrioten die Meinung herrscht, als ob die Regentschaft der *einzige* legale Ausweg sei."[26]

Aber auch Wilhelm wollte eine Regentschaft unter allen Umständen verhindern. Stattdessen berichtete er Augusta am 10. Oktober, er sei nur „zu einer zeitweisen Vertretung" bereit, „wo *garnichts zu ändern* ist, – gewiß die schwerste aller Aufgaben bei meiner Stellung zum Gouvernement!"[27] Weshalb wählte der spätere Kaiser gerade diese Option? Eine Option, die ihm politisch die Hände binden würde? Hatte die Kamarilla es etwa doch geschafft, dem Thronfolger ihren Willen aufzuzwingen, wie in der Forschung kolportiert wurde?[28] Augusta hegte diese Befürchtung jedenfalls. In Koblenz klagte sie ihrem Schwiegersohn, Wilhelm „ist zu unfähig zu Intrigen, als daß er den Grad der Vorsicht besitzen sollte, der *leider* in einem solchen Berufe und in Zuständen wie den preußischen nötig ist. Er wird also jedenfalls von den Ministern usw. ausgebeutet werden und es zu spät erkennen".[29] Bismarck sollte in seinen Memoiren sogar behaupten, er sei es gewesen, der seinen späteren kaiserlichen Souverän von der Regentschaft abgeraten hätte.[30] Unmittelbare Quellen aus dem Herbst 1857 widerlegen diesen Kanzlermythos allerdings. Sie belegen vielmehr, dass der Bundestagsgesandte seit den ersten Nachrichten über die Erkrankung des Königs sofort begonnen hatte, um Wilhelms Gunst zu buhlen. Bismarck sagte in jenen Oktobertagen einfach das, was der designierte neue Herrscher hören wollte. Und dieser wollte keine Regentschaft.[31]

Bereits vor 1857 war Wilhelm keine politische Marionette gewesen. Dies änderte sich auch nach dem 6. Oktober nicht. Die Quellen geben keinerlei Anhalt, dass er plötzlich Wachs in den Händen der Kamarilla geworden wäre. Stattdessen betonte er in seinen Briefen wiederholt, dass er mit „*gouvernementalen* Personen [...] von allen politischen Nuancen" sprechen würde.[32] „Jeder ziehet nach seiner Richtung. Ich höre Alle an."[33] Denn Wilhelm betrachtete sich bereits als potentieller Herrscher im Wartestand. Und als solcher musste er seine Autonomie wahren. Augustas Bitten, sich nur mit Wochenblattpolitikern auszutauschen, lehnte er entschieden ab. Seine Ehefrau müsse „bedenken, daß ich mich jetzt bereits in der Lage befinde, die ich als mein Princip stets

---

25 Aufzeichnungen Usedoms, 12. Oktober 1857. GStA PK, BPH, Rep. 51 E III, Nr. 1.

26 Augusta an Wilhelm, 22. Oktober 1857. GStA PK, BPH, Rep. 51 T, Lit. P, Nr. 12, Bd. 7, Bl. 304.

27 Wilhelm an Augusta, 10. Oktober 1857. GStA PK, BPH, Rep. 51 J, Nr. 509b, Bd. 5.

28 Vgl. Günther Grünthal, Das Ende der Ära Manteuffel, in: ders., Verfassung und Verfassungswandel. Ausgewählte Abhandlungen, hrsg. v. Frank-Lothar Kroll, Joachim Stemmler u. Hendrik Thoß, Berlin 2003, S. 281–321.

29 Augusta an Friedrich I., 25. Oktober 1857. Oncken (Hrsg.), Briefwechsel, Bd. 1, S. 59–60.

30 NFA, IV, S. 117–118.

31 Vgl. Malet an Malmesbury, 28. September 1857. British Envoys, Bd. 4, S. 51; Tagebuch L. v. Gerlach, 19. Oktober 1857. Gerlach (Hrsg.), Denkwürdigkeiten, Bd. 2, S. 543.

32 Wilhelm an Carl Alexander, 20. Oktober 1857. Schultze (Hrsg.), Weimarer Briefe, Bd. 1, S. 290.

33 Wilhelm an Augusta, 21. Oktober 1857. GStA PK, BPH, Rep. 51 J, Nr. 509b, Bd. 5.

anerkannt habe: Der Monarch hört alleine und guten Rath und zuletzt endscheidet er nach *seiner* gewissenhaften Überzeugung!"[34] Die Entscheidung gegen die verfassungsmäßige Regentschaft hatte Wilhelm selbst getroffen. Das legen zumindest seine täglichen Briefe an Augusta nahe.

Eine Stellvertretung mochte dem späteren Kaiser politisch die Hände binden – „aber die Regentschaft mit allen Kammer- und Eid-Zuthaten wäre noch viel schrecklicher für mich!"[35] „In allem Drängen zur Regentschaft sehe ich nichts weiter, als mich durch den Eid zu fesseln. Für ein *Provisorium* wie die Regentschaft ist, ist das eine sehr ernste Sache. Da kein Mensch von mir erwarten kann, daß ich die Verfassung umstoßen oder illégal verändern will, so sollte man auch nicht aus Mißtrauen gegen mich, mich zum Eide drängen."[36] Bereits vor 1857 hatte Wilhelm den Ministern erklärt, dass er nicht bereit sei, die Verfassung vor seinem möglichen Herrschaftsantritt zu beschwören.[37] Und solange kein ärztliches Gutachten vorlag, das dem König eine *dauerhafte* Regierungsunfähigkeit bescheinigte, glaubte er sich in einer dynastischen Grauzone zu sehen. „Dachtest Du Dir und Andere etwa die Möglichkeit, daß bei dem Eintreten der Regentschaft, eine ganz neue Ära der Regierung eingetreten wäre?", fragte er seine Ehefrau. „Wie wäre das möglich gewesen, als wenn vielleicht nach einem Jahre alle Aussicht verschwunden wäre, den König hergestellt zu sehen! So lange seine Rückkehr zur Regierung in nicht zu langer Zeit zu erwarten stehet, kann ein gewissenhafter *Regent*, sich auch nur als einen *Stellvertreter* ansehen, der voraussehen muß, daß seine radical-Änderungen vom rückkehrenden Monarchen radical umgestoßen werden würden."[38] Wilhelm wollte abwarten, wie sich die Dynastiekrise entwickeln würde. Er war nicht bereit, sich durch eine überstürzte Regentschaft politisch möglicherweise zu kompromittieren. Auch seinem Schwiegersohn erklärte der Prinz, „im Sinne dessen zu handeln, der in wenig Monaten mich wieder ablösen kann, u[nd] doch dabei nach dem *eigenen* Gewissen handeln zu müssen, ist ungewöhnlich pénible u[nd] schwierig." Aber er müsse „ungemein vorsichtig sein, um nicht Jalousie zu erregen u[nd] die möglichste Offenheit zu erzielen gegen mich."[39] Eine befristete Stellvertretung schien Wilhelm letztendlich die geringsten Reibungsflächen mit der Kamarilla und dem Staatsministerium zu bieten. Und weder Gerlach noch Manteuffel konnten wissen, dass er lediglich auf Zeit spielte.

Wilhelm versuchte jeden Anschein zu vermeiden, nach der Krone seines Bruders zu greifen. Deshalb legte er auch hohen Wert darauf, dass ihm Friedrich Wilhelm IV. die Stellvertretung persönlich übertragen sollte.[40] Charlotte drängte ihn dagegen erfolglos,

---

34 Wilhelm an Augusta, 20. Oktober 1857. Ebd.
35 Wilhelm an Augusta, 12. Oktober 1857. Ebd.
36 Wilhelm an Augusta, 20. Oktober 1857. Ebd.
37 Vgl. Wilhelm an O. v. Manteuffel, 27. März 1857. Poschinger (Hrsg.), Denkwürdigkeiten, Bd. 3, S. 183 – 184.
38 Wilhelm an Augusta, 24. Oktober 1857. GStA PK, BPH, Rep. 51 J, Nr. 509b, Bd. 5.
39 Wilhelm an Friedrich I., 28. Oktober 1857. GStA PK, BPH, Rep. 51 J, Nr. 21m, Bd. 1, Bl. 85 – 86. Siehe auch Wilhelm an Carl Alexander, 28. Oktober 1857. Schultze (Hrsg.), Weimarer Briefe, Bd. 1, S. 291.
40 Vgl. Wilhelm an Charlotte, 9./13. Oktober 1857. Börner (Hrsg.), Briefe, S. 397–398; Wilhelm an Augusta, 16. Oktober 1857. GStA PK, BPH, Rep. 51 J, Nr. 509b, Bd. 5.

die Regierungsgeschäfte aus eigener Initiative zu ergreifen. „Mit den Staats Geschäften kann es doch unmöglich so bleiben, sie ruhen schon bald seit 3 Wochen und Fritz *wird*, und *muß*, wenn auch ganz wohl, sich nicht damit Monathelang fatiguiren."[41] Aber nicht nur der Petersburger Hof übte Druck auf den Thronerben aus, endlich aktiv in Erscheinung zu treten. Auch in der Öffentlichkeit wurden Stimmen laut, die eine Klärung der schwebenden Herrscherfrage forderten. Innenminister Westphalen plädierte deshalb am 18. Oktober sogar dafür, die Pressezensur zu verschärfen.[42] Einen Tag später berichtete Wilhelm, „im Publikum fängt man an sehr aufgeregt zu werden, daß immer noch kein Endschluß gefaßt wird; aus Crefeld hat eine Deputation herkommen wollen, um auf eine Regentschaft anzutragen, welcher ganz ungesetzliche Schritt hoffentlich contrecartirt sein wird."[43] In dieser prekären Situation ergriff Königin Elisabeth die Initiative. Weder Wilhelm noch die Minister hatten den König seit dem 6. Oktober sprechen können. Allein die Monarchengattin verbrachte jeden Tag am Krankenbett ihres Ehemanns. Am 21. Oktober legte sie Friedrich Wilhelm IV. erstmals nahe, dem Thronfolger eine Stellvertreterordre auszustellen. Der kranke Herrscher soll daraufhin den Vergleich gezogen haben, man wolle ihn bei lebendigem Leibe beerdigen.[44] Laut Leopold von Gerlach habe Wilhelm deshalb am 22. Oktober die Idee ins Spiel gebracht, die Stellvertretung nur auf drei Monate zu befristen. So könne der Anschein einer „ärztliche[n] Anordnung" erweckt werden. „Die Königin war [...] derselben Meinung, und es unterliegt keinem Zweifel, dass dem Könige das Überlassen der Geschäfte, z. B. 3 Monate besser gefallen [...] wird, als eine dergleichen Einrichtung ohne Zeitangabe."[45]

Am 23. Oktober übertrug Friedrich Wilhelm IV. seinem jüngeren Bruder die Regierungsstellvertretung auf zunächst drei Monate.[46] Es war das erste Mal, dass sich König und Thronfolger seit dem 6. Oktober gesehen hatten. Seiner Ehefrau schrieb Wilhelm noch am selben Tag, „so ist denn der schwere Augenblick eingetreten! Die Art ist die, welche ich am meisten wünschte, da an eine Regentschaft bei der fortschreitenden Convaleszenz des Königs nicht zu denken war." Sein Bruder habe ihn mit den Worten begrüßt, „Nein, die Freude, Dich zu sehen! Ich stehe auf damit Du siehst daß ich Kraft zum Stehen habe, fiel mir um den Hals, mit einer unbeschreiblichen Herzlichkeit, ausrufend, wie lieb und gut von Dir, daß Du das Alles übernehmen willst!" Friedrich Wilhelm IV. soll die Stellvertretungsordre eigenhändig unterzeichnet haben. „Da das ‚d' in Friedrich undeutlich war, sagte ihm dies die Königin u[nd], als sie ihm die Hand führen wollte, sagte er, nein, nein! das muß ich allein thun! u[nd] setzte es hinzu. So war es geschehen!"[47] Wilhelm trug seit diesem Tag Regierungsverantwortung. Charlotte

---

41 Charlotte an Wilhelm, 24. Oktober 1857. GStA PK, BPH, Rep. 51 J, Nr. 511a, Bd. 2, Bl. 734.
42 Westphalen an O. v. Manteuffel, 18. Oktober 1857. Poschinger (Hrsg.), Denkwürdigkeiten, Bd. 3, S. 206.
43 Wilhelm an Augusta, 19. Oktober 1857. GStA PK, BPH, Rep. 51 J, Nr. 509b, Bd. 5.
44 Vgl. L. v. Gerlach an O. v. Manteuffel, 21. Oktober. Poschinger (Hrsg.), Denkwürdigkeiten, Bd. 3, S. 207; Wilhelm an Augusta, 21. Oktober 1857. GStA PK, BPH, Rep. 51 J, Nr. 509b, Bd. 5.
45 L. v. Gerlach an O. v. Manteuffel, 22. Oktober 1857. GA, LE02773, S. 208–209.
46 Der Text der Stellvertretungsordre findet sich in: Baumgart (Hrsg.), Wilhelm I., S. 555.
47 Wilhelm an Augusta, 23. Oktober 1857. GStA PK, BPH, Rep. 51 J, Nr. 509b, Bd. 5.

erklärte er daher, „der 23. Oktober war ein ungewöhnlicher Tag in meinem Leben und von außerordentlicher Bedeutung, weil er ein Abschnitt in meiner Existenz sein wird, selbst wenn nur 3 Monate mein Amt dauern sollte!"[48] Aus den drei Monaten sollten allerdings etwa drei Jahrzehnte werden. Bereits am 25. Oktober schrieb Ernst Ludwig von Gerlach, es „drängt sich der trübe Gedanke auf, dass der König die Regierung wohl nicht wieder antreten wird."[49]

Die Kritiker und Gegner des Reaktionsministeriums schienen von der Stellvertretungsregelung allgemein enttäuscht worden zu sein. Zumindest gab es auch jenseits der Koblenzer Hofzirkel Stimmen, die mit einer Regentschaft die Hoffnung auf einen Regierungswechsel verbunden hatten.[50] Doch Wilhelm begann trotz seiner provisorischen Stellung sofort, eigene herrschaftspolitische Akzente zu setzen. So habe er den Ministern bereits am 24. Oktober erklärt, „daß, wenngleich ich nur Stellvertreter sei, ich doch nur nach meinem Gewissen handeln würde, wenn ich auch im Allgemeinen im Sinne des Königs verfahren würde."[51] Zwar mochte der Prinz gezwungen sein, mit dem Ministerpräsidenten und dessen Kollegen in der täglichen Regierungsarbeit zusammenzuarbeiten. Aber er begann graduell, sich vom Staatsministerium zu emanzipieren. So verließ er sich nicht allein auf Manteuffels Vorträge, sondern verlangte auch die entsprechenden Akten zur Vorlage – „die ich *alle* selbst öffne und durchlese, die Berichte *ganz* lesend", wie er Augusta berichtete.[52] Und gleichzeitig verdrängte er die Kamarilla aus dem politischen Entscheidungsprozess. Die strukturelle Machtverschiebung zugunsten der verantwortlichen Regierung war ein vergleichsweise schneller und einfacher Prozess. Wilhelm untersagte den Ministern einfach, Regierungsdokumente an Leopold von Gerlach weiterzugeben. Dieser fand auch sonst keine Verwendung mehr – bis auf den nominellen Adjutantendienst beim kranken Monarchen.[53] „Gerlachs Thätigkeit ist ganz 0", schrieb der Prinz bereits am 29. Oktober. „Da ich ihm nichts auftrage, [...] so sehe ich G[erlach] garnicht mehr."[54] Und der Generaladjutant klagte, „meine Unwichtigkeit ist im Zunehmen. Manteuffel sehe ich wenig, den Prinzen von Preußen garnicht und mit dem König ist alles beim Alten."[55] Bis Ende 1857 war die Kamarilla effektiv entmachtet. Wilhelm war es gelungen, seinen rechtlich eng begrenzten Aktionsradius im Tagespolitikgeschäft auszubauen. Das höfische Gravitationszentrum verschob sich in seine Richtung. Wer das Allerhöchste Wohlwollen suchte, musste daher de

---

48 Wilhelm an Charlotte, 8. November 1857. Börner (Hrsg.), Briefe, S. 398.
49 E. L. v. Gerlach an L. v. Gerlach, 25. Oktober 1857. GA, LE02773, S. 215.
50 Vgl. Tagebuch Bernhardi, 29. Oktober 1857. Bernhardi (Hrsg.), Aus dem Leben, Bd. 2, S. 367–368; Tagebuch Varnhagen, 14. November 1857. [Varnhagen], Tagebücher, Bd. 14, S. 136–137.
51 Wilhelm an Augusta, 24. Oktober 1857. GStA PK, BPH, Rep. 51 J, Nr. 509b, Bd. 5.
52 Wilhelm an Augusta, 7. November 1857. Ebd. Siehe auch L. v. Gerlachs Tagebucheintrag vom 5. Dezember 1857, in: Gerlach (Hrsg.), Denkwürdigkeiten, Bd. 2, S. 562.
53 Vgl. Wilhelm an O. v. Manteuffel, 10. November 1857. Poschinger (Hrsg.), Denkwürdigkeiten, Bd. 3, S. 239–240; Tagebuch L. v. Gerlach, 29. November 1857. Gerlach (Hrsg.), Denkwürdigkeiten, Bd. 2, S. 558; Tagebuch L. v. Gerlach, 26. Januar 1858. GA, LE02760, S. 14.
54 Wilhelm an Augusta, 29. Oktober 1857. GStA PK, BPH, Rep. 51 J, Nr. 509b, Bd. 5.
55 Tagebuch L. v. Gerlach, 18. März 1858. GA, LE02760, S. 32.

facto beim Prinzen von Preußen Gehör finden. „Meine *jetzige* Lage bindet mir die Hände", erklärte er Mitte Dezember, „aber [...] es *scheint mir, als gehe man mir um den Bart!* Wenn das länger so dauert, so kann dies Gewöhnung werden u[nd] dann ist Manches möglich zu erreichen, selbst in der Stellvertretung."[56]

Aber auch gegenüber einer ganz anderen Seite gelang es Wilhelm, seine Autonomie zu sichern: Augusta. Die Prinzessin war den Feierlichkeiten Anfang Oktober ferngeblieben. Auch während des dreiwöchigen Interregnums blieb sie in Koblenz. Allerdings hatte Augusta ihrem Ehemann bereits am 8. Oktober angeboten, sofort in die Hauptstadt zu reisen. „Ich bin zwischen zwei Rücksichten gebannt, Dir aufdringlich oder empreuirt zu erscheinen [...] und Dir gleichgültig zu scheinen und durch meine Abwesenheit mehr zu unterlassen, was Pflicht wäre. Ich verlasse mich daher auf *Dich,* hierüber zu entscheiden, und bin bereit zu kommen, wenn Du willst."[57] Wilhelm ließ sie wissen, dass sie vorerst in Koblenz bleiben solle, „da die Gefahr längst vorüber war, als Du eintreffen konntest. Du kannst Dich also ganz beruhigen."[58] Gleichzeitig schien es ihm aber auch politisch vorteilhaft, Augusta fern zu halten, während die Stellvertretung Form annahm. Spätestens seit dem Umzug nach Koblenz war ihm wiederholt vorgeworfen worden, er stünde unter dem Pantoffel seiner Ehefrau. Diese Angriffsfläche wollte er seinen Gegnern in einer für ihn wie für die Monarchie prekären Situation nicht bieten. Die Prinzessin solle regulär zum 19. November nach Berlin kommen, ließ Wilhelm sie wissen. „Ich werde bereits fast 4 Wochen im Amte sein, bevor Du eintriffst [...]; ich habe dann meine assiette bereits vollständig gewonnen, und les bruits, daß Du mich influenciren wollest de prime abord, ist durch die That vernichtet." Und er verlangte von ihr, dass sie über den Winter in Berlin bleiben müsse, „und Deinen bleibenden Aufenthalt bei mir nimmst, so lange ich in diesem schweren Amte bin. [...] Von welcher Wichtigkeit die Einigkeit der Familie unter den traurigen Verhältnissen ist, die uns heimsuchten, ist klar wie der Tag. Von uns Beiden muß hierbei das Beispiel gegeben werden, u[nd] wenn wir es unter uns Beiden nicht geben, wie sollen wir es von der Familie verlangen und erreichen können??"[59]

Doch die Öffentlichkeit wusste von diesem Arrangement nichts. Dass Augusta fernab in Koblenz blieb, während am Berliner Hof scheinbar eine Staatskrise ihren Lauf nahm, führte schnell zu den wildesten Spekulationen.[60] „Man spricht allmählich viel davon, weshalb die Prinzessin nicht da sei?", notierte Usedom am 15. Oktober, „u[nd] die Reden Darüber fallen nicht zu ihren Gunsten aus. Wenn sie nicht kommen *darf,* so muss etwas Schweres in medio liegen dass sie dem Kranken- oder Todbette des K[önig]s nicht nahen darf. Wenn sie nicht kommen *will,* so zeigt das eine große Härte des Herzens auf ihrer Seite."[61] Um diesen „dümmsten Gerüchte [...] zwischen Deinem *Nichtkommen-*

---

56 Wilhelm an Orlich, 11. Dezember 1857. Egloffstein (Hrsg.), Wilhelm I., S. 84.
57 Augusta an Wilhelm, 8. Oktober 1857. GStA PK, BPH, Rep. 51 T, Lit. P, Nr. 12, Bd. 7, Bl. 276.
58 Wilhelm an Augusta, 12. Oktober 1857. GStA PK, BPH, Rep. 51 J, Nr. 509b, Bd. 5.
59 Wilhelm an Augusta, 6. November 1857. Ebd.
60 Vgl. Tagebuch Varnhagen, 22. Oktober 1857. [Varnhagen], Tagebücher, Bd. 14, S. 116.
61 Aufzeichnungen Usedoms, 15. Oktober 1857. GStA PK, BPH, Rep. 51 E III, Nr. 1.

wollen und meinem Nichtkommen*lassen*" entgegenzuwirken, sah sich Wilhelm am 16. Oktober sogar dazu veranlasst, eine offizielle Stellungnahme publizieren zu lassen.[62] Der Öffentlichkeit sollte versichert werden, dass der Stellvertreter des Königs auch in der eigenen Familie das Sagen hatte. Als almost-Herrscher sah sich Wilhelm dem zeitgenössischen Rollenverständnis in einem stärkeren Maße unterworfen als noch zu Thronfolgerzeiten. Augusta war ein potentielles Reputationsrisiko. Deshalb ließ er sie noch vor ihrer Rückkehr nach Berlin wissen, dass sie sich an neue Regeln zu halten habe. Wenn er als Stellvertreter „genöthigt" sei, „die mir theilweis nicht homogenen Elemente zu dulden", dann müsse dies auch für seine Ehefrau gelten. „Da man hinlänglich weiß, daß wir Beide mit vielen Regierungs-Maasregeln u[nd] mit den Werkzeugen der Krone nicht einverstanden sind, ich aber in der Verpflichtung bin, sie hinzunehmen wie ich sie *finde* und zu *ertragen*, so ist es auch Deine Pflicht, dies *Ertragenmüssen* öffentlich zu beweisen, also das Benehmen gegen die Regierungs-Organe zu beobachten, wie dies *Verstand, Takt* und *Pflicht gebiethen*. Ein anderes Verfahren würde sofort in Opposition gegen die Regierung umschlagen, also in letzter und höchster Instanz gegen mich."[63] Die Zeit des Koblenzer Gegenhofs war zu Ende. Wilhelm trug plötzlich Regierungsverantwortung. Diese neue Stellung wollte er sich weder von der Kamarilla noch von Augusta torpedieren lassen. Dem Berliner Hof wie der Öffentlichkeit sollte demonstriert werden, dass der neue Machthaber kein Spielball konkurrierender Interessengruppen war.

Zwar gelang es Wilhelm nach dem 23. Oktober, seinen politischen Handlungsspielraum graduell auszubauen. Doch wurde am Berliner Hof bald offen die Frage diskutiert, was eigentlich nach dem 23. Januar 1858 geschehen solle, wenn die dreimonatige Stellvertretung auslief? Denn der König litt noch immer unter neurologischen Beeinträchtigungen. Und der Prinz hielt sich in der Stellvertretungsfrage bis Dezember 1857 offiziell bedeckt. Weder der Königin noch dem Ministerpräsidenten erklärte er, wie seine langfristigen Pläne aussahen.[64] Mehrere Stimmen in seiner Umgebung versuchten ihn davon zu überzeugen, endlich der Einrichtung einer Regentschaft zuzustimmen. Unter diesen befanden sich etwa Augustas Vertrauensmann Alexander von Schleinitz und der britische Prinzgemahl.[65] Aber Wilhelm sah die Zeit zu diesem Schritt noch immer nicht gekommen. Stattdessen wollte er die Stellvertretung einfach um weitere drei Monate verlängern lassen. Seine Stellung am Hof mochte sich gefestigt haben. Aber dafür sah er die Krone durch das Parlament bedroht. Dem Souverän sollte die Blöße erspart bleiben, dass im Landtag über seinen Gesundheitszustand verhandelt wurde. Dies sei ein Thema,

---

62 Wilhelm an Augusta, 16. Oktober 1857. GStA PK, BPH, Rep. 51 J, Nr. 509b, Bd. 5.
63 Wilhelm an Augusta, 13. November 1857. Ebd.
64 Siehe L. v. Gerlachs Tagebucheinträge vom 5., 9. und 12. Dezember 1857, in: Gerlach (Hrsg.), Denkwürdigkeiten, Bd. 2, S. 562–566.
65 Vgl. Albert an Wilhelm, 17. Dezember 1857. Jagow (Hrsg.), Prinzgemahl, S. 364; A. v. Schleinitz an Wilhelm, 2. Januar 1858. Schultze (Hrsg.), Briefe an Politiker, Bd. 2, S. 113–114; Ernst II., Aus meinem Leben, Bd. 2, S. 379–380.

das „kein *Preuße* öffentlich discutiren mögte", schrieb er Luise.[66] Und Charlotte erklärte er, „den Kammern" dürfe „kein Stoff zu einer solchen Diskussion gegeben" werden, „und dies geschieht, wenn die Stellvertretung auf wiederum 3 Monate nur bestimmt wird, weil dann jede unnütze Bemerkung über Dauer abgeschnitten werden kann, während jener unbestimmte Zeitraum sofort die Frage der Dauer heraufbeschwört, die unausbleiblich die Erörterungen über den Zustand des Königs nach sich zieht, und zuletzt einen offiziellen Ausspruch der Ärzte in den Kammern nach sich ziehen muß! Daß dieser Skandal verhütet werde, ist eine Hauptsache, und wird mit dem 3monatlichen Termin erreicht."[67]

Aber als Wilhelm Ende Dezember 1857 endlich bekannt gab, dass die Stellvertretung um weitere drei Monate verlängert werden sollte, wurde dies am Berliner Hof von kaum jemanden begrüßt. Wie Manteuffel berichtete, „rümpft Jeder auf seine Manier die Nase darüber."[68] Laut Gerlach habe die Königin „die drei Monate eine Komödie" geschimpft. Und Friedrich Wilhelm IV. soll sogar vergeblich versucht haben, seinen jüngeren Bruder von der Notwendigkeit einer unbefristeten Stellvertretung zu überzeugen. „Der Prinz war gegen sechs Monate, gegen ein Jahr, er blieb fest auf den drei Monaten stehen."[69] Eigentlich war Wilhelm an Weisungen des Königs gebunden. Aber mit der Entscheidung gegen eine unbefristete Verlängerung hatte er seinen politischen Gestaltungsraum auch gegenüber dem Allerhöchsten Willen ausgebaut. Und im Frühjahr 1858 sollte er dem kranken Monarchen schließlich nicht einmal mehr Regierungsakten zukommen lassen.[70] Damit stellte der spätere Kaiser einen weiteren, ja sogar *den* maßgeblichen politischen Einflussfaktor am Berliner Hof kalt. Zumindest Manteuffel schien die Zeichen der Zeit erkannt zu haben. Während Andere noch versuchten, den Prinzen zu einer Regentschaft oder unbefristeten Stellvertretung zu bewegen, unterstützte der Ministerpräsident allein die Dreimonatslösung.[71]

Am 6. Januar 1858 unterzeichnete der König die neue Stellvertretungsordre, die am 23. Januar in Kraft trat. Auch der Landtag akzeptierte die dreimonatige Verlängerung des Provisoriums in Form einer Adresse an König und Stellvertreter.[72] Im Vorfeld hatte Wilhelm den Parlamentsfraktionen durch die Minister kommunizieren lassen, dass er keinerlei Debatten wünsche.[73] Dieser Beeinflussungsversuch schien erfolgreich gewesen sein. „Kein Wort Diskussion ist gefallen, sondern beide Häuser haben durch unanimes Aufstehen die Adresse angenommen", jubelte er Augusta. *„So* hatte ich es ver-

---

66 Wilhelm an Luise, 24. Dezember 1857. GStA PK, BPH, Rep. 51, Nr. 853.
67 Wilhelm an Charlotte, 27. Dezember 1857. Börner (Hrsg.), Briefe, S. 400–401.
68 O. v. Manteuffel an Bismarck, 9. Januar 1858. Poschinger (Hrsg.), Denkwürdigkeiten, Bd. 3, S. 248.
69 Tagebuch L. v. Gerlach, 26. Dezember 1857. Gerlach (Hrsg.), Denkwürdigkeiten, Bd. 2, S. 569–570. Siehe auch Elisabeth an Alexandrine, 27. Dezember 1857. Wiese/Jandausch (Hrsg.), Briefwechsel, Bd. 2, S. 311.
70 Siehe L. v. Gerlachs Tagebucheinträge vom 11. Februar und 10. Mai 1858, in: GA, LE02760, S. 21, S. 51.
71 Vgl. O. v. Manteuffel an L. v. Gerlach, 2. Januar 1858. GA, LE02774, S. 1.
72 Vgl. Grünthal, Ende der Ära, S. 295–296.
73 Vgl. Wilhelm an O. v. Manteuffel, 14. Januar 1858. Poschinger (Hrsg.), Denkwürdigkeiten, Bd. 3, S. 256.

langt, oder *garkeine* Adresse."[74] Damit rückte für Wilhelm auch das Parlament in die Rolle eines potentiellen Verbündeten. Denn es ließ sich wie bereits 1849/50 scheinbar lenken. Tatsächlich gewann die öffentliche Politikebene Anfang 1858 eine neue Dynamik, die für den Thronfolger durchaus vorteilhaft war. Es herrschte Aufbruchstimmung. In der Presse und im Landtag begegnete der Regierung eine derart große Welle an Kritik, dass die ohnehin überforderte Zensur vollends an ihre Grenzen kam.[75] „Im Publikum ist jetzt die volle Gleichgültigkeit des Königs, ja sie schlägt in Schimpf und Verachtung um. Man nennt schon mit Zuversicht die neuen Minister, mit denen der Prinz von Preußen sich umgeben werde", notierte Varnhagen.[76] Zu dieser Entwicklung trug Wilhelm aktiv bei. So kritisierte er in öffentlichen Reden die Kreuzzeitungspartei und strafte ihre Mitglieder bei Hoffesten mit Nichtbeachtung.[77] Gleichzeitig zeichnete er Personen aus, die während der Reaktionsära in Ungnade gefallen waren. Beispielsweise wurde Bunsen gegen den Protest der Gerlach-Brüder in den Ritterstand erhoben.[78]

Im Frühjahr 1858 konnten die Reaktionsminister daher nicht umhin, ihre Stellung unter Wilhelm als durchaus prekär zu betrachten.[79] Offenen Widerstand gegen seine „Vorschläge" fand Wilhelm allein bei Innenminister Westphalen und Kultusminister Raumer. Augusta schimpfte er über beide Kreuzzeitungspolitiker, „die schmerzlichen Erfahrungen der Souveraine mache ich bereits hinlänglich –; das *Gute* wird ignorirt und nicht gedankt, während umgekehrt es an Vorwürfen nicht fehlt!!"[80] Aber kein Minister konnte den Prinzen von dessen Plan abbringen, die Stellvertretung im April einfach erneut um drei Monate zu verlängern. Und Manteuffel redete dem almost-Herrscher wieder in opportunistischer Manier nach dem Mund.[81] Dagegen versuchte die Koblenzer Gesellschaft, Wilhelm endlich zur Regentschaft zu drängen.[82] Dieser soll seiner Umgebung allerdings laut Gerlach erklärt haben, „er könne keinen Unterschied zwischen Regentschaft und seiner jetzigen Stellung erkennen. In beiden Fällen könne der König, wenn er wieder regiert, alles zerstören und ändern, was der Prinz gemacht."[83] Der Generaladjutant versuchte Wilhelm Anfang April ebenfalls vergeblich von der

---

74 Wilhelm an Augusta, 16. Januar 1858. GStA PK, BPH, Rep. 51 J, Nr. 509b, Bd. 6, Bl. 6.

75 Vgl. Grünthal, Ende der Ära, S. 298–299; Siemann, Gesellschaft, S. 190–191.

76 Tagebuch Varnhagen, 4. Januar 1858. [Varnhagen], Tagebücher, Bd. 14, S. 172.

77 Vgl. Tagebuch E. L. v. Gerlach, 9. Februar 1858. Diwald (Hrsg.), Nachlaß, Bd. 1, S. 395; Tagebuch L. v. Gerlach, 11. Februar 1858. GA, LE02760, S. 22; Tagebuch Varnhagen, 12. Februar 1858. [Varnhagen], Tagebücher, Bd. 14, S. 207–208.

78 Vgl. Tagebuch L. v. Gerlach, 24. Januar 1858. GA, LE02760, S. 12–13; Tagebuch E. L. v. Gerlach, 28. Januar 1858. Diwald (Hrsg.), Nachlaß, Bd. 1, S. 394.

79 Vgl. Arnim an Bismarck, 6. April 1858. Horst Kohl (Hrsg.), Bismarck-Jahrbuch, Bd. 3, Berlin 1896, S. 189; Tagebuch L. v. Gerlach, 29. Mai 1858. GA, LE02760, S. 55–56.

80 Wilhelm an Augusta, 11. Mai 1858. GStA PK, BPH, Rep. 51 J, Nr. 509b, Bd. 6, Bl. 23.

81 Vgl. Tagebuch L. v. Gerlach, 11. März 1958. GA, LE02760, S. 30; O. v. Manteuffel an Hatzfeldt-Trachenberg. 30. März 1858. Poschinger (Hrsg.), Denkwürdigkeiten, Bd. 3, S. 261; Konseilprotokoll, 7. April 1858. Acta Borussica. Protokolle, Bd. 4/II, S. 439.

82 Vgl. Tagebuch L. v. Gerlach, 20. März 1858. GA, LE02760, S. 33; Ernst II., Aus meinem Leben, Bd. 2, S. 383–384.

83 Tagebuch L. v. Gerlach, 28. Februar 1858. GA, LE02760, S. 28.

Dreimonatslösung abzubringen. Es war einer jener seltenen Momente, in denen der Prinz dem Kamarillageneral eine Audienz gewährte. Dabei habe er Gerlach erklärt, dass „er bei seinen drei Monaten bleiben müsse. Mir kam er bei diesem Gespräch sowie bei einem früheren in Sanssouci unmittelbar nach der ersten Vollmacht, nicht ganz wahr und offen vor."[84] Mit dieser Einschätzung lag der General nicht falsch. Bereits im Oktober 1857 hatte Wilhelm seiner Ehefrau erklärt, dass er nach genau einem Jahr Stellvertretung die Regentschaft übernehmen wolle. Im Frühjahr 1858 wiederholte er dies auch gegenüber seinen Schwestern.[85] Sogar gegenüber dem liberalen Landtagsabgeordneten Georg von Vincke soll der Prinz vertraulich über diese selbstauferlegte Frist gesprochen haben.[86] Und an General Natzmer schrieb er, dass er die Stellvertretung zwar als etwas „Peinliches" betrachte, aber „allem Andringen, dieser Peinlichkeit ein Ende machen zu sehen, setze ich die bestimmte Ansicht entgegen, daß vor Ablauf eines Jahres nicht daran gedacht werden darf."[87] Deshalb wurde die Vollmacht am 23. April auf Wilhelms Wunsch wieder um lediglich drei Monate verlängert. Und wieder akzeptierte auch der Landtag diese Maßnahme ohne Parlamentsdebatte.[88]

Auch die dritte und letzte Verlängerung der Stellvertretung am 23. Juli war bereits lange im Voraus beschlossene Sache gewesen. Wie Gerlach berichtete, habe der Prinz den Ministern Mitte Juni offen erklärt, dass er im Oktober die Regentschaft wünsche.[89] „Ist bis gegen diesen Termin eine Besserung des Königs nicht insoweit eingetreten", erklärte Wilhelm gegenüber Manteuffel, „daß die Aerzte einen bestimmten Zeitpunkt bestimmt angeben können, bis zu welchem der König die Regierung wieder übernehmen kann, so ist der Wortlaut der Verfassung: ,einer dauernden Behinderung' erfüllt, und es müssen Schritte geschehen, eine Regierungsform zu instituiren, die gesetzlich ist und den Kammern nicht die Initiative zu ergreifen überläßt, was nach 5/4jähriger Dauer des Königs Gesundheitszustandes unbedingt sonst geschehen wird und keine haltbaren Gründe dann mehr dagegen anzuführen sind." Eine Regentschaft sei dann „das allein Mögliche, nur mit dem Unterschiede, daß nicht nach dem Wortlaute der Verfassung der nächste Agnat sie *ergreift*, sondern daß sie vom Könige *eingesetzt* wird, da derselbe völlig zurechnungsfähig ist, ihm also eine veränderte Regierungsform nicht über den Kopf fortgenommen werden darf noch kann."[90] Wieder wollte Wilhelm den öffentlichen Anschein vermeiden, als ob er nach der Krone seines Bruders strebe. Die Regentschaft sollte ihm vom Staatsministerium angetragen werden. „Sollte mein zweites halbes Jahr ohne *sichere* Aussicht auf Herstellung der naturgemäßen Regierung verstreichen",

---

84 Tagebuch L. v. Gerlach, 11. April 1858. Ebd., S. 38.

85 Vgl. Wilhelm an Luise, 11./20. April 1858. GStA PK, BPH, Rep. 51, Nr. 853; Wilhelm an Charlotte, 29. Juni 1858. Börner (Hrsg.), Briefe, S. 403–404.

86 Siehe Bernhardis Tagebucheinträge vom 25. Februar und 24. April 1858, in: Bernhardi (Hrsg.), Aus dem Leben, Bd. 3, S. 5, S. 32.

87 Wilhelm an Natzmer, 17. Mai 1858. Berner (Hrsg.), Briefe, Bd. 1, S. 433.

88 Vgl. Grünthal, Ende der Ära, S. 299–300.

89 Vgl. Tagebuch L. v. Gerlach, 15. Juni 1858. GA, LE02760, S. 63–64.

90 Wilhelm an O. v. Manteuffel, 18. Juli 1858. Poschinger (Hrsg.), Denkwürdigkeiten, Bd. 3, S. 303–304.

schrieb er auch Roon, „dann werden diejenigen denken und handeln müssen, die dazu berufen scheinen – ich kann darin die Initiative nicht ergreifen!"[91]

Seit August wurde die Regentschaft aktiv vorbereitet. Gegenüber der Öffentlichkeit mochte Wilhelm den widerwilligen Stellvertreter spielen. Aber hinter den Kulissen übte er die politische Direktive aus. Den Ministern und auch der Königin erklärte er offen, dass er den Regententitel mit allen damit verbundenen Prärogativen beanspruchen wolle.[92] Um diesen dynastischen reset zu legitimieren, forderte der Prinz das Staatsministerium Anfang September dazu auf, ein juristisches Gutachten zu verfassen, das dem Landtag vorgelegt werden solle. „Ich erkläre immer, daß so leicht am 23. Oktober v. J. die Sache sich machte, vor der man sich auch so fürchtete, so leicht würde es jetzt auch gehen, wenn man nur *will.*"[93] Der Widerstand, über den Wilhelm in diesem Brief an Augusta schimpfte, ging von Innenminister Westphalen aus. Der Kreuzzeitungspolitiker war der einzige Minister, der keine Notwendigkeit für eine Regentschaft sah, wie das Ministergutachten offiziell protokollierte, das dem Prinzen am 7. September vorgelegt wurde.[94] Gegenüber Gerlach soll der Innenminister geklagt haben, dass der Thronfolger in der Regentschaftsfrage systematisch Druck ausüben würde. Manteuffel und die übrigen Minister „glauben diesem Drange nicht entgegentreten zu können, da der Prinz mit Abreise droht". Handelsminister August von der Heydt und Justizminister Ludwig Simons sollen sogar offen erklärt haben, „dass es auf den Willen des Königs nicht ankomme." Zu dieser Nachricht bemerkte Gerlach, „Heydt und Simons wären, wenn der König besser würde, zur Hinrichtung reif, [...] Manteuffel zur Entlassung."[95] Und von Kultusminister Raumer will der Generaladjutant über das Staatsministerium erfahren haben, „ein großer Teil freut sich, den Druck des Königs los zu sein, namentlich Simons, aber auch ganz besonders Heydt."[96] Es war kein Zufall, dass allein der Handelsminister und der Justizminister den Regierungswechsel überleben sollten.[97]

Am 20. September beschloss das Staatsministerium unter Wilhelms Vorsitz die Regentschaft. Allein Westphalen plädierte noch immer für eine Verlängerung der Stellvertretung.[98] Jetzt musste nur noch Friedrich Wilhelm IV. dafür gewonnen werden, freiwillig einen Schlussstrich unter seine aktive Herrschaftszeit zu setzen. Und die Allerhöchste Unterschrift musste erfolgen, bevor der König am 12. Oktober eine längere Rekonvaleszenzreise nach Italien antreten sollte. Wie Wilhelm seiner Ehefrau berichtete, habe er daher Druck auf seine Schwägerin Elisabeth ausgeübt. Die Königin habe

---

91 Wilhelm an Roon, 17. Mai 1858. GStA PK, VI. HA, Nl. Vaupel, Nr. 67, Bl. 32.

92 Vgl. Wilhelm an Augusta, 8. August 1858. GStA PK, BPH, Rep. 51 J, Nr. 509b, Bd. 6, Bl. 85; Tagebuch L. v. Gerlach, 2. September 1858. GA, LE02760, S. 70; Wilhelm an O. v. Manteuffel, 15. September 1858. Poschinger (Hrsg.), Denkwürdigkeiten, Bd. 3, S. 310–311.

93 Wilhelm an Augusta, 4. September 1858. GStA PK, BPH, Rep. 51 J, Nr. 509b, Bd. 6, Bl. 90–91.

94 Vgl. Das Staatsministerium an Wilhelm, 7. September 1858. GA, LE02774, S. 50–52.

95 Tagebuch L. v. Gerlach, 8. September 1858. GA, LE02760, S. 75.

96 Tagebuch L. v. Gerlach, 18. September 1858. Ebd., S. 83.

97 Vgl. Alexander Bergengrün, Staatsminister August Freiherr von der Heydt, Leipzig 1908.

98 Vgl. Konseilprotokoll, 20. September 1858. GStA PK, BPH, Rep. 51 E I, Generalia, Nr. 1, Bd. 1, Bl. 32–45.

befürchtet, „daß die Idee der Regentschaft den König in Melancholie und Stumpfsinn versenken werde, [...] worauf ich ihr erwiederte, ob sie das Ansehen und die Würde des Königthums so auf's Spiel setzen wollte, daß die *Kammern* den König und mich zu *dem nöthigten*, was wir selbst thun müßten?"[99] Laut Gerlach soll die Monarchengattin einen ersten Entwurf der Regentschaftsordre sogar „zerrissen und zerknittert" haben.[100] Erst am 7. Oktober legte die Königin ihrem Ehemann jenes Dokument vor, mit dem er seinen jüngeren Bruder zum Monarchen in all but name only erklären sollte. In einem Brief an Augusta vom selben Tag erzählte Wilhelm, Elisabeth habe Friedrich Wilhelm IV. gesagt, „daß er nun auch an meine Stellung denken müsse und daß bei der langen Abwesenheit ich doch wohl größere Machtvollkommenheit bedürfe und auch der Name: Regent nöthig sei. Der K[önig] habe dies sofort eingesehen, das Papier sich vorlesen lassen und sogleich unterzeichnet, ohne alle Aufregung. Nach dem Unterzeichnen hat er aber sehr geweint und sich lange die Augen mit den Händen bedekt, – ein Beweis, wie richtig er aufgefaßt hat und welche Conséquenzen er an den Akt selbst knüpft!"[101] Am nächsten Tage besuchte Wilhelm den entmachteten Herrscher. „Ich sagte [...] dem K[önig] daß ich seine Befehle erhalten und seinem Vertrauen zu entsprechen gedächte. Er erwiederte ganz ruhig und zusammenhängend, wie es ja nicht anders sein könnte, da er noch immer nichts vornehmen könne, auch garnicht wisse wie lange es noch dauern werde, es sei erschreklich; faßte nach dem Kopf sagend: Da ist garnichts, garnichts!"[102] Mit dem 7. Oktober 1858 war Friedrich Wilhelm IV. am Berliner Hof zu einem bloßen protokollarischen Anhängsel geworden.

Als Regent befand sich Wilhelm im Besitz der weitreichenden Prärogativen, die ihm die preußische Verfassung gewährte. Diese Zäsur machte sich für ihn als erstes im deutlich gewachsenen Arbeitspensum bemerkbar. Fast den ganzen Tag sei er mit Regierungsgeschäften beschäftigt, klagte er Augusta. „Die Momente, wo ich Dir schreibe, sind die Stunden von ½ 11 bis ½ 12 Abends, wenn ich mein Tagwerk vollbracht habe und ungestört schreiben kann, daher kommt es aber freilich, daß meine Briefe Dir immer erst den 3. Tag zukommen, da ich sie erst mit den Früh-Sitzungen absenden kann."[103] Was Wilhelms Zeit nach dem 7. Oktober unter anderem beanspruchte, war die Vorbereitung der Eidzeremonie, die am 26. Oktober in Anwesenheit der Landtagsabgeordneten stattfinden sollte. Für das Stellvertreteramt hatte er den Verfassungseid noch entschieden abgelehnt. Laut Gerlach soll der neue Regent seiner Umgebung gesagt haben, „den Eid zu leisten, wäre ihm sehr unangenehm, die Verfassung wäre wie jedes

---

99 Wilhelm an Augusta, 14. September 1858. GStA PK, BPH, Rep. 51 J, Nr. 509b, Bd. 6, Bl. 98–99. Siehe auch Wilhelm an Charlotte, 26. September 1858. Börner (Hrsg.), Briefe, S. 404–405.
100 Tagebuch L. v. Gerlach, 21. September 1858. GA, LE02760, S. 85–86. Siehe auch Elisabeth an Alexandrine, 4. Oktober 1858. Wiese/Jandausch (Hrsg.), Briefwechsel, Bd. 2, S. 351–352.
101 Wilhelm an Augusta, 7. Oktober 1858. GStA PK, BPH, Rep. 51 J, Nr. 509b, Bd. 6, Bl. 110–111. Der Text des Regentschaftserlass findet sich in: Materialien zur Geschichte der Regentschaft in Preußen, Anfang Oktober bis Ende Dezember 1858, Berlin 1859, S. 1.
102 Wilhelm an Augusta, 8. Oktober 1858. GStA PK, BPH, Rep. 51 J, Nr. 509b, Bd. 6, Bl. 113.
103 Wilhelm an Augusta, 15. Oktober 1858. Ebd., Bl. 122.

andere Gesetz, er würde daher den Eid auch so leisten, wie ihn der König geleistet hätte."[104] Auch als Herrscher folgte Wilhelm lediglich einem Vernunftkonstitutionalismus. Gegenüber König Maximilian II. von Bayern will er 1860 erklärt haben, „ob Konstitutionen zum Heile des Volkes überhaupt gereichen, will ich nicht untersuchen, da, wo sie aber existieren, sei auch die Idee, die ihnen zum Grunde liege: ‚Die Regierungsmaßregeln an die Öffentlichkeit zu ziehen und das Volk gesetzlich zur Teilnahme bei der Gesetzgebung heranzuziehen' ins Volksbewußtsein eingedrungen. Diesem entgegenzutreten sei sehr gefährlich, weil es ein Mißtrauen seitens des Monarchen gegen das Volk dokumentiere."[105] Aber nur zwei Tage vor der Eidzeremonie 1858 ließ er den Ministerpräsidenten wissen, dass er sich eine Verfassungsrevision „auf *gesetzlichem* Wege" als Option stets offenhalten wolle.[106] Eine Rückkehr zum Absolutismus war für Wilhelm auch als Herrscher ein Ding der Unmöglichkeit. Aber eine Entwicklung in Richtung Parlamentarismus versuchte er bis 1888 zu verhindern.

Bereits der Landtagseröffnung am 20. Oktober sah er daher nicht gerade mit Freuden entgegen. Denn dabei fiel ihm die Aufgabe zu, die Notwendigkeit der Regentschaftslösung in Form einer Thronrede persönlich zu verteidigen. Charlotte gegenüber lamentierte er, das sei „einer jenen Momente, die mir ja jetzt nicht mehr erspart werden können!"[107] Und in einem Brief an Augusta äußerte er wieder die Befürchtung, ob es erneut gelingen könne, die neuen Herrschaftsverhältnisse „*ohne Discussion*" durch das Parlament zu bringen.[108] Wieder schienen die Abgeordneten Wilhelm entgegenzuarbeiten. Am 25. Oktober wurde die Regentschaftserklärung von beiden Landtagskammern einstimmig angenommen. Seitens der Presse und der Publizistik wurde sogar von dem Beginn einer neuen Ära der preußischen Parlamentsgeschichte gesprochen. Denn sowohl bei der Landtagseröffnung als auch bei der Eidzeremonie waren Herrenhaus und Abgeordnetenhaus erstmals nahezu vollständig versammelt.[109] „Wenn wahrer Patriotismus vorherrscht, so schweigen alle Partheiungen", jubelte der Regent, „und so war es hier! Wenn es auch Einigen schwer geworden sein mag, so siegte doch das bessere Einsehen, um so mehr da die wenigen Opponenten sich so isolirt in der öffentlich[en] Meinung sahen und so verlassen von ihren sogenannten politischen Freunden, daß ihre Zahl wie Wachs schmolz."[110] Ganz anders soll Friedrich Wilhelm IV. reagiert haben, als er auf seiner Rekonvaleszenzreise die Nachrichten über das parlamentarische Spektakel in Berlin erfuhr. Laut Gerlach habe der Monarch geklagt, „von

---

104 Tagebuch L. v. Gerlach, 10. Oktober 1858. GA, LE02760, S. 107. Siehe auch E. L. v. Gerlachs Tagebucheintrag vom 28. Dezember 1858, in: Diwald (Hrsg.), Nachlaß, Bd. 1, S. 403.
105 Aufzeichnungen Wilhelms, 20. Juni 1860. APP, Bd. 2/I, S. 504.
106 Wilhelm an O. v. Manteuffel, 24. Oktober 1858. Poschinger (Hrsg.), Denkwürdigkeiten, Bd. 3, S. 332.
107 Wilhelm an Charlotte, 22. Oktober 1858. GStA PK, BPH, Rep. 51 J, Nr. 511a, Bd. 2, Bl. 757. Der Text der Thronrede findet sich in: Materialien zur Regentschaft, S. 7–8.
108 Wilhelm an Augusta, 24. Oktober 1858. GStA PK, BPH, Rep. 51 J, Nr. 509b, Bd. 6, Bl. 131.
109 Vgl. Grünthal, Ende der Ära, S. 308–312.
110 Wilhelm an Charlotte, 29. Oktober 1858. GStA PK, BPH, Rep. 51 J, Nr. 511a, Bd. 2, Bl. 758.

dem Allem weiß ich ja nichts und dann hat er das Gespräch abgebrochen."[111] Mit dem Verfassungseid des Thronfolgers war die Brücke zum Ständeabsolutismus endgültig eingerissen worden. Das Hohenzollernkönigreich ging tatsächlich einer neuen Ära entgegen. Und Wilhelm muss als ihr Architekt bewertet werden. Denn bereits seit dem Oktober 1857 hatte er selbst im begrenzten rechtlichen Rahmen die politische Direktive ausgeübt. Aber das, was der Reaktionsära nur einen Monat nach Beginn der Regentschaft folgen sollte, war strukturell betrachtet kein Aufbruch in liberalere Zeiten. Stattdessen sollte der spätere Kaiser schnell mit dem Aufbau einer persönlichen Monarchie beginnen.

---

111 Tagebuch L. v. Gerlach, 3. November 1858. GA, LE02760, S. 117.

„Politik, Krieg und Frieden mache ich selbst.“
Der Aufbau der persönlichen Monarchie

Wilhelms erste Herrschaftsjahre zwischen 1858 und 1862 werden als sogenannte Neue Ära bezeichnet. Die Forschung fasziniert diese Zeit vor allem deshalb, da sie als liberales Kuriosum zwischen der Reaktionsära und der angeblichen „Ära Bismarck" charakterisiert wurde und wird.[1] Thomas Nipperdey spricht gar von einer vertanen Chance der deutschen Geschichte „zwischen den Alternativen von 1848 und der Reichsgründung von oben".[2] Auf die Quellen können sich diese Narrative allerdings nicht berufen. Denn sie basieren auf zwei grundlegend falschen Prämissen: Dass die Regierungspolitik nach 1858 von (vermeintlich liberalen) Ministern dirigiert worden wäre. Und dass die Ernennung Bismarcks eine eklatante Zäsur dargestellt hätte. Aber weder vor noch nach 1862 konnte das Staatsministerium dem Herrscher seinen Willen aufzwingen – egal welchen Namen der Ministerpräsident trug. Denn dieser Herrscher war Wilhelm. Und 1858 etablierte er am Berliner Hof ein Selbstherrschaftssystem, das erst 1867 mit der Konstituierung des Norddeutschen Bundes neustrukturiert wurde. Letztendlich sollte es auf der Zweimannebene von Kaiser und Kanzler sogar bis 1888 fortleben.

Ebenso wie Wilhelm den langen Weg zur Stellvertretung persönlich dirigiert hatte, muss er auch als zentraler Entscheidungsakteur beim Regierungswechsel 1858 betrachtet werden.[3] Dies bedeutete allerdings nicht, dass der spätere Kaiser allein agierte. Aber er war nie Spielball seiner Umgebung. Bereits im Oktober 1857 drängte Augusta ihren Ehemann, Alexander von Schleinitz nach Berlin zu rufen. Als „Vertrauensmann" könne er dem Prinzen „von großem Nutzen sein".[4] Auch Wilhelm schätzte den Diplomaten als politischen Berater. So hatte er seinem Bruder 1856 über Schleinitz geschrieben, „es ist eine wahre Freude mit ihm Politik zu sprechen, da er so frisch, einfach

---

1 Vgl. Leo Haupts, Die liberale Regierung in Preußen in der Zeit der „Neuen Ära". Zur Geschichte des preußischen Konstitutionalismus, in: HZ 227 (1978), S. 45–85; Sigfried Bahne, Vor dem Konflikt. Die Altliberalen in der Regentschaftsperiode der „Neuen Ära", in: Ulrich Engelhardt/Volker Sellin/Horst Stuke (Hrsg.), Soziale Bewegung und politische Verfassung. Beiträge zur Geschichte der modernen Welt, Stuttgart 1976, S. 154–196; Günther Grünthal, Eine „englische Partei" in Berlin? Sir Robert Morrier und die Neue Ära in Preußen, in: ders., Verfassung und Verfassungswandel. Ausgewählte Abhandlungen, hrsg. v. Frank-Lothar Kroll, Joachim Stemmler u. Hendrik Thoß, Berlin 2003 [ND 1999], S. 166–187; Rainer Paetau, Die regierenden Altliberalen und der „Ausbau" der Verfassung Preußens in der Neuen Ära (1858–1862). Reformpotential – Handlungsspielraum – Blockade, in: Bärbel Holtz/Hartwin Spenkuch (Hrsg.), Preußens Weg in die politische Moderne. Verfassung – Verwaltung – politische Kultur zwischen Reform und Reformblockade, Berlin 2001, S. 169–191; Frank Möller, Eine zweite Chance des Konstitutionalismus von 1848. Die Regierungen Auerswald und Schmerling im Vergleich, in: Thomas Stamm-Kuhlmann (Hrsg.), Auf dem Weg in den Verfassungsstaat. Preußen und Österreich im Vergleich 1740–1947, Berlin 2018, S. 119–137.
2 Nipperdey, Bürgerwelt, S. 697.
3 Vgl. Ernst Berner, Der Regierungs-Anfang des Prinz-Regenten von Preußen und seine Gemahlin, Berlin 1902.
4 Augusta an Wilhelm, 9. Oktober 1857. GStA PK, BPH, Rep. 51 T, Lit. P, Nr. 12, Bd. 7, Bl. 278–280.

https://doi.org/10.1515/9783111323954-029

und klar die Verhältnisse siehet."[5] Während des Interregnums 1857 lehnte er Augustas Bitte allerdings ab. „Hier kann ich dergl[eichen] Personen *nicht* empfangen, ohne nicht sie und mich vorzeitig zu compromittiren", erklärte er.[6] Aber seinem Schwiegersohn schrieb er, „je länger mein Amt dauern wird, je mehr man meinen Charakter und meinen Willen sich ausprägen sehen wird, womit ich hoffentlich mehr und mehr Vertrauen gewinnen werde bei den Ausführungsorganen, – je mehr kann ich zur Anstellung der Vertrauensperson schreiten."[7] Bereits Mitte November ließ er Augusta daher wissen, dass er bereit sei, mit Schleinitz und anderen Wochenblattpolitikern über „den wünschenswerthen Gang einer *neuen* Regierung" zu sprechen, sobald er seine Stellvertreterstellung konsolidiert habe. Der Koblenzer Kreis solle „im Winter [...] ohne alle après sich berathen [...] und zwar in meiner nächsten Nähe, so daß ich stets diese Berathungen influenciren kann und kein fertiges Opus zu sehen bekomme, in welches sich die Autoren *verliebt* haben, wo es dann zu sehr schwierigen Explicationen und Disharmonien kommen kann, die man mit Vertrauten möglichst verhindern muß und dies ist am leichtesten, wenn man mit ihren Berathungen in unausgesetzter mündlicher Verständigung sich erhält."[8] Wilhelm war nicht beratungsresistent. Aber er wollte in politischen Fragen stets das letzte Wort behalten.

Seit Anfang 1858 traf sich der Prinz in Berlin regelmäßig mit Wochenblattpolitikern, wie etwa dem ehemaligen Ministerpräsidenten Rudolf von Auerswald.[9] Was bei diesen Unterredungen hinter verschlossenen Palasttüren genau besprochen wurde, kann aufgrund fehlender Quellen nicht genau rekonstruiert werden. Aber bereits der Umstand *dass* sie stattfanden, gab Anlass zu öffentlichen Spekulationen über einen bevorstehenden Ministerwechsel.[10] Und nach den Memoiren des Wochenblattabgeordneten Justus Gruner soll bereits im Februar eine erste Ministerliste skizziert worden sein. So sei Schleinitz als Außenminister und Auerswald als Finanzminister gehandelt worden.[11] Wie Bernhardi allerdings Ende März über ein Gespräch mit Auerswald berichtete, „rechnet" dieser, „wenn ich nicht sehr falsch beurtheile, *doch mit einer gewissen Bestimmtheit auf die Premierschaft im Ministerium*".[12] Auch die Hochkonservativen schienen spätestens im Sommer 1858 einen Regierungswechsel befürchtet zu haben. So berichtete beispielsweise der liberale Historiker Maximilian Duncker im Juni, in den Reihen der Kreuzzeitungspolitiker werde bereits gemunkelt, „daß sie in die Opposition

---

5 Wilhelm an Friedrich Wilhelm IV., 1. Januar 1856. GStA PK, VI. HA, Nl. Vaupel, Nr. 63, Bl. 68.
6 Wilhelm an Augusta, 15. Oktober 1857. GStA PK, BPH, Rep. 51 J, Nr. 509b, Bd. 5.
7 Wilhelm an Friedrich I., 8. Januar 1858. Oncken (Hrsg.), Briefwechsel, Bd. 1, S. 64–65.
8 Wilhelm an Augusta, 13. November 1857. GStA PK, BPH, Rep. 51 J, Nr. 509b, Bd. 5.
9 Vgl. Tagebuch L. v. Gerlach, 13. Februar 1858. GA, LE02760, S. 24.
10 Vgl. Grünthal, Ende der Ära, S. 298.
11 Vgl. Gruner, Rückblick VI, S. 333–334.
12 Tagebuch Bernhardi, 26. März 1858. Bernhardi (Hrsg.), Aus dem Leben, Bd. 3, S. 13.

kommen können."[13] Und Leopold von Gerlach klagte seinem Bruder Ernst Ludwig im Juli, „meine politische Laufbahn halte ich für definitiv beendet."[14]

Doch so schnell resignierten die Hochkonservativen auch wieder nicht. Die Gerlach-Brüder wussten, dass sie oder andere prominente Kreuzzeitungspolitiker auf keine Zukunft am Berliner Hof unter Wilhelm hoffen konnten. Dafür hatte sie der Prinz auch im neuen Stellvertreteramt zu oft angegriffen. Deshalb formulierten sie den Plan, in Wilhelms Umgebung gezielt hochkonservative Maulwürfe zu installieren. „Der Prinz könne ohne Beistand von Männern, mit denen er vertraut spräche, nicht regieren. Er würde aber solchen Männern sein Vertrauen schenken, wenn man sie ihm brächte. Diese müssten in ein Verhältnis zu ihm gesetzt werden, sodass er sie sprechen müsste." Einer der für diese Aufgabe auserkorenen Männer war der königliche Flügeladjutant Edwin von Manteuffel, ein Cousin des Ministerpräsidenten.[15] Vor dessen möglichem Einfluss auf den Prinzen sollen liberale Stimmen bereits seit dem Frühjahr 1858 gewarnt haben.[16] Und wie Pourtalès berichtete, soll Augusta geklagt haben, „daß unsere Freunde die Muße benutzen sollten, um einen guten Einfluß zu organisieren, während die Gegner den ihrigen festzuhalten und sogar auszubauen sehr tätig sind, und wirft ihnen nicht ohne Recht zu große Bescheidenheit vor."[17]

Aber gleichzeitig wurden Gerlach und die Kamarilla nicht müde, über den angeblich „verderblichen" Einfluss der Prinzessin zu schimpfen. „Was ist das für eine sonderbare Frau! Alles treibt sie mit Gewissen und Energie, aber zugleich mit einer bis an den Wahnsinn streifenden Leidenschaft."[18] Es war eine paradoxe Situation: Konservative und Liberale warfen sich gegenseitig vor, den Prinzen gleich einer Marionette zu kontrollieren. Wenn dieser etwas tat, was der einen Seite nicht gefiel, musste natürlich die andere Seite schuld sein. Und so spielten sie sich letztendlich bis 1888 gegenseitig die Sündenbockkarte zu. Aber eigentlich bewies dieses Pompardoursyndrom nur, dass Wilhelm es verstand, zwischen mehreren Interessengruppierungen seine politische Autonomie zu wahren.[19] Louis Schneider sollte später über seinen kaiserlichen Arbeitgeber schreiben, dass dieser „völlig unzugänglich für jede Beeinflussung war, wohl gern den verlangten Rath Sachverständiger hörte, aber sich durch Nichts und Niemand von seiner gewonnenen Ueberzeugung abbringen ließ."[20]

Auch Augusta erging es mit ihrem Ehemann nicht anders. Zwar versicherte sie ihm an ihrem neunundzwanzigsten Hochzeitstag, „daß ich Deine treueste Freundin bin. In

---

13 Duncker an Baumgarten, 6. Juni 1858. Julius Heyderhoff (Hrsg.), Ein Brief Max Dunckers an Hermann Baumgarten über Junkertum und Demokratie in Preußen (6. Juni 1858), in: HZ 113 (1914), S. 323–329, hier: S. 328.

14 L. v. Gerlach an E. L. v. Gerlach, 2. Juli 1858. Diwald (Hrsg.), Nachlaß, Bd. 2, S. 943.

15 Tagebuch L. v. Gerlach, 27. Juni 1858. GA, LE02760, S. 66–67.

16 Vgl. Tagebuch Bernhardi 26. März 1858. Bernhardi (Hrsg.), Aus dem Leben, Bd. 3, S. 14–15.

17 Pourtalès an Bethmann-Hollweg, 1. Mai 1858. Mutius (Hrsg.), Pourtalès, S. 113–114. Siehe auch Bernhardis Tagebucheintrag vom 26. April 1858, in: Bernhardi (Hrsg.), Aus dem Leben, Bd. 3, S. 33.

18 Tagebuch L. v. Gerlach, 23. April 1858. GA, LE02760, S. 43–44.

19 Vgl. Markert, Plädoyer, S. 132–149.

20 Schneider, Kaiser Wilhelm, Bd. 1, S. 122–123.

diesem Bewußtsein werde ich stets nach gewissenhafter Pflichterfüllung streben."[21] Aber wie bereits in der Reaktionsära liefen ihre direkten Einflussversuche stets ins Leere.[22] Und mit Blick auf die erste Jahreshälfte 1858 muss für Wilhelm und Augusta sogar von einer stark belasteten Beziehungsphase gesprochen werden. Beide Ehepartner mussten sich nach fast zwei Jahrzehnten oppositioneller Thronfolgerstellung mit Wilhelms neuer Regierungsverantwortung erst zurechtfinden. Der späteren Kaiserin fiel dies aber scheinbar deutlich schwerer. Princess Victoria berichtete im Februar, dass es kaum zu ertragen sei, wenn ihre Schwiegermutter über Politik spreche. Augusta „gets so impatient with the Prince and Fritz sometimes, with me I do not care because as I happen usually to think the same way as she does I can often pacify her. But the Princess gets so fidgety and so worried that it isn't always easy."[23] Und Wilhelm sah sich wiederholt dazu genötigt, seine Ehefrau daran zu erinnern, dass „Du mir zu nützen und nicht zu schaden suchest; das erwarte ich von Deiner Freundschaft."[24] Erschwert wurde der politische Modus vivendi aber auch durch persönliche Probleme. So soll Augusta im Frühjahr 1857 darüber geklagt haben, dass ihr Ehemann sich in seiner neuen Stellung nicht einmal die Mühe geben würde, seine zahlreichen Affären vor der Hofgesellschaft zu verbergen.[25] Auch hatte sie über mehrere Monate mit einem nicht näher definierten schmerzhaften „Leberleiden" zu kämpfen, das sie mitunter tagelang ans Bett fesselte.[26] Dies führte dazu, dass am Berliner Hof das Gerücht kursierte, die Prinzessin sei an Krebs erkrankt und habe nicht mehr lange zu leben. Selbst Königin Elisabeth soll ihre Schwägerin bereits aufgegeben haben.[27] In der gossip-Atmosphäre der konservativen Hofgesellschaft hatte Augusta allein als Feindbild einen Platz.

Unbeteiligt war die spätere Kaiserin am Sturz des Reaktionsministeriums allerdings nicht. Sie hielt sich im Sommer 1858 in Baden auf, wohin auch Wilhelm, Schleinitz, Auerswald und andere Wochenblattpolitikern reisten. Dort wurde der Ministerwechsel geplant.[28] Wieder fehlen jedoch Quellen, um den Gang der Badener Verhandlungen detailliert zu rekonstruieren. So berichtete Pourtalès Ende Juli, Wilhelm habe bemerkt, „daß ein gründlicher Personen- und Systemwechsel beabsichtigt ist, [...] obgleich der Prinz bestimmte Zusagen vermeidet, dabei doch bei anderen Gelegenheiten mehr andeutet und geradezu voraussagt."[29] Bernhardi notierte Ende August, der Thronfolger habe mit Georg von Vincke „über die Nothwendigkeit" gesprochen, „ein anderes Mi-

---

21 Augusta an Wilhelm, 11. Juni 1858. GStA PK, BPH, Rep. 51 T, Lit. P, Nr. 12, Bd. 8, Bl. 67.
22 Vgl. Bunsen, Augusta, S. 168 – 169.
23 Victoria an Queen Victoria, 26. Februar 1858. Roger Fulford (Hrsg.), Dearest Child. Private Correspondence of Queen Victoria and the Princess Royal 1858 – 1861, London 1981, S. 60 – 61.
24 Wilhelm an Augusta, 4. Mai 1858. GStA PK, BPH, Rep. 51 J, Nr. 509b, Bd. 6, Bl. 18.
25 Siehe L. v. Gerlachs Tagebucheinträge vom 5., 6. und 8. Mai 1858, in: GA, LE02760, S. 49 – 50.
26 Augusta an Wilhelm, 30. Mai 1858. GStA PK, BPH, Rep. 51 T, Lit. P, Nr. 12, Bd. 8, Bl. 56. Siehe auch Wilhelm an Bernstorff, 22. April 1858. Ringhofer (Hrsg.), Nachlass, S. 328.
27 Siehe L. v. Gerlachs Tagebucheinträge vom 12. und 21. Mai sowie vom 3. September 1858, in: GA, LE02760, S. 54, S. 57, S. 72.
28 Vgl. Walter von Loe, Erinnerungen aus meinem Berufsleben 1849 bis 1867, Stuttgart/Leipzig 1906, S. 31.
29 Pourtalès an Bethmann-Hollweg, 25./26. Juli 1858. Mutius (Hrsg.), Pourtalès, S. 118.

nisterium an die Spitze der Geschäfte zu stellen, und der Prinz äußerte: *daß die Wahl leider sehr schwer sei!*"[30]

Auch Bismarck zog es in den Sommerwochen wiederholt in das süddeutsche Großherzogtum. Seinem Bruder Bernhard schrieb der spätere Kanzler, er sei „jetzt mehr in Baden beim Prinzen als" an seinem eigentlichen Arbeitsplatz in Frankfurt am Main.[31] Leopold von Gerlach warf seinem ehemaligen Protégé vor, dass dieser nur aus opportunistischen Gründen die Nähe des Herrschers-to-be suchen würde. Seinen hochkonservativen Parteifreunden soll der Bundestagsgesandte sogar erklärt haben, er rechne fest auf einen Ministerposten.[32] Doch darauf sollte er noch vier Jahre warten müssen. Pourtalès notierte im Herbst 1858 nach einem Gespräch mit Wilhelm, „qu'il n'avait pas très haute opinion de Bismarck."[33] Aber auch Otto von Manteuffel machte dem Thronfolger in Baden seine Aufwartung. Laut Wilhelms Adjutant Walter von Loe sei der Ministerpräsident gekommen, um „dem Prinzen Vorschläge betreffs Bildung eines neuen Ministeriums zu machen. [...] Indessen lehnte der Prinz es zurzeit ab, einer Entscheidung näherzutreten."[34] Opportunismus was the rule of the game. Dieses Strukturcharakteristikum der Monarchie galt erst recht bei einem Thronwechsel. Doch Wilhelm ließ die Gegenseite in der Luft hängen. Und seit Mitte September sollen laut Gerlach am Berliner Hof bereits Wetten abgeschlossen worden sein, „dass in sechs Wochen die Minister fort sind."[35]

Gleichzeitig schien allerdings Augusta zu befürchten, dass ihr Ehemann vor einem umfassenden Ministerwechsel zurückschrecken könne. Ende Juli berichtete sie Wilhelm, der König von Württemberg habe ihr gesagt, „ehe nicht der Pr[in]z v[on] P[eu]ss[en] Personen seiner eigenen Wahl um sich hat und in P[reu]ss[en] ein *neues* System beginnt, wird Niemand in ganz Europa P[reu]ss[en] trauen, noch wird es aus seiner jetzigen üblen Lage herauskommen."[36] Ob der württembergische Herrscher dies wirklich erklärt hatte, darf bezweifelt werden. Denn Augusta berief sich in ihren Briefen wiederholt auf angebliche Aussagen Anderer, um ihre eigene Meinung auszudrücken. Als Frau konnte sie mit diesem Trick darauf hoffen, ihrer Stimme mehr Gewicht zu verleihen. Und augenscheinlich glaubte die Prinzessin im Sommer 1858, einen König als Advokaten für einen Regierungswechsel nennen zu müssen. Offen soll sie auch gegenüber Pourtalès über Wilhelm geschimpft haben, „quand il accepte le déshonneur, quand au premier jour de la souveraineté, comme début, il accepte, il subit des hommes qu'il doit mépriser, qu'il *lui-même* qualifié vingt fois de traîtres, de misérables!"[37] Unglaubhaft ist allerdings die von Gruner Jahrzehnte später kolportierte Erzählung, Augusta

---

30 Tagebuch Bernhardi, 21. August 1858. Bernhardi (Hrsg.), Aus dem Leben, Bd. 3, S. 69.
31 Bismarck an B. v. Bismarck, 22. Juli 1858. GW, Bd. 14/I, S. 490.
32 Siehe L. v. Gerlachs Tagebucheinträge vom 3. und 6. September 1858. GA, LE02760, S. 72–73.
33 Aufzeichnungen Pourtalès', 2. Oktober 1858. Mutius (Hrsg.), Pourtalès, S. 120–121.
34 Loe, Erinnerungen, S. 32.
35 Tagebuch L. v. Gerlach, 10. September 1858. GA, LE02760, S. 77.
36 Augusta an Wilhelm, 22. Juli 1858. GStA PK, BPH, Rep. 51 T, Lit. P, Nr. 12, Bd. 8, Bl. 77.
37 Aufzeichnungen Pourtalès', 2. Oktober 1858. Mutius (Hrsg.), Pourtalès, S. 122.

habe Wilhelm den Ministerwechsel „mit verweinten Augen" am Frühstückstisch geradezu abgetrotzt. Denn der Prinz habe anfangs „nur einen partiellen Wechsel selbst
unter Beibehaltung des Ministers v[on] Manteuffel für ratsam" gehalten.[38] Gruner war
kein Zeuge dieser angeblichen Szene – und er nennt auch keinen. Es ist nicht unwahrscheinlich, dass er hier lediglich höfischen gossip festhielt. Jedenfalls ließ sich der
erste Hohenzollernkaiser weder vor noch nach 1858 je von den Tränen seiner Ehefrau
politisch beeinflussen.

Auch belegen mehrere Quellen, dass Wilhelm bereits seit Anfang 1858 die Entlassung des Ministerpräsidenten vorbereitet hatte. So soll er geplant haben, den Vor-
märzminister Albrecht von Alvensleben-Erxleben zu Manteuffels Nachfolger zu ernennen, für den er einst im Konflikt mit Friedrich Wilhelm IV. eine Lanze gebrochen
hatte.[39] Doch Alvensleben-Erxleben starb überraschend am 2. Mai 1858. Daraufhin sahen sich der Prinz und seine Umgebung gezwungen, nach einem neuen Kandidaten
Ausschau zu halten.[40] Es ist nicht unwahrscheinlich, dass Auerswald seine große Stunde
gekommen sah. Immerhin soll er bereit im März Ambitionen auf das Ministerpräsidium gezeigt haben. Anfang September berichtete Wilhelm seiner Ehefrau, er habe mit
Auerswald „lange interessante Unterredungen gehabt, über immer nur *einen* Gegenstand."[41] Diese vorsichtige Formulierung mochte ein Verweis auf Manteuffels Nachfolge
gewesen sein. Denn Auerswald sollte diese im November wenn auch nicht nominell so
doch faktisch antreten. Die Entlassung des Ministerpräsidenten musste Wilhelm also
nicht erst aufgezwungen werden. Augustas Sorgen gründeten wohl eher auf dem Umstand, dass der Prinz noch im Herbst mit dem Gedanken gespielt haben soll, Manteuffel
ein anderes Ministerium anzubieten, um so den politischen Bruch zu kaschieren.[42]

Dass Wilhelm mit den Prinzipien und Praktiken der Reaktionsära brechen wollte,
darüber lassen die Quellen keinen Zweifel. So erklärte er Augusta, dass unter seiner
Herrschaft das Hohenzollernkönigreich endlich jene moralischen Eroberungen in
Deutschland machen werde, die er seit Olmütz gefordert hatte. „Ein *vernünftiger* Liberalismus bei uns wird bald die *öffentliche* Meinung für sich haben, und der werden die
Cabinette folgen müssen. Einen extravaganten Liberalismus *bei mir* zu finden, wird kein
Mensch erwarten dürfen, und jedem Gelüste danach werde ich künftig zu begegnen
wissen."[43] Aber mit dem Reaktionsministerium war die Öffentlichkeit nicht zu gewinnen. Diese Überzeugung fand Wilhelm durch seine Stellvertretererfahrungen nur be-

---

38 Gruner, Rückblick VI, S. 334–335.
39 Vgl. Hermann von Petersdorff, Graf Albrecht v. Alvensleben-Erxleben, in: HZ 100 (1908), S. 263–316,
hier: S. 263–267.
40 Vgl. Tagebuch L. v. Gerlach, 2. Mai 1858. GA, LE02760, S. 45–46; Pourtalès an Bethmann-Hollweg, 1. Juli
1858. Mutis (Hrsg.), Pourtalès, S. 116; Thile an Natzmer, 21 Oktober 1858. Natzmer (Hrsg.), Denkwürdigkeiten, Bd. 4, S. 258–259; Loe, Erinnerungen, S. 29–31.
41 Wilhelm an Augusta, 2. September 1858. GStA PK, BPH, Rep. 51 J, Nr. 509b, Bd. 6, Bl. 89.
42 Vgl. Aufzeichnungen Pourtalès', 2. Oktober 1858. Mutius (Hrsg.), Pourtalès, S. 120; Massow an L. v.
Gerlach, 12. November 1858. GA, LE02774, S. 114
43 Wilhelm an Augusta, 8. August 1858. GStA PK, BPH, Rep. 51 J, Nr. 509b, Bd. 6, Bl. 83–84.

stätigt. Denn bereits seit dem Frühjahr 1858 liefen die Vorbereitungen der Landtagswahlen im November. Innenminister Westphalen drängte darauf, wie bereits 1855 die Wahlen staatlich zu beeinflussen. Dies lehnte der Thronfolger entschieden ab.[44] Niemand solle glauben, erklärte er Augusta Anfang Juni, „ich wolle eine *rothe* Kammer gewählt haben! Eine *gewisse* Einwirkung muß das Gouvernement auf die Wahlen üben, nur keinen Terrorismus und keine absichtlich faussirten Wahlbezirke kann ich statuiren."[45] Im Mai wurde dieser Regierungsstreit in der Presse bekannt gemacht. Plötzlich waren es die Hochkonservativen, die sich offiziell in Opposition zum (faktischen) Herrscher befanden. Über die *Kreuzzeitung* bemühte sich Westphalen um Schadensbegrenzung, indem er lancieren ließ, der Prinz sei falsch zitiert worden. Eigentlich sei er *für* die Wahlmanipulationen. Damit hatte der Innenminister sein politisches Schicksal besiegelt.[46]

Am 6. Oktober wurde Westphalen der Abschied erteilt.[47] Rein rechtlich hatte Wilhelm mit diesem Schritt seine Stellvertreterkompetenzen überschritten. Denn Friedrich Wilhelm IV. unterzeichnete erst am 7. Oktober die Regentschaftsordre. Diese Rechtsbeugung gab er gegenüber dem Ministerpräsidenten auch zu. Da „aber unumgänglich völlige Übereinstimmung im Staats Ministerium herrschen *muß*, so habe ich [...] dem M[i]n[i]st[er] v[on] Westphalen seinen Abschied ertheilt."[48] Als Westphalens Nachfolger wurde der Jurist Eduard von Flottwell ernannt. Bereits im Juni 1859 sollte er das Innenministerium allerdings altersbedingt wieder abgeben. Wie Otto von Manteuffel Bismarck wissen ließ, habe er Westphalens Entlassung noch zu verhindern versucht. Doch „verlor der Prinz die Geduld und machte mir Vorwürfe [...] und die Sache war nun nicht mehr zu halten." Flottwells Wahl „ist ohne all mein Zuthun aus dem Prinzen selbständig hervorgegangen, sie hat, wie Manches gegen sich, so auch Manches für sich."[49] Wilhelm hatte den Ministerwechsel gegen rechtliche wie ministerielle Bedenken durchgesetzt. Das war ein politisches Statement. Und Westphalens ehemalige Kollegen mussten in Sorge darüber leben, wer als nächster an der Reihe sein könnte. Wie Wilhelm seiner Ehefrau berichtete, soll ihn Manteuffel bereits am 9. Oktober vertraulich gefragt haben, ob weitere Ministerentlassungen geplant wären. Daraufhin will der Prinz erklärt haben, wenn ein Minister „glaube, daß zwischen uns Conflicte entstehen könnten, so würde ich nach dem Landtage erwarten, daß er die Initiative ergriffe."[50] Das war eine mehr als zweideutige Ansage. Wilhelm beschwor die preußische Verfassung

---

44 Vgl. Tagebuch Bernhardi, 25. Februar 1858. Bernhardi (Hrsg.), Aus dem Leben, Bd. 3, S. 5; Konseilprotokoll, 15. März 1858. Acta Borussica. Protokolle, Bd. 4/II, S. 436.
45 Wilhelm an Augusta, 3. Juni 1858. GStA PK, BPH, Rep. 51 J, Nr. 509b, Bd. 6, Bl. 52–53.
46 Vgl. Grünthal, Ende der Ära, S. 300–301.
47 Vgl. Wilhelm an Westphalen, 6. Oktober 1858. Schultze (Hrsg.), Briefe an Politiker, Bd. 2, S. 120.
48 Wilhelm an O. v. Manteuffel, 6. Oktober 1858. GStA PK, VI. HA, Nl. Manteuffel, O. v., Titel 1, Nr. 2, Bd. 2, Bl. 166–169.
49 O. v. Manteuffel an Bismarck, 12. Oktober 1858. Poschinger (Hrsg.), Denkwürdigkeiten, Bd. 3, S. 330.
50 Wilhelm an Augusta, 25. Oktober 1858. GStA PK, BPH, Rep. 51 J, Nr. 509b, Bd. 6, Bl. 133–134.

vor dem Landtag am 26. Oktober. Nur acht Tage später setzte er Manteuffel den Stuhl vor die Tür.

Unter den Kritikern und Gegnern des Reaktionsministeriums wurde Westphalens Entlassung zwar begrüßt. Doch wurde auch die Sorge formuliert, ob damit der Veränderungswille des Prinzregenten bereits erschöpft sei.[51] Augusta schien es daher für notwendig empfunden zu haben, ihrem Ehemann gewissermaßen Mut zuzusprechen. In einem in religiöser Bildsprache verfassten Brief vom 9. Oktober verglich sie Wilhelms Situation mit einem Kreuz, das er für „das arme Vaterland" zu tragen habe, „denn die letzten 8 Jahre waren eine starke Prüfung, die an den moralischen Stützen des Volkes fort und fort rüttelte. [...] *So* liegt jetzt *Alles* in *Deiner* Hand, und *Du* hast noch freie Wahl über die Wendung der Dinge zu verfügen zum Wohl oder zum Weh des Vaterlandes, zum Heil oder zum Nachteil des Königshauses, endlich aber zur eigenen *Ehre* und zum eigenen *Frieden*, was Gott in Gnaden geben möge!"[52] Dagegen mahnte Charlotte ihren Bruder am 20. Oktober, „*mit Aenderungen nicht zu eilen.* Im Anfang lass die Leute an ihren alten Plätzen; und nehme nur keine *Auerwald's* und dergleichen, worauf die Schlechten, Liberale[,] Démocrathen hoffen wie es die schlechten Zeitungen beweisen."[53] Offenbar hatten die Gerüchte über die neuen Ministerlisten ihren Weg bis an den Petersburger Hof gefunden. Wilhelm versuchte seine Schwester am 29. Oktober zu beruhigen. „Du kannst sicher sein, daß ich sehr ruhig, besonnen und bedächtig meinen Weg gehen werde, wie dies seit 62 Jahren meine Maxime ist." Allerdings sprach er auch von „Modificationen", die er im Staatsministerium durchführen müsse. „Dies ist also eine neue schwere Zeit für mich, namentlich die richtigen Männer zu finden."[54] Wilhelm verschwieg, dass er die richtigen Männer bereits gefunden hatte, als er diese Zeilen verfasste.

Das Ministerpräsidium sollte nominell Fürst Karl Anton von Hohenzollern übernehmen. Dieser stammte aus einer katholischen Nebenlinie der Hohenzollerndynastie und gehörte dem Wochenblattkreis an. Seit 1849 stand Wilhelm mit seinem süddeutschen Verwandten in unregelmäßiger Korrespondenz.[55] Weshalb die Wahl auf Hohenzollern fiel, kann nicht detailliert rekonstruiert werden. Laut Loe soll der Sigmaringer Fürst dem späteren Kaiser bereits im Mai als Kandidat für das Ministerpräsidium genannt worden sein.[56] Schleinitz berichtete am 12. Oktober, „bei der letzten Erörterung in Baden wurde der Name des Fürsten von Hohenzollern genannt und von dem Prinzen wenigstens nicht zurückgewiesen."[57] Der designierte Ministerpräsident traf erst am

---

51 Vgl. E. L. Gerlach an L. v. Gerlach, 10. Oktober 1858. GA, LE02774, S. 74; Heym an Duncker, 12. Oktober 1858. Schultze (Hrsg.), Briefwechsel, S. 75; Albert an Augusta, 18. Oktober 1858. Jagow (Hrsg.), Prinzgemahl, S. 394; Saucken-Julienfelde an Duncker, 24. Oktober 1858. Schultze (Hrsg.), Briefwechsel, S. 75.
52 Augusta an Wilhelm, 9. Oktober 1858. GStA PK, BPH, Rep. 51 T, Lit. P, Nr. 12, Bd. 8, Bl. 92–94.
53 Charlotte an Wilhelm, 20. Oktober 1858. GStA PK, BPH, Rep. 51 J, Nr. 511a, Bd. 2, Bl. 759.
54 Wilhelm an Charlotte, 29. Oktober 1858. Ebd., Bl. 758.
55 Vgl. Augustus Loftus, The Diplomatic Reminescences of Lord Augustus Loftus, 1832–1862, Bd. 1, London u. a. 1892, S. 169–170; Zingeler, Hohenzollern, S. 46–67.
56 Vgl. Loe, Erinnerungen, S. 30.
57 A. v. Schleinitz an Gruner, 12. Oktober 1858. Peiffer, Schleinitz, S. 58.

19. Oktober in Berlin ein, wo Wilhelm mit ihm „von möglichen Eventualitäten" gesprochen haben will, „denen er sich *momentan* vielleicht ergeben würde."[58] Und 1863
sollte er rückblickend erzählen, Hohenzollern habe ihm im Oktober 1858 ein Regierungsprogramm vorlegt. Darin habe gestanden, dass dieser „den vernünftigen Fortschritt will und den Aufbau unserer Verfassung auf gesunden, kräftigen, konservativen
Basen".[59] Der Fürst mochte dem Ministerpräsidium eine dynastische Symbolik verleihen. Und er mochte auf einer repräsentativen Ebene die Brücke zu den katholischen
Untertanen der Hohenzollernmonarchie schlagen. Aber er besaß so gut wie keine aktive
Regierungs- oder Verwaltungserfahrung.

Die faktische Leitung des Staatsministeriums sollte daher Auerswald übernehmen.
Er wurde zum Minister ohne Portefeuille ernannt, also ohne spezifischen Ressortauf-
trag. Bereits im Sommer 1848 hatte er gemeinsam mit David Hansemann eine ver-
gleichbare Doppelspitze übernommen. „Auerswald ist nun die Seele des Ministeriums,
wie ihn 1848 Hansemann vorschob, so schiebt er jetzt Hohenzollern vor", so Leopold von
Gerlach.[60] Doch mit diesem Kommentar wurde der Generaladjutant den tatsächlichen
Machtverhältnissen im Ministerium nicht gerecht. Auerswald agierte bestenfalls als
Hohenzollerns Stellvertreter. Aber eine Richtlinienkompetenz sollte er nie ausüben.
Letztendlich wurden beide „Ministerpräsidenten" durch die Doppelspitze sogar strukturell geschwächt. Anders als Otto von Manteuffel in den 1850er Jahren sollte es Hohenzollern und Auerswald nie gelingen, das Ministerium dem Führungsanspruch des
Präsidiums zu unterstellen. Und deshalb besaßen sie so gut wie keine Durchsetzungs-
autorität – weder dem Landtag noch Wilhelm gegenüber.[61] Im Jahr 1860 sollte der
Kriegsministergeneral Julius von Hartmann schimpfen, Auerswald verursache *„den
größten Schaden* [...] durch Schwäche, dadurch, daß er dem Regenten nie eine unangenehme Wahrheit sagt, – vertuscht – mildert – abwendet was unangenehm berühren
könnte – und ebenso dem Prinzen niemals widerspricht, sich nie widersetzt, auch nicht,
wenn von Dingen die Rede ist, von denen er ganz gut weiß, daß sie nicht gut thun; er fügt
sich immer!"[62] Und Hohenzollern erklärte 1861, Wilhelm „muß das Gefühl des persönlichen Regiments in sich tragen, er soll aber die Last desselben nicht fühlen."[63]

Der erste Deutsche Kaiser ließ nie einen Zweifel daran, dass *er* den Handlungsrahmen des Ministeriums in der Innen- wie in der Außenpolitik *persönlich* definierte.
Unter seiner Herrschaft war die monarchische Richtlinienkompetenz keine Verfas-
sungsfloskel, sondern tagtägliche Regierungspraxis. Wilhelm gab die Ziele und Grenzen
der preußischen Politik vor. Und die Minister mussten dieser Agenda entgegenarbeiten.
Auf der Ebene der Exekutiventscheidungen war die Selbstherrschaft System. Deshalb

---

58 Wilhelm an Augusta, 19. Oktober 1858. GStA PK, BPH, Rep. 51 J, Nr. 509b, Bd. 6, Bl. 126.
59 Wilhelm an Friedrich I., 14. November 1863. Oncken (Hrsg.), Briefwechsel, Bd. 1, S. 353.
60 Tagebuch L. v. Gerlach, 1. Dezember 1858. GA, LE02760, S. 128.
61 Vgl. Haupts, Liberale Regierung, S. 72; Karl Heinz Börner, Die Krise der preußischen Monarchie 1858
bis 1862, Berlin (Ost) 1976, S. 45.
62 Tagebuch Bernhardi, 4. April 1860. Bernhardi (Hrsg.), Aus dem Leben, Bd. 3, S. 309.
63 Hohenzollern an Duncker, 26. Juni 1861. Schultze (Hrsg.), Briefwechsel, S. 281.

muss nach 1858 von einem *persönlichen Regiment* gesprochen werden. Zwar wird dieser Begriff in der Forschung nahezu ausschließlich mit der Herrschaft Wilhelms II. in Verbindung gebracht.[64] Aber letztendlich war die Regierungspraxis des letzten Hohenzollernkaisers nur der Versuch, jene Strukturen zu imitieren, die sein Großvater am Berliner Hof geschaffen hatte. Friedrich Wilhelm IV. hatte das Staatsministerium lediglich als eines von vielen politischen Dialogzentren betrachtet und behandelt. Wilhelm sollte mit diesem Nebeneinander verantwortlicher und unverantwortlicher Entscheidungsstrukturen aufräumen. Doch daraus folgte anders als bei einem Nullsummenspiel keine Machtaufwertung der Minister. Denn im persönlichen Regiment waren sie nicht viel mehr als Befehlsempfänger des Allerhöchsten Willens. So betonte Wilhelm gegenüber Augusta, „Politik, Krieg und Frieden mache ich *selbst*".[65] Er passe „sehr aufmerksam" darauf auf, „daß die Leute *meine* und nicht *ihre* Idéen ausführen", schrieb er Luise.[66] Und dem hessischen Ministerpräsidenten Reinhard Carl Friedrich von Dalwigk soll er gesagt haben, „was mein Ministerium vorschlägt, das tut es auf meinen Befehl, und ich lasse eine Unterscheidung zwischen mir und meinem Ministerium nicht zu."[67] An diesem Selbstherrschaftsanspruch sollten nicht nur Hohenzollern und Auerswald scheitern, sondern auch Bismarck. Keinem Ministerpräsidenten sollte es je gelingen, sich vom Allerhöchsten Willen zu emanzipieren.

Aber zumindest mit einem Strukturproblem sollte Bismarck später nicht mehr zu kämpfen haben: einer politisch fragmentierten Ministerriege. Das Ministerium Hohenzollern-Auerswald setzte sich aus Liberalen, Reformkonservativen und Reaktionspolitikern zusammen. Dieser hodgepodge-Charakter konterkarierte jeden Versuch, eine einheitliche Ministerfront zu bilden, die den Herrscher zum Nachgeben hätte zwingen können. Wilhelm hatte die Ministerauswahl persönlich getroffen.[68] Teilweise hatte er noch in sprichwörtlich letzter Minute mit den Kandidaten verhandelt. Die endgültige Ressortliste stand erst am 2. November fest – einen Tag später wurde Otto von Manteuffel entlassen.[69] Nicht wenige Minister hatten den Sprung nach Berlin von Koblenz aus geschafft. Schleinitz galt aufgrund seiner diplomatischen Erfahrungen von Anfang an als erste Wahl für das Außenministerium. Wie er Augusta am 12. Oktober berichtete, will Wilhelm dessen Berufung mit dem „hiesige[n] diplomat[ischen] Corps" besprochen haben, das sich „sehr entgegenkommend gegen Schleinitz" geäußert haben soll.[70] Als neuer Außenminister sollte Schleinitz all jene Diplomaten zurück in den Dienst holen,

---

64 Vgl. Isabel V. Hull, „Persönliches Regiment", in: John C.G. Röhl (Hrsg.), Der Ort Kaiser Wilhelms II. in der deutschen Geschichte, München 1991, S. 3–23.

65 Wilhelm an Augusta, 18. Juli 1859. GStA PK, BPH, Rep. 51 J, Nr. 509b, Bd. 7, Bl. 68.

66 Wilhelm an Luise, 1. Februar 1859. GStA PK, BPH, Rep. 51, Nr. 853. Siehe auch Wilhelm an Groeben, 21. März 1859. Schultze (Hrsg.), Briefe an Politiker, Bd. 2, S. 131–132.

67 Tagebuch Dalwigk, 15. Juli 1861. Wilhelm Schüßler (Hrsg.), Die Tagebücher des Freiherrn Reinhard v. Dalwigk zu Lichtenfels aus den Jahren 1860–71, Stuttgart/Berlin 1920, S. 41.

68 Vgl. Wilhelm an Charlotte, 20. November 1858. Börner (Hrsg.), Briefe, S. 409–411.

69 Vgl. Wilhelm an Augusta, 2. November 1858. GStA PK, BPH, Rep. 51 J, Nr. 509b, Bd. 6, Bl. 141.

70 Wilhelm an Augusta, 12. Oktober 1858. Ebd., Bl. 119.

deren Karrieren während der Reaktionsära ihr vorzeitiges Ende gefunden hatten.[71] Eine weitere Personalie, die als Kurskorrektur der Politik unter Friedrich Wilhelm IV. betrachtet werden konnte, war Eduard von Bonin. Nachdem er 1854 im Krimkriegskontext als Kriegsminister entlassen worden war, trat er sein neues altes Amt unter Wilhelm wieder an. Und der prominenteste Wochenblattpolitiker, der seinen Weg von Koblenz nach Berlin fand, war der Parteimitbegründer Moritz August von Bethmann-Hollweg. Er sollte das Kultusministerium übernehmen.

Dann gab es aber noch Handelsminister Heydt und Justizminister Simons, die als einzige den Sturz des Reaktionsministeriums unbeschadet überlebten. Leopold von Gerlach will später erfahren haben, dass „Simons und Heydt sich früh von den andern Ministern gesondert und ihre Bereitwilligkeit erklärt haben, einige ihrer Kollegen zu opfern".[72] Seiner Ehefrau schrieb Wilhelm, er habe beide Männer im Amt belassen, um den Ministerwechsel nicht nach „eine[r] völlige[n] Rupture mit der Vergangenheit" aussehen zu lassen.[73] Die kontroverseste Personalie war jedoch eindeutig Finanzminister Robert von Patow. Denn dieser war ein Liberaler, der im Landtag der Oppositionsfraktion um Vincke angehörte. Pourtalès hatte Patow bereits im Juli als möglichen Minister vorgeschlagen. „Die Linke hat einige ausgezeichnete Kapazitäten, oder besser gesagt Spezialitäten, z. B. Patow", hatte er seinem Schwiegervater Bethmann-Hollweg geschrieben.[74] Wilhelm erklärte, ihm sei der Liberale zwar wiederholt als „Finanz-Capacität" gepriesen worden. Aber er habe erst „in den sauren Apfel gebissen und Patow […] als Finanz-Minister genommen", nachdem Heydt und Simons ihm versichert hätten, in ihren Ämtern zu bleiben. „Jedenfalls habe ich es sehr ungern gethan, weil ich ihn seit 10 Jahren als die Fahne der Linken gesehen habe, so daß meine Freunde an mir irre werden müssen!!"[75] Zwar kann die Personalie Patow nicht auf Wilhelms (direkte oder indirekte) Initiative zurückgeführt werden. Aber dennoch musste sich auch der liberale Finanzminister dem persönlichen Regiment unterordnen. Seiner Schwester schrieb der Prinz, er habe Patow erst „nach einer ernsten und starken Explikation und nach ihm von mir gestellten Bedingungen" ernannt.[76]

Wilhelm muss die Direktive für den Regierungswechsel 1858 zugesprochen werden. Er hatte die Geheimverhandlungen mit den Ministerkandidaten persönlich geführt. Dies belegen seine fast täglichen Briefe an Augusta vom Oktober und November. Aber wieder legte er hohen Wert darauf, dass die Initiative zum Regierungswechsel offiziell von den Ministern selbst ausgehen sollte. Am 25. Oktober nahm der Landtag die Regentschaftserklärung an. Und noch am selben Tag habe er dem Staatsministerium mitteilen lassen, „daß ich eigentlich erwartete, daß dasselbe in den nächsten Tagen seine Demission einreichte, wohl wissend, daß ich seit Jahren nicht mit dessen Gang harmonirte", wie

---

71 Vgl. Grypa, Diplomatischer Dienst, S. 142–143, S. 153–154.
72 Tagebuch L. v. Gerlach, 1. Dezember. GA, LE02760, S. 128.
73 Wilhelm an Augusta, 6. November 1858. GStA PK, BPH, Rep. 51 J, Nr. 509b, Bd. 6, Bl. 144.
74 Pourtalès an Bethmann-Hollweg, 1. Juli 1858. Mutius (Hrsg.), Pourtalès, S. 116.
75 Wilhelm an Augusta, 6. November 1858. GStA PK, BPH, Rep. 51 J, Nr. 509b, Bd. 6, Bl. 144.
76 Wilhelm an Charlotte, 20. November 1858. Börner (Hrsg.), Briefe, S. 410.

der Prinz berichtete. Der Ministerpräsident habe ihm daraufhin sofort seinen Rücktritt angeboten. Diesen habe Wilhelm allerdings noch ablehnen müssen, da Manteuffels designierter Nachfolger Hohenzollern „plötzlich abgereiset" sei, „weil er ein Arrangement mit seiner Schwester die in morganat[ischer] Ehe lebt, abmachen müsse, [...] aber auf einen Wink von mir, würde er sofort zurückkehren."[77] Die Sigmaringer Eheprobleme hatten die Agonie des Reaktionsministeriums um etwa eine Woche verlängert. Erst am 30. Oktober konnte Wilhelm seiner Ehefrau mitteilen, dass Hohenzollern am nächsten Tag zurück in der Hauptstadt sein würde, und dann „müssen Besprechungen stattfinden."[78] Augusta schien allerdings befürchtet zu haben, ihr Ehemann habe plötzlich einen Rückzieher gemacht. Denn nachdem sie den Brief vom 25. Oktober gelesen hatte, schrieb sie ihm, „es bedarf nur noch des letzten entscheidenden Wortes, um die Lösung von einer Gemeinschaft zu vollenden, in der Du ja doch auch nach Deiner *eigenen* Ueberzeugung nicht verharren kannst."[79] Dies ist der einzige überlieferte Brief aus dem Herbst 1858, in dem die spätere Kaiserin mehr oder minder offen zum Regierungswechsel drängt. Sonst camouflierte sie ihre politischen Intentionen in vorsichtigeren Formulierungen. Aber letztendlich war der Druck aus Koblenz überflüssig.

Das Staatsministerium war nicht bereit, Wilhelm entgegenzukommen und geschlossen um seine Entlassung zu bitten. So soll Hausminister Ludwig von Massow am 26. Oktober Gerlach gesagt haben, „mehrere meiner Kollegen sind der Ansicht, man müsse nun unsererseits mit dem förmlichen Erbieten unserer Rollen niederzulegen vorgehen; ich bin entschieden entgegengesetzter Meinung und halte es für unsere Pflicht, ruhig fort zu verwalten, wie bisher, so lange nicht ein Anstoß vom Prinzen erfolgt, oder uns nicht eine Maasregel zugemutet wird, welche mit unseren Grundsätzen nicht übereinstimmt."[80] Und am 30. Oktober klagte auch Wilhelm, dass die Minister sich nicht zum Abschied entschließen könnten, „indem die ½ dafür, die andere ½ dagegen war", was „mehr einen Refus des Erwarteten enthält!"[81] Nachdem am 2. November endlich die fertige Liste für die neue Regierung vorlag, beschloss der Prinz, doch selbst die Initiative zu ergreifen. „Der schwere Schritt wird wohl morgen geschehen müssen, vor dem mir grault und meine Nerven so agitirt sind, daß ich stets das Gefühl habe, krank werden zu müssen!" Denn er fürchte bereits den „Sturm, der über mich hereinbrechen wird", wenn er öffentlich die Verantwortung für den Ministersturz zu tragen habe.[82] Am 3. November entließ er Otto von Manteuffel. In seinem offiziellen Schreiben an den geschassten Ministerpräsidenten erklärte Wilhelm, dass beide Männer seit Olmütz politisch kaum miteinander harmonisiert hätten. „Meine abweichenden Ansichten sind theils principieller, theils formeller Natur, so daß ich die nöthige Übereinstimmung mit meinen Ansichten u[nd] eine Einmüthigkeit des Handelns mit mir, bei dem ferner zu beobachtenden Gang der Regirung,

---

77 Wilhelm an Augusta, 25. Oktober 1858. GStA PK, BPH, Rep. 51 J, Nr. 509b, Bd. 6, Bl. 133–135.
78 Wilhelm an Augusta, 30. Oktober 1858. Ebd., Bl. 138.
79 Augusta an Wilhelm, 27. Oktober 1858. GStA PK, BPH, Rep. 51 T, Lit. P, Nr. 12, Bd. 8, Bl. 111–112.
80 Tagebuch L. v. Gerlach, 26. Oktober 1858. GA, LE02774, S. 87.
81 Wilhelm an Augusta, 30. Oktober 1858. GStA PK, BPH, Rep. 51 J, Nr. 509b, Bd. 6, Bl. 138.
82 Wilhelm an Augusta, 2. November 1858. Ebd., Bl. 140–141.

vom jetzigen Staats Ministerium nicht voraussetzen kann."[83] Mit diesem Understatement fand die Reaktionsära in Preußen ihr Ende.

In der Öffentlichkeit schlug die Nachricht vom Regierungswechsel ein wie eine sprichwörtliche Bombe. Die Hochkonservativen verfielen gewissermaßen in politische Schockstarre, die Oppositionskreise hingegen in Triumpheuphorie.[84] Beispielsweise jubelte der liberale Publizist Rudolf Haym, der „Fall Manteuffels" sei „von unberechenbarer moralischer Bedeutung."[85] Ernst II. gestand seinem Bruder Albert, dass Wilhelm „mit den Männern so schnell brechen würde, welche ihm als königliches Erbe die Geschäfte zurecht legen sollten, hatten wir Alle nicht erwartet".[86] General Gustav von Alvensleben schrieb an Bismarck, „der Berliner Witz findet das neue Ministerium bunt wie eine Thüringer Tendel-Schürze und ist zweifelhaft, ob ihre Grundfarbe mehr roth oder mehr changeant schillert. Ernste Leute drücken sich anders aus, denken aber ungefähr dasselbe."[87] Und der königliche Adjutant Kraft zu Hohenlohe-Ingelfingen berichtete, „die Minister fielen aus den Wolken."[88] Einer von ihnen war Hausminister Massow. Er schimpfte, „nachdem was in diesen Tagen geschehen ist, ist der Prinzregent gar nicht mehr zu berechnen. [...] Ich leugne nicht, dass ich mich vollständig in ihm geirrt habe, dass ich ihm nicht zugetraut habe, so rücksichtslos gegen den König zu handeln, auch sein Verfahren gegen Minister Manteuffel ist [...] eigentlich empörend gewesen."[89] Während der Reaktionsära hatten die Hochkonservativen Politik und Politikkultur in Preußen maßgeblich mitbestimmt. Der plötzliche Machtverlust hätte kaum größer sein können. So notierte Ernst Ludwig von Gerlach, dass die Nachricht über „das linke Ministerium [...] mitten in diesem Spätherbst des Lebens, einen erschütternden Eindruck machte."[90] Sein Bruder Leopold befand sich seit Mitte Oktober in Begleitung des Königs in Italien. Was er im November aus Berlin erfuhr, schien ihn tief erschüttert zu haben. Der Generaladjutant war mit dem späteren Kaiser immerhin seit den 1820er Jahren persönlich bekannt. Aber plötzlich liberale Namen „als Vertraute meines ehemaligen Prinzen Wilhelm sich zu denken, liegt jenseits meiner Phantasie. [...] Das steht doch als wahr fest, dass der Prinz in einen viel schärferen Gegensatz gegen das bisherige Wesen zu treten beabsichtigt, als man geglaubt hat. Dieser schwache gedankenlose Herr! Was werden wir noch alles erleben."[91]

In Italien stellte sich Gerlach und der königlichen Entourage sofort die Frage, ob man dem kranken Friedrich Wilhelm IV. von dem Ministersturz erzählen sollte. Königin

83 Wilhelm an O. v. Manteuffel, 3. November 1858. GStA PK, VI. HA, Nl. Manteuffel, O. v., Titel 1, Nr. 2, Bd. 2, Bl. 177–178.
84 Vgl. Grünthal, Ende der Ära, S. 283–284.
85 Haym an Zeller, 4. Dezember 1858. Hans Rosenberg (Hrsg.), Ausgewählter Briefwechsel Rudolf Hayms, Osnabrück 1967 [ND 1930], S. 166.
86 Ernst II. an Albert, 4. Dezember 1858. Ernst II., Aus meinem Leben, Bd. 2, S. 389.
87 Alvensleben an Bismarck, 10. November 1858. Kohl (Hrsg.), Bismarck-Jahrbuch, Bd. 3, S. 191.
88 Hohenlohe-Ingelfingen an L. v. Gerlach, 8. November 1858. GA, LE02774, S. 99.
89 Massow an L. v. Gerlach, 4. November 1858. GA, LE02774, S. 93–94.
90 Tagebuch E. L. v. Gerlach, 4. November 1858. Diwald (Hrsg.), Nachlaß, Bd. 1, S. 401.
91 Tagebuch L. v. Gerlach, 6. November 1858. GA, LE02760, S. 120.

Elisabeth soll dies untersagt haben. Laut Gerlach habe sie geschimpft, „dass bei diesen Umständen eine Wiederübernahme der Regierung für den König, selbst wenn er wiederhergestellt würde, unmöglich geworden sei. Er könne, nachdem das, was er 10 Jahre gegen die Revolution getan, zerstört worden sei, [...] unmöglich wieder von vorn anfangen."[92] Erst im Mai 1859 sollte der Monarch von den Novemberereignissen erfahren. Zu diesem Zeitpunkt litt er bereits unter fortgeschrittenen kognitiven Beeinträchtigungen. Nach Gerlachs Tagebuch soll der König mit „Konfusionen und Missverständnisse[n]" auf die neuen Regierungsverhältnisse reagiert haben. „Er fuhr oft auf und konnte immer den eigentlichen Grund nicht fassen. Ich sagte ihm zuletzt, weil ich nicht anders konnte, dass dem Prinzen die alten Minister nicht liberal genug gewesen wären. [...] Hohenzollerns Eintritt konnte der König gar nicht fassen. [...] Bei Auerswald geriet er in Heftigkeit, Patow fasste er nicht auf. Dann sprach er mir seine Liebe aus und sagte, wir müssen über das, was zu tun ist, sehr ernsthaft miteinander reden, wenn ich erst hergestellt bin."[93]

Doch auch die anderen königlichen Geschwister reagierten geradezu entsetzt. Sie alle waren wie die Öffentlichkeit bis zum 3. November im Dunkeln gelassen worden.[94] Alexandrine mahnte Wilhelm, er dürfe nie vergessen, „daß es nur ein anvertrautes Gut ist, was Dir von Gott und Deinem Bruder *einstweilen* übergeben ist, und was Du über lang oder kurz ihm wieder zurückgeben mußt".[95] Und Charlotte schimpfte, „*Hohenzollern! Unmöglich!* [...] Bonin, [...] der Russland sogerne retten wollte indem er mit Oestreich es zu verschlucken wünschte. Bonin der Schuld war an einem der furchtbarsten Bruder Zwiste – lass mich schweigen. *Patow,* auch eine böse Brut." Sie weigere sich zu glauben, dass Wilhelm dies selbst zu verantworten habe. „Auguste, die im fernen Coblenz ganz still sich verhält, um die Welt von ihrer Unthätigkeit zu unterrichten, *hat gewiss die Hände überall,* und das ist Pflicht Dir zu sagen und das thue ich; die Augen müssen Dir geöffnet werden [...]. Noch ist es vielleicht Zeit das Höllen Gelächter der Bösen zu ihrer Schande zu wenden."[96] Charlotte und Wilhelm trennte seit 1848 ein stetig wachsender Graben. Mit dem November 1858 wurde dieser Graben unüberbrückbar. Denn am Petersburger Hof wurde der Ministerwechsel in Preußen als politischer Affront betrachtet. Die Zarenwitwe war dort nicht die Einzige, die den Namen Bonin seit dem Krimkrieg nicht vergessen hatte.[97] Aber in seinem Antwortschreiben behauptete Wilhelm tatsächlich, Friedrich Wilhelm IV. hätte dieselben Minister gewählt, wäre er nicht von der Kamarilla „zu umgarnt" gewesen, „um sich freier bewegen zu können. [...] Die bessernde Hand an manches zu legen, langsam und besonnen, wozu die alten Elemente des Ministeriums nicht gingen, das ist meine und unsere Aufgabe!"[98]

---

92 Tagebuch L. v. Gerlach, 13. November 1858. Ebd., S. 126.
93 Tagebuch L. v. Gerlach, 27. Mai 1859. GA, LE02761, S. 50–51.
94 Vgl. Rothkirch, Prinz Carl, S. 182.
95 Alexandrine an Wilhelm, [November 1858]. Schultze (Hrsg.), Briefe an Alexandrine, S. 90.
96 Charlotte an Wilhelm, 17. November 1858. GStA PK, BPH, Rep. 51 J, Nr. 511a, Bd. 2, Bl. 765.
97 Vgl. Friese, Rußland und Preußen, S. 167–168.
98 Wilhelm an Charlotte, 20. November 1858. Börner (Hrsg.), Briefe, S. 409–410.

Auch jenseits der Personalebene legte Wilhelm den neuen Ministern strukturelle Daumenschrauben an. Denn er verpflichtete sie als erster Hohenzollernherrscher auf ein Regierungsprogramm. Bereits während der Reaktionsära hatte er kritisiert, dass sein Bruder dem Staatsministerium kein Programm vorgelegt hatte, „von dem nie abzuweichen sei, und bei Aufstellung desselben würde es sich ja zeigen, wer bleiben könne."[99] Am 8. November 1858 präsentierte der Regent *seinem* Ministerium ein politisches Programm in Form einer Regierungsansprache. Es handelte sich nicht um präzise Gesetzankündigungen. Stattdessen definierte Wilhelm den politischen Gestaltungsrahmen, in dem sich die Minister bewegen sollten. Und er zog rote Linien, die nicht überschritten werden durften. Einen Rückbau des Verfassungsstaats in Richtung Neoabsolutismus schloss er aus. Ebenso aber jede Entwicklung hin zum Parlamentarismus. „Versprochenes muß man treu halten, ohne sich der bessernden Hand dabei zu entschlagen, nicht Versprochenes muß man mutig verhindern. Vor allem warne ich vor der stereotypen Phrase, daß die Regierung sich fort und fort treiben lassen müsse, liberale Ideen zu entwickeln, weil sie sich sonst von selbst Bahn brächen!" Unter den konkreten Reformprojekten, denen sich die Regierung widmen sollte, nannte er explizit „Preußens Heer", das „mächtig und angesehen sein" müsse, „um, wenn es gilt, ein schwerwiegendes politisches Gewicht in die Waagschale legen zu können." Und „in Deutschland muß Preußen moralische Eroberungen machen, durch eine weise Gesetzgebung bei sich, durch Hebung aller sittlichen Elemente und durch Ergreifung von Einigungselementen [...]. Ein festes, konsequentes und, wenn es sein muß, energisches Verhalten in der Politik, gepaart mit Klugheit und Besonnenheit, muß Preußen das politische Ansehen und die Machtstellung verschaffen, die es durch seine materielle Macht allein nicht zu erreichen imstande ist."[100] Was Wilhelm hier ankündigte, war nicht nur die Heeresreform, die schließlich zum Verfassungskonflikt führen sollte, sondern auch eine aktive Deutschlandpolitik. Beides war untrennbar miteinander verbunden. Denn das Hohenzollernkönigreich sollte endlich wieder in die Lage versetzt werden, seine Großmachtinteressen militärisch verteidigen und durchsetzen zu können. Dies galt für Deutschland und Europa. Die Unionspolitik und der Krimkrieg konnten als mahnende Beispiele fungieren.

Das Novemberprogramm muss vor dem Hintergrund der Thronfolgerbiographie des ersten Hohenzollernkaisers gelesen werden. Er zog einen Schlussstrich unter die Reaktionspolitik und kündigte letztendlich einen Rollback vor Olmütz an. Die Forderung nach einer moralischen Eroberungen Deutschlands war Wilhelm sui generis. „Die Worte: moral[ische] Erob[erun]g[en] sind *mein Eigentum* und von keinem verantwortlichen Ministerium *gedeckt*", sollte er Auerswald 1861 erklären.[101] Dennoch wurde seitens der Forschung bislang behauptet, die Minister hätten dieses Programm verfasst.[102] Dieses Narrativ wird nicht nur mit Blick auf den Inhalt widerlegt. Wie Wilhelm sei-

---

99 Wilhelm an Bunsen, 18. August 1853. Schultze (Hrsg.), Briefe an Politiker, Bd. 1, S. 240.
100 Die Zitate erfolgen nach dem offiziellen Druck in: GStA PK, BPH, Rep. 51, Nr. 128.
101 Wilhelm an Auerswald, 26. Mai 1861. Schultze (Hrsg.), Briefe an Politiker, Bd. 2, S. 170.
102 Vgl. Grünthal, Englische Partei, S. 181–182; Paetau, Altliberale, S. 174–175.

ner Ehefrau schrieb, habe er das Programmmanuskript „in den zwei letzten Tagen vor dem 8^{en} ganz allein und sehr abgerissen niedergeschrieben und Niemand consultirt und Niemand vorher ein Wort davon gesagt; solche Dinge müssen der eigenste Erguß sein."[103] Und auch sein Sohn Friedrich Wilhelm berichtete, „daß Niemand vorher jene Ansprache kannte und mein Vater sie nicht vierundzwanzig Stunden vor jener Sitzung niederschrieb."[104]

Der spätere 99-Tage-Kaiser begleitete den Regierungswechsel allerdings nicht allein als reiner Beobachter. Wilhelm hatte seinen siebenundzwanzigjährigen Sohn bereits bei den geheimen Ministerverhandlungen vor dem 2. November hinzugezogen.[105] Und er entschied, dass der präsumtive Thronerbe „den Staats-Ministerial-Sitzungen beiwohnen" solle.[106] Zwar besaß auch Friedrich Wilhelm im konstitutionellen System kein Stimmrecht. Aber er konnte bei den Konseilsitzungen praktische Regierungserfahrung sammeln. Und bei Abwesenheit des Herrschers konnte er diesen zumindest symbolisch vertreten.[107] Gegenüber dem Staatsministerium demonstrierte Wilhelm dadurch implizit, *wo* die politische Entscheidungsgewalt lag: in dynastischen, nicht in ministeriellen Händen. Er war gewillt, die verbliebenen Prärogativen nicht nur zu verteidigen, sondern auch so weit wie möglich auszureizen.[108]

Auch der Öffentlichkeit sollte kommuniziert werden, welche politische Agenda der neue Machthaber verfolgte. Bereits eine Woche nach dem 8. November befal Wilhelm, das Regierungsprogramm zu publizieren, um „die Wahlen zu vernünftigem Resultat zu bringen."[109] Am 23. November fanden die Abgeordnetenhauswahlen statt. In vielerlei Hinsicht können sie als erster öffentlicher Lackmustest des Prinzregenten und der neuen Regierung betrachtet werden. Auch versuchten die Parteien den Wahlkampf zu nutzen, um ein Urteil über die Reaktionsära zu fällen. Dieses fiel vor allem auf liberaler Seite vernichtend aus – und erstmals reagierte der Staat nicht mit repressiven Maßnahmen.[110] Wilhelm beobachtete diese Aufbruchstimmung von links nicht ohne Konsternation. Seiner Ehefrau klagte er über „die Aufregung der Gemüther an allen Orten, [...] durch welche man die untern Klassen aufzustacheln sucht wie 1848. Ich habe allen Ernstes die Minister aufmerksam gemacht, auf diese Umtriebe ein sehr wachsames Auge zu haben."[111] „Wir dürfen *niemand* provozieren", befal er Auerswald, „weder

---

103 Wilhelm an Augusta, 16. November 1858. GStA PK, BPH, Rep. 51 J, Nr. 509b, Bd. 6, Bl. 152.

104 Friedrich Wilhelm an Curtius, 8. Januar 1859. Georg Schuster (Hrsg.), Briefe, Reden und Erlasse des Kaisers und Königs Friedrichs III., Berlin ²1907, S. 92.

105 Vgl. Wilhelm an Augusta, 2. November 1858. GStA PK, BPH, Rep. 51 J, Nr. 509b, Bd. 6, Bl. 140.

106 Wilhelm an Augusta, 8. November 1858. Ebd., Bl. 146.

107 Vgl. Grypa, Diplomatischer Dienst, S. 45.

108 Vgl. Haupts, Liberale Regierung, S. 53–54; Siemann, Gesellschaft, S. 201.

109 Wilhelm an Augusta, 16. November 1858. GStA PK, BPH, Rep. 51 J, Nr. 509b, Bd. 6, Bl. 152. Siehe auch Schneider, Kaiser Wilhelm, Bd. 1, S. 128.

110 Vgl. Günther Grünthal, Die Wahlen zum preußischen Abgeordnetenhaus 1858, in: ders., Verfassung und Verfassungswandel. Ausgewählte Abhandlungen, hrsg. v. Frank-Lothar Kroll, Joachim Stemmler u. Hendrik Thoß, Berlin 2003, S. 188–207.

111 Wilhelm an Augusta, 8. November 1858. GStA PK, BPH, Rep. 51 J, Nr. 509b, Bd. 6, Bl. 146.

Kreuzzeitung noch Ultraliberale, wohl aber jeden in seine Schranken zurückweisen."[112] Das neue Staatsministerium musste also bereits in seinen ersten Wochen einen politischen Balanceakt meistern. Eine bürokratische Wahlbeeinflussung à la Westphalen 1855 war vom Regenten explizit untersagt worden. Aber gleichzeitig mussten die Minister versuchen, das öffentliche Wahlkampfnarrativ in (reform)konservative Bahnen zu bewegen.[113] Und Wilhelm selbst übte auch noch gezielten Druck auf die Presseabteilung aus, „damit conservative-ministerielle Artikel rasch nach einander erscheinen, um dem Unsinn in der Presse eine bestimmte Richtung zu geben."[114]

Der Erfolg dieser Maßnahmen muss mit Blick auf das Wahlergebnis ambivalent bewertet werden. Nach rechts war die Abgrenzung geglückt. Denn die Konservative Fraktion schmolz von ehemals 236 Sitzen auf nur noch siebenundvierzig zusammen. Die Wochenblattpartei zog mit vierundvierzig anstatt siebenundzwanzig Mitgliedern in den neuen Landtag ein. Aber die Liberalen um Vincke waren mit 151 Abgeordneten die unangefochtenen Wahlsieger – 1855 hatte sie lediglich sechsunddreißig Mandate erreichen können.[115] Gegenüber Vincke-Olbendorf verhehlte Wilhelm nicht, dass ihn der liberale Erdrutschsieg „teilweise sehr unangenehm berührt" habe. Vincke und dessen Parteifreunde sollten sich nicht einbilden, über die Landtagsmehrheit Druck auf die Regierung ausüben zu können. „Wenn man glaubt, mich durch Drohungen, Einschüchterungen, Drängen nachgiebig [...] zu machen, der *kennt* mich nicht und denkt nicht an mein Recht, die Kammern aufzulösen, solange ich es für nötig halte, oder en temps et lieu das Ministerium zu wechseln. Den Schwindelgeist zu exitieren, der sich seit 4 Wochen zeigt, ist so total mir zuwider, daß ich es nicht oft genug aussprechen kann, daß er vollständig mit meinen politischen Prinzipien im Widerspruch stehet."[116]

Die liberale Bewegung des Vormärz war fragmentiert gewesen. Aber der Liberalismus, der das Berliner Abgeordnetenhaus nach 1858 dominieren sollte, war eine einheitliche politische Gruppierung. Die Repressiverfahrungen der Reaktionsära mochten ihn als parlamentarischen Faktor fast ein Jahrzehnt hinweg marginalisiert haben. Doch stärker als vor 1848 war es den Liberalen in den 1850er Jahren gelungen, graduell die öffentlichen Diskursparameter zu verschieben. Obgleich noch immer primär eine bürgerliche Ideologie, stießen liberale Ideen im Nachmärz auch außerhalb dieses sozialen Milieus auf eine wachsende und differenzierte Anhängerschaft. Dies galt vor allem dort, wo der Liberalismus in Verbindung mit der nationalen Frage auftrat. Als eine demokratische Bewegung konnten die Liberalen jedoch auch 1858 nicht bezeichnet werden. Die Fraktion um Vincke bewegte sich nach wie vor im Denk- und Handlungsrahmen der konstitutionellen Mon-

---

112 Wilhelm an Auerswald, 23. November 1858. Schultze (Hrsg.), Briefe an Politiker, Bd. 2, S. 125.
113 Vgl. Börner, Krise, S. 48–49.
114 Wilhelm an Augusta, 14. November 1858. GStA PK, BPH, Rep. 51 J, Nr. 509b, Bd. 6, Bl. 151.
115 Vgl. Materialien zur Regentschaft, S. 93–96.
116 Wilhelm an Vincke-Olbendorf, 8. Dezember 1858. Schultze (Hrsg.), Briefe an Politiker, Bd. 2, S. 126–127.

archie. Eine Parlamentarisierung stand nicht auf der liberalen Agenda.[117] Das konnte und wollte Wilhelm allerdings nicht reflektieren.

Die Liberalen mochten allerdings darauf spekuliert haben, in der Neuen Ära eine ähnliche Rolle zu spielen wie die Hochkonservativen vor 1858. Innenminister Flottwell legte Wilhelm sogar nahe, die Liberale Fraktion als parlamentarischen Partner zu gewinnen.[118] Dies bedeutete nicht, dass die Minister das strukturelle Kräfteverhältnis zugunsten des Landtags verschieben wollten. Der Konstitutionalismus sollte lediglich „ausgebaut" werden, wie es im offiziellen Duktus hieß. Aber was genau mit dieser schwammigen Formulierung gemeint war, blieb ungeklärt. Das Parlament sollte die reformkonservative Politik mittragen und populär legitimieren. Mehr Kompetenzen sollte es im Gegenzug aber nicht erhalten.[119] Diese rote Linie wollte Wilhelm deutlich kommuniziert wissen. Bereits Ende Dezember rügte er Auerswald, dass dieser es versäumt habe, „Artikel über die Richtung meines Gouvernements und namentlich den Unterschied von parlament[arischer] Regierung und Gesetzgebung *öfter* zu publizieren."[120] Auch erlaubte der Regent dem Staatsministerium kaum individuellen Gestaltungsraum dem Landtag gegenüber. Wie er mündlich befahl, mussten die Minister alle parlamentarischen Regierungserklärungen vorher mit ihm persönlich absprechen. Und auf der Landtagsbühne hatten sie sich jeglicher Alleingänge zu enthalten.[121]

Dem neugewählten Abgeordnetenhaus hatte die Regierung letztendlich wenig anzubieten. Auch erweckte sie nicht den Eindruck eines kompetenten Verhandlungspartners. Denn schnell waren die Kabinettsgeschäfte von parteipolitischen Differenzen und Konflikten geprägt.[122] Bereits Mitte Januar 1859 notierte Leopold von Gerlach, „die Minister fühlen täglich mehr ihre Impotenz. Patow und Heydt heben sich miteinander auf; Hollweg hat ein böses Gewissen, Flottwell kann nicht weiter, Heydt und Simons fühlen sich deplaziert."[123] Dem Staatsministerium fehlte es an innerer Geschlossenheit und interner Führung. Aber es war eine Fehlkonstruktion by design. Statt Hohenzollern oder Auerswald leitete Wilhelm die Ministerverhandlungen persönlich. Von Ende 1858 bis Ende 1863 nahm er durchschnittlich an jeder sechsten Konseilssitzung teil – insgesamt dreiundfünfzig. Damit übte er die Rolle des Ministerpräsidenten effektiv selbst aus.[124] Öffentlich blieb nicht verborgen, dass der Aktionsradius der neuen Regierung fest begrenzt war. Und dass diese Grenzen von niemand Anderem als dem Prinzregenten

---

117 Vgl. Nipperdey, Bürgerwelt, S. 721–723; Langewiesche, Liberalismus, S. 85–88; Leonhard, Liberalismus, S. 514–416.
118 Vgl. Bahne, Altliberale, S. 168–169.
119 Vgl. Haupts, Liberale Regierung, S. 59–60; Walter, Heeresreformen, S. 395; Peiffer, Schleinitz, S. 62–64; Möller, Zweite Chance, S. 126.
120 Wilhelm an Auerswald, 29. Dezember 1858. Schultze (Hrsg.), Briefe an Politiker, Bd. 2, S. 128.
121 Siehe die Konseilprotokolle vom 20. Dezember 1858 und 24. März 1859, in: Acta Borussica. Protokolle, Bd. 5, S. 55, S. 64.
122 Vgl. Börner, Krise, S. 46; ders., Voraussetzungen, Inhalt und Ergebnis der Neuen Ära in Preußen, in: Jahrbuch für Geschichte 14 (1976), S. 85–123, hier: S. 97.
123 Tagebuch L. v. Gerlach, 16. Januar 1859. GA, LE02761, S. 6.
124 Vgl. Haupts, Liberale Regierung, S. 68–69; Neugebauer, Kaiserpalais, S. 81–82.

selbst gesetzt wurden. In liberalen Kreisen wich die Aufbruchstimmung Anfang 1859 einer Ernüchterung.[125] „Bei uns im Lande ist die gehörige Ruhe der Gemüther wieder eingekehrt“, jubelte Wilhelm seiner Schwester, „indem die Exaltirten, von *oben herab*, gehörig mit kaltem Wasser übergossen worden sind.“[126]

Die Kamarilla witterte plötzlich Morgenluft. Und Gerlach begann seit Januar, ein mögliches politisches Comeback vorzubereiten. Zu diesem Zweck führte er mehrere geheime Unterredungen mit Bismarck und dem Herrenhausmitglied Eberhard zu Stolberg-Wernigerode. Es könne dazu kommen, dass „der Prinz plötzlich einem Ministerwechsel geneigt wird. Auf diesen Fall muss man sich vorbereiten, um dem Herrn ein fix und fertiges Ministerium unterbreiten zu können [...]. Plan: Keine der alten Minister, wenn es nicht durchaus nötig.“[127] Aber die Kreuzzeitungspartei schätzte die Lage völlig falsch ein. Wilhelm hatte nach der unangenehmen Überraschung der Landtagswahlen nicht etwa einen konservativen Rollback in die Wege geleitet. He had just set the record straight. Und das ließ er Stolberg-Wernigerode auch wissen, als dieser im Mai um eine Audienz bat. Der Abgeordnete soll gar nicht erst dazu gekommen sein, Pläne für ein neues Ministerium vorzustellen. Wie Wilhelm an Augusta schrieb, habe er Stolberg-Wernigerode stattdessen geschimpft, „er möge mir *einen* Artikel der früheren Oppositions-Z[ei]t[un]g nennen, der im Vergleich mit den Schmähungen stände, die die †Z[ei]t[un]g gegen mich und meine Minister fast täglich brächte? Ich wisse sehr gut, daß hier in Berlin und nun in den Provinzen Comittés gestiftet wären, die gegen mich und meine Regierung intriguiren sollten, grade dieselben Mittel, mit denen 1848 die Démokraten gewirkt hätten; sie verbreiteten, daß ich gezwungen worden sei, das Ministerium zu wechseln, daß ich den Moment herbeisehnte, es los zu werden [...]. Daß dies Alles erlogen sei, freute ich mich, die Gelegenheit zu haben, ihm offen und mehr aussprechen zu können.“[128] Und Gerlach notierte, Stolberg-Wernigerode habe ihm geklagt, er sei vom Regenten „mit sehr heftigen Reden empfangen“ worden.[129] Den Hochkonservativen gelang es ebenso wenig wie den Liberalen, den neuen Herrscher für ihre Agenda zu instrumentalisieren.

Jedes Narrativ von einer „liberalen“ Neuen Ära oder einer Alternative zur „Revolution von oben“ ist daher nicht mehr als kontrafaktisches Wunschdenken. Mit dem November 1858 begann tatsächlich ein neuer Zeitabschnitt für Preußen (und Deutschland) – wiewohl dieser Umbruch eine etwa einjährige Vorgeschichte hatte. Die Neue Ära mochte mit den Regierungsprinzipien und der Politikkultur der Reaktionsära gebrochen haben. Aber das bedeutete noch lange nicht, dass sie als Ausgangspunkt einer

---

125 Vgl. Haym an Treitschke, [Januar 1859]. Rosenberg (Hrsg.), Briefwechsel, S. 172; Francke an Duncker, 16. Januar 1859. Schultze (Hrsg.), Briefwechsel, S. 82; Saucken-Julienfelde an Duncker, 8. Februar 1859. Ebd., S. 83.
126 Wilhelm an Charlotte, 3. Januar 1859. GStA PK, BPH, Rep. 51 J, Nr. 511a, Bd. 2, Bl. 768.
127 Tagebuch L. v. Gerlach, 16. Januar 1859. GA, LE02761, S. 6.
128 Wilhelm an Augusta, 16. Mai 1859. GStA PK, BPH, Rep. 51 J, Nr. 509b, Bd. 7, Bl. 15.
129 Tagebuch L. v. Gerlach, 16. Mai 1859. GA, LE02761, S. 46. Siehe auch E. L. v. Gerlachs Tagebucheintrag vom 24. Mai 1859, in: Diwald (Hrsg.), Nachlaß, Bd. 1, S. 406–407.

potentiellen Liberalisierung, Parlamentarisierung oder Demokratisierung der Hohenzollernmonarchie betrachtet werden kann. Das verkennt die Forschung bis heute. Denn für eine solche Entwicklung hätte der neue Machthaber nicht Wilhelm heißen dürfen. Die Neue Ära war der Beginn des ersten wilhelminischen persönlichen Regiments. Sie unterschied sich nur insofern von der Selbstherrschaft Friedrich Wilhelms IV., als dass dessen jüngerer Bruder versuchte, die Krongewalt *innerhalb* der konstitutionellen Strukturen auszuüben und nicht *gegen* diese. Am 8. November 1858 hatte der Regent von moralischen Eroberungen gesprochen. Nur einen Tag später soll er gegenüber General Friedrich Karl zu Dohna-Schlobitten bemerkt haben, „einige Minister, die zur Kreuzzeitungspartei gehörten, würden am liebsten die Verfassung abgeschafft und alles womöglich auf den Zustand vor 1807 zurück geführt haben – das sei nicht zu billigen, vielmehr müsse man die gegebenen Zusagen *ehrlich* halten und billigen, Forderungen oder Wünschen nachkommen, würde darüber hinaus noch mehr verlangt, *alsdann* könne man mit *gutem Gewissen* Kartätschen brauchen – andernfalls *nicht.*"[130] Deutlicher konnte Wilhelm die Grenzen seiner Konzessionsbereitschaft nicht formulieren.

Das persönliche Regiment bot die Chance, die Effektivität einer aktiven monarchischen Herrschaft zu demonstrieren. Sollte diesem Experiment Erfolg vergönnt sein, hätte es gar eine Systemüberlegenheit gegenüber parlamentarischen Regierungssystemen reklamieren können. Das war aber alles andere als ausgemacht. Jeder Selbstherrschaftsversuch rückte die Krone und ihren Träger unweigerlich in eine exponierte Stellung. Denn politische Misserfolge konnten nur schwer auf andere Entscheidungsträger abgewälzt werden.[131] Wilhelm musste also Erfolge liefern. Diese wollte er vor allem in der Deutschen Frage gewinnen. Bereits vor dem Ministerwechsel hatte er sich gerühmt, dass diese Frage „durch mich viel fester angefaßt werden *kann*, als durch den König, so daß ich also mit aller Energie vorzugehen gedenke, wobei ich glaube, die öffentliche Meinung Deutschlands hinter mir zu haben, wobei ich freilich die Meinung der deutschen *Kabinette nicht* mit der öffentlichen identifiziere!!"[132] Mit dem November 1858 war der spätere Kaiser in die Lage versetzt worden, seinen Worten endlich auch Taten folgen lassen zu können. Und nur wenige Monate nach Beginn der Neuen Ära sollte er die Probe aufs Exempel wagen.

---

130 Dohna-Schlobitten an L. v. Gerlach, 11. November 1858. GA, LE02774, S. 112.
131 Vgl. Kirsch, Monarch und Parlament, S. 330–331.
132 Wilhelm an Carl Alexander, 1. Mai 1858. Schultze (Hrsg.), Weimarer Briefe, Bd. 1, S. 296.

Muss Preußen den Rhein am Po verteidigen?
Der Italienische Krieg 1859

In Deutschland stieß der Beginn der Neuen Ära auf ein geteiltes Echo. Aus Frankfurt am Main berichtete Bismarck, dass seine dortigen Gesandtschaftskollegen mit „ungemischter Befriedigung", „Mißvergnügen" oder „Befürchtungen [...] in die Zukunft blicken" würden.[1] Und Albert von Flemming, der preußische Gesandte in Karlsruhe, teilte dem Berliner Hof mit, dass österreichische Diplomaten versuchen würden, im Dritten Deutschland Unruhe zu verbreiten. „Man hat an die preußische Unionspolitik erinnert und wohl gefragt, ob die liberale Strömung, die in Preußen zum Durchbruch kommen zu sollen scheine, nicht hauptsächlich darauf berechnet sein dürfte, in Deutschland größeren Einfluß für Preußen zu erobern."[2] Lediglich drei Herrscher begrüßten den preußischen Regierungswechsel: Herzog Ernst II. von Sachsen-Coburg und Gotha, Großherzog Friedrich I. von Baden und Großherzog Carl Alexander von Sachsen-Weimar-Eisenach. Bezeichnenderweise pflegten alle drei Fürsten persönliche oder verwandtschaftliche Beziehungen zu Wilhelm. Und außenpolitisch hatten sie bereits vor 1858 die Anlehnung an die norddeutsche Großmacht gesucht. Während der Neuen Ära sollten sie schließlich den vom Prinzregenten versprochenen moralischen Eroberungen in Deutschland entgegenarbeiten.[3]

Dass die innerpreußischen Ereignisse nicht ohne Folgen für die Deutsche Frage bleiben würden, war bereits früh absehbar. Beispielsweise wurden beim öffentlichen Empfang zu Ehren von Wilhelms Geburtstag im März 1859 zur Verblüffung der eingeladenen Gäste nationalrevolutionäre Lieder wie *Was ist des Deutschen Vaterland?* gespielt. „Wie sich doch die Zeiten ändern!", so der liberale Landtagsabgeordnete Heinrich Beitzke.[4] Unter dem Prinzregenten sollte die preußische Deutschlandpolitik einen offensiveren sound annehmen als unter Friedrich Wilhelm IV. Allerdings schien das politische Profil des neuen Außenministers nicht gerade eine radikale Neuordnung Deutschlands zu versprechen. Zwar hatte Alexander von Schleinitz die österreichhörige Deutschlandpolitik seit Olmütz wiederholt kritisiert. Aber er suchte nicht die Konfrontation mit der Habsburgermonarchie, sondern einen langfristigen Interessenausgleich beider Großmächte. Preußen und Österreich sollten den Deutschen Bund pari-

---

1 Bismarck an A. v. Schleinitz, 9. November 1858. GW, Bd. 2, S. 384–385.
2 Flemming an A. v. Schleinitz, 29. November 1858. APP, Bd. 1, S. 88–89.
3 Vgl. Gall, Liberalismus, S. 146–168; Scheeben, Ernst II., S. 86; Reinhard Jonscher, Großherzog Carl Alexander von Sachsen-Weimar-Eisenach (1853–1901). Politische Konstanten und Wandlungen in einer fast 50jährigen Regierungszeit, in: Lothar Ehrlich/Justus H. Ulbricht (Hrsg.), Carl Alexander von Sachsen-Weimar-Eisenach. Erbe, Mäzen und Politiker, Köln u. a. 2004, S. 15–31, hier: S. 20–27; Müller, Bund und Nation, S. 317–318.
4 Beitzke an P. Beitzke, 27./28. März 1859. Horst Conrad (Hrsg.), Ein Gegner Bismarcks. Dokumente zur Neuen Ära und zum preußischen Verfassungskonflikt aus dem Nachlaß des Abgeordneten Heinrich Beitzke (1798–1867), Münster 1994, S. 140.

https://doi.org/10.1515/9783111323954-030

tätisch leiten.[5] Bereits am 9. November 1858 berichtete August von Koller, der österreichische Gesandte in Berlin, Schleinitz habe mit ihm über „die bedauerlichen Zwistigkeiten am Bunde im Angesichte von ganz Deutschland" gesprochen. Und der Außenminister habe die Notwendigkeit „der Herbeiführung eines innigen Verhältnisses" zwischen Berlin und Wien betont.[6] Es gab jedoch eine Personalie, die einem preußisch-österreichischen reset in Frankfurt am Main im Wege stand: Bismarck.

Ende Januar 1859 wurde der spätere Kanzler zum neuen preußischen Gesandten in Sankt Petersburg ernannt – fernab vom politischen Spielfeld Deutschland.[7] Er sei „an der Newa kalt gestellt" worden, klagte Bismarck seiner Schwester Malvine.[8] Ob dieser Schritt von Schleinitz veranlasst worden war, um Österreich entgegenzukommen, muss aufgrund fehlender eindeutiger Quellen spekulativ bleiben.[9] Im Gespräch mit Koller Anfang Dezember 1858 soll Schleinitz zumindest betont haben, dass Bismarcks Abberufung „ohne Reziprozität schwerfallen möchte. ‚Das ist eine leichte Art, sich zu verständigen' würde man sagen, ‚wenn man jenen wegweiset, der Österreich geniert'."[10] Aber ein solcher Quid-pro-quo-Handel mit der Habsburgermonarchie wäre mit Wilhelm schwerlich machbar gewesen. Der spätere Kaiser und sein späterer Kanzler konnten bereits mit dem Ende der Reaktionsära als partners in crime against Austria bezeichnet werden.[11] Es ist daher wahrscheinlich, dass Schleinitz dem Regenten Bismarcks Versetzung in weniger österreichfreundlichen Tönen verkauft haben könnte. Der Kreuzzeitungspolitiker mochte nicht gerade als ideale Figur betrachtet werden, in Deutschland moralische Eroberungen zu machen. Auch gehörte er nicht zum inneren Zirkel des neuen Herrschers – anders als sein Nachfolger in Frankfurt am Main, Usedom. Wie Bismarck selbst eingestand, war der Wochenblattpolitiker „mit den neuen Minister[n] [...] persönlich intimer wie ich."[12] Der spätere Kanzler war zu Beginn der Neuen Ära lediglich ein Nebenakteur der preußischen Politik. Auf Wilhelms monarchische Agenda hatte er keinen Einfluss ausgeübt. Es ist daher anzunehmen, dass der Regent dieser Personalie nicht übermäßige Bedeutung einräumte – der Mangel an Quellen legt dies jedenfalls nahe. Und der Herrscher schien die Versetzung von Frankfurt am Main nach Sankt Petersburg auch nicht als Degradierung betrachtet zu haben. Denn Bismarck sollte die Hohenzollernmonarchie immerhin auf einem diplomatischen Spitzenposten in einer anderen Großmacht repräsentieren. So schrieb der spätere Kanzler nach einer Audienz mit Wilhelm, „daß der Prinz gar keine Idee davon hatte, daß mir der Wechsel

---

5 Vgl. Kurt Borries, Deutschland und das Problem des Zweifrontendrucks in der europäischen Krise des italienischen Freiheitskampfes 1859, in: Heinrich Dannenbauer/Fritz Ernst (Hrsg.), Das Reich. Idee und Gestalt. Festschrift für Johannes Haller. Zu seinem 75. Geburtstag, Stuttgart 1940, S. 262–303, hier: S. 290; Peiffer, Schleinitz, S. 71.

6 Koller an Buol-Schauenstein, 9. November 1858. APP, Bd. 1, S. 65.

7 Vgl. Meyer, Bismarcks Kampf, S. 449–453.

8 Bismarck an M. v. Arnim-Kröchlendorff, 10. Dezember 1858. GW, Bd. 14/I, S. 495.

9 Vgl. Kaernbach, Bismarcks Konzepte, S. 117–118; Müller, Bismarck, S. 222; Nonn, Bismarck, S. 111–112.

10 Koller an Buol-Schauenstein, 2. Dezember 1858. APP, Bd. 1, S. 80.

11 Vgl. Gall, Bismarck, S. 187.

12 Bismarck an B. v. Bismarck, 16. November 1858. GW, Bd. 14/I, S. 494–495.

unlieb sein könnte. Er war sehr gnädig für mich, und ich bin Soldat genug, um nicht zu verlangen, daß meine persönlichen Wünsche im Dienst in's Gewicht fallen sollen."[13] Nach außen blieb aber der Eindruck, dass Bismarck politisch kaltgestellt worden war. „Gut ist's, daß Bismarck-Schönhausen aus der Nähe des Regenten entfernt ist", jubelte etwa der liberale Abgeordnete August von Saucken-Julienfelde, „nur wollte ich, er wäre lieber nach Japan, als nach Petersburg."[14]

Die Neue Ära läutete jedoch kein Ende des deutschen Dualismus ein. Stattdessen nahm die Großmächterivalität einen konfrontativen bis eskalativen Charakter an. Und für den Deutschen Bund begann eine Zeit des strukturellen Siechtums. Für diese Entwicklung war nicht zuletzt Wilhelm selbst verantwortlich. Aber auch äußere Faktoren trugen maßgeblich dazu bei, dass die Deutsche Frage bereits 1859 neue Dynamik gewann. So muss der Italienische Krieg, der in jenem Jahr ausbrach, als Umbruchmoment im langfristigen Prozess der deutschen Nationalstaatsgründung betrachtet werden. Dieser Konflikt schwächte Österreich militärisch, ökonomisch und vor allem politisch. Denn mit der beginnenden Einigung Italiens siegte das Nationalitätenprinzip über das dynastisch definierte Souveränitätsprinzip, verkörpert durch die absolutistische Habsburgermonarchie. Die Rückwirkungen dieser Ereignisse in der politischen Öffentlichkeit nördlich der Alpen sollten sich als gravierend erweisen. Deshalb muss das Jahr 1859 auch innerhalb der deutschen Geschichte als Zäsurjahr bezeichnet werden.[15]

Der Rolle eines Hegemons sowohl in Deutschland als auch in Italien konnte Österreich seit 1848/49 kaum noch gerecht werden. Die Revolutionsjahre hatten das strukturelle Sicherheitsdilemma des Imperiums erneut virulent werden lassen. Zwar war es dem Wiener Hof gelungen, die vom Königreich Sardinien-Piemont aktiv unterstützten Unabhängigkeitsbestrebungen in Norditalien mit Waffengewalt niederzuschlagen. Aber auch in den 1850er Jahren blieb der italienische Irredentismus eine existentielle Bedrohung der Habsburger Machtstellung in der Lombardei und Venetien. Militärisch und finanziell war Österreich auf der Apenninenhalbinsel in einem Umfang gebunden, der auch negative Folgen für die Bundespolitik hatte. Denn letztendlich stand für alle deutschen Regierungen die Frage im Raum, ob es in ihrem Interesse war, den prekären Status quo in Italien im Konfliktfall zu verteidigen.[16] Wilhelm war jedenfalls nicht bereit, die österreichische Herrschaft südlich der Alpen bedingungslos zu unterstützen. Bereits 1853 hatte er Otto von Manteuffel erklärt, „Preußen hat das vollkommenste Recht, von Oesterreich Rechenschaft über seine Politik [...] in Italien zu verlangen, indem dieselbe zu allgemeinen europäischen Konflikten führen muß, in die Preußen unwiederbringlich hineingezogen wird, und daher darf Preußen es nicht gleichgültig oder stumm mit ansehen, was Oesterreich in jenen Ländern für einen Weg geht." Zwar könne einst der Tag kommen, „daß Preußen am Po den Rhein *vertheidigen*

---

13 Bismarck an Alvensleben, 8. Februar 1859. Ebd., Bd. 14/I, S. 500.

14 Saucken-Julienfelde an Duncker, 8. Februar 1859. Schultze (Hrsg.), Briefwechsel, S. 83.

15 Vgl. Zechlin, Reichsgründung, S. 47–48; Lutz, Habsburg und Preußen, S. 411; Angelow, Sicherheitspolitik, S. 190–191; Müller, Bund und Nation, S. 276.

16 Vgl. Gruner, Deutscher Bund, S. 27; Mitchell, Grand Strategy, S. 261.

müsse", sollte Napoleon III. die italienische Unabhängigkeitsbewegung unterstützen. Doch müsse das Hohenzollernkönigreich jede Waffenhilfe an Bedingungen knüpfen, und dürfe nicht „als Oesterreichs *Vasall*" in den Krieg ziehen.[17]

Die Italienische Frage wurde schließlich kurz nach Beginn der Neuen Ära akut. Bereits im Juli 1858 hatten Napoleon und der sardinische Ministerpräsident Camillo Benso von Cavour einen Geheimvertrag abgeschlossen, in dem der Empereur militärische Hilfe im Falle eines österreichischen Angriffs garantierte. Cavour verfolgte das Ziel, die Savoyenmonarchie unter König Viktor Emanuel II. durch eine Verbindung mit der italienischen Nationalbewegung innen- wie außenpolitisch zu stärken. Er kann durchaus als sardinischer Radowitz (oder Bismarck) bezeichnet werden.[18] Napoleon unterstützte diese Politik, da er sich als Gegenleistung territoriale Arrondierungen entlang der französisch-sardinischen Grenze hatte versprechen lassen. Auch lag es im Pariser Interesse, die Habsburgermonarchie durch eine Machtverschiebung südlich der Alpen geopolitisch zu schwächen. Mit dem Krimkrieg war bereits Russland als aktiver Garant der Kongressordnung von 1815 ausgeschaltet worden. Nun sollte Österreich an die Reihe kommen. Im Winter 1858/59 begann die sardinische Regierung deshalb, den Wiener Hof öffentlich und diplomatisch zu provozieren. Kaiser Franz Joseph sollte zu einer militärischen Intervention gezwungen werden. Dann würde die französische Falle zuschnappen.[19]

Napoleon und Cavour waren sich allerdings bewusst, dass jeder Großmächtekrieg ein inhärentes Eskalationsrisiko besaß. Doch Großbritannien war seit 1857 durch einen Kolonialkrieg in Indien militärisch gebunden. Und der Petersburger Hof war nicht nur außenpolitisch nach wie vor geschwächt, sondern hatte auch seine Neutralität vertraglich zugesichert. Damit blieb innerhalb der Pentarchie allein Preußen als Unsicherheitsfaktor.[20] Aber das Seconde Empire hoffte auf die Zentrifugalkraft des deutschen Dualismus. Seit Ende 1858 argumentierte die französische Diplomatie gegenüber der preußischen Regierung, dass Berlin von einer Schwächung Österreichs in Italien nur profitieren könne.[21] Doch Napoleon hatte seine Rechnung ohne den deutschen Nationalismus gemacht.

Kaiser Franz Joseph betrachtete die Krise in Norditalien als neuen Schauplatz im ewigen Kampf der Monarchie gegen die Revolution. In diesem Systemkonflikt zwischen „Gut und Böse" forderte er die deutschen Fürsten zur Waffenhilfe auf.[22] Es muss als

---

17 Wilhelm an O. v. Manteuffel, 9. März 1853. Poschinger (Hrsg.), Dokumente, Bd. 2, S. 49–51.

18 Vgl. Gian Enrico Rusconi, Cavour und Bismarck. Zwei Staatsmänner im Spannungsfeld von Liberalismus und Cäsarismus, München 2013.

19 Vgl. Ridley, Napoleon III, S. 433–438; Willms, Napoleon III., S. 170–173; Sellin, Gewalt und Legitimität, S. 236; Simms, Vorherrschaft, S. 318–319; Evans, Jahrhundert, S. 339–341.

20 Vgl. Friese, Rußland und Preußen, S. 173–178; Arnold Blumberg, Russian Policy and the Franco-Austrian War of 1859, in: The Journal of Modern History Vol. 26, Nr. 2 (1954), S. 137–153, hier: S. 138–140; G. J. Thurston, The Italian War of 1859 and the Reorientation of Russian Foreign Policy, in: The Historical Journal Vol. 20, Nr. 1 (1977), S. 121–144, hier: S. 126–132; Linke, Gorčakov, S. 154–161.

21 Vgl. Borries, Zweifrontendruck, S. 278–279; Ridley, Napoleon III, S. 436; Peiffer, Schleinitz, S. 77.

22 Vgl. Brandt, Franz Joseph I., S. 365; Vocelka/Vocelka, Franz Joseph I., S. 148–149.

Ironie des Schicksals betrachtet werden, dass der absolutistische Herrscher aber ausgerechnet in der Nationalbewegung einen aktiven Verbündeten fand. Wie 1813 hieß der Feind Napoleon. Und wie in den Befreiungskriegen hofften Liberale und Demokraten auch 1859 durch einen Krieg gegen den äußeren Feind die deutsche Bevölkerung zu mobilisieren und der Nationalstaatsgründung neue Impulse zu geben. In Italien sollte endlich jener große Kladderadatsch stattfinden, der den Deutschen in den Revolutionsjahren verwehrt geblieben war. Dieses Narrativ fand in zahlreichen Publikationen öffentliche Verbreitung.[23] „Eine große klare Politik könnte jetzt unsere besten Ideen realisieren", so etwa der liberale Historiker Hermann Baumgarten, „ohne Revolution, durch einen Nationalkrieg."[24]

Am Berliner Hof stießen allerdings weder Franz Joseph noch die bellizistische Nationalbewegung auf Sympathien. Ende Februar ließ Wilhelm in einem Kronrat die Frage diskutieren, wie sich das Königreich in einem Krieg in Norditalien positionieren solle. Dabei erklärte der Regent, „daß, wenn Österreich von Frankreich in Italien angegriffen werde, Preußen nicht neutral bleiben dürfe, sondern sich zugunsten Österreichs an dem Kriege beteiligen müsse."[25] Aber die preußische Waffenhilfe war an Bedingungen geknüpft. Ernst II. führte im selben Monat in der preußischen Hauptstadt mehrere Gespräche mit Wilhelm und Ministerpräsident Hohenzollern. Beide sollen betont haben, dass Berlin erst dann in den Konflikt eingreifen würde, wenn deutsches Territorium bedroht sei. „Darüber, welche Bedingen an Oesterreich zu stellen wären, ist der Prinz-Regent und seine Regierung entweder nicht im Klaren, oder man will es noch nicht aussprechen. Man stimmt aber mit mir überein, daß man der deutschen Nation für die Opfer, welche man von ihr verlange, in jeder Weise Rechnung tragen müsse."[26] Das war ein Hinweis darauf, dass die Krise in Italien eng mit der Deutschen Frage verknüpft war. Und dass Wilhelm hier eine Chance sah, eine Revision der Olmützer Ordnung zu erzwingen. Seinem Onkel Großherzog Georg von Mecklenburg-Strelitz erklärte er, dass „es nur darauf ankommt, den Moment zu präzisieren, wo Preußen an der Spitze Deutschlands in den Kampf eintreten soll, [...] nicht bloß um Österreich beizustehen, sondern um höhere Güter wegen."[27] Und Charlotte schrieb er, die Hohenzollernmonarchie müsse auf Zeit spielen, auch wenn sie „als Verräther an der Deutschen Sache verschrien" werde, „weil ich sehr wohl weiß, daß ich den richtigen Moment zu ergreifen wissen werde, um das Gegentheil zu beweisen."[28]

23 Vgl. Karl Heinz Börner, Bourgeoisie und Neue Ära in Preußen, in: Helmut Bleiber (Hrsg.), Bourgeoisie und bürgerliche Umwälzung in Deutschland 1789–1871, Berlin (Ost) 1977, S. 395–432, hier: S. 406–409; Siemann, Gesellschaft, S. 184–187; Jansen, Paulskirchenlinke, S. 288–307.
24 Baumgarten an Gervinus, 28. April 1859. Julius Heyderhoff (Hrsg.), Deutscher Liberalismus im Zeitalter Bismarcks. Eine politische Briefsammlung, Bd. 1, Osnabrück 1970 [ND 1925], S. 29.
25 Konseilprotokoll, 27. Februar 1859. APP, Bd. 1, S. 275–280.
26 Aufzeichnungen Ernsts II., 11. Februar 1859. Ernst II., Aus meinem Leben, Bd. 2, S. 453–454.
27 Wilhelm an Georg von Mecklenburg-Strelitz, 19. März 1859. Pagel (Hrsg.), Briefe, S. 240.
28 Wilhelm an Charlotte, 19. April 1859. GStA PK, BPH, Rep. 51 J, Nr. 511a, Bd. 2, Bl. 774.

Wilhelm war seit dem Frühjahr 1859 bereit, als Verbündeter Österreichs gegen Frankreich in den Krieg zu ziehen. Aber der Preis, den er für die Verteidigung der österreichischen Herrschaft in Italien verlangte, war die preußische Herrschaft in Deutschland.[29] Dass es zu dieser Situation überhaupt erst kommen würde, wollte allerdings ausgerechnet Schleinitz verhindern. Der Außenminister betrachtete den Konflikt in Norditalien als europäische Krise. Napoleon drohte, das Pentarchiekonzert zu zerstören. Vor diesem Hintergrund sei für Berlin der „Gegensatze zu Österreich" nebensächlich, wie er dem preußischen Gesandten in Wien Karl von Werther schrieb. „In den *europäischen* Beziehungen [...] wird er in den Hintergrund zurücktreten müssen, sooft es sich um die Aufrechterhaltung des europäischen Gleichgewichtes und darum handelt, dem gefährlichen Streben einer Macht [...] nach europäischer Präponderanz mit Erfolg entgegenzuwirken."[30] Schleinitz versuchte daher gemeinsam mit der britischen und russischen Regierung, die Habsburgermonarchie von einer Eskalation der Italienischen Frage zurückzuhalten. Denn dies würde letztendlich nur Napoleon III. und Cavour in die Hände spielen. Aber Österreich war nicht gewillt, die sardinischen Provokationen unbeantwortet zu lassen. Franz Joseph wollte die Habsburger Großmachtstellung unter Beweis stellen und die Savoyenmonarchie als politischen Faktor in Italien ausschalten.[31] Werther berichtete Mitte April, in Wien „glaubt man eigentlich, am letzten Stadium der Konzessionen angelangt zu sein, und fürchtet, durch noch weiteres Vorangehen im Nachgeben [...] hier im Lande und in der Armee große Verstimmung hervorzurufen."[32] Der Kaiser überschätzte die österreichischen Machtressourcen. Und er unterschätzte den Gegner. Diesen Fehler sollte Franz Joseph auch 1914 begehen.

Wilhelm unterstützte die Vermittlungspolitik seines Außenministers. Wie er Usedom schrieb, sei dies „der sicherste Weg, um die wirklich Friedens*liebenden* kennen zu lernen. Nichtsdestoweniger muß auf eine immer rascher zu ermöglichende Kriegsbereitschaft Deutschlands *von uns* hingewirkt werden, selbst wenn Frieden bleibt, damit der jetzt so oft gehörten Gefahr der *Überraschung* von Westen her ein rechtzeitiges Entgegentreten ermöglicht würde."[33] In Preußen war Generalstabschef Helmuth von Moltke dafür zuständig, die Kriegsbereitschaft vorzubereiten. Auf Wilhelms persönlichen Befehl nahm er seit Februar an den Konseilverhandlungen über die Krise in Italien teil – als erster Generalstabschef überhaupt. Unter Friedrich Wilhelm III. und Friedrich Wilhelm IV. war der Generalstab lediglich eine Unterabteilung des Kriegsministeriums gewesen. Mit der wachsenden Technologisierung des Kriegshandwerks gewann er aber neue militärische Aufgabenbereiche – und damit auch politischen Einfluss. Denn ein Sieg auf dem Schlachtfeld hing zusehends von der Schnelle von Mobilisierung und Aufmarsch ab. Diese Operationspläne entwarf der Generalstab. Und dadurch wurde er

---

29 Vgl. Huber, Verfassungsgeschichte, Bd. 3, S. 261–262; Börner, Voraussetzungen, S. 100–101.

30 A. v. Schleinitz an Werther, 16. März 1859. APP, Bd. 1, S. 332.

31 Vgl. Friese, Rußland und Preußen, S. 179–183; Blumberg, Russian Policy, S. 143–144; Huber, Verfassungsgeschichte, Bd. 3, S. 257–258; Peiffer, Schleinitz, S. 78–82, S. 91–96.

32 Werther an Schleinitz, 13. April 1859. APP, Bd. 1, S. 435.

33 Wilhelm an Usedom, 22. März 1859. Schultze (Hrsg.), Briefe an Politiker, Bd. 2, S. 132.

zu einem potentiell maßgeblichen Einflussfaktor außenpolitischer Entscheidungen.[34] Moltke drängte systematisch zu einem Präventivkrieg gegen Frankreich, um die preußische Stellung in Deutschland und Europa auszubauen.[35] Dies brachte ihn schnell in Gegensatz zu Schleinitz. Deshalb kann durchaus argumentiert werden, dass 1859 der strukturelle Konflikt über den Primat der Politik oder den Primat des Militärs am Berliner Hof erstmals sichtbar wurde. Und der spätere Kaiser hatte zu dieser Entwicklung maßgeblich beigetragen.

Für Wilhelm war es von entscheidender Bedeutung, dass er selbst den Zeitpunkt festlegen konnte, wann er preußische Truppen auf das Schlachtfeld befehlen würde. Schon gar nicht sollten ihm die anderen deutschen Regierungen die Direktive entreißen. Aber ohne Preußen war der Bund gegen Frankreich militärisch handlungsunfähig.[36] Der Berliner Hof konnte es sich daher erlauben, gegenüber Frankfurt am Main aus einer Position der Stärke zu verhandeln. So ließ Schleinitz die Mittel- und Kleinstaaten wissen, dass sich die preußische Regierung nicht „durch Majoritätsbeschlüsse [...], welche außerhalb der streng formulierten Grenzen des Bundeszweckes [...] liegen, uns die Freiheit unserer Entschließungen als europäische Großmacht verschließen [...] lassen."[37] Gleichzeitig bestand allerdings auch die Gefahr, dass der öffentliche Furor teutonicus Frankreich zu einem Präventivschlag reizen könnte. „Die guten Deutschen haben den Mund so voll genommen, daß es zu verwundern ist, daß Napoleon ihnen nicht daraufschlug", schimpfte Wilhelm gegenüber Charlotte. „Denn Deutschland gebärdete sich so, als wenn die Kriegslüste nur ihm und nicht Italien gelten."[38] Seinem badischen Schwiegersohn klagte er, „wir guten Deutschen" würden „nie Maß zu halten verstehen", daher sei der Bund „drauf und dran, [...] früher die Waffen zu ziehen, als die Duellanten sich noch gefordert haben, indem dieselben immer noch im Stadium des Provozierens sich befinden".[39] Diese Kriegsstimmung würde durch Wien „angefacht" werden, argumentierte er gegenüber seinem mecklenburgischen Onkel, „weil es den Moment nicht erwarten kann, wo es den de gaîté de coeur angefangenen Krieg von sich ab auf Deutschland nötigen kann. [...] So sehr wie ich des deutschen Aufschwungs seit dem Januar mich erfreut habe, so sehr habe ich es getadelt, daß man demselben nicht die gehörige Linie gab, wie es in Preußen geschehen ist. Aber statt dieser Leistung, ließ man, auf Geheiß Österreichs, die Zügel schleifen, und nun wundert man sich, daß die Verhältnisse über den Kopf wachsen."[40] Und dem König von Sachsen erklärte er, „Deutschland wird nach und nach einsehen lernen, daß durch Preußens unpartheiische

---

34 Vgl. Konrad Canis, Die politische Taktik führender preußischer Militärs 1858–1866, in: Ernst Engelberg (Hrsg.), Diplomatie und Kriegspolitik vor und nach der Reichsgründung, Berlin (Ost) 1971, S. 45–85, hier: S. 62–63; Angelow, Sicherheitspolitik, S. 199–200; Showalter, German Unification, S. 67.
35 Siehe L. v. Gerlachs Tagebucheinträge vom 29. und 31. Mai 1859, in: GA, LE02761, S. 52–53.
36 Vgl. Gruner, Deutscher Bund, S. 81.
37 Schleinitz an Flemming, 27. Februar 1859. APP, Bd. 1, S. 285–286.
38 Wilhelm an Charlotte, 5. März 1859. Börner (Hrsg.), Briefe, S. 412.
39 Wilhelm an Friedrich I., 12. März 1859. Oncken (Hrsg.), Briefwechsel, Bd. 1, S. 92.
40 Wilhelm an Georg von Mecklenburg-Strelitz, 19. März 1859. Pagel (Hrsg.), Briefe, S. 242.

Haltung viel dazu beigetragen worden ist, Östreich und Frankreich vor *Übereilung zu wahren.*"[41] Aber Wilhelm täuschte sich über den diplomatischen Einfluss der Hohenzollernmonarchie. Er und seine Minister sollten vom Kriegsausbruch regelrecht überrascht werden.

Am 12. April kam Erzherzog Albrecht von Österreich-Teschen in Berlin an. Dort sollte er im Auftrag der österreichischen Regierung auf den Abschluss eines bilateralen Militärbündnisses drängen. In Wien hatten sich Kaiser und Kabinett zuvor darauf geeinigt, der Savoyenmonarchie ein Ultimatum zu stellen, ihre Armee zu demobilisieren. Die Habsburgermonarchie ging davon aus, dass dieses Ultimatum abgelehnt werden würde – was einen Waffengang legitimieren sollte. Jede Aktion gegen Sardinien musste aber unweigerlich Frankreich mit in den Krieg ziehen. Deshalb verlangte Franz Joseph einen Blankoscheck aus Berlin.[42] Anders als sein Enkel 1914 weigerte sich Wilhelm 1859 allerdings, die österreichische Eskalationspolitik zu decken. Gegenüber Alexandrine schimpfte er, der Erzherzog sei „hier als Bombe angekommen", und „soll uns alle kopfüber stürzen, so daß ihm etwas kalt Wasser wird übergegossen werden müssen."[43] In mehreren persönlichen Gesprächen mit Albrecht habe er diesem vorgeworfen, „Österreich sei im Begriff, ähnliches wie Kaiser Nicolas durch den Einfall in die Fürstentümer 1853 getan habe, zu tun, und der allgemeine Krieg müsste jetzt wie damals folgen. Ich könnte also in keinerlei Art meine Zustimmung zum Ultimatum und den daran hängenden Konsequenzen geben". Preußen werde erst dann in den Krieg eingreifen, wenn das Bundesterritorium bedroht sei.[44] Und an Charlotte schrieb er, ihm sei „klar" geworden, dass Österreich „es zum Kriege bringen *will*."[45] Der Erzherzog berichtete seinerseits nach Wien, er habe den Eindruck gewonnen, dass Wilhelm nicht mit offenen Karten spielen würde. Der Preis, den Wien wahrscheinlich für die preußische Waffenhilfe zahlen müsse, wäre die militärische Hohenzollernsuprematie in Deutschland. „Der Prinzregent wird die Frage der Ernennung zum Bundesoberfeldherrn gewiß *nie* persönlich in Anregung bringen; aber es wäre die größte Täuschung, glauben zu wollen, daß er sich nicht bereits vollkommen sichere Rechnung auf die Erlangung dieser Würde gemacht hat."[46]

Albrechts Mission war letztendlich auf ganzer Linie gescheitert. Und sie endete sogar mit einem diplomatischen Eklat. Denn wie Wilhelm an Carl Alexander schrieb, habe er den Erzherzog am 20. April aus Berlin im Glauben verabschiedet, dass der Kaiser von dem proposierten Ultimatum absehen würde. Dann habe er aber nur „zehn Minuten nachher auf meinem Tische das Wiener Telegramm mit der Meldung des abgegangenen Ultimatums an Sardinien" gefunden. „Du kannst Dir meine Wut denken!"[47]

41 Wilhelm an Johann, 17. März 1859. Herzog von Sachsen (Hrsg.), Briefwechsel, S. 383 – 384.
42 Vgl. Peiffer, Schleinitz, S. 97 – 98.
43 Wilhelm an Alexandrine, 13. April 1859. Schultze (Hrsg.), Briefe an Alexandrine, S. 91.
44 Aufzeichnungen Wilhelms, April 1859. APP, Bd. 1, S. 421 – 424.
45 Wilhelm an Charlotte, 19. April 1859. GStA PK, BPH, Rep. 51 J, Nr. 511a, Bd. 2, Bl. 774.
46 Albrecht von Österreich-Teschen an Franz Joseph, 12./13. April 1859. APP, Bd. 1, S. 427 – 431.
47 Wilhelm an Carl Alexander, 22. April 1859. Schultze (Hrsg.), Weimarer Briefe, Bd. 2, S. 8 – 9.

Auch ohne preußischen Blankoscheck hatte die österreichische Regierung den Sprung ins Dunkle gewagt. Damit war Franz Joseph in die von Napoleon und Cavour gestellte Falle getreten. Und er hatte sich mit dem Odium des Aggressors belastet. „Das ist wieder so personificirt Östreichisch, daß man ganz misérable davon wird", schimpfte Wilhelm gegenüber Luise.[48] Die Bundesverträge hätten der Habsburgermonarchie durchaus das Recht gegeben, in Frankfurt am Main militärischen Beistand einzufordern. Denn ein Krieg in Oberitalien bedrohte indirekt auch das österreichische und süddeutsche Bundesterritorium. Aber nur eine *defensive* Kriegspartei hätte sich auf das Bundesrecht berufen können. Spätestens mit der Überschreitung der sardinischen Grenze durch österreichische Truppen am 29. April brachen Franz Joseph und Ministerpräsident Buol-Schauenstein aber auch noch die letzte Brücke hinter sich ab.[49]

Zwar gab Wilhelm am 20. April den Befehl, die Kriegsbereitschaft des Bundes beantragen zu lassen. Doch sollte dabei deutlich betont werden, „daß wir fest entschlossen sind, uns nicht [...] wider unseren eigenen Willen in den Krieg mit hineinziehen zu lassen. [...] Auch durch etwaige Majoritätsbeschlüsse würden wir uns nicht terrorisieren lassen."[50] Wie er Charlotte am 23. April erklärte, wolle er vor allem verhindern, dass Österreich am Bundestag die Direktive gewinne. „Damit erkannte ich also den Moment gekommen, wo ich durch diese Maasregel die Leitung Deutschlands übernehme, theils um es vor übereilten Schritten zurückzuhalten, theils ihm die Momente am Bundestage anzugeben, die nun nach und nach Gesetzmäßig, ja nach der Entwicklung der italienischen Angelegenheiten, einzutreten haben. [...] Daß indessen Preußen niemals undeutsch handeln wird, wenn Östreich und mit ihm deutsches Land bedroht ist, verstehet sich von selbst; aber de prime abord können wir uns nicht verkaufen."[51] Was der spätere Kaiser hier formulierte, war nichts weniger als die preußische Kriegszielstrategie anno 1859. Österreich sollte in der ersten Kriegsphase ohne Verbündete bleiben. Jegliche Anträge auf Waffenhilfe sollten am Bundestag abgewiesen werden. Preußen würde erst dann militärisch intervenieren, wenn „deutsches" Gebiet bedroht sei. Und Wilhelm würde schließlich als Bundesfeldherr und Liberator Germaniae eine Neuordnung des Deutschen Bundes herbeizwingen.

Um dieses Ziel zu erreichen, war es letztendlich notwendig, dass die Habsburgermonarchie erst an den Rand einer militärischen Niederlage kommen musste. Vorher konnte die preußische Waffenhilfe nicht zum Preis politischer Konzessionen verkauft werden. Aber gleichzeitig war es auch im preußischen Interesse, einen Sieg Napoleons III. und Cavours langfristig zu verhindern. „Die Möglichkeit, daß eine deutsche Großmacht durch die Gefahr des Verlustes seiner außerdeutschen Besitzungen in seiner Europäi[schen] Machtstellung gefährdet wird, darf das übrige Deutschland nicht zugeben", schrieb Wilhelm an Augusta. „Preußen muß dabei an Ospreußen denken und

---

48 Wilhelm an Luise, 24. April 1859. GStA PK, BPH, Rep. 51, Nr. 853.
49 Vgl. Bled, Franz Joseph, S. 186; Siemann, Gesellschaft, S. 180–181; Peiffer, Schleinitz, S. 76.
50 A. v. Schleinitz an Werther, 21. April 1859. APP, Bd. 1, S. 475.
51 Wilhelm an Charlotte, 23. April 1859. GStA PK, BPH, Rep. 51 J, Nr. 511a, Bd. 2, Bl. 776–778.

Posen."[52] Sobald die französischen und sardinischen Truppen den norditalienischen Grenzfluss Ticino überschritten hätten, sei der Moment der „Aufwerfung der Frage am Bundestage" gekommen, „weil mit jedem Schritte weiter in der Lombardei die Alliirten Tyrol, also Deutschland, bedrohen." Spätestens dann müsse darüber verhandelt werden, dass „Östreich uns [...] die Leitung des Bundes einräumt, gegen die Verheißung daß wir seinen Besitzstand nicht schmälern lassen werden."[53]

Zumindest in Frankfurt am Main ging Wilhelms Rechnung auf. Denn auch 1859 war es dem Bund unmöglich, einen gesamtdeutschen Politikkonsens zu finden. Unter dem Druck einer bellizistischen Öffentlichkeit prallten am Bundestag gegensätzliche partikularistische Interessen aufeinander. In dieser Situation fiel es der preußischen Diplomatie leicht, die österreichischen Anträge zu blockieren – und das ganz ohne Bismarck.[54] Was der Prinzregent allerdings unterschätzt hatte, war die desaströse Außenwirkung seiner Let's-wait-for-the-right-moment-Politik. Denn sowohl für die deutschen Regierungen als auch die Nationalbewegung sah es so aus, als ob Wilhelm die Habsburgermonarchie im Stich lassen würde.[55] Aus Frankfurt am Main berichtete etwa Usedom, sein sächsischer Kollege habe ihm persönlich vorgehalten, dass „Preußen vollkommen und für alle Zeiten sich selbst in Deutschland aufgeben würde, falls es *jetzt* nicht mitgehen wollte."[56] Bernhardi notierte nach einem Gespräch mit Ernst II., dieser sei „sehr übel zu sprechen auf das Treiben hier in Berlin und äußert sich mit großer Bitterkeit darüber, wie man keine noch so günstige Gelegenheit zu benutzen wisse. Die Leute seien zu nichts zu bringen, hier *,wo man so gern die Großmacht spielt und doch nicht wirklich groß sein will!'* [...] Der Herzog schont auch den Prinz-Regenten persönlich nicht und meint, der gebe sich nicht gehörige Rechenschaft von dem Ernst der Zeit."[57] Und Ernsts Bruder Prince Albert mahnte den späteren Kaiser, „alle Augen sind auf Deutschland gerichtet."[58]

Diese mittelfristige Kritik musste die preußische Regierung auszuhalten versuchen. Gegenüber Augusta schimpfte Wilhelm etwa, „daß Preußen nun von den Zeitungen als Feind Deutschlands ausgeschrien werden wird, ist zu erwarten; aber wir wollen nur abwarten, *wer* zuletzt für Deutschl[an]d einstehen wird!"[59] Doch gleichzeitig schienen der Regent und mehrere Minister zu glauben, dass dem öffentlichen Druck zumindest ein Stück weit entgegengekommen werden musste. Am 29. April wurde die Kriegsbereitschaft der preußischen Armee angeordnet. Und am 8. Mai wurde in einem Kron-

---

52 Wilhelm an Augusta, 23. Mai 1859. GStA PK, BPH, Rep. 51 J, Nr. 509b, Bd. 7, Bl. 24.

53 Wilhelm an Augusta, 27. Mai 1859. Ebd., Bl. 29–30.

54 Vgl. Siemann, Gesellschaft, S. 181–184; Angelow, Sicherheitspolitik, S. 200–210.

55 Vgl. Baumgarten an Gervinus, 7. Mai 1859. Heyderhoff (Hrsg.), Liberalismus, Bd. 1, S. 34; Beitzke an P. Beitzke, 9. Mai 1859. Conrad (Hrsg.), Dokumente, S. 148–149; Pourtalès an Bethmann-Hollweg, 12. Mai 1859. Mutius (Hrsg.), Pourtalès. S. 125.

56 Usedom an Wilhelm, 6. Mai 1859. APP, Bd. 1, S. 541.

57 Tagebuch Bernhardi, 7. Mai 1859. Bernhardi (Hrsg.), Aus dem Leben, Bd. 3, S. 212–213.

58 Albert an Wilhelm, 4. Mai 1859. Jagow (Hrsg.), Prinzgemahl, S. 406.

59 Wilhelm an Augusta, 14. Mai 1859. GStA PK, BPH, Rep. 51 J, Nr. 509b, Bd. 7, Bl. 12.

rat die Frage beraten, welche weiteren diplomatischen und militärischen Schritte geschehen sollten. Kriegsminister Bonin plädierte für ein sofortiges Losschlagen gegen Frankreich. Hohenzollern, Auerswald und Schleinitz wollten weiterhin abwarten. Letztendlich beschloss Wilhelm, General Karl Wilhelm von Willisen mit einer Sondermission nach Wien zu senden. „Er könne dabei durchblicken lassen, daß Preußen zur Hilfe bereit sei und mit seiner ganzen Armee für Österreichs Machtstellung und Deutschlands Sicherheit einstehen wolle, daß es aber den Moment des Einschreitens seiner eigenen selbständigen Entschließung vorbehalte. Die militärischen Vorfragen über Kommandoverhältnisse, Einteilung, Zusammenziehung der deutschen Armeen usw. möge er vertraulich besprechen."[60] Aber die Mission Willisen brachte Wilhelm seinem Ziel nicht näher. Franz Joseph war nicht bereit, über ein preußisches Oberkommando zu verhandeln, geschweige denn über eine politische Parität zwischen beiden Großmächten in Deutschland.[61] Und wie der General vertraulich berichtete, soll der Kaiser ihm erklärt haben, Österreich wolle mit dem Krieg gegen Frankreich gar eine geopolitische Neuordnung des Kontinents erzwingen. „Ruhe sei in Europa nur möglich nach dem Sturz des Kaisers Napoleon [...]. Piemont müsse [...] auf ein Maß zurückgedrückt werden, wo es unschädlich werde. Auch Frankreich müsse auf ein solches Maß beschränkt werden, Elsaß und Lothringen seien zurückzufordern und alle Arrangements in Deutschland zu machen, die Preußen wünschen würde."[62] Was Franz Joseph forderte, war nichts weniger als das Rad der Zeit vor 1789 zurückzudrehen. Eine derart illusionäre Politik hatten nicht einmal die Staatsmänner auf dem Wiener Kongress verfolgt.[63] Die Kriegsziele Franz Josephs und Wilhelms standen sich diametral entgegen. Ein interessanter Nebeneffekt der Mission Willisen war allerdings, dass der General in Wien auch Friedrich Wilhelm IV. begegnete, der dort eine Rekonvaleszenzreise verbrachte. Der König war über den Gang der Berliner Politik in Unkenntnis gelassen worden. Als er von Willisen erfahren habe, dass Preußen vorerst neutral sei, soll der Monarch seine Umgebung gedrängt haben, diese „solle dem Prinzen schreiben, dass der Krieg begonnen werden muss", so Leopold von Gerlach.[64] Königin Elisabeth schrieb, ihrem Ehemann sei dessen „trauriger Zustand nie so schwer geworden wie jetzt, wo die äußere Politick und der Krieg ihn so ängstlich beschäfftigen, und die Entdeckungen, die er im Innern macht, ihn so tief betrüben."[65] Und Hohenlohe-Ingelfingen erzählt in seinen Memoiren, „der König ward ungeduldig und konnte es gar nicht erwarten, bis wir die Feindseligkeiten gegen Frankreich eröffnet hätten."[66] Friedrich Wilhelm IV. blieb bis zuletzt habsburgerloyal.

---

60 Konseilprotokoll, 8. Mai 1859. APP, Bd. 1, S. 546–553.
61 Vgl. Angelow, Sicherheitspolitik, S. 211–214.
62 Willisen an Wilhelm, 13. Mai 1859. APP, Bd. 1, S. 573–574.
63 Vgl. Lutz, Habsburg und Preußen, S. 413.
64 Tagebuch L. v. Gerlach, 16. Juni 1859. GA, LE02761, S. 64.
65 Elisabeth an Alexandrine, 1. Juni 1859. Wiese/Jandausch (Hrsg.), Briefwechsel, Bd. 2, S. 378.
66 [Hohenlohe-Ingelfingen], Aus meinem Leben, Bd. 2, S. 207.

Eine Ausweitung des lokalisierten Kriegsgeschehens versuchte jedoch zeitgleich die Petersburger Diplomatie aktiv zu verhindern. Zar Alexander II. und Gortschakow betrachteten die Neue Ära als potentiellen Resonanzverstärker der nationalrevolutionären Volksmanie, die ganz Deutschland ergriffen zu haben schien. Was die russische Regierung vor allem verhindern wollte, war eine Neudynamisierung der Deutschen Frage. Deshalb wollte sie den Berliner Hof von einem Kriegseintritt abhalten. Um dieses Ziel zu erreichen, nutzte Gortschakow nicht nur die direkten diplomatischen Kanäle zwischen Sankt Petersburg und Berlin. Er versuchte auch, den neuen preußischen Gesandten Bismarck in diesem Sinne zu instrumentalisieren.[67] Der spätere Kanzler verbarg in der russischen Hauptstadt kaum, dass er jede Waffenhilfe für die Habsburgermonarchie ablehnte.[68] „Wenn wir Oestreich zum Siege verhülfen, so würden wir ihm eine Stellung verschaffen, wie es sie in Italien nie und in Deutschland seit dem Restitutions-Edict im 30jähr[igen] Kriege nicht gehabt hat", schimpfte er etwa seinem Bruder.[69] Und gegenüber General Alvensleben argumentierte er, „die gegenwärtige Lage hat wieder einmal das große Loos für uns im Topf, falls wir den Krieg Oestreichs mit Frankreich sich scharf einfressen lassen und dann mit unsrer ganzen Armee nach Süden aufbrechen, die Grenzpfähle im Tornister mitnehmen und sie entweder am Bodensee oder da, wo das protestantische Bekenntniß aufhört vorzuwiegen, wieder einzuschlagen."[70]

Bismarcks Nebendiplomatie brachte den Berliner Hof durchaus in Verlegenheit. So berichtete Augusta ihrem Ehemann Anfang Mai, sie habe „einen wichtigen Blick [...] dieser Tage in die Stellung Bism[arck]-Schönhausen getan", von dem sie erfahren habe, „daß er in Petersburg die russische Gesinnung gegen Oesterreich auszubeuten suche."[71] Über die preußische Gesandtschaft in Brüssel ließ der belgische König Mitte Juni Berlin wissen, „die Russen [...] fürchte er nicht, wohl aber fürchte er den Herrn von Bismarck. ‚Mein Neffe Albert', sagte der König, ‚schreibt mir aus London: Er wisse gewiß, daß Herr von Bismarck [...] Rußland aufgefordert habe, Truppen gegen Preußen an die preußische Grenze zu schicken.'"[72] Wilhelm wurde daher wiederholt aufgefordert, den Gesandten zu rügen oder gar zu entlassen.[73] Aber Bismarcks Petersburger Berichte waren für ihn von hohem politischem Wert. Denn sie erlaubten ihm einen einzigartigen Blick in Gortschakows konspirative Diplomatie.[74] Der Petersburger Hof wollte einen österreichischen Sieg aktiv verhindern. Für Wilhelms Interventionskalkül bedeutete dies einen

---

67 Vgl. Friese, Rußland und Preußen, S. 188 – 193; Blumberg, Russian Policy, S. 140 – 141; Thurston, Italian War, S. 137 – 139; Linke, Gorčakov, S. 161 – 163.

68 Vgl. Borries, Zweifrontendruck, S. 283 – 290; Gall, Bismarck, S. 190 – 191; Engelberg, Bismarck, Bd. 1, S. 468 – 473; Lappenküper, Bismarck und Frankreich, S. 120 – 122.

69 Bismarck an B. v. Bismarck, 8. Mai 1859. GW, Bd. 14/I, S. 520.

70 Bismarck an Alvensleben, 5. Mai 1859. Ebd., S. 517.

71 Augusta an Wilhelm, 8. Mai 1859. GStA PK, BPH, Rep. 51 T, Lit. P, Nr. 12, Bd. 8, Bl. 133.

72 Redern an A. v. Schleinitz, 15. Juni 1859. APP, Bd. 1, S. 663 – 664.

73 Vgl. Wilhelm an Carl Alexander, 8. Juni 1859. Schultze (Hrsg.), Weimarer Briefe, Bd. 2, S. 15; Gruner, Rückblick VII, S. 78.

74 Vgl. Wilhelm an Carl Alexander, 13. Mai 1859. Schultze (Hrsg.), Weimarer Briefe, Bd. 2, S. 12 – 13.

stetigen Unsicherheitsfaktor im Rücken des Hohenzollernkönigreichs. „Gott gebe, daß wir Russland neutral erhalten, wenn Preußen und Deutschl[an]d nicht mehr sein können!"[75] Charlotte versuchte er daher zu versichern, „daß Preußens Politik eine ganz verschiedene von Österreichs und Deutschlands ist. Diese wollen einen Kreuzzug gegen Napoleon nach Paris predigen [...]. Preußen dagegen sieht die Gefahr des Umsturzes des europäischen Gleichgewichts, wenn Österreich aus Italien vertrieben würde."[76] Er sei gezwungen, eine Niederlage der Habsburgermonarchie zu verhindern, „um nicht mich und Deutschland dem siegestrunkenen Napoleon preiszugeben. Und ich darf meine Stellung in Deutschland nicht verscherzen!"[77] Aber Wilhelms Räsonnement fand bei seiner Schwester kein Gehör. Charlotte antwortete, was ihr Bruder geschrieben habe, „thut mir weh, weil Deine und unsere Politik immer mehr aus einander gehen. Auch gedenke ich, *nicht* diesen Brief an Kaiser Sache" – Alexander II. – „mitzutheilen."[78] Der dynastische Draht zwischen Sankt Petersburg und Berlin war 1859 von bestenfalls geringer politischer Bedeutung. Beide Höfe verfolgten unvereinbare außenpolitische Ziele. Von einer russischen „Dankbarkeit" für die preußische Neutralität im Krimkrieg konnte keine Rede gewesen sein. Das Zarenreich schien sich in Wilhelms Augen gar in der Rolle eines Steigbügelhalters der napoleonischen Expansionspolitik zu gefallen. „Russlands Politik ist nunmehr garnicht mehr zu definiren und beweiset, wie völlig es mit Fr[an]kr[ei]ch einverstanden ist, da es nichts mehr von Aufrechterhaltung der Tractate wissen will!", schimpfte er Augusta. „Wo ist also noch Sicherheit für allen Länderbesitz von a[nno] 1815?"[79]

Wilhelm hielt dennoch unbeirrt an seiner Liberator-Germaniae-Strategie fest. Alternative Handlungsoptionen sah er trotz der diplomatischen und öffentlichen Rückschläge scheinbar keine. Am 4. Juni erreichte ihn schließlich die telegraphische Nachricht, dass die österreichische Armee über den Ticino zurückgewichen war. Endlich sah er den „Moment zur gewaffneten Vermittlung der drei Großmächte gekommen, inklusive Deutschlands. Preußen und Deutschland stehen unter den Waffen. Die öffentliche Stimmung in diesen Staaten zum Krieg gegen Frankreich ist nur mit Mühe noch niederzuhalten, um das Losschlagen zu hindern. [...] Da der Moment [...] drängt, so muß Preußen seinen Willen sofort im alliierten Hauptquartier kundgeben, seine Armee mobil machen und den Krieg zeigen, falls die Alliierten nicht auf die Vermittlung hören wollen."[80] Dass der preußische Mediationsversuch Erfolg haben würde, schien der Regent nicht zu glauben. An Carl Alexander schrieb er, „daß weder der Gedemütigte noch der Siegestrunkene darauf eingehen wird!"[81] Seit dem 5. Juni traf sich Wilhelm nahezu täglich mit den Ministern, um die Mobilmachung der Armee vorzubereiten. Über diese

---

75 Wilhelm an Augusta, 18. Mai 1859. GStA PK, BPH, Rep. 51 J, Nr. 509b, Bd. 7, Bl. 18.
76 Wilhelm an Charlotte, 20. Mai 1859. Börner (Hrsg.), Briefe, S. 416.
77 Wilhelm an Charlotte, 2. Juni 1859. Ebd., S. 417–418.
78 Charlotte an Wilhelm, 10. Juni 1859. GStA PK, BPH, Rep. 51 J, Nr. 511a, Bd. 2, Bl. 791.
79 Wilhelm an Augusta, 27. Mai 1859. GStA PK, BPH, Rep. 51 J, Nr. 509b, Bd. 7, Bl. 31.
80 Aufzeichnungen Wilhelms, 5. Juni 1859. APP, Bd. 1, S. 646–647.
81 Wilhelm an Carl Alexander, 8. Juni 1859. Schultze (Hrsg.), Weimarer Briefe, Bd. 2, S. 15.

offiziellen Konseilsitzungen und informellen Abendgespräche fertigte er ausführliche Aufzeichnungen an. Das Staatsministerium soll in der Mobilisierungsfrage gespalten gewesen sein. Schleinitz und Patow sollen darauf gedrängt haben, lediglich fünf Armeecorps zu mobilisieren. Denn sie sollen sich geweigert haben, eine Eskalation diplomatisch und gegenüber dem Landtag zu verantworten. Patow soll sogar mit Rücktritt gedroht haben. Letztendlich will sich Wilhelm daher mit beiden Ministern auf einen Kompromiss geeinigt haben. Am 11. Juni wurden sechs Armeecorps am Rhein mobilisiert.[82] „Getreu meiner Aufgabe, den Frieden, den ich nicht *erhalten* konnte, nunmehr *herzustellen*, soll diese Maasregel zu einer Unterhandlung unter den Waffen bestimmt sein", erklärte er seiner Schwester.[83] Und seiner Ehefrau jubelte er, „in diesem Moment ist Preußens Absicht, die es seit 5 Monaten verfolgt, erreicht. [...] Somit sind wir Herr der Situation, die also zunächst zur Friedens-Vermittlung benutzt werden soll. Das Zugpflaster, welches die Preuß[ische] Mobilmachung dem Napoleon in" den „Rücken legt, wird hoffentlich *ziehen*."[84]

Allerdings hatten die Mobilisierungsverhandlungen einen wachsenden Dissens zwischen dem Regenten und dem Ministerium offengelegt. Schleinitz und Patow mochten Wilhelm zwar nicht ihren Willen aufgezwungen haben. Aber sie hatten ihm Konzessionen abgenötigt. Damit waren sie ein nicht unerhebliches politisches Risiko eingegangen. Ende Juni kursierten am Berliner Hof sogar Gerüchte, dass die Tage des Außenministers gezählt wären. So berichtete Bernstorff seiner Ehefrau Anna, „man hat mir viel von Uebernahme des Ministeriums gesprochen. Ich habe aber alles abgelehnt und Schleinitzens Bleiben überall befürwortet [...]. Schleinitz aber und Gruner haben mir beide wiederholt gesagt, daß ich der einzig mögliche Minister sei, wenn ein Wechsel eintrete."[85] Diese Quelle legt nahe, dass selbst in den Reihen des Staatsministeriums Unsicherheit über die eigene Zukunft geherrscht haben mochte. Auch Hohenzollern klagte über die „Unentschlossenheit" der Regierung. „Wir kommen zum Ziel, aber mit Umwegen und zu unserem eigenem Schaden."[86] Unter den Ministern versuchte in erster Linie Schleinitz, eine Kriegseskalation systematisch zu verhindern. Gleichzeitig konnte er nicht riskieren, Wilhelms Vertrauen zu verspielen. Dieser Balanceakt fiel ihm immer schwerer, je lauter die Kritik an der preußischen Außenpolitik wurde. Denn die partielle Mobilisierung wurde parteiübergreifend als halbherzige Maßnahme kritisiert.[87] „Die Stimmung gegen Preußen in Deutschland grenzt an Erbitterung", notierte etwa Leopold von Gerlach.[88] „Diese Mobilmachung für gar nichts ist schrecklich", schimpfte die Kö-

---

82 Vgl. Aufzeichnungen Wilhelms, 12. Juni 1859. APP, Bd. 1, S. 654–657. Siehe auch Wilhelms Briefe an Augusta vom 6., 8. und 11. Juni 1859, in: GStA PK, BPH, Rep. 51 J, Nr. 509b, Bd. 7, Bl. 39–40, Bl. 43, Bl. 47.
83 Wilhelm an Charlotte, 17. Juni 1859. GStA PK, BPH, Rep. 51 J, Nr. 511a, Bd. 2, Bl. 790.
84 Wilhelm an Augusta, 15. Juni 1859. GStA PK, BPH, Rep. 51 J, Nr. 509b, Bd. 7, Bl. 50–51.
85 Bernstorff an A. v. Bernstorff, 29. Juni 1859. Ringhofer (Hrsg.), Nachlass, S. 410.
86 Hohenzollern an Ernst II., 22. Juni 1859. Ernst II., Aus meinem Leben, Bd. 2, S. 496.
87 Vgl. Borries, Zweifrontendruck, S. 294; Peiffer, Schleinitz, S. 114.
88 Tagebuch L. v. Gerlach, 10. Juni 1859. GA, LE02761, S. 62.

nigin.[89] Der Großherzog von Baden appellierte an seinen Schwiegervater, „Preußen muß nun helfen, denn sonst wird es von Louis Napoleon ebenfalls gedemütigt, und der zweite Tiberius kann nicht vor langer Zeit überwunden werden."[90] Und beispielhaft für das preußische Offizierscorps lamentierte Roon, *„unser Preußenstolz geht einer neuen tiefen Demüthigung entgegen.* [...] *Das kommt vom unnützen, Zittern, Zagen und Zaudern!"*[91]

Dieser Stimmung mussten die Minister entgegen*wirken*. Und sie mussten Wilhelm beweisen, dass sie dessen monarchischer Agenda entgegen*arbeiteten*. Vom 25. bis 28. Juni verhandelten Außenministerium und Generalstab in Berlin mit eingeladenen Repräsentanten der Mittel- und Kleinstaaten über mögliche Aufmarschpläne gegen Frankreich. Eigentlich wäre der Bundesmilitärausschuss in Frankfurt am Main für diese Fragen zuständig gewesen. Aber die preußische Regierung umging den Bund einfach, und ignorierte die Proteste aus Wien. Damit unterstrich sie ihren Führungsanspruch in Deutschland – ein Anspruch, der mit den bestehenden Bundesstrukturen nicht kompatibel war. Frankfurt am Main sollte letztendlich vor vollendete Tatsachen gestellt werden.[92] Gleichzeitig versuchte Wilhelm auch auf der öffentlichen Politikebene eine Wendung herbeizuführen. Am 23. Juni befahl er Augusta, im Kriegsfall „Diaconissinnen zur Pflege in den Lazarethen aufzurufen." Die Prinzessin solle diese Freiwilligenorganisation hinter den Kulissen bereits vorbereiteten und dann die symbolische Schirmherrschaft übernehmen.[93] Das war nichts anderes als der Versuch, auch das, was später als „Heimatfront" bezeichnet werden sollte, einem monarchischen Narrativ zu unterstellen. Als Mann war Wilhelms Platz im zeitgenössischen Rollenverständnis in Politik und Militär. Augustas vermeintlich „weibliche Qualitäten" sollten dagegen im karitativen Bereich ihren Ausdruck finden. Diese Geschlechtertopoi gingen bis auf die Napoleonischen Kriege zurück. Mit dem Krimkrieg hatten sie medial stark an Verbreitung gefunden. Adelige und bürgerliche Frauen fanden hier neue kreative Handlungsfelder – und das sogar im eigentlich „männlich" konnotierten Kriegskontext.[94] Dass Wilhelm das propagandistische Potential dieser Entwicklung reflektierte, ist durchaus bemerkenswert. Doch am selben Tag, als er seine Ehefrau aufforderte, die Heimatfront für die Hohenzollernmonarchie zu gewinnen, starb Augustas Mutter Maria Pawlowna im Alter von dreiundsiebzig Jahren. Die spätere Kaiserin widmete dem Diakonissinnenprojekt

---

89 Elisabeth an Alexandrine, 5. Juni 1859. Wiese/Jandausch (Hrsg.), Briefwechsel, Bd. 2, S. 386.

90 Friedrich I. an Wilhelm, 29. Juni 1859. Oncken (Hrsg.), Briefwechsel, Bd. 1, S. 111.

91 Roon an Perthes, 15. Juni 1859. Roon (Hrsg.), Denkwürdigkeiten, Bd. 1, S. 377.

92 Vgl. Huber, Verfassungsgeschichte, Bd. 3, S. 262–263; Börner, Krise, S. 79–80; Angelow, Sicherheitspolitik, S. 217–218; Peiffer, Schleinitz, S. 112–113.

93 Wilhelm an Augusta, 23. Juni 1859. GStA PK, BPH, Rep. 51 J, Nr. 509b, Bd. 7, Bl. 56–57.

94 Vgl. Dirk Alexander Reder, „...aus reiner Liebe für Gott, für den König und das Vaterland." Die „Patriotischen Frauenvereine" in den Freiheitskriegen von 1813–1815, in: Karen Hagemann/Ralf Pröve (Hrsg.), Landsknechte, Soldatenfrauen und Nationalkrieger. Militär, Krieg und Geschlechterordnung im historischen Wandel, Frankfurt am Main 1998, S. 199–214; Jean H. Quataert, Staging Philanthropy. Patriotic Women and the National Imagination in Dynastic Germany, 1813–1916, Ann Arbor 2001, S. 21–89.

daher erst am 7. Juli ihre Aufmerksamkeit.[95] Zu diesem Zeitpunkt war der Italienische Krieg allerdings bereits de facto zu Ende.

Wilhelms Kriegsspekulationen gingen nur zum Teil auf. Wie erwartet war die österreichische Armee den vereinten französischen und sardinischen Streitkräften militärisch unterlegen. Mitte Juni klagte Franz Joseph seiner Mutter, er „hoffe, daß vielleicht Deutschland und dieser schmähliche Auswurf von Preußen uns doch im letzten Augenblicke beistehen werden."[96] Nach dem Rückzug über den Ticino hatte der Kaiser persönlich das Kommando über seine Truppen übernommen. Dieser folgenreiche Entschluss muss aus einer politikstrategischen Perspektive erklärt werden. Doch anstatt Feldherrenlegitimation zu gewinnen, musste der Monarch die sich abzeichnende Kriegsniederlage verantworten.[97] Die verlustreiche Schacht bei Solferino am 24. Juni wurde schließlich für beide Konfliktseiten zum militärischen wie politischen Wendepunkt. Sowohl in Paris als auch am Petersburger Hof wurden Stimmen laut, den Krieg schnell zu beendigen und eine weitere Eskalation zu verhindern. Denn es war nicht mehr auszuschließen, dass Preußen am Rhein militärisch intervenieren könnte. Gleichzeitig hatten die Schlachterfolge der italienischen Unabhängigkeitsbewegung eine neue Dynamik verliehen und drohten auch den Kirchenstaat mit in ihren revolutionären Sog zu ziehen. Das konnte Napoleon III. aber mit Blick auf die katholische Öffentlichkeit in Frankreich nicht zulassen. Andernfalls wäre er gezwungen gewesen, das Papsttum gegen den sardinischen Bündnispartner zu verteidigen. Daher richtete er am 8. Juli ein Waffenstillstandsangebot an Franz Joseph. Es wurde noch am selben Tag angenommen. Und am 11. Juli begegneten sich der französische Empereur und der österreichische Kaiser in Villafranca. Österreich musste die Lombardei abtreten – nicht aber Venetien. Napoleon versuchte am Verhandlungstisch jene Geister zu exorzieren, die er auf dem Schlachtfeld gerufen hatte.[98]

Von diesen Ereignissen wurde die preußische Regierung vollständig überrumpelt. Laut Leopold von Gerlach soll Ministerpräsident Hohenzollern bereits am 30. Juni offen eingestanden haben, er und „die Minister hätten sich verrechnet. Ein solch schnelles Überrennen von Österreich hätten sie nicht erwartet."[99] Dennoch schien man am Berliner Hof auch nach Solferino zu glauben, dass die Zeit für Preußen arbeiten würde. Am 3. Juli traf der österreichische General Alfred zu Windisch-Graetz in Berlin ein. Dort sollte er auf persönlichen Befehl Franz Josephs über eine Militärintervention am Rhein verhandeln. Gegenüber Wilhelm will Windisch-Graetz erklärt haben, dass sein kaiserlicher Souverän jede Verhandlungslösung in Italien zurückweisen würde. Da er jedoch nicht berechtigt war, militärische oder politische Konzessionen zu unterbreiten, soll ihm

---

95 Vgl. Augusta an Wilhelm, 7. Juni 1859. GStA PK, BPH, Rep. 51 T, Lit. P, Nr. 12, Bd. 8, Bl. 189.

96 Franz Joseph an Sophie Friederike, 16. Juni 1859. Franz Schnürer (Hrsg.), Briefe Kaiser Franz Josephs I. an seine Mutter 1838–1872, München 1930, S. 292.

97 Vgl. Bled, Franz Joseph, S. 188–191.

98 Vgl. Friese, Rußland und Preußen, S. 195–199; Blumberg, Russian Policy, S. 149–150; Ridley, Napoleon III, S. 453–454; Willms, Napoleon III., S. 174–176.

99 Tagebuch L. v. Gerlach, 30. Juni 1859. GA, LE02761, S. 69.

der Regent lediglich ausweichende Antworten auf die Frage gegeben haben, wann auf die preußischen Waffen zu rechnen sei. Allein Augusta soll erklärt haben, „Preußen und Deutschland möchten nun bald in den für die Aufrechterhaltung des Rechtzustandes in Europa von Österreich begonnenen Kampf eintreten.“[100] Am 5. Juli fand eine Ministerratssitzung statt, in der Schleinitz es erneut ablehnte, die Mobilmachung aller Armeecorps zu beschließen.[101] Daraufhin habe Wilhelm für den 8. Juli einen Kronrat einberufen, um die „Zaghaftigkeit und Inconséquenz des Ministeriums“ persönlich zu brechen, wie er seiner Ehefrau schrieb. Aber noch vor Konseilbeginn sei ihm mitgeteilt worden, dass bereits Waffenstillstand geschlossen worden war. „Noch gestern zeigte mir Windischgrätz ein Teleg[ramm] des K[aiser]s F[ranz] J[oseph], nach welchem er in keine Unterhandlungen eingehen könne – und heute ist Waffenstillstand! Solche raschen Wechsel sind jetzt unser tägliches Brod!“[102]

Sofort begann das blame game. Wie Gerlach notierte, soll Windisch-Graetz kurz vor seiner Abreise aus Berlin dem Königspaar erklärt haben, „dass Preußen an allem Schuld sei, da es Österreich im Stich gelassen; man sei daher in Wien auf Preußen erbittert.“[103] Und auch Franz Joseph warf Wilhelm brieflich vor, „daß sich alles glücklich und ehrenvoll gewendet haben würde, wenn die tapfere preußische Armee an der Seite der meinigen gekämpft hätte und wenn zugleich die Macht des übrigen Deutschlands von uns beiden in engem Einvernehmen und auf der legalen föderativen Basis ins Feld geführt worden wäre.“[104] Der österreichische Kaiser war nie bereit gewesen, der Hohenzollernmonarchie irgendwelche Konzessionen in Deutschland zu machen. Als ihm Napoleon angeboten hatte, „nur“ die Lombardei abtreten zu müssen, war ihm die Wahl daher nicht allzu schwergefallen. Franz Joseph akzeptierte die militärische Niederlage südlich der Alpen, um eine politische Niederlage nördlich der Alpen zu verhindern.[105] „Oesterreichs Perfidie gegen uns liegt klar vor Augen; es hat lieber Napoleon Concessionen gemacht, als zu Gunsten Preussens und Deutschlands irgend etwas zu tun“, so Augusta.[106]

Und Wilhelm? Der spätere Kaiser stand vor den Trümmern seines Kriegskalküls. Der vielbeschworene Moment, als Liberator Germaniae aufzutreten, war scheinbar verpasst worden. Seiner Schwester schrieb er, „daß Östreich auf diese Friedens Bedingungen einging, ist mir unerklärlich! Eine noch sehr starke Armée, Festungs Quadrat und Preußen 180.000 Mann im Anmarsch und 150.000 Mann Deutsche in Bereitschaft, da konnte man noch warten.“[107] Wieder einmal schien ihm die Habsburgermonarchie zu jeder Perfidie fähig zu sein. Er befürchtete sogar, dass Franz Joseph dem französi-

---

100 Windisch-Graetz an Franz Joseph, 4./7. Juli 1859. APP, Bd. 1, S. 723–728.
101 Vgl. Konseilprotokoll, 5. Juli 1859. Acta Borussica. Protokolle, Bd. 5, S. 74.
102 Wilhelm an Augusta, 8. Juli 1859. GStA PK, BPH, Rep. 51 J, Nr. 509b, Bd. 7, Bl. 58–59.
103 Tagebuch L. v. Gerlach, 13. Juli 1859. GA, LE02761, S. 77.
104 Franz Joseph an Wilhelm, 21. Juli 1859. QdPÖ, Bd. 1, S. 3.
105 Vgl. Zechlin, Reichsgründung, S. 49; Bled, Franz Joseph, S. 193; Showalter, German Unification, S. 56.
106 Augusta an Wilhelm, 16. Juli 1859. GStA PK, BPH, Rep. 51 T, Lit. P, Nr. 12, Bd. 8, Bl. 195.
107 Wilhelm an Charlotte, 13. Juli 1859. GStA PK, BPH, Rep. 51 J, Nr. 511a, Bd. 2, Bl. 792.

schen Herrscher in Villafranca freie Hand am Rhein versprochen haben könnte. „Diese Wendung der Dinge habe ich nicht so rasch erwartet!!", klagte er Augusta. „Jetzt wird mir nun der Stein von allen Seiten geworfen werden: ,Östreich ist von Preußen im Stich gelassen; es hat einen schimpflichen Frieden schließen müssen; rechne Preußen nun nur nicht jemals auf Östreichs Unterstützung, 1860 wird auf 1859 folgen, wie 6 auf 5!'" 1805 hatte Österreich die Schlacht bei Austerlitz gegen Napoleon I. verloren, 1806 war Preußen bei Jena und Auerstedt an der Reihe gewesen. „Denn daß Frankreich uns noch in diesem Herbst angreift, bin ich überzeugt, da es Östreich durch einen eben geschlossenen Frieden *mindestens* neutralisirt, wenn es nicht gar aus Rancune gegen uns mit Frankreich sich gegen uns alliirt; car la revanche est douce!"[108] „Gebe Gott, daß es uns nicht dereinst klar wird, daß in Villafranca noch im Geheimen das linke Rhein-Ufer, Schlesien und wohl éventualiter die Fürstenthümer respective in Aussicht gestellt sind!! [...] Ich sehe somit Preußens Stellung in Deutschland momentan für gänzlich kompromittirt an und isolirt bei einem Kriege mit Frankreich in sehr kurzer Zeit." Mit Blick auf den Ausgang des Krieges könne er über Preußen nur sagen, „wir haben verspielt!"[109] Deshalb „spricht mich mein Gewissen nicht frei von [...] Momenten, wo ich gegen meine bessere Überzeugung nachgab".[110] Jenseits geradezu paranoider Feindbilder enthalten diese Briefe auch einen Funken Selbstkritik. Und diese war nicht gerade unbegründet.

Wilhelm hatte die preußische Kriegsstrategie persönlich dirigiert. Aber sein Kalkül hatte auf der schlussendlich falschen Prämisse basiert, dass Österreich zu Konzessionen in der Deutschen Frage bereit gewesen wäre. Einen Plan B hatte der Regent nie formuliert. Er hatte Vabanque gespielt – und verloren. Aber zumindest die desaströse Außenwirkung der Berliner Politik hätte durch eine schnellere und vollständige Mobilmachung potentiell abgeschwächt werden können. Doch genau diese Eskalation hatte ausgerechnet der preußische Außenminister systematisch zu verhindern versucht. Und Wilhelm hatte den Kompromiss mit ihm gesucht. Deshalb konnte Schleinitz auch nicht die Rolle eines Sündenbocks übernehmen. Denn wie der Regent seinem Onkel gestand, sei er „außerstande [...], meinen Minister zu desavouieren, da er nur *meine* Politik ausführen half!"[111] Letztendlich trug der spätere Kaiser die Verantwortung für die öffentlichen Vorwürfe, die der Hohenzollernmonarchie gemacht wurden. Er war an dem von ihm selbst formulierten Anspruch gescheitert, Deutschland moralisch zu erobern. Außenpolitisch hätte die Neue Ära kaum schlechter starten können.[112]

In den unmittelbaren Wochen und Monaten nach Villafranca musste Preußen die Initiative in der Deutschen Frage erst einmal zurückgewinnen. Bis dahin versuchte das Dritte Deutschland, einen Weg aus der nationalen Krise zu finden. Den Großmächten

---

108 Wilhelm an Augusta, 11./12. Juli 1859. GStA PK, BPH, Rep. 51 J, Nr. 509b, Bd. 7, Bl. 60 – 62.

109 Wilhelm an Augusta, 16. Juli 1859. Ebd., Bl. 63 – 66.

110 Wilhelm an Augusta, 20. Juli 1959. Ebd., Bl. 70.

111 Wilhelm an Georg von Mecklenburg-Strelitz, 12. August 1859. Pagel (Hrsg.), Briefe, S. 246.

112 Vgl. Huber, Verfassungsgeschichte, Bd. 3, S. 265; Börner, Krise, S. 85; Lutz, Habsburg und Preußen, S. 414; Paetau, Altliberale, S. 176; Möller, Zweite Chance, S. 130.

war es weder im Krimkrieg noch im Italienischen Krieg gelungen, das Verteidigungs-dilemma des Deutschen Bundes zu lösen. Es gab noch immer keine funktionierende Bundeskriegsverfassung. Eine solche lag allerdings gerade im Interesse der Mittel- und Kleinstaaten, die jeder für sich genommen nur über geringes militärisches Potential besaßen. Daher gewann die sogenannte Triasidee seit dem Sommer 1859 an Attrakti-vität.[113] Das personifizierte Movens der Bundesreformbewegung war der sächsische Ministerpräsident Friedrich Ferdinand von Beust. Unter den deutschen Regierungschefs genoss Beust eine vergleichsweise große politische Gestaltungsfreiheit. Denn sein kö-niglicher Souverän Johann ließ ihn in deutschlandpolitischen Fragen weitgehend ge-währen. Beide Männer strebten nach einer Stärkung des Frankfurter Föderativsystems. Erfolg war ihnen allerdings nie vergönnt. Die zwischen 1859 und 1864 wiederholt in Würzburg tagenden Triaskonferenzen blieben allesamt ergebnislos.[114] Die Mittel- und Kleinstaaten waren untereinander kaum weniger zerstritten als die Großmächte Preußen und Österreich. Die Triasidee scheiterte immer wieder an dynastischen Rangrivalitäten, Souveränitätsängsten und partikularistischen Interessenkonflikten. Kaum ein Throninhaber war bereit, im Namen einer deutschen Nation seine Prärogati-ven freiwillig zu begrenzen – egal wie groß oder klein sein Herrschaftsterritorium auch gewesen mochte. Aber selbst wenn es dem Dritten Deutschland gelungen wäre, einen funktionierenden Kooperationsmodus zu finden, hätte es immer noch die Prä-ponderanz der Großmächte überwinden müssen.[115]

Wilhelm lehnte die Triasidee kategorisch ab. Die Mittel- und Kleinstaaten be-trachtete er lediglich als Objekte der deutschen Politik. Ein dreigeteiltes Deutschland „würde weder ein *einiges*, am wenigsten ein *starkes* Deutschland sein."[116] „In Deutschland spielt die Sonderbündlereien wieder eine Rolle", schimpfte er, „und das alles aus der bloßen Angst, daß Preußen sie auffressen will!! Preußen wird niemand auffressen, der sich ihm nicht opponiert; wenn solche Opposition aber in entschei-denden Krisen sich zeigt, dann freilich wird es bei der Mahlzeit darauf ankommen, wer den besten Magen hat!"[117] Es ginge zu weit, aus diesen 1859 formulierten Briefzeilen eine direkte Kontinuitätslinie zu der preußischen Annexionspolitik von 1866 zu ziehen. Aber

---

113 Vgl. Gruner, Deutsche Frage, S. 140–141; Angelow, Sicherheitspolitik, S. 219–220; Müller, Bund und Nation, S. 286–292.

114 Vgl. Albert Prinz von Sachsen, König Johann von Sachsen und die Freundschaft zu seinen preußi-schen Verwandten – König Friedrich Wilhelm IV. und Kaiser Wilhelm I., in: Hans Assa von Polenz/Ga-briele von Sedewitz (Hrsg.), 900-Jahr-Feier des Hauses Wettin. Regensburg 26.4.–1.5.1989. Festschrift des Vereins zur Vorbereitung der 900-Jahr-Feier des Hauses Wettin e.V., Bamberg 1989, S. 93–104; Jonas Flöter, Beust und die Reform des deutschen Bundes 1850–1866. Sächsisch-mittelstaatliche Koalitionspolitik im Kontext der deutschen Frage, Köln u.a. 2001; Reiner Groß, Johann (1854–1873), in: Frank-Lothar Kroll (Hrsg.), Die Herrscher Sachsens. Markgrafen, Kurfürsten, Könige 1089–1918, München 2004, S. 263–278; James Retallack, King Johann of Saxony and the German Civil War of 1866, in: ders., Germany's Second Reich. Portraits and Pathways, Toronto u.a. 2015, S. 107–137.

115 Vgl. Angelow, Sicherheitspolitik, S. 226–230; Gruner, Deutscher Bund, S. 105–106.

116 Wilhelm an Augusta, 24. Juli 1859. GStA PK, BPH, Rep. 51 J, Nr. 509b, Bd. 7, Bl. 77.

117 Wilhelm an Charlotte, 26. November 1859. Börner (Hrsg.), Briefe, S. 420.

diese Quellen belegen zumindest, dass Wilhelm jede Lösung der Deutschen Frage ablehnte, die nicht auf eine Hohenzollernsuprematie hinauslief. Er war noch immer gewillt, seine monarchischen Kollegen zu ihrem kleindeutschen Glück zu zwingen. Und wie er während des Italienischen Krieges demonstriert hatte, war ihm der Bund dabei ein bloßes Obstruktionsinstrument. Etwa ein halbes Jahr, nachdem Bismarck an der Newa kaltgestellt worden war, hatte der deutsche Dualismus an neuer Intensität gewonnen. Ein Ausgleich zwischen Preußen und Österreich war unmöglich, solange Wilhelm nicht seine nationalen Aspirationen aufgab – oder Franz Joseph nicht zu Konzessionen bereit war. Beides sollte bis 1866 nicht geschehen.

„Das Nationale von dem Revolutionären [...] unterscheiden."
Die Deutsche Frage nach Villafranca

Die Parallelen zwischen der italienischen Nationalstaatsgründung und dem Reichsgründungsprozess sind auffällig. In beiden Fällen gelang die staatliche Einigung erst, nachdem die Monarchie aktiv das Bündnis mit der Nationalbewegung gesucht hatte. Allein die Machtressourcen der Krone konnten jene strukturellen Hindernisse überwinden, die jahrzehntelang alle Nationalisierungstendenzen verhindert hatten. Als absolut essentiell für den nationalen Erfolg erwies sich in beiden Fällen der militärische Sieg über die Habsburgermonarchie. Südlich wie nördlich der Alpen kann von nationalen Monarchisierungsprozessen gesprochen werden. Das Bündnis von Krone und Nationalbewegung stand als conditio sine qua non am Beginn der Geschichte des Königreichs Italien und des deutschen Kaiserreichs. Viktor Emanuel II. und Wilhelm konnten im Nationalstaatsgründungsprozess nicht nur ihre Herrschaft weit über die Grenzen ihrer respektiven Königreiche Sardinien-Piemont und Preußen ausdehnen. Sie hatten dadurch auch eine fundamentale Systemtransformation monarchischer Herrschaft in Italien und Deutschland mitinitiiert. Hier kann ein bedingt exzeptioneller Charakter von Risorgimento und Reichsgründung historiographisch lokalisiert werden. Kein Sonderweg war hingegen der militärische Charakter beider Nationalstaatsgründungen. Letztendlich waren *alle* Nationalstaaten der Moderne mehr oder minder „Kriegsgeburten". Die politische oder gesellschaftliche Einheit musste *immer* gegen innere oder äußere Gegner gewaltsam durchgesetzt werden.[1] Etwa zeitgleich zu den Nationalstaatsgründungen in Italien und Deutschland fungierte beispielsweise auch in Japan eine dynastische Machtrivalität als Motor der nationalen Modernisierung. Das Meiji-Kaisertum gewann den militärischen Konflikt gegen das Tokugawa-Shogunat. Und der Chrysanthementhron sollte den Gang der Tokioter Politik bis 1945 maßgeblich mitentscheiden.[2] Nicht alle Dynastien überlebten diese globalen Nationalisierungsprozesse vor dem Ersten Weltkrieg. Politisch erfolgreich waren jene monarchischen Akteure, die sich diesen Umbrüchen nicht entgegenstellten.[3] Viktor Emanuel II. und Wilhelm hatten dies erkannt.

Anders sah es in der Habsburgermonarchie aus. Die innere Stabilität des Vielvölkerreichs war untrennbar mit dem Erhalt der Kongressordnung von 1815 verbunden. Seitdem diese Ordnung 1848 implodiert war, hatte auch der neoabsolutistische Kaiserstaat unter größeren strukturellen Rissen zu leiden begonnen. Und mit dem Verlust der

---

1 Vgl. Osterhammel, Verwandlung, S. 586–603; Langewiesche, Gewaltsamer Lehrer, S. 273–336.
2 Vgl. Takashi Fujitani, Splendid Monarchy. Power and Pageantry in Modern Japan, Berkeley/Los Angeles 1996; Alistair D. Swale, The Meiji Restoration. Monarchism, Mass Communication and Conservative Revolution, New York 2009.
3 Vgl. Sellin, Gewalt und Legitimität, S. 217–239.

https://doi.org/10.1515/9783111323954-031

Lombardei und der beginnenden Nationalstaatsgründung in Italien wurde schließlich eines der geopolitischen Fundamente der Kongressordnung zerstört. Der fragile österreichische Großmachtstatus blieb davon nicht unberührt.[4] Zwar hatte Franz Joseph in Villafranca die Herrschaft über die Provinz Venetien behaupten können. Aber dies sollte sich schnell als politische Hypothek erweisen. Denn der Turiner Hof erhob auch nach 1859 den Herrschaftsanspruch über die gesamte Apenninenhalbinsel aufrecht. Damit waren weitere Konflikte geradezu vorprogrammiert. Und die außenpolitisch geschwächte Habsburgermonarchie sah sich in Norditalien mit einem akuten Sicherheitsdilemma konfrontiert. Bis 1866 sollte Franz Joseph kontinuierlich nach einem Bündnispartner suchen, der ihm für Norditalien einen Blankoscheck ausstellen würde. Aber keine Macht wollte in den italienischen Krisenherd mithineingezogen werden.[5]

Gleichzeitig wurde der Neoabsolutismus im Inneren mit den finanziellen und ökonomischen Folgen des verlorenen Krieges belastet. Der Wiener Hof schlitterte in eine existentielle Legitimationskrise. Deshalb sah sich der Kaiser im Herbst 1860 gezwungen, den 1851 abgebrochenen konstitutionellen Transformationsprozess neu zu initiieren. Mit dem sogenannten Oktoberdiplom versuchte Franz Joseph, den Forderungen nach Repräsentation und Partizipation zumindest ein Stück weit entgegenzukommen. Im Frühjahr 1861 bestätigte dann das sogenannte Februardiplom viele dieser verfassungsrechtlichen Versprechungen. Aber der neukonstituierte Reichsrat wurde nicht gewählt, sondern von den Provinzlandtagen mit Delegierten beschickt. Und die Kompetenzen dieser Landtage waren im zentralistischen System eng begrenzt. Die Nationalitätenkonflikte blieben ein virulentes Problem. In Ungarn sollten sie erst nach einer weiteren militärischen Niederlage 1866 gelöst werden. Bis Königgrätz blieb Franz Joseph aber in allen Territorien seiner Monarchie zentraler und finaler Entscheidungsakteur.[6] „Wir werden zwar etwas parlamentarisches Leben bekommen", schrieb er seiner Mutter im Oktober 1860, „allein die Gewalt bleibt in meinen Händen und das Ganze wird den österreichischen Verhältnissen gut angepaßt sein."[7]

Anders als in der Verfassungsfrage sah der Wiener Hof in der Deutschen Frage allerdings nach wie vor keinen Reformzwang. Villafranca hatte implizit sogar den Status quo nördlich der Alpen bestätigt. Dennoch führten die innerösterreichischen Reformen dazu, dass der Habsburgermonarchie im nationalen Diskurs nicht länger die Rolle eines absoluten Buhmanns zugeschrieben wurde. Ein konstitutionelles Österreich hätte zumindest leichter in einen deutschen Nationalstaat integriert werden können als ein neoabsolutistisches. Doch galt die Aufmerksamkeit der liberalen Nationalbewegung

---

4 Vgl. Huber, Verfassungsgeschichte, Bd. 3, S. 264 – 265; Siemann, Gesellschaft, S. 189; Showalter, German Unification, S. 68; Mitchell, Grand Strategy, S. 288 – 289.

5 Vgl. Nancy Nichols Barker, Austria, France, and the Venetian Question, 1861 – 66, in: The Journal of Modern History Vol. 36, Nr. 2 (1964), S. 145 – 154; Chester Wells Clark, Franz Joseph and Bismarck. The Diplomacy of Austria before the War of 1866, New York 1964, S. 42 – 48.

6 Vgl. Nipperdey, Bürgerwelt, S. 702 – 704; Bled, Franz Joseph, S. 206 – 219; Vocelka/Vocelka, Franz Joseph I., S. 158 – 164; Judson, Habsburg, S. 322 – 330.

7 Franz Joseph an Sophie Friederike, 21. Oktober 1860. Schnürer (Hrsg.), Briefe, S. 302.

nach wie vor primär der Hohenzollernmonarchie. Der Berliner Hof hatte im Italienischen Krieg deutschlandpolitisch augenscheinlich versagt. Aber allein der preußischen
Militärmacht wurde das Potential zugeschrieben, in Deutschland dem sardinischen
Exempel zu folgen. In den Augen der Nationalbewegung musste nur genügend Druck
von unten aufgebaut werden, um den Prinzregenten in diese Richtung zu bewegen.[8]
So argumentierte der preußische Liberale Hans Victor von Unruh gegenüber Bismarck,
„die Herzen müssen durch energisches Auftreten Preußens in der nationalen Frage,
durch sicheres Ergreifen jeder passenden Gelegenheit erobert werden."[9] Und sein
sächsischer Parteifreund Karl Biedermann forderte, die Hohenzollernmonarchie müsse
„eine *active Initiative* in allen das gemeinsam deutsche [...] betreffenden Angelegenheiten übernehmen und zugleich *Ihrerseits* dies Thun *öffentlich, der Nation sichtbar*
bekunden."[10] Der öffentliche Druck in der Deutschen Frage wuchs seit dem Italienischen Krieg exponentiell an. Gleichzeitig fand die Nationalbewegung mit dem Ende der
Reaktionsära in Preußen neue Artikulationsventile. Ohne die norddeutsche Großmacht
mussten auch die Versuche der Mittel- und Kleinstaaten scheitern, der liberalen Pu-
blikationsflut durch Zensur und Repression entgegenzuwirken. Die öffentliche Handlungsebene hatte sich irreversibel als strukturell zentraler Faktor des politischen Entscheidungsprozesses etabliert. Und im Diskursmittelpunkt dieser Politikebene stand die
nationale Frage.[11]

   Wilhelm betrachtete diese Entwicklung mit gemischten Gefühlen. Sie schien sei-
ner Überzeugung Recht zu geben, dass die Deutsche Frage der Lackmusstest für das
Überleben der Monarchie sei. Die Krone könne nur dann Herr der Nationalbewegung
werden, wenn es ihr gelingen würde, diese vor ihren Karren zu spannen. Aber der
wachsende öffentliche Druck seit dem Sommer 1859 ließ ihn befürchten, dass sich das
Zeitfenster für eine Nationalstaatsgründung *von oben* zu schließen begann. „Die
Deutschomanie die jetzt wieder auftaucht, ist sehr unangenehm für Preußen", klagte
Wilhelm seiner Ehefrau, „weil man (vor Allem die Démokratie) Unmögliches von
Preußen verlangt, damit, wenn es diese fabelhafte Hoffnung nicht erfüllt", es „von
Neuem vor der ganzen Welt als miserable dargestellt werde!! [...] Die Tendenz muß
anerkannt werden, aber das ,Wie' uns überlassen und vor jedem Drängen gewarnt
werden."[12] Eine solche Warnung ließ der Berliner Hof tatsächlich öffentlich verkünden.
Im August 1859 hatte der Stettiner Stadtrat den Regenten in Form einer Petitionsadresse
zu einer Bundesreform aufgefordert. Einen Monat später ließ die Regierung in der
Presse ihre Antwort drucken. Die nationalen Forderungen wurden „in ihrer vollen
Berechtigung" anerkannt. Aber „dieselbe Achtung vor Recht und Gesetz, welche unsere

---

8 Vgl. Börner, Bourgeoisie, S. 410–412; Jansen, Paulskirchenlinke, S. 332–347; Gruner, Deutscher Bund,
S. 81–82; Hein, Deutsche Geschichte, S. 82.
9 Unruh an Bismarck, 12. September 1859. Kohl (Hrsg.), Bismarck-Jahrbuch, Bd. 4, S. 155.
10 Biedermann an Duncker, 6. August 1859. Jansen (Hrsg.), Briefe, S. 568.
11 Vgl. Nipperdey, Bürgerwelt, S. 704, S. 709; Siemann, Gesellschaft, S. 194–198; Lutz, Habsburg und
Preußen, S. 415–416; Caruso, Nationalstaat als Telos?, S. 51–52; Epkenhans, Reichsgründung, S. 22–24.
12 Wilhelm an Augusta, 6. September 1859. GStA PK, BPH, Rep. 51 J, Nr. 509b, Bd. 7, Bl. 94–95.

inneren Zustände kennzeichnet, muß auch unsere Beziehungen zu Deutschland und unseren deutschen Bundesgenossen regeln."[13] Sprich: Eine Lösung der Deutschen Frage könne nur durch die Monarchen gefunden werden. Dem Coburger Herzog erklärte Wilhelm, „aus meiner Antwort nach Stettin hast Du ersehen, wie ich die Frage auffasse, *sie ignoriren, zurückdrängen, verdächtigen zu wollen, fällt mir nicht ein.*"[14] Bismarck will im Gespräch mit Unruh sogar erfahren haben, „daß die Antwort auf die Stettiner Adresse durchaus günstig gewirkt habe. Er erzählte mir als Zeichen der Stimmung, daß der sonst sehr avancierte Demokraten-Häuptling Metz aus Darmstadt in Frankfurt unter Beifall seiner Gesinnungsgenossen ausgerufen habe: Lieber das schärfste preußische Militärregiment als die kleinstaatliche Misere."[15]

Es war kein Zufall, dass Unruh seit dem Sommer 1859 ein gefragter Gesprächspartner war – selbst für konservative Eliten wie den späteren Kanzler.[16] Im Revolutionsjahr 1848 war der Beamte zum Präsidenten der Berliner Nationalversammlung gewählt worden. Elf Jahre später gründete er mit anderen Liberalen und gemäßigten Demokraten in Eisenach den *Deutschen Nationalverein.* Diese erste Sammelorganisation der Nationalbewegung forderte eine kleindeutsche Lösung der Deutschen Frage unter preußischer Führung. Aber vorher sollte sich das Hohenzollernkönigreich auf liberaler Basis reformieren. Dann würden dem Berliner Hof auch moralische Eroberungen gelingen. Die Neue Ära schien dem Nationalverein ein erster Schritt in diese Richtung zu sein.[17] Für das Frankfurter Repressivsystem war diese Parteineugründung eine strukturelle Herausforderung, der es nach dem Ende der Reaktionsära nicht mehr gewachsen war. Denn die preußische Regierung tolerierte die kleindeutsche Agitation auf ihrem Gebiet.[18] Und Herzog Ernst II. protegierte den Verein sogar offen.[19] Wie der Coburger Fürst in seinen Memoiren berichtet, soll ihm Wilhelm im November 1859 über den Nationalverein gesagt haben, „er würde uns in keiner Weise hindern, doch sei er der Ueberzeugung, daß das, was Deutschland noththue, nicht von unten her gemacht werden sollte. Er kam dann, wie so oft bei ähnlichen Gesprächen, auf seine Erfahrungen aus der Zeit der badischen Revolution – da habe es sich ja gezeigt, wohin alle dergleichen Bewegungen führen."[20] Dem König von Sachsen erklärte der Regent 1860, er sei der Meinung, „daß da, wo etwas national-Einigendes in Deutschland sich regt, man ihm nicht scharf entgegen treten darf, wohl aber dafür sorgen muß, daß keine Auswüchse damit verbunden werden, oder gar zu gestatten, daß man *neben* den Regierungen zu

---

13 Antwort der preußischen Regierung auf die Stettiner Adresse, 12. September 1859. QGDB, III/Bd. 3, S. 86–87.

14 Wilhelm an Ernst II., 27. September 1859. Ernst II., Aus meinem Leben, Bd. 2, S. 526.

15 Bismarck an A. v. Schleinitz, 25. September 1859. GW, Bd. 3, S. 64.

16 Vgl. Engelberg, Bismarck, Bd. 1, S. 486–488; Pflanze, Bismarck, Bd. 1, S. 146–147.

17 Vgl. Shlomo Na'aman, Der Deutsche Nationalverein. Die politische Konstituierung des deutschen Bürgertums 1859–1867, Düsseldorf 1987.

18 Vgl. Huber, Verfassungsgeschichte, Bd. 3, S. 387–393; Zechlin, Reichsgründung, S. 54–55; Nipperdey, Bürgerwelt, S. 709–711; Winkler, Weg nach Westen, Bd. 1, S. 150–151; Biefang, Reichsgründer, S. 132–134.

19 Vgl. Scheeben, Ernst II., S. 96–123.

20 Ernst II., Aus meinem Leben, Bd. 2, S. 538.

Handlungen und Thaten übergehe."[21] Der spätere Kaiser ließ den Nationalverein gewähren. Weder versuchte er ihn zu instrumentalisieren noch aktiv zu unterstützen. Sein Sohn Friedrich Wilhelm argumentierte hingegen 1862, „der Nationalverein, von uns vernünftig behandelt und überwacht, kann uns großen Dienst leisten!"[22]

Ambivalent war auch Wilhelms Position gegenüber den sogenannten Schillerfeiern, die im November 1859 in über 400 deutschen Städten stattfanden. Die Nationalbewegung nahm den 100. Geburtstag des berühmten Weimarer Dichters zum Anlass, den öffentlichen Raum zu besetzen.[23] Laut Leopold von Gerlach soll der Regent die Schillerfeiern hinter verschlossenen Palasttüren „einen Baalsdienst genannt" haben.[24] Und gegenüber Augusta äußerte Wilhelm die Befürchtung, dass „die Democratie sich derselben bemeistert hat."[25] Aber er ließ die Festivitäten nicht verbieten. Dem Großherzog von Baden erklärte er, damit sei das Geschimpfe vom „undeutsche[n] Preußen" offiziell widerlegt.[26] Zumindest konnte diese Symbolpolitik als öffentliches Integrationsangebot an die deutsche Nationalbewegung verstanden werden. Die politischen Kosten waren für die preußische Regierung gering. Aber der Nutzen war potentiell groß. Denn hier bot sich eine Chance, nach Villafranca die Sympathien der Öffentlichkeit zurückzugewinnen. Wie Gerlach von mehreren Gesprächspartnern gehört haben will, sei „der Prinz [...] höchst populär, er möge nur [...] in Preußen eine recht liberale Verfassung geben und liberal regieren; so könne er in Deutschland machen was er wolle."[27] Für Wien und Frankfurt am Main war diese Entwicklung gefährlich. So warnte etwa der österreichische Gesandte in Berlin, „der einleuchtende Zweck, welchen dieses Bestreben verfolgt, besteht darin: sich als Hort des aufblühenden, die Zukunft für sich habenden Liberalismus in Deutschland aufzustellen, den Einfluss Österreichs auf diesem Wege theoretisch zu besiegen und sich selbst moralisch, bei Gelegenheit aber auch materiell, vielleicht sogar ohne ängstliche Berücksichtigung des Rechtes zu vergrößern; denn in betreff dieses Punkts hat das Wort, ‚daß dem Königreich Preußen die Haute zu enge ist', ebenso volle Wahrheit als der echt preußische Wunsch: ‚Hätten wir einen Friedrich den Großen!'"[28]

Diese Sorgen waren alles andere als unbegründet. Die preußische Regierung verfolgte seit 1859 unverhohlen eine Politik, den Deutschen Bund öffentlich zu diskreditieren. Berlin sollte Frankfurt am Main als symbolisches und schlussendlich auch faktisches Entscheidungszentrum der Nation ablösen. „Nur keine vergeblichen Versuche, den Bund als solchen zu reformiren, denn er ist unverbesserlich", erklärte sogar Au-

---

21 Wilhelm an Johann, 17. Juli 1860. Herzog von Sachsen (Hrsg.), Briefwechsel, S. 407.
22 Tagebuch Friedrich Wilhelm, 3. März 1862. Meisner (Hrsg.), Tagebücher, S. 130.
23 Vgl. Siemann, Gesellschaft, S. 198–200.
24 Tagebuch L. v. Gerlach, 14. November 1859. GA, LE02761, S. 121.
25 Wilhelm an Augusta, 22. Oktober 1859. GStA PK, BPH, Rep. 51 J, Nr. 509b, Bd. 7, Bl. 103.
26 Wilhelm an Friedrich I., 12. November 1859. GStA PK, BPH, Rep. 51 J, Nr. 21m, Bd. 1, Bl. 102–103.
27 Tagebuch L. v. Gerlach, 14. August 1859. GA, LE02761, S. 88–89.
28 Koller an Rechberg, 27. Oktober 1859. APP, Bd. 1, S. 814–815.

gusta.[29] Deutlich konnte diese Strategie Anfang 1860 beobachtet werden. Berlin präsentierte in Frankfurt am Main eine von Wilhelm persönlich konzipierte Reform der Bundeskriegsverfassung, die ein paritätisches Oberkommando unter Preußen und Österreich vorsah. Implizit hätte dies auch eine politische Gleichstellung der beiden Großmächte bedeutet. Und die Mittel- und Kleinstaaten wären effektiv mediatisiert worden. Es dürfte daher niemanden überrascht haben, dass der Reformantrag abgelehnt wurde.[30] Wie der österreichische Gesandte in Dresden berichtete, soll ihm Beust gegenüber bemerkt haben, „ob man nicht in Berlin fühle, daß eine solche ‚capitis diminutio' der deutschen Fürsten ihnen entweder das Regieren zu Hause unmöglich machen oder sie notgedrungen in einen neuen Rheinbund treiben würde?"[31] Aber am Berliner Hof war man von Anfang an davon ausgegangen, dass der Antrag keinen Erfolg haben würde. Schleinitz soll im persönlichen Gespräch mit Alois Károlyi, dem österreichischen Gesandten in Berlin, „ganz unverhohlen" eingestanden haben, „daß er über die Erfolglosigkeit seines Schrittes nicht die geringsten Zweifel hege, da das nötige Einverständnis gewiß nicht zu erzielen sei."[32] Doch der Bund diente der preußischen Regierung lediglich als Bühne. Ihr Publikum war die Öffentlichkeit. Dem König von Sachsen erklärte Wilhelm offen, er wolle „der öffentlichen Meinung den Ausspruch" überlassen, „*wer* Praktisches, Einigendes und Kraftverleihendes für Deutschland *will*, – ob Preußen oder die demselben systématisch opponirenden Stimmen am Bundestage??" Entweder würden die deutschen Fürsten dem Druck von unten nachgeben müssen – oder der Gefahr von außen. „Gegen *welchen* Feind glaubt nun aber wohl der Bund *allein* Krieg führen zu können? Etwa gegen Frankreich? Das kann dem Lande das Doppelte an Streitkräften gegenüber stellen. Gegen Russland? Wie ist dort ein Krieg denkbar *ohne* Preußen?"[33] Und sollte es zu einem Krieg kommen, könne der Bundesfeldherr nur Wilhelm heißen. „Daß Preußen seine Armee niemals [...] unterordnen wird, erkläre ich auf das allerbestimmteste", schrieb er seinem badischen Schwiegersohn. „Es ist sehr Zeit, daß man in Deutschland endlich praktisch wird und nicht aus theoretisch[en] Antipathien uns mit gebundenen Händen wieder einmal Frankreich in die Hände spielt. Wir werden das linke Rheinufer sonst ebenso rasch verlieren wie Österreich die Lombardei."[34]

Der Italienische Krieg hatte erneut gezeigt, dass Napoleon III. gewillt war, seine außenpolitischen Ziele auch mit Waffengewalt zu erzwingen. Und Wilhelm schien überzeugt gewesen zu sein, dass nach Russland und Österreich das nächste Opfer der napoleonischen Machtpolitik Preußen heißen würde. Ohne Bündnispartner glaubte er

---

29 Augusta an Wilhelm, 19. September 1859. GStA PK, BPH, Rep. 51 T, Lit. P, Nr. 12, Bd. 8, Bl. 235.

30 Vgl. Paul Bailleu, Der Prinzregent und die Reform der deutschen Kriegsverfassung. Ein Beitrag zur Centenarfeier, in: HZ 78 (1897), S. 385–402; Huber, Verfassungsgeschichte, Bd. 3, S. 400–401; Kaernbach, Bismarcks Konzepte, S. 149–150; Müller, Bund und Nation, S. 311–312.

31 Werner an Rechberg, 15. Januar 1860. QdPÖ, Bd. 1, S. 91.

32 Károlyi an Rechberg, 12. Januar 1860. APP, Bd. 2/I, S. 26.

33 Wilhelm an Johann, 17. Februar 1860. Herzog von Sachsen (Hrsg.), Briefwechsel, S. 396–397.

34 Wilhelm an Friedrich I., 31. Januar 1860. Oncken (Hrsg.), Briefwechsel, Bd. 1, S. 175–176.

das Hohenzollernkönigreich nicht stark genug, um das Seconde Empire von aggressiven Schritten abhalten zu können. Auf Österreich und den Deutschen Bund konnte und wollte er sich nicht verlassen. Deshalb suchte er die Nähe zur Romanowmonarchie. Am 23. und 24. Oktober 1859 trafen sich Prinzregent und Zar in Breslau. Eigentlich hatte Wilhelm seinen Neffen nach Berlin eingeladen. Doch Alexander II. hatte sich geweigert, auch dem nominellen Herrscher Friedrich Wilhelm IV. einen Höflichkeitsbesuch abzustatten, wie es das Hofprotokoll verlangt hätte.[35] Gegenüber seinem Onkel Wilhelm soll sich der russische Herrscher in Breslau allerdings persönlich wie politisch entgegenkommend verhalten haben. An Augusta schrieb der Regent, dass „wir unsere Idéen sehr übereinstimmend fanden [...]. Gut untereinander, gut mit Fr[an]k[reic]h ohne Courmacherei, aber auch ohne Provokation irgend einer Art. Annäherung an Östreich, wenn dieses nur seinerseits etwas Aufrichtigkeit endlich zeigen wollte.“[36] In Wilhelms Augen hatte die Breslauer Entrevue die preußisch-russische special relationship zumindest symbolisch reanimiert. Napoleon sollte demonstriert werden, dass die Hohenzollernmonarchie diplomatisch nicht länger isoliert war. „Es wird immer von Bedeutung und Wichtigkeit sein, daß sich im Osten eine Verständigung gefunden hat, die der Welt Garantien für die Ruhe Europas geben kann, indem sie als Gegengewicht dem Allein-Willen des Westens balancirend gegenüber tritt, ohne daß eine Coalition oder auch nur Verabredung *gegen* diesen Westen statt gefunden hätten. Der Wunsch mit Frankreich in gutem Vernehmen zu stehen, ist der gegenseitig prononcirte; jedoch muß Frankreich auch wissen, daß wenn sein Machthaber lüstern sein sollte, in die kriegerischen Fußstapfen des Onkels zu treten, er einer Coalition begegnen würde.“[37] Allerdings schien der spätere Kaiser in Breslau erfolglos versucht zu haben, auch die Habsburgermonarchie in das Bündnis gegen den Empereur zu integrieren. Alexander soll voller „aigreur gegen Östreich“ gewesen sein, schrieb Wilhelm dem Großherzog von Baden. Er habe hingegen vergeblich argumentiert, „daß, bei allen Complicationen die uns von Frankreich drohen könnten, *ich in erster Linie* stände, wehrend er weit *aus dem Schuß sei*; so würde ich zwar nie vergessen, was ich gegen Östreich für griefs hätte, dieselben aber in 2. Linie stellen, wenn es darauf ankäme, einer *gemeinschaftlichen* Gefahr, *gemeinschaftlich* zu begegnen.“[38] Eine Restauration der Heiligen Allianz in irgendeiner Form stand 1859 nicht auf der Agenda des Petersburger Hofs. Gortschakow verfolgte nach wie vor das Ziel, Russland im Bündnis mit Frankreich zu neuer außenpolitischer Macht zu helfen. Die Monarchenbegegnung war für ihn nur ein diplomatischer Nebenschauplatz. Und wie auch der Zar war er nicht bereit, Preußen als gleichberechtigte Großmacht zu betrachten. Für die russische Regierung blieb das Königreich lediglich ein Juniorpartner.[39]

---

35 Vgl. Friese, Rußland und Preußen, S. 208–209.
36 Wilhelm an Augusta, 23. Oktober 1859. GStA PK, BPH, Rep. 51 J, Nr. 509b, Bd. 7, Bl. 104–105.
37 Wilhelm an Augusta, 26. Oktober 1859. Ebd., Bl. 106–107.
38 Wilhelm an Friedrich I., 12. November 1859. GStA PK, BPH, Rep. 51 J, Nr. 21m, Bd. 1, Bl. 104.
39 Vgl. Friese, Rußland und Preußen, S. 210; Linke, Gorčakov, S. 175–176.

Lange konnte sich Wilhelm nach der Breslauer Entrevue allerdings nicht in Sicherheit wiegen. Anfang 1860 wurde die Pentarchie von der Nachricht überrascht, dass der Turiner Hof die Provinzen Savoyen und Nizza an das Seconde Empire abtreten sollte. Dies war der Preis, den Sardinien-Piemont für die französische Waffenhilfe von 1859 zahlen musste. Sowohl Großbritannien als auch Preußen protestierten scharf gegen diese territoriale Machtverschiebung zugunsten Napoleons. Aber keine der beiden Großmächte war gewillt, die Krise diplomatisch oder gar militärisch eskalieren zu lassen. Der Petersburger Hof protestierte nicht einmal, sondern akzeptierte die Annexion stillschweigend.[40] Wilhelm klagte daher, „le fait accompli wird, ohne Waffengewalt, nicht ferner zu *ignorieren* sein!"[41] Und Ministerpräsident Hohenzollern soll Károlyi erzählt haben, „daß der Prinz über die Gefahren der Zukunft sehr besorgt sei, daß er sich durchaus keinen Hehl mache über die Lähmung Europas Frankreich gegenüber, daß er ‚nach einem Ausweg ringe'."[42] Aber wie konnte dieser Ausweg aussehen? London konnte die französische Expansionspolitik scheinbar nicht verhindern. Und Sankt Petersburg wollte nicht. Im Frühjahr 1860 konkurrierten daher zwei Fraktionen am Berliner Hof um eine Neuausrichtung der preußischen Außenpolitik. Mehrere Stimmen im diplomatischen Corps plädierten offen für eine vorsichtige Annäherung an Frankreich. Dagegen drängten Schleinitz und Hohenzollern darauf, die Habsburgermonarchie für ein Verteidigungsbündnis jenseits der Bundesstrukturen zu gewinnen.[43] Diese Streitfrage konnte allein von der Person des Herrschers entschieden werden.

Am 26. März wurden beide Optionen in einer Kronratsitzung besprochen. Das Staatsministerium war gespalten. Weder der Schulterschluss mit Napoleon noch die Allianz mit Österreich fand eine Mehrheit unter den Ministern. Wilhelm verwarf letztendlich *beide* Optionen. „Preußen würde demnach bei der Wahl eines der beiden Wege nur Gefahr laufen, der Vasall entweder Österreichs oder Frankreichs zu werden." Und laut Protokoll betonte er ausdrücklich, „daß die bisherige deutschnationale Politik nicht aufzugeben" sei.[44] Am selben Tag verfasste der Regent zudem eine längere Denkschrift für Schleinitz, in der er sein Konseilräsonnement noch einmal ausführlich zu Papier brachte. Auf den Deutschen Bund sei im Kriegsfall kein Verlass, da die Mittel- und Kleinstaaten die preußische Präponderanz fürchten würden. „Es kommt also darauf an, Mittel und Wege zu suchen, diese Animosität gegen Preußen in Deutschland zu heben. Die Sache wäre durch Preußens Übermacht moralisch wie physisch leicht, wenn nicht Österreich, als Preußens Antagonist, mit seiner eigenen Feindschaft gegen uns das bewegende Prinzip der Opposition Deutschlands gegen Preußen wäre und aus diesem Grunde ebenso gern bereit sein könnte, seine Bundespflichten bei einem Angriffe auf

---

40 Vgl. Ridley, Napoleon III, S. 460–461; Peiffer, Schleinitz, S. 143–151.

41 Wilhelm an Carl Alexander, 4. März 1860. Schultze (Hrsg.), Weimarer Briefe, Bd. 2, S. 19.

42 Károlyi an Rechberg, 4. Februar 1860. QdPÖ, Bd. 1, S. 119.

43 Vgl. Heinrich von Srbik, Preußen und Italien 1859–1862. Die Anerkennung des Königreichs Italien durch Wilhelm I., in: Italien-Jahrbuch Nr. 4, Jahr 1941 (1943), S. 11–29, hier: S. 17–19; Peiffer, Schleinitz, S. 151–152.

44 Konseilprotokoll, 26. März 1860. APP, Bd. 2/I, S. 259–262.

Rheinpreußen unerfüllt zu lassen, wie das übrige Deutschland." Deshalb sei es auch unmöglich, die Habsburgermonarchie als verlässlichen Bündnispartner zu gewinnen.[45] Für Schleinitz war dies eine politische Niederlage. Anders als 1859 hatte der Regent nicht einmal versucht, einen Kompromiss mit ihm zu finden.[46] Trotz der augenscheinlichen Bedrohung von Westen her war Wilhelm nicht bereit, einen Ausgleich mit Österreich zu suchen. Einige Tage später erhielt er ein Entlassungsgesuch seines Außenministers. Doch auf diesen Erpressungsversuch ging der spätere Kaiser nicht ein. Er lehnte es einfach per Randbemerkungen ab.[47]

Nach dem Italiendebakel 1859 zog Wilhelm die außenpolitischen Zügel fester an. Er ließ die Minister offen ihre entscheidungspolitische Impotenz fühlen. Nach einem Gespräch mit Ernst II. ebenfalls im März 1860 notierte Bernhardi, „der verdrießliche Ausgang [...], zu dem die auswärtige Politik Preußens von Schleinitz geleitet, im vorigen Jahr gekommen ist, war dem Regenten sehr unheimlich. – Er fühlt, ‚daß er in der auswärtigen Politik Fiasko gemacht hat' – und das hat ihn mißtrauisch gegen das Ministerium gemacht."[48] Und seinem Bruder Albert berichtete der Coburger Herzog, Wilhelm habe die Politik seines Außenministers auflaufen lassen, „da er deren Nutzlosigkeit voraussah."[49] Schleinitz befand sich in einer prekären Situation. Sein Ministerstuhl wackelte. Und mehrere Diplomaten begannen bereits, um seine Nachfolge zu buhlen.[50] Im Mai berichtete der britische Gesandte John Bloomfield, „there never was a moment when Berlin was more full of intrigues than just now, and all to turn out Schleinitz."[51]

Auch Bismarck warf seinen Hut den Ring.[52] Seitdem er an der Newa kaltgestellt worden war, hatte der spätere Kanzler kontinuierlich versucht, Wilhelms Aufmerksamkeit zu gewinnen. Vor allem hatte er begonnen, dem Herrscher in der Deutschen Frage nach dem Mund zu reden. Von Sankt Petersburg schickte Bismarck zahlreiche Schriften nach Berlin, in denen er für ein Bündnis mit der Nationalbewegung warb. Plötzlich war die Deutsche Frage für ihn auch monarchiepolitisch interessant.[53] Leopold von Gerlach notierte im Oktober 1859 über seinen politischen Zögling, dieser „hat gesagt schon vor 2 Jahren, ich werde mich möglich machen."[54] Bismarcks nationaler Oppor-

---

45 Wilhelm an A. v. Schleinitz, 26. März 1860. Ebd., S. 263–266.

46 Vgl. Peiffer, Schleinitz, S. 160.

47 Vgl. A. v. Schleinitz an Wilhelm (mit Marginalien des Prinzregenten), 5. April 1860. APP, Bd. 2/I, S. 282–285.

48 Tagebuch Bernhardi, 16. März 1860. Bernhardi (Hrsg.), Aus dem Leben, Bd. 3, S. 291–202.

49 Ernst II. an Albert, 31. März 1860. Ernst II., Aus meinem Leben, Bd. 3, S. 14.

50 Vgl. Peiffer, Schleinitz, S. 154–158.

51 Bloomfield an Russel, 19. Mai 1860. APP, Bd. 2/I, S. 411.

52 Vgl. Tagebuch Bernhardi, 29. März 1860. Bernhardi (Hrsg.), Aus dem Leben, Bd. 3, S. 305; Pourtalès an Bethmann-Hollweg, 17. April 1860. Mutius (Hrsg.), Pourtalès, S. 151; Bismarck an B. v. Bismarck, 12. Mai 1860. GW, Bd. 14/I, S. 553.

53 Vgl. Engelbach, Bismarck, Bd. 1, S- 453–454; Kaernbach, Bismarcks Konzepte, S. 133–142.

54 Tagebuch L. v. Gerlach, 29. Oktober 1859. GA, LE02761, S. 115.

tunismus entfremdete ihn langfristig von seinen hochkonservativen Parteifreunden.[55] Im März 1860 schimpfte Gerlach, sein „alter Freund und protégé Bismarck" verfolge „jetzt doch ganz die Politik von Cavour, wenn man statt Toskana, als künftig zu annektieren, Hessen setzt."[56] Doch obwohl sich der Gesandte im April und Mai in Berlin aufhielt und dort aktiv an Schleinitz' Stuhl sägte, musste er schließlich zurück nach Sankt Petersburg reisen. Es kursierten Gerüchte, er sei nicht zum Zuge gekommen, da er den Regenten zu einem Bündnis mit Frankreich habe drängen wollen.[57] So berichtete Duncker dem Ministerpräsidenten, „Herr v[on] Bismarck hat Herrn v[on] Schleinitz gegenüber nicht geleugnet, nicht bloß, daß er das Ministerium ambiere, sondern daß er auch bereit sei, die Rheinprovinz an Frankreich abzutreten.[58] Dagegen erklärte Bismarck, „meine politischen Liebhabereien" seien „bei Hof und Ministern so genau gesiebt worden, daß man klar weiß, was daran ist, und wie ich gerade in nationalem Aufschwung Abwehr und Kraft gegen Frankreich zu finden glaube. Wenn ich einem Teufel verschrieben bin, so ist es ein teutonischer und kein gallischer."[59] Aber letztendlich gibt es keine Quellen, die eindeutig belegen, dass Wilhelm seinen späteren Kanzler *überhaupt* als möglichen Ministerkandidaten betrachtet haben mochte. Das gilt sowohl für das Frühjahr 1860 als auch die darauffolgenden zwei Jahre. Bismarck sollte allerdings dennoch bis 1862 regelmäßig den Weg zurück zum Berliner Hof suchen.

Derweil war Wilhelm nach wie vor damit beschäftigt, eine Lösung für das preußische Sicherheitsdilemma zu finden. Laut Bernhardi soll der Regent Mitte April in einer Salonrunde geklagt haben, *„wenn Napoleon klug wäre, würde er mich jetzt angreifen [...]. Auf ,die beiden Kaiserhöfe' sei nicht zu zählen, der eine (Rußland natürlich) wolle nicht – der andere (Oesterreich) könne nicht. England sei schwankend und der Deutsche Bund ganz unzuverlässig."[60]* Und im selben Monat schimpfte Wilhelm dem Diplomaten Christian Meyer, „gewiß ist es niemals nötiger gewesen als jetzt, daß Deutschland einig sein sollte, vis-à-vis drohender westlicher Annexionsgefahr. Und es ist nie uneiniger gewesen! [...] Möge es den verblendeten Regierungen nicht dereinst gehen wie den italienischen. Ich werde nie die Rolle eines Viktor Emanuel spielen; mögen aber die deutschen Regierungen sich auch nicht von dem wahrhaften Interesse ihrer Untertanen trennen!"[61] Mit Blick auf die Entwicklungen nach 1866 kann bei diesen Briefzeilen durchaus von einer Ironie der Geschichte gesprochen werden. Doch 1860 war Königgrätz noch nicht einmal Zukunftsmusik. Stattdessen war das, was 1859 in Italien geschehen war, für die monarchischen Eliten ein politisches Novum gewesen. Aber mehrere Quellen legen nahe, dass der spätere Kaiser bereits während der Neuen Ära

---

55 Vgl. Gerhard Ritter, Die preußischen Konservativen und Bismarcks deutsche Politik 1858–1876, Heidelberg 1913.
56 Tagebuch L. v. Gerlach, 20. März 1860. GA, LE02762, S. 7.
57 Vgl. Pflanze, Bismarck, Bd. 1, S. 148–151.
58 Duncker an Hohenzollern, 30. Mai 1860. Schultze (Hrsg.), Briefwechsel, S. 204.
59 Bismarck an Wentzel, 16. Juni 1860. GW, Bd. 14/I, S. 555.
60 Tagebuch Bernhardi, 15. April 1860. Bernhardi (Hrsg.), Aus dem Leben, Bd. 3, S. 316–317.
61 Wilhelm an Meyer, 25. April 1860. Schultze (Hrsg.), Briefe an Politiker, Bd. 2, S. 148–149.

nicht völlig ausschloss, das sardinische Exempel auch auf Deutschland anzuwenden. Bloomfield will Anfang Mai 1860 von Wilhelm erfahren haben, dass der König von Sachsen der preußischen Regierung „projects of annexation and territorial aggrandizement" unterstellt haben soll. „The Prince Regent's answer to this remark was that now at all events he was able to control this ambitious feeling, but that in order to enable him to effectually put it down, the German states must modify their policy and adapt it to that which prevailed in Prussia."[62] Laut dem österreichischen Diplomaten Alois Kübeck von Kübau soll Wilhelm Anfang Juni auch gegenüber dem Herzog von Hessen-Nassau bemerkt haben, „wie sehr ihn das ungerechte Mißtrauen der verbündeten deutschen Fürsten verletze. [...] Am Bunde [...] hätten ihn die Fürsten zu unterstützen, deren Rechte zu achten er gesonnen sei, *während er für nichts stehen könne, wenn das so ungerechtfertigte Mißtrauen in seine redlichen Absichten sich noch steigern sollte.*"[63] Wenige Wochen später berichtete Kübeck, der Prinzregent soll dem König von Hannover ebenfalls erklärt haben, „daß wenigstens zwei Drittel der preußischen Bevölkerung Vergrößerungen auf Kosten der Nachbarn wünschen; aber alles dies werde ihn nicht zu Rechtsbrüchen bestimmen, die er verabscheue. *Nur wenn man ihn durch fortgesetztes Mißtrauen zum Äußersten treibe, sei auch er Mensch* und werde vielleicht durch die Umstände weiter gebracht werden, als dies in seinen loyalen An- und Absichten liege."[64] Und 1861 bemerkte der spätere Kaiser mit Blick auf die sardinischen Annexionen in Italien in vielsagender Formulierung, „daß es leichter sei, 4 Regierungen zu stürzen als 32."[65]

Diese Quellen sprechen eine eindeutige Sprache. Auch kann wieder von einer Ironie der Geschichte gesprochen werden. Denn 1866 verloren unter anderem der Herzog von Hessen-Nassau sowie der König von Hannover Krone und Land. Und der König von Sachsen entging diesem Schicksal letztendlich nur um Haaresbreite. Aber das bedeutet nicht, dass Wilhelm bereits seit der Neuen Ära geplant haben mochte, seine monarchischen Kollegen irgendwann vom Thron zu stoßen. Was diese Quellen allerdings belegen, ist, dass er lange vor Königgrätz bereit war, eine Lösung der Deutschen Frage ohne Rücksicht auf mögliche „Kollateralschäden" zu erzwingen. Er forderte die Fürsten auf, seiner monarchischen Agenda freiwillig entgegenzuarbeiten. Sie sollten die Hohenzollernsuprematie akzeptieren und in einem kleindeutschen Nationalstaat auf einen Teil ihrer Souveränität verzichten. Im Gegenzug bot er ihnen eine kollektive Sicherheitsgarantie an. Falls sie sich aber der preußischen Politik widersetzen würden, hätten sie die Konsequenzen zu tragen. Im Konfliktfall galt Wilhelm die Handlungsmaxime homo homini lupus. Das hatte er bereits im Rahmen der Unionspolitik bewiesen. Sein politisches Ziel war der Macht*erhalt* und Macht*gewinn* der Hohenzollernmonarchie – nicht mehr und nicht weniger. Und Wilhelms monarchische Solidarität endete dort, wo sich

---

62 Bloomfield an Russel, 4. Mai. APP, Bd. 2/I, S. 361–362.
63 Kübeck an Rechberg, 5. Juni 1860. QdPÖ, Bd. 1, S. 227–228.
64 Kübeck an Rechberg, 20. Juni 1860. Ebd., S. 294–295.
65 Aufzeichnungen Wilhelms, 11. Oktober 1861. Ringhofer (Hrsg.), Nachlass, S. 442.

andere Dynastien diesem Ziel in den Weg stellten. Für diese realpolitische Perspektive brauchte es nicht erst einen Bismarck.

Preußen sollte Deutschland 1866 militärisch erobern, nicht moralisch. Dass eine friedliche Lösung der Deutschen Frage strukturell kaum möglich war, wurde bereits im Juni 1860 auf dem Baden-Badener Fürstenkongress demonstriert. Dieser Nebenschauplatz auf dem langen Weg zur Nationalstaatsgründung versammelte neun deutsche Monarchen um Wihelm: König Maximilian II. von Bayern, König Georg V. von Hannover, König Johann von Sachsen, König Wilhelm I. von Württemberg, Großherzog Friedrich I. von Baden, Großherzog Ludwig III. von Hessen-Darmstadt, Großherzog Carl Alexander von Sachsen-Weimar-Eisenach, Herzog Adolph I. von Hessen-Nassau und Herzog Ernst II. von Sachsen-Coburg und Gotha. Und sie alle konnten sich nicht auf eine gemeinsame nationale Politik einigen. Erneut bewies das dynastische Familienkartell in Deutschland, dass es ohne inneren oder äußeren Zwang unfähig zur Kooperation war. Als *freiwilliger* Fürstenbund konnte und sollte ein deutscher Nationalstaat nie funktionieren. Aber wie kam es überhaupt zu dieser ersten großen Monarchenbegegnung seit dem Berliner Fürstentag 1850? Seit Villafranca hatte Napoleon III. den Berliner Hof wiederholt wissen lassen, dass er den Prinzregenten zu treffen wünsche. Wilhelm hatte allerdings stets abgelehnt. Im Mai 1860 glaubte das Außenministerium jedoch, den Empereur nicht länger vertrösten zu können. Das Sicherheitsdilemma des Königreichs war nach wie vor akut.[66] Laut Gruner soll Napoleon gegenüber dem preußischen Gesandten in Paris bemerkt haben, „es würde eine solche Zusammenkunft wesentlich zur Beruhigung der Gemüter beitragen und die bestehenden Kriegsbefürchtungen zerstreuen."[67]

„Wenn es uns gelingt, auch nur auf einige Zeit den Frieden zu befestigen und dadurch Vertrauen zurückzuführen, um den Friedens-Unternehmungen wieder Aufschwung zu geben, so ist das Opfer nicht zu groß gewesen", lamentierte Wilhelm gegenüber Augusta.[68] Auch gegenüber der Königin soll der Regent „mit großem Widerwillen von der Zusammenkunft mit Bonaparte gesprochen" haben, so Leopold von Gerlach.[69] Aber Wilhelm reflektierte, dass eine Entrevue mit Napoleon keine rein preußisch-französische Angelegenheit sein würde. Als Herrscher einer deutschen Großmacht musste er auf dem diplomatischen Parkett geradezu unweigerlich auch nationale Erwartungen und Ängste hervorrufen. Deshalb sei es wichtig, „das natürliche Deutsche Mißtrauen gegen ein solches Rendez-vous vorher zu beschwichtigen", wie er seiner Ehefrau erklärte[70] Die Entrevue sollte am 15. Juni im Kurort Baden-Baden stattfinden. Da die Könige von Bayern und Württemberg dort ihren Sommerurlaub verbrachten, stellte Wilhelm ihnen in Absprache mit dem Gastgeber Friedrich I. offen, dem Empereur gemeinsam gegenüberzutreten. Daraufhin luden sich die anderen deutschen

---

66 Vgl. Peiffer, Schleinitz, S. 167–169.
67 Gruner, Rückblick VII, S. 82.
68 Wilhelm an Augusta, 11. Juni 1860. GStA PK, BPH, Rep. 51 J, Nr. 509b, Bd. 8, Bl. 20.
69 Tagebuch L. v. Gerlach, 13. Juni 1860. GA, LE02762, S. 30.
70 Wilhelm an Augusta, 7. Mai 1860. GStA PK, BPH, Rep. 51 J, Nr. 509b, Bd. 8, Bl. 2–3.

Monarchen einfach selbst ein. Der König von Hannover soll sich dem Prinzregenten sogar unangemeldet in Berlin aufgedrängt haben, als dieser in den Morgenstunden noch schlief. Johann von Sachsen erhielt dann schließlich noch eine Verlegenheitseinladung, um als einziger deutscher König nicht zu Hause bleiben zu müssen.[71] „Es wird ein completter Königs Congress", schrieb Wilhelm seiner Schwester. „Tant mieux vis à vis des idées annexionistes! giebt das endlich eine schöne Einigkeit, pouron que ca dure!"[72] Schleinitz bemühte sich sofort, den Zufallscharakter des Fürstenkongresses gegenüber dem Wiener Hof zu betonen.[73] Denn nach außen wurde der Eindruck erweckt, als ob sich die deutschen Fürsten um den Prinzregenten von Preußen versammelt hätten. Und niemand hatte auch nur daran gedacht, den österreichischen Kaiser zu diesem kleindeutschen Sicherheitsgipfel einzuladen. Franz Joseph befahl seinem Außenminister daher, „in Baden einen sehr geschickten diplomatisch-polizeilichen Beobachter incognito zu haben, um doch etwas über die dortigen schmächlichen Vorgänge zu erfahren."[74]

Napoleon III. inszenierte sich in Baden-Baden als friedliebender Herrscher. Es ist aber nicht unwahrscheinlich, dass er darauf spekuliert haben mochte, Wilhelm für die Rolle eines deutschen Viktor Emanuel II. zu gewinnen. Und wie in Italien hätte er sich auch in Deutschland seine Waffenhilfe politisch oder territorial bezahlen lassen.[75] Adolph von Hessen-Nassau notierte, der französische Herrscher habe „offenbar den Wunsch" gehegt, „den Prinzen von Preußen allein zu finden und hoffte diesem die Rolle Victor Emanuels in Deutschland zuweisen zu können. An dem über alles Lob erhabenen, bestimmten, offenen und loyalen Benehmen des Prinzen ist er damit so großartig abgefahren, daß er nicht einmal bei ihm selbst eine Insinuation der Art wagte."[76] Gegenüber Luise erklärte Wilhelm, Napoleon „hat sich überzeugt durch alle anwesenden deutschen Fürsten, daß er ein fest geschlossenes Ganzes gegen sich haben wird, wenn er uns anfassen wollte, darum hat er herrliche Friedens Versicherungen gegeben, die ein Jeder *glaubt, wie* er will. Jedenfalls kann er jetzt nicht *sofort mit uns brechen*, ohne sich zu ruiniren."[77] Und in seinen Memoiren erzählt Ernst II., dass der Regent nach Napoleons Abreise am 16. Juni öffentlich als Defensor Germaniae gefeiert worden sein soll. „Nachdem der Kaiser das Meßmer'sche Haus verlassen, hatte sich eine ungezählte Menschenmenge vor demselben angesammelt, die in stürmische Hochrufe auf den

---

71 Vgl. Wilhelm an Friedrich I., 8. Juni 1860. GStA PK, BPH, Rep. 51 J, Nr. 21m, Bd. 1, Bl. 113; Wilhelm an Johann, 13. Juni 1860. Herzog von Sachsen (Hrsg.), Briefwechsel, S. 404–405; Tagebuch Bernhardi, 2. September 1860. Bernhardi (Hrsg.), Aus dem Leben, Bd. 4, S. 19.

72 Wilhelm an Luise, 13. Juni 1860. GStA PK, BPH, Rep. 51, Nr. 853.

73 Vgl. A. v. Schleinitz an Werther, 15. Juni 1860. APP, Bd. 2/I, S. 491.

74 Franz Joseph an Rechberg, [Juni 1860]. QdPÖ, Bd. 1, S. 241.

75 Vgl. Srbik, Deutsche Einheit, Bd. 3, S. 313–316; Ridley, Napoleon III., S. 481–482.

76 Aufzeichnungen Adolphs von Hessen-Nassau, 16./19. Juni 1860. QGDB, III/Bd. 3, S. 291–294.

77 Wilhelm an Luise, 23. Juni 1860. GStA PK, BPH, Rep. 51, Nr. 853.

Prinz-Regenten ausbrach und damit nicht enden wollte, bis der hohe Herr auf dem Balkon erschien und freundlich dankte."[78]

Wilhelm war Napoleon zumindest symbolisch als gleichberechtigter Herrscher gegenübergetreten. Und gegenüber den deutschen Fürsten gab er in Baden-Baden unverhohlen den primus inter pars.[79] Wie der Coburger Herzog berichtete, sollen die Könige von Bayern, Württemberg, Hannover und Sachsen versucht haben, den Fürstenkongress dazu zu nutzen, den Prinzregenten für die Triasidee zu gewinnen. Nach Napoleons Abreise wollen Ernst II., Carl Alexander und Friedrich I. gemeinsam eine Intervention besprochen haben. Wilhelm sei schließlich für den Plan gewonnen worden, vor den versammelten Monarchen eine Rede zu halten und dabei den preußischen Führungsanspruch in Deutschland zu betonen.[80] Der Diplomat Albert von Flemming berichtete dem Berliner Außenministerium am 17. Juni, der Regent habe erklärt, dass er jede „Vermittlung" der vier Könige in der Deutschen Frage, „*nicht* annehmen" werde.[81] Am nächsten Tag überraschte Wilhelm die Herrscher des Dritten Deutschlands mit einer Tischansprache. Er sagte, „daß ich es nicht blos als die Aufgabe der deutschen sondern als die erste Aufgabe der Europäischen Politik Preußens erachte, den Territorial-Bestand sowohl des Gesammt-Vaterlandes als der einzelnen Landesherrn zu schützen. An dieser Aufgabe werde ich mich durch Nichts beirren lassen [...]. Die Erfüllung jener nationalen Aufgabe, die Sorge für die Integrität und Erhaltung Deutschlands, wird bei mir immer oben an stehen. Ueber die Loyalität meiner Bemühungen, die Kräfte des deutschen Volkes zu gedeihlicher Wirksamkeit zusammen zu fassen, kann kein Zweifel bestehen."[82] Mit diesen Worten hatte Wilhelm implizit die deutsche Nationalbewegung zum Verbündeten der preußischen Regierung erhoben – und nicht die Fürsten. Diese sollen den Regenten sofort nach dessen Rede in persönlichen Gesprächen bedrängt haben. Der württembergische und der bayerische König etwa sollen Wilhelm aufgefordert haben, den *Deutschen Nationalverein* strafrechtlich zu verfolgen und die Aussöhnung mit Österreich zu suchen. Wilhelm will geantwortet haben, den Nationalverein wolle er „*solange* gewähren lasse[n], bis er sich Handlungen oder Taten zuschulden kommen lasse, die gesetzwidrig, die bestehenden Institutionen umwerfend etc. wären, in welchem Falle ich der erste sein würde, der ihn sprengen ließe." Und Österreich müsse aufhören, „Preußen als einen parvenu zu betrachten und dasselbe daher franchement als eine ebenbürtige Großmacht anerkenne[n]."[83]

---

78 Ernst II., Aus meinem Leben, Bd. 3, S. 35–36.

79 Vgl. Müller, Bund und Nation, S. 317–318.

80 Vgl. Aufzeichnungen Ernsts II., 16./18. Juni 1860. QGDB, III/Bd. 3, S. 283–286; Ernst II., Aus meinem Leben, Bd. 3, S. 43–45.

81 Flemming an A. v. Schleinitz, 17. Juni 1860. APP, Bd. 2/I, S. 498.

82 Rede Wilhelms, 18. Juni 1860. QGDB, III/Bd. 3, S. 298–299.

83 Aufzeichnungen Wilhelms, 20. Juni 1860. APP, Bd. 2/I, S. 501–508. Siehe auch Aufzeichnungen Ernsts II., 16./18. Juni 1860. QGDB, III/Bd. 3, S. 286–288; Aufzeichnungen Maximilians II., 19. Juni 1860. Ebd., S. 300–301; Ernst II., Aus meinem Leben, Bd. 3, S. 45–49.

Die unterschiedlichen Positionen der deutschen Monarchen in der nationalen Frage waren schlichtweg unvereinbar. Auf freiwilliger Basis war mit dem Dritten Deutschland kein kleindeutscher Nationalstaat zu gründen. Und mit Ernst II., Carl Alexander und Friedrich I. allein konnte eine moralische Eroberung Deutschlands ebenfalls nicht gelingen. Als Wilhelm am 19. Juni abreiste, soll er sich laut seinem Adjutanten Loe „unwillig [...] über den Mangel an patriotischer Opferwilligkeit, die Eifersucht und Kleinlichkeit der meisten deutschen Fürsten" geäußert haben. „Er fürchte, es werde der Augenblick kommen, wo die Regierungen durch die Macht der Verhältnisse gezwungen, weit mehr würden opfern müssen, als was er gestern in geschäftsmäßiger, freundschaftlicher Verhandlung in Vorschlag gebracht habe."[84] Loe verfasste diese Zeilen nach der Reichsgründung. Es ist daher mehr als wahrscheinlich, dass seine Erinnerungen durch die Ereignisse von 1866 zumindest *etwas* beeinflusst gewesen sein mochten. Nichtsdestotrotz konnte Wilhelm den Fürstenkongress kaum mit der Überzeugung verlassen haben, dass er das Dritte Deutschland für seine monarchische Agenda würde gewinnen können. Auf der diplomatischen Ebene hatte Baden-Baden die Deutsche Frage einer Lösung keinen Zentimeter nähergebracht.[85] Auf der öffentlichen Ebene konnte die Entrevue allerdings als Erfolg betrachtet werden. Der Prinzregent hatte sich gegenüber Napoleon III. als nationale Autorität inszenieren können. Laut Bernstorff sei dies am Londoner Hof „als ein glückliches Ereigniß" betrachtet worden.[86] Und sogar der österreichische Diplomat Ferdinand von Trauttmansdorff musste gestehen, dass der Regent „gegen den Kaiser Napoleon eine vollkommen korrekte Sprache geführt" habe.[87]

Der Wiener Hof bemühte sich sofort um Schadensbegrenzung. Gegenüber der preußischen Regierung und der Öffentlichkeit musste demonstriert werden, *wer* noch immer die nominelle Führungsmacht in Deutschland war. Die Hand dazu reichten ausgerechnet Ernst II., Carl Alexander und Friedrich I. Denn die drei Herrscher hatten nach dem Fürstenkongress gegenüber der österreichischen Regierung die Idee einer Begegnung von Kaiser und Prinzregent ins Spiel gebracht. Nach ihrem Räsonnement sollte dadurch die Deutsche Frage auch auf der Großmächteebene endlich eine neue Dynamik erhalten. Wien ging auf diese Initiative ein.[88] Wie sich allerdings bald herausstellen sollte, wollte der österreichische Herrscher diese Gelegenheit vor allem dazu nutzen, den innerdeutschen Rivalen endlich zurück in die Juniorpartnerrolle zu drängen. Am 10. Juli richtete Franz Joseph an Wilhelm das Angebot, „die Wirkung der Tage von Baden-Baden" zu komplementieren. Beide Großmachtherrscher sollten sich in Prag

84 Loe, Erinnerungen, S. 43–44.
85 Vgl. Huber, Verfassungsgeschichte, Bd. 3, S. 403–404; Müller, Bund und Nation, S. 319.
86 Bernstorff an A. v. Schleinitz, 20. Juni 1860. APP, Bd. 2/I, S. 517.
87 Trauttmansdorff an Rechberg, 19. Juni 1860. QdPÖ, Bd. 1, S. 272.
88 Vgl. Friedrich I. an Gagern, 28. Juni 1860. Oncken (Hrsg.), Briefwechsel, Bd. 1, S. 180–181; Carl Alexander an Wilhelm, 14. Juli 1860. Schultze (Hrsg.), Weimarer Briefe, Bd. 2, S. 22; Friedrich I. an Carl Alexander, 16. Juli 1860. Oncken (Hrsg.), Briefwechsel, Bd. 1, S. 186; Tagebuch Bernhardi, 2. September 1860. Bernhardi (Hrsg.), Aus dem Leben, Bd. 4, S. 23.

„zu unmittelbarer freundschaftlicher Verständigung die Hand reichen."[89] Der Regent nahm diese Einladung an. Aber er bestand darauf, dass die Entrevue in der böhmischen Grenzstadt Teplitz stattfinden sollte. „Teplitz ist zwar in Österreich, doch durch Erinnerung halb preußisch. Prag wäre zu offiziell österreichisch."[90] Und er wünschte, „einen deutlichen Unterschied zwischen dieser und der Badener Zusammenkunft zu machen. Während bei *ersterer* nicht genug Zeugen hätten sein können, schiene mir bei der *jetzigen* das *alleinige* Zusammentreffen unser Beider durchaus des Kontrastes halber sehr erwünscht."[91] Hinter diesen Forderungen verbarg sich nichts anderes als die Strategie, dem Habsburgermonarchen keine öffentliche Bühne zu gönnen. Schleinitz ließ Wien sogar wissen, der Regent betrachte Teplitz als „Sühne" für Villafranca – „darauf legt S.K.H. einen ganz besonderen Werth."[92]

Der Außenminister sollte Wilhelm zu der Monarchenbegegnung nicht begleiten. Zwar hoffte Schleinitz nach wie vor auf einen preußisch-österreichischen Ausgleich. Aber so kurz nach Baden-Baden schien ihm Teplitz kein ernstgemeintes Verhandlungsangebot zu sein.[93] Bloomfield berichtete nach London, „Schleinitz apparently sees in this invitation from Vienna some deep laid scheme against Prussia and will not view it in a desire on the part of the Emperor to improve his relations with the Prince Regent."[94] Ministerpräsident Hohenzollern jubelte dagegen, die Entrevue „wird jenseits des Rheins vollends die nötige Klarheit über deutschen Fürstengeist verschaffen".[95] Der präsumtive Thronfolger Friedrich Wilhelm notierte, „also jetzt *sucht* man unsere Freundschaft!"[96] Und Wilhelm selbst erklärte, dass er gegenüber Franz Joseph „in der Deutschen Frage [...] unumwunden mich aussprechen" wolle, „d.h. de reconnaître franchesement Preußen als ebenbürtige Großmacht, die Österreich nicht ferner beabsichtigen dürfe zurückzuweisen auf seine Stellung *vor* dem 7jährigen Krieg."[97] Die preußische Regierung ließ den Wiener Hof bereits im Voraus wissen, dass der Prinzregent auf eine Gleichstellung beider Großmächte in Deutschland drängen werde. Doch weder der Kaiser noch sein Außenminister Bernhard von Rechberg waren bereit, in Teplitz über irgendeine Bundesreform zu sprechen. Eine Deutsche Frage gab es in ihren Augen offiziell nicht.[98] Über den preußischen Gesandten in Wien ließ Rechberg daher Berlin antworten, „nachdem der Kaiser eine schöne Provinz durch Kriegsunglück auf-

---

89 Franz Joseph an Wilhelm, 10. Juli 1860. QdPÖ, Bd. 1, S. 337.

90 Wilhelm an A. v. Schleinitz, 17. Juli 1860 (Telegramm). APP, Bd. 2/I, S. 536.

91 Wilhelm an A. v. Schleinitz, 14. Juli 1860. Schultze (Hrsg.), Briefe an Politiker, Bd. 2, S. 149–150.

92 A. v. Schleinitz an Werther, 17. Juli 1860. Peiffer, Schleinitz, S. 174–175.

93 Vgl. A. v. Schleinitz an Wilhelm, 16. Juli 1860. APP, Bd. 2/I, S. 536; Duncker an Friedrich Wilhelm, 19. Juli 1860. Schultze (Hrsg.), Briefwechsel, S. 212–213.

94 Bloomfield an Russel, 16. Juli nach. APP, Bd. 2/I, S. 550.

95 Hohenzollern an Friedrich I., 21. Juli 1860. Oncken (Hrsg.), Briefwechsel, Bd. 1, S. 191.

96 Tagebuch Friedrich Wilhelm, 25. Juli 1860. Meisner (Hrsg.), Tagebücher, S. 70.

97 Wilhelm an A. v. Schleinitz, 17. Juli 1860. Schultze (Hrsg.), Briefe an Politiker, Bd. 2, S. 152.

98 Vgl. Richard B. Elrod, Bernhard von Rechberg and the Metternichian Tradition. The Dilemma of Conservative Statecraft, in: The Journal of Modern History Vol. 56, Nr. 3 (1984), S. 430–455, hier: S. 436–437; Peiffer, Schleinitz, S. 178–180.

geben, könnte er nicht seinem Lande noch eine neue moralische Schwächung aus freien Stücken zumuten, und eine solche liege im Zugeben des Alternats im Präsidium des Bundes."[99] Damit war von vorneherein klar, dass auch Teplitz die Deutsche Frage diplomatisch keinen Zentimeter weiterbringen würde. Letztendlich sollten sich die späteren Kriegsgegner von 1866 nur treffen, um sich gegenseitig zu versichern, dass ihre Positionen unvereinbar waren.

Wilhelm verfasste ausführliche Aufzeichnungen über die Gespräche mit Franz Joseph und Rechberg am 26. und 27. Juli. Der Kaiser soll ihm bei dieser Gelegenheit das „Du" angeboten haben. Doch jenseits dieser Höflichkeitsfloskeln schienen beide Herrscher keine gemeinsame Basis gefunden zu haben. Franz Joseph soll ihm ein preußisch-österreichisches Bündnis gegen Napoleon angeboten haben. Wilhelm will daraufhin bemerkt haben, „daß ich ganz einverstanden mit dem Grundsatz sei, daß einer gemeinschaftlichen Gefahr auch gemeinschaftlich entgegenzutreten sei; indessen werde es immer im einzelnen Fall darauf ankommen, die gemeinschaftliche Gefahr vorher zu konstatieren. Von einer gegenseitigen Unterstützung wäre indessen abzusehen, wenn ein Krieg von einem von uns *provoziert* worden sei, denn in diesem Falle werde man niemals die öffentliche Meinung für sich haben." Das war ein wenig subtiler Seitenhieb auf die österreichische Kriegspolitik von 1859. Ein weiterer Grund, der gegen ein solches Bündnis sprechen würde, „läge in der inneren Politik Österreichs und seines Verhaltens gegen Preußen am Bundestag." Wilhelm müsse an die nationale Öffentlichkeit denken. Dieser könne er unmöglich ein Bündnis mit der Habsburgermonarchie präsentieren, solange die innerösterreichischen Nationalitätenkonflikte und die Deutsche Frage ungelöst bleiben würden. „Dann brachte ich das Alternat des Präsidiums am Bundestag zur Sprache als eine Ehrensache, deren Nichtbestehen in Preußen sehr unangenehm empfunden werde, und was auch Veranlassung zur Verstimmung sei, da hierin eine Parität der Großmächte vermisst werde." Franz Joseph soll allerdings jede Notwendigkeit einer Bundesreform in Abrede gestellt haben. Gegenüber Rechberg will sich Wilhelm daher „in Beziehung auf die deutschen Verhältnisse [...] etwas deutlicher" ausgesprochen haben, „indem ich die lächerliche Angst der deutschen Souveräne, von Preußen verschluckt werden zu sollen, näher beleuchtete und ihm zeigte, daß diese Angst hauptsächlich aus der allerdings abnormen geographischen Gestaltung Preußens entspränge. Der natürliche Drang, die Kluft, welche beiden Hälften Preußens trennt, dereinst auszufüllen, ist das Gespenst, welches den Fürsten, welche die Länder besitzen, die in dieser Kluft liegen, Tag und Nacht keine Ruhe ließe. [...] Wer diesen Ansichten Nahrung gäbe, der meine es wahrhaftig schlecht mit der Einigkeit Deutschlands, da dieselbe dadurch untergraben werde, indem das Mißtrauen gegen Preußen immer wachgehalten würde."[100] Das war wieder die kaum verhohlene Drohung, im Konfliktfall auch gegen die deutschen Mitsouveräne vorzugehen.

---

99 Werther an A. v. Schleinitz, 22./23. Juli 1860. APP, Bd. 2/I, S. 556–558.
100 Aufzeichnungen Wilhelms, August 1860. Ebd., S. 562–573.

Vor ihrer Abreise unterzeichneten Wilhelm und Franz Joseph am 26. Juli eine gemeinsame Punktation. Dieses Dokument war kein Bündnisvertrag. Es war bestenfalls eine unbestimmte Entente gegenüber Frankreich. Aber Preußen weigerte sich, den verbliebenen Habsburgerterritorialbesitz in Italien zu garantieren.[101] Und Österreich lehnte jegliche Konzessionen in Deutschland ab. Let's agree to disagree in diplomatischem Gewand.[102] Öffentlich konnte der spätere Kaiser aber einen weiteren symbolischen Sieg verbuchen. Denn nach Napoleon III. hatte ihm auch Franz Joseph allein durch den Umstand der Begegnung nationale Autorität verliehen. Preußen schien seinen Platz im Großmächtekonzert zurückgewonnen zu haben.[103] So notierte Leopold von Gerlach am 29. Juli, „der Prinz von Preußen sprach mit mir von Teplitz und war mit dem Resultat der Zusammenkunft sehr zufrieden."[104] Und Károlyi berichtete am 3. August an Rechberg, „von allen Seiten kommt mir die Bestätigung des guten Eindruckes der Teplitzer Zusammenkunft zu. Sowohl in den Hofkreisen als bei den politischen Persönlichkeiten des Kabinetts, welche sich dieser Tage in Berlin eingefunden haben, tritt die Stimmung unzweideutig zur Schau."[105] Als politische Verlierer können hingegen Frankfurt am Main und das Dritte Deutschland betrachtet werden. Wieder einmal hatte der Bund öffentlich allein durch seine nationale Impotenz auf sich aufmerksam gemacht. Denn Preußen und Österreich hatten das Gespräch über die Frankfurter Köpfe hinweg gesucht. Beide Großmächte behandelten die Mittel- und Kleinstaaten mehr als politische Objekte denn als Subjekte. Für den späteren Kaiser waren sie letztendlich nicht mehr als Verhandlungsmasse.[106]

Auch nach Teplitz galt Wilhelms diplomatisches Interesse primär der Pentarchieebene. Denn das preußische Sicherheitsdilemma war plötzlich wieder akut geworden. Bereits im Mai 1860 war der italienische Revolutionär Guiseppe Garibaldi mit einer Freiwilligenarmee im Königreich beider Sizilien gelandet. Bis Oktober gelang es ihm, den gesamten Süden der Apenninenhalbinsel für die Savoyenmonarchie zu erobern und den italienischen Unabhängigkeitskrieg bis an die Grenzen des Kirchenstaats zu führen. Im März 1861 nahm Viktor Emanuel II. schließlich demonstrativ den Titel eines Königs von Italien an. Die Großmächte verurteilten diesen Umsturz scharf – auch die französische Regierung. Napoleon III. und Alexander II. zogen sogar ihre Gesandten aus Turin ab. Der Zar ließ Gortschakow wissen, dass Russland dieser neuen revolutionären Gefahr gemeinsam mit den konservativen Monarchien Preußen und Österreich begegnen sollte. Plötzlich schien sich ein window of opportunity für eine neue Heilige Allianz zu öffnen. Und sowohl Berlin als auch Wien gingen auf diese Petersburger Offerten sofort ein. Am 22. Oktober sollten sich Wilhelm, Franz Joseph und Alexander in Warschau treffen, um

---

101 Vgl. Wilhelm an A. v. Schleinitz, 26. Juli 1860. Schultze (Hrsg.), Briefe an Politiker, Bd. 2, S. 155.
102 Der Text der Teplitzer Punktation findet sich in: QGDB, III/Bd. 3, S. 308 – 313.
103 Vgl. Lutz, Habsburg und Preußen, S. 419 – 420.
104 Tagebuch L. v. Gerlach, 29. Juli 1860. GA, LE02762, S. 40.
105 Károlyi an Rechberg, 3. August 1860. QdPÖ, Bd. 1, S. 388.
106 Vgl. Börner, Wilhelm I., S. 138; Müller, Bund und Nation, S. 320.

über eine mögliche Sicherheitskoordination zu sprechen.[107] Der Prinzregent betrachtete Garibaldis Siegeszug als Gefahr für das gesamte monarchische System. Denn der Revolutionär könne anderen Umsturzbewegungen als Vorbild dienen, ein ähnliches militärisches Abenteuer zu wagen. „Der Schwindel für den Flibustier Garibaldi vergiftet auch die guten Deutschen immer mehr", klagte er Augusta. „Jetzt gehört klarer Blick, um das Nationale von dem Revolutionären zu unterscheiden. Jede Sympathie für Garibaldi und Italien ist die erste Stufe zur Emanzipation in Polen und Ungarn; das darf man nicht vergessen. Und was würde das für Blut kosten!"[108] Was der spätere Kaiser nicht sehen konnte und wollte, war, dass die italienische Nationalstaatsgründung letztendlich auch den Einigungsprozess in Deutschland vorantrieb. Preußen und Italien hatten mit Österreich einen gemeinsamen Gegner. The enemy of my enemy is my friend. Oder wie es Bismarck formulierte, „meiner Ueberzeugung nach müßten wir das Königreich Italien erfinden, wenn es nicht von selbst entstände."[109] Aber für diese Perspektive war Wilhelm zu sehr Dynast.

In Warschau wurde die Heilige Allianz nicht reanimiert. Lediglich symbolpolitisch gelang ihr ein kurzes Aufflackern. Bereits im Voraus erklärten Wilhelm und Alexander, dass sie nicht bereit waren, sich vertraglich an die Habsburgermonarchie und damit den italienischen Krisenherd zu binden.[110] Franz Joseph sollte in Warschau dennoch vergeblich versuchen, einen Bündnispartner gegen Frankreich und Italien zu finden. Vor allem Gortschakow wusste dies zu verhindern.[111] Wilhelm schien Warschau mit der Überzeugung zu verlassen, dass dort „der Wille und Wunsch nach allgemeinem Frieden konstatiert wurde", wie er Augusta schrieb.[112] „Wir sind ganz einig in dem Wunsche, den europäischen Frieden zu erhalten", berichtete er Charlotte. „Niemand von uns will ihn stören, auch Österreich nicht. Der gefürchtete Störenfried ist Napoleon." Aber „Österreich ist zu schroff, wenn es sagt, nie einen Frieden zu unterzeichnen, der nicht die alten Verhältnisse in Oberitalien herstellt."[113] Wie bereits in Teplitz war auch in Warschau kein preußisch-österreichischer Ausgleich geglückt. Eine nicht uninteressante kontrafaktische Frage ist es allerdings, ob Wilhelm dem Wiener Hof die geforderten Sicherheitsgarantien für Norditalien als Gegenleistung für Konzessionen in Deutschland gegeben hätte. Zumindest wurde ein solcher quid-pro-quo-Handel im Frühjahr 1861 tatsächlich versucht.

---

107 Vgl. Friese, Rußland und Preußen, S. 217–226; Kathrin Schach Cook, Russia, Austria, and the Question of Italy, 1859–1862, in: The International History Review Vol. 2, Nr. 4 (1980), S. 542–565, hier: S. 556–557; Peiffer, Schleinitz, S. 188–192; Willms, Napoleon III., S. 178; Sellin, Gewalt und Legitimität, S. 270–274; Linke, Gorčakov, S. 191–198.
108 Wilhelm an Augusta, 9. September 1860. GStA PK, BPH, Rep. 51 J, Nr. 509b, Bd. 8, Bl. 53–54.
109 Bismarck an Bernstorff, 15./16. Januar 1862. GW, Bd. 3, S. 319.
110 Vgl. Wilhelm an Gruner, 15. September 1860. APP, Bd. 2/I, S. 633; Bismarck an Wilhelm, 5. Oktober 1860. GW, Bd. 3, S. 127.
111 Vgl. Friese, Rußland und Preußen, S. 228–229; Cook, Russia, S. 557–558; Linke, Gorčakov, S. 203–207.
112 Wilhelm an Augusta, 26. Oktober 1860. GStA PK, BPH, Rep. 51 J, Nr. 509b, Bd. 8, Bl. 72–73.
113 Wilhelm an Charlotte, 26. Oktober 1860. Börner (Hrsg.), Briefe, S. 424–425.

Der Wiener Hof hatte nach Teplitz und Warschau wiederholt darauf gedrängt, die informelle Entente doch noch in ein kodifiziertes Verteidigungsbündnis zu verwandeln. Im Januar 1861 gab Wilhelm schließlich sein Plazet zu geheimen Konferenzen in Berlin. Doch diese endeten bereits nach drei Monaten ergebnislos. Die Habsburgermonarchie hatte verlangt, auch den Bestand ihrer außerdeutschen Territorien vertraglich zu garantieren. Aber die preußische Regierung hatte im Gegenzug eine militärische und politische Gleichstellung mit Wien gefordert.[114] Der österreichische Verhandlungsleiter Johann Carl Huyn hatte Rechberg daraufhin zum Konferenzabbruch geraten. Ein Weiterverhandeln *„hieße den König von Preußen zum Kriegsherrn im ganzen nichtösterreichischen Deutschland machen.“*[115] Preußischerseits hatten Schleinitz und Generalstabschef Moltke die Verhandlungen geleitet. Beide Männer waren allerdings schnell in Konflikt darüber geraten, ob diplomatische oder militärische Argumente ausschlaggebend sein sollten. Nach dem Abbruch der Verhandlungen schob Moltke in einem Resümee implizit Schleinitz die Verantwortung für das Scheitern zu. „Die Unmöglichkeit einer Verständigung lag auf dem militärischen Felde nicht vor.“[116] Und der Außenminister soll gegenüber dem österreichischen Gesandten geklagt haben, „ich bin nicht unsterblich, ich kann über die Zukunft nicht verfügen und weiß überhaupt nicht, ob ich werde durchdringen können.“[117] Nur wenige Monate später sollte Schleinitz sein Amt niederlegen.

Wilhelm war auch im Frühjahr 1861 nicht zu einem Interessenausgleich mit Österreich bereit gewesen. Die Mitverantwortung für die ergebnislosen Konferenzen wollte er allerdings nicht tragen. Dem Großherzog von Baden schimpfte er, „das brüske Aufgeben der Milit[ärischen] Verhandlungen“ sei „eine unfreundliche Absichtlichkeit, die zur Feindschaft umschlagen könnte und somit alle Errungenschaften von Baden, Teplitz und Warschau vernichten könnte. [...] Ich fühle mich durch den Kaiser sehr verletzt, daß er durchaus auf keine Verhandlung hat eingehen wollen, um zu sehen, ob man sich nicht durch gegenseitige Konzessionen verständigen könne.“ Der Abbruch der Verhandlungen sei nur ein weiterer Beweis, dass Österreich „etwas Arges gegen uns im Schilde führt.“[118] Seit Olmütz hatte Wilhelms Österreichbild geradezu paranoide Züge angenommen. Das sollte sich bis 1866 nicht ändern. Ein Interessenausgleich war schwerlich zu finden, wenn der eine Verhandlungspartner dem anderen stets sinistre Ziele unterstellte. Und der spätere Kaiser sah seine Befürchtungen immer dann bestätigt, wenn der Wiener Hof seinen Forderungen nicht nachgab. Franz Joseph konnte und wollte dem innerdeutschen Rivalen aber nicht nachgeben. Denn jede Konzession hätte bedeutet, freiwillig auf den jahrhundertealten Führungsanspruch nördlich der Alpen zu verzichten. Nach der Kriegsniederlage 1859 wäre ihm ein solcher Verzicht potentiell als

---

114 Vgl. Srbik, Preußen und Italien, S. 20–22; Huber, Verfassungsgeschichte, Bd. 3, S. 406–407; Angelow, Sicherheitspolitik, S. 225; Peiffer, Schleinitz, S. 205–206.
115 Huyn an Rechberg, 15. Februar 1861. QdPÖ, Bd. 1, S. 556.
116 Aufzeichnungen Moltkes, [April 1861]. APP, Bd. 2/II, S. 327.
117 Károlyi an Rechberg, 16. Februar 1861. QdPÖ, Bd. 1, S. 560.
118 Wilhelm an Friedrich I., 1. Mai 1861. Oncken (Hrsg.), Briefwechsel, Bd. 1, S. 253–257.

weitere Schwäche ausgelegt worden. Die Habsburgermonarchie kämpfte mit aller Kraft gegen den Ruf an, eine Großmacht im Niedergang zu sein.

Wilhelm erhob den Anspruch, Österreich nicht nur als deutsche Führungsmacht abzulösen, sondern der Nationalstaatsidee in Deutschland endlich zum politischen Durchbruch zu verhelfen. Doch über zwei Jahre nach Beginn der Neuen Ära muss die Erfolgsbilanz der preußischen Deutschlandpolitik ambivalent bewertet werden. Diplomatisch war der Berliner Hof dem kleindeutschen Ziel keinen Zentimeter nähergekommen. Das hatte der spätere Kaiser in erheblichem Maße selbst mitzuverantworten. Denn er verlangte von seinen monarchischen Kollegen nichts weniger als eine Unterordnung zu preußischen Konditionen. Allerdings waren auch die Herrscher des Dritten Deutschlands nie zu Konzessionen bereit. Als System genommen blockierte das dynastische Familienkartell jede Entwicklung in Richtung Nationalstaat. Auf der öffentlichen Ebene konnte Wilhelm seit Villafranca dagegen mehrere Erfolge vorweisen. Zumindest symbolisch war es ihm wiederholt gelungen, die Rolle eines nationalen Interessenvertreters zu spielen. Eigentlich hätte Frankfurt am Main diese Funktion übernehmen sollen. Aber die preußische Regierung hatte gezielt dazu beigetragen, den ohnehin reformträgen Bund nach außen völlig zu paralysieren. Doch Wilhelm sollte das symbolische Kapital, das er vor allem 1860 in Deutschland gewonnen hatte, nie in politische Autorität umwandeln können. Moralische Eroberungen konnten schwerlich von einem Herrscher gemacht werden, der sein eigenes Land geradeaus in eine neue Legitimationskrise führte. Die Rede ist vom preußischen Verfassungskonflikt.

„Ich habe die parlamentarische Geschichte bis an den Hals."
Der Weg in den Heereskonflikt 1859/60

Seit Beginn der Neuen Ära waren die Hochkonservativen gezwungen, die preußische Politik aus der Beobachterperspektive zu verfolgen. Sie schimpften über das „elende, innere und äußere, Regiment", so Ernst Ludwig von Gerlach.[1] Auch die Tagebucheinträge von seinem Bruder Leopold kritisieren Wilhelm und die Minister bei jeder sich bietenden Gelegenheit. Aber die neuen Verhältnisse am Berliner Hof waren für den pietistischen General nicht nur in politischer Perspektive ein rotes Tuch. Von Königin Elisabeth, Wilhelms Schwester Alexandrine und dessen Sekretär Schneider wurde Gerlach regelmäßig mit gossip über den neuen Herrscher versorgt. So soll der Regent in Baden an Séancen teilgenommen haben, bei denen angeblich Nikolaus I. und Kaspar Hauser im Jenseits kontaktiert worden wären. Augusta soll versucht haben, Kamarillamitglieder aus deren Berliner Amtswohnungen schmeißen zu lassen. Und immer wieder will Gerlach schockiert gewesen sein, dass Wilhelms außereheliches Liebesleben ein offenes Geheimnis gewesen sein soll.[2] „Das Reden über die Ausschweifungen des Prinzen von Preußen wird immer allgemeiner."[3] Mit diesem Herrscher schien die Hohenzollernmonarchie auf einer tickenden Zeitbombe zu sitzen. „L[ouis] S[chneider] behauptet, das Leben des Prinzen von Preußen würde [...] publiker. Jetzt schweigt alles davon, aber zu einer gewissen passenden Zeit wird es benutzt werden, wie Lola Montez 1848."[4] Der Kamarillageneral sollte das Ende der Neuen Ära nicht mehr erleben. Aber vor seinem Tod 1861 wurde er noch Zeuge, wie Wilhelm die preußische Regierung scheinbar doch noch nach rechts bewegte. „Merkwürdig bleibt es", notierte er im Mai 1860, „dass die Militärreform eigentlich die reaktionärste Maasregel ist, welche seit 1840 zu Stande gebracht worden."[5]

Laut Thomas Nipperdey habe der Konflikt um die Heeresreform für Deutschland „und für seine Geschichte bis 1918, ja darüber hinaus, entscheidende Bedeutung gehabt."[6] Dem kann nicht widersprochen werden. Denn dieser Konflikt sollte das Monarchische Prinzip als strukturelles Fundament des ersten deutschen Nationalstaats zementieren. Was diese Entwicklung für das Demokratiepotential vor und nach 1918 bedeutete, ist allerdings eine andere Frage. Aber worum ging es in diesem Konflikt überhaupt? Seit 1848 war die Armee in Preußen eine politische Institution. Jede Seite des Parteienspektrums versuchte, die militärische Gewalt für sich zu reklamieren. Für Li-

---

1 Tagebuch E. L. v. Gerlach, 13. Juli 1859. Diwald (Hrsg.), Nachlaß, Bd. 1, S. 408.
2 Siehe L. v. Gerlachs Tagebucheinträge vom 15. September und 4. sowie 18. Oktober 1859, in: GA, LE02761, S. 101, S. 104–105, S. 110.
3 Tagebuch L. v. Gerlach, 14. August 1859. Ebd., S. 88–89.
4 Tagebuch L. v. Gerlach, 5. November 1859. Ebd., S. 117.
5 Tagebuch L. v. Gerlach, 12. Mai 1860. GA, LE02762, S. 21.
6 Nipperdey, Bürgerwelt, S. 749.

https://doi.org/10.1515/9783111323954-032

berale und Demokraten war das „Volk in Waffen" ein geradezu mythologisierter Topos. In ihren Augen war vor allem die 1813 geschaffene Landwehr das Ideal einer bürgerlichen Wehrideologie. Und mit der Armee glaubten sie die nationalen Großmachtträume erfüllen zu können.[7] Diese Narrative blieben in konservativ-aristokratischen Milieus nicht unbeobachtet. Sie trugen dazu bei, dass die dort weitverbreitete Furcht vor einer „Liberalisierung" des Militärs wuchs. Eine Unterwanderung des Heeres durch linke Parteien war für das Offizierscorps ein Bedrohungsszenario, das mit allen Mitteln verhindert werden musste. Letztendlich stritten sich beide Seiten um die Frage, ob die Armee ein Instrument monarchischer Machtinteressen war – und falls ja, ob sie es bleiben sollte.[8] Seit dem Italienischen Krieg hatte dieser Streit auch außenpolitische Dimensionen erlangt. Denn militärische Akteure wie Moltke waren bereit, den Primat des Militärs gegen den der Politik zu erkämpfen.[9] Worüber nach 1859 allerdings nicht gestritten wurde, war die *Notwendigkeit* einer Heeresreform. Liberale und Konservative waren sich einig, dass die Armee vergrößert werden musste, um dem preußischen Bevölkerungswachstum seit der Herrschaft Friedrich Wilhelms III. Rechnung zu tragen. Und die vergrößerte Armee sollte nach außen als Pressionsinstrument eingesetzt werden. Aber die linke Opposition war nicht bereit, eine „Aristokratisierung" des Militärs mitzutragen. Genau das schien die Regierung mit der Heeresreform allerdings zu bezwecken. Denn die Landwehr sollte zugunsten der aktiven Linientruppen geschwächt werden. Das „Volk in Waffen" sollte nur noch als militärische Reserve dienen. Zumindest befürchteten dies Demokraten und Liberale. Aber auch die Konservativen glaubten, einen Kampf um die „Seele" der Armee führen zu müssen.[10]

Das galt erst recht für Wilhelm. Doch für ihn war nicht die Landwehr die strukturelle Sollbruchstelle, an der sich die politische Identität „seiner" Soldaten entscheiden würde. Im Heereskonflikt drehte sich für ihn letztendlich Alles um die Dienstzeitfrage. Kaum ein zeitgenössischer Militärtheoretiker bestritt, dass zwei Jahre für einen Rekruten ausreichen würden, um essentielle Drill-, Waffen- und Taktikkenntnisse zu erlernen.[11] Aber dem späteren Kaiser ging es nicht um den *technischen* Aspekt der Soldatenausbildung. Seit den 1830er Jahren hatte er in unzähligen Denkschriften und Briefen betont, dass in zwei Jahren zwar ein militärischer effektiver Soldat geschaffen werden könnte – *aber kein politisch zuverlässiger*. So argumentierte er 1832 gegenüber Kriegsminister Karl Georg Albrecht Ernst von Hake, es sei „die Tendenz der revolutionären oder liberalen Partei in Europa [...], nach und nach alle die Stützen einzureißen,

---

7 Vgl. Jansen, Paulskirchenlinke, S. 347–358.

8 Vgl. Walter, Heeresreformen, S. 192–198; Caruso, Nationalstaat als Telos?, S. 259–263.

9 Vgl. Canis, Taktik, S. 45–85; Frank-Lothar Kroll, Helmuth von Moltke. Der Stratege als Politiker, in: Bernd Heidenreich/Frank-Lothar Kroll (Hrsg.), Macht- oder Kulturstaat? Preußen ohne Legende, Berlin 2002, S. 147–158.

10 Vgl. Egmont Zechlin, Bismarck und die Grundlegung der deutschen Großmacht, Darmstadt ²1960, S. 173–182; Gerhard Ritter, Staatskunst und Kriegshandwerk. Das Problem des „Militarismus" in Deutschland, Bd. 1, Oldenburg/München 1954, S. 165–198; Craig, Prussian Army, S. 138–139.

11 Walter, Heeresreformen, S. 338.

welche dem Souverän Macht und Ansehen und dadurch im Augenblicke der Gefahr Sicherheit gewähren. [...] Daß die Armeen die vornehmlichsten dieser Stützen noch sind, ist natürlich; je mehr ein wahrer militärischer Geist dieselben beseelt, je schwerer ist ihnen beizukommen. Die Disziplin, der blinde Gehorsam sind aber Dinge, die nur durch lange Gewohnheit erzeugt werden und Bestand haben und zu denen daher eine längere Dienstzeit gehört, damit im Augenblick der Gefahr der Monarch sicher auf die Truppen rechnen könne. Dieser blinde Gehorsam ist es aber gerade, was den Revolutionären am störendsten entgegentritt." Nach zwei Jahren Ausbildungszeit könne die Krone „zwar eine Masse dressirter und exerzirter Männer haben, aber keine Armee, die ein Soldatengeist belebt!"[12] Seiner Schwester erklärte er 1833, „weder in 6, noch 16 Monaten erziehet man einen Soldaten *Geist*, und auf den kommt es doch hauptsächlich an; den kann man aber, als Minimum nur in 3 Jahren erziehen, und darum muß dies die Dienstzeit sein"[13] Im selben Jahr schrieb er auch seinem Vater, „da ein Soldat drei Jahr dienen muß, um dem *Geist nach Soldat zu sein, so kann* er auch so gut *aussehen*, wie der Preußische Soldat aussieht, aber nicht *um* so gut auszusehen, *soll er drei Jahr* dienen."[14] Und nach dem Revolutionskrieg 1849 rühmte er gegenüber Großherzog Leopold von Baden das preußische „Militair Systême", das „die *moralische* u[nd] *materielle Feuer* Probe auf eine éclatante Weise bestanden" habe. „Und woher kam dies? Daher, daß in unserm Heere eine Dienst*zeit* bestand, welche es noch möglich macht, daß der militärische Kitt, welcher Vorgesetzte u[nd] Untergebene verbinden muß, nämlich das *gegenseitige Vertrauen*, erzeugt, d. h. *erzogen* werden kann. [...] Dies Geheimniß kannten unsere Gegner sehr wohl, u[nd] daher corrigirten alle constitutionellen Kammern seit 30 Jahren, unaufhörlich an den Militär Budjets, wodurch es gelang, Dienstzeit u[nd] Présentstand so zu reduciren, daß jener militärische Geist nach u[nd] nach verschwinden mußte, dessen unausbleibliche Folgen wir nun leider, u[nd] nicht allein in Ihrer Armée, gesehen haben."[15] Diese Auswahl an Quellenzitaten ließe sich beliebig fortführen.

Zwar bestand die dreijährige Dienstzeit in Preußen offiziell auf dem Papier. Effektiv war sie aber seit den 1820er Jahren nicht mehr umgesetzt worden.[16] Wilhelm wollte dieses „Problem" beheben. Und wie seine schriftlichen Auseinandersetzungen mit der Dienstzeitfrage belegen, war er bereits lange vor 1859 fest davon überzeugt gewesen, dass die „Umsturzparteien" versuchen würden, dies zu verhindern. Ein Kompromiss war für ihn deshalb unmöglich. Jedes Nachgeben hätte den Gegnern der Monarchie Schwäche signalisiert. Das war das genaue Gegenteil von politischer Prophetie. Denn letztendlich wurde der spätere Kaiser Opfer einer self-fulfilling prophecy. Er hatte einen Konflikt mit dem Parlament über Jahrzehnte geradezu herbeigeredet. Als die Heeres-

---

12 Wilhelm an Hake, 9. April 1832. [Wilhelm I.], Militärische Schriften, Bd. 1, S. 154.
13 Wilhelm an Luise, 27./31. März 1833. GStA PK, BPH, Rep. 51, Nr. 853.
14 Wilhelm an Friedrich Wilhelm III., 24. Februar 1833. [Wilhelm I.], Militärische Schriften, Bd. 1, S. 177–178.
15 Wilhelm an Leopold von Baden, 16. Juli 1849. GStA PK, BPH, Rep. 51 J, Nr. 21f1, Bl. 69–70.
16 Vgl. Walter, Heeresreformen, S. 343–344.

reform dann tatsächlich von liberaler Seite kritisiert werden sollte, glaubte er, seine schlimmsten Befürchtungen bestätigt zu sehen. Also schaltete er in den double-down-Modus. Er erlag seinen eigenen Vorurteilen.[17] Denn dem späteren Kaiser fehlte es schlichtweg an der „Fähigkeit, Widerspruch zu ertragen", wie der hessische Minister-präsident Carl Friedrich von Dalwigk während des Verfassungskonflikts zu Recht bemerkte.[18] Und die Landtagsopposition war bereit, den ihr vom Thron hingeworfenen Fehdehandschuh aufzuheben.

Der Eskalationsmoment im Heereskonflikt muss *maßgeblich* bei Wilhelm verortet werden. Aber es gab auch andere politische und militärische Akteure am Berliner Hof, die zu dieser Entwicklung beitrugen. Sie schufen eine Atmosphäre indirekter Einwir-kungen, indem sie den Herrscher bestärkten und gegen kompromissbereite Stimmen in dessen Umgebung intrigierten. Zu diesen konservativen Hardlinern gehörte Edwin von Manteuffel.[19] Dem Kamarillamaulwurf war es tatsächlich gelungen, den Regierungs-wechsel 1858 unbeschadet zu überstehen. Seit 1857 war der Adjutant Chef des Militär-kabinetts, einer Unterabteilung des Kriegsministeriums, das sich vor allem mit Perso-nalfragen beschäftigte. In diesem Amt war Manteuffel allein dem Monarchen gegenüber verantwortlich und nicht dem Staatsministerium oder dem Landtag. Wie der General-stabschef bewegte sich der Kabinettschef also in einem extrakonstitutionellen Raum. Bereits im Zuge der Verfassungsrevisionen 1849 hatte Wilhelm gefordert, das Kriegs-ministerium strukturell zu schwächen, um so dem Parlament den einzigen Einfluss-hebel auf die Armee zu nehmen. Das Militärkabinett bot ihm dazu eine Möglichkeit, indem er die Kompetenzen des Kabinettschefs erweiterte und die des Kriegsministers beschränkte.[20] „Der Kriegsherr kommandiert die Armee und nicht der Kriegsminister", betonte Wilhelm im Juli 1859.[21] Dieser Agenda sollte Manteuffel entgegenarbeiten. Wie die meisten Offiziere hatte er den konstitutionellen Transformationsprozess seit 1848 nie akzeptiert. Sein Ideal blieb der ständische Absolutismus. Und den Heereskonflikt betrachtete er als Möglichkeit, Wilhelm zu einem Staatsreich zu bewegen. Er bestärkte den Herrscher in dessen kompromissloser Haltung und hoffte dadurch, Demokraten

---

17 Vgl. Gall, Bismarck, S. 201–202; Walter, Heeresreformen, S. 342, S. 460; Winkler, Weg nach Westen, Bd. 1, S. 151–152.

18 Tagebuch Dalwigk, 21. Januar 1865. Schüßler (Hrsg.), Tagebücher, S. 171.

19 Zu Edwin von Manteuffel siehe Ludwig Dehio, Edwin von Manteuffels politische Ideen, in: HZ 131 (1925), S. 41–71; Gordon A. Craig, Portrait of a Political General. Edwin von Manteuffel and the Consti-tutional Conflict in Prussia, in: Political Science Quarterly Vol. 66, Nr. 1 (1951), S. 1–36.

20 Vgl. Rudolf Schmidt-Bückeburg, Das Militärkabinett der preußischen Könige und deutschen Kaiser. Seine geschichtliche Entwicklung und staatsrechtliche Stellung 1787–1918, Berlin 1933, S. 46–56; Heinrich Otto Meisner, Der Kriegsminister 1814–1914. Ein Beitrag zur militärischen Verfassungsgeschichte, Berlin 1940, S. 7–9; Ritter, Staatskunst, Bd. 1, S. 216–223; Christina Rathgeber/Hartwin Spenkuch, Monarchen-büro, Ausdruck königlicher Selbstregierung, extrakonstitutionelle Instanz: Zivil-, Militär- und Marine-kabinett in Preußen 1786–1918, in: Acta Borussica. Neue Folge. 3. Reihe. Praktiken der Monarchie. Die späte mitteleuropäische Monarchie am preußischen Beispiel (1786–1918), hrsg. v. d. Berlin-Branden-burgischen Akademie der Wissenschaften, Bd. 3, Paderborn 2023, S. 1–156, hier: S. 118–126.

21 Wilhelm an Bonin, 30. Juli 1859. Schmidt-Bückeburg, Militärkabinett, S. 63.

und Liberale zu einem Aufstand provozieren zu können. Dann wäre die Krone in seinen Augen berechtigt gewesen, dem Verfassungssystem mit dem Bajonett ein Ende zu bereiten.[22] Zwar sollte Manteuffel dieses Ziel nie erreichen. Doch es gelang ihm, das Allerhöchste Vertrauen zu gewinnen – und damit politischen Einfluss.

Seiner Ehefrau schrieb Wilhelm 1865 über den Kabinettschef, er „glaube, daß noch nie ein Mann mit solcher Gewissenhaftigkeit, Unparteilichkeit, Scharfsinn und ruhigem Blick diese Stellung ausgefüllt hat wie er.“[23] Und als Manteuffel 1885 im Alter von sechsundsiebzig Jahren starb, beklagte der Kaiser dessen Tod als „eine Kalamität. Die langen Beziehungen in denen wir in so vielen mächtigen Momenten zusammen standen, hat ein so inniges Band des Vertrauens um uns geschlungen, das nun zerrissen ist und für mich unersetzlich ist.“[24] Der Militär schien eine überaus erfolgreiche Strategie entwickelt zu haben, Wilhelms Gehör zu finden. Anders als beispielsweise Augusta sprach Manteuffel politische Fragen von sich aus nie offen an. Stattdessen achtete er im Umgang mit dem Monarchen penibel darauf, seine offiziellen Kompetenzen nicht zu überschreiten. Denn wie Loe in seinen Memoiren berichtet, habe der Monarch „niemals die Einmischung unberufener Personen in Angelegenheiten“ geduldet, „die nicht ihres Amtes waren.“[25] Auch Schneider schrieb, Wilhelm soll mit Politikern „nie über militärische“ und mit Militärs „nie über politische Dinge“ gesprochen haben.[26] Und noch 1884 klagte Bismarcks Sohn Herbert, „mein Vater richtet in […] rein militärischen Dingen bei S.M. gar nichts aus, im Gegenteil.“[27] Manteuffel wusste diese roten Linien zu seinem Vorteil zu nutzen. So soll General Julius von Hartmann 1860 Bernhardi erklärt haben, der Kabinettschef „schadet unmittelbar; er ist ein sehr gefährlicher Mensch, ein Mensch, der sich in seiner Gewalt hat! *Seit 1½ Jahren hat er mit dem Regenten nie ein Wort von Politik gesprochen*: ein Mann, der weiß, welchen großen Einfluß er hat!“[28] Und zwei Jahre später soll auch General Otto von Strubberg dem Historiker gesagt haben, Manteuffels „ganzes Benehmen sagt beständig: ‚Siehst Du – ich bin ein reiner Fachmann, ein Techniker! – ich thue, was meines Amtes ist, beschränke mich auf das Technische, und bekümmere mich um weiter gar Nichts! – und um Politik am allerwenigsten.‘“[29] Manteuffel war ein *politischer General*. Seine Ambitionen wusste er jedoch gegenüber Wilhelm geschickt zu verbergen. Dadurch wurde er zu einer gewichtigen Stimme in dessen Umgebung. Aber wie Augusta war er nur *eine* Stimme unter mehreren.[30]

---

22 Vgl. Dehio, Manteuffel, S. 50; Craig, Portrait, S. 4–6, S. 11; Walter, Heeresreformen, S. 217–219.
23 Wilhelm an Augusta, 9. Juli 1865. GStA PK, BPH, Rep. 51 J, Nr. 509b, Bd. 11, Bl. 44.
24 Wilhelm an Augusta, 17. Juni 1885. GStA PK, BPH, Rep. 51 J, Nr. 509b, Bd. 30, Bl. 10.
25 Loe, Erinnerungen, S. 53.
26 Schneider, Kaiser Wilhelm, Bd. 1, S. 125.
27 H. v. Bismarck an Holstein, 21. August 1884. Norman Rich/Max Henry Fisher/Werner Frauendienst (Hrsg.), Die geheimen Papiere Friedrich von Holsteins, Bd. 3, Göttingen/Berlin/Frankfurt am Main 1961, S. 112.
28 Tagebuch Bernhardi, 4. April 1860. Bernhardi (Hrsg.), Aus dem Leben, Bd. 3, S. 309.
29 Tagebuch Bernhardi, 24. Februar 1862. Ebd., S. 220–221.
30 Vgl. Showalter, German Unification, S. 81.

Wilhelm hatte die Heeresreform bereits in seinem Regierungsprogramm vom November 1858 öffentlich angekündigt. Dass er sie erst in der zweiten Jahreshälfte 1859 zu forcieren begann, hatte mehrere Gründe. Der Italienische Krieg lenkte seinen Blick bis Juli vor allem auf die Außenpolitik. Nach Villafranca glaubte er aber plötzlich dem Seconde Empire isoliert gegenübertreten zu müssen, was die Rüstungsfrage akut werden ließ. Nicht haltbar ist die gerade in der älteren Forschung formulierte These, die Teilmobilisierung der Armee hätte eklatante Organisationsmängel offenbart.[31] Aber neben diesen Faktoren schien auch Kriegsminister Bonin die Reform verzögert zu haben. So berichtete der britische Botschafter in Berlin Ende Februar, Schleinitz habe ihm erzählt, „there is [...] a serious differnce of opinion at this moment between the Prince Regent and General Bonin the Minister of war".[32] Und Roon will Ende Juli von Hohenzollern erfahren haben, dass Bonins „Stellung [...] als Kriegsminister eigentlich ganz unhaltbar geworden ist".[33] Ob Roon zu jenem Zeitpunkt bereits darauf spekuliert haben mochte, Bonin zu ersetzen, lässt sich nicht eindeutig belegen. Aber im Sommer 1858 hatte er auf Wilhelms persönlichen Befehl eine Denkschrift zur Heeresreform verfasst. Die sogenannten Bemerkungen und Entwürfe zur vaterländischen Heeresverfassung galten lange Zeit als angeblich grundlegendes Dokument der preußisch-deutschen Militärgeschichte. Aber der Mythos von einer „Roon'schen" Militärreform ist unhaltbar. Denn der General hatte einfach seitenweise das aufgeschrieben, was Wilhelm bereits seit den 1830er Jahren in Militärkreisen regelmäßig erklärt hatte.[34] Leopold von Gerlach schrieb 1860, dass die Heeresreform „ein ausschließliches Verdienst und Werk des Prinzen" sei.[35] Und der Monarch erklärte 1862 selbst, „die Militärreorganisation [...] ist [...] mein eigenstes Werk und mein Stolz, und ich bemerke hierbei: es gibt kein Boninsches und kein Roonsches Projekt, es ist mein eigenes und ich habe daran gearbeitet nach meinen Erfahrungen und pflichtmäßiger Überzeugung."[36] Roons Denkschrift war nicht mehr als ein „Bewerbungsschreiben" gewesen, wie es Dierk Walter treffend formuliert.[37] Der General redete dem neuen Herrscher einfach nach dem Mund.

Politisch zahlte sich diese Strategie schnell aus. Wilhelm zog Roon bereits im Winter 1858/59 zu den ersten Planungen im Kriegsministerium hinzu. Wie der General notierte, will er am Berliner Hof den Eindruck gewonnen haben, dass Bonin gezielt versuchen würde, die Reform zu verhindern.[38] Der Kriegsminister war kein Gegner einer Vergrößerung und Reorganisation der Armee. Aber er glaubte, dass viele der von Wilhelm geforderten Reformpunkte den Widerstand der liberalen Landtagsmehrheit hervorru-

---

31 Vgl. Walter, Heeresreformen, S. 380–384.
32 Bloomfield an Malmesbury, 26. Februar 1859. APP, Bd. 1, S. 273.
33 Roon an A. v. Roon, [Juli 1859]. Roon (Hrsg.), Denkwürdigkeiten, Bd. 1, S. 382.
34 Vgl. Walter, Heeresreformen, S. 406–414; Showalter, German Unification, S. 74–75. Der Text der undatierten Denkschrift findet sich in: Roon (Hrsg.), Denkwürdigkeiten, Bd. 2, S. 521–579.
35 Tagebuch L. v. Gerlach, 4. Juni 1860. GA, LE02762, S. 26.
36 Rede Wilhelms, 21. Oktober 1862. Berner (Hrsg.), Briefe, Bd. 2, S. 33.
37 Walter, Heeresreformen, S. 212.
38 Aufzeichnungen Roons, [Januar 1859]. Roon (Hrsg.), Denkwürdigkeiten, Bd. 1, S. 362–366.

fen würden. Deshalb wollte er graduell vorgehen und die Öffentlichkeit nicht mit einer fertigen Heeresvorlage überraschen. Aber Wilhelm drängte auf Eile.[39] Nach Villafranca schien ihm Napoleon III. nur auf den passenden Augenblick zu warten, das Hohenzollernkönigreich zu überfallen. Und 1859 wurde der spätere Kaiser immerhin bereits zweiundsechzig Jahre alt. „Bonin meint, wenn S.M. seine Vorschläge angenommen, als er Minister war, und allmählich die Armeeorganisation vornahm, wär' es mit Leichtigkeit gegangen", notierte Wilhelms Sohn 1863. „S.M. habe aber gesagt, daß er's dann nicht mehr erleben würde."[40] Im Herbst 1859 wurde der Kriegsminister von den weiteren Reformplanungen ausgeschlossen. Stattdessen erhielt Roon den Befehl, diese zu leiten.[41] Am 29. November soll ihm Wilhelm schließlich mitgeteilt haben, dass er das Kriegsministerium übernehmen werde.[42] Der Herrscher betrachtete Bonins anhaltende Opposition gegen die Heeresreform als militärische wie politische Insubordination. Und er war bereit, am Kriegsminister ein Exempel zu statuieren. Laut Leopold von Gerlach soll der Regent geschimpft haben, „er könne nicht dulden, dass ein General das Beispiel des Ungehorsams gäbe."[43] Und dem Staatsministerium erklärte Wilhelm am 3. Dezember in bezeichnenden Worten, „es ist Ihnen bekannt, was der Kriegsminister v[on] Bonin gegen Mich gethan hat. Sein Benehmen mußte Mich um so schmerzlicher berühren, als er weiß, daß gerade Ich es war, welcher ihn zweimal auf diese Stelle hob."[44] Das war den Ministern eine deutliche Warnung. An Bonins Beispiel konnten sie beobachten, was passieren würde, wenn sie die roten Linien des Herrschers überschritten. Der neue Kriegsminister war hingegen von Anfang an bereit, sich der monarchischen Direktive unterzuordnen. Nach einem Gespräch mit Roon kurz nach dessen Ernennung notierte Gerlach, dieser sei „außer sich über seine[n] Vorgänger, über dessen Leichtsinn und auch über die Art, wie sich derselbe gegen den Prinzen benommen. Er findet in diesem Benehmen geradezu Ungehorsam."[45] Roon sollte Wilhelms Agenda gegenüber seinen Ministerkollegen und dem Landtag ohne-wenn-und-aber verteidigen. Wie Edwin von Manteuffel beherrschte er die Kunst, einen königlichen Diener ohne persönliche Aspirationen zu spielen.[46] Unter Wilhelms Herrschaft gab es am Berliner Hof keine erfolgreichere Strategie, politischen Einfluss zu gewinnen. Das sollte auch Bismarck nach 1862 feststellen.

---

39 Vgl. Walter, Heeresreformen, S. 421–430; Showalter, German Unification., S. 76–78.

40 Tagebuch Friedrich Wilhelm, 14. November 1863. Meisner (Hrsg.), Tagebücher, S. 222.

41 Vgl. Wilhelm an Roon, 2. September 1859. Roon (Hrsg.), Denkwürdigkeiten, Bd. 1, S. 383; Roon an A. v. Roon, 5. Oktober 1859. Ebd., S. 386; Brandt an Stosch, 9. Oktober 1859. Ulrich von Stosch (Hrsg.), Denkwürdigkeiten des Generals und Admirals Albrecht v. Stosch, ersten Chefs der Admiralität. Briefe und Tagebuchblätter, Stuttgart/Leipzig ²1904, S. 48.

42 Vgl. Roon an Perthes, 30. November/1. Dezember 1859. Roon (Hrsg.), Denkwürdigkeiten, S. 397–398.

43 Tagebuch L. v. Gerlach, 8. Dezember 1859. GA, LE02761, S. 129.

44 Rede Wilhelms, 3. Dezember 1859. [Wilhelm I.], Militärische Schriften, Bd. 2, S. 448.

45 Tagebuch L. v. Gerlach, 11. Dezember 1859. GA, LE02761, S. 130.

46 Vgl. Walter, Heeresreformen, S. 213–214, S. 450.

Mit Roons Ernennung wurde der konservative Flügel des Staatsministeriums gestärkt. Die Folgen waren neue innerministerielle Konflikte.[47] Vor allem mit dem liberalen Patow geriet der neue Kriegsminister in den Konseilsitzungen schnell in Konflikt. Denn der Finanzminister argumentierte, er könne die hohen Kosten der Heeresreform nicht gegenüber dem Parlament verteidigen. Patow schien darauf spekuliert zu haben, das rote Tuch der Dienstzeitfrage mit dem Kostenfaktor zerreißen zu können.[48] Laut Gerlach soll Roon daraufhin „den Ministern seine Meinung gesagt und scharf auf den Gehorsam gegen seinen Kriegsherrn gepocht" haben.[49] Beendet wurde dieser Streit erst, als Wilhelm dem Ministerium in einer Kronratsitzung am 7. Januar 1860 ultimativ erklärte, dem Landtag die Reform unverändert vorzulegen.[50] Wenige Tage später schrieb er Charlotte, „die diesjährige Kammer Campagne" stünde bevor. „Wie wird das Ende sein? Die Armée Reform ist das Wichtigste dies Mal."[51] Dem Abgeordnetenhaus wurde die Reformvorlage am 10. Februar vorgelegt. Die darauffolgenden Parlamentsverhandlungen waren in vielerlei Hinsicht eine erste Zwischenbilanz über die Innenpolitik und Außenpolitik der Neuen Ära. Und diese Bilanz fiel ernüchternd aus. Obgleich die Abgeordneten anfangs bemüht waren, einen offenen Konflikt mit der Regierung zu vermeiden, mussten sie schließlich einem wachsenden Öffentlichkeitsdruck nachgeben, endlich liberale Erfolge zu präsentieren. Deshalb verwarf der parlamentarische Prüfungsausschuss die Reorganisation der Landwehr und die dreijährige Dienstzeit.[52] Der Prinzregent sah seine schlimmsten Befürchtungen bestätigt. Und die Eskalationsspirale nahm ihren Lauf.

„Ich kann [...] nur auf das *allerbestimmteste* wiederholen, daß ich mir keinen Tag von der dreijährigen Dienstzeit abhandeln lasse", schimpfte Wilhelm dem liberalen Abgeordneten Karl August Milde. „Dies ist meine gewissenhafte Überzeugung, an der ich seit 30 Jahren festgehalten habe und sie während zweier Regierungen unablässig verlangt habe und sie endlich durchsetze. Niemand wird von mir verlangen, mit meiner ganzen militärischen Vergangenheit und Überzeugung zu brechen."[53] Gegenüber Major Orlich argumentierte er, „daß die milit[ärische] Frage aus dem finanziell[en] Gesichtspunkt *allein* auf Schwierigkeiten stößt, nehme ich nicht an. Die Démocratie siehet in demselben die Möglichkeit verdorben, undisciplinirte Landwehren zu *ihren* Zwecken verwenden zu können, wie ihr dies 1849 zum Theil gelungen war. Dies ist der Hebel der angesetzt wird, *versteckt* hinter der Geldfrage."[54] Und seiner Ehefrau erklärte er, dass

---

47 Vgl. Börner, Krise, S. 108; Paetau, Altliberale, S. 176–177.

48 Siehe die Konseilprotokolle vom 22. Dezember 1859 und 31. Januar sowie 4. Februar 1860, in: Acta Borussica. Protokolle, Bd. 5, S. 83–88.

49 Tagebuch L. v. Gerlach, 7. Januar 1860. GA, LE02762, S. 2.

50 Vgl. Konseilprotokoll, 7. Januar 1860. Acta Borussica. Protokolle, Bd. 5, S. 85.

51 Wilhelm an Charlotte, 1./16. Januar 1860. GStA PK, BPH, Rep. 51 J, Nr. 511a, Bd. 2, Bl. 805.

52 Vgl. Craig, Prussian Army, S. 145–147; Huber, Verfassungsgeschichte, Bd. 3, S. 285–286; Siemann, Gesellschaft, S. 204–209; Rolf Helfert, Die Taktik preußischer Liberaler von 1858 bis 1862, in: Militärgeschichtliche Mitteilungen 52 (1993), S. 33–47, hier: S. 36–39.

53 Wilhelm an Milde, 10. Februar 1860. Schultze (Hrsg.), Briefe an Politiker, Bd. 2, S. 143.

54 Wilhelm an Orlich, 11. April 1860. Egloffstein (Hrsg.), Wilhelm I., S. 87.

die liberale Presse „mich in der Politik und in der militär[ischen] Frage auf eine Art angreift, daß das Sprichwort, daß ein Regentropfen zuletzt einen Stein aushöhlt – wahr werden könnte."[55] Wilhelm schien sogar das Schreckgespenst einer „Volksbewaffnung" heraufziehen zu sehen. Im April will Bernhardi in einer Salonrunde dem Herrscher eine Kompromisslösung in der Dienstzeitfrage vorgeschlagen haben. Die zukünftigen Rekruten könnten bereits „in den Schulen [...] exercieren lernen." Daraufhin soll der Prinzregent geschimpft haben, „was denn daraus werden soll, wenn alle Leute im ganzen Lande einexerciert seien *ohne Disciplin* – (Worte, die er mit besonderem Nachdruck spricht) – *damit erziehe man Barrikaden-Helden!*"[56] Wilhelm strebte mit der Heeresreform *keine* Militarisierung der Gesellschaft an. Er kann nicht als Urheber des späteren deutschen Alltagsmilitarismus betrachtet werden.[57] Vielmehr unterstellte er der Gegenseite, die Armee ideologisch unterwandern zu wollen. Die dreijährige Dienstzeit war ihm ein Instrument, die Trennlinie zwischen Soldaten und Zivilisten möglichst tief zu ziehen.[58] Aber genau das wollten die Liberalen verhindern.

Es war nicht das erste Mal, dass Wilhelm mit einem oppositionellen Parlament konfrontiert wurde. Aber es war das erste Mal, dass er *als Herrscher* selbst die Verantwortung dafür trug, diese Opposition zu brechen. Da er nicht bereit war, irgendwelche Konzessionen zu machen, musste er das Parlament zum Einknicken zwingen. Das glaubte er erreichen zu können, indem er die Abgeordneten schlichtweg erpresste. Also drohte er mit seiner Abdankung. Wie Bernhardi von Vincke erfahren haben will, soll der Regent dem Oppositionsführer persönlich gedroht haben, „wenn die Militär-Vorlagen nicht ohne Modificationen durchdringen, *müsse er entweder ,die Kammer nach Hause schicken'* (i. e. sie auflösen) *oder er selbst müsse die Regierung niederlegen*, und die Sache seinem Sohne überlassen."[59] Und Ernst II. berichtet in seinen Memoiren, der spätere Kaiser habe im Frühjahr 1860 gegen „jedermann, der es hören wollte", geäußert, „daß er abdanken müßte, wenn die Vorlage verworfen würde."[60] Dass Wilhelm tatsächlich zur Abdankung entschlossen gewesen sein soll, ist mehr als fragwürdig. Und dies gilt sowohl für 1860 als auch für den Rest seiner Herrschaft bis 1888. Im Jahr 1862 soll Innenminister Friedrich zu Eulenburg gegenüber dem späteren Friedrich III. bemerkt haben, dessen Vater spräche „beständig" von „Abdikation [...] wie noch nie ein König, namentlich ein preußischer, der so viel von ,Gottes Gnaden' und von ,unantastbaren Rechten der Krone' rede."[61] Es darf nicht vergessen werden, dass Wilhelm diese Erpressungsstrategie bereits unter Friedrich Wilhelm IV. regelmäßig angewendet hatte.

---

55 Wilhelm an Augusta, 2. September 1860. GStA PK, BPH, Rep. 51 J, Nr. 509b, Bd. 8, Bl. 43–44.

56 Tagebuch Bernhardi, 12. April 1860. Bernhardi (Hrsg.), Aus dem Leben, Bd. 3, S. 315–316.

57 Vgl. Frank Lorenz Müller, The Spectre of a People in Arms. The Prussian Government and the Militarisation of German Nationalism, 1859–1864, in: The English Historical Review Vol. 122, Nr. 95 (2007), S. 82–104.

58 Vgl. Siemann, Gesellschaft, S. 207–208; Walter, Heeresreformen, S. 339–342.

59 Tagebuch Bernhardi, 27. Februar 1860. Bernhardi (Hrsg.), Aus dem Leben, Bd. 3, S. 272–273.

60 Ernst II., Aus meinem Leben, Bd. 3, S. 16.

61 Tagebuch Friedrich Wilhelm, 23. Dezember 1862. Meisner (Hrsg.), Tagebücher, S. 179.

Und im Heereskonflikt hätte eine Thronentsagung dem Monarchischen Prinzip in Preußen einen Bärendienst geleistet. Denn letztendlich wäre der Herrscher dem parlamentarischen Druck gewichen. Charlotte gegenüber hatte der spätere Kaiser bereits 1840 erklärt, „eine Abdication" sei „eine Désertion von der Stellung die ein Souvrain von Gott hat".[62] Und 1863 schrieb er in einem Brief an General Groeben, wenn man eine Krone „von Gottes Gnaden empfing, muß man sie tragen, wenn sie auch noch so schwer wiegt, bis Er sie befiehlt niederzulegen, um vor *Ihn* zu treten!"[63]

Wilhelm nutzte die Abdankungsdrohung 1860, um den Landtag auf Linie zu bringen. Er konnte davon ausgehen, dass auch Vinckes liberale Parteifreunde von dieser Drohkulisse erfahren würden. Der Fraktionsführer suchte während der Landtagsverhandlungen wiederholt das Gespräch mit dem Regenten. Aber diese Vermittlungsversuche waren allesamt vergeblich.[64] Und als die Abdankungsdrohungen schließlich öffentlich bekannt wurden, wuchs der Druck auf die linken Mehrheitsparten nur noch weiter. „Die Aeußerungen des Regenten, daß er abdanken wolle, falls die Militär-Vorlagen nicht durchgehen, sind doch im größeren Publikum bekannt geworden und werden von den Demokraten ausgebeutet", notierte Bernhardi Mitte März.[65] Die Opposition hatte es nicht auf einen Bruch mit der Regierung angelegt. Aber Wilhelms kompromissloses Verhalten machte diesen geradezu unausweichlich. Denn die Liberalen waren nicht bereit, vor dem Thron einzuknicken.

Das Staatsministerium zeigte diesen Emanzipationswillen hingegen nicht. Hohenzollern soll gegenüber Bernhardi lamentiert haben, „*das Ministerium hat bereits* [...] *alles gethan, was es konnte, aber vergeblich. Der Regent besteht auf seinem Sinn und will von dem Geforderten nichts aufgeben. Es bleibt nichts übrig, als die Militär-Vorlagen mit Bausch und Bogen anzunehmen, ohne etwas davon zu streichen."[66]* Auch Auerswald soll geklagt haben, „*Ja, wir stehen an einer Katastrophe, das können wir uns nicht verbergen! – Die Militär-Vorlagen könnten wohl verworfen werden, und dann müsse das gegenwärtige Ministerium zurücktreten."[67]* Und Ernst II. berichtete vom Berliner Hof, der Prinzregent habe „seinem Ministerium [...] die Möglichkeit zu Energie und planmäßigem Handeln selbst geraubt durch dessen Organisation und Zusammensetzung. Die vortreffliche Stimmung des vorigen Jahres hat man nicht zu erhalten gewußt. Unmuth und Mißtrauen erfüllen die Gemüther der Massen. Das rothe Gespenst beunruhigt die Träume des Prinzen. Die Militairfrage hat alles sozusagen in Frage gestellt. Der Prinz stellt sich in dieser Frage seinen Kammern gegenüber als gebietender Monarch. [...] Von einem wirklichen constitutionellen Leben ist kaum eine Spur zu finden."[68] Allzu übertrieben war diese Beobachtung nicht. Mit dem Heereskonflikt wurden der liberalen

---

62 Wilhelm an Charlotte, 30. Oktober 1840. GStA PK, BPH, Rep. 51, Nr. 864.
63 Wilhelm an Groeben, 14. Juni 1863. Schultze (Hrsg.), Briefe an Politiker, Bd. 2, S. 211.
64 Vgl. Behr, Vincke, S. 264 – 267.
65 Tagebuch Bernhardi, 14. März 1860. Bernhardi (Hrsg.), Aus dem Leben, Bd. 3, S. 291.
66 Tagebuch Bernhardi, 2. März 1860. Ebd., S. 277.
67 Tagebuch Bernhardi, 12. März 1860. Ebd., S. 286.
68 Ernst II. an Albert, 31. März 1860. Ernst II., Aus meinem Leben, Bd. 3, S. 14 – 15.

Öffentlichkeit die Grenzen demonstriert, die das persönliche Regiment jeder Reform-politik setzte. Seiner Ehefrau schimpfte Wilhelm, „ich habe die parlamentarische Ge-schichte bis an den Hals."[69] „Denn wo soll Vertrauen zu mir und zur Regierung her-kommen, wenn Alles, was ich vorschlage, schlecht gemacht wird und abgeworfen wird? [...] Das 2. Haus hat [...] das, was guten Klang hatte, so disharmonisch gemacht, daß nun das Volk ganz irre an mir wird. Das ist der Lohn einer 2jährigen Arbeit!"[70] Der „Welt" müsse endlich „klar gemacht" werden, „daß, trotz aller Debatten, ich Herr der Armee bin in allen Anordnungen".[71]

Nach drei Monaten parlamentarischer Pattsituation kam Wilhelm diesem Ziel schließlich näher. Am 5. Mai zog Patow die Reformvorlage zurück und forderte die Abgeordneten auf, die Reformgelder lediglich provisorisch zu bewilligen. Im Gegenzug für dieses sogenannte Extraordinarium garantierte die Regierung, den Etat nicht für die abgelehnte Landwehrreorganisation und Dienstzeitverlängerung zu verwenden. Die-sem scheinbaren Kompromiss stimmte das Parlament am 15. Mai zu.[72] Erst später sollten die Liberalen reflektieren, dass sie einem Täuschungsmanöver zum Opfer ge-fallen waren. Denn mit den bewilligten Geldern konnten Wilhelm und die Armeefüh-rung Tatsachen schaffen. Und wer konnte sie dazu zwingen, die Reorganisation wieder rückgängig zu machen?[73] Im Gespräch mit Leopold von Gerlach soll Roon erklärt haben, „jedermann könne [...] sehen, dass man Regimenter nicht provisorisch errichten, Offi-ziere nicht provisorisch anstellen könne. Insofern könne man die bisherigen Maasre-geln allerdings nicht als provisorische ansehen." Die Opposition „habe eingesehen, dass wenn das Geld, die 9 Millionen verweigert würden, die Minister, welche dem Prinzen ausdrücklich versprochen, bei der 3jährigen Dienstzeit festhalten zu wollen, nicht bleiben könnten und die Abgeordneten aufgelöst werden müssten."[74] Auch der Abge-ordnete Heinrich Beitzke sinnierte, ob das Parlament überhaupt „in der Lage sein" würde, „eine längst fertige Sache wieder auf den alten Stand zurückzubringen? Ich glaube nicht, die neun Millionen werden bleibend sein und sie werden noch vermehrt werden müssen."[75] Den Vorwurf politischer Naivität müssen sich die Liberalen aus historiographischer Perspektive zu einem gewissen Grad gefallen lassen.[76] Aber Vincke und seine Parteifreunde saßen im Frühjahr 1860 zwischen zwei Stühlen. Sie mussten der Öffentlichkeit und nicht zuletzt ihren Wählern demonstrieren, dass sie endlich bereit waren, für eine liberale Agenda zu kämpfen. Aber gleichzeitig wollten sie noch immer einen Bruch mit der Regierung verhindern. Denn was das im monarchischen

---

69 Wilhelm an Augusta, 16. Mai 1860. GStA PK, BPH, Rep. 51 J, Nr. 509b, Bd. 8, Bl. 8–9.

70 Wilhelm an Augusta, 18. Mai 1860. Ebd., Bl. 10.

71 Wilhelm an Augusta, 20. Mai 1860. Ebd., Bl. 12.

72 Vgl. Craig, Prussian Army, S. 147–148; Huber, Verfassungsgeschichte, Bd. 3, S. 287–288; Helfert, Taktik, S. 39–40.

73 Walter, Heeresreformen, S. 453–454.

74 Tagebuch L. v. Gerlach, 26. Juli 1860. GA, LE02762, S. 38–39.

75 Beitzke an P. Beitzke, [Mai 1860]. Conrad (Hrsg.), Dokumente, S. 187.

76 Vgl. Börner, Bourgeoisie, S. 422; Helfert, Taktik, S. 40.

System bedeuten könnte, hatten sie alle während der Reaktionsära erlebt. Das Extraordinarium erlaubte den Liberalen, gegenüber ihrer Basis das Gesicht zu wahren. Und es verhinderte eine Eskalation dieser ersten innenpolitischen Krise der Neuen Ära.[77] Aber letztendlich war der Konflikt nur aufgeschoben worden.

Auch mit Blick auf das Staatsministerium muss von einem Pyrrhussieg gesprochen werden. Wie die Liberalen waren die Minister ebenfalls einem konzentrischen Druck von zwei Seiten ausgesetzt: von Parlament und Prinzregent. Bis zum Ende der Neuen Ära sollte dieser Druck nur zunehmen. Die Heeresreform übte einen Polarisierungseffekt auf die politische Kultur in Preußen aus, der sich negativ auf den gesamten legislativen Prozess auswirkte. Es wurde immer schwieriger, Kompromisslösungen zu finden. Bis 1862 wurde es sogar unmöglich. Da der Gesetzgebungsprozess stockte, verloren Hohenzollern und Auerswald graduell jeden Rückhalt im Abgeordnetenhaus. Gleichzeitig schwand aber auch Wilhelms Vertrauen in die von ihm ernannten Minister. Und Roon diente ihm als Pressionsinstrument, um den Konseilverhandlungen den Allerhöchsten Willen aufzuzwingen. Zwischen diesen Fronten wurde das Ministerium langfristig zerrieben.[78] Diese Entwicklung war bereits 1860 absehbar. Im Juni soll Usedom *„die Stellung des Ministeriums"* gegenüber Bernhardi als *„desparat"* bezeichnet haben. „Der Prinz denkt vor Allem an die Armeevorlagen, dreijährige Dienstzeit und 10½ Millionen. Wer ihm hiervon etwas abdringen will, ist ihm ein Feind oder Revolutionär, weil er das höchste Attribut der Königswürde, den Kriegsbefehl, beeinträchtigen will."[79] Einen Monat später warnte Pourtalès seinen Schwiegervater Bethmann-Hollweg, jeden „Konflikt" mit dem Regenten über die Heeresreform zu vermeiden, „den Manteuffel und die Reaktion um jeden Preis zu provozieren suchen, um das Ministerium zu stürzen."[80] Und im Dezember schimpfte Milde seinem Parteifreund Vincke, „das Ministerium ist in der Domesticité des prinzlichen Hauses vollkommen auf- und untergegangen. Die Unterwürfigkeit der Herren geht so weit, daß sie alles ohne Widerstand thun, was ihnen von oben her octroyiert wird und da das Ohr des Prinzen nur und ausschließlich die Adjutantur und das Militair-Cabinet besitzen, die rein Kreuzzeitung Coterie sind, so werden wir indirekt dazu gebracht einem Systeme zu dienen, was wir zehn Jahre bekämpft haben."[81]

Für Wilhelm waren Kompromisse in der Heeresreform schlichtweg unmöglich. Denn in seinen Augen musste ihn jedes Nachgeben näher in Richtung Guillotine bringen. Genauso wie die Deutsche Frage war ihm die Militärfrage eine *Systemfrage*. Er glaubte, einen Kampf um Königsheer oder Parlamentsarmee führen zu müssen. Und wer diese Perspektive nicht teilte, verlor seit 1860 graduell an Einfluss am Berliner Hof. Dies hatte zur Folge, dass sich um den späteren Kaiser eine konservative Echokammer bilden sollte, zu der kompromissbereite Stimmen keinen Zutritt mehr fanden. Damit

---

77 Vgl. Showalter, German Unification, S. 80.
78 Vgl. Haupts, Liberale Regierung, S. 60; Börner, Krise, S. 121; Walter, Heeresreformen, S. 449.
79 Tagebuch Bernhardi, 26. Juni 1860. Bernhardi (Hrsg.), Aus dem Leben, Bd. 4, S. 5.
80 Pourtalès an Bethmann-Hollweg, 6. Juli 1860. Mutius (Hrsg.), Pourtalès, S. 156.
81 Milde an Vincke, 18./19. Dezember 1860. Bahne, Altliberale, S. 173.

verlor die Hohenzollernmonarchie im Inneren jenes Reformpotential, das ihr Wilhelm 1858 zurückgegebenen hatte. Keine historischen Entwicklungen sind völlig zwangsläufig. Das gilt auch für den Verfassungskonflikt. Aber da der spätere Kaiser absolut verhandlungsresistent war, hätte allein der Landtag den Konflikt durch Nachgeben verhindern können. Im Jahr 1860 war das noch teilweise möglich gewesen. Nur ein Jahr später sah das politische Klima in Preußen bereits ganz anders aus.

„Von Gottes Händen ist mir die Krone zugefallen." Der Weg in die Staatskrise 1861

Friedrich Wilhelm IV. starb am 2. Januar 1861 im Alter von fünfundsechzig Jahren. Mit dem Tod seines älteren Bruders wurde Wilhelm König von Preußen. Aber das war für ihn nicht das einzige einschneidende Ereignis in jenem Winter. Bereits am 1. November 1860 starb seine Schwester Charlotte mit zweiundsechzig Jahren. Beide Geschwister hatten sich das letzte Mal im Sommer desselben Jahres gesehen, als die gesundheitlich bereits angeschlagene Zarenwitwe Deutschland besucht hatte.[1] Politisch mochte sich ihr Verhältnis seit 1848 graduell verschlechtert haben. Aber Charlottes Tod war für Wilhelm dennoch ein emotionaler Verlust, wie die Quellen belegen. Friedrich Wilhelm notierte, er habe seinen Vater „so herunter gefunden, wie noch nie bisher!"[2] Victoria berichtete über ihren Schwiegervater, „he looks broken down and aged by several years – [...] and of course it grieves him dreadfully."[3] Und Wilhelm selbst schrieb seiner Ehefrau, „eine 50jährige Freundin liegt im Grabe, die wir uns in Leid und Freud durch eine eigene Fügung des Himmels in den wichtigsten Augenblicken des Lebens, trotz der großen Entfernung, nahe standen und uns gegenseitig tragen halfen, was der Herr sendete. Eine Uebereinstimmung der Gefühle, Gesinnungen, Ansichten, wie wir sie immer bei uns fanden, haben unsere Existenzen so eins gemacht, daß ich nie genug dem Himmel für den Genuß danken kann."[4] Aber mit Charlotte verlor Wilhelm nicht nur eine Bezugsperson, sondern auch eine regelmäßige Korrespondenzpartnerin. Nur wenige Wochen nach ihrem Tod klagte er Luise, „wie oft" sei es ihm „jetzt schon begegnet, daß bei einer wichtigen Sache ich dachte: Das mußt Du *ihr* schreiben!!"[5] Der direkte Draht zum Petersburger Hof brach 1860 zwar nicht ab. Doch weder Wilhelms Briefwechsel mit Alexander II. noch Alexander III. sollte je eine vergleichbare Qualität und Quantität erreichen. Im selben Monat verlor der Regent mit Bunsen zudem noch eine weitere langjährige Vertrauensperson. Der neunundsechzig Jahre alte Diplomat starb am 29. November. An Bunsens Witwe schrieb der spätere Kaiser, „das jahrelange innige Vertrauen, welches mich mit Ihrem verstorbenen Gatten in Verbindung gesetzt hatte, und das von beiden Seiten mit gleicher Innigkeit und Ausdauer gehalten ward, ist ein Gewinn für mein Leben gewesen, und dieser geht über sein Grab hinaus."[6]

Friedrich Wilhelm IV. wurde über diese Todesfälle nicht informiert.[7] Seit dem Herbst 1859 war der König körperlich weitgehend gelähmt und kognitiv stark beein-

---

1 Vgl. Buttenschön, Zarenthron, S. 338–344.
2 Tagebuch Friedrich Wilhelm, 1. November 1860. Meisner (Hrsg.), Tagebücher, S. 71.
3 Victoria an Queen Victoria, 2. November 1860. Fulford (Hrsg.), Dearest Child, S. 276–277.
4 Wilhelm an Augusta, 1. November 1860. GStA PK, BPH, Rep. 51 J, Nr. 509b, Bd. 8, Bl. 79.
5 Wilhelm an Luise, 28. November 1860. GStA PK, BPH, Rep. 51, Nr. 853.
6 Wilhelm an F. Bunsen, 3. Dezember 1860. Berner (Hrsg.), Briefe, Bd. 1, S. 503.
7 Vgl. [Hohenlohe-Ingelfingen], Aus meinem Leben, Bd. 2, S. 221.

https://doi.org/10.1515/9783111323954-033

trächtigt. Im November 1860 verfiel er schließlich in einen vegetativen Zustand.[8] Wilhelm hatte das Krankenlager seines Bruders in Sanssouci seit 1859 nur sehr unregelmäßig frequentiert. Im April 1860 gestand er Luise sogar, „den König sah ich seit 6 Wochen nicht mehr, da es die Königin garnicht anbiethet."[9] Erst etwa drei Wochen nach dem Tod seiner Schwester besuchte der Regent den bereits im Sterben liegenden Monarchen. Augusta berichtete er, „den Tod der teuren Ch[arlotte] weiß er nicht, da er vor einiger Zeit, als man sich von dem Abnehmen der Kräfte derselben unterhielt, mit einmal ausrief: schrecklich, schrecklich! so daß man hiernach die Schmerzensnachricht ganz zu verschweigen beschloß."[10] Und gegenüber Alexandrine bemerkte er am 31. Dezember, „wenn man einen so schönen Tod erlebte wie der der teuren Charlotte, – was soll man da fühlen, denken, wünschen, wenn man das Elend in Sanssouci siehet?!"[11] In der Nacht vom 1. auf den 2. Januar 1861 wurde Wilhelm zusammen mit seiner Familie schließlich nach Sanssouci gerufen. Laut den Tagebuchaufzeichnungen seines Sohnes soll Friedrich Wilhelm IV. nur wenige Minuten nach ihrem Eintreffen verstorben sein. „Dann fiel ich vor allen dem teuren Papa in die Arme, Gottes Segen über ihn als Ew. Majestät erflehend!!! Desgleichen auch Mama." Elisabeth soll ihrem Schwager noch in derselben Nacht das geheime politische Testament des verstorbenen Königs vorgelesen haben, „in welchem die Nachfolger aufgefordert werden, die Verfassung nicht zu beschwören, und er sich zu rechtfertigen sucht, warum er's 1850 getan. Papa gebot uns hierüber zu schweigen, mit schönen Worten sagend, er würde, wenn's nicht schon als Regent geschehen, dennoch es getan haben."[12] Bereits in seinen ersten Stunden als König hatte Wilhelm eine weitreichende politische Entscheidung getroffen. Und gleichzeitig hatte er die geschichtspolitische Deutungshoheit über die Herrschaft seines Bruders übernommen. Erst Jahrzehnte später sollte die Öffentlichkeit erfahren, dass Friedrich Wilhelm IV. bis zuletzt den Konstitutionalismus zu überwinden versucht hatte.

Es war ein kurioser Zufall, dass Leopold von Gerlach nur acht Tage nach seinem königlichen Herrn verstarb. Am 7. Januar hatte er an der Bestattungszeremonie des toten Herrschers teilgenommen. Sein Arzt hatte ihm davon abgeraten, da er an Gürtelrose erkrankt war. Es ist möglich, dass die kalten Wintertemperaturen und der schwere Helmschmuck, den der Generaladjutant an jenem Tag stundenlang trug, seinen Gesundheitszustand verschlechtert haben mochten. Am 10. Januar starb Gerlach im Alter von siebzig Jahren.[13] „Sein Ende erinnert an das Gefolge eines altgermanischen Fürsten, das freiwillig mit ihm stirbt", so Bismarck.[14] Und der neue Kronprinz notierte, „der Himmel scheint diese eigentümliche Fügung wie ein Wunder gesendet zu haben, um dem lieben Papa seinen ernsten schweren Regierungsbeginn etwas leichter zu

---

8 Vgl. Vogel, Krankheit, S. 265.

9 Wilhelm an Luise, 6. April 1860. GStA PK, BPH, Rep. 51, Nr. 853.

10 Wilhelm an Augusta, 19. November 1860. GStA PK, BPH, Rep. 51 J, Nr. 509b, Bd. 8, Bl. 91.

11 Wilhelm an Alexandrine, 31. Dezember 1860. Schultze (Hrsg.), Briefe an Alexandrine, S. 93.

12 Tagebuch Friedrich Wilhelm, 2. Januar 1861. Meisner (Hrsg.), Tagebücher, S. 73 – 74.

13 Vgl. Kraus, Ernst Ludwig von Gerlach, Bd. 2, S. 727 – 728.

14 NFA, IV, S. 34.

machen. Sonst hätte Gerlach müssen diensttuender Generaladjutant werden."[15] Der Beerdigung seines ehemaligen Adjutanten und politischen Gegners blieb der spätere Kaiser fern.[16]

Wilhelm war mit dreiundsechzig Jahren König geworden. In späteren Jahren soll er gegenüber Schneider über jene Januartage in Sanssouci erzählt haben, „mit einem Schlage stand die ganze Verantwortlichkeit vor mir, der ich entgegenging, und im Nebenzimmer die Leiche meines Bruders! Gott ist mein Zeuge, daß ich nie geglaubt, ihm auf dem Throne folgen zu müssen!"[17] Politisch gesehen war der 2. Januar 1861 *keine* Zäsur. Denn mit Blick auf Wilhelms Rolle im Staatsministerium und der Armee hatte der Thronwechsel bereits 1857/58 stattgefunden. Strukturell blieb das persönliche Regiment von den Ereignissen in Sanssouci unberührt. Und auch öffentlich hatte Friedrich Wilhelm IV. seit seiner Erkrankung keine nennenswerte Rolle mehr gespielt. Lediglich auf der zeremoniellen und höfischen Ebene öffneten sich neue Gestaltungsräume. Nach 1861 sollte der spätere Kaiser den Berliner Hof sukzessiv ausbauen und umgestalten. Er ernannte neue Hofchargen und führte neue Rangordnungen ein. Nach außen sollte diese opulente Symbolpolitik die Autorität des neuen Herrschers kommunizieren. Pomp und Prunk fanden am Berliner Hof nicht erst unter Wilhelm II. Eingang, wie in der Forschung lange behauptet wurde. Der letzte Hohenzollernkaiser folgte auch auf dieser Politikebene lediglich dem Vorbild seines Großvaters.[18]

Wenn man 1861 allerdings eine deutliche Zäsur konstatieren möchte, so muss diese beim Herrschernamen gesucht und gefunden werden. Denn der neue König nannte sich Wilhelm I. Seit Beginn des preußischen Königtums 1701 hatte es jedoch nur zwei Friedrichs und vier Friedrich Wilhelms gegeben. Weshalb der spätere Kaiser mit dieser Namenstradition brach, kann mangels eindeutiger Quellen nicht rekonstruiert werden. Laut dem Tagebuch des Kronprinzen soll sein Vater bereits kurz nach dem Tod Friedrich Wilhelms IV. vom Hofpersonal als „König Wilhelm" tituliert worden sein.[19] Zwar war der erste Deutsche Kaiser seit seiner Kindheit unter dem *Ruf*namen Wilhelm bekannt. Aber ein *Herrscher*name ist immer auch ein Politikum. So soll Friedrich III. diesen Namen bereits lange vor 1888 gewählt haben, um sich in die Traditionen des mittelalterlichen Kaisertums zu stellen.[20] Und anno 1861 schien „Wilhelm I." zumindest jenseits des Berliner Hofs für etwas Verwunderung gesorgt zu haben. Beispielsweise spekulierte

---

15 Tagebuch Friedrich Wilhelm, 9. Januar 1861. Meisner (Hrsg.), Tagebuch, S. 77.
16 Vgl. Tagebuch Friedrich Wilhelm, 14. Januar 1861. Ebd., S. 78.
17 Schneider, Kaiser Wilhelm, Bd. 1, S. 106.
18 Vgl. Anja Bittner, Höfe in Preußen von 1786 bis 1918: Amtsorganisation, Akteurinnen, Akteure und die Arbeitswelt des Hofpersonals, in: Acta Borussica. Neue Folge. 3. Reihe. Praktiken der Monarchie. Die späte mitteleuropäische Monarchie am preußischen Beispiel (1786–1918), hrsg. v. d. Berlin-Brandenburgischen Akademie der Wissenschaften, Bd. 1, Paderborn 2022, S. 1–193, hier: S. 162–169.
19 Tagebuch Friedrich Wilhelm, 2. Januar 1861. Meisner (Hrsg.), Tagebücher, S. 74.
20 Vgl. Roggenbach an Stosch, 18. August 1885. Julius Heyderhoff (Hrsg.), Im Ring der Gegner Bismarcks. Denkschriften und politischer Briefwechsel Franz v. Roggenbachs mit Kaiserin Augusta und Albrecht v. Stosch 1865–1896, Leipzig 1943, S. 229–231; Gustav Freytag, Der Kronprinz und die deutsche Kaiserkrone, Leipzig 1889, S. 31.

Prinz Alexander von Hessen-Darmstadt, „Friedrich Wilhelm V. ist wohl zu banal und Friedrich III. zu pretenziös gefunden worden, als Fortsetzung der Nummer des großen Königs. Und dann hat Wilhelm I. den Vorteil, daß man nicht zu wechseln braucht, falls sich ein demokratisches Deutsches Reich ‚herausschleinitzen' läßt."[21] Der hessische Prinz war alles andere als ein Freund des neuen preußischen Königs. Aber seine Insinuationen können zumindest nicht völlig von der Hand gewiesen werden. Immerhin hatte bereits der *Prinzregent* Wilhelm wiederholt demonstriert, dass er an die Spitze Deutschlands treten wollte. Der *König* Wilhelm I. verfolgte diese Politik konsequent weiter. Bereits am 6. Januar erklärte er in dem öffentlichen Erlass *An Mein Volk*, „Meine Pflichten für Preußen fallen mit Meinen Pflichten für Deutschland zusammen."[22] Vielleicht war der Name also doch Programm.

Die politische Atmosphäre am Berliner Hof schien sich seit Anfang 1861 verändert zu haben. So schrieb Duncker am 11. Januar, „überhaupt sind wir seit dem Thronwechsel sehr viel konservativer geworden und was an Kraft übrig ist, geht in inneren Friktionen verloren."[23] Und sieben Monate später berichtete der britische Gesandte Augustus Loftus, „since His accession to the throne The King has apparently become far more reactionary in his political sentiments, although His Majesty is conscientious in his expressed intentions – faithfully to observe and maintain the Constitution."[24] Als König glaubte Wilhelm, im vollen Besitz des Gottesgnadentums zu sein. Die Stellung der Minister wurde durch dieses Herrschaftsverständnis jedenfalls nicht aufgewertet. Bereits am 18. Januar ließ Wilhelm das Kriegsministerium strukturell weitgehend entmachten. Mit einer königlichen Ordre hob er das Kontrasignaturrecht des Kriegsministers in Kommandofragen und Personalangelegenheiten auf.[25] Damit konnte dieser dem Landtag gegenüber nur noch den Haushalt verantworten. Das militärische Mitspracherecht der gewählten Volksvertreter war auf ein konstitutionelles Minimum zurechtgestutzt worden. Gleichzeitig begann mit dieser Ordre die institutionelle Emanzipation des Militärkabinetts. Kriegsminister und Kabinettschef teilten sich die bürokratische Armeeführung. Graduell sollte auch noch der Generalstab als dritter struktureller player dazukommen. In dieser institutionellen Anarchie waren Rivalitätskonflikte geradezu vorprogrammiert. Aber genau das stärkte die Stellung des Monarchen. Denn in Streit-

---

21 Tagebuch Alexander von Hessen-Darmstadt, 12. Januar 1861. Egon Caesar Conti Corti, Unter Zaren und gekrönten Frauen. Schicksal und Tragik europäischer Kaiserreiche an Hand von Briefen, Tagebüchern und Geheimdokumenten der Zarin Marie von Rußland und des Prinzen Alexander von Hessen, Salzburg/ Leipzig ⁹1936, S. 167.

22 Erlass Wilhelms, 6. Januar 1861. [Wilhelm I.], Politische Correspondenz Kaiser Wilhelm's I., Berlin 1890, S. 170.

23 Duncker an Sybel, 11. Januar 1861. Heyderhoff (Hrsg.), Liberalismus, Bd. 1, S. 53.

24 Loftus an Russel, 6. Juli 1861. British Envoys, Bd. 4, S. 143.

25 Der Text der Kabinettsordre findet sich in: Acta Borussica. Neue Folge. 3. Reihe. Praktiken der Monarchie. Die späte mitteleuropäische Monarchie am preußischen Beispiel (1786 – 1918), hrsg. v. d. Berlin-Brandenburgischen Akademie der Wissenschaften, Bd. 3, Paderborn 2023, S. 429 – 430.

fragen konnte allein der Oberste Kriegsherr als Schiedsrichterinstanz Entscheidungen fällen.[26]

Roon hatte seine eigene Entmachtung aktiv mitgetragen. Er hatte sogar die Redaktion der Januarordre übernommen.[27] Indem er Wilhelms Agenda entgegenarbeitete, festigte sich das Loyalitätsverhältnis von König und Kriegsminister. Dieser Opportunismus ging sogar so weit, dass der General seine Ministerkollegen an Allerhöchster Stelle anschwärzte. Am 1. März argumentierte Roon beispielsweise in einem längeren Schreiben, „in anderen konstitutionellen Staaten ist die Geltendmachung eines Regierungswillens *gegen den König* denkbar; in Preußen nicht! [...] Eine *solche* Auffassung ist daher auch von des Königs ersten Dienern, den Ministern, nach allen Seiten hin festzuhalten *und* zu *vertreten*." Wilhelm schrieb auf den Rand dieses Dokuments, *„es gebürth Ihnen für Ihren Freimuth mein aufrichtiger Dank für ewige Zeiten!"*[28] Das waren bezeichnende Worte. Im selben Monat notierte der Kronprinz, „die Minister sind beklommen, weil sie glauben, nicht mehr den Rückhalt am Könige zu haben wie bisher."[29]

Seit Januar nahmen die Konflikte zwischen Wilhelm und dem Staatsministerium zu. Roons Intrigantentum trug zu dieser Entwicklung bei. Das gilt auch für den Thronwechsel. Aber im Hintergrund stand stets die schwelende Militärfrage. Der König glaubte nicht länger darauf vertrauen zu können, dass die Minister die Krongewalt dem Parlament gegenüber verteidigen würden. So lehnte er im Frühjahr 1861 die geplante Kreisreform ab. Mit dieser Maßnahme wollte das Ministerium den demographischen Folgen von Urbanisierung und Industrialisierung Rechnung tragen.[30] Wilhelm vermutete aber einen liberalen Angriff auf den konservativen Landadel.[31] Seinem Sohn soll er geschimpft haben, „er werde zu Konzessionen gedrängt und stieße dem Adel vor den Kopf".[32] Von Auerswald will der Thronfolger erfahren haben, dass sein Vater die Kreisreformvorlage sogar zerrissen haben soll, als ihm diese vorgelegt worden sei. Die „Minister wissen nicht, was zu tun, wenn ihre Vorschläge ohne Ausnahme keinen Allerhöchsten Beifall finden und doch die Landesvertretung noch wichtige Vorlagen erwartet."[33] Und Duncker soll Bernhardi berichtet haben, *„der König betrachtet den Versuch mit einem liberalen Ministerium als mißlungen;* – besonders, da dieses Ministerium gar nichts ausgerichtet, nichts zu Stande gebracht hat."[34]

Ganz so desaströs war die vorläufige Regierungsbilanz der Neuen Ära jedoch nicht. Etwa zeitgleich zur Kreisreform versuchten sich die Minister an einer Grundsteuerre-

---

26 Vgl. Schmidt-Bückeburg, Militärkabinett, S. 73–79; Rathgeber/Spenkuch, Monarchenbüro, S. 126–129.
27 Vgl. Börner, Krise, S. 104–105.
28 Roon an Wilhelm (mit Marginalien des Königs), 1. März 1861. Roon (Hrsg.), Denkwürdigkeiten, Bd. 2, S. 39–44.
29 Tagebuch Friedrich Wilhelm, 6. März 1861. Meisner (Hrsg.), Tagebücher, S. 84.
30 Vgl. Börner, Krise, S. 129–130.
31 Vgl. Konseilprotokoll, 28. Februar 1861. Acta Borussica. Protokolle, Bd. 5, S. 113–114.
32 Tagebuch Friedrich Wilhelm, 28. Februar 1861. Meisner (Hrsg.), Tagebücher, S. 83.
33 Tagebuch Friedrich Wilhelm, 1. März 1861. Ebd., S. 83.
34 Tagebuch Bernhardi, 12. März 1861. Bernhardi (Hrsg.), Aus dem Leben, Bd. 4, S. 100.

form. Da der Landadel in den preußischen Ostprovinzen von der Grundsteuer befreit war, lehnte das Herrenhaus dieses liberale pet project ab. Aber dem Staatsministerium gelang es, Wilhelm für die Reform zu gewinnen. Denn mit den neuen Geldern gewann auch die Heeresreform einen größeren finanzpolitischen Spielraum. Und gleichzeitig hofften die Minister, das Abgeordnetenhaus im Gegenzug zu Konzessionen in der Militärfrage bewegen zu können.[35] Der König war sogar bereit, auf mehrere Herrenhausmitglieder persönlich Druck auszuüben. „Sie wissen so gut wie ich, daß das Abgeordnetenhaus die Militärreform verwirft, wenn das Herrenhaus die Grundsteuer verwirft“, schrieb er beispielsweise dem ehemaligen Staatsminister Arnim-Boitzenburg. „Durch solche Verhältnisse ist es unausbleiblich, daß der Staat in *völlige Lähmung* versetzt wird. [...] Dies ist der Moment, den Napoleon nur *erwartet*, um über Preußen und Deutschland herzufallen. [...] Und wer ist daran Schuld?? Die Opposition des Herrenhauses unter Ihrer Leitung gegen *mich* und meine Regierung!!!“[36] Auch an General Groeben richtete er die Warnung, „daß ein negatives Votum des Herrenhauses in der Grundsteuer das Verwerfen der Armeevorlage nach sich ziehet; dann ist der Moment des Zerwürfnisses für Preußen gekommen, und Napoleon ist in wenig Monaten Herr des linken Rheinufers.“[37] Wilhelm ging sogar soweit, beiden Adressaten den Zutritt zum Hof zu verbieten.[38] Und als ihm beide Parlamentskammern zu seinem vierundsechzigsten Geburtstag gratulierten, soll er diese Gelegenheit laut dem Kronprinzen genutzt haben, um den Parlamentariern „energisch seine Ansichten“ zu erklären. „Wenn Grundsteuer und Militärfrage nicht durchdringen jetzt, lüde er alle Verantwortlichkeit auf die Häuser, zumal angesichts der drohenden Zeitverhältnisse und der napoleonischen Scheußlichkeiten.“[39] Der königliche Druck schien seinen Eindruck nicht verfehlt zu haben. Denn das Herrenhaus nahm die Grundsteuerreform mit einer knappen Mehrheit von zwanzig Stimmen an.[40] Dies blieb allerdings der einzige innenpolitische Reformerfolg der Neuen Ära.

Aber wie sah es mit dem Kalkül aus, über die Grundsteuerreform auch die Militärfrage zu lösen? Hier war der Regierung nur teilweise Erfolg vergönnt. Am 1. Mai teilten die Minister Wilhelm in einer Kronratsitzung mit, dass die liberale Opposition lediglich einer Verlängerung des Extraordinariums zustimmen würde. Zwar stimmte der König dieser Lösung erneut zu. Doch erklärte er, dass er im Fall einer Ablehnung bereit sei, das Abgeordnetenhaus aufzulösen. Bis zum Zusammentritt eines neugewählten Landtags sollte dann einfach mit den bestehenden Haushaltsregeln regiert werden. Das war nichts anderes als die Lückentheorie. Und Wilhelm schien sich bewusst

---

35 Vgl. Wolfram Pyta, Liberale Regierungspolitik im Preußen der „Neuen Ära“ vor dem Heereskonflikt. Die preußische Grundsteuerreform von 1861, in: FBPG NF 2 (1992), S. 179 – 247.
36 Wilhelm an Arnim-Boitzenburg, 31. März 1861. Schultze (Hrsg.), Briefe an Politiker, Bd. 2, S. 160 – 163.
37 Wilhelm an Groeben, 30. April 1861. Ebd., S. 166.
38 Vgl. Tagebuch Bernhardi, 2. Mai 1861. Bernhardi (Hrsg.), Aus dem Leben, Bd. 4, S. 123; Tagebuch E. L. v. Gerlach, 6. Mai 1861. Diwald (Hrsg.), Nachlaß, Bd. 1, S. 425.
39 Tagebuch Friedrich Wilhelm, 22. März 1861. Meisner (Hrsg.), Tagebücher, S. 86.
40 Vgl. Börner, Krise, S. 134 – 135.

gewesen zu sein, dass diese Option den schwelenden Konflikt eskalieren lassen würde. Denn er befahl den Ministern, über diese Konseilbeschlüsse zu schweigen.[41] Letztendlich hatte dieser Kronrat bereits die Weichen zum offenen Verfassungskonflikt gelegt, der ein Jahr später ausbrechen sollte. Bis dahin blieb die Lückentheorie in der königlichen Schreibtischschublade. Aber bereits am 19. Mai warnte der Herrscher Vincke-Olbendorf, „wenn mir im Ordinarium ein Taler vom Plenum abgesetzt wird, so löse ich die Kammer auf und *die* werden die Schuld tragen, die mich dazu treiben, denn in die Organisation lasse ich niemand mitsprechen."[42] Diese Zeilen waren in erster Linie an Vincke und dessen Parteifreunde gerichtet. Am 31. Mai bewilligte das Abgeordnetenhaus schließlich auch das neue Extraordinarium. Aber die Liberalen machten deutlich, dass dies die letzte Vertagung sein würde. Für das kommende Jahr forderten sie eine Abstimmung über die Dienstzeitfrage.[43] Vincke sah sich zu diesem Ultimatum gezwungen, da seine Kompromissposition immer weniger Befürworter in den eigenen Reihen fand.[44] Seit Februar hatten mehrere liberale Abgeordnete die Landtagsfraktion verlassen. Sie waren überzeugt, dass ein Ausgleich mit der Regierung nur durch einen wachsenden Druck von unten gefunden werden konnte. Das war nicht zufällig auch die Strategie des *Deutschen Nationalvereins*. Denn die enttäuschten Liberalen waren gleichzeitig Vereinsmitglieder. Im Juni gründeten sie schließlich die *Deutsche Fortschrittspartei*, und grenzten sich dadurch auch parteipolitisch von den sogenannten Altliberalen um Vincke ab. Die Fortschrittspartei sollte das liberale Lager in den kommenden Jahren dominieren. Und sie sollte versuchen, die preußische Regierung zu Konzessionen in der Militärfrage und der Deutschen Frage zu zwingen. Auf dem Weg in den Verfassungskonflikt muss die Parteigründung daher als weiterer Eskalationsmoment betrachtet werden.[45]

Wilhelm war seinerseits bereit, den offenen Konflikt mit dem Parlament nicht zu scheuen. Nach der Verlängerung des Extraordinariums schimpfte er Luise über den „Ärger und [...] Kummer mit den Kammern [...]. Das Resultat ist freilich für die Sache an sich, günstig, indem trotz der sogenannten *extraordinairen* Etatisirung der Wehr Ausgaben für die Augmentation der Armée, diese an sich doch feststehet, bis etwa im künftigen Jahr eine *rothe* Kammer, dies Extraordinarium, streichen will. Indessen bis dahin muß man warten, und jedes Jahr hat seine Noth, aber auch seine Hülfen."[46] Am 5. Juni ließ der König den Landtag vorzeitig schließen. In seiner Thronrede erklärte er den Parlamentariern, „da Meine Regierung weder die Herbeiführung entsprechender

---

41 Vgl. Konseilprotokoll, 1. Mai 1861. Acta Borussica. Protokolle, Bd. 5, S. 120–121.

42 Wilhelm an Vincke-Olbendorf, 19. Mai 1861. Schultze (Hrsg.), Briefe an Politiker, Bd. 2, S. 168–169.

43 Vgl. Huber, Verfassungsgeschichte, Bd. 3, S. 291; Börner, Krise, S. 134.

44 Vgl. Behr, Vincke, S. 288–289.

45 Vgl. Heinrich August Winkler, Preußischer Liberalismus und deutscher Nationalstaat. Studien zur Geschichte der Deutschen Fortschrittspartei, 1861–1866, Tübingen 1964; Andreas Biefang, National-preußisch oder deutsch-national? Die deutsche Fortschrittspartei in Preußen 1861–1867, in: Geschichte und Gesellschaft 23. Jahrg. H. 3 (1997), S. 360–383; Jansen, Paulskirchenlinke, S. 377–380.

46 Wilhelm an Luise, 8. Juni 1861. GStA PK, BPH, Rep. 51, Nr. 853.

gesetzlicher Normen noch die Herstellung regelmäßig geordneter Etatsverhältnisse im Ressort der Militair-Verwaltung aus dem Auge verlieren wird, kann Ich über die Form der Bewilligung hinwegsehen, die das Lebensprinzip der großen Maßregel nicht berührt."[47] Das war eine unverhohlene Provokation. Immerhin warf der Monarch dem Abgeordnetenhaus vor, sich außerhalb der Staatsordnung zu bewegen. Und er hatte diese Worte bewusst so formuliert. Denn von Bethmann-Hollewegs Ehefrau will Bernhardi am 5. Juni erfahren haben, dass die Minister völlig überrumpelt worden seien. *„Bis gestern Abend hat selbst ihr Mann – der Minister pourtant – nichts davon gewußt, daß heute die Kammern geschlossen werden sollen* – da kam mit einem Male, um ½ 10 die königliche Botschaft!" Und Auerswald soll geklagt haben, dass das Staatsministerium vergeblich versucht habe, die Thronrede abzuschwächen. Die provokanten Worte „sind auf den persönlichen Wunsch des Königs hineingebracht."[48] Auch im Jahr Drei der Neuen Ära war es den Ministern nicht möglich, sich vom persönlichen Regiment zu befreien. Schlimmer noch: Ihr Verhältnis zu Wilhelm litt im Sommer 1861 unter einer akuten Vertrauenskrise. „Ich merke immer mehr", notierte der Kronprinz, „daß die meisten Minister der Meinung sind, dieses Ministerium komme nicht mehr mit S.M. zusammen, weil die Auffassungen zu abweichend werden. Was aber dann!?!"[49]

Kaum war der Landtagskonflikt vertagt worden, wartete bereits die nächste innenpolitische Krise auf die Regierung. Denn seitdem er König geworden war, wollte Wilhelm diese dynastische Rangerhöhung auch zeremoniell bestätigt und dadurch *legitimiert* sehen. Vor 1848 hatten die Hohenzollernkönige nach ihrer Thronbesteigung den Huldigungseid der preußischen Stände entgegengenommen. Friedrich Wilhelm IV. war der letzte Monarch, der dieses mittelalterliche Ritual 1840 begangen hatte. Aber mit dem Übergang zum Konstitutionalismus war die Erbhuldigung verfassungsrechtlich unmöglich geworden. Eine Ständegesellschaft existierte nicht mehr. Die Landtagsabgeordneten mussten einen Treueeid auf König und Verfassung schwören. Für den Fall eines Thronwechsels gab es hingegen keine konstitutionellen Zeremonieregeln. Ein Huldigungseid wäre daher bestenfalls extrakonstitutioneller Natur gewesen – und damit eine Provokation in Richtung Landtag.[50] Dennoch bestand Wilhelm auf dieser historisch tradierten Legitimation. Während der Landtagsverhandlungen „konnten keine Vorbereitungen getroffen werden", schrieb er seiner Schwester am 8. Juni, „weil wir bis zum Votum vor 8 Tagen noch in der Erwartung schwebten, die 2. Kammer auflösen zu müssen, worauf die Neu Wahlen sofort hätten angeordnet werden müssen da das Budjet nur bis zum 1. July läuft. Und in dieser Wahl Wirthschaft konnte unmöglich die Huldigung fallen."[51] Nach der Landtagsschließung sollten die Minister ihrem Souverän einen verfassungsrechtlichen Weg zur Erbhuldigung finden. Aber bereits am 11. Juni ließ das Staatsministerium dem Monarchen mitteilen, dass der Ständeeid unvereinbar mit der

---

47 Rede Wilhelms, 5. Juni 1861. Huber (Hrsg.), Dokumente, Bd. 2, S. 39.

48 Tagebuch Bernhardi, 5. Juni 1861. Bernhardi (Hrsg.), Aus dem Leben, Bd. 4, S. 133–134.

49 Tagebuch Friedrich Wilhelm, 2. Juni 1861. Meisner (Hrsg.), Tagebücher, S. 93.

50 Vgl. Huber, Verfassungsgeschichte, Bd. 3, S. 289.

51 Wilhelm an Luise, 8. Juni 1861. GStA PK, BPH, Rep. 51, Nr. 853.

Verfassungsordnung sei. Laut dem Kronprinzen soll sein Vater daraufhin in „heftige Bestürzung" geraten sein und „erklärt" haben, „vom Eide in keiner Weise ablassen zu wollen, sonst würde er abdizieren, weil ohne Eid die Macht der Krone gefährdet sei."[52] Back to square one. Gegenüber Bernhardi soll Auerswald am 17. Juni geklagt haben, *„der König verlangt die Huldigung;* er sagt, bisher hatte der König dem Lande gegenüber keine ausdrückliche, eidliche Verpflichtung zu übernehmen gehabt, das Land aber habe ihm gehuldigt; jetzt muß der König dem Lande einen Eid leisten, da habe er mehr als jemals Veranlassung auch seinerseits vom Lande einen Eid zu verlangen. [...] Den Eid, welchen das Haus der Abgeordneten ihm geleistet hat, sieht er nicht als einen Eid des Landes an, denn es ist derselbe Eid den sie auch sonst bei dem Eintritt in das Haus leisten müssen und sie waren weder bevollmächtigt noch beauftragt im Namen des Landes zu schwören." Zwar sei „gegen die Sache selbst [...] eigentlich nichts einzuwenden; aber es fragt sich, *wer soll huldigen im Namen des Landes, und in welcher Form soll gehuldigt werden?"*[53] Diese Frage sollte Preußen an den Rand einer Staatskrise bringen.

Der Huldigungsstreit hatte scheinbar für viele Minister das Fass zum Überlaufen gebracht. Wieder einmal wurden sie von Wilhelm zu einer Politik gedrängt, die sie öffentlich nicht vertreten konnten und wollten. „Nach oben hin dürfen wir den reaktionären Erwartungen nicht gerecht, nach unten hin, d.h. dem Volk und den Kammern gegenüber, können wir es nicht werden!", klagte Hohenzollern. „Ein solcher Zwitterzustand ist gefährlich und unerträglich, und mit negativen Leistungen nimmt heute niemand mehr vorlieb!"[54] In dieser prekären Situation waren die Minister augenscheinlich bereit, die Probe aufs Exempel zu wagen und jene Machtfrage zu stellen, die sie seit 1858 vermieden hatten. Wie Friedrich Wilhelm in seinem Tagebuch berichtet, soll am 17. Juni in einem Konseil beschlossen worden sein, den Monarchen um einen Regierungswechsel zu bitten, „sowohl wegen Huldigungsdifferenzen als auch wegen voraussichtlicher Meinungsverschiedenheiten über Kreisordnung, Herrenhausreform, Ministerverantwortlichkeit etc."[55] Das Staatsministerium drohte mit seinem Abtritt. Wäre Wilhelm auf das Entlassungsgesuch eingegangen, hätte er einen Regierungskonflikt zu einer Staatskrise eskalieren lassen. Hätte er hingegen nachgegeben, wäre dies der erste Schritt zu einer Ministeremanzipation gewesen. Am 20. Juni schrieb er seiner Ehefrau, „ich bin sehr matt", da „mir die Minister vollständig den Stuhl vor die Tür setzen wollen, wenn ich auf die [!] Erbhuldigung bestehe und nicht ihre Simulacre annehme. Ich weiß nicht ein noch aus!"[56]

Wilhelm war jedenfalls nicht bereit, sich vom Staatsministerium erpressen zu lassen. „En deux mots ist die Sache die, daß das Ministerium abtreten will, wenn ich die Erbhuldigung durchsetze[,] wozu ich fest entschlossen bin, wenn kein Ausweg sich

---

52 Tagebuch Friedrich Wilhelm, 11. Juni 1861. Meisner (Hrsg.), Tagebücher, S. 95.
53 Tagebuch Bernhardi, 17. Juni 1861. Bernhardi (Hrsg.) Aus dem Leben, Bd. 4, S. 140–141.
54 Hohenzollern an Duncker, 26. Juni 1861. Schultze (Hrsg.), Briefwechsel, S. 281.
55 Tagebuch Friedrich Wilhelm 17. Juni 1861. Meisner (Hrsg.), Tagebücher, S. 95.
56 Wilhelm an Augusta, 20. Juni 1861. GStA PK, BPH, Rep. 51 J, Nr. 509b, Bd. 9, Bl. 1.

zeigt."[57] Auch gab er Roon das königliche Plazet, mögliche Nachfolger zu sondieren. Der Kriegsminister betrachtete die Krise als Hebel, um sich seiner liberalen und reformkonservativen Kollegen zu entledigen.[58] Seinem Freund Clemens Theodor Perthes erklärte der General, „was ich für jetzt am vortheilhaftesten hielt, ist der Rücktritt *einiger* der Minister, natürlich der doktrinären Stimmführer, der in festen Parteiverbindungen stehenden, deren Antecedentien ihnen verbieten, bei einem festen starken Königthum stehen zu bleiben."[59] Und er hatte bereits einen passenden Ministerkandidaten im Blick: Bismarck. Am 27. Juni ließ er den Gesandten wissen, der König habe ihm „erlaubt, mich für ihn nach andern Ministern umzusehen. [...] Ich frage nun, ob Sie die althergebrachte Erbhuldigung für ein Attentat gegen die Verfassung halten?"[60] Der spätere Kanzler antwortete unverzüglich, der Monarch „hat das Recht, sich von jedem einzelnen seiner Unterthanen und von jeder Corporation im Lande huldigen zu lassen, wann und wo es ihm gefällt, und wenn man meinem Könige ein Recht bestreitet, welches er ausüben will und kann, so fühle ich mich verpflichtet, es zu verfechten, wenn ich auch an sich nicht von der practischen Wichtigkeit jener Ausübung durchdrungen bin."[61] Das war genau die Art politischer Opportunismus, mit der am Berliner Hof unter Wilhelm Karriere gemacht werden konnte. Roon war Bismarck das beste Beispiel. Tatsächlich begann der spätere Kanzler in Sankt Petersburg sofort, seine Koffer zu packen. Denn am 28. Juni ließ ihm der Kriegsminister telegraphisch mitteilen, „es ist nöthig, die beabsichtigte Urlaubsreise unverzüglich anzutreten ‚Periculum in mora!'"[62] Laut den Kanzlermemoiren soll es sich um einen Geheimcode gehandelt haben, bei einer Ministerkrise sofort aufzubrechen.[63] Aber bevor Bismarck in Berlin ankommen sollte, war der Huldigungsstreit bereits beigelegt worden.[64]

Das Staatsministerium suchte schließlich doch einen Ausgleich. Wie Wilhelm am 1. Juli Augusta berichtete, sollen ihm die Minister eine Königskrönung vorgeschlagen haben. „Du weißt, wie sehr mir dieser Gedanke widerstehet, ich habe also nur zu wählen zwischen Krönung oder Minister, wenn auch nicht Systemwechsel. So schwer es mir auch wird, so penchire ich für die Krönung nunmehr. [...] Die Krönung ist natürlich ein noch viel solenner Akt, als die Huldigung und insofern mir für Würde, Ehre, Erbe der Krone fast noch erwünschter – aber – es ist so ungewöhnlich, daß es entsetzlich frappiren wird."[65] Wilhelms Sorgen waren nicht unberechtigt. In der Geschichte der Hohenzollernmonarchie hatte es bis dato nur eine einzige Königskrönung gegeben – und diese lag 1861 bereits 160 Jahre in der Vergangenheit. Kurfürst Friedrich III. von Bran-

---

57 Wilhelm an Augusta, 1. Juli 1861. Ebd., Bl. 5.
58 Vgl. Eyck, Bismarck, Bd. 1, S. 363; Gall, Bismarck, S. 208.
59 Roon an Perthes, 18. Juni 1861. Roon (Hrsg.), Denkwürdigkeiten, Bd. 2, S. 23–25.
60 Roon an Bismarck, 27. Juni 1861. Kohl (Hrsg.), Bismarck-Jahrbuch, Bd. 6, S. 194–195.
61 Bismarck an Roon, 2. Juli 1861. GW, Bd. 14/I, S. 571.
62 Roon an Bismarck, 28. Juni 1861 (Telegramm). Roon (Hrsg.), Denkwürdigkeiten, Bd. 2, S. 50.
63 Vgl. NFA, IV, S. 157.
64 Vgl. Bismarck an Roon, 17. Juli 1861. GW, Bd. 14/I, S. 572; NFA, IV, S. 146–147.
65 Wilhelm an Augusta, 1. Juli 1861. GStA PK, BPH, Rep. 51 J, Nr. 509b, Bd. 9, Bl. 5–6.

denburg hatte sich am 18. Januar 1701 in Königsberg zum ersten preußischen König krönen lassen.[66] Dennoch stimmte der spätere Kaiser dieser Kompromisslösung zu. Das ließ er das Staatsministerium in einer Kronratsitzung am 3. Juli wissen. Im Gegenzug mussten sich die Minister „gegen eine parlamentarische Regierung" aussprechen. Und abschließend erklärte er, „ein Wille" und „eine Ansicht müsse zuletzt entscheiden", und „dies sei die des Königs. Wer von den Ministern sich dessen Entscheidung und Gewissensüberzeugung nicht anzuschließen vermöge, müsse dann allerdings zurücktreten."[67] Das war eine eindeutige Warnung. Das Ministerium hatte in der Huldigungskrise die Allerhöchsten roten Linien überschritten. Aber letztendlich waren Hohenzollern und Auerswald vor der Machtfrage doch noch zurückgeschreckt. Der Krönungskompromiss war daher ein struktureller Punktesieg für die Krone. Seiner Ehefrau erklärte Wilhelm zwei Tage später, „die Sitzung am 3. hatte etwas Feierliches u[nd] der Schluß erschien wie ein Stein, der abgewälzt war."[68]

Der unmittelbare Verlierer dieser Krise war Roon. Noch in sprichwörtlich letzter Minute hatte er versucht, den Ausgleich zwischen Monarch und Ministerium zu verhindern. Am 1. Juli hatte er Wilhelm um seine Entlassung gebeten. Der König war auf diesen Erpressungsversuch allerdings nicht eingegangen, „da ich niemals annehmen kann, daß *Sie* mich in *diesem Moment* verlassen *können.*"[69] Der Kriegsminister hatte zu hoch gepokert. Er hatte den liberalen Furor seiner Ministerkollegen maßlos überschätzt. Aber das konnte oder wollte er nicht reflektieren. Stattdessen sah er eine Hofintrige am Werk. „Schleinitz im Dienste der Königin hat uns vor der Hand sehr geschadet", schimpfte er Bismarck Ende Juli. „Das Geschwür war reif. [...] Schleinitz, unterstützt von der Königin Augusta [...], hat obsiegt mit Hülfe der wieder aufgenommenen Krönungsidee, für welche die Mäntel schon im Februar bestellt worden waren. Der schlecht maskierte Rückzug wurde nun angetreten, und die fast fertige Ministerliste ad acta gelegt."[70] Noch 1864 soll Roon gegenüber Ernst Ludwig von Gerlach behauptet haben, der König hätte 1861 „den liberalen Ministern und der Königin weichen müssen, die sich schon einen Krönungsmantel in Paris bestellt gehabt" hätte.[71]

Diese konservative Augustaparanoia entbehrte jeglicher Realität. Im Sommer 1861 hielt sich die Königin meist in Baden bei ihrer Tochter auf. Sie hatte von ihrem Ehemann erst am 1. Juli vom Krönungskompromiss erfahren. Am nächsten Tag antwortete sie ihm, „Du schreibst mir daß es keine andere Wahl gibt als Krönung oder Entlassung der Minister; – nun aber, welche Abneigung Du auch gegen eine Krönung haben magst – Abneigung, die ich vollständig teile – finde ich doch, daß unter den gegenwärtigen äußeren und inneren Umständen [...] die Lage des Landes keine Maaßregel rechtfertigen würde durch welche die Stimmung aufgeregt werden könnte oder deren Tragweite nicht

---

66 Vgl. Clark, Preußen, S. 93–105.
67 Konseilprotokoll, 3. Juli 1861. Acta Borussica. Protokolle, Bd. 5, S. 126.
68 Wilhelm an Augusta, 5. Juli 1861. GStA PK, BPH, Rep. 51 J, Nr. 509b, Bd. 9, Bl. 7.
69 Wilhelm an Roon, 1. Juli 1861. GStA PK, VI. HA, Nl. Vaupel, Nr. 67, Bl. 54.
70 Roon an Bismarck, 24. Juli 1861. Kohl (Hrsg.), Bismarck-Jahrbuch, Bd. 6, S. 196–197.
71 Tagebuch E. L. v. Gerlach, 6. November 1864. Diwald (Hrsg.), Nachlaß, Bd. 1, S. 461.

zu berechnen wäre."[72] Diesen Zeilen müssen durchaus als versuchte Einflussnahme charakterisiert werden. Aber sie wurden zu einem Zeitpunkt verfasst, an dem die Entscheidung für die Krönung bereits gefallen war. Und last but not least schien das Eheverhältnis von König und Königin in jenen Wochen alles andere als harmonisch gewesen zu sein. So ist ein längerer Brief aus Wilhelms Feder vom 23. Juli überliefert, in dem dieser Augusta eine solche „Aufregung" vorwirft, „daß ich schriftlich darstellen muß, was ich gesagt habe, da Du nicht imstande warst zu hören und zu verstehen." An jenem Tag will er sie gefragt haben, ob sie mit liberalen Oppositionellen gesprochen habe, wie ihm erzählt worden sei. Daraufhin soll die Königin ihn angeschrien und ihm seine Arbeitspapiere vor die Füße geworfen haben. „Da hast Du Deinen Schmutz und nun wird er auch Verleumdung gegen mich enthalten und die wirst Du alle glauben; so behandelt man die Königin von Preußen; es wird seine Folgen tragen, Du wirst das noch gehörig bereuen und die Zeit wird vieles bringen usw."[73] Diese Quelle sagt viel über die königliche Ehedynamik im Sommer 1861 aus. Aber es liegen keine Quellen vor, die Augustas angebliches Intrigantentum belegen würden. Und Schleinitz reichte am 9. Juli seinen Rücktritt als Außenminister ein.[74]

Roon war nicht die einzige konservative Stimme, die den Krönungskompromiss geißelte. Auch Königin Elisabeth und Wilhelms Schwester Alexandrine sollen „höchst pikiert über Krönungsaussichten" gewesen sein, wie der Kronprinz notierte. „Tante Alex schrieb hierüber neulich an Mama, daß das Nichtstattfinden der Huldigung wieder ein Aufgeben mehr altpreußischer Traditionen sei, und so schwände ein altes Herkommen nach dem anderen dahin."[75] Und Elisabeth argumentierte, „seit dem ersten König that es keiner mehr, in Deutschland ist es etwas so neues", und „überdem ist" Wilhelm „alt."[76] Öffentlich wurde der Verzicht auf die Erbhuldigung seitens der *Kreuzzeitung* scharf kritisiert. Dabei schwang auch die Enttäuschung der Hochkonservativen mit, dass es nicht gelungen war, einen Schlussstrich unter die Neue Ära zu setzen.[77] Mit dieser Kritik hatte die *Kreuzzeitung* für Wilhelm scheinbar die Grenze des Erträglichen überschritten. Trotz der Erfahrungen der 1850er Jahre hatte er das hochkonservative Blatt regelmäßig gelesen. Aber nach den Presseangriffen im Sommer 1861 soll er laut Schneider geschimpft haben, „daß ihm selten etwas so wehe gethan, als dieses Verkennen seiner wohlerwogenen Entschlüsse, und zwar von Männern, deren Treue und Gesinnung er stets anerkannt. [...] Ich möge den Herren sagen, daß er ihre Zeitung von nun an nicht

---

72 Augusta an Wilhelm, 2. Juli 1861. GStA PK, BPH, Rep. 51 T, Lit. P, Nr. 12, Bd. 9, Bl. 145.
73 Wilhelm an Augusta, 23. Juli 1861. GStA PK, BPH, Rep. 51 J, Nr. 509b, Bd. 9, Bl. 8–11.
74 Vgl. Peiffer, Schleinitz, S. 217.
75 Tagebuch Friedrich Wilhelm, 12. Oktober 1861. Meisner (Hrsg.), Tagebücher, S. 112.
76 Elisabeth an Alexandrine, 22. Juli 1861. Wiese/Jandausch (Hrsg.), Briefwechsel, Bd. 2, S. 449.
77 Vgl. Walter Bußmann, Die Krönung Wilhelms I. am 18. Oktober 1861. Eine Demonstration des Gottesgnadentums im preußischen Verfassungsstaat, in: Dieter Albrecht/Hans Günter Hockerts/Paul Mikat/ Rudolf Morsey (Hrsg.), Politik und Konfession. Festschrift für Konrad Repgen zum 60. Geburtstag, Berlin 1983, S. 189–212, hier: S. 193–195.

mehr lesen werde und daß dieselbe nicht mehr in das Palais gebracht werden solle."[78] Auch andere Quellen belegen, dass der spätere Kaiser die *Kreuzzeitung* seit 1861 nicht mehr gelesen haben soll.[79]

Aber es war keineswegs ein Sieg des Liberalismus, dass sich Wilhelm zum König krönen lassen wollte. Der Historiker Leopold von Ranke argumentierte beispielsweise, „eigentlich liegt die Krönung, da sie ein geistliches Element einschließt, noch weiter nach rechts als die einfache Huldigung, aber wer bemerkt das, auf beiden Seiten?"[80] Anders als eine ständische Erbhuldigung war der Krönungsakt ein sakrales Ritual. Die Herrschersalbung sollte das traditionelle Bündnis von Thron und Altar öffentlich kommunizieren. Deshalb wurden Krönungen bereits im 19. Jahrhundert von nicht wenigen politischen Beobachtern als Anachronismus betrachtet.[81] In Preußen fehlte diesem Zeremoniell zudem jegliche verfassungsrechtliche Legitimation. Der Krönungskompromiss war nur möglich gewesen, *da es sich nicht um einen offiziellen Staatsakt handelte*, wenn sich Wilhelm eine Krone auf den Kopf setzen ließ. Verfassungsrechtlich trug er diese bereits seit dem 2. Januar 1861. Und es wurden weder nichtexistierende Stände noch sonst ein Volksvertreter dazu genötigt, bei diesem Schauspiel einen Treueeid zu schwören. Letztendlich handelte es sich um nichts anderes als eine Privatveranstaltung auf öffentlicher Bühne. Deshalb musste der Herrscher die Krönungskosten auch aus der königlichen Privatschatulle bezahlen. Aber er ließ sich den symbolischen Prunk und Pomp einiges kosten. So wurde etwa ein Kronorden gestiftet und die Kronjuwelen und Krönungsroben mussten extra angefertigt werden.[82] Wie zudem seine umfangreichen Randbemerkungen und Handbillets belegen, war Wilhelm in nahezu jede Frage der Krönungsvorbereitung aktiv involviert.[83] Die Zeremonie sollte am 18. Oktober stattfinden, dem Jahrestag der Völkerschlacht bei Leipzig 1814 und der Erbhuldigung des brandenburgischen Kurfürsten Friedrich Wilhelm 1663. Und wie der erste preußische König wollte sich der spätere Kaiser im Königsberger Schloss krönen lassen. Bereits Datum und Ort sollten also den *preußischen* Charakter dieser exklusiven Veranstaltung unterstreichen.[84] Für Wilhelms nationale Aspirationen besaß der Krönungsakt keine nachweisbare Bedeutung. Es schien ihm vor allem darum zu gehen, dem Landtag und der liberalen Öffentlichkeit seine monarchische Autorität zu demon-

---

78 Schneider, Kaiser Wilhelm, Bd. 1, S. 54–57.

79 Vgl. Tagebuch Friedrich Wilhelm, 10. Juli 1861. Meisner (Hrsg.), Tagebücher, S. 100; Wilhelm an Bismarck, 8. April 1866. AGE, Bd. 1, S. 132; NFA, IV, S. 148.

80 Ranke an E. v. Manteuffel, 9. Juli 1861. Reinhard Elze, Die zweite preußische Königskrönung (Königsberg 18. Oktober 1861). Zum Druck eingerichtet von Arno Borst und Markus Wesche. Vorgetragen in der Sitzung vom 6. Februar 1998, in: Bayerische Akademie der Wissenschaften. Philosophisch-Historische Klasse. Sitzungsberichte Jahrg. 2001 Nr. 6, S. 14.

81 Vgl. Sellin, Gewalt und Legitimität, S. 86–88.

82 Vgl. Bußmann, Krönung, S. 196–206; Iselin Gundermann, Einleitung, in: Via Regia. Preußens Weg zur Krone. Ausstellung des Geheimen Staatsarchivs Preußischer Kulturbesitz 1998, Berlin 1998, S. 1–12, hier: S. 8–10.

83 Vgl. GStA PK, BPH, Rep. 51 E I, Generalia, Nr. 1, Bd. 2.

84 Vgl. Elze, Königskrönung, S. 15–16.

striеren. Diese Agenda legen jedenfalls seine Worte und sein Verhalten in Königsberg nahe.

Bereits am 16. Oktober ließ Wilhelm eine zur Krönungsfeier angereiste Militärdeputation wissen, „von Gottes Händen ist mir die Krone zugefallen. Sie zu verteidigen ist die Armee berufen, und Preußens Könige haben die Treue derselben noch nie wanken sehen. Sie ist es gewesen, welche den König und das Vaterland in den unheilvollsten Stürmen erst vor kurzem gerettet und seine Sicherheit befestigt hat. Auf diese Treue und Hingebung rechne auch ich, wenn ich sie anrufen müßte gegen Feinde, von welcher Seite sie auch kommen mögen."[85] Diese Allusion an Märzrevolution und Gegenrevolution konnte öffentlich kaum missverstanden werden. Folgt man Schneiders Memoiren, soll es sich bei dieser überlieferten Ansprache sogar um eine entschärfte Version handeln. Noch am 16. Oktober soll der König befohlen haben, seine Worte an die Militärdeputation in der Presse publizieren zu lassen. Schneider will ihn jedoch davon überzeugt haben, dass die ursprünglichen Passagen über die Rolle der Armee 1848 den Landtag unnötig provozieren würden.[86] Aber was Wilhelm am Krönungstag in Anwesenheit mehrerer parlamentarischer Gäste verkündete, war kaum weniger renitent. Denn er betonte explizit, dass er wie alle seine Vorgänger die Krone „von Gottes Gnaden" erhalten habe. Daran habe auch der Umstand nichts geändert, dass der Thron seit 1848 „durch zeitgemäße Einrichtungen [...] umgeben ist [...]. Vor inneren Gefahren wird Preußen bewahrt bleiben, denn der Thron seiner Könige steht fest in seiner Macht und in seinen Rechten, wenn die Einheit zwischen König und Volk, die Preußen groß gemacht hat, bestehen bleibt."[87] Später will Bernhardi von Usedom erfahren haben, dass der König diese Ansprache „keinem Minister vorher mitgeteilt hatte. An Ort und Stelle machte sie auf die meisten Abgeordneten einen sehr ungünstigen Eindruck. *Auch war sie sehr viel schärfer, als man durch die Presse erfahren hat.* Viele der Herren fühlten sich beleidigt; *eine Menge von ihnen wollte augenblicklich abreisen* – es hat viel Mühe und Ueberredung von Seiten der besonneneren Männer gekostet, den Scandal zu verhüten, und die Unzufriedenen dahin zu bringen, daß sie bis zum Schluß der Fest-Periode blieben."[88] Und Auerswald habe dem Historiker geklagt, der Herrscher soll „etwas mehr von dem Königthum von Gottes Gnaden gesprochen" haben, „als vielleicht zweckmäßig" gewesen wäre.[89] Doch die Krönungszeremonie war nicht nur von politischen Problemen überschattet. Ministerpräsident Hohenzollern wurde vor versammeltem Publikum beinahe von einem zusammenkrachenden Fahnenständer erschlagen. Und General Wrangel trat Wilhelm beim Schlosseinzug mehrmals auf den langen Krönungsmantel,

---

85 Rede Wilhelms, 16. Oktober 1861. Berner (Hrsg.), Briefe, Bd. 2, S. 19.

86 Vgl. Schneider, Kaiser Wilhelm, Bd. 1, S. 52–54.

87 Rede Wilhelms, 18. Oktober 1861. Berner (Hrsg.), Briefe, Bd. 2, S. 19–20.

88 Tagebuch Bernhardi, 9. November 1861. Bernhardi (Hrsg.), Aus dem Leben, Bd. 4, S. 151.

89 Tagebuch Bernhardi, 25. November 1861. Ebd., S. 162.

bis er von diesem zurechtgewiesen wurde.[90] Aber für die große Politik waren das lediglich Nebensächlichkeiten.

Die öffentlichen Reaktionen auf die Königsberger Ereignisse fielen weitgehend kritisch aus. Die deutsche wie europäische Presse sprach parteiübergreifend von einem anachronistischen Machtspektakel.[91] Nach der Rückkehr der Herrscherfamilie in die preußische Hauptstadt soll es dort am 23. Oktober sogar zu Straßenunruhen gekommen sein. In seinem Tagebuch berichtet Friedrich Wilhelm von einem „Krawall der niedrigsten Volkshefe an der Königsmauer, wo Schutzmannschaft ernstlich einschreiten mußte und es Verwundungen gab."[92] Selbst Hans-Lothar von Schweinitz, der Adjutant des Kronprinzen, musste „gestehen, daß [...] mir diese Krönung etwas unzeitgemäß erschien oder wenigstens nicht ganz in Einklang mit dem, was der König getan hatte und tun wollte."[93] „Den König liebe ich persönlich von Herzen, er ist ein seelenguter Herr", schrieb auch der liberale Schriftsteller Gustav Freytag, „aber der Tag, an dem er vor dem Altar [...] den Szepter schwenkte, hat ihn von seinem Volk getrennt."[94] Und Prince Albert berichtete aus London, „die Reden des Königs von Preußen in Königsberg haben hier einen üblen Eindruck gemacht [...]. Die Schwierigkeit, ein Zusammengehen Preußens und Englands wieder herzustellen, ist durch dieses königliche Programm wieder unendlich erschwert!"[95]

Rückblickend wurde der Krönungszeremonie für die preußische Geschichte sogar ein vermeintlicher Zäsurcharakter attestiert. Beispielhaft für die Liberalen datierte der Jurist Johann Gottlieb Ludwig von Zschock bereits im April 1862 „die schweren Verwicklungen in Preußen von dem Moment der Krönung. Mit dieser [...] habe der König nach den Einflüsterungen der Juncker sein bisher so ruhiges und zuversichtliches Volk aufgescheucht und bedroht."[96] Und im September desselben Jahres sinnierte Friedrich I., „je weiter wir in der Geschichte unserer Tage vorrücken, desto entschiedener gewinne ich die Ansicht, daß die Krönung zu Königsberg einen der wichtigsten Abschnitte unserer deutschen Verhältnisse bildet. Dort fand die Politik des liberalen Systems ihren Endpunkt, und von da an beginnen die Enttäuschungen, welche wir seither im Übermaß erleben mußten."[97] Dieser Perspektive kann historiographisch nur bedingt zugestimmt werden. Ein liberales System hatte es seit Beginn der Neuen Ära nie gegeben. Wilhelms monarchische Agenda war auch nach der Krönung noch immer dieselbe wie in den vorausgegangenen Jahren. Aber im Oktober 1861 war das persönliche Regiment öffentlichkeitswirksam kommuniziert worden. Nach Königsberg konnten keine

---

90 Vgl. Schneider, Kaiser Wilhelm, Bd. 1, S. 49–50; [Hohenlohe-Ingelfingen], Aus meinem Leben, Bd. 2, S. 293–294.
91 Vgl. Bußmann, Krönung, S. 207–211; Elze, Königskrönung, S. 24–29.
92 Tagebuch Friedrich Wilhelm, 23. Oktober 1861. Meisner (Hrsg.), Tagebücher, S. 115.
93 Schweinitz (Hrsg.), Denkwürdigkeiten, Bd. 1, S. 137.
94 Freytag an Duncker, 27. Dezember 1861. Schultze (Hrsg.), Briefwechsel, S. 305.
95 Albert an Stockmar, 28. Oktober 1861. Jagow (Hrsg.), Prinzgemahl, S. 453.
96 Zschock an Duncker, 12. April 1862. Schultze (Hrsg.), Briefwechsel, S. 329.
97 Friedrich I. an Carl Alexander, 12. September 1862. Oncken (Hrsg.), Briefwechsel, Bd. 1, S. 331–332.

Zweifel mehr darüber bestehen, dass der Herrscher gewillt war, seine Prärogativen gegen *jede* Opposition zu verteidigen. Einer weiteren Zusammenarbeit von Abgeordnetenhaus und Regierung war damit der Boden entzogen worden. Legislative Kompromisse waren nur dann möglich, wenn beide Seiten zu Konzessionen bereit waren. Aber der König hatte der Öffentlichkeit unmissverständlich erklärt, dass er sich nicht einen Zentimeter auf die liberale Parlamentsmehrheit zubewegen wollte. Damit war die Neue Ära effektiv gescheitert.[98] Fünf Monate später sollte dies durch den Ministerwechsel auch formal bestätigt werden.

---

98 Vgl. Haupts, Liberale Regierung, S. 70 – 71; Paetau, Altliberale, S. 190.

Generalprobe für die Reichsgründung: Die Bernstorff-Note

Der Heereskonflikt war keine rein innerpreußische Angelegenheit. Die Fortschritts-partei und der Nationalverein sahen die Militärfrage als Hebel, um die preußische Regierung auch in der Deutschen Frage unter Druck zu setzen.[1] Gleichzeitig gab es am Berliner Hof Stimmen, die den innenpolitischen Konflikt durch außenpolitische Erfolge lösen wollten. So will Kronprinz Friedrich Wilhelm im März 1861 von den Ministern, „ein entschiedenes Auftreten Preußens" in der nationalen Frage gefordert haben, „das unser sinkendes Ansehen in Deutschland wieder erheben muß".[2] Im Mai soll Roon gegenüber Bernhardi erklärt haben, „daß Preußens Politik eine active sein muß; [...] und daß es das einzige Mittel ist, Preußens Ansehen in Deutschland zu heben."[3] Und im selben Monat soll auch Moltke mit Blick auf die „preußische[n] Zustände" von der „Nothwendigkeit einer activen Politik" nach außen gesprochen haben.[4] Wilhelm musste von dieser Perspektive nicht überzeugt werden. Er betrachtete den Heereskonflikt als direkte Gefahr für seine deutschlandpolitische Agenda. Der österreichische Diplomat Ferdinand von Trauttmansdorff etwa will von Prinz Friedrich von Württemberg er-fahren haben, der König „bedauerte und mißbilligte [...] die Haltung der preußischen Kammern während des letzten Winters, die sehr geschadet hätten seinem Verhältnisse zu Österreich und Süddeutschland, namentlich die guten Beziehungen zu S.M. dem Kaiser und zu der Mehrzahl der deutschen Fürsten sehr beeinträchtigt hätten, die er durch die Zusammenkünfte des vorigen Jahres wesentlich befestigt zu haben der Hoffnung gewesen war."[5] Und Bernhardi notierte nach einem Gespräch mit Usedom, Wilhelm soll diesem geklagt haben, „in Baden, in Teplitz, sei doch Alles einig gewesen und nun dieses allgemeine Mißtrauen! – *Daran sei einzig und allein das Haus der Ab-geordneten schuld!* – Auf ein verwundertes wieso? – *,Ja! wenn man sieht, daß ich zu Hause nichts zu befehlen habe, wer soll denn da Vertrauen zu mir haben?'*"[6]

Das war ein recht subjektives Bild der Deutschen Frage anno 1861. Dem späteren Kaiser wurde die moralische Eroberung der Nation nicht durch ein störrisches Parla-ment unmöglich gemacht. Die maßgeblichen Obstruktionsfaktoren befanden sich auf der dynastischen Ebene – Wilhelm eingeschlossen. Aber dennoch darf die Außenwir-kung des Heereskonflikts in Deutschland nicht unterschätzt werden. Beispielsweise berichtete im Juli Savigny, der preußische Gesandte in Dresden, in Sachsen sollen „die letzten Ereignisse in Berlin einen recht unfreundlichen Eindruck hervorgerufen" haben. „Man fragt sich: ,Warum soll man unter solchen Umständen die Führerschaft an

---

1 Vgl. Biefang, Fortschrittspartei, S. 369–370.
2 Tagebuch Friedrich Wilhelm, 24. April 1861. Meisner (Hrsg.), Tagebücher, S. 89–90.
3 Tagebuch Bernhardi, 11. Mai 1861. Bernhardi (Hrsg.), Aus dem Leben, Bd. 4, S. 124.
4 Tagebuch Bernhardi, 24. Mai 1861. Ebd., S. 128
5 Trauttmansdorff an Rechberg, 21. Juli 1861. QdPÖ, Bd. 1, S. 754–755.
6 Tagebuch Bernhardi, 18. Mai 1861. Bernhardi (Hrsg.), Aus dem Leben, Bd. 4, S. 127.

https://doi.org/10.1515/9783111323954-034

Preußen abtreten? Bei uns, nämlich in den Mittelstaaten, ist die Autorität der Regierung viel weniger erschüttert, unsere Kammern sind viel rücksichtsvoller gegen die Krone.'"[7] Wieder schien sich für Wilhelm in Deutschland ein Zeitfenster zu schließen. Das Hohenzollernkönigreich musste endlich nationale Erfolge präsentieren. Aber mit Alexander von Schleinitz glaubte der Herrscher diese nicht erreichen zu können. Seit dem Scheitern der preußisch-österreichischen Militärkonferenzen im März 1861 war der Außenminister angezählt.[8] Ende April soll Wilhelm über dessen „Tatenlosigkeit" geklagt haben.[9] Als Schleinitz schließlich am 9. Juli um den Wechsel vom Außenministerium in das Ministerium des Königlichen Hauses bat, stand sein Nachfolger bereits fest: Bernstorff.[10]

Der preußische Gesandte in London war davon überzeugt, dass die Zukunft der Hohenzollernmonarchie in Deutschland lag. Und wie sein königlicher Souverän scheute Bernstorff nicht davor zurück, aktiv das Bündnis mit der Nationalversammlung zu suchen. Etwa drei Monate vor seiner Amtsübernahme hatte er in einem längeren Brief gegenüber Schleinitz argumentiert, „sosehr ich selbst in den Jahren 1848 und 1849 gegen das Auftreten der Paulskirche und überhaupt gegen den Grundsatz der Volksvertretung beim Bunde gewesen bin, [...] so kann ich mir doch nicht verhehlen, daß in dem moralischen Druck, welchen ein allgemeines deutsches Parlament auf die Partikularregierungen übt, das einzige Mittel liegen dürfe, um auf friedliche Weise diese Regierungen zu zwingen, der Einheit, Macht und Sicherheit Deutschlands diejenigen Opfer ihrer Separatsouveränität zu bringen, welche absolut notwendig sind, von ihnen aber gutwillig niemals werden erlangt werden."[11] Was Bernstorff hier forderte lief letztendlich auf eine Unionspolitik 2.0 hinaus. Das Ausbleiben der moralischen Eroberungen seit 1858 schien ihm Recht zu geben, dass eine kleindeutsche Einheit nur unter Druck möglich sei. Aber solange die preußische Regierung keinen militärischen Zwang anwenden konnte oder wollte, blieb ihr nur die Möglichkeit, Druck von unten aufzubauen. Das hatte auch Wilhelm wiederholt argumentiert. Aber Bernstorff ging noch einen Schritt weiter und forderte, den öffentlichen Druck in Form eines Nationalparlaments zu institutionalisieren. Damit schlug er eine konzeptuelle Brücke zurück zu Radowitz. Noch im Sommer 1859 hatte der spätere Kaiser derartige Ideen als revolutionär abgetan. „Die Democratie ist ganz fertig mit ihrem Projekt à la 1848. Parlament beim Bundestage!! Durch Erfahrung werden die Menschen nicht klug!"[12] Aber zwei Jahre später war er bereit, den Weg zurück nach Erfurt anzutreten. Alle anderen Wege hatten schließlich in eine Sackgasse geführt.

Gleichzeitig war es Wilhelm mit der Personalie Bernstorff möglich, den Druck auf das Staatsministerium zu erhöhen. Denn der Diplomat war wie Roon und Handelsmi-

---

7 K. F. v. Savigny an Gruner, 1. Juni 1861. APP, Bd. 2/II, S. 347.
8 Vgl. Peiffer, Schleinitz, S. 215–217.
9 Tagebuch Friedrich Wilhelm, 30. April 1861. Meisner (Hrsg.), Tagebücher, S. 90.
10 Vgl. Grypa, Diplomatischer Dienst, S. 154–155.
11 Bernstorff an A. v. Schleinitz, 27. April 1861. APP, Bd. 2/II, S. 345–346.
12 Wilhelm an Augusta, 24. Juli 1859. GStA PK, BPH, Rep. 51 J, Nr. 509b, Bd. 7, Bl. 77.

nister August von der Heydt kein Mitglied des Wochenblattzirkels. Augusta hatte ihren Ehemann 1859 gar zu drängen versucht, den konservativen Gesandten aus London abzuberufen.[13] Bernstorffs Ernennung verschob das politische Pendel noch weiter zuungunsten der reformkonservativen und liberalen Minister. Es dürfte jedenfalls kaum ein Zufall gewesen sein, dass Bernstorff das Außenministerium nur wenige Tage nach der Huldigungskrise angeboten wurde. Und wie er seiner Ehefrau Anna am 8. Juli nach einem Gespräch mit dem König schrieb, will er diesen auch darauf aufmerksam gemacht haben, dass er innenpolitisch schwerlich mit den meisten Ministern harmonisieren werde. Aber „man will alle meine Bedenken nicht gelten lassen, indem Seine Majestät mindestens ebenso konservativ sei, als ich und gerade konservative Männer hineinhaben wolle, um nicht weiter im liberalen Sinne zu gehen."[14] Und der österreichische Gesandte Károlyi berichtete, „die Antezedenzien des Gr[afen] Bernstorff in Wien rücksichtlich der deutschen Frage erfreuen sich eben nicht eines guten Andenkens [...]. Daß die Wahl gerade auf ihn gefallen, ist entschieden dem Wunsche des Königs zu verdanken, ein konservatives Element in seinen Rat zu ziehen, als konservatives Element ist Gr[af] Bernstorff eingetreten und dies bietet einige Gewähr für seine dieser Richtung huldigende Politik."[15] Der neue Außenminister mochte innenpolitisch zu den Gegnern der Neuen Ära gezählt werden. Aber auf der nationalen Ebene sollte er den Kalten Krieg zwischen Preußen und Österreich auf ein neues Eskalationsniveau heben.

Kurz nachdem Bernstorffs Ernennung in Berlin Anfang Juli beschlossen war, reiste Wilhelm nach Baden-Baden. Auch Bismarck folgte seinem Souverän in den süddeutschen Kurort, nachdem er Sankt Petersburg während der Huldigungskrise verlassen hatte. In der preußischen Hauptstadt hatte er den König verpasst – und damit scheinbar die Chance auf einen Ministerposten. Aber als der Monarch erfuhr, dass auch Bismarck in Baden-Baden anwesend war, ließ er ihn dort zwischen dem 12. und 14. Juli zu mehreren Audienzen bitten. Dabei kam auch die Möglichkeit einer Bundesreform zur Sprache. Immerhin hatte sich der Gesandte seit 1859 systematisch als up-and-coming-Deutschlandpolitiker zu verkaufen versucht. Wilhelm bat ihn schließlich sogar, seine Ausführungen zur Deutschen Frage zu Papier zu bringen. In dieser sogenannten *Baden-Badener Denkschrift* argumentierte Bismarck ebenfalls, dass es nur mit einem Nationalparlament möglich sei, die Öffentlichkeit gegen Wien und Frankfurt am Main zu instrumentalisieren.[16] Zwar war ihm Bernstorff mit dieser Idee zuvorgekommen. Doch langfristig betrachtet diente die Denkschrift dem späteren Kanzler als Bewerbungsschreiben für einen höheren Posten. Was für Roon die *Bemerkungen und Entwürfe zur*

---

13 Vgl. Augusta an Wilhelm, 21. Juni 1859. GStA PK, BPH, Rep. 51 T, Lit. P, Nr. 12, Bd. 8, Bl. 179–180.
14 Bernstorff an A. v. Bernstorff, 8. Juli 1861. Ringhofer (Hrsg.), Nachlass, S. 418.
15 Károlyi an Rechberg, 11. Juli 1861. QdPÖ, Bd. 1, S. 741–742.
16 Hermann Oncken, Die Baden-Badener Denkschrift Bismarcks über die deutsche Bundesreform (Juli 1861), in: HZ 145 (1932), S. 106–130, hier: S. 108–113; Kaernbach, Bismarcks Konzepte, S. 143–149; Pflanze, Bismarck, Bd. 1, S. 158–159. Der Text der auf den Oktober 1861 datierten Endfassung der von Bismarck mehrmals redigierten Denkschrift findet sich in: GW, Bd. 3, S. 266–270.

vaterländischen Heeresverfassung waren, sollte für die Bismarck die *Baden-Badener Denkschrift* sein.

In Baden-Baden sprach Wilhelm auch seinen Schwiegersohn Friedrich I. und dessen Außenminister Franz von Roggenbach. Beide Männer wollten den späteren Kaiser ebenfalls für einen kleindeutschen Bundesreformplan gewinnen. Anders als Bernstorff und Bismarck war Roggenbach jedoch nicht bereit, die von ihm skizzierten „Vereinigten Staaten von Deutschland" durch parlamentarischen Druck zu gründen. Stattdessen sollte der Nationalstaat durch freiwillige Verträge zwischen Preußen und den einzelnen deutschen Staaten sukzessiv aufgebaut werden.[17] Dem bayerischen Politiker Chlodwig zu Hohenlohe-Schillingsfürst soll Roggenbach in jenen Julitagen erklärt haben, „seiner Ansicht nach dürfe Preußen weder eine Annexionspolitik noch eine Unionspolitik verfolgen."[18] Im Familienkreis im liberalen Großherzogtum hofften Friedrich I. und sein Außenminister, den preußischen Herrscher überzeugen zu können. Bereits Ende Juni hatte Roggenbach darauf spekuliert, „daß der günstige Moment, die Anschauungen des Königs frei zu erhalten und den üblen Einfluß fanatischer und tendenziöser Faktionen zu hintertreiben, während der regelmäßigen Abwesenheiten von Berlin sein wird."[19] Wie Wilhelm auf den Vortrag über den badischen Bundesreformplan reagiert haben mochte, ist nicht überliefert.[20] Bernstorffs Ernennung lässt jedoch nicht darauf schließen, dass der spätere Kaiser eine Neuauflage der Unionspolitik abgelehnt hätte.

Aber Wilhelms Sommerurlaub 1861 ist auch deshalb biographisch relevant, da er am 14. Juli fast einem Pistolenattentat zum Opfer fiel. Bei einem Spaziergang wurde er aus nächster Nähe angeschossen. Die Kugel streifte ihn am Hals, wo sie allerdings lediglich Quetschungen hinterließ. Der König war ohne militärische Eskorte unterwegs gewesen. Der Attentäter Oscar Wilhelm Becker wurde noch am Tatort von Passanten überwältigt. Wie der Leipziger Student in einem Bekennerschreiben erklärte sowie im Verhör aussagte, habe er den späteren Kaiser aus nationalen Motiven erschießen wollen. Denn der König von Preußen habe es nicht geschafft, die deutsche Einheit herbeizuführen. Mit dem Attentat sollten Hohenzollernmonarchie und Öffentlichkeit „wachgerüttelt" werden, um endlich eine Lösung der nationalen Frage zu erzwingen. Becker wurde schließlich zu zwanzig Jahren Zuchthausstrafe verurteilt.[21] Aber bereits 1866 sollte er aufgrund von Wilhelms persönlicher Intervention begnadigt werden.[22] Nur zwei Tage nach dem Attentat schrieb der König dem Coburger Herzog, „der Thäter

---

17 Vgl. Oncken, Friedrich I., S. 28–31; Gall, Liberalismus, S. 211–213.

18 Tagebuch Hohenlohe-Schillingsfürst, 17. Juli 1861. Curtius (Hrsg.), Denkwürdigkeiten, Bd. 1, S. 112.

19 Roggenbach an Duncker, 28. Juni 1861. Schultze (Hrsg.), Briefwechsel, S. 282

20 Vgl. Oncken, Baden-Baden, S. 112.

21 Vgl. Carola Dietze, Die Erfindung des Terrorismus in Europa, Russland und den USA 1858–1866, Hamburg 2016, S. 465–473, S. 509–515, S. 568–572.

22 Siehe Wilhelms Briefe an Friedrich I. vom 12. Oktober und 4. Dezember 1866, in: GStA PK, BPH, Rep. 51 J, Nr. 21m, Bd. 1, Bl. 189–193.

hat schriftlich erklärt *vor* der That, daß, da ich nicht genug für Deutschlands Einigkeit thäte, ich ermordet werden müsse. Das ist klar, aber etwas drastisch."[23]

Nicht wenige politische Beobachter spekulierten darauf, dass die monarchischen Eliten versuchen würden, Beckers Attentat politisch zu instrumentalisieren. Zwar war er ein Einzeltäter. Aber das Argument lag auf der Hand, dass er durch die Nationalbewegung radikalisiert worden sei.[24] Davon war zumindest Reinhard Carl Friedrich von Dalwigk überzeugt, der hochkonservative Ministerpräsident des Großherzogtums Hessen-Darmstadt. Er hielt sich während Beckers Attentat ebenfalls in Baden-Baden auf, und sprach Wilhelm am 15. Juli. Laut seinem Tagebuch will er dem König gegenüber argumentiert haben, dass solche Verbrechen „der Ausfluß einer revolutionären Stimmung im allgemeinen" seien, „die ihren Ausdruck in der Presse und in Vereinen finde und dann die verbrecherischen Entschlüsse fanatischer Individuen hervorrufe. – Der König schien diese Worte als eine tadelnde Anspielung auf die liberale Politik Preußens zu betrachten und erwiderte mit Nachdruck, es sei viel besser, berechtigten Forderungen des Volkes zu entsprechen, als durch Repressionsmaßregeln, namentlich gegen Vereine, die öffentliche Stimmung nur noch mehr zu reizen." Überhaupt soll Wilhelm „seiner üblen Laune vollen Lauf" gelassen haben, wie Dalwigk notierte.[25] Auch Bismarck berichtete, dass der hessische Ministerpräsident dem König gegenüber eine „Strafpredigt gegen Preuß[ische] Politik" gehalten haben soll, „die unsern Herrn heftig alterirt hat."[26] Und dem österreichischen Diplomaten Alois Kübeck von Kübau soll Dalwigk erzählt haben, „daß der König noch sehr weit *links* getrieben werden kann und daß die Hoffnungen, welche man an das glücklich abgewendete Attentat knüpfen wollte [...], keinen Bestand haben dürften."[27]

Wilhelm sollte das Attentat politisch nicht instrumentalisieren. Aber dies bedeutet nicht, dass Beckers Mordversuch bei ihm keine Spuren hinterlassen hatte. Denn der Monarch schien dieses Ereignis als weiteren Beleg zu betrachten, dass ihm in Deutschland die Zeit davonlaufen würde. Seinem Weimarer Schwager schrieb er, „der Himmel bewahre Deutschland vor solche[m] Beglücker!"[28] Von Roggenbach will Trauttmansdorff erfahren haben, der König sei „persönlich sehr der Ansicht, daß ‚in Deutschland etwas geschehe müsse', daß die Bewegung der Gemüter zu sehr in dieser Richtung sei, dabei von Preußen zu sehr ein Vorgehen, eine Taktik erwarte, als daß man noch lange mit einer solchen anstehen könnte, ohne Preußens Stellung in ganz Deutschland zu diskreditieren."[29] Und dem britischen Diplomaten George Villiers soll der Herrscher erklärt haben, „he was sure, that if some great change for the better government of Germany was not promptly made, the people would take the matter into

---

23 Wilhelm an Ernst II., 16. August 1861. Ernst II., Aus meinem Leben, Bd. 3, S. 104.
24 Vgl. Dietze, Terrorismus, S. 579–588.
25 Tagebuch Dalwigk, 15. Juli 1861. Schüßler (Hrsg.), Tagebücher, S. 39–41.
26 Bismarck an Schlözer, 24. Juli 1861. GW, Bd. 14/I, S. 574.
27 Kübeck an Rechberg, 20. Juli 1861. QdPÖ, Bd. 1, S. 753.
28 Wilhelm an Carl Alexander, 20. Juli 1861. Schultze (Hrsg.), Weimarer Briefe, Bd. 2, S. 27.
29 Trauttmansdorff an Rechberg, 16. August 1861. QdPÖ, Bd. 1, S. 761–762.

their own hands, and some sovereigns who now thought themselves secure, would be swept from their thrones."[30] Und Wilhelm war bereit, diese Veränderung selbst herbeizuführen. Etwa eineinhalb Monate nach dem Attentat traf er sich im belgischen Kurort Ostende mit Friedrich I., Roggenbach, Auerswald, Schleinitz und Bernstorff, um eine neue nationale Offensive zu besprechen. Der badische Außenminister soll vorgeschlagen haben, dass der Karlsruher Hof in einer Zirkulardepesche an die deutschen Regierungen die Notwendigkeit einer Bundesreform betonen sollte. Die preußische Regierung sollte dann antworten, dass sie bereit sei, die Initiative in der Reformfrage zu ergreifen. Diesem Plan soll der König zugestimmt haben.[31] Aber wie Wilhelm später Villiers gesagt haben soll, „I do not expect that the Grand Duke will succeed, simply because he is my son-in-law, and he will be treated as a common enemy, because it will be thought that he is instigated by me. I am under no illusion respecting the jealousy and suspicion with which Prussia is viewed, [...] but this does not alter my opinion respecting the necessity of a central Government of Germany."[32]

Wilhelm schien die Erfolgschancen der badischen Initiative von Anfang an als gering betrachtet zu haben. Dies mochte mit ein Grund dafür gewesen sein, weshalb er im Herbst 1861 in der Deutschen Frage zweigleisig fuhr. Denn etwa zeitgleich zu den Ostender Gesprächen hatte Bernstorff eine Denkschrift für ihn verfasst, in der dieser stichpunktartig ein neues Unionskonzept skizierte. Wie Radowitz forderte er einen engeren und einen weiteren Bund. Im engeren Bund müsse Preußen die „militärische Führung der deutschen Kontingente" und die „diplomatische Vertretung dem Auslande gegenüber" übernehmen. „Eventuell gemeinschaftliches Parlament (in Berlin), bestehend aus Ausschüssen aus dem preußischen Landtag und den Kammern der anderen deutschen Länder, jedoch nur, nachdem die preußische Reichsexekutive bereits ausgesprochen und eingesetzt ist. Die anderen Fürsten können an dieser Exekutive in irgend einer Form teilnehmen, wenn nur die preußische Spitze gesichert ist. [...] Der Zusammentritt eines solchen deutschen Parlaments mag auch das erste Mal zu dem Zwecke stattfinden, eine definitive Reichsverfassung mit ihm zu *vereinbaren*, jedoch niemals ohne leitende Exekutivgewalt mit preußischer Spitze, und *nicht als souveräne konstituierende Versammlung.*" Österreich solle sich diesem kleindeutschen Nationalstaat nur in Form einer „Allianz" anschließen dürfen, die den territorialen Besitz des Imperiums garantieren würde.[33] Das war Radowitz redivivus. Das föderative Fürstenkollektiv war auch für Bernstorff nur die dekorative Fassade einer politischen und militärischen Hohenzollernsuprematie. Und das Nationalparlament übte auf die Einzelstaaten einen Zentripetaldruck aus, der die preußische Führungsrolle populär und institutionell legitimierte. Mit dem Unterschied, dass der spätere Reichstag keine Delegiertenver-

---

30 Villiers an Russell, 4. November 1861. APP, Bd. 2/II, S. 489.

31 Vgl. Friedrich I. an Luise von Baden, 30. August 1861. Oncken (Hrsg.), Briefwechsel, Bd. 1, S. 276 – 277; Friedrich I. an Luise von Baden, 2. September 1861. Ebd., S. 278; Roggenbach an Friedrich I., 7. September 1861. Ebd., S. 279 – 282.

32 Villiers an Russell, 4. November 1861. APP, Bd. 2/II, S. 489 – 490.

33 Aufzeichnungen Bernstorffs, [September 1861]. Ringhofer (Hrsg.), Nachlass, S. 424 – 425.

sammlung war, sondern direkt gewählt wurde, nahm dieses Konzept die strukturelle Machtverteilung im Kaiserreich bereits vorweg. Aber wie sollten die Mittel- und Kleinstaaten fast zehn Jahre nach Olmütz dazu gezwungen werden, dieser radikalen Neuordnung Deutschlands zuzustimmen?

Ende Oktober 1861 wurden Preußen und Baden plötzlich unter Zugzwang gesetzt. Denn der sächsische Ministerpräsident überraschte die deutsche Öffentlichkeit mit einem neuen Triasplan. Beusts Bundesreformkonzepte waren allerdings kaum weniger illusorisch als das, was zeitgleich am Berliner Hof besprochen wurde. Weder hatte er das Dritte Deutschland in seine Pläne involviert, noch war er bereit, den parlamentarischen Forderungen der Nationalbewegung entgegenzukommen. Es war daher kaum überraschend, dass der sächsische Vorstoß zu einer Föderativreform schnell verpuffte.[34] Aber die preußische Regierung hatte die Aktionsinitiative verloren. Beust did it first. In den Augen der Öffentlichkeit musste jeder darauffolgende Bundesreformplan wie eine bloße Reaktion aussehen. Das sollte sich vor allem für die badischen Pläne als verheerend erweisen. Noch am 24. Oktober konnte Friedrich I. seiner Ehefrau Luise aus Berlin berichten, ihr Vater „steht noch immer auf dem gleichen Boden wie in Ostende."[35] Und von Roggenbach will Trauttmansdorff am 4. November erfahren haben, der preußische König sei „fest und bestimmt in der Überzeugung, daß in Deutschland etwas geschehen müsse, daß Preußen in seiner bisherigen passiven Stellung nicht länger verharren könne, und zwar um so weniger, je mehr von Seiten der Mittelstaaten das Hervortreten mit Reformprojekten zu gewärtigen und in Aussicht zu nehmen sei."[36]

Aber Bernstorff ließ den Karlsruher Hof am 11. November implizit wissen, dass Preußen einen eigenen Weg gehen würde. Roggenbachs Bundesreformkonzept sei zu föderativ und zu liberal. „Die erste Forderung der königlichen Regierung muß aber sein, daß sie selbst ihre Politik bestimme, daß sie selbst in dieser Beziehung wie bisher freie Entschlüsse zu fassen und über Krieg und Frieden zu beschließen habe und nur insoweit durch die deutsche Nationalvertretung kontrolliert werde und von ihr abhängig sei, als dies jetzt in betreff des Preußischen Landtags der Fall ist. Sonst würde die oberste und gemeinsame Regierung Deutschlands mehr eine republikanische als eine monarchische sein." Gleichzeitig gestand Bernstorff, es sei mehr als unwahrscheinlich, dass „die meisten deutschen Regierungen überhaupt geneigt sein werden, sich einer einheitlichen preußischen Spitze unterzuordnen", weshalb „noch nicht klar ist, auf welchem Wege die Zustimmung derselben erlangt werden soll, wenn man von dem Wege der zwingenden Gewalt in der einen oder der anderen Weise, wie sich dies von selbst versteht, absieht."[37] Beusts gescheiterter Triasplan hatte erst wenige Wochen zuvor erneut demonstriert, dass eine Verhandlungslösung der Deutschen Frage mit den Mittel- und Kleinstaaten ohne Druck unmöglich war. Aber welche Option blieb der preußischen Regierung noch übrig, wenn sie nicht zu den Waffen greifen wollte? Bernstorff schien

---

34 Vgl. Flöter, Beust, S. 317–338, S. 344–351; Müller, Bund und Nation, S. 328–333.
35 Friedrich I. an Luise von Baden, 24. Oktober 1861. Oncken (Hrsg.), Briefwechsel, Bd. 1, S. 293–294.
36 Trauttmansdorff an Rechberg, 4. November 1861. QdPÖ, Bd. 1, S. 804–805.
37 Bernstorff an Flemming, 11. November 1861. Oncken (Hrsg.), Briefwechsel, Bd. 1, S. 299–302.

darauf zu spekulieren, dass Österreich geneigt sein könnte, über die Köpfe des Dritten Deutschlands hinweg einen Großmächteausgleich zu suchen. Immerhin wäre Preußen bereit gewesen, als Preis für die kleindeutsche Union der Habsburgermonarchie die seit 1859 wiederholt geforderte Sicherheitsgarantie für Norditalien zu geben. So berichte Károlyi am 14. Dezember nach Wien, der Außenminister soll ihm gegenüber bemerkt haben, „ohne bedeutende Konzessionen Österreichs an Preußen ist eine Ordnung der deutschen Verhältnisse und eine wirkliche Verständigung nicht möglich, und neue Kriegseventualitäten werden für Deutschland bloß eine zweite Auflage des Jahres 1859 zur Folge haben. Die Lösung, mit welcher sich der Graf besonders vertraut zu machen scheint, besteht in dem bekannten Plane der zwei großen Gruppen, wovon die eine, Kleindeutschland, als engerer Bund konstituiert wäre und wobei der Löwenanteil natürlich Preußen zufiele, während die andere, Großösterreich, mit dem solcherart gebildeten Deutschland in das Verhältnis eines weiteren Bundes, einer mehr völkerrechtlichen Allianz, trete."[38] Und noch etwa zwei Monate später ließ Bernstorff der österreichischen Regierung mitteilen, „daß der König sowohl wie ich selbst [...] bis zu einer Garantie ganz Österreichs gehen, wenn der Wiener Hof in eine engere Verbindung des außerösterreichischen Deutschlands mit Preußen willigte und nicht darauf bestände, *daß Deutschland zu ewiger Jämmerlichkeit verdammt bliebe*, um dem egoistischen Interesse Österreichs sklavisch zu dienen."[39]

Es ist unklar, was Bernstorff zu der Hoffnung veranlasst haben könnte, Österreich für einen Großmächtehandel zu gewinnen. Immerhin waren alle bisherigen Versuche in diese Richtung gescheitert. Aber Wilhelm deckte diese Strategie. Denn er glaubte, unter einem revolutionären Zeitdruck zu stehen. Dem britischen Botschafter soll Bernstorff erklärt haben, „the present state of Germany is untenable. [...] He had entered with H.M. into every detail of the proposal and to every possible contingency to which it might give rise and he was happy to say that H.M. had accepted the proposal fully coignant of all the consequences and had expressed his determination to act up to it and to support it by any means which might be necessary."[40] Am 20. Dezember ging der Berliner Hof in die nationale Offensive. Bernstorffs Unionsplan wurde der Öffentlichkeit in Form einer diplomatischen Note nach Dresden geleakt. Offiziell war es nur eine schriftliche Absage an Beusts Triasideen. Aber gleichzeitig argumentierte die preußische Regierung, „wir müssen [...] alle auf den *ganzen* Bestand des Bundes berechneten Reform-Vorschläge in der *bundesstaatlichen* Richtung [...] von vorn herein für unausführbar halten." Stattdessen wurden die Mittel- und Kleinstaaten aufgefordert, gemeinsam mit Preußen einen engeren Bund zu gründen. Zwar war von einer Hohenzollernspitze nicht offen die Rede. Aber es wurde unzweideutig betont, „daß sowohl bei der Bildung der verfassungsmässigen Organe des Bundes, als auch bei der Begründung der organischen Einrichtungen desselben, *die realen Machtverhältnisse* zum Grunde gelegt werden, und daß in

---

38 Károlyi an Rechberg, 14. Dezember 1861. QdPÖ, Bd. 2, S. 54–55.
39 Bernstorff an Reuß, 6. Februar 1862. Ringhofer (Hrsg.), Nachlass, S. 447–448.
40 Loftus an Russell, 11. Januar 1862. APP, Bd. 2/II, S. 550–551. Siehe auch Dunckers Aufzeichnungen vom 12. Januar 1862, in: Schultze (Hrsg.), Briefwechsel, S. 306.

den Bundesbeziehungen überhaupt das Gewicht der Stimmen mehr mit dem Gewicht der Leistung, die Größe der Berechtigung mehr mit der Größe der Verpflichtung in Einklang gesetzt werde."[41]

Dem Staatsministerium wurde diese sogenannte Bernstorff-Note erst am 4. Januar 1862 zur nachträglichen Annahme vorgelegt.[42] Dies belegt, dass Wilhelm und sein Außenminister allein vorgeprescht waren. Am 14. Januar stellte sich der König auch öffentlichkeitswirksam hinter die Bernstorff-Note. In seiner Thronrede sprach er vom „Bedürfnis einer allgemeinen Reform der Bundes-Verfassung [...]. Treu den nationalen Traditionen Preußens, wird Meine Regierung unablässig zu Gunsten solcher Reformen zu wirken bemüht sein, welche den wirklichen Machtverhältnissen entsprechend, die Kräfte des Deutschen Volkes energischer zusammenfassen und Preußen in den Stand setzen, den Interessen des Gesammt-Vaterlandes mit erhöhtem Nachdruck förderlich zu werden."[43] Noch 1863 sollte der später Kaiser seiner Ehefrau erklären, er betrachte „das Bernstorffsche Programm" nach wie vor „für das Einzige dereinst richtige" für Deutschland.[44] Und dem Coburger Herzog schrieb er 1864, „vor zwei Jahren habe ich durch Bernstorff eine *Idee* hinwerfen lassen, wie *ich* eine [...] größere Einigung für allein möglich halte, um damit dem absurden Beustschen vakierenden Bundestag entgegenzutreten."[45] Auch der Karlsruher Hof war im Dezember 1861 übergangen worden. Roggenbach sollte seine Zirkulardepesche schließlich am 28. Januar 1862 überstürzt abgehen lassen. Aber zu diesem Zeitpunkt galt die diplomatische Aufmerksamkeit bereits allein der Bernstorff-Note.[46]

Der Unionsplan 2.0 wurde von fast allen deutschen Regierungen abgelehnt. Besonders scharf fielen allerdings die Reaktionen am Wiener Hof aus. Außenminister Rechberg soll die Bernstorff-Note als „eine ,Provokation sondergleichen' und [...] ein unverhülltes Appellieren an die Revolution" bezeichnet haben, so der badische Diplomat Ludwig von Edelsheim. „Die ganze heftige Kalamität und der Zustand von Uneinigkeit im Innern und Schwäche nach außen, in welchem Deutschland sich gegenwärtig befinde, sei eine Folge der treulosen Politik, welche Preußen seit 1859 befolge. Diese Politik führe direkt zur Revolution oder zum Bürgerkrieg."[47] Gegenüber der bayerischen Regierung schimpfte Rechberg, „die Zustände in Berlin haben [...] leider eine große Ähnlichkeit mit denen des Anfangs der französischen Kriege. [...] Heute will man in Berlin dasselbe Spiel treiben, um die Herrschaft über ganz Deutschland an sich zu

41 Bernstorff an Savigny, 20. Dezember 1861. QGDB, III/Bd. 3, S. 501–507.
42 Vgl. Konseilprotokoll, 4. Januar 1862. Acta Borussica. Protokolle, Bd. 5, S. 142–143.
43 Rede Wilhelms, 14. Januar 1862. Ludwig Ernst Hahn (Hrsg.), Die innere Politik der Preußischen Regierung von 1862 bis 1866. Sammlung der amtlichen Kundgebungen und halbamtlicher Äußerungen, Berlin 1866, S. 3–4.
44 Wilhelm an Augusta, 4. September 1863. GStA PK, BPH, Rep. 51 J, Nr. 509b, Bd. 9, Bl. 113.
45 Wilhelm an Ernst II., 12. Februar 1864. Schultze (Hrsg.), Briefe an Politiker, Bd. 2, S. 217.
46 Vgl. Oncken, Friedrich I., S. 38–40; Gall, Liberalismus, S. 216–217.
47 Edelsheim an Roggenbach, 23. Januar 1862. APP, Bd. 2/II, S. 576.

reißen."[48] Und Werther ließ Bernstorff wissen, der österreichische Außenminister habe ihm gedroht, „daß die kais[erliche] Regierung keine Hegemonie Preußens in Deutschland zugeben könne und ebensowenig ein Herausdrängen Österreichs aus Deutschland." Rechberg würde sogar „die Trias dem Dualismus vorziehen, indem durch erstere Kombination die Mittelstaaten befriedigt und willig mitgehen würden."[49] Hinter den Kulissen koordinierte der Wiener Hof gleichzeitig seine eigene diplomatische Provokation sondergleichen. Am 2. Februar trafen in Berlin identische Protestnoten aus Österreich, Bayern, Württemberg, Hannover, Hessen-Darmstadt und Hessen-Nassau ein. Später schlossen sich auch Sachsen und Sachsen-Meiningen dieser Depeschenkoalition an.[50]

In Berlin schien Wilhelm von dem österreichischen Aktionismus überrascht worden zu sein. So erzählt der britische Gesandte Loftus in seinen Memoiren, der König soll ihm gegenüber geschimpft haben, „it was unheard of that a despatch not addressed to the Cabinet of Vienna should have been taken up in such a manner. His Majesty dwelt on the irritation and excitement which this incident would cause."[51] Diese Sorgen waren nicht unbegründet. Denn die Bernstorff-Note hatte auch außerhalb Deutschlands Furore gemacht. Zum ersten Mal seit Olmütz war das Hohenzollernkönigreich fernab der symbolischen Ebene wieder in die kleindeutsche Offensive gegangen. Der Unionsplan war nicht nur eine Provokation in Richtung Österreich, sondern auch auf europäischer Ebene. Und wie in den Revolutionsjahren war eine nationalstaatliche Neuordnung Deutschlands auch im Winter 1861/62 nicht im Interesse der Pentarchie. Gegenüber Bismarck soll Alexander II. „seine Besorgnis über die Lage der Dinge in Deutschland" ausgesprochen haben. Der Zar „fürchtete, daß die deutsche Frage schließlich in der Richtung der Revolution ihre Lösung suchen und von Frankreich werde ausgebeutet werden."[52] Aus Paris berichtete der preußische Diplomat Heinrich VII. Reuß, dass sich auch Napoleon III. besorgt über die Ramifikationen der Bernstorff-Note geäußert haben soll. „Denn ein auf solcher Grundlage konstituiertes Deutschland wäre eine zu gewaltige Macht, als daß durch sie nicht alle anderen Mächte in Europa in ihrer freien Bewegung gehemmt und beengt werden müßten."[53] Diese Nachrichten mussten umso schwerer wiegen, da Rechberg gegenüber Werther offen gedroht haben soll, Preußen nicht beizustehen, sollte Frankreich am Rhein angreifen.[54] Wieder einmal wurde die preußische Regierung daran erinnert, dass die Deutsche Frage auch eine *europäische* Frage war. Wilhelm und Bernstorff waren auf der nationalen Ebene vorgeprescht, ohne an die

---

48 Rechberg an Schrenck, 3. Januar 1861. QdPÖ, Bd. 2, S. 79–80.

49 Werther an Bernstorff, 26. Dezember 1861. APP, Bd. 2/II, S. 547.

50 Vgl. Huber, Verfassungsgeschichte, Bd. 3, S. 411–413; Börner, Krise, S. 156–158; Flöter, Beust, S. 364–365; Müller, Bund und Nation, S. 333–335. Der Text der identischen Noten findet sich in: Huber (Hrsg.), Dokumente, Bd. 2, S. 126–127.

51 Loftus, Reminescences 1832–1862, Bd. 2, S. 218–219.

52 Bismarck an Bernstorff, 8. April 1862. GW, Bd. 3, S. 350.

53 Reuß an Bernstorff, 14. Februar 1862. Ringhofer (Hrsg.), Nachlass, S. 456–457.

54 Vgl. Werther an Bernstorff, 15. Februar 1862. QdPÖ, Bd. 2, S. 213–214.

Pentarchieebene zu denken. Diesen Fehler sollte der spätere Kaiser 1866 nicht noch einmal begehen.

Wie aber sollte der Berliner Hof im Frühjahr 1862 auf die internationale Front-stellung gegen Preußen reagieren? Zwar weigerte sich Wilhelm, wie sein Bruder 1850 den Gang nach Olmütz anzutreten. Doch war er auch nicht bereit, die Eskalations-schraube unbeirrt anzudrehen. „Ich ändere im Bernstorff[schen] Programm oder Skizze nichts", ließ er den Großherzog von Baden wissen. „In Ostende haben wir verabredet, was das einstige Ziel sein soll, dem wir nachstreben wollten. Ich habe statt Deiner die Initiative ergriffen, und was ist die Folge gewesen? Die Koalition! Was soll dieser ge-genüber also geschehen? Gewalt? Also Bürgerkrieg? Den willst Du und ich nicht. Was bleibt übrig? Die Zeit muß wirken und arbeiten und nach und nach der Vernunft die Bahn brechen."[55] Letztendlich musste Wilhelm notgedrungen auf Zeit spielen. Denn er sah sich auch durch den eskalierenden Heereskonflikt mit dem Landtag unter Druck gesetzt. Mit dem liberalen Abgeordnetenhaus im Nacken war er nicht bereit, einen Waffengang in Deutschland und Europa zu riskieren. Diese rote Linie zog er auf zwei Kronratsitzungen im Januar und Februar.[56] Aber gegenüber Loftus soll der König Mitte Februar vielsagend erklärt haben, „there can be no doubt Prussia will profit of the first favourable opportunity to revenge herself for the insult which she considers to have been offered to her by the combined action of Austria and her confederates."[57] Und Bernstorff betonte im selben Monat, „daß wir nicht beabsichtigen, irgend jemand *Ge-walt* anzutun, daß wir aber *fest entschloßen* sind, nicht wieder wie 1850 dem Kriege auszuweichen, wenn er uns von der anderen Seite *aufgezwungen wird, sondern ihn aufzunehmen.*"[58]

Unterhalb der militärischen Eskalationsebene besaß die preußische Regierung mehrere Möglichkeiten, der österreichischen Herausforderung zu antworten. Bereits Anfang Januar 1862 hatte Bernstorff gegenüber Bismarck sinniert, „ob nicht die Aner-kennung Italiens die beste Antwort" auf den Widerstand gegen den Unionsplan sei.[59] Der Berliner Hof hatte die Proklamation Viktor Emanuels II. zum König von Italien 1861 nicht anerkannt. Denn dieser Schritt hätte die Grenzverschiebungen auf der Apenni-nenhalbinsel seit 1859 de jure legitimiert. Aber nach den identischen Protestnoten vom 2. Februar begann das preußische Außenministerium, mit Turin über die Aufnahme diplomatischer Beziehungen zu verhandeln. Am 21. Juli erkannte die Hohenzollern-monarchie offiziell den Herrschaftsanspruch der Savoyenmonarchie in Italien an. Das war eine unzweideutige Provokation in Richtung Wien.[60] Gleichzeitig wurde der Druck auf die Habsburgermonarchie auch auf ökonomischer Ebene erhöht. Am 29. März

---

55 Wilhelm an Friedrich I., 2. April 1862. Oncken (Hrsg.), Briefwechsel, Bd. 1, S. 330.
56 Siehe die Konseilprotokolle vom 21. Januar und 16. Februar 1862, in: APP, Bd. 2/II, S. 558; Acta Borussica. Protokolle, Bd. 5, S. 150.
57 Loftus an Russell, 15. Februar 1862. APP, Bd. 2/II, S. 579.
58 Bernstorff an Reuß, 6. Februar 1862. Ringhofer (Hrsg.), Nachlass, S. 447.
59 Bernstorff an Bismarck, 8. Januar 1862. Kohl (Hrsg.), Bismarck-Jahrbuch, Bd. 6, S. 118.
60 Vgl. Srbik, Preußen und Italien, S. 24–29.

fanden die bereits seit 1861 schwelenden Verhandlungen über einen preußisch-französischen Handelsvertrag ihren offiziellen Abschluss. Österreich, Bayern und Württemberg protestierten gegen den neugeschaffenen Freihandelsmarkt zwischen Seine und Spree. Der Wiener Hof versuchte sogar, über die süddeutschen Zollvereinsmitglieder die Ratifizierung des Handelsvertrags zu verhindern. Doch wie bereits in der Zollvereinskrise 1851–1853 saß das Hohenzollernkönigreich am längeren Hebel. Wieder drohte die preußische Regierung damit, den Zollverein einfach aufzulösen. Und wieder mussten sich die Mittelstaaten der norddeutschen Wirtschaftspräponderanz fügen.[61]

Mit Blick auf die Deutsche Frage waren dies jedoch lediglich Nadelstiche gegen Österreich. Preußen kam einem kleindeutschen Bund weder auf der diplomatischen noch ökonomischen Ebene näher. Und mit dem Heereskonflikt war Wilhelm drauf und dran, auch noch die öffentlichen Sympathien zu verspielen. In seiner Wirklichkeitswahrnehmung sah dies gleichwohl ganz anders aus. „Wie hoch stand Preußen durch *moralische* Eroberung im Jahr 1860 nach den Badener und Teplitzer Tagen? Und *wer* hat diese Stellung ruiniert? die 2. Kammer durch die Session von 1861, (Vincke à la tête) durch Schimpfen und Verunglimpfung Österreichs und Süddeutschlands, die Stellung ruiniert, die ich eben gewonnen hatte", erklärte er im Juni.[62] Zu jenem Zeitpunkt muss die Strategie, Deutschland moralisch zu erobern, als gescheitert betrachtet werden. Dieses Scheitern war *auch* selbstverschuldet. Denn Wilhelms Deutschlandpolitik folgte einer knallharten Ellbogen-Mentalität. Aber selbst einem innen- wie außenpolitisch kompromissbereiteren Monarchen wäre es wohl nicht gelungen, die vielen strukturellen Hindernisse auf dem Weg zu einer Verhandlungslösung der Deutschen Frage zu überwinden. Und das gilt sowohl für eine föderative als auch nationalstaatliche Lösung. Wilhelms nationaler Handlungsspielraum konnte 1862 mit friedlichen Mitteln schlichtweg nicht mehr vergrößert werden. Zwar war er (noch) nicht zu einer Politik von „Eisen und Blut" bereit. Aber seit Beginn der Neuen Ära hatte er die preußische Deutschlandpolitik schrittweise auf immer neuere Eskalationsebenen gehoben. Die Bernstorff-Note war in dieser Perspektive kein radikaler Kurswechsel. Und schon gar nicht brauchte es erst einen Bismarck, um die Hohenzollernmonarchie in Richtung Nationalstaat zu bewegen.[63] Die *Ziele* der preußischen Deutschlandpolitik unter Wilhelm waren vor und nach 1862 kohärent, konsistent und persistent. Nur ihre *Methoden* änderten sich bisweilen.[64] Hinter die Bernstorff-Note gab es für den späteren Kaiser jedenfalls kein zurück mehr. Das sollte auch Bismarck feststellen.

---

61 Vgl. Böhme, Großmacht, S. 100–123; Hahn, Zollverein, S. 169–174.

62 Wilhelm an Heydt, 8. Juni 1862. Schultze (Hrsg.), Briefe an Politiker, Bd. 2, S. 190.

63 Vgl. Kaernbach, Bismarcks Konzepte, S. 157; Pflanze, Bismarck, Bd. 1, S. 166.

64 Vgl. Robert van Roosbroeck, Die politisch-diplomatische Vorgeschichte, in: Urusla von Gersdorff/ Wolfgang von Groote (Hrsg.), Entscheidung 1866. Der Krieg zwischen Österreich und Preußen, Stuttgart 1966, S. 11–76, hier: S. 42; Karl Heinz Börner, Wilhelm I. Vom Kartätschenprinz zum deutschen Kaiser, in: Gustav Seeber (Hrsg.), Gestalten der Bismarckzeit, Bd. 1, Berlin (Ost) 1987, S. 58–78, hier: S. 68; Siemann, Gesellschaft, S. 271; Lutz, Habsburg und Preußen, S. 437; Epkenhans, Reichsgründung, S. 35.

„Wer hat denn den Conflict herbeigeführt?"
Der Weg in den Verfassungskonflikt 1861/62

Nach Bernstorffs Ernennung war das Staatsministerium effektiv in zwei Lager gespalten. Die Mehrheitsfraktion um Hohenzollern und Auerswald stand der konservativen Minderheit gegenüber. Aber Bernstorff, Roon und Heydt konnten sich auf das Allerhöchste Vertrauen stützen. Denn sie verteidigten Wilhelms Agenda ohne-wenn-und-aber. Dagegen versuchten die reformkonservativen und liberalen Minister noch immer, zwischen dem König und dem Landtag zu lavieren. Nach beiden Seiten sahen sie sich einem Erfolgszwang ausgesetzt. Sie konnten nicht die eine Seite zufriedenstellen, ohne die andere zu brüskieren. Das Vertrauen des Herrschers zu verlieren, hieße Amt und Einfluss zu verlieren – und das womöglich an Nachfolger, die eine offene Konfrontation mit der Volksvertretung nicht scheuen würden. Gleichzeitig bestand die potentielle Gefahr, dass ein enttäuschtes Abgeordnetenhaus sich radikalisieren könnte. Sollte die Kammer gar eine Parlamentarisierung anstreben, wäre ein Systemkipppunkt mit ungewissem Ausgang erreicht worden. Die Gründung der Fortschrittspartei schien diese Befürchtungen zu bestätigen. Aber letztendlich taten die Mehrheitsminister nichts anderes, als alle Viere von sich zu strecken. In der Hoffnung, sowohl die Vertrauensfrage als auch die Systemfrage vermeiden zu können, überließen sie Krone und Parlament die Aktionsinitiative. Und eine von beiden Institutionen *musste* irgendwann versuchen, eine Entscheidung herbeizuzwingen.[1]

Dieser Bruchpunkt drohte bereits mit den Landtagswahlen im Dezember 1861. Allen Akteuren am Berliner Hof war bewusst, dass diese Wahlen über Sein oder Nichtsein der Neuen Ära entscheiden würden. Denn ein Sieg der Fortschrittspartei würde jede Aussicht auf eine Einigung über den Militärhaushalt zunichtemachen. Wilhelm war deshalb nicht gewillt, den Wahlkampf als passiver Beobachter zu verfolgen. Im September hatte er den Ministern erstmals seinen Plan vorgelegt, seine politische Agenda in einem öffentlichen Manifest zu erklären. Er schien zu glauben, das königliche Wort würde genügen, den Liberalen die Wähler abspenstig zu machen. Die Mehrheitsminister lehnten diese Maßnahme jedoch wiederholt ab, da sie die Überparteilichkeit der Krone gefährdet sahen.[2] Am 3. November notierte der Kronprinz, die „Minister wollen ihre Entlassung einreichen, wenn S.M. beharren, [...] die Kabinettsorder zu erlassen. Welch eine Kalamität, von welchen unheilvollen Folgen für Preußen und Deutschland."[3] Einen Tag später schrieb er, sein Vater „meint, die Minister stünden nicht mehr auf Boden des 8. November 1858, wollten Schmälerung des Ansehens der Krone, woran niemand denkt."[4] Preußen stand wieder am Rande einer Staatskrise.[5] Und die Minister sollten

---

1 Vgl. Haupts, Liberale Regierung, S. 76–77; Peiffer, Schleinitz, S. 65–67; Möller, Zweite Chance, S. 132.
2 Siehe die Konseilprotokolle vom 30. September, 5. Oktober und 3. November 1861, in: Acta Borussica. Protokolle, Bd. 5, S. 130–133.
3 Tagebuch Friedrich Wilhelm, 3. November 1861. (Hrsg.), Tagebücher, S. 116.
4 Tagebuch Friedrich Wilhelm, 4. November 1861., Ebd., S. 117.

https://doi.org/10.1515/9783111323954-035

wieder vor der Machtfrage zurückschrecken. Bereits am 5. November wurde in einem Kronrat beschlossen, dass nicht der König, sondern Innenminister Maximilian von Schwerin-Putzar ein Wahlzirkular erlassen sollte. Dieser Kompromiss zwang das Staatsministerium, Parteifarbe zu bekennen, während die Krone offiziell Neutralität wahrte.[6] Wilhelm soll die Konseilsitzung „mit großer Gelassenheit" geschlossen haben, so der Thronfolger.[7] Der Bruch von Monarch und Ministerium war aber lediglich vertagt worden. Das schien alle politische Beobachter am Berliner Hof erkannt zu haben. Bernhardi kommentierte den Kronratbeschluss beispielsweise mit den Worten, „so ist denn nun Alles wieder nothdürftig zusammengeklebt!"[8] Duncker soll dem Historiker geschimpft haben, „das Ministerium hat sich nicht in Respect zu setzen gewußt, und wird nirgends respectirt; – nicht vom König; – nicht von den Kammern; – nicht vom Lande!"[9] Und laut Pourtalès soll ihm Hohenzollern erzählt haben, „daß Roon nach jenem entscheidenden Ministerrat ihm gesagt habe, es wäre doch nichts mit diesem Ministerium, und es müsse dasselbe durch bessere Männer ersetzt werden. [...] Auerswald, Schwerin und Patow sollten fort. An Schwerins Stelle müßte Bismarck das Innere übernehmen und dann Bernstorff in der deutschen Frage rücksichtslos und energisch vorgehen, auf die Gefahr hin eines Krieges mit Österreich."[10] Tatsächlich schien der spätere Kanzler in jenen Wochen wieder auf ein Ministeramt spekuliert zu haben. Jedenfalls berichtete sein Mitarbeiter Kurd von Schlözer, „seit der neuen Ministerkrisis in Berlin ist Bismarck in großer Aufregung, die er nur künstlich verdeckt. Er ordnet alle seine Papiere, säubert seinen wüsten Arbeitstisch – weil er sicher glaubt, [...] daß er Heil und Segen über die Wilhelmstraße zu verbreiten berufen wird."[11]

Die Landtagswahlen am 6. Dezember machten einen Ministerwechsel jedenfalls nicht unwahrscheinlicher. Der Innenminister hatte in seinem Wahlzirkular die konservativen Grundsätze der Regierungspolitik betont. Die Masse der Wähler schien diese jedoch nicht mittragen zu wollen, da die konservativen und reformkonservativen Fraktionen etwa drei Viertel ihrer Stimmen verloren. Für die Wochenblattpartei bedeutete diese Implosion sogar das faktische Ende ihrer parlamentarischen Existenz. Dagegen konnten die linken Oppositionsparteien einen Erdrutschsieg feiern. Roon, Bernstorff, Simson, Bethmann-Hollweg und Auerswald war es nicht einmal gelungen, ihre Mandate zu verteidigen.[12] Der konservative Abgeordnete Moritz von Blanckenburg bemerkte daher gegenüber dem Kriegsminister, „nach constitutionellem Ritus kannst

---

5 Vgl. Börner, Krise, S. 146; Richter, Moderne Wahlen, S. 365–366.
6 Vgl. Konseilprotokoll, 5. November 1861. Acta Borussica. Protokolle, Bd. 5, S. 133.
7 Tagebuch Friedrich Wilhelm, 5. November 1861. Meisner (Hrsg.), Tagebücher, S. 117.
8 Tagebuch Bernhardi, 9. November 1861. Bernhardi (Hrsg.), Aus dem Leben, Bd. 4, S. 152.
9 Tagebuch Bernhardi, 24. November 1861. Ebd., S. 162.
10 Pourtalès an Bethmann-Hollweg, 2. Dezember 1861. Mutius (Hrsg.), Pourtalès, S. 173–174.
11 Schlözer an N. v. Schlözer, 26. Dezember 1861. Leopold von Schlözer (Hrsg.), Petersburger Briefe von Kurd von Schlözer 1857–1862. Nebst einem Anhang Briefe aus Berlin-Kopenhagen 1862–1864 und einer Anlage, Stuttgart/Berlin 1921, S. 233.
12 Vgl. Börner, Krise, S. 147–148; Siemann, Gesellschaft, S. 209–210.

Du also nur einpacken [...] – *der* Durchfall war gründlich!"[13] Die Regierung war von den Wählern effektiv abgestraft worden. Und am Berliner Hof wurde bereits das Schreckgespenst von einem demokratischen Aufbruch und möglichen Barrikadenkämpfen an die Wand gemalt.[14] Laut Friedrich Wilhelm soll sein Vater „sehr erregt gemacht" worden sein „durch die unseligen Zuträgereien und Vorspiegelungen der Kreuzzeitungspartei, die ihm nur von Barrikaden, Straßenémeuten usw. spricht!!"[15] Der König soll seiner Umgebung sogar gesagt haben, in Berlin „wird das Schaffott für mich aufgerichtet werden."[16] Seinem Schwiegersohn schimpfte Wilhelm, „wo hat sich ein Funke Vertrauen zu mir und meiner Regierung gezeigt bei den Wahlen? Ich, der ich drei Jahre getreu mein Programm von 1858 ausführe, werde behandelt, als wenn ich der tollste Reaktionär wäre, und meine bewährtesten Anhänger werden nicht einmal gewählt. Männer, die sogar viel weiter gehen möchten als ich, werden nicht gewählt! Warum? Weil die Betörer des Volks nicht rasch genug zur Nullifizierung des Königs kommen können, unter Vorspiegelung, daß dies das größte Ziel sei!!! Ich habe einen wahren Degout vor den Menschen bekommen nach diesen Erlebnissen!"[17]

Nach dem 6. Dezember waren die Mehrheitsminister angezählt. Wilhelm machte keinen Hehl daraus, dass die Regierung sein Vertrauen verloren hatte. So schrieb er Augusta am 22. Dezember, „das Ministerium" habe „sich moralisch und physisch durch die Agitations-Partei drängen" lassen, „zu der ein Teil der Minister selbst sonst gehörte u[nd] mir dies jeden Moment vorhält u[nd] von ihren Antizedentien sprach worauf ich stets erwidern muß, daß meine Antizedentien mehr gelten u[nd] aus der Geschichte entsprängen, die ich zur Ehre der Krone Preussens festhalten müßte. [...] auf einem Punkt wird ein Chisma eintreten können wenn das Ministerium durch sein Verlangen nach Institutionen beweiset, daß sie die Macht der Regierung, also der Krone, wie das Abgeordneten-Haus verlangen will, natürlich niemals eingestandener Maßen, aber factisch. Da dies die 2. Kammer stets u[nd] namentlich in der nächsten Session beabsichtigt u[nd] Alles daransetzen wird, um der Krone ein Stück nach dem andern zu stehlen, so ist es meine Aufgabe das Ministerium scharf zu überwachen damit es dazu auch nicht indirekt die Hand biete."[18] Am 31. Dezember forderte der König die Minister in einer Kronratsitzung auf, ihm demonstrativ die Treue zu schwören. Und er verbot jegliche Konzessionen gegenüber dem neugewählten Landtag.[19] Aber wie lange konnte sich ein Ministerium ohne Rückhalt im Parlament halten, und von dem der Monarch

---

13 Blanckenburg an Roon, 8. Dezember 1861. Roon (Hrsg.), Denkwürdigkeiten, Bd. 2, S. 56.

14 Vgl. Twesten an Lipke, 8. Dezember 1861. Heyderhoff (Hrsg.), Liberalismus, Bd. 1, S. 73; Tagebuch Bernhardi, 9. Dezember 1861. Bernhardi (Hrsg.), Aus dem Leben, Bd. 4, S. 167; Heydt an B. v. d. Heydt, 10. Dezember 1861. Bergengrün, Heydt, S. 280; Friedrich Karl an Roon, 17. Dezember 1861. Roon (Hrsg.), Denkwürdigkeiten, Bd. 2, S. 59.

15 Tagebuch Friedrich Wilhelm, 18. Dezember 1861. Meisner (Hrsg.), Tagebücher, S. 120.

16 Haym an Treitschke, 8. Februar 1862. Rosenberg (Hrsg.), Briefwechsel, S. 211.

17 Wilhelm an Friedrich I., 15. Januar 1862. Oncken (Hrsg.), Briefwechsel, Bd. 1, S. 316–317.

18 Wilhelm an Augusta, 22. Dezember 1861. GStA PK, BPH, Rep. 51 J, Nr. 509b, Bd. 9, Bl. 33–34.

19 Vgl. Konseilprotokoll, 31. Dezember 1861. Acta Borussica. Protokolle, Bd. 5, S. 142; Tagebuch Friedrich Wilhelm, 31. Dezember 1861. Meisner (Hrsg.), Tagebücher, S. 122.

glaubte, es überwachen zu müssen? Roon bemerkte zum Jahresende 1861, ein Regierungswechsel werde „binnen wenigen Monaten geschehen müssen!"[20] Und der Kronprinz sprach von „Anarchie von oben. Es geht nicht anders mehr, als daß der König entweder den Ministern mit dem alten Vertrauen entgegenkommt und sie gewähren läßt oder aber ihre schon mehrmals ausgesprochene Entlastungsbitte endlich annimmt. Wie können sie sonst vor den Landtag treten, ohne den König hinter sich zu haben."[21]

Seit dem Jahreswechsel 1861/62 war das Staatsministerium effektiv paralysiert. Und Hohenzollern und Auerswald konnten nicht einmal mehr den Anschein aufrechterhalten, irgendeine Führungsrolle zu spielen. Der Ministerpräsident verbrachte bereits seit dem Herbst 1861 kaum noch Zeit in Berlin. Stattdessen ging er auf Kurreisen in Süddeutschland und Frankreich.[22] Duncker gegenüber gestand der Sigmaringer Fürst offen, er habe kein Verlangen mehr, „aus der weichen Luft der Provence heraus in die nordische Ebene, in die erstickende Atmosphäre der Parlamentsräume, in die Glut der Salons, in die Unselbständigkeit des eigenen Tuns und Lassens" zurückzukehren.[23] Und seit Januar 1862 blieb auch Auerswald den Ministerverhandlungen aus gesundheitlichen Gründen fern.[24] In dieses Vakuum stieß Heydt vor. Der Handelsminister hatte seit 1848 ununterbrochen ein Ministeramt bekleidet. Selbst seine konservativen Parteifreunde wollten ihm einen gewissen politischen Opportunismus nicht absprechen. Blanckenburg bemerkte beispielsweise, „*der* Fuchs weiß allemal wohin der Wind geht."[25] In den letzten drei Monaten der Neuen Ära übertrug Wilhelm dem erfahrenen Handelsminister faktisch die administrative Führung des Staatsministeriums.[26] Die Mehrheitsminister verloren durch diese Entwicklung gänzlich an Einfluss. Letztendlich beschränkte sich ihre Tätigkeit nur noch darauf, einen Regierungswechsel irgendwie zu vermeiden.[27]

Die Minister war sich nicht einmal einig in der Frage, ob überhaupt versucht werden sollte, mit dem linken Abgeordnetenhaus zu verhandeln.[28] Im Gespräch mit Bernhardi soll Roon gesagt haben, seine Kollegen „meinen, man werde mit diesem Hause vorwärts kommen. – Er selbst glaubt das nicht."[29] Und Wilhelm soll sogar kurzzeitig mit dem Gedanken gespielt haben, den Landtag durch einen Stellvertreter eröffnen zu lassen.[30] Doch obgleich der König den Abgeordneten am 14. Januar persönlich gegenübertrat, ließ seine Thronrede keinen Zweifel darüber, dass ein Ausgleich

---

20 Roon an Perthes, 27. Dezember 1861. Roon (Hrsg.), Denkwürdigkeiten, Bd. 2, S. 62–63.
21 Tagebuch Friedrich Wilhelm, 30. Dezember 1861. Meisner (Hrsg.), Tagebücher, S. 122.
22 Vgl. Zingeler, Hohenzollern, S. 116–120.
23 Hohenzollern an Duncker, 20. Januar 1862. Schultze (Hrsg.), Briefwechsel, S. 307.
24 Goltz an Bismarck, 20. Februar 1862. Kohl (Hrsg.), Bismarck-Jahrbuch, Bd. 5, S. 206–207; Duncker an Hohenzollern, 18. März 1862. Schultze (Hrsg.), Briefwechsel, S. 325.
25 Blanckenburg an E. L. v. Gerlach, 5. April 1862. Diwald (Hrsg.), Nachlaß, Bd. 2, S. 1101–1102.
26 Siehe Wilhelms Briefe an Heydt vom 16. und 20. Januar sowie vom 9. und 19. Februar 1862, in: Schultze (Hrsg.), Briefe an Politiker, Bd. 2, S. 176–179, S. 181–184.
27 Vgl. Börner, Krise, S. 155–156.
28 Vgl. Zingeler, Hohenzollern, S. 117–118.
29 Tagebuch Bernhardi, 22. Dezember 1861. Bernhardi (Hrsg.), Aus dem Leben, Bd. 4, S. 171.
30 Vgl. Tagebuch Bernhardi, 2. Februar 1862. Ebd., S. 197–199.

zwischen Krone und Parlament unmöglich war. Denn er warf den Volksvertretern vor, durch ihre Opposition „die Schlagfertigkeit und Kriegstüchtigkeit des Heeres, folglich dessen Lebensbedingungen und damit die Sicherheit des Vaterlandes" zu „gefährden. [...] Niemals kann Ich zulassen, daß die fortschreitende Entfaltung unseres inneren Staatslebens das Recht der Krone, die Macht und Sicherheit Preußens in Frage stelle oder gefährde."[31] Und seiner Schwester erklärte er nach Beginn der Landtagssession in vielsagender Formulierung, „jetzt muß man der Schlacht entgegen gehen mit Muth und Gelassenheit, und wenn man nicht siegen kann[,] die Schlacht *abbrechen!*"[32]

Weder die Altliberalen noch die Fortschrittspartei waren Anfang 1862 daran interessiert, über den Hebel der Heeresreform die parlamentarische Regierungsform in Preußen zu erzwingen. Außer den Demokraten bewegten sich alle linken Oppositionsfraktionen auf dem Boden der konstitutionellen Monarchie. Und von keinem Landtagsabgeordneten ging irgendeine Revolutionsgefahr aus.[33] Aber genau das wurde der liberalen Parlamentsmehrheit von der Armeeführung unterstellt. Duncker will im Januar erfahren haben, „man befürchtet im Kreise der hohen Militärs alles. Man spricht von Staatsstreich, man ahnt eine große Revolution." General Wrangel soll sogar der Königin geraten haben, „eiserne Fenstergitter im Parterre des Palais anzubringen, man läßt Telegraphenleitungen vom Palais nach den Kasernen legen."[34] Das waren keine bloßen Gerüchte. Denn seit den Landtagswahlen glaubte Edwin von Manteuffel, dass seine große Stunde gekommen sei. Der Kabinettschef ließ bereits Pläne für den angeblich bevorstehenden Häuserkampf anfertigen. Wilhelm unterzeichnete diese Notfallpläne sogar am 16. Januar, und ließ sie versiegelt an die in Berlin stationierten Armeeeinheiten verschicken. Dort sollten sie dann auf telegraphischen Befehl des Königs geöffnet werden. Aber dieser Befehl kam nie. Denn das Abgeordnetenhaus weigerte sich, die rote Fahne zu schwenken. Nach dem Krieg gegen Dänemark 1864 ließ Wilhelm die Pläne schließlich zurückrufen.[35] Zwar mochte der spätere Kaiser seit Dezember 1861 befürchtet haben, dass dem linken Wahlsieg eine Revolution folgen könnte. Aber es sind keine Quellen überliefert, die belegen oder auch nur nahelegen würden, dass er während der Konfliktzeit eine Staatsstreichpolitik verfolgt hätte. Noch Mitte Februar erklärte er dem Großherzog von Baden, „in Preußen muß die Konstitution und deren Fortsetzung und Ausbau nie die Grenzen überschreiten, welche die Macht und Kraft des Königtums in einer Art schmälert, die dasselbe zum Sklaven des Parlaments macht."[36] Das war eine klare Absage an den Parlamentarismus – aber auch an den Absolutismus.

---

31 Rede Wilhelms, 14. Januar 1862. Hahn (Hrsg.), Innere Politik, S. 1–4.
32 Wilhelm an Luise, 1. Februar 1862. GStA PK, BPH, Rep. 51, Nr. 853.
33 Vgl. Winkler, Preußischer Liberalismus, S. 21–22; Hans Boldt, Deutscher Konstitutionalismus und Bismarckreich, in: Michael Stürmer (Hrsg.), Das kaiserliche Deutschland. Politik und Gesellschaft 1870–1918, Kronberg 1977 [ND 1970], S. 119–142, hier: S. 123–124.
34 Aufzeichnungen Dunckers, 2. Januar 1862. Schultze (Hrsg.), Briefwechsel, S. 305.
35 Vgl. Ludwig Dehio, Die Pläne der Militärpartei und der Konflikt, in: Deutsche Rundschau 213 (1927), S. 91–100; Craig, Prussian Army, S. 155; Canis, Taktik, S. 66–68.
36 Wilhelm an Friedrich I., 17. Februar 1862. Oncken (Hrsg.), Briefwechsel, Bd. 1, S. 322.

Nicht einmal Roon teilte Manteuffels Extremposition. Ebenfalls Mitte Februar soll der Kriegsminister gegenüber Bernhardi in einem vertraulichen Gespräch bemerkt haben, *„die seltsame Furcht vor der Reaction hat überhaupt gar keinen Grund. Ich kann versichern, in der ganzen Umgebung des Königs denkt Niemand an Reaction. [...] Die Verfassung verletzen, daran denkt Niemand!"* Das Militär werde erst dann eingreifen, „wenn die Verfassung von unten gebrochen würde."[37] Da dieser Fall nie eintrat, blieben sämtliche Häuserkampfpläne nur Notfalloptionen. Gleichwohl sagt bereits die bloße Existenz dieser Pläne viel über die Revolutionsparanoia aus, die am Berliner Hof vorherrschte.

Aber welche Optionen besaß Wilhelm, den Heereskonflikt zu lösen? Zu einem präventiven Staatsstreich war er nicht bereit. Und er erlaubte den Ministern nicht, einen Kompromiss mit dem Parlament zu finden. Also blieben ihm nur noch Neuwahlen oder ein Regierungswechsel. Der Diplomat Robert von der Goltz berichtete Bismarck Anfang März, „die Lage ist nun etwa folgende: Der König will mit der Kammer um so mehr brechen, als bereits mit Bestimmtheit vorauszusehen ist, daß dieselbe die Militärvorlagen nicht vollständig annehmen wird; Er hat die Fortschrittspartei en horreur und klagt Seine liberalen Minister an, so schlechte Wahlen verschuldet zu haben."[38] Sogar Hohenzollern argumentierte, dass dem König ein neues Ministerium und ein „eiserner Charakter" zur Seite gestellt werden müsse.[39] Implizit gestand der Ministerpräsident also, dass er selbst diesem Anspruch nicht gerecht geworden war. Aber wer sollte jenen eisernen Charakter spielen? Seit Februar wurde am Berliner Hof Adolf zu Hohenlohe-Ingelfingen, der Präsident des Herrenhauses, als möglicher Ministerkandidat genannt. So soll ihn Heydt am 13. Februar dem Kronprinzen gegenüber als einen möglichen „Stellvertreter" für Hohenzollern und Auerswald erwähnt haben.[40] Und laut Bernhardi soll auch Schleinitz am 27. Februar Hohenlohe-Ingelfingen *„als den rechten Mann für die Stelle genannt"* haben.[41] Weshalb ausgerechnet der Herrenhauspräsident als geeigneter Ministerpräsident betrachtet wurde, kann aus den Quellen nicht rekonstruiert werden. Hohenlohe-Ingelfingen war 1862 bereits fünfundsechzig Jahre alt und gesundheitlich angeschlagen. Auch besaß er keinerlei Regierungserfahrung. Aber immerhin hatte er als Herrenhauspräsident die aristokratische Opposition gegen die Neue Ära wiederholt brechen können.[42] Jedenfalls schienen beide Ministerfraktionen darauf spekuliert zu haben, dass Hohenlohe-Ingelfingen *irgendein* Ausbruch aus dem politischen Deadlock gelingen würde. Dass ihm die Quadratur des Kreises gelingen könne, soll er im Januar zumindest gegenüber Chlodwig zu Hohenlohe-Schillingsfürst angedeutet haben. Laut dem bayerischen Politiker habe ihm der Herrenhauspräsident erklärt, „daß der Regierung nichts übrigbleibe, als sich entweder mit Energie an die Spitze der Bewegung zu

---

37 Tagebuch Bernhardi, 15. Februar 1862. Bernhardi (Hrsg.), Aus dem Leben, Bd. 4, S. 209–212.
38 Goltz an Bismarck, 1./2. März 1862. Kohl (Hrsg.), Bismarck-Jahrbuch, Bd. 5, S. 209–210.
39 Hohenzollern an Duncker, 20. Januar 1862. Schultze (Hrsg.), Briefwechsel, S. 307.
40 Tagebuch Friedrich Wilhelm, 13. Februar 1862. Meisner (Hrsg.), Tagebücher, S. 128.
41 Tagebuch Bernhardi, 27. Februar 1862. Bernhardi (Hrsg.), Aus dem Leben, Bd. 4, S. 224.
42 Vgl. Börner, Krise, S. 172–173.

stellen oder eine mehr konservative Haltung einzunehmen. Mit der bloßen liberalen Gutmütigkeit kann die Regierung bloß das erreichen, daß sie es mit den Herren und den Demokraten gleichzeitig verdirbt, wie dies auch die Erfahrung bei den Wahlen gezeigt hat."[43]

Letztendlich war es das Abgeordnetenhaus, das den Hof endlich zu einer Entscheidung zwang. Denn am 6. März lehnte die liberale Mehrheit eine erneute Verlängerung des Extraordinariums ab. Stattdessen legte der Fortschrittsparteimann Adolf Hagen einen eigenen Budgetantrag vor. In diesem sogenannten Antrag Hagen wurde die Regierung aufgefordert, den Staatshaushalt zu spezifizieren. Mit dieser Regelung sollte verhindert werden, dass auch die strittigen Punkte der Heeresreform weiterhin über den allgemeinen Militäretat verdeckt finanziert werden konnten. Damit beanspruchte der Landtag über den Haushaltshebel implizit ein Mitspracherecht in Armeeangelegenheiten. Hätte die Regierung die spezifischen Kosten offenlegen müssen, hätten die Parlamentarier den Geldhahn für das Militär en détail auf- und zudrehen können. Die Altliberalen waren zu einem solchen provokativen Schritt nicht bereit gewesen. Die Fortschrittspartei glaubte ihn wagen zu müssen, um sich auf der preußischen und deutschen Parlamentsbühne als Motor der liberalen Opposition zu profilieren. Dafür nahmen sie auch einen Bruch mit der Regierung in Kauf.[44] Denn es durfte kaum eine Überraschung gewesen sein, dass Wilhelm noch am selben Tag die Minister wissen ließ, dass mit dem Antrag Hagen „die Auflösungsfrage des Hauses in den Vordergrund" gerückt sei.[45] Danach ging es Schlag auf Schlag. In zwei Kronratsitzungen am 7. und 8. März wurden Neuwahlen beschlossen. Auch legte das Staatsministerium dem König einen Regierungswechsel nahe. Am 9. März bat schließlich Bethmann-Hollweg als erster Minister um seinen Abschied.[46] Wilhelm nahm das Entlassungsgesuch am nächsten Tag an. Und er ließ Bethmann-Hollweg wissen, „eine Differenz bestehet nur darin zwischen mir und einigen Ministern, wie weit in *Preußen* die Königliche Macht beschränkt werden *darf*, nachdem überhaupt dieselbe durch eine Konstitution hat beschränkt werden *müssen*."[47]

Der Kronprinz will noch am 9. März versucht haben, zwischen den Ministern und seinem Vater zu vermitteln. Doch Wilhelm soll „erregt" gewesen sein, und dem Thronfolger geschimpft haben, „ich sei liberaler als S.M., müsse mich die nächsten Tage hüten bei Beratungen nicht in Opposition gegen ihn zu treten, lieber weg bleiben."[48] Was genau der Monarch mit dieser Ermahnung gemeint haben mochte, schien weder

---

43 Aufzeichnungen Hohenlohe-Schillingsfürsts, [Januar 1862]. Curtius (Hrsg.), Denkwürdigkeiten, Bd. 1, S. 115.

44 Vgl. Huber, Verfassungsgeschichte, Bd. 3, S. 293–294; Börner, Krise, S. 163–164; Biefang, Fortschrittspartei, S. 376–378.

45 Wilhelm an Patow, 6. März 1862. Schultze (Hrsg.), Briefe an Politiker, Bd. 2, S. 184.

46 Siehe die Konseilprotokolle vom 7., 8. und 9. März 1862, in: Acta Borussica. Protokolle, S. 154–155.

47 Bethmann-Hollweg an Wilhelm (mit Marginalien des Königs), 10. März 1862. Schultze (Hrsg.), Briefe an Politiker, Bd. 2, S. 240.

48 Friedrich Wilhelm, 9. März 1862. Meisner (Hrsg.), Tagebücher, S. 130–131.

Vater noch Sohn klar gewesen zu sein. Duncker berichtete am nächsten Tag, „der Kronprinz bat diesen Morgen im Beisein der Königin um eine bestimmte Erklärung, ob der gestern ausgesprochene Wunsch Sr. Maj[estät] als ein bestimmtes Verbot des Besuchs der Ministersitzungen zu verstehen sei. Se. Maj[estät] beschränkte sich darauf, zu erinnern, daß der Kronprinz vorsichtig in seinen Äußerungen sein möchte."[49] Seiner Ehefrau klagte Friedrich Wilhelm über diesen Familienstreit, „wie ich den Abend vor dem Schlafengehen geheult und geschluchzt habe, glaubst Du nicht."[50] Es war das erste Mal, dass der König seinen Sohn und Nachfolger der Opposition bezichtigt hatte. Wilhelms Verhältnis zum späteren 99-Tage-Kaiser war bis 1862 zwar von emotionaler Distanz gekennzeichnet gewesen. Aber mit dem Beginn des Verfassungskonflikts sollten sich Vater und Sohn auch politisch entfremden.[51]

Der Antrag Hagen hatte den Ball in Richtung Verfassungskonflikt rollen lassen. Bereits am 11. März wurde das Abgeordnetenhaus aufgelöst. Die Kammersession hatte nur acht Wochen gedauert und nicht einmal einen Staatshaushalt verabschiedet. Wilhelm wies jede Verantwortung für den Bruch von sich. In einem längeren Schreiben ließ er die Minister wissen, „durch Unterlassung eines gesetzlichen, energischen Einflusses auf die Wahlen im vorigen Herbste, wie ich dies vergeblich vom Staats-Ministerium verlangt hatte, sind dieselben so ausgefallen, wie ich es vorher gesagt, und die Stellung, welche das Abgeordneten-Haus einnahm und im Hagenschen Antrag zur Culmination brachte – was dessen Auflösung nach sich zog – bewies, daß mit der Richtung und den Principien desselben nicht zu regieren sei." Von irgendwelchen „weitergehenden Concessionen" könne „nun keine Rede mehr" sein. Stattdessen müsse das „Hauptaugenmerk [...] auf die Leitung und gesetzliche Beeinflussung der Wahlen" gerichtet werden. „Dieselben wie 1858 und 1861 gänzlich aus den Händen zu geben, hat zu den vor uns liegenden traurigen Resultaten geführt, die Preußen auf geraume Zeit paralysieren in allen seinen inneren und äußeren Handlungen."[52] Und an Heydt schrieb der König, „daß das Notwendigste in diesem Augenblick mir zu sein scheint, daß die Proklamation meinerseits an das Volk sobald als möglich erlassen werde. [...] damit dann sofort mit der Ansetzung der Wahlen und dem Erlaß der Prokl[ama]t[ion] vorgegangen werden kann, bevor noch die übertriebensten Vorstellungen im Volke Platz ergreifen."[53]

Auerswald soll gegenüber Bernhardi noch am 11. März bemerkt haben, *„die Meinungsverschiedenheiten im Inneren des Ministeriums sind nicht so bedeutend, wie man im Allgemeinen annimmt."*[54] Der stellvertretende Ministerpräsident wusste nicht, dass

---

49 Duncker an Stockmar, 10. März 1862. Schultze (Hrsg.), Briefwechsel, S. 322.

50 Friedrich Wilhelm an Victoria, 17./18. März 1862. Egon Caesar Conti Corti, Wenn... Sendung und Schicksal einer Kaiserin. Auf Grund des bisher unveröffentlichten Tagebuches der Kaiserin Friedrich und ihres zum großen Teil ebenfalls unveröffentlichten Briefwechsels mit ihrer Mutter der Königin von England, Graz u. a. 1954, S. 139–140.

51 Vgl. Müller, 99-Tage-Kaiser, S. 30–34.

52 Wilhelm an das Staatsministerium, 11. März 1862. Ringhofer (Hrsg.), Nachlass, S. 516–517.

53 Wilhelm an Heydt, 12. März 1862. Schultze (Hrsg.), Briefe an Politiker, Bd. 2, S. 185.

54 Tagebuch Bernhardi, 11. März 1862. Bernhardi (Hrsg.), Aus dem Leben, Bd. 4, S. 244.

Wilhelm bereits am selben Tag seinen Nachfolger ernannt hatte. Denn der Kronprinz notierte, „daß Prinz Adolf Hohenlohe die provisorische Stellung als Ministerpräsident auf einige Monate angenommen habe."[55] Der Herrenhauspräsident mochte Wilhelm als potentieller Deadlockbrecher vorgeschlagen worden sein. Aber es ist nicht unwahrscheinlich, dass der Monarch mit dieser Wahl lediglich das Experiment vom November 1858 in neuer Besetzung weiterführen wollte. Denn als provisorischer Ministerpräsident besaß Hohenlohe-Ingelfingen kaum politischen Gestaltungsraum. Wie er selbst erklärte, will er das Amt nur auf „Befehl und Wunsch Sr. M. des Königs" angenommen haben, „als sich *kein Anderer* fand".[56] Und laut seinem Sohn Kraft zu Hohenlohe-Ingelfingen sei mit dem Herrscher „verabredet" worden, „mein Vater solle nur über die schwebende innere Krisis forthelfen und alsdann von seiner Stellung als Ministerpräsident zurücktreten, wenn er eine Persönlichkeit ausfindig gemacht haben werde, die zu derselben geeignet sei."[57] Wilhelm gab die politische Direktive also zu keinem Zeitpunkt aus den Händen. Er soll die Minister mit der neuen Personalie sogar regelrecht überrumpelt haben, wie Friedrich Wilhelm schrieb. Nur Heydt soll im Voraus über Hohenlohe-Ingelfingens Ernennung unterrichtet worden sein. Im Staatsministerium habe deshalb „allgemeine Überraschung" geherrscht.[58]

Die Minister konnten nicht länger ignorieren, dass sie das Allerhöchste Vertrauen verloren hatten. Deshalb beschlossen beide Ministerfraktionen am 12. März, programmatische Denkschriften für Wilhelm zu verfassen. Der Herrscher sollte dann ultimativ über den weiteren Gang der preußischen Politik entscheiden.[59] Beide Dokumente trugen den Charakter politischer Rechtfertigungsschriften. In ihrem auf den 13. März datierten Promemoria argumentierten Roon, Bernstorff und Heydt, „daß sie eine freisinnige Verwaltung und Gesetzgebung auf konservativer an das Bestehende anknüpfenden Grundlage, und solche Reformen wollen, welche durch wirkliches Bedürfniß geboten sind, nicht aber solche, welche bloß aus Prinzip um des Reformirens willens und, um den nie endenden Drängen der Fortschritts-Partei zu genügen, vorgenommen werden sollen." Dagegen erklärten die Mehrheitsminister in ihrer einen Tag später verfassten Denkschrift, dass eine Politik, die „an dem Programm vom 8. November festhalten will, nur dann Bestand haben" könne, „wenn die liberale Partei mit Ueberzeugung und darum mit Kraft und Erfolg für dasselbe in die Schranken zu treten bereit und imstande ist. [...] Wenn ferner von weiter gehenden *Konzeßionen* keine Rede mehr sein soll, so können wir auch damit einverstanden sein, wir glauben aber weiter gehende *Maaß-regeln*, welche uns durch innere Gründe geboten erscheinen, nicht als ausgeschloßen betrachten zu dürfen."[60] Zumindest einigen Mehrheitsministern dürfte bewusst gewe-

55 Tagebuch Friedrich Wilhelm, 11. März 1862. Meisner (Hrsg.), Tagebücher, S. 131.
56 A. z. Hohenlohe-Ingelfingen an O. v. Manteuffel 15. März 1862. Poschinger (Hrsg.), Denkwürdigkeiten, Bd. 3, S. 367–368.
57 [Hohenlohe-Ingelfingen], Aus meinem Leben, Bd. 2, S. 305.
58 Tagebuch Friedrich Wilhelm, 13. März 1862. Meisner (Hrsg.), Tagebücher, S. 131–132.
59 Vgl. Konseilprotokoll, 12. März 1862. Acta Borussica. Protokolle, Bd. 5, S. 156–157.
60 Beide Denkschriften finden sich in: GStA PK, VI. HA, Nl. Auerswald, R. v., Nr. 13.

sen sein, wie Wilhelms Wahl ausfallen würde. „Patow bei mir, hält sein und seiner Gesinnungsgenossen Austritt für so gut als unabweislich", so der Kronprinz am 14. März.[61] Drei Tage später ließ der König Hohenlohe-Ingelfingen wissen, er „habe aus den [...] Denkschriften ersehen, daß über mehrere wichtige Fragen Meinungsverschiedenheiten im Schoße des Staatsministeriums bestehen, welche eine Veränderung in der gegenwärtigen Zusammensetzung desselben zu meinem Bedauern unvermeidlich machen."[62] Es sei ihm „sehr schwer" gefallen, sich „von Männern zu trennen die mein persönliches Vertrauen berief, und die mein Programm vom 8. November bis vor einem Jahre in *meinem* Sinne ausführten", erklärte Wilhelm seiner Schwester. „Seit einem Jahre indessen schon fingen sie an, jenes Programm in einem *anderen* Sinne als dem *meinigen* auszulegen und ich gab ihnen so weit nach wie es mein Gewissen zuließ."[63] Noch am 17. März besuchte der König Auerswald, um diesen über den Regierungswechsel zu informieren.[64] Hohenzollern soll von seiner Entlassung in Düsseldorf durch Hohenlohe-Ingelfingens Sohn Kraft erfahren haben. Wie der Adjutant in seinen Memoiren berichtet, will er „den strengsten Befehl des Königs" erhalten haben, „niemand etwas von meiner Reise zu sagen."[65]

Nicht einmal Augusta war informiert worden. Ernst Ludwig von Gerlach will von Heydt erfahren haben, „man hat die Ministerernennung äußerst geheim gehalten und beschleunigt, ohne Rücksicht darauf, damit die Königin zu verletzen."[66] Noch am 12. März hatte die Königin für ihren Ehemann eine ausführliche Denkschrift verfasst. Darin riet sie Wilhelm, „die Hindernisse der Militärreform zu mindern [...] durch Eröffnung der Ansicht auf nachmalige gründliche Untersuchung der Möglichkeit oder Zulässigkeit weiterer Einschränkungen oder Ersparnisse." Und im Landtag solle sich die Krone auf die Altliberale Fraktion stützen, „die zu Gunsten der Regierung gestärkt und durch ihr Vertrauen gegen Ueberschreitungen in die extreme Richtung geschützt werden muß."[67] Aber der König ignorierte diese Denkschrift einfach. Laut ihrem Sohn soll Augusta „aufgeregt und geknickt" gewesen sein, als sie schließlich am 18. März vom Ministerwechsel erfahren habe.[68] In den darauffolgenden Wochen schien zwischen dem Königspaar politische Funkstille zu herrschen. Jedenfalls schrieb die spätere Kaiserin ihrem Ehemann im April, „ich habe Dein gegen mich beobachtetes Schweigen seit den Märztagen geehrt und in keiner Weise politische Frage berührt, welche Dich hätten verletzen können".[69] Wilhelm hatte seine Ehefrau in Ministerfragen effektiv kaltgestellt.

---

61 Tagebuch Friedrich Wilhelm, 14. März 1862. Meisner (Hrsg.), Tagebücher, S. 132.
62 Wilhelm an A. z. Hohenlohe-Ingelfingen, 17. März 1862. Acta Borussica. Protokolle, Bd. 5, S. 157.
63 Wilhelm an Luise, 31. März 1862. GStA PK, BPH, Rep. 51, Nr. 853.
64 Vgl. Tagebuch Friedrich Wilhelm, 17. März 1862. Meisner (Hrsg.), Tagebücher, S. 132; Tagebuch Bernhardi, 17. März 1862. Bernhardi (Hrsg.), Aus dem Leben, Bd. 4, S. 250.
65 [Hohenlohe-Ingelfingen], Aus meinem Leben, Bd. 2, S. 308–309.
66 Tagebuch E. L. v. Gerlach, 23. März 1862. Diwald (Hrsg.), Nachlaß, Bd. 1, S. 430.
67 Augusta an Wilhelm, 12. März 1862. GStA PK, BPH, Rep. 51 T, Lit. P, Nr. 12, Bd. 10, Bl. 1–3.
68 Tagebuch Friedrich Wilhelm, 18. März 1862. Meisner (Hrsg.), Tagebücher, S. 132.
69 Augusta an Wilhelm, [April 1862]. GStA PK, BPH, Rep. 51 T, Lit. P, Nr. 12, Bd. 10, Bl. 5.

Die Verhandlungen mit den potentiellen Ministernachfolgern hatte Heydt im Allerhöchsten Auftrag bereits seit dem 16. März geführt.[70] Außer ihm, Roon, Bernstorff und Hohenlohe-Ingelfingen wurde das gesamte Ministerium ausgetauscht. Auch wechselte Heydt vom Handelsministerium in das Finanzministerium. Denn diesem Ressort oblag neben dem Kriegsministerium die Aufgabe, die kostspielige Heeresreform gegen das Abgeordnetenhaus zu verteidigen. Damit übernahm Heydt auch unter Hohenlohe-Ingelfingen die faktische Kabinettsverwaltung, was den provisorischen Ministerpräsidenten noch mehr schwächte.[71] Bei der Auswahl der neuen Minister hatte der Herrenhauspräsident jedenfalls kein Mitspracherecht. Noch Mitte April soll er dem Kronprinzen geklagt haben, er wisse „noch nicht recht, was von den neuen Ministern zu erwarten sei."[72] Wilhelm ernannte die Minister bereits am 18. März. Da dies jedoch der Jahrestag der Märzrevolution war, ließ er den Regierungswechsel offiziell auf den Vortag datieren.[73] Die liberalen und reformkonservativen Minister waren innerhalb von wenigen Tagen gestürzt worden. Ihre Nachfolger brachten keine Regierungserfahrung mit sich. Der Herrenhausabgeordnete Heinrich von Itzenplitz wurde Landwirtschaftsminister, Heinrich von Mühler, Mitglied des Evangelischen Oberkirchenrats, übernahm das Kultusministerium, der Breslauer Polizeipräsident Gustav von Jagow das Innenministerium, und der Berliner Staatsanwalt Leopold zur Lippe-Biesterfeld-Weißenfeld das Justizministerium. Wilhelm ließ die neuen Minister sofort wissen, er werde über ihre Arbeit „wachen und seiner Zeit die Anordnungen treffen, welche in beiden Häusern des Landtages einem Widerstand begegnen müssen, der einer gesunden und zeitgemäßen Entwicklung des Staatslebens sich entgegenstellt. [...] Auf die Wahlen zu wirken, ist von heute an die Hauptaufgabe des Ministeriums. Alle gesetzlichen und legalen Mittel müssen in Anwendung gebracht werden, um eine Kammer im Sinne dieses Programms zu erzielen".[74] Das neue Staatsministerium besaß so gut wie keinen politischen Gestaltungsraum. Es war von Anfang an als Konfliktministerium gedacht. Die Minister sollten Einfluss auf die Landtagswahlen nehmen und das Monarchische Prinzip gegen das Abgeordnetenhaus verteidigen. Das war ihre Raison d'Être. Mehr nicht.

Die Märzkrise vertiefte die Spaltung der politischen Öffentlichkeit in Preußen noch einmal.[75] So lamentierte Duncker, „wir stehen am Grabe der ‚neuen Ära'. Zum zweiten Male und unter ungleich günstigeren Verhältnissen als 1848 ist der Versuch, ein libe-

---

70 Vgl. Tagebuch Mühler, 16. März 1862. Georgine von Mühler (Hrsg.), Heinrich v. Mühler. Königl. Preußischer Staats- und Kultusminister geb. 1813 – gest. 1874, Berlin 1909, S. 91; Elisabeth von Falkenhausen/ Marie von Falkenhausen (Hrsg.), Lebensnachrichten des Grafen Heinrich von Itzenplitz. Preußischer Staatsminister, Besitzer von Kunersdorf und der Herrschaft Altfriedland, Berlin 2017, S. 30.
71 Vgl. Börner, Krise, S. 172 – 173.
72 Tagebuch Friedrich Wilhelm, 15. April 1862. Meisner (Hrsg.), Tagebücher, S. 135.
73 Vgl. [Hohenlohe-Ingelfingen], Aus meinem Leben, Bd. 2, S. 305.
74 Wilhelm an das Staatsministerium, 17. März 1862. Ringhofer (Hrsg.), Nachlass, S. 528 – 529.
75 Vgl. Börner, Krise, S. 175.

rales Regiment in Preußen zu begründen, gescheitert."[76] Der Fortschrittsparteimann Karl Twesten spottete, „man will ein Ministerium, welches dem Lande und der Volksvertretung ins Gesicht schlägt", aber der König „muß zu einem obskuren Polizeidirektor und Staatsanwalt greifen, Namen, die nicht nur dem parlamentarischen Leben und dem Publikum sondern selbst in der Bürokratie fremd sind."[77] Und Bernhardi notierte, dass in Berlin „viele Junker [...] gar sehr das hohe Pferd reiten. Sie sprechen von Octroyirung eines neuen Wahlgesetzes – und vom Belagerungs-Zustand in Berlin – als ob sich der verhängen ließe, wenn gar keine Unruhen vorfallen!"[78] Auch außerhalb des Hohenzollernkönigreichs schieden sich die Geister an der Frage, was der Regierungswechsel für die preußische Politik bedeuten könne. Moralische Eroberungen schien jedenfalls kaum jemand von dem neuen Ministerium erwartet zu haben. Károlyi berichtete vielmehr nach Wien, „den hier eingetretenen Umschwung vermag ich im großen ganzen nicht anders als ein den österreichischen Interessen günstiges Vorkommnis zu betrachten."[79] Beust hingegen soll dem österreichischen Diplomaten Joseph von Werner gegenüber bezweifelt haben, ob überhaupt je ein Modus vivendi mit Preußen gefunden werden könne. Die Bernstorff-Note hätte eklatant demonstriert, „daß, es mögen sich die Dinge wie immer in Preußen gestalten, unsere *Auseinandersetzung* mit diesem Staate nicht zu umgehen und ohne *Auseinanderstoßen* nicht durchzuführen ist. Ich möchte daher geneigt sein, zu sagen: *Je eher, desto besser.* [...] Die jetzige Generation in Preußen und die Besten in ihr kennen nur mehr die Ideen und Wege von 1848."[80] Die Sorgen des sächsischen Ministerpräsidenten waren durchaus begründet. Denn als Bernstorff Anfang April nach Dresden reiste, ließ ihn der spätere Kaiser wissen, „sollten Sie Beust sehen, so bitte ich ihm jeden Wahn zu benehmen, als sei mit dem Minister-Wechsel *irgend* ein Wechsel in meiner deutschen Politik eingetreten."[81]

Wilhelm war bemüht, den Regierungswechsel nicht als politischen Bruch erscheinen zu lassen. Schon gar nicht wollte er hören, dass er eine konservative Wende vollzogen hätte. Immerhin sah er sich noch immer auf dem Programmboden vom November 1858. Laut Bernhardi soll dem König gegenüber bei einer Tischrunde bemerkt worden sein, „daß das gegenwärtige Ministerium kein Vertrauen genieße im Lande, weil man es allgemein als den Uebergang zu einem Kreuzzeitungs-Ministerium ansähe. – Da fuhr der König auf und versicherte: das werde nie geschehen! – *ein Kreuzzeitungs-Ministerium werde er nie berufen.*"[82] „Von Reaktion etc. ist gar keine Rede", betonte Wilhelm auch gegenüber Friedrich I. Nur „die Parteiungen natürlich sagen nun schon, wir wären retrograder als Manteuffel!!! [...] In meinem Programm vom 8. November 1858 [...] ändere ich nicht ein Wort, und wenn man dasselbe, welches damals mit Jubel be-

76 Duncker an Francke, 13. März 1862. Schultze (Hrsg.), Briefwechsel, S. 324.
77 Twesten an Lipke, 19. März 1862. Heyderhoff (Hrsg.), Liberalismus, Bd. 1, S. 82.
78 Tagebuch Bernhardi, 27. März 1862. Bernhardi (Hrsg.), Aus dem Leben, Bd. 4, S. 261.
79 Károlyi an Rechberg, 22. März 1862. APP, Bd. 2/II, S. 613–614.
80 Werner an Rechberg, 12. März 1862. QdPÖ, Bd. 2, S. 293–294.
81 Wilhelm an Bernstorff, 4. April 1862. Ringhofer (Hrsg.), Nachlaß, S. 454.
82 Tagebuch Bernhardi, 5. April 1862. Bernhardi (Hrsg.), Aus dem Leben, Bd. 4, S. 264.

grüßt wurde, heute nicht mehr gelten lassen will, so beweiset dies gerade, wohin die Menschen wollen und wohin ich nicht will noch darf."[83] Den Ministerpräsidenten forderte der König auf, sich in offiziösen Pressemitteilungen von der *Kreuzzeitung* zu distanzieren, „da ich nicht will, daß meine Regierung [...] zu ihrem System gehörig verdächtigt werde."[84] Gleichwohl gestand er seiner Schwester, „das neue Ministerium ist natürlich etwas mehr *rechts* gewählt, aber schon diese Schattierung hat [...] solche Aufregung [...] gemacht, daß wir uns noch keinen Vers machen können, was wir für Wahlen bekommen, so daß momentan die Crisis im Steigen ist und meine Situation keine angenehme."[85]

Seit der Märzkrise galt Wilhelms politischer Fokus vor allem den Neuwahlen am 6. Mai. Die neuen Minister waren ernannt worden, um das Stimmdebakel vom Dezember 1861 ungeschehen zu machen. Am 19. März befahl er dem Staatsministerium erneut, dafür Sorge zu tragen, dass seine politischen „Grundsätze bei den bevorstehenden Wahlen zur Geltung gebracht werden. [...] Ich beauftrage das Staats-Ministerium, hiernach die Behörden mit Anweisung zu versehen und allen Meinen Beamten ihre besondere Pflicht in Erinnerung zu bringen."[86] Und die Minister zögerten nicht, diesen königlichen Befehl umzusetzen. Bereits am 22. März erließ Innenminister Jagow einen Erlass, in dem er Behörden und Beamte aufforderte, auf die bevorstehenden Wahlen einzuwirken – „wobei selbstverständlich alle unlauteren Mittel ausgeschlossen bleiben".[87] Aber die Frage, welche Einflussmittel erlaubt oder unerlaubt waren, stellte das neue Ministerium bereits vor seine erste Zerreißprobe. So will der Kronprinz in einer Konseilsitzung Zeuge gewesen sein, wie „Roon und Jagow über Polizeieinflüsse der Wahlen fast aneinander geraten wären. Roon wollte mehr als geschehen in einzelnen Fällen, Jagow meinte, das Seinige getan zu haben."[88] Letztendlich versuchte die Regierung vor allem, über offizielle Wahlerlasse und offiziöse Presseartikel das öffentliche Narrativ zu lenken. Doch mit der Wahlmobilisierung der Fortschrittspartei und Altliberalen konnte der Hof nicht Schritt halten. Es gelang der Regierung noch nicht einmal, das konservative Stimmpotential voll auszuschöpfen, da sie sich laut Allerhöchstem Befehl sowohl von den Liberalen als auch von der Kreuzzeitungspartei abgrenzen musste.[89] Ernst Ludwig von Gerlach schimpfte bereits Ende März, „diese neueste Aera ist doch sehr schwach; noch kein anderes Prinzip erkennbar als: ‚Keine Demokratie!' *Wir* sollten ihre Stärke sein."[90] Und auch Wilhelm schien sich bald keinen Illusionen mehr hingegeben zu haben. „Was die Wahlen betrifft", klagte er Mitte April, „so gebe ich

---

83 Wilhelm an Friedrich I., 2. April 1862. Oncken (Hrsg.), Briefwechsel, Bd. 1, S. 329–330.
84 Wilhelm an A. z. Hohenlohe-Ingelfingen, 29. März 1862. Ringhofer (Hrsg.), Nachlass, S. 529–530.
85 Wilhelm an Luise, 31. März 1862. GStA PK, BPH, Rep. 51, Nr. 853.
86 Wilhelm an das Staatsministerium, 19. März 1862. [Wilhelm I.], Politische Correspondenz, S. 181–183.
87 Erlass des Ministers des Innern in Betreff der Wahlen, 22. März 1862. Hahn (Hrsg.), Innere Politik, S. 10–12.
88 Tagebuch Friedrich Wilhelm, 7. Mai 1862. Meisner (Hrsg.), Tagebücher, S. 137.
89 Vgl. Börner, Krise, S. 178–183.
90 Tagebuch E. L. v. Gerlach, 31. März 1862. Diwald (Hrsg.), Nachlaß, Bd. 1, S. 431.

die Hoffnung auf, daß wir eine Gesellschaft bekommen, mit der zu regieren ist! Was eine dritte Wahl dann ergibt und deren Folgen, weiß Gott allein!"[91]

Auf die Frage, was nach der Landtagswahl geschehen sollte, gab es in jenen Tagen keine konkrete Antwort. Wilhelm schien das Fatum einer weiteren Auflösung bereits akzeptiert zu haben. Aber das war keine langfristige Strategie. Die Hohenzollernmonarchie konnte kaum von Neuwahlen zu Neuwahlen springen, ohne in eine neue Legitimationskrise zu schlittern. In Militärkreisen wurde deshalb wieder offen über einen Staatsstreich sinniert, um das Wahlrecht und andere Verfassungsregeln zu beschneiden. Und plötzlich sah sich Wilhelm mit einer ähnlichen Situation konfrontiert wie sein Bruder 1848. Denn das Offizierscorps setzte auch ihn unter Druck. So soll Edwin von Manteuffel dem Kronprinzen Mitte April gedroht haben, „daß wenn S.M." einen Kompromiss mit dem Parlament „annimmt, er der Situation des seligen Königs am 19. März 48 *der Armee* gegenüber gleich stehen würde!! Die Mißstimmung der Armee würde allgemein und für die Zukunft sehr gefährlich für die Dynastie werden wie unter Karl I. und Ludwig XVI."[92] Sogar Roon erklärte Anfang April, „*das Armee-Gefühl darf nicht verletzt werden,*' denn mit dem Ruin der Armee-Gesinnung wird Preußen roth und die Krone rollt in den Koth."[93] Laut Bernhardi soll ihm der Kriegsminister Ende März sogar offen gesagt haben, „*wenn aber nun die Wahlen schlecht ausfallen, kann doch nicht die Regierung den Degen wieder einstecken und sich zurückziehen.*" Er sei zu einem „Staatsstreich [...] entschlossen." Aber Roon soll auch bemerkt haben, ob der König „*im gegebenen Augenblick in diesem Sinn handeln wird, das ist freilich eine andere Sache!*"[94] Und Wilhelm selbst schrieb seiner Ehefrau Mitte Mai, an den „Gerüchte[n] über Octroyierung eines PreßGesetzes, und neuer WahlOrdnung" sei „nicht *ein Wort* [...] wahr". Es handele sich nur um „Lügen" der „Démocratie".[95] Als Einflussfaktor darf der Druck der Generalität auf den König 1862 nicht unterschätzt werden. Er bestärkte Wilhelm in seiner kompromisslosen Position. Aber auch die Militärputschdrohungen brachten ihn nicht dazu, einem Staatsstreich zuzustimmen. Er befahl im Rahmen der Wahlbeeinflussung nicht einmal Repressivmaßnahmen, wie es 1855 geschehen war.

Ob es für den Berliner Hof überhaupt Chancen auf ein besseres Wahlergebnis gegeben hätte, muss letztendlich offenbleiben. Die Neuwahlen fielen für Wilhelm jedenfalls desaströs aus. Keiner seiner Minister gewann einen Parlamentssitz. Die Konservative Fraktion verlor drei Mandate und zog mit lediglich elf Abgeordneten in den Landtag ein. Dagegen erhielt die Fortschrittspartei 133 Mandate – 1861 waren es 104 gewesen. Da die linke Opposition etwa achtzig Prozent der Kammermandate gewonnen hatte, wird nicht zu Unrecht von dem sogenannten Konfliktlandtag gesprochen. Eine Zusammenarbeit mit diesem Parlament galt von Anfang an als ausgeschlossen. Wilhelm eröffnete den Landtag am 19. Mai nicht einmal persönlich, sondern überließ diese

---

91 Wilhelm an Witzleben, 15. April 1862. Schultze (Hrsg.), Briefe an Politiker, Bd. 2, S. 186–187.
92 Tagebuch Friedrich Wilhelm, 11. April 1862. Meisner (Hrsg.), Tagebücher, S. 134.
93 Roon an Perthes, 1. April 1862. Roon (Hrsg.), Denkwürdigkeiten, Bd. 2, S. 78.
94 Tagebuch Bernhardi, 23. März 1862. Bernhardi (Hrsg.), Aus dem Leben, Bd. 4, S. 256–257.
95 Wilhelm an Augusta, 15. Mai 1862. GStA PK, BPH, Rep. 51 J, Nr. 509, Mappe 1862, Bl. 13–15.

Aufgabe dem Ministerpräsidenten.[96] Laut dem Thronfolger soll der Hofprediger beim Eröffnungsgottesdient zudem eine „taktlose politische Predigt" gehalten haben, „in welcher er von Verblendung sprach, zahlreiche Hinweisungen auf 1848 machte und die Abgeordneten wie lauter Hochverräter anredete."[97] Der Konfliktlandtag war mehr als bereit, den Fehdehandschuh aufzuheben. So verurteilte der neugewählte Abgeordnetenhauspräsident Wilhelm Grabow in seiner Antrittsrede „den in den letzten Monaten in das verfassungstreue Preußische Volk hineingeschleuderten Wahlruf: ,ob Königthum, ob Parlamemt!'"[98] Und Anfang Juni verabschiedete die Kammer eine Adresse, in der sie den Regierungswechsel kritisierte und den König zu liberalen Reformen aufforderte.[99] Wilhelm entschied sich, diese Adresse persönlich anzunehmen, „damit der Irrtum, der verbreitet ist, daß wir überhaupt kein Parlament mehr wollen, endlich verschwinde", wie er Heydt schrieb.[100] Aber laut Kraft zu Hohenlohe-Ingelfingens Memoiren soll es bei dieser Zeremonie am 7. Juni zu einem regelrechten Eklat gekommen sein. Denn der König soll Grabow und den anderen Abgeordneten geschimpft haben, „er habe sie nur empfangen, um ihnen auch persönlich zu sagen, daß dies Ministerium sein Vertrauen habe, und daß er von seinem verfassungsmäßigen Rechte, die Minister zu ernennen, Gebrauch gemacht habe. Er sage ihnen das selbst, weil das Gerücht verbreitet worden sei, er handle unfrei und lediglich auf Einflüsterungen anderer. Das sei nicht der Fall." Dann soll der Monarch sofort gegangen sein, ohne die Adresse entgegenzunehmen.[101] Auch der liberale Abgeordnete Beitzke berichtete, „wie ungnädig der König die Adresse aufgenommen hat. Das ist sehr schlimm für ihn und das Land."[102] Und der Kronprinz notierte, „es scheint, als ob die Erwiderung Sr. M. an die Abgeordneten sehr ungünstig gewirkt hat und sowohl die Worte als das ganze Auftreten Sr. M. einen peinlichen Eindruck machten."[103]

Diese Adressepisode trug nicht gerade dazu bei, Wilhelms Popularität zu heben. Denn nach dem 7. Juni konnte unter den Liberalen kein Zweifel mehr darüber herrschen, *wer* die Neue Ära zu Grabe getragen hatte. Anders als scheinbar unter Friedrich Wilhelm IV. gab es keine sinistre Beraterclique, die für alle Irrwege des Monarchen verantwortlich gemacht werden konnte. Diese Sündenbockausrede hatte sich der König spätestens am 7. Juni selbst verbaut. Im Sommer 1862 begann sich die öffentliche Stimmung in der Hauptstadt daher graduell gegen Wilhelm zu wenden. „Der Mann ist gewiß durch und durch rechtlich, aber im hohen Grade beschränkt", bemerkte bei-

---

96 Vgl. Börner, Krise, S. 184–185; Siemann, Gesellschaft, S. 210–211. Der Text der Thronrede findet sich in: Hahn (Hrsg.), Innere Politik, S. 13–17.
97 Tagebuch Friedrich Wilhelm, 19. Mai 1862. Meisner (Hrsg.), Tagebücher, S. 140.
98 Rede Grabows, 23. Mai 1862. Hahn (Hrsg.), Innere Politik, S. 17–18.
99 Vgl. Börner, Krise, S. 186.
100 Wilhelm an Heydt, 3. Juni 1862. Schultze (Hrsg.), Briefe an Politiker, Bd. 2, S. 187.
101 [Hohenlohe-Ingelfingen], Aus meinem Leben, Bd. 2, S. 313–314.
102 Beitzke an P. Beitzke, 8. Juni 1862. Conrad (Hrsg.), Dokumente, S. 240.
103 Tagebuch Friedrich Wilhelm, 10. Juni 1862. Meisner (Hrsg.), Tagebücher, S. 45.

spielsweise der altliberale Abgeordnete Friedrich von Rönne.[104] Bernhardi klagte, nicht der König, sondern „das wahnsinnig gewordene Abgeordneten-Haus steht im ganzen Lande im höchsten Ansehen."[105] Und Friedrich Wilhelm will erfahren haben, „in Berlin sei die Stimmung gegenwärtig recht schlecht und für Papa ungünstig."[106] Diesen Popularitätsverlust hatte Wilhelm selbst zu verantworten. Alle liberalen Hoffnungen auf einen innenpolitischen Ausgleich waren von ihm seit 1860 sukzessiv enttäuscht worden. Mit der Militärfrage hatte er es schließlich sogar auf eine offene Konfrontation mit dem Parlament angelegt. Aber in der königlichen Wirklichkeitswahrnehmung sah dies natürlich ganz anders aus. „Wer hat denn den Conflict herbeigeführt?", schimpfte Wilhelm beispielsweise dem altliberalen Abgeordneten Saucken-Julienfelde. „Habe ich nicht mit vollster nur erdenklicher Offenheit, die Reorganisation der Armee dem Landtage vorgelegt, die völlig gesetzlich u[nd] verfassungsmäßig zu Stande gekommen ist? [...] Woher kommt denn also das stete Verlangen nach Concessionen? Aus *gar keinem anderen Grunde*, als weil die verlangten Concessionen sich auf Gegenstände erstrecken müßten, die bestimmt sind, die Armee in ihrer Schlagfertigkeit und in ihrem kriegerischen Geiste und in ihrer Ausbildung zu *ruiniren*." Der Landtag hätte einen „Kampf auf Leben und Tod den Monarchen mit ihren stehenden Heeren geschworen, und dies Ziel zu erreichen, verschmähen die Fortschrittsmänner, Demokraten und ultra Liberale kein Mittel, und zwar mit einer seltenen Consequenz und tiefer Ueberlegung." Mit solchen Menschen, so Wilhelm, „ist keine Einigung möglich."[107]

War der Verfassungskonflikt überhaupt vermeidbar gewesen? Eine Voraussetzung wäre gewesen, dass der preußische Konstitutionalismus über Kompromissmechanismen verfügt hätte. Aber spätestens im Frühjahr 1862 war deutlich geworden, dass die Verfassung in dieser zentralen Frage schwieg. Dieses Schweigen hatte es Wilhelm erlaubt, die Hohenzollernmonarchie unbewusst in eine akute Staatskrise zu führen. Die Minister besaßen in dieser Krise nur geringen Handlungsspielraum. Doch sie hätten den Monarchen zumindest potentiell unter Druck setzen und zu einem Kompromiss mit dem Parlament zwingen können. Dafür hätte das Ministerium aber die Reihen schließen müssen. Und es hätte die Machtfrage auch wagen müssen, anstatt immer wieder einen Schritt vorwärts und zwei zurück zu gehen. So bleibt nur die nicht minder kontrafaktische Frage, ob das Abgeordnetenhaus die Systemfrage hätte stellen können. Dann wäre jedenfalls eine folgenreiche Eskalationsstufe erreicht worden, deren Ausgang mehr als offen gewesen wäre. Denn die Militärführung hätte dies als Vorwand für eine Staatsstreichpolitik nutzen können. Letztendlich war die Anzahl konfliktbereiter Demokraten mit Parlamentsmandat anno 1862 allerdings recht überschaubar. Das gilt für Preußen wie für ganz Deutschland.[108] Also hing Alles von Wilhelm ab. Aber da er zu keinem

---

104 Rönne an Mohl, 22. Juni 1862. Heyderhoff (Hrsg.), Liberalismus, Bd. 1, S. 103.

105 Tagebuch Bernhardi, 20. Juni 1862. Bernhardi (Hrsg.), Aus dem Leben, Bd. 4, S. 311.

106 Tagebuch Friedrich Wilhelm, 30. Mai 1862. Meisner (Hrsg.), Tagebücher, S. 142.

107 Wilhelm an Saucken-Julienfelde, 30. August 1862. Jürgen Schlumbohm (Hrsg.), Der Verfassungskonflikt in Preußen 1862–1866, Göttingen 1970, S. 14–17.

108 Vgl. Jansen, Paulskirchenlinke, S. 382–386.

Kompromiss bereit war, blieb ihm nur der Weg der graduellen Eskalation, in der Hoffnung, so die Gegenseite zur Deeskalation zu zwingen. Mit der Parlamentsauflösung und dem Ministerwechsel war ihm dies jedenfalls nicht gelungen. Aber wie weit würde der König gehen? Diese Frage war im Sommer 1862 offen. „Jeder hat hier das Gefühl, daß jede Verhandlung im Landtag zu einer Katastrophe führen kann", so der liberale Historiker Heinrich von Sybel, „daß die bevorstehende Militärdebatte notwendig das ganze Dasein des Staates in Frage stellt, daß daraus ein Thronwechsel, ein Staatsstreich, eine Revolution entspringen kann."[109] Keine dieser Sorgen sollte sich bewahrheiten. Wilhelms Entscheidung fiel vergleichsweise unspektakulär aus.

---

109 Sybel an Baumgarten, 21. Juni 1862. Heyderhoff (Hrsg.), Liberalismus, Bd. 1, S. 102.

Kanzlermythen auf dem Prüfstand:
Die Septemberkrise 1862

Im September 1862 betrat Bismarck die Bühne der großen Politik. Folgt man tradierten Forschungsnarrativen, war es ein dramatischer und folgenreicher Auftritt. Denn der „Eiserne Kanzler" soll seinem späteren kaiserlichen Souverän die Krone gerettet haben. Und zum Dank soll ihm Wilhelm politische Narrenfreiheit gewährt haben.[1] Aber dieses Narrativ ist schlichtweg unhaltbar. Es muss endgültig ins Reich der Mythen verwiesen werden. Bismarck zwang sich dem König nicht als messianischer Retter inmitten einer aussichtslosen Situation auf. Vielmehr wurde der Diplomat wahrscheinlich bereits seit der Märzkrise am Berliner Hof als Ministerkandidat gehandelt.[2] Zumindest hatte Wilhelm entschieden, ihn von Sankt Petersburg auf einen anderen Posten zu versetzen. Am 21. März schrieb Bernstorff an Bismarck, es sei noch keine „definitive Entscheidung" über dessen weitere Verwendung getroffen worden. „Ich kann Ihnen hiernach zu meinem lebhaften Bedauern vor der Hand nur sagen, daß es sich um Paris oder London handelt."[3] Dies legt nahe, dass eine Ministerkandidatur mit Wilhelm durchaus besprochen worden war. Und dass diese von Bernstorff befürwortet wurde. Nach den desaströsen Landtagswahlen traf Bismarck schließlich in Berlin ein, wo er etwa zwei Wochen blieb. „Ich habe Besuch vom Morgen bis zum Abend", berichtete er seiner Ehefrau am 12. Mai, „und sämmtliche Minister haben, wie es scheint, das Bedürfniß, mich zu dem Ihrigen zu machen."[4] Schließlich erfuhr er am 21. Mai, dass er die preußische Gesandtschaft in Paris übernehmen sollte.[5]

Mehrere Quellen deuten darauf hin, dass Wilhelm lediglich eine provisorische Entscheidung getroffen hatte. So berichtete Roon seinem Freund Perthes am 23. Mai, „daß Bismarck Gesandter in Paris geworden, wissen Sie wohl schon aus den Zeitungen [...], wissen Sie aber auch, *daß er schwerlich lange auf dem dortigen Posten bleiben wird!*"[6] Bernhardi will zudem bereits am 19. Mai durch Hörensagen erfahren haben, dass Adolf zu Hohenlohe-Ingelfingen den späteren Kanzler als neuen Ministerpräsidenten vorgeschlagen haben soll.[7] Aber auch Kraft zu Hohenlohe-Ingelfingen erzählt in seinen Memoiren, dass sein Vater dem König erklärt haben soll, er kenne keinen bes-

---

1 Vgl. Eyck, Bismarck, Bd. 1, S. 413–417; Gall, Bismarck, S. 244–247; Nipperdey, Bürgerwelt, S. 760–761; Engelberg, Bismarck, Bd. 1, S. 524–526; Hans-Ulrich Wehler, Deutsche Gesellschaftsgeschichte, Bd. 3, München 1995, S. 270–271; Pflanze, Bismarck, Bd. 1, S. 180–181; Winkler, Weg nach Westen, Bd. 1, S. 153–154; Jonathan Steinberg, Bismarck. Magier der Macht, Berlin 2012, S. 246–249; Kraus, Bismarck, S. 84–86; Conze, Schatten, S. 46–48.

2 Vgl. Friedrich Wilhelm an Victoria, 11. März 1862. Corti, Wenn..., S. 136; Schlözer an N. v. Schlözer, 21. März 1862. Schlözer (Hrsg.), Petersburger Briefe, S. 241.

3 Bernstorff an Bismarck, 21. März 1862. Kohl (Hrsg.), Bismarck-Jahrbuch, Bd. 6, S. 135.

4 Bismarck an J. v. Bismarck, 12. Mai 1862. GW, Bd. 14/II, S. 585.

5 Vgl. Bernstorff an Bismarck, 21. Mai 1862. Kohl (Hrsg.), Bismarck-Jahrbuch, Bd. 6, S. 144.

6 Roon an Perthes, 23. Mai 1862. Roon (Hrsg.), Denkwürdigkeiten, Bd. 2, S. 87.

7 Vgl. Tagebuch Bernhardi, 19. Mai 1862. Bernhardi (Hrsg.), Aus dem Leben, Bd. 4, S. 286.

https://doi.org/10.1515/9783111323954-036

seren Nachfolger als Bismarck. Der Herrscher soll dem zugestimmt und argumentiert haben, „nun ist Bismarck in Frankfurt, Wien und Petersburg orientiert. Ich denke, man schickt ihn noch nach Paris und London, damit er überall die einflußreichsten Leute kennen lernt, ehe man ihn zum Ministerpräsidenten macht."[8] Tatsächlich wird diese Darstellung zumindest teilweise durch eine unmittelbare Quelle gestützt. Denn am 25. Mai schrieb Wilhelm seiner Ehefrau, „was die Zeitungen sagen, daß Bismarck sein Nachfolger sein wird, ist in sofern richtig, daß Hohenlohe ihn mir vorschlug u[nd] auch mit ihm sprach, worauf ich es auch that. Ich muß gestehen, daß ich ihn so vollkommen auf *meinem* Standpunkt stehend finde, daß in dieser Beziehung ich nichts gegen ihn einwenden könnte. Indessen da" Hohenlohe-Ingelfingen „vorläufig noch willig ist, auszuhalten, so habe ich B[i]s[marc]k nun définitif für Paris ernannt u[nd] gebe ihm morgen seine Abschieds Audienz. Auch auf dem französisch[en] Punkt ist er jetzt völlig correct; sonst hätte ich ihn nicht ernannt."[9] Diese Zeilen sind aus mehreren Gründen interessant. Denn es handelt sich um die erste Quelle aus Wilhelms Feder, in der er Bismarck als potentiellen Minister bezeichnet. Und er schien die Überzeugung gewonnen zu haben, dass der spätere Kanzler bereit sei, sich der königlichen Politikdirektive unterzuordnen.

Noch immer wurden Bismarck französische Allüren nachgesagt. So notierte Bernhardi am 24. Mai, „die Politik, die er im Sinn hat, ist bekannt; ein russisch-preußisch-französisches Bündniß – Abtretung des linken Rheinufers an Frankreich – Vernichtung Oesterreichs – Vergrößerung Preußens im Innern Deutschlands."[10] Und der Kronprinz will am selben Tag mit Bismarck über diese Unterstellungen gesprochen haben. „Die Meinungen über ihn, er sei französisch-bonapartistisch gesonnen, sagte ich ihm unverhohlen. Er: seine Politik sei Treue Sr. M. und Hingebung für das Vaterland; alle anderen Länder seien ihm *gleichgültig*; er hoffe in Paris Preußen gute Dienste zu leisten, habe keine Sympathien für Louis Napoleon."[11] Auch auf Wilhelm schien der Diplomat nicht den Eindruck eines Bonapartisten gemacht zu haben. Noch war er zwar nicht bereit, den ehemaligen Kreuzzeitungspolitiker zum Ministerpräsidenten zu ernennen. Aber er hielt sich diese Option bewusst offen.

Es ist nicht unwahrscheinlich, dass Heydt im Mai einen Eintritt Bismarcks in das Staatsministerium verhindert haben könnte. Dem Finanzminister wurde im Sommer 1862 zumindest wiederholt nachgesagt, das Ministerium nicht nur faktisch, sondern auch offiziell leiten zu wollen. Bismarcks Freund Kleist-Retzow erklärte beispielsweise, „es wird ein Ministerium Bismarck gewünscht, der König kann noch nicht recht zum Enschluß kommen, schwankt, ob nicht v. d. Heydt!"[12] Laut Bernhardi soll Ministerpräsident Hohenlohe-Ingelfingen gesagt haben, der Finanzminister „duldet" Bismarck

---

8 [Hohenlohe-Ingelfingen], Aus meinem Leben, Bd. 2, S. 306.
9 Wilhelm an Augusta, 25. Mai 1862. GStA PK, BPH, Rep. 51 J, Nr. 509, Mappe 1862, Bl. 28.
10 Tagebuch Bernhardi, 24. Mai 1862. Bernhardi (Hrsg.), Aus dem Leben, Bd. 4, S. 294.
11 Tagebuch Friedrich Wilhelm, 24. Mai 1862. Meisner (Hrsg.), Tagebücher, S. 141–142.
12 Kleist-Retzow an E. L. v. Gerlach, 21. Mai 1862. Diwald (Hrsg.), Nachlaß, Bd. 2, S. 1107.

„nicht neben sich!"[13] Auch Landwirtschaftsminister Itzenplitz soll erzählt haben, „Heydt freilich sei gegen Bismarck", wie Ernst Ludwig von Gerlach notierte.[14] Und Bismarck selbst berichtete seiner Ehefrau, „Heydts Ehrgeiz rettet mich vielleicht; er will selbst Minister-Präs[ident] werden; außerdem weigre ich mich dieser Stelle, wenn ich nicht das Ausw[ärtige] dazu habe, und Bernstorff will bleiben, aber auch London sich offen halten."".[15] In seinen Memoiren sollte der „Eiserne Kanzler" hingegen Jahrzehnte später behaupten, er hätte im Mai 1862 das Ministeramt abgelehnt, da ihm der „Glaube an dauernde Festigkeit" des Königs „häuslichen Einflüssen gegenüber" gefehlt habe.[16] When in doubt, always blame Augusta. Es ist allerdings wenig glaubhaft, dass sich ein misogyner Opportunist wie Bismarck davon hätte abschrecken lassen, dass die Königin ihm nicht gerade mit Sympathien begegnete. Letztendlich bleibt nur festzuhalten, dass sich Wilhelm dagegen entschied, so kurz nach den Landtagswahlen einen neuen Ministerpräsidenten zu ernennen. Es ist möglich, dass ihn Heydt überzeugt hatte, dem Märzministerium eine weitere Chance zu geben. Zumindest soll der Finanzminister laut Bernhardi einen funktionierenden Modus vivendi mit dem Herrscher gefunden haben. „Der König betrachtet seine gegenwärtigen Minister mit Mißtrauen, [...] *dennoch vermag v. d. Heydt, und zwar gerade für liberale Maßregeln sehr viel mehr über ihn als das liberale Ministerium* – denn wenn v. d. Heydt eine liberale Maßregel vorschlägt – selber darüber schimpft – aber hinzufügt, sie sei nun aber doch einmal nothwendig, so gewinnt er eher die Zustimmung des Königs, als wenn Graf Schwerin dieselbe Maßregel im Namen eines Prinzips und als eine an sich wünschenswerthe fordert."[17] Es ist aber auch möglich, dass der spätere Kaiser nach den Landtagswahlen den Anschein vermeiden wollte, dem linken Abgeordnetenhaus sei es gelungen, die Regierung zu stürzen. Jedenfalls hatte er Heydt nur drei Tage nach dem Wahldesaster erklärt, „jetzt heißt es: ‚aushalten!'"[18] Doch seit Mai war es ein offenes Geheimnis, *dass* es die Option Bismarck gab.

Bereits im Juni übernahm Heydt das Ministerpräsidium in all but name only. Denn Adolf zu Hohenlohe-Ingelfingen verließ Berlin für einen längeren Kururlaub.[19] Roon und Bernstorff nutzten diesen Umstand, um Wilhelm erneut eine Ernennung Bismarcks nahezulegen. Und der Monarch stand dieser Option nach wie vor offen gegenüber. So schrieb der Kriegsminister dem Gesandten am 4. Juni, „ich nahm [...] gestern Gelegenheit, an maaßgebender Stelle die Minister-Präsidenten-Stelle auf die Bahn zu bringen, und fand die alte Hinneigung zu Ihnen neben der alten Unentschlossenheit."[20] Bernstorff ließ Bismarck am 12. Juli wissen, er sei bereit, diesem das Außenministerium zu übergeben, „sobald ich es mit Anstand thun könnte." Auch will er mit dem König „die

---

13 Tagebuch Bernhardi, 19. Mai 1862. Bernhardi (Hrsg.), Aus dem Leben, Bd. 4, S. 286.
14 Tagebuch E. L. v. Gerlach, 14. August 1862. Diwald (Hrsg.), Nachlaß, Bd. 1, S. 432.
15 Bismarck an J. v. Bismarck, 21. Mai 1862. GW, Bd. 14/II, S. 586.
16 NFA, IV, S. 150–151.
17 Tagebuch Bernhardi, 18. Juli 1862. Bernhardi (Hrsg.), Aus dem Leben, Bd. 4, S. 318–319.
18 Wilhelm an Heydt, 9. Mai 1862. Schultze (Hrsg.), Briefe an Politiker, Bd. 2, S. 187.
19 Vgl. [Hohenlohe-Ingelfingen], Aus meinem Leben, Bd. 2, S. 311–312.
20 Roon an Bismarck, 4. Juni 1862. Roon (Hrsg.), Denkwürdigkeiten, Bd. 2, S. 93.

Verwirklichung der Idee wegen der Präsidentschaft" besprochen haben. „Se. Majestät war zwar überhaupt auch über die Idee selbst noch unschlüssig, hatte sie aber doch nicht aufgegeben und war zweifelhaft, ob Sie noch während des gegenwärtigen Landtages bedeutende Dienste leisten könnten, oder event[uell] erst nachher einzutreten brauchten."[21] Und die Kronprinzessin berichtete ihrer Mutter, „the King leans very much towards that wretch Bismarck Schönhausen and will probably take him as prime minister. [...] Count Bernstorff does all he can to make the King take him".[22]

Dass Wilhelms Schwiegertochter Bismarck als wretch bezeichnete, spricht Bände über den sprichwörtlichen Hass, der diesem seitens der königlichen Familie entgegenschlug.[23] Augusta stand mit dem späteren Kanzler seit den Märztagen auf Kriegsfuß. Im Sommer 1862 versuchte die Königin daher Alles, um ihrem Ehemann diese Ministeroption auszureden. So erinnerte sie ihn in einer Denkschrift daran, dass Bismarck sie 1848 zum Staatsstreich aufgefordert haben soll. Und während „der ganzen Reactions Epoche hat H[err] v[on] B[ismarck] als leidenschaftlicher Parteigenosse der Kreuzzeitung gewirkt und als Hauptträger des Manteuffelschen Systems gegolten. [...] H[err] v[on] Bismarck hat seine reactionären Verbindungen in der königl[ichen] Familie, am Hofe, unter den Beamten sowie unter der schroffsten feudalen Partei unverändert aufrechterhalten und gilt persönlich für frivol und anmaßend bei sonstigem unverkennbarem Talent. Er bleibt mithin großen Anfechtungen ausgesetzt."[24] Doch Wilhelm schien sich von diesem Sündenregister nicht beindrucken zu lassen. Laut der Kronprinzessin soll es am 16. Juli sogar zu einem offenen Streit zwischen ihren Schwiegereltern gekommen sein. Denn Wilhelm habe erklärt, „die Minister setzen mir sehr zu, eine Entscheidung wegen der Nachfolge im Ministerium zu treffen. Nun gibt es nur *einen* Mann, der aus der schwierigen Lage heraushelfen kann, und dieser ist Herr von Bismarck-Schönhausen. Er steht ganz zu meinem Programm und würde durch seine Tatkraft und Beredsamkeit die Regierung verteidigen." Augusta sei „in hohem Maße betrübt und erstaunt" gewesen, „dich so sprechen zu hören, da ich hoffte, du würdest dich vor einer so extremen Wahl hüten. Sie könnte sowohl mir persönlich als allen, denen ich vertraue, nur Mißtrauen und Besorgnis einflößen." Auch habe sie darüber geklagt, dass sie seit der Märzkrise politisch ignoriert werden würde. Daraufhin soll Wilhelm mit den bezeichnenden Worten gegangen sein, „das ist wieder nicht wahr und außerdem gehen mich deine privaten Ansichten gar nichts an, ich werde mein Programm aufrechtzuhalten wissen."[25] Wie Augustas Briefe belegen, war dies nicht das einzige politische

---

21 Bernstorff an Bismarck, 12. Juli 1862. Kohl (Hrsg.), Bismarck-Jahrbuch, Bd. 6, S. 155–156.
22 Victoria an Queen Victoria, 19. Juli 1862. Roger Fulford (Hrsg.), Dearest Mama. Letters between Queen Victoria and the Crown Princess of Prussia 1861–1864, London 1969, S. 96.
23 Vgl. Michael Epkenhans, Victoria und Bismarck, in: Rainer von Hessen (Hrsg.), Victoria Kaiserin Friedrich. Mission und Schicksal einer englischen Prinzessin in Deutschland, Frankfurt am Main/New York 2002, S. 151–178.
24 Augusta an Wilhelm, [Juli 1862]. Huber (Hrsg.), Dokumente, Bd. 2, S. 45.
25 Aufzeichnungen Victorias, 17. Juli 1862. Corti, Wenn..., S. 146–148.

Streitgespräch in jenem Sommer.[26] Victoria schimpfte, ihr Schwiegervater „has become quite ‚inadorable' on these subjects; the least allusion to them drives him into a frenzy and excites all the opposition in his nature so that it is totally impossible to argue or reason with him, either for the Queen or us or for any one."[27] Der Kronprinz hingegen versuchte jedem politischen Streit mit seinem Vater aus dem Weg zu gehen. Denn Friedrich Wilhelm soll seit der Märzkrise dem Vorwurf ausgesetzt gewesen sein, „ich stünde in der Militärfrage auf seiten des Abgeordnetenhauses."[28] Diesen Oppositions- gerüchten schien er keine neue Nahrung geben zu wollen. Er soll es nicht einmal gewagt haben, seinen Vater um einen Sommerurlaub zu bitten, wie seine Ehefrau klagte, „as he thinks Fritz wishes to avoid being drawn into affairs under the present circumstances, which the King considers disobedience and opposition."[29]

Der Thronfolger hatte allen Grund, vorsichtig zu agieren. Denn Wilhelm unterstellte selbst den engsten Vertrauten eine monarchiefeindliche Gesinnung. So will er gerücht- teweise erfahren haben, dass Ernst II. im Heereskonflikt auf Seiten der Opposition stehen würde. Dieser Vorwurf wog umso schwerer, da der Coburger Herzog ein mili- tärisches Kommando in Preußen bekleidete. Also schimpfte Wilhelm seinem fürstlichen Freund, dass „es der demokratischen Partei nicht um die Geldbewilligung zu thun ist, die sie der Armee verweigern will, sondern um dieselbe durch schwache numerische Friedenszahl, durch kurze Dienstzeit [...] in ihrer Einheit zu stören und zu dishar- moniren, und durch alle diese Mittel den Geist der Treue und Anhänglichkeit der Armee an ihren König und Kriegsherrn zu untergraben, damit das Heer eine Parlaments-Armee werde und keine königliche mehr sei! [...] Ist das klar?? Und solche Ansichten solltest Du in meiner Armee unterstützen wollen, indem Du [...] zum Beharren auf diesem en- couragirst."[30] Und auch Friedrich I. berichtete, es sei nahezu unmöglich, mit seinem Schwiegervater über Politik zu sprechen. „Die Berliner Atmosphäre ist bekanntlich hierfür besonders schlimm", klagte der Großherzog von Baden gegenüber Carl Alex- ander.[31] Wilhelm blieb im Sommer 1862 fast durchgehend in der preußischen Haupt- stadt. Er weigerte sich sogar, seine jährlichen Urlaubsreisen nach Baden und Ostende anzutreten.[32] Wie er seinem Schwiegersohn erklärte, könne er die Minister nicht mit dem Landtag allein lassen, da „meine *Feinde* hier, täglich und stündlich, sich so be- nehmen, daß man immer qui-vive ist!"[33] Bei einer solchen paranoiden Wirklichkeits- wahrnehmung war es moderaten Stimmen nahezu unmöglich, zum Herrscher durch- zudringen. Das musste selbst dessen Familie feststellen. Nur konservativen Hardlinern wie Roon und Bernstorff gelang es, am Hof Gehör zu finden. Aber selbst sie hatten den

---

26 Vgl. Augusta an Wilhelm, 23. Juli 1862. GStA PK, BPH, Rep. 51 T, Lit. P, Nr. 12, Bd. 10, Bl. 41.
27 Victoria an Queen Victoria, 8. Juli 1862. Fulford (Hrsg.), Dearest Mama, S. 90.
28 Tagebuch Friedrich Wilhelm, 10. Juli 1862. Meisner (Hrsg.), Tagebücher, S. 151.
29 Victoria an Queen Victoria, 17. Juni 1862. Fulford (Hrsg.), Dearest Mama, S. 76.
30 Wilhelm an Ernst II., 28. Juli 1862. Ernst II., Aus meinem Leben, Bd. 3, S. 238–239.
31 Friedrich I. an Carl Alexander, 12. September 1862. Oncken (Hrsg.), Briefwechsel, Bd. 1, S. 332–333.
32 Vgl. [Hohenlohe-Ingelfingen], Aus meinem Leben, Bd. 2, S. 318.
33 Wilhelm an Friedrich I., 12. August 1862. Oncken (Hrsg.), Briefwechsel, Bd. 1, S. 331.

König nicht in der Hand. Seit Mai mochte eine neue Ministerkrise schwelen. Doch Wilhelm betrachtete sie augenscheinlich noch nicht als akut. Jedenfalls gibt es keine Quellen, die belegen würden, dass er Bismarcks Ernennung von langer Hand geplant hätte. Der spätere Kanzler diente ihm als Ass im Ärmel. Doch *ob* oder *wann* er diese Karte spielen würde, blieb bis September völlig unklar.

Letztendlich war es für Wilhelm irrelevant, *wer* Ministerpräsident war, solange diese Person seine Befehle ausführte. Und bereits vor Bismarcks Ernennung war er überzeugt davon, eine erfolgreiche Konfliktstrategie gefunden zu haben. Schon 1861 hatte der König die Lückentheorie ins Spiel gebracht, falls das Extraordinarium vom Landtag abgelehnt worden wäre. Und im Juli 1862 schrieb er Heydt, dass er bereit sei, auch gegen einen parlamentarischen Haushaltsbeschluss zu regieren. „Konzessionen sind genug gemacht, und in dem Armeebudget mache ich keine."[34] Gegenüber Augusta bezeichnete Wilhelm „den Weg, [...] ohne neues Budjet fortzuregieren zwar als schwierig, aber nicht als Verfassungswiedrig, [...] da hier eine Lücke in der Verfassung bestehe, die man also eintretenden Falls ausfüllen *müsse*".[35] Auch die *Kreuzzeitung* hatte die Lückentheorie als verfassungsrechtlichen Ausweg aus der Staatskrise beworben. Und Ernst Ludwig von Gerlach versuchte seit der Märzkrise wiederholt, die Minister in persönlichen Gesprächen für den extrakonstitutionellen Ausnahmezustand zu gewinnen. Aber diese weigerten sich, die kontroverse Rechtsinterpretation gegenüber dem Abgeordnetenhaus zu vertreten. Doch im Sommer 1862 war die Lückentheorie bereits Teil des öffentlichen Pressediskurses. Daher konnte die liberale Opposition nicht zu Unrecht davon ausgehen, dass die Regierung diese theoretische Konfliktstrategie irgendwann in die Praxis umzusetzen versuchen würde. Dies ließ den ohnehin geringen Spielraum für einen möglichen Ausgleich nur noch kleiner werden.[36] In den Budgetverhandlungen zwischen dem 11. und 23. September wagte die Kammermehrheit schließlich die große Machtprobe. Sie verknüpfte die Annahme des Militärhaushalts mit der Streichung der dreijährigen Dienstzeit. Als die Regierung diesen Kompromiss ablehnte, verwarfen die Abgeordneten die Gelder für die Heeresreform in Gänze. Das Herrenhaus lehnte wiederum den gekürzten Etat ab. Und da beide Landtagskammern sich nicht einigen konnten, standen König und Staatsministerium ohne Haushalt da. Damit war die Regierung gezwungen, endlich eine Entscheidung zu suchen.[37] „Das Abgeordnetenhaus ist in einer sehr guten Situation und braucht nur so fortzufahren", jubelte etwa Beitzke.[38] Und Twesten argumentierte, „der König scheint sich ebensowenig zu einer Nachgiebigkeit in betreff der Armee, namentlich der Dienstzeit, wie zu einem offenen Rechtsbruch entschließen zu können; und doch wird eines oder das

---

34 Wilhelm an Heydt, 9. Juli 1862. Schultze (Hrsg.), Briefe an Politiker, Bd. 2, S. 192.
35 Wilhelm an Augusta, 20. September 1862. GStA PK, BPH, Rep. 51 J, Nr. 509, Mappe 1862, Bl. 110.
36 Vgl. Kraus, Lückentheorie, S. 227–232.
37 Vgl. Fritz Löwenthal, Der preußische Verfassungsstreit 1862–1866, München/Leipzig 1914, S. 75–108; Börner, Krise, S. 203–207.
38 Beitzke an P. Beitzke, 21. September 1862. Conrad (Hrsg.), Dokumente, S. 245.

andere geschehen müssen, wenn nicht endlich die über den Kopf wachsenden Schwierigkeiten zu einer Abdankung führen."[39]

Wilhelm war mehr als bereit, die Eskalationsschraube weiter anzudrehen. Zwar befand er sich seit dem 7. September in Karlsruhe, wo seine Enkeltochter getauft wurde. Aber während seiner Abwesenheit ließ er das Staatsministerium am 8. und 9. September über die Möglichkeit eines budgetlosen Regiments diskutieren. Doch *alle* Minister lehnten die königliche Forderung ab, ohne parlamentarisch verabschiedeten Haushalt zu regieren.[40] Denn wie Heydt dem König schrieb, „Euer Maj[estät] wollten und wollen eine gesetzliche verfassungsmäßige Verwaltung im ehrlichen Sinne. Was dem Geiste der Verfassung widerspricht, ist damit nicht in Einklang zu bringen. Euer Maj[estät] wollten moralische Eroberungen. Bei einem dauernden Konflikt im eigenen Lande würde das Gegenteil als Wirkung erscheinen."[41] Stattdessen legte das Ministerium dem Herrscher in einem Immediatbericht Neuwahlen nahe. Dieses Schreiben versah Wilhelm mit den folgenreichen Marginalien, „ich kann meine Überraschung nicht verbergen, über den Antrag dieses Schreibens. Bisher stand nach allen Unterredungen fest, daß, wenn das Herrenhaus das verstümmelte Militärbudget verwürfe, nach den also nicht zustande gekommenen Etats fortgesetzt verfahren werden sollte und könne. Jetzt wird dies als verfassungswidrig erklärt und zur abermaligen Auflösung des Abgeordnetenhauses geraten, was bisher als das Untunlichste erschienen war. Da ich bei der erst aufgestellten Ansicht bleibe, so werde ich in einem Konseil die Angelegenheit beraten lassen."[42] Das war der Auftakt zu einer neuen Ministerkrise. Verschärft wurde diese noch durch den Umstand, dass in Wilhelms Augen sogar Roon umzufallen schien. Der Kriegsminister deutete am 15. September auf der Parlamentsbühne an, dass die Regierung bereit sei, auf die dreijährige Dienstzeit zu verzichten. Es ist wahrscheinlich, dass er mit diesem vermeintlichen Mediationsversuch lediglich Zeit gewinnen wollte, bis das Abgeordnetenhaus aufgelöst und damit eine Entscheidung über den Haushalt vertagt worden wäre. Aber dem König, der am 13. September nach Berlin zurückgekehrt war, ging selbst diese Scheinkonzession zu weit.[43] Bereits am 16. September verbot Wilhelm in einer Kronratsitzung den Ministern jegliche Konzessionen in der Dienstzeitfrage. Und er erklärte, notfalls auch ohne parlamentarischen Haushalt regieren zu wollen.[44] Auch war es kaum ein Zufall, dass der Herrscher noch am selben Tag Bernstorff befahl, Bismarck telegraphisch nach Berlin rufen zu lassen.[45] Letztendlich hatten die Minister mit ihrem Widerstand gegen das budgetlose Regiment selbst an ihren Stühlen gesägt. Von dem

---

39 Twesten an Lipke, 9. September 1862. Heyderhoff (Hrsg.), Liberalismus, Bd. 1, S. 115.
40 Siehe die Konseilprotokolle vom 8. und 9. September 1862, in: Acta Borussica. Protokolle, Bd. 5, S. 176 – 177.
41 Heydt an Wilhelm, 9. September 1862. Schultze (Hrsg.), Briefe an Politiker, Bd. 2, S. 196.
42 Das Staatsministerium an Wilhelm (mit Marginalien des Königs), 9. September 1862. Ringhofer (Hrsg.), Nachlass, S. 533 – 536.
43 Vgl. Börner, Krise, S. 207–210; Walter, Heeresreformen, S. 465 – 466.
44 Vgl. Konseilprotokoll, 16. September 1862. Acta Borussica. Protokolle, Bd. 5, S. 177–178.
45 Vgl. Bernstorff an Bismarck, 16. September 1862 (Telegramm). GW, Bd. 2, S. 399.

opportunistischen Diplomaten glaubte der König hingegen erwarten zu können, dass dieser seine Konfliktstrategie mittragen würde.

Am 17. September erreichte die Krise schließlich ihren Höhepunkt. Denn trotz Wilhelms Verbot vom Vortag versuchte Roon erneut, im Landtag für einen vermeintlichen Kompromisskurs zu werben.[46] Damit war für den König die rote Linie überschritten. Noch am selben Nachmittag ließ er das Staatsministerium kurzfristig zu einer Kronratsitzung zitieren, in der sich Roon erklären und um Verzeihung für sein eigenmächtiges Handeln bitten musste. Eine Einigung über das weitere Vorgehen gegenüber dem Landtag konnte jedoch noch immer nicht gefunden werden. Kein Minister war bereit, sich für die Lückentheorie zu erklären, und neben dem Kriegsminister plädierten auch Heydt und Bernstorff dafür, den Abgeordneten Scheinkonzessionen zu machen, um den Konflikt zu vertagen. Da das Ministerium gespalten war, wurde die Sitzung für mehrere Stunden unterbrochen. Laut dem offiziellen Konseilprotokoll soll auch am Abend keine Einigung über die weitere Konfliktstrategie gefunden werden.[47] Aber die Memoiren des Protokollführers Immanuel Hegel erzählen eine andere Geschichte. Und sie werden durch die Ereignisse nach dem 17. September gestützt.[48] So soll Wilhelm plötzlich aufgestanden sein und erklärt haben, „daß er nach seiner festen Ueberzeugung und militärischen Erfahrung es mit Pflicht und Gewissen nicht vereinigen könne, auf die neue Organisation der Armee mit dreijähriger Dienstzeit zu verzichten, und daß, wenn auch seine Minister ihn hierbei verließen, ihm nichts übrig bleibe, als auf der Stelle den Kronprinzen zu berufen, der zur Zeit in Süddeutschland verweilte; derselbe möge und könne statt seiner die Regierung übernehmen und die neuen Vorschläge ausführen. Als der König sofort die Glocke ergreifen wollte, um dem Flügeladjutanten den Befehl zur Ausführung des Telegramms an den Kronprinzen zu ertheilen, sprangen alle Minister auf und baten den König auf das dringendste, dies zu unterlassen; sie erklärten einmüthig, daß sie bis aufs äußerste treu bei ihm ausharren und auch im Abgeordnetenhause seine Entscheidungen unbedingt vertreten würden."[49]

Dass Wilhelm mit seiner Abdankung drohte, um dem Staatsministerium seinen Willen aufzuzwingen, war im September 1862 nichts Neues. Lediglich die Märzminister mochte dieses inszenierte Spektakel wirklich überrascht haben. Bereits eine Woche vor jenem Konseil hatte der König gegenüber Heydt unmissverständlich gedroht, „daß ich nur *einen* Ausweg aus dem möglichen Labyrinth kenne, – und ich werde ihn gehen, wenn mich alles im Stiche läßt!"[50] Die Ereignisse am Vormittag und Nachmittag des 17. Septembers schienen ihn überzeugt zu haben, dass die Minister kurz davor waren, dem Landtag nachzugeben. Also baute Wilhelm ihnen nach der mehrstündigen Verhandlungspause eine Drohkulisse auf. Denn mehr war das Thronverzichtsgerede nicht.

---

46 Vgl. Zechlin, Bismarck, S. 292–294.
47 Vgl. Konseilprotokoll, 17. September 1862. Acta Borussica. Protokolle, Bd. 5, S. 178–179.
48 Vgl. Kurt Promnitz, Bismarcks Eintritt in das Ministerium, Berlin 1908, S. 150–154; Zechlin, Bismarck, S. 295–297.
49 Immanuel Hegel, Erinnerungen aus meinem Leben, Berlin 1891, S. 18–19.
50 Wilhelm an Heydt, 10. September 1862. Schultze (Hrsg.), Briefe an Politiker, Bd. 2, S. 198.

Dies legt bereits der Umstand nahe, dass er Bismarck am Vortag hatte rufen lassen. Wieso sollte der spätere Kaiser bereit gewesen sein, das Handtuch zu werfen, während er auf jenen Mann wartete, den er genau für ein solches Szenario monatelang in Reserve gehalten hatte? Und Wilhelm erklärte auch selbst, dass er nicht wirklich abdanken wollte. Über „die Eventualität meiner Abdication" schrieb er Augusta am 20. September, „ich werde bis ans Äußerste gehen, ehe ich diesen Schritt thue, dessen ungeheure Portée ich völlig u[nd] vollständig erkenne u[nd] auch die ungeheuer schwere Stellung für Fritz nicht einen Augenblick verkenne. [...] Nahe ist diese Eventualität noch nicht", da er erst das Ende der Parlamentsverhandlungen abwarten wolle, „in der die ganze Réorganisation von A – Z verworfen wird, wie jetzt schon täglich die einzelnen Positionen verworfen werden, fast ohne Discussion. Dieses Resultat, so sagte ich, wird dem Lande die Augen öffnen, denn das will es nicht, daß ist gewiß, da die Mehrzahl die Wohlthat der Réorganisation verstehet. Wenn dann wie bestimmt zu erwarten ist, das Herrenhaus von seinem Verfassungsmäßigen Recht, Gebrauch macht, u[nd] den Beschluß des andren Hauses verwirft [...] so ist der Conflict da, der nur auf Fortregieren ohne bewilligtes Budjet übrig läßt, bis zum Wiederzusammentritt der Häuser im Januar, oder Neu-Wahlen, die ich sehr gefährlich ansehe, *wenn* nicht den Menschen die Augen aufgehen, in Folge des [...] zu erwartenden Resultats! –, u[nd] eines *dann* von mir zu erlassenden Manifestes!"[51] Das klang nicht nach einem zur Abdankung resignierten Monarchen. Was Wilhelm hier stattdessen formulierte, war eine langfristige Konfliktstrategie. Er wollte auf Basis der Lückentheorie gegen den Landtag regieren und einen öffentlichen Umschwung herbeiführen. Erst wenn alle anderen Optionen gescheitert wären, hätte sich ihm die Thronverzichtsfrage gestellt.

Aber die Minister mussten für diese Konfliktstrategie noch gewonnen werden. Oder Wilhelm musste ein neues Ministerium ernennen. Seit dem 16. September lotete er beide Möglichkeiten aus. Mit Bismarck befand sich jedenfalls bereits ein potentieller neuer Ministerpräsident auf dem Weg nach Berlin. Gleichzeitig ließ der König noch am 17. September auch den Kronprinzen telegraphisch in die Hauptstadt rufen. „Durch Telegramm von Papa: ‚Deine Anwesenheit nötig, komme also morgen her' von gestern abend nach Berlin gerufen", notierte Friedrich Wilhelm am 18. September, „mittags Abreise und gleich vom Bahnhof zu v. d. Heydt, der sichtlich erschrickt, wie er mich infolge des Telegramms angekommen sieht. Gestern abend nämlich zwei sehr stürmische Konseilsitzungen bei Sr. M., wo er nichts von Konzessionen hören wollte und sehr zornig erklärte abdanken zu wollen. Bitten und Vorstellungen der Minister wenig Effekt, verhindern nur meine augenblickliche Herberufung; ohne ihr Wissen nachher dennoch Telegramm an mich."[52] Mit der Ankunft des Kronprinzen baute Wilhelm die Drohkulisse noch weiter auf. Keiner der Märzminister konnte sich große Hoffnungen machen, unter der Herrschaft des als liberal verschrienen Thronfolgers im Amt zu bleiben. Wollten sie politisch überleben, mussten sie sich der königlichen Eskalationspolitik unterwerfen.

---

51 Wilhelm an Augusta, 20. September 1862. GStA PK, BPH, Rep. 51 J, Nr. 509, Mappe 1862, Bl. 107–110.
52 Tagebuch Friedrich Wilhelm, 18. September 1862. Meisner (Hrsg.), Tagebücher, S. 159–160.

Und Heydts Reaktion schien zu belegen, dass diese Kulisse einen eindeutigen Effekt bewirkt hatte. Aber es kann auch argumentiert werden, dass der König mit dieser Inszenierung über sein Ziel hinausgeschossen hatte. Denn der Finanzminister weigerte sich noch immer, ein budgetloses Regiment mitzutragen, wie er Wilhelm am 19. September schrieb. Stattdessen bat er sogar um seinen Abschied.[53] Zwar lehnte der Monarch das Entlassungsgesuch ab.[54] Aber noch am selben Tag versuchte auch Bernstorff, den König mit seiner Rücktrittsdrohung unter Druck zu setzen.[55] Gegenüber dem britischen Gesandten soll der Außenminister erklärt haben, „by continuing the present course, he felt that the King would at last find himself in a position from which he could only extricate himself by abdication, or by having recourse to extra constitutional means. [...] He stated that neither he nor M[onsieur] von der Heydt were prepared to govern without a Budget, which would have been a virtual departure from the Constitution."[56] Bernstorff und Heydt mochten die königliche Konfliktpolitik lange aktiv mitgetragen haben. Aber zu einem Verfassungsbruch mit unabsehbaren Folgen wollten sie nicht die Hand reichen. Und sie schienen überzeugt gewesen zu sein, dass sich der Monarch in eine Sackgasse manövriert hatte.

Wilhelm weigerte sich jedoch, dem Ministerdruck nachzugeben. Ebenfalls am 19. September soll er seinem Sohn geschimpft haben, „daß er abdanken wolle, falls Minister auf Nachgeben in zweijährigem Dienst-Gesetzesprinzip bestännen." Friedrich Wilhelm will daraufhin erklärt haben, „welch unermeßliches Unheil solch ein unseliger Schritt mit sich bringe für Krone, Land und Dynastie, daß der König wegen Kammerbeschlüsse abdiziere, wodurch sehr gefährlicher Präzedenzfall für Zukunft in unruhigen Zeiten geboten werde."[57] Etwa gleichzeitig schrieb aber die Kronprinzessin ihrem Ehemann, „meine Meinung ist die, daß, wenn der König nicht abdiciert, es kein Haar besser wird. [...] Dein Vater hat nur dieses letzte Rettungsmittel und, indem man ihm davon abrät, nimmt man einen Teil der Schuld auf sich, wenn nachher Unheil gestiftet würde, das Du hättest verhindern können. [...] *Wenn Du es nicht annimmst, glaube ich, daß Du es einst bereuen wirst, jedenfalls möchte ich nicht die Verantwortung auf mich nehmen, abgeraten zu haben.*"[58] Die kontrafaktische Frage erübrigt sich, ob der spätere 99-Tage-Kaiser an jenem Septembertag eine einmalige Chance verstreichen lassen hatte. Denn dafür hätte Wilhelm wirklich abdankungsbereit sein müssen. Aber die königliche Erpressungsstrategie schien langsam aufzugehen. Noch am Abend des 19. September sollen außer Heydt und Bernstorff alle Minister eingeknickt sein, wie der Thronfolger notierte. „7 Uhr abends Ministerratssitzung bis ¼11 Uhr ohne Resultat, indem Bernstorff und v. d. Heydt wegwollen, die andern mehr oder minder aber auch ohne Budget nach

---

53 Vgl. Heydt an Wilhelm, 19. September 1862. Schultze (Hrsg.), Briefe an Politiker, Bd. 2, S. 199–200.
54 Vgl. Bergengrün, Heydt, S. 306.
55 Vgl. Bernstorff an Wilhelm, 19. September 1862. Ringhofer (Hrsg.), Nachlass, S. 537–539.
56 Loftus, Reminescences 1832–1862, Bd. 2, S. 263–264.
57 Tagebuch Friedrich Wilhelm, 19. September 1862. Meisner (Hrsg.), Tagebücher, S. 160.
58 Victoria an Friedrich Wilhelm, 20. September 1862. Conti Corti, Wenn..., S. 152–153.

Verwerfung weiter regieren wollen ohne Nachgeben."[59] Und Roon berichtete geradezu lakonisch, „wir haben wieder einmal Minister-Krisis." Aber „an maaßgebender Stelle scheint man fest entschlossen, nicht nachzugeben, sondern versuchen zu wollen, ob das Land nicht dieses cynischen und widersinnigen Treibens seiner Boten überdrüssig ist."[60]

Der Kronprinz reiste am 20. September wieder aus Berlin ab. Dass Wilhelm ihn gehen ließ, spricht nicht gerade dafür, dass ein Thronwechsel unmittelbar bevorstand. Friedrich Wilhelm will seinen Vater beim Abschied „sehr nervös herabgestimmt" und „sehr böse auf v. d. Heydt und Bernstorff wegen ihrer Entlassungsgesuche" gefunden haben, „die er als non avenu ansieht."[61] Der Finanzminister und der Außenminister waren die letzten Hindernisse, die zwischen dem König und dem budgetlosen Regiment standen. Damit rückte aber nicht die Abdankung näher, sondern ein Ministerwechsel. Wie Alexander von Schleinitz der Königin berichtete, soll ihm Wilhelm am 20. September erklärt haben, er wolle „verantwortliche Organe [...] finden, die entschloßen wären, Ihm auf dem Wege zu folgen, der betreten werden *muß*, wenn eine Transaction mit dem Abgeordnetenhause nicht, vielleicht in letzter Stunde noch, zu Stande kommt." Und Schleinitz merkte an, „der König wird, fürchte ich, dadurch genöthigt werden, auf eine viel entschieden conservative Nuance zurückzugreifen."[62] Damit konnte nur Bismarck gemeint sein. Denn der spätere Kanzler war am selben Tag in Berlin eingetroffen.[63]

Roon sollte sich später rühmen, „daß B[ismarck] ohne mich, ohne mein unermüdliches Wollen und Wirken in dieser Richtung gewiß nicht an den Platz gekommen wäre, den er mit so viel Erfolg ausfüllt."[64] Dieser Aussage kann insofern zugestimmt werden, als dass der Kriegsminister seit 1861 wiederholt versucht hatte, den späteren Kanzler an den Berliner Hof zu bringen. Aber laut Waldemar von Roon soll sein Vater Bismarcks Ernennung geradezu als Überraschungscoup inszeniert haben. Wilhelm soll am 22. September vom Kriegsminister auf Schloss Babelsberg mit der Nachricht überrascht worden sein, der Gesandte sei in der Hauptstadt und wünsche ihn zu sprechen.[65] Und Bismarck kolportiert in seinen Memoiren die Legende, Roon habe ihn wie bereits im Juni 1861 mit dem Telegramm „Periculum in mora" heimlich nach Berlin rufen lassen. In Babelsberg will er dann auf einen zur Abdankung resignierten Monarchen getroffen sein. Aber nicht nur soll es ihm gelungen sein, Wilhelm in letzter Minute von den Thronverzichtsplänen abgebracht zu haben. Bismarck will für die Übernahme des Ministerpräsidiums auch eine politische Blankovollmacht verlangt *und erhalten* haben. Zwar soll ihm der König ein Regierungsprogramm vorgelegt haben. Aber der spätere

---

59 Tagebuch Friedrich Wilhelm, 19. September 1862. Meisner (Hrsg.), Tagebücher, S. 160.
60 Roon an Perthes, 20. September 1862. Roon (Hrsg.), Denkwürdigkeiten, Bd. 2, S. 116.
61 Tagebuch Friedrich Wilhelm, 20. September 1862. Meisner (Hrsg.), Tagebücher, S. 160.
62 A. v. Schleinitz an Augusta, 22. September 1862. GStA PK, BPH, Rep. 51 T, Lit. S, Nr. 22a, Bl. 108–110.
63 Vgl. Roon an Perthes, 20. September 1862. Roon (Hrsg.), Denkwürdigkeiten, Bd. 2, S. 116.
64 Roon an Perthes, 16. Dezember 1864. Otto Perthes (Hrsg.), Äußerungen des Kriegsministers v. Roon über die Berufung des Herrn v. Bismarck in das Ministerium 1862, in: HZ 73 (1894), S. 288–289, hier: S. 288.
65 Vgl. Roon (Hrsg.), Denkwürdigkeiten, Bd. 2, S. 120–121.

Kanzler will seinen Souverän davon überzeugt haben, dieses zu vernichten.[66] Dass diese späteren Darstellungen auf geschichts*wissenschaftlicher* Ebene als vermeintliche Tatsachenberichte betrachtet werden, sagt mehr über die Forschung als über das Forschungsobjekt aus. Mitunter wird bis heute sogar kolportiert, die Kanzlermemoiren wären die *einzige* Quelle, die über jenes berühmte Babelsberger Gespräch Auskunft geben würde.[67] Letztendlich müssen sich nicht wenige Historiker den Vorwurf gefallen lassen, unkritisch von Bismarck abgeschrieben zu haben. Dabei ignorierten und ignorieren sie, dass bereits in der älteren Forschung mehrere Quellen ausgewertet wurden, die an der Glaubwürdigkeit der *Gedanken und Erinnerungen* große Zweifel aufkommen lassen.[68]

Zunächst einmal muss festgehalten werden, dass Bismarck erst nach der Reichsgründung behaupten sollte, dass er Wilhelm in Babelsberg abdankungswillig gefunden hätte.[69] Und das, was er zeit seiner Kanzlerschaft Freunden und Mitarbeitern über seine Ernennung erzählte, wich in mehreren Punkten von dem ab, was er in seinen Memoiren kolportiert.[70] Seinem Ghostwriter Lothar Bucher soll Bismarck beispielsweise gesagt haben, er selbst sei mit einem Regierungsprogramm zum König gegangen. „Ich hatte mir erst sehr schön die Bedingungen formulirt, unter denen ich nur die Zügel in die Hand nehmen wollte; ich habe sie nicht aus der Tasche gezogen, und als ich nach Hause kam, war das erste, daß ich jenes Blatt vernichtete." Von einer Blankovollmacht schien er Bucher nichts erzählt zu haben.[71] Dieses Narrativ findet sich erst explizit in dem Artikel *Kaiser Wilhelm I. und Fürst Bismarck* der Münchner *Allgemeinen Zeitung* vom 7. Oktober 1890. Wahrscheinlich handelt es um einen Text des Journalisten Hugo Jacoby, der diesem von Bismarck diktiert worden war. Etwa ein halbes Jahr zuvor war der Reichskanzler von Wilhelm II. entlassen worden. Der Zeitungsartikel war Teil einer breitangelegten publizistischen Kampagne, mit der sich der zwangspensionierte Staatsmann an Wilhelms Enkel rächen wollte. Der deutschen Öffentlichkeit wurde der erste Hohenzollernkaiser als entscheidungsschwacher Herrscher dargestellt, der ohne seinen Kanzler nie den Weg ins Kaiserreich gefunden hätte. Ohne Bismarck, so der alles andere als

---

66 Vgl. NFA, IV, S. 157–159.

67 Vgl. Gall, Bismarck, S. 244–245; Richter, Wilhelm I., S. 50; Johannes Willms, Bismarck. Dämon der Deutschen. Anmerkungen zu einer Legende, München 2015 [ND 1997], S. 146; Kolb, Bismarck, S. 54; Ilja Mieck, Preußen und Westeuropa, in: Wolfgang Neugebauer (Hrsg.), Handbuch der Preußischen Geschichte, Bd. 1, Berlin 2009, S. 411–853, hier: S. 785; Fischer, Wilhelm I., S. 191–194.

68 Vgl. Eduard von Wertheimer, Bismarck im politischen Kampf. Mit Benutzung ungedruckter Quellen, Berlin 1930, S. 115–122; Wilhelm Treue, Wollte König Wilhelm I. 1862 zurücktreten?, in: FBPG 51 (1939), S. 275–310; Meyer, Bismarck, S. 171–172; Zechlin, Bismarck, S. 627–629.

69 Vgl. Heinrich von Poschinger (Hrsg.), Erinnerungen aus dem Leben von Hans Viktor von Unruh (geb. 1806, gest. 1886), Stuttgart u. a. 1895, S. 216, S. 221–222.

70 Siehe Buschs Tagebucheinträge vom 7. April und 27. September 1888, in: Moritz Busch, Tagebuchblätter, Bd. 3, Berlin 1899, S. 229, S. 248–249.

71 Heinrich von Poschinger (Hrsg.), Bismarck-Portefeuille, Bd. 4, Stuttgart/Leipzig 1899, S. 113.

subtile Tenor, würde Wilhelm II. nicht selbstherrlich die Kaiserkrone tragen können.[72] Der einzige andere Zeuge des Babelsberger Gesprächs war 1888 auf dem Thron verstorben, und konnte diese Darstellung daher nicht widerlegen.

Aber es liegen mehrere unmittelbare Quellen *auch aus Wilhelms Feder* vor, die eine detaillierte Rekonstruktion der Umstände von Bismarcks Ernennung ermöglichen. Dass der Diplomat nicht von Roon sondern von Bernstorff gerufen worden war, wurde bereits dargestellt. Und Bernstorff hatte *im Auftrag des Königs* gehandelt. Gleichwohl schrieb Wilhelm in einer Marginalnotiz auf ein Ministerschreiben vom 21. September, „ganz zufällig" sei „der Gesandte v[on] Bismarck nach Berlin" gekommen, „um seine Familie nach Paris abzuholen. Allerdings war derselbe öfter als Premier genannt worden, doch hatte ich nie ernstlich an ihn gedacht. Jetzt sprach ich mit ihm in einer 2 Stündigen Promenade auf dem Babelsberg die Despérate Lage ausführlich durch, in der ich mich befand; er teilte meine Ansichten u[nd] Auffassung über die festen u[nd] energischen Schritte[,] die dem Abgeordneten Hause gegenüber zu ergreifen seien u[nd] namentlich auch die Inaussichtnahme eines Budjetlosen Zustandes."[73] Diese Zeilen wurden am 22. oder 23. September verfasst. Sie waren an jene Minister adressiert, die Wilhelm in den vorausgegangenen Tagen systematisch einzuschüchtern versucht hatte. Ihnen gegenüber ließ er die Maske auch nach dem beschlossenen Regierungswechsel nicht fallen.[74] Ob außer Bernstorff und eventuell Roon noch andere Minister Kenntnis davon hatten, dass Bismarck am 16. September nach Berlin gerufen worden war, kann nicht vollständig geklärt werden. Bismarck hatte seiner Ehefrau jedenfalls am 21. September aus der Hauptstadt geschrieben, „ich befinde mich hier genau in derselben Lage wie im Monat Mai. Heydt und Bernstorff haben ihren Abschied verlangt; das Gesuch des Ersteren hat der König ihm einfach zurückgeschickt, vom Ergebniß des zweiten weiß ich nichts und habe den König noch nicht gesehn."[75] Dies belegt zumindest, dass Bismarck bereits kurz nach seiner Ankunft über die Ministerkrise informiert worden war. Mit diesem Vorwissen ging er nach Babelsberg.

Über das Gespräch mit dem designierten Ministerpräsidenten berichtete Wilhelm seiner Ehefrau ausführlich in einem im Original achtseitigen Brief vom 23. September. Allein aufgrund der zeitlichen Unmittelbarkeit ist diese Quelle Bismarcks Memoiren vorzuziehen. „In der Crisis hier habe ich zu einem ernsten Endschluß kommen müssen, indem durch v. d. Heydts bestimmte Weigerung zu bleiben, desgl. Bernstorffs [...], so wie Hohenlohes Abgang wegen Gesundheitsrücksichten u[nd] auch politische Zweifel wegen Fortregierens ohne gesetzliches Budget, – es also einer festen u[nd] geschäftskundigen Hand bedarf, um die Minister Liste zu füllen, so habe ich ad interim keine andre Wahl treffen können als Bismar[c]k zu ernennen." Er erinnerte Augusta daran, dass er mit

---

72 Vgl. Promnitz, Bismarcks Eintritt, S. 233–235; Zechlin, Bismarck, S. 315; Manfred Hank, Kanzler ohne Amt. Fürst Bismarck nach seiner Entlassung 1890–1898, München 1977, S. 89–92, S. 149–150, S. 231–241.
73 Das Staatsministerium an Wilhelm (mit Marginalien des Königs), 21. September 1862. GStA PK, BPH, Rep. 51 E, spez. Nr. 50, Abdikation 1862, Bl. 6–9.
74 Vgl. Zechlin, Bismarck, S. 312–314.
75 Bismarck an J. v. Bismarck, 21. September 1862. GW, Bd. 14/II, S. 620.

Bismarck bereits im Mai „eine eingehende Unterredung" geführt habe, „von der ich Dir damals schon sagte, daß ich vollständig befriedigt, für innere u[nd] äußere Politik war [...]! Jetzt konnte ich nicht balanciren ihn zu wählen, da in den 6 Monaten mir Niemand genannt worden ist u[nd] ich selbst Niemand anders als ihn selbst fand. Dazu kommt daß das ganze Ministerium, inclusive der ausscheidenden ihn wünscht, u[nd] so habe ich, [...] nach einer 2½stündigen Unterredung gestern mit ihm, den Endschluß gefaßt. In dieser Stunde faßt das 2ᵉ Haus den Beschluß, die Armée Réorganisation rückgängig zu machen, also den Ruin der Armée u[nd] des Landes zu décrétiren!!! Einem solchen Gebahren gegenüber konnte u[nd] durfte ich nach meinem Gewissen u[nd] meiner Pflicht nicht mehr zaudern, dieser eisernen Stirn, eine gleiche entgegen zusetzen." Bismarck sei „nach *keiner* Richtung hin, schroff oder blind oder eigensinnig, er erkennt die énorme Schwierigkeit des Moments, sagt aber mit mir, daß jetzt nur Bestimmtheit, Conséquenz u[nd] Festigkeit uns auf der Oberfläche des schäumenden Meeres erhalten kann, damit das 2ᵉ Haus siehet, daß es nicht omnipotent ist, sondern daß noch ein Monarch existirt, u[nd] eine Monarchie, die älter ist als die Verfassung, die natürlich völlig respéctirt werden muß u[nd] soll. Wo aber, rein bei der Annahme des Budjets von *einem* Hause, u[nd] Verwerfung durch das *andere*, in der Verfassung eine *Lücke* bestehet die nicht gesetzlich momentan auszufüllen ist, die Regierung aber doch nicht still stehen kann, so bleibt nichts übrig als zu supliren, d. h. als Hausvater das Haus stark zu regieren, bis eine Ausgleichung bei der Winter Session sich vorbereiten läßt. Wir denken nach Verwerfung des Budjets durch das Herrenhaus, die Session zu schließen, nach dem alten Budjet weiter zu regieren u[nd] keine Auflösung vorzunehmen, also soweit völlig Verfassungsmäßig zu verfahren, inclusive der gezeigten Suplierung."[76]

Wilhelms Brief erwähnt nirgendwo, dass Bismarck in Babelsberg eine politische Blankovollmacht erhalten hätte. Stattdessen schien der spätere Kanzler seinem Souverän wieder nach dem Mund geredet zu haben. Jedenfalls musste er den König nicht erst von einer Konfliktstrategie auf Basis der Lückentheorie überzeugen, wie sie Wilhelm etwa bereits am 20. September gegenüber Augusta skizziert hatte. Und weitere Quellen belegen sogar, dass Bismarck am 22. September ein programmatisches Zwangskorsett anlegen musste. So hatte der spätere Kaiser tatsächlich eine vierseitige Abdankungsurkunde verfasst, die sich inhaltlich wie eine Denkschrift über die Militärfrage liest. Sie trägt weder Datum noch Unterschrift.[77] Interessanter ist aber ein einseitiges Regierungsprogramm in Wilhelms Handschrift, auf das Bismarck aller Wahrscheinlichkeit nach in Babelsberg verpflichtet wurde.[78] Stichpunktartig werden in diesem Dokument alle offenen Streitfragen der preußischen Innen- und Außenpolitik skizziert. „Momentane Crisis. Herrenhaus Verwerfung, dann: Schluß; dann entweder a) Regieren ohne Budjet, oder Vertagung u[nd] b) Auflösung u[nd] Neu Wahlen. Welche Vorlagen

---

76 Wilhelm an Augusta, 23. September 1862. GStA PK, BPH, Rep. 51 J, Nr. 509, Mappe 1862, Bl. 113–116.
77 Vgl. GStA PK, BPH, Rep. 51 E, spez. Nr. 50, Abdikation 1862, Bl. 4–5.
78 Vgl. Promnitz, Bismarcks Eintritt, S. 243–247; Kaernbach, Bismarcks Konzepte, S. 158.

der Winter Seßion in der milit[ärischen] Frage; keine Conceßionen. – in der innern Politik. Wie wird die KreisOrdnung dem [...] L[and] T[ag] vorzulegen sein [...] Äußere Politik. die Bernstorff[sche] Politik *festhalten* in der Deutschen Frage, in der französisch[en] Handelsfrage; in der Zoll Frage vis à vis Östreichs [...]. Keine Hinneigung zu Französ[isch] Russ[ischer] Allianz; gut mit ihnen, aber keinen Nutzen in ihnen suchend. [...] Englands Freundschaft uns erhalten ohne Aufgeben conservativer Principien." Und abschließend findet sich dort die Resümeeformulierung, „Conservatif-Constitutionelle Fahne aber Altpreuß[ische] Traditionen."[79] Wie Bernstorff im Januar 1863 andeuten sollte, wurde Bismarck dieses Regierungsprogramm bei dessen Ernennung vorgelegt.[80]

Aber auch andere Quellen belegen, dass dem politischem Gestaltungsraum des neuen Ministerpräsidenten in Babelsberg enge Grenzen gesetzt wurden. „Graf Bernstorff versichert, Herr v[on] Bismarck sei vorläufig in erster Linie zur Lösung der inneren Lage berufen, und die äußere Politik würde von seiner Einwirkung vorläufig unberührt bleiben" berichtete etwa der österreichische Diplomat Boguslaw Chotek von Chotkow bereits am 26. September.[81] Bernstorff selbst schrieb am 2. Oktober, „der König hat übrigens die Fortführung meiner Politik namentlich in der deutschen und in der Handelsvertragsfrage ausdrücklich von Herrn v[on] Bismarck verlangt."[82] Und am 11. November soll der neue Ministerpräsident gegenüber Ernst Ludwig von Gerlach bemerkt haben, „die Kreisordre-Reform sei eine Bedingung gewesen, die der K[önig] ihm bei Uebernahme des Ministerii gestellt" habe.[83] Auch machte Bismarck selbst nie einen Hehl daraus, dass er in Babelsberg die Rolle eines Befehlsempfängers gespielt hatte. Laut seinem Freund Robert von Keudell soll er Wilhelm an jenem Septembertag erklärt haben, er fühle sich „wie ein churbrandenburgischer Vasall, der seinen Lehnsherren in Gefahr sieht."[84] Und im Dezember 1863 erinnerte Bismarck seinen königlichen Herrn daran, „Eurer Majestät habe ich bei meinem Eintritt in das Ministerium zu erklären mir erlaubt, dass ich meine Stellung nicht als konstitutioneller Minister in der üblichen Bedeutung des Wortes, sondern als Eurer Majestät Diener auffasse, und Allerhöchst dero Befehle in letzter Instanz auch dann befolge, wenn dieselben meinen persönlichen Auffassungen nicht entsprechen."[85] Solche Worte mussten Wilhelms monarchischer Herrschaftsauffassung schmeicheln. Und wie sein Brief an Augusta vom 23. September belegt, schien er überzeugt gewesen zu sein, dass der neue Ministerpräsident sich ihm ohne-wenn-und-aber unterordnen würde. Bismarcks Opportunismus hatte sich endlich ausgezahlt.

---

79 Aufzeichnungen Wilhelms, [September 1862]. GStA PK, VI. HA, Nl. Zitelmann, K. L., Nr. 2, Bl. 15.
80 Vgl. Bernstorff an Bismarck, 6. Januar 1863. Kohl (Hrsg.), Bismarck-Jahrbuch, Bd. 6, S. 168–170.
81 Chotek an Rechberg, 26. September 1862. APP, Bd. 3, S. 32–33.
82 Bernstorff an Reuß, 2. Oktober 1862. Ringhofer (Hrsg.), Nachlass, S. 548.
83 Tagebuch E. L. v. Gerlach, 11. November 1862. GA, ER02790.
84 Robert von Keudell, Fürst und Fürstin Bismarck. Erinnerungen aus den Jahren 1846 bis 1872, Berlin/ Stuttgart 1901, S. 110.
85 Bismarck an Wilhelm, 1. Dezember 1863. AGE, Bd. 1, S. 86.

Augusta war politisch gesehen die große Verliererin der Septemberkrise. „Arme Mama", so der Kronprinz, „wie bitter wird gerade dieses ihres Todfeindes Ernennung sie schmerzen!"[86] Die Königin hatte systematisch versucht, Bismarck zu verhindern und ihren Ehemann stattdessen zu einem Kompromiss mit dem Landtag zu bewegen. Noch am 20. September hatte sie Wilhelm geschrieben, „ich habe in den Zeitungen den Ereignissen dieser letzten Tage gefolgt und gebe trotz der vereitelten Hoffnung einer Verständigung noch immer nicht den Gedanken an eine solche auf, da es mir unmöglich scheint die Sache zum Bruch zu treiben, wie es die *extremsten* Parteien wünschen."[87] Aber der König hatte seine Ehefrau wie bereits in der Märzkrise ignoriert. Dies hielt die politischen Gegner der ersten Deutschen Kaiserin jedoch nicht davon ab, das genaue Gegenteil zu behaupten. Wilhelms Adjutant Gustav von Alvensleben sollte sich später sogar rühmen, er hätte am 22. September 1862 Preußen und Deutschland vor Augustas angeblichen Intrigen gerettet. Laut dem Historiker Thilo Krieg soll der Militär einer jener Männer gewesen sein, „deren unablässigem Drängen die Berufung Bismarcks [...] zu verdanken ist. Wiederholt hat er von dem Tage erzählt, da er in Babelsberg den König zur Unterschrift bewog und Anstalten traf, eilends die Gegenzeichnung in Berlin herbeizuführen; er befürchtete, der Monarch möchte durch Illaire, den zum Vortrag bestellten Vertrauten der Königin, wieder schwankend gemacht werden."[88] Diese Erzählung sagt wohl mehr über Alvenslebens späteren Geltungsdrang aus, eine ähnliche Rolle wie Roon gespielt haben zu wollen, als über Augustas angeblichen konspirativen Einfluss. Die Königin erfuhr mit Wilhelms Brief vom 23. September von Bismarcks Ernennung. Vier Tage später schrieb sie ihrem Ehemann lediglich, sie hoffe, „daß Dein Vertrauen in diesen Mann nicht getäuscht werden möge in dem bedeutungsvollsten Abschnitt Deiner Regierung, der vielleicht entscheidend sein wird für die Beurteilung, welche Deiner Regentenzeit in der Geschichte bevorsteht."[89]

Mit dem Blick auf das, was nach 1862 Alles geschehen sollte, mag man leicht versucht sein, Augusta historische Weitsicht zu attestieren. Aber das wäre nichts anderes als das Forttradieren der Bismarckmythen mit vermeintlich historiographischen Methoden. Der 22. September 1862 war kein „welthistorisches Datum", wie etwa Lothar Gall behauptet.[90] Auch stand Deutschland in jenem Jahr nicht vor der „Alternative zwischen parlamentarischer Monarchie und plebiszitärer Quasi-Diktatur", wie Hans-Ulrich Wehler sinniert.[91] Derartige Geschichtsnarrative sind symptomatische Spätfolgen einer politikkulturellen Fixierung auf jenen Mann, dessen *mythologisierte Figur* noch im 21. Jahrhundert den Blick auf den ersten deutschen Nationalstaat verzerrt. Wer glaubt, dass Bismarck die Berliner Politik nach 1862 dominiert bis dirigiert haben soll,

---

86 Tagebuch Friedrich Wilhelm, 23. September 1862. Meisner (Hrsg.), Tagebücher, S. 161.
87 Augusta an Wilhelm, 20. September 1862. GStA PK, BPH, Rep. 51 T, Lit. P, Nr. 12, Bd. 10, Bl. 78.
88 Thilo Krieg, Constantin v. Alvensleben. General der Infanterie. Ein militärisches Lebensbild, Berlin 1903, S. 32.
89 Augusta an Wilhelm, 27. September 1862. GStA PK, BPH, Rep. 51 T, Lit. P, Nr. 12, Bd. 10, Bl. 80.
90 Gall, Bismarck, S. 247.
91 Hans-Ulrich Wehler, Das Deutsche Kaiserreich 1871–1918, Göttingen ⁵1983, S. 32.

sieht dessen Ernennung auch als angeblichen Wendepunkt der deutschen Geschichte. Und von diesem Bismarckzentrismus ist es nur ein kleiner Schritt zur Bismarckgläubigkeit, die auf der analytischen Ebene den in den *Gedanken und Erinnerungen* kolportierten Narrativen folgt. Dies gilt nicht nur für das Babelsberger Gespräch, sondern für fast alle greatest hits der Kaiser-Kanzler-Doppelbiographie. Aber eine kritische wie erweiterte Quellenperspektive belegt, dass der „Eiserne Kanzler" sein Amt 1862 mitnichten im Besitz politischer Handlungsfreiheit angetreten hatte. In Babelsberg hatte sich Bismarck dem König unterordnen müssen. Nicht andersherum. Zwar hatte Wilhelm den späteren Kanzler gezielt als Konfliktminister ernannt, dessen Hauptaufgabe es sein sollte, das budgetlose Regiment durchzusetzen. Doch band das programmatische Zwangskorsett Bismarck in *allen* politischen Fragen. Und darunter fiel auch die Deutschlandpolitik, wie die Quellen belegen. In Babelsberg begann also nicht der Weg ins deutsche Kaiserreich. Die konzeptionellen Bahnen in diese Richtung waren bereits lange vor 1862 gelegt worden. Aber auch auf struktureller Ebene änderte sich an jenem Septembertag für die Hohenzollernmonarchie *nichts*. Wilhelms persönliches Regiment blieb von dem Ministerwechsel unberührt. Und Bismarck sollte sehr schnell feststellen, wie schwer es war, unter diesem König Ministerpräsident zu sein.

Den König kann man nicht leiten:
Der schwere Einstieg der Regierung Bismarck

Bismarcks politischer Gestaltungsraum war kleiner als der aller seiner Vorgänger seit 1858. Hohenzollern und Auerswald hatten sich im Inneren wie im Äußeren der monarchischen Richtlinienkompetenz unterordnen müssen. Aber es war ihnen wiederholt gelungen, Wilhelm zu Kompromissen zu bewegen. Hohenlohe-Ingelfingen und Heydt hatten anfangs nur die Aufgabe, die Neuwahlen für die Regierung zu gewinnen. Aber nach dem desaströsen Wahlergebnis ließ sie der König zumindest alibimäßig mit dem Konfliktlandtag verhandeln. Bismarck war nicht einmal dieser eng begrenzte Sondierungsrahmen erlaubt. Sein Regierungsauftrag lautete Eskalation. Denn er war nur berufen worden, um das budgetlose Regiment zu verteidigen. Dies hatte er in Babelsberg augenscheinlich auch akzeptiert – oder zumindest hatte er überzeugend die Rolle eines königlichen Befehlsempfängers gespielt. Wie mehrere Quellen belegen, schien der neue Ministerpräsident in seinen ersten Wochen dennoch ernsthaft geglaubt zu haben, ihm könne das gelingen, woran alle seine Vorgänger gescheitert waren.[1] „Bismarck spielt nach allen Seiten hin Komödie", erzählte etwa sein Mitarbeiter Kurd von Schlözer, „versucht den König und alle Parteien einzuschüchtern, um eine Vereinigung der verschiedenen Richtungen herbeizuführen." Bei „viel Sekt [...], der ihm seine von Natur lose Zunge noch mehr löste", soll der Ministerpräsident sogar geprahlt haben, er könne „den König [...] zum Nachgeben in bezug auf die zweijährige Dienstzeit" bringen.[2] Tatsächlich versuchte Bismarck wiederholt, die Opposition mit dem sales pitch zu spalten, er könne seinen Souverän zu Konzessionen bewegen. So soll er Twesten gegenüber Wilhelm sogar als „Pferd" bezeichnet haben, „das vor einem neuen Gegenstande scheue, bei Gewaltanwendung störrisch werde, sich aber allmählich gewöhnen lasse. [...] bis zum Winter hoffe er den König allmählich durch Zureden und Einwirkung von Leuten, zu denen er Vertrauen habe, auch durch Gutachten und Konferenzen von Generalen umzustimmen."[3] Und der Kronprinz will erfahren haben, dass Bismarck gegenüber liberalen Publizisten gespottet haben soll, „der König ist wie ein stätisches Pferd, das nicht übern Graben will; das Biest kann man nicht mit dem ersten Versuch herüber bringen, man kehrt um und mit Ausdauer führt man's wieder heran, in Ruhe, und schließlich geht das Biest doch herüber!"[4]

Bismarck war am Berliner Hof zumindest nicht allein in der Hoffnung, doch noch irgendwie einen Ausgleich mit dem Parlament zustande zu bringen. Goltz, sein Nachfolger in Sankt Petersburg, klagte beispielsweise über den Verfassungskonflikt, dass „der König fast allein auf der einen, das ganze Land auf der anderen Seite steht und das

---

1 Vgl. Pflanze, Bismarck, Bd. 1, S. 183–184.
2 Schlözer an N. v. Schlözer, 5. Oktober 1862. Schlözer (Hrsg.), Petersburger Briefe, S. 261.
3 Aufzeichnungen Twestens, 1. Oktober 1862. GW, Bd. 7, S. 59.
4 Tagebuch Friedrich Wilhelm, 30. Dezember 1862. Meisner (Hrsg.), Tagebücher, S. 180.

https://doi.org/10.1515/9783111323954-037

formelle Recht – das läßt sich nicht leugnen – nicht bei der Regierung ist."[5] Der Offizier Albrecht von Stosch, ein Vertrauter des Kronprinzen, forderte offen, „Manteuffel muß fallen, dann wird Bismarck den König bestimmen, die zweijährige Dienstzeit der Infanterie anzunehmen, und dann haben wir Frieden."[6] Und sogar Roon versuchte, den König für einen Kompromiss zu gewinnen. Im Oktober schlug der Kriegsminister vor, die Friedensstärke der Armee gesetzlich festlegen zu lassen. Zwar hätte sich die Krone dadurch in ihren Rüstungsmöglichkeiten selbst begrenzt. Aber im Gegenzug sollte der Landtag auf sein Budgetrecht in Militärfragen verzichten.[7] Doch selbst die Aussicht, die monarchische Kommandogewalt völlig den parlamentarischen Kontrollmechanismen zu entziehen, stimmte Wilhelm nicht kompromissbereit. Er bezeichnete Roons Vorschlag sogar als „das Todesurtheil der Armee –!" Denn eine „Verringerung der Kopfzahl[,] Verringerung der Dienstzeit[,] Willkür bei Auswahl und Bestimmung der Zahlen für Einsteller *vernichtet* den Geist der Truppe und erzeugt *Mißmuth* durch jene Willkühr und durch Ueberbürdung der schwachen Kadres im Dienst während der Rekrutenausbildung."[8] Und nach einer Konseilsitzung Ende Dezember notierte der Thronfolger, „S.M. erklärten feierlichst, an der 3jährigen Dienstzeit unerschütterlich festhalten zu wollen."[9] Mit diesem König waren keinerlei Konzessionen möglich.

Bismarck befand sich daher sehr schnell in derselben Position wie alle seine Vorgänger. Ende November klagte er, „eine Verständigung über die Militärfrage ist bisher nicht näher gerückt als vor 6 Wochen; der König lehnt 2jährige Dienstzeit principiell ab."[10] Der spätere Kanzler hatte seine Durchsetzungskraft schlichtweg überschätzt. Wilhelm hatte sich bis 1862 von keinem Minister lenken lassen. Und auch dem „churbrandenburgischen Vasall" war es nicht möglich, das königliche Pferd zu bändigen. Gegenüber Bernhardi soll Loe bemerkt haben, „Bismarck habe den nämlichen Fehler begangen wie Auerswald, den nämlich, das Regiment ohne Programm anzutreten, – *und zwar ohne ein Programm, das der König gutgeheißen hätte.* [...] Die Herren haben sich leichtsinnig ohne ein solches Programm auf die Sache eingelassen; sie haben gedacht, das wird schon gehen! – man werde den König schon leiten können! – Dann findet sich nachher, daß das nicht so geht."[11] Mit dieser Einschätzung lag der Adjutant durchaus korrekt. *Alle* Ministerpräsidenten seit 1858 hatten Wilhelms autokratische Herrschaftsauffassung unterschätzt. Aber was Bismarck von seinen Vorgängern unterschied, war der Umstand, dass er diese persönliche Niederlage schnell akzeptierte. Und er war bereit, seine politischen Zielvorstellungen dem Allerhöchsten Willen ohne-wenn-und-aber unterzuordnen. „Man kann es in 100 Angelegenheiten verfolgen, daß Bismarck auf

---

5 Goltz an Bismarck, 22. Oktober 1862. Otto zu Stolberg-Wernigerode (Hrsg.), Robert Heinrich Graf von der Goltz. Botschafter in Paris 1863–1869, Oldenburg/Berlin 1941, S. 304.
6 Stosch an Holtzendorff, 28. September 1862. Stosch (Hrsg.), Denkwürdigkeiten, S. 52.
7 Vgl. Walter, Heeresreformen, S. 466.
8 Wilhelm an Roon, 18. November 1862. [Wilhelm I.], Militärische Schriften, Bd. 2, S. 479–488.
9 Tagebuch Friedrich Wilhelm, 20. Dezember 1862. Meisner (Hrsg.), Tagebücher, S. 178.
10 Bismarck an Bernstorff, 21. November 1862. GW, Bd. 14/II, S. 628.
11 Tagebuch Bernhardi, 13. Januar 1863. Bernhardi (Hrsg.), Aus dem Leben, Bd. 5, S. 17–18.

den König nicht den geringsten Einfluß hat", berichtete etwa Goltz Ende 1863. „Ersterer hält sich eben nur dadurch, daß er seine Ansicht stets unterordnet [...]. Er wagt es kaum mehr, einen Sekretär ohne Genehmigung Sr. Maj[estät] zu ernennen."[12] Laut dem bayerischen Politiker Julius von Niethammer soll der preußische Ministerpräsident 1865 erklärt haben, „wenn es nach mir gegangen, wäre ich mit der Kammer fertig geworden, ich hätte in der Militär-Frage nach gegeben, denn auch in 2 Jahren kann man den preußischen Soldaten ausbilden. Der König ist aber in dieser Frage verrannt."[13] Und dem ungarischen Aristokraten Arthur von Seherr-Thoß soll Bismarck 1866 gestanden haben, er habe die Rolle eines „Reaktionärs" lediglich gespielt. Denn er habe Wilhelms „volles Vertrauen nur gewinnen" können, „indem ich zeigte, daß ich auch vor der Kammer nicht zurückschrecke, um die Armee-Reorganisation durchzuführen."[14] Diese opportunistische Schauspielkunst sollte Bismarcks Karriere nach 1862 überhaupt erst ermöglichen. Sie bildete das Fundament, auf dem jene Vertrauensbeziehung zwischen Kaiser und Kanzler entstehen konnte, die bis 1888 die preußisch-deutsche Geschichte maßgeblich prägen sollte.

Bismarck musste allerdings auch deshalb das königliche Vertrauen gewinnen *und behalten*, da er sich jede andere potentielle Machtbasis ungewollt selbst zerstört hatte. Am 27. September reiste Wilhelm nach Baden, wo Augustas einundfünfzigster Geburtstag im Familienkreis gefeiert wurde. Neue politische Verwerfungen schien er nicht befürchtet zu haben. Vielmehr schrieb er seiner Ehefrau, er sei „sehr glücklich", dass die Minister „meine Abwesenheit auf einige Tage für angänglich halten; aber freilich auf nur einige Tage, weshalb ich die Cabinetts nicht mitnehme."[15] Aber selbst diese wenigen Tage genügten Bismarck, um einen öffentlichen Eklat auszulösen. Dabei hatte er ursprünglich nur versucht, den liberalen Parlamentariern einen Kooperationskompromiss anzubieten: Sie sollten ihren Widerstand gegen die Heeresreform aufgeben, und im Gegenzug würde ihnen die preußische Regierung nationale Erfolge anbieten. Bismarck verpackte dieses Angebot allerdings in einer martialischen Sprache, die jeglicher Dialogbasis zwischen Regierung und Opposition den Boden entzog. Denn am 30. September erklärte er der Budgetkommission des Abgeordnetenhauses, „nicht auf Preußens Liberalismus sieht Deutschland, sondern auf seine Macht; [...] nicht durch Reden oder Majoritätsbeschlüsse werden die großen Fragen der Zeit entschieden – das ist der große Fehler von 1848 und 1849 gewesen – sondern durch Eisen und Blut."[16] Mit diesen Worten schien der ehemalige Kreuzzeitungspolitiker dem Konstitutionalismus Hohn geschlagen zu haben. Und den nationalen Ambitionen der Hohenzollernmonarchie hatte er einen Bärendienst erwiesen. Was 1862 noch an Potential für moralische Eroberungen existiert

---

12 Goltz an Bernstorff, 17. November 1863. Stolberg-Wernigerode (Hrsg.), Goltz, S. 351.
13 Aufzeichnungen Niethammers, [August 1865]. Otto zu Stolberg-Wernigerode (Hrsg.), Ein unbekanntes Bismarckgespräch aus dem Jahr 1865, in: HZ 194 (1962), S. 357–362, hier: S. 362.
14 Aufzeichnungen Seherr-Thoß', 8. Juli 1866. GW, Bd. 7, S. 140.
15 Wilhelm an Augusta, 26. September. GStA PK, BPH, Rep. 51 J, Nr. 509, Mappe 1862, Bl. 118–119.
16 Rede Bismarcks, 30. September 1862. GW, Bd. 10, S. 140.

haben mochte, verpuffte mit dem 30. September vollends.[17] So schimpfte beispielsweise Heinrich von Treitschke seinem liberalen Parteifreund Wilhelm Nokk, „Du weißt, wie leidenschaftlich ich Preußen liebe; höre ich aber einen so flachen Junker, wie diesen Bismarck, von dem ‚Eisen und Blut' prahlen, womit er Deutschland unterjochen will, so scheint mir die Gemeinheit nur noch durch die Lächerlichkeit überboten."[18] Twesten klagte, „die, welche in der ganzen Sache nur einen kräftigen Konflikt herbeizuführen wünschten, können völlig zufrieden sein."[19] Und Bernhardi notierte bereits am 8. Oktober, die *„Spannung und Aufregung im Lande sind sehr groß!"*[20]

Bismarck schien recht schnell reflektiert zu haben, dass er mit seinem Auftritt in der Budgetkommission einen public relations nightmare verursacht hatte. Und da er kaum eine Woche im Amt war, musste er befürchten, dass dieses öffentliche Desaster auch sein Verhältnis zu Wilhelm beeinträchtigen könnte.[21] Deshalb erklärte er seinem Souverän am 3. Oktober brieflich, dass seine Worte „durch die sogenannte Parlaments-Correspondenz ganz falsch und entstellt in die Presse gelangt sind. [...] Daraus entstehn dann so unwahre Berichte wie der, welchen Eure Majestät vielleicht gestern in den Zeitungen über das was ich in der Commission sagte, gelesen haben werden."[22] Wie der König auf die „Eisen und Blut"-Rede reagiert haben mochte, ist nicht detailliert überliefert. Am 2. Oktober hatte Wilhelm dem Ministerpräsidenten aus Baden-Baden lediglich geschrieben, dass ihn der Abbruch der Etatverhandlungen seitens der Budgetkommission „frappirt" habe.[23] Friedrich I. berichtete zudem, dass sein Schwiegervater „alle Unterredungen über die preußischen Verhältnisse" vermieden haben soll. „Nur an einem Abend" soll der Verfassungskonflikt angesprochen worden sein. Da „brach der König in einen so heftigen Sturm aus, daß man seine maßlosen Worte wohl auf der Straße hören konnte, und daß ich bloß mit tiefstem Schweigen ihm begreiflich zu machen imstande war, welches Unrecht er begeht."[24] Und auch der Kronprinz notierte, dass sein Vater „heftig" mit dem Großherzog gesprochen haben soll.[25]

Glaubt man den Kanzlermemoiren, will Bismarck allerdings die Sorge beschlichen haben, dass Wilhelm in Baden-Baden von seiner liberalen Familie beeinflusst worden wäre. Deshalb sei er dem König am 4. Oktober entgegengereist, als sich dieser auf dem Rückweg nach Berlin befand. Im brandenburgische Jüteborg sollen beide Männer dann eine Unterredung geführt haben, über die Bismarck wiederholt die Nachwelt unter-

17 Vgl. Ludwig Dehio, Die Taktik der Opposition während des Konflikts, in: HZ 140 (1929), S. 279–347, hier: S. 291–303; Gall, Bismarck, S. 258–259; Helfert, Taktik, S. 42–44.
18 Treitschke an Nokk, 29. September 1862. Max Cornicelius (Hrsg.), Heinrich von Treitschkes Briefe, Bd. 2, Leipzig 1913, S. 238.
19 Twesten an Lipke, 1. Oktober 1862. Heyderhoff (Hrsg.), Liberalismus, Bd. 1, S. 117.
20 Tagebuch Bernhardi, 8. Oktober 1862. Bernhardi (Hrsg.), Aus dem Leben, Bd. 4, S. 325.
21 Vgl. Pflanze, Bismarck, Bd. 1, S. 184–185.
22 Bismarck an Wilhelm, 3. Oktober 1862. GW, Bd. 14/II, S. 622–623.
23 Wilhelm an Bismarck, 2. Oktober 1862. GStA PK, VI. HA, Nl. Zitelmann, K. L., Nr. 2, Bl. 9.
24 Friedrich I. an Gelzer, 29. Oktober 1862. Oncken (Hrsg.), Briefwechsel, Bd. 1, S. 337–338.
25 Tagebuch Friedrich Wilhelm, 30. September 1862. Meisner (Hrsg.), Tagebücher, S. 162.

richtete.[26] Laut Ernst Ludwig von Gerlach soll ihm der Ministerpräsident von der „Pflichttreue unseres Königs" erzählt haben, „von dem die Geschichte, auf der Rückkehr von Baden, Herbst 1862, wieder vorkam, von des Königs und Bismarcks Köpfen, die vom Schafott zwischen Opernhaus und Palais herabrollen würden, worauf Bismarck: et après?"[27] Und dem Baumschulenbesitzer John Cornelius Booth soll der Kanzler 1887 mitgeteilt haben, er „fand den König in gedrückter Stimmung; die Königin hatte ihm vorgestellt, daß es ihm wie Karl I. mit seinem Minister Strafford ergehen werde, daß sie auf dem Schafott sterben würden. Darauf sagte ich, daß ich das für einen ebenso ehrenvollen Tod ansehen würde, für die von uns als richtig anerkannte Sache auf dem Schafott am Opernplatz zu sterben als auf dem Schlachtfelde. Ich für meine Person hätte nichts dagegen, mich, wie ein Offizier ruhig auf seinem Posten, erschießen zu lassen. Ich hatte ihn damit ans porte-épée, an die militärische Ehre gefaßt, und als wir nach Berlin kamen, war er in bester Stimmung."[28] Ähnliche Varianten dieser Erzählung finden sich auch in den Aufzeichnungen anderer Gesprächspartner des Reichskanzlers.[29] Wilhelm schien diese Jüteborger Episode hingegen nie zu Papier gebracht oder gegenüber seiner Umgebung auch nur erwähnt zu haben. Das sagt jedenfalls viel über den historischen Stellenwert aus, den der erste Hohenzollernkaiser diesem angeblich so bedeutenden Gespräch beigemessen haben mochte. Inhaltlich erinnern Bismarcks Erzählungen stark an seine Darstellung des Babelsberger Gesprächs. Erneut will er den Monarchen vor dessen eigener Schwäche gerettet haben. Und hinter Allem soll natürlich wieder einmal Augusta gesteckt haben. Jenseits dieser Kanzlermythen kann allerdings nur mit einiger Sicherheit argumentiert werden, dass sich Bismarck nach seinem desaströsen Parlamentsauftritt um Schadensbegrenzung bemüht hatte.[30] Keine zwei Wochen nach seiner Ernennung sah er sich bereits dazu genötigt, dem König zu versichern, dass dieser in Babelsberg auf das richtige Pferd gesetzt hatte. In Jüteborg musste der Ministerpräsident als untertäniger Bittsteller auftreten. Denn er konnte es sich schlichtweg nicht leisten, das Allerhöchste Vertrauen zu verlieren.

Die Regierungsdirektive lag auch nach dem „Eisen und Blut"-Eklat eindeutig bei Wilhelm. Deutlich konnte dies bei der Neuaufstellung des Staatsministeriums beobachtet werden, die nach Heydts und Bernstorffs Entlassung notwendig geworden war. Der König wählte die neuen Minister persönlich aus, oft gegen Bismarcks Einwände. Das Finanzministerium wurde dem konservativen Abgeordneten Karl von Bodelschwingh übertragen, der mit dem Ministerpräsidenten mehr schlecht als recht zusammenarbeiten sollte. Auch Bismarcks Verhältnis zum neuen Innenminister Friedrich zu Eulenburg war von Spannungen geprägt. Gegenüber seinen neuen Kollegen konnte der Ministerpräsident keine politische Richtlinienfunktion beanspruchen. Denn diese

---

26 Vgl. NFA, IV, S. 170–172.

27 Tagebuch E. L. v. Gerlach, 24. Januar 1866. Diwald (Hrsg.), Nachlaß, Bd. 1, S. 475–476.

28 Tagebuch Booth, 4. April 1887. GW, Bd. 8, S. 562.

29 Vgl. Tagebuch Busch, 20. Oktober 1877. Busch, Tagebuchblätter, Bd. 2, S. 484–485; Aufzeichnungen Cohens, 13. September 1880. GW, Bd. 8, S. 375.

30 Vgl. Gall, Bismarck, S. 259.

existierte in der preußischen Verfassung nicht. Und anders als Otto von Manteuffel in den 1850er Jahren gelang es Bismarck nach 1862 nicht, Wilhelms direkte Kommunikation mit den Ministern zu beschneiden. Lediglich der Umstand, dass er auch das Außenministerium übernommen hatte, gab ihm größeren strukturellen Einfluss.[31]

Aber auch die Regierungsagenda blieb in königlichen Händen. Immerhin hatte sich der spätere Kaiser bereits vor Bismarcks Ernennung auf die Konfliktstrategie festgelegt. Am 5. Oktober beschloss Wilhelm in einer Kronratsitzung, die Session des Abgeordnetenhauses zu vertagen. Und Bismarck sollte dann dem Parlament *in seinem Namen* den Beginn des budgetlosen Regiments erklären.[32] Das war eine durchaus ungewöhnliche Regelung. Denn normalerweise wurden Ministererklärungen im Namen des Königs verlesen. Aber die von Bismarck am 13. Oktober vorgelesene Thronrede enthielt den entscheidenden Satz, dass die Regierung für den Staatshaushalt eine „nachträgliche Genehmigung des Landtags" beantragen werde.[33] Wenn das budgetlose Regiment allerdings post factum parlamentarisch legitimiert werden musste, implizierte dies eine verfassungswidrige Politik. Ernst Ludwig von Gerlach schimpfte daher nicht zu Unrecht von „einer quasi kontrahierten Staatsschuld", nachdem er von dieser Indemnitätsstrategie erfahren haben will.[34] Und ein solches indirektes Schuldeingeständnis musste Bismarck aussprechen. Er übernahm die Rolle des fall guy für den Monarchen. Aber ohne Wilhelms Wissen und Zustimmung hätte der Ministerpräsident diese Erklärung nicht geben können. Zwar sind keine unmittelbaren Quellen überliefert, wie sich der spätere Kaiser zu der Indemnitätsstrategie genau positioniert haben mochte. Doch im Januar 1863 argumentierte er gegenüber Vincke-Olbendorf, „das Abgeordnetenhaus hat von seinem Recht Gebrauch gemacht und das Budget reduziert. Das Herrenhaus hat von seinem Recht Gebrauch gemacht und dies reduzierte Budget [...] verworfen. Was schreibt die Verfassung in einem solchen Falle vor? Nichts! Da [...] das Abgeordnetenhaus sein Recht zur Vernichtung der Armee und des Landes benutzte, so mußte ich wegen jenes ‚Nichts' supplieren und als guter Hausvater das Haus weiterführen und später Rechenschaft geben."[35] Die Lückentheorie schien in Wilhelms Augen also auch die Indemnitätsstrategie zu rechtfertigen. Und gleichzeitig konnte diese Zukunftsgarantie potentiell dazu beitragen, die nach wie vor kursierenden Staatsstreichgerüchte zu widerlegen. Das budgetlose Regiment war lediglich eine extrakonstitutionelle Notlösung auf Zeit.[36] Allerdings sollte dieser Ausnahmezustand dann doch fast vier Jahre andauern.

Die Entscheidung, ohne parlamentarischen Haushalt zu regieren, brach mit den – zugegebenermaßen vergleichsweise jungen – konstitutionellen Traditionen der Hohenzollernmonarchie. Und dieser Tabubruch führte dazu, dass plötzlich weitere ver-

---

31 Vgl. Helma Brunck, Bismarck und das Preußische Staatsministerium 1862–1890, Berlin 2004, S. 66–91.

32 Vgl. Konseilprotokoll, 5. Oktober 1862. Acta Borussica. Protokolle, Bd. 5, S. 182.

33 Rede Bismarcks, 13. Oktober 1862. Hahn (Hrsg.), Innere Politik, S. 126.

34 Tagebuch E. L. v. Gerlach, 25. September 1862. Diwald (Hrsg.), Nachlaß, Bd. 1, S. 435.

35 Wilhelm an Vincke-Olbendorf, 2. Januar 1863. Schultze (Hrsg.), Briefe an Politiker, Bd. 2, S. 206–207.

36 Vgl. Huber, Verfassungsgeschichte, Bd. 3, S. 308.

meintliche rote Linien zur Debatte standen. Eine Woche nach der Landtagsschließung beschloss das Staatsministerium unter Wilhelms Vorsitz, rechtliche Möglichkeiten zu schaffen, um oppositionelle Beamte strafversetzen zu lassen oder diese sogar ihrer Ämter zu entheben.[37] Derartige Repressionen erinnerten nicht zufällig an die Regierungspraxis der Reaktionsära. Denn Bismarck hatte sie auf Anregung des Kreuzzeitungspolitikers Hermann Wagener vorgeschlagen. Dem König gegenüber hatte der Ministerpräsident argumentiert, mit dem Instrument der „Beamtendisziplinierung" könne die Regierung die öffentliche Meinung zu ihren Gunsten beeinflussen.[38] Es liegen keine Quellen vor, ob Wilhelm reflektiert haben mochte, dass er damit eine Politik erlaubte, die er in den 1850er Jahren wiederholt selbst verurteilt hatte. Vielmehr schien er sich in einem öffentlichen wie institutionellen Zermürbungskrieg mit der linken Opposition zu sehen. In diesem Kräftemessen drehte sich Alles um die Frage, wer zuerst aufgeben würde: die Krone oder das Parlament? So schrieb er Luise Mitte November, „jetzt gehen nun die schweren Tage an wo wir uns auf die neuen Schlachten der Incorrigiblen vorbereiten müssen! Wie das Ende sein wird, kann noch kein Mensch sagen; aber Conséquenz ist mein Motto!"[39] Und etwa zeitgleich erklärte er öffentlich, „man spricht von Ausgleichung, von Frieden schließen! Aber wer hat den Frieden gebrochen? Ich nicht!"[40] Überhaupt wandte sich Wilhelm im Oktober, November und Dezember 1862 wiederholt mit Reden an die Öffentlichkeit, um dem Parlament in redundanten Formulierungen die Verantwortung für den Verfassungskonflikt in die Schuhe zu schieben.[41] Aber diese public-relations-Offensive schien nicht dazu beigetragen haben, die Vertrauenskrise zwischen Herrscher und Abgeordnetenhaus zu beheben. Für die Beamtenrepressionen galt das erst recht.

Diese Schlussfolgerung legt zumindest das Verhalten der Volksvertreter nahe, nachdem der Landtag am 14. Januar 1863 wieder die Verhandlungen aufgenommen hatte. Denn die Abgeordnetenmehrheit verabschiedete eine Adresse an den König, in der sie der Regierung offenen Verfassungsbruch vorwarf. Wilhelm weigerte sich, diese Adresse persönlich entgegenzunehmen. Stattdessen ließ er lediglich eine Antwort publizieren, in der er dem Parlament vorwarf, die Verfassung gebrochen zu haben. Interessanterweise trug dieses Allerhöchste Statement keine Ministerunterschriften – was eigentlich verfassungswidrig war.[42] Dem Großherzog von Baden schimpfte der spätere Kaiser, er habe mit seiner „Antwort auf die miserable Adresse" öffentlich zeigen wollen,

---

37 Vgl. Konseilprotokoll, 20. Oktober 1863. Acta Borussica. Protokolle, Bd. 5, S. 184–185.
38 Vgl. Zechlin, Bismarck, S. 349–351; Pflanze, Bismarck, Bd. 1, S. 208–210; Richter, Moderne Wahlen, S. 359–360.
39 Wilhelm an Luise, 15. November 1862. GStA PK, BPH, Rep. 51, Nr. 853.
40 Rede Wilhelms, 10. November 1862. Berner (Hrsg.), Briefe, Bd. 2, S. 35.
41 Siehe Wilhelms Reden vom 8., 10., 13., 14., 18., 21. und 22. Oktober, vom 10., 13., 18., 24. und 25. November sowie vom 3. und 15. Dezember 1862, in: Ebd., S. 28–42.
42 Vgl. Huber, Verfassungsgeschichte, Bd. 3, S. 309–311. Der Text der am 3. Februar 1863 publizierten königlichen Antwort auf die Abgeordnetenhausadresse findet sich in: Hahn (Hrsg.), Innere Politik, S. 148–150.

„wohin das Kokettieren mit der Revolution führt!"[43] Die Fortschrittspartei schien Schlimmeres erwartet zu haben. Zumindest hatte Beitzke seiner Ehefrau geschrieben, er und seine Parteifreunde würden damit rechnen, dass der König mit „Auflösung und Oktroyirung" auf die Adresse reagieren werde.[44] Das spricht Bände über die Eskalationsbereitschaft auch auf parlamentarischer Seite. Zwar war das Abgeordnetenhaus seit Oktober 1862 auf der entscheidungspolitischen Handlungsebene effektiv in eine nahezu einflusslose Rolle gezwungen worden. Aber im Zermürbungskrieg war auch die Opposition nicht zum Nachgeben bereit.

Wilhelm reagierte auf die Adresse allerdings nicht nur mit seiner Affronterklärung. Er schickte erneut Bismarck vor, um auf der parlamentarischen Bühne das budgetlose Regiment zu verteidigen. Am 27. Januar 1863 hielt der Ministerpräsident seine vielzitierte Lückentheorierede, in der er erklärte, dass „eine Lücke in der Verfassung ist, ist gar keine neue Erfindung." Konflikte zwischen Krone und Landtag „werden zu Machtfragen; wer die Macht in Händen hat, geht dann in seinem Sinne vor, weil das Staatsleben auch nicht einen Augenblick stillstehen kann. [...] Das preußische Königtum hat seine Mission noch nicht erfüllt, es ist noch nicht reif dazu, einen rein ornamentalen Schmuck Ihres Verfassungsgebäudes zu bilden, noch nicht reif, als ein toter Maschinenteil dem Mechanismus des parlamentarischen Regiments eingefügt zu werden."[45] Beitzke kommentierte diese Rede mit den bezeichnenden Worten, „nackter ist der Absolutismus noch nicht gepredigt worden".[46] Und Bernhardi notierte, „von verschiedenen Seiten hört man die Ansicht äußern: *,Wir gehen schnurgerade auf einen Staatsstreich zu!'*"[47] Aber dieser Landtagseklat war von Wilhelm bewusst inszeniert worden. Denn Bismarck hatte vor seinem großen Auftritt ein Handbillet erhalten, in dem ihm der König detaillierte Anweisungen gab, was er den Abgeordneten erzählen sollte. „Nur recht klar entwickelt, wie das 2te Haus sein Recht mißbraucht und zum Ruin des Landes gesteigert habe; [...] Lücke der Verfassung; daß da also der König nur seine Königliche Pflicht habe zu Rathe ziehen müssen, und die Maschine ohne Budget weiter führt, bis zur nachträglichen Rechnungs Vorlage und Bewilligung der 2. Kammer."[48] Zwar kann nicht argumentiert werden, dass eine der berühmtesten (beziehungsweise berüchtigtsten) Bismarckreden von Wilhelm diktiert wurde. Doch der spätere Kanzler musste seine öffentliche Rolle nach einem königlichen Drehbuch spielen. Mit diesem Auftritt mochte Bismarck zwar den Graben zum Landtag vertieft haben. Aber er konnte auf das Allerhöchste Vertrauen hoffen. Denn kein Minister hatte es bis dato gewagt, die königliche Agenda derart schonungslos auf der parlamentarischen Bühne zu verteidigen.

Aber wie sollte es nach dem Landtagseklat weitergehen? Die Zermürbungstaktik versprach keine schnellen Erfolge. Es war alles andere als absehbar, *wann* oder *ob* das

43 Wilhelm an Friedrich I., 6. April 1863. Oncken (Hrsg.), Briefwechsel, Bd. 1, S. 338.
44 Beitzke an P. Beitzke, 24. Januar 1863. Conrad (Hrsg.), Dokumente, S. 254.
45 Rede Bismarcks, 27. Januar 1863. GW, Bd. 10, S. 155–157.
46 Beitzke an P. Beitzke, 30. Januar 1863. Conrad (Hrsg.), Dokumente, S. 255.
47 Tagebuch Bernhardi, 30. Januar 1863. Bernhardi (Hrsg.), Aus dem Leben, Bd. 5, S. 28.
48 Wilhelm an Bismarck, 27. Januar 1863. AGE, Bd. 1, S. 45–46.

Abgeordnetenhaus überhaupt einknicken würde. So soll Roon gegenüber Bernhardi geklagt haben, er habe „keinen Begriff", wie die Regierung aus dieser Krise herauskommen könne. „Nebenher ergiebt sich, daß Roon gar nicht übel Lust hat, das Haus der Abgeordneten aufzulösen, natürlich nicht, weil er etwa erwartet, daß neue Wahlen ein gefügigeres Haus bringen könnten, sondern im Gegentheil in der Hoffnung, daß ein noch schlimmeres, ein revolutionäres aus ihnen hervorgehen könnte. Er möchte, wie er sagt, lieber Leute vor sich haben, die offene Revolution treiben, anstatt der versteckten, die das jetzige Haus macht."[49] Das wäre letztendlich wieder auf die militärischen Staatsstreichpläne hinausgelaufen. Diese wollte Wilhelm aber nach wie vor nicht mittragen. Doch schien er im Frühjahr 1863 ebenfalls keine konkrete Strategie formuliert zu haben. Wie der Kronprinz Anfang Mai berichtete, will er von Innenminister Eulenburg erfahren haben, „S.M. wüßten ebensowenig wie die Minister, was zu tun sein werde, und habe auch keinen nominierten Plan. Am 22. März habe S.M. nach gnädigen, anerkennenden Worten an die Minister plötzlich sehr ernst hinzugefügt: ‚Was aber aus der Sache noch wird, und wie wir herauskommen, das ist mir völlig unklar.'"[50] Aber diese Planlosigkeit schien den König nicht gerade beunruhigt zu haben. Seiner Schwester schrieb er vielmehr am 13. März, er sei „in diesem Jahr viel ruhiger, als im vorigen, wo ich immer glaubte, man würde sich arrangiren können. Da hieran jetzt garnicht zu denken ist, so bin ich ganz ruhig, und denke nur daran Zeit zu gewinnen, um die Menschen zur Besinnung kommen zu lassen."[51] Und laut Ernst Ludwig von Gerlach soll der Herrscher sogar erklärt haben, „und wenn ich noch zehn Jahre ohne Budget regieren soll, so gebe ich nicht nach."[52] Eine realistische Strategie war dies nicht.

Im Zermürbungskrieg konnte die Regierung allerdings versuchen, die Öffentlichkeit gegen die Oppositionsparteien zu mobilisieren. Wenn die Heeresreform allgemein als notwendige und erfolgreiche Politik anerkannt werden würde, hätten wohl auch die Abgeordneten dem Wählerdruck nachgeben müssen. Tendenzen zu einer solchen Öffentlichkeitsstrategie gab es am Berliner Hof tatsächlich. Am 17. März 1863 jährte sich die Stiftung der Landwehr zum fünfzigsten Mal. Dieses Jubiläum bot der Monarchie die Möglichkeit, an die mythologisierte Aufbruchstimmung der Napoleonischen Kriege zu erinnern und Wilhelm in die militärische Nachfolge seines Vaters zu stellen. „Daher lege ich so großen Werth auf *diese* Feier", erklärte er Luise. „Der Preußische Patriotismus unserer Fortschrittler ist so groß, daß sie alles Mögliche versucht haben, um die Sache in der öffentlichen Meinung abzuschwächen, aber ich hoffe es soll ihnen an *dem* Tage, doch nicht gelingen!"[53] Die Vorbereitungen für das Stiftungsfest liefen bereits seit Dezember 1862. Und wie Bismarck berichtete, wolle der Herrscher „die Feier selbst in die Hand zu nehmen."[54] Dass Wilhelm im Rahmen der Festivitäten den Ministerpräsiden-

---

49 Tagebuch Bernhardi, 3. Januar 1863. Bernhardi (Hrsg.), Aus dem Leben, Bd. 5, S. 3–6.
50 Aufzeichnungen Friedrich Wilhelms, 6. Mai 1863. Meisner (Hrsg.), Tagebücher, S. 511.
51 Wilhelm an Luise, 13. März 1863. GStA PK, BPH, Rep. 51, Nr. 853.
52 Tagebuch E. L. v. Gerlach, 19. März 1863. Diwald (Hrsg.), Nachlaß, Bd. 1, S. 442.
53 Wilhelm an Luise, 13. März 1863. GStA PK, BPH, Rep. 51, Nr. 853.
54 Bismarck an Reuß, 8. Dezember 1862. GW, Bd. 14/II, S. 631.

ten sowie den Kriegsminister mit Orden auszeichnete, muss zudem als demonstrative Provokation in Richtung Abgeordnetenhaus verstanden werden.[55] Aber ein großer symbolischer Erfolg war der Krone nicht beschieden. Denn die Rezeption des Berliner Publikums soll verhalten ausgefallen sein.[56] Eine Mobilisierung der Öffentlichkeit war jedenfalls in weiter Ferne. Der Kronprinz notierte am 22. März, „in wie kurzer Zeit ist alles Vertrauen im Lande geschwunden, wie gespannt sind die Verhältnisse und wie bange sieht jeder Nicht-Kreuzzeitungsgenosse einer sehr wahrscheinlichen Katastrophe entgegen, in die der liebe Papa sich wie in ein Verhängnis hineintreibt!"[57] Der Zermürbungskrieg ging weiter, ohne Ende in Sicht.

Aber die Hohenzollernmonarchie hatte im Frühjahr 1863 nicht nur mit innenpolitischen Problemen zu kämpfen. Denn zeitgleich zum Verfassungskonflikt tobte in den benachbarten Westprovinzen der Romanowmonarchie der Polnische Januaraufstand. Die Reformpolitik Alexanders II. hatte in Polen neue Freiräume geschaffen, die von den Gegnern des imperialen Machtzentrums genutzt wurden. Schon seit Anfang 1861 sah sich die zarische Autokratie dort mit Unruhen konfrontiert, bis schließlich im Januar 1863 ein großflächiger Partisanenkrieg ausbrach. Zwar konnte der Petersburger Hof den Aufstand wie bereits 1830/31 militärisch niederschlagen. Aber dieser Konflikt band die ohnehin noch durch den Krimkrieg geschwächte russische Armee langfristig im Inneren. Und außerhalb des Zarenreichs wurde die Gewaltpolitik gegen die polnische Unabhängigkeitsbewegung auf diplomatischer wie öffentlicher Ebene nahezu einhellig verurteilt.[58] Eine Ausnahme bildete der Berliner Hof. Denn ein Übergreifen der Aufstandsbewegung auf die preußischen Ostprovinzen hätte die Grenzen des Hohenzollernkönigreichs bedroht. Gleichzeitig schien Wilhelm auch zu befürchten, dass die polnischen Revolutionäre den preußischen Linken ein Vorbild sein könnten. Bereits im März 1861 will Bernhardi von Duncker erfahren haben, „die Ereignisse in Warschau" hätten „einen tiefen Eindruck" auf den Monarchen „gemacht: *er hält Aehnliches – Barrikaden* und *dergleichen – auch in Berlin nicht für unmöglich.*"[59] Und gegenüber Friedrich I. klagte der spätere Kaiser im selben Monat, „l'acte de présence der Revolution ist in Warschau ausgeführt worden [...]. Ich halte es nicht für ungefährlich, weil es in dem Lande und seiner Geschichte bei dem jetzigen Nationalitätsschwindel sehr weit führen muß und wird, – und dann ist die Karte Europas total ruiniert und Preußen mit!"[60] Zwei Jahre später hatte sich an dieser Perspektive nichts geändert. So erklärte Wilhelm dem belgischen König, ein unabhängiges Polen „wäre ein fortgesetzter Allierter Frankreichs im Rücken Preußens, Österreichs und Deutschlands. Wer in der Zukunft jene Staaten angreift, fände stets einen Freund auch im Rücken jener Staa-

---

55 Vgl. Wilhelm an Roon, 14. März 1863. GStA PK, VI. HA, Nl. Vaupel, Nr. 67, Bl. 59; Wilhelm an Bismarck, 17. März 1863. AGE, Bd. 1, S. 57.

56 Vgl. Pflanze, Bismarck, Bd. 1, S. 208.

57 Tagebuch Friedrich Wilhelm, 22. März 1863. Meisner (Hrsg.), Tagebücher, S. 192.

58 Vgl. Wandycz, Partioned Poland, S. 155–179; Kappeler, Vielvölkerreich, S. 207–208.

59 Tagebuch Bernhardi, 12. März 1861. Bernhardi (Hrsg.), Aus dem Leben, Bd. 4, S. 100.

60 Wilhelm an Friedrich I., 28. März 1861. Oncken (Hrsg.) Briefwechsel, Bd. 1, S. 248.

ten. Kann, darf Preußen, Österreich und Deutschland sich solcher Eventualität ausset-zen? Niemals – meiner Auffassung nach."[61] Aber auch Bismarck argumentierte, „jeder Versuch einer Herstellung Polens" sei „ein Attentat auf Preußens staatliche Existenz. Wir könnten eher Belgien in französischen Händen, als ein freies Polen vertragen."[62] Nur wenige Tage nach dem Ausbruch des Januaraufstands einigten sich der Minister-präsident und der König darauf, dem Petersburger Hof ein diplomatisches Kooperati-onsangebot zu unterbreiten.[63] Konkret sollte Wilhelms Generaladjutant Alvensleben mit dem Zaren ein mögliches „Zusammenwirken der beiderseitigen Behörden und Streit-kräfte bei Unterdrückung der Insurrektion" besprechen.[64] Damit rannte die preußische Regierung bei Alexander II. offene Türen ein. Am 8. Februar unterzeichnete der rus-sische Herrscher die sogenannte Alvensleben'sche Konvention, in der sich beide Mon-archien ihre polnischen Herrschaftsgebiete garantierten. Zwar handelte es sich nicht um ein formales Bündnis oder eine Defensivallianz. Und schon gar nicht kann von einer (Teil)Restauration der Heiligen Allianz gesprochen werden. Aber symbolisch konnte die Konvention in ihren Anfangstagen durchaus als kodifizierter Ausdruck der preußisch-russischen special relationship betrachtet werden. Insofern war das Abkommen ein Dämpfer für Gortschakows Bestrebungen, Russland diplomatisch nach Westeuropa zu führen.[65]

Allerdings schienen Wilhelm und Bismarck in der Polnischen Frage 1863 mitunter unterschiedliche Strategien verfolgt zu haben. Der König betrachtete die Konvention lediglich als „polizeiliche Maasregel", wie er seinem Ministerpräsidenten schrieb.[66] Er hatte Alvensleben vor und während der Petersburger Verhandlungen sogar ausdrück-lich befohlen, keine preußische Waffenhilfe in Polen in Aussicht zu stellen.[67] Und dem britischen Diplomaten Andrew Buchanan soll er erklärt haben, „the convention was one of an entirely defensive character and would not be objected to as authorising Prussian intervention in the affairs of Poland."[68] Bismarck sinnierte hingegen offen darüber, Polen nicht nur mit preußischen Truppen zu besetzen, sondern eventuell gar zu annektieren. So will er dem Vizepräsidenten des Abgeordnetenhauses gesagt haben, Preußen könne vor die Wahl gestellt werden, „die Nachbarschaft eines feindlichen und revolutionären Polens dauernd zu ertragen oder dasselbe zu besetzen und die daraus folgenden europäischen Komplikationen zu gewärtigen. Ich erklärte in diesem Fall die

---

61 Wilhelm an Leopold I., 5. Mai 1863. APP, Bd. 3, S. 543–544.

62 Bismarck an Bernstorff und Goltz, 11. Februar 1863. Ebd., S. 237.

63 Vgl. Wilhelm an Bismarck, 1. Februar 1863. AGE, Bd. 1, S. 48–49.

64 Bismarck an Alvensleben, 1. Februar 1863. GW, Bd. 4, S. 49.

65 Vgl. Friese, Rußland und Preußen, S. 299–300; Gall, Bismarck, S. 273–274; Engelberg, Bismarck, Bd. 1, S. 543–545; Linke, Gorčakov, S. 261–262.

66 Wilhelm an Bismarck, 5. März 1863. AGE, Bd. 1, S. 56.

67 Vgl. Alvensleben an Wilhelm (mit Marginalien des Königs), 6. Februar 1863. APP, Bd. 3, S. 232; Bu-chanan an Russel, 27. Februar 1863. Ebd. S. 327; Tagebuch Friedrich Wilhelm, 19. März 1863. Meisner (Hrsg.), Tagebücher, S. 191.

68 Buchanan an Russell, 22. Februar 1863. APP, Bd. 3, S. 290.

letztere Eventualität vorzuziehen."[69] Als Wilhelm in einem diplomatischen Bericht von diesen Gedankenspielen seines Ministerpräsidenten erfuhr, bemerkte er vielsagend, „!! wer denkt daran?"[70] Und er untersagte Bismarck, die Frage, „was Preußen thun könne, wenn Rußland Pohlen aufgeben sollte", überhaupt öffentlich zu thematisieren.[71] Denn Bismarcks verbale Alleingänge hatten am Petersburger Hof Empörung hervorgerufen. Dass der spätere Kanzler offen über eine militärische oder gar politische Intervention auf russischem Boden sprach, hatte nichts mehr mit den Konventionsbestimmungen gemein. Bereits Anfang März schien Alexander befürchtet zu haben, er sei von der preußischen Regierung hintergangen worden. Und jede „Dankbarkeit", die der Zar gegenüber der Hohenzollernmonarchie empfunden haben mochte, gehörte schnell der Vergangenheit an.[72] Aber auch die diplomatischen Beziehungen zu den deutschen Staaten sowie Frankreich und Großbritannien litten unter der Außenwirkung der Alvensleben'schen Konvention. Immerhin schien der Berliner Hof die zarische Gewaltpolitik aktiv zu unterstützen. Letztendlich hatte sich die preußische Regierung mit dem Traktat auf *keiner* Politikebene einen Gefallen getan.[73] Otto Pflanze argumentiert daher zu Recht, „daß in Anbetracht ihrer unmittelbaren Konsequenzen die Konvention Alvensleben ein schwerer Fehler war."[74]

Im Frühjahr 1863 schien es außerhalb der Berliner Palastmauern danach auszusehen, als ob der spätere Kanzler in Polen politischen Selbstmord begangen hätte. „Alle Welt sieht Bismarcks Regierung als beendet an und ist überzeugt, daß er sich nicht länger halten kann", notierte Bernhardi bereits Ende Februar.[75] Und auch der österreichische Gesandte in Berlin berichtete, es sei „kaum möglich, daß sich ein Ministerium in der Länge halten könne, gegen welches In- und Ausland sich so einmütig ausspricht, dessen Politik so heftig angegriffen wird".[76] Aber diese Schwanengesänge waren verfrüht. Denn Wilhelm gab augenscheinlich wenig auf „das Geschrei", wie er die öffentliche Kritik an der Konvention schimpfte.[77] „Hätten Frankreich und England nicht solchen Lärm gegen die Konvention *absichtlich* geschlagen, so wäre die Sache längst tot", schrieb er dem Ministerpräsidenten. „Nur durch die falsche Auslegung der Konvention in Paris und London ist die Sache angeschwollen."[78]

Die diplomatischen Reaktionen auf den Konflikt in Polen schienen für Wilhelm alte Feindbilder zu bestätigen. Napoleon III. würde wieder einmal versuchen, die Grenzen in

---

69 Bismarck an Werther, 3. März 1863. Ebd., S. 354.

70 Bernstorff an Bismarck (mit Marginalien des Königs), 21. Februar 1863. Ebd. S. 281–282.

71 Wilhelm an Bismarck, 25. Februar 1863. AGE, Bd. 1, S. 54–55.

72 Vgl. Burgaud, Plädoyer, S. 111–112; Linke, Gorčakov, S. 263–264; ders., Bismarck und Gorčakov, S. 16–17.

73 Vgl. Friese, Rußland und Preußen, S. 309–315; Zechlin, Bismarck, S. 450–456; Hans-Werner Rautenberg, Der polnische Aufstand von 1863 und die europäische Politik im Spiegel der deutschen Diplomatie und der öffentlichen Meinung, Wiesbaden 1979, S. 93–95, S. 123–130; Ridley, Napoleon III, S. 484–485.

74 Pflanze, Bismarck, Bd. 1, S. 198.

75 Tagebuch Bernhardi, 25. Februar 1863. Bernhardi (Hrsg.), Aus dem Leben, Bd. 5, S. 37.

76 Károlyi an Rechberg, 27. Februar 1863. QdPÖ, Bd. 3, S. 100.

77 Wilhelm an Bismarck, 26. Februar 1863. AGE, Bd. 1, S. 55.

78 Wilhelm an Bismarck, 19. März 1863. APP, Bd. 3, S. 412.

Europa zu verschieben. Die bellizistische britische Öffentlichkeit sei drauf und dran, ihm dabei die Hand zu reichen. Und im Hintergrund würde der Wiener Hof nur darauf lauern, die Krise zu seinen Gunsten auszunutzen. Dass der französische Empereur „Polen selbständig reconstruiren mögte, daran zweifelt wohl kein Mensch", erklärte der spätere Kaiser seiner Ehefrau. „Natürlich wird es N[apoleon] weit unbequemer sein, die Weichsel am Rhein zu erobern als in Polen selbst. [...] Alles kommt also darauf an, daß England den N[apoleon] festhält".[79] Doch in Paris und London sei „täglich deutlicher" zu beobachten, „daß beide Staaten auf einen Krieg hinarbeiten wollen. Anders ist ihr Verhalten nicht zu charakterisiren und wenn sich dieselben auch noch streuben werden, so werden" sie „zuletzt erklären, daß sie der öffentliche Meinung d. h. dem Geschrei der Presse nachgeben müße[n] und Europa mit Krieg überziehen müßten."[80] Allein Österreich demonstriere eine „résistance gegen Pariser Gelüste", die der König *bis jetzt* nur zu beloben habe", schrieb er seinem Weimarer Schwager Anfang April. „Aber wie lange wird diese gute Disposition für uns dauern? Gewöhnlich nur so lange, wie eine gemeinschaftliche Gefahr dauert!"[81] Und seinem badischen Schwiegersohn erklärte er zeitgleich, „namentlich traue ich den Wienern nicht, die gern im Trüben fischen, und so muß man sich schon zufrieden erklären, was seit sechs Wochen geschah."[82]

Zwar konnte der Januaraufstand lokalisiert und eine europäische Eskalation verhindert werden. Aber auf der diplomatischen Ebene drohte die britische Regierung dem Berliner Hof wiederholt mit einer Militärintervention, sollten preußische Soldaten die Grenze nach Osten überschreiten. Ob London tatsächlich zu einem Kriegsabenteuer auf dem Kontinent bereit gewesen wäre, ist allerdings fraglich. Jedenfalls wollten weder die Queen noch das Parlament gemeinsam mit dem Seconde Empire die polnische Unabhängigkeit am Rhein erkämpfen.[83] Auch Napoleon III. ließ seinen diplomatischen Drohungen gegen Preußen keine Taten folgen. Der Empereur stand mit dem Januaraufstand vor dem Dilemma, den öffentlichen Sympathien für Polen in Frankreich Rechnung tragen zu müssen, ohne gleichzeitig einen neuen Konflikt mit dem Zarenreich zu provozieren. Die Alvensleben'sche Konvention bot ihm zwar einen Teilausweg aus diesem Dilemma, indem er die französische Öffentlichkeit gegen Preußen mobilisieren konnte. Allerdings blieben dem Petersburger Hof die polophilen Züge der Pariser Politik nicht verborgen. Alexander II. war nach 1863 nicht mehr bereit, diplomatisch auf jenen Herrscher zuzugehen, der indirekt seine aufständischen Untertanen unterstützt hatte. Mit dem Januaraufstand wurden also Gortschakows Hoffnungen auf eine Annäherung an Frankreich zunichte gemacht. Damit verlor aber auch Napoleon an außenpolitischer Bewegungsfreiheit. Doch selbst wenn die Causa Polen nicht zwischen beiden Kaiserreichen gestanden hätte, war Russland nach 1863 schlichtweg nicht in der

---

79 Wilhelm an Augusta, 21. April 1863. GStA PK, BPH, Rep. 51 J, Nr. 509b, Bd. 9, Bl. 50–51.
80 Wilhelm an Augusta, 18. April 1863. Ebd., Bl. 48.
81 Wilhelm an Carl Alexander, 6. April 1863. Schultze (Hrsg.), Weimarer Briefe, Bd. 2, S. 37.
82 Wilhelm an Friedrich I., 6. April 1863. Oncken (Hrsg.), Briefwechsel, Bd. 1, S. 338.
83 Vgl. Werner E. Mosse, England and the Polish Insurrection of 1863, in: The English Historical Review Vol. 71, Nr. 278 (1956), S. 28–55.

Lage, Frankreich oder irgendeine andere Großmacht militärisch zu unterstützen.[84] Der langfristige Nutznießer dieser Entwicklung hieß Preußen. Denn das Königreich wurde im Osten endgültig von der russischen Interventionsgefahr befreit. Doch weder Bismarck noch Wilhelm konnten sich rühmen, mit der Alvensleben'schen Konvention zu dieser Mächteverschiebung beigetragen zu haben. Wenn überhaupt muss argumentiert werden, dass Preußen *trotz* der Konvention neue diplomatische Handlungsspielräume gewonnen hatte.

Aber auch innenpolitisch blieb der Januaraufstand für das Hohenzollernkönigreich nicht ohne Folgen. Wilhelm sah wieder einmal sein negatives Polenbild bestätigt. So schrieb er seiner Ehefrau im Sommer 1863, „ich lobe gewiß nichts, was nach unnötiger Härte schmeckt, daß aber mit glavé Handschuh in Polen nichts zu machen ist, beweist der Zustand in Warschau und im Königreich Polen."[85] Jede „polnisch[e] Autonomie" in Preußen sei unmöglich, „da es keine posen[schen] Eingeborenen gibt, die sich zum Examen des Beamtenstandes stellen, weil sie es nicht machen können, weil sie nichts lernen und auch nichts lernen wollen, sondern nur conspiriren erlernen und ausüben."[86] Diese kulturchauvinistische Perspektive sollte der erste Hohenzollernkaiser bis 1888 beibehalten. Die polnischsprachige Bevölkerung galt ihm als inhärent illoyale Revolutionsgesellschaft. Deshalb ließ er Bismarck nach der Reichsgründung schließlich freie Hand, in den preußischen Ostprovinzen eine repressive Polenpolitik zu verfolgen.[87] Zwar sind keine Quellen überliefert, die Wilhelm eine deutschnationale Agenda in Polen nahelegen würden. Aber er schien den exkludierenden Charakter des Nationalismus als effektives Politikinstrument mindestens zu billigen. Denn nach 1871 konnte er sich auf einen breiten politischen Konsens von rechts nach links stützen, wenn es darum ging, der polnischen Unabhängigkeitsbewegung mit dem staatlichen Repressionsapparat zu begegnen.

Anno 1863 sah dies allerdings noch anders aus. Mit der Alvensleben'schen Konvention hatte sich die preußische Regierung in den Augen der Liberalen und Demokraten offen auf die Seite der zarischen Autokratie gestellt.[88] Beispielhaft für die Opposition geißelte etwa Beitzke „die jammervolle innere und äußere Regierung durch den verblendeten König und die Feudalen, die völlige Isolirung Preußens in Europa, welche sich an das barbarische Rußland anschließt".[89] Für Wilhelm war allerdings jede parlamentarische Kritik an der Konvention nichts weniger als Revolutionsunterstützung. Wieder sah er eine konspirative Verschwörung gegen die Hohenzollernmonarchie am

---

84 Vgl. Friese, Rußland und Preußen, S. 330–332; Rautenberg, Aufstand, S. 375–389; Linke, Gorčakov, S. 266–324.

85 Wilhelm an Augusta, 20. Juli 1863. GStA PK, BPH, Rep. 51 J, Nr. 509b, Bd. 9, Bl. 90.

86 Wilhelm an Augusta, 26. Juli 1863. Ebd., Bl. 98.

87 Vgl. Thomas Nipperdey, Deutsche Geschichte 1866–1918, Bd. 2, München 2013 [ND 1992], S. 266–281; Pflanze, Bismarck, Bd. 2, S. 447–457; Hans-Erich Volkmann, Die Polenpolitik des Kaiserreichs. Prolog zum Zeitalter der Weltkriege, Paderborn 2016, S. 37–90.

88 Vgl. Jansen, Paulskirchenlinke, S. 424–431.

89 Beitzke an P. Beitzke, 1. Mai 1863. Conrad (Hrsg.), Dokumente, S. 729–730.

Werk. Der Abgeordnetenmehrheit warf er nicht nur vor, den Januaraufstand offen anzufeuern, sondern auch Preußen in einen allgemeinen europäischen Krieg stürzen zu wollen. So schimpfte er, es sei „sonnenklar [...], daß der Aufstand nur aufrecht erhalten wird, durch die Manifestationen des Auslandes auf dessen Hülfe man hofft, und wozu unsere saubere Gesellschaft am Donhöffs Platz" – dem Sitz des preußischen Landtags – „auch ihre Scheeflein liefert! Das Maas wird bald voll sein!"[90] „Und in einem solchen Moment sollte Preußen auf Kosten seiner Wehrkraft ein Arrangement mit der Umsturzpartei eintreten lassen? Also seine Wehrkraft ruiniren angesichts eines europäischen Krieges, der von der socialen Revolution eingefädelt wird und deren Organe Preußen von Concession zu Concession zu zwingen angewiesen sind?"[91]

Innenpolitisch trug der Januaraufstand dazu bei, die Fronten im Verfassungskonflikt noch weiter zu verschärfen. Und die konservative Echokammer um Wilhelm wurde immer enger. Denn er schien nur noch jenen Stimmen Gehör zu schenken, die seiner revolutionsparanoiden Wirklichkeitswahrnehmung Nahrung gaben. So schrieb der Kronprinz, „jetzt ist das Losungswort ‚revolutionäre Umsturzzeit', und ‚Demokrat' heißt ziemlich jeder, der nicht lobt, was die Regierung thut."[92] Auch der Großherzog von Baden berichtete, „daß der König in keiner Weise von der Gefahr seiner Wege zu überzeugen ist; davon habe ich Beweise, da ich wiederholt versuchte, ihn zu warnen und aufzuklären."[93] Und Goltz klagte gegenüber Bernstorff, „alle" kritischen „Andeutungen werden in Berlin übelgenommen, nicht allein von Bismarck, der von seiner Unfehlbarkeit durchdrungen nach dem Grundsatz ‚après moi de déluge' handelt, sondern auch vom Könige, welcher, nachdem er sich mit seinem jetzigen, wie früher mit den liberalen Ministern, sowie mit dem Reorganisationsplan, wie er vorliegt, identifiziert hat, von einer Art Fatalismus getrieben, unbeirrt in der eingeschlagenen Bahn beharrt."[94] Im Sommer 1863 hatte sich Wilhelm von allen moderaten Stimmen geradezu hermetisch abgeriegelt. Seine Ehekorrespondenz war einer der wenigen noch funktionierenden Kommunikationskanäle, über die er regelmäßig mit Kritik am Regierungskurs konfrontiert wurde. Aber selbst Augusta gelang es nicht, die königliche bubble zu durchstehen. „Da Du nur Oppositionszeitungen liest, so wirst Du natürlich kein richtiges Bild [...] bekommen", warf Wilhelm seiner Ehefrau vor.[95] Diese Entwicklung trug maßgeblich dazu bei, Bismarcks Stellung am Hof zu stärken. Denn der Ministerpräsident sagte dem Monarchen genau das, was dieser hören wollte. Und gleichzeitig wurde er für die Alvensleben'sche Konvention sowohl innerhalb wie außerhalb des Hohenzollernkönigreichs kritisiert. In Wilhelms Augen schien der spätere Kanzler also die „richtige" Politik zu verfolgen.[96]

---

90 Wilhelm an Luise, 4. Mai 1863. GStA PK, BPH, Rep. 51, Nr. 853.
91 Wilhelm an Augusta, 24. April 1863. GStA PK, BPH, Rep. 51 J, Nr. 509b, Bd. 9, Bl. 54.
92 Friedrich Wilhelm an Curtius, 26. Mai 1863. Schuster (Hrsg.), Briefe, S. 118.
93 Friedrich I. an Carl Alexander, 7. Juni 1863. Oncken (Hrsg.), Briefwechsel, Bd. 1, S. 347.
94 Goltz an Bernstorff, 11. Mai 1863. Stolberg-Wernigerode (Hrsg.), Goltz, S. 337.
95 Wilhelm an Augusta, 13. Mai 1863. GStA PK, BPH, Rep. 51 J, Nr. 509b, Bd. 9, Bl. 64.
96 Vgl. Rainer F. Schmidt, Bismarck. Realpolitik und Revolution, München 2006 [ND 2004], S. 134.

Während der Berliner Hof sich auch außenpolitisch zusehends selbst isolierte, ging im Inneren der Verfassungskonflikt seinem Höhepunkt entgegen. Am 11. Mai warf der liberale Abgeordnete und Geschichtsprofessor Heinrich von Sybel auf der Landtagsbühne dem Kriegsminister vor, dieser sei kein Patriot, da er durch die Konfliktpolitik dem preußischen Staat schaden würde. Roon wollte zu diesem Vorwurf sofort Stellung beziehen. Aber der Vizepräsident des Abgeordnetenhauses Florens von Bockum-Dolffs entzog ihm das Wort und rief den Minister zur Ordnung.[97] Laut Bernhardi soll Wilhelm noch am selben Tag „mit einer großen Entrüstung [...] über das Ereigniß" geschimpft haben. „Er sagte, das Abgeordnetenhaus treibe es mit jedem Tage ärger. *Aber mir ist es recht! – wenn das so fort geht, muß doch am Ende das alte preußische Herz wieder erwachen! – Aber Geduld!*"[98] Und seiner Ehefrau schrieb der König, „eine ähnliche Frechheit ist wohl noch nie dagewesen, daß ein noch nicht 1 Jahr nach Preußen berufener Professor einen im Dienst ergrauten preuß[ischen] Offizier und zugleich in allen Klassen hochgeachteten Mann, General und Minister des Mangels an Patriotismus" bezichtigen könne.[99] Am 20. Mai ließ Wilhelm das Abgeordnetenhaus in Form einer offiziellen Erklärung warnen, dass weder Bockum-Dolffs noch irgendein anderer Parlamentarier das Recht hätte, einen königlichen Minister zu disziplinieren.[100]

Diese neueste Allerhöchste Provokation wollte die linke Opposition nicht unbeantwortet lassen. Und sie konnte es auch gar nicht. Denn die Fortschrittspartei saß im Sommer 1863 zwischen zwei Stühlen. Der Nationalverein setzte die Parlamentarier unter Druck, neue Eskalationswege zu beschreiten. Am 17. Mai wurde in einer Ausschutzsitzung des Vereins sogar gefordert, eine Massendemonstration vor dem Berliner Stadtschloss zu organisieren. Mit dem Straßendruck sollte die Entlassung des Staatsministeriums erzwungen werden. Ein solches Vorgehen war der Fortschrittspartei allerdings zu revolutionär. Das Barrikadenspiel hätte der Opposition leicht entgleiten und eventuell gar einen Militärputsch provozieren können. Stattdessen verabschiedete die Parlamentsmehrheit am 22. Mai eine Adresse an Wilhelm, in der sie jede weitere Zusammenarbeit mit dem Ministerium Bismarck ablehnte.[101] Der Riss, der „zwischen den Ratgebern der Krone und dem Lande [...] besteht", so die zentrale Passage dieser Adresse, könne „nicht anders, als durch den Wechsel der Personen, und mehr noch, durch einen Wechsel des Systems" beseitigt werden.[102] Das war hart an der Systemfrage. Zwar forderten die Liberalen keine konstitutionellen Reformen in Richtung Parlamentarismus. Aber ein von den Abgeordneten initiierter Regierungswechsel hätte durchaus Präzedenzfallpotential besessen. Dann wäre das politische Gravitationszentrum graduell zugunsten des Landtags verschoben worden. Eine solche Entwicklung hatte beispielsweise in Großbritannien das Monarchische Prinzip geschwächt und das

---

97 Vgl. Huber, Verfassungsgeschichte, Bd. 3, S. 315.
98 Tagebuch Bernhardi, 11. Mai 1863. Bernhardi (Hrsg.), Aus dem Leben, Bd. 5, S. 104–105.
99 Wilhelm an Augusta, 13. Mai 1863. GStA PK, BPH, Rep. 51 J, Nr. 509b, Bd. 9, Bl. 64.
100 Der Text dieser Allerhöchsten Botschaft findet sich in: Huber (Hrsg.), Dokumente, Bd. 2, S. 68–69.
101 Vgl. Biefang, Fortschrittspartei, S. 379–380.
102 Das Abgeordnetenhaus an Wilhelm, 22. Mai 1863. Huber (Hrsg.), Dokumente, Bd. 2, S. 70.

Parlamentarische Prinzip etabliert. Die Adressprovokation war also ein Versuch, eine Entscheidung über die Zukunft des preußischen Konstitutionalismus herbeizuzwingen.[103] „Der König, [...] der reaktionäre Hof und was darum und daran hängt, müssen sich nun entscheiden", so Beitzke. „Ob Verfassung? Ob Oktroyirung und dann Revolution?"[104]

Aber Wilhelm war nicht bereit, sich auf *dieses* Eskalationsspiel einzulassen. Er weigerte sich, die Adresse persönlich anzunehmen. Stattdessen beschloss er in einer Kronratsitzung am 26. Mai, den Landtag schließen zu lassen.[105] Und in einer offiziellen Erklärung vom selben Tag ließ er die Öffentlichkeit wissen, „das Verhalten des Hauses während der verflossenen 4 Monate" habe demonstriert, dass „eine fernere Dauer der gegenwärtigen Session [...] den Interessen des Landes" und „seinen auswärtigen Beziehungen" widersprechen würde. „Mit allem Ernste muß Ich dem Bestreben des Hauses der Abgeordneten entgegentreten, sein verfassungsmäßiges Recht der Theilnahme an der Gesetzgebung als ein Mittel zur Beschränkung der verfassungsmäßigen Freiheit Königlicher Entschließungen zu benutzen."[106] Damit war die Entscheidung wieder einmal vertagt worden. Wilhelm war nach wie vor weder zu Kompromissen noch zu einem Staatsstreich bereit. Wie der Kronprinz am 27. Mai berichtete, sei sein Vater davon überzeugt, „mit dem gegenwärtigen Verfahren dem Andrängen der Demokratie einen Damm entgegenstellen zu können, ohne die Verfassung zu verletzen."[107] Aber der spätere Kaiser hatte durchaus reflektiert, dass mit der Kameradresse eine rote Linie überschritten worden war. Oder jedenfalls hatten die liberalen Abgeordneten in seinen Augen endlich die Maske fallen lassen. So schrieb Wilhelm seiner Ehefrau, „meine Antwort mußte sehr fest und sehr bestimmt sein auf eine Adresse, die alles Maß, was je im parlamentarischen Leben da war, überschritt."[108] „Wo stehet es in der Verfassung, daß die Kammern dem König den Dienst aufsagen dürfen? Nirgend. Und da sollte ich mir gefallen lassen[,] also" von „der Kammer Gesetze vorschreiben lassen in Punkten, die dem König allein vorbehalten sind, durch die Verfassung? [...] Milde in diesem Moment gegen dieses Abg[eordnetenhaus] Haus wäre unverzeihliche Schwäche und Vergebung der Würde der Krone gewesen."[109]

Doch letztendlich besaß Wilhelm keine langfristige Lösungsstrategie. Im Zermürbungskrieg mit dem Parlament spielte er scheinbar noch immer auf Zeit. Seinem Sohn soll er am 30. Mai gesagt haben, „die Abgeordneten wären wir los, das war nicht leicht;

---

103 Vgl. Siemann, Gesellschaft, S. 215–216; Pflanze, Bismarck, Bd. 1, S. 191–192; Kirsch, Monarch und Parlament, S. 354.

104 Beitzke an P. Beitzke, 23. Mai 1863. Conrad (Hrsg.), Dokumente, S. 285.

105 Vgl. Bismarck an Bockum-Dolffs, 23. Mai 1863. GW, Bd. 4, S. 125; Bismarck an Wilhelm, 25. Mai 1863. AGE, Bd. 1, S. 70–71; Konseilprotokoll, 26. Mai 1863. Acta Borussica. Protokolle, Bd. 5, S. 197.

106 Wilhelm an das Abgeordnetenhaus, 26. Mai 1863. Hahn (Hrsg.), Innere Politik, S. 190–193.

107 Friedrich Wilhelm an Duncker, 27. Mai 1863. Schuster (Hrsg.), Briefe, S. 106–107.

108 Wilhelm an Augusta, 27. Mai 1863. GStA PK, BPH, Rep. 51 J, Nr. 509b, Bd. 9, Bl. 72.

109 Wilhelm an Augusta, [31. Mai 1863]. Ebd., Bl. 75–76.

aber der Entschluß, was für die nächste Folge geschehen soll, ist noch schwerer."[110] Die Person des Monarchen war *der* Grund, weshalb der Verfassungskonflikt noch weitere drei Jahre andauern sollte. Allein Wilhelm stand den militärischen Staatsstreichplänen im Wege. Und gleichzeitig verbot er den Ministern, einen Kompromiss mit dem Abgeordnetenhaus zu suchen. Bismarcks Ernennung hatte den politischen Spielraum der Krone mittelfristig sogar verkleinert. Denn der Ministerpräsident wusste die Rolle des königlichen Hardliners so überzeugend zu spielen, dass er schnell zur absoluten Reizfigur geworden war. Bernhardi notierte im Mai, „der allgemeine Haß hat sich in solcher Weise auf Bismarck concentrirt, daß der König die Militär-Vorlagen nach seinem Wunsche durchbringen würde, wenn er nur Bismarck fallen ließe und entfernte."[111] Das war weder für Wilhelm noch für das Abgeordnetenhaus eine realistische Option. Aber kaum ein politischer Beobachter hätte leugnen können oder wollen, dass sich der König mit der Personalie Bismarck auf der öffentlichen Politikebene keinen Gefallen getan hatte. Im Sommer 1863 war die Hohenzollernmonarchie innenpolitisch effektiv paralysiert. Damit gab es für Wilhelm aber auch keine Aussicht, seine monarchische Agenda zu realisieren. Er hatte das preußische Königtum in eine Sackgasse manövriert. Aber Schuld waren natürlich wieder die Anderen. „Wer hat denn das Programm vom 8. Nov[ember] 58 unmöglich gemacht?", schrieb er Bismarck am 30. Mai. „Antwort: Die Kammer des Fortschritts, die das Ministerium Hohenzollern stürzte. Erst wenn Ruhe zurückgekehrt ist, wird das Programm von mir wieder aufgenommen und ausgeführt werden, da das Programm heute wie damals mein Glaubensbekenntniß enthält."[112] Preußen und Deutschland sollten allerdings noch mehrere Jahre benötigen, um zur Ruhe zu kommen. Und paradoxerweise war es genau diese *Unruhe* bis 1866, die endlich einen Ausweg aus den inneren und äußeren Konflikten bot. Aber 1863 war Königgrätz noch nicht einmal Zukunftsmusik.

---

110 Tagebuch Friedrich Wilhelm, 30. Mai 1863. Meisner (Hrsg.), Tagebücher, S. 196.
111 Tagebuch Bernhardi, 6. Mai 1863. Bernhardi (Hrsg.), Aus dem Leben, Bd. 5, S. 101.
112 Wilhelm an Bismarck, 30. Mai 1863. AGE, Bd. 1, S. 72.

„So bist Du also bereits die Fahne der Demokratie geworden!!"
Die Thronfolgerkrise 1863

Im historischen Vergleich waren Thronfolgerkonflikte keine Seltenheit. Das gilt sowohl für die Hohenzollernmonarchie wie für alle anderen europäischen Fürstenhäuser.[1] Wilhelms Opposition gegen Friedrich Wilhelm IV. war insofern exzeptionell, als dass sie sich bis 1848 system*destabilisierend* auswirkte. Aber auch in der Reaktionsära blieb der Antagonismus von König und Thronfolger in Preußen ein System*charakteristikum*. Sowohl aus biographischer wie monarchiehistorischer Perspektive ist es daher alles andere als nebensächlich, wie der spätere Kaiser reagierte, als sein eigener Sohn seine Politik offen kritisierte. Verglichen mit seinem Vater mochte Friedrich Wilhelm zwar deutlich liberalere Ansichten vertreten haben. Doch der Kronprinz war weder ein Anhänger der Fortschrittspartei noch gar ein Demokrat. Wie *alle* Hohenzollernmonarchen war auch der 99-Tage-Kaiser nicht gewillt, die Krongewalt freiwillig zu begrenzen. Er suchte die Kooperation mit Altliberalen und Reformkonservativen auf Basis des Monarchischen Prinzips. Den Parlamentarismus lehnte er zeitlebens ab. Und wie sein Vater befürwortete er auch die Heeresreform. Aber er wollte die liberale Öffentlichkeit für Krone und Militär gewinnen, um eine starke Monarchie auch populär zu legitimieren.[2] An Bismarck schrieb der Kronprinz beispielsweise nur wenige Tage nach dessen Ernennung, so „fest überzeugt, wie ich von der Notwendigkeit jener Reorganisation bin, so ist für mich ein unumstößlicher Satz, daß eine so tiefgreifende, weitreichende Maßregel ohne den Willen des Landes nicht eingeführt werden kann und darf."[3]

Diese Kompromissbereitschaft genügte allerdings bereits, um den Thronerben am konservativen Berliner Hof als verkappten Demokraten zu diskreditieren. So notierte Friedrich Wilhelm im Januar 1863, „Potsdamer Offiziere erfanden etwas Neues gegen mich in ihrem Haß gegen den ,demokratischen Kronprinzen', nämlich, ich schliefe jetzt viel im Ministerrate ein!!"[4] Und der Oberpräsident der Provinz Pommern Ernst Senfft von Pilsach warnte Bismarck im Mai, „nicht nur von dem geringen Volke, sondern auch von gebildeten Männern wird die Ermahnung: treu zu Seiner Majestät dem Könige und zu Allerhöchstdessen Regierung zu halten, – öfter mit der Entgegnung zurückgewiesen, daß des Königs Majestät bereits alt sei, des Kronprinzen Königliche Hoheit aber, sobald Höchstderselbe zur Regierung komme, ein demokratisches Ministerium berufen werde; man dürfe es daher mit der Fortschrittspartei nicht verderben."[5] Aber ebenso wenig

---

1 Vgl. Müller, Die Thronfolger, S. 69–104.
2 Vgl. Andreas, Dorpalen, Emperor Frederick III and the German Liberal Movement, in: The American Historical Review Vol. 54, Nr. 1 (1948), S. 1–31; Müller, 99-Tage-Kaiser, S. 32–34.
3 Friedrich Wilhelm an Bismarck, 28. September 1862. Meisner (Hrsg.), Tagebücher, S. 503.
4 Tagebuch Friedrich Wilhelm, 16. Januar 1863. Ebd., S. 184.
5 Senfft an Bismarck, 9. Mai 1863. AGE, Bd. 2, S. 344.

https://doi.org/10.1515/9783111323954-038

wie der spätere Friedrich III. einen Ausgleich mit der Fortschrittspartei wollte, gab es im Frühjahr 1863 eine einheitliche Kronprinzenpartei in Preußen. Dafür besaß der Thronerbe schlichtweg zu wenig öffentliches Oppositionsprofil. Seit der Märzkrise 1862 hatte er vielmehr geradezu peinlich darauf geachtet, seinem Vater und dessen Umgebung keine Angriffsfläche mehr zu bieten. Der liberale Jurist Karl Samwer berichtete Anfang 1863, „der Kronprinz spricht gar nicht über Politik, gar nicht. Er sitzt im Ministerrat als Bildsäule und als memento mori. Vergebens haben die Minister seine Meinung wiederholt zu erhalten gewünscht."[6] Wie Friedrich Wilhelm etwa zeitgleich notierte, will er den Ministern erklärt haben, „nur wenn die Dinge Wendung nähmen, die ich" für „durchaus gefährlich halte, werde ich pflichtgemäß seiner Zeit reden, sonst höre ich und lerne ich."[7] Dieser Kipppunkt kam für den Kronprinzen mit der Kammerschließung Ende Mai. Denn er schien befürchtet zu haben, dass die Regierung die Parlamentspause für einen Staatsstreich nutzen könnte. Seinem Vater schrieb er am 31. Mai, „ich beschwöre Dich [...], *nie* Deine Einwilligung zu irgend einem Verfassungsbruch oder zu einer Verfassungsumgehung zu erteilen, welche seitens des Ministeriums als Ausweg oder alleinige Hülfe für die heutige Situation vorgeschlagen werden könnte!"[8] Und am selben Tag vertraute er seinem Tagebuch an, „im Oktroyierungsfall werde ich nicht schweigen können, und ist der längst gefürchtete Augenblick da, wo ich dem lieben Papa werde müssen Herzeleid antun, und aus meiner bisherigen neutralen, negativen Haltung hervortreten."[9]

Friedrich Wilhelms Sorgen waren nicht völlig unbegründet. Zwar war sein Vater noch immer nicht zum offenen Verfassungsbruch bereit. Aber wie die Beamtenstrafpolitik gezeigt hatte, war Wilhelms Repressionshemmschwelle seit Beginn des Verfassungskonflikts deutlich geschwunden. Und im März und April hatte er das Staatsministerium beauftragt, nach neuen rechtlichen Möglichkeiten zu suchen, gegen die liberale Presse vorzugehen.[10] Vor allem die publizistische Kritik an der Alvensleben'schen Konvention schien den König zu diesem Schritt veranlasst zu haben. Gegenüber Augusta schimpfte er, „wie bekanntlich verbreiten die Zeitungen und die daraus folgenden Anschauungen der guten Deutschen, Franzosen und Engländer unter 10 Nachrichten 9 falsche".[11] Er sprach von „tendenziösen Zeitungen" sowie von einer „Lügenpresse", die „Alles ruinirt" und „genau das Gegenteil des Wahren" publizieren würde.[12] Und er klagte seiner Ehefrau, „daß man ja überhaupt bei unserer preußischen Preßfreiheit, die in Frechheit übergegangen ist, keine Einwirkung hat, weißt Du so gut

---

6 Samwer an Freytag, 28. Februar 1863. Heyderhoff (Hrsg.), Liberalismus, Bd. 1, S. 133.

7 Tagebuch Friedrich Wilhelm, 18. Januar 1863. Meisner (Hrsg.), Tagebücher, S. 184.

8 Friedrich Wilhelm an Wilhelm, 31. Mai 1863. Ders., Kronprinz, S. 65–66.

9 Tagebuch Friedrich Wilhelm, 31. Mai 1863. Ders. (Hrsg.), Tagebücher, S. 196–197.

10 Vgl. Tagebuch E. L. v. Gerlach, 4. März 1863. GW, Bd. 7, S. 73; Konseilprotokoll, 8. April 1863. Acta Borussica. Protokolle, Bd. 5, S. 194.

11 Wilhelm an Augusta, 10. Mai 1863. GStA PK, BPH, Rep. 51 J, Nr. 509b, Bd. 9, Bl. 62.

12 Wilhelm an Augusta, 15. September 1863. Ebd., Bl. 121–122.

wie ich".[13] Diese Einflussmöglichkeiten wollte er der Krone zurückgewinnen. Letztendlich bedeutete das jedoch nichts anderes, als auch auf diesem Politikfeld zwei Schritte zurück in die Reaktionsära zu gehen.

Am 1. Juni beschloss Wilhelm in einem Kronrat, dass die „Notwendigkeit, den Übergriffen der Presse durch kräftige Maßregeln entgegen zu treten", mit der Verfassung vereinbar sei. Denn die Minister argumentierten, der König habe das Recht, bei einem staatlichen Notstand Verordnungen mit Gesetzeskraft zu oktroyieren, wenn der Landtag nicht versammelt war.[14] Das war eine juristisch mindestens streitbare Position. Denn einerseits hatte der Monarch die Kammern selbst vorzeitig geschlossen. Und andererseits war es mehr als fraglich, ob der selbstverschuldete Verfassungskonflikt bereits eine Notstandsverordnung rechtfertigen würde. Dies hinderte die Regierung jedoch nicht daran, noch am selben Tag eine Presseordonnanz zu erlassen, die sogar über die Zensurmaßnahmen der Reaktionsära hinausging. Anders als in den 1850er Jahren sollte die Staatsbürokratie eigenmächtig Zeitungen und Zeitschriften verbieten können. Auch waren dem Interpretationsrahmen keine Grenzen gesetzt, welche Druckerzeugnisse als staatsgefährdender Natur eingestuft werden konnten. Außerhalb der Berliner Palastmauern wurde dieser plötzliche Zensuroktroi daher nicht zu Unrecht als Maulkorbinstrument verurteilt, mit dem jede Kritik am budgetlosen Regiment unterbunden werden sollte. Es wurden sogar Vergleiche zu den Juliordonnanzen Karls X. gezogen, die 1830 eine Revolution ausgelöst hatten.[15] Aber im Sommer 1863 fiel das Barrikadenpotential in Preußen doch deutlich geringer aus. Zumindest gelang es den kritischen Stimmen gegen die Presseordonnanz nicht, eine öffentliche Protestbewegung zu mobilisieren. Dies mochte ein erster Indikator gewesen sein, dass die linke Opposition sich nicht gerade auf eine Massenbasis stützen konnte.[16]

Doch Wilhelm wurde nur wenige Tage nach jenem Konseil mit einer vermeintlichen Palastrevolution konfrontiert. Oder zumindest sollte er seinem Sohn einen derartigen Vorstoß gegen die Regierung vorwerfen. Aber was war genau geschehen? Bei einem Empfang im Danziger Rathaus am 5. Juni erklärte der Kronprinz, „ich beklage, daß ich zu einer Zeit hergekommen bin, in welcher zwischen Regierung und Volk ein Zerwürfnis eingetreten ist, welches zu erfahren mich in hohem Grade überrascht hat. Ich habe von den Verordnungen, die dazu geführt haben, nichts gewußt. Ich war abwesend. Ich habe keinen Theil an den Rathschlägen gehabt, die dazu geführt haben."[17] That's it. Oder zumindest wurden die Kronprinzenworte dergestalt in der Presse verbreitet.[18] Letztendlich hatte der spätere Friedrich III. sich nur vorsichtig von der Presseordonnanz distanziert. Und die Initiative zu diesem Schritt schien wohl von seiner Ehefrau Victoria

---

13 Wilhelm an Augusta, 13. Mai 1863. Ebd., Bl. 65.
14 Konseilprotokoll, 1. Juni 1863. Meisner, Kronprinz, S. 66–67.
15 Vgl. Huber, Verfassungsgeschichte, Bd. 3, S. 318–319; Gall, Bismarck, S. 283–284; Pflanze, Bismarck, Bd. 1, S. 214–215. Der Text der Presseordonnanz findet sich in: Huber (Hrsg.), Dokumente, Bd. 2, S. 74–76.
16 Vgl. Meisner, Kronprinz, S. 9–10.
17 Rede Friedrich Wilhelms, 5. Juni 1863. Schuster (Hrsg.), Briefe, S. 110–111.
18 Vgl. Meisner, Kronprinz, S. 14–16.

ausgegangen zu sein. „I did all I could to induce Fritz to do so", schrieb die Kronprinzessin ihrer Mutter am 8. Juni, „knowing how necessary it was that he should once express his sentiments openly and disclaim having any part in the last measures of the Government."[19] Anders als Augusta kann der späteren „Kaiserin Friedrich" ein direkter politischer Einfluss auf ihren Ehemann nicht abgesprochen werden.[20] Aber Friedrich Wilhelm hatte seine öffentlichen Worte augenscheinlich mit bestimmten politischen Intentionen gewählt. Und er war sich ihrer potentiellen Folgen bewusst gewesen. Denn noch am 5. Juni vertraute er seinem Tagebuch an, „ich habe mich also laut als Gegner Bismarcks [...] bekannt und habe also der Welt bewiesen, daß ich sein System nicht angenommen oder gebilligt habe. Das Ministerium soll sich getroffen fühlen, das ist meine Absicht. Aber das Niederbeugende für mich ist, daß S.M. es auf sich beziehen, persönlich tief affiziert sein wird, [...] und er mich als einen Opponenten gegen den König ansehen wird oder wenigstens man mich als einen solchen darzustellen trachten wird."[21] Friedrich Wilhelm kannte seinen Vater nur allzu gut.

Wilhelms brachte seine Reaktion auf die Danziger Rede bereits am 6. Juni zu Papier. Dieser Brief ist sowohl für die Biographie des ersten wie des zweiten Hohenzollernkaisers von zentraler Bedeutung. Denn er markierte nichts weniger als einen Bruch zwischen Vater und Sohn, der bis 1888 nicht überwunden werden sollte. Aber dieser Brief war der Forschung bislang unbekannt. Heinrich Otto Meisner, der nach dem Ersten Weltkrieg mehrere Quellenbestände aus dem Nachlass Friedrichs III. herausgab, konnte rekonstruieren, dass das Original wahrscheinlich vernichtet wurde. Dem brisanten Briefinhalt konnten er und andere Historiker sich lediglich bruchstückhaft über die Berichte Dritter annähern, die diese Quelle gelesen hatten.[22] Aber eine vollständige Briefabschrift ist in den britischen Archiven überliefert – wahrscheinlich gelangte sie über die Kronprinzessin dorthin. In diesem höchst emotional verfassten Schreiben warf Wilhelm seinem Sohn vor, „unumwunden" ausgesprochen zu haben, „dass Du gegen mein Regierungssystem bist! Wie soll da Deine Stellung künftig gegen mich und meine Regierung sich gestalten? Kannst Du noch ferner dem Staatsministerium angehören? Kannst Du überhaupt eine Dienststellung ferner bekleiden? [...] Was ist denn der ganze Sinn des Press Erlasses? Die Presse vor Auswüchsen der Niederträchtigkeit zu warnen, die den Staat an den Abgrund bringen. [...] Wer also diese schändliche Presse nicht gezügelt sehen will, der will auch den Untergang der Monarchie. [...] Du versicherst keine Opposition machen zu wollen, und in jener Rede erklärst Du Dich *öffentlich* gegen jenen Press Erlass, indem Du *geflissentlichst* hervorhebst, dass Du an dem Zustandekommen desselben keinen Theil hättest, was zu deutsch heisst: Ich missbillige den Schritt. Ich muß Dir diese Aeusserung auf das entschiedenste verweisen, weil *mit derselben* Deiner Opposition gegen mich *Worte gegeben sind*, die durch ganz Europa heute

---

19 Victoria an Queen Victoria, 8. Juni 1863. Fulford (Hrsg.), Dearest Mama, S. 227.
20 Vgl. Müller, 99-Tage-Kaiser, S. 53–57, S. 64–70.
21 Tagebuch Friedrich Wilhelm, 5. Juni 1863. Meisner (Hrsg.), Tagebücher, S. 198.
22 Vgl. Ders., Kronprinz, S. 74; Corti, Wenn..., S. 169. Siehe auch Meisners gesammelte Quellenabschriften und Arbeitsmaterialien, in: GStA PK, BPH, Rep. 51 S. III.c, Nr. 1.

schon bekannt sind [...]. Ausserdem verpflichte ich Dich, *keine einzige* so *unbedachte* Aeusserung ferner bei *keiner* Gelegenheit zu thun, wozu die Democraten [...] nach jenen Danziger Worten sich erst recht encouragirt fühlen werden, dergleichen von Dir zu erpressen. Sollten Dir jedoch dergleichen Unbedachtsamkeiten noch mehr entschlüpfen, *so werde ich Dich augenblicklich* [...] nach Berlin beordern, und dann bestimmen ob Du überhaupt Deine Commando Stelle noch behalten kannst."[23] Wilhelm warf seinem Sohn nichts Geringeres vor, als der Revolution Vorschub geleistet zu haben. Und er drohte, ihn politisch kaltzustellen. Nachdem der Kronprinz diesen Brief gelesen hatte, notierte er, „der Bruch ist also da! Was ich besorgte, befürchtete, was ich durch 1½ Jahr lange Enthaltung, Neutralität und Zurückhaltung zu verhindern hoffte, ist dennoch einge-treten."[24]

Dieser Thronfolgerkonflikt wurde historiographisch bisweilen mit der Maikrise 1854 verglichen.[25] Aber Wilhelm hatte unter der Herrschaft Friedrich Wilhelms IV. (wiederholt) politische Grenzen überschritten, in deren Nähe sich sein Sohn nicht einmal gewagt hatte. Und der spätere Kaiser schien sich bewusst gewesen zu sein, dass seine eigene Thronfolgervergangenheit ihm nicht unbedingt zum Vorteil gereichen konnte. Denn am 10. Juni schrieb er seinem Sohn, „Du wirst vergeblich nach einem *öffentlichen* Akte suchen, durch welchen ich mich in Opposition mit dem König gesetzt hätte, selbst die Boninsche Episode war kein dergl[eicher] Akt, weil meine ganze Aus-lassung gegen den König nur in einem *Privatbrief* gegen meinen Bruder enthalten war [...]. Nur dadurch, daß der *König* von diesem Briefe einen halböffentlichen Gebrauch machte, wurde mein Verhalten bekannt und danach von ihm öffentlich gestraft. Dein Fall liegt also ganz anders, denn Du hast *absichtlich öffentlich* gegen mich *gehandelt*."[26] Das war bestenfalls eine selektive Erinnerung. Bewusst oder unbewusst verschwieg der König, dass er sowohl in den 1840er als auch in den 1850er Jahren wiederholt die öf-fentliche Bühne gesucht hatte, um die Politik seines Bruders zu torpedieren. Hypocrisy, thy name is Wilhelm. Diese Briefe sagen mehr über die revolutionsparanoide Wirk-lichkeitswahrnehmung ihres Verfassers aus als über die potentielle öffentliche Wirkung der Danziger Episode. Der König sah jede noch so vorsichtige Kritik an seinem Regie-rungskurs als Angriff auf seine Person *und die Monarchie*. Letztendlich stellte Wilhelm also die Herrschaftsbefähigung des Kronprinzen infrage. So erklärte er General Groeben am 14. Juni, „wohl ist die Zeit nicht dazu angetan, um eine Krone zu wünschen!" Aber „wie wenig ich daran denken kann, nach dem Danziger Ereignis meinem Sohn die Krone *vorzeitig* zu überlassen, bedarf wohl keines Kommentars."[27] Und einen Monat später schimpfte er Augusta, „was soll [...] aus einem Staate werden, wenn der Thronerbe die

23 Wilhelm an Friedrich Wilhelm, 6. Juni 1863. Kenneth Bourne (Hrsg.), The Papers of Queen Victoria on Foreign Affairs. Part 2, Germany and Central Europe 1841–1900, 1990 [Mikrofilm], 15:0579.
24 Tagebuch Friedrich Wilhelm, 7. Juni 1863. Meisner (Hrsg.), Tagebücher, S. 199.
25 Vgl. Huber, Verfassungsgeschichte, Bd. 3, S. 319; Börner, Wilhelm I., S. 172.
26 Wilhelm an Friedrich Wilhelm, 10. Juni 1863. Meisner, Kronprinz, S. 78–79.
27 Wilhelm an Groeben, 14. Juni 1863. Schultze (Hrsg.), Briefe an Politiker, Bd. 2, S. 211.

Stellung des Monarchen und Vaters schwächt? Nichts Anderes, nichts Anderes als der Ruin des Landes für Kinder und KindesKinder."[28]

Mit der Danziger Episode hatte die Thronfolgerkrise allerdings erst begonnen. Und sie zog immer größere Kreise. Augusta suchte am 8. Juni das Gespräch mit Wilhelm. Wie ihre Aufzeichnungen belegen, will sie nicht nur Partei für ihren Sohn ergriffen haben, sondern auch versucht haben, allgemein wieder das politische Gehör ihres Ehemanns zu finden. Denn weder soll der Herrscher über den Vater-Sohn-Konflikt noch über „andere Vorfälle mit mir gesprochen" haben. „Ich habe gezeigt, wie persönlich isoliert, d.h. von treuen Verwandten und Freunden getrennt, und wie kompliziert, d.h. mit den Ministerialfehlern nach innen und außen identifiziert seine jetzige Stellung ist. Der König hat dies geleugnet. Er beschuldigt an allem Übel die vorige Kammer und das vorige Ministerium, sowie die jetzige Kammer – nicht aber das jetzige Gouvernement. Dieses ist nach des Königs Ansicht im vollen Recht, vorwurfsfrei und zeitgemäß! [...] Der König fühlt sich in vollem Einklang mit seinen Grundsätzen und Überzeugungen, ja sogar in einer Art Kontinuität mit seinen Regentschaftsprinzipien. Er ist nicht den Menschen, sondern Gott allein Rechenschaft schuldig und handelt nach seinem Gewissen!" Hinter diesen letzten Satz schrieb Wilhelm an den Papierrand, „ganz gewiß."[29] Mehr schien er Augusta nach dem 8. Juni politisch nicht mehr mitzuteilen zu haben. König und Königin redeten komplett aneinander vorbei. Etwa eine Woche nach diesem Gespräch ließ Wilhelm seine Ehefrau schließlich wissen, „daß eine solche Divergenz der Ansichten zwischen uns bestehet, die von Deiner Seite jede Billigkeit des Urteils ausschließt, umsomehr als dasselbe beständig mit so schroffer Auffassung der Persönlichkeiten meiner ersten Räte vermischt wird, daß eine Ausgleichung der Ansichten unmöglich erscheint. Ich muß es daher aufgeben, die Versuche fortzusetzen, Dir eine billigere Anschauung unserer Verhältnisse beizubringen".[30] Mit diesem Schreiben brach Wilhelm vorläufig fast jeden politischen Austausch mit Augusta ab. Erst mit Beginn der Schleswig-Holstein-Krise Ende 1863 sollte sich die Ehekorrespondenz des Monarchenpaares wieder regelmäßig tagespolitischen Streitfragen widmen.

Aber auch andere politische Akteure bemühten sich um eine Intervention im Vater-Sohn-Konflikt. Am 11. Juni notierte der Kronprinz, „Mama und Schleinitz haben sich meiner sehr angenommen, während Wrangel und Manteuffel, auch Onkel Karl wünschten, mich auf Festung bringen zu lassen!"[31] Tatsächlich schimpfte Prinz Carl, der Danziger Vorfall sei „sehr viel trauriger als das ganze Jahr 1848, er wirkt *paralisierend* auf alle Maßnahmen des Königs und seiner Minister und *konsolidiert* die rote Bewegung, die darüber laut jubelt, wie ich aus Tatsachen weiß."[32] Und im Deutsch-Dänischen Krieg soll General Wrangel dem Thronfolger persönlich gestanden haben, „daß er im vorigen Juni, nach meiner in Danzig gehaltenen Rede, an Se. Majestät den Antrag ge-

---

28 Wilhelm an Augusta, 12. August 1863. GStA PK, BPH, Rep. 51 J, Nr. 509b, Bd. 9, Bl. 107.
29 Aufzeichnungen Augustas, 8. Juni 1863. Meisner, Kronprinz, S. 75 – 76.
30 Wilhelm an Augusta, 15. Juni 1863. Ebd., S. 129.
31 Tagebuch Friedrich Wilhelm, 11. Juni 1863. Ders. (Hrsg.), Tagebücher, S. 200.
32 Carl an E. v. Manteuffel, 28. Juli 1863. Ders., Kronprinz, S. 125.

richtet habe, mich vor ein Kriegsgericht zu stellen. Da aber Se. Majestät mich nicht habe märtyrisieren wollen, sei deswegen die von mir begangene ,Insubordination' mit Milde und ausschließlich auf brieflichem Wege ausgeglichen worden."[33] Bismarck sollte sich später in seinen Memoiren rühmen, Wilhelm von dem Gedanken abgebracht zu haben, den Kronprinzen zu einer Festungshaft zu verurteilen.[34] Diese Behauptung muss kritisch hinterfragt werden. Zwar argumentierte der Ministerpräsident in einem Schreiben an den König vom 10. Juni tatsächlich, „daß es im Interesse der Krone und des Landes besser sei, die Dimensionen des Danziger Vorganges und seiner Folgen vor der öffentlichen Meinung zu verkleinern, anstatt sie durch Maßnahmen, welche den Eindruck strafenden Einschreitens der königlichen Autorität machen könnten, zu vergrößern."[35] Aber sogar Wilhelms geharnischter Brief vom 6. Juni hatte keinerlei Hinweis enthalten, dass er bereit gewesen wäre, seinen Sohn vor ein Kriegsgericht zu stellen. Vielmehr legen die Quellen nahe, dass er versucht hatte, eine öffentliche Eskalation zu vermeiden. An einer Wiederholung der Maikrise 1854 konnte er jedenfalls kaum interessiert gewesen sein.

Mehrere Oppositionsstimmen schienen allerdings genau auf einen solchen Dynastiebruch spekuliert zu haben. Darauf lassen zumindest ihre enttäuschten Reaktionen schließen. So berichtete Saucken-Julienfelde, der Kronprinz soll „den Demokraten lange nicht weit genug" gegangen sein.[36] Der badische Politiker Karly Mathy schimpfte gegenüber Gustav Freytag, „in den Kram des Herrn Bismarck taugt es schwerlich, daß der Bruch eklatiere. Der Gegenhof wäre dann fertig und würde das *Volk* und einen Teil der Armee hinter sich haben."[37] Und Freytag antwortete seinem liberalen Parteifreund, „der König muß bis zum Frühjahr zur Abdikation veranlaßt werden."[38] Aber Friedrich Wilhelm war nach den unmissverständlichen Warnungen seines Vaters nicht gewillt, den Weg in die Thronfolgeropposition fortzusetzen. Schon gar nicht wolle er das Haupt einer linken Kronprinzenpartei spielen, wie er Friedrich I. am 16. Juni wissen ließ. „Ich will nicht frondieren, will keine Oppositionskoterie gegen meinen Vater heraufbeschwören, und andererseits weiß man im Lande nicht, woran man mit mir ist."[39]

Doch der spätere 99-Tage-Kaiser wurde ungewollt weiter in die Oppositionsrolle gedrängt. Denn seit Mitte Juni wurde seine Korrespondenz mit seinem Vater über die Danziger Episode zunächst in der britischen und dann in der süddeutschen Presse geleaked. Zwar publizierten die anonymen Autoren die Briefe nicht direkt. Aber es wurde von Details berichtet, die nur denen bekannt sein konnten, die jene Dokumente aus königlicher Feder gelesen hatten.[40] Wilhelm befand sich zu jener Zeit im Kururlaub in

---

33 Tagebuch Friedrich Wilhelm, 23. Februar 1864. Ders. (Hrsg.), Tagebücher, S. 269–270.
34 Vgl. NFA, IV, S. 191.
35 Bismarck an Wilhelm, 10. Juni 1863. Meisner, Kronprinz, S. 77–78.
36 Saucken-Julienfelde an Duncker, 14. Juni 1863. Schultze (Hrsg.), Briefwechsel, S. 352.
37 Mathy an Freytag, 17./19. Juni 1863. Heyderhoff (Hrsg.), Liberalismus, Bd. 1, S. 157.
38 Freytag an Mathy, 9. Juli 1863. Meisner, Kronprinz, S. 113.
39 Friedrich Wilhelm an Friedrich I., 16. Juni 1863. Oncken (Hrsg.), Briefwechsel, Bd. 1, S. 349–350.
40 Vgl. Meisner, Kronprinz, S. 24–26.

Karlsbad.[41] Dort will er am 14. Juli zufällig bei der Lektüre von „Polizeiausschnitten" einen „Artikel mit der teilweis wirklichen Wiedergabe jener Korrespondenz" entdeckt haben, wie er Augusta schrieb. Er sei peinlich überrascht gewesen, dass Bismarck auf Nachfrage „den Artikel schon über 8 Tage kenne ihn mir aber während der Kur nicht habe mitteilen wollen (was ich ihm natürlich nicht danken konnte) [...], denn diese Veröffentlichung ist fast noch frevelhafter als das Danziger Faktum selbst."[42] Und der Ministerpräsident berichtete seiner Ehefrau, dem König „nagt [...] die kronprinzliche Geschichte am Herzen. Seit dem Tage, als ich Carlsbad verließ und wo ihm durch Zufall eine Zeitung mit den Dingen, die wir ihm sorgfältig verborgen hatten, in die Hände geraten ist, scheint die gute Laune fort; er ist still und in sich gekehrt, forcirt sich, heiter zu sein!"[43] Um herauszufinden, wer die Briefe an die Presse lanciert hatte, wurden auf königlichen Befehl sämtliche Mitarbeiter des Kronprinzen verhört. Aber niemand wollte verantwortlich gewesen sein.[44] Friedrich Wilhelm klagte seiner Mutter, dieses „Inquisitionsverfahren ist mir aber im höchsten Grade peinlich wegen meiner Umgebungen und erinnert deshalb lebhaft an das Jahr 1854, wo Papas Adjutanten sich in derselben angenehmen Lage befanden."[45]

Der Verdacht lag nahe, dass die liberale Umgebung des Kronprinzen versucht haben mochte, mit den Zeitungsleaks die Thronfolgerkrise öffentlich hochzuschaukeln. Wilhelm sinnierte gegenüber seinem Schwiegersohn, dass „die *Partei*" den „Skandal erneuert u[nd] stärker aufgefrischt" haben soll. Das sei ihr gelungen, da die Danziger Episode „durch diese Publikation zu einem viel größeren Skandal entflammt ist."[46] Mit diesem Verdacht lag er zumindest teilweise richtig. Duncker hatte dem Thronerben am 22. Juni erklärt, „daß hier in Berlin die Meinung bestehen soll, [...] daß es seitens Eurer Königlichen Hoheit nicht ungern gesehen zu werden schiene, wenn infolge des Danziger Vorganges zwischen Sr. Majestät und Ew. K.H. gepflogene Korrespondenz in weiteren Kreisen bekannt würde."[47] Da der königliche Briefwechsel zuerst in der britischen Presse publiziert wurde, liegt der Verdacht nahe, dass Friedrich Wilhelms eigene Ehefrau für die Leaks verantwortlich war. Immerhin hatte die Kronprinzessin vollständige Briefabschriften dem Londoner Hof zukommen lassen. Und ihrer Mutter der Queen hatte sie am 21. Juni geschrieben, „I send you all the papers that you may see what Fritz has done, said and written!"[48] Auch Heinrich Otto Meisner kam etwa sieben Jahrzehnte später zu dem Schluss, dass Victoria die Briefe ihres Ehemanns und ihres Schwieger-

41 Vgl. [Hohenlohe-Ingelfingen], Aus meinem Leben, Bd. 2, S. 332–333.
42 Wilhelm an Augusta, 22. Juli 1863. GStA PK, BPH, Rep. 51 J, Nr. 509b, Bd. 9, Bl. 93–94. Siehe auch Wilhelm an Bismarck, 14. Juli 1863. AGE, Bd. 1, S. 73–74.
43 Bismarck an J. v. Bismarck, 22. Juli 1863. GW, Bd. 14/II, S. 648.
44 Vgl. Wilhelm an Augusta, 8./9. August 1863. GStA PK, BPH, Rep. 51 J, Nr. 509b, Bd. 9, Bl. 104; Wilhelm an Friedrich I., 9. August 1863. Oncken (Hrsg.), Briefwechsel, Bd. 1, S. 358; Schweinitz (Hrsg.), Denkwürdigkeiten, Bd. 1, S. 156.
45 Friedrich Wilhelm an Augusta, 24. Juli 1863. Meisner, Kronprinz, S. 123.
46 Wilhelm an Friedrich I., 30. Juli 1863. Oncken (Hrsg.), Briefwechsel, Bd. 1, S. 354.
47 Duncker an Friedrich Wilhelm, 22. Juni 1863. Meisner, Kronprinz, S. 91.
48 Victoria an Queen Victoria, 21. Juni 1863. Fulford (Hrsg.), Dearest Mama, S. 229.

vaters geleaked hatte. Doch es kann nicht eindeutig belegt werden, ob sie mit diesem Schritt tatsächlich versucht haben mochte, die Öffentlichkeit für den Thronfolger zu mobilisieren. Und in jedem Fall muss diese mögliche Strategie als gescheitert betrachtet werden. Zwar fanden die Briefpublikationen trotz der neueingeführten Pressezensur durch Flugblätter und Broschüren auch in Preußen Verbreitung. Aber das öffentliche Echo auf die Kronprinzenleaks blieb vergleichsweise schwach. Schon gar nicht gaben sie den Anstoß zur Bildung einer Thronfolgerpartei.[49] Scheinbar konnte der spätere Friedrich III. im Sommer 1863 nur schwer als dynastische Projektionsfläche einer politischen Gegenöffentlichkeit fungieren. Doch selbst wenn er ein solches populäres Momentum besessen hätte, wäre es äußerst unwahrscheinlich gewesen, dass er versucht hätte, politischen Druck auf seinen Vater auszuüben. Friedrich Wilhelm war nicht Wilhelm. Und 1863 war nicht 1854.

Es ist nicht so, dass Wilhelm und das Staatsministerium der Opposition nicht genügend Munition gegeben hätten, um die Öffentlichkeit zu mobilisieren. Denn bereits am 16. Juni wurden in einem Kronrat Neuwahlen beschlossen. Diese Entscheidung sollte allerdings noch mehrere Wochen geheim gehalten werden. Bismarck hatte sich gegen die Kammerauflösung ausgesprochen, da kaum mit besseren Wahlergebnissen zu rechnen sei. Aber er hatte sich dem Allerhöchsten Willen beugen müssen.[50] Seiner Ehefrau klagte der Ministerpräsident, dass er für Neuwahlen „kein Herz hatte. Aber es ging nicht anders; Gott weiß, wozu es gut ist. Nun geht der Wahlschwindel los."[51] Auch Friedrich Wilhelm will versucht haben, seinen Vater am 11. August von der Landtagsauflösung abzuraten. Aber Wilhelm soll erklärt haben, er „werde ruhig so wie bisher fortfahren, weil erst Gehorsam im Lande sein müsse, mehrmalige Auflösung scheue er nicht [...]. Gott stehe uns bei!"[52] Es war das erste Mal seit Danzig, dass König und Kronprinz miteinander gesprochen hatten. An Augusta schrieb Wilhelm, „wir haben die verlebten Verhältnisse ruhig durchsprochen und er scheint einzusehen, daß es nicht seine Aufgabe sein darf meine Regierung zu schwächen, sondern daß er sie durch sein Verhalten stärken muß."[53] Doch diese augenscheinliche Aussöhnung war nur von kurzer Dauer.

Am 2. September verkündete die Regierung die Landtagsauflösung.[54] Nur einen Tag später soll es über diesen Schritt zu einem emotionalen Streitgespräch zwischen Wilhelm und seinem Sohn gekommen sein. Denn wie der Kronprinz in seinem Tagebuch berichtet, will er seinen Vater erneut gefragt haben, was denn geschehen solle, falls die Oppositionsparteien auch die Neuwahlen gewinnen würden. „S.M.: Immer wieder neue Auflösungen. Ich: Aber zu welchem Ziel sollen diese Maßregeln schließlich führen? S.M.: Gehorsam im Lande, Schaffott, eventuell Zerreißung der Konstitution durch Barrikaden

---

49 Vgl. Meisner, Kronprinz, S. 26–35, S. 38–39.
50 Vgl. Konseilprotokoll, 16. Juni 1863. Meisner, Kronprinz, S. 86–87.
51 Bismarck an J. v. Bismarck, 4. September 1863. GW, Bd. 14/II, S. 652.
52 Tagebuch Friedrich Wilhelm, 11. August 1863. Meisner (Hrsg.), Tagebücher, S. 209.
53 Wilhelm an Augusta, 12. August 1863. GStA PK, BPH, Rep. 51 J, Nr. 509b, Bd. 9, Bl. 107.
54 Vgl. Meisner, Kronprinz, S. 44.

auf der Straße und dann natürlich auch Aufhebung derselben. [...] Ich: Was dann? S.M.: Weiß ich nicht, ich werde dann nicht mehr leben. Aber ‚dieses hundsföttische konstitutionelle System' könne nicht mehr Bestand haben, denn es solle nur die königliche Autorität zerstören, um Republik mit Präsident wie in England einzuführen. Den ‚Kanaillen' der Opposition [...] müsse gezeigt werden, wer König von Preußen sei." Als dann der Thronfolger erklärt haben will, dass er diese Politik im Staatsministerium nicht mittragen könne, soll ihm Wilhelm „wütend und zornerfüllt" geschimpft haben, „gerade jetzt sei's meine Aufgabe, den Sitzungen beizuwohnen und von den Ministern zu hören, welche Maßregeln beraten würden und nicht von andern, die mich einnähmen. [...] und wenn ich meine Ansicht geäußert, dann schweigen."[55] Und wie Friedrich Wilhelm seiner Ehefrau klagte, soll sein Vater sogar gedroht haben, er „werde den gehörig vermöbeln, der dir solche Ansichten beibringt."[56]

Aber hatte Wilhelm seinem Sohn an jenem 3. September etwa gestanden, dass er doch einen Staatsstreich à la Edwin von Manteuffel planen würde? Nein. Denn selbst in höchster emotionaler Erregung soll er erklärt haben, dass die Verfassung nur „von unten" gebrochen werden könnte. Alles was nach den Barrikadenkämpfen geschehen würde, wäre in seinen Augen lediglich eine gerechtfertigte Antwort gewesen. Im Herbst 1863 will der spätere Kaiser auch dem belgischen König gegenüber betont haben, „daß wenn man nur die Revolution auf die Straßen trüge", dann „der Moment käme, wo ich in Ueberlegung zu nehmen hätte, ob diese Verfassung aufrecht zu erhalten sei."[57] An Augusta schrieb er ebenfalls, „fabelhaft sind die Erwartungen daß nach der Auflösung des Abg[eor]d[neten]-Hauses Octroyirung stattfinden sollten[,] auch davon ist nicht die Rede. Wir wollen es nochmals mit der bestehenden Wahlverordnung versuchen, um jeden Schein von Verfassungswidrigkeit zu vermeiden."[58] Und laut Alexander von Schleinitz soll ihm Bismarck gesagt haben, „daß seiner Ansicht nach preußisches Königtum und unsere dermalige Verfassung unvereinbare Dinge seien. Daß eine unbedingte und jetzt völlige Beseitigung der letzteren auf sehr viele Schwierigkeiten, namentlich auch bei S.M. dem Könige stoßen würde, verhehlt sich Herr v. B[ismarck] wohl nicht."[59] Auch im Herbst 1863 waren die militärischen Staatsstreichideen für Wilhelm lediglich Planspiele für ein worst case scenario. Aber das bedeutete auch, dass er noch immer keine langfristige Lösungsstrategie für den Verfassungskonflikt besaß. Sogar Bernstorff kritisierte diese von Allerhöchster Stelle verordnete Planlosigkeit. Denn „wie man bis ins Unendliche mit Minoritäten fortregieren will, wenn man nicht überhaupt das Blatt Papier abschaffen will, verstehe ich nicht recht."[60]

Allerdings wurden im Wahlkampf weitere konstitutionelle Tabugrenzen gebrochen. Der Staat ging repressiv gegen oppositionelle Beamte und Wahlkandidaten vor. Den

---

55 Tagebuch Friedrich Wilhelm, 3. September 1863. Ders. (Hrsg.), Tagebücher, S. 213.

56 Friedrich Wilhelm an Victoria, 4. September 1863. Corti, Wenn..., S. 180.

57 Wilhelm an Augusta, 21. Oktober 1863. GStA PK, BPH, Rep. 51 J, Nr. 509b, Bd. 9, Bl. 131.

58 Wilhelm an Augusta, 8. September 1863. Ebd., Bl. 116.

59 A. v. Schleinitz an Augusta, 27. Oktober 1863. Meisner, Kronprinz, S. 172.

60 Bernstorff an Goltz, 3. November 1863. Stolberg-Wernigerode (Hrsg.), Goltz, S. 350.

linken Parteien wurde die öffentliche Bühne mit Zensur und Polizei beschnitten, während die Konservativen von der Regierung offen protegiert wurden. Das erinnerte zu Recht an die Reaktionsära.[61] Und Wilhelm griff sogar persönlich in den Wahlkampf ein. Die Dorfgemeinde Steingrund ließ er einem öffentlichen Erlass wissen, diese könne ihre Loyalität *„nur durch die Wahl solcher Männer"* beweisen, *„welche den festen Willen haben, Meine Minister in der Durchführung der ihnen von Mir übertragenen Aufgaben zu unterstützen. Ein feindliches Verhalten gegen Meine Regierung läßt sich mit der Treue gegen Meine Person nicht vereinigen*; denn Meine Minister sind durch Mein Vertrauen in ihre Stellungen berufen und haben Mich in der Erfüllung Meiner großen und ernsten Pflichten zu unterstützen."[62] Dieser Erlass war letztendlich nichts anderes als ein Wahlaufruf zugunsten konservativer Parteien, wie ihn der Monarch bereits 1861 gefordert hatte. Die königlichen Worte wurden von staatlichen Organen dann auch gezielt zur Stimmbeeinflussung im ländlichen Raum publiziert. *Ob* und falls ja, *wie* der Erlass das Wahlverhalten der unteren Stimmklassen in Preußen beeinflusst haben mochte, kann jedoch nicht genau rekonstruiert werden.[63]

Jedenfalls legen mehrere Quellen nahe, dass die politische Kultur in Preußen auch im Herbst 1863 von einem deutlichen Stadt-Land-Gefälle geprägt war. So notierte Bernhardi, in der Hauptstadt *„wird der König in der Straße von den Leuten nicht mehr gegrüßt.* [...] Vor dem Schloß sammeln sich immer Leute, um ihn ankommen oder abreisen zu sehen, meist Fremde aus der Provinz, die bei einem Besuch in Berlin auch ihren König sehen wollen. Diese sind versucht den Hut abzunehmen, wenn der König erscheint. In der Nähe des Palais treiben sich aber verdächtig aussehende, stark nach Branntwein duftende Subjecte herum – *die leiden Das nicht!* – Sie fahren die Leute mit Grobheit an: ,Na! *Wollt ihr wohl den Filz aufbehalten!'* – Sie drohen jedem, der sich unterstehen wollte zu grüßen, *den Filz anzutreiben!"* Gleichzeitig will der Historiker erfahren haben, dass in den ländlichen Provinzen „eine Menge Leute aus dem Mittelstande [...] *gar keinen Antheil an den Wahlen nehmen wollen. ,Es hilft ja doch Nichts,'* sagen die, und meinen, es wäre besser, wenn es wieder so wäre ,wie vorher' – d.h. vor der Einführung einer parlamentarischen Verfassung."[64] Auch Vincke-Olbendorf berichtete, „unter den Bauern hört man oft: Es kommt nichts dabei heraus, mag der König doch wieder allein regieren."[65] Und der liberale Landrat Karl Friedenthal klagte, „die Militärfrage und Budgetfrage sind in Fleisch und Blut der ländlichen Bevölkerung nicht übergegangen. Endlich ist nach dem Gefühl des Landmannes in militärischen Dingen und der großen Staatsaktion der König Herr".[66] Diese Quellen sind nicht repräsentativer Natur. Aber sie stützen doch das Argument, dass die liberale Landtagsopposition kaum mehr als ein bürgerliches Elitenprojekt war. Das Dreiklassenwahlrecht verzerrte jedes

---

61 Vgl. Pflanze, Bismarck, Bd. 1, S. 219–220.
62 Wilhelm an die Dorfgemeinde Steingrund, 8. Oktober 1863. Hahn (Hrsg.), Innere Politik, S. 241.
63 Vgl. Löwenthal, Verfassungsstreit, S. 202–203; Richter, Moderne Wahlen, S. 361.
64 Tagebuch Bernhardi, 23. September 1863. Bernhardi (Hrsg.), Aus dem Leben, Bd. 5, S. 120–121.
65 Vincke-Olbendorf an Duncker, 9. Juni 1863. Schultze (Hrsg.), Briefwechsel, S. 347.
66 Friedenthal an Duncker, 9. Juli 1863. Ebd., S. 356.

Stimmergebnis disproportional. Urbanisierung und Industrialisierung hatten das Bürgertum zur neuen städtischen Wohlstandelite anwachsen lassen. Mit diesem Reichtum gewann die liberale Wählerschaft über das nach Steuerklassen gestaffelte Stimmrecht parlamentarische Macht, während die ländliche und potentiell konservative Bevölkerung an Repräsentation verlor. Dieser Verzerrungseffekt wurde auch durch eine immer geringere Wahlbeteiligung begünstig. Im Jahr 1862 hatten lediglich 35 Prozent der Wahlberechtigten ihre Stimme abgegeben, ein Jahr später sogar nur 30 Prozent. Anders als für das wohlhabende Bürgertum gab es für einkommensschwache Gesellschaftsschichten schlichtweg kaum einen Anreiz, den Urnengang anzutreten. Seine ursprüngliche Aufgabe, eine konservative Parlamentsmehrheit zu sichern, erfüllte das Dreiklassenwahlrecht 1863 schon lange nicht mehr.[67] Auch Wilhelm erkannte, dass „die conservativen Landwähler durch das Pack der städt[ischen] Wähler geschlagen wurden."[68] Doch dass in der Wahlrechtfrage eine mögliche Exitstrategie aus der Staatskrise lag, reflektierte er nicht. Und Bismarck sollte erst später argumentieren, „in einem Lande mit monarchischen Traditionen und loyaler Gesinnung wird das allg[emeine] Stimmrecht, indem es die Einflüsse der liberalen Bourgeosie-Klassen beseitigt, auch zu monarchischen Wahlen führen, ebenso wie in Ländern, wo die Massen revolutionär fühlen, zu anarchischen. In Preußen aber sind 9/10 des Volkes dem Könige treu ergeben u[nd] nur durch den künstlichen Mechanismus der Wahl um den Ausdruck ihrer Meinung gebracht."[69] Aber 1863 waren weder der Monarch noch sein Ministerpräsident zu einem demokratischen Wahloktroi bereit.

Stattdessen schien Wilhelm im Wahlkampf vor allem das Aufkommen einer liberalen Kronprinzenpartei befürchtet zu haben. Mitte September berichtete Schleinitz der Königin, der Herrscher soll ihm gesagt haben, „daß Sein Herr Sohn es zum Bruche treiben und irgend einen Schritt provozieren wolle, der ihn in der öffentlichen Meinung zum politischen Märtyrer stempeln würde. Der König schreibt dies Verhalten des Kronprinzen, das er sehr beklagt, teils fremden Einflüsterungen, vor allen Dingen aber dem Einflusse der Frau Kronprinzessin zu."[70] Ende September soll der Monarch laut Schleinitz seinem Sohn erneut vorgeworfen haben, „der Öffentlichkeit gegenüber eine sehr schroffe und feindliche Haltung gegen die dermalige Regierung einzunehmen und es womöglich recht absichtlich dahin zu bringen, daß Maßregeln gegen ihn ergriffen würden, die S.K.H. in dem Lichte eines politischen Märtyrers erscheinen ließen."[71] Wie Wilhelm im Oktober auch Augusta gegenüber argumentierte, „kann ich und darf ich nicht vergessen was er tat und noch zu tun beabsichtigte. Elternliebe darf niemals blind sein[,] wenn sie auch nachsichtig wegen vieler guter Eigenschaften der Kinder ist."[72] Und im selben Monat schimpfte er dem Kronprinzen in einem längeren Brief, „um

---

67 Vgl. Boldt, Konstitutionalismus, S. 131; Pflanze, Bismarck, Bd. 1, S. 228–230.

68 Wilhelm an Augusta, 1. November 1863. GStA PK, BPH, Rep. 51 J, Nr. 509b, Bd. 9, Bl. 134.

69 Bismarck an Redern, 17. April 1866. GW, Bd. 5, S. 457.

70 A. v. Schleinitz an Augusta, 10. September 1863. Meisner, Kronprinz, S. 150.

71 A. v. Schleinitz an Augusta, 29. September 1863. Ebd., S. 161–162.

72 Wilhelm an Augusta, 20. Oktober 1863. GStA PK, BPH, Rep. 51 J, Nr. 509b, Bd. 9, Bl. 130.

meine Regierung zu erschweren oder zu stürzen, verbreitet man absichtlich im Lande, Du befändest Dich in Opposition mit mir, um bei meinem vorgerückten Alter die Menschen auf eine baldige Änderung im Regierungssystem beim Thronwechsel aufmerksam zu machen und meine Anhänger lahm zu legen. Dies hat sich in diesen Tagen gezeigt, wo da, da man konservative Wahlen erwartet, in der 11. Stunde Abdrücke unserer verratenen Korrespondenz in 1.000 Exemplaren verteilt wurden, die denn auch demokratische Wahlen bewirkten. So bist Du also bereits die Fahne der Demokratie geworden!!"[73]

Aber 1863 wurde der spätere Friedrich III. auf der öffentlichen Bühne von keiner Partei reklamiert. Die Altliberalen mochten dem Thronfolger zwar ideologisch am nächsten stehen. Doch Vincke und seine nach wie vor auf Kompromiss ausgerichteten Parteifreunde konnten kein Interesse daran haben, in der Dynastiekrise offen Partei zu ergreifen. Und sie müssen sogar zu den Verlierern der Landtagswahl am 28. Oktober gerechnet werden. Denn sie verloren zehn von ihren neunzehn Sitzen – und zu den Altliberalen, die den Einzug ins Parlament verpassten, gehörten so prominente Namen wie Auerswald, Patow und Vincke selbst. Die Fortschrittspartei muss mit 145 Mandaten dagegen als Wahlgewinner betrachtet werden, ebenso die Linksliberalen mit 106 Sitzen. Beide Fraktionen dominierten das Abgeordnetenhaus mit einer Mehrheit von etwa siebzig Prozent. Im Vergleich dazu gelangen den konservativen Parteien lediglich marginale Gewinne. Sie zogen anstatt mit elf mit fünfunddreißig Abgeordneten in die Kammer ein, darunter auch Roon.[74] Friedrich Wilhelm befand sich bei seiner Schwiegermutter in Großbritannien, als er von den Wahlergebnissen erfuhr. „Mehr wie je ein preußischer Souverän ist S.M. in den Wahlkampf eingetreten und hat seine Person bloßgestellt", schrieb er seinem Adjutanten Hans-Lothar von Schweinitz. „Welches war das Resultat und dient dies dem Ansehen der Krone?"[75] Seinem ehemaligen Erzieher Curtius erklärte der Kronprinz, er wolle sich „verkriechen, wie ich nur kann, weil ich mit Bismarck Nichts zu thun haben will und doch alles vermeiden muß, so lange es irgend geht, einen offenen Bruch mit der Regierung officiell darzuthun."[76] Aber der König machte diesen Hoffnungen einen Strich durch die Rechnung. Denn er befahl seinem Sohn, nach Berlin zurückzukehren, um bei der Landtagseröffnung am 9. November anwesend zu sein.[77]

Wie Wilhelm seiner Ehefrau berichtete, werde er „auf Wunsch des Ministeriums [...] selbst den Landtag eröffnen – ein harter Entschluß, aber ich will auch das Opfer bringen, um womöglich den Frieden zu vermitteln."[78] Es war das erste Mal seit Januar 1862, dass der Monarch die Kammersession persönlich eröffnete. „Es gilt als Zeichen, daß wir zeigen, daß trotz vieler Wiederwahlen, wir diese Kammer nicht als Calamität der vo-

---

73 Wilhelm an Friedrich Wilhelm, Oktober 1863. Meisner, Kronprinz, S. 175.
74 Vgl. Huber, Verfassungsgeschichte, Bd. 3, S. 319–320.
75 Friedrich Wilhelm an Schweinitz, 1. November 1863. Wilhelm von Schweinitz (Hrsg.), Briefwechsel des Botschafters General von Schweinitz, Berlin 1928, S. 11.
76 Friedrich Wilhelm an Curtius, 1. November 1863. Schuster (Hrsg.), Briefe, S. 123–124.
77 Vgl. Wilhelm an Friedrich Wilhelm, 21. Oktober 1863. Meisner, Kronprinz, S. 170.
78 Wilhelm an Augusta, 6. November 1863. GStA PK, BPH, Rep. 51 J, Nr. 509b, Bd. 9, Bl. 135.

rigen ansehen, die mit uns zu ziehen verweigerte, indem man so tut, als könnten sich die Wiedergewählten gebessert haben. [...] Doch das Alles wird nichts helfen meiner Ueberzeugung nach, da die Democratie den Kampf nicht aufgibt, um die preuß[ische] Verfassung ganz zu Belgisiren."[79] Mit dieser festgefahrenen Meinung konnte jedes königliche Versöhnungsangebot nur Show sein. Die Landtagseröffnung war nur ein weiter Schachzug im nicht enden wollenden Zermürbungskrieg, um das Abgeordnetenhaus öffentlichkeitswirksam ins Unrecht zu setzen. Dies belegt auch ein Brief, den der König zeitgleich an seinen badischen Schwiegersohn schrieb. Denn Wilhelm argumentierte, „die Demokraten oder Altliberalen oder Fortschrittler oder Roten, und wie man sie sonst bezeichnen will, verfahren [...] mit einer bewundernswerten Konsequenz, denn wenn sie erst die bewaffnete Macht ruiniert haben in Disziplin und Gesinnung, so sind sie Herren der Situation. [...] Es soll das englisch-belgische Prinzip in die Verfassung introduziert werden, wonach der König die Minister aus der Majorität des Hauses wählen muß und dem Parlament nicht bloß die innehabende Gesetzgebung, sondern das Mitregieren vindizieren wird. Die Umgestaltung unserer Verfassung in diesem Sinne, das ist der Kampf, um den es sich jetzt handelt!"[80] Das war eine frappierend undifferenzierte Perspektive. Aber im Verfassungskonflikt war für den späteren Kaiser jeder ein Demokrat oder Revolutionär, der nicht seine kompromisslose Position teilte.

Unter diesen Generalverdacht fiel auch der Kronprinz. Ihm war bei dem Landtagsschauspiel eine symbolische Staffagenrolle zugedacht. Der Thronfolger sollte demonstrativ an der Seite seines Vaters gesehen werden, um weitere Spekulationen über seine Opposition zu unterbinden. Doch dieser Inszenierungsversuch schien nicht gerade geglückt zu sein. Denn laut seinem Tagebuch will Friedrich Wilhelm vom Landtagspublikum „sehr herzlich" begrüßt worden sein, „sogar ungewohnterweise mit Hurras." Sein Vater hingegen „tat wieder heftige bittere Äußerungen gegen die Abgeordneten", und „schüttelte Bismarck vorm Eröffnen so warm und gnädig die Hand, wie ich's noch kaum für seine langjährigsten treuesten Freunde gesehen, ihm dankend für die Hingebung, mit der er dieser Kampfperiode entgegengehe."[81] Und Wilhelms Thronrede war nicht weniger provokativ. Zwar sprach er den Wunsch aus, dem „entstandenen Zerwürfnisse ein Ende" zu machen. „Das Ziel kann aber nur dann erreicht werden, wenn die für die preußische Monarchie unentbehrliche Macht des Königlichen Regiments ungeschwächt erhalten wird und Ich von Ihnen bei Ausübung Ihrer verfassungsmäßigen Rechte in der Erfüllung meiner landesherrlichen Pflichten unterstützt werde."[82] Damit hatte Wilhelm wieder einmal unmissverständlich erklärt, dass er zu keinerlei Kompromissen bereit war. Bernhardi notierte nach der Lektüre dieser Thronrede, *„sie wird zu gar nichts helfen, vielmehr den allerübelsten Eindruck machen."*[83] Jedenfalls war das neugewählte Abgeordnetenhaus nicht bereit, Wilhelms angebliches

---

79 Wilhelm an Augusta, 8. November 1863. Ebd., Bl. 136.
80 Wilhelm an Friedrich I., 14. November 1863. Oncken (Hrsg.), Briefwechsel, Bd. 1, S. 453–454.
81 Tagebuch Friedrich Wilhelm, 9. November 1863. Meisner (Hrsg.), Tagebücher, S. 221.
82 Rede Wilhelms, 9. November 1863. Hahn (Hrsg.), Innere Politik, S. 248–252.
83 Tagebuch Bernhardi, 10. November 1863. Bernhardi (Hrsg.), Aus dem Leben, Bd. 5, S. 133.

Versöhnungsangebot anzunehmen. Stattdessen erklärten die Parlamentarier bereits in den ersten Verhandlungswochen die Presseordonnanz für verfassungswidrig. Am 21. November sah sich die Regierung schließlich gezwungen, den Zensuroktroi aufzuheben. Die Opposition hatte mit diesem Akt demonstriert, dass sie gewillt war, die wenigen ihr zur Verfügung stehenden konstitutionellen Kontrollmechanismen zu nutzen. Und Monarch und Ministerium hatten zumindest implizit zugegeben, dass sie vor einem offenen Verfassungsbruch nach wie vor zurückschreckten.[84] Wilhelm schien dennoch überzeugt gewesen zu sein, im Juni gesetzeskonform gehandelt zu haben. „Ueber die Opportunität eines durch die Verfassung vorgesehenen Octroyrung kann man streiten", erklärte er Augusta, „aber nicht um die Gesetzmäßigkeit derselben, wie es das Abgeordnetenhaus in der Preßfrage tut, denn sonst würde die Verfassung nicht die Vorschrift dieserhalb aufgenommen haben, die also Gesetz ist. Ueber die Opportunität hat nur die Regierung zu entscheiden beim Erlaß; über die Beibehaltung das Parlament. Das ist geschehen und somit die Sache erledigt."[85] Mit dieser Verfassungslogik hätte jeder Notstandsoktroi gerechtfertigt werden können.

Spätestens Ende 1863 war deutlich geworden, dass die Integrationskraft der preußischen Verfassung an ihre Grenzen gekommen war. Ein Ausgleich zwischen König und Untertanen war unmöglich, wenn beide Seiten die konstitutionellen Spielregeln konträr interpretierten. Damit verlor die Verfassung ihre legitimatorische Funktion. Wenn das preußische Königtum seine Herrschaft allerdings nicht mehr über den Konstitutionalismus rechtfertigen konnte, musste es andere Legitimationsquellen suchen.[86] Doch 1863 konnte niemand innerhalb oder außerhalb der Berliner Palastmauern ahnen, dass der Weg in den deutschen Nationalstaat unmittelbar bevorstand. Der König besaß schlichtweg *keinerlei* Strategie, wie er aus der selbstverschuldeten Staatskrise wieder herauskommen sollte. Eine gewisse Wirklichkeitsabgewandtheit mochte allen monarchischen Eliten des 19. Jahrhunderts diagnostiziert werden. Aber Wilhelm hob diese Abgewandtheit im Verfassungskonflikt auf eine neue Ebene. Und nicht einmal seinem eigenen Sohn war es gelungen, ihn von den potentiellen Gefahren dieser Politik zu überzeugen. Der spätere Kaiser ging sehenden Auges einer neuen Legitimationskrise entgegen.

Friedrich Wilhelm konnte oder wollte diese Entwicklung nur aus einer Zuschauerperspektive verfolgen. Weiter als die vorsichtigen öffentlichen Worte in Danzig sollte er den Weg in die Thronfolgeropposition nie gehen. Das mochte insofern erklärlich oder verständlich gewesen sein, als dass für ihn die persönlichen Folgen dieser Episode verheerend waren. Denn seit dem Sommer 1863 fristete der Kronprinz am Berliner Hof ein Pariadasein. Im Deutsch-Dänischen Krieg notierte er vielsagend, „daß viele unter den Königstreuen mir eine dänische Kugel wünschen, weiß ich".[87] Und im Vorfeld des Preußisch-Österreichischen Krieges klagte er, „mir allein teilt keine offizielle Seele auch

---

84 Vgl. Huber, Verfassungsgeschichte, Bd. 3, S. 320; Engelberg, Bismarck, Bd. 1, S. 533.
85 Wilhelm an Augusta, 21. November 1863. GStA PK, BPH, Rep. 51 J, Nr. 509b, Bd. 9, Bl. 149.
86 Vgl. Sellin, Gewalt und Legitimität, S. 202–203.
87 Tagebuch Friedrich Wilhelm, 4. April 1864. Meisner (Hrsg.), Tagebücher, S. 320.

nur ein Atom Politik mit!!!"[88] Auch blieb sein Verhältnis zu seinem Vater irreparabel geschädigt. Nach 1863 ließ Wilhelm den Kronprinzen politisch effektiv kaltstellen. Bis zu seinem Tod sah er ihn als Gefahr für die Zukunft der Monarchie.[89] Seinem Schwager Carl Alexander schrieb der Kaiser 1884, „meines Sohnes politische Richtung ist bisher nicht die meiner Person also auch nicht die meines Ministeriums, das weißt Du leider so gut wie ich!"[90] Und laut Bismarcks Mitarbeiter Friedrich von Holstein soll der alte Monarch noch 1887 geschimpft haben, „ich habe keinen Sohn mehr, der Kronprinz ist ein Fremder."[91] Seit den späten 1870er Jahren begann Wilhelm sogar, seinen Enkel gegen dessen Vater auszuspielen. Der spätere Wilhelm II. genoss die persönliche wie politische Aufmerksamkeit seines Großvaters, während der Kronprinz in Familienangelegenheiten und bei repräsentativen Auftritten regelmäßig übergangen wurde. Wilhelms Einfluss auf seinen Enkel darf nicht unterschätzt werden. Denn er trug maßgeblich dazu bei, diesen von seinen liberalen Eltern zu entfremden. Und der junge Prinz betrachtete seinen Großvater und dessen konservative Umgebung als politische Vorbilder.[92] „Wilhelm der Große" galt Wilhelm II. zeit seines Lebens als geradezu mythologische Figur und schlagkräftiges Argument für eine persönliche Monarchie.[93] Für den ersten Deutschen Kaiser war dieser dynastische Generationenkonflikt wiederum eine weitere Möglichkeit, seinen Sohn auf ein Nebengleis der Geschichte zu stellen. So beobachtete der badische Politiker Johann Heinrich Gelzer 1885 am Berliner Hof, „Prinz Wilhelm wird vom Kaiser ausdrücklich gelobt als eine Hoffnung für die Zukunft."[94] Ein Jahr später berichtete Bismarcks Sohn Herbert, der Kaiser soll ihm gesagt haben, „mein Enkel ist zu meiner Freude ungewöhnlich reif [...]. Mein Sohn ist nie so reif gewesen, der hat immer bedauerliche politische Ansichten gehabt und denselben hinter meinem Rücken gefrönt: er spricht mit mir nie über Politik, auch nicht, wenn ich davon anfange."[95] Und Philipp zu Eulenburg-Hertefeld, ein Intimfreund Wilhelms II., erzählt in seinen Memoiren, „daß der alte Herr in seinen letzten Lebensjahren, wenn er von ‚seinem Sohne' sprach, fast immer den Prinzen Wilhelm meinte und nicht den Kronprinzen. [...] Der spätere Kaiser Wilhelm II. war die Hoffnung, auf die nicht nur der alte Kaiser, sondern auch Bismarck alles gesetzt hatte."[96] Wilhelm konnte nicht wissen, dass

---

88 Tagebuch Friedrich Wilhelm, 19. Februar 1866. Ebd., S. 411.

89 Vgl. Müller, 99-Tage-Kaiser, S. 39–45.

90 Wilhelm an Carl Alexander, 27. Mai 1884. Winfried Baumgart (Hrsg.), Bismarck und der deutsche Kolonialerwerb 1883–1885. Eine Quellensammlung, Berlin 2011, S. 259.

91 Tagebuch Holstein, 17. Mai 1887. Rich/Fisher/Frauendienst (Hrsg.), Papiere, Bd. 2, S. 387.

92 Vgl. Cecil, Wilhelm II., Bd. 1, S. 60–61, S. 68–69; Röhl, Wilhelm II., Bd. 1, S. 379–382, S. 396–495, S. 432–435; Müller, 99-Tage-Kaiser, S. 60–61.

93 Vgl. Wilhelm II., Vorfahren, S. 204–237; Röhl, Wilhelm II., Bd. 2, S. 953–960; Benjamin Hasselhorn, Der Kaiser und sein Großvater. Zur politischen Mythologie Wilhelms II., in: FBPG NF 25 (2015), S. 321–335.

94 Tagebuch Gelzer, 21. Juli 1885. Walther Peter Fuchs (Hrsg.), Großherzog Friedrich I. von Baden und die Reichspolitik 1871–1907, Bd. 2, Stuttgart 1975, S. 347.

95 H. v. Bismarck an Bismarck, 9. November 1886. Walter Bußmann (Hrsg.), Staatssekretär Graf Herbert von Bismarck. Aus seiner politischen Privatkorrespondenz, Göttingen 1964, S. 403.

96 Haller (Hrsg.), Erinnerungen, S. 187–188.

ihm sein Enkel 1888 nach nur 99 Tagen auf dem Thron nachfolgen sollte. Und er kann nicht für die deutsche Politik bis 1918 haftbar gemacht werden. Aber von der Mitverantwortung für das politische Profil des letzten Hohenzollernkaisers kann er nicht freigesprochen werden.

Kanzlermythen auf dem Prüfstand:
Der Frankfurter Fürstentag 1863

Innenpolitisch hatte Bismarck im ersten Jahr seiner Ministerpräsidentschaft kaum eigene Akzente setzen können. Das Einzige, was ihn von seinen Vorgängern unterschied, war seine Bereitschaft, die königliche Konfliktpolitik ohne-wenn-und-aber zu verteidigen. Ob dies als Beleg für den politischen Genius des „Eisernen Kanzlers" dienen kann, sei dahingestellt. Gleichzeitig muss allerdings angemerkt werden, dass dem *Diplomaten* Bismarck die innenpolitische Bühne zwar nicht völlig fremd war, aber er doch von 1851 bis 1862 mit einem gänzlich anderen Publikum hatte interagieren müssen. Deshalb mochte es nicht überraschen, dass sich der neue *Ministerpräsident* vor allem auf außenpolitischem Terrain um eine persönliche Aktionsinitiative bemühte. Die Alvensleben'sche Konvention muss in dieser Hinsicht jedoch als leidlicher Erfolg betrachtet werden. Anders sah es in der Deutschlandpolitik aus. Denn hier fand der spätere Kanzler langfristig Mittel und Wege, die königliche Eskalationspolitik gegen Frankfurt am Main nicht nur aktiv mitzutragen, sondern sogar zu pushen. Wilhelm und Bismarck waren bereit, die preußischen Machtansprüche in Deutschland gegen den Bund durchzusetzen. Im Dezember 1862 schrieb der Ministerpräsident seinem Souverän sogar unverhohlen, „daß es eins der glücklichen Ergebnisse für uns sein würde, wenn wir unsere Befreiung aus dem Netze der Bundesverträge erlangen könnten."[1] Differenzen gab es zwischen beiden Männern nur in der Frage, wie weit diese Ansprüche gehen sollten. Wilhelm hatte seit 1848/49 kontinuierlich argumentiert, dass die Hohenzollernmonarchie im gesamten außerösterreichischen Deutschland eine nationale Führungsrolle spielen müsse. Alles unter einem kleindeutschen Nationalstaat konnten lediglich Etappensiege sein. Dagegen wäre Bismarck bis 1866 wohl bereit gewesen, sich auch mit einer Zweiteilung Deutschlands zwischen Preußen und Österreich zufrieden zu geben. Wiederholt betonte er in Schriften und Gesprächen, dass er eine friedliche Paritätslösung mit der Habsburgermonarchie einem potentiellen Konflikt vorziehen würde.[2] Wie die Gründung des Norddeutschen Bundes zeigen sollte, hätte Wilhelm die Mainlinie allerdings nie als geopolitischen Schlussstrich unter die Deutschen Frage akzeptiert. Und damit erübrigt sich die kontrafaktische Frage, ob sich der Berliner Hof mit einem nur partiellen Nationalstaat langfristig hätte begnügen können.[3]

Bereits im ersten Jahr der Regierung Bismarck demonstrierte Wilhelm, dass eine Paritätslösung der Deutschen Frage mit ihm nicht machbar war. Seit August 1862 wurde in Wien und Frankfurt am Main ein neuer Bundesreformplan debattiert. Wie die Bernstorff-Note sah dieser die Schaffung einer nationalen Delegiertenversammlung vor – aber im großdeutschen Rahmen und ohne preußische Sonderrolle. Die österrei-

---

1 Bismarck an Wilhelm, 25. Dezember 1862. GW, Bd. 4, S. 30–31.
2 Vgl. Eberhard Kolb, Großpreußen oder Kleindeutschland? Zu Bismarcks deutscher Politik im Reichsgründungsjahrzehnt, in: Johannes Kunisch (Hrsg.), Bismarck und seine Zeit, Berlin 1992, S. 11–36.
3 Vgl. Nonn, Bismarck, S. 175–176.

https://doi.org/10.1515/9783111323954-039

chische Regierung unterstützte diese Föderativpolitik sogar aktiv. Denn die Delegiertenversammlung sollte nur ein begrenztes Mitspracherecht unter anderem in ökonomischen Fragen genießen. Damit bestand aus Wiener Perspektive keine Gefahr für einen nationalrevolutionären Schneeballeffekt. Und gleichzeitig hätte Österreich das almost-Parlament als Pressionsinstrument gegen den Zollverein und die preußische Wirtschaftspräponderanz nutzen können. Am 18. Dezember 1862 wurde der Reformplan in Frankfurt am Main zur Abstimmung angenommen. Und die preußische Regierung drohte sofort mit einem Bruch der Bundesverträge.[4] Wie Károlyi nach Wien berichtete, soll Wilhelm erklärt haben, er werde „kein zweites Olmütz" zulassen. „Nach der Ansicht des Königs würden, einer Andeutung des Herrn v[on] Bismarcks gemäß, die gegen einen Majoritätsbeschluß zu nehmenden Repressalien in der einfachen Abberufung des preußischen Gesandten, ohne Substitution, bestehen. Der Herr Ministerpräsident scheint aber eine andere, in der äußeren Form vielleicht etwas mildere, im wesentlichen aber viel schroffere Stellung einnehmen zu wollen."[5] Der österreichische Gesandte warnte seine Regierung sogar, „es drohe [...] ein Zustand sich zu entwickeln, der in vier bis sechs Wochen jenem von 1850 gleichen würde, und Deutschland stünde vielleicht an der Stelle eines Bürgerkrieges."[6] Mit Blick auf Wilhelms Vergangenheit war das keine leere Drohung. Eine Annahme des Reformprojekts hätte zumindest mittelfristig jeder preußischen Deutschlandpolitik den Boden unter den Füßen weggezogen. Das gilt sowohl auf der institutionellen wie öffentlichen Ebene. Daher waren die königlichen Olmützängste nicht unberechtigt. Und daher wäre eine potentielle Eskalation durchaus möglich gewesen.[7]

Aber der Berliner Hof beließ es nicht nur bei Drohungen. Wilhelm und Bismarck versuchten auch, die Aktionsinitiative in der nationalen Frage zurückzugewinnen. Drei Tage vor der Abstimmung ließ der Ministerpräsident dem Bundestag mitteilen, dass der Reformplan „nur geeignet" sei, „dem Geschäftsgange der Bundesverhandlungen ein neues Moment der Schwerfälligkeit und Verschleppung zuzuführen. Nur in einer Vertretung, welche nach Maßgabe der Bevölkerung jedes Bundesstaats aus letzterer durch unmittelbare Wahl hervorgeht, kann die deutsche Nation das berechtigte Organ ihrer Einwirkung auf die gemeinsamen Angelegenheiten finden. [...] Solange aber diese Lösung nicht gefunden wird, läßt sich dem gestellten Ziele nicht dadurch näher treten, daß man das vorhandene Reformbedürfnis für die Gesamtheit des Bundes *scheinbar* erstrebt, sondern nur dadurch, daß man es in engerem Kreise *wirklich* zu befriedigen sucht."[8] Das war nichts weiter als eine Bernstorff-Note 2.0, wie sie Wilhelm von Bis

---

4 Vgl. Srbik, Deutsche Einheit, Bd. 3, S. 444–447; Krahe, Austria, S. 289–294; Zechlin, Reichsgründung, S. 91–93; Huber, Verfassungsgeschichte, Bd. 3, S. 416–420.
5 Károlyi an Rechberg, 10. Januar 1863. APP, Bd. 3, S. 182. Siehe auch Bismarck an Bernstorff, 12. Dezember 1862. GW, Bd. 14/II, S. 632; Károlyi an Rechberg, 27. Dezember 1862. APP, Bd. 3, S. 145.
6 Károlyi an Rechberg, 13. Dezember 1862. QdPÖ, Bd. 2, S. 635.
7 Vgl. Müller, Bund und Nation, S. 342–343.
8 Bismarck an Sydow, 19. Januar 1863. GW, Bd. 4, S. 38–40.

marck in Babelsberg explizit gefordert hatte.[9] Der einzige Unterschied zwischen der Dezembernote 1861 und der Januarnote 1863 war die Zusammensetzung des National-parlaments. Bernstorff hatte eine Delegiertenversammlung gefordert. Aber da diese Idee schließlich von Österreich und dem Dritten Deutschland übernommen worden war, musste Bismarck einen Schritt weiter gehen und der nationalen Öffentlichkeit ein direkt gewähltes Parlament in Aussicht stellen. Auch lag zwischen beiden Noten der Verfas-sungskonflikt. Die Aussicht, sich auch in einer nationalen Delegiertenversammlung mit denselben Oppositionsabgeordneten wie im preußischen Landtag herumschlagen zu müssen, war für Wilhelm alles andere als attraktiv. So will er gegenüber dem öster-reichischen Herrscher im August 1863 erklärt haben, „um nur von dem Preuß[ischen] Abgeordneten-Hause zu sprechen, so müßte ich den Kaiser fragen, ob er glaube, daß bei dessen jetziger Zusammensetzung durch seine Delegierten ein Gewinn für ein deutsches Parlament zu erwarten stehe?"[10] Last but not least hätte die Hohenzollernmonarchie als bevölkerungsstärkstes Land des außerösterreichischen Deutschlands in einem direkt gewählten kleindeutschen Nationalparlament automatisch eine Stimmenmehrheit ge-wonnen. Was die Januarnote allerdings bewusst offen ließ, war die Wahlrechtsfrage. Jedenfalls stand das demokratische Paulskirchenwahlrecht 1863 noch nicht zur De-batte.[11]

Wilhelm schien sich jedoch keinen Illusionen hingegeben zu haben, dass ihm mit der Bernstorff-Note 2.0 endlich nationaler Erfolg vergönnt sein würde. Dem britischen Diplomaten Andre Buchanan soll er Ende Januar erklärt haben, „that there was little probability of the smaller States agreeing to relinquish any of the Sovereign attributes secured to them in 1815, and He had therefore no hope of any progress being made in practice to the end which all were willing to consider advantageous in principle."[12] „He defended Count Bernstorff's note as a mere expression of opinion on the part of the Prussian Government as to how it might be possible to give greater union to the con-federation, but which did not call for any immediate action, which His Majesty said, He entertained no hope of seeing during His own life and which might never take place in that of His son or His grandson. [...] His Majesty replied that the command of the Federal Army and the representation of Germany abroad by Prussia were two conditions which were indespensable to the Union (Einigkeit) of Germany and that they were conditions upon which in any common system of federal action Prussia must insist, but which Austria would never concede to Her."[13] Buchanans Gesprächsaufzeichnungen sind in-sofern historiographisch interessant, als dass sie die ungebrochene Kontinuität der preußischen Deutschlandpolitik vor und nach dem 22. September 1862 belegen. Bis-

---

9 Vgl. Kaernbach, Bismarcks Konzepte, S. 184.

10 Aufzeichnungen Wilhelms, 4./5. August 1863. Max Lenz, Die Begegnung König Wilhelms I. mit dem Kaiser Franz Joseph in Gastein am 3. August 1863, in: Alfred Doren u. a. (Hrsg.), Staat und Persönlichkeit. Erich Brandenburg zum 60. Geburtstag, Leipzig 1928, S. 169–213, hier: S. 183.

11 Vgl. Pflanze, Bismarck, Bd. 1, S. 311–312; Nonn, Bismarck, S. 144.

12 Buchanan an Russell, 29. Januar 1863. APP, Bd. 3, S. 218.

13 Buchanan an Russell, 28. Januar 1863. Ebd., S. 210–211.

marck musste für Wilhelm die Bernstorff'sche Politik weiterführen. Jede Politik, einen preußisch-österreichischen Ausgleich zu sondieren, war damit letztendlich von vornherein zum Scheitern verurteilt. Der Ministerpräsident versuchte im Winter 1862/63 dennoch, den Wiener Hof für eine Paritätslösung über die Köpfe des Dritten Deutschlands hinweg zu gewinnen. Aber wie bereits gegenüber Bernstorff waren Franz Joseph und seine Minister auch gegenüber Bismarck nicht zu Konzessionen bereit. Und da weder der preußische noch der österreichische Monarch auch nur einen Schritt aufeinander zugehen wollten, scheiterte auch dieser Versuch einer Bundesreform. Am 22. Januar 1863 wurde der Delegiertenplan mit neun zu sieben Stimmen abgelehnt. Die mehr oder minder unverhohlenen preußischen Kriegsdrohungen hatten den Ausschlag gegeben. Nach außen hatte der Deutsche Bund nur einmal wieder seine politische Impotenz demonstriert.[14] Damit hatte die Hohenzollernmonarchie zwar nichts gewonnen, aber auch nichts verloren.

Das Jahr 1863 war für den Prozess der deutschen Nationalstaatsgründung durchaus ein Zäsurjahr. Zwar wurden drei Jahre vor Königgrätz nicht unbedingt die Weichen in Richtung Kaiserreich gestellt.[15] Aber danach gab es keinen ernstgemeinten Versuch mehr, die Deutsche Frage friedlich zu lösen. Und außerdem war 1863 das erste und einzige Mal, dass die Habsburgermonarchie eine *konstruktive* Rolle auf der nationalen Handlungsebene spielte. Seit dem Frühjahr 1863 arbeitete die österreichische Regierung unter Ministerpräsident Anton von Schmerling an einem neuen Bundesreformplan. Denn auch der Wiener Hof sah sich unter Zeitdruck. Mit dem Verfassungskonflikt hatte der preußische Rivale die Sympathien der Nationalbewegung verspielt. Damit lag der deutsche Ball potentiell im österreichischen Feld. Doch gleichzeitig hatten die Dezembernote und Januarnote gezeigt, dass der Berliner Hof bereit war, neue Eskalationswege zu gehen. Deshalb wollten Franz Joseph und seine Minister einem möglichen nächsten preußischen Coup zuvorkommen. Gemeinsam mit den Fürsten der Mittel- und Kleinstaaten sollte der Bund auf einem Kongress in Frankfurt am Main föderativ reformiert werden. Der Reformplan sah weder ein gewähltes Nationalparlament noch eine einheitliche gesamtdeutsche Regierung vor, sondern eine beratende Delegiertenversammlung und ein fünfköpfiges Bundesdirektorium unter österreichischem Vorsitz. In diesem Staatenbund wäre Preußen den anderen deutschen Königreichen institutionell gleichgestellt worden. Dass der Großmachtrivale diese Politik freiwillig nicht mittragen würde, schien dem Wiener Hof von Anfang an klar gewesen zu sein. Deshalb suchte Franz Joseph erst die Koordination mit den Mittelstaatenkönigen, um den preußischen Herrscher gewissermaßen zu überrumpeln. Dieser hätte die Reform dann entweder mittragen können – oder die Neuordnung Deutschlands wäre ohne ihn erfolgt. Letztendlich versuchte Österreich also nichts anderes, als selbst einen engeren

---

14 Vgl. Kaernbach, Bismarcks Konzepte, S. 185–186; Pflanze, Bismarck, Bd. 1, S. 196; Müller, Bund und Nation, S. 346.
15 Vgl. Schoeps, Kaiserreich, S. 57–87.

Bund zu gründen und Preußen zu isolieren.[16] Aber damit überschätzte die Wiener Regierung ihren Handlungsspielraum. Während sich der spätere erste Hohenzollern-kaiser anno 1863 keinen Illusionen mehr hingab, die Deutsche Frage im Alleingang auf dem Verhandlungswege lösen zu können, musste sein österreichischer Kollege diese Erfahrung erst noch machen.

Wilhelm hielt sich seit Ende Juli im Kurort Gastein auf, als er überraschend die Nachricht erhielt, dass ihn Franz Joseph am 2. August besuchen würde.[17] Über diese Entrevue und deren Folgen sollte Bismarck später erzählen, der König wäre drauf und dran gewesen, die Einladung nach Frankfurt am Main anzunehmen und die österreichische Bundesreform mitzutragen. Dem „Eisernen Kanzler" will es aber in sprichwörtlich letzter Sekunde gelungen sein, seinen Souverän von diesem folgenrei-chen Schritt abzuhalten.[18] Und die Forschung kolportiert diesen Bismarckmythos bis heute.[19] Hans-Joachim Schoeps argumentiert sogar, der spätere Kanzler sei im Sommer 1863 „der Mann des Schicksals gewesen. Selten hat der Historiker den reinen Modelfall der monokausalen Situation vor sich, daß von eines Mannes einsamen Beschlüssen und seinem unbeugsamen Willen der ganze Geschichtsverlauf bestimmt worden ist."[20] Aber dieses Narrativ basiert wieder einmal auf den Kanzlererinnerungen.[21] Dabei fertigte Wilhelm bereits unmittelbar nach seinen Gesprächen mit Franz Joseph am 2. und 3. August ausführliche Aufzeichnungen an. Und diese zeichnen ein gänzlich anderes Bild der Gasteiner Entrevue. Der Kaiser soll den König sofort mit dem Reformplan und der Einladung nach Frankfurt am Main überrascht haben, wo der Fürstenkongress bereits am 16. August beginnen würde. Wilhelm will daraufhin bemerkt haben, „daß mir das Projekt in eine so nahe Zeit gerückt erscheine, daß niemand sich mit dem ganzen Plan vertraut gemacht haben könne. Außerdem lehre die Erfahrung, daß Fürsten-Congresse niemals ein wirkliches Resultat lieferten, sondern immer erst nachträglich durch Mi-nister-Conferenzen die Feststellungen erfolgten." Dann will er den Reformplan Punkt für Punkt kritisiert haben. Das fünfköpfige Bundesdirektorium habe er abgelehnt, „in-dem der Zweck desselben, der doch nur der einer schnellen Beschlußfassung sein

---

16 Vgl. Max Lenz, König Wilhelm und Bismarck in ihrer Stellung zum Frankfurter Fürstentag, in: Sit-zungsberichte der Preußischen Akademie der Wissenschaften Jahrg. 1929, Philosophisch-Historische Klasse, S. 162–175, hier: S. 163–165; Srbik, Deutsche Einheit, Bd. 4, S. 1–40; Kaernbach, Bismarcks Kon-zepte, S. 191–192; Lutz, Habsburg und Preußen, S. 440–441; Müller, Bund und Nation, S. 347–349; Gruner, Deutscher Bund, S. 94. Der Text des österreichischen Reformplans findet sich in: QGDB, III/Bd. 4, S. 187–194.

17 Siehe Wilhelms Briefe an Augusta vom 26. Juli und 3. August 1863, in: GStA PK, BPH, Rep. 51 J, Nr. 509b, Bd. 9, Bl. 98–99, Bl. 102.

18 Vgl. NFA, IV, S. 203–204.

19 Vgl. Gall, Bismarck, S. 287; Engelberg, Bismarck, Bd. 1, S. 541; Pflanze, Bismarck, Bd. 1, S. 201; Steinberg, Bismarck, S. 272–275; Kraus, Bismarck, S. 92–93; Epkenhans, Reichsgründung, S. 35.

20 Schoeps, Kaiserreich, S. 58.

21 Vgl. Paul Bailleu, König Wilhelm I. und der Frankfurter Fürstentag (1863), in: Festschrift der Kaiser-Wilhelm-Gesellschaft zur Förderung der Wissenschaft dargebracht von ihren Instituten, Berlin 1921, S. 262–271, hier: S. 263–264.

könne, bei fünf Stimmen zur Unmöglichkeit werde." Ohnehin würde „schon eine Verständigung zwischen uns 2 oft sehr viel Zeit" benötigen. Auch habe er die beratende Delegiertenversammlung als ungenügend abgelehnt und stattdessen ein Nationalparlament gefordert, für das „ein besonderes Wahl-Reglement bestimmt werden müßte, das man so conservativ wie möglich machen müsse [...]. Was ich vom Preuß[ischen]-Abgeordt[neten]-Haus sagte, passe zum Theil auch auf andere Ständeversammlungen der Bundesstaaten, so daß der beabsichtigte Wahl-Modus der Déléguirten ein in keiner Art zu rathender sei. – Der Kaiser wollte dies in keiner Weise zugeben [...]. Außerdem sollte das Unterhaus ja nur *berathende* Stimmen haben [...]. Ich entgegnete, daß die nur berathende Attribution hauptsächlich ein Stein des Anstoßes für das ganze Projekt sein werde, und dies in keinerlei Art befriedigen könne, weshalb die Forderung nach *mehr* bei der von mir erwarteten Zusammensetzung des Hauses sofort in den Vordergrund treten werde, – und was dann?" Zum Abschied soll Franz Joseph noch einmal gefragt haben, „sehen wir uns in Frankfurt a. M.? Ich erwiderte, daß, wenn die übrigen Fürsten in Allem sich orientiert haben würden, und die ganze Angelegenheit nach meiner Auffassung gehörig vorbereitet sein würde, ich mir denken könnte, daß zum *1. Oktober* man so weit sein könne, sich zu einem Fürsten-Congreß zu versammeln."[22] Das war eine faktische Absage. Aber der Kaiser ließ dem Wiener Außenministerium noch am 3. August telegraphieren, „König unentschieden, eher günstig gestimmt; ich glaube, er wird nach Frankfurt kommen."[23]

Dass Franz Joseph Gastein mit einer völligen Fehleinschätzung verlassen hatte, belegen auch weitere unmittelbare Schreiben aus Wilhelms Feder. In einer auf den 3. und 4. August datierten Denkschrift an den Kaiser argumentierte der König, dass die Fürstenkongressidee „bedenklich" sei. Denn „welchen Eindruck" würde „es machen [...], wenn derselbe *unverrichteter* Sache, vielleicht in größerer Uneinigkeit, *auseinanderginge*, als man zusammen gekommen war. Eine solche Vereinigung ist seit dem Wiener Congreß nicht da gewesen. Welches Aufsehen, welche Erwartungen muß dieser Apparat machen? Er muß daher auch ein sicheres Resultat versprechen, u[nd] darum ist eine, den Erfolg sichernde Vorbereitung unerläßlich."[24] Am 7. August ließ er den österreichischen Herrscher noch einmal wissen, „ich kann mich nicht davon überzeugen, daß der eingeschlagene Weg der zum Ziele führende sei, und daß er mehr, oder auch nur eben so viel Aussicht auf günstige Erfolge gewähre, als die früher versuchten."[25] Und am 8. August berichtete er Augusta, „ich hatte 3 Unterredungen mit dem Kaiser über die mir völlig unerwartete Angelegenheit. Ich blieb in allen 3 Unterredungen dabei stehen, daß ohne ministerielle Vorarbeit über ein sofortiges Projekt, das demnächst einen Fürstenkongreß, vielleicht zum 1. Oktober, zur Sanction oder weiteren Beratung vorgelegt werde können, ich mir kein erwünschtes Resultat versprechen könne u[nd] daß dem Allen eine Verständigung zwischen Preussen u[nd] Oesterreich vorhergehen müsse.

---

22 Aufzeichnungen Wilhelms, 4./5. August 1863. Lenz, Gastein 1863, S. 180–185.
23 Franz Joseph an Rechberg, 3. August 1863 (Telegramm). QdPÖ, Bd. 3, S. 242.
24 Wilhelm an Franz Joseph, 3./4. August 1863. QGDB, III/Bd. 4, S. 195–197.
25 Wilhelm an Franz Joseph, 7. August 1863, Ebd., S. 200.

[...] Daß dieser éclat der in F[rankfurt] a/M. stattfinden wird, wieder Preussen in die Schuhe geschoben werden wird, ist natürlich. [...] Ich erwarte ruhig den Ausgang des Fürstenkongresses, weil mein Gewissen mir sagt, daß ich nicht anders handeln konnte als ich tat."[26] Diese Dokumente belegen, dass Wilhelm dem Fürstentagprojekt von Anfang an ablehnend gegenüberstand. Was sich in den unmittelbaren Quellen aus den Augusttagen 1863 *nicht* finden lässt, ist ein Deus ex machina namens Bismarck. Dieser klagte seiner Ehefrau aus Gastein, „der König [...] arbeitet wie in Berlin, läßt sich nichts sagen!"[27] Und interessanterweise soll Bismarck später während des Deutsch-Französischen Krieges sogar selbst vorgeschlagen haben, den Beitritt der süddeutschen Staaten zum Norddeutschen Bund auf einem Fürstenkongress zu verhandeln. Wilhelm habe aber befohlen, „daß wir es nicht machen wie 1863 der Kaiser v[on] Oesterreich, der nach F[rankfurt] a. m. einlud ohne daß man wußte, was er vorschlagen werde und ohne vorhergegangene Ministerberatung."[28]

Die österreichische Überrumpelungstaktik war im Sommer 1863 jedenfalls nicht aufgegangen. Aber der Wiener Hof verfolgte das Reformprojekt unbeirrt weiter – dann eben ohne oder sogar gegen Preußen. Denn wie Franz Joseph seiner Mutter erklärte, sei dies „der letzte Versuch, Deutschland zu einigen" und „die vielen Souveräne Deutschlands vor dem Untergange durch die wachsende Revolution zu retten. Leider will sich Preußen aus Eifersucht und Verblendung an dem Werke nicht beteiligen, wodurch die Sache sehr erschwert wird; dafür kommen die Zustimmungen von allen Seiten, ja selbst von Regierungen, die bis jetzt ganz Preußens Sklaven waren."[29] Das war kaum übertrieben. Nur wenige Tage nach Gastein wurde das Fürstentagprojekt öffentlich publiziert und sofort breit rezipiert. Keinem früheren Bundesreformplan war es je gelungen, die öffentliche Aufmerksamkeit in diesem Ausmaß zu gewinnen. Der Habsburgermonarchie war vor allem mit der Wahl des Konferenzortes ein symbolischer Coup gelungen. Frankfurt am Main war nicht nur der Sitz des Bundestags, sondern hatte 1848/49 auch das Paulskirchenparlament beheimatet. Und zwischen dem zwölften und achtzehnten Jahrhundert waren in der Stadt die römisch-deutschen Kaiser gewählt und gekrönt worden. Diese unterschiedlichen bis konträren historischen Legitimationslinien ließen das Fürstentagprojekt sowohl für großdeutsche wie kleindeutsche Kreise interessant werden. Zwar konnte der Reformplan den Forderungen der liberalen Nationalbewegung nicht gerecht werden – und Franz Joseph wollte dies auch gar nicht. Aber wie das Medienecho nahelegt, betrachteten selbst linke Gruppierungen den Fürstentag als potentiell ersten Schritt zu einer Lösung der Deutschen Frage.[30]

Dieser öffentliche Erwartungsdruck schien der österreichischen Strategie in die Hände zu spielen, Preußen zu isolieren und aus dem neuen Bund auszuschließen. Um dies zu verhindern, versuchte Wilhelms Umgebung wiederholt, ihn doch noch zur

---

26 Wilhelm an Augusta, 8. August 1863. GStA PK, BPH, Rep. 51 J, Nr. 509b, Bd. 9, Bl. 104–105.

27 Bismarck an J. v. Bismarck, 14. August 1863. GW, Bd. 14/II, S. 650.

28 Wilhelm an Augusta, 23. Oktober 1870. GStA PK, BPH, Rep. 51 J, Nr. 509b, Bd. 15, Bl. 165.

29 Franz Joseph an Sophie Friederike, 13. August 1863. Schnürer (Hrsg.), Briefe, S. 220.

30 Vgl. Jansen, Paulskirchenlinke, S. 431–441; Müller, Bund und Nation, S. 350–351.

Teilnahme am Fürstentag zu drängen. So warnte Carl Alexander seinen Schwager, dass „es vor Deutschland, vor Europa aussieht, als wendest Du uns allen und hiermit den Interessen den Rücken, wegen denen wir zusammentreten."[31] Der Coburger Herzog will über den Kronprinzen versucht haben, dessen Vater zur Reise nach Frankfurt am Main zu bewegen.[32] Kronprinzessin Victoria schrieb an Augusta, „der König hätte sagen können, ich fühle mich zwar verletzt, aber da es sich um Deutschland handelt, so setze ich persönliche Rücksichten beiseite und komme."[33] Und Goltz mahnte von Paris aus, dass die preußische Nichtteilnahme Napoleon III. in die Hände spielen würde.[34] Aber alle diese Versuche waren vergebens. Denn Wilhelm weigerte sich nach wie vor, an der Frankfurter „Komödie" mitzuwirken, wie er den Fürstentag dem Weimarer Herzog gegenüber bezeichnete. „Als gleichberechtigte Großmacht mit Österreich, sollte ich in Frankfurt a. M. als dessen très humble serviteur erscheinen? Und diese Rolle gibst Du mir den Rat zu spielen! Ich erwarte sehr ruhig, was Ihr für Beschlüsse fassen werdet, um danach meine Entschlüsse zu fassen."[35] Doch sogar noch nach dem offiziellen Beginn des Fürstentags am 16. August versuchten die deutschen Monarchen, ihren preußischen Kollegen zur Teilnahme zu bewegen. Am 17. August schlug bezeichnenderweise Friedrich I. vor, seinen Schwiegervater im Namen aller Fürsten zu den Verhandlungen einzuladen. König Johann von Sachsen wurde ausgewählt, dem späteren Kaiser diese kollektive Appelleinladung persönlich zu überbringen. Damit war die österreichische Strategie gescheitert, die Reformverhandlungen einfach ohne Preußen zu beginnen.[36] Und der „Eiserne Kanzler" sollte sich später rühmen, er hätte die Hohenzollernmonarchie einmal wieder vor ihrem eigenen König retten müssen.

Am 19. August kamen Wilhelm und Bismarck in Baden-Baden an. Neben Augusta, Tochter Luise und Königin Elisabeth warteten dort auch Johann und dessen Ministerpräsident Beust bereits auf den preußischen Herrscher. Noch am selben Abend sowie am 20. August kam es zu mehreren Gesprächen über die Frage, ob Wilhelm der Einladung zum Fürstentag folgen sollte oder nicht. Am 21. August reisten die sächsischen Gäste schließlich allein nach Frankfurt am Main zurück.[37] Soviel zu den Fakten. Aber darüber, was in jenen Tagen genau geschehen sein soll, erzählte Bismarck die unterschiedlichsten Geschichten. Bereits am 24. August berichtete er seiner Tochter Marie, „der König von Sachsen, der klügste aller Diplomaten, erwartete unsern Herrn schon, um ihm in aller Liebe die Oestreichische Schlinge um den Hals zu werfen; dabei halfen ihm 30 Deutsche Fürsten schriftlich und einige uns nahe stehende Damen mündlich; der 20. August war ein schwerer Tag, am Abend hatte unser armer König einen Nerven-

---

31 Carl Alexander an Wilhelm, 12. August 1863. Schultze (Hrsg.), Weimarer Briefe, Bd. 2, S. 39.
32 Vgl. Ernst II., Aus meinem Leben, Bd. 3, S. 303–304.
33 Victoria an Augusta, 29. August 1863. Corti, Wenn..., S. 177.
34 Vgl. Goltz an Wilhelm, 15. August 1863. APP, Bd. 3, S. 725.
35 Wilhelm an Carl Alexander, 12. August 1863. Schultze (Hrsg.), Weimarer Briefe, Bd. 2, S. 38–39.
36 Vgl. Srbik, Deutsche Einheit, Bd. 4, S. 54–55. Der Text des fürstlichen Einladungsappells an Wilhelm findet sich in: QGDB, III/Bd. 4, S. 237–238.
37 Vgl. Bailleu, Frankfurter Fürstentag, S. 266–267.

anfall, ich war todmüde, konnte aber dem Könige von Sachsen einen Brief bringen, der 30 lange Nasen für Frankfurt enthielt".[38] Und Ernst Ludwig von Gerlach will am 4. September vom Ministerpräsidenten erfahren haben, „der König sei in München, in Wildbad und in Baden bestürmt worden, nach Frankfurt zu gehn, besonders von der Königin von Bayern, – und von unserer verwitweten Königin in Wildbad, welche Bismarck gesagt" habe, „von Frankfurt an gehe dann sein, Bismarcks, Weg woanders hin. Er, Bismarck, hat einen harten Kampf gegen diese Damen und die Großherzogin von Baden gehabt. Als der König von Sachen (den Bismarck einen ‚abgeschliffenen Jesuiten' genannt) in Baden in den König gedrungen sei, sei dieser so affiziert gewesen, daß er nachher einen ‚Weinkrampf' bekommen etc."[39] In diesen unmittelbaren Quellen erzählt Bismarck nichts davon, dass *er* in Konflikt mit Wilhelm geraten sein soll. Vielmehr scheinen nur die anwesenden *dynastischen* Akteure aneinandergeraten zu sein, also Wilhelm, Johann, Augusta, Luise und Elisabeth. Aber bereits etwa ein Jahr später soll der Ministerpräsident diese Geschichte gegenüber Gerlach ausgeschmückt haben. Auf einmal will Bismarck mit seinem Souverän gestritten haben. Und Beust gegenüber will er mit Soldaten gedroht haben, falls dieser Baden-Baden nicht unverzüglich verlassen würde.[40]

Wilhelms Adjutant Kraft zu Hohenlohe-Ingelfingen erwähnt in seinen Memoiren sogar, dass der spätere Kanzler dem sächsischen Ministerpräsidenten gegenüber offen von Krieg gesprochen haben soll. Das soll dem Adjutanten zumindest Bismarck so erzählt haben. Auch will er von diesem erfahren haben, „er habe dem König gesagt, wenn er nach Frankfurt gehe und befehle, daß er, Bismarck ihn begleite, dann wolle er wohl als sein Schreiber mitgehen, aber nicht als sein Ministerpräsident. Aber den preußischen Grund und Boden betrete er dann nicht wieder, denn er müsse sich dann des Landesverrats schuldig wissen, so sicher sei er, daß der Schritt zu Preußens Verderben führe. Darauf habe der König die abschlägige Antwort unterschrieben."[41] Und laut den Tagebuchaufzeichnungen seines Mitarbeiters Moritz Busch von 1870 will Bismarck nach dem Streit mit Wilhelm sogar so aufgeregt gewesen sein, dass er eine Türklinke mit bloßen Händen abgerissen hätte.[42] In den *Gedanken und Erinnerungen* werden schließlich weder kaputte Türklinken noch die Bravade erwähnt, die sächsischen Gäste mit Militär zu verjagen. Aber Bismarck will es trotzdem erst nach einem langen Konflikt mit Wilhelm gelungen sein, „die Unterschrift des Königs zu erhalten für die Absage an den König von Sachsen."[43] Interessanterweise erwähnt auch Beust in seinen Memoiren mit keinem Wort, dass ihm sein preußischer Kollege mit Soldaten gedroht haben soll. Auch will er von einem Konflikt zwischen Bismarck und Wilhelm nichts mitbekommen haben. Der spätere Kanzler soll ihm lediglich erklärt haben, „der König ist über den

---

38 Bismarck an M. v. Bismarck, 24. August 1863. GW, Bd. 14/II, S. 651.
39 Tagebuch E. L. v. Gerlach, 4. September 1863. Diwald (Hrsg.), Nachlaß, Bd. 1, S. 443.
40 Vgl. Tagebuch E. L. v. Gerlach, 25. Dezember 1864. Ebd., S. 242–243.
41 [Hohenlohe-Ingelfingen], Aus meinem Leben, Bd. 2, S. 354–357.
42 Vgl. Tagebuch Busch, 11. September 1870. Busch, Tagebuchblätter, Bd. 1, S. 187–188.
43 NFA, IV, S. 204.

Besuch Ihres Herrn sehr verdriesslich. Er sagt: ‚Hätte man mir wenigstens meinen Schwiegersohn geschickt, dem würde ich den Kopf gewaschen haben; aber nun schickt man mir noch den ehrwürdigen König von Sachsen!'"⁴⁴ Und laut dem Coburger Herzog soll auch Johann nach seiner Rückkehr nach Frankfurt am Main nichts über einen Konflikt zwischen Bismarck und dem späteren Kaiser erzählt haben.⁴⁵

Die unmittelbarsten Quellen über jene Baden-Badener Tage liegen jedoch aus Wilhelms Feder vor. Er ließ den sächsischen König noch am Abend des 20. August brieflich wissen, „ich wollte nach der Soirée bei meiner Tochter zu Dir kommen, ich bin aber bei ihr so unwohl von Nerven Zuckungen geworden, daß ich eben erst, 11 Uhr, zu Haus komme und zu Bette soll. Alle Expéditionen erhälst Du vor 6 Uhr. Gott segne Dich für Deine Freundschaft für mich. Wenn ich nach harten Kämpfen aber bei meinem früheren Entschluß bleiben muß und Eurer Arbeit Vorlage abwarte, ohne mich an Vorberathung zu betheiligen, so bin ich nur nach meines Gewissens Eingabe verfahren."⁴⁶ Über die Unterredung mit dem König von Sachsen, die Wilhelm in diesem Brief andeutet, verfasste er am 21. August ausführliche Aufzeichnungen. Nach dieser Quelle will er Johann am 20. August Punkt für Punkt seine Kritik am österreichischen Reformplan dargelegt haben, wie bereits gegenüber Franz Joseph in Gastein. Dann will er versprochen haben, „wenn ich ihm noch etwas zu sagen hätte, ihn am Abend nochmals zu besuchen. Ich wurde hieran durch einen Nervenzufall verhindert und sandte ihm mein Antwortschreiben mit einem Billet, meine Unmöglichkeit ihn noch besuchen zu können, aussprechend."⁴⁷ Und ebenfalls am 21. August berichtete Wilhelm seinem Weimarer Schwager, „gestern Abend bei meiner Tochter bekam ich von der Agitation des Tages – denn der Kampf zwischen meiner Überzeugung und der so ehrenvollen Einladung ist ein Moment, der durchgekämpft sein muß, um ihn zu *begreifen!* – eine solche Nervenaufregung mit Weinkrampf, daß ich heute noch ganz miserabel bin." Er könne „nicht unter Euch erscheinen, denn Preußens Stellung, die immer per majora bestimmt werden soll, unter dem beständigen Vorsitz Österreichs, ist eine Mediatisierung des ersteren. Und solchem Project durfte ich nicht die Hand bieten, da die Tendenz zu klar ist."⁴⁸ Keine dieser unmittelbaren Quellen aus Baden-Baden erwähnt einen Streit mit Bismarck. Und nirgendwo insinuiert der König, dass der Ministerpräsident für seine scheinbare Panikattacke verantwortlich gewesen sein soll. Von diesem angeblichen Konflikt wusste nur Bismarck zu berichten – und das auch erst über ein Jahr nach Baden-Baden.

Aber auch andere Quellen widerlegen das vielzitierte Kanzlernarrativ. Auf seiner Rückreise von Baden-Baden nach Berlin begegnete Wilhelm am 31. August Queen Victoria in Rosenau. Laut den Gesprächsaufzeichnungen der britischen Monarchin soll ihr der König erzählt haben, „when the King of Saxony came with the very flattering and

---

44 Beust, Drei Viertel-Jahrhunderte, Bd. 1, S. 332–333.

45 Vgl. Ernst II., Aus meinem Leben, Bd. 3, S. 313–314.

46 Wilhelm an Johann, 20. August 1863. Herzog von Sachsen (Hrsg.), Briefwechsel, S. 418–419.

47 Aufzeichnungen Wilhelms, 21. August 1863. Bailleu, Frankfurter Fürstentag, S. 267.

48 Wilhelm an Carl Alexander, 21. August 1863. Schultze (Hrsg.), Weimarer Briefe, Bd. 2, S. 40–42.

handsome invitation from the Princes, he felt he could not accept it [...], and the struggle, between accepting and refusing, had made him quite ill, he said; for if he had gone he would have been obliged to leave the Conference immediately again, as he would have found himself quite alone, and asked to discuss subjects which had already been decided on by all the other Sovereigns and Princes. [...] He saw that there was pre-determination on the part of Austria to ruin Prussia, and she had so contrived it, that the odium fell now upon him of having destroyed the unity of Germany. Her conduct had been most false, he repeated."[49] Und am 4. September schrieb Wilhelm seiner Ehefrau, „ich habe die einzige Bitte an Dich, wenn Du Deinen Rat u[nd] Deine Ansichten mir mitgeteilt hast u[nd] ich nicht in Allem darauf eingehen kann, Du Dich immer erinnern mögest, wie ich nur nach meinem Gewissen handeln kann [...]. Du hast so oft meinen Kampf in solchen Momenten gesehen – u[nd] ich habe dabei nur noch die zweite Bitte, meine Entschlüsse, wenn sie Dir momentan nicht gefallen, nicht sofort zu verurteilen u[nd] meinen inneren Kampf nicht noch schwerer zu machen, sondern [...] Dich zufrieden zu geben u[nd] Gott das Weitere anheim zu stellen. Nur so ist für mich in der Häuslichkeit der Friede u[nd] die Ruhe zu finden, die ich ja nach so schweren Kämpfen nirgend anders finden kann u[nd] deren ich dann so benötigt bin. Dann werden Momente wie der am 20. nie wiederkehren."[50] Wie Bismarcks Mitteilung an seine Tochter vom 24. August und Gerlachs Tagebucheintrag vom 4. September legt auch dieser Brief nahe, dass Wilhelm am 20. August nicht nur mit dem König von Sachsen gestritten hatte, sondern auch mit Augusta (sowie eventuell Luise und Elisabeth). Und jene Auseinandersetzungen schienen ihn kurzzeitig in einen psychischen Ausnahmezustand versetzt zu haben. Zwar ist es wahrscheinlich, dass er auch mit seinem Ministerpräsidenten in Baden-Baden über die Einladung nach Frankfurt am Main sprach. Aber diese Unterredung war allen unmittelbaren Überlieferungen nach bestenfalls nebensächlich für das Drama des 20. August. Denn es gibt nur eine Quelle, die behauptet, dass Bismarck dem späteren Kaiser an jenem Tag seinen Willen aufgezwungen hätte. Und diese Quelle heißt Bismarck.

Mit seiner Absage an Johann hatte Wilhelm den Fürstentag letztendlich zum Scheitern verurteilt. Denn außer dem Kaiser von Österreich war kein Monarch zu einer Bundesreform ohne Preußen bereit. Ohne das Gegengewicht der zweiten deutschen Großmacht hätte Österreich in Deutschland eine vergleichbare Suprematierolle spielen können wie später Preußen im Kaiserreich. Die Frankfurter Reformakte vom 1. September enthielt den entscheidenden Passus, dass sie erst in Kraft treten sollte, wenn *alle* deutschen Staaten sie angenommen hatten. This includes Prussia. Aber da diese Stipulation mehr als illusorisch war, ging auch das Fürstentagprojekt den Weg aller bisherigen Bundesreformversuche.[51] Wilhelm kommentierte dies gegenüber Carl Alexander

---

49 Aufzeichnungen Queen Victorias, 31. August 1863. George Earl Buckle (Hrsg.), The Letters of Queen Victoria. Second Series. A Selection from Her Majesty's Correspondence and Journal between the Years 1862 and 1878, Bd. 1, London 1926, S. 104–107.

50 Wilhelm an Augusta, 4. September 1863. GStA PK, BPH, Rep. 51 J, Nr. 509b, Bd. 9, Bl. 112–113.

51 Vgl. Srbik, Deutsche Einheit, Bd. 4, S. 62–64. Der Text der Reformakte findet sich in: Huber (Hrsg.), Dokumente, Bd. 2, S. 142–153.

mit den bezeichnenden Worten, es freue ihn sehr, dass sich die Fürsten „eine Hintertür in Frankfurt a. M. offen gehalten" hätten, „um mit gutem Anstand aus der Falle herauszukommen, in die man Euch Alle, trotz meiner Warnung, eingefangen hat."[52] Die kontrafaktische „Was wäre wenn...?"-Frage ist allerdings nicht uninteressant. Jedenfalls hätte die Frankfurter Reformakte keinen aktionsstarken Nationalstaat geschaffen, der nach innen und außen handlungsfähig gewesen wäre. Denn die Bundesspitze hätte aus fünf Institutionen bestanden: Direktorium, Delegiertenversammlung, Bundesrat, Fürstenversammlung und Bundesgerichtshof. Entscheidungen wären nach dem Mehrheitsprinzip getroffen worden. Und in Verbindung mit dem Direktoriumsvorsitz hätte Österreich durch diese Regelung jegliche weitere Reformtendenzen blockieren können.[53] Zu Recht argumentiert Jürgen Müller, dass „die Bestimmungen der ‚Reformakte' [...] das Prinzip der ‚checks and balances' auf die Spitze" getrieben hätten.[54] Eine ähnliche Kritik findet sich bereits in den zeitgenössischen Reaktionen im liberalen Spektrum auf das Fürstentagergebnis. Nicht nur in Preußen, sondern in ganz Deutschland wurde die Reformakte als Wiener Versuch verurteilt, eine parlamentarische wie nationalstaatliche Entwicklung zu verhindern. Der Berliner Hof konnte aus dieser öffentlichen Enttäuschung allerdings kein neues Momentum gewinnen. Denn verglichen mit der österreichischen Regierung schien das preußische Konfliktministerium den Liberalen noch weniger geeignet gewesen zu sein, die Deutschen in einen Nationalstaat zu führen.[55]

Mehrere Fürsten mahnten mit Blick auf diese Enttäuschungswelle, dass sich das Zeitfenster für eine monarchische Lösung der Deutschen Frage bald schließen könnte. Und deshalb versuchten sie, Wilhelm doch noch zur Annahme der Reformakte zu bewegen.[56] Carl Alexander etwa warnte seinen Schwager, „ist überhaupt die deutsche Bundesverfassung zu verbessern, so ist es entschieden im Interesse der Fürsten, die Sache in die Hand zu nehmen, nicht aber dem Volk, also der Revolution es zu überlassen."[57] Ähnlich argumentierte auch Wilhelms Neffe Friedrich Franz II. von Mecklenburg-Schwerin.[58] Aber der spätere Kaiser schimpfte dem Weimarer Großherzog, „daß das ganzen Projet fin mot die Nutzung Deutschlands Kräfte zu außerdeutschen Landen Österreichs dienen soll. [...] Wenn [...] eine Bundesreform jemals eintritt, so ist die *erste* Forderung Preußens die *völlige Parität* mit Österreich im Vorsitz und in der Leitung der Bundesangelegenheiten. [...] Ehe diese Vorbedingung mir nicht zugestanden ist, so wie eine Parlamentsrepräsentation nach der Kopfzahl der *deutschen Lande*, kann ich in eine Analyse des Projektes [...] nicht eingehen. [...] An Euch ist es nun, Preußen die

---

52 Wilhelm an Carl Alexander, 17. September 1863. Schultze (Hrsg.), Weimarer Briefe, Bd. 2, S. 43.
53 Vgl. Srbik, Deutsche Einheit, Bd. 4, S. 59–62; Huber, Verfassungsgeschichte, Bd. 3, S. 427–432.
54 Müller, Bund und Nation, S. 353.
55 Vgl. Srbik, Deutsche Einheit, Bd. 4, S. 65–66; Schoeps, Kaiserreich, S. 71–81; Müller, Bund und Nation, S. 356–357.
56 Vgl. Chotek an Rechberg, 28. September 1863. QdPÖ, Bd. 3, S. 323–324.
57 Carl Alexander an Wilhelm, 9. September 1863. Schultze (Hrsg.), Weimarer Briefe, Bd. 2, S. 45.
58 Vgl. Friedrich Franz II. an Wilhelm, 13. Oktober 1863. QGDB, III/Bd. 4, S. 522–526.

Möglichkeit zu geben, an diesem Werke von oben mitwirken zu *können*, wodurch dann [...] nicht vom Volke, also der Revolution, die Angelegenheit in die Hand genommen wird."[59] Und gegenüber Ernst II. argumentierte er, „die von mir gewollte Basis" einer Bundesreform „war die in der Bernstorffischen Note ausgesprochene, die himmelweit von der Frankfurter entfernt ist."[60] Zunächst mindestens Parität mit Österreich, dann wenn möglich alleinige Suprematie in Deutschland – auf diese Formel ließen sich Wilhelms nationale Ziele auch nach dem Frankfurter Fürstentag herunterbrechen.

Die offizielle Ablehnung der Frankfurter Reformakte in einer Kronratsitzung am 16. September war eine bloße Formalie.[61] Und am 22. September ließ Wilhelm den österreichischen Kaiser wissen, dass er Verhandlungen über eine Bundesreform nur dann zustimmen werde, wenn drei „Vorbedingungen" erfüllt seien. „1. das *veto* Preussens und Oesterreichs mindestens gegen jeden Bundeskrieg, welcher nicht zur Abwehr eines Angriffs auf das Bundesgebiet unternommen wird. 2. die volle Gleichberechtigung Preussens mit Österreich zum Vorsitze und zur Leitung der Bundes-Angelegenheiten. 3. Eine Volksvertretung, welche nicht aus Delegation, sondern aus direkten Wahlen nach Maßgabe der Bevölkerung der einzelnen Staaten hervorgeht, und deren Befugnisse zu beschließender Mitwirkung in Bundes-Angelegenheiten Gegenstand der Verhandlung, aber jedenfalls ausgedehnter zu bemessen sein würden, als in dem vorliegenden Entwurfe einer Reform-Akte der Fall ist."[62] Am selben Tag teilte Bismarck diese Punkte auch allen anderen deutschen Regierungen in einem Runderlass mit.[63] Für den Wiener Hof war das preußische Programm allerdings unannehmbar. Franz Joseph soll der Queen am 3. September in Rosenau erklärt haben, dass er seine historisch legitimierte Führungsrolle in Deutschland nicht mit Preußen teilen könne. „Austria always had had the presidency, and it was quite a new pretension of Prussia to have it also, and in Austria they would dislike extremely its being given up."[64] Zudem hätte ein Vetorecht *beider* Großmächte im Kriegsfall das nach wie vor akute österreichische Sicherheitsdilemma in Norditalien nicht gelöst. Und ein gewähltes Nationalparlament hätte allein das preußische Gewicht in Deutschland gestärkt. Auf die vielen Nationalitätenkonflikte der Habsburgermonarchie hätte die *deutsche* Volksvertretung potentiell sogar zentrifugal wirken können. Was die preußische Regierung allerdings wieder offen ließ, war die Wahlrechtsfrage. Bismarck sinnierte Anfang Oktober lediglich darüber, dass „selbst der geringste Zensus noch bessere Garantien gegen revolutionäre Überschreitungen bieten" würde „als manches Wahlgesetz, aus welchem die einzelnen Landesvertretungen jetzt hervorgehen, bessere Garantien namentlich als der Wahlmodus in Preu-

---

59 Wilhelm an Carl Alexander, 17. September 1863. Schultze (Hrsg.), Weimarer Briefe, Bd. 2, S. 44–45.

60 Ernst II. an Wilhelm (mit Marginalien des Königs), 6. September 1863. Ernst II., Aus meinem Leben, Bd. 3, S. 356.

61 Vgl. Konseilprotokoll, 16. September 1863. Acta Borussica. Protokolle, Bd. 5, S. 204.

62 Wilhelm an Franz Joseph, 22. September 1863. QGDB, III/Bd. 4, S. 472.

63 Vgl. Bismarck an die preußischen Missionen in Deutschland, 22. September 1863. GW, Bd. 4, S. 175–176.

64 Aufzeichnungen Queen Victorias, 3. September 1863. Buckle (Hrsg.), Letters. Second Series, Bd. 1, S. 107–109.

ßen."[65] Ob er bereits an das Paulskirchenwahlrecht gedacht haben mochte, kann nicht abschließend beantwortet werden.[66] Jedenfalls wäre es dem Ministerpräsidenten 1863 wohl kaum gelungen, seinen königlichen Souverän für dieses nationale Demokratieexperiment zu gewinnen. Wilhelm hatte immerhin bereits in Gastein gegenüber Franz Joseph von einem konservativen Wahlzensus gesprochen. Und Anfang Oktober versah er einen Gesandtschaftsbericht aus Wien, in dem vor den „republikanischen Tendenzen" eines Nationalparlaments gewarnt wurde, mit der vielsagenden Marginalie, „kommt alles auf den Wahlmodus an."[67]

Letztendlich war die Hohenzollernmonarchie Ende 1863 sowohl innenpolitisch wie außenpolitisch paralysiert. *Nirgendwo* war es Wilhelm gelungen, die Öffentlichkeit für seine monarchische Agenda zu gewinnen. Deshalb kann das Scheitern des Frankfurter Fürstentags auch nicht als preußischer Sieg über Österreich charakterisiert werden. Denn keiner der beiden Großmächte gelang auch nur ein winziger Schritt in Richtung einer Lösung der Deutschen Frage. Sie blockierten sich stattdessen einfach gegenseitig. Eine Verständigung zwischen Berlin und Wien war *in Deutschland* schlichtweg unmöglich. Wilhelm schimpfte, „daß Österreich [...] diese Verständigung gar nicht will, beweiset der ganze Frankfurter Apparat und die Bestimmung des Reformplans, von dem man sich in Wien vorhersagte, daß Preußen ihn nicht annehmen *werde*, weil es nicht *könne*. [...] Meine Schuld ist wahrlich nicht, wenn jetzt die deutsche Frage in die Richtung geraten ist, die ich vorhersehen mußte, und von der ich [...] rechtzeitig durch meinen Entschluß, nicht nach Frankfurt a. M. zu gehen, gewarnt hatte."[68] Und der österreichische Außenminister Rechberg erklärte, „wegen unserer Reformvorschläge [...] nimmt man in Berlin eine beleidigte Miene an, man betrachtet es aber zugleich als Preußens Monopol, Österreichs legitime Rechte in Deutschland bei jeder Gelegenheit anzugreifen und in Frage zu stellen, ohne daß die kaiserl[iche] Regierung sich deshalb besonders aus der Fassung bringen lassen dürfte."[69] Eine friedliche Lösung der Deutschen Frage war Ende 1863 in weite Ferne gerückt. Und mit dem Fürstentagdebakel hatten die monarchischen Eliten ihre Unfähigkeit zum Kompromiss vor den Augen der Öffentlichkeit eklatant demonstriert.[70] „Das Volk hat's für sich allein 1848/49 nicht machen können, ebensowenig die Fürsten 1863 allein", so der badische Liberale Johann Caspar Bluntschli.[71] Mit dieser Feststellung fasste er die Agonie der Nationalbewegung in treffende Worte. Es gab kaum einen politischen Akteur, der bestritten hätte, dass es eine offene Deutsche Frage gab und dass diese irgendwie gelöst werden musste. Selbst Franz Joseph war spätestens 1863 zu dieser Erkenntnis gekommen. Aber auf dem Ver-

---

65 Bismarck an Bernstorff, 8. Oktober 1863. GW, Bd. 4, S. 179.
66 Vgl. Andreas Hillgruber, Bismarcks Außenpolitik, Freiburg 1972, S. 55; Gall, Bismarck, S. 290; Kaernbach, Bismarcks Konzepte, S. 196–198; Pflanze, Bismarck, Bd. 1, S. 202.
67 Werther an Bismarck (mit Marginalien des Königs), 8. Oktober 1863. APP, Bd. 4, S. 57.
68 Wilhelm an Carl Alexander, 22. November 1863. Schultze (Hrsg.), Weimarer Briefe, Bd. 2, S. 49–50.
69 Rechberg an Károlyi, 30. Oktober 1863. QdPÖ, Bd. 3, S. 413.
70 Vgl. Müller, Bund und Nation, S. 360; Gruner, Deutscher Bund, S. 96.
71 Bluntschli an Sybel, 19. September 1863. Heyderhoff (Hrsg.), Liberalismus, Bd. 1, S. 173.

handlungsweg konnte eine deutsche Einheit ohne existentiellen Druck augenscheinlich nicht gefunden werden.

Diesen Druck konnte und sollte schließlich die Hohenzollernmonarchie ausüben. Doch 1863 hatten weder Wilhelm noch Bismarck einen Plan, wie sie die vielen strukturellen Probleme des Königreichs im Inneren wie Äußeren beheben konnten. Es muss sogar argumentiert werden, dass der spätere Kanzler über ein Jahr nach seiner Ernennung keine nennenswerten politischen Erfolge aufweisen konnte. Er hielt sich nur im Amt, da er die Rolle eines willfährigen königlichen Dieners spielte. Aber der Preis für diese Macht, die Bismarck von Wilhelms Gnaden ausüben durfte, war eine beispiellose Unpopularität. Und es stellte sich durchaus die Frage, wie lange sich ein unpopulärer und innenpolitisch wie außenpolitisch erfolgloser Ministerpräsident würde halten können.[72] Beispielhaft für liberale Kreise schrieb Karl Mathy, „wird Preußen seine Stellung im Schmollwinkel und in der russischen Konvention standhaft behaupten? Wird es in Sachen des Deutschen Bundes fortfahren, zu negieren, ohne irgend etwas zu bieten? Wird es seinen blödsinnigen König und seinen abenteuernden Junker noch eine Schicksalswoche hindurch ertragen? Wird der Kronprinz und sein Anhang die Dinge auf der geneigten Ebene vorwärts treiben lassen, ohne sich zu rühren?"[73] Das mochten polemisch wie tendenziös formulierte Fragen gewesen sein. Aber der badische Politiker legte seinen Finger in die vielen offenen Wunden der Hohenzollernmonarchie. Ende 1863 sah die Zukunft für Wilhelm und Bismarck jedenfalls alles andere als vielversprechend aus.

---

72 Vgl. Gall, Bismarck, S. 282; Pflanze, Bismarck, Bd. 1, S. 194; Clark, Preußen, S. 597–598; Kolb, Bismarck, S. 59; Hinrichs, Staat ohne Nation, S. 465.
73 Mathy an Freytag, 9. August 1863. Heyderhoff (Hrsg.), Liberalismus, Bd. 1, S. 167.

Sechstes Buch **Die Eroberung Deutschlands**
1863 – 1867

„Ein vortreffliches Terrain [...], Deutschlands Einigkeit zu beweisen."
Der Weg in den Deutsch-Dänischen Krieg

Der Deutsch-Dänische Krieg öffnete Wilhelm langfristig den Weg aus dem Verfassungskonflikt. Und er schuf jene Bahnen, die Preußen und Deutschland schließlich in Richtung Reichsgründung führten.[1] So eindeutig die Folgen dieses Konflikts sind, so kompliziert ist allerdings seine Entstehungsgeschichte. Letztendlich wurde auf deutscher wie auf dänischer Seite darüber gestritten, wer die Herrschaft in den Herzogtümern Schleswig und Holstein (und Lauenburg) ausüben sollte – und in welchem nationalen Rahmen.[2] Laut den Memoiren des italienischen Ministerpräsidenten Alfons La Marmora soll sein britischer Kollege Lord Palmerston 1863 gesagt haben, nur drei Menschen hätten die Schleswig-Holstein-Frage je in Gänze verstanden: Prince Albert, der allerdings seit 1861 tot war, ein dänischer Beamter, der den Verstand verloren haben soll, und Palmerston selbst, der allerdings Alles wieder vergessen hätte.[3] Dieses vielzitierte Bonmot wird dem langen Weg in den Deutsch-Dänischen Krieg durchaus gerecht.

Seit dem Wiener Kongress wurden die sogenannten Elbherzogtümer in Personalunion durch die dänische Krone regiert. Sie waren jedoch nicht Teil des Königreichs Dänemark. Aber Holstein und Lauenburg waren Mitgliedstaaten des Deutschen Bundes. Mit dem Aufkommen des Nationalismus wurde diese vormoderne Herrschaftsordnung sowohl auf deutscher wie auf dänischer Seit kritisiert. Südlich der Elbe wurden unter der Formel „up ewig ungedeelt" alle drei Herzogtümer für den zu schaffenden deutschen Nationalstaat reklamiert. Nördlich der Elbe forderte die dänische Nationalbewegung ein Dänemark bis zum Fluss Eider, also einschließlich Schleswig. Dem öffentlichen Druck dieser sogenannten Eiderdänen hatte König Friedrich VII. bereits im Revolutionsjahr 1848 nachgegeben. Nach über drei Jahren Kampfhandlungen wurde diese erste Staatenkonflagration zwischen Dänemark und der deutschen Nationalbewegung 1852 mit dem Londoner Protokoll vorläufig beendet. Letztendlich einigten sich die Pentarchiemächte, Dänemark und Schweden darauf, den fragilen Status quo ante wieder herzustellen. Gleichzeitig versuchten die Londoner Signatarmächte auch, die strittige Erbfolgeregelung in den Herzogtümern zu lösen. Denn Friedrich VII. war kinderlos und der letzte Monarch der seit dem 15. Jahrhundert in Kopenhagen herrschenden Oldenburger Dynastie. Im Protokoll wurde daher Prinz Christian von Schleswig-Holstein-Sonderburg-Glücksburg aus einer Oldenburger Nebenlinie zu seinem designierten Nachfolger bestimmt. Aber in den Elbherzogtümern wurde die Glücksburger Erbfolge durch das Haus Schleswig-Holstein-

---

1 Vgl. Steinberg, Bismarck, S. 293; Christoph Nonn, Das deutsche Kaiserreich. Von der Gründung bis zum Untergang, München 2017, S. 32; Epkenhans, Reichsgründung, S. 36.
2 Vgl. Lawrence D. Steefel, The Schleswig-Holstein Question, Cambridge 1932.
3 Alfons La Marmora, Un Po' Più di Luce. Sugli Eventi Politici e Militari dell'Anno 1866, Florenz ²1873, S. 30–31.

https://doi.org/10.1515/9783111323954-040

Sonderburg-Augustenburg bestritten, eine weitere Oldenburger Nebenlinie. Die Schleswig-Holstein-Frage war also ein explosives Pulverfass aus vormodernen Erbansprüchen und modernem Massennationalismus. Im Winter 1863 legte der Kopenhagener Hof schließlich die Lunte an dieses Pulverfass.

Bereits im September hatte Friedrich VII. eine Verfassungsrevision angekündigt, die Schleswig in Dänemark inkorporieren sollte. Aber bevor er diesen Schritt vollziehen konnte, starb er überraschend am 15. November. Wie es im Londoner Protokoll stipuliert war, folgte ihm der Glücksburger Prinz als König respektive Herzog Christian IX. auf dem Thron. Er sah sich sofort mit der Forderung konfrontiert, die Verfassungsrevision zu vollziehen, und damit jenes Protokoll zu brechen, dass ihm die Thronbesteigung überhaupt erst ermöglicht hatte. Der neue Monarch stand unter dem Druck eines eiderdänischen Ministeriums und einer eiderdänischen Öffentlichkeit. Überspitzt formuliert kann argumentiert werden, dass Christian bereits an seinen ersten Herrschertagen vor die Wahl gestellt wurde, eine Revolution oder einen Krieg zu riskieren. Mit seiner Unterschrift unter die neue Verfassung am 18. November wählte er Letzteres. Bereits zeitgenössisch argumentierte der Schriftsteller Theodor Fontane treffend, Christian IX. „*zog es vor*, lieber in Folge eines Krieges eine *halbe* Krone einzubüßen, als in Folge eines Aufstandes die *ganze*."[4]

Zeitgleich betrat aber auch der Augustenburger Prinz Friedrich die öffentliche Bühne, und beanspruchte die Erbfolge in den Herzogtümern für sich und seine Dynastie.[5] Dieser selbsttitulierte Herzog Friedrich VIII. hätte eine historische Marginalie bleiben können, wäre er nicht von der deutschen Nationalbewegung als dynastische Projektionsfläche entdeckt worden. Denn wie bereits 1848 war der bellizistische Liberalismus mehr als gewillt, gegen Dänemark in einen Nationalkrieg zu ziehen. Und unter dem Banner des Augustenburger Erbprinzen sollten auch die traditionellen Herrschaftseliten für den Waffengang gewonnen werden. Innerhalb kürzester Zeit schossen mehrere Grassrootsinitiativen aus dem Boden, die deutschlandweit in Parlamenten, Presse und Vereinen für die „Befreiung" der Elbherzogtümer von dänischer Herrschaft warben. Von Anfang an ließen der *Deutsche Nationalverein* und andere Organisationen keinen Zweifel daran, dass diese „Befreiung" militärischer Natur sein sollte. Denn es wurden Waffen und Munition gesammelt sowie öffentlich zur Rekrutierung für den bevorstehenden Nationalkrieg aufgerufen.[6] Aber 1863 besaß die Nationalbewegung kein Paulskirchenparlament, das einen solchen Krieg hätte erklären können. Mit den Mittel- und Kleinstaaten gewann sie jedoch informelle Verbündete, die über den Frankfurter Bundestag in der großen Politik mitspielen konnten. Hier fanden zwei diametral entgegengesetzte Interessenprinzipien eine gemeinsame Kooperationsbasis: das nationalrevolutionär-unitarische und das monarchisch-föderative. Denn mit einem Herzogtum Schleswig-Holstein hätte das Dritte Deutschland einen neuen Verbündeten gewinnen

---

4 Theodor Fontane, Der Schleswig-Holsteinische Krieg im Jahre 1864, Berlin 1866, S. 29.
5 Vgl. Dieter Wolf, Herzog Friedrich von Augustenburg – ein von Bismarck 1864 überlisteter deutscher Fürst?, Frankfurt am Main 1999.
6 Vgl. Epkenhans, Reichsgründung, S. 37; Jahr, Blut und Eisen, S. 26–28.

können. Damit hätten die Mittel- und Kleinstaaten die politische Waagschale im Deutschen Bund zu ihren Gunsten verschieben können. Und last but not least bot ein Krieg den Frankfurter Akteuren die Gelegenheit, den Bund auf nationaler wie internationaler Ebene *endlich* als gewichtigen player zu etablieren.[7]

Aber auch die preußische Regierung war daran interessiert, die plötzliche Schleswig-Holstein-Krise zu ihren Gunsten zu nutzen. Wo, wenn nicht hier, schien eine Kooperation mit der linken Opposition möglich?[8] Bereits im Juni soll Wilhelm seiner Ehefrau erklärt haben, er sei gewillt, „selbst einen Krieg ohne Beistimmung der Nation zu unternehmen, ja er rechnet auf einen patriotischen Umschwung zu seinen Gunsten in diesem Falle!"[9] Und Ende September erklärte der König gegenüber General Wrangel, dass die „Holsteinsche Sache [...] eine *Ehrensache* Deutschlands geworden" sei.[10] Doch es gab ein entscheidendes Faktum, das die Berliner Handlungsoptionen zumindest auf dem Papier stark einschränkte: das Londoner Protokoll. Denn die beiden deutschen Großmächte hatten ebenfalls ihre Signatur unter den Vertrag gesetzt. Seiner Ehefrau erklärte Wilhelm, „Preußen u[nd] Oesterreich sind die Hände gebunden durch die Unterzeichnung jenes Abkommens u[nd] ihre Lage wird sehr pénible, wenn der BundesTag uns durch einen NichtanerkennungsBeschluß, zu dem er consequenter Weise schreiten muß – majorisirt, was ich mir in diesem Falle fast gern gefallen ließe, obgleich wir dann einen weittragenden Entschluß fassen müßten, den die 3 andern Großmächte mit Drohungen beantworten würden u[nd] uns wiederum zum Krieg führen könnte. Meiner Ansicht nach müßte man jetzt die Executions Occupation Holsteins im verkürzten Modus ausführen um das Land als Unterhandlungspfand zu besitzen."[11] Am 18. November soll der König auch dem Augustenburger Erbprinzen gesagt haben, „vorläufig könne Preußen [...] nur sein Votum am Bund für die Gültigkeit des Protocolls geben. Preußen werde aber gar nichts thun, um für seine Ansicht zu werben und werde sich freuen, wenn Preußen überstimmt werde, was gern möglich sei."[12]

Wilhelm war bereit, dem Bund die Aktionsinitiative zu überlassen. Denn was er unter allen Umständen verhindern wollte, war eine Intervention der Pentarchie wie im ersten Schleswig-Holstein-Krieg. Dafür musste Preußen nach außen so lange auf der Einhaltung des Londoner Protokolls pochen, bis die dänische Regierung alle diplomatischen Brücken hinter sich abgerissen und sich öffentlich ins Unrecht gesetzt hatte.

---

7 Vgl. Wolf D. Gruner, Der Deutsche Bund, das „Dritte Deutschland" und die deutschen Großmächte in der Frage Schleswig und Holstein zwischen Konsens und Großmachtarroganz, in: Oliver Auge/Ulrich Lappenküper/Ulf Morgenstern (Hrsg.), Der Wiener Frieden 1864. Ein deutsches, europäisches und globales Ereignis, Paderborn 2016, S. 101–140.
8 Vgl. Frank Möller, „Zuerst Großmacht, dann Bundesstaat". Die preußischen Ziele im Deutsch-Dänischen Krieg 1864, in: Oliver Auge/Ulrich Lappenküper/Ulf Morgenstern (Hrsg.), Der Wiener Frieden 1864. Ein deutsches, europäisches und globales Ereignis, Paderborn 2016, S. 141–162.
9 Aufzeichnungen Augustas, 8. Juni 1863. Meisner, Kronprinz, S. 76.
10 Wilhelm an Wrangel, 27. September 1863. Schultze (Hrsg.), Briefe an Politiker, Bd. 2, S. 215.
11 Wilhelm an Augusta, 20. November 1863. GStA PK, BPH, Rep. 51 J, Nr. 509b, Bd. 9, Bl. 148–149.
12 Aufzeichnungen Friedrichs von Augustenburg, [18. November 1863]. Karl Jansen/Karl Samwer, Schleswig-Holsteins Befreiung, Wiesbaden 1897, S. 687.

Dann wäre auch der Berliner Hof nicht mehr an den Vertrag von 1852 gebunden. Am 18. November gab der König Bismarck den Befehl, den preußischen Bundestagsgesandten Rudolf von Sydow dahingehend zu instruieren, „daß Preußen *lau* in der Behandlung der ganzen Frage sich verhalten müsse. [...] Preußen hat in der ganzen Sache etwas ‚gutzumachen' – daher wünsche ich, daß Sydow dies durchblicken läßt, während wir vorläufig an dem Protokoll festhalten, aber *lau*, bis wir majorisiert werden. *Dann* erst könnten wir und Österreich uns auch als Großmächte lossagen vom Protokoll, da Dänemark uns längst von demselben degagiert hätte."[13] Bismarck leitete diese königliche Direktive sofort ohne-wenn-und-aber weiter.[14] Gegenüber dem britischen Gesandten Buchanan soll sich der Ministerpräsident allerdings gerühmt haben, dass er den König erst am 20. November „after a very animated discussion which lasted two hours and a half" davon überzeugt haben will, das Londoner Protokoll nicht zu brechen. Denn Augusta und Alexander von Schleinitz hätten den Monarchen dazu gedrängt, den Krieg sofort zu beginnen.[15] Im Oktober 1865 sollte Schleinitz allerdings rückblickend erklären, „daß der König vor nun bald zwei Jahren bei Beginn der schleswig-holsteinischen Frage meine doch gewiß aus den besten und uneigennützigsten Absichten hervorgegangenen Vorstellungen zugunsten einer energischen und wahrhaft nationalen Politik sehr übel genommen und darin nichts als eine tendenziöse, nicht einmal auf *eigener* Überzeugung beruhende Oppositionsmacherei erblickt hat."[16] Dennoch klagte Bismarck im Winter 1863/64 wiederholt darüber, dass Wilhelm unter dem Einfluss seiner liberalen Umgebung stehen würde. Derartige Unterstellungen waren für den späteren Kanzler zwar nichts Neues. Aber es ist auch möglich, dass er sich mit solchen Erzählungen auf der diplomatischen Ebene als vermeintlicher Friedensgarant zu inszenieren versuchte. Jedenfalls berichtete Buchanan nach London, „that the peace of Europe at this moment depends in a great measure upon M. de Bismarck, being able to retain the confidence of the King and on His Majesty not being induced by other counsellors to abandon a policy which in the midst of the embarassments of the situation is directed towards the maintenance of threaties and the preservation of peace".[17] Bismarcks Schauspielkunst muss daher ein nicht geringer Anteil am Erfolg der preußischen Krisendiplomatie zugesprochen werden.

Aber Wilhelm war im November weit davon entfernt, auf eine *sofortige* diplomatische oder gar militärische Eskalation zu drängen, obgleich ihm „die Holsteinische Frage [...] rasend zu schaffen" mache, wie er Luise klagte.[18] Seinem Schwager erklärte er, „die dänische Frage würde ein vortreffliches Terrain sein, Deutschlands Einigkeit zu

---

13 Wilhelm an Bismarck, 18. November 1863. APP, Bd. 4, S. 161.
14 Vgl. Bismarck an Sydow, 18. November 1863. Ebd., S. 163; Bismarck an die preußischen Missionen in London, Paris, Sankt Petersburg, Kopenhagen, Stockholm und Frankfurter am Main, 20. November 1863. GW, Bd. 4, S. 210.
15 Buchanan an Russell, 21. November 1863. APP, Bd. 4, S. 188–190.
16 A. v. Schleinitz an Augusta, 31. Oktober 1865. Stolberg-Wernigerode (Hrsg.), Goltz, S. 418.
17 Buchanan an Russell, 19. Dezember 1863. APP, Bd. 4, S. 238.
18 Wilhelm an Luise, 22. November 1863. GStA PK, BPH, Rep. 51, Nr. 853.

beweisen", wenn nicht das Londoner Protokoll wäre, „wodurch nun Preußen und Österreich die Hände gebunden sind! [...] Meine Sympathien sind ganz für Holstein und für seinen jungen Herzog, aber wie soll ich loskommen vom Vertrag?"[19] Und Augusta gestand er, „wenn der Londoner Vertrag nicht wäre, so wären unsere Truppen gewiß schon in Holstein."[20] Am 26. November erklärte er den Ministern in einem Kronrat, dass erst die Bundesexekution gegen Dänemark abgewartet werden müsse. Spätestens wenn deutsche Soldaten in Holstein und Lauenburg stünden, wäre Christian IX. zur Eskalation gezwungen. Dann könne sich auch Preußen vom Londoner Protokoll lossagen.[21] Zwei Tage später stimmte der Bundestag mehrheitlich gegen Preußen und Österreich für die Nichtanerkennung des Londoner Protokolls.[22] Es war das erste und einzige Mal, dass sich der spätere Kaiser in Frankfurt am Main ohne Widerstand majorisieren ließ.

Ende 1863 verfolgte Wilhelm letztendlich eine ähnliche Strategie wie bereits während des Italienischen Krieges 1859. Er wollte eine Konflikteskalation abwarten, um dann als Liberator Germaniae aufzutreten. Und wieder wurde der preußischen Regierung in liberalen Kreisen vorgeworfen, die nationale Sache durch Inaktivität zu verraten.[23] So erklärte etwa Hermann Baumgarten, „eine große Chance schlägt abermals gegen Preußen aus, und die Nemesis für so viele Sünden der Tatenlosigkeit kann nicht ausbleiben."[24] Sein Parteifreund Ludwig Häusser schimpfte, dass „man den Todfeind der schleswig-holsteinschen Sache just in der preußischen Regierung sieht."[25] Und Wilhelm selbst klagte bereits am 24. November, es „wachsen die Agitationen in ganz Deutschland für Holstein und die Lage für uns und Oesterreich wird immer penibler."[26] Dass den Kritikern der preußischen Schleswig-Holstein-Politik primär die Figur des Erzreaktionärs Bismarcks als Zielscheibe diente, war für den Herrscher kaum von Vorteil.[27] Denn weder war er gewillt, seinen Ministerpräsidenten als öffentlichen Sündenbock zu opfern, noch wollte er sich präventiv vom Londoner Protokoll lossagen. Das wurde nach dem 28. November aber immer lauter von Wilhelms Umgebung gefordert. So will der Kronprinz versucht haben, seinen Vater davon zu überzeugen, „die Leitung des deutschen Gefühls in schleswig-holsteinischer Angelegenheit zu übernehmen".[28] Carl Alexander bat seinen Schwager, „Dich durch einen Majoritätsbeschluß von dem Protokolle frei zu erklären, Dich auf das altverbriefte Recht und die dasselbe fühlende Nation stützend."[29] Und Goltz argumentierte, „die schleswig-holsteinische Frage" sei

---

19 Wilhelm an Carl Alexander, 22. November 1863. Schultze (Hrsg.), Weimarer Briefe, Bd. 2, S. 50.
20 Wilhelm an Augusta, 29. November 1863. GStA PK, BPH, Rep. 51 J, Nr. 509b, Bd. 9, Bl. 158.
21 Vgl. Konseilprotokoll, 26. November 1863. Acta Borussica. Protokolle, Bd. 5, S. 210. Siehe auch Bernhardis Tagebucheintrag vom 26. November 1853, in: Bernhardi (Hrsg.), Aus dem Leben, Bd. 5, S. 174.
22 Vgl. Huber, Verfassungsgeschichte, Bd. 3, S. 465.
23 Vgl. Winkler, Weg nach Westen, Bd. 1, S. 162–163.
24 Baumgarten an Sybel, 22. November 1863. Heyderhoff (Hrsg.), Liberalismus, Bd. 1, S. 184.
25 Häusser an Sybel, 11. Januar 1864. Ebd., S. 210.
26 Wilhelm an Augusta, 24. November 1863. GStA PK, BPH, Rep. 51 J, Nr. 509b, Bd. 9, Bl. 152.
27 Vgl. Gall, Bismarck, S. 296.
28 Tagebuch Friedrich Wilhelm, 9. Dezember 1863. Meisner (Hrsg.), Tagebücher, S. 226.
29 Carl Alexander an Wilhelm, 5. Dezember 1863. Schultze (Hrsg.), Weimarer Briefe, Bd. 2, S. 54.

„mehr als irgendeine andere zu einem entschiedenen Vorgehen der Königlichen Regierung geeignet. Sie kann darin nicht allein auf die Unterstützung der öffentlichen Meinung von ganz Deutschland zählen und namentlich alle gemäßigten Elemente im eigenen Lande in eine gesundere Richtung leiten, sondern es bietet sich ihr auch die seltsame Gelegenheit, mit den deutschen Mittel- und Kleinstaaten vereint eine, von der österreichischen abweichende Politik zu verfolgen. Sie kann andererseits nicht wünschen, daß jene Staaten im Gegensatze zu beiden deutschen Großmächten eine nationale Sache vertreten, noch weniger, daß die letztere vom Nationalverein und der Revolution ausgebeutet werde."[30] Aber anders als Goltz hier implizierte, verfolgte Wilhelm nicht den Plan, gemeinsam mit Österreich gegen die Nationalbewegung vorzugehen. Beide Großmächte mochten an das Londoner Protokoll gebunden sein. Aber die preußische Regierung wollte sich von dessen Verpflichtungen lösen, sobald die Gefahr einer Pentarchieintervention gebannt war. Bereits am 25. November hatte Bismarck den königlichen Befehl erhalten, dass sich Preußen als erste deutsche Großmacht vom Protokoll lösen müsse, „damit im *Jahr* der Überraschungen uns nicht auch diese noch von Wien zuteil werde."[31] Nur wenige Monate nach dem Frankfurter Fürstentag war Wilhelm alles andere als bereit, das nationale Feld zu räumen.

Der Wiener Hof hatte allerdings nicht vor, sich an die Spitze der Schleswig-Holstein-Bewegung zu stellen. Stattdessen betrachteten Franz Joseph und seine Minister den neuentfachten Furor teutonicus als Bedrohung der nach wie vor fragilen Habsburgermonarchie. Kaum weniger beunruhigend war auch der Umstand, dass die dänische Krone mit der Novemberverfassung das supranationale Personalunionsprinzip aufgegeben hatte. Damit schien eine weitere Monarchie am österreichischen Vielvölkerstaat vorbei in Richtung Nationalstaat zu ziehen. Die Wiener Regierung verfolgte Ende 1863 deshalb das Ziel, eine Konflikteskalation zu verhindern und Christian IX. zurück auf den Boden des Londoner Protokolls zu zwingen. Aber da die deutschen Mittel- und Kleinstaaten diese Politik nicht mittragen wollten, blieb Österreich ausgerechnet nur Preußen als möglicher Verbündeter. Und da der Berliner Hof auf der diplomatischen Ebene am Vertrag von 1852 festhielt, schien ein solches Bündnis den österreichischen Entscheidungsträgern als durchaus realistisch. Gleichzeigt spekulierten sie darauf, die Hohenzollernmonarchie über die Schleswig-Holstein-Krise endlich zurück in die deutsche Juniorpartnerrolle drängen zu können.[32] Erst später musste der Wiener Hof feststellen, dass er einer gründlichen Fehleinschätzung erlegen war. Nicht nur war Preußen *nicht* daran interessiert, das Londoner Protokoll aufrecht zu erhalten. Mit der Abwendung von den Mittel- und Kleinstaaten schwächte die Habsburgermonarchie auch indirekt den Deutschen Bund – und damit das institutionelle Fundament der eigenen

---

30 Goltz an Bismarck, 1. Dezember 1863. APP, Bd. 4, S. 243–244.

31 Wilhelm an Bismarck, 25. November 1863. Ebd., S. 205–206.

32 Vgl. Clark, Franz Joseph, S. 30–32, 56–61; Bled, Franz Joseph, S. 239–240; Elrod, Rechberg, S. 443–447; Brandt, Franz Joseph I., S. 372–373; Lothar Höbelt, Österreich und der Deutsch-Dänische Krieg. Ein Präventivkrieg besonderer Art, in: Oliver Auge/Ulrich Lappenküper/Ulf Morgenstern (Hrsg.), Der Wiener Frieden 1864. Ein deutsches, europäisches und globales Ereignis, Paderborn 2016, S. 163–184.

Präsidialmacht.[33] Letztendlich fußte die preußisch-österreichische Kooperation nördlich der Elbe nur auf dem Interessenkonsens, eine Ausweitung des Konflikts zu vermeiden. Das war kein Fundament für ein langfristiges Bündnis. Denn es wurde preußischerseits nur aufrechterhalten, um eine Pentarchieintervention zu verhindern.[34] Sobald diese Gefahr gebannt war, sollten die innerdeutschen Interessengegensätze wieder aufbrechen.

Dass die europäischen Großmächte 1863/64 weitgehend in der Zuschauerrolle verharrten, war vor allem Umständen geschuldet, auf die der Berliner Hof kaum Einfluss hatte. Das Zarenreich etwa war nach wie vor mit den Folgen des Polnischen Januaraufstands beschäftigt. Dennoch versuchten Alexander II. und Gortschakow auf der diplomatischen Ebene, eine Mächteverschiebung im Ostseeraum zugunsten Deutschlands zu verhindern. Die russischen Proteste blieben allerdings kaum mehr als leere Drohungen. Und da die dänische Regierung selbst eine Rückkehr zum Londoner Protokoll verhinderte, musste der Petersburger Hof die Grenzverschiebungen nördlich der Elbe schließlich nolens volens akzeptieren.[35] Dagegen war Napoleon III. nicht nur bereit, eine territoriale Schwächung Dänemarks mitzutragen, sondern auch, der preußischen Regierung Annexionen in Norddeutschland schmackhaft zu machen. Denn der Empereur spekulierte darauf, die Hohenzollernmonarchie endlich als Partner zu gewinnen, wie es ihm 1859 mit Sardinien-Piemont in Italien gelungen war. Seine Unterstützung hätte er sich dann mit Gebietsabtretungen am Rhein bezahlen lassen. Mindestens aber wollte er eine Rückkehr zum Londoner Protokoll verhindern, das wie die Wiener Verträge von 1815 dem Nationalitätenprinzip diametral entgegenstand.[36] Doch wie bereits 1860 in Baden-Baden war Wilhelm auch drei Jahre später nicht gewillt, für Napoleon die Rolle eines Viktor Emmanuel zu spielen. Als Goltz in einem Gesandtschaftsbericht aus Paris die Möglichkeit eines preußisch-französischen Bündnisses auch nur erwähnte, schrieb Wilhelm an den Blattrand, „dazu ist er von mir *nie* autorisiert."[37] Der König war lediglich bereit, wie er Bismarck schrieb, „N[a]p[oleon] III. bei gutem Humor zu erhalten."[38] Und seiner Ehefrau erklärte er, „daß Napoleon *nie* der Freund Deutschlands sein wird sondern immer die Rheingrenze im Auge hat und *jede* Gelegenheit benutzen wird,

---

33 Vgl. Huber, Verfassungsgeschichte, Bd. 3, S. 472 – 473; Lutz, Habsburg und Preußen, S. 448; Showalter, German Unification, S. 116.

34 Vgl. Stacie E. Goddard, When Right Makes Might. How Prussia Overturned the European Balance of Power, in: International Security Vol. 33, Nr. 3 (2008/09), S. 110 – 142.

35 Vgl. Steefel, Schleswig-Holstein Question, S. 129 – 132; Burgaud, Plädoyer, S. 112 – 113; Wasilij Dudarew, Die dänische Frage und der Wiener Frieden im System der deutsch-russischen Beziehungen, in: Oliver Auge/Ulrich Lappenküper/Ulf Morgenstern (Hrsg.), Der Wiener Frieden 1864. Ein deutsches, europäisches und globales Ereignis, Paderborn 2016, S. 293 – 306; Linke, Bismarck und Gorčakov, S. 17 – 19.

36 Vgl. Steefel, Schleswig-Holstein Question, S. 113 – 129; Ulrich Lappenküper, „Il vous sacrifiera demain le Danemarc, s'il y trouverait son compte". Frankreich, der Deutsch-Dänische Krieg und der Wiener Frieden von 1864, in: Oliver Auge/Ulrich Lappenküper/Ulf Morgenstern (Hrsg.), Der Wiener Frieden 1864. Ein deutsches, europäisches und globales Ereignis, Paderborn 2016, S. 239 – 263.

37 Goltz an Bismarck (mit Marginalien des Königs), 24. November 1863. APP, Bd. 4, S. 209.

38 Wilhelm an Bismarck, 22. Dezember 1863. AGE, Bd. 1, S. 97.

diesen Plan darauf zu realisiren ist mir und jedem Denkenden klar, also unsere Parole: Vorsicht aber Freundlichkeit."[39] Großbritannien war die einzige Großmacht, die 1863/64 offen mit einer militärischen Intervention zugunsten Dänemarks drohte. Denn es war nicht im Interesse der Seemacht, die schleswig-holsteinischen Häfen in deutscher Hand zu sehen. Aber da Russland und Frankreich eine Intervention nicht mittragen konnten oder wollten, wagte auch der Londoner Hof nicht, die diplomatische Protestebene zu verlassen. Ein steter Unsicherheitsfaktor blieb die britische Regierung für Preußen und Österreich dennoch.[40] Für Wilhelm war das Säbelrasseln jenseits des Ärmelkanals nur ein weiterer Beweis, dass sich die Queen und ihre Minister längst in den Klauen der „Demokratie" befänden. So erklärte er Augusta, „daß man" zwar „auf England in der dänischen Frage wirken muß, wenn Du aber die englischen Zeitungen siehst, wirst Du dich überzeugen, daß da nichts mehr zu machen ist und da dort die Zeitung[en] die Politik machen und nicht die Minister und Souveraine, so ist Alles vergeblich."[41]

Aber auch der Berliner Hof konnte die Öffentlichkeit nicht vollständig ignorieren. Denn er musste zumindest sondieren, ob das neugewählte Abgeordnetenhaus bereit sein würde, den Etat für eine potentielle preußische Beteiligung an der Bundesexekution gegen Dänemark zu bewilligen. Und über das Abstimmungsverhalten konnte die Regierung gleichzeitig die Erfolgschancen für eine Lösung des Verfassungskonflikts auf nationalem Terrain ausloten. „Nun wird sich's zeigen ob die 2. Kammer uns das Geld verweigern wird, wenn es sogar der Bund verlangt?", schrieb Wilhelm seiner Ehefrau am 29. November. „Die Demokraten sind in gewaltiger Klemme, zwischen Deutschtümelei zum Kriege und Geldbewilligung, denn Ersteres gehet ohne Letzteres nicht."[42] Diese Deutschtümelei glaubte der Monarch nicht brüskieren zu dürfen. Bevor Bismarck am 1. Dezember im Landtag ans Rednerpult treten sollte, erhielt er die Allerhöchste Instruktionen, nicht allzu stark auf das Londoner Protokoll zu pochen. Vor allem dürfe der Ministerpräsident den Parlamentariern gegenüber „nicht die Ansicht aussprechen, daß Ihnen ein selbständiges Holstein aus gewissen Gründen nicht genehm sei – da dies nicht *meine* Ansicht ist – weshalb ich große Vorsicht empfehle, da die Sache zu ernst und groß ist, um sich durch ein Wort zu binden."[43] Bismarck folgte der königlichen Direktive. Er erklärte öffentlich, „die Entscheidung über die Frage, ob und wann wir durch Nichterfüllung der dänischen Verpflichtungen in den Fall gesetzt sind, uns von dem Londoner Vertrage loszusagen, muß die Königliche Regierung sich vorbehalten".[44] Aber

---

39 Wilhelm an Augusta, 6. Juli 1864. GStA PK, BPH, Rep. 51 J, Nr. 509b, Bd. 10, Bl. 57.

40 Vgl. Steefel, Schleswig-Holstein Question, S. 132–142; Werner E. Mosse, Queen Victoria and Her Ministers in the Schleswig-Holstein Crisis 1863–1864, in: The English Historical Review Vol. 78, Nr. 307 (1963), S. 263–283; Thomas G. Otte, „Better to increase the power of Prussia". Great Britain and the events of 1864, in: Oliver Auge/Ulrich Lappenküper/Ulf Morgenstern (Hrsg.), Der Wiener Frieden 1864. Ein deutsches, europäisches und globales Ereignis, Paderborn 2016, S. 265–292.

41 Wilhelm an Augusta, 25. November 1863. GStA PK, BPH, Rep. 51 J, Nr. 509b, Bd. 9, Bl. 153.

42 Wilhelm an Augusta, 29. November 1863. Ebd., Bl. 159.

43 Wilhelm an Bismarck, 1. Dezember 1863. AGE, Bd. 1, S. 85–86.

44 Rede Bismarcks, 1. Dezember 1863. GW, Bd. 10, S. 192–193.

die Landtagsopposition ging nicht auf dieses verklausulierte Kooperationsangebot ein. Die Budgetverhandlungen zogen sich bis in den Januar 1864 hin, bis das Abgeordnetenhaus schließlich gegen eine Staatsanleihe zur Kriegsfinanzierung stimmte.[45] Und bereits am 2. Dezember 1863 hatte die Kammer die Regierung mit einer Resolution zur Anerkennung der augustenburgischen Erbansprüche auf Schleswig und Holstein aufgefordert.[46] Laut Bernhardi soll der König diese Resolution *„ganz gewaltig übel genommen"* haben. Denn „er entnimmt daraus, daß das Haus der Abgeordneten auswärtige Politik machen will, was ihm nach der Verfassung gar nicht zukommt".[47]

Wilhelm wollte die Schleswig-Holstein-Krise nutzen, um die öffentliche Meinung endlich wieder *für* Preußen zu gewinnen. Aber er war nicht gewillt, der Nationalbewegung die Zügel zu überlassen und sich in eine Art Volkskrieg treiben zu lassen. Bereits Ende November hatte er Augusta geklagt, „unsere Position wird täglich schwieriger indem mit dem deutschen rechten Sinn sich die revolutionären Agitationen verbinden u[nd] diese darf man nicht aufkommen lassen. Darum muß man lavieren."[48] Diese Revolutionsparanoia schien sogar kontinuierlich zuzunehmen, je mehr Nachrichten über die Aufstellung von Freiwilligenverbänden für den Nationalkrieg am Berliner Hof eintrafen. Wilhelm sah sich mit dem Schreckgespenst einer Volksbewaffnung konfrontiert. Mitte Dezember trat sogar der Augustenburger Erbprinz persönlich mit der Bitte an ihn, in Preußen Rekruten anwerben zu dürfen. Der König lehnte dieses Ansinnen entschieden ab.[49] Aber da die Mittel- und Kleinstaaten dieser Agitation nicht entgegenzutreten schienen, warf er seinen monarchischen Kollegen vor, sich zu Komplizen einer Revolutionsarmee zu machen. „Wie könnt Ihr, die Ihr Truppen in gehöriger Anzahl habt, erlauben, daß sich öffentlich Vorbereitung[en] zu Freischaren, um nach Holstein zu ziehen, bilden dürfen?", schimpfte er etwa seinem badischen Schwiegersohn. „Ihr glaubt, durch Gehenlassen, Unterstützen, Schmeicheln dieser Bewegung, ihr das Gefährliche nehmen zu können. Ist denn dies nicht derselbe Weg, den Ihr 1848/49 ginget? und der Euch zuletzt über den Kopf wuchs und Ihr das Land verlassen mußtet?"[50] Wie Friedrich Wilhelm notierte, soll ihm sein Vater „wütend" erklärt haben, „wir befänden uns in Zeiten von 1848; dies sei Aufforderung zur Volksbewaffnung und freiwilligen Beiträgen zur Revolution. Mitteldeutschland wolle Rolle spielen und uns Weg vorzeigen; das ließe er sich nicht gefallen und würde wahrscheinlich bald [...] mobilmachen gegen – Deutschland!!! – Mithin ist die Stimmung Sr. M. im Steigen, schwarz und erregt –

---

45 Vgl. Huber, Verfassungsgeschichte, Bd. 3, S. 321.

46 Der Text dieser Abgeordnetenhausresolution findet sich in: Ders. (Hrsg.), Dokumente, Bd. 2, S. 185 – 186.

47 Tagebuch Bernhardi, 19. Dezember 1863. Bernhardi (Hrsg.), Aus dem Leben, Bd. 5, S. 232.

48 Wilhelm an Augusta, 29. November 1863. GStA PK, BPH, Rep. 51 J, Nr. 509b, Bd. 9, Bl. 158.

49 Vgl. Friedrich von Augustenburg an Wilhelm, 11. Dezember 1863. Jansen/Samwer, Schleswig-Holstein, S. 688 – 689; Károlyi an Rechberg, 14. Dezember 1863. QdPÖ, Bd. 3, S. 499 – 500; Wilhelm an Friedrich von Augustenburg, 15. Dezember 1863. Ernst II., Aus meinem Leben, Bd. 3, S. 380 – 381.

50 Wilhelm an Friedrich I., 14./15. Dezember 1863. Oncken (Hrsg.), Briefwechsel, Bd. 1, S. 463.

was soll daraus werden!"[51] Und seiner Schwester klagte Wilhelm am 31. Dezember, „das Jahr endigt ungemein ernst. Die Dänische Angelegenheit ist zu einer Complication gediehen, deren Ende man noch garnicht übersehen kann. So viel Wahres und schönes im deutschen Sinn in dieser Frage existirt, so ist sie doch so gefährlich geworden, weil die démocratische revolutionaire Parthei sich derselben bemächtigt hat und droht Complicationen herbeizuführen, die uns noch wer weiß wohin führen können. Sehr besorgt bin ich, was werden soll wenn [...] nun der Rest Deutschlands inclusive Freischaar, Turner und Schützen nach Dänemark marschieren *mögte*? Da wir dies nicht zulassen *können!*"[52]

Diese Allerhöchste Revolutionsparanoia wurde von der konservativen und militärischen Umgebung des Monarchen stetig befeuert.[53] So argumentierte Bismarck, „wenn wir jetzt den Großmächten den Rücken drehn, um uns der in dem Netze der Vereinsdemokratie gefangnen Politik der Kleinstaaten in die Arme zu werfen, so wäre das die elendste Lage, in die man die Monarchie nach Innen und nach Außen bringen könnte."[54] Roon bemerkte, es „brodelt jetzt einmal wieder die kleinstaatliche Hexenküche stinkend auf, getrieben von den unheimlichen demokratischen Dünsten und Dämpfen, die ihrem gesamten Thun und Lassen als Vehikel dienen."[55] Auch Moltke schimpfte seinem Bruder Adolf, „die Democraten (denen Augustenburg so lieb wie Septemberburg), [...] haben [...] die kleinen deutschen Fürsten schon völlig terrorisiert, welche in der holsteinschen Erbfolgesache nicht mehr wagen anders als fanatisch legitim zu sein. Dagegen haben denn doch die beiden Großmächte noch die Kraft und den Willen, eine europäische Politik in der Angelegenheit zu führen."[56] Und der Kronprinz klagte, sein Vater „befindet sich inmitten eines Lügengewebes, beherrscht von Bismarck, Manteuffel, Roon."[57] Dieses Lügengewebe um den Thron war jedoch lediglich der Versuch, die preußische Schleswig-Holstein-Politik neu auszurichten. Denn anders als sein Souverän betrachtete Bismarck die Krise nicht als Gelegenheit, Deutschland doch noch moralisch zu erobern. Stattdessen wollte er den Konflikt als round-table-Instrument nutzen, über das eine Parität mit Österreich und ein preußischer Machtgewinn in Norddeutschland gelingen könnte. Dafür musste er aber Frankfurt am Main übergehen und verhindern, dass der Krieg gegen Dänemark von einem Bundesheer geführt werden würde. Deshalb pochte der Ministerpräsident im Winter 1863/64 noch entschiedener als Wilhelm auf dem Londoner Protokoll. Dieses band Österreich an Preußen und hielt die Pentarchie auf Abstand. Gleichzeitig neutralisierte diese Politik die von den Mittel- und Kleinstaaten getragene Bundesexekution, die über Holstein und Lauenburg nicht hinaus gehen

---

51 Tagebuch Friedrich Wilhelm, 23. Dezember 1863. Meisner (Hrsg.), Tagebücher, S. 228–229.
52 Wilhelm an Luise, 31. Dezember 1863. GStA PK, BPH, Rep. 51, Nr. 853.
53 Vgl. A. v. Schleinitz an Goltz, 20. Dezember 1863. Stolberg-Wernigerode (Hrsg.), Goltz, S. 353; Tagebuch E. L. v. Gerlach, 24. Dezember 1864. Diwald (Hrsg.), Nachlaß, Bd. 1, S. 447.
54 Bismarck an Goltz, 24. Dezember 1863. GW, Bd. 14/II, S. 659.
55 Roon an Perthes, 14. Februar 1864. Roon (Hrsg.), Denkwürdigkeiten, Bd. 2, S. 186–187.
56 Moltke an A. v. Moltke, 2. Januar 1864. Rudolf Stadelmann, Moltke und der Staat, Krefeld 1950, S. 426.
57 Tagebuch Friedrich Wilhelm, 23. Dezember 1863. Meisner (Hrsg.), Tagebücher, S. 229.

konnte. Denn Schleswig war kein Mitglied des Deutschen Bundes. Allein die zwei deutschen Großmächte konnten dort unter dem Vorwand einmarschieren, das Londoner Protokoll zu verteidigen. Wie sein königlicher Souverän wartete auch Bismarck nur darauf, den Vertrag von 1852 als hinfällig zu betrachten und die Herrschaftsverhältnisse in den Elbherzogtümern neu zu ordnen. Aber diesen Punkt wollte er *mit* Österreich und *ohne* den Bund erreichen.[58]

Im Jahr 1877 soll Bismarck seinem Pressemitarbeiter Busch über den Weg in den Deutsch-Dänischen Krieg erzählt haben, „das ist die diplomatische Kampagne, auf die ich am stolzesten bin.“[59] Und manche Kanzlerbiographen verwenden mit Blick auf die preußische Diplomatie 1863/64 gar das Prädikat „Meisterstück“, da es dem Ministerpräsidenten gelungen sei, ein Eingreifen anderer Mächte zu verhindern.[60] Dieses Superlativ mag mit Blick auf die interventionsunfähigen Großmächte in Ost und West doch recht hoch gegriffen sein. Aber was Bismarcks Umgang mit Wilhelm betrifft, kann durchaus von einem ersten politischen Erfolg des späteren Kanzlers gesprochen werden. Denn es gelang ihm graduell, den Herrscher für einen *Strategiewechsel* zu gewinnen. Heinrich von Sybel schrieb am 4. Dezember, „der König, sagt man mir, wünscht den Londoner Vertrag los zu sein. Bismarck hält ihn, indem er ihm auseinandersetzt, daß sein (Bismarcks) Weg eben zu diesem Ziele führe, auf einem kleinen Umwege, aber sicher, ohne Bruch mit den Mächten.“[61] Károlyi berichtete einen Tag später, „noch gestern sagte der König zu Herrn v[on] Bismarck: ‚Sie mögen recht haben, die von Ihnen vertretene Politik mag die klügste sein und den diplomatischen Beziehungen am besten entsprechen, doch unterdrücke ich bloß mit Mühe eine innere Stimme, welche mir sagt, daß ich im entgegengesetzten Sinne handeln sollte.‘“[62] Und Ende Januar 1864 bemerkte Edwin von Manteuffel, „ich glaube die Differenz zwischen König und Ministerium besteht nur in einem Wie und nicht in einem Was, und glaube, daß man ein noch der Königlichen Auffassung entsprechendes Wie finden kann.“[63] Mit dieser Beobachtung hatte der Militärkabinettschef Recht. Bismarck zwang Wilhelm nicht seinen politischen Willen auf. Monarch und Ministerpräsident strebten das gleiche Ziel an. Aber im Winter 1863/64 gelang es dem späteren Kanzler zum ersten Mal, in der großen Politik eigene Akzente zu setzen.

Bismarcks Erfolg war alles andere als selbstverständlich – oder leicht. Denn Wilhelm drängte ab Dezember darauf, endlich einen legitimen Casus belli zu finden und dann das Londoner Protokoll zu zerreißen. Noch am 11. Dezember erklärte er dem Ministerpräsidenten, „wenn die Bedingungen respektive Zusagen von 1851/52 von D[änemar]k nicht erfüllt werden, so ist Preußen nicht nur genötigt, sondern berechtigt,

---

58 Vgl. Gall, Bismarck, S. 300; Nipperdey, Bürgerwelt, S. 771; Engelberg, Bismarck, Bd. 1, S. 548. Pflanze, Bismarck, Bd. 1, S. 248; Möller, Großmacht, S. 156.
59 Tagebuch Busch, 20. Oktober 1877. Busch, Tagebuchblätter, Bd. 2, S. 483.
60 Vgl. Pflanze, Bismarck, Bd. 1, S. 247; Kolb, Bismarck, S. 65.
61 Sybel an Mohl, 4. Dezember 1863. Heyderhoff (Hrsg.), Liberalismus, Bd. 1, S. 193.
62 Károlyi an Rechberg, 5. Dezember 1863. QdPÖ, Bd. 3, S. 471.
63 E. v. Manteuffel an Roon, 29. Januar 1864. Roon (Hrsg.), Denkwürdigkeiten, Bd. 2, S. 192.

sich vom Londoner Vertrag als gelöset zu betrachten und hat sich sofort von demselben loszusagen."[64] Am selben Tag berichtete Károlyi, der König soll ihm gegenüber bemerkt haben, „wie er hoffe, man werde in Deutschland bald einsehen, wie die beiden Großmächte den sichersten Weg eingeschlagen hätten, um die deutschen Interessen zu wahren, denn es könne der allgemeinen Teilnahme für die Herzogtümer und der wirklich großartigen Bewegung, welche sich der Geister in nationaler Richtung bemächtigt hätte, eine jedwede Berechtigung unmöglich abgesprochen werden. Dergleichen Worte S.M. verraten in ihm einen noch unbestimmten, aber in Wirklichkeit vorhandenen Hang, daß es zum Kriege gegen Dänemark kommen möge und Deutschland hierdurch vom Londoner Vertrag vollkommen befreit werde."[65] Und einen Tag später ließ auch der britische Gesandte seine Regierung wissen, „the King […] desires to avail himself of the opportunity which this question has question has offered for giving a charakter of an accomplished fact to the new organization of the army and of settling in favour of Germany a political question of long standing by a grand military demonstration while he is not unwilling, in the event of resistance on the part of Denmark, to accept the alternative of a war in which Prussian troops will take the principle part, and which it is hoped will transfer the Duchies of Holstein and Schleswig with their valuable harbours from the sovereignty of a Danish, to that of a German Prince."[66]

Wilhelms zunehmender Bellizismus war für Bismarcks Strategie einer graduellen Eskalation nicht gerade förderlich. Noch Ende Januar 1864 soll der Ministerpräsident gegenüber Károlyi von der „fast fieberhaften Ungeduld" des Königs geklagt haben.[67] Aber gleichzeitig bot ihm dieser Umstand auch eine Möglichkeit, seinen Souverän für die Kooperation mit Österreich zu gewinnen. Denn im ersten Schleswig-Holstein-Krieg hatte Preußen noch allein gegen Dänemark kämpfen müssen. Und als die Pentarchie mit einer Intervention gedroht hatte, war das Hohenzollernkönigreich diplomatisch isoliert gewesen. Gemeinsam mit dem Wiener Hof sollte eine Wiederholung dieses Szenarios verhindert werden. Und es war Bismarck sogar gelungen, die österreichische Regierung davon zu überzeugen, das Oberkommando über die verbündeten Armeen Preußen anzutragen. Mit dieser Konzession sollte Wilhelm gezielt geschmeichelt werden.[68] Und letztendlich erkannte die Habsburgermonarchie den innerdeutschen Rivalen damit zumindest auf der *europäischen* Ebene de facto als gleichberechtigte Großmacht an. Aber Bismarck musste dennoch bis zum sprichwörtlich letzten Moment um das königliche Plazet für seine Strategie ringen.

Am 1. Januar 1864 trat trotz aller Proteste und Drohungen aus Deutschland die dänische Novemberverfassung in Kraft. Damit hatte der Kopenhagener Hof Schleswig offiziell annektiert. Bereits am 2. Januar ließ Wilhelm in einem Kronrat die weiteren

---

64 Bismarck an Wilhelm (mit Marginalien des Königs), 11. Dezember 1863. APP, Bd. 4, S. 287.
65 Károlyi an Rechberg, 11. Dezember 1863. QdPÖ, Bd. 3, S. 493–494.
66 Buchanan an Russell, 12. Dezember 1863. APP, Bd. 4, S. 301.
67 Károlyi an Rechberg, 31. Januar 1864 (Telegramm). Ebd., S. 502.
68 Vgl. Károlyi an Rechberg, 5. Dezember 1863. QdPÖ, Bd. 3, S. 473–474; Werther an Bismarck (mit Marginalien des Königs), 5. Dezember 1863 (Telegramm). APP, Bd. 4, S. 263–264.

Schritte diskutieren. Der König begann die Sitzung damit, dass er auf die „Berechtigung der Pr[eußischen] Regierung, sich von dem L[ondoner] T[raktat] sofort loszusagen, und anderseits auf das Bestreben der deutschen Revolutionspartei, sich der an sich edlen allgemeinen Bewegung für die S[chleswig]-H[olsteini]sche Sache zu Erreichung revolutionärer Zwecke zu bemächtigen, auf die teilweise durch die Agitationen dieser Partei bestimmte Haltung der deutschen Mittelstaaten und auf die mit einer weiteren Entwicklung dieser Verhältnisse verbundenen Gefahr eines deutschen Bürgerkriegs aufmerksam" machte. Bismarck plädierte dafür, das Londoner Protokoll offiziell weiterhin als bestehend zu betrachten, „um [...] den unter allen Umständen wahrscheinlichen Fall eines europäischen Krieges" zu verhindern. Da das Staatsministerium aber keine Einigung erzielen konnte, vertagte Wilhelm die Sitzung auf den nächsten Tag. Er schloss jedoch mit der Bemerkung, „daß die Personalunion der Herzogtümer mit D[änemark] niemanden befriedigen, die Herzogtümer selbst nicht beruhigen und deshalb durch das Blut und Leben von tausenden pr[eußischer] Untertanen zu teuer erkauft werden müsse."[69]

Bismarck saß zwischen zwei Stühlen. Einerseits weigerten sich die Österreicher, eine Politik mitzutragen, die nicht auf dem Londoner Protokoll fußte. Anderseits forderte der König genau dieses Protokoll zu zerreißen und der drängenden Öffentlichkeit zu erklären, dass Schleswig und Holstein „deutsch" werden sollten. Nach der Konseilsitzung soll der Ministerpräsident daher Károlyi gefragt haben, ob es nicht doch möglich wäre, dass sich Preußen und Österreich gemeinsam vom Londoner Protokoll lossagen würden. Aber Károlyi will im Namen seiner Regierung abgelehnt haben, einer „fast schon mit revolutionären Mitteln eingeleiteten und unmögliche Ziele verfolgenden ultra-deutsch-nationalen Politik" Vorschub zu leisten.[70] Am 3. Januar blieb Bismarck daher nichts anderes übrig, als Wilhelm gegenüber ein argumentatives Druckmittel sondergleichen zu verwenden: Olmütz. In den wiederaufgenommenen Konseilverhandlungen malte er dem König das Bedrohungsszenario eines europäischen Krieges in den schwärzesten Farben an die Wand. Konkret sprach er von der „Gefahr der Trennung von Ö[sterreich] und des Krieges mit den übrigen Mächten, namentlich mit Frankreich, teils die ebenso große Gefahr der Assoziation mit der deutschen Revolution, die leicht zu einem zweiten Olmütz führen könnte". Diese Warnung schien ihre Wirkung auf Wilhelm nicht verfehlt zu haben. Denn er stimmte Bismarck zu, vorläufig noch am Londoner Protokoll festzuhalten. Aber er ließ auch protokollarisch festhalten, „daß, wenn die Okkupation von S[chleswig] zu Feindseligkeiten mit D[änemark] führen sollte, dann nicht mehr das Programm von 1852, sondern die gänzliche Losreißung der Elbherzogtümer von D[änemark] und die völlige Vereinigung derselben mit Deutschland das Ziel Allerhöchst Ihrer Bestrebungen sein werde, indem nur ein solches Ziel der Größe des Opfers entsprechen werde, welches Pr[eußen] für die S[chleswig]-H[olstei-

---

69 Konseilprotokoll, 2. Januar 1864. R. Sternfeld, Der preußische Kronrat vom 2./3. Jan. 1864, in: HZ 131 (1925), S. 72–80, hier: S. 75–77.
70 Károlyi an Rechberg, 3. Januar 1864. APP, Bd. 4, S. 381–382.

ni]sche Sache bringen solle."[71] Damit hatte Wilhelm zwar Bismarcks Strategie angenommen. Aber er hatte *keinen politischen Kurswechsel* vollzogen. Wie etwa Schleinitz berichtete, „sind die Wünsche und Tendenzen des Königs nach wie vor dieselben, [...]. Er läßt sich auf dem Boden der Londoner Konvention noch festhalten, weil man ihm glauben macht, daß dies das beste Mittel sei, die drei außerdeutschen Großmächte von einer aktiven Parteinahme für Dänemark abzuhalten. Die Okkupation Schleswigs wünscht er, nicht als ein Mittel, um Dänemark zur Erfüllung seiner Verpflichtungen von 1851/52 anzuhalten, sondern in der Hoffnung, daß Dänemark sich dieser Maßregel via facti widersetzen und daß dann der Krieg die Konvention von London zerreißen wird."[72]

Aber was sollte geschehen, sobald das Londoner Protokoll für die preußische Regierung schließlich seinen Nutzen verlieren würde? Über diese Kriegszielfrage soll sich Bismarck bereits konkrete Gedanken gemacht haben. Laut seinem Freund Keudell soll der Ministerpräsident ihm gegenüber noch in der Neujahrsnacht „in ruhigem Tone" gesagt haben, „die ‚up ewig Ungedeelten' müssen einmal Preußen werden. Das ist das Ziel, nach dem ich steuere; ob ich es erreiche, steht in Gotteshand."[73] Und am 2. oder 3. Januar soll Bismarck die Annexion der Herzogtümer im Kronrat sogar offen gefordert haben.[74] Laut den Kanzlermemoiren soll Wilhelm allerdings befohlen haben, diese Äußerung nicht ins Protokoll aufzunehmen. „S.M. schien geglaubt zu haben, daß ich unter bachischen Eindrücken eines Frühstücks gesprochen hätte und froh sein würde, nichts weiter davon zu hören."[75] Diese Darstellung wird tatsächlich von anderen Quellen gestützt. So notierte der Kronprinz Mitte April, „es fällt mir ein, daß ich im Januar im Konseil selber Bismarck die Annexion an Preußen plädieren gehört habe, worauf Se. Majestät sofort befahl, daß dies nie über die Mauern der Stube hinaus kommen dürfe, obgleich bereits alle Welt davon rede."[76] Und Bernhardi will einen Monat später erfahren haben, „*daß im Ministerrath von der Annectirung der Herzogthümer die Rede gewesen ist, und daß der König sich ganz entschieden dagegen ausgesprochen hat.*"[77] Bismarck mochte durchaus bereits von der möglichen Annexion der Herzogtümer gesprochen haben, noch bevor der Deutsch-Dänische Krieg überhaupt begonnen hatte. Aber er konnte zu jenem Zeitpunkt kaum darauf spekuliert haben, die preußische Politik *nur auf dieses Kriegsziel* auszurichten. Allein Wilhelms Reaktion hatte ihm vor Augen geführt, dass er mehrgleisig agieren musste.[78] Denn der König war (noch) nicht bereit, eine Kriegszielpolitik mitzutragen, die Anfang 1864 so gut wie keine Aussicht auf Erfolg hatte. Auf der diplomatischen Ebene wäre die Annexion nur gegen den Wider-

---

71 Konseilprotokoll, 3. Januar 1864. Sternfeld, Kronrat, S. 78–80.
72 A. v. Schleinitz an Goltz, 6. Januar 1864. Stolberg-Wernigerode (Hrsg.), Goltz, S. 356.
73 Keudell, Erinnerungen, S. 140.
74 Vgl. Sternfeld, Kronrat, S. 72–74; Steefel, Schleswig-Holstein Question, S. 108–109; Pflanze, Bismarck, Bd. 1, S. 254–255.
75 NFA, IV, S. 222–223.
76 Tagebuch Friedrich Wilhelm, 16. April 1864. Meisner (Hrsg.), Tagebücher, S. 334.
77 Tagebuch Bernhardi, 17. Mai 1863. Bernhardi (Hrsg.), Aus dem Leben, Bd. 6, S. 110.
78 Vgl. Kolb, Großpreußen, S. 24; Pflanze, Bismarck, Bd. 1, S. 245–247.

stand der Pentarchie möglich gewesen – Österreich miteingeschlossen. Und auf der öffentlichen Ebene konnte der spätere Kaiser kaum daran interessiert gewesen sein, die Nationalbewegung zu brüskieren und die in seinen Augen stets drohende Revolution zu riskieren. Wilhelm hatte zum Jahreswechsel 1863/64 keine detaillierte Kriegszielprogrammatik formuliert. Aber wie alle Quellen belegen, schien er überzeugt gewesen zu sein, dass eine Trennung der Elbherzogtümer von der dänischen Krone das Mindeste sei, was er der preußischen wie deutschen Öffentlichkeit präsentieren müsse. Vor allem aber hatte er seit Dezember wiederholt betont, wer die Schleswig-Holstein-Frage *nicht* lösen dürfe: die deutschen Mittel- und Kleinstaaten und die angeblich revolutionäre Augustenburgerbewegung.

Genau das schien aber zeitgleich zu den Januarkonseils in den Bereich des Möglichen zu rücken. Bereits am 23. Dezember 1863 hatten sächsische und hannoverische Truppen mit der Bundesexekution in Holstein und Lauenburg begonnen. Die dänische Armee hatte sich kampflos hinter die schleswigsche Grenze zurückgezogen, um einen offenen Konflikt zu vermeiden.[79] In den von Bundestruppen besetzten Territorien versuchte die Augustenburgerbewegung sofort, propagandistische Tatsachen zu schaffen. Kurzfristig wurden in zahlreichen Ortschaften öffentliche Versammlungen organisiert, auf denen Erbprinz Friedrich zum Herzog von Schleswig-Holstein ausgerufen wurde. Der Bund schien diese Aktionen zumindest stillschweigend zu dulden. Am 30. Dezember reiste der selbsttitulierte Friedrich VIII. schließlich unter großer öffentlicher Anteilnahme nach Kiel, wo er seine symbolische Herrschaftsresidenz bezog.[80] Und Mitte Januar sendete er seinen Mitarbeiter Karl Samwer nach Berlin, um dort mit Wilhelm über seine Ankerkennung als Herzog zu verhandeln.[81] Noch am 26. Dezember 1863 hatte der spätere Kaiser über die Erbfolgefrage an Bismarck geschrieben, „in Dänemark bleibt Ch[ristian] IX. König; in den Herzogthümern aber succédirt der Primkenauer" – Erbprinz Friedrich. „Das ist mein Raisonnement zu der Sachlage."[82] Aber seitdem hatte sich der Prinz augenscheinlich von Volkes Gnaden zum Herzog ausrufen lassen. Und Wilhelm weigerte sich, den „demokratischen" Fürsten anzuerkennen. Laut Samwers Gesprächsaufzeichnungen soll ihm der König über die Augustenburgerbewegung gesagt haben, „an diese Bewegung setzen sich revolutionaire Elemente an." Da Friedrichs Erbansprüche „nicht unbestritten" seien, könne über die politische Zukunft der Herzogtümer erst nach dem Krieg verhandelt werden. „Mit den ersten Feindseligkeiten sind alle Verträge zerrissen, und ich stelle mich dann auf eine ganz neue Basis."[83] An Bismarck berichtete Wilhelm, dass er mit Samwer „noch etwas *kühler* und *sehr ernst*"

---

79 Vgl. Huber, Verfassungsgeschichte, Bd. 3, S. 465–468; Angelow, Sicherheitspolitik, S. 232–233.

80 Vgl. Jan Markert, „Nur das vertrocknete Gehirn eines Diplomaten könne zweifeln ob die jetzige Bewegung zum Ziel kommen werde." Bismarck, Wilhelm I. und die Elmshorner Volksversammlung am 27. Dezember 1863, in: Heimatkundliches Jahrbuch für den Kreis Pinneberg 55 (2022), S. 157–170.

81 Vgl. Wilhelm an Bismarck, 16. Januar 1864. AGE, Bd. 1, S. 100–191; Tagebuch Friedrich Wilhelm, 16. Januar 1864. Meisner (Hrsg.), Tagebücher, S. 234.

82 Wilhelm an Bismarck, 26. Dezember 1863. AGE, Bd. 1, S. 98.

83 Aufzeichnungen Samwers, 17. Januar 1864. Jansen/Samwer, Schleswig-Holstein, S. 698–700.

gesprochen habe, als er es ursprünglich geplant haben will.[84] Und den Erbprinzen ließ der König brieflich wissen, „es ist Mein fester Entschluß, die Rechte der Herzogthümer und ihrer deutschen Bevölkerung zur Anerkennung zu bringen, und sie nicht wieder in die Hand Dänischer Unterdrückung gelangen zu lassen. Daß dies in einer Ihren persönlichen Wünschen entsprechenden Weise geschehe, ist Mir aber durch Ihr eigenes Verhalten und durch die politischen Antecedentien Ihrer Organe in demselben Maße erschwert worden, in welchem unter diesen Umständen die Partheinahme der unreinen Elemente gefördert worden ist."[85] Das war zwar noch keine offizielle Ablehnung der Augustenburger Herrschaftsansprüche. Doch seit Anfang 1864 begann sich Wilhelm von *dieser* Lösung der Schleswig-Holstein-Frage immer weiter zu entfernen. Aber dann musste sich über kurz oder lang unweigerlich die Annexionsfrage aufdrängen. Denn für den König stand fest, dass der Krieg das Ende der dänischen Herrschaft in Schleswig und Holstein (und Lauenburg) bringen sollte. Und irgendein deutscher Fürst musste dann in den Elbherzogtümern die Souveränität ausüben. Mitte Januar schien Wilhelm noch nicht darauf spekuliert zu haben, dass eventuell er selbst dieser Fürst sein könnte. Aber noch vor Beginn des Deutsch-Dänischen Krieges machte er – gewollt oder ungewollt – die ersten Schritte in Richtung Annexion.

Diplomatisch wurde der Krieg von Berlin und Wien innerhalb weniger Tage vorbereitet. Am 14. Januar ließen beide Großmächte den Bundestag wissen, dass sie sich über dessen Beschlüsse hinwegsetzen und Schleswig besetzen würden, um das Londoner Protokoll aufrecht zu erhalten.[86] Wilhelm pochte allerdings noch immer darauf, dass sich Preußen nicht allzu fest an den Vertrag von 1852 binden dürfe. Denn am selben Tag berichtete Károlyi nach Wien, „der König stellt mit Hartnäckigkeit das Argument voran, daß, wenn er sich nicht die Freiheit zu der Lossagung vom Londoner Vertrag sichert, Preußen in die Lage kommen könnte, einen viel Geld und Menschen kostenden Krieg gegen Dänemark, aber für die Integrität der dänischen Krone, daher in dieser Hinsicht für Dänemark führen zu müssen." Der Gesandte fügte vielsagend hinzu, er wolle „nicht eingehend erörtern, [...] ob hierbei rein deutsche Nationalaspirationen oder auch spezifisch preußische Vergrößerungsgelüste im Spiele sind."[87] Aber ohne das königliche Plazet konnte Bismarck nicht die gleichzeitigen Verhandlungen über die preußisch-österreichische Punktation abschließen, die das gemeinsame militärische Vorgehen gegen Dänemark diplomatisch rechtfertigen sollte. Deshalb soll der Ministerpräsident den österreichischen Gesandten gebeten haben, „eine solche Fassung" der Punktation „zu finden, welche den Londoner Vertrag nicht förmlich anführe [...]. Solche Rücksichten müßten bei der Persönlichkeit des Königs nicht außer acht gelassen

---

84 Wilhelm an Bismarck, 18. Januar 1864. AGE, Bd. 1, S. 101.
85 Wilhelm an Friedrich von Augustenburg, 18. Januar 1864. Jansen/Samwer, Schleswig-Holstein, S. 701–702.
86 Vgl. Huber, Verfassungsgeschichte, Bd. 3, S. 471–472; Müller, Bund und Nation, S. 364–365. Der Text der preußisch-österreichischen Erklärung findet sich in: Huber (Hrsg.), Dokumente, Bd. 2, S. 193.
87 Károlyi an Rechberg, 14. Januar 1864. QdPÖ, Bd. 3, S. 620–621.

werden."[88] Die österreichische Regierung hatte keine andere Wahl, als entweder dem königlichen Verlangen entgegenzukommen oder in sprichwörtlich letzter Sekunde einen Abbruch der Bündnisverhandlungen zu riskieren. Der schließlich am 16. Januar verabschiedete Punktationstext erwähnt das Londoner Protokoll mit keinem Wort. Stattdessen wurde die dänische Regierung aufgefordert, die Novemberverfassung innerhalb von achtundvierzig Stunden zurückzuziehen. Andernfalls würden preußische und österreichische Truppen in Schleswig einmarschieren. Und „für den Fall, daß es zu Feindseligkeiten in Schleswig käme und also die zwischen den Deutschen Mächten und Dänemark bestehenden Vertrags-Verhältnisse hinfällig würden, behalten die Höfe von Preußen und Österreich sich vor, die künftigen Verhältnisse der Herzogthümer nur in gegenseitigem Einverständniß festzustellen."[89] Das war eine folgenreiche Bestimmung. Beide Großmächte beanspruchten das Recht, sich in der Schleswig-Holstein-Frage über alle anderen relevanten Akteure und Institutionen hinwegzusetzen. Aber es blieb unerwähnt, was geschehen sollte, wenn Preußen und Österreich keine gemeinsame Lösung finden würden. Hier bestand augenscheinlich eine Lücke im Vertrag. Und 1866 sollte der Berliner Hof das Recht beanspruchen, über die politische Zukunft der Herzogtümer auch ohne den Bündnispartner entscheiden zu dürfen.[90]

Anno 1864 war dieser Casus belli noch Zukunftsmusik. Erst einmal musste der Kopenhagener Hof den deutschen Großmächten die Möglichkeit geben, Schleswig zu erobern. Und die dänische Regierung lehnte das Ultimatum vom 16. Januar tatsächlich ab. Premierminister Ditlev Gothard Monrad und seine eiderdänischen Kollegen überschätzten schlichtweg den eigenen diplomatischen wie militärischen Handlungsspielraum. Sie unterlagen der letztendlich fatalen Illusion, dass die Pentarchie wie bereits im ersten Schleswig-Holstein-Krieg zugunsten Dänemarks intervenieren würde. Und sie waren nicht bereit, gegenüber der nationalistischen Öffentlichkeit den Verlust der Eidergrenze zu verantworten. Deshalb wählten sie den Krieg, von dem sie glaubten, ihn nicht verlieren zu können.[91] Am 1. Februar überschritten preußische und österreichische Truppen die schleswigsche Grenze und begannen die Kampfhandlungen. Wie bereits 1848 wurden sie von General Wrangel kommandiert. Damit war die Bundesexekution de facto obsolet geworden, wogegen Frankfurt am Main sofort protestierte. Bayern und Sachsen verwehrten den österreichischen Soldaten sogar das Durchzugsrecht durch ihre Territorien. Aber die Mittel- und Kleinstaaten konnten das eigenmächtige Vorgehen der Großmächte nicht verhindern.[92] Und das Dritte Deutschland

---

88 Károlyi an Rechberg, 14. Januar 1864. Ebd., S. 617–618. Siehe auch Károlyis Telegramme an Rechberg vom 15. und 16. Januar 1864, in: Ebd., S. 629–631.

89 Preußisch-österreichische Punktation, 16. Januar 1864. Huber (Hrsg.), Dokumente, Bd. 2, S. 193–195.

90 Vgl. Clark, Franz Joseph, S. 64; Gall, Bismarck, S. 301; Epkenhans, Reichsgründung, S. 39.

91 Vgl. Steefel, Schleswig-Holstein Question, S. 143–159, S. 161–168; Frandsen, Dänemark, S. 83–86.

92 Vgl. Huber, Verfassungsgeschichte, Bd. 3, S. 472; Angelow, Sicherheitspolitik, S. 233–234.

stand vor dem Scherbenhaufen seiner Politik, dem Bund nördlich der Elbe endlich neues politisches Leben einzuhauchen.[93]

Wilhelm aber sah in diesen Protesten nur einen weiteren Beleg, dass die Frankfurter Strukturen wie eine Fußfessel an der preußischen Politik hängen würden. „Kannst Du ohne ernste Sorge das Schauspiel ansehen, welches Deutschland jetzt dem Auslande darbietet?", fragte er etwa den König von Sachsen. „In Holstein handelt der Bund, dem Preußen und Östreich angehören; in Schleswig handeln beide Mächte in Deutschlands Interesse! [...] Zwischen diesen beiden Gestalten, obschon die Truppen gegen denselben Feind und für dieselbe Sache im Felde stehen, entstehen kleinliche Reibungen, die an die trübsten Zeiten deutscher Uneinigkeit und Eifersucht erinnern." Und er warnte den sächsischen Herrscher, „will die Mehrheit am Bunde Preußen und Österreich ihrem Willen dauernd unterwerfen, so ist damit die Existenz des Bundes in Frage gestellt. Welchen Werth, welche Bedeutung hätte der Bund noch für Deutschland, wenn Preußen und Östreich ihre Selbständigkeit, ihr nationales Bewußtsein aufgeben sollen?"[94] Dem Coburger Herzog erklärte Wilhelm, dass die Eroberung Schleswigs durch Preußen und Österreich „ein Bindemittel zwischen uns und dem übrigen Deutschland werden möge und aus dem jetzigen Zerwürfnis eine Verständigung hervorgehen möge!" Dagegen wolle die Augustenburgerbewegung „von *unten auf,* wie 1848, die Einigung in die Hand nehmen und, wenn es sein muß, erzwingen. Was heißt aber ein Erzwingen von *unten auf* anders als eine Revolution vorbereiten? [...] Diesem Treiben setze ich meine ganze Gewalt entgegen, weil es Deutschland nicht *einigen,* sondern nur *zerbrechen* kann. Warum sind denn nun aber jene Versuche zur Einigung Deutschlands stets gescheitert? Weil die Souveränen Fürsten desselben, die wohl eine größere Freiheit wünschen, aber auch nicht ein Titelchen ihrer Souveränität aufgeben wollen."[95] Auch seiner Ehefrau schimpfte er über „die kleinstaatliche Jalousie, wodurch nichts in Deutschland zustande kommt."[96] Und überhaupt habe „Deutschland [...] doch wahrhaftig keine noble Rolle bei der ganzen Angelegenheit gespielt. Deutschland und seine Regierungen waren der Spielball der Democratie und Fortschrittler".[97] Für Wilhelm hatten die Mittel- und Kleinstaaten ihr Recht verspielt, eine Rolle bei der Lösung der Schleswig-Holstein-Frage zu spielen. Und das galt seit 1864 auch für die Deutsche Frage. Mit dem preußisch-österreichischen Bündnis hatte der Deutsche Bund zudem für den Berliner Hof schlichtweg jeden institutionellen Nutzen verloren. Die beiden Großmächte konnten stattdessen über die Frankfurter Köpfe hinweg direkt entscheiden. In den letzten zwei

---

93 Vgl. Ulf Morgenstern, Versuche mittelstaatlichen Agenda-Settings gegen die Realpolitik der Großmächte. Sachsen zwischen Bundesreform, Bundesexekution und dem Bankrott einer souveränen Außenpolitik (1859 – 1866), in: Oliver Auge/Ulrich Lappenküper/Ulf Morgenstern (Hrsg.), Der Wiener Frieden 1864. Ein deutsches, europäisches und globales Ereignis, Paderborn 2016, S. 185 – 209.
94 Wilhelm an Johann, 15. Februar 1864. Herzog von Sachsen (Hrsg.), Briefwechsel, S. 423 – 426.
95 Wilhelm an Ernst II., 12. Februar 1864. Schultze (Hrsg.), Briefe an Politiker, Bd. 2, S. 216 – 218.
96 Wilhelm an Augusta, 3. Juni 1864. GStA PK, BPH, Rep. 51 J, Nr. 509b, Bd. 10, Bl. 28.
97 Wilhelm an Augusta, 25./26. Juli 1864. Ebd., Bl. 72.

Jahren vor 1866 war der Bund für die preußische Deutschlandpolitik nicht mehr als eine quantité négligeable.

Preußen und Österreich führten gegen Dänemark jedoch keinen Nationalkrieg. Zwar mochte die Deutsche Frage auf einer Metaebene stets präsent gewesen sein. Aber offiziell kämpften Berlin und Wien als *europäische* Großmächte für die Einhaltung der Vertragsbestimmungen von 1852. Frankfurt am Main und die deutsche Nationalbewegung konnten das Kriegsgeschehen nur als Zaungäste verfolgen.[98] Aber nicht nur auf der diplomatischen Ebene, sondern auch mit Blick auf die militärisch-politische Befehlskette wurde 1864 ein traditioneller Kabinettskrieg geführt.[99] Wie in anderen Konflikten des 19. Jahrhunderts, etwa dem zeitgleichen Amerikanischen Sezessionskrieg, waren es Massenheere, die nördlich der Eider aufeinandertrafen. Dennoch gelang es der preußischen Militärführung erfolgreich, über das vormoderne System der monarchischen Kommandogewalt operative Befehle und Aufgaben hierarchisch effizient zu delegieren. Das nominelle Kommando auf dem Schlachtfeld trug zunächst General Wrangel, nach dessen Rücktritt im Mai Wilhelms Neffe Friedrich Karl. Dass der Kronprinz nie für diese Rolle infrage kam, spricht Bände über das irreparabel geschädigte Vater-Sohn-Verhältnis. Die effektive Operationsplanung oblag ohnehin dem Generalstabschef. Doch Moltke konnte seine militärische Autorität ausschließlich auf die Allerhöchste Kommandogewalt und den Umstand stützen, dass er Wilhelms Vertrauen genoss. Von Berlin aus delegierte der König strategische Zielvorgaben an den Generalstabschef, die dieser dann umsetzen musste. Die neue Technologie der Telegraphie erlaubte dem Berliner Hof sogar, ohne größere Zeitversetzung auf militärische wie politische Entwicklungen zu reagieren. Und Moltke konnte sich an der Front stets auf die Person des Monarchen berufen, wenn er dort auf Kritik oder Widerstand stieß.[100] Deshalb muss Wilhelm innerhalb der militärischen Befehlsstruktur die *zentrale* Rolle beigemessen werden, obgleich er die Armee nicht persönlich führte. Genauso wie er den politischen Gestaltungsraum des Staatsministeriums definierte, übte er seine monarchische Richtlinienkompetenz auch der Generalität gegenüber aktiv aus.[101]

So war es Wilhelm, der am 6. März die folgenschwere Entscheidung traf, den Krieg über die schleswigsche Grenze nach Jütland zu tragen.[102] Mit diesem Vormarsch bedrohte er den dänischen Kernstaat *militärisch* und hob damit den Konflikt auf eine neue

---

98 Vgl. Nipperdey, Bürgerwelt, S. 773; Müller, Bund und Nation, S. 366; Möller, Großmacht, S. 160.
99 Vgl. Showalter, German Unification, S. 113–129.
100 Vgl. Helmert, Moltke, S. 114; Walter, Berufssoldat, S. 231–233; Manfred Görtemaker, Bismarck und Moltke. Der preußische Generalstab und die deutsche Einigung, in: Ulrich Lappenküper (Hrsg.), Otto von Bismarck und das „lange 19. Jahrhundert". Lebendige Vergangenheit im Spiegel der „Friedrichsruher Beiträge" 1996–2016, Paderborn 2017 [ND 2004], S. 467–493, hier: S. 484–485; Michael Embree, Bismarck's First War. The Campaign of Schleswig and Jutland 1864, Solihull 2007 [ND 2006], S. 35–38; Jessen, Die Moltkes, S. 170–175.
101 Vgl. Frederik Frank Sterkenburgh, William I and monarchical rule in Imperial Germany, Dissertation, Warwick 2017 [unveröffentlicht], S. 56–87.
102 Vgl. Wilhelm an Wrangel, 6. März 1864 (Telegramm). APP, Bd. 4, S. 635.

politische Eskalationsebene.[103] Und diese Eskalation sollte ihn seinem Ziel näherbringen, das Londoner Protokoll zu zerreißen.[104] Gegenüber Franz Joseph argumentierte er, die Grenzüberschreitung sei notwendig, damit „das Selbstgefühl unserer Armeen und unserer eigenen Untertanen sowie das Vertrauen Deutschlands auf die Wahrung seiner Rechte durch die beiden Großmächte nicht erschüttert, sondern wesentlich gehoben wird.“[105] Seiner Schwester erklärte er in vielsagender Formulierung, „die nächste Opération gehet nun, nachdem wir uns mit Östreich geeinigt haben, nach Jütland [...], uns in *Feindes* Land für die Lagerei schadlos zu halten; denn Holstein und Schleswig ist nicht Feindesland.“[106] Der König betrachtete das Kriegsgeschehen nicht nur aus militärischer, sondern auch durchgehend aus politischer Perspektive. Vor allem wollte er der Öffentlichkeit die Schlagkraft der reorganisierten Armee unter Beweis stellen. Aber in den ersten Kriegswochen blieben den preußischen Truppen größere Gefechtserfolge verwehrt.[107]

Wilhelm schien jedoch überzeugt gewesen sein, unter öffentlichem Erfolgsdruck zu stehen. Deshalb befahl er Anfang April den Sturm auf die dänischen Festungsanlagen bei Düppel. Wie Kraft zu Hohenlohe-Ingelfingen in seinen Memoiren berichtet, will er den Herrscher am 5. April darauf hingewiesen haben, „daß der Besitz von Düppeln gar keine Bedeutung habe, weil es kein Wohnhaus habe, keine Stadt besitze. [...] Der König wurde darauf sehr lebhaft und sagte, ob Düppel eine Bedeutung habe oder nicht, das sei ihm ganz egal. Darauf käme es ihm gar nicht an. Er habe aber nötig, der Welt zu zeigen, daß die preußischen Truppen noch imstande sein, Festungen zu stürmen. [...] Damit ganz Europa Respekt für die preußische Armee habe, dafür brauche er Düppel. Dabei schlug er mit der Faust auf den Tisch.“[108] Auch Moltke lehnte einen direkten Angriff auf die militärisch unbedeutende Festungsanlage ab. Aber Wilhelm ignorierte seinen Generalstabschef in dieser Frage.[109] Am 7. April befahl er seinem Neffen Friedrich Karl, „daß von nun an der regelrechte Angriff der Schanzen mit allen zu Gebote stehenden Mitteln mit aller Energie und ohne Zeitverlust ergriffen“ werden müsse. „Auf große Verluste bin ich gefaßt. Indessen es gilt jetzt die Ehre meiner Waffen und die Sache, für die wir fechten, mit eklatantem Siege zu beenden.“[110] Die Belagerung der Düppeler Schanzen dauerte elf Tage. Erst am 18. April wurden die Wehranlagen gestürmt. Die dänischen Verluste waren mit etwa 4.800 Todesopfern um ein vierfaches so hoch wie die preußischen.[111] Militärisch war der Krieg damit alles andere als vorbei. Aber auf der

---

103 Vgl. Gall, Bismarck, S. 308; Embree, Bismarck's First War, S. 132–139, S. 146.

104 Vgl. Károlyi an Rechberg, 17. Februar 1864. APP, Bd. 4, S. 566.

105 Wilhelm an Franz Joseph, 21. Februar 1864. Ebd., S. 577–587.

106 Wilhelm an Luise, 7. März 1864. GStA PK, BPH, Rep. 51, Nr. 853.

107 Vgl. Showalter, German Unification, S. 119; Jahr, Blut und Eisen, S. 46.

108 [Hohenlohe-Ingelfingen], Aus meinem Leben, Bd. 3, S. 145.

109 Vgl. Jessen, Die Moltkes, S. 172–173.

110 Wilhelm an Friedrich Karl, 7. April 1864. Wolfgang Foerster (Hrsg.), Prinz Friedrich Karl von Preußen. Denkwürdigkeiten aus seinem Leben. Vornehmlich auf Grund des schriftlichen Nachlasses des Prinzen, Bd. 1, Stuttgart ⁴1910, S. 335.

111 Vgl. Embree, Bismarck's First War, S. 166–271.

öffentlichen Ebene hatte der spätere Kaiser endlich seine große Entscheidungsschlacht bekommen. Und schnell wurde Düppel zum angeblichen Wendepunkt des Kriegsgeschehens verklärt.[112]

Wilhelm entschied spontan, die eroberten Schanzen sofort persönlich zu besichtigen. Bereits am 19. April ließ er Edwin von Manteuffel wissen, „ich habe den undämpfbaren Drang der Armee vor Düppel meinen Dank *selbst* zu sagen."[113] Wie er Augusta am 21. April nach seiner Ankunft an der Front berichtete, will er in Düppel „von einem nicht endenwollenden Hurrah empfangen" worden sein, „was mit einem Ausdruck von Selbstberauschtsein geschah, wie ich es seit dem Badensch[en] Feldzug nicht sah." Lediglich der Anblick verwundeter Offiziere habe ihn „so erschüttert [...], daß ich fast alle Fassung verlor."[114] Und der Kronprinz notierte am 22. April, „der Enthusiasmus der braven Truppen, aber auch selbst bei der Bevölkerung war groß. [...] Es war ein unvergeßlich herrlicher Augenblick, als diese heldenmütigen Scharen ihren König begrüßten und er diejenigen wiedersah, welche drei Tage zuvor dem Tod ins Antlitz schauend den altpreußischen Ruhm so glänzend erneuert hatten."[115] Der Herrscher war in der Rolle eines siegreichen Feldherrn nach Düppel gereist. Und inmitten *seiner* Armee bot sich ihm die Gelegenheit, das traditionelle Loyalitätsbündnis von Krone und Militär zu erneuern. Aber gleichzeitig setzte Wilhelm mit dieser Frontreise auch eindeutige politische Akzente. Denn er tat letztendlich nichts anderes, als ein neuerobertes Territorium zu begutachten. Laut Bernhardi soll etwa Bernstorff die Düppeler Episode „als Vorbereitung zur Annexion" bezeichnet haben.[116] Zwar sollte diese Entscheidung erst später fallen. Aber als der Augustenburger Erbprinz den König auf der Rückreise nach Berlin um eine Audienz in Hamburg bat, lehnte Wilhelm dies bezeichnenderweise ab.[117] Die politische Zukunft der Elbherzogtümer mochte nach Düppel nicht determiniert gewesen sein. Doch eine augustenburgische Lösung der Schleswig-Holstein-Frage war nicht gerade näher gerückt. Diesen Umstand sollte sich Bismarck zu Nutze machen. Der Ministerpräsident muss als heimlicher Sieger von Düppel betrachtet werden. Denn der Erfolg auf dem Schlachtfeld legitimierte im Nachhinein seine diplomatische Strategie. Dadurch gewann er neues königliches Vertrauen, womit er seinen politischen Gestaltungsraum graduell ausbauen konnte. Und der österreichische Diplomat Chotek bemerkte nach Düppel, „daß eine glückliche Durchführung" der „von allen demokratischen und liberalen Parteifärbungen in Preußen und Deutschland zurückgewiesenen"

---

112 Vgl. Tobias Arand/Christian Bunnenberg, „Ohne Düppel kein Königgrätz, ohne Königgrätz kein Sedan, ohne Sedan kein deutsches Kaiserreich!" Der Gedächtnisort Düppel/Dybbøl und seine Entwicklung in der deutschen und dänischen Erinnerungskultur von 1864 bis in die Gegenwart: Geschichtsbilder und Erinnerungskulturen in Norddeutschland, in: Janina Fuge/Rainer Hering/Harald Schmid (Hrsg.), Gedächtnisräume. Geschichtsbilder und Erinnerungskulturen in Norddeutschland, Göttingen 2014, S. 159–182.
113 Wilhelm an E. v. Manteuffel, 19. April 1864. Roon (Hrsg.), Denkwürdigkeiten, Bd. 2, S. 231.
114 Wilhelm an Augusta, 21. April 1864. GStA PK, BPH, Rep. 51 J, Nr. 509b, Bd. 10, Bl. 9–10.
115 Tagebuch Friedrich Wilhelm, 22. April 1864. Meisner (Hrsg.), Tagebücher, S. 344–345.
116 Tagebuch Bernhardi, 23. April 1864. Bernhardi (Hrsg.), Aus dem Leben, Bd. 6, S. 85.
117 Vgl. Tagebuch Friedrich Wilhelm, 23. April 1864. Meisner (Hrsg.), Tagebücher, S. 347–349.

Annexionsidee „Herrn v[on] Bismarck für eine Reihe von Jahren, wenigstens solange König Wilhelm regiert gewiß, die politische Herrschaft in Preußen sichern würde."[118] Mit dieser Prognose lag Chotek nicht falsch.

---

118 Chotek an Rechberg, 15. Mai 1864. QdPÖ, Bd. 4, S. 120.

Nun sag', wie hast Du's mit der Annexion?
Die Schleswig-Holstein-Frage nach Düppel

Wer sollte in den Herzogtümern Schleswig, Holstein und Lauenburg die Herrschaft ausüben? Diese Frage war für die geopolitische Zukunft Deutschlands von nicht geringer Bedeutung. Eine Status-quo-ante-Lösung wie 1852 hätte den Konflikt nur erneut vertagt. Dagegen hätte ein unabhängiges Herzogtum Schleswig-Holstein die Mittel- und Kleinstaaten gestärkt. Und eine Annexion durch Preußen hätte schließlich den Großmächtedualismus zugunsten Norddeutschlands verschoben. Das wollte in Berlin nicht nur Bismarck erreichen. Auch Moltke redete seit dem Winter 1863/64 systematisch einer Annexionspolitik das Wort.[1] Und Roon schrieb seinem königlichen Souverän noch vor Düppel vielsagend, die „Armee muß in diesem Feldzuge *irgend einen erheblichen Erfolg gewinnen*, um den erlangten Respekt im Auslande wie im Inlande nicht nur nicht zu verlieren, sondern in einem solchen Grade zu erhöhen, daß wir dadurch über viele Schwierigkeiten hinweggehoben werden."[2] Diese Argumentation war genau auf Wilhelms politisches Wahrnehmungsempfinden berechnet. Außerdem wurde der Annexionspolitik auch auf lokaler Ebene der Boden bereitet. In Schleswig ließ die preußische Zivilverwaltung eine Petition zirkulieren, die den vermeintlich Willen der Bevölkerung demonstrieren sollte, Untertanen der Hohenzollernkrone zu werden. Und in Preußen sammelte der ehemalige Innenminister Adolf Heinrich von Arnim-Boitzenburg in Absprache mit Bismarck ebenfalls Unterschriften, die eine Grenzverschiebung plebiszitär legitimieren sollten.[3] Mit diesen vermeintlichen Grassrootsinitiativen versuchte der Ministerpräsident den Anschein zu erwecken, als ob die Annexionsidee jenseits der Berliner Palastmauern angeregt werden würde. So ließ er Goltz Mitte April über die Kriegsziele der preußischen Regierung wissen, „daß dieselbe der direkten Erwerbung der Herzogtümer für Preußen den Vorzug gibt, wenn sich eine annehmbare Aussicht dazu bietet." Aber „namentlich würde das [...] nach dem Willen des Königs niemals durch unsre eigene Initiative in Vorschlag zu bringen, sondern die Anregung, wenn nicht aus den Herzogtümern, so von Frankreich abzuwarten sein."[4]

Tatsächlich schien Wilhelm mit der Annexionsidee zu kokettieren. Denn seiner Schwester hatte er Anfang März über die Herzogtümer geschrieben, „sollte man sie mir aufzwingen wollen, dann werde ich schwerlich den Spröden machen. Daran denkt aber weder Östreich, noch Russland noch England."[5] Auch war er nicht zu einem Länderschacher mit Napoleon III. bereit. Seit Kriegsbeginn hatte der Empereur dem Berliner

---

1 Vgl. Clark, Preußen, S. 601; Jessen, Die Moltkes, S. 170.

2 Roon an Wilhelm, 16. März 1864. Roon (Hrsg.), Denkwürdigkeiten, Bd. 2, S. 214.

3 Vgl. Ritter, Preußische Konservative, S. 106–108; Srbik, Deutsche Einheit, Bd. 4, S. 149–150; Wolf Nitschke, Adolf Heinrich Graf v. Arnim-Boitzenburg (1803–1868). Eine politische Biographie, Berlin 2004, S. 374–375.

4 Bismarck an Goltz, 17. April 1864. GW, Bd. 4, S. 385–386.

5 Wilhelm an Luise, 7. März 1864. GStA PK, BPH, Rep. 51, Nr. 853.

https://doi.org/10.1515/9783111323954-041

Hof unverhohlen mitteilen lassen, dass er für den Preis von „Grenzkorrekturen" am Rhein die preußischen Annexionen im Norden unterstützen würde.[6] Doch Wilhelm erklärte Bismarck, „daß dieser Plan *Alle* gegen uns coalisiren wird, denn es treibt die Mittel-Deutschen in das Oestreichische Lager, indem sie in dieser Anexions Politik, zum *Erstenmale* nach 50 Jahren, ihr *Alp Drücken*, sich réalisiren sehen und daher ihr Schicksal darin erblicken wollen! Also Oestreich, Deutschland, England und Rußland müssen gegen uns sein, und wir stehen *allein* und *nur* mit dem Erzfeind und unerforschlichen Führer desselben verbunden?? Das ist mehr wie gefährlich!"[7] Diese Quellen belegen, dass Wilhelm der Annexionsidee nach Düppel nicht per se ablehnend gegenüberstand. Er sah jedoch kaum Möglichkeiten, eine solche Politik auf dem diplomatischen Parkett durchzusetzen. Deshalb fuhr er in der Kriegszielfrage im Frühjahr 1864 mehrgleisig. Solange der Hohenzollernmonarchie direkte Territorialgewinne in den Herzogtümern unmöglich waren, sollte sie dort zumindest indirekt Fuß fassen. Wie der König seinem Sohn Mitte April schrieb, sei er nur dann bereit, die Augustenburger Erbansprüche zu unterstützen, wenn der Erbprinz dem Berliner Hof weitreichende politische, militärische und ökonomische Garantien zugestehen würde. „Ich rechne dazu 1. die Gewinnung einer Flotten-Station und eines festen Anhaltepunktes für die Entwicklung unserer Marine, 2. die Erklärung Rendsburgs zur Bundesfestung mit preußischer Garnison, 3. die Sicherung des großen Kanals für unseren Verkehr und unsere Flotte, 4. eine Militärkonvention organischer und zuverlässiger Natur [...], 5. den Zutritt zum Zollverein, wenn derselbe [...] die Grenzen der Herzogtümer berührt. Ich setze also voraus, daß sich der Erbprinz über diese Punkte bestimmt gegen mich ausspricht."[8] Was der spätere Kaiser verlangte, war nichts Geringeres als ein preußisches Protektorat über die Herzogtümer. Das war der Preis, den Friedrich von Augustenburg für seine Krone bezahlen sollte – eine Krone von Wilhelms Gnaden. Das langlebige Narrativ, dass der König auch nach Düppel die augustenburgische Lösung der Schleswig-Holstein-Frage unterstützt haben soll, kann also nur bedingt aufrechterhalten werden.[9] Gegenüber dem österreichischen Diplomaten Ludwig von Biegeleben soll sich Wilhelm „entschieden gegen eine einseitige und überstürzte Behandlung der Erbfolgefrage" ausgesprochen haben.[10] Und dem belgischen König erklärte er, „wenn ich meine Sympathien für die Sache des Erbprinzen von Augustenburg auch nie verschwiegen habe, so räume ich ebenso offen ein, daß seine Ansprüche jedenfalls nur teilweise begründet sind und daß selbst diese dem Frieden Europas weichen könnten, wenn sonst nur dem unabweislichen Rechte der Herzogtümer Rechnung getragen wird. [...] Mit einem Wort:

---

6 Vgl. Lappenküper, Bismarck und Frankreich, S. 175–177.
7 Wilhelm an Bismarck, 16. April 1864. AGE, Bd. 1, S. 108–109.
8 Wilhelm an Friedrich Wilhelm, 16. April 1864. APP, Bd. 4, S. 727.
9 Vgl. Adalbert Wahl, Die Unterredung Bismarcks mit dem Herzog Friedrich von Augustenburg am 1. Juni 1864, in: HZ 95 (1905), S. 58–70.
10 Biegeleben an Rechberg, 20. April 1864. QdPÖ, Bd. 4, S. 82.

darf ich es verantworten, für den Erbprinzen von Augustenburg einen europäischen Krieg anzuzünden?"[11]

Wilhelm hielt sich also mehrere Kriegszieloptionen offen, als er Ende März die britische Einladung zu möglichen Friedensverhandlungen annahm. Wie bereits 1852 versuchte die Londoner Regierung, die Schleswig-Holstein-Frage am Konferenztisch zu lösen. Neben den fünf Großmächten und Dänemark nahmen auch Schweden und der Deutsche Bund an den Verhandlungen teil, die Ende April in der britischen Hauptstadt eröffnet wurden. Es war das erste und einzige Mal, dass Frankfurt am Main auf der internationalen Bühne mitspielen durfte. Vertreten wurde der Bund bezeichnenderweise durch Beust.[12] Großbritannien konnte aus preußischer Perspektive allerdings kaum die Rolle eines ehrlichen Maklers spielen. Denn seit Beginn der Krise im November 1863 hatte das Kabinett Palmerston offen Partei für Dänemark ergriffen. „Wenn man bedenkt, wie lange der Deutsche im Continent sich die Schmähungen Englands gefallen ließ, begreift man wie tief der Stachel gedrungen ist", schimpfte Wilhelm seiner Ehefrau.[13] Queen Victoria schien in seinen Augen die einzige mäßigende Stimme im bellizistischen London zu sein. Gegenüber Luise erklärte er, „die Königin *allein*, hat den Frieden erhalten."[14] Und Kronprinzessin Victoria berichtete ihrer Mutter, „furious as everyone is here about England, the King never misses an opportunity of saying how much he owes you, and how grateful he is to you for your endeavours to keep peace etc., etc., which he feels certain would not have been preserved but for you."[15] Kurz nach Konferenzbeginn wandte Wilhelm sich daher brieflich direkt an die britische Herrscherin mit der Bitte, die preußischen Kriegsziele gegenüber Palmerston zu verteidigen. Vor allem aber wollte er eine Wiederholung der Ereignisse von 1852 verhindern. „Durch eigne Anschauung habe ich mich von der Gesinnung der deutschen Bevölkerung in den Herzogtümern vollkommen überzeugt und ohne garantirte Selbständigkeit derselben ist kein Friede zu erwarten; dann aber kann ich auch das Blut meiner Unterthanen und so große Opfer nicht gebracht haben, ohne einen *dauernden* Zustand daselbst erreicht zu sehen. *Worin* diese Selbstständigkeit bestehe, und wie sie garantirt werden soll, das ist die Aufgabe, die wir lösen müssen! Ich darf daher die Forderung an Dich stellen, die Stipulationen von 1851/52 niemals als eine noch erhaltbare Basis der Conferenz anzusehen; die Personal-Union ist das aller-Mindeste, was ich erringen muß, und wenn diese nicht erreichbar ist, dann tritt die getrennte Dynastie-Frage in den Vordergrund."[16]

Wilhelms Forderungen fanden am Londoner Hof scheinbar kein Gehör. Denn das Kabinett Palmerston forderte in den Konferenzverhandlungen tatsächlich eine Rückkehr zum Vertrag von 1852. Aber für diese Politik konnte sie nicht einmal die dänische

---

11 Wilhelm an Leopold I., 8. April 1864. APP, Bd. 4, S. 703–704.
12 Vgl. Steefel, Schleswig-Holstein Question, S. 203–225.
13 Wilhelm an Augusta, 22. Mai 1864. GStA PK, BPH, Rep. 51 J, Nr. 509b, Bd. 10, Bl. 15.
14 Wilhelm an Luise, 13./17. Juli 1864. GStA PK, BPH, Rep. 51, Nr. 853.
15 Victoria an Queen Victoria, 25. Mai 1864. Frederick Ponsonby (Hrsg.), Letters of the Empress Frederick, London 1928, S. 54.
16 Wilhelm an Queen Victoria, 30. April 1864. Bourne (Hrsg.), Papers. Part 2, 29:0881.

Regierung gewinnen, die jeden Kompromiss in Schleswig ablehnte. Letztendlich trug Kopenhagen mit dieser rigiden Position maßgeblich selbst dazu bei, dass die Verhandlungen nach etwa sechs Wochen ergebnislos enden sollten.[17] Österreich begann sich in London hingegen der augustenburgischen Lösung anzunähern. Da eine Rückkehr zum Status quo ante unmöglich schien, wollte der Wiener Hof eine Grenzverschiebung zugunsten Preußens unbedingt verhindern. Ein unabhängiges Schleswig-Holstein erschien daher als das „geringere Übel".[18] Bismarck Handlungsspielraum in der Annexionsfrage wurde also vor allem auf der diplomatischen Ebene begrenzt. Zumindest war er nicht bereit, für einen Ländergewinn im Norden die Möglichkeit auf einen Ausgleich mit Österreich zu riskieren.[19] Károlyi berichtete Anfang Juni, Bismarck habe ihm „seine intimen Gedanken [...] gar nicht verhehlt und zugegeben, daß *er* unter den drei Lösungen – Personalunion, Annexion an Preußen und augustenburgische Herrschaft für die Herzogtümer – entschieden der zweiten den Vorzug gegeben hätte, allerdings nur vorausgesetzt die Gestattung seitens Österreich und nicht allzugroße Gefahrdrohung von außerdeutscher Seite her."[20] Das war im Grunde auch Wilhelms Position. Seiner Ehefrau erklärte er Ende Mai, dass sich die „hochgespannten Forderungen der Personalunion" erledigt haben würden, „so daß nun die Augustenburg[ische] Frage u[nd] die Annexion von Preußen auftauchte u[nd] da also beeiferten sich Alle die erste Alteration lieber zu ergreifen, damit nur nicht die 2. einträte."[21] Gleichzeitig schrieb er Bismarck über den Erbprinzen, „*mir scheint*, daß wir franchement ihn nennen müssen, um nicht gegen Oestreich und die Andern zurückzubleiben."[22] Und der Kronprinz notierte, sein Vater sei „einverstanden, daß ich mit Fritz Holstein in Unterhandlungen trete, sobald noch eine oder zwei Konferenzen stattgefunden hätten. Marinekonvention sei Hauptsache, die wir von ihm verlangen müßten. Am liebsten annektiere er."[23] Der Augustenburger Erbprinz war also sowohl für Bismarck als auch für Wilhelm nur ein Strohmann. Sie sahen in ihm lediglich eine Möglichkeit, die preußischen Machtinteressen im Konferenzschacher zumindest verdeckt durchzusetzen. Und daher sollten ihn Monarch und Ministerpräsident auch schnell fallen lassen, als die Annexionslösung in den Bereich des Möglichen rückte.

Aber bereits vorher wurde Friedrich von Augustenburg von der preußischen Regierung bewusst auf Distanz gehalten. Am 1. Juni sprach Wilhelm den Erbprinzen auf Bitten des Kronprinzen und Bismarcks im Rahmen einer informellen Audienz.[24] Wie Friedrich Wilhelm notierte, soll sein Vater den wannabe-Herzog erst „nach längerem

---

17 Vgl. Steefel, Schleswig-Holstein-Question, S. 225–243; Huber, Verfassungsgeschichte, Bd. 3, S. 478–482.
18 Vgl. Clark, Franz Joseph, S. 69–81; Höbelt, Österreich, S. 166–168.
19 Vgl. Gall, Bismarck, S. 310.
20 Károlyi an Rechberg, 1. Juni 1864. QdPÖ, Bd. 4, S. 155.
21 Wilhelm an Augusta, 27. Mai 1864. GStA PK, BPH, Rep. 51 J, Nr. 509b, Bd. 10, Bl. 19.
22 Wilhelm an Bismarck, 27. Mai 1864. AGE, Bd. 1, S. 110–110.
23 Tagebuch Friedrich Wilhelm, 25. Mai 1864. Meisner (Hrsg.), Tagebücher, S. 366.
24 Siehe den Briefwechsel zwischen Wilhelm und Friedrich Wilhelm vom 28. Mai 1864, in: Jansen/Samwer, Schleswig-Holsteins Befreiung, S. 728–729.

Zögern" empfangen haben.[25] Seiner Ehefrau berichtete der König, „wir besprachen Vergangenheit und Gegenwart und hoffe ich, daß er in seiner guten Disposition verbleibt Verpflichtungen wegen Bundesfestung, Häfen, Kanal, Militär- u[nd] Flotten-Convention einzugehen."[26] Laut dem Kronprinzen soll Friedrich diese Unterredung „unbefriedigt" verlassen haben. „Bei S.M. hat keiner von beiden mit der Sprache sowie mit Anerbietungen und Bedingungen herausgewollt."[27] Auch Bismarck sprach mit dem Thronprätendenten, worüber er ausführliche Aufzeichnungen für den König anfertigte. „Den Gesamteindruck der dreistündigen Unterredung muß ich dahin zusammenfassen, daß der Erbprinz uns nicht mit dankbaren Gefühlen betrachtet", so der Ministerpräsident.[28] Der Ministerpräsident hatte seine Worte wohl bewusst so formuliert, um den Prinzen in ein möglichst schlechtes Licht zu rücken.[29] Und damit hatte er augenscheinlich Erfolg. Denn nachdem ihm der spätere Kanzler über Friedrichs vermeintliche Undankbarkeit informiert hatte, schimpfte Wilhelm, er habe endlich „einen wichtigen Anhalt [...] wie der Erbprinz sich gegen Preußens Hilfsleistung benimmt im Widerspruch mit seinen [...] Auslassungen gegen mich."[30] Und keine zwei Wochen später warf Wilhelm dem Augustenburger sogar vor, „sich von Oesterreich gegen uns gewinnen" zu lassen. „Um ihn ganz für uns festzumachen, eine Folge seiner früheren Anerbietungen, schlug ich ihm vor herzukommen u[nd] da finden wir in ihm statt den Entgegenkommenden, den boutonirten; auch muß er sich gegen Andre als mich u[nd] Bismarck noch viel bestimmter ausgesprochen haben [...]. Wenn er so schwach ist, Verspiegelungen Oesterreichs gegen uns Gehör zu geben, [...] so verdient er wahrlich keine Nachsicht."[31] Friedrich erwies seinen Ambitionen allerdings auch selbst einen Bärendienst. Am 20. Juni schrieb er Wilhelm, dass er zwar bereit sei, Schleswig-Holstein eng an das Hohenzollernkönigreich zu binden. Doch „könnte ich Preußen und den Herzogthümern nicht stärker schaden, als wenn ich diese Gesinnung jetzt proclamirte und es verlautete, daß ich mich in Betreff der Machterweiterung Preußen gegenüber gebunden habe."[32] Mit solchen Briefzeilen schien er Wilhelms vorgefasste Meinung nur zu bestätigen. Seit Juni trat die augustenburgische Lösung der Schleswig-Holstein-Frage für den König immer mehr in den Hintergrund. Zwar sollte er in den diplomatischen Verhandlungen auf den Erbprinzen noch mehrere Male als mögliche Option zurückkommen. Aber gleichzeitig wurden am Berliner Hof bereits aktiv die Gleise in Richtung Annexion gelegt.

Am 26. Juni lief der während der Londoner Konferenz geschlossene Waffenstillstand aus. Die dänische Regierung war eher gewillt, eine Entscheidung auf dem Schlachtfeld zu

---

25 Tagebuch Friedrich Wilhelm, 1. Juni 1864. Meisner (Hrsg.), Tagebücher, S. 367.
26 Wilhelm an Augusta, 2. Juni 1864. GStA PK, BPH, Rep. 51 J, Nr. 509b, Bd. 10, Bl. 26.
27 Tagebuch Friedrich Wilhelm, 3. Juni 1864. Meisner (Hrsg.), Tagebücher, S. 367.
28 Aufzeichnungen Bismarcks, 3. Juni 1864. GW, Bd. 4, S. 450.
29 Vgl. Gall, Bismarck, S. 311.
30 Wilhelm an Augusta, 3. Juni 1864. GStA PK, BPH, Rep. 51 J, Nr. 509b, Bd. 10, Bl. 30.
31 Wilhelm an Augusta, 15. Juni 1864. Ebd., Bl. 39.
32 Friedrich von Augustenburg an Wilhelm, 20. Juni 1864. Jansen/Samwer, Schleswig-Holstein, S. 740.

finden, als am Verhandlungstisch Kompromisse einzugehen. Monrad und seine Kollegen schienen in Kopenhagen noch immer davon überzeugt gewesen zu sein, dass irgendeine Großmacht zu ihren Gunsten intervenieren würde.[33] Aber weder Russland noch Großbritannien waren dazu bereit. Die Londoner Konferenz markierte für die britische Regierung sogar den Endpunkt ihrer aktiven kontinentalen Mediationspolitik. Seit dem Krimkrieg hatte das Kabinett Palmerston kontinuierlich an Einfluss jenseits des Ärmelkanals verloren. Der größte Nutznießer dieser Entwicklung war Napoleon III. Und wie bereits während des Polnischen Januaraufstands war die Londoner Bluffpolitik auch 1864 ins Leere gelaufen. Letztendlich hatte die britische Regierung auf den Gang der Verhandlungen kaum mehr Einfluss ausüben können als der Deutsche Bund.[34] Nicht ganz zu Unrecht stellte Wilhelm nach dem Konferenzende die Frage, „wie stehet Englands miserable Politik wiederum da? Aus Palmerstons Worten siehet man, daß England [...] zum Krieg aufgefordert hatte u[nd] einen refus erhielt u[nd] dieserhalb [...] nicht beistehen will, einen Beistand, den es natürlich nach diesen Vorgängen in Aussicht gestellt hatte. Also die répétition der in Polen verfolgten Politik; Unterstützung mit Worten u[nd] Imstichlassen, wenn der Moment zum Handeln gekommen ist. [...] Es ist erbärmlich, wie einige Leute ein so herrliches Land so in Mißkredit bringen können. Ein Fiasco nach dem andern bringt es um sein Ansehen u[nd] seinen Stolz."[35] Nach 1864 sollte sich Großbritannien aus den kontinentalen Krisen weitgehend zurückziehen. Und die Hohenzollernmonarchie gewann damit noch größere Aktionsfreiheit in der Deutschen Frage.

Die preußische Armee demonstrierte schnell, zu was sie fähig sein konnte. Nur drei Tage nach dem Waffenstillstandsende wurde die Insel Alsen eingenommen. Diese Wendung war kriegsentscheidend. Denn plötzlich waren fast alle dänischen Inseln und damit auch die Hauptstadt Kopenhagen bedroht. Am 8. Juli forderte König Christian IX. die Regierung Monrad zum Rücktritt auf, um endlich einen Weg aus dem militärischen Desaster zu finden. Bereits am 12. Juli richtete die neue dänische Regierung ein Waffenstillstandsgesuch an Preußen und Österreich.[36] Seiner Ehefrau jubelte Wilhelm, „die Alsener Waffentat" sei „das letzte Exempel der Reorganisation der Armee [...]; alles Stolze der gründlichen ersten 3jährigen Ausbildung. Eine größere Satisfaction konnte ich wohl nie haben."[37] Der „Waffenehre ist vollauf Genüge geschehen, so daß auf einen ehrenvollen Frieden für die Alliirten eingegangen werden könnte. [...] So ganz schlecht wirst Du doch nachgerade eingestehen müssen, hat Preußen nicht operirt seit dem Januar. Wir haben die Herzogtümer und Jütland dazu erobert, ohne daß der ewig verheißene und gedrohte europäische Krieg gekommen ist."[38] Der Queen erklärte er, es seien „die *Neutralen*" gewesen, die „uns Kriegsführenden den größten Nutzen geleistet

33 Vgl. Steefel, Schleswig-Holstein Question, S. 242–244, S. 250–252.
34 Vgl. Zechlin, Reichsgründung, S. 107; Nipperdey, Bürgerwelt, S. 773–774; Michael Stürmer, Das ruhelose Reich. Deutschland 1866–1918, Berlin ³1983, S. 18; Otte, Events of 1864 S. 290–291.
35 Wilhelm an Augusta, 30. Juni 1864. GStA PK, BPH, Rep. 51 J, Nr. 509b, Bd. 10, Bl. 51–52.
36 Vgl. Embree, Bismarck's First War, S. 298–341.
37 Wilhelm an Augusta, 4. Juli 1864., GStA PK, BPH, Rep. 51 J, Nr. 509b, Bd. 10, Bl. 53–54.
38 Wilhelm an Augusta, 12. Juli 1864. Ebd., Bl. 60–63.

haben, Dänemark zum Widerstand zu reizen, da *wir* dadurch *unsere Macht* zeigten und so zum Ziele gelangten und zwar *ohne* Revolutions-Partei, wie es die *Fortschrittler* wollten. *Diese* Partei regiert in Kopenhagen und wir sehen daraus, *wohin* sie führt."[39] Und gegenüber General Wrangel argumentierte der König sogar, „der Sieg, den meine herrliche Armee [...] erfocht und der der großen politischen Frage, die uns seit 15 Jahren bewegt, eine andere Gestalt gab, – ist eine Folge der Pläne und Kombinationen, welche in den Märztagen namentlich reiften."[40] Diese Briefe mochten in unverkennbarer Triumphstimmung verfasst worden sein. Und Wilhelm reklamierte doch etwas zu viel historische Weitsicht für sich. Aber nach mehreren Jahren der politischen Niederlagen im Inneren und Äußeren konnte der spätere Kaiser zum ersten Mal nicht völlig ohne Berechtigung behaupten, dass er seine Kritiker Lügen gestraft hatte. Plötzlich schien ein Weg aus der Dauerkrise tatsächlich möglich. Oder wie er Luise schrieb, „es waren dies endlich wieder Zeiten, wo Einem das Herz aufgeht, nach so vielem Kummer, Ärger und Schmerz!"[41]

Der militärische Sieg hatte Tatsachen geschaffen, die sowohl Dänemark als auch die Pentarchie akzeptieren musste. Bei den Friedensverhandlungen in Wien waren allein die Delegierten der drei kriegsführenden Länder vertreten. Die Neutralen und der Deutsche Bund konnten lediglich aus der Ferne beobachten, wie seit dem 25. Juli die Grenzen nördlich der Elbe neu gezogen wurden. In London hatte noch eine Teilung Schleswigs entlang der deutsch-dänischen Sprachgrenze zur Debatte gestanden – was die Kopenhagener Regierung abgelehnt hatte.[42] In Wien verlor Christian IX. schließlich alle drei Elbherzogtümer und damit etwa zwei Drittel seines Herrschaftsgebiets.[43] Diese territoriale Katstrophe versuchte er noch in sprichwörtlich letzter Minute durch Geheimverhandlungen zu verhindern. Bereits am 6. Juli trat der belgische König mit der vertraulichen Nachricht an Wilhelm, dass „der arme König von Dänemark" ihn um Vermittlung gebeten habe. „Er wünscht direkte Friedensverhandlungen mit Euer Majestät und Österreich anzuknüpfen. Dies ist der direkte Wunsch; nächstdem aber, obgleich von großer Schwierigkeit, möchte man gerne wissen, ob vielleicht Dänemark mit der ganzen Monarchie in den Deutschen Bund treten könnte."[44] Das war ein ebenso radikaler wie verzweifelter Verhandlungsvorschlag. Denn Christian IX. bot letztendlich einen Anschluss Dänemarks an Deutschland an, solange er Herzog von Schleswig, Holstein und Lauenburg bleiben könnte. Es ist sehr wahrscheinlich, dass weder die deutsche noch die dänische Öffentlichkeit diesen Nationenschacher mitgetragen hätte. Und Wilhelm argumentierte gegenüber Augusta, dieses Angebot würde eine Lösung

---

39 Wilhelm an Queen Victoria, 6. Juli 1864. Bourne (Hrsg.), Papers. Part 2, 31:0176.
40 Wilhelm an Wrangel, 15. Juni 1864. Schultze (Hrsg.), Briefe an Politiker, Bd. 2, S. 224.
41 Wilhelm an Luise, 13./17. Juli 1864. GStA PK, BPH, Rep. 51, Nr. 853.
42 Vgl. Huber, Verfassungsgeschichte, Bd. 3, S. 480–482.
43 Vgl. Steen Bo Frandsen, Klein und national. Dänemark und der Wiener Frieden 1864, in: Oliver Auge/ Ulrich Lappenküper/Ulf Morgenstern (Hrsg.), Der Wiener Frieden 1864. Ein deutsches, europäisches und globales Ereignis, Paderborn 2016, S. 225–238.
44 Leopold I. an Wilhelm, 6. Juli 1864. GW, Bd. 4, S. 494–495.

der Schleswig-Holstein-Frage nur noch einmal vertagen, „bis es wieder zum Kriege kommt."[45] „Dies wäre 1849 u[nd] 51/52 vielleicht möglich gewesen wo das Erlöschen der Königlichen Dynastie noch nicht eingetreten war. Jetzt aber wäre dies nichts Anderes als die Fesselung der Herzogtümer an Dänemark, welches in hergebrachter Art die Herzogtümer tyrannisieren würde, so daß Deutschland in ewiger Fehde mit Dänemark leben müßte. Oesterreich ist daher auch ganz einig mit uns nur auf Basis der selbständigen Trennung der deutschen Lande von Dänemark zu unterhandeln, die dynastische Frage vorbehaltend."[46] Damit verschwand diese eigentümliche Episode der deutsch-dänischen Geschichte in den Archiven.

Das Ergebnis der Wiener Friedensverhandlungen stand eigentlich von vorneherein fest. Aber Wilhelm schien dennoch zu befürchten, dass sein Ministerpräsident in der österreichischen Hauptstadt den besiegten Gegner schonen könnte. Denn über den Telegraphenweg versuchte er aktiv, in die Verhandlungen einzugreifen. Diese königlichen Interventionen betrafen hauptsächlich Territorialfragen entlang der schleswigschen Nordgrenze. Der Herrscher war bereit, mit Dänemark um jeden Quadratkilometer zu streiten.[47] Gegenüber Roon klagte Bismarck aus Wien, er „fürchte ernster Nervenkrankheit entgegen zu gehen." Denn „wenn der König bei einem im Großen so günstigen Abschluß wiederholt wegen Detail-Sachen mit kategorischen Telegrammen eingreift, so kann ich kein Augenmaß für die Situation behalten."[48] Dieses Beispiel belegt, dass der spätere Kanzler auch fast zwei Jahre nach seiner Ernennung von Wilhelm an der kurzen Leine gehalten wurde. Bismarcks politischer Gestaltungsraum mochte seit dem Deutsch-Dänischen Krieg leicht gewachsen sein. Aber insgesamt war er nach wie vor eng begrenzt. Weder war der König gewillt, seine monarchische Richtlinienkompetenz aufzugeben. Noch wollte er darauf verzichten, persönlich in die Tagespolitik einzugreifen. Der königlichen Selbstherrschaft hatte Bismarck schlichtweg (noch) nichts entgegenzusetzen. Dennoch gelang es ihm, die Verhandlungen am 1. August erfolgreich zum Abschluss zu bringen. Der Präliminarfrieden trennte Schleswig, Holstein und Lauenburg aus dem Herrschaftsbereich der dänischen Krone. Christian IX. musste seine Rechte an den Herzogtümern an den König von Preußen und den Kaiser von Österreich abtreten. Der Erbprinz von Augustenburg blieb unerwähnt.[49] Wieder hatte Wilhelm Grund zum Jubeln. „Wir haben durch die Friedensbedingungen Alles erreicht was man noch vor drei Monaten ohne einen europäischen Krieg nicht für erreichbar hielt. [...] Nach allen Schmähungen, die ich von allen Seiten erdulden mußte seit einiger Zeit, wird nach dem Frieden" man „mir doch wohl das Zeugnis nicht versagen, daß ich meinem Grundsatz für Deutschland zu handeln nicht untreu und auch meinen An-

---

45 Wilhelm an Augusta, 12. Juli 1864. GStA PK, BPH, Rep. 51 J, Nr. 509b, Bd. 10, Bl. 62–63.

46 Wilhelm an Augusta, 15. Juli 1864. Ebd., Bl. 65.

47 Siehe den Notenwechsel zwischen Wilhelm und Bismarck vom 27. und 28. Juli 1864, in: GW, Bd. 4, S. 516–520.

48 Bismarck an Roon, 30. Juli 1864 (Telegramm). Roon (Hrsg.), Denkwürdigkeiten, Bd. 2, S. 263–264.

49 Vgl. Huber, Verfassungsgeschichte, Bd. 3, S. 482–483.

spruch auszuführen weiß: ‚daß die Welt wissen müsse, daß Preußen überall das Recht zu verteidigen wissen würde!'"[50]

Aber mit dem Präliminarfrieden war die Schleswig-Holstein-Frage keineswegs gelöst worden. Sie war stattdessen auf eine neue Konfliktebene gehoben: die des preußisch-österreichischen Dualismus. Denn für beide Großmächte konnte das Kondominium über die Herzogtümer lediglich provisorisch sein. Der Wiener Hof hatte kein Interesse daran, nördlich der Elbe langfristig eine Platzhalterrolle zu spielen. Dies hätte die ohnehin begrenzten Ressourcen des Imperiums nur noch mehr strapaziert. Für die preußische Regierung war es ebenfalls keine langfristige Option, sich die Herrschaft in den Herzogtümern ausgerechnet mit dem innerdeutschen Rivalen teilen zu müssen. Deshalb führten beide Großmächte nur wenige Wochen nach dem Friedensschluss erste Verhandlungen über eine mögliche Lösung des gemeinsamen Dilemmas. Zwischen dem 22. und 24. August trafen sich Wilhelm, Bismarck, Franz Joseph und der österreichische Außenminister Rechberg auf Schloss Schönbrunn. Bis heute spekuliert die Forschung darüber, worüber genau bei dieser Entrevue verhandelt worden sein mochte – und weshalb diese Verhandlungen ergebnislos blieben. Die Grundlage dieser Spekulationen sind nahezu ausschließlich die späteren Kanzlererinnerungen.[51] Im Jahr 1890 soll Bismarck dem österreichischen Historiker Heinrich Friedjung erzählt haben, dass es in Schönbrunn beinahe zu einem politischen Tauschhandel gekommen wäre. Rechberg soll die Abtretung der Herzogtümer an Preußen angeboten haben. Im Gegenzug soll er territoriale Konzessionen an der preußisch-österreichischen Grenze in Schlesien verlangt haben. Das will Bismarck abgelehnt und stattdessen eine Sicherheitsgarantie für Norditalien in Aussicht gestellt haben. Und der Ministerpräsident will sogar bereit gewesen sein, Österreich bei der Rückeroberung der 1859 verlorengegangenen Gebiete militärisch zu unterstützen. Dieser Tauschhandel soll sofort Franz Josephs Interesse geweckt haben. Aber dann soll Wilhelm auf die Frage, „ob Preußen also die Annexion als wünschenswerte Lösung der Herzogtümerfrage betrachtete", laut Bismarck geantwortet haben, „die Einverleibung Schleswig-Holsteins sei von ihm nicht gerade ins Auge gefaßt. Darauf mußte ich mich natürlich bescheiden und die Sache für jetzt fallen lassen. Ich selbst war in viel bestimmterer Weise als mein König für eine ganze Lösung der Frage eingenommen, während er damals noch zum Augustenburger neigte. [...] Es bestand also kein Hindernis, die Herzogtümer in Preußen einzuverleiben. Wir wären, wenn Oesterreich darauf einging, in einem künftigen Kriege in Italien auf seiner Seite gestanden."[52] In seinem Memoiren bezeichnet der zwangspensionierte Reichskanzler die Schönbrunner Gespräche sogar als „Kulminations- und Wendepunkt" der preußischösterreichischen Beziehungen vor Königgrätz. Und über Wilhelms angebliche Position in der Annexionsfrage schreibt er, „daß der König zögernd und in einer gewissen Ver-

---

50 Wilhelm an Augusta, 2. August 1864. GStA PK, BPH, Rep. 51 J, Nr. 509b, Bd. 10, Bl. 81–82.

51 Vgl. Meyer, Bismarck, S. 243–246; Eyck, Bismarck, Bd. 1, S. 637–640; Clark, Franz Joseph, S. 110–111, S. 114–118; Huber, Verfassungsgeschichte, Bd. 3, S. 484–485; Nipperdey, Bürgerwelt, S. 775; Kaernbach, Bismarcks Konzepte, S. 200–202; Pflanze, Bismarck, Bd. 1, S. 259; Steinberg, Bismarck, S. 311.

52 Aufzeichnungen Friedjungs, 13. Juni 1890. GW, Bd. 9, S. 48–49.

legenheit sagte: er habe ja gar kein Recht auf die Herzogthümer und könne deshalb keinen Anspruch darauf machen. Durch diese Aeußerung, aus welcher ich die Einwirkung der königlichen Verwandten und der hofliberalen Einflüsse heraushörte, war ich natürlich dem Kaiser gegenüber außer Gefecht gesetzt."[53] Wieder einmal soll also Augusta an Allem schuld gewesen sein.

Aber hatte Wilhelm im Sommer 1864 tatsächlich mit einer verlegenen Antwort einen langfristigen Ausgleich zwischen beiden Großmächten verhindert? Aus der königlichen Feder sind nur wenige Zeilen über die Schönbrunner Gespräche überliefert. Am 26. August berichtete er seiner Ehefrau lediglich, dass „eine Conferenz mit beiden Ministern zu einer Besprechung der allgemeinen [...] Situation und dänischen Frage" stattgefunden habe. Diese sei „sehr befriedigender Art" gewesen.[54] Und ähnlich schrieb Franz Joseph seiner Mutter einen Tag später, dass das Treffen „in jeder Beziehung vollkommen gelungen war und den König sichtlich befriedigte. [...] Der politische Teil der Entrevue fiel auch recht befriedigend aus und festigte jedenfalls die heilbringende Allianz."[55] Diese Briefe lassen nicht darauf schließen, dass beide Monarchen Schönbrunn mit dem Gefühl verlassen hätten, eine einmalige historische Chance verpasst zu haben. Aber es steht außer Frage, *dass* in jenen Augusttagen ein mögliches politisches Tauschgeschäft diskutiert wurde. Denn Rechberg verfasste einen Vertragsentwurf, laut dem beide Großmächte versuchen sollten, die Grenzziehungen von 1859 rückgängig zu machen. Sollte diese Politik erfolgreich sein, würde Österreich alle Rechte an den Elbherzogtümern an Preußen abtreten.[56] Aber es ist mehr als unwahrscheinlich, dass sich Wilhelm auf einen potentiellen Krieg gegen Italien und Frankreich eingelassen hätte, um Schleswig, Holstein und Lauenburg zu erhalten.[57] Zwar war er sowohl während der Berliner Konferenzen 1861 und im Rahmen der Bernstorff-Note bereit gewesen, Österreich eine Sicherheitsgarantie für Norditalien auszustellen. Aber damals war immer von einem *defensiven* Bündnis die Rede gewesen. Und der Preis, den er für dieses Bündnis verlangt hatte, war die Führungsrolle in Deutschland.

Auch sollte Bismarck erst 1890 behaupten, dass die Schönbrunner Gespräche an Wilhelms Abneigung gescheitert wären, die Annexionsfrage *per se* zu diskutieren. Im Februar 1865 schrieb der Ministerpräsident mit Blick auf jene Augusttage 1864, „Seine Majestät habe vielmehr sich gescheut, Forderungen zu stellen, weil er nicht habe selbstsüchtig und annexionslustig erscheinen, nicht für einen ländergierigen Eroberer gelten wollen. Das sei der eigentliche Grund seiner Abneigung gewesen, auf die österreichischen Vorschläge einzugehen."[58] Laut Chotek soll ihm Bismarck zudem bereits Anfang Oktober 1864 gesagt haben, „wenn der noch durchaus nicht aufgegebene Fall,

---

53 NFA, IV, S. 206–208.
54 Wilhelm an Augusta, 26. August 1864. GStA PK, BPH, Rep. 51 J, Nr. 509b, Bd. 10, Bl. 98.
55 Franz Joseph an Sophie Friederike, 27. August 1864. Schnürer (Hrsg.), Briefe, S. 339.
56 Vgl. Heinrich von Srbik, Die Schönbrunner Konferenzen vom August 1864, in: HZ 153 (1936), S. 43–88. Der Text des Vertragsentwurfs findet sich in: Huber (Hrsg.), Dokumente, Bd. 2, S. 203–204.
57 Vgl. Showalter, German Unification, S. 130–131.
58 Aufzeichnungen Bismarcks, 8. Februar 1865. GW, Bd. 5, S. 80–81.

daß die Herzogtümer an Preußen kämen, eine Eventualität, welche vom Könige und von mir Ihrem allerhöchsten Herrn und Gf[raf] Rechberg gegenüber gleich offen besprochen wurde, sich nicht verwirklichen sollte, so könnten wir uns doch mit der schließlichen Beendigung der ganzen Angelegenheit nur dann zufrieden geben, wenn Preußen die ausgedehntesten Zusicherungen von seiten des neuen Souveräns in Gestalt der weitgehendsten politischen, militärischen und kommerziellen Zugeständnisse erlangte."[59] Und keine drei Wochen nach Schönbrunn berichtete Roggenbach nach einem Gespräch mit Wilhelm selbst, „daß der König die Herzogtümer nicht glaubt zurückzuweisen zu können, wenn solche ihm ‚angeboten' würden, und daß er solches dem Kaiser von Rußland und Kaiser von Österreich gesagt habe. Von keiner Seite sei aber darauf ein Angebot erfolgt."[60] Diese Quellen legen nahe, dass sich die Allerhöchste Position in der Annexionsfrage seit Beginn des Deutsch-Dänischen Krieges nicht geändert hatte. Wilhelm war mehr als gewillt, die Grenze seines Königreichs nach Norden zu verschieben, solange dies nicht zu neuen außenpolitischen Problemen führen würde. Aber „nur" für die Herzogtümer wollte er sich wohl nicht vertraglich an Österreich ketten, oder gar für Franz Joseph in Italien die Kastanien aus dem Feuer holen. Und schon gar nicht war er zu einem Länderschacher in Schlesien bereit. Im November 1864 berichte Károlyi nach einem Gespräch mit Wilhelm nach Wien, „eine Gebietsabtretung als Äquivalent für die Annexion hält der König für durchaus unmöglich."[61] „Er könne und werde das von seinen Vorfahren ererbte Gebiet nicht um ein Dorf schmälern, somit sei diese Eventualität derart, daß sie wohl nicht zum Austrag kommen werde."[62] Und Bismarck? Letztendlich war es für die preußische Politik nachrangig, ob der Ministerpräsident in Schönbrunn bereit gewesen wäre, sich vertraglich an Österreich zu binden. Denn eine solche grundlegende Richtlinienfrage entschied in Preußen *allein der König.* Gegen den Allerhöchsten Willen konnte Bismarck nicht regieren. Das wollte er nicht einmal im Altersruhestand leugnen. Über zwei Jahrzehnte nach Königgrätz mochte der Kanzler a. D. gegenüber der deutschen und österreichischen Öffentlichkeit über eine „Was wäre wenn...?"-Frage sinniert haben. Aber für Wilhelm stellte sich diese Frage scheinbar nie. *Das* ist die Quintessenz der Schönbrunner Gespräche.

Bismarcks entscheidungspolitische Impotenz konnte auch im Herbst 1864 beobachtet werden. Denn nur wenige Wochen nach der Entrevue mit Franz Joseph und Rechberg kam es wieder einmal zu einer Zollvereinskrise. Im Jahr 1865 sollten die bestehenden Verträge auslaufen. Die preußische Regierung knüpfte eine Verlängerung an die Annahme des 1862 geschlossenen preußisch-französischen Handelsvertrags. Wieder versuchten die Mittel- und Kleinstaaten, auch den Beitritt Österreichs in den Zollverein zu erwirken. Und wieder scheiterten sie, und mussten die Berliner Bedingungen ohnewenn-und-aber akzeptieren. Aber anders als seine Vorgänger wollte Bismarck eine offene Konfrontation mit dem Wiener Hof vermeiden. Stattdessen plädierte er dafür, der

---

59 Chotek an Rechberg, 3. Oktober 1864. QdPÖ, Bd. 4, S. 317.

60 Roggenbach an Friedrich I., 11. September 1864. Oncken (Hrsg.), Briefwechsel, Bd. 1, S. 471.

61 Károlyi an Mensdorff-Pouilly, 21. November 1864 (Telegramm). QdPÖ, Bd. 4, S. 402.

62 Károlyi an Mensdorff-Pouilly, 22. November 1864. Ebd., S. 404.

Habsburgermonarchie zumindest formal die Aussicht auf einen zukünftigen Beitritt zum Zollverein einzuräumen. Das wäre kaum mehr als eine symbolische Geste gewesen. Aber der Ministerpräsident hoffte, damit Rechberg entgegenzukommen. Der österreichische Außenminister stand am Wiener Hof bereits seit längerem in der Kritik, und sein designierter Nachfolger Alexander von Mensdorff-Pouilly galt als Gegner des bedingungslosen Bündnisses mit Preußen.[63] Bereits wenige Tage nach Schönbrunn hatte Bismarck erklärt, es sei „von der größten Wichtigkeit, uns den guten Willen des Wiener Kabinetts zu sichern, und innerhalb des letzteren die Stellung der dem preußischen Bündnis günstigen Minister zu befestigen."[64]

Aber Wilhelm argumentierte, dass es egal sei, ob Rechberg stürzen würde oder nicht. Denn für ihn war die österreichische Regierung unter Ministerpräsident Anton von Schmerling ohnehin preußenfeindlich.[65] Wie er Bismarck Mitte Oktober wissen ließ, „ist die Drohung Österreichs der Fallenlassung Rechbergs doch auch eine große *Leichtigkeit*, das Bündniß mit uns zu lösen! [...] Leider ist diese *Wahrscheinlichkeit* auch vorhanden, wenn wir Concessionen machen, da Schmerling dies alles *will* u[nd] *jede* Gelegenheit suchen wird, wie jetzt, Rechberg zu beseitigen!"[66] Wilhelm weigerte sich daher, dem Wiener Hof in der Zollvereinskrise irgendwelche symbolischen Konzessionen zu gewähren. Rechberg wurde schließlich Ende Oktober entlassen und durch Mensdorff-Pouilly ersetzt. Zwar hatte der österreichische Kaiser diesen Ministerwechsel vor allem aus innenpolitischen Gründen vollzogen.[67] Aber Bismarck schien befürchtet zu haben, vor dem Scherbenhaufen seiner Österreichpolitik zu stehen.[68] Bereits Ende November klagte er gegenüber Ernst Ludwig von Gerlach, „die Beziehungen zu Oestreich treten in eine Krisis, ob Beust oder Preußen, ob der Kaiser oder Schmerling, für die auswärtige Politik in Wien stärker ins Gewicht fallen."[69] In den *Gedanken und Erinnerungen* behauptet Bismarck, „der König [...] ließ sich damals noch von der durch seine Gemahlin vertretenen Doktrin beeinflussen, daß zur Lösung der deutschen Frage die ‚Popularität' das Mittel sei."[70] Und im Gespräch mit Friedjung 1890 soll er geschimpft haben, Augusta hätte seine „Absicht, mit Oesterreich in friedlichem Einverständnis zu bleiben, vereitelt."[71] Das sagt mehr über Bismarcks geradezu paranoide Misogynie aus als über Augustas angebliche Intrigen. Die erste Deutsche Kaiserin diente ihm noch in seinen letzten Lebensjahren als Sündenbock für jede politische Streitfrage, in der er Wilhelm hatte nachgeben müssen. Aber es sind keine Quellen überliefert, die belegen

---

63 Vgl. Clark, Franz Joseph, S. 132–149; Hahn, Zollverein, S. 177–179; ders., Hegemonie, S. 66–67.
64 Bismarck an Bodelschwingh und Itzenplitz, 27. August 1864. GW, Bd. 4, S. 544–545.
65 Vgl. Wilhelm an Augusta, 23. Oktober 1864. GStA PK, BPH, Rep. 51 J, Nr. 509b, Bd. 10, Bl. 121.
66 Bismarck an Wilhelm (mit Marginalien des Königs), 16. Oktober 1864. GW, Bd. 4, S. 574.
67 Vgl. Clark, Franz Joseph, S. 156–160; Höbelt, Österreich, S. 179–181.
68 Vgl. Gall, Bismarck, S. 323–324; Lutz, Habsburg und Preußen, S. 450; Pflanze, Bismarck, Bd. 1, S. 264; Showalter, German Unification, S. 131.
69 Bismarck an E. L. v. Gerlach, 23. November 1864. GA, ER02611.
70 NFA, IV, S. 209.
71 Aufzeichnungen Friedjungs, 13. Juni 1890. GW, Bd. 9, S. 49.

würden, dass die Königin in der Zollvereinskrise *irgendeinen* Einfluss auf die Entscheidungen ihres Ehemanns ausgeübt hätte. Der König berichtete ihr brieflich lediglich nebensätzlich und sporadisch über den Stand der Verhandlungen.[72] Und nach dem Wiener Ministerwechsel schrieb er ihr, „jedenfalls ist es gut, daß wir keine Concession machten, um Rechberg zu halten. Mit Mensdorff wäre dies eine ganz andere Negoziazion, weil keine Erhaltungsbedingungen daran geknüpft wären."[73] Seit den Revolutionsjahren war Wilhelm nie bereit gewesen, *in Deutschland* einen Kompromiss mit Österreich zu suchen. Daran hatte sich auch 1864 nichts geändert. Deshalb scheiterten Bismarcks Versuche, den Berliner Hof in Richtung Wien zu bewegen.

Trotzdem wuchs die Vertrauensbasis zwischen Monarch und Ministerpräsident im Herbst 1864. Denn am 30. Oktober unterzeichneten Preußen, Österreich und Dänemark den Frieden von Wien, der die bereits im Sommer verhandelten Präliminarien bestätigte.[74] Wilhelm jubelte seiner Ehefrau, „Gott hat unsere Waffen nicht nur, sondern auch unsere diplomatischen Handlungen, die Strick für Strick dem Siege folgten, auf eine so sichtliche Art gesegnet, daß wir im Dankgebet nicht tief genug vor Gott niedersinken können."[75] Und seiner Schwester schrieb er, „was ich empfinde ist nicht mit Worten auszudrücken. Erst seit dem Frieden der so ehrenvoll ist, [...] fühle ich mein Gewissen rein und gehoben! Denn das ist nicht zu schildern, was mein *Monarchen* Herz geduldet hat, seitdem ich das Wort: Krieg! aussprach, ein Wort, was solche Opfer in sich schließt."[76] Bismarck wurde für den erfolgreichen Friedensschluss vom König demonstrativ mit dem Schwarzen Adlerorden ausgezeichnet.[77] Nicht zu Unrecht argumentierte der britische Gesandte in Berlin daher, der Ministerpräsident „is perhaps destined to exert great influence here for a length of time. His favour with the King is by all accounts unabated and he may defy by his ascendancy and success abroad all the efforts of his internal antagonists."[78]

Trotz des Kondominiums in den Herzogtümern hatte der Wiener Frieden den preußischen Einfluss in Deutschland strukturell massiv gestärkt. Denn die Hohenzollernmonarchie hatte sich in der Schleswig-Holstein-Frage erfolgreich über den Deutschen Bund und die Nationalbewegung hinweggesetzt. Und diese neugewonnene Stärke ließ der Berliner Hof die Mittel- und Kleinstaaten sofort fühlen. Ende November forderten die Großmächte den Bundestag auf, auch Holstein und Lauenburg ihrer gemeinsamen Verwaltung zu unterstellen. Dort waren noch immer hannoverische und sächsische Bundestruppen stationiert. Zwar schien Österreich geneigt gewesen zu sein,

---

72 Siehe Wilhelms Briefe an Augusta vom 30. August sowie vom 19. und 29. September 1864, in: GStA PK, BPH, Rep. 51 J, Nr. 509b, Bd. 10, Bl. 51–52, Bl. 108, Bl. 112–113.

73 Wilhelm an Augusta, 28. Oktober 1864. Ebd., Bl. 122.

74 Der Text des Friedensvertrags findet sich in: Huber (Hrsg.), Dokumente, Bd. 2, S. 206.

75 Wilhelm an Augusta, 30./31. Oktober 1864. GStA PK, BPH, Rep. 51 J, Nr. 509b, Bd. 10, Bl. 124.

76 Wilhelm an Luise, 7. Dezember 1864. GStA PK, BPH, Rep. 51, Nr. 853.

77 Vgl. Wilhelm an Bismarck, 14. November 1864. AGE, Bd. 1, S. 112; Bismarck an J. v. Bismarck, 14. November 1864. GW, Bd. 14/II, S. 688.

78 Napier an Russel, 18. November 1864. British Envoys, Bd. 4, S. 159.

die Exekutionsarmeen in den Herzogtümern zu tolerieren. Aber Preußen forderte den Bundestag ultimativ zum Truppenabzug auf. Diesem Druck beugten sich die Frankfurter Diplomaten schließlich Ende Dezember.[79] Wieder einmal hatte Wilhelm offen seine Bereitschaft signalisiert, mit dem Bund zu brechen. Laut Károlyi soll der König sogar zeitweise „geneigt gewesen" sein, „den preußischen Antrag zurückzuziehen und sich an den bezüglichen Verhandlungen am Bunde gar nicht zu beteiligen. Es gelang aber Herrn v[on] Bismarck, seinen königlichen Herrn auf der einmal betretenen Bahn festzuhalten und einer plötzlichen, die Situation nur noch mehr verwickelnden Wendung auf diese Art vorzubeugen."[80] Den König von Sachsen warnte Wilhelm sogar, „sollte der Bundestag sich *über* seine Competenz erheben [...], so würde ich in die Lage kommen, denselben nicht anzuerkennen, da das Bundesrecht auf meiner Seite stände."[81] Zeitgleich schimpfte er seinem Schwager, „die Trias schwebt wieder vor. Warum? Damit Deutschland, minus Preußen und Österreich, etwas *Selbständiges* bilde, d.h. in *Opposition* gegen diese sich *konstituiere*. [...] Statt in Preußen den Hort und die Macht zu erkennen, die Deutschland schützen und verteidigen wird, sucht man stets zu schikanieren und wundert sich dann, wenn es dies nicht ruhig hinnehmen will."[82] Und seiner Schwester erklärte er, die Frankfurter Politiker „sind incarnirte Preußen Feinde und wollen die Deutsche *Einigkeit* durch *consolidirte Opposition* gegen beide deutschen Großmächte herbeiführen! Ebenso grandios dumm, wie zum Gegentheil führend."[83]

Ende 1864 befanden sich die Beziehungen zwischen Berlin und Frankfurt am Main auf einem neuen Tiefpunkt. Und der Deutsche Bund rutsche in eine Legitimationskrise ab, aus der er nicht mehr herauskommen sollte. Während die Großmächte nationale Fragen unter sich verhandelten, wurden die Mittel- und Kleinstaaten endgültig auf die Zuschauertribüne verdrängt.[84] Aber die österreichische Regierung schien schnell zu reflektieren, dass sie mit dieser Politik Gefahr drohte, in Deutschland an Boden zu verlieren. Denn mit dem Kondominium arbeitete die Zeit scheinbar für das Hohenzollernkönigreich.[85] „Der gemeinschaftliche provisorische Besitz der Herzogtümer ist eine Position, in der sich Preußen sehr gefällt", berichtete Károlyi aus Berlin. „Denn kein Mensch zweifelt mehr, daß je länger er dauert, je günstiger werden sich die Verhältnisse, in den Herzogtümern sowohl als von außen, für eine eventuelle reine Annexion gestalten."[86] Und sein Kollege Kübeck warnte aus Frankfurt am Main, „sollte es Preußen

---

79 Vgl. Huber, Verfassungsgeschichte, Bd. 3, S. 488–492; Clark, Franz Joseph, S. 165–169; Angelow, Sicherheitspolitik, S. 235.
80 Károlyi an Mensdorff-Pouilly, 3. Dezember 1864. QdPÖ, Bd. 4, S. 439–440.
81 Wilhelm an Johann, 3. Dezember 1864. Herzog von Sachsen (Hrsg.), Briefwechsel, S. 436.
82 Wilhelm an Carl Alexander, 21. Dezember 1864. Schultze (Hrsg.), Weimarer Briefe, Bd. 2, S. 57–58.
83 Wilhelm an Luise, 2. Januar 1865. GStA PK, BPH, Rep. 51, Nr. 853.
84 Vgl. Müller, Bund und Nation, S. 372.
85 Vgl. Clark, Franz Joseph, S. 175–176.
86 Károlyi an Mensdorff-Pouilly, 5. März 1865. QdPÖ, Bd. 4, S. 583.

gelingen, seine Zwecke in Schleswig-Holstein zu erreichen, so kommt voraussichtlich Kurhessen und dann Hannover selbst an die Reihe."[87]

Zumindest mit Blick auf die Elbherzogtümer waren diese Sorgen nicht unbegründet. Seit Ende 1864 begann die preußische Regierung aktiv, die Annexionsfrage in Presse und Publizistik zu pushen. Und auf der öffentlichen Ebene hatte sie damit scheinbar Erfolg.[88] So notierte Bernhardi, „die Stimmung in Preußen werde [...] sichtlich annexionistischer und *in den Herzogthümern fange dieser und jener an zu rechnen.* [...] Der Wunsch zu annektieren, muß wohl in Preußen sehr um sich gegriffen haben, wenn selbst ein Fortschrittsmann, wie der Oberbürgermeister Seybel, in seiner Anrede an die Truppen darauf hindeutet!"[89] Sogar der liberale Publizist Ludwig Wehrpfennig berichtete aus Berlin, „man steuert hier mit allen Segeln der Annexion zu, [...] nachdem Österreich seine Kraft- und Haltlosigkeit während der letzten Krise in so überraschender Weise verraten hat [...]. Viele von unseren ruhigsten und nüchternsten Köpfen fangen an, die Annexion für das Wahrscheinlichste zu halten, und hoffen, daß die Schleswig-Holsteiner sich binnen Jahresfrist besinnen werden."[90] Einflussreicher als die öffentliche Meinung war am Berliner Hof allerdings die Militärführung. Und Bernhardi will von Moltke erfahren haben, dass „*die ganze Armee die Annexion* [...] *verlangt*; das ist von Bedeutung."[91] Diese Entwicklung konnte und wollte Wilhelm nicht ignorieren. Bereits im Sommer 1864 hatte er Augusta erklärt, „daß unsere tapfere Armee dort im Norden keinen anderen Gedanken hat, als daß sie Land für Preussen u[nd] nicht für einen Dritten erobert hat, daher man vorsichtig sein muß, weil man auch mit diesem Factor der Armee zu rechnen hat."[92] Im November soll der König gegenüber Károlyi betont haben, „was die Annexion anbelangt, so lasse es sich nicht leugnen, daß diese Tendenz viele Anhänger in den Herzogtümern habe und daß dieses Gefühl vielleicht noch viel mächtiger sei, als es äußerlich hervortrete. Auch in Preußen habe das nach Annexion gerichtete Streben um sich gegriffen. Er selbst habe sich trotz allem davon ferngehalten."[93] Aber wie ehrlich war Wilhelm im Gespräch mit dem österreichischen Gesandten gewesen? Bismarck soll Károlyi gesagt haben, dass der König „mehr annexionistisch gesinnt sei als er selbst."[94] Und auch Goltz will erfahren haben, dass der Herrscher „annexionslustig" sei.[95]

Spätestens nach dem 22. Februar 1865 konnte der Wiener Hof jedenfalls nicht mehr ignorieren, dass die preußische Regierung nördlich der Elbe nackte Machtinteressen verfolgte. Denn an jenem Tag ließ Bismarck die sogenannte Februarnote übermitteln.

---

87 Kübeck an Mensdorff-Pouilly, 15. Januar 1865. Ebd., S. 515.

88 Vgl. Pflanze, Bismarck, Bd. 1, S. 275–279; Winkler, Weg nach Westen, Bd. 1, S. 165–168.

89 Tagebuch Bernhardi, 15. Dezember 1864. Bernhardi (Hrsg.), Aus dem Leben, Bd. 6, S. 137–138.

90 Wehrenpfennig an Häusser, 8. Dezember 1864. Heyderhoff (Hrsg.), Liberalismus, Bd. 1, S. 233.

91 Tagebuch Bernhardi, 13. Februar 1865. Bernhardi (Hrsg.), Aus dem Leben, Bd. 6, S. 166.

92 Wilhelm an Augusta, 25./26. Juli 1864. GStA PK, BPH, Rep. 51 J, Nr. 509b, Bd. 10, Bl. 77.

93 Károlyi an Mensdorff-Pouilly, 22. November 1864. QdPÖ, Bd. 4, S. 403–404.

94 Károlyi an Mensdorff-Pouilly, 18. November 1864 (Telegramm). Ebd., S. 388.

95 Goltz an Bernstorff, 20. Februar 1865. Stolberg-Wernigerode (Hrsg.), Goltz, S. 383.

Darin wurden detailliert die Bedingungen präzisiert, die der Berliner Hof von einem unabhängigen Herzogtum Schleswig-Holstein verlangen müsse. Darunter fielen Gebietsabtretungen entlang der Meeresküsten, die Stationierung preußischer Truppen sowie der Beitritt zum Zollverein. Auch sollte die schleswig-holsteinische Armee dem Oberkommando des Königs von Preußen unterstellt werden und diesem sogar den Fahneneid schwören. Wie die Korrekturanmerkungen der Februarnote belegen, ging diese Forderung auf Wilhelm persönlich zurück.[96] Von Duncker will Bernhardi sogar erfahren haben, *„der König persönlich ist es, der die Forderung des Fahneneides in die preußischen Forderungen vom 22. Februar eingeschaltet hat,* die ursprünglich nicht darin stand; und zwar hat er das gethan ausdrücklich, weil er glaubte, daß der Herzog von Augustenburg in diese Forderung nicht einwilligen werde.“[97] Diese Darstellung lässt sich kaum von der Hand weisen. Denn einem Herzog von Schleswig-Holstein wäre mit der Februarnote jeder Anschein militärischer Autorität genommen worden. Und gerade Wilhelm konnte vor dem Hintergrund des Verfassungskonflikts nicht davon ausgehen, dass irgendein Monarch sich freiwillig in diese strukturelle Abhängig und öffentliche Bedeutungslosigkeit begeben hätte. Es liegt daher mehr als nahe, dass der spätere Kaiser im Frühjahr 1865 an ernstgemeinten Verhandlungen über ein unabhängiges Schleswig-Holstein nicht mehr interessiert war. Gegenüber Carl Alexander gab der Herrscher sogar mehr oder weniger offen zu, dass die Februarnote nichts anderes als ein verschleiertes Annexionsprogramm sei. „Noch niemals ist von meiner Regierung das Verlangen nach Annexion ausgesprochen worden in officiellen Aktenstücken, und stehet dieselbe aber auch in dieser Beziehung fast allein im Lande und vor der Armee da. Aus diesem Grunde bin ich in meinen Forderungen so weit gegangen, damit ich diese Stellung, die Preußen durch jene in den Herzogtümern erlangen soll, vor dem Lande und der Armee verantworten kann. Daß meine verlangte Stellung *nur* zum Wohle und zur Sicherung Deutschlands gereicht, ist sonnenklar.“[98]

Den Berliner Hof konnte es letztendlich kaum überraschen, dass die Februarnote von der österreichischen Regierung sofort abgelehnt wurde. Und dass sie innerhalb wie außerhalb Deutschlands als unannehmbar kritisiert wurde.[99] Mensdorff-Pouilly behauptete nicht zu Unrecht, dass eine Annahme dieser Bedingungen „einer faktischen Mediatisierung der Herzogtümer“ gleichkommen würde.[100] Aber Wilhelm war zu keinen Kompromissen bereit. Anfang März ließ Bismarck den Wiener Hof wissen, „der König ist entschlossen, auf dem für notwendig Erkannten zu beharren. Ein wesentliches Nachlassen von unseren Forderungen ist unmöglich. Ist *auf dieser Grundlage* keine Verständigung mit Wien zu hoffen, so können wir nicht Anstand nehmen, vor den Bund

---

96 Vgl. Bismarck an Károlyi (mit Korrekturanmerkungen des Königs), 22. Februar 1865. GW, Bd. 5, S. 96–105.
97 Tagebuch Bernhardi, 24. Mai 1865. Bernhardi (Hrsg.), Aus dem Leben, Bd. 6, S. 203.
98 Wilhelm an Carl Alexander, 27. März 1865. Schultze (Hrsg.), Weimarer Briefe, Bd. 2, S. 61.
99 Vgl. Huber, Verfassungsgeschichte, Bd. 3, S. 494–495; Clark, Franz Joseph, S. 197; Pflanze, Bismarck, Bd. 1, S. 264–265; Dudarew, Dänische Frage, S. 304.
100 Mensdorff-Pouilly an Károlyi, 5. März 1865. QdPÖ, Bd. 4, S. 577–578.

und vor die öffentliche Meinung zu treten."[101] Damit stand das informelle Bündnis zwischen Preußen und Österreich zur Disposition.[102] Seit Beginn des Deutsch-Dänischen Krieges hatte Wilhelm die Überzeugung gewonnen, dass er der Öffentlichkeit und der siegreichen Armee einen preußischen Machtgewinn nördlich der Elbe präsentieren musste. Und je stärker diese Überzeugung geworden war, desto mehr hatte er sein ohnehin geringes Interesse an einer augustenburgischen Lösung der Schleswig-Holstein-Frage verloren. Gleichwohl hätte sich der selbsttitulierte Friedrich VIII. 1864 wohl in jedem Fall mit einer Herrschaft von Wilhelms Gnaden abfinden müssen. Im Frühjahr 1865 waren in Berlin aber schließlich alle Gleise in Richtung Annexion ausgerichtet. Die Februarnote erfüllte öffentlich lediglich die Funktion eines Scheinangebots. Aber nachdem dieses Angebot abgelehnt worden war, stand die Frage im Raum, wie weit die preußische Regierung gehen würde, um ihre Forderungen durchzusetzen. Und wie würde Österreich auf die neuentfachte Großmächterivalität reagieren?

---

101 Bismarck an Werther, 2. März 1865 (Telegramm). GW, Bd. 5, S. 109–110.
102 Vgl. Clark, Franz Joseph, S. 198.

„Ich bin leider zum Äußersten endschlossen."
Die Gasteiner Konvention 1865

Es gab lange und kurze Wege, die in den Preußisch-Österreichischen Krieg von 1866 führten. Der lange Weg war die Deutsche Frage, die sich unter Wilhelms Herrschaft sukzessiv zugespitzt hatte. Der kurze Weg war hingegen die Schleswig-Holstein-Frage. Nördlich der Elbe provozierten sich die beiden Großmächte seit Anfang 1865 so lange gegenseitig, bis sie schließlich überzeugt waren, diesen Konflikt nur mit einem Krieg lösen zu können. Dabei darf das Eskalationsmoment allerdings nicht ausschließlich am Berliner Hof verortet werden. Denn die Habsburgermonarchie war gewillt, den ihr mit den Februarbedingungen hingeworfenen Fehdehandschuh aufzuheben. Und mit Anton Halbhuber von Festwill, dem österreichischen Zivilkommissar in Holstein, hatte der Wiener Hof den perfekten Agent Provocateur. Unter Halbhubers Administration wurden die preußischen Versuche unterbunden, eine annexionistische Bewegung in den Herzogtümern zu mobilisieren. Stattdessen protegierte er offen die Augustenburgerbewegung.[1] Ernst Rudolf Huber spricht daher nicht zu Unrecht von einer „augustenburgische[n] Nebenregierung" in Holstein.[2] Laut dem preußischen Oberbefehlshaber in den Herzogtümern Eberhard Herwarth von Bittenfeld soll Halbhuber angeblich sogar erklärt haben, „Preußen sei im Begriff, ein zweites Olmütz zu erleben."[3] Das war Wasser auf die Mühlen all jener Stimmen in Berlin, die auf eine härtere Gangart gegen Wien drängten. So argumentierte Bismarck, „wenn wir demjenigen, was uns über Äußerungen des Herrn von Halbhuber gegen dritte Personen berichtet wird, Glauben schenken sollen, so müssen wir darin ein bestimmtes von Wien aus inspiriertes System erblicken".[4] Und der hannoverische Diplomat Adolf von Platen-Hallermund will von dem späteren Kanzler sogar erfahren haben, Wilhelm sei über Halbhubers „Äußerungen [...] in allerhöchstem Grade entrüstet und habe ihm, dem Ministerpräsidenten, erwidert: ,Österreich soll sich irren, wenn es Mich für so dumm hält, daß ich in die von ihm Mir gestellte politische Falle hineingehen werde; will Österreich Krieg haben, so bin ich bereit, ihn in drei Tagen aufzunehmen, zurückgehen werde ich nicht.'"[5]

Aber die Habsburgermonarchie forderte die preußische Regierung auch auf Bundesebene heraus. Am 6. April beschlossen die Frankfurter Diplomaten mehrheitlich, dass die Großmächte ihre Herrschaftsrechte in den Herzogtümern auf den Augustenburger Erbprinzen übertragen sollten. Die österreichische Regierung schloss sich dem Antrag unter dem Vorbehalt an, dass auch Preußen dieser Regelung zustimmen musste. Sie spekulierte darauf, diplomatischen und öffentlichen Druck auf Berlin ausüben zu

---

1 Vgl. Clark, Franz Joseph, S. 200–206.
2 Huber, Verfassungsgeschichte, Bd. 3, S. 495.
3 Herwarth an Bismarck, 12. Mai 1865. APP, Bd. 6, S. 50.
4 Bismarck an Goltz, 20. April 1865. GW, Bd. 5, S. 168.
5 Platen-Hallermund an Georg V., 25. April 1865. APP, Bd. 6, S. 76–77.

https://doi.org/10.1515/9783111323954-042

können, um so endlich ein Definitivum in der Schleswig-Holstein-Frage zu erzwingen.[6] Aber Wilhelm weigerte sich, dem Frankfurter Votum Folge zu leisten. Bismarck ließ den preußischen Gesandten am Bundestag wissen, „der König ist fest entschlossen, nur siegreichen Bajonetten zu weichen".[7] Und seiner Schwester schimpfte der Monarch, „in F[rankfurt] a/M schlägt man uns wieder ins Gesicht, mais nous ripostons [...]! Immer dasselbe, sie können Preußens Ruhm nicht vertragen!"[8] Etwa zeitgleich zu dem Bundestagvotum wurde auch publik, dass die preußische Regierung aktiv plante, Kiel in einen Kriegshafen umbauen zu lassen. Hätte der Wiener Hof dies zugelassen, wäre er ausgerechnet in der symbolischen Augustenburgerresidenz vor vollendete Tatsachen gestellt worden. Deshalb erhielt Halbhuber den Befehl, jede Umbaumaßnahme zu unterbinden. Außerdem ließ Franz Joseph zwei österreichische Kriegsschiffe nach Kiel senden – womit erstmals die Eskalationsgrenze der militärischen Machtdemonstration überschritten wurde.[9] Wilhelm sah in dieser Episode einen weiteren Beleg, dass „jede Concession an Oesterreich mit neuem Undank und Prétensionen erwiedert wird", wie er Roon am 25. April schimpfte.[10] Und am selben Tag berichtete Károlyi nach einem Gespräch mit Bismarck, „seit Jahren, behauptet der Minister, habe er S.M. nicht in so leidenschaftlicher Aufwallung gesehen. Der König gab in heftigster Weise seiner Überzeugung Ausdruck, daß Preußen in dieser ganzen Angelegenheit Österreich gegenüber sich nichts vorzuwerfen habe, daß daher kein Anlaß zu irgendeiner Konzession vorliege. [...] Zur Schilderung der Stimmung des Königs führte Herr v[on] Bismarck noch an, daß S.M. sich ihm gegenüber dahin ausgesprochen habe, er würde dem Kaiser schreiben, um zu wissen, ob Österreich die Allianz aufrecht erhalten wolle oder nicht, so könne es nicht fortgehen usw. usw."[11]

Bismarck war jedenfalls mehr als Wilhelm daran interessiert, einen Bruch mit Österreich zu verhindern. Allerdings war auch der Ministerpräsident nicht bereit, das informelle Bündnis bedingungslos aufrecht zu erhalten. So hatte er beispielsweise noch am 21. April geschrieben, „die Hoffnung auf eine für uns annehmbare Lösung der Schleswig-Holsteinschen Frage durch Verständigung mit Östreich geben wir keineswegs auf. Aber wir dürfen die Möglichkeit nicht aus den Augen lassen, daß uns ein anderer Weg aufgedrängt werde, und wir müssen die daraus eventuell zu erwartenden Kombinationen beizeiten erwägen."[12] Doch Mitte Mai ließ Károlyi den Wiener Hof wissen, „wenn das Wort ‚Entmutigung' die Stimmung des Herrn von Bismarck am geeignetsten zu bezeichnen scheint, und dies ist kein schlechtes Zeichen für unsere Interessen, so scheint hingegen diejenige S.M. des Königs noch immer eine aufgeregte zu sein [...]. S.M. ist leider unter dem Eindrucke [...], daß es Österreich ist, welches provozierend gegen

---

6 Vgl. Huber, Verfassungsgeschichte, Bd. 3, S. 497–498; Clark, Franz Joseph, S. 198–199, S. 206–215.

7 Bismarck an K. F. v. Savigny, 24. März 1865. GW, Bd. 14/II, S. 693.

8 Wilhelm an Luise, 24. März 1865. GStA PK, BPH, Rep. 51, Nr. 853.

9 Vgl. Clark, Franz Joseph, S. 220–222.

10 Wilhelm an Roon, 25. April 1865. Roon (Hrsg.), Denkwürdigkeiten, Bd. 2, S. 329.

11 Károlyi an Mensdorff-Pouilly, 25. April 1865. QdPÖ, Bd. 4, S. 662–663.

12 Bismarck an Usedom, 21. April 1865. GW, Bd. 5, S. 171.

Preußen verfährt, sein Mitbesitzrecht schmälert und nicht abgeneigt ist, ‚mit Preußen Händel zu suchen' oder wenigstens in seiner Politik eine Schwenkung auf Kosten der preußischen Allianz vorzunehmen." Auch „soll der König gesagt haben: ‚Wenn Österreich den Krieg will, bin ich bereit.' Seinem königl[ichen] Herrn gegenüber ist Herr v[on] Bismarck in gewisser Hinsicht der Advokat Österreichs; weit entfernt S.M. in jener Richtung aufzureizen, trachtet er ihn zu beschwichtigen."[13] Tatsächlich schien Bismarck eine der wenigen Stimmen am Berliner Hof gewesen zu sein, die noch immer einen Ausgleich mit Österreich sondieren wollten. Dagegen redete die Militärführung seit dem Frühjahr 1865 bereits offen einem möglichen Waffengang das Wort. So soll Roon gegenüber Ernst Ludwig von Gerlach bemerkt haben, „man werde ja mit Österreich nicht einig; es werde ja wohl zum Kriege kommen."[14] Edwin von Manteuffel schrieb an Wilhelm, „wir wollen Herren bleiben auf dem Boden, den unser König siegend sich erobert. Den Besitz der Herzogthümer verstehen Armee und Nation – die Minimalbedingungen, sie mögen soviel indirecte oder directe Vortheile haben als sie wollen, verstehen beide nicht!"[15] Und Moltke sinnierte, die Elbherzogtümer wären anno 1865 das, was Schlesien einst für Friedrich II. gewesen sei. „Für Preußen handelt es sich um einen Erwerb, nicht so groß aber ebenso wichtig wie der, für welchen der große König drei Kriege führte."[16]

Über Krieg und Frieden entschied in Preußen allein der Monarch. Deshalb lud Wilhelm am 29. Mai zu einem Kronrat ein, um den weiteren Gang der preußischen Politik gegen Österreich zu diskutieren. Auf seinen persönlichen Befehl nahmen auch Moltke und Manteuffel an dieser Konseilsitzung teil. Bismarck war über diesen Schritt nicht konsultiert worden. Die Anwesenheit der unverantwortlichen Militärs konnte die Verhandlungsposition des verantwortlichen Ministerpräsidenten nicht gerade stärken.[17] Der König öffnete diesen Kriegsrat mit der Frage, „was Preußen für die Zukunft der Herzogtümer verlangen solle, ob Annexion *oder* nur Bewilligung der bisher gestellten, in der veröffentlichten Depesche vom 22. Februar d. J. und deren Beilage formulierten Forderungen – und ob zur Durchführung des einen oder des anderen auch die Gefahr des Krieges nicht gescheut werden sollte?" Außer dem Kronprinzen plädierten alle Konseilteilnehmer für die Annexionspolitik. Moltke betonte, „daß nach seiner persönlichen Ansicht, von welcher anzunehmen sei, daß sie auch von der Armee geteilt werde, die volle Annexion der Herzogtümer das beste Mittel sein würde, alle berechtigten Interessen zu befriedigen und daß zur Erreichung dieses Zieles Preußen auch einen Krieg gegen Österreich nicht zu scheuen haben würde." Dagegen riet Bis-

---

13 Károlyi an Mensdorff-Pouilly, 13. Mai 1865. QdPÖ, Bd. 4, S. 698.
14 Tagebuch E. L. v. Gerlach, 20. Mai 1865. Diwald (Hrsg.), Nachlaß., Bd. 1, S. 467.
15 E. v. Manteuffel an Wilhelm, 28. Mai 1865. Rudolf Stadelmann, Das Jahr 1865 und das Problem von Bismarcks deutscher Politik, München/Berlin 1933, S. 80 – 81.
16 Moltke an E. v. Manteuffel, 2. Juli 1865. Ders., Moltke, S. 428.
17 Vgl. Arnold Oskar Meyer, Der preußische Kronrat vom 29. Mai 1865, in: Gesamtdeutsche Vergangenheit. Festgabe für Heinrich Ritter von Srbik zum 60. Geburtstag, München 1938, S. 308 – 318; Srbik, Deutsche Einheit, Bd. 4, S. 251 – 254; Huber, Verfassungsgeschichte, Bd. 3, S. 499 – 501.

marck dem König, „den Versuch zur Erlangung der von ihm [...] als unerläßlich bezeichneten Minimalbedingungen zu machen und erst, wenn dieser Versuch gänzlich scheitern sollte, ein höheres Ziel ins Auge zu fassen." Diese Strategie wurden auch von den anderen Ministern befürwortet. Daraufhin schloss der Monarch den Kronrat, ohne eine definitive Entscheidung über Krieg oder Frieden getroffen zu haben.[18] Gleichwohl darf dieser Kriegsrat nicht als ergebnislos bewertet werden. Denn Wilhelm hatte die Annexion der Herzogtümer erstmals offiziell zu einem Ziel der preußischen Politik erklärt. Hinter diese Forderung gab es nach dem 29. Mai keinen Weg mehr zurück. Bereits am 1. Juni ließ der König den Augustenburger Erbprinzen unmissverständlich wissen, dass er dessen Herrschaftsansprüchen mit allen ihm zur Verfügung stehenden Mitteln entgegentreten werde. „Wird das Geschick der Herzogthümer von Neuem auf die Spitze des Degens gestellt, so ist es zweifellos, daß der Kampfpreis dann nicht Ihre Einsetzung sein wird."[19] Aber vor allem war der Kriegsrat zukunftsweisend gewesen. Immerhin hatte Wilhelm offen erklärt, dass ein Krieg gegen Österreich ein legitimes Mittel sei, um die preußischen Machtinteressen durchzusetzen. Diese außenpolitische Direktivverschiebung konnte von keinem politischen Entscheidungsakteur am Berliner Hof ignoriert werden. Im Sommer 1865 hatte der spätere Kaiser entschieden, dass die preußische Politik am Rande eines Krieges operieren sollte.[20]

Dem Wiener Hof blieb diese Entwicklung nicht verborgen. Denn Bismarck selbst warnte die Österreicher vor seinem bellizistischen Souverän. Bereits am 2. Juni soll der Ministerpräsident im Gespräch mit Károlyi erklärt haben, der König sei überzeugt, „Österreich lege keinen genügenden Wert auf die Allianz mit Preußen, und daß sonach das Vertrauen zu Österreich, welches nicht mehr fest an der preußischen Allianz halten zu wollen scheine, zu wanken anfinge."[21] Und am 8. Juni ließ Chotek die österreichische Regierung wissen, Bismarcks Mitarbeiter Hermann von Thile „verdanke ich [...] die Andeutung, daß beim Könige persönliches Mißtrauen und Mißstimmung gegen Österreich einen hohen Grad erreicht haben und S.M. die Allianz nicht nur als moralisch kaum mehr bestehend betrachtet, sondern sogar der Ansicht sei, daß österreicherseits mit Preußen offener Bruch gewollt werde."[22] Es ist nicht unwahrscheinlich, dass der spätere Kanzler mit solchen Warnungen die österreichische Regierung zu Konzessionen zu drängen versuchte. Denn Wilhelm war zu keinerlei Kompromissen in der Schleswig-Holstein-Frage bereit. Laut Duncker soll der Herrscher jedes noch so kleine Nachgeben mit dem Totschlagargument abgelehnt haben, „auf diesem Wege sehe ich mich bereits wieder in Olmütz".[23] Aber auch der Wiener Hof blieb hart. Franz Joseph warnte seinen preußischen Kollegen sogar davor, gegen Friedrich von Augustenburg

---

18 Konseilprotokoll, 29. Mai 1865. APP, Bd. 6, S. 174–179.
19 Wilhelm an Friedrich von Augustenburg, 1. Juni 1865. Jansen/Samwer, Schleswig-Holstein, S. 761–763.
20 Vgl. Hillgruber, Bismarcks Außenpolitik, S. 62; Kaernbach, Bismarcks Konzepte, S. 206; Showalter, German Unification, S. 132; Nonn, Bismarck, S. 158; Fenske, Bismarck, S. 66.
21 Károlyi an Mensdorff-Pouilly, 2. Juni 1865. QdPÖ, Bd. 4, S. 718–719.
22 Chotek an Mensdorff-Pouilly, 8. Juni 1864. Ebd., S. 728.
23 Duncker an Friedrich Wilhelm, 17. Juni 1865. Meisner (Hrsg.), Tagebücher, S. 532–533.

vorzugehen. Dessen „gewaltsame Wegweisung würde keine persönliche Sache zwischen ihm und Dir sein, sondern ein politischer Akt, und ich kann Dir nicht verhehlen, daß ich in bezug auf die Folgen eines solchen Schrittes sehr ernste und gewichtige Bedenken hege."[24] Das hieß nichts anderes, als dass auch der österreichische Kaiser bereit war, seine Interessen nördlich der Elbe notfalls mit der Waffe zu verteidigen.

Zwischen diesen unbeweglichen Blöcken schrumpfte Bismarcks diplomatischer Handlungsspielraum Tag für Tag. Mitte Juli klagte er seinem Freund Moritz von Blanckenburg, „es ist nicht, was ich wünsche, aber Oestreich läßt uns nur die Wahl, in Holstein zum Kinderspott zu werden. Dann schon lieber Krieg, der bei einer solchen östreichischen Politik doch nur eine Zeitfrage bleibt."[25] Der bayerische Diplomat Alfred Ludwig von Bibra berichtete, die Stimmung am Berliner Hof sei „eine wenig hoffnungsreiche." Ein „den höheren und eingeweihteren Beziehungen nahestehender Militär" soll ihm erzählt haben, „daß der König – seiner 69 Jahre ungeachtet – *förmlich darauf brenne*, es auf die äußerste Entscheidung ankommen zu lassen!"[26] Und Wilhelm sollte im April 1866 rückblickend erklären, „im July v[orherigen] J[ahres] hatte ich die Hand am Degen Griff gegen Oestreich."[27] Aber im Sommer 1865 trat der König wieder seinen Kururlaub in Karlsbad und Gastein an, wo eine Entrevue mit Franz Joseph geplant war. Und solange sich der preußische Herrscher auf österreichischem Boden befand, musste jede offene Eskalation vermieden werden. Das hieß allerdings nicht, dass Wilhelm deeskalieren wollte. Denn er befahl seinen Ministern, ihm „incognito" zu folgen, „um einige notwendige Besprechungen zu halten falls das Zerwürfnis mit W[ien] noch ernster werden sollte wegen der Herzogtümer", wie er Augusta am 20. Juli schrieb.[28] Am nächsten Tag fand auf der Durchreise in Regensburg ein improvisierter Kronrat statt. Zwar existiert kein Konseilprotokoll dieser Verhandlungen. Aber Bismarck ließ Berlin am 23. Juli telegraphisch wissen, „nach den Beschlüssen, welche Seine Majestät der König im Konseil in Regensburg gefaßt, sind die Geldmittel für vollständige Mobilmachung und einjährigen Feldzug disponibel im Belauf von circa 60 Millionen. Erste Mobilmachungsmaßregeln (Pferde-Ankauf) in Aussicht genommen für Zeitpunkt, wo General Herwarth Auftrag erhält, das bevorstehende selbständige Auftreten Preußens zur Herstellung der Autorität der obersten Zivilbehörde amtlich mitzuteilen. [...] Weitere Entschlüsse, namentlich ob Preußen selbständig einschreitet und General Herwarth obigen Auftrag erhält, hängen vom Kommen des Kaisers nach Gastein und Ergebnisse der Entrevue ab."[29] Das waren konkrete Kriegsvorbereitungen. Wilhelm war wohl bereit, über den preußischen Oberbefehlshaber in den Herzogtümern Österreich zu einer offenen Konfrontation zu provozieren. Und in dieser Konfrontation wäre er nicht gewillt gewesen, nachzugeben. Dem bayerischen Ministerpräsidenten Ludwig von

---

24 Franz Joseph an Wilhelm, 10. Juli 1865. QdPÖ, Bd. 4, S. 773.
25 Bismarck an Blanckenburg, 18. Juli 1865. GW, Bd. 14/II, S. 700.
26 Bibra an Ludwig II., 6. August 1865. APP, Bd. 6, S. 286–287.
27 Aufzeichnungen Wilhelms, 4. April 1866. AGE, Bd. 1, S. 132.
28 Wilhelm an Augusta, 20. Juli 1865. GStA PK, BPH, Rep. 51 J, Nr. 509b, Bd. 11, Bl. 52.
29 Bismarck an das Auswärtige Amt, 23. Juli 1865 (Telegramm). GW, Bd. 5, S. 240.

der Pfordten soll Bismarck am 25. Juli in München erklärt haben, „das Gefährliche der Lage sei, daß man wohl wieder nicht an den Ernst Preußens glauben werde; aber es sei Ernst, und ein zweites Olmütz werde gewiß nicht eintreten."[30] Der Friede in Deutschland schien im Juli 1865 tatsächlich auf der Kippe zu stehen. Seiner Schwester schrieb Bismarck, „mit dem Frieden sieht es faul aus, in Gastein muß es sich entscheiden."[31]

Es war schließlich Kaiser Franz Joseph, der die Eskalationsspirale unterbrach. Denn der Wiener Hof hatte die telegraphische Kommunikation zwischen Wilhelms Reiseentourage und Berlin abgefangen. Dadurch hatte der österreichische Herrscher von den Regensburger Konseilbeschlüssen und der drohenden Kriegsgefahr erfahren. Um doch noch einen letzten Verhandlungsversuch zu unternehmen, schickte er den Diplomaten Gustav von Blome nach Gastein, bevor er selbst im Kurort eintreffen sollte. Zwischen dem 28. und 31. Juli führte Blome mit dem König und Bismarck mehrere Gespräche über eine mögliche Lösung der Schleswig-Holstein-Frage.[32] Aber Wilhelm will dem Diplomaten vor allem antiösterreichische Hasstiraden an den Kopf geschmissen haben, wenn man seinen eigenhändigen Aufzeichnungen folgt. „Ich habe Graf Blome ein Exposé der Gründe gemacht, *warum* ich glaube, daß uns Österreich solche Unannehmlichkeiten in den Herzogtümern mache, nämlich: weil es jeder Machtverstärkung Preußens, prinzipienmäßig seit dem 7jährigen Krieg, entgegenträte." Unter Halbhubers Administration habe diese Politik „einen solchen Grad erreicht, daß ich es nicht mehr ruhig mit ansehen könne und einseitig mir Recht verschaffen würde auf Basis des Wiener Friedens, wenn Österreich nicht de front mit uns ginge. Dazu gehöre: Entfernung des Erbprinzen aus den Herzogtümern, Hand in Hand gehen der preußischen und österreichischen Kommissarien und Wiederherstellung der Landesgesetze und Presse, Vereinsrecht etc. Erst wenn dies geschehen, könne von der Zukunft der Herzogtümer die Rede bei mir sein."[33] Aber dies wäre nichts anderes als ein weiterer Schritt in Richtung Annexion gewesen. Und die österreichische Regierung war nach wie vor nicht bereit, Preußen die Gelegenheit zu geben, die Herzogtümer schleichend zu übernehmen.

Bismarck soll hingegen gegenüber Blome die Idee ins Spiel gebracht haben, Schleswig und Holstein zwischen beiden Großmächten zu teilen. Das, was der Ministerpräsident seit langem für ganz Deutschland forderte, hoffte er zumindest in den Herzogtümern zu erreichen. Am 1. August reiste Blome mit dem Teilungsvorschlag in der Tasche zurück nach Wien.[34] Am selben Tag hatte Bismarck schriftlich Wilhelm gegenüber argumentiert, „daß die Landestheile, welche der ausschließlich preußischen Verwaltung anheimfallen, für Augustenburg verloren sind." An den Rand dieses Schreibens bemerkte der König, er würde an „die Eigenthumsvertheilung [...] noch immer nicht glaube[n], da Oesterreich zu stark zurückstecken muß, nachdem es sich *für* Augustenburg und gegen Besitznahme,

---

30 Pfordten an Bray-Steinburg, 25. Juli 1865. APP, Bd. 6, S. 284–285.
31 Bismarck an Arnim-Kröchlendorff, 13. Juli 1865. GW, Bd. 14/II, S. 699.
32 Vgl. Clark, Franz Joseph, S. 252–256.
33 Aufzeichnungen Wilhelms, 30. Juli 1865. APP, Bd. 6, S. 299–300.
34 Vgl. Srbik, Deutsche Einheit, Bd. 4, S. 274–276; Clark, Franz Joseph, S. 257–262.

wenn freilich die *einseitige, zu sehr* avancirte."[35] Wie diese Zeilen nahelegen, schien Wilhelm die Überzeugung seines Ministerpräsidenten zu teilen, dass die Teilung der Herzogtümer eine augustenburgische Lösung unmöglich machen würde. Und damit stand für Preußen die Tür in Richtung Annexion langfristig immer noch offen. Aber augenscheinlich bezweifelte er, dass Franz Joseph zu dieser Konzession bereit sein würde. Nach Blomes Abreise war für den König deshalb die Frage über Krieg oder Frieden nach wie vor offen. Seiner Schwester Luise schrieb er am 6. August, „an meine Ehre darf ich nicht tasten lassen und ich bin leider zum Äußersten endschlossen."[36] Und Bismarck ließ Berlin am selben Tag telegraphisch wissen, „solange der König in Österreich weilt, sind selbstverständlich keine Anordnungen möglich, die unmittelbar zum Konflikt und Krieg führen könnten."[37]

Aber in Wien nahm Franz Joseph den Teilungsvorschlag an. Aufgrund der desolaten österreichischen Finanzlage war ein Waffengang im Sommer 1865 für den Kaiser eine wenig attraktive Option. Gleichzeitig befürchtete er, dass ein Bruch mit Preußen zu Bismarcks Sturz führen könnte. Der Ministerpräsident galt der österreichischen Regierung noch immer als eine der wenigen Stimmen am Berliner Hof, die an einem Interessenausgleich der Großmächte interessiert waren. Franz Joseph suchte letztendlich den Kompromiss mit Preußen, um eine Rückkehr zur Neuen Ära zu verhindern. Und er ignorierte seinen Außenminister Mensdorff-Pouilly, der argumentierte, dass jedes Nachgeben nur zur Folge hätte, dass die preußische Regierung ihre Forderungen noch höherschrauben würde.[38] Am 8. August reiste Blome mit der kaiserlichen Vollmacht für den Teilungsplan zurück nach Gastein. Franz Joseph hatte dem Diplomaten auch einen persönlichen Brief für Wilhelm mitgegeben. Darin warnte er den König, „welches Unglück wir heraufbeschwören würden, wenn wir beide, der Sohn Friedrich Wilhelms III. und der Enkel des Kaisers Franz, aus Freunden und Bundesgenossen plötzlich zu Gegnern würden".[39] Zwar konnte in Gastein ein Krieg zwischen Preußen und Österreich verhindert werden. Aber es ist fraglich, ob diese Zeilen die Verhandlungsposition des späteren Kaisers nennenswert beeinflusst haben mochten.

Denn auch nach Blomes Rückkehr nach Gastein war Wilhelm nicht gerade kompromissbereit. In den Verhandlungen vom 10. bis 14. August pochte er kontinuierlich darauf, die preußische Machtstellung in den Herzogtümern so weit wie möglich auszubauen.[40] So forderte er etwa wieder, Kiel zu einem preußischen Militärhafen umzubauen, obgleich Holstein gemäß des Teilungsplan österreichisches Verwaltungsgebiet

---

35 Bismarck an Wilhelm (mit Marginalien des Königs), 1. August 1865. AGE, Bd. 1, S. 119–121.
36 Wilhelm an Luise, 6. August 1865. GStA PK, BPH, Rep. 51, Nr. 853.
37 Bismarck an das Auswärtige Amt, 6. August 1865 (Telegramm). APP, Bd. 6, S. 312–313.
38 Vgl. Srbik, Deutsche Einheit, Bd. 4, S. 276–288; Clark, Franz Joseph, S. 273–284.
39 Franz Joseph an Wilhelm, 7. August 1865. APP, Bd. 6, S. 315.
40 Vgl. Srbik, Deutsche Einheit, Bd. 4, S. 278–279; Huber, Verfassungsgeschichte, Bd. 3, S. 504–505; Clark, Franz Joseph, S. 289–290.

sein sollte. Bismarck trat hingegen kompromissbereiter auf.[41] Aber sowohl der Monarch als auch sein Ministerpräsident waren in den Verhandlungen bestrebt, lediglich *ein neues Provisorium* zu erreichen. Sie wollten Preußen in die bestmögliche Ausgangslage versetzen, die Annexionsfrage langfristig wiederaufzunehmen.[42] Drei Monate später sollte Wilhelm in einem Brief an Augusta sogar bemerken, dass „die An[n]exionsfrage [...] in Gastein ausgemacht wurde vor der Hand."[43] Augenscheinlich hatte er die Überzeugung gewonnen, dass Österreich eine Annexionspolitik langfristig nicht blockieren wollte oder könnte. Auch Blome berichtete am 14. August, dass der Herrscher „noch immer an Forderungen festhalte, welche mit der Konstituierung eines souveränen Staates unvereinbar sind. Der König und sein Minister verweigerten jedwede, selbst die in der am wenigsten bindenden Form gekleideten Zusage hinsichtlich des Definitivums, [...] sie verlangten Beseitigung dessen, was Preußen im Wege stand und von uns gerade deshalb geschützt wurde, um ein schnelleres Ende des Provisoriums herbeizuführen." Dennoch will Blome überzeugt gewesen sein, „daß Herr v[on] Bismarck durchaus nicht jener grundsätzliche Gegner Österreichs ist, für welchen man ihn vielfach hält. [...] Systematisch feindlich gegen Österreich sind in Preußen nur die Königin und ihr Anhang, die liberale Partei und, so höre ich sagen, bis jetzt wenigstens das kronprinzliche Paar."[44] Das war eine eklatante Verkennung der eigentlichen Verhältnisse am Berliner Hof. Blome schien zu implizieren, dass Augusta ihren Ehemann in die Sommerkrise 1865 getrieben hätte. Aber die Königin wurde über die politischen Ereignisse kaum informiert. Seiner Schwester Luise berichtete Wilhelm aus Gastein offen über die drohende Kriegsgefahr. Augusta erhielt hingegen nur Briefe, in denen sich der Herrscher seitenweise über das gesellige Leben im Kurort ausließ.[45] Laut Carl Alexander soll seine Schwester daher geklagt haben, „sie sei das fünfte Rad am Wagen, [...] es sei die Familie jetzt mehr zerfallen als je, denn während sonst doch noch immer der König und die Königin seien, wäre jetzt Augusta gar nicht vorhanden, höchstens daß man sie, wenn man verreisen wolle, einmal frage."[46]

Die Gasteiner Konvention wurde am 14. August unterzeichnet. Wilhelm informierte seine Ehefrau erst sechs Tage später über diese politisch nicht gerade irrelevante Tatsache. Der Vertrag sprach Preußen die alleinige Verwaltungshoheit in Schleswig zu. Holstein wurde Österreich unterstellt. Allerdings erhielt Berlin die faktische Hoheit über Kiel, das zu einem preußischen Militärhafen umgebaut werden sollte. Auch der Bau eines Nord-Ostsee-Kanals sollte unter preußischer Hoheit geschehen. Und das

---

41 Vgl. Blome an Mensdorff-Pouilly, 11. August 1865 (Telegramm). QdPÖ, Bd. 4, S. 829; Aufzeichnungen Wilhelms, 11. August 1865. APP, Bd. 6, S. 329; Blome an Mensdorff-Pouilly, 14. August 1865. QdPÖ, Bd. 5, S. 1–5.
42 Vgl. Gall, Bismarck, S. 328.
43 Wilhelm an Augusta, 14. November 1865. GStA PK, BPH, Rep. 51 J, Nr. 509b, Bd. 11, Bl. 95.
44 Blome an Mensdorff-Pouilly, 14. August 1865. QdPÖ, Bd. 5, S. 7–10.
45 Siehe Wilhelms Briefe an Augusta vom 7., 9., 12., 13., 16. und 18. August 1865, in: GStA PK, BPH, Rep. 51 J, Nr. 509b, Bd. 11, Bl. 57–66.
46 Tagebuch Carl Alexander, 20. September 1865. Steglich (Hrsg.), Quellen, Bd. 1, S. 4.

Herzogtum Lauenburg wurde gegen eine Zahlung von zwei Millionen Talern direkt an die Hohenzollernkrone abgetreten.[47] Bis zur Eingliederung in die preußische Provinz Schleswig-Holstein 1876 sollte der König von Preußen das Kleinfürstentum in Personalunion als Herzog von Lauenburg regieren.[48] „Du siehest Preußen macht keine schlechten Geschäfte bei diesem Abkommen", so Wilhelms Resümee gegenüber Augusta. „Der Krieg ist also Gott sei Dank für jetzt vermieden und die Concession die Oesterreich uns macht im Vergleich seines totalen Refus auf unser Februarverlangen einzugehen sind bedeutend und nur aus seiner inneren Finanznot zu erklären."[49] Der spätere Kaiser konnte die Gasteiner Konvention als politischen Erfolg feiern. Denn mit diesem Vertrag war eine augustenburgische Lösung der Schleswig-Holstein-Frage unmöglich geworden. Die preußische Regierung besaß endlich ein rechtliches Instrument, auf Zeit zu spielen und der Annexionsidee den Boden zu bereiten. Nach wie vor hatte die Habsburgermonarchie kein Interesse daran, sich langfristig in Norddeutschland zu binden. Der Berliner Hof musste also nur warten, bis die österreichische Regierung auch zur Abtretung Holsteins resigniert sein würde. Aber falls Franz Joseph und Mensdorff-Pouilly stattdessen wieder den Augustenburger Erbprinzen ins Spiel bringen würden, konnte Preußen dem Wiener Hof Vertragsbruch vorwerfen. Und in diesem Fall waren der König und sein Ministerpräsident bereit, auch eine militärische Eskalation zu riskieren.[50]

Bereits am 17. August formulierte Wilhelm in einem Brief an seine Schwester die vielsagende Sorge, „wenn nur die einstige définitive Gestaltung der Herzogthümer nicht wieder neue Differenzen herbeiführt! Denn jetzt kam es nur darauf an, die dortigen Landesgesetze *dort* anzuwenden, was durch Einfluß der Augustenburgerei, und unterstützt durch ½Huber zu *unserem* détriment, nicht geschah."[51] Und laut dem bayerischen Politiker Julius von Niethammer soll Bismarck erzählt haben, er hätte in Gastein „mit Krieg gedroht und Blome hat gesehen, daß ich nicht spaßte und daß der König in dieser Frage noch entschiedener ist als ich. Jetzt da Österreich einmal nachgegeben, ist es auf einer abschüssigen Bahn und muß weiter nachgeben."[52] Wilhelm und Bismarck konnten nicht zu Unrecht glauben, in Gastein ein vorteilhaftes *Zwischenstadium* auf dem Weg zur Annexion erreicht zu haben. Laut dem königlichen Adjutanten Loe soll der Monarch „ganz außerordentlich zufrieden und glücklich über das erreichte Abkommen" gewesen sein. „Die Parole war ausgegeben, zu demselben wie zu einem großen Erfolge zu gra-

---

47 Der Text der Gasteiner Konvention findet sich in: APP, Bd. 6, S. 324–328.
48 Vgl. Eckardt Opitz, Otto von Bismarck und die Integration des Herzogtums Lauenburg in den preußischen Staat, in: Ulrich Lappenküper (Hrsg.), Otto von Bismarck und das „lange 19. Jahrhundert". Lebendige Vergangenheit im Spiegel der „Friedrichsruher Beiträge" 1996–2016, Paderborn 2017 [ND 2001], S. 311–324, hier: S. 314–324.
49 Wilhelm an Augusta, 20. August 1865. GStA PK, BPH, Rep. 51 J, Nr. 509b, Bd. 11, Bl. 68–69.
50 Vgl. Stadelmann, Das Jahr 1865, S. 52; Kaernbach, Bismarcks Konzepte, S. 206–207; Pflanze, Bismarck, Bd. 1, S. 267; Schmidt, Bismarck, S. 152; Showalter, German Unification, S. 133.
51 Wilhelm an Luise, 17. August 1865. GStA PK, BPH, Rep. 51, Nr. 853.
52 Aufzeichnungen Niethammers, [August 1865]. Stolberg-Wernigerode (Hrsg.), Bismarckgespräch, S. 367.

tulieren."[53] Auch Beust will den preußischen König in Gastein in Triumphstimmung erlebt haben. Laut den Aufzeichnungen des sächsischen Ministerpräsidenten soll der König „den Eindruck eines Mannes" gemacht haben, „der erlangt hat, was er haben wollte und daher zum Wohlwollen gestimmt ist."[54] Kaum haltbar ist hingegen die These, dass Bismarck mit der Gasteiner Konvention den Krieg gegen Österreich zielstrebig vorbereitet hätte.[55] Zumindest gibt es keine Quellen aus dem Sommer 1865, die dem späteren Kanzler einen *bedingungslosen* Kriegswillen attestieren würden. Und das gilt auch für Wilhelm, den maßgeblichen politischen Entscheidungsakteur. Bismarck schien sogar noch immer auf einen langfristigen preußisch-österreichischen Interessenausgleich gehofft zu haben. Denn gegenüber Mensdorff-Pouilly soll er am 20. August bemerkt haben, dass er während der Gasteiner Verhandlungen zu einem Länderschacher bereit gewesen wäre, um die Schleswig-Holstein-Frage endgültig aus der Welt zu schaffen. „Er für seine Person behauptet, nicht abgeneigt gewesen zu sein, auf Territorialkompensationen einzugehen, aber der König wollte nichts wissen von dem Aufgeben eines Teiles seines ererbten Reiches gegen den Willen der Bevölkerung."[56] Falls dies zutreffen sollte, waren Bismarcks langfristige Ideen in Gastein ebenso gescheitert wie ein Jahr zuvor in Schönbrunn. Und ein Grund dafür hieß Wilhelm.

Aber auch der Wiener Hof war im Sommer 1865 nicht daran interessiert, der Hohenzollernmonarchie noch weiter entgegenzukommen. Mit der Gasteiner Konvention war die österreichische Kompromissbereitschaft maximal ausgereizt.[57] Laut dem hessischen Ministerpräsidenten Dalwigk soll Franz Joseph nach den Verhandlungen „sehr übler Laune gewesen" sein.[58] Der österreichische Diplomat Alexander von Villers ließ Beust bereits am 18. August wissen, „die kaiserliche Regierung ist von der Überzeugung durchdrungen, daß Preußen immer Preußen bleiben werde und daß der Konflikt mit Österreich und mit Deutschland einmal ausbrechen und ausgefochten werden müsse. Um diesen ernsten Kampf aber unter günstigen Auspizien aufzunehmen, will Österreich seinen Augenblick selbst wählen und nicht dazu gedrängt werden."[59] Und einen Monat später schimpfte auch Mensdorff-Pouilly, „was wir immer tun, Dank werden wir von Preußen nicht ernten. Es wird notwendig, daß wir entweder bestimmt sagen, was wir den Preußen noch zugestehen können und wollen, oder daß wir uns um Bundesgenossen umsehen, um Preußen Halt zu gebieten."[60] Der Wiener Hof mochte in Gastein einen Krieg verhindert haben. Aber sowohl für die österreichischen Interessen in den

---

53 Loe an Goltz, 16. September 1865. Stolberg-Wernigerode (Hrsg.), Goltz, S. 387.

54 Aufzeichnungen Beusts, 17./18. August 1865. APP, Bd. 6, S. 342.

55 Vgl. John C.G. Röhl, Kriegsgefahr und Gasteiner Konvention. Bismarck, Eulenburg und die Vertagung des preußisch-österreichischen Krieges im Sommer 1965, in: Imanuel Geiss/Bernd Jürgen Wendt (Hrsg.), Deutschland in der Weltpolitik des 19. und 20. Jahrhunderts, Düsseldorf ²1974, S. 89–103; Nipperdey, Bürgerwelt, S. 777; Engelberg, Bismarck, Bd. 1, S. 554; Angelow, Sicherheitspolitik, S. 236–238.

56 Mensdorff-Pouilly an Esterházy, 20. August 1865. QdPÖ, Bd. 5, S. 18.

57 Vgl. Clark, Franz Joseph, S. 328–332; Showalter, German Unification, S. 140.

58 Tagebuch Dalwigk, 2. September 1865. Schüßler (Hrsg.), Tagebücher, S. 183.

59 Villers an Beust, 18. August 1865. APP, Bd. 6, S. 344–345.

60 Mensdorff-Pouilly an Esterházy, 20. September 1865. QdPÖ, Bd. 5, S. 59.

Herzogtümern als auch das öffentliche standing der Habsburgermonarchie war die Konvention alles andere als vorteilhaft. Roggenbach argumentierte beispielsweise, „für Preußen liegt im Vertrage eine entschiedene revanche pour Olmütz".[61] Laut dem österreichischen Diplomat Karl Pfusterschmid von Hardtenstein soll Gastein am Dresdner Hof gar als „ein zweites Villafranca" bezeichnet worden sein.[62] Und Prinz Alexander von Hessen-Darmstadt berichtete dem Petersburger Hof, „die Mehrzahl des Publikums ist wütend und nennt diese Konvention eine Abdankung Österreichs zugunsten der preußischen Vormacht in Deutschland, eine erste Teilung Deutschlands, was weiß ich?"[63] Genauso wie für den Berliner Hof liegen auch für den Wiener Hof keine Quellen vor, die belegen würden, dass dort seit dem Sommer 1865 ein Krieg zielstrebig vorbereitet worden wäre. Aber die österreichische Regierung war nach Gastein nicht länger geneigt, dem Druck aus Preußen nachzugeben.

Wilhelm ließ jedenfalls keinen Zweifel daran, dass er die Konvention lediglich als Vorstufe zur Annexion sah. Der bayerische Ministerpräsident will Bismarck am 23. August mit den Worten konfrontiert haben, „,ich sehe wohl, daß Sie zur Annexion entschlossen sind' –, worauf erwidert wurde: ,Ich habe aus meinem Herzen nie eine Mördergrube gemacht' –, was so viel heißen will, als – ,Sie haben recht!'" Am nächsten Tag sei Pfordten eine „Audienz bei S.M. dem Könige" gewährt worden, „welche die oben dargelegte Ansicht über die Annexion bestätigt hat."[64] Anfang September berichtete Roggenbach nach einem Gespräch mit Wilhelm und Bismarck, „daß Preußen entschlossen ist, nicht nur Schleswig nicht mehr herauszugeben", sondern auch „den Besitz der ihm in Gastein zugestandenen Positionen in Holstein dahin auszunutzen gedenke, daß Österreich nur die Wahl habe, entweder Preußen seine Stellung in Holstein zu überlassen oder aber einen für seine gegenwärtige Lage unmöglichen Krieg anzufangen."[65] Und im selben Monat will Carl Alexander seinen preußischen Schwager gewarnt haben, „man wird dich zur Annexion drängen." Daraufhin soll Wilhelm geantwortet haben, „nicht ich werde gedrängt werden, sondern ich dränge."[66] Derartige Allerhöchste Äußerungen trugen nicht dazu bei, das österreichische Interesse an einem Ausgleich mit dem Hohenzollernkönigreich aufrecht zu erhalten. Spätestens Ende 1865 mussten alle Entscheidungsträger am Wiener Hof eingestehen, dass die appeasement-Politik gescheitert war. Halbhuber erhielt deshalb die Instruktion, in Holstein wieder seine Nadelstichpolitik gegen Preußen aufzunehmen.[67] Wilhelm schimpfte im Januar 1866, dass Österreich „zu allen illoyalen Mitteln greift, um Preußen verhaßt zu machen. Ein *solches*

---

61 Roggenbach an Friedrich I., 28. August 1865. Oncken (Hrsg.), Briefwechsel, Bd. 1, S. 490.
62 Pfusterschmid an Mensdorff-Pouilly, 26. August 1865. QdPÖ, Bd. 5, S. 30–31.
63 Alexander von Hessen-Darmstadt an Marija Alexandrowna, 5. September 1865. Corti, Unter Zaren, S. 193.
64 Pfordten an Ludwig II., 29. August 1865. APP, Bd. 6, S. 362–363.
65 Roggenbach an Friedrich I., 1. September 1865. Oncken (Hrsg.), Briefwechsel, Bd. 1, S. 490–491.
66 Tagebuch Carl Alexander, 22. September 1865. Steglich (Hrsg.), Quellen, Bd. 1, S. 14.
67 Vgl. Huber, Verfassungsgeschichte, Bd. 3, S. 514–415; Clark, Franz Joseph, S. 314–328.

Verfahren darf Preußen sich nicht gefallen lassen."[68] Und gegenüber Chotek soll er im selben Monat die Warnung ausgesprochen haben, in den Herzogtümern würde „ein mit der Würde Preußens als Mitbesitzer unvereinbarer Zustand" herrschen, „dessen Verlängerung neue Komplikationen nach sich ziehen müßte."[69] Etwa ein halbes Jahr nach Gastein stand der Friede zwischen beiden Großmächten wieder auf der Kippe.[70]

Franz Joseph und seine Minister waren im Sommer 1865 einer fatalen Illusion zum Opfer gefalle. Denn sie hatten geglaubt, dass Bismarck ein Garant für einen konservativen Großmächteausgleich wäre. Die österreichische Regierung schien schlichtweg nicht reflektiert zu haben, dass die preußische Regierung trotz des informellen Bündnisses gegen Dänemark nicht bereit war, in Deutschland wieder die Juniorpartnerrolle zu spielen. Aber auch Bismarck hatte sich verschätzt. Denn nach Gastein musste er feststellen, dass Österreich ebenso wenig gewillt war, Preußen auf nationaler Ebene als gleichberechtigte Großmacht anzuerkennen. Deshalb versuchte der spätere Kanzler seit Herbst 1865, den außenpolitischen Druck auf Wien wieder zu erhöhen. Und dabei sollte ihm Napoleon III. helfen. Im Oktober suchte Bismarck in Biarritz das persönliche Gespräch mit dem Empereur. Der Ministerpräsident wollte sondieren, wie sich Frankreich bei einem Konflikt zwischen Preußen und Österreich positionieren würde. Zwar vermied Napoleon jede bindende Zusage.[71] Aber Bismarck will den Eindruck gewonnen haben, sein Gesprächspartner hätte „sich bereit erklärt, den Cotillon mit uns zu tanzen, ohne daß ihm die Touren desselben und der Zeitpunkt des Anfangs schon klar wären."[72]

Es ist wahrscheinlich, dass der spätere Kanzler dem Empereur in Biarritz mehr oder minder offen Gebietsgewinne am Rhein in Aussicht gestellt hatte. Nach der Reichsgründung sollte Bismarck geflissentlich leugnen, jemals deutsches Territorium als Verhandlungsobjekt ins Spiel gebracht zu haben. Und lange Zeit waren Generationen von Historikern nur allzu gerne bereit, den Versicherungen des „Eisernen Kanzlers" Glauben zu schenken. Erst die moderne Forschung brachte diesen Mythos zum Einsturz.[73] Kurz vor Ausbruch des Preußisch-Österreichischen Krieges soll Bismarck gegenüber dem italienischen General Guiseppe Govone offen erklärt haben, „mir würde es durchaus nicht schwer fallen, die Abtretung des ganzen Landes zwischen Rhein und Mosel; der Pfalz, des oldenburgischen Besitztums, eines Teils des preußischen Gebietes u. s. w. zu unterzeichnen." Aber „der unter dem Einfluß der Königin [...] stehende König [...] würde sich die ernstesten Skrupel machen und sich dazu nur in einem hochgradig

---

68 Werther an Bismarck (mit Marginalien des Königs), 31. Januar 1866. APP, Bd. 6, S. 560.

69 Chotek an Mensdorff-Pouilly, 20. Januar 1866. QdPÖ, Bd. 5, S. 167.

70 Vgl. Clark, Frank Joseph, S. 328–332.

71 Vgl. Hillgruber, Bismarcks Außenpolitik, S. 62–63; Pflanze, Bismarck, Bd. 1, S. 268–269; Lappenküper, Bismarck und Frankreich, S. 190–198.

72 Bismarck an Thile, 23. Oktober 1865. GW, Bd. 14/II, S. 707.

73 Vgl. Pflanze, Bismarck, Bd. 1, S. 306–307; Ulrich Lappenküper, „Date clé du règne de Napoléon III." Frankreich und der preußisch-österreichische Krieg 1866, in: Winfried Heinemann/Lothar Höbelt/Ulrich Lappenküper (Hrsg.), Der preußisch-österreichische Krieg 1866, Paderborn 2018, S. 89–106, hier: S. 101–103; ders., Bismarck und Frankreich, S. 210–211.

kritischen Augenblick verstehen: wenn Alles zu gewinnen, oder Alles zu verlieren wäre."[74] Entkleidet man diese Quelle der für Bismarck so typischen Augustaparanoia, bleibt am Ende das Eingeständnis der eigenen entscheidungspolitischen Impotenz. Der spätere Kanzler mochte gegenüber Napoleon so viel insinuieren, wie er wollte. Aber ohne das königliche Plazet konnte er nur leere Versprechen geben.

Während Bismarck im Oktober 1865 in Biarritz versuchte, den Empereur auf die Tanzfläche zu führen, berichtete der britische Gesandte in Berlin, „that the King of Prussia will never, on any consideration, abandon the least portion of German soil to France, and two of my Colleagues affirm that Count de Bismarck, however personally inclined, could not even lay such a proposal before his Sovereign."[75] Im Mai 1866 schrieb Alexander von Schleinitz nach einer Unterredung mit Wilhelm, dass dieser „unter keinen Umständen" auf die ihm wiederholt angetragene Idee eingehen würde, „daß Preußen sich doch die Unterstützung und sogar die aktive Unterstützung des Kaisers N[apoleon] durch Gebietsabtretungen am Rhein sichern möge."[76] Im selben Monat soll der spätere Kaiser auch gegenüber Ernst II. betont haben, es dürfe „mit Frankreich nicht weiter gegangen" werden, „als allgemeine freundschaftliche Beziehungen gestatten; feierlich fügte er hinzu, solange er König sei, nie eine Scholle deutschen Bodens an einen Fremden abgetreten werden solle."[77] Und nach Königgrätz ließ Wilhelm die französische Regierung wissen, er sei „fest entschlossen [...], eher Krieg zu führen", als „einen Zollbreit deutschen Landes abzutreten."[78] Denn „wenn Deutschland je erführe, daß ich eine französische Allianz [...] geschlossen habe, um dadurch Herr in Deutschland zu werden, so würden die deutschen Sympathien für Preußen sehr verschwinden!"[79] Wie in den Verhandlungen mit Österreich über Schleswig und Holstein weigerte sich Wilhelm auch gegenüber Napoleon III., irgendeinem Länderschacher zuzustimmen. Und wie die Quellen belegen, zog er diese rote Linie auch mit Blick auf die öffentliche Meinung. Damit mochte er zwar seinen diplomatischen Handlungsspielraum selbst einschränken. Aber der noch im Ancien Régime geborene Monarch reflektierte, dass die traditionelle Kabinettspolitik im beginnenden Zeitalter der Massenöffentlichkeit neuen Regeln folgen musste. Diese Modernität kann Bismarck hingegen nur mit Abstrichen zugesprochen werden. Allerdings bot sich dem späteren Kanzler vor der Reichsgründung nie die Gelegenheit, die Probe aufs Exempel zu wagen und der nationalen Öf-

74 Govone an La Marmora, 3. Juni 1866. Alberto Govone (Hrsg.), General Govone, die italienisch-preußischen Beziehungen und die Schlacht bei Custoza 1866. Nach Berichten, Aufzeichnungen und Briefen des Generals, Berlin 1903, S. 248.

75 Napier an Russell, 21. Oktober 1865. British Envoys, Bd. 4, S. 169–170.

76 A. v. Schleinitz an Augusta, 26. Mai 1866. Stolberg-Wernigerode (Hrsg.), Goltz, S. 434.

77 Ernst II., Aus meinem Leben, Bd. 3, S. 514–515.

78 Loe an Goltz, 10. August 1866. Hermann Oncken (Hrsg.), Die Rheinpolitik Kaiser Napoleons III. von 1863 bis 1870 und der Ursprung des Krieges von 1870/71. Nach den Staatsakten von Österreich, Preußen und den süddeutschen Mittelstaaten, Bd. 2, Osnabrück 1967 [ND 1926], S. 44–45.

79 Goltz an Wilhelm (mit Marginalien des Königs), 11. September 1866. APP, Bd. 8, S. 76–77.

fentlichkeit tatsächlich einen Länderschacher verkaufen zu müssen. Denn sein königlicher Souverän erlaubte ihm schlichtweg nicht, diese Politik aktiv zu verfolgen.[80]

Zwar mochte Bismarcks politischer Gestaltungsraum nach Gastein noch immer stark begrenzt gewesen sein. Aber dies bedeutete nicht, dass der Ministerpräsident nicht das Allerhöchste Vertrauen besaß. Am 15. September 1865 wurde er von Wilhelm demonstrativ in den Grafenstand erhoben. Der König begründete diese Auszeichnung mit den vielsagenden Worten, „Preußen hat in den vier Jahren, seit welchen ich Sie an die Spitze der Staats Regierung berief, eine Stellung eingenommen, die seiner Geschichte würdig ist und demselben auch seine fernere glückliche und glorreiche Zukunft verheißt."[81] Für Bismarcks Kritiker und Gegner musste dies wie ein rotes Tuch wirken. Und der Ministerpräsident schien sie auch spüren zu lassen, dass er am Berliner Hof ein exzeptionelles standing genoss. So berichtete Ernst II. am 8. Oktober, dass es unmöglich sei, „ein unbefangenes Wort" mit Wilhelm zu sprechen, ohne dass Bismarck oder dessen Mitarbeiter in der Nähe wären.[82] Goltz klagte am 22. Oktober, er „höre den ersten Minister des Königs mit Zynismus das ‚après moi le déluge' proklamieren [...]. Presse, Kammern, Vertrauensmänner, alles ist vernichtet, und er allein hat nur noch das Ohr des Königs."[83] Und der Kronprinz schimpfte am 30. November, dass Bismarck „wohl noch der Fürstenmantel [...] umschlingen wird, wenn er im Frühjahr Preußen auf Napoleons Bahnen leitend zum Otto Annexandrowitsch sich wird gemacht haben."[84]

Weder Wilhelm noch sein Ministerpräsident arbeiteten seit 1865 zielstrebig auf einen Krieg gegen Österreich hin. Aber sie waren entschlossen, einen Waffengang zu riskieren, sollte Österreich in der Annexionsfrage nicht nachgeben. Die Gasteiner Konvention war dabei keine belastungsfähige Friedensbasis. Denn Österreich hatte mit dem Vertrag seine diplomatische Schmerzensgrenze erreicht. Freiwillig konnte und wollte Franz Joseph der Hohenzollernmonarchie nicht noch mehr Konzessionen zugestehen. Dagegen war die Konvention für Wilhelm nur ein weiterer Schritt in Richtung Annexion. Ein langfristiger preußisch-österreichischer Interessenausgleich war mit *diesen beiden Monarchen* einfach nicht möglich. Weder war der preußische König bereit, die Annexionsfrage fallen zu lassen, noch in Deutschland der Habsburgermonarchie irgendeinen Vortritt zu gewähren. Der österreichische Kaiser weigerte sich, Preußen als gleichberechtigte Großmacht anzuerkennen, geschweige denn in der Deutschen Frage Konzessionen zu machen. Wilhelm befürchtete, dass ihn jede Kompromisslösung zurück nach Olmütz führen würde. Und Franz Joseph sah in einer Paritätslösung ein zweites Villafranca. Die Schleswig-Holstein-Frage hatte den Kalten Krieg der Großmächte nur kurzfristig überdeckt. Nachdem Dänemark als gemeinsamer Gegner weggefallen war, rückten die offenen *deutschen* Streitfragen wieder in Fokus beider Re-

---

80 Vgl. Lappenküper, Bismarck und Frankreich, S. 216 – 219.

81 Wilhelm an Bismarck, 15. September 1865. AGE, Bd. 1, S. 121.

82 Ernst II. an Mensdorff-Pouilly, 8. Oktober 1865. QdPÖ, Bd. 5, S. 68 – 69.

83 Goltz an Bernstorff, 22. Oktober 1865. Stolberg-Wernigerode (Hrsg.), Goltz, S. 414.

84 Friedrich Wilhelm an Schweinitz, 30. November 1865. Schweinitz (Hrsg.), Briefwechsel, S. 20 – 21.

gierungen. Anfang 1866 überlagerten sich schließlich sowohl der Konflikt in den Herzogtümern als auch die ungelöste Deutsche Frage.

Ob Wilhelm vor einem Waffengang zurückgeschreckt wäre, wenn sein Ministerpräsident nicht Bismarck geheißen hätte, muss zwar eine kontrafaktische Frage bleiben. Aber Fakt ist, dass es vier Jahre nach dem Ende der Neuen Ära keine moderaten Stimmen am Berliner Hof gab, denen der König noch Gehör schenkte. Denn zwischen den Kriegsgegnern und dem Herrscher stand der Verfassungskonflikt. Wer in der Militärfrage keine kompromisslose Position vertrat, konnte auch in der Außenpolitik nicht bei Wilhelm durchdringen. Daher war es kein Zufall, dass die Fronten am Berliner Hof in beiden Krisen ähnlich verliefen. Ende Februar 1866 berichtete Károlyi, „der König ist [...] gegen Österreich sehr aufgebracht und Gr[af] Bismarck konnte bisher mit Erfolg S.M. in diese Richtung aufstacheln. [...] Die Politik der großen Aktion nach außen und Eventualität des Krieges werde Gr[af] Bismarck (bei seinen Kollegen stößt er in jedem Falle auf keinerlei namhaften Widerstand) durch die Generale v[on] Alvensleben, v[on] Moltke und v[on] Roon vertreten. Die Königin, das kronprinzliche Paar, Baron Schleinitz und Gr[af] Goltz seien gegen seine kriegerische Politik."[85] Wie im Verfassungskonflikt wählte Wilhelm auch in der Deutschen Frage schließlich den Weg der Eskalation. Dafür hätte es höchstwahrscheinlich keinen Bismarck gebraucht. Aber der Ministerpräsident trug zumindest dazu bei, dass der spätere Kaiser den Weg nach Königgrätz mit Scheuklappen marschierte.

---

85 Károlyi an Mensdorff-Pouilly, 25. Februar 1866 (Telegramm). QdPÖ, Bd. 5, S. 220 – 221.

Kein Ende in Sicht: Der Verfassungskonflikt in der Zwischenkriegszeit 1864/65

Der Deutsch-Dänische Krieg beendete den Verfassungskonflikt nicht sofort. Aber er ließ erste Risse in der linken Opposition auftauchen. Bereits während der Landtagsdebatten über die Kriegsfinanzierung im Dezember 1863 und Januar 1864 deuteten einige liberale Abgeordnete an, dass sie wieder bereit wären, mit der Regierung zusammenzuarbeiten. Der Preis für das Ende der Fundamentalopposition waren nationale Erfolge. Zwar war die Formel „Einheit vor Freiheit" weder vor noch nach Düppel mehrheitsfähig. Aber hier bot sich dem Berliner Hof ein möglicher Hebel, die Liberalen zu spalten.[1] So schrieb beispielsweise Sybel im Februar 1864, er höre „jetzt auch von liberalen Leuten sagen: es scheint in militärischer Beziehung denn doch, daß die Reorganisation sich bewährt."[2] Und Gruner berichtete im Juli, er „habe während der letzten 14 Tage *zwei* Zeugnisse von *sehr* besonnenen und terrainkundigen Männern gehört, davon einer der Provinz Preußen, der andere der Rheinprovinz angehört; der erstere behauptet einfach, man halte die äußere und die innere Frage scharf auseinander, und die Opposition gegen das Ministerium in der *inneren* Frage sei heute noch ebenso erbittert wie vor 6 Monaten; der letztere meint, die Stimmung der Rheinprovinz habe sich während der letzten Monate sehr ermäßigt".[3]

Wilhelm war noch immer nicht gewillt, auch nur einen Schritt auf die Abgeordneten zuzugehen. Seiner Ehefrau schimpfte er im Mai, die Debatten über die Kriegsfinanzierung hätten gezeigt, dass „diese Menschen [...] ja weder Verstand noch Herz" besäßen, „sondern nur Egoismus."[4] „So lange also dieser Streit nicht schweigt, so lange ist auch von einer Verständigung mit der Kammer nicht zu denken, denn die Lügenorgane der Opposition sind noch zu mächtig, eben weil sie lügen dürfen und müssen. Eine Zersetzung der Opposition ist mit der Zeit möglich, aber jetzt noch nicht, das sagt auch Minister Itzenplitz, der Rhein und Westfalen bereiste[,] Alles in Flur und gut gesinnt fand, nur nicht über diese Hauptpunkte, wo der Umschwung noch nicht da ist."[5] Der König spielte nach wie vor auf Zeit. Aber seit dem Deutsch-Dänischen Krieg war diese Strategie zumindest nicht mehr völlig unrealistisch. Denn langsam schien sich die öffentliche Meinung zugunsten der Heeresreform zu wenden. Und damit konnte Druck auf das Abgeordnetenhaus ausgeübt werden. Aber selbst Wilhelm wollte nicht leugnen, dass dies nur gelingen konnte, wenn die Regierung einen langen Atem hatte. Laut Roggenbach soll der Monarch im September „sehr zuversichtlich wegen [...] der Erfahrung"

---

1 Vgl. Klaus Erich Pollmann, Parlamentarismus im Norddeutschen Bund 1867–1870, Düsseldorf 1985, S. 24–27; Langewiesche, Liberalismus, S. 102; Pflanze, Bismarck, Bd. 1, S. 271–275; Winkler, Weg nach Westen, Bd. 1, S. 169–170.
2 Sybel an Gneist, 9. Februar 1864. Heyderhoff (Hrsg.), Liberalismus, Bd. 1, S. 217.
3 Gruner an Goltz, 2. Juli 1864. Stolberg-Wernigerode (Hrsg.), Goltz, S. 377–379.
4 Wilhelm an Augusta, 22. Mai 1864. GStA PK, BPH, Rep. 51 J, Nr. 509b, Bd. 10, Bl. 15.
5 Wilhelm an Augusta, 25./26. Juli 1864. Ebd., Bl. 75.

https://doi.org/10.1515/9783111323954-043

gewesen sein, „welche das ganze Land über die Güte der neuen Militärorganisation zu machen in der Lage war. [...] Andererseits wurde beklagt, daß der Mangel an versöhnlichen Charakteren in der Kammer und die Parteileidenschaft es nicht wohl hoffen ließen, daß schon in der nächsten Session die Regierung die Majorität haben werde."[6] Also entschied sich der spätere Kaiser, weiter abzuwarten. Literally. Denn der Landtag wurde 1864 nach den Januarverhandlungen einfach nicht wieder einberufen.

Im Juni beschloss die Regierung, die Kammersession so lange zu vertagen, wie es verfassungsrechtlich möglich war.[7] Erst im Januar 1865 sollten die Abgeordneten ihre Arbeit wieder aufnehmen. Bis dahin stand die parlamentarische Handlungsebene in Preußen komplett still. Und das budgetlose Regiment ging weiter.[8] Faktisch kann daher von einem Staatsstreich auf Zeit gesprochen werden. Denn die Krone hatte sich ein ganzes Jahr lang aller Verpflichtungen gegenüber dem Landtag entledigt. In dieser Zeit hoffte sie darauf, mit den Kriegserfolgen die Öffentlichkeit zu gewinnen und die Opposition weiter zu zermürben. Kurz vor der Landtagseröffnung schrieb Wilhelm seiner Schwester, „in der zu erwartenden Kammer Session werden wir alle die Scenen nochmals erleben, die seit 2 Jahren spielen; aber unser Fundament ist dagegen fester geworden, so daß wir auch fester stehen können."[9] Dieses Fundament waren die militärischen Siege gegen Dänemark. Am 14. Januar erklärte der König den Abgeordneten in seiner Thronrede, es sei allein „der jetzigen Organisation des Heeres zu verdanken, daß der Krieg geführt werden konnte [...]. Soll aber Preußen seine Selbständigkeit und die ihm unter den europäischen Staaten gebührende Machtstellung behaupten, so muß seine Regierung eine feste und starke sein, und kann sie das Einverständniß mit der Landesvertretung nicht anders als unter Aufrechterhaltung der Heereseinrichtungen erstreben, welche die Wehrhaftigkeit und damit die Sicherheit des Vaterlandes verbürgen."[10] Erneut hatte Wilhelm nicht einen Funken Kompromissbereitschaft signalisiert. Während das Herrenhaus der Thronrede eine Dankadresse widmete, verzichtete das Abgeordnetenhaus darauf, die königlichen Worte überhaupt zu beantworten.[11]

Die Landtagsession 1865 brachte die Regierung einer Lösung des Verfassungskonflikts keinen Schritt näher.[12] Gegenüber Luise schimpfte Wilhelm Anfang Februar, „unsere Kammer gehet denselben Weg wie seit 3 Jahren und wird also das Ende auch dasselbe sein. Nachdem ich in der Thronrede gesagt hatte, ich müßte annehmen, daß nunmehr die Réorganisation sich *bewährt habe*, daß ich auf eine *geläuterte* Beurtheilung Seitens der Kammer rechnen könnte, – hat *sie* erwartet, ich würde ihr Concessionen machen! Weiter kann man doch die Naivität nicht treiben!! Enfin diese Leute sind in-

---

6 Roggenbach an Friedrich I., 11. September 1864. Oncken (Hrsg.), Briefwechsel, Bd. 1, S. 471.
7 Vgl. Konseilprotokoll, 13. Juni 1864. Acta Borussica. Protokolle, S. 221.
8 Vgl. Huber, Verfassungsgeschichte, Bd. 3, S. 324.
9 Wilhelm an Luise, 2. Januar 1865. GStA PK, BPH, Rep. 51, Nr. 853.
10 Rede Wilhelms, 14. Januar 1865. Hahn (Hrsg.), Innere Politik, S. 343–348.
11 Vgl. Löwenthal, Verfassungsstreit, S. 235–236.
12 Vgl. Huber, Verfassungsgeschichte, Bd. 3, S. 324–327; Pflanze, Bismarck, Bd. 1, S. 280–285.

corrigible."[13] Und Anfang März ließ er Roon wissen, „auf Ihre [...] Frage, wohin ich eigentlich mit *diesem* Abgeordnetenhause kommen wolle, Arrangement oder Rupture, war meine Antwort: *3jährige Dienstzeit* und *jetzige Kopfzahl* der Armee [...]. Ich setze aber noch hinzu: Das *Militair-Budjet in folle*! [...] Aus diesen Gründen ist also *jedes* Arrangement, was nicht das vorlegte Milit[är]-Budjet in folle zu *Stande bringt*, unannehmbar."[14] Die Verhandlungen über das Armeebudget begannen am 27. April. Am selben Tag erklärte der König, dass „deren Resultat schon feststehet seit 3 Jahren."[15] Allerdings zeigten sich neue Risse in der Oppositionsfront. Denn der altliberale Abgeordnete Gustav von Bonin brachte einen Kompromissvorschlag in die Verhandlungen ein. Die dreijährige Dienstzeit sollte faktisch anerkannt werden, wenn die Friedenspräsenz der Armee auf 160.000 Mann begrenzt werden würde.[16] Roon hatte dem König einen ähnlichen Vorschlag bereits im Oktober 1862 vorgelegt. Aber Wilhelm war auch zweieinhalb Jahre später zu keinerlei Konzessionen bereit – egal wie vorteilhaft sie auch für die Krone sein mochten.

Am 3. Mai drängte das Staatsministerium in einer Kronratsitzung vergeblich darauf, Bonins Antrag anzunehmen.[17] Laut den Tagebucheinträgen des Kronprinzen soll sein Vater den Kompromissvorschlag „völlig" verworfen haben, „dagegen empfiehlt das gesamte Ministerium, aus demselben die Frage eines Kontingentsgesetzes in Angriff zu nehmen, weil man dem Lande einen Beweis des Entgegenkommens und des Versöhnungswunsches zu erkennen gäbe."[18] Noch am selben Tag erklärte Wilhelm brieflich gegenüber Roon, „die ganze heutige Discussion habe ich nur zugelassen, um zu hören, ob meine seit 3 Jahren feststehende Auffassung: daß jede Art von Contingentirung der Stärke der Armée die Königliche Macht schmälert, durch neue Argumentationen erschüttert werden könnte. Daß dies nicht der Fall ist, habe ich offen und wiederholt ausgesprochen." Hätte er den Antrag angenommen, hätte dies in Militärkreisen „den allerniederschlagendsten Eindruck" hinterlassen. „Und diesen Eindruck soll ich der Armée aufzwingen, nachdem sie glorreich aus einem Kriege hervorgeht?"[19] Der Kriegsminister klagte daraufhin seinem Freund Perthes, „ich bin am Ende, wenn auch nicht mit meinen Kräften, so doch mit meiner Geduld und Kaltblütigkeit."[20] Und es war vermutlich dieser Kronrat, über den Bismarck nach Königgrätz Hans Victor von Unruh erzählt haben soll, „man glaube, er könne alles. Er sei doch nur *ein* Mann. Ihm ständen Schwierigkeiten entgegen, von denen viele keine Vorstellung hätten. Er bekomme den König nicht zu allem. [...] Ganz unverhohlen teilte Bismarck mir mit, daß das Ministerium sich mit der Kontingentirung (Festsetzung der Stärke der Armee im Frieden) und

---

13 Wilhelm an Luise, 1. Februar 1865. GStA PK, BPH, Rep. 51, Nr. 853.

14 Wilhelm an Roon, 5. März 1865. Roon (Hrsg.), Denkwürdigkeiten, Bd. 2, S. 325–326.

15 Wilhelm an Augusta, 27. April 1865. GStA PK, BPH, Rep. 51 J, Nr. 509b, Bd. 11, Bl. 6.

16 Vgl. Löwenthal, Verfassungsstreit, S. 249–250; Pflanze, Bismarck, Bd. 1, S. 281.

17 Vgl. Konseilprotokoll, 3. Mai 1865. Acta Borussica. Protokolle, Bd. 5, S. 233.

18 Tagebuch Friedrich Wilhelm, 3. Mai 1865. Meisner (Hrsg.), Tagebücher, S. 388.

19 Wilhelm an Roon, 3. Mai 1865. Roon (Hrsg.), Denkwürdigkeiten, Bd. 2, S. 331.

20 Roon an Perthes, 10. Mai 1865. Ebd., S. 338.

zweieinhalbjähriger Dienstzeit einverstanden erklärt und dies dem Könige in einer Staatsministerialsitzung vorgeschlagen hatte. Derselbe sei nicht darauf eingegangen, und als das Ministerium die Sache nicht fallen ließ, habe der König sich ärgerlich entfernt und die Minister sitzen lassen."[21] Am 3. Mai 1865 war dem späteren Kanzler erneut die ministerielle Impotenz in Entscheidungsfragen vor Augen geführt worden. Düppel mochte die Grenzen seines politischen Gestaltungsraums erweitert haben. Aber noch immer musste sich Bismarck dem persönlichen Regiment unterordnen.[22] Doch auch Augusta hatte vergeblich versucht, ihren Ehemann für Bonins Kompromissvorschlag zu gewinnen. Wilhelm warf ihr daraufhin mehr oder minder offen militärische und politische Ignoranz vor. „Dieser Antrag erscheint für die Nichteingeweihten plausibler[,] enthält aber auf eine verschmitzte Art die Unausführbarkeit der ganzen Reorganisation, was auch die Absicht natürlich ist."[23] „Es tut mir immer leid, daß man Dich in dem Glauben erhält, daß mit diesen Leuten ein Arrangement möglich sei. [...] Mit Leuten bei denen aller sittlicher und religiöser Boden fehlt, denen alle Mittel der Lüge, Entstellung, Verleumdung recht sind, um zu ihren Umsturzabsichten zu gelangen, mit denen ist kein Friede möglich."[24]

Wilhelm trug die maßgebliche Verantwortung, dass im Sommer 1865 keine Kompromisslösung zustande gekommen war. Aber auch Bismarck war alles andere als unschuldig an der nicht enden wollenden Staatskrise. Denn wie der britische Gesandte in Berlin zu Recht bemerkte, „the conduct of Mr. de Bismarck at an earlier period has made it difficult for him to control the King and impossible for him, I fear, to conciliate the Opposition. The King will not follow him, the Opposition will not forgive him, nor do I think that if he should resign it would do any good."[25] Seit 1862 hatte Bismarck den Selbstherrschaftsanspruch seines Souveräns kontinuierlich genährt und dessen monarchische Agenda gegen alle Widerstände verteidigt. Das war für ihn die einzige Möglichkeit gewesen, das Allerhöchste Vertrauen zu gewinnen und zu behalten. Und er spielte die Rolle des königlichen Befehlsempfängers auch dann noch weiter, als er längst hätte erkennen müssen, dass Wilhelm das Königreich in eine innenpolitische Sackgasse manövriert hatte. Noch am 13. Juni erklärte der Ministerpräsident auf der Landtagsbühne, „die Tatsache, daß Seine Majestät der König die Politik Preußens, wie es sein verfassungsmäßiges Recht ist, selbst betreibt, meine Herren, die existiert! [...] Ich halte Seiner Majestät dem Könige Vortrag, und seine Majestät befehlen auf den Vortrag, was geschehen soll."[26] Der Monarch mochte auf dem Staatszug das Amt des Lokführers bekleiden. Doch sein Ministerpräsident schaufelte ihm unablässig Kohlen ins Feuer.

Nach dem 3. Mai schien Bismarck graduell zu reflektieren, dass er irgendetwas gegen die königliche Wirklichkeitsabgewandtheit unternehmen musste. Es wäre ihm

---

21 Poschinger (Hrsg.), Erinnerungen, S. 245.
22 Vgl. Gall, Bismarck, S. 331; Showalter, German Unification., S. 134–135.
23 Wilhelm an Augusta, 4. Mai 1865. GStA PK, BPH, Rep. 51 J, Nr. 509b, Bd. 11, Bl. 11.
24 Wilhelm an Augusta, 8. Mai 1865. Ebd., Bl. 14–15.
25 Napier an Russell, 9. Mai 1865. British Envoys, Bd. 4, S. 165.
26 Rede Bismarcks, 13. Juni 1865. GW, Bd. 10, S. 251.

theoretisch möglich gewesen, die Machtfrage zu stellen. Nach der Reichsgründung sollte der „Eiserne Kanzler" den Kaiser wiederholt mit seinem Entlassungsgesuch erpressen. Aber anno 1865 schien Bismarck diesen radikalen Schritt nicht wagen zu wollen. Immerhin waren alle seine Vorgänger über die Militärfrage gestürzt. Stattdessen versuchte er, die Umgebung des Monarchen von kompromissfeindlichen Stimmen zu „säubern". Und der schärfste Hardliner am Berliner Hof hieß Edwin von Manteuffel. Am 2. Mai hatte der Militärkabinettschef den König brieflich aufgefordert, den Kompromissvorschlägen des Staatsministeriums nicht nachzugeben. „Es mag sehr schwer sein, der einstimmigen Meinung eines ganzen Ministerraths das königliche Nein entgegenzustellen. Aber wer regiert und entscheidet in Preußen? Der König oder die Minister?"[27] Laut Bernhardi soll sich Bismarck vor dem Kronrat *„zwei Stunden bemüht"* haben, Manteuffel *„dahin zu bringen, daß er der Annahme des Bonin'schen Antrags zustimme – aber vergebens; Manteuffel hat einmal und immer nein dazu gesagt! – Natürlich möchte Bismarck diesen Mann gern von hier wegschaffen."*[28] Und der bayerische Diplomat Ludwig von Montgelas berichtete Mitte Juni, Bismarck wolle den Kabinettschef aus Berlin entfernen, „um den Einfluß tunlichst zu beseitigen, welchen derselbe [...] auf den König dadurch am besten auszuüben vermag, daß er in der Umgebung S.M. verweilt."[29] Tatsächlich gelang es dem Ministerpräsidenten im selben Monat dank der Unterstützung des Kriegsministers, Manteuffel aus der Hauptstadt wegzubefördern. Wilhelm ernannte den Militär zum preußischen Gouverneur in Schleswig. Damit verlor Manteuffel zwar an innenpolitischem Einfluss. Aber auf die Beziehungen zu Österreich gewann er in seinem neuen Amt ein alles andere als unerhebliches Gewicht. Denn nördlich der Elbe sollte Manteuffel der Annexionspolitik den Boden bereiten.[30] Aber auf den Konflikt mit dem Parlament hatte dieser Personalwechsel keinen Auswirkungen.

Das Abgeordnetenhaus lehnte den Militärhaushalt erneut ab. Am 18. Juni schimpfte Wilhelm seiner Ehefrau, damit hätten die Volksvertreter „das Maß ihrer Miserabilité voll gemacht."[31] Bereits am nächsten Tag ließ er den Landtag schließen. Und anstelle des Königs verlas Bismarck die Thronrede. Darin wurde der Opposition nichts weniger als die „Gefährdung der äußeren Sicherheit des Landes" vorgeworfen. „Das Haus der Abgeordneten versagt der Regierung [...] den von ihr verlangten Beistand zur Gewinnung der Früchte der mit so vielem, theuren Blute errungenen Siege des verflossenen Jahres."[32] Diese Worte waren tatsächlich ein Kompromiss, den der Ministerpräsident seinem Souverän abgerungen hatte. Gegenüber Duncker soll Bismarck geklagt haben, die Ausfertigung der Thronrede „finde besondere Schwierigkeiten. Seine Majestät sei empört über die letzten Vorgänge und befehle ein entschiedenes Auftreten gegen die gegen

---

27 E. v. Manteuffel an Wilhelm, 2. Mai 1865. Stadelmann, Das Jahr 1865, S. 32.
28 Tagebuch Bernhardi, 6. Mai 1865. Bernhardi (Hrsg.), Aus dem Leben, Bd. 6, S. 200.
29 Montgelas an Pfordten, 12. Juni 1865. APP, Bd. 6, S. 140.
30 Vgl. Schmidt-Bückeburg, Militärkabinett, S. 92–93; Craig, Portrait, S. 25.
31 Wilhelm an Augusta, 16. Juni 1865. GStA PK, BPH, Rep. 51 J, Nr. 509b, Bd. 11, Bl. 31.
32 Rede Bismarcks, 17. Juni 1865. Hahn (Hrsg.), Innere Politik, S. 563–564.

die Minister gefallenen Verletzungen und Beleidigungen."[33] Und Wilhelm erzählte seiner Ehefrau, „ich wollte die Rede noch schärfer haben, Bismarck sagte aber, da er in meinem Namen spräche, dürfe er nicht zu scharf reden."[34] Zu mehr als marginalen rhetorischen Konzessionen konnte der spätere Kanzler den Herrscher allerdings nicht bewegen.

Aber gab es überhaupt eine erfolgversprechende Exitstrategie aus der Dauerkrise? Bereits im März 1863 soll Bismarck gegenüber Ernst Ludwig von Gerlach erklärt haben, „in letzter Instanz" müsse eine „Wegschaffung des Wahlgesetzes" erfolgen.[35] Und im April 1865 soll auch Roon dem Kronprinzen gesagt haben, „die Stellung der Regierung gegenüber dem bestehenden Wahlgesetz sei auf die Dauer nicht denkbar; es werde doch nötig sein, sich klar zu werden, inwieweit die Regierung es noch darauf ankommen lassen könne, mit den Prinzipien jenes Wahlgesetzes ferneren Neuwahlen entgegenzusehen."[36] Doch womit sollte das Dreiklassenwahlrecht ersetzt werden? Der Kriegsminister schien jedenfalls zu einem noch restriktiveren Wahlzensus geneigt gewesen zu sein.[37] Dagegen soll Bismarck am 17. Juni gegenüber Duncker erklärt haben, „daß er nur zwei Wege [...] in Vorschlag zu bringen vermöge, nämlich entweder eine konstituierende Versammlung zur Revision der Verfassung einzuberufen oder aber das allgemeine und direkte Wahlrecht einfach wieder herzustellen."[38] Das wäre eine radikale Notlösung gewesen. Denn Bismarck schlug vor, die liberale Opposition mit einem demokratischen Instrument zu brechen. Allerdings darf nicht vergessen werden, dass dem „Eisernen Kanzler" dieses Kunststück in Preußen *nie* gelingen sollte. Das allgemeine und gleiche Wahlrecht sollte nach 1867 nur für den Reichstag gelten. Dagegen sollte das preußische Abgeordnetenhaus bis 1918 nach dem Dreiklassenwahlrecht gewählt werden. Zwar sollte Bismarck seinen Souverän 1866 *in Deutschland* für das Paulskirchenwahlrecht gewinnen. Aber in Preußen verhinderte Wilhelm den Oktroi zeit seines Lebens.[39] Der Ministerpräsident schien bereits 1865 bezweifelt zu haben, ob er den König für diese Verzweiflungstat gewinnen könnte. Zwei Tage nach dem Landtagsschluss erklärte nicht Bismarck, sondern Innenminister Eulenburg in einer Kronratsitzung, dass mit dem demokratischen Stimmrecht der Verfassungskonflikt gelöst werden könnte. Der Ministerpräsident stimmte dieser Ansicht zwar bei. Doch plädierte er dafür, frühestens 1866 über Verfassungsrevisionen zu verhandeln. Der König schloss das Konseil, ohne eine Entscheidung getroffen zu haben.[40] Damit war eine mögliche Konfliktlösung

---

33 Duncker an Friedrich Wilhelm, 17. Juni 1865. Meisner (Hrsg.), Tagebücher, S. 531–532.
34 Wilhelm an Augusta, 18. Juni 1865. GStA PK, BPH, Rep. 51 J, Nr. 509b, Bd. 11, Bl. 32.
35 Tagebuch E. L. v. Gerlach, 4. März 1863. GW, Bd. 7, S. 73.
36 Aufzeichnungen Friedrich Wilhelms, 1. April 1865. Meisner (Hrsg.), Tagebücher, S. 530.
37 Vgl. Roon an Perthes, 19. Juni 1865. Roon (Hrsg.), Denkwürdigkeiten, Bd. 2, S. 349.
38 Duncker an Friedrich Wilhelm, 17. Juni 1865. Meisner (Hrsg.), Tagebücher, S. 532.
39 Vgl. Huber, Verfassungsgeschichte, Bd. 3, S. 321–323; Pollmann, Parlamentarismus, S. 67–75.
40 Vgl. Konseilprotokoll, 19. Juni 1865. Acta Borussica. Protokolle, Bd. 5, S. 236.

wieder einmal vertagt worden. Der Kronprinz sprach treffend von „Geduldsverharren".[41]

Letztendlich hatte sich an Wilhelms Konfliktstrategie auch 1865 nichts geändert. Weder ging er auf Kompromissvorschläge ein, noch war er zu einer Staatsstreichpolitik bereit. Stattdessen schob er die Krise vor sich her, und spekulierte darauf, dass die Abgeordneten im Zermürbungskrieg *irgendwann* kapitulieren würden. Ende September will Carl Alexander seinen preußischen Schwager gefragt haben, „ob er beabsichtige, die Verfassung aufzuheben? Er antwortete, er denke nicht daran, eher wolle er die Kammer ihres schönen Todes sterben lassen, so daß, wenn er sie riefe und sie also wieder ihre Tendenzen bewiese, sie ganz kurz zusammenbliebe, vertagt würde, um dann im November ganz auseinanderzugehen. Als ich ihn frug, ob er bessere Wahlen erwartete, antwortete er mir mit: ‚Nein, die Majorität werden wir noch nicht haben!'"[42] Und Ende Oktober schimpfte Wilhelm dem Weimarer Großherzog in einem längeren Brief, „wohl weiß ich, daß gesagt wird, die liberalen Regierungen sind populär, folglich muß man diese Richtung kajolieren, d.h. man muß den Forderungen der demokratischen Parlamente eine Konzession nach der anderen machen, um sie nicht zu verschnupfen, – und so gehet es immer mehr mit der Macht und dem Ansehen aller Regierungen bergab, bis Ihr Euch verwundern werdet, wo Ihr hingekommen seid; dann heißt es: ‚nun muß Preußen uns retten!' [...] wir haben den revolutionären Übergriffen des Parlaments eine Entrave vorgezogen; dadurch ist der Verfassungslauf *gemindert*, aber nicht *gehemmt*; die Wogen gehen also hoch; wir arbeiten aber daran, daß der Lauf wieder reguliert werde, und *dieser* Bau soll Euch allen zugute kommen, denn Ihr, die Nebenflüsse des Stromes, sind [!] natürlich in Mitleidenschaft des letzteren geraten, und die deshalb auch dort brausenden Wellen müssen besänftigt werden und werden es, sobald der Strom seine Kraft nur erst gewonnen hat. [...]. Auch wirst Du mir einwenden, ich sei ein Revolutionsriecher, wie man mich auch verhöhnend *vor* 1848 nannte; – aber leider haben meine Geruchsnerven damals sich als sehr scharf und richtig bewährt, und ich fürchte auch jetzt ihre Richtigkeit nicht bezweifeln zu dürfen. [...] Damals hielt man eine Revolution in Deutschland für unmöglich, und jetzt? – Also: wird sie wirklich künftig *vor* den Thronen stehen bleiben?"[43] Diese Quelle ist in vielerlei Hinsicht von historiographischem Interesse. Einerseits belegt sie die anhaltende Wirkmacht des Revolutionstraumas von 1848 auf Wilhelm. Siebzehn Jahre nach der Märzrevolution war seine Barrikadenfurcht ungebrochen. Und andererseits verrät dieser Brief viel über seine monarchische Agenda. Denn der spätere Kaiser sprach nicht nur explizit über den preußischen Verfassungskonflikt, sondern auch implizit über die nationale „Mission" der Hohenzollernmonarchie in Deutschland. Jedenfalls war es mehr als bezeichnend, dass er die Mittel- und Kleinstaaten als „Nebenflüsse" und Preußen als „Strom" bezeichnete. Bismarck schien sofort erkannt zu haben, dass sein königlicher Souverän hier

---

41 Friedrich Wilhelm an Duncker, 23. Juni 1865. Schultze (Hrsg.), Briefwechsel, S. 392.
42 Tagebuch Carl Alexander, 21. September 1865. Steglich (Hrsg.), Quellen, Bd. 1, S. 10.
43 Wilhelm an Carl Alexander, 28. Oktober 1865. Schultze (Hrsg.), Weimarer Briefe, Bd. 2, S. 63–68.

die dos and don'ts der preußischen Politik zu Papier gebracht hatte. Daher bat er den Herrscher, eine Abschrift dieses Schreibens „meinen Collegen vertraulich mitteilen zu dürfen, damit auch sie aus der so bündigen und überzeugenden Entwicklung der Politik Eurer Majestät sich in dem Bestreben, dieselbe nach den allerhöchsten Intentionen durchzuführen, vergewissern und nach dem damit gegebnen Compaß steuern."[44] Diese Worte waren mehr als höfische Speichelleckerei oder vorauseilender Gehorsam. Sie veranschaulichen vielmehr erneut, wie Wilhelms monarchische Richtlinienkompetenz im Regierungsalltag funktionierte. Der Herrscher gab die Ziele und Grenzen der preußischen Politik vor. Und die Minister mussten dieser Agenda entgegenarbeiten.

Aber anno 1865 konnte das persönliche Regiment kaum als erfolgreiches Regierungsexperiment bewertet werden. Immerhin hatte Wilhelms Selbstherrschaft die Monarchie in eine neue Legitimationskrise gestürzt. Doch anstatt aktiv einen Lösungsweg zu suchen, hatte sich der König entschieden, die Krise einfach auszusitzen. Dieses Verhalten kann durchaus mit der Politik Friedrich Wilhelms IV. zwischen dem Ende des Ersten Vereinigten Landtags 1847 und dem Ausbruch der Märzrevolution 1848 verglichen werden. Carl Alexander warnte seinen Schwager sogar offen, er wandle auf ähnlichen Wegen wie der verstorbene König. „Und wohin haben Sie geführt? Zu der Revolution von 1848, die überall in Deutschland, nicht am wenigsten in Berlin und Wien, ausgebrochen; die dann im Anfang der fünfziger Jahre unter Deiner eigenen gerechten Mißbilligung zu ähnlichen Schritten geführt, welche nunmehr uns abermals an einen Wendepunkt stellen."[45] Wilhelm schienen solche Mahnbilder kalt gelassen zu haben. Im November berichtete sein Sohn, „soviel ich's zu beurteilen vermag, ist der König sehr zufrieden und heiter, denn die Dinge gehen, nach seinem Wunsch und Willen, und Gott gebe, daß er's nie merkt, wie vieles anders aussieht, als er es denkt, und wie vieles ihm nur vorgemacht wird."[46] Zwar hatte der spätere Kaiser seit dem Deutsch-Dänischen Krieg erstmals (etwas) Berechtigung zu der Annahme, dass die Abgeordnetenhausopposition mit der Zeit erodieren würde. Aber Ende 1865 war eine solche Entwicklung alles andere als sicher. Ohne neue äußere Umbrüche hätte der Verfassungskonflikt wohl noch lange andauern können. Und sein Ausgang wäre vorerst offengeblieben. Oder wie Wilhelm seiner Schwester am 31. Dezember schrieb, „wer weiß was 1866 bringt!"[47]

---

44 Bismarck an Wilhelm, 14. November 1865. GW, Bd. 5, S. 323.
45 Carl Alexander an Wilhelm, 8. November 1865. Schultze (Hrsg.), Weimarer Briefe, Bd. 2, S. 69.
46 Friedrich Wilhelm an Schweinitz, 30. November 1865. Schweinitz (Hrsg.), Briefwechsel, S. 20.
47 Wilhelm an Luise, 31. Dezember 1865. GStA PK, BPH, Rep. 51, Nr. 853.

Der Weg in den Preußisch-Österreichischen Krieg, Februar bis April 1866: Von der Schleswig-Holstein-Frage zur Deutschen Frage

Mit Blick auf die deutsche wie europäische Geschichte muss das Jahr 1866 als „Schicksalsjahr" bezeichnet werden. Denn mit der Schlacht von Königgrätz wurde die Deutsche Frage entschieden und die geopolitische Landkarte Zentraleuropas neugezeichnet. Gleichzeitig zogen diese Ereignisse auch einen historischen Schlussstrich unter die auf das Mittelalter zurückgehenden Föderativtraditionen in Deutschland. Und der neuentstandene kleindeutsche Nationalstaat sollte die weitere Geschichte Europas maßgeblich mitbestimmen.[1] Im Zentrum dieser Umbrüche stand Wilhelm. Er führte die Hohenzollernmonarchie nach Königgrätz. Allerdings wird seitens der Forschung bis dato argumentiert, Bismarck habe seinem Souverän den Krieg gegen Österreich regelrecht aufzwingen müssen.[2] Winfried Baumgart argumentiert gar, „Wilhelm I. war für Bismarck [...] das größte Hindernis auf der Bahn der Kriegsentfachung."[3] Aber der spätere Kaiser hatte sich bis 1866 von seinem Ministerpräsidenten nie an die Wand drücken lassen. Und bereits im Sommer 1865 hatte er die Hohenzollernmonarchie an den Rand eines Krieges gegen Österreich geführt. Seitdem hatte sich der Monarch nicht plötzlich zum entscheidungsschwachen Pazifisten gewandelt. Daran lässt sein Agieren in den fünf Monaten vor Kriegsausbruch keinen Zweifel.

Anfang 1866 warf die preußische Regierung dem Wiener Hof wiederholt den Bruch der Gasteiner Konvention vor. Denn in Holstein wurde die Augustenburgerbewegung von der österreichischen Administration wieder offen protegiert. Am 7. Februar wiesen Franz Joseph und Mensdorff-Pouilly diese Proteste in Form einer diplomatischen Note

---

1 Vgl. Ursula von Gersdorff/Wolfgang von Groote (Hrsg.), Entscheidung 1866. Der Krieg zwischen Österreich und Preußen, Stuttgart 1966; Karl-Georg Faber, Realpolitik als Ideologie. Die Bedeutung des Jahres 1866 für das politische Denken in Deutschland, in: HZ 203 (1966), S. 1–45; Theodor Schieder, Das Jahr 1866 in der deutschen und europäischen Geschichte, in: Richard Dietrich (Hrsg.), Europa und der Norddeutsche Bund, Berlin 1968, S. 9–34; Friedrich P. Kahlenberg, Das Epochenjahr 1866 in der deutschen Geschichte, in: Michael Stürmer (Hrsg.), Das kaiserliche Deutschland. Politik und Gesellschaft 1870–1918, Kronberg 1977, S. 51–74; Hans-Christof Kraus, Die politische Neuordnung Deutschlands nach der Wende von 1866, in: Winfried Heinemann/Lothar Höbelt/Ulrich Lappenküper (Hrsg.), Der preußisch-österreichische Krieg 1866, Paderborn 2018, S. 317–332; Heinrich August Winkler, Eine Revolution von oben. Der „deutsche Krieg" von 1866 als historische Zäsur, in: ders., Deutungskämpfe. Der Streit um die deutsche Geschichte. Historisch-politische Essays, München ²2021, S. 46–56.
2 Vgl. Schoeps, Kaiserreich, S. 103; Börner, Wilhelm I., S. 185; Engelberg, Bismarck, Bd. 1, S. 590–591; Pflanze, Bismarck, Bd. 1, S. 297–299; Schmidt, Bismarck, S. 157–158; Kraus, Bismarck, S. 106; Klaus-Jürgen Bremm, 1866. Bismarcks Krieg gegen die Habsburger, Darmstadt 2016, S. 110–111.
3 Winfried Baumgart, Bismarck und der Deutsche Krieg 1866. Im Lichte der Edition von Band 7 der „Auswärtigen Politik Preußens", in: Historische Mitteilungen (der Ranke Gesellschaft) 20 (2007), S. 93–115, hier: S. 98.

https://doi.org/10.1515/9783111323954-044

scharf zurück. Gleichzeitig erklärten sie implizit, dass die politische Zukunft der Herzogtümer gemeinsam mit dem Deutschen Bund verhandelt werden sollte. Damit war eine ähnliche Situation wie im Frühjahr 1865 eingetreten. Österreich versuchte erneut, den Berliner Hof auf Bundesebene unter Druck zu setzen, um so der preußischen Annexionspolitik einen Riegel vorzuschieben. Gastein war offiziell gescheitert.[4] Und gleichzeitig hatte die Habsburgermonarchie mit diesem Schritt die Schleswig-Holstein-Frage bewusst oder unbewusst mit der Deutschen Frage verbunden. Das schuf neues Eskalationspotential. Bereits im November 1865 soll Bismarck seinem Freund Keudell erklärt haben, „die schleswig-holsteinische und die deutsche Frage hängen so eng zusammen, daß wir, wenn es zum Bruch kommt, beide zusammen lösen müssen."[5] Und im März 1866 erklärte der Ministerpräsident gegenüber Bernstorff, „hinter dieser speziellen Frage der Elbherzogtümer steht die *deutsche* Frage. [...] Sie ist wie eine chronische Krankheit, die man auf friedlichem Wege zu heilen versuchen kann und hoffen darf, solange sie nicht durch Komplikation mit anderen Fragen vergiftet wird, die aber sofort und stets akut wird, so oft irgendein Anlaß die Unhaltbarkeit der gegenwärtigen Zustände und die Gefährdung unserer eigenen Stellung in Deutschland zu Tage treten läßt."[6] Bismarck war wohl spätestens seit Anfang 1866 davon überzeugt, dass ein friedlicher Ausgleich mit Österreich nicht mehr möglich sei. Aber Schleswig und Holstein *allein* würden keinen nationalen „Bruderkrieg" legitimieren. Dafür war die ungelöste Deutsche Frage notwendig.[7]

Diese Perspektive teilte auch Wilhelm. Bereits 1865 hatte er den österreichischen Widerstand gegen die Annexionspolitik in eine vermeintliche preußenfeindliche Tradition seit dem Siebenjährigen Krieg gerückt. Damit hatte er die Schleswig-Holstein-Frage für die Hohenzollernmonarchie in den Rang einer Existenzfrage erhoben. Und damit war für ihn jeder Kompromiss gleichbedeutend mit einem neuen Gang in Richtung Olmütz. Im Jahr 1873 sollte er Augusta rückblickend erklären, „20 mal habe ich es B[ismar]ck gesagt, daß ich wegen der Herzogtümer Europa in keinen europäischen Krieg stürzen wolle." Aber er hätte schließlich erkannt, „daß Oesterreich es zum Spruch bringen will, wer die erste Rolle in Deutschland einnehmen soll, Preußen oder Oesterreich, [...] und damit stand mein Entschluß fest die Waffen entscheiden zu lassen."[8] Nach der Reichsgründung war Wilhelm wie viele andere Zeitgenossen versucht, dem Krieg gegen Österreich einen größeren nationalen Sinn zu geben. Aber wie die unmit-

4 Vgl. Srbik, Deutsche Einheit, Bd. 4, S. 310–316; Huber, Verfassungsgeschichte, Bd. 3, S. 514–515; Clark, Franz Joseph, S. 333–334; Kaernbach, Bismarcks Konzepte, S. 208–210; Der Text der österreichischen Februarnote findet sich in: Huber (Hrsg.), Dokumente, Bd. 2, S. 218–220.
5 Keudell, Erinnerungen, S. 227–228.
6 Bismarck an Bernstorff, 20. März 1866. GW, Bd. 5, S. 409.
7 Vgl. Huber, Verfassungsgeschichte, Bd. 3, S. 515–516; Frank Möller, Preußens Entscheidung zum Krieg 1866, in: Winfried Heinemann/Lothar Höbelt/Ulrich Lappenküper (Hrsg.), Der preußisch-österreichische Krieg 1866, Paderborn 2018, S. 19–37, hier: S. 33.
8 Wilhelm an Augusta, 18. September 1873. GStA PK, BPH, Rep. 51 J, Nr. 509b, Bd. 18, Bl. 77.

telbaren Quellen aus dem Frühjahr 1866 belegen, kann im Fall des ersten Deutschen Kaisers kaum von einer biographischen Illusion gesprochen werden.

Am 28. Februar lud Wilhelm zu einem Kronrat ein, auf dem die Weichen in Richtung Krieg gestellt wurden.[9] Er ließ sogar Edwin von Manteuffel extra von Schleswig nach Berlin kommen.[10] Damit ähnelte dieser Kriegsrat nicht nur mit Blick auf die Teilnehmer der Konseilsitzung vom 29. Mai 1865. Der König eröffnete die Verhandlungen mit einer längeren Tirade über die Wiener Politik. Die jüngsten Ereignisse hätten jegliche Hoffnungen vernichtet, „daß Österreich sein altes, auf Herabdrückung Preußens auf den Standpunkt vor dem siebenjährigen Kriege gerichtetes System endlich aufgegeben und sich entschlossen habe, mit Preußen als einer ebenbürtigen Großmacht zusammenzustehen [...]. Bei einer solchen Lage der Verhältnisse dränge sich die Frage auf, ob Preußen mit Österreich in Frieden werde leben können, oder ob seine Ehre es zum Kriege gegen Österreich nötige?" Explizit betonte er, „daß es sich, im Falle eines Krieges gegen Österreich, nicht bloß um die Elbherzogtümer, sondern auch um Preußens Stellung in Deutschland handele." Eine „entscheidende politische Präponderanz, namentlich im nördlichen Deutschland, [...] sei die Bestimmung Preußens, zu deren Erreichung die jetzt vorhandene Krisis und ihre Lösung durch die Waffen möglicherweise führen könne." Diesem Ziel schlossen sich alle anwesenden Minister und Militärs an. Nur der Kronprinz plädierte dafür, einen bewaffneten Konflikt unter allen Umständen zu verhindern. Aber Wilhelm schloss die Sitzung mit dem Befehl, dass alle für den Kriegsfall „notwendigen Vorbereitungen getroffen, die geeigneten auswärtigen Allianzen gesucht werden müßten, daß jedenfalls der österreichischen Regierung kein Zweifel über den vollen Ernst und die feste Entschlossenheit Preußens, den Krieg eventuell nicht zu scheuen, gelassen werden dürfe und daß Preußen, wenn es dessenungeachtet nicht zu einer friedlichen Verständigung gelangen könne, getrost den Kampf annehmen müsse."[11]

An jenem Februartag war der Krieg gegen Österreich nicht beschlossen worden. Wie 1865 hatte Wilhelm nur seinen *bedingten* Kriegswillen erklärt. Aber anno 1866 hatte er konkrete Befehle gegeben, die einen militärischen Konflikt zwar nicht unvermeidbar machten, die jedoch den Gestaltungsraum für eine friedliche Konfliktlösung stark einschränkten. Ein halbes Jahr nach Gastein schien er überzeugt gewesen zu sein, dass die Hoffnungen auf einen langfristigen Ausgleich mit Österreich illusorisch waren. In seinen Augen hatte der Wiener Hof in den Herzogtümern die Maske fallen lassen und seine preußenfeindliche Politik wieder aufgenommen. Alle Versuche, den Dualismus mit diplomatischen Mitteln zu lösen, waren letztendlich gescheitert. Warum sollte es 1866 anders sein? Und da die Chancen auf Frieden augenscheinlich immer geringer wurden, war Wilhelm bereit, mit der Schleswig-Holstein-Frage auch gleich die Deutsche Frage zu

---

9 Vgl. Srbik, Deutsche Einheit, Bd. 4, S. 317–319; Gall, Bismarck, S. 344; Engelberg, Bismarck, Bd. 1, S. 570; Kolb, Großpreußen, S. 29; Lutz, Habsburg und Preußen, S. 453; Möller, Preußens Entscheidung, S. 33.

10 Vgl. Bismarck an E. v. Manteuffel, 26. Februar 1866 (Telegramm). GW, Bd. 5, S. 383.

11 Konseilprotokoll, 28. Februar 1866. APP, Bd. 6, S. 612–616. Siehe auch Friedrich Wilhelms Aufzeichnungen vom 28. Februar 1866, in: Meisner (Hrsg.), Tagebücher, S. 541–544.

lösen. Dieses königliche Räsonnement konnte auf keinen der Konseilteilnehmer überraschend gewirkt haben. Immerhin hatte der spätere Kaiser seit Jahren regelmäßig das Feindbild Österreich beschworen. Letztendlich war der Herrscher das Opfer einer politischen Selbstradikalisierung geworden. Denn er hatte jeden Schritt zu einem Großmächteausgleich maßgeblich mittorpediert. Und jeder gescheiterte Verhandlungsversuch hatte ihn nur noch mehr in seiner Überzeugung bestärkt, dass mit der Habsburgermonarchie in Deutschland keine friedliche Koexistenz möglich sei. Im Februar 1866 hatte diese Allerhöchste Österreichparanoia schließlich ihren vorläufigen Höhepunkt erreicht. Danach musste sich auch die preußische Politik richten.

Die Eskalationsspirale hätte unterbrochen werden können, wenn Österreich nördlich der Elbe *und in Deutschland* zu Kompromissen bereit gewesen wäre. Aber weder war der Wiener Hof gewillt, die Herzogtümer an Preußen abzutreten, noch auf seinen deutschen Führungsanspruch zu verzichten. Bereits Gastein war der Habsburgermonarchie als Schwäche ausgelegt worden. Jedes weitere freiwillige Nachgeben barg in Franz Josephs Augen die Gefahr, den österreichischen Großmachtstatus zu gefährden.[12] Seiner Mutter erklärte der Kaiser, „nur eine gründliche, Dauer versprechende Verständigung mit Preußen könnte in unserer Lage von Nutzen sein, und eine solche scheint mir rein unmöglich ohne Abdizierung unserer Großmachtstellung, und so muß man dem Kriege mit Ruhe und Vertrauen auf Gott entgegensehen, denn nachdem wir schon so weit gegangen sind, verträgt die Monarchie eher einen Krieg als einen langsam aufreibenden faulen Frieden."[13] Auch innerhalb der österreichischen Regierung wurde daher seit Februar offen über einen möglichen Krieg gesprochen. Anders als Wilhelm gab Franz Joseph allerdings noch keine Befehle, einen Waffengang diplomatisch und militärisch vorzubereiten. Dies änderte sich erst nach dem Berliner Kriegsrat. Denn dem Wiener Hof blieben die besorgniserregenden Entwicklungen in der preußischen Hauptstadt nicht verborgen.[14] So berichtete Károlyi am 2. März über ein „vertrauliches Gespräch" mit Schleinitz. Dabei will er erfahren haben, dass der König erklärt haben soll, „daß Preußens Ehre durch die letzten Vorkommnisse in Holstein und die ganze Haltung Österreichs verletzt werde, daß die militärische Ehre engagiert sei, und er erwähnte, daß, wenn Österreich in dieser Richtung fortfahre, es wohl zum Äußersten kommen müßte."[15] Am 14. März befahl Franz Joseph schließlich, die Grenze zu Preußen militärisch verstärken zu lassen. Das war eine defensive Maßnahme. Aber in Berlin trugen die Nachrichten über die österreichischen Truppenbewegungen nicht gerade dazu bei, den Eskalationsprozess zu verlangsamen. Beide Seiten gewannen stattdessen immer mehr die Überzeugung, dass der Gegner nicht mehr an Frieden interessiert

---

12 Vgl. Brandt, Franz Joseph I., S. 377–378; Vocelka/Vocelka, Franz Joseph I., S. 170–172; Alma Hannig, Österreich. Entscheidung zum Krieg, in: Winfried Heinemann/Lothar Höbelt/Ulrich Lappenküper (Hrsg.), Der preußisch-österreichische Krieg 1866, Paderborn 2018, S. 39–61.
13 Franz Joseph an Sophie Friederike, 3. Mai 1866. Schnürer (Hrsg.), Briefe, S. 352.
14 Vgl. Srbik, Deutsche Einheit, Bd. 4, S. 316–317; Clark, Franz Joseph, S. 337–379; Angelow, Sicherheitspolitik, S. 240–242.
15 Károlyi an Mensdorff-Pouilly, 3. März 1866. QdPÖ, Bd. 5, S. 240.

wäre.[16] Und wenn der Krieg unvermeidlich schien, war für die politischen Entscheidungsträger nur noch relevant, ihn unter möglichst vorteilhaften Bedingungen führen zu können.

Im Februarkonseil hatte Wilhelm befohlen, einen Waffengang diplomatisch abzusichern. Dieser königlichen Direktive musste Bismarck entgegenarbeiten. Dem Ministerpräsidenten spielte dabei der Umstand in die Hände, dass die Pentarchiemächte noch immer nicht intervenieren wollten oder konnten. Das bedeutete allerdings nicht, dass sie einer möglichen Neuordnung Deutschlands indifferent gegenübergestanden hätten. So soll Zar Alexander II. den preußischen Gesandten in Sankt Petersburg Schweinitz gewarnt haben, „dieser Krieg würde ein allgemeines Unglück sein; der gemeinschaftliche Feind aller, die Revolution, gegen den alle Regierungen gemeinschaftliche Sache machen sollten, würde der einzige Gewinner dabei sein."[17] Aber die russische Regierung war nach wie vor zu schwach, um ihren diplomatischen Protesten Nachdruck zu verleihen. Alexander und Gortschakow mussten 1866 notgedrungen das akzeptieren, was Nikolaus I. 1850 noch hatte verhindern können.[18]

Auch der britischen Regierung musste die Reichsgründung nicht mühevoll abgetrotzt werden. Nach dem Schleswig-Holstein-Debakel 1864 war der neue Premierminister John Russell nicht bereit, die kontinentale Interventionspolitik seines im Oktober 1865 verstorbenen Vorgängers Palmerston weiterzuverfolgen. Die Londoner Aufmerksamkeit galt stattdessen primär kolonialen Interessen.[19] Lediglich Queen Victoria versuchte sich aktiv an einer Vermittlerrolle. Aber dafür waren die Interessengegensätze zwischen dem Berliner und dem Londoner Hof zu groß.[20] Laut dem Tagebuch des Kronprinzen soll Wilhelm Mitte März erklärt haben, er würde eine britische Mediation nur dann akzeptieren, wenn „England in Österreich bemerkbar mache, daß es am Gasteiner Vertrage festhielte und nicht gegen uns avilierend handele."[21] Aber dazu war die Queen nicht bereit. Ihrer Tochter schrieb sie, „Austria has done nothing but keep to the Gastein Treaty and I cannot understand how the King can say the contrary."[22] Die britische Monarchin schien vielmehr überzeugt gewesen zu sein, dass Bismarck den

---

16 Vgl. Clark, Franz Joseph, S. 363–366.

17 Schweinitz (Hrsg.), Denkwürdigkeiten, Bd. 1, S. 193–194.

18 Vgl. Kolb, Rußland, S. 191–210; Alexander Medyakov, Russland und der Deutsche Krieg 1866, in: Winfried Heinemann/Lothar Höbelt/Ulrich Lappenküper (Hrsg.), Der preußisch-österreichische Krieg 1866, Paderborn 2018, S. 129–157; Linke, Bismarck und Gorčakov, S. 19–24.

19 Vgl. Peter Alter, Weltmacht auf Distanz. Britische Außenpolitik 1860–1870, in: Eberhard Kolb (Hrsg.), Europa vor dem Krieg von 1870. Mächtekonstellation – Konfliktfelder – Kriegsausbruch, München 1987, S. 77–91, hier: S. 87–91; Klaus Hildebrand, No intervention. Die Pax Britannica und Preußen 1865/66–1870/ 71. Eine Untersuchung zur englischen Weltpolitik im 19. Jahrhundert, München 1997, S. 119–142; Thomas G. Otte, „A bandit quarrel". Great Britain and the 1866 War, in: Winfried Heinemann/Lothar Höbelt/Ulrich Lappenküper (Hrsg.), Der preußisch-österreichische Krieg 1866, Paderborn 2018, S. 107–127.

20 Vgl. Hilde Binder, Queen Victoria und König Wilhelm im Jahre 1866, in: FBPG 47 (1935), S. 104–121.

21 Tagebuch Friedrich Wilhelm, 16. März 1866. Meisner (Hrsg.) Tagebücher, S. 414.

22 Queen Victoria an Victoria, 21. März 1866. Roger Fulford (Hrsg.), Your Dear Letter. Private Correspondence of Queen Victoria and the Crown Princess of Prussia 1865–1871, London 1971, S. 61.

preußischen König zum Krieg gegen Österreich zwingen würde. Denn das behauptete immerhin ihre Tochter.[23] Deshalb forderte die Queen den späteren Kaiser Mitte April mehr oder minder offen auf, den Ministerpräsidenten zu entlassen. „Man *täuscht* Dich, man *zwingt* Dich zu glauben, daß Du angegriffen werden sollst. [...] *ein Mann* allein trägt die Schuld an all diesem Unheil."[24] Damit hatte sie in Wilhelms Augen eine rote Linie überschritten. In seinem Antwortbrief nach London schimpfte er über „die gehässigsten Beschuldigungen und Verleumdungen meiner Person und meiner Regierung", die er ertragen müsse. Und er betonte, „daß nicht ein Mann, den Du nicht nennst, an der jetzigen Krisis schuld ist, sondern daß mich die Schuld, wenn es eine ist, selbst trifft, da ich mit meinem ersten Ratgeber auch nicht einen Augenblick verschiedener Ansicht gewesen bin."[25] Damit war Victorias Vermittlungsversuch gescheitert. Nachdem die Kronprinzessin Abschriften des Briefwechsels zwischen Wilhelm und ihrer Mutter erhalten hatte, schrieb sie der Queen Anfang Mai, „I do not think it will do any good now your writing again to him".[26] Die Herrscherin hatte über ihre Korrespondenz mit ihrer Tochter ein falsches Bild der Verhältnisse am Berliner Hof gewonnen. Dagegen berichtete der britische Gesandte Loftus nach London, „to ask the King to give up the annexation would be to ask for an impossibility. He would prefer War."[27]

Frankreich war die einzige Großmacht, die nicht daran interessiert war, diesen Krieg zu verhindern. Denn Napoleon III. hoffte, den innerdeutschen Konflikt als lachender Dritter verfolgen zu können und dem Sieger dann eine Rechnung für seine „wohlwollende Neutralität" zu präsentieren. Immerhin hatte ihm Bismarck im Herbst 1865 dahingehend Andeutungen gemacht. Aber dem späteren Kanzler war es in Biarritz nicht gelungen, bindende Zusagen zu erreichen. Dafür hatte ihm das Plazet seines königlichen Souveräns gefehlt. Und dieses Plazet blieb ihm auch im Frühjahr 1866 verwehrt, obgleich er sich wiederholt um ein Bündnis mit dem Seconde Empire bemühte. Bismarcks österreichischer Kollege Mensdorff-Pouilly hatte dieses Problem hingegen nicht. Am 12. Juni schlossen Wien und Paris einen Geheimvertrag, in dem die französische Neutralität garantiert wurde. Der Preis, den Österreich dafür zahlen musste, war die Provinz Venetien, die nach dem Krieg an Italien abgetreten werden musste. Preußen sollte im Fall einer Niederlage Gebiete an Frankreich, Bayern, Württemberg und Sachsen verlieren. Mit diesem Neutralitätsabkommen hatte Franz Joseph demonstriert, dass er gewillt war, der österreichischen Vorherrschaft in Deutschland sogar die letzten italienischen Herrschaftsterritorien zu opfern. Und er war letztendlich sogar bereit, nördlich der Alpen von Napoleons Gnaden zu herrschen.[28]

---

23 Siehe Victorias Briefe an die Queen vom 27. Februar, 9. März sowie vom 4. und 6. April 1866, in: Ebd., S. 58–60, S. 66–67.

24 Queen Victoria an Wilhelm, 10. April 1866. Steglich (Hrsg.), Quellen, Bd. 2, S. 81–82.

25 Wilhelm an Queen Victoria, 13. April 1866. Ebd., S. 83–86.

26 Victoria an Queen Victoria, 1. Mai 1866. Fulford (Hrsg.), Dear Letter, S. 71.

27 Loftus an Clarendon, 14. April 1866. APP, Bd. 7, S. 99–100.

28 Vgl. Ridley, Napoleon III, S. 523–524; Wilfried Radewahn, Europäische Fragen und Konfliktzonen im Kalkül der französischen Außenpolitik vor dem Krieg von 1870, in: Eberhard Kolb (Hrsg.), Europa vor dem

Der große Gewinner dieses diplomatischen Wettrennens vor Königgrätz war Italien. Denn dem jungen Nationalstaat wurde Venetien nicht nur von Frankreich und Österreich versprochen, sondern auch von Preußen. Berlin und Turin hatten bereits am 8. April einen gegen Wien gerichteten Bündnisvertrag abgeschlossen. Darin verpflichteten sich beide Königreiche, im Kriegsfall gemeinsam vorzugehen und bei den Friedensverhandlungen die jeweiligen Territorialforderungen zu unterstützen. Italien sollte „das lombardisch-venetianische Königreich" erhalten und Preußen „österreichische Landstriche, die an Bevölkerung diesem Königreich gleichwertig sind". Der Vertrag war allerdings nur auf drei Monate befristet.[29] Damit wurde der Gestaltungsraum für eine friedliche Konfliktlösung noch weiter eingeschränkt. Gleichwohl war der Krieg immer noch keine beschlossene Sache, da sich die Hohenzollernmonarchie die Option einer Deeskalation explizit vorbehielt. In diesem Fall wäre die Allianz einfach ausgelaufen. Aber dennoch war der 8. April ein entscheidender Eskalationsmoment auf dem Weg nach Königgrätz. Denn der Geheimvertrag verstieß offen gegen das Bundesrecht. Zum ersten Mal seit 1815 verbündete sich ein Bundesmitglied mit einer außerdeutschen Macht, um gegen ein anderes Bundesmitglied einen Krieg vorzubereiten.[30] Daher kann zu Recht von einem „Todesstoß gegen den Deutschen Bund" gesprochen werden, wie es Hans-Joachim Schoeps formuliert.[31]

Aber in Turin herrschte noch bis kurz vor Kriegsausbruch Unsicherheit, ob Preußen diesen Todesstoß wirklich wagen würde. Die Savoyenmonarchie befürchtete, dass der Berliner Hof nur Druck auf Österreich ausüben würde, um einen neuen Ausgleich wie in Gastein zu erzwingen. Und selbst im Eskalationsfall galt es am Turiner Hof nicht als sicher, ob das Hohenzollernkönigreich nicht wieder wie in Olmütz nachgeben würde.[32] Diese Sorge will der italienische General Guiseppe Govone in Berlin gegenüber Bismarck während der Bündnisverhandlungen sogar offen angesprochen haben. Der Ministerpräsident soll daraufhin erwidert haben, dass „der Charackter des [...] Königs ihm eine sichere Bürgschaft dafür gewähre, daß die damals in den Vertrag von Olmütz auslaufende Lösung diesmal durch Krieg herbeigeführt werde."[33] Und Wilhelm selbst soll dem General erklärt haben, „daß er zu einem Kriege mit Österreich völlig bereit sei, wenn es ihm nicht gelingen sollte, sich mit jenem in befriedigender Weise zu verständigen. Daher habe er seine Augen auf Italien gerichtet und hoffe, daß sein Minister des Auswärtigen mit uns über ein Eventual-Bündnis für gemeinsames Handeln für solchen Fall eins

---

Krieg von 1870. Mächtekonstellation – Konfliktfelder – Kriegsausbruch, München 1987, S. 33–64, hier: S. 40–42; Willms, Napoleon III., S. 207–216; Lappenküper, Bismarck und Frankreich, S. 200–210. Der Text des französisch-österreichischen Neutralitätsabkommens findet sich in: Oncken (Hrsg.), Rheinpolitik, Bd. 1, S. 265–267.

29 Preußisch-Italienischer Bündnisvertrag, 8. April 1866. Huber (Hrsg.), Dokumente, Bd. 2, S. 222–223.

30 Vgl. Ders., Verfassungsgeschichte, Bd. 3, S. 521–522; Siemann, Gesellschaft, S. 277; Kaernbach, Bismarcks Konzepte, S. 219; Kolb, Großpreußen, S. 30.

31 Schoeps, Kaiserreich, S. 93.

32 Vgl. Luciano Monzali, Italien und der Krieg von 1866, in: Winfried Heinemann/Lothar Höbelt/Ulrich Lappenküper (Hrsg.), Der preußisch-österreichische Krieg 1866, Paderborn 2018, S. 63–86, hier: S. 71–79.

33 Govone an La Marmora, 13. März 1866. Govone (Hrsg.), General Govone, S. 188–189.

werden würde."[34] Mit den preußisch-italienischen Bündnisverhandlungen arbeitete Bismarck der königlichen Direktive entgegen, den möglichen Krieg diplomatisch vorzubereiten. Neben Frankreich war Italien der einzige Staat, der Interesse an einem Konflikt zwischen beiden deutschen Großmächten besaß. Da Wilhelm jedoch jede Allianz mit Napoleon III. untersagte, blieb dem Ministerpräsidenten nur der Turiner Hof als Vertragspartner. Auch konnte Italien als zweitrangige Macht in dem Bündnis nur die Rolle eines Juniorpartners spielen, während Berlin die Aktionsinitiative behielt. Darauf hatte der spätere Kaiser während der Verhandlungen mit Govone entscheidenden Wert gelegt.[35] Wilhelm betrachtete den preußisch-italienische Geheimvertrag scheinbar lediglich als Zweckbündnis, mit dem er einen größeren politischen *oder* militärischen Handlungsspielraum gegenüber Österreich gewann. Jedenfalls sah er sich von dem Countdown, der seit dem 8. April tickte, nicht unter Zeitdruck gesetzt. Aber gleichzeitig hatte er mit diesem Vertrag auch offiziell dokumentiert, dass Preußen kein Interesse daran besaß, die Bundesverträge noch länger aufrecht zu erhalten.

Wilhelm wollte 1866 endlich eine Neuordnung Deutschlands erzwingen. Diese Neuordnung war nur *gegen* Österreich zu erreichen. Aber der König weigerte sich, ohne einen legitimen Casus belli zu den Waffen zu greifen. Zwar drehte der Wiener Hof seit Mitte März ebenfalls an der Eskalationsspirale. Doch noch genügten Wilhelm die österreichischen Provokationen nicht als Kriegsrechtfertigung. So schrieb er seiner Schwägerin Elisabeth, da die Habsburgermonarchie „zum Kriege sich rüstet und unsere schlesischen Grenzen völlig umspinnt, während ich noch nicht einen Mann gerüstet habe über unseren Friedensstand, so muß ich annehmen, daß Österreich den Ausgleich über das Schwert sucht! [...] alles steht auf dem Spiel, weil Österreich die Vergrößerung Preußens durch die Herzogtümer, selbst gegen Entschädigung, nicht will, während *diese* Vergrößerung doch wahr und wahrhaftig Österreichs Macht nicht beeinträchtigt!!"[36] Auch gegenüber Carl Alexander betonte er, „daß ich nicht der Provozierende in der jetzigen Militärkrisis gewesen bin." Die Annexionsfrage sei eine „feste Idee in Preußen geworden [...], ein Gefühl, das immer stärker wird, so daß, wenn ich mich jetzt anders aussprüche, ich nach Olmütz ginge." Dennoch wolle er „nicht für die Herzogtümer den Krieg allein führen [...], wohl aber gegen Österreich, das Preußen humiliert und in jeder Art verletzt, [...] und das lasse ich mir nicht gefallen."[37] Und dem Coburger Herzog erklärte er, „will Österreich den Krieg, so werde ich ihm nicht ausweichen!"[38] Die Habsburgermonarchie musste das öffentliche Odium der Kriegsschuld auf sich laden, bevor Preußen zu den Waffen greifen konnte. Einer vergleichbaren Eskalationsstrategie war Wilhelm bereits 1863/64 in der Schleswig-Holstein-Krise gefolgt. Allerdings war der Krieg

---

34 Govone an La Marmora, 22. März 1866. Ebd., S. 200.
35 Vgl. Bismarck an Wilhelm (mit Marginalien des Königs), 20. März 1866. GW, Bd. 5, S. 412–413.
36 Wilhelm an Elisabeth, 26. März 1866. Steglich (Hrsg.), Quellen, Bd. 2, S. 61–66.
37 Wilhelm an Carl Alexander, 7. April 1866. Schultze (Hrsg.), Weimarer Briefe, Bd. 2, S. 70–72.
38 Wilhelm an Ernst II., 26. März 1866. Heinrich Glaser (Hrsg.), Fürstliche Gegner Bismarcks im Kampf um den Krieg 1866 an der Hand von teilweise unveröffentlichten politischen Korrespondenzen dargestellt, in: Die Grenzboten 72, 2. Vierteljahr (1913), S. 7–31, hier: S. 14.

gegen Dänemark ein ungleich kleineres Risiko gewesen, als es ein möglicher Groß-mächtekladderadatsch sein würde. Seinem Adjutanten Loe soll der Monarch Ende März gesagt haben, „daß er entschlossen sei, um der Elbherzogtümer willen mit Oesterreich Krieg zu führen, falls dieses bei seiner preußenfeindlichen Politik beharre; aber er wolle nicht zum Kriege drängen. Bismarck und Moltke seien der Ansicht, daß möglichst bald ein Grund gefunden werden müsse, um den Krieg zu beginnen. [...] Er verkenne durchaus nicht die Richtigkeit der militärischen Gründe, die Bismarck und Moltke veranlaßten, diese Politik bei ihm durchzusetzen, aber er allein habe die Verantwortung für einen solchen Krieg zu tragen. ‚Deshalb warte ich,‘ schloß der König, ‚bis alle Mittel friedlicher Verständigung erschöpft sind, um dann im Interesse und zur Ehre Preußens das Schwert zu ziehen.‘"[39] Und etwa zeitgleich schrieb Wilhelm seinem Sohn, „wer kann Krieg *wünschen.* Es gibt Verhängnisse, wo man ihm nicht ausweichen kann, wo alle Mittel, ihm auszuweichen, erschöpft sind. Noch sind nicht alle Mittel erschöpft."[40]

Der erste Hohenzollernkaiser war nie ein Pazifist. Zwar erklärte er der Queen, „welcher Mensch, der sich einen christlichen nennt, wird und darf leichtsinnig einen Krieg anzünden!"[41] Und seiner Schwester Alexandrine versicherte Wilhelm, er „dränge wahrhaftig" nicht „zum Kriege, da ich *alle* seine möglichen Folgen kenne und berech-ne!"[42] Aber weder vor noch nach 1866 ließ er sich in außenpolitischen Konfliktfra-gen je von möglichen „Gewissensgründen" leiten. Entscheidend war für ihn vor allem die öffentliche Handlungsebene. Bismarck sollte dieses vermeintliche „Popularitäts-bedürfniß" seines Souveräns noch in den *Gedanken und Erinnerungen* kritisieren.[43] Doch seit 1848 war der Handlungsspielraum traditioneller Kabinettspolitik graduell geschrumpft. Kriege mussten in der Öffentlichkeit glaubhaft legitimiert werden. Und auf einen Solidaritätsdruck nach innen und außen war nur dann zu hoffen, wenn es gelang, den Gegner überzeugend als Aggressor zu inszenieren. Russland war 1854 mit diesem Dilemma konfrontiert worden. Österreich war 1859 in die von Paris und Turin gelegte Eskalationsfalle getappt. Wilhelm hatte diese Politik in beiden Fällen unverhohlen kritisiert. Und 1866 war er nicht gewillt, einen ähnlichen Fehler zu begehen. Denn in der deutschen Öffentlichkeit war ein „Bruderkrieg" zwischen Preußen und Österreich alles andere als populär.

Sowohl Liberale als auch Konservative kritisierten die preußische Eskalationspo-litik.[44] Schweinitz berichtet in seinen Memoiren, „bei einem Gang durch die Straßen Berlins und in Gesprächen mit Bekannten, denen ich begegnete, empfing ich ver-schiedenartige Eindrücke, nur in einem Punkte stimmten sie überein, nämlich darin, daß der Krieg gegen Österreich unpopulär sei. Die Liberalen wollten ihn nicht, weil sie

---

39 Loe, Erinnerungen, S. 84–85.
40 Wilhelm an Friedrich Wilhelm, 29. März 1866. Steglich (Hrsg.), Quellen, Bd. 2, S. 75.
41 Wilhelm an Queen Victoria, 13. April 1866. Ebd., S. 83.
42 Wilhelm an Alexandrine, 9. April 1866. Schultze (Hrsg.), Briefe an Alexandrine, S. 101.
43 NFA, IV, S. 224.
44 Vgl. Zechlin, Reichsgründung, S. 113–114; Schoeps, Kaiserreich, S. 104–120; Nipperdey, Bürgerwelt, S. 782–783; Jahr, Blut und Eisen, S. 105–108.

fürchteten, ein kriegerischer Erfolg werde Bismarcks Herrschaft befestigen; [...] die Konservativen gaben die Hoffnung auf eine Verständigung noch immer nicht auf; in der Armee und namentlich im Offizierkorps der Garde fehlte es an aller und jeder Kampfbegier."[45] Wie bereits 1850 lehnten die Hochkonservativen einen Bruch mit Österreich und eine Politik in Richtung Nationalstaat entschieden ab.[46] Ernst Ludwig von Gerlach will im Mai gegenüber Bismarck sogar von einem „tiefverderblichen Krieg" gesprochen haben.[47] Beispielhaft für das liberale Parteienspektrum schimpfte der hannoverische Jurist Rudolf von Jhring im selben Monat, „mit einer solchen Schamlosigkeit, einer solchen grauenhaften Frivolität ist vielleicht noch nie ein Krieg angezettelt wie der, den Bismarck gegenwärtig gegen Österreich zu erheben sucht."[48] Und der Fortschrittsabgeordnete Franz Ziegler berichtete, dass ihm mehrere Personen „in einer großen Gesellschaft" beteuert haben sollen, „lieber durch Croaten bestohlen sein zu wollen, als länger durch dies Ministerium."[49] Am 7. Mai wurde Bismarck in der Hauptstadt auf offener Straße sogar Opfer eines Attentatsversuchs. Ferdinand Cohen-Blind, ein badischer Student, schoss aus nächster Nähe mit einem Revolver auf den Ministerpräsidenten, der jedoch unverletzt blieb. Der Attentäter erklärte nach der Festnahme, er habe mit Bismarcks Tod den drohenden Krieg verhindern wollen.[50] Es war nicht der erste Vorfall dieser Art. Bereits am 28. April war scheinbar auch Wilhelm zur Zielscheibe eines Attentats geworden. Laut dem Journal des diensthabenden Adjutanten Gustav von Stiehle soll „ein geistesgestörter jüdischer Literat Sklov" mit einem nicht näher beschriebenen Gegenstand nach dem König geworfen haben, bevor er von einem Passanten überwältigt und schließlich von der Polizei verhaftet wurde.[51] Weder über Sklov noch sein genaues Motiv ist mehr bekannt. Dieser Vorfall schien vor der Öffentlichkeit geheim gehalten worden zu sein. Jedenfalls konnte der Berliner Hof mit Blick auf die Antikriegsstimmung kaum daran interessiert gewesen sein, dass über ein Attentat auf den König berichtet wurde.

Bismarck schien durch die öffentliche Erregung nicht beunruhigt gewesen zu sein. Gegenüber Goltz argumentierte er etwa Ende März, „die ganze Aufregung und Opposition im Lande halte ich für eine oberflächliche [...]. Im Moment der Entscheidung stehn die Massen zum Königtum, ohne Unterschied, ob letzteres sich gerade einer liberalen oder einer konservativen Strömung hingibt."[52] Dagegen klagte Wilhelm seinem

---

45 Schweinitz (Hrsg.), Denkwürdigkeiten, Bd. 1, S. 203–204.

46 Vgl. Kraus, Ernst Ludwig von Gerlach, Bd. 2, S. 794–810; Bussiek, Kreuzzeitung, S. 197–201.

47 Tagebuch E. L. v. Gerlach, 30. Mai 1866. Diwald (Hrsg.), Nachlaß, Bd. 1, S. 479–480.

48 Jhering an Glaser, 1. Mai 1866. [Rudolf von Jhering], Rudolf von Jhering in Briefen an seine Freunde, Leipzig 1913, S. 196.

49 Ziegler an Rodbertus, 18. Mai 1866. Ludwig Dehio (Hrsg.), Die preußische Demokratie und der Krieg von 1866. Aus dem Briefwechsel von Karl Rodbertus und Franz Ziegler, in: FBPG 39 (1927), S. 229–259, hier: S. 250.

50 Vgl. Volker Ullrich, Fünf Schüsse auf Bismarck. Ferdinand Cohen-Blind und das Attentat vom Mai 1866, in: ders., Fünf Schüsse auf Bismarck. Historische Reportagen, München 2002, S. 40–48.

51 Adjutantenjournal (Gustav von Stiehle), 28. April 1866. GStA PK, BPH, Rep. 51 F III, Nr. 1, Bd. 3, Bl. 130.

52 Bismarck an Goltz, 30. März 1866. GW, Bd. 5, S. 429.

Ministerpräsidenten am 11. April, „die Volks Agitationen gegen den Krieg nehmen doch eine sehr unangenehme Dimension an!"[53] Bereits am 2. April hatte er in einer stichpunktartigen Denkschrift bemerkt, dass ein Waffengang „*noch* bei uns sehr wenig populair ist."[54] Als der König im Februarkonseil befohlen hatte, einen möglichen Krieg vorzubereiten, galt dies auch mit Blick auf den Casus belli. Seitdem war es Bismarck nicht gelungen, die Öffentlichkeit für einen Waffengang zu gewinnen. Stattdessen war Preußen sogar überall als Aggressor verschrien. Und ohne legitimen Kriegsgrund wagte es Wilhelm nicht, den Rubikon zu überschreiten. So forderte die österreichische Regierung am 7. April Preußen offiziell zur Abrüstung auf. Zwar signalisierte der Berliner Hof am 15. April seine Bereitschaft zur Deeskalation. Aber von Österreich wurde verlangt, zuerst die Rüstungsmaßnahmen rückgängig zu machen. Diese diplomatische Note hatte auf königlichen Befehl dreimal umgeschrieben werden müssen. Denn „je ruhiger und würdiger die Antwortet lautet, je mehr stellen wir uns in Vorteil", argumentierte Wilhelm.[55] Für Bismarck war das aber zu viel Vorsicht. Gegenüber Bernhardi soll der Ministerpräsident am 24. April über den König geklagt haben, „seine passive Zustimmung genügt mir nicht!"[56] Doch für den König stand nie außer Frage, *ob* ein Krieg gegen Österreich politisch geboten sei. Der Herrscher verlangte von seinem Ministerpräsidenten aber einen Kriegsgrund, der auch *auf der öffentlichen Ebene* überzeugend vermittelt werden konnte. Schließlich ging es um nichts Geringeres als die Deutsche Frage. Was Wilhelm und Bismarck trennte, war keine politische Grundsatzfrage, sondern lediglich die Strategieperspektive. Denn beide Männer waren bereit, den Kalten Krieg mit Österreich heiß werden zu lassen.[57] Das schien auch Roon bemerkt zu haben. Kultusminister Mühler notierte am 21. April, „Bismarck ist mit der Situation nicht zufrieden; der König sei zu weich; es könne doch alles nicht helfen, ohne Krieg mit Oesterreich komme man zu keinem Ziele, darum lieber früher als später. Roon sagt, daß er den König keineswegs *weich* finde, unsere Haltung sei durchaus würdig."[58] Und im Gespräch mit Bernhardi soll der Kriegsminister drei Tage später erklärt haben, es sei „vollkommen unbegründet, was man von einer Meinungs-Verschiedenheit zwischen dem König und Bismarck, ‚zwischen Herrn und Diener vermuthet.' Der König ist vollkommen einverstanden mit Herrn v[on] Bismarck."[59] Wie bereits im Vorfeld des Deutsch-Dänischen Krieges waren sich Monarch und Ministerpräsident einig darüber, *wohin* sie wollten. Ein Friktionspunkt existierte lediglich in der Frage, *wie* sie dorthin gelangen könnten.

Aber das war nicht das Bild, das Außenstehende von den Verhältnissen am Berliner Hof gewannen. Sie waren überzeugt, dass der entscheidungsschwache König unter dem

---

53 Wilhelm an Bismarck, 11. April 1866. AGE, Bd. 1, S. 135.

54 Aufzeichnungen Wilhelms, 2. April 1866. APP, Bd. 7, S. 53.

55 Bismarck an Werther (mit Handbillet des Königs), 15. April 1866. GW, Bd. 5, S. 452–454.

56 Tagebuch Bernhardi, 27. April 1866. Bernhardi (Hrsg.), Aus dem Leben, Bd. 6, S. 297.

57 Vgl. Showalter, German Unification, S. 149.

58 Tagebuch Mühler, 21. April 1866. Mühler (Hrsg.), Kultusminister, S. 147.

59 Tagebuch Bernhardi, 24. April 1866. Bernhardi (Hrsg.), Aus dem Leben, Bd. 6, S. 291.

wechselnden Einfluss einer Friedenspartei und einer Kriegspartei stehen würde. Nur so konnten sie sich erklären, weshalb die preußische Politik von einem Bruch mit Österreich sprach, ohne sofort Soldaten ins Feld zu schicken. So berichtete der russische Gesandte in Berlin am 2. April, Wilhelm „veut paix. Mais on cherche à le circonvenir et à l'entraîner."[60] Am selben Tag ließ Govone den Turiner Hof wissen, „Herr v[on] Bismarck übt wirklich Einfluß auf den König aus, aber dieser wird auch von anderen, rastlos arbeitenden Einflüssen getrieben."[61] Am 13. April schrieb Montgelas nach München, der Herrscher würde „zwischen den auf den Krieg treibenden Expedimenten des Ministerpräsidenten und den entgegenstehenden Ratschlägen" einer „stets wachsende[n] Friedens-,Partei'" um die Königin und das Kronprinzenpaar schwanken. Bis etwa 17.00 Uhr würde Bismarck nicht von der Seite des Monarchen weichen. „Von der eben bezeichneten Tageszeit an dagegen sollen die entgegengesetzten Einflüsse – und auch diese nicht ohne sichtliche Wirkung auf das Gemüt des Königs – vornehmlich dadurch zur Geltung gelangen, daß die Königin Augusta dafür Sorge trage, nur solche Personen zur Tafel und später zum Tee einzuladen, die von den unabsehbaren und jedenfalls für Preußen unheilbringenden Folgen des Ausbruchs eines Bruderkrieges in Deutschland in täglich eindringlicher Weise warnten."[62] Und der französische Journalist Jacques Bilbort erzählte nach einer Unterredung mit Bismarck im selben Monat, „der Ministerpräsident, so sagt man in Berlin, muß jeden Morgen beim König den Uhrmacher spielen, der die abgelaufene Uhr wieder aufzieht."[63]

Wieder einmal wurde Wilhelm unterstellt, unter dem Pantoffel seiner Ehefrau zu stehen. Aber auch anno 1866 fand Augusta am Berliner Hof kaum politisches Gehör. Ihrem Bruder erklärte sie am 3. April, „plus que jamais je déplore mon isolement moral et intellectuel! [...] Ma tâche est simplifiée dans ce sens que je n'ai qu'un but – la paix – et qu'une possibilité – la soummission passive – à défaut d'influence, de soutien et de pouvoir."[64] Kübeck berichtete am 11. April nach Wien, dass sich die Königin „tief betrübt und aufgeregt über die gegenwärtige, durch die gefährliche Politik des Gr[afen] Bismarck geschaffene Lage geäußert und wenig Hoffnung auf Änderung derselben gezeigt habe."[65] Wie die Kronprinzessin am 9. Mai nach London schrieb, soll sich ihre Schwiegermutter zudem erratisch verhalten haben, „the Queen [...] was so irritated and excited that she vented it on whoever came near her and especially on me, and every time I saw her I have been quite ill after – my knees shaking and my pulse galloping."[66] Am selben Tag verließ Augusta die preußische Hauptstadt trotz der Kriegsgefahr, um in Baden ihren traditionellen Sommerurlaub zu verbringen. Allein dieser Umstand legt nahe, dass der Monarchengattin die Grenzen ihres politischen Einflusses bewusst wa-

---

60 Oubril an Gortschakow, 2. April 1866. APP, Bd. 7, S. 54.
61 Govone an La Marmora, 2. April 1866. Govone (Hrsg.), General Govone, S. 208.
62 Montgelas an Ludwig II., 13. April 1866. Steglich (Hrsg.), Quellen, Bd. 2, S. 87–88.
63 Aufzeichnungen Bilborts, 4./5. Juni 1866. GW, Bd. 7, S. 123.
64 Augusta an Carl Alexander, 3. April 1866. Steglich (Hrsg.), Quellen, Bd. 1, S. 255.
65 Kübeck an Mensdorff-Pouilly, 11. April 1866. QdPÖ, Bd. 5, S. 463.
66 Victoria an Queen Victoria, 9. Mai 1866. Fulford (Hrsg.), Dear Letter, S. 73.

ren. Sie war jedenfalls nicht bereit, in Wilhelms Umgebung den Platzhirsch zu spielen, um so vielleicht den Krieg zu verhindern. Aus Baden klagte sie ihrem Ehemann sogar, wie „leid ist es mir, daß Du jetzt nicht die auswärtige Auffassung, die ich Dir täglich vorlesen konnte, hörst und daß namentlich der verhängnißvolle Einfluß der allwärts stattfindenden Verluste Dir nicht eine Handhabe darbieten kann, um den Kriegseifer anderer zu beschwichtigen."[67] Aber Augusta war nicht die einzige Stimme in Wilhelms Umgebung, die in der bellizistischen Hofatmosphäre kein Gehör fand. Auch dem politisch kaltgestellten Thronfolger war es unmöglich, auf seinen Vater Einfluss auszuüben.[68] Der Großherzog von Baden berichtete, dass sein Schwiegervater „jede Äußerung des Kronprinzen für eine vorgefaßte Meinung hält und daher letzterer in der Unmöglichkeit ist, eine vermittelnde, mildernde Wirkung auf die Ansichten des Königs zu üben."[69] Alexandrine mahnte ihren Bruder, „ein Bruderkrieg wäre das Fürchterlichste, was man sich denken kann, es wäre unerhört und, wenn Deutschland sich nun recht zerfleischt hätte, wie würde Frankreich sich freuen."[70] Ernst II. warf dem König vor, er wolle „das friedliche Deutschland in ein Schlachtfeld [...] verwandeln."[71] Und sogar der abgedankte Ludwig I. von Bayern schrieb dem preußischen Herrscher, „ein ungerechter Krieg ist etwas *Gräßliches* in dieser Welt, *gräßlicher* noch dessen Verantwortung in der Ewigkeit."[72] Solche Worte und Warnungen mochten Wilhelm darin bestärken, ohne legitimen Casus belli keinen Krieg zu beginnen. Aber sie hatten keinen nachweisbaren Einfluss auf seine politische Agenda. Und diese Agenda ließ sich nur mit einem Waffengang realisieren.

Diesen Umstand reflektierte Bismarck deutlicher als alle anderen Stimmen in der Umgebung des Königs. Anders als seine vielen Kritiker und Gegner fand der Ministerpräsident stets Wilhelms politisches Gehör. Denn er sagte seinem Souverän genau das, was dieser in der Außenpolitik und Innenpolitik hören wollte. Im Frühjahr 1866 mochte sich am Berliner Hof fast Alles um den möglichen Krieg mit Österreich drehen. Aber im Hintergrund schwebte immer noch der ungelöste Verfassungskonflikt. Im Januar war das Abgeordnetenhaus zu lediglich elf Sitzungen einberufen worden. Es war die kürzeste Session der preußischen Parlamentsgeschichte. Und wieder hatten die Verhandlungen kein Ergebnis erzielt. Die Opposition hatte sogar zum ersten Mal die feierliche Landtagsschließung boykottiert. Am 9. Mai wurde das Abgeordnetenhaus schließlich aufgelöst.[73] Laut dem Kronprinzen sollen die Minister seinem Vater erklärt haben, „man erwarte unterm Eindruck der gegenwärtigen Begebenheiten Wahlen anderer Art

---

67 Augusta an Wilhelm, 11. Mai 1866. Steglich (Hrsg.), Bd. 2, S. 100.

68 Vgl. Tagebuch Friedrich Wilhelm, 17. März 1866. Meisner (Hrsg.), Tagebücher, S. 545; Hatzfeld-Weisweiler an Mensdorff-Pouilly, 17. März 1866. QdPÖ, Bd. 5, S. 313.

69 Friedrich I. an Gelzer, 2. April 1866. Oncken (Hrsg.), Briefwechsel, Bd. 1, S. 498.

70 Alexandrine an Wilhelm, 6. April 1866. Schultze (Hrsg.), Briefe an Alexandrine, S. 101.

71 Ernst II. an Wilhelm, 21. März 1866. Glaser (Hrsg.), Fürstliche Gegner, S. 12–13.

72 Ludwig I. an Wilhelm, 30. April 1866. Steglich (Hrsg.), Quellen, Bd. 1, S. 90.

73 Vgl. Löwenthal, Verfassungsstreit, S. 259–271; Pflanze, Bismarck, Bd. 1, S. 322–324.

und Abgeordnete, welche opferbereiter sein würden als die bisherigen!"[74] Dieser *innere* Konflikt war alles andere als unbedeutend für den *äußeren* Konflikt. So bemerkte Károlyi Ende März, „Gr[af] Bismarck hat sich für die dem König so sehr ans Herz gewachsene, hinsichtlich der inneren Politik befolgte Politik unentbehrlich zu machen gewußt, und man muß in der Tat eingestehen, und S.M. teilt gewiß dieses Gefühl, daß er *allein* das dornige Werk fortzusetzen imstande ist. *Kein* preußischer Staatsmann würde eine solche Erbschaft antreten, um die innere Politik, in demselben Sinne fortzusetzen. Dieses verhängnisvolle Band kettet den König an seinen Minister weit mehr als die auf dem Felde der äußeren Politik ersehnten Ziele, und bei der alle anderen Rücksichten dominierenden Wichtigkeit, welche S.M. der inneren Verfassungsfrage beilegt, wird die Freiheit der Entschließungen des Königs moralisch gelähmt."[75] Und ähnlich berichtete Anfang April auch Govone über Bismarck, „um zu seinem Ziele zu gelangen, arbeitet er seit drei Jahren mit einer solchen Hartnäckigkeit und bewundernswerter Geschicklichkeit, daß er dem Könige für seine innere Politik ganz unentbehrlich geworden ist."[76]

Mit dem Verfassungskonflikt hatte Bismarck Wilhelms Vertrauen gewonnen. Aber erst die Eigendynamik der Eskalationsspirale 1866 bot ihm die Möglichkeit, seinen politischen Gestaltungsraum nennenswert zu erweitern. Denn jeder Eskalationsschritt, den der König sanktionierte, band ihn enger an seinen Ministerpräsidenten. Aber trotzdem besaß Bismarck nicht die Macht, seinen Souverän zu dirigieren, wie ihm wiederholt unterstellt wurde. Der spätere Kanzler mochte 1866 eine der gewichtigsten Stimmen in Wilhelms Umgebung gewesen sein. Den Zugang zum Herrscher konnte er allerdings nicht kontrollieren. Zwar legen manche Quellen nahe, dass er zumindest versuchte, die offiziellen Informationen zu regulieren, die ihren Weg auf den königlichen Schreibtisch fanden. So berichtete etwa Károlyi im April, Bismarck wisse Wilhelms „Gefühle ununterbrochen aufzustacheln durch Unterbreitung feindlicher Preßartikel, welche er der Inspiration der kaiserl[ichen] Regierung zuschreibt."[77] Und Anfang Mai will Dalwigk am Darmstädter Hof vom Kronprinzen erfahren haben, eine „wichtige österreichische Depesche, worin Österreich sich erboten habe, gleichzeitig, ja noch vor Preußen abrüsten zu wollen, wenn dieses die Hand zu einer Entwaffnung biete, habe Bismarck dem Könige einfach unter einen Stoß anderer minderer wichtiger Depeschen geschoben."[78] Doch Bismarcks ministerielle Kompetenzen endeten spätestens an der Tür zu Wilhelms Gesprächszimmern. Als beispielsweise Goltz Ende März von Paris nach Berlin reiste, will er „dort natürlich von jeder der beiden Parteien stark bearbeitet" worden sein, „indem ich so ziemlich in der Lage war, bei dem Könige wenigstens momentan den Ausschlag zu geben. Die eine (Königin, Kronprinz, Schleinitz) beschworen mich, mit verschiedenen Männern einen Weg ausfindig zu machen, um den Krieg zu vermeiden. Bismarck, dem alle seine Kollegen blind folgten, sowie die Militairs ein-

---

74 Tagebuch Friedrich Wilhelm, 10. Mai 1866. Meisner (Hrsg.), Tagebücher, S. 422.
75 Károlyi an Mensdorff-Pouilly, 31. März 1866. QdPÖ, Bd. 5, S. 402.
76 Govone an La Marmora, 6. April 1866. Govone (Hrsg.), General Govone, S. 213.
77 Károlyi an Mensdorff-Pouilly, 15. April 1866. QdPÖ, Bd. 5, S. 493.
78 Tagebuch Dalwigk, 9. Mai 1866. Schüßler (Hrsg.), Tagebücher, S. 211–212.

schließlich des völlig kriegerisch gewordenen Manteuffel erwarteten, daß ich den König zum Kriege ermutigen würde."[79] Wilhelm war bereit, diesen Krieg zu führen. Aber erst musste ihm sein Ministerpräsident einen legitimen Casus belli präsentieren.

Am 9. April stellte die preußische Regierung in Frankfurt am Main den Antrag auf eine Bundesreform. Damit gelang Bismarck in der Kriegsgrundfrage ein entscheidender Schritt nach vorne. Der Reformplan war eine neue Variation der Bernstorff-Note und berief sich auf die 1863 von Berlin vorgelegten Projekte. Aber erstmals forderte Berlin die Wahl eines Nationalparlaments auf Basis eines *direkten* und *allgemeinen*, wenn auch nicht explizit *gleichen* Wahlrechts. Doch der Antragstext legte eine demokratische Wahlrechtinterpretation mehr als nahe.[80] Unweigerlich drängt sich die Frage auf, wie es dem späteren Kanzler gelungen sein mochte, Wilhelm für diesen radikalen Schritt zu gewinnen. Darüber sinnierten bereits die Zeitgenossen. Károlyi etwa schrieb am 14. April über den „in Frankfurt gemachten Schritte Preußens [...], daß S.M. sich allerdings eine vage Rechenschaft über die hegemonische Tendenz dieses Vorgehens und über das Engagement, welches Preußen in dieser Richtung öffentlich eingegangen ist, gegeben haben dürfte; doch glaube ich, daß er diesen Schritt hauptsächlich vom Gesichtspunkte der ihm *allein* am Herzen liegenden Idee der militärischen Führung Preußens in Norddeutschland auffaßt, während alle anderen an sozialen, politischen, staatlichen, ja dynastischen Interessen rüttelnden Elemente des preußischen Antrags vom Gr[afen] Bismarck dem Könige wohl verschleiert vorgetragen, von S.M. auch nicht entfernt in ihrer ganzen Tragweite beurteilt worden sind."[81] Auch in der älteren Forschung wurde diese Frage diskutiert. Doch aufgrund mangelnder eindeutiger Quellen konnte sie nie zufriedenstellend beantwortet werden.[82] Spätere Historikergenerationen ignorierten das Thema hingegen einfach. Für sie schien nur interessant gewesen zu sein, wie der „Eiserne Kanzler" zum Paulskirchenwahlrecht gefunden hatte. Dass sein königlicher Souverän bei dieser Frage mehr als ein Wörtchen mitzureden hatte, fand bestenfalls nebensätzlich Erwähnung.[83]

Für Bismarck war das demokratische Wahlrecht ein Instrument, mit dem potentiell die liberalen Eliten geschwächt und die konservative Landbevölkerung gestärkt werden konnte. Das hatte er bereits im Kontext des Verfassungskonflikts argumentiert. Auf Bundesebene hoffte er mit dieser Strategie, die Nationalbewegung für die preußische Deutschlandpolitik zu mobilisieren. Gleichzeitig sollte die Wahlrechtsfrage den Wiener Hof und dessen Verbündete bewusst provozieren. Dadurch hätte die preußische Regierung endlich einen legitimen Casus belli für einen populären Krieg finden können. Und für die Zeit nach der Neuordnung Deutschlands spekulierte der Ministerpräsident darauf, das demokratische Nationalparlament als Gegengewicht zum dynastischen

---

79 Goltz an Bernstorff, 26. März 1866. Stolberg-Wernigerode (Hrsg.), Goltz, S. 424.
80 Der Text des preußischen Reformantrags findet sich in: QGDB, III/Bd. 4, S. 919–925.
81 Károlyi an Mensdorff-Pouilly, 14. April 1866. QdPÖ, Bd. 5, S. 486–487.
82 Vgl. Erich Brandenburg, Untersuchungen und Aktenstücke zur Geschichte der Reichsgründung, Leipzig 1916, S. 464; GW, Bd. 5, S. 456; Becker, Bismarcks Ringen, S. 172–173.
83 Vgl. Pflanze, Bismarck, Bd. 1, S. 312–313.

Partikularismus nutzen zu können. Der institutionelle Druck der Volksvertretung sollte verhindern, dass die Mittel- und Kleinstaaten im Nationalstaat wieder anfangen würden, Triaspläne zu schmieden.[84] Nach der Reichsgründung sollte Bismarck allerdings feststellen, dass er sich gründlich verschätzt hatte. Denn die Bundesfürsten arrangierten sich schnell mit ihren neuen Rollen in der zweiten Reihe hinter dem Hohenzollernkaisertum.[85] Dagegen forderte der Reichstag die monarchische Regierung kontinuierlich heraus.[86] Im Jahr 1883 soll der Kanzler schließlich seinem Arzt Eduard Cohen geklagt haben, „daß er [...] die große Gefahr für Deutschland in den Dynastien gesucht hatte, aber nie geglaubt hatte, daß sie im Parlament säße. – Mit den Dynastien sei er jetzt ganz zufrieden. Der Reichstag lähme jede Aktion."[87]

Aber anno 1866 konnte weder Bismarck noch Wilhelm diese Entwicklung voraussehen. Und mehrere Quellen legen nahe, dass auch der König hoffte, mit dem demokratischen Aprilcoup zukünftige zentrifugale Fürstenintrigen zu neutralisieren. Schweinitz erzählt in seinen Memoiren, dass ihm der Monarch am 9. April erklärt haben soll, „welche Forderungen er an die deutschen Fürsten stellen müsse; er wolle ihre Souveränität möglichst schonen, könne aber nicht umhin, gewisse Zugeständnisse für die Bundesreform zu verlangen, vor allem aber müsse er bestimmte Antworten haben. ‚Wenn sie sich dann gegen mich erklären,' sagte der König, ‚dann werden sie verschluckt.'"[88] Ähnlich hatte Wilhelm den Coburger Herzog bereits am 26. März wissen lassen, „wer mit mir gehet, wird nie etwas von Preußen zu besorgen haben, trotz dem seit einundfünfzig Jahren bestehenden cauchemar, daß Preußens drei Könige nur auf die Annexion seiner Nachbarn ausgehn!! Wenn auch eine Bundesreform namentlich für Norddeutschland nötig scheint, [...] so ist dies niemals Annexion."[89] Und seiner Schwester schrieb er am 23. April, der „Zug, den wir in F[rankfurt] a. M. getan haben, erschreckt alle Konservativen, weil niemand noch unsern Plan über das Wahlgesetzt zum Parlament, noch unsern Reformplan kennt; über beides aber, glaube ich, wird man sehr befriedigt sein, wenn wir damit hervortreten werden. Einzelne Opfer müssen ge-

---

84 Vgl. Theodore S. Hamerow, The Origins of Mass Politics in Germany 1866–1867, in: Imanuel Geiss/ Bernd Jürgen Wendt (Hrsg.), Deutschland in der Weltpolitik des 19. und 20. Jahrhunderts, Düsseldorf ²1974, S. 105–120; Kaernbach, Bismarcks Konzepte, S. 217–225.

85 Vgl. Helmut Reichold, Bismarcks Zaunkönige. Duodez im 20. Jahrhundert. Eine Studie zum Föderalismus im Bismarckreich, Paderborn 1977; Martin Otto, Revolution auf Raten. Das Ende der Monarchie in den deutschen Kleinstaaten als politischer Prozess, in: Stefan Gerber (Hrsg.), Das Ende der Monarchie in den deutschen Kleinstaaten. Vorgeschichte, Ereignis und Nachwirkungen in Politik und Staatsrecht 1914– 1939, Wien/Köln/Weimar 2018, S. 85–108; Frank Lorenz Müller, Symptomatisch für den Niedergang des Bismarck-Reiches? Die leise Entkrönung der kleineren deutschen Königreiche im November 1918, in: Holger Afflerbach/Ulrich Lappenküper (Hrsg.), 1918. Das Ende des Bismarck-Reiches?, Paderborn 2021, S. 79–99.

86 Vgl. Andreas Biefang, Die andere Seite der Macht. Parlament und Öffentlichkeit im „System Bismarck" 1871–1890, Düsseldorf 2009.

87 Aufzeichnungen Cohens, 14. Dezember 1883. GW, Bd. 8, S. 497.

88 Schweinitz (Hrsg.), Denkwürdigkeiten, Bd. 1, S. 215.

89 Wilhelm an Ernst II., 26. März 1866. Glaser (Hrsg.), Fürstliche Gegner, S. 14.

bracht werden, wenn man etwas *Besseres* will, und da wird es sich zeigen, ob hinter dem *Geschrei* nach Besserem auch Opferwilligkeit steht oder ob der Partikularismus die Oberhand behält."[90] Diese Quellen belegen, dass Wilhelm seine monarchischen Kollegen nach wie vor als das Haupthindernis auf dem Weg zu einer preußischen Lösung der Deutschen Frage sah. Das Paulskirchenwahlrecht mochte ein radikaler Versuch gewesen sein, dieses Hindernis zu überwinden. Aber es kann argumentiert werden, dass dies lediglich der logische nächste Schritt nach den Bundesreformnoten von 1861 und 1863 war. Jedenfalls argumentierte Wilhelm am 7. April in einem Brief an Carl Alexander, „was ich für Deutschlands Wohl unumgänglich nötig halte, habe ich durch Bernstorffs Note damals aussprechen lassen, und dies Ziel wird einst erreicht werden müssen, wenn überhaupt Deutschland noch etwas gelten soll."[91] Dem Kronprinzen soll er zwei Tage später gesagt haben, der neue Antrag „sei die bloße Fortsetzung des durch den Schleswig-Holsteinschen Krieg unterbrochenen Bundesreformwerkes!"[92] Und dem Zaren versicherte er am 26. April, „l'oeuvre de la réforme [...] est inévitable", aber „je n'ai pas eu l'intention de gratifier l'Allemagne du régime parlamentaire."[93] Auch sind keine Quellen überliefert, die von einem Konflikt zwischen Wilhelm und Bismarck über die Wahlrechtsfrage berichten. Lediglich Govone will am 10. April vom späteren Kanzler erfahren haben, „als er mit dem Könige darüber gesprochen habe, sei ihm von Sr. Majestät erwidert: ‚*Aber das ist ja die Revolution, was Sie mir vorschlagen!*' Er (der Ministerpräsident) habe darauf geantwortet: ‚*Was kann Er. Majestät daran gelegen sein, wenn Er. Majestät bei dem allgemeinen Schiffbruch auf einem von Wasser nicht überfluteten Felsen stehen, auf dem Alle, die nicht untergehen wollen, Rettung suchen müssen?*'"[94] Es ist jedenfalls bezeichnend, dass Bismarck auch in späteren Jahren nicht von einem Streit mit Wilhelm über diese Frage sprechen sollte. Denn der erste deutsche Reichskanzler war sonst nie verlegen, angebliche Konflikte mit seinem kaiserlichen Herrn zu kolportieren, aus denen er als großer Sieger hervorgegangen sein will.

Letztendlich ging die preußische Eskalationsstrategie am Bundestag allerdings nur bedingt auf. Für Österreich sowie die Mittel- und Kleinstaaten war der Reformantrag unannehmbar. Aber durch ihre Ablehnung waren sie gezwungen, in der Wahlrechtsfrage öffentlich Farbe zu bekennen. Dabei schienen nur wenige Frankfurter Delegierte die Brisanz der neuen preußischen Note reflektiert zu haben. Denn der Antrag wurde in bürokratischer Routine schnell ad acta gelegt. Ähnliche Provokationen war der Bundestag vom Berliner Hof seit 1858 zur Genüge gewöhnt.[95] Die preußische Regierung hatte es jedoch erfolgreich geschafft, „einen Sprengsatz am Gebäude des Deutschen Bundes"

---

90 Wilhelm an Luise, 23. April 1866. Steglich (Hrsg.), Quellen, Bd. 2, S. 89 – 90.

91 Wilhelm an Carl Alexander, 7. April 1866. Schultze (Hrsg.), Weimarer Briefe, Bd. 2, S. 72.

92 Tagebuch Friedrich Wilhelm, 9. April 1866. Meisner (Hrsg.) Tagebücher, S. 419.

93 Wilhelm an Alexander II., 26. April 1866. Steglich (Hrsg.), Quellen, Bd. 2, S. 17.

94 Govone an La Marmora, 10. April 1866. Govone (Hrsg.), General Govone, S. 217.

95 Vgl. Srbik, Deutsche Einheit, Bd. 4, S. 349 – 351; Huber, Verfassungsgeschichte, Bd. 3, S. 518 – 519; Pollmann, Parlamentarismus, S. 42 – 44; Müller, Bund und Nation, S. 379 – 380.

anzubringen, wie Wolf Gruner argumentiert.[96] Allerdings gelang es dem Berliner Hof nicht, die Öffentlichkeit für seine Politik und somit auch für einen Krieg gegen Österreich zu gewinnen. Dafür hatten Wilhelm und Bismarck im Verfassungskonflikt einfach zu viel Sympathiepotential verspielt. Alle Versuche der preußischen Regierung, die Nationalbewerbung im Frühjahr 1866 auf ihre Seite zu ziehen, stießen ins Leere.[97] Und der sozialrevolutionäre Publizist Friedrich Engels spottete sogar, „kann man sich [...] etwas Possierlicheres denken, als daß derselbe Wilhelm, der Anno 1849 als Obergeneral die Reichsverfassung zu Grabe trug, sie jetzt wiedererwecken will oder vielmehr muß. Bismarck als Restaurator der ‚deutschen Grundrechte‘, das ist zu komisch.“[98]

Aber Österreich war mit dem Reformantrag unter neuen Druck gesetzt worden. Mensdorff-Pouilly drängte seinen kaiserlichen Souverän, dem Bundestag ein Gegenprojekt vorzulegen. Der Außenminister war sogar bereit, ebenfalls ein gewähltes Nationalparlament in Aussicht zu stellen. Doch Franz Joseph lehnte diesen vermeintlich revolutionären Schritt ab.[99] Dennoch gab es nach dem 9. April kein Zurück mehr zu einem Großmächtekonflikt, der in den Elbherzogtümern gelöst werden konnte. Der preußischen Regierung war es erfolgreich gelungen, die Schleswig-Holstein-Krise durch die neuaufgeworfene Deutsche Frage zu überlagern. Und damit rückte für Wilhelm ein legitimer Casus belli graduell näher. Seiner Ehefrau schimpfte er am 15. Mai, „Preußen kann tun, was es will, so tritt ihm Deutschland entgegen. Als ich ein liberales Ministerium nahm, schrie ganz Deutschland: ‚Verrat, nun wird Preußen uns verschlingen!‘ Seitdem ich ein konservatives Ministerium habe, schreien *dieselben* Leute *dasselbe* Lied! Daher können wir in Preußen nur den Weg suchen, der Preußen frommt. Wie richtig obiges Raisonnement ist, beweist recht klar unser Reformprojekt mit dem Parlament. Ein konservatives Ministerium schlägt die Sache vor, und das Geschrei ist so toll, als wäre es die Paulskirche selbst, die es vorschlägt! Man verlästert eine konservative Regierung, und sowie sie einen liberalen Akt vorschlägt, verlästert man sie noch mehr!“[100] Und einen Tag später erklärte er seinem Weimarer Schwager, es gäbe nur „ein Mittel“, einen Krieg zu verhindern, „und das ist, daß auf den Kaiser von Österreich mächtig, eindringlich, herzlich eingewirkt wird, in das Reformprojekt, wie ich es in Frankfurt a. M. vorgeschlagen habe, sauf des modifications einzugehen, d. h. franchement einzugehen.[101] Das war ein illusionärer Vorschlag. Franz Joseph wäre freiwillig nie bereit gewesen, der Hohenzollernmonarchie die Lösung der Deutschen Frage zu überlassen. Aber genauso wenig wollte Wilhelm von seinen unannehmbaren Maximalforderungen ablassen. Und damit wurde ein Krieg immer wahrscheinlicher.

---

96 Gruner, Deutscher Bund, S. 96.
97 Vgl. Gall, Bismarck, S. 351–352; Winkler, Weg nach Westen, Bd. 1, S. 174; Biefang, Reichsgründer, S. 138–139.
98 Engels an Marx, 16. Mai 1866. MEW, Bd. 31, S. 217.
99 Vgl. Clark, Franz Joseph, S. 450–451.
100 Wilhelm an Augusta, 15. Mai 1866. Steglich (Hrsg.), Quellen, Bd. 2, S. 111–112.
101 Wilhelm an Carl Alexander, 16. Mai 1866. Schultze (Hrsg.), Weimarer Briefe, Bd. 2, S. 74.

Der Weg in den Preußisch-Österreichischen Krieg, April bis Juni 1866: Die Sprengung des Deutschen Bundes

Mit dem Bundesreformantrag hatte die preußische Regierung der Habsburgermonarchie den Fehdehandschuh hingeworfen. Und der Wiener Hof zögerte nicht, die Herausforderung anzunehmen. Während in Frankfurt am Main über den Antrag verhandelt wurde, erreichten Franz Joseph Nachrichten, dass auch Italien zu rüsten begonnen hatte. Damit sah der Kaiser einem möglichen Zweifrontenkrieg entgegen. Am 21. April befahl er die Mobilisierung der österreichischen Südarmee gegen Italien. Sechs Tage später ließ er auch die Nordarmee gegen Preußen mobilisieren.[1] Mit diesen Schritten wurde der ohnehin geringe diplomatische Spielraum für beide Seiten noch einmal drastisch reduziert. Zwar unterlag der politische Entscheidungsprozess 1866 nicht wie 1914 der vermeintlichen Zwangslogik militärischer Aufmarschpläne. Aber die Kartentischperspektive war sowohl in Berlin als auch in Wien ein alles andere als unerheblicher Einflussfaktor. Die Generäle drängten darauf, den immer geringer werdenden Zeitvorteil zu nutzen, um dem Gegner auf dem Schlachtfeld zuvorzukommen.[2]

Einer dieser Militärs war Edwin von Manteuffel. Am 21. April ließ er Bismarck wissen, „ein Entwaffnen, ohne die Herzogtümerfrage im preußischen Sinne gelöst zu haben, würde von dem größten moralischen Rückschlage in den Herzogtümern, in Preußen [...], in der Armee sein. – Das Gefühl würde allgemein sein, der König gibt seine Politik auf die Herzogtümer auf, weil Österreich Ernst zeigt. Wie die Zeiten heute sind, so sind die Folgen hiervon unberechenbar und Olmütz würde unwillkürlich auf jeder Lippe sein."[3] Der Ministerpräsident leitete diesen Brief sofort an Wilhelm weiter.[4] Und Manteuffels Warnung erfüllte ihren gewünschten Effekt. Denn Wilhelm echauffierte sich gegenüber Bismarck, „Manteuffel übersiehet in seinem nervösen Brief, daß 1851 die *ganze* Armée mobil war, der Krieg war also fast déclarirt, wehrend wir jetzt, absichtlich, eine minime Kriegsbereitschaft defensiver Natur, wegen ähnlicher Herausforderung, aufstellten. 1851 wurden die Preußischen Ansprüche *fallen* gelassen. Wer hat denn an M[an]t[eu]ff[e]l gesagt, daß wir heute die jetzigen fallen lassen??" Im Kronrat „vom 28ten Februar" sei beschlossen worden, „daß wegen der Herzogthümer *allein*, der Krieg nicht zu endzünden sei, es müsse also der höhere Preis, die deutsche Frage, hineingezogen werden. [...] Da ist mir eingefallen, ob wir in dem Falle nicht das Prévénire spielen müßten, und nun selbst, *zum Erstenmale*, officiell die Forderung der Anection stellten?? Dies giebt natürlich Sturm [...]. Dann ist der Moment zur Mobilmachung da! der

---

1 Vgl. Clark, Franz Joseph, S. 384–388.
2 Vgl. Stadelmann, Moltke, S. 164–166; Hillgruber, Bismarcks Außenpolitik, S. 67; Engelberg, Bismarck, Bd. 1, S. 590–591; Clark, Preußen, S. 610–611; Showalter, German Unification, S. 147–149.
3 E. v. Manteuffel an Bismarck, 21. April 1866. GW, Bd. 5, S. 461.
4 Vgl. Bismarck an Wilhelm, 22. April 1866. Ebd., S. 462.

https://doi.org/10.1515/9783111323954-045

auch durch die Parlaments Discussion herbeigeführt werden dürfte??? [...] Sie mögen M[an]t[eu]ff[e]l diese Zeilen schreiben und ihm sagen, daß wenn *ein Preuße jetzt mir* Olmütz in die Ohren raunt, ich *sofort* die Regierung niederlege!"[5] Die Olmützkeule hatte gesessen. Bismarck jubelte gegenüber Manteuffel, der König sei „in einen prächtigen Zorn gerathen [...]. Sie haben die wunde Stelle fest berührt u[nd] der Erfolg zeigte glücklicher Weise, daß Leben u[nd] Gesundes darin war."[6] Roon soll laut Bernhardis Tagebucheinbtrag vom 24. April „*einen wahren Zorn-Ausbruch des Königs erlebt*" haben „*über die Berechnungen, die auf seine vorausgesetzte Schwäche speculiren.*"[7] Und der britische Gesandte berichtete am 28. April, „the situation is now very critical, more so than previously [...]. The King is much irritated against Austria, accuses Her of duplicity, of want of faith and is completely under the impressions given Him by Bismarck and His generals."[8]

Am 3. Mai beschloss Wilhelm in einer Kronratsitzung die Teilmobilisierung der preußischen Armee.[9] Laut Kultusminister Mühler soll der König dabei erklärt haben, er hätte diesen Eskalationsschritt bislang „abgelehnt, um nicht zu provoziren; die Schuld der Verzögerung treffe ihn allein."[10] Dieses vermeintliche Schuldeingeständnis war gleichzeitig eine politische Ansage. Denn indem Wilhelm explizit die Verantwortung für den zeitlichen Mobilisationsrückstand übernahm, betonte er implizit seine Stellung als zentraler Entscheidungsakteur und Oberster Kriegsherr. Auf seine Umgebung soll er in den Folgetagen jedenfalls nicht den Eindruck gemacht haben, als ob er Preußen auf dem Weg in eine militärische Katstrophe gesehen hätte. Schweinitz will im Gespräch mit dem Herrscher „keine Spur von Aufregung oder Geschäftigkeit" bemerkt haben. Vielmehr will er ihn „ruhig und heiter [...] wie immer" gefunden haben.[11] Von Ernst II. will Carl Alexander hingegen erfahren haben, dass der König innerhalb und außerhalb der Berliner Palastmauern zwei unterschiedliche Rollen spielen würde. Im Gespräch mit dem Coburger Herzog soll Wilhelm „heiter und wohl" gewesen sein. Er „weint nur, wenn er Reden hält; dies aber tut er viel, denn er begrüßt jedes Bataillon, das ankommt; auf dem Bahnhof begrüßt er die Truppen, läßt sie defiliren, haranguiert sie geistlos und – sonderbarerweise – dankt den Truppen, daß sie kommen, obgleich sein eigen Geheiß sie rief."[12] Diese vermeintlichen Verhaltensunterschiede können kaum überraschen. Auf der öffentlichen Bühne musste der Monarch eine gänzlich andere Rolle spielen als in Hinterzimmergesprächen. Das galt umso mehr für seine Auftritte vor den einberufenen Truppen. Denn mit dem Mobilisierungsbefehl war die äußere Krise für den Staat zu einer inneren Belastungsprobe geworden. Die Regierung drang plötzlich in das Privat-

---

5 Wilhelm an Bismarck, 23. April 1866. AGE, Bd. 1, S. 137–139.
6 Bismarck an E. v. Manteuffel, 25. April 1866. GW, Bd. 14/II, S. 712.
7 Tagebuch Bernhardi, 24. April 1866. Bernhardi (Hrsg.), Aus dem Leben, Bd. 6, S. 291.
8 Loftus an Clarendon, 28. April 1866. APP, Bd. 7, S. 152–154.
9 Vgl. Konseilprotokoll, 3. Mai 1866. Acta Borussica. Protokolle, Bd. 5, S. 247–248.
10 Tagebuch Mühler, 3. Mai 1866. Mühler (Hrsg.), Kultusminister, S. 148–149.
11 Schweinitz (Hrsg.), Denkwürdigkeiten, Bd. 1, S. 214.
12 Tagebuch Carl Alexander, 29. Mai 1866. Steglich (Hrsg.), Quellen, Bd. 1, S. 76.

leben der wehrpflichtigen Bevölkerung ein. Und die eingezogenen Männer schienen noch immer nicht gewusst zu haben, weshalb und wofür sie eigentlich zu den Waffen greifen sollten. Der *Europäische Geschichtskalender* berichtet, „als die Mobilmachung ausgesprochen war und die Landwehrleute eingekleidet werden sollten, kam es zu Scandalen und sogar offenen Widersetzlichkeiten, die mit Gewalt unterdrückt werden mußten. Und zwar traten diese Erscheinungen alle im Osten wie im Westen der Monarchie und so ziemlich, wenn auch in verschiedenem Grade und Umfange, in allen Provinzen derselben zu Tage. Soviel war wenigstens klar, daß das preußische Volk vielfach nichts weniger als mit freudiger Lust, theilweise offenbar geradezu mit Widerwillen in den Krieg zog.“[13] Diese Ereignisse dürften Wilhelms Sorgen über die öffentliche Missstimmung kaum verringert haben. Seinen Soldaten gegenüber musste er den Friedensmonarchen spielen, der gegen seinen Willen in einen Krieg hineingezogen wurde. Vor allem aber musste er der Öffentlichkeit endlich einen legitimen Casus belli präsentieren.

Die Frankfurter Opposition und die österreichischen Rüstungen rechtfertigten in Wilhelms Augen weitere Eskalationsschritte. Aber sie waren noch kein Kriegsgrund. Also versuchte er im Mai, seine monarchischen Kollegen in den Mittel- und Kleinstaaten einzuschüchtern. Er forderte sie auf, mit Österreich zu brechen und die preußische Bundesreform zu unterstützen. Andernfalls wollte er im Kriegsfall keine Garantien für Land und Krone geben. Dem König von Sachsen schrieb er etwa, dass ihm „nichts ferner liegt als eine Vergewaltigung meiner Nachbarn.“ Doch könne er sich „im gegenwärtigen Augenblicke des Eindrucks nicht verwehren [...], daß deutsche Fürsten, und unter ihnen leider selbst Du, bereit sind, die Absichten zu unterstützen, welche Östreich durch seine gänzlich unmotivirten Rüstungen und trotz aller Friedens Versicherungen, trotz der von mir bewahrten Ruhe und Zurückhaltung kund giebt, – so könnt Ihr es mir wahrlich nicht verargen, wenn ich zur Vertheidigung der Monarchie, die Gott mir anvertraut hat, auf der Hut bin.“[14] Gegenüber Ludwig I. erklärte er, „daß Deutschland gar keinen Beruf hat, in Mitleidenschaft des Kampfes zwischen Preußen und Öst[er]reich gezogen zu werden, sondern nur durch Neutralität seine richtige Stellung einzunehmen hat. Somit liegt es ebenso klar auf der Hand: *daß Deutschlands Verhalten in diesem Augenblicke über Krieg und Frieden entscheidet.*“[15] Auch der hessischen Prinzessin Alice schimpfte er, „ich begreife die Politik, die bei Euch getrieben, gar nicht. Das Allernatürlichste wäre ja, neutral mit ganz Deutschland zu bleiben. – Geschieht dies nicht und der Krieg bricht aus, dann hören alle Rücksichten auf! Ich [...] biete Euch jetzt die Hand zur Reform, wo wiederum die Einheit in der *Vielheit* garantiert wird. Dennoch schreit alles gegen mich! Da wird es bald Zeit sein, daß ich meinen eigenen Weg gehe.“[16] Aber diese Einschüchterungsversuche blieben erfolglos. Weder konnte er das Dritte Deutschland spalten,

---

13 Heinrich Schulthess (Hrsg.), Europäischer Geschichtskalender. Siebenter Jahrgang. 1866, Nördlingen 1867, S. 506.
14 Wilhelm an Johann, 4. Mai 1866. Herzog von Sachsen (Hrsg.), Briefwechsel, S. 439–441.
15 Wilhelm an Ludwig I., 21. Mai 1866. Steglich (Hrsg.), Quellen, Bd. 2, S. 142.
16 Wilhelm an Alice von Hessen-Darmstadt, 10. Mai 1866. Schüßler (Hrsg.), Tagebücher, S. 280–281.

noch waren die Mittel- und Kleinstaaten bereit, Preußen einen neuen Eskalationsgrund zu geben. Also rüstete Wilhelm einfach weiter. Seiner Schwester klagte er, „seitdem fast ganz Deutschland Partei gegen mich ergreift, muß ich auch den letzten Mann aufbieten, da es sich jetzt nicht mehr um Schleswig-Holstein handelt, sondern um einen Vernichtungskrieg Preußens."[17] Und gegenüber seiner Ehefrau argumentierte er, „tritt Deutschland [...] als Alliierter Österreichs auf, dann geht dies auch zum Kampfe vor und dann erst gibt es einen Bruderkrieg, dessen Ende die Verwüstung Deutschlands ist! Somit haben es also die deutschen Mittel- und Kleinstaaten allein in der Hand, den Krieg zu verhindern oder zum Ausbruch zu bringen! [...] Die Neutralität Deutschlands am Bundestage herbeizuführen, gibt es kein durchschlagenderes Mittel, als Preußens Reformfragen in kürzester Zeit zur Verhandlung und zum Abschluß zu bringen."[18] Der spätere Kaiser schien Ende Mai überzeugt gewesen zu sein, am Rande eines großen Krieges zu stehen. Aber niemand war augenscheinlich gewillt, den ersten Schuss fallen zu lassen.

Am 25. Mai lud Wilhelm zu einem Kronrat ein, den selbst der Kronprinz als „Kriegsrat" bezeichnete.[19] Denn an jenem Tag fanden sich noch weitere Militärs unter den Gästen, darunter Albrecht von Stosch und Prinz Friedrich Karl, der im Krieg gegen Dänemark das Oberkommando übernommen hatte. Wie Stosch seiner Ehefrau berichtete, soll Moltke während jener dreistündigen Konferenz einen Operationsplan präsentiert haben, der unter anderem die Okkupation Sachsens vorsah. Der Monarch soll diesen Plan genehmigt und dabei „Andeutungen" gemacht haben, „wie der Krieg entschieden die Arrondierung Preußens herbeiführen müsse." Doch „der König will sich durchaus nur angreifen lassen, so sehr Bismarck vorwärts drängt."[20] Laut Friedrich Karl soll Roon während der Konseilverhandlungen versucht haben, „den König zu bewegen, am 5. Juni, wenn unsere Armee aufmarschiert sei, den Krieg zu erklären, weil die Lage der Armee sich durch Zuwarten verschlechtere. Der König wollte letzteres nicht zugeben. [...] Der Kronprinz sprach nur einmal, indem er den König fragte, ob er denn seinen Versicherungen, nicht anzufangen, zuwider den Krieg ‚als Eroberungskrieg' beginnen wolle. Er meinte wohl in ‚offensiver Absicht'. So faßte es auch der König auf, wiewohl er erwiderte, daß die Versicherung, nicht anzufangen, ihn nicht so strikte für alle kommenden Ereignisse binden könne. [...] Die von mir [...] ausgesprochene Erwartung, der König werde doch, sobald er den Krieg für unvermeidlich halte, die uns in mancher Beziehung noch so günstige militärische Lage (wir am 5. Juni stärker als Österreich) durch eine Offensive benutzen, bejahte er."[21] Letztendlich hatte sich seit dem Februararkonseil nichts an Wilhelms Krisenstrategie geändert. Er bestand nach wie vor darauf, dass Österreich zuerst den Rubikon überqueren musste. Alle diplomatischen und mi-

---

17 Wilhelm an Luise, 14. Mai 1866. Steglich (Hrsg.), Quellen, Bd. 2, S. 108.
18 Wilhelm an Augusta, 24. Mai 1866. Oncken (Hrsg.), Briefwechsel, Bd. 1, S. 509–510.
19 Tagebuch Friedrich Wilhelm, 25. Mai 1866. Meisner (Hrsg.), Tagebücher, S. 424.
20 Stosch an J. v. Stosch, 26. Mai 1866. Stosch (Hrsg.), Denkwürdigkeiten, S. 74–75.
21 Tagebuch Friedrich Karl, 25. Mai 1866. Eberhard Kessel (Hrsg.), Moltke. Gespräche, Hamburg 1940, S. 62–64.

litärischen Kriegsvorbereitungen dienten lediglich dem Zweck, Preußen im Groß-mächtestreit in eine aktionsoptimale Ausgangslage zu versetzen. Wilhelm weigerte sich allerdings, jenen unvorbereiteten Sprung ins Dunkle zu wagen, zu dem Bismarck und die Militärs drängten. Stattdessen verlangte er Sicherheitsgarantien. Der König mochte Ende Mai längst überzeugt gewesen sein, dass Österreich einen Krieg gegen ihn planen würde. Doch weder die anderen deutschen Fürsten noch die Öffentlichkeit sahen diese vermeintliche Gefahr. Aber gegen *beide Faktoren* konnte der spätere Kaiser keinen Nationalstaatsgründungskrieg führen.

Es mochte deshalb wohl kaum ein Zufall gewesen sein, dass sich Bismarck Ende Mai noch ein letztes Mal an einer Vermittlung zwischen Berlin und Wien versuchte. Über den preußischen Landtagsabgeordneten Anton von Gablenz und dessen Bruder Ludwig, den österreichischen Statthalter in Holstein, ließ er dem Wiener Hof den Verhand-lungsvorschlag übermitteln, Deutschland in zwei Einflusssphären zu teilen. Franz Jo-seph lehnte dieses Angebot ab. Denn Bismarck hatte unter anderem gefordert, dass dem König von Preußen das Amt des deutschen Bundesfeldherrn übertragen werden sollte. In der Forschung herrscht Uneinigkeit über die Frage, ob diese sogenannte Mission Gablenz als ernstgemeinter Vermittlungsversuch bewertet werden kann.[22] Es spricht allerdings viel dafür, dass der spätere Kanzler lediglich eine Friedensmission *inszeniert* hatte. Denn er konnte kaum darauf spekuliert haben, dass der österreichische Herr-scher plötzlich zu jenen Konzessionen bereit gewesen wäre, die er zuvor immer wieder verwehrt hatte. Auch ist es nicht unwahrscheinlich, dass der Hauptadressat dieser In-szenierung Wilhelm hieß. Immerhin konnte Bismarck mit der gescheiterten Mission Gablenz überzeugend argumentieren, dass endlich alle diplomatischen Mittel erschöpft wären. Jedenfalls war das genau die Schlussfolgerung, die der König zog. Seiner Ehefrau erklärte Wilhelm am 1. Juni, dass die österreichische Regierung „den Krieg will, ist jetzt klarer wie je, nachdem" sie „eine indirekte Verständigung auf einer *völlig annehmbaren* Basis zu direktem Abschluß mit den kriegerischten Antworten hat scheitern lassen."[23] Und dem Weimarer Großherzog schimpfte er am 6. Juni, „Österreichs Staatsmänner antworten: Nein, sie brauchen den Krieg. Ich schlug Österreich die Teilung militärischen Einflusses zwischen mir und ihm nach der sogenannten Mainlinie vor, und es antwortet, es brauche den Krieg! Wie kann ich nach solchen Erfahrungen noch mit Österreich entgegenkommend unterhandeln?"[24]

Zeitgleich zur Mission Gablenz spielte der Wiener Hof der preußischen Eskalati-onsstrategie auch auf Bundesebene in die Hand. Denn am 1. Juni erklärte die österrei-chische Regierung in Frankfurt am Main, dass der Bund über die politische Zukunft der

---

22 Vgl. Srbik, Deutsche Einheit, Bd. 4, S. 376–384; Becker, Bismarcks Ringen, S. 121–125; Huber, Verfas-sungsgeschichte, Bd. 3, S. 526–528; Clark, Franz Joseph, S. 414–428; Gall, Bismarck, S. 356; Engelberg, Bismarck, Bd. 1, S. 600; Kaernbach, Bismarcks Konzepte, S. 230–231; Pflanze, Bismarck, Bd. 1, S. 301–302.
23 Wilhelm an Augusta, 1. Juni 1866. Steglich (Hrsg.), Quellen, Bd. 2, S. 176.
24 Wilhelm an Carl Alexander, 6. Juni 1866. Schultze (Hrsg.), Weimarer Briefe, Bd. 2, S. 78.

Elbherzogtümer entscheiden sollte.[25] Mit diesem Schritt war der Krieg unvermeidbar geworden.[26] Denn die Habsburgermonarchie hatte Wilhelm endlich einen legitimen Casus belli gegeben. Seiner Ehefrau schrieb der König am 3. Juni, „jetzt [...] sind die Würfel so gut wie geworfen [...]. Es ist nun ganz klar, daß Österreich es zum Bruch bringen will."[27] Einen Tag später erklärte er Carl Alexander, die Wendung in Frankfurt am Main „beweiset denn doch wohl klar genug, daß Österreich den Krieg *will*, woran ich seit dem 14. März, als die ersten Marschkonzentrationen nach Böhmen erfolgten, nicht einen Moment gezweifelt habe!"[28] Und am selben Tag schimpfte er Luise, der Wiener Hof hätte „mit seiner Erklärung am Bundestage vor 4 Tagen, daß es die Elbherzogtümer demselben übergibt, [...] den Gasteiner Vertrag zerrissen" und damit „uns geradezu den Fehdehandschuh hingeworfen."[29] Die Quellen lassen keinen Zweifel daran, dass Wilhelm nach dem 1. Juni zum Krieg entschlossen war. Bereits am 2. Juni übertrug er Moltke die Operationsleitung des bevorstehenden Waffengangs. Damit war es dem Generalstabschef im Kriegsfall möglich, der Armee Befehle im Namen des Königs zu erteilen. Mit der Mobilisierung der letzten Reserveeinheiten zwischen dem 6. und 11. Juni fanden die militärischen Vorbereitungen für den Waffengang ihr Ende.[30] Auf politischer Ebene wurde am 4. Juni in einem Kronrat beschlossen, als Reaktion auf die Bundestagserklärung die Gasteiner Konvention als hinfällig zu betrachten. Damit beanspruchte die preußische Regierung für sich das Recht, gemäß dem Wiener Frieden von 1864 Schleswig *und* Holstein militärisch besetzen zu dürfen. Jedem der Konseilteilnehmer war bewusst, dass dieser Schritt eine österreichische Gegenreaktion provozieren musste.[31] Noch am selben Tag erhielt Edwin von Manteuffel den telegraphischen Befehl, die preußischen Herrschaftsansprüche in beiden Herzogtümern durchzusetzen.[32] Wilhelm war sich der Tragweite dieser Entscheidung vollends bewusst. Seine Ehefrau ließ er wissen, er könne „die Beleidigung des Traktatenbruchs nicht ruhig hinnehmen [...]. Wir haben daher [...] an Manteuffel befohlen, Preußens Recht auf *Holstein* zu wahren, wo Österreich nun nicht mehr *allein* regieren könne. Es kann also dort zum Konflikt kommen, wobei wir in vollem Recht wären."[33]

Aber plötzlich war es ausgerechnet Manteuffel, der die preußische Eskalationsstrategie ins Stocken brachte. Denn er ließ sich mit dem Einmarsch in Holstein mehrere Tage Zeit. Und er erlaubte den österreichischen Truppen sogar einen geordneten

---

25 Vgl. Clark, Franz Joseph, S. 456–463. Der Text der österreichischen Erklärung findet sich in: Huber (Hrsg.), Dokumente, Bd. 2, S. 227–228.
26 Vgl. Ders., Verfassungsgeschichte, Bd. 3, S. 531; Gall, Bismarck, S. 363; Showalter, German Unification, S. 154.
27 Wilhelm an Augusta, 3. Juni 1866. Steglich (Hrsg.), Quellen, Bd. 2, S. 181–183.
28 Wilhelm an Carl Alexander, 4. Juni 1866. Schultze (Hrsg.), Weimarer Briefe, Bd. 2, S. 77
29 Wilhelm an Luise, 4. Juni 1866. Steglich (Hrsg.), Quellen, Bd. 2, S. 186–187.
30 Vgl. Helmert, Moltke, S. 116; Burchard, Moltke, S. 26; Angelow, Sicherheitspolitik, S. 248–249; Görtemaker, Bismarck und Moltke, S. 485–486.
31 Vgl. Konseilprotokoll, 4. Juni 1866. Acta Borussica. Protokolle, Bd. 5, S. 249–250.
32 Bismarck an E. v. Manteuffel, 4. Juni 1866 (Telegramm). GW, Bd. 5, S. 526.
33 Wilhelm an Augusta, 5. Juni 1866. Steglich (Hrsg.), Quellen, Bd. 2, S. 190.

Rückzug. Der Berliner Hof musste den General wiederholt zur Eile drängen, bevor er am 11. Juni endlich Kiel besetzte. Aber letztendlich hatte Manteuffel durch sein Zögern verhindert, dass die ersten Schüsse des Preußisch-Österreichischen Krieges nördlich der Elbe fielen. Dennoch provozierte die Okkupation die Habsburgermonarchie schließlich dazu, vollends den Rubikon zu überschreiten. Noch am 11. Juni beantragte die österreichische Regierung die Mobilisierung des Bundesheeres gegen Preußen. Drei Tage später stimmten die Frankfurter Delegierten mehrheitlich für die Bundesexekution. Daraufhin erklärte die preußische Regierung noch am selben Tag die Bundesverträge von 1815 als gebrochen und den Bund damit für aufgelöst. Das war eine mindestens eigentümliche Interpretation des Bundesrechts.[34] Aber in einem Brief vom 14. und 15. Juni argumentierte Wilhelm gegenüber Augusta, dass Österreich mit dem Mobilisierungsantrag „Bundesbruch begeht. Hiermit hätte es also die Majorität des Bundes gegen sich haben *müssen*, aber darauf kommt es ja den Mittelstaaten, die sonst immer das Bundesrecht im Munde haben, nicht mehr an, da sie den Moment günstig glauben, Preußen, den *Fürstenfresser*, zu vernichten, und dies Wort könnte nun wahr werden gegen die, welche gegen uns sind, – wenn *wir* Sieger bleiben! [...]. So hat es also Preußen niemals den Deutschen Recht machen können. Jetzt ist die *Avilierung* Preußens durch Österreich eingeleitet und von Deutschland sekundiert, und die *Destruirung* soll nun folgen, und dazu haben unsere inneren Parteiungen redlich beigetragen."[35]

Wilhelm schien tatsächlich davon überrascht worden zu sein, dass die Mittelstaaten im Krieg *allesamt* auf Seiten der Habsburgermonarchie standen. Sogar Friedrich I. schloss sich nach anfänglichem Zögern der Bundesexekution gegen seinen Schwiegervater an, nachdem preußische Truppen am 16. Juni die sächsische Grenze überschritten hatten.[36] Noch am 14. Juni hatte der König seinem Schwiegersohn vielsagend gedroht, „wer nicht mit mir, in meiner politischen Sphäre liegend, gehet, der ist wider mich, ich gegen ihn! Das ist nun meine alleinige Richtschnur zum Handeln!"[37] Außer einigen norddeutschen Kleinstaaten hatte im Sommer 1866 keine Regierung das Bündnis mit Preußen gesucht. Und diese mindermächtigen Staaten hatten wohl eher notgedrungen der Direktive des übermächtigen Nachbarn folgen müssen. Zumindest mit Blick auf den Kartentisch sah die Lage des Königreichs nicht unbedingt vorteilhaft aus. Für Wilhelm ging es in diesem Krieg daher um nichts Geringeres als Sein oder Nichtsein der Hohenzollernmonarchie. Schneider berichtet in seinen Memoiren, dass der König kurz nach Kriegsbeginn vorsorglich wichtige Staatspapiere in einer Truhe verstecken ließ. Denn der spätere Kaiser soll befürchtet haben, dass Berlin eventuell erobert werden könnte.[38] Gegenüber Kultusminister Mühler soll Wilhelm sogar einen Vergleich zu den Napoleonischen Kriegen und der preußischen Niederlage bei Jena und Auerstedt ge-

---

34 Vgl. Huber, Verfassungsgeschichte, Bd. 3, S. 539–342; Clark, Franz Joseph, S. 463–470; Lutz, Habsburg und Preußen, S. 457–458; Müller, Bund und Nation, S. 385–388.
35 Wilhelm an Augusta, 14./15. Juni 1866. Steglich (Hrsg.), Quellen, Bd. 2, S. 218–222.
36 Vgl. Oncken, Friedrich I., S. 63–67; Gall, Liberalismus, S. 345–387.
37 Wilhelm an Friedrich I., 14. Juni 1866. Oncken (Hrsg.), Briefwechsel, Bd. 1, S. 530.
38 Vgl. Schneider, Kaiser Wilhelm, Bd. 1, S. 228–229.

zogen haben. „Sollte Gott uns demüthigen wollen, so werde *ich* die Wiedererhebung nicht mehr erleben – wie einst mein Vater – dazu bin ich zu alt."[39] Und an Bismarck schrieb der Herrscher, „entweder wir siegen oder werden mit Ehren tragen was der Himmel über Preußen beschließt!!"[40] Aber wenn Wilhelm überzeugt war, dass die Existenz seines Königreichs auf dem Spiel stand, dann konnten seine Gegner nicht auf monarchische Solidarität hoffen. Seit Jahren hatte er wiederholt angedroht, im Kriegsfall die Grenzen in Deutschland neu ziehen zu wollen. Im Sommer 1866 sollte sich herausstellen, dass dies keine leeren Drohungen gewesen waren.

Noch bevor die ersten Schüsse fielen, war klar geworden, dass der Krieg zu einer Neuordnung Deutschlands führen würde. Denn der Berliner Hof ließ auch nach dem 1. Juni keinen Zweifel daran, dass sich der Konflikt mit Österreich nicht nur um die Elbherzogtümer drehte. Indirekt hatte Manteuffel dieser nationalen Strategie die Hand gereicht. Der langsame Vormarsch in Holstein zwang die preußische Regierung geradezu, auch nach anderen Eskalationsmöglichkeiten zu suchen.[41] Und sogar Kriegsgegner wie Augusta und Carl Alexander drängten plötzlich dazu, dem unvermeidbar gewordenen Waffengang wenigstens offiziell den Charakter eines Nationalstaatsgründungskriegs zu geben.[42] Das war Wasser auf die Mühlen des späteren Kaisers. Dem badischen Politiker Johann Heinrich Gelzer soll Wilhelm am 10. Juni erklärt haben, „was die Bundesreform betreffe, [...] so liege darin von seiner und Preußens Seite keine Schwierigkeit; man sei eben daran, einen neuen Reformplan auszuarbeiten und den Regierungen vorzulegen. Nur frage es sich, ob Österreich in seiner jetzigen Kriegs- und Angriffslust noch die Zeit zur Ausführung lasse."[43] Noch am selben Tag ließ Bismarck den deutschen Regierungen „die Grundzüge zu einer neuen Bundesverfassung" zukommen, „mit der Bitte [...] sich sogleich über die Frage schlüssig machen zu wollen, ob sie eventuell, wenn in der Zwischenzeit bei der drohenden Kriegsgefahr die bisherigen Bundesverhältnisse sich lösen sollten – einem auf der Basis dieser Modifikationen des alten Bundesvertrages neu zu errichtenden Bunde beizutreten bereit sein würden."[44]

Diese „Grundzüge" waren kaum mehr als ein weiterer Versuch, Österreich zu einer Reaktion zu provozieren und die Öffentlichkeit für Preußen zu mobilisieren. Bezeichnenderweise wurden sie dem Bundestag am 14. Juni vorgelegt. Am selben Tag hatte Preußen immerhin den Bund für aufgelöst erklärt.[45] Während die Aprilnote der Habsburgermonarchie den Beitritt zum Nationalstaat offengelassen hatte, sprach die Juninote explizit von einem engeren und weiteren Bund. Das war Radowitz und

---

39 Tagebuch Mühler, 8. Juni 1866. Mühler (Hrsg.), Kultusminister, S. 156.

40 Wilhelm an Bismarck, 16. Juni 1866. AGE, Bd. 1, S. 152.

41 Vgl. Hillgruber, Bismarcks Außenpolitik, S. 73.

42 Vgl. Carl Alexander an Wilhelm, 4. Juni 1866. Schultze (Hrsg.), Weimarer Briefe, Bd. 2, S. 79; Augusta an Wilhelm, 13. Juni 1866. Steglich (Hrsg.), Quellen, Bd. 2, S. 213–214.

43 Gelzer an Friedrich I., 10. Juni 1866. Oncken (Hrsg.), Briefwechsel, Bd. 1, S. 521.

44 Bismarck an die preußischen Missionen in Deutschland, 10. Juni 1866. GW, Bd. 5, S. 534–535.

45 Vgl. Gall, Bismarck, S. 363; Müller, Bund und Nation, S. 386–387. Der Text der Reformgrundzüge findet sich in: QGDB, III/Bd. 4, S. 1035–1038.

Bernstorff redivivus. Die preußische Regierung konnte nicht ernsthaft geglaubt haben, dass Österreich freiwillig aus Deutschland ausscheiden würde. Aber sie schien darauf spekuliert zu haben, zumindest Bayern als Juniorpartner im engeren Bund zu gewinnen. Denn die Wittelsbachermonarchie sollte den Oberbefehl über eine Südarmee ausüben. Allerdings hätte die Entscheidungsgewalt über Krieg und Frieden in den Händen des Königs von Preußen gelegen. Da die bayerische Regierung diese Offerte jedoch ablehnte, war auch der letzte Versuch der Hohenzollernmonarchie gescheitert, die Mittelstaaten als Bündnispartner zu gewinnen.[46] Doch dem Dritten Deutschland gelang es selbst nach Kriegsbeginn nicht, endlich eine gemeinsame politische Basis zu finden. Es gab nicht einmal einen einheitlichen Beschluss zur Bundesexekution gegen Preußen. Stattdessen erklärte *jeder einzelne* Mitgliedstaat eigene Vorbehalte, bevor er sich dem Votum anschloss. Und die Mittel- und Kleinstaaten konnten sich noch immer nicht auf ein gemeinsames Oberkommando über die Bundesarmee einigen. Sie marschierten getrennt auf die Schlachtfelder und wurden getrennt geschlagen. Die jahrzehntelange militärische Trittbrettfahrerei im Schatten der Großmächte endete 1866 in einer Katastrophe.[47] Wilhelm seinerseits wies jede Verantwortung für diese Katastrophe von sich. Seiner Schwägerin Elisabeth, einer gebürtigen bayerischen Prinzessin, erklärte er, „als letztes Mittel, meine größten Nachbarstaaten noch zur Einsicht zu bringen [...], habe ich dieselben [...] auffordern lassen, da der alte Bund gesprengt sei, einen neuen mit mir nach den Reformvorschlägen einzugehen. Schlägt auch dies fehl, dann muß ich zu meiner eigenen Sicherheit zu ernsten Mittel schreiten, die zur Besetzung jener Länder führen müssen!"[48]

Eine offizielle Kriegserklärung gab es von keiner Seite. Denn damit hätte der Konflikt den Charakter eines traditionellen Staatenkriegs gewonnen, woran weder Berlin noch Wien interessiert waren. Für Österreich handelte es sich offiziell um eine Bundesexekution gegen einen abtrünnigen Mitgliedstaat.[49] Und die preußische Regierung versuchte sich an einem nationalrhetorischen Framing, das der geplanten Neuordnung Deutschlands den öffentlichen Boden bereiten sollte. Am 16. Juni publizierte der Berliner Hof eine vielsagend titulierte *Proklamation an das deutsche Volk*, die Österreich und dem Deutschen Bund vorwarf, die nationalen Interessen seit jeher verraten zu haben. „Indem die preußischen Truppen die Grenze überschreiten, kommen sie nicht als Feinde der Bevölkerung, deren Unabhängigkeit Preußen achtet, und mit deren Vertretern es in der deutschen Nationalversammlung gemeinsam die künftigen Geschicke des deutschen Vaterlandes zu beraten hofft."[50] Während sich Wilhelm explizit „an das deutsche Volk" wandte, richtete Franz Joseph seinen Kriegsappel „an

---

46 Vgl. Kaernbach, Bismarcks Konzepte, S. 234–237; Haardt, Bismarcks ewiger Bund, S. 110–112.
47 Vgl. Huber, Verfassungsgeschichte, Bd. 3, S. 556–560; Angelow, Sicherheitspolitik, S. 249–252; Müller, Bund und Nation, S. 388; Showalter, German Unification, S. 199.
48 Wilhelm an Elisabeth, 15. Juni 1866. Steglich (Hrsg.), Quellen, Bd. 2, S. 225.
49 Vgl. Showalter, German Unification, S. 156.
50 *Proklamation an das deutsche Volk*, 16. Juni 1866. GW, Bd. 5, S. 551–552.

Meine Völker".[51] Diese beiden Proklamationen verdeutlichten noch ein letztes Mal den fundamentalen Unterschied zwischen beiden Monarchen. Der preußische König hatte nicht nur erkannt, dass er aktiv um die Unterstützung der Öffentlichkeit werben musste, sondern auch, dass die *nationale* Öffentlichkeit nicht an den Grenzen seines Königreichs Halt machte. Dagegen forderte der österreichische Kaiser seine Untertanen im Vielvölkerreich auf, ihrer Loyalitätspflicht der Krone gegenüber nachzukommen. Einer dieser beiden Herrscher war noch im Ancien Régime geboren worden. Der andere hatte es politisch nie verlassen. Dennoch muss betont werden, dass der Preußisch-Österreichische Krieg lediglich auf dieser propagandistischen Ebene als Nationalkrieg geführt wurde. Nicht die Nationalbewegung hatte zum Waffengang gedrängt, sondern die traditionellen Eliten in Berlin, Wien und Frankfurt am Main. Zwar kann die Nationalstaatsidee nicht zu Unrecht als Nutznießer der Großmächtekonflagration betrachtet werden. Aber sie wurde von der preußischen Regierung lediglich als Hebel genutzt, um einen Krieg zu legitimieren, der aus monarchischen Machtinteressen geführt wurde.[52] Allerdings kann auch argumentiert werden, dass es der Hohenzollernmonarchie gelungen war, die Forderungen der Liberalen und Demokraten nach einem großen Nationalkrieg erfolgreich zu kanalisieren. Die Kabinettskriege der 1860er Jahre mochten die Machtverteilung innerhalb der Pentarchie nachhaltig verschieben. Doch das europäische Equilibrium wurde mit der Reichsgründung nicht zerstört. Es ist fraglich, ob dies auch der Fall gewesen wäre, wenn die monarchischen Eliten die Aktionsinitiative an radikalere Kräfte verloren hätten.

Was noch zu thematisieren bleibt, ist die Frage der Kriegsverantwortung im Sommer 1866, respektive die spezifisch deutsche Kriegsschuldfrage. Eigentlich könnte argumentiert werden, dass diese Fragestellung für die traditionelle Kabinettspolitik des 19. Jahrhunderts irrelevant sei. Aber sie gewinnt ihre Relevanz (und Brisanz) aus der bisweilen formulierten Forderung, „die Ursachen für spätere Katastrophen in Bismarcks Reichsgründung zu suchen", wie etwa John Röhl schreibt.[53] Und nicht wenige Historiker implizierten und implizieren mit Blick auf die Berliner Kriegspolitik vermeintliche Kontinuitäten von 1866 zu 1914 und 1939 – von Königgrätz über Verdun nach Stalingrad.[54] Zwar vermag die historische Vergleichsperspektive nicht, eine solche konstruierte Pfadabhängigkeit überzeugend zu belegen. Doch kann durchaus argumentiert werden, dass immerhin die Kriegslegitimierungsstrategie 1866 Parallelen zu jener der Julikrise 1914 aufweist. Denn in beiden Fällen gelang es dem Berliner Hof letztendlich erfolgreich, die Öffentlichkeit für den Waffengang zu mobilisieren. Hatte die preußische Eskalationspolitik bis Anfang Juni kaum Unterstützung jenseits der

---

51 Vgl. Clark, Franz Joseph, S. 472.
52 Vgl. Schoeps, Kaiserreich, S. 97; Müller, Bismarck, S. 205; Langewiesche, Gewaltsamer Lehrer, S. 297; Bendikowski, 1870/71, S. 24–25.
53 Röhl, Kriegsgefahr, S. 103.
54 Vgl. Wehler, Kaiserreich, S. 33–40; Imanuel Geis, Der lange Weg in die Katastrophe. Die Vorgeschichte des Ersten Weltkriegs 1815–1914, München ²1991, S. 111–114; Willms, Bismarck, S. 188–195, S. 331–332; Baumgart, Bismarck, S. 95; Conze, Schatten, S. 52–74.

Berliner Palastmauern generieren können, änderte sich dies nahezu schlagartig mit den konfrontativen Szenen in Frankfurt am Main. Bereits am 5. Juni will Duncker erfahren haben, „die Truppen seien vom besten Geist beseelt [...] Die Landwehren seien noch streitlustiger als die Linie, alle würden sich vortrefflich schlagen."[55] Und am 14. Juni berichtete General Konstantin Bernhard von Voigts-Rhetz seiner Ehefrau Eleonore aus Schlesien, dort sei „die Stimmung [...] vorzüglich, selbst bekannte Demokraten sind jetzt gute Preußen geworden [...]. Der Haß gegen Österreich ist groß; alle Leute fürchten sich hier vor Kroaten, Panduren und ähnlichem Gelichter, das beutelustig und verhungert hinter diesen schönen Bergen lauert und nur wartet, um zu plündern und zu rauben."[56] Dieser allgemeine Stimmungsumschwung zeigte sich auch in Form von spontanen Massendemonstrationen und Jubelfeiern in Berlin, nachdem die preußische Armee die Grenzen überschritten und damit den Krieg ins Feindesland getragen hatte.[57] Kultusminister Mühler berichtet in seinem Tagebucheintrag vom 29. Juni von einer solchen Szene, bei der sich Wilhelm der Stadtbevölkerung am Fenster gezeigt haben soll – „endloser Jubel und Hurrah!"[58] Und als der Monarch am nächsten Tag Berlin mit dem Zug in Richtung Front verließ, sollen laut Loe „die Bahnhöfe durch die Tausenden zählende Fabrikbevölkerung besetzt" gewesen sein, „die den königlichen Zug erwartete und mit brausendem Jubel begrüßte, ein Beweis für den Umschwung der Stimmung, den die Kriegserklärung an Oesterreich sowie die unlängst eingetroffenen glücklichen Nachrichten vom Kriegsschauplatz in der gesamten Bevölkerung bis in die breitesten Schichten hervorgerufen hatte."[59] Dieses Junierlebnis 1866 diente der Hohenzollernmonarchie noch vor Königgrätz als neuer Legitimationsquell, wie die Landtagswahlen am 3. Juli bewiesen. Denn die Fortschrittspartei brach von 143 auf dreiundachtzig Sitze ein, und die Linksliberalen von 110 auf fünfundsechzig. Dagegen zogen die Konservativen mit 143 Mandaten in das neugewählte Abgeordnetenhaus ein. Der Urnengang war bereits vollzogen worden, bevor die ersten Nachrichten über den preußischen Sieg in Böhmen Verbreitung fanden.[60] Wilhelm mochte daran gescheitert sein, die deutschen Fürsten für den Krieg gegen Österreich zu gewinnen. Aber zumindest die preußische Öffentlichkeit schien der offizielle Casus belli überzeugt zu haben. Der Krone war es gelungen, durch eine Bedrohung von außen einen Loyalitätsdruck im Inneren zu erzeugen. Achtundvierzig Jahre später sollte die Hohenzollernmonarchie diesen Coup wiederholen. Hier enden allerdings die historischen Parallelen von Wilhelm I. und Wilhelm II.

---

55 Duncker an C. Duncker, 5. Juni 1866. Schultze (Hrsg.), Briefwechsel, S. 413.
56 Voigts-Rhetz an E. v. Voigts-Rhetz, 14. Juni 1866. A. von Voigts-Retz (Hrsg.), Briefe des Generals der Infanterie von Voigts-Rhetz aus den Kriegsjahren 1866 und 1870/71, Berlin 1906, S. 2.
57 Vgl. Pflanze, Bismarck, Bd. 1, S. 330; Winkler, Weg nach Westen, Bd. 1, S. 176; Bremm, 1866, S. 179–180; Bendikowski, 1870/71, S. 34.
58 Tagebuch Mühler, 29. Juni 1866. Mühler (Hrsg.), Kultusminister, S. 159.
59 Loe, Erinnerungen, S. 90.
60 Vgl. Huber, Verfassungsgeschichte, Bd. 3, S. 352; Pflanze, Bismarck, Bd. 1, S. 331–332.

Was die Kriegsschuldfrage betrifft, wird auch oft argumentiert, dass der spätere Kanzler 1866 den Waffengang gezielt vorbereitet und somit maßgeblich zu verantworten habe.[61] Bismarck muss unstreitig als Eskalationsakteur betrachtet werden, der versuchte, die Habsburgermonarchie erst durch politischen und dann auch militärischen Druck zu zwingen, den preußischen Machtinteressen nachzugeben. Am Wiener Hof verfolgten der Kaiser und seine Minister allerdings eine ähnliche Politik.[62] Aber der Ministerpräsident hatte Preußen nicht auf den Kollisionskurs gegen Österreich geführt. Diese Verantwortung trug Wilhelm. Der spätere Kaiser war der erste Hohenzollernmonarch seit Friedrich II., der die österreichische Vormachtstellung in Deutschland offen herausforderte. Sein Vater Friedrich Wilhelm III. hatte die preußische Juniorpartnerrolle nach 1815 nie infrage gestellt. Und Friedrich Wilhelm IV. war bis zuletzt habsburgerloyal geblieben. Nur unter dem Druck der Revolutionsereignisse hatte er dem Drängen nach einer kleindeutschen Politik zeitweise nachgegeben. Der preußisch-österreichische Dualismus war keine lange Konfliktgeschichte von den Schlesischen Kriegen im 18. Jahrhundert bis Königgrätz. Auf der Regierungsebene hatte die Großmächterivalität erst mit Wilhelms Herrschaftsantritt Systemcharakter gewonnen. Dies bedeutet nicht, dass der König zielstrebig einen Krieg mit Österreich gesucht hätte. Aber er hatte den Waffengang nie aktiv zu verhindern versucht. Und seine monarchische Agenda hatte eine Kompromisslösung seit Anfang 1866 nahezu unmöglich gemacht. Der spätere Kaiser war daher mitnichten ein retardierendes Moment der Eskalationsspirale gewesen. Eine friedliche Lösung der Deutschen Frage war letztendlich daran gescheitert, dass mit Preußen unter Wilhelm und Österreich unter Franz Joseph unstoppable force und immovable object aufeinandertrafen. Bismarck mochte seit Februar 1866 aktiv auf einen Krieg gedrängt haben. Doch war ihm dieses Drängen nur möglich gewesen, da sein königlicher Souverän die Konflikteskalation zur Regierungsdirektive erhoben hatte. Wenn also nach einer smoking gun gefragt werden soll, muss die Antwort lauten, dass sich diese am Berliner Hof zwar in Bismarcks Händen befand. Aber Wilhelm hatte sie ihm gegeben. Und er hatte das Ziel benannt. Deshalb trug er die entscheidende strukturelle Verantwortung für den Krieg.

---

61 Vgl. Clark, Franz Joseph, S 476; Nipperdey, Bürgerwelt, S. 783; Lutz, Habsburg und Preußen, S. 452; Pflanze, Bismarck, Bd. 1, S. 310 – 311.
62 Vgl. Schieder, 1866, S. 15; Kolb, Großpreußen, S. 34 – 35; Möller, Preußens Entscheidung, S. 36 – 37; Epkenhans, Reichsgründung, S. 42.

Kanzlermythen auf dem Prüfstand:
Die Deutsche Frage nach Königgrätz

Königgrätz entschied die Deutsche Frage.[1] Der 3. Juli 1866 ist „das entscheidende Datum der kleindeutschen Nationalstaatsbildung", wie es Jürgen Osterhammel formuliert.[2] Und Werner Conze argumentiert zu Recht, dass die Nachwirkungen jenes Tages „in einer zusammenhängenden Kette der Entscheidungen schließlich zur Gründung des deutschen Kaiserreichs im Jahre 1871 führten."[3] Anders als 1864 war Wilhelm 1866 auf den Schlachtfeldern in Böhmen als Oberster Kriegsherr auch physisch präsent. Dieser Umstand hatte den paradoxen Effekt, dass Moltkes königliche Befehlsautorität sowohl demonstrativ unterstrichen als auch effektiv begrenzt wurde. Denn der Monarch konnte jederzeit in die operativen Entscheidungen eingreifen.[4] Tatsächlich schien Wilhelm bei Königgrätz vor allem als Irritationsfaktor in Erscheinung getreten zu sein. Mehrere Quellen belegen, dass er die Schlacht von einer exponierten Anhöhe aus verfolgte. Dabei soll er nicht bemerkt haben – oder es schien ihn schlichtweg nicht interessiert zu haben –, dass er eine potentielle Zielscheibe für die gegnerischen Waffen war.[5] Bismarck berichtete seiner Ehefrau, „alle Mahnungen Andrer fruchteten nicht, und niemand hätte gewagt, ihn so hart anzureden, wie ich es mir beim letzten Male, welches half, erlaubte, nachdem ein Knäuel von 10 Kürassieren und 15 Pferden [...] sich neben uns blutend wälzte und die Granaten den Herrn in unangenehmster Nähe umschwirrten. Die schlimmste sprang zum Glück nicht. [...] Er war enthusiasmirt über seine Truppen, und mit Recht, so exaltirt, daß er das Sausen und Einschlagen neben sich garnicht zu merken schien, ruhig und behaglich [...], und fand immer wieder Bataillone, denen er danken und ‚guten Abend Grenadiere', sagen mußte, bis wir dann wieder richtig ins Feuer hineingetändelt waren."[6] Auch schien Wilhelm erst graduell erkannt zu haben, dass er bei Königgrätz eine Entscheidungsschlacht gewonnen hatte. Laut Stosch soll der Herrscher noch am Nachmittag des 3. Juli „wiederholt von der Aehnlichkeit der Lage mit der Schlacht von Auerstädt gesprochen und die Möglichkeit eines Rückzuges schon ins

---

1 Vgl. Michael Epkenhans, 1866 – Die Schlacht bei Königgrätz. Ein Wendepunkt in der deutschen und europäischen Geschichte?, in: Winfried Heinemann/Lothar Höbelt/Ulrich Lappenküper (Hrsg.), Der preußisch-österreichische Krieg 1866, Paderborn 2018, S. 351–371.

2 Osterhammel, Verwandlung, S. 591.

3 Werner Conze, Die Ermöglichung des Nationalstaates, in: Ursula von Gersdorff/Wolfgang von Groote (Hrsg.), Entscheidung 1866. Der Krieg zwischen Österreich und Preußen, Stuttgart 1966, S. 196–242, hier: S. 197.

4 Vgl. Gordon A. Craig, Königgrätz, Wien/Hamburg 1966; Geoffrey Wawro, The Austro-Prussian War. Austria's War with Prussia and Italy in 1866, Cambridge 1996; Showalter, German Unification, S. 157–195.

5 Vgl. Voigts-Rhetz an E. v. Voigts-Rhetz, 4. Juli 1866. Voigts-Rhetz (Hrsg.), Briefe, S. 12; Bismarck an J. v. Bismarck, 11. Juli 1866. GW, Bd. 14/II, S. 718; Augustus Loftus, The Diplomatic Reminescences of Lord Augustus Loftus. Second Series, 1862–1879, Bd. 1, London u.a. 1894, S. 84.

6 Bismarck an J. v. Bismarck 9. Juli 1866. GW, Bd. 14/II, S. 717.

https://doi.org/10.1515/9783111323954-046

Auge gefaßt" haben.[7] Ernst II. erzählte, dass erst am Abend des 4. Juli „fortwährend Meldungen" im preußischen Hauptquartier eingetroffen sein sollen, „von denen sich der König und seine Generäle völlig überrascht zeigten. Niemand hatte an derartige Kriegserfolge zu glauben gewagt. Von der Zahl der erbeuteten Kanonen und Gefangenen machte man sich bis dahin noch keine annähernd richtige Vorstellung."[8] Und Schweinitz berichtet in seinen Memoiren, „daß Moltke, der König, kurz alle an einen geregelten Rückzug des Feindes glaubten und erst am zweiten und dritten Tag nach der Schlacht vollständig übersahen, in welch hohem Grade die österreichische Armee erschüttert, ja wie nahe sie der völligen Auflösung war."[9]

Die österreichische Armee hatte bei Königgrätz über 41.000 Tote zu beklagen. Die verbündeten Sachsen verloren etwa 1.500 Soldaten. Dagegen beliefen sich die preußischen Verluste auf etwa 9.000 Mann.[10] Zwar verfügte der Wiener Hof auch nach dem 3. Juli noch über eine einsatzfähige Streitmacht. Und die italienische Armee war am 24. Juni in der Schlacht von Custozza empfindlich geschlagen worden.[11] Aber Franz Joseph entschied sich nach Königgrätz, den Krieg aus *politischen* Gründen zu beenden.[12] Denn die desaströsen Nachrichten aus Böhmen trugen alles andere als dazu bei, das Mobilisierungspotential der österreichischen Bevölkerung zu heben. Die Habsburgerkrone hatte immense Verluste erlitten, um ihren Herrschaftsanspruch in Deutschland zu verteidigen. Aber wären die nichtdeutschen Nationalitäten bereit gewesen, weitere Verluste für dieses Kriegsziel hinzunehmen? Ein langfristiger Krieg hätte sich also letztendlich zersetzend auf die innere Stabilität des Imperiums auswirken können. Dieses Risiko wollte die monarchische Regierung nicht eingehen. Deshalb bemühte sich der Wiener Hof bereits seit dem 4. Juli um Waffenstillstandsverhandlungen.[13]

Königgrätz markierte aber nicht nur den Wendepunkt im Preußisch-Österreichischen Krieg. Die verlorene Schlacht markierte auch den Anfang vom Ende der Habsburger Großmachtstellung.[14] Nach Italien war dem Imperium auch noch Deutschland verloren gegangen. Der Deutsche Bund war das strukturelle Instrument gewesen, mit dem der Wiener Hof sein ständiges Ressourcendilemma partiell hatte ausgleichen können. Dieses Instrument war ihm bei Königgrätz genommen worden. Und die äußere Schwäche der Krone wirkte sich katalysatorisch auf die vielen ungelösten inneren

---

7 Stosch (Hrsg.), Denkwürdigkeiten, S. 93–94.

8 Ernst II., Aus meinem Leben, Bd. 3, S. 594.

9 Schweinitz (Hrsg.), Denkwürdigkeiten, Bd. 1, S. 207.

10 Vgl. Craig, Königgrätz, S. 274–275.

11 Vgl. M. Christian Ortner, Die Schlacht von Custozza am 24. Juni 1866, in: Winfried Heinemann/Lothar Höbelt/Ulrich Lappenküper (Hrsg.), Der preußisch-österreichische Krieg 1866, Paderborn 2018, S. 189–206.

12 Vgl. Thorsten Loch/Lars Zacharias, Mythos Königgrätz. Zum politischen Konstrukt der Schlacht von 1866. Eine operationsgeschichtliche Analyse, in: Winfried Heinemann/Lothar Höbelt/Ulrich Lappenküper (Hrsg.), Der preußisch-österreichische Krieg 1866, Paderborn 2018, S. 161–188, hier: S. 163–164, S. 187–188.

13 Vgl. Bled, Franz Joseph, S. 249–252; Lutz, Habsburg und Preußen, S. 462–465; Showalter, German Unification, S. 195–197; Vocelka/Vocelka, Franz Joseph I., S. 176–177.

14 Vgl. Mitchell, Grand Strategy, S. 297.

Probleme des Vielvölkerreichs aus. Franz Josephs ungarische Untertanen nutzen diese Gelegenheit, um dem Kaiser weitgehende verfassungsrechtliche Reformen aufzuzwingen. Anfang 1867 musste der Wiener Hof Ungarn schließlich politische Autonomie gewähren. Mit der Konstituierung der Doppelmonarchie Österreich-Ungarn war die Habsburgermonarchie im Inneren faktisch in zwei Staaten geteilt.[15] Damit war Franz Joseph auch innenpolitisch gescheitert. Nach seiner Thronbesteigung 1848 war es das Ziel des jungen Kaisers gewesen, die Revolution ungeschehen zu machen. In Italien und Ungarn waren die Unabhängigkeitsbewegungen militärisch niedergeschlagen worden. Mit dem Neoabsolutismus hatte die Krone den Verfassungsversuchen von unten wie von oben einen Riegel vorgeschoben. Und in Olmütz und Dresden war die österreichische Vorherrschaft in Deutschland restauriert worden. Aber bis 1867 hatte sich die Habsburgermonarchie auf all diesen Konfliktschauplätzen wieder zurückziehen müssen. Mehrere Faktoren hatten zu dieser Entwicklung beigetragen. Einer von ihnen hieß beispielsweise Wilhelm. Aber letztendlich hatte Franz Joseph den Kaiserstaat durch seine rigide Vormärzagenda maßgeblich selbst an die Wand gefahren.[16] Nach 1866 war auch der Habsburgerkaiser gezwungen, der Zäsur von 1848 endlich Rechnung zu tragen.

Wilhelm befand sich hingegen nach Königgrätz in Triumphstimmung. Roon berichtete am 5. Juli über den König, „als ich gestern früh zu ihm kam, umarmte und küsste er mich."[17] Gegenüber Luise jubelte der spätere Kaiser, „einen solchen Siegeslauf […] konnte die lebhafteste Imagination sich nicht träumen lassen!"[18] Und auch an Alexandrine schrieb er, der Schlachtensieg sei „ein unbeschreiblicher Moment!!! Ihn mit meinen 70 Jahren noch erleben zu sollen, ist eine Gnade Gottes, die ich nicht verdient habe!"[19] Diese königliche Siegeseuphorie schlug sich auch schnell politisch nieder. Bereits am 5. Juli verfasste Wilhelm ein stichpunktartiges Kriegszielprogramm. „Was fordern wir? Schleswig-Holstein. Abdikation des Königs von Hannover zugunsten seines Sohnes. Abtretung von Ostfriesland und Sukzession in Braunschweig. Abdikation des Kurfürsten von Hessen zugunsten des Sohnes […] unter preußischer Vormundschaft; – des Herzogs von Meiningen für den Sohn; […] des Herzogs von Nassau für den Sohn. Suprématie über ganz Deutschland. Contribution von Bayern, Württemberg, Darmstadt. Contribution von Österreich und etwas böhmische Abtretung. Vertrag zwischen Deutschland und Österreich. Baden ist zu schonen."[20] Diese Quelle war in mancherlei Hinsicht Wilhelms Wunschprogramm. Denn so kurz nach Königgrätz gab es noch keine

---

15 Vgl. Ludwig Jedlicka, Vom Kaisertum Österreich zur Doppelmonarchie Österreich-Ungarn, in: Ursula von Gersdorff/Wolfgang von Groote (Hrsg.), Entscheidung 1866. Der Krieg zwischen Österreich und Preußen, Stuttgart 1966, S. 243–271; Rolf Bauer, Österreich, Preußen und Deutschland. Der Weg nach Königgrätz und seine Folgen, in: Richard Dietrich (Hrsg.), Europa und der Norddeutsche Bund, Berlin (West) 1968, S. 57–84; Judson, Habsburg, S. 333–344.

16 Vgl. Conze, Nationalstaat, S. 201–202; Brandt, Franz Joseph I., S. 378–379; Winkler, Weg nach Westen, Bd. 1, S. 179; Gruner, Deutscher Bund, S. 97; Langewiesche, Gewaltsamer Lehrer, S. 297–298.

17 Roon an A. v. Roon, 5. Juli 1866. Roon (Hrsg.), Denkwürdigkeiten, Bd. 2, S. 451.

18 Wilhelm an Luise, 18. Juli 1866. GStA PK, BPH, Rep. 51, Nr. 853.

19 Wilhelm an Alexandrine, 18. Juli 1866. Schultze (Hrsg.), Briefe an Alexandrine, S. 103.

20 Aufzeichnungen Wilhelms, 5. Juli 1866. Brandenburg, Aktenstücke, S. 534.

diplomatischen Verhandlungen, die den königlichen Kriegszielen einen genaueren Rahmen hätten geben können. Dabei ist vor allem interessant, dass der spätere Kaiser die Suprematie über *ganz Deutschland* forderte, und nicht etwa an der Mainlinie Halt machen wollte. Dies belegt auch der Verweis auf einen engeren und weiteren Bund. *Hätte er es gekonnt*, wäre Wilhelm also wahrscheinlich bereits 1866 zum Herrscher eines kleindeutschen Nationalstaats geworden. Und dass er mehrere Fürsten absetzen lassen wollte, spricht nicht unbedingt von monarchischer Solidarität. Auch belegen mehrere Quellen, dass Bismarck diese Kriegsziele in den unmittelbaren Tagen nach Königgrätz mittrug. Weder protestierte er gegen die Idee österreichischer Gebietsabtretungen, noch sprach er davon, ganze Staaten annektieren zu wollen.[21] Noch am 17. Juli soll der Ministerpräsident dem Kronprinzen erklärt haben, „man hat Aussicht auf Annexion einzelner Gebiete Sachsens, Hessens, Hannovers, will die Regierenden zur Abdankung zugunsten ihrer Erben veranlassen und glaubt", dass „Militärkonventionen mediatisierender Art den feindlichen deutschen Ländern aufgedrungen werden" können.[22] Nichts deutet darauf hin, dass Bismarck in jenen Tagen eigene Kriegsziele gegen seinen Souverän durchzusetzen versucht hätte.

Es war Napoleon III., der Wilhelm nach Königgrätz im wahrsten Sinne des Wortes Grenzen setzte. Der Empereur war von der schnellen Niederlage der österreichischen Armee überrascht worden. Und er wollte verhindern, dass der preußische Sieg zu groß ausfallen würde. Wie Goltz dem König am 10. Juli mitteilte, soll ihm Napoleon persönlich erklärt haben, dass „ihm das in Deutschland allein und ohne das Gegengewicht Österreichs schaltende Preußen ein zu mächtiger Nachbar zu sein scheint."[23] Die französische Regierung war von Österreich um die Vermittlung eines Waffenstillstands gebeten worden. In dieser Mediatorrolle konnte Napoleon im preußischen Hauptquartier diplomatischen Druck ausüben. Er bestand auf der Mainlinie als Grenze der politischen Neuordnung Deutschlands unter preußischer Führung. Damit hoffte er, einem neuen Dualismus territorial den Boden zu bereiten.[24] Aber auch Alexander II. ließ seinen Onkel am 15. Juli brieflich wissen, dass die Gründung eines kleindeutschen Nationalstaats den Widerstand der Pentarchie provozieren würde. „Cette idée n'offrirait pas une base à des négociations de paix. – Elle ajouterait aux embarras de la question allemande les difficultés d'une question d'équilibre européen, où il est probable que Vous auriez contre Vous le vote quasi unanime des grandes Puissances."[25]

Wilhelm gab diesem Druck von außen schließlich nach. Aber die Mainlinie war für ihn von Anfang an nur eine *Etappenlinie*.[26] Seiner Ehefrau erklärte er, „daß ich mich vis-à-vis Frankreich engagiert habe", den neuen Bundesstat „nicht über die Mainlinie

---

21 Siehe Bismarcks Telegramme an Goltz vom 8. und 9. Juli 1866, in: GW, Bd. 6, S. 39, S. 45.
22 Tagebuch Friedrich Wilhelm, 17. Juli 1866. Meisner (Hrsg.), Tagebücher, S. 465.
23 Goltz an Wilhelm, 10. Juli 1866. Oncken (Hrsg.), Rheinpolitik, Bd. 1, S. 329.
24 Vgl. Pflanze, Bismarck, Bd. 1, S. 315–318; Lappenküper, Bismarck und Frankreich, S. 212–219.
25 Alexander II. an Wilhelm, 15. Juli 1866. Steglich (Hrsg.), Quellen, Bd. 2, S. 44.
26 Vgl. Karl Hampe, Wilhelm I. Kaiserfrage und Kölner Dom. Ein biographischer Beitrag zur Geschichte der deutschen Reichsgründung, Stuttgart 1936, S. 19–28.

bei Rekonstruierung unter Preußen auszudehnen, da in einem solchen Falle Napoleon bestimmt aussprach, nicht ruhiger Zuschauer solcher Machterweiterung Preußens bleiben zu können."[27] „Ganz natürlich ist es, daß *für jetzt* an einen deutschen Einheitsstaat nicht zu denken ist, dem sich zu widersetzen Nap[oleon] bestimmt aussprach, und daß ein Gleiches vom übrigen Europa erfolgen würde, bemerkst Du ganz richtig. Was die Zukunft bringt, namentlich wenn das norddeutsche Parlament in Wirksamkeit tritt, muß man abwarten."[28] Bismarck schien diese Begrenzung der preußischen Kriegsziele hingegen nicht gänzlich ungelegen gekommen zu sein. Seinem Sohn Wilhelm schrieb er am 1. August, „was wir brauchen, ist Norddeutschland, und da wollen wir uns breit machen."[29] Ohne die süddeutschen Mittelstaaten besaß die Hohenzollernmonarchie bei der kommenden verfassungsrechtlichen Neuordnung Deutschlands einen größeren Verhandlungsspielraum. Damit fiel auch das Angebot an Bayern unter den Tisch, eine Sonderrolle spielen zu dürfen. Und schließlich gewann der Norddeutsche Bund Zeit, sich im Inneren zu konsolidieren. Bei einem späteren Beitritt der süddeutschen Staaten wären diese vor vollendete Tatsachen gestellt worden.[30] So soll der Ministerpräsident laut Stosch bereits am 4. Juli von der „Einigung des wesentlich protestantischen Norddeutschlands als Etappe zur großen Einheit" gesprochen haben.[31] Ob Bismarck persönlich mit der Mainlinie auch langfristig hätte leben können, ist für den weiteren Weg in Richtung Kaiserreich nebensächlich. Denn sein königlicher Souverän konnte und wollte dies *nicht*. Und der spätere Kanzler musste den Allerhöchsten Wünschen Rechnung tragen.

Bereits während der Friedensverhandlungen mit den süddeutschen Staaten versuchte Wilhelm, die ersten strukturellen Brücken über den Main zu bauen. Die Verhandlungen fanden nach dem divide-and-conquer-Prinzip getrennt statt. Ob Bayern, Württemberg, Hessen-Darmstadt und Baden aber überhaupt zu einer gemeinsamen Friedensstrategie gegenüber Preußen hätten finden können, ist fraglich. Denn auch nach Königgrätz war das Verhältnis der Mittelstaaten untereinander von Konkurrenz und Rivalität geprägt.[32] Das Wittelsbacherkönigreich wurde vergleichsweise hart behandelt. Anstatt in Süddeutschland von Preußens Gnaden eine Hegemonierolle zu spielen, musste die bayerische Regierung dreißig Millionen Gulden Reparationen und die Ortschaften Gersfeld, Bad Orb und Kaulsdorf an Preußen abtreten.[33] Bismarck hatte geraten, auf diese Gebietsabtretungen zu verzichten, um die Verhandlungen zu be-

---

27 Wilhelm an Augusta, 1. August 1866. Steglich (Hrsg.), Quellen, Bd. 2, S. 358.
28 Wilhelm an Augusta, 28. Juli 1866. Ebd., S. 344.
29 Bismarck an W. v. Bismarck, 1. August 1866. GW, Bd. Bd. 14/II, S. 719.
30 Vgl. Becker, Bismarcks Ringen, S. 173–175; Schieder, 1866, S. 18; Gall, Bismarck, S. 375; Nipperdey, Bürgerwelt, S. 787; Nonn, Bismarck, S. 175–176; Haardt, Bismarcks ewiger Bund, S. 115.
31 Stosch (Hrsg.), Denkwürdigkeiten, S. 94–95.
32 Vgl. Gustav Roloff, Bismarcks Friedensschlüsse mit den Süddeutschen im Jahre 1866, in: HZ 146 (1932), S. 1–70.
33 Der Text des Friedensvertrags mit Bayern findet sich in: Huber (Hrsg.), Dokumente, Bd. 2, S. 256–258.

schleunigen. Aber Wilhelm hatte auf seinem Ius praedae bestanden.[34] Dagegen kam Baden recht glimpflich davon. Das Großherzogtum musste lediglich sechs Millionen Gulden Kriegsentschädigung zahlen.[35] Denn der König spekulierte bereits darauf, dass „Baden [...] die Brücke zu einer intimen Verständigung mit dem Süden" sein könne, wie er Augusta am 28. Juli schrieb.[36] Wer, wenn nicht sein eigener Schwiegersohn, könnte für Preußen besser die Rolle eines trojanischen Pferdes südlich des Mains spielen? Und wenn die süddeutschen Staaten dazu gebracht werden könnten, scheinbar freiwillig um die Aufnahme in den Norddeutschen Bund zu bitten, wäre dies ein deutliches Zeichen in Richtung Napoleon III. gewesen. Am 12. August soll Wilhelm gegenüber dem badischen Politiker Gelzer den Norddeutschen Bund als „höchst mißliche[n] Zwischen- und Übergangszustand" bezeichnet haben, „der aber keinesfalls ein definitiver sein wird. [...] Jetzt bleibe zunächst uns die Aussicht, daß die nationale Gesinnung für die Vereinigung im Norden und Süden sich immer kräftiger Bahn breche und so dem Kaiser allmählich, aber unzweideutig (und ohne alles Zutun der preuß[ischen] Regierung) beweise, daß er es mit dem Nationalwillen Deutschlands zu tun habe; dies allein würde ihm (Napoleon) Respekt einflößen."[37] Dem Großherzog von Baden schrieb der König am 23. August, die „Manifestation des Südens nach dem Norden [...] muß von Euch encouragiert werden, natürlich auf eine nicht kompromittierende Art, damit man auch jenseits des Rheins einsieht, daß ein Nationalwille vorhanden ist, dem der Norden sich nicht widersetzen dürfe auf die Dauer. Und da dies das Prinzip ist, welches Napoleon überall an die Spitze seiner Politik stellt – wenn es nicht etwa auf die Rheingrenze ankommt!!! – so muß er konsequenter Weise uns freisprechen von unserer Bindung wegen des Mains."[38] Im Januar 1867 berichtete auch Prinz Wilhelm von Baden, dass der preußische Herrscher „Baden als die Brücke zu einer Annäherung des Südens, besonders Bayerns, betrachtet."[39] Und laut dem bayerischen Gesandten in Paris soll der spätere Kaiser im Juli desselben Jahres dem französischen Außenminister offen erklärt haben, „daß Preußen sich dem Drängen der süddeutschen Staaten nicht erwehren könne."[40]

In Wilhelms Augen hatte die französische Intervention die deutsche Einigung an der Mainlinie lediglich mittelfristig verlangsamt. Er ließ im Sommer 1866 keinen Zweifel daran, dass er den nationalen Siegeslauf zu einem späteren Zeitpunkt weiterführen wollte. Auch schien er bereits darauf spekuliert zu haben, dass er diese Politik gegenüber Frankreich nur mit militärischem Druck durchsetzen konnte. Zwar wurden die süddeutschen Staaten mit dem Ende des Deutschen Bundes de jure zum ersten Mal in

---

34 Vgl. Bismarck an Goltz, 20. August 1866. GW, Bd. 6, S. 137; Loftus an Stanley, 24. August 1866. APP, Bd. 7, S. 620.
35 Der Text des Friedensvertrags mit Baden findet sich in: Huber (Hrsg.), Dokumente, Bd. 2, S. 259–260.
36 Wilhelm an Augusta, 28. Juli 1866. Steglich (Hrsg.), Quellen, Bd. 2, S. 345.
37 Gelzer an Friedrich I., 12. August 1866. Oncken (Hrsg.), Briefwechsel, Bd. 2, S. 15–16.
38 Wilhelm an Friedrich I., 23. August 1866. Ebd., S. 26
39 Wilhelm von Baden an Friedrich I., 21. Januar 1867. Ebd., S. 40–41.
40 Perglas an Hohenlohe-Schillingsfürst, 3. Juli 1867. Ders. (Hrsg.), Rheinpolitik, Bd. 2, S. 432.

ihrer Geschichte in die völlige Unabhängigkeit entlassen. Aber de facto war ihr außenpolitischer Handlungsspielraum von Anfang an stark begrenzt. Denn zeitgleich mit den Friedensverträgen mussten sie geheime und vor allem *unkündbare* Schutz- und Trutzbündnisse mit der Hohenzollernmonarchie abschließen. Im Kriegsfall sollte die bayerische, württembergische und badische Armee dem König von Preußen unterstellt werden. Damit war die Mainlinie auf einer elementaren politischen Ebene bereits überschritten worden. Vier Jahre vor Beginn des Deutsch-Französischen Krieges war Wilhelm faktisch zum Imperator Germaniae erhoben worden.[41] Der spätere Kaiser schien sich bewusst gewesen zu sein, dass ihm dieser Umstand mit der Zeit größere Aktionsfreiheit gegenüber Frankreich geben konnte. Bereits Ende August schrieb er seiner Ehefrau, „mit dem ganzen Süden Deutschlands ist nun eine gleichlautende Militärallianz geschlossen, wonach alle mir ihre Truppen im Krieg zur Disposition stellen; *dies ist aber ganz geheim*, weil Frankreich leicht darin eine Verletzung der Mainlinie wittern könnte, aber entwickeln wird sich *vieles* daraus und Erwünschtes."[42] Und im Mai 1867 erklärte er, „mit jedem Jahr ist auch zu hoffen, daß Deutschland consolidirter und mächtiger sein wird und gerüsteter als heute einen Kampf aufzunehmen."[43] Dieser Kampf sollte sich 1870 gegen Frankreich richten.

Napoleon III. mochte 1866 den preußischen Siegeslauf ausgebremst haben. Für die süddeutschen Staaten hatte er damit lediglich den Schein äußerer Souveränität erreicht. Aber für mehrere norddeutsche Staaten hatte er mit seiner Intervention das Todesurteil unterzeichnet. Denn da es der preußischen Krone verwehrt blieb, ihre *indirekte* Herrschaft über ganz Deutschland auszudehnen, wollte sie zumindest ihr *direktes* Herrschaftsgebiet vergrößern. Wilhelm forderte einen territorialen Äquivalentausgleich für die Mainlinie. Also schlug ihm Bismarck vor, mehrere unterlegene Staaten im Gebiet des Norddeutschen Bundes zu annektieren. Und mit dieser Idee befeuerte er die königlichen Eroberungsagenda.[44] In seinen Memoiren erzählt der „Eiserne Kanzler", die 1866 abgesetzten Dynastien hätten „die Zeche bezahlt, da es nicht gelang, dem Könige Wilhelm die Vorstellung annehmbar zu machen, daß Preußen an der Spitze des Norddeutschen Bundes einer Vergrößerung seines Gebietes kaum bedürfen würde."[45] Auch dem bayerischen Diplomat Hugo von Lerchenfeld-Köfering soll Bismarck gesagt haben, der König „hätte die ganze Welt annektiert, wenn es ihm möglich gewesen wäre, und ich ihn losgelassen hätte."[46] Und die Berliner Salonière Hildegard von Spitzemberg will 1884

---

41 Vgl. Becker, Bismarcks Ringen, S. 193–194; Huber, Verfassungsgeschichte, Bd. 3, S. 600–603; Lutz, Habsburg und Preußen, S. 472; Showalter, German Unification, S. 210; Hein, Deutsche Geschichte, S. 88–89.

42 Wilhelm an Augusta, 25. August 1866. Steglich (Hrsg.), Quellen, Bd. 2, S. 391–392.

43 Wilhelm an Augusta, 12. Mai 1867. GStA PK, BPH, Rep. 51 J, Nr. 509b, Bd. 13, Bl. 15.

44 Vgl. Friedrich Thimme, Wilhelm I., Bismarck und der Ursprung des Annexionsgedankens 1866, in: HZ 89 (1902), S. 401–456; Becker, Bismarcks Ringen, S. 182; Gall, Bismarck, S. 368–371; Pflanze, Bismarck, Bd. 1, S. 319.

45 NFA, IV, S. 178.

46 Hugo von Lerchenfeld-Köfering, Erinnerungen und Denkwürdigkeiten von Hugo Graf Lerchenfeld-Köfering. Kgl. Bayr. Staatsrat und Gesandter am Kgl. Preuß. Hof. 1843 bis 1915, Berlin ²1935, S. 42.

erfahren haben, dass der bayerische König Ludwig II. einige Jahre zuvor in einem persönlichen Gespräch mit Wilhelm bemerkt haben soll, wäre Bismarck „nicht gewesen, hättest Du uns schon 1866 annektiert und seither schon öfters."[47]

Aber auch andere Quellen belegen, dass der Monarch und sein Ministerpräsident erst infolge der französischen Intervention den Plan ins Auge gefasst hatten, ganze Staaten von der Landkarte zu streichen. Am 20. Juli ließ Bismarck nach Paris telegraphieren, „der König schlägt die Bedeutung eines norddeutschen Bundesstaates geringer an als ich und legt vorwiegenden Wert auf direkte Annexionen, die ich allerdings neben der Reform als Bedürfnis ansehe, weil sonst Sachsen-Hannover für intimes Verhältniß zu groß bleiben" würden.[48] Goltz antwortete drei Tage später, dass Napoleon III. ihm erklärt haben soll, „daß Er sich den von Preußen in Anspruch zu nehmenden Annexionen in Norddeutschland bis zur Einwohnerzahl von 4 Millionen nicht allein nicht widersetzen, sondern dieselben auch als billig anerkennen und befürworten werde."[49] Am 14. August ließ Wilhelm dem Ministerpräsidenten ein Schreiben des Zaren übermitteln, in dem dieser seinen Onkel bat, von Eroberungen in Deutschland abzusehen. „Die Dynastischen und Annexionsbedenken stimmen überein mit unseren ersten Ansichten, bis wohin wir uns hätten handeln lassen, wenn Frankreich und Österreich nicht sofort die große Annexion zugestanden hätten."[50] Diese Zeilen legen nahe, dass sowohl Wilhelm als auch Bismarck in den unmittelbaren Tagen nach Königgrätz bezweifelt haben mochten, ob größere Annexionen am Verhandlungstisch überhaupt durchgesetzt werden konnten. Und tatsächlich hatte auch das königliche Kriegszielprogramm vom 5. Juli nur vergleichsweise geringe Gebietsabtretungen genannt. Wie bereits in der Schleswig-Holstein-Frage schien die Allerhöchste Annexionsprogrammatik den diplomatischen Entwicklungen zu folgen. Nur ging dies 1866 deutlich schneller vonstatten als 1864. Noch 1878 sollte der Kaiser seiner Tochter gegenüber rückblickend bemerken, er hätte nach Königgrätz, „was die okkupierten Länder beträfe, sich niemals gedacht, so viel von ihnen, besonders von Hannover zu erhalten."[51]

Das Königreich Hannover, das Kurfürstentum Hessen, das Herzogtum Hessen-Nassau und die Freie Stadt Frankfurt am Main fielen allesamt der preußischen Annexionspolitik zum Opfer.[52] Damit bewegte sich die Hohenzollernmonarchie zumindest teilweise in vergleichbaren Bahnen wie die Savoyenmonarchie nach 1859. Aber der Turiner Hof hatte in Italien eine dynastische Tabula rasa praktiziert. Im Norddeutschen

---

47 Tagebuch Spitzemberg, 27. Oktober 1884. Rudolf Vierhaus (Hrsg.), Das Tagebuch der Baronin Spitzemberg, geb. Freiin v. Varnbüler. Aufzeichnungen aus der Hofgesellschaft des Hohenzollernreiches, Göttingen ²1960, S. 210.
48 Bismarck an Goltz, 20. Juli 1866 (Telegramm). GW, Bd. 6, S. 69.
49 Goltz an Bismarck, 23. Juli 1866. Oncken (Hrsg.), Rheinpolitik, Bd. 1, S. 373.
50 Wilhelm an Bismarck, 14. August 1866. GW, Bd. 6, S. 131.
51 Aufzeichnungen Luise von Badens, 1. August 1878. Steglich (Hrsg.), Quellen, Bd. 2, S. 472.
52 Vgl. Hans A. Schmitt, Prussia's Last Fling. The Annexation of Hanover, Hesse, Frankfurt, and Nassau, June 15 – October 8, 1866, in: Central European History Vol. 8, Nr. 4 (1975), S. 316 – 347, ders., From Sovereign States to Prussian Provinces. Hannover and Hesse-Nassau, in: The Journal of Modern History Vol. 57, Nr. 1 (1985), S. 24 – 56.

Bund sollten immerhin mehrere kleinere Staaten den Sommer 1866 überleben. Es ist nicht unwahrscheinlich, dass die preußische Regierung keinen Grund sah, auch noch diese mindermächtigen Herrscher von ihren Thronen zu stürzen. Die meisten von ihnen waren ohnehin gemeinsam mit Preußen in den Krieg gezogen. Auch fiel ihr politisches Gewicht im neuen Bundesstaat recht gering aus. Und da solche Annexionen nicht einmal annähernd durch das Ius praedae gedeckt waren, hätten sich für das Hohenzollernkönigreich neue diplomatische Komplikationen einstellen können. Allerdings kann auch argumentiert werden, dass der Berliner Hof davor zurückschreckte, mit den föderativen Reichstraditionen völlig zu brechen und einen Einheitsstaat wie südlich der Alpen zu konstituieren.[53] In den annektierten Ländern sollte es der Hohenzollernmonarchie jedoch vergleichsweise schnell gelingen, die Bevölkerung erfolgreich in die neuen Herrschaftsverhältnisse zu integrieren. Daher kann nicht a priori argumentiert werden, dass diese Politik auf gesamtdeutscher Ebene zum Scheitern verurteilt gewesen wäre.[54]

Die Annexionspolitik musste Wilhelm von Bismarck nicht erst aufgezwungen werden, auch wenn die Forschung das Gegenteil behauptet.[55] Seinem Weimarer Schwager soll der König am 9. August erklärt haben, „alle Welt hat immer die Angst gehabt, Preußen wolle Länder verschlingen, es dachte nicht daran; ich habe dagegen aber gesagt, daß, wenn die Fürsten nicht zu mir hielten, dies eintreten würde, und nun haben sie es."[56] Wilhelm hatte seine persönlichen Machtinteressen vor 1866 *immer* höher gestellt als das abstrakte Konzept monarchischer Solidarität. Und das galt auch nach Königgrätz.[57] Gleichzeitig nutzte er den militärischen Sieg, um alte Rechnungen zu begleichen. Denn endlich konnte er die vermeintlichen Gegner der preußischen Deutschlandpolitik in die Knie zwingen und geradezu kleinliche Rache für angebliches Unrecht üben. Die preußische Okkupationspolitik in Frankfurt am Main beispielsweise rief internationale Kritik hervor, nachdem dort Bürgermeister Karl Konstanz Viktor Fellner am 24. Juli Suizid begangen hatte. Die preußische Militärführung hatte Fellner damit gedroht, die Stadt zu plündern und gar mit Artillerie zu beschießen, sollte er die hohen Kontributionsforderungen nicht erfüllen.[58] Augusta mahnte ihren Ehemann, „wenn die Hoffnung noch immer festgehalten werden muß, daß die südwestlichen Staaten Deutschlands allmählich in *eine engere Verbindung mit dem Norddeutschen Bund* treten, so ist es gewiß von größter Wichtigkeit, durch Gewaltmaßregeln wie jetzt in Frankfurt die noch gegen Preußen vorherrschende Erbitterung nicht zu steigern."[59] Aber Wilhelm war nicht bereit, seine

---

53 Vgl. Huber, Verfassungsgeschichte, Bd. 3, S. 578–600; Langewiesche, Gewaltsamer Lehrer, S. 300–315.

54 Vgl. Jaspar Heinzen, Making Prussians, Raising Germans. A Cultural History of Prussian State-Building after Civil War, 1866–1935, Cambridge 2017.

55 Vgl. Gall, Bismarck, S. 372; Pflanze, Bismarck, Bd. 1, S. 318–319; Kraus, Bismarck, S. 109; Epkenhans, Reichsgründung, S. 41.

56 Tagebuch Carl Alexander, 9. August 1866. Steglich (Hrsg.), Quellen, Bd. 1, S. 174–175.

57 Vgl. Börner, Wilhelm I., S. 190.

58 Vgl. Richard Schwemer, Geschichte der Freien Stadt Frankfurt a. M. (1814–1866), Bd. 3/II, Frankfurt am Main 1918, S. 305–362; Margaret Sterne, The End of the Free City of Frankfort, in: The Journal of Modern History Vol. 30, Nr. 3 (1958), S. 203–214.

59 Augusta an Wilhelm, 27. Juli 1866. Steglich (Hrsg.), Quellen, Bd. 2, S. 341.

Forderungen an die Frankfurter Regierung zu mäßigen. Er wollte die Stadt gewissermaßen stellvertretend für den aufgelösten Deutschen Bund bestrafen.[60] Seiner Ehefrau schrieb er deshalb, „Deine Klagen über die Behandlung F[rankfurts] a. M. begreife ich durchaus nicht. Es ist der Sitz aller Intrigen gegen Preußen […]. Eine Armee dieser Stadt war nicht vorhanden, die wir niederzuwerfen hatten, um dieselbe die Wucht des Sieges spüren zu lassen; was blieb denn da also übrig, als der Stadt mit ihren Millionären eine Kontribution aufzuerlegen? […] Kriegsleistungen müssen überall geleistet werden, und ich bekomme täglich Klagen, daß sie nicht zu erschwingen seien, von Städten und Kommunen, aber in F[rankfurt] a. M. trifft dies die Reichen in einer Weltstadt."[61] „Die oesterreich-süddeutsche Schmiede in F[rankfurt] a. M. hat in den letzten 10 Jahren nur zu unheilvoll gewirkt und durch den Bundestag hauptsächlich die Ansicht genährt und verbreitet und die Opposition gegen Preußen aufgestachelt, während, daß bei den sogenannten inneren Wirren, Preußen nur eines Luftstoßes bedürfe, um umgestürzt zu werden. Das Sprichwort: Wer anderen eine Grube gräbt […] hat sich erschreckend bewahrheitet."[62]

Auch König Georg V. von Hannover konnte nicht auf Wilhelms Gnade hoffen. In den Monaten vor Kriegsausbruch war er von der preußischen Regierung wiederholt aufgefordert worden, sich im Großmächtestreit für neutral zu erklären. Georg hatte dies jedoch als Eingriff in seine außenpolitische Souveränität abgelehnt. Aber gleichzeitig hatte er es auch nicht für nötig erachtet, das Bündnis mit Österreich zu suchen, wie es beispielsweise Sachsen getan hatte. Als Nachfahre einer mittelalterlichen Herrscherdynastie hatte der Welfenkönig die Möglichkeiten der hannoverischen Außenpolitik stets überschätzt. Er hatte auf Augenhöhe mit Berlin und Wien Großmacht spielen wollen. Damit hatte er sich 1866 in Deutschland diplomatisch effektiv selbst isoliert. Der Preis, den er für diese dynastische Wirklichkeitsabgewandtheit zahlen musste, waren Land und Krone.[63] Wilhelm hatte bereits zwei Tage nach Königgrätz in seinem Kriegszielprogramm gefordert, Georg vom Thron zu stoßen. Und nachdem Frankreich der Annexionspolitik in Norddeutschland die Tür geöffnet hatte, schien er eine Möglichkeit zu sehen, endlich die territoriale Lücke zwischen den Rheinlanden und den preußischen Kernprovinzen zu schließen. Aber bis Mitte August befürchtete er, dass die vollständige Annexion des Königreichs auf der diplomatischen wie öffentlichen Ebene auf Widerstand stoßen könnte. In einer auf den 14. August datierten Denkschrift bemerkte Wilhelm, dass es eventuell notwendig sei, dem hannoverischen Kronprinzen die

---

60 Vgl. Jan Markert, Wilhelm I., in: Frankfurter Personenlexikon, online unter: https://frankfurter-perso nenlexikon.de/node/13673 (veröffentlicht 2024).

61 Wilhelm an Augusta, 24. Juli 1866. Steglich (Hrsg.), Quellen, Bd. 2, S. 324–325.

62 Wilhelm an Augusta, 19. August 1867. GStA PK, BPH, Rep. 51 J, Nr. 509b, Bd. 13, Bl. 84.

63 Vgl. Geoffrey Malden Willis (Hrsg.), Hannovers Schicksalsjahr 1866 im Briefwechsel König Georgs V. mit der Königin Marie, Hildesheim 1966; Fredy Köster, Das Ende des Königreichs Hannover und Preußen. Die Jahre 1865 und 1866, Hannover 2013; Dieter Brosius, Hannovers politische und militärische Rolle im Krieg von 1866, in: Winfried Heinemann/Lothar Höbelt/Ulrich Lappenküper (Hrsg.), Der preußisch-österreichische Krieg 1866, Paderborn 2018, S. 303–314.

Herrschaft über ein kleines Gebiet um Hannover und Celle zu gewähren, „wenn Fr[an]k[rei]ch und Öst[erreich] Widersetzung zeigten gegen völlige Annexion".[64] Und einen Tag später äußerte er in einer Kronratsitzung die Sorge, ob „die öffentliche Meinung" die Totalannexionen „gerechtfertigt finden" würde. Aber letztendlich schloss er sich dem Mehrheitsvotum der Minister an, Hannover und die anderen okkupierten Staaten von der Landkarte zu streichen.[65] Der spätere Kaiser hätte die Macht besessen, die Annexionen zu verhindern. Es spricht Bände, dass er dies nie aktiv versucht hatte. Rex regi lupus est.

Wilhelm hätte wohl auch Sachsen annektiert, wenn ihm am diplomatischen Verhandlungstisch nicht rote Linien gesetzt worden wären. Zwar waren Napoleon III. und Franz Joseph bereit, die Wettinermonarchie dem Norddeutschen Bund zuzuschlagen. Aber sie bestanden auf der territorialen Integrität des Königreichs, um der Hohenzollernsuprematie nördlich des Mains zumindest *ein* dynastisches Kontergewicht jenseits der mindermächtigen Kleinstaaten entgegenzusetzen.[66] Gegenüber Goltz soll der Empereur den expliziten „Wunsch" geäußert haben, „daß das Königreich Sachsen nicht beseitigt werde."[67] Während der preußisch-österreichischen Waffenstillstandsverhandlungen ließ Károlyi den Wiener Hof wissen, „die Wahrung der Integrität Sachsens wurde von uns als eine unerläßliche Bedingung unserer Annahme der Friedenspräliminarien festgehalten."[68] Und der österreichische Herrscher soll es sogar „als eine Ehrensache" bezeichnet haben, „sich der Interessen seines Alliierten warm anzunehmen", wie der preußische Gesandte in Wien berichtete.[69]

Es schien Wilhelm äußerst schwer gefallen zu sein, die Finger von Sachsen zu lassen. Denn er betrachtete die Wettinermonarchie augenscheinlich als einen seiner Hauptkriegsgegner. Immerhin war der Dresdner Hof vor 1866 der Dreh- und Angelpunkt der Triaspolitik gewesen. Und wie die Quellen belegen, hatte er wahrscheinlich darauf spekuliert, das Königreich vollständig annektieren zu können. Während der Waffenstillstandsverhandlungen mit Österreich soll Wilhelm gegenüber Károlyi geschimpft haben, „Sachsen sei der Verführer, die anderen Staaten [...] seien bloß die Verführten gewesen, und es sei unbillig, ersteren, nämlich den Verführer, ganz unversehrt aus dem Kampfe hervorgehen zu lassen, während Preußen sowohl für die notwendige Territorialverbindung seines Gebietes als vom Standpunkte der Rechte des Siegers sich veranlaßt sehen würde, bei den weiteren Friedensverhandlungen mit den betreffenden

---

64 Aufzeichnungen Wilhelms, 14. August 1866. Steglich (Hrsg.), Quellen, Bd. 2, S. 372–373.

65 Konseilprotokoll, 15. August 1866. Hans Philippi, Preußen und die braunschweigische Thronfolgefrage 1866–1913, Hildesheim 1966, S. 187–190.

66 Vgl. Becker, Bismarcks Ringen, S. 201–205; Retallack, Saxony, S. 117–121; Ulf Morgenstern, „Wether 'tis nobler in the mind to suffer [...]. Or to take arms against a sea of troubles." Das Jahr 1866 in der sächsischen Geschichte, in: Winfried Heinemann/Lothar Höbelt/Ulrich Lappenküper (Hrsg.), Der preußisch-österreichische Krieg 1866, Paderborn 2018, S. 209–239, hier: S. 223–231.

67 Goltz an Bismarck, 23. Juli 1866. Oncken (Hrsg.), Rheinpolitik, Bd. 1, S. 373.

68 Károlyi an Mensdorff-Pouilly, 23. Juli 1866. PÖM, VI/Bd. 2, S. 180.

69 Werther an Bismarck, 25. August 1866. APP, Bd. 8, S. 47.

Staaten eben auf Kosten jener Verführten Territorialerwerbungen zu machen."[70] Einen Tag später ließ er Bismarck wissen, „daß *außer* der *Erhaltung* Sachsens auch noch dessen *Inégrité* zugesichert wird, ist mir sehr schwer geworden, weil Sachsen der Hauptanstifter des Krieges ist u[nd] nun ungeschmälert aus demselben hervorgeht."[71] Gegenüber Carl Alexander soll er am 9. August bemerkt haben, „Sachsen, das den Krieg verursacht, hätte er durchaus haben wollen, nachdem es ihm so geschadet. [...] Er gestehe, geweint zu haben bei dem Gedanken, daß er zurückkehren solle vor seinem Lande, seiner Armee, ohne daß er Sachsen bringe. Er hätte nun wenigstens gewünscht, ein Stück abzuschneiden, Leipzig, [...] und einen Teil der Lausitz, was sein Land arrondieren würde, aber auch das sollte nicht sein."[72] Und Bernhardi notierte Anfang September nach einem Gespräch mit Duncker, der König „wollte [...] das Königreich Sachsen als Preis des Sieges gewinnen."[73]

Wilhelms Ius-praedae-Politik gegenüber Sachsen und den anderen Kriegsverlierern gründete auf mehreren Motiven. Einerseits wollte er Rache nehmen. Dieses sehr persönliche Motiv darf nicht unterschätzt werden. Nach Königgrätz war er nach Jahren der Misserfolge endlich in die Lage versetzt worden, Deutschland seine monarchische Agenda aufzuzwingen. Diese neugewonnene Macht wollte er seine Gegner spüren lassen. Andererseits war er wie bereits nach dem Deutsch-Dänischen Krieg davon überzeugt, dass er der Öffentlichkeit substantielle Kriegsgewinne präsentieren musste, um den Waffengang nachträglich noch einmal zu legitimieren. Und territoriale Gewinne waren „handfeste" Erfolge, die auf der öffentlichen Ebene vergleichsweise einfach vermittelt werden konnten. Beispielsweise schrieb er am 20. Juli, „ohne eine solche Annexion an Preußen hätten wir keine materiellen Gewinne für unsere unglaublichen Siegeserfolge, Opfer von Menschen, Gut und Blut und keine Demütigung für Sachsen, Hannover, beide Hessen und Nassau und Bayern."[74] Last but not least schien Wilhelm befürchtet zu haben, dass die militärisch geschlagenen Gegner langfristig wieder zu einer politischen Gefahr werden könnten. So argumentierte er Anfang September über Sachsen, „der bloße Zutritt zum Nordbündnis genügt natürlich nicht bei dem Intrigengeist und der feindlichen Gesinnung von Hof und Land gegen Preußen. Wir haben bereits die Mäßigung gegen unsere Feinde so weit ausgedehnt, daß man sie wahr[heits]gemäß Schwäche nennen kann!!"[75] Und als er einen Monat später erfuhr, dass ausgerechnet der ehemalige sächsische Ministerpräsident zum neuen österreichischen Außenminister ernannt worden war, schimpfte er, „daß Beust's Eintritt in österreichische Dienste ein Netz von Intrigen über Dresden gegen uns anspinnen würde, ist klar wie der Tag und deshalb die bisherige milde Behandlung Sachsens in

---

70 Károlyi an Mensdorff-Pouilly, 23. Juli 1866. PÖM, VI/Bd. 2, S. 183.
71 Bismarck an Wilhelm (mit Marginalien des Königs), 24. Juli 1866. GW, Bd. 6, S. 80–81.
72 Tagebuch Carl Alexander, 9. August 1866. Steglich (Hrsg.), Quellen, Bd. 1, S. 173.
73 Tagebuch Bernhardi, 5. September 1866. Bernhardi (Hrsg.), Aus dem Leben, Bd. 6, S. 279.
74 Wilhelm an Augusta, 20. Juli 1866. Steglich (Hrsg.), Quellen, Bd. 2, S. 310.
75 Wilhelm an Augusta, 3. September 1866. Ebd., S. 422.

meinen Augen ein Fehler."[76] Die Wettinermonarchie galt Wilhelm als fünfte Kolonne im neuen Herrschaftsbereich der Hohenzollernmonarchie. Deshalb drängte er noch während der Friedensverhandlungen mit dem Dresdner Hof darauf, das Königreich territorial zu verkleinern. Aber die sächsische Regierung lehnten den preußischen Vorschlag ab, für den Preis „freiwilliger" Gebietsabtretungen mehr Souveränitätsrechte im Norddeutschen Bund zu erhalten.[77] Nach der Unterzeichnung des Friedensvertrags am 21. Oktober will Wilhelm den Dresdner Diplomaten sogar gesagt haben, „daß Sachsens neue Stellung nur meinem Einflusse zu verdanken sei, dem ich nachgegeben hätte, um nicht größere Complicationen herauf zu beschwören, weil sonst sein Schicksal dasselbe gewesen sein würde wie das der andern Nachbarstaaten."[78] Ohne die Pentarchie hätte der König von Sachsen 1866 wohl das Schicksal der Herrscher von Hannover, Hessen-Kassel und Hessen-Nassau erlitten. Der spätere Kaiser ließ sich in den Friedensverhandlungen jedenfalls nicht von monarchischer Solidarität leiten.

Und was war mit Österreich? Welche Kriegsziele wollte Wilhelm gegen sein Feindbild Nummer Eins durchsetzen? Seit dem 13. Juli lagerte das preußische Hauptquartier in Brünn, bevor es am 18. Juli nach Nikolsburg aufbrach, etwa 70 Kilometer von Wien entfernt. Dort begannen am 22. Juli Friedensverhandlungen. Vier Tage später wurde der Vorfrieden von Nikolsburg unterzeichnet, mit dem Österreich aus Deutschland ausschied.[79] Das sind die Fakten. In seinen Memoiren erzählt Bismarck viel darüber, was in Nikolsburg angeblich passiert sein soll. Der Ministerpräsident will dort auf einen schnellen Verständigungsfrieden mit Österreich gedrängt haben. Aber Wilhelm und die Generäle sollen sich „gegen die Unterbrechung des Siegeslaufes der Armee" entschieden haben. Während eines „Kriegsraths" am 23. Juli soll es zum offenen Konflikt zwischen Bismarck auf der einen Seite und dem König und den Militärs auf der anderen Seite gekommen sein. Da sich der spätere Kanzler nicht habe durchsetzen können, will er sogar kurzzeitig an Suizid gedacht haben. Aber der Kronprinz soll seine Vermittlungshilfe angeboten haben. Und gemeinsamen soll es ihnen gelungen sein, Wilhelm von einer militärischen und politischen Demütigung der Habsburgermonarchie abgehalten zu haben. Doch Bismarck will sich noch im Zwangsruhestand „an die heftige Gemüthsbewegung" erinnert haben, „in die ich meinen alten Herrn hatte versetzen müssen, um zu erlangen, was ich im Interesse des Vaterlands für geboten hielt, wenn ich verantwortlich bleiben sollte."[80] Auch der sächsische Politiker Richard von Friesen berichtet in seinen Memoiren, dass Bismarck ihm gesagt haben soll, „er [...] sei der einzige Mann in Nikolsburg gewesen, der noch einer ruhigen Überlegung fähig gewesen sei", und „er sei von den dort anwesenden Militärs wie ein Verräter behandelt worden,

---

76 Wilhelm an Augusta, 27. Oktober 1866. GStA PK, BPH, Rep. 51 J, Nr. 509b, Bd. 12, Bl. 153.
77 Vgl. Retallack, Saxony, S. 117–118. Der Text des Friedensvertrags mit Sachsen findet sich in: Huber (Hrsg.), Dokumente, Bd. 2, S. 262–264.
78 Wilhelm an Augusta, 23. Oktober 1866. GStA PK, BPH, Rep. 51 J, Nr. 509b, Bd. 12, Bl. 149.
79 Der Text des Vorfriedens findet sich in: Huber (Hrsg.), Dokumente, Bd. 2, S. 247–249.
80 NFA, IV, S. 243–246.

der alles wieder verderbe, was die Armee gut gemacht habe."[81] Im Jahr 1895 soll der Kanzler a. D. dem Schriftsteller Fritz Hoenig ebenfalls über diesen Nikolsburger Konflikt erzählt haben. Auch laut dieser Quelle soll es Bismarck fast im Alleingang gelungen sein, den König von dessen Demütigungspolitik abzubringen, „aber nun verziehen mir die Militärs, welche die Fortsetzung des Krieges und den Einzug in Wien wünschten, nicht meine ‚Einmischung'."[82] In der Forschung wurde und wird diese Erzählung nicht nur weitgehend unkritisch übernommen. Sie gilt auch als Paradebeispiel für Bismarcks angebliche Weitsicht und Durchsetzungskraft.[83] Allerdings rieten bereits einige wenige Stimmen aus älteren Historikergenerationen zur Vorsicht. Denn sie konnten keine anderen Quellen finden, die Bismarcks Behauptung einer Einmannopposition gegen Monarch und Militär stützen würden. Oder dass überhaupt ein Streit über einen Einmarsch in Wien stattgefunden haben mochte.[84]

Zunächst einmal muss festgehalten werden, dass Wilhelm nach Königgrätz davon ausging, dass Österreich den Krieg fortsetzen würde. Laut Schneider soll er offen „von der Wahrscheinlichkeit einer zweiten großen Schlacht" gesprochen haben.[85] Auch Bismarck schien nicht an einen schnellen Frieden geglaubt zu haben. Er versuchte Mitte Juli sogar, in Böhmen und Ungarn Aufstände gegen den Wiener Hof auszulösen. Damit hoffte er, weiteren Druck auf den Kriegsgegner ausüben zu können. Es dürfte ihm jedoch auch bewusst gewesen sein, dass innere Unruhen die kriegsstrapazierte Habsburgermonarchie potentiell an den Rand der Implosion hätten bringen können.[86] Wilhelm billigte diese Eskalationsmaßnahmen ebenso wie den Vormarsch in Richtung Wien. Denn wie er Augusta am 18. Juli schrieb, habe er nicht darauf gehofft, dass Österreich auf die preußischen Friedensbedingungen eingehen würde. Und diese Bedingungen waren nichts Geringeres als „die künftige Gestaltung Österreichs und Deutschlands, *ohne* ersteres. Dies wird nun Österreich gewiß nie annehmen, wenn nicht unsere Stellung vor Wien, der anfangende Aufstand in Ungarn und eine endliche Operation der Italiener nach Triest es zur Nachgiebigkeit zwingen."[87]

Aber nur einen Tag später traf der französische Diplomat Vincent Benedetti in Nikolsburg ein. Und wie Wilhelm seiner Ehefrau berichtete, soll dieser direkt aus Wien

---

81 Heinrich von Friesen (Hrsg.), Erinnerungen aus meinem Leben. Von Richard Freiherrn von Friesen, Königl. Sächsischem Staatsminister a.D., Bd. 3, Dresden 1910, S. 83–84.

82 Eberhard Kolb (Hrsg.), Strategie und Politik in den deutschen Einigungskriegen. Ein unbekanntes Bismarck-Gespräch aus dem Jahr 1895, in: Militärgeschichtliche Mitteilungen 48 (1990), S 123–142, hier: S. 130–131.

83 Vgl. Eyck, Bismarck, Bd. 2, S. 263–267; Gall, Bismarck, S. 372–373, S. 440; Pflanze, Bismarck, Bd. 1, S. 318–319; Schmidt, Bismarck, S. 163–165; Kolb, Bismarck, S. 74–75; Kraus, Bismarck, S. 106–108; Jahr, Blut und Eisen, S. 126–127; Epkenhans, Reichsgründung, S. 44.

84 Vgl. Gustav Roloff, Brünn und Nikolsburg. Nicht Bismarck sondern der König isoliert, in: HZ 136 (1927), S. 457–501; Meyer, Bismarck, S. 315.

85 Schneider, Kaiser Wilhelm, Bd. 1, S. 269.

86 Vgl. Zechlin, Reichsgründung, S. 123–124; Gall, Bismarck, S. 358–359; Bremm, 1866, S. 248–249; Jahr, Blut und Eisen, S. 123–124.

87 Wilhelm an Augusta, 18. Juli 1866. Steglich (Hrsg.), Quellen, Bd. 2, S. 301–302.

die Nachricht mitgebracht haben, „daß Österreich die von uns durch Nap[oleons] Vermittlung gestellten Waffenstillstandsbedingungen, zugleich als Friedenspräliminarien, angenommen hat! 1.) Ausscheiden Österreichs aus dem Bunde; 2.) Konstituierung Norddeutschlands unter Preußens Leitung mit dem Oberbefehl über die Truppen; 3.) Konstituierung Süddeutschlands, wie? ist nicht gesagt; 4.) Annexion der Elbherzogtümer an Preußen und 5.) österreichische Kontributionen an Preußen zu zahlen und Grenzrektifikation in Österreichisch-Schlesien. [...] Daß Österreich diese enormen Konzessionen macht, beweist, wie kampfunfähig es sich fühlt [...]. Ich traute meinen Ohren nicht, als Benedetti mir dies[es] Resultat durch B[ismarc]k mitteilen ließ. [...] Wenn also Italien keine Schwierigkeiten macht, so kann in einigen Tagen Waffenstillstand sein, und wir müssen uns freilich mit der *Ansicht* von Wien begnügen, da wir es nun nicht mehr erobern können. Das wird man mir gewiß dereinst vorwerfen. Indessen mehr als schon heute können wir nicht erreichen, wohl aber nochmals 10.000 Mann opfern! Denn so viel würde eine Schlacht vor Wien gewiß kosten! Wer kann da balancieren!“[88] Allein mit dieser Quelle wird Bismarcks spätere Erzählung über einen Einmarschstreit ad absurdum geführt. Aber auch der Kronprinz notierte, „Papa war entschieden überrascht durch die Kunde, die Benedetti gebracht“ hatte. „Man beabsichtigt nun unsererseits, mit Österreich Waffenstillstand abzuschließen, dem baldigst Frieden folgen soll“.[89] Und die in Nikolsburg anwesenden Militärs erwähnen in ihren Aufzeichnungen ebenfalls mit keinem Wort, dass sich der König nach dem 19. Juli gegen den Beginn von Friedensverhandlungen ausgesprochen haben soll.[90] Die Quellen belegen vielmehr, dass der Einmarschstreit *allein* in den Kanzlererinnerungen existiert. Mit der Nachricht, dass Österreich bereit war, aus Deutschland auszutreten, war für Wilhelm das Hauptkriegsziel erreicht. Alles weitere sollte am Verhandlungstisch geklärt werden. Es brauchte nicht erst einen Bismarck, um den König zu dieser Entscheidung zu bewegen. Laut dessen Mitarbeiter Heinrich Abeken soll der Monarch am 22. Juli sogar gemeinsam mit seinem Ministerpräsidenten „zum ersten Mal einen Rückblick auf die ganze Vergangenheit geworfen“ haben, „von den Schwierigkeiten gesprochen, die er schon als Prinz von Preußen, dann in den ersten Jahren seiner Regierung gehabt – und nun endlich von dem späten ‚Abendroth‘, das seinem Alter noch zu Theil geworden sei, und hat dann den Minister unter Tränen umarmt.“[91] Weshalb der „Eiserne Kanzler“ in späteren Jahren wiederholt von Konflikten mit seinem Souverän erzählen sollte, die nur er allein erlebt zu haben schien, muss letztendlich offenbleiben.

Aber dies bedeutet nicht, dass die Nikolsburger Verhandlungen konfliktfrei verliefen. Wie Wilhelm seiner Ehefrau nach dem 19. Juli berichtet hatte, soll Benedetti erklärt

---

88 Wilhelm an Augusta, 20. Juli 1866. Steglich (Hrsg.), Quellen, Bd. 2, S. 310–311.

89 Tagebuch Friedrich Wilhelm, 20. Juli 1866. Meisner (Hrsg.), Tagebücher, S. 468.

90 Vgl. Tagebuch Blumenthal, 20. Juli 1866. Albrecht von Blumenthal (Hrsg.), Tagebücher des Generalfeldmarschalls Graf von Blumenthal aus den Jahren 1866 und 1870/1871, Stuttgart/Berlin 1902, S. 45; Roon an Perthes, 22. Juli 1866. Roon (Hrsg.), Denkwürdigkeiten, Bd. 2, S. 471.

91 Abeken an H. Abeken, 23. Juli 1866. Heinrich Abeken, Ein schlichtes Leben in bewegter Zeit, aus Briefen zusammengestellt, Berlin ²1898, S. 340.

haben, dass der Wiener Hof zu Gebietsabtretungen bereit wäre. Und Stosch schrieb am 20. Juli, der König „will [...] große Landabtretungen von Oesterreich haben."[92] Aber nachdem die Friedensverhandlungen am 22. Juli begonnen hatten, stellte sich schnell heraus, dass die österreichische Delegation dem preußischen Herrscher diesen Wunsch nicht erfüllen wollte. Für Bismarck schienen Gebietsgewinne entlang der preußisch-österreichischen Grenze lediglich nachgeordneten Wert besessen zu haben. Dem Thronfolger soll er am 21. Juli erklärt haben, „daß angesichts der unerwarteten Konzessionen Österreichs wir nicht Gewicht auf kleine Länderabtretungen seitens des Kaiserstaates legen dürften, da ja unsere Stellung in Deutschland so überwiegend werde, daß dieser Vorteil alle anderen überträfe."[93] Auch schien der Ministerpräsident befürchtet zu haben, dass lange Friedensverhandlungen Napoleon III. in die Hände spielen könnten. Eher war Bismarck bereit, auf österreichische Gebietsabtrennungen zu verzichten, als weiteren politischen oder gar militärischen Druck aus Paris zu riskieren.[94] In einem auf den 24. Juli datierten Schreiben argumentierte er gegenüber Wilhelm, es würde „ein politischer Fehler sein, durch den Versuch, einige Quadratmeilen mehr [...] von Österreich zu gewinnen, *das ganze Resultat* wieder in Frage zu stellen und es den ungewissen Chancen einer verlängerten Kriegführung oder einer Unterhandlung, bei welcher fremde Einmischung sich nicht ausschließen lassen würde, auszusetzen."[95]

Nach der Reichsgründung sollte Bismarck allerdings behaupten, er hätte die Habsburgermonarchie territorial schonen wollen, um sie als zukünftigen Bündnispartner zu gewinnen. So soll er 1877 seinem Mitarbeiter Robert Lucius von Ballhausen über die Nikolsburger Verhandlungen erzählt haben, „daß man die nicht tödlich kränken dürfe, mit welchen man später in Frieden leben wolle und müsse."[96] Und 1891 schrieb er seinem Sohn Herbert, dass „das österreichisch-deutsche Bündniß [...] politisch und militärisch ein gebotnes" sei. Diese Überzeugung hätte ihn „schon in Nicolsburg veranlaßt [...], die Zukunft unsrer gegenseitigen Beziehungen nicht aus dem Auge zu verlieren."[97] Aber es ist mehr als wahrscheinlich, dass der „Eiserne Kanzler" die Bündnisbeziehungen zwischen dem *deutschen Kaiserreich* und Österreich-Ungarn lediglich rückprojizierte. Denn in den unmittelbaren Quellen aus dem Sommer 1866 finden sich keine Belege für diese Weitsicht. Und last but not least soll nicht unerwähnt bleiben, dass Bismarck noch 1875 bereit gewesen zu sein schien, die Habsburgermonarchie den russischen Expansionsinteressen zu opfern.[98]

---

92 Stosch an J. v. Stosch, 20. Juli 1866. Stosch (Hrsg.), Denkwürdigkeiten, S. 104.
93 Tagebuch Friedrich Wilhelm, 21. Juli 1866. Meisner (Hrsg.), Tagebücher, S. 469.
94 Vgl. Lutz, Habsburg und Preußen, S. 467; Pflanze, Bismarck, Bd. 1, S. 318.
95 Bismarck an Wilhelm, 24. Juli 1866. GW, Bd. 6, S. 80.
96 Tagebuch Lucius, 9. Dezember 1877. Hellmuth Lucius von Stoedten (Hrsg.), Bismarck-Erinnerungen des Staatsministers Freiherrn Lucius von Ballhausen, Stuttgart/Berlin 1920, S. 118.
97 Bismarck an H. v. Bismarck, 4. Mai 1891. NFA, III/Bd. 9, S. 71–72.
98 Vgl. Ulrich Lappenküper, Die Mission Radowitz. Untersuchungen zur Rußlandpolitik Otto von Bismarcks (1871–1875), Göttingen 1990; Johannes Janorschke, Bismarck, Europa und die „Krieg-in-Sicht"-Krise von 189, Paderborn u. a. 2010, S. 82–106.

Aber letztendlich war es nebensächlich, *was* der Ministerpräsident in Nikolsburg über österreichische Gebietsabtrennung genau gedacht haben mochte. Denn Wilhelm brachte diese Forderung in die Friedensverhandlung ein. Er konnte sich dabei nicht nur auf den preußisch-italienischen Bündnisvertrag stützten, sondern auch auf die Nachrichten, die Benedetti am 19. Juli aus Wien mitgebracht hatte. *Und Bismarck versuchte in den Verhandlungen, die Annexionsforderungen durchzusetzen.* Dieser Umstand wird historiographisch meist ignoriert. Károlyi ließ Wien bereits am 23. Juli aus Nikolsburg wissen, dass der preußische Ministerpräsident ihm angeboten haben soll, Berlin würde „auf jede pekuniäre Kriegsentschädigung verzichten", falls der Kaiserstaat einer „Abtretung einiger keilförmig in das preußische Schlesien vorspringenden Gebietsteile einwillige". Bismarck soll erklärt haben, „großen Wert auf eine solche Abtretung seitens Österreichs zu legen, deren Umfang er im ganzen auf etliche 20 Quadratmeilen mit ungefähr 100.000 Einwohnern veranschlagte." Aber Károlyi will ihm geantwortet haben, dass er nicht ermächtigt sei, Verhandlungen zu führen, die mit der „Integrität der österreichischen Monarchie im Widerspruch stehe[n]".[99] Einen Tag später schrieb Bismarck auch an Goltz, dass durch „eine Grenzregulierung mit Österreich in Oberschlesien [...] eine für uns dort dringend wünschenswerte bessere natürliche Grenze durch Abtretung eines Teils von Österreichisch-Schlesien gewonnen würde [...]. Wir sehen dies als selbstverständlich und als eine Frage bloß zwischen uns und Österreich an, welche die europäischen Verhältnisse nicht berührt."[100] Und auch am 25. Juli soll der Ministerpräsident laut Károlyi in den Verhandlungen „wiederholt auf die von uns verlangte Abtretung einiger Grenzgebiete" zurückgekommen sein, „und bedauerte, daß wir nicht um dieses, seiner Ansicht nach geringe Opfer von der Last einer Kriegsentschädigung uns zu befreien suchten."[101]

Bismarck *musste* die Annexionsfrage während der Friedensverhandlungen wiederholt aufwerfen, da sein königlicher Souverän dies verlangte. „Die Friedensverhandlungen haben ihren guten Fortgang, und würde der Friede vielleicht schon geschlossen sein, wenn der König nicht Schwierigkeiten machte, der durchaus will, daß Oesterreich Gebiet an uns abtrete", notierte General Leonhard von Blumenthal am 24. Juli.[102] Und einen Tag später berichtete Roon seiner Ehefrau, dass „man sich über sehr günstige Friedensbedingungen verständigte; der König war gleichwohl nicht ganz befriedigt; Niemand wird uns Schwachheit und Neigung für einen ‚faulen Frieden' Schuld geben mögen; der Herr hat aber, wiewohl keine Passion für eine Fortsetzung des Krieges, einen solchen Respekt vor ‚faulem Frieden', daß er immer noch ein bisschen mehr verlangt, als billig und möglich."[103] Die Militärführung stand in der Annexionsfrage nicht auf Seiten des Königs. Gleichzeitig war Wilhelm aber auch nicht bereit, wegen dieser Frage den Krieg wiederaufzunehmen. Immerhin hatte er sein Haupt-

---

99 Károlyi an Mensdorff-Pouilly, 23. Juli 1866. PÖM, VI/Bd. 2, S. 179–180.
100 Bismarck an Goltz, 24. Juli 1866. GW, Bd. 6, S. 77.
101 Károlyi an Mensdorff-Pouilly, 25. Juli 1866. PÖM, VI/Bd. 2, S. 187.
102 Tagebuch Blumenthal, 24. Juli 1866. Blumenthal (Hrsg.), Tagebücher, S. 47.
103 Roon an A. v. Roon, 25. Juli 1866. Roon (Hrsg.), Denkwürdigkeiten, Bd. 2, S. 473.

kriegsziel bereits erreicht. Dieser Umstand darf nicht vergessen werden. Denn der spätere Kaiser verlor die große Deutsche Frage trotz der kleinen Annexionsfrage nie aus den Augen. Noch am 24. Juli jubelte er Augusta, „Károlyi und Konsorten haben [...] alle Friedensbedingungen angenommen, die wir stellten, und somit scheidet Österreich vollkommen aus Deutschland aus und verzichtet, wie Karolyi sich ausdrückte, auf eine 800jährige Geschichte. Nächstdem läßt es uns ganz freie Hand, Norddeutschland nach unserem Ermessen neu zu konstituieren [...]. Über die Zahlung der Höhe der Kriegskosten und Kompensation in einigen kleinen Landstrichen an der schlesischen Grenze schweben noch die Verhandlungen. [...] Es sind dies gewiß enorme Errungenschaften nach einem so glorreichen und kurzen Kriege, und wenn man dazu den Verlust Venetiens rechnet, so ist eine Machtminderung Österreichs in Verbindung mit den Verlusten von 1859 erfolgt, die schwer in dessen ganzer Geschichte und europäischen Stellung wiegt! Und das alles ist erfolgt, weil es Preußen nicht als ebenbürtige Großmacht *neben* sich dulden wollte und daher stets auf dessen Ruin ausging und dies als Basis seiner Politik gegen dasselbe betrachtete."[104] Der Streit über die österreichischen Gebietsabtretungen war für Wilhelm *keine politische Grundsatzfrage.* Er versuchte bis zuletzt, noch am Verhandlungstisch Annexionen durchzudrücken – *und Bismarck unterstützte ihn dabei.* Aber wie sein Ministerpräsident war auch der König nicht gewillt, wegen dieser nachgeordneten Frage den Frieden zu torpedieren.

Das soll nicht heißen, dass Wilhelm keinen Druck auf Bismarck ausübte. Der Kronprinz weiß in seinen Nikolsburger Aufzeichnungen davon zu berichten, dass es am 24. Juli zu einer konfrontativen Szene zwischen Monarch und Ministerpräsident gekommen sein soll. Friedrich Wilhelm will dem späteren Kanzler bereits am 21. Juli versichert haben, er wolle „gern unter den gegenwärtigen Verhältnissen helfen und auch dem Könige meine Meinung bestimmt vorhalten, um die Vorteile für Preußens Stellung als Leiter des gemeinsamen deutschen Vaterlandes festzuhalten und zu benutzen."[105] Seiner Ehefrau berichtete der Thronfolger am 25. Juli, „ich muß sagen, daß Bismarck [...] ganz korrekt handelt und ich ihm eine wesentliche Stütze leiste – es ist die umgekehrte Welt. Seit den drei letzten Tagen hat ihm Papa solche Dinge gesagt, daß er gestern abend geweint hat und sich ordentlich scheute, wieder hineinzugehen. *Ich* hatte mithin *beide* zu beruhigen!!!"[106] Und am selben Tag notierte er auch in seinem Tagebuch, „der König und Bismarck sind heftig aneinandergekommen und nimmt diese Aufregung noch nicht ab. Gestern hat Bismarck in meiner Gegenwart geweint über die harten Dinge, die Seine Majestät ihm gesagt, so daß ich Bismarck beruhigen mußte, aber letzterer scheute sich förmlich, zu Sr. Majestät wieder hineinzugehen. Ich muß mithin den König sowohl wie Bismarck aussöhnen und ihnen wechselseitig Mut zusprechen."[107] Nach der Reichsgründung soll sich Friedrich Wilhelm gegenüber seiner Umgebung ge-

---

104 Wilhelm an Augusta, 24. Juli 1866. Steglich (Hrsg.), Quellen, Bd. 2, S. 323–324.
105 Tagebuch Friedrich Wilhelm, 21. Juli 1866. Meisner (Hrsg.), Tagebücher, S. 469.
106 Friedrich Wilhelm an Victoria, 25. Juli 1866. Corti, Wenn..., S. 251–252.
107 Tagebuch Friedrich Wilhelm, 25. Juli 1866. Meisner (Hrsg.), Tagebücher, S. 473.

rühmt haben, dass er seinen Vater in Nikolsburg zum Nachgeben gebracht haben will.[108] Und neben Bismarck sollte auch Ernst II. in seinen Memoiren behaupten, dass Friedrich Wilhelms Vermittlerrolle am 24. Juli ausschlaggebend gewesen sein soll.[109]

Aber dieses Narrativ muss doch kritisch hinterfragt werden. Immerhin versuchte der Ministerpräsident noch am 25. Juli, in den Verhandlungen österreichische Gebietsabtretungen zu erwirken. Bismarck schien sich immer noch zwischen zwei Stühlen zu sehen. General Blumenthal notierte am nächsten Tag, „gestern den 25. wurde wieder viel in Nikolsburg verhandelt und der Prinz durch Bismarck hinzugezogen; der König scheint sich zu geben und etwas von den Forderungen abzulassen."[110] Letztendlich ist es wahrscheinlich, dass Wilhelm die Annexionsfrage vor allem deshalb fallen ließ, da Károlyi sich am 25. Juli erneut geweigert hatte, auf diesen Verhandlungspunkt überhaupt einzugehen. Denn damit stand der König vor der Entscheidung, ob er einen Abbruch der Friedensgespräche riskieren wollte. Und Wilhelm entschied sich dagegen. Dies legen auch seine auf den 25. Juli datierten Marginalien auf Bismarcks Schreiben vom Vortag nahe. Darin erklärte der Ministerpräsident, „daß, wenn ich auch jede von Eurer Majestät befohlene Bedingung in den Verhandlungen pflichtmäßig vertreten werde, doch jede Erschwerung des schleunigen Abschlusses mit Österreich behufs Erlangung nebensächlicher Vorteile gegen meinen ehrfurchtsvollen Antrag und Rat erfolgen würde." An den Rand dieser Zeilen schrieb der Monarch, „wenn trotz dieser Pflichtmäßigen Vertretung von *Besiegten* nicht *das* zu erlangen ist, was Armée u[nd] Land zu erwarten berechtigt sind, d.h. eine starke Kriegskosten Entschädigung von Österreich als dem Hauptfeind oder Land Erwerb in einigem in die Augen springenden Umfange, ohne das Hauptziel [...] zu gefährden, so muß der *Sieger* an den Thoren Wiens in diesen sauren Apfel beißen u[nd] der Nachwelt das Gericht dieserhalb überlassen."[111] Wilhelm hatte gefordert, dass in den Friedensverhandlungen auf Gebietsabtretungen gedrängt werden sollte. Bismarck war diesem Befehl wiederholt pflichtschuldig nachgekommen. Aber die Österreicher weigerten sich, auch nur einen Quadratkilometer abzutreten. Und da der König nicht bereit war, den Krieg wiederaufzunehmen, ließ er die Annexionsfrage schließlich am 25. Juli fallen.

Es kann darüber gestritten werden, ob Wilhelm den Argumenten seines Ministerpräsidenten oder seines Sohnes mehr Gehör geschenkt haben mochte. Doch es kann nicht geleugnet werden, dass er die Annexionsfrage ebenfalls als nachgeordnetes Kriegsziel betrachtete. Anders als Bismarck befand sich der König allerdings in einer Stellung, in der ihm nicht allzu oft „Nein" gesagt wurde. Wilhelm tat sich ohnehin *immer* schwer damit, Kompromisse einzugehen. Und nach dem Sieg bei Königgrätz konnte er mit einer gewissen Berechtigung glauben, sich in einer beispiellosen Position der Stärke zu befinden. Aber selbst in dieser Triumphstimmung war er nicht gewillt, die gerade erst gewonnene Hohenzollernsupremative in Deutschland wieder aufs Spiel zu setzen.

---

108 Vgl. Hans Delbrück, Erinnerungen, Aufsätze und Reden, Berlin 1902, S. 83.
109 Vgl. Ernst II., Aus meinem Leben, Bd. 3, S. 612–613.
110 Tagebuch Blumenthal, 26. Juli 1866. Blumenthal (Hrsg.), Tagebücher, S. 47.
111 Bismarck an Wilhelm (mit Marginalien des Königs), 24. Juli 1866. GW, Bd. 6, S. 80–81.

Oder gar in Wien einzumarschieren. Der spätere Kaiser wusste, *was* er bei Königgrätz gewonnen hatte. Darüber lassen seine Briefe aus Nikolsburg keinen Zweifel. Nachdem am 26. Juli der Vorfrieden unterzeichnet worden war, schrieb er seiner Ehefrau, „somit wäre denn ein Werk vollbracht in einer Ausdehnung zur Ehre und zugunsten Preußens, wie es noch vor 4 Wochen man sich nicht träumen ließ! Wie oft mag jetzt Österreich es verwünschen, uns die kleine Vergrößerung von Schleswig-Holst[ein] nicht gegönnt zuhaben, während es nun seine ganze deutsche Stellung einbüßte und den Rivalen wirklich und allein an seine Stelle treten sieht und außerdem Venetien noch opferte, um Preußen doch vielleicht noch zu schlagen."[112] Und Roon berichtete am selben Tag, „die Friedens-Präliminarien sind [...] heute unterzeichnet worden in unserer Gegenwart. Als er dies vollbracht, sprang der Herr auf, umarmte und küßte dankend und weinend, mit viel beweglichen Worten zuerst Bismarck, dann mich und Moltke, indem er diesem und mir den Schwarzen Adler-Orden, Bismarck das Großkreuz des Hohenzollern verlieh."[113] Diese Quellen erlauben nicht die Schlussfolgerung, dass Wilhelm das Nikolsburger Verhandlungsergebnis als enttäuschend empfunden hätte. Oder dass er irgendeinen Groll gegen Bismarck gehegt haben mochte. Wenn der Kanzler später erzählen sollte, er „habe in Nikolsburg die unangenehmsten Tage seines Lebens zugebracht", dann sagt das vor allem etwas über ihn selbst aus.[114] Zwar mochte sich sein politischer Gestaltungsraum seit dem Frühjahr 1866 sukzessiv vergrößert haben. Aber er musste nach wie vor der königlichen Direktive folgen. Letztendlich hatten Frankreich und Österreich auf die preußische Kriegszielpolitik nach Königgrätz mehr Einfluss ausgeübt als Bismarck.

---

112 Wilhelm an Augusta, 26. Juli 1866. Steglich (Hrsg.), Quellen, Bd. 2, S. 334.
113 Roon an A. v. Roon, 28. Juli 1866. Roon (Hrsg.), Denkwürdigkeiten, Bd. 2, S. 476.
114 Friesen (Hrsg.), Erinnerungen, Bd. 3, S. 84.

Epilog: Das Ende des Verfassungskonflikts

Königgrätz entschied auch den preußischen Verfassungskonflikt. Wilhelm gestand dies sogar offen ein. Im Oktober 1866 erklärte er gegenüber Roon, es sei „gewiß ein Ereigniß ohne Gleichen, daß eine aus Parthei-Haß verunglimpfte Armée seine Parthei-Gegner so aus dem Felde schlagen mußte!!"[1] Und seiner Schwester Luise schrieb er im Dezember, es habe der „Radical-Kur eines Krieges" bedurft, um die „völlig vergiftete Gesellschaft" im Abgeordnetenhaus umzustimmen.[2] Bereits die Neuwahlen am 3. Juli hatten demonstriert, dass die Regierungsstrategie aufgegangen war, über den äußeren Konflikt einen inneren Umschwung zu bewirken. Und die preußische Bevölkerung hatte ihre Stimmen abgegeben, *bevor* sie von dem Sieg bei Königgrätz erfahren hatte. Die militärischen Erfolge schienen schließlich im Nachhinein die Heeresreform zu legitimieren und damit die Konfliktpolitik zu rehabilitieren. Gleichzeitig hatte der Berliner Hof auch endlich die Deutsche Frage entschieden, was ihm seit dem Beginn des Verfassungskonflikts kaum eine Stimme aus Oppositionskreisen zugetraut hätte. So bemerkte der Fortschrittsabgeordnete Friedrich Hamacher, „die Erfolge der preußischen Waffen [...] erleichtern einem preußischen Abgeordneten seine schwierige Aufgabe."[3] Treitschke jubelte, „die deutsche Kleinstaaterei ist vor unseren Waffen in einer Weise zusammengebrochen, wie ich es in meinen rosigsten Träumen doch kaum erwartet hatte."[4] Auch Sybel erklärte, „daß es einem kleindeutschen Geschichtsbaumeister heutigen Tages behaglich zumute ist, einen so erheblichen Fortschritt auf dem Wege zu erleben, an dem man 20 Jahre lang nach Kräften mitgearbeitet hat."[5] Und Bernhardi will gar von einem ungenannten „Demokrat[en]" erfahren haben, „die Stimmung sei so ziemlich umgewandelt im Lande – sehr viele Leute sagten jetzt, *sie wollten gern noch einmal fünf Jahre lang eine Regierung ohne Budget haben, wenn das Resultat wieder ein solches ist!*"[6]

Der Deutsch-Dänische Krieg hatte erste Risse in der linken Parlamentsmehrheit entstehen lassen. Mit dem Preußisch-Österreichischen Krieg zerbrach die Opposition schließlich. Neben den Altliberalen wanderten auch viele Fortschrittsparteimitglieder ins Regierungslager über. Fünf Jahre nach ihrer Gründung sah sich die Partei plötzlich in einer existentiellen Krise. Viele liberale Abgeordnete waren nicht länger bereit, den Konfliktkurs der Vorkriegsjahre weiter mitzutragen. Mit Königgrätz wurde die Formel „Einheit vor Freiheit" mehrheitsfähig. Bereits im Herbst 1866 zeichnete sich daher die Spaltung der Fortschrittspartei ab, die 1867 mit der Gründung der *Nationalliberalen*

---

1 Wilhelm an Roon, 21. Oktober 1866. Roon (Hrsg.), Denkwürdigkeiten, Bd. 2, S. 515.
2 Wilhelm an Luise, 18. Dezember 1866. GStA PK, BPH, Rep. 51, Nr. 853.
3 Hamacher an Meier, 16. Juli 1866. Heyderhoff (Hrsg.), Liberalismus, Bd. 1, S. 332.
4 Treitschke an E. H. v. Treitschke, 25. Juli 1866. Cornicelius (Hrsg.), Briefe, Bd. 3, S. 32.
5 Sybel an Baumgarten, 10. August 1866. Heyderhoff (Hrsg.), Liberalismus, Bd. 1, S. 340.
6 Tagebuch Bernhardi, 30. Oktober 1866. Bernhardi (Hrsg.), Aus dem Leben, Bd. 6, S. 308.

https://doi.org/10.1515/9783111323954-047

Partei zementiert wurde.[7] Die Nationalliberalen suchten die aktive Zusammenarbeit mit der Regierung. Bis Ende der 1870er Jahre stützten sie die Hohenzollernmonarchie auf der parlamentarischen Ebene. Sie spielten faktisch die Rolle einer Regierungspartei.[8] Auf den ersten Blick mag es naheliegen, dem Liberalismus zu unterstellen, er hätte seine Prinzipien verraten, um sich im militärischen und nationalen Siegesruhm mitsonnen zu dürfen. Aber die Fortschrittspartei hatte nie der konstitutionellen Monarchie *als System* den Kampf angesagt. Sie hatte jede Kooperation mit dem Ministerium Bismarck abgelehnt, da dieses scheinbar weder im Inland noch im Ausland zu Erfolgen fähig war. Nach dem 3. Juli glaubten viele Liberale eingestehen zu müssen, die Regierung falsch eingeschätzt zu haben. Und bei der Neuordnung Deutschlands wollten sie nicht länger in der Zuschauerrolle verharren. Der Krieg hatte den Liberalen gezeigt, dass die Krone offensichtlich die Machtmittel besaß, der Nation ihre Wünsche aufzuzwingen. Außerdem besaß die Hohenzollernmonarchie aufgrund der Reparationszahlungen neue finanzielle Freiheiten, die ihr nicht einmal das budgetlose Regiment gewährt hatte. Damit bestand aber augenscheinlich die Gefahr, dass der Berliner Hof sich seiner konstitutionellen Fesseln entledigen und auch das geeinte Deutschland zurück in Richtung Absolutismus drängen könnte. Eine solche Entwicklung wollten die späteren Nationalliberalen verhindern. Sie sahen nach Königgrätz ihre letzte Chance, die Krone wieder stärker an die konstitutionellen Strukturen zu binden. Dafür reichten sie der Regierung die Hand. Und sie hofften, dass sie im Gegenzug die Möglichkeit erhalten würden, ihre Stimmen beim Aufbau des Nationalstaats miteinzubringen.[9]

Allerdings muss betont werden, dass die liberalen Ängste letztendlich unbegründet waren. Zwar war Wilhelm nach Königgrätz mehr als gewillt, an seinen äußeren Gegnern Rache zu üben. Aber weder der König noch sein Ministerpräsident formulierte Ideen, auch im Inneren alte Rechnung zu begleichen oder gar einen Staatsstreich durchzuführen. In den Wochen vor Kriegsbeginn hatte Bismarck sogar aktiv das Gespräch mit mehreren Liberalen gesucht. Er hatte sondiert, ob diese bereit sein würden, der Regierung nach einem siegreichen Krieg Indemnität auszustellen. Noch im Mai wurde zudem Finanzminister Bodelschwingh entlassen, da er nicht bereit war, einen Krieg gegen Österreich zu unterstützen. Wilhelm ernannte bezeichnenderweise Heydt zu dessen Nachfolger.[10] Der neue Finanzminister hatte dieses Amt immerhin bereits 1862 bekleidet. Und der König hatte ihn damals entlassen, da er nicht gegen den Landtag hatte

---

7 Vgl. Winkler, Preußischer Liberalismus, S. 91–125; Pollmann, Parlamentarismus, S. 47–54; Langewiesche, Liberalismus, S. 104–111; Pflanze, Bismarck, Bd. 1, S. 334–340; Jansen, Paulskirchenlinke, S. 565–574.

8 Vgl. Angar Lauterbach, Im Vorhof der Macht. Die nationalliberale Reichstagsfraktion in der Reichsgründungszeit (1866–1880), Frankfurt am Main 2000; Dieter Langewiesche, Bismarck und die Nationalliberalen, in: Lothar Gall (Hrsg.), Otto von Bismarck und die Parteien, Paderborn 2001, S. 73–89.

9 Vgl. Gall, Bismarck, S. 377; Winkler, Weg nach Westen, Bd. 1, S. 186–192; Clark, Preußen, S. 621.

10 Vgl. Gerhard Ritter, Die Entstehung der Indemnitätsvorlage von 1866. Mit Aktenbeilagen, in: HZ 114/1 (1915), S. 17–64, hier: S. 20–36; Huber, Verfassungsgeschichte, Bd. 3, S. 351–352; Pollmann, Parlamentarismus, S. 32–33.

regieren wollen. Dies dürfte der Monarch anno 1866 kaum vergessen haben. Dass er dennoch persönlich Heydt für das Finanzministerium auswählte, kann daher durchaus als Allerhöchste Vorentscheidung in Richtung Indemnität bewertet werden.[11] Keudell will später von Bismarck erfahren haben, „daß von der Heydt in der entscheidenden Unterredung, welche am 1. Juni abends stattfand, den Wunsch aussprach, nach Beendigung des Krieges möchte wegen der Finanzverwaltung seit 1862 vom Abgeordnetenhause *Indemnität* nachgesucht werden und, daß Bismarck diesen Wunsch beim Könige zu befürworten zusagte. Die Thatsache dieser Zusage hat, wie ich glaube, damals niemand erfahren, weder die andern Minister noch die Finanzmänner, welche Herrn von der Heydt reichliche Mittel zur Verfügung stellten.“[12] Bereits zu Beginn des budgetlosen Regiments hatte die Krone dem Landtag ein Indemnitätsgesuch in Aussicht gestellt. Seitdem mochte dieser Umstand zwar auf nicht wenige Abgeordnete wie ein leeres Versprechen gewirkt haben. Aber Wilhelm erinnerte seinen Schwiegersohn nach Königgrätz daran, dass er „seit vier Jahre[n] stets wiederholen ließ, bei der jedesmaligen Budgetvorlage, daß die nachträgliche Bewilligung der ohne Gesetz geleisteten Ausgaben verlangt werden würde“.[13] Mit den Kriegserfolgen und dem öffentlichen Umschwung im Rücken konnte die Regierung endlich wagen, dieses Versprechen einzulösen.

Der Kronprinz notierte am 5. Juli, „Bismarck politisierte lange mit mir. [...] Dem Landtage gedächte er Indemnitätsbewilligung vorzulegen.“[14] Laut Stoschs Memoiren soll der Thronfolger bereits am 4. Juli im preußischen Hauptquartier erklärt haben, „daß zunächst die Schlichtung des inneren Konflikts in Preußen notwendig sei. Bismarck stimmte bei und versprach damals schon, in der Eröffnungsrede der Kammern diesen entgegenzukommen.“[15] Und am 8. Juli will Friedrich Wilhelm vom Ministerpräsidenten erfahren haben, „daß nach vieler Mühe Seine Majestät zugestanden hätte, daß die Indemnitätsbill dem Landtage vorgelegt werde. Der König habe aber erst durchaus nicht herangewollt, meinend, es sähe aus, als gestehe man früher begangenes Unrecht ein; endlich habe heute Seine Majestät zugestanden.“[16] In den *Gedanken und Erinnerungen* behauptet Bismarck, dass es ihm erst am 3. August während der Eisenbahnfahrt zurück nach Berlin gelungen sein soll, Wilhelm unter großen Mühen für die Indemnitätsvorlage zu gewinnen.[17] Diese Erzählung wurde bereits in der älteren Forschung als unhaltbar charakterisiert.[18] Auch berichtete der Kronprinz seiner Mutter am 13. Juli, „daß Indemnität für die letzten drei Budgets [...] unserem Landtage vorgelegt werden soll. Bismarck, mit dem ich wiederholent[lich] verhandelt, sagte es mir als Faktum, und Papa

---

11 Vgl. Tagebuch Mühler, 1. Juni 1866. Mühler (Hrsg.), Kultusminister, S. 154.
12 Keudell, Erinnerungen, S. 269.
13 Wilhelm an Friedrich I., 23. August 1866. Oncken (Hrsg.), Briefwechsel, Bd. 2, S. 27.
14 Tagebuch Friedrich Wilhelm, 5. Juli 1866. Meisner (Hrsg.), Tagebücher, S. 454.
15 Stosch (Hrsg.), Denkwürdigkeiten, S. 95.
16 Tagebuch Friedrich Wilhelm, 8. Juli 1866. Meisner (Hrsg.), Tagebücher, S. 457.
17 Vgl. NFA, IV, S. 258–259.
18 Vgl. Ritter, Indemnitätsvorlage, S. 48–53.

bestätigte es."[19] Wilhelm schien der Indemnitätsstrategie im Sommer 1866 nicht *per se* kritisch gegenübergestanden zu haben. Immerhin hatte er sie in den Jahren zuvor wiederholt selbst in Aussicht gestellt. Aber mehrere Quellen legen nahe, dass er sich weigerte, der Öffentlichkeit gegenüber eine Art Schuldeingeständnis zu formulieren. Denn in seinen Augen wurde das budgetlose Regiment durch die Lückentheorie rechtlich legitimiert. Es war *extrakonstitutionell*, aber scheinbar nicht verfassungswidrig. Deshalb ließ der König auch den von Heydt verfassten Text der Thronrede eigenhändig ändern, mit der er den neugewählten Landtag am 5. August eröffnen und den Abgeordneten die Indemnitätsvorlage ankündigen sollte.[20] Seinem Sohn soll Wilhelm am 28. Juli erklärt haben, dass er „bestimmt in Person den Landtag eröffnen" wolle.[21] Und laut Abeken sollen „der König und der Minister" Bismarck die Thronrede „fast allein gemacht" haben, „indem sie einen dürren und trockenen Entwurf, der aus Berlin gekommen war, lebendig umarbeiteten."[22] Eine der vielen königlichen Textrevisionen, die Bismarck am 3. August dem Staatsministerium mitteilte, betraf das budgetlose Regiment. Wilhelm forderte den Einschub, „daß daher jenes Verfahren eine der unabweisbaren Notwendigkeiten wurde, denen sich eine Regierung im Interesse des Landes nicht entziehen kann und darf."[23] Damit implizierte der Herrscher nicht nur die Legalität des budgetlosen Regiments, sondern auch, dass er jederzeit bereit sein würde, im Kriesenfall wieder eine extrakonstitutionelle Politik zu verfolgen.

Aber Wilhelm soll es nicht nur bei diesen Implikationen belassen haben. Am 25. August empfing er eine Landtagsdeputation, zu der auch Maximilian von Forckenbeck gehörte, ein Gründungsmitglied der Fortschrittspartei. Wie Forckenbecks Biograph Martin Philippson berichtet, soll der König die Abgeordneten mit den Worten empfangen haben, „es ist Meine Pflicht gewesen, zu einer Zeit, wo kein Etatsgesetz zu Stande gekommen, so einzutreten, wie Ich es gethan. So mußte Ich handeln und werde immer so handeln, wenn sich ähnliche Zustände wiederholen sollten. [...] Forckenbeck war in nicht geringer Verlegenheit. Endlich beschloß er, im Interesse des Friedens, mit Zustimmung aller 28 Mitglieder der Adreßdeputation, nur die Thatsache, nicht aber den Wortlaut der königlichen Antwort dem Hause mitzutheilen."[24] Mit dieser Vertuschungsaktion schien der Fortschrittsparteimann einen Eklat verhindert zu haben. Weder die Minister noch die Abgeordneten konnten ein Interesse daran gehabt haben, im Landtag über die königlichen Worte zu streiten. Jedenfalls hätte die Aussicht auf ein mögliches zukünftiges budgetloses Regiment die Indemnitätsverhandlungen vom 1. bis 3. September durchaus überschatten können. Und ob die Vorlage dann ebenfalls von einer großen parlamentarischen Mehrheit angenommen worden wäre, muss offen-

19 Friedrich Wilhelm an Augusta, 13. Juli 1866. Steglich (Hrsg.), Quellen, Bd. 2, S. 280.
20 Vgl. Ritter, Indemnitätsvorlage, S. 46–47.
21 Tagebuch Friedrich Wilhelm, 28. Juli 1866. Meisner (Hrsg.), Tagebücher, S. 476.
22 Abeken an H. Abeken, 5. August 1866. Abeken, Ein schlichtes Leben, S. 345.
23 Bismarck an das Auswärtige Amt, 3. August 1866 (Telegramm). GW, Bd. 6, S. 99.
24 Martin Philippson, Max von Forckenbeck. Ein Lebensbild, Dresden/Leipzig 1898, S. 154–155.

bleiben.[25] Wilhelm war in dieser Frage jedenfalls beratungsresistent. Das offizielle Ende des Verfassungskonflikts schien ihm vielmehr zu belegen, dass seine kompromisslose Position letztendlich zum Erfolg geführt hatte. „Ich habe den Beweis geliefert, was fester Wille, Konsequenz und Energie zu schaffen vermögen, gegen alle Anfeindungen jahrelang – und bei Gott, man hat mir das Leben schwer und sauer genug gemacht – aber nun die Erfolge meiner Schöpfung vorliegen, verstummt alles."[26]

Nach außen war das Ende des Verfassungskonflikts als Kompromiss inszeniert worden. Zwar hatte die Regierung nicht offen eingestanden, verfassungswidrig gehandelt zu haben. Aber das Abgeordnetenhaus konnte die nachträgliche Genehmigung des Staatshaushalts seit 1862 durchaus als Schuldgeständnis interpretieren. Das ging nicht wenigen Konservativen zu weit. Bereits während der Ministerialdebatten über die Indemnitätsvorlage hatten Bismarcks und Heydts Kollegen diese Strategie kritisiert. Aber der Ministerpräsident und der Finanzminister hatten diese Opposition mit der königlichen Rückendeckung überwinden können.[27] Doch genauso wie die Fortschrittspartei befanden sich auch die Hochkonservativen im Sommer 1866 in einer ideologischen Existenzkrise. So will Ernst Ludwig von Gerlach seine Parteifreunde aufgefordert haben, gegen die Indemnitätsvorlage und die „unvermeidliche Umsinkung der Regierung nach links" zu stimmen.[28] Nach Königgrätz stand die Kreuzzeitungspartei vor den Trümmern ihrer doktrinären Ideologie. Nicht nur suchte die Krone scheinbar die Aussöhnung mit der linken Opposition. Sie hatte Preußen und Deutschland auch eine vermeintlich revolutionäre Umwälzung aufgezwungen. Der Deutsche Bund war aufgelöst, Österreich aus Deutschland gedrängt und mehrere Fürstentümer von der Landkarte gefegt worden. Und diese Politik war ausgerechnet von dem einstigen Hochkonservativen Bismarck mitgetragen worden. Über die Frage, ob sie diesen Mann im Parlament unterstützen durften, zerbrachen auch die Konservativen. Wie die Nationalliberalen suchte die *Freikonservative Partei* die Nähe der Regierung. Dagegen lehnten die sogenannten Altkonservativen um Gerlach die Umbrüche von 1866 bis in die Zeit des Kaiserreichs ab.[29] Ende August 1866 notierte der Kreuzzeitungspolitiker, dass ihn ein Parteifreund gefragt haben soll, „ob ich denn Bismarck für einen Verbrecher hielte. Ich antwortete, ich spräche solche Worte nicht gern aus; ob er Napoleon für einen halte? Er: Ja. Ich: Dann auch Bismarck!"[30] Gerlach konnte und wollte mit der neuen Welt nach Königgrätz keinen ideologischen Frieden schließen. Für ihn wie für seine Partei war der Sturz seit dem Ende der Reaktionsära tief gewesen. Das galt sowohl strukturell als auch politikkulturell.

---

25 Vgl. Huber, Verfassungsgeschichte, Bd. 3, S. 354–358.

26 Wilhelm an Friedrich I., 23. August 1866. Oncken (Hrsg.), Briefwechsel, Bd. 2, S. 27.

27 Vgl. Ritter, Indemnitätsvorlage, S. 38–40; Engelberg, Bismarck, Bd. 1, S. 623–624; Pflanze, Bismarck, Bd. 1, S. 334.

28 Tagebuch E. L. v. Gerlach, 1. August 1866. Diwald (Hrsg.), Nachlaß, Bd. 1, S. 483.

29 Vgl. Pollmann, Parlamentarismus, S. 58–61; Kraus, Ernst Ludwig von Gerlach, Bd. 2, S. 810–832; Pflanze, Bismarck, Bd. 1, S. 341–343.

30 Tagebuch E. L. v. Gerlach, 28. August 1866. Diwald (Hrsg.), Nachlaß, Bd. 1, S. 483.

Aber Gerlach und die Altkonservativen übersahen, dass der Kompromiss mit dem Parlament eben nur *inszeniert* war. Die Indemnität zog keinerlei verfassungsrechtliche Konsequenzen nach sich. Und letztendlich war die Regierung mit der Annahme der Indemnitätsvorlage auf parlamentarischer Ebene von jeder Rechenschaftsbürde freigesprochen worden. Deshalb muss die Krone als unbestrittener Sieger des Verfassungskonflikts betrachtet werden. Denn obgleich die in der preußischen Verfassung offengelassene Kompromissfrage auf dem Papier *weiterhin offen blieb*, hatte sich das institutionelle Gleichgewicht deutlich in Richtung Thron verschoben. Damit war eine potentielle Entwicklung des preußischen Königtums in Richtung Parlamentarismus zumindest unter Wilhelms Herrschaft blockiert worden.[31] Und die Hoffnung der Nationalliberalen, als de-facto-Regierungspartei strukturellen Einfluss auf den Verfassungsstaat zu gewinnen, sollte sich nur bedingt erfüllen. Denn anders als den Hochkonservativen unter Friedrich Wilhelm IV. blieb ihnen der Zugang zum Berliner Hof verwehrt. Bis zu seinem Tod betrachtete der erste Deutsche Kaiser Liberale jeglicher Couleur als verkappte Demokraten. Der Zusammenarbeit von Regierung und Nationalliberalen wurden damit auf Allerhöchster Ebene eindeutige Grenzen gesetzt. So schimpfte Wilhelm seiner Ehefrau 1883, in Großbritannien sei zu sehen, „wohin das Liebäugeln mit den Liberalen […] von Stufe zu Stufe führt bis zum Sturz der Monarchin", was „treffend auf jede Regierung" sei, die sich auf dieses Experiment einlasse.[32] Und gegenüber Bismarcks Sohn Herbert soll er 1884 erklärt haben, „man muß den Liberalen nie nachgeben, sonst kommen wir auf englische Wege."[33]

Die „liberale Ära" des Kaiserreichs in den 1870er Jahren scheiterte auch maßgeblich an diesen vom Monarchen gesetzten roten Linien.[34] Denn Bismarck spielte zeitweilen mit dem Gedanken, die Nationalliberalen in die Regierung einzubinden. Er schien sogar darauf spekuliert zu haben, den nationalliberalen Parteiführer Rudolf von Bennigsen für ein Ministeramt gewinnen zu können.[35] Aber der Kanzler hatte die Rechnung ohne seinen Souverän gemacht. Im April 1877 soll Bismarck seinem Mitarbeiter Christoph von Tiedemann geklagt haben, als er „dem Kaiser vor kurzem den Vorschlag gemacht habe, Bennigsen zum Minister des Inneren zu machen, habe der Kaiser ihn angesehen, als ob er mit einem Übergeschnappten spräche."[36] Und im Oktober desselben Jahres soll Wilhelm im Gespräch mit Bismarcks späterem Nachfolger Hohenlohe-Schillingsfürst

31 Vgl. Huber, Verfassungsgeschichte, Bd. 3, S. 367–369; Kahlenberg, Epochenjahr, S. 70; Nipperdey, Bürgerwelt, S. 797; Pollmann, Parlamentarismus, S. 31; Schlegelmilch, Modernisierung, S. 175; Walter, Heeresreformen, S. 467–468; Kroll, Hohenzollern, S. 99–100; Wienfort, Geschichte Preußens, S. 82; Conze, Schatten, S. 104–105.

32 Wilhelm an Augusta, 15. November 1883. GStA PK, BPH, Rep. 51 J, Nr. 509b, Bd. 28, Bl. 116–117.

33 H. v. Bismarck an Bismarck, 11. Januar 1884. Bußmann (Hrsg.), Privatkorrespondenz, S. 191.

34 Vgl. Gall, Bismarck, S. 556–558.

35 Vgl. Wolfram Pyta, Kompromissorientierter Konstitutionalismus, Kooperationsmuster zwischen Reichsleitung und Fraktionsparlament im Bismarckreich 1871–1890, in: Ulrich Lappenküper/Wolfram Pyta (Hrsg.), Entscheidungskulturen in der Bismarck-Ära, Paderborn 2024, S. 141–189, hier: S. 155–169.

36 Tagebuch Tiedemann, 6. April 1877. Christoph von Tiedemann, Sechs Jahre Chef der Reichskanzlei unter dem Fürsten Bismarck. Erinnerungen, Leipzig 1909, S. 129.

betont haben, „es sei jetzt Zeit, mit dem Liberalisieren einzuhalten. Er habe viele Konzessionen gemacht. Aber jetzt sei es genug. Der Reichskanzler sei in dieser Beziehung mit ihm einverstanden."[37] Doch nur zwei Monate später erfuhr der Monarch aus den Zeitungen, dass Bismarck mit Bennigsen Geheimverhandlungen über eine Regierungsbeteiligung geführt haben soll.[38] Sofort griff Wilhelm zur Feder, um seinem Kanzler einen Brandbrief zu schreiben. „Die Zeitungen gehen so weit zu versichern, Sie hätten H[er]r v[on] Bennigsen [...] berufen, um mit ihm diese große Umwälzung zu bearbeiten, wobei er das Ministerium des Inneren erhalten soll? Dies hat mich dann doch in einem Maße frappirt, daß ich anfangen muß zu glauben, es sei wirklich Etwas der Art im Werke, von dem ich gar nichts weiß!" Er könne Bennigsens „Eintritt in das Ministerium nicht mit Vertrauen begrüßen [...], denn so fähig er ist, so würde er den ruhigen und conservativen Gang meiner Regierung, den Sie selbst zu gehen, sich ganz entschieden gegen mich aussprachen, nicht gehen können!"[39] Dieser Brief soll Bismarck in geistige und sogar körperliche Unruhe versetzt haben. So notierte sein Mitarbeiter Lucius, das kaiserliche Schreiben soll den Kanzler „sehr erregt und geradezu krank gemacht" haben. „Bismarck hat seitdem etwa drei Wochen das Zimmer, größtenteils sogar das Bett gehütet, und soll sehr herunter und gereizt in seiner Stimmung sein."[40] Wilhelm hatte dem politischen Gestaltungsraum seines Kanzlers deutliche Grenzen gesetzt. Eine Regierungsbeteiligung der Nationalliberalen war nur gegen den Allerhöchsten Willen zu erreichen. Also war sie bis 1888 letztendlich unmöglich. Seinem Arzt soll Bismarck noch 1883 geklagt haben, „Bennigsen hätte er sehr gern zur Seite gehabt, hält ihn auch für einen Mann von wirklich staatsmännischer Begabung. Aber für den König sei Bennigsen ungefähr dasselbe wie Bebel" – August Bebel, Gründungsmitglied der Sozialdemokratischen Arbeiterpartei –, „das seien alles Revolutionäre."[41] Und gegenüber Augusta argumentierte Wilhelm 1884, Bennigsen sei „viel liberaler und gefährlicher als es erscheint", denn „er will [...] zur Macht gelangen, d.h. Minister werden und dann die Maske abwerfen d.h. nach englischer Verfassung streben, d.h. parlamentarische Regierung zu schaffen".[42] Unter der Herrschaft des ersten Hohenzollernkaisers waren einer institutionellen Liberalisierung enge Grenzen gesetzt. Das hatte in Preußen bereits das Fiasko der Neuen Ära eklatant demonstriert. Und nach 1866 galten die Allerhöchsten roten Linien auch für Deutschland.

---

37 Tagebuch Hohenlohe-Schillingsfürst, 22. Oktober 1877. Curtius (Hrsg.), Denkwürdigkeiten, Bd. 2, S. 222.
38 Vgl. Engelberg, Bismarck, Bd. 2, S. 268–270; Pflanze, Bismarck, Bd. 2, S. 103–110.
39 Wilhelm an Bismarck, 30. Dezember 1877. AGE, Bd. 1, S. 278.
40 Tagebuch Lucius, 18. Januar 1878. Lucius von Stoedten (Hrsg.), Bismarck-Erinnerungen, S. 124. Siehe auch Baumgart (Hrsg.), Herbert von Bismarck, S. 52–53.
41 Aufzeichnungen Cohens, 14. Dezember 1883. GW, Bd. 8, S. 497.
42 Wilhelm an Augusta, 20. Mai 1884. GStA PK, BPH, Rep. 51 J, Nr. 509b, Bd. 29, Bl. 15.

Prolog: Der Norddeutsche Bund

Die Reichsgründung war ein langjähriger Prozess. Sie kann nicht einfach auf den Winter 1870/71 datiert werden, als die süddeutschen Staaten dem Norddeutschen Bund beitraten, der daraufhin den Namen *Deutsches Reich* erhielt. Oder gar auf den 18. Januar 1871, als Wilhelm im Spiegelsaal von Versailles zum ersten Deutschen Kaiser ausgerufen wurde. Das strukturelle Fundament dieser Ereignisse war lange vor dem Deutsch-Französischen Krieg geschaffen worden. Die konzeptionellen Bahnen der Nationalisierung der Hohenzollernmonarchie waren bereits in den Revolutionen von 1848/49 gelegt worden. Und 1866/67 gelang es der *preußischen* Krone, ihr Herrschaftssystem auch auf der *deutschen* Verfassungsebene zu zementieren. Diese Verfassung wurde 1871 letztendlich Wort für Wort für das Kaiserreich übernommen. Damit kann der Norddeutschen Bund nicht lediglich als Vorstufe der Reichsgründung betrachtet werden. Vielmehr muss die Gründung dieses ersten deutschen Nationalstaats als struktureller Höhepunkt des nationalen Einigungsprozesses bewertet werden. Dies soll nicht bedeuten, dass der Weg vom Norddeutschen Bund zum Kaiserreich zwangsläufig war. Aber einer alternativen Entwicklung standen nach 1866 mehrere fundamentale Hindernisse im Weg. Über den Zollverein konnte Preußen bereits auf ökonomischer Ebene maßgeblichen Druck auf die süddeutschen Staaten ausüben. Gleichzeitig waren München, Stuttgart und Karlsruhe durch die Schutz- und Trutzbündnisse auch auf der außenpolitischen Ebene von den Entscheidungen abhängig, die in Berlin getroffen wurden. Schließlich liefen alle Versuche ins Leere, einen Südbund als Gegengewicht zum Norddeutschen Bund zu gründen. Denn auch nach Königgrätz waren die Mittelstaaten nicht in der Lage, eine gemeinsame Interessenbasis zu finden. Nicht einmal im Schatten der preußischen Übermacht waren Bayern und Württemberg dazu bereit, ihre teilweise kleinlichen Rangstreitigkeiten beizulegen. Und Baden war ohnehin mehr daran interessiert, sich dem Norden anzunähern, als ernsthaft über einen Staatenbund südlich der Mainlinie zu verhandeln. Während der Beitrittsverhandlungen zum Norddeutschen Bund 1870 war es daher für die Berliner Regierung vergleichsweise einfach, die süddeutschen Staaten gegeneinander auszuspielen und sie in den neuen Reichsverbund zu zwingen.[1] Letztendlich war die deutsche Geschichte nach 1866 nur in *eine* Richtung entwicklungsoffen.

Die Gründung des Norddeutschen Bundes begann bereits in den unmittelbaren Tagen nach Königgrätz. Am 8. Juli teilte Bismarck dem Staatsministerium den königlichen Befehl mit, die Wahlen für einen konstituierenden Reichstag vorzubereiten – und

---

1 Vgl. Richard Dietrich, Das Jahr 1866 und das „Dritte Deutschland", in: ders. (Hrsg.), Europa und der Norddeutsche Bund, Berlin 1968, S. 85–108, hier: S. 106–108; Lothar Gall, Bismarcks Süddeutschlandpolitik 1866–1870, in: Eberhard Kolb (Hrsg.), Europa vor dem Krieg von 1870. Mächtekonstellation – Konfliktfelder – Kriegsausbruch, München 1987, S. 23–32; Wolf D. Gruner, Die süddeutschen Staaten, das Ende des Deutschen Bundes und der steinige Weg in das deutsche Kaiserreich (1864–1871), in: Winfried Heinemann/Lothar Höbelt/Ulrich Lappenküper (Hrsg.), Der preußisch-österreichische Krieg 1866, Paderborn 2018, S. 241–301.

https://doi.org/10.1515/9783111323954-048

zwar auf Grundlage des Paulskirchenwahlrechts.[2] Und mit den norddeutschen Regierungen schloss der Berliner Hof am 18. August ein zunächst auf ein Jahr befristetes Bündnis. In dieser Zeit sollte gemeinsam mit dem Reichstag eine neue Bundesverfassung auf Basis der preußischen Juninote verhandelt werden. Anders als 1848/49 sollte der Nationalstaat also auf einem *doppelten* Vereinbarungsprinzip gründen.[3] Doch Wilhelm ließ keinen Zweifel daran, dass er weder auf der parlamentarischen noch auf der föderativen Ebene gewillt war, die Entscheidungsgewalt der Hohenzollernkrone zu schwächen. Seiner Ehefrau erklärte er, dass die preußische Verfassung „dereinst das Maßgebende für ganz Norddeutschland sein" werde.[4] Der Entwurf der norddeutschen Verfassung müsse vorliegen, „bevor noch das Parlament zusammentritt."[5] Und er wolle nicht erlauben, dass der preußische Landtag bei den Verfassungsverhandlungen eine gestaltende Rolle spielen dürfe, da er „an keine Verbesserung durch dies Parlament" glauben könne, „eher das Gegenteil."[6] Augusta gingen diese Pläne zu zweit. Sie warf ihrem Ehemann vor, „im wesentlichen" einen „Einheitsstaat" gründen zu wollen, „denn was an selbständigen Elementen im norddeutschen Staatenkomplex *neben* Preußen noch übrigbleibt, fällt so wenig ins Gewicht, daß von einem eigentlichen bundesstaatlichen Verhältnis wohl kaum noch die Rede sein kann."[7] Mit diesem Vorwurf hatte die spätere Kaiserin nicht Unrecht. Aber ihre Kritik stieß wie so oft auf taube Ohren.

Wilhelm legte seinen Ministern nach Königgrätz keinen Verfassungsentwurf auf den Tisch, dessen Umsetzung er dann befahl. Aber das bedeutet nicht, dass er keinen Einfluss auf den Entstehungsprozess der Verfassung des Norddeutschen Bundes nahm. Denn seit Jahren hatte er seine Umgebung explizit wie implizit wissen lassen, *wie* ein einiges Deutschland unter preußischer Führung aussehen sollte. Anno 1866 konnten am Berliner Hof keine Zweifel darüber bestehen, *was der Monarch wollte und was nicht.* Bereits in der Bernstorff-Note waren den föderativen und parlamentarischen Strukturen enge Grenzen gesetzt worden. Und über die preußischen Noten von 1863 und 1866 bildete dieses Dokument auch indirekt die Grundlage der Verfassungsverhandlungen nach Königgrätz. Wilhelms Einflussrolle muss daher vor allem im Agenda-Setting verortet werden. Bismarck konnte seinem Souverän schlichtweg keinen Verfassungsentwurf vorlegen, von dem er befürchten musste, dass dieser abgelehnt werden würde. Insgesamt muss sogar von einem konzentrischen Druck auf drei Verhandlungsebenen gesprochen werden, der in unterschiedlicher Stärke auf den Ministerpräsidenten wirkte. Primär musste er versuchen, potentielle Friktionspunkte mit dem König zu vermeiden. Aber nachgeordnet galt dies auch für die Beziehungen zwischen Preußen und den norddeutschen Bundesstaaten sowie zwischen der monarchischen Regierung und dem konstituierenden Reichstag.

---

2 Vgl. Bismarck an das Staatsministerium, 8. Juli 1866. GW, Bd. 6, S. 40.
3 Vgl. Becker, Bismarcks Ringen, S. 198–199; Huber, Verfassungsgeschichte, Bd. 3, S. 644–647.
4 Wilhelm an Augusta, 13. Oktober 1866. GStA PK, BPH, Rep. 51 J, Nr. 509b, Bd. 12, Bl. 138–139.
5 Wilhelm an Augusta, 31. August 1866. Steglich (Hrsg.), Quellen, Bd. 2, S. 412–413.
6 Wilhelm an Augusta, 17. Oktober 1866. GStA PK, BPH, Rep. 51 J, Nr. 509b, Bd. 12, Bl. 143–144.
7 Augusta an Wilhelm, 1. August 1866. Steglich (Hrsg.), Quellen, Bd. 2, S. 361.

Diesem Druck konnte sich Bismarck lediglich physisch entziehen. Die Monate Oktober und November verbrachte er im Kurort Putbus auf der Insel Rügen. Dort verfasste und diktierte er erste konstitutionelle Ideen. Den Entwurf der Verfassung des Norddeutschen Bundes sollte er allerdings erst nach seiner Rückkehr nach Berlin Anfang Dezember zu Papier bringen. Neben gesundheitlichen Gründen hatte sich Bismarck auch deshalb nach Putbus zurückgezogen, um möglichen Konflikten mit Wilhelm aus dem Weg zu gehen.[8] Bereits Ende August soll der Ministerpräsident gegenüber Kultusminister Mühler geklagt haben, „der König mache ihm das Leben sauer, er brauche vier Stunden täglich allein für ihn."[9] Bei der Arbeit am Verfassungsentwurf wollte der spätere Kanzler Allerhöchste Einmischungen so weit wie möglich vermeiden. In einem seiner sogenannten Putbusser Diktate erklärte er, „ich fürchte, daß sich in der Diskussion darüber mit Sr. Majestät Ansichten oder Antipathien festsetzen, die nachher schwer zu bekämpfen sind."[10] Wilhelm griff nach wie vor regelmäßig in tagespolitische Fragen ein. Zwischen Januar 1864 und Dezember 1866 hatte er etwa jede sechste Sitzung des Staatsministeriums selbst geleitet – einundzwanzig Sitzungen insgesamt. Das persönliche Regiment war ungebrochen. Aber während Bismarck nach oben noch immer buckeln musste, konnte er anno 1866 nach unten treten. Denn mit dem wachsenden Vertrauensfundament zwischen ihm und Wilhelm hatte er eine politische Aktionsautorität gewonnen, wie sie keiner seiner Vorgänger besessen hatte. Und diese Autorität konnte er gegen seine Kollegen im Staatsministerium einsetzen. De jure mochte der Ministerpräsident keine Richtlinienkompetenz besitzen. Doch mit dem Allerhöchsten Vertrauen im Rücken konnte Bismarck diese Kompetenz den Ministern gegenüber de facto ausüben. Dadurch übernahm er doch noch eine ähnliche Intermediärrolle zwischen Monarch und Ministerium, wie sie sich Otto von Manteuffel in den 1850er Jahren erkämpft hatte.

Im Herbst 1866 führte diese Entwicklung dazu, dass während Bismarcks Abwesenheit die Ministerialgeschäfte effektiv brach lagen. Ende Oktober klagte Wilhelm seiner Ehefrau, dass der Ministerpräsident „immer noch in Putbus" weile, sei „eine wahre Calamität, weil Vieles stuckt."[11] Und Bernhardi will Anfang Anfang Dezember erfahren haben, dass „seit Bismarck's Abwesenheit ‚eine Stagnation' eingetreten ist; es ist fast zu fürchten, daß die Mittelmäßigkeiten, die jetzt das große Wort haben und die Unfähigkeit der meisten Minister das große Werk des Sommers ernstlich gefährden."[12] Bismarck hatte jedoch keinen Grund, sich darüber zu freuen, dass er für ein funktionierendes Staatsministerium scheinbar unabdingbar war. Denn Wilhelm war nicht bereit, einfach darauf zu warten, bis sein Ministerpräsident aus dem Kururlaub zurückkam, um endlich die Verfassungsfrage zu verhandeln. Deshalb beauftragte er An-

---

8 Vgl. Becker, Bismarcks Ringen, S. 236–256; Pflanze, Bismarck, Bd. 1, S. 346–352; Haardt, Bismarcks ewiger Bund, S. 127–131.
9 Tagebuch Mühler, 24. August 1866. Mühler (Hrsg.), Kultusminister, S. 165.
10 Diktat Bismarcks, 22. Oktober 1866. Real (Hrsg.), Briefe, Bd. 2, S. 911.
11 Wilhelm an Augusta, 24. Oktober 1866. GStA PK, BPH, Rep. 51 J, Nr. 509b, Bd. 12, Bl. 151.
12 Tagebuch Bernhardi, 4. Dezember 1866. Bernhardi (Hrsg.), Aus dem Leben, Bd. 6, S. 311.

fang November den Diplomaten Karl Friedrich von Savigny damit, ihm ebenfalls einen Verfassungsentwurf zu schreiben. Fast hätte Bismarck also sein Putbusser Spiel überreizt. Er hatte lediglich das Glück, dass Savigny sich entschied, seinen Verfassungsentwurf erst dem Ministerpräsidenten vorzulegen. Und Bismarck ließ das Dokument sofort in den Akten verschwinden, wo es während des Zweiten Weltkriegs verloren ging. Dem Historiker Otto Becker war es vor 1945 allerdings noch möglich gewesen, den Verfassungsentwurf einzusehen. Laut ihm soll Savigny eine streng unitarische Bundesordnung skizziert haben, die den König von Preußen zum deutschen Reichsmonarchen mit uneingeschränkter militärischer Kommandogewalt erhob und den Landesfürsten jegliche symbolische Kriegsherrenfunktion nahm. Es ist mehr als wahrscheinlich, dass diese Ideen auf Wilhelms Wohlwollen gestoßen wären. Deshalb fanden sie in verklausulierter Form auch ihren Weg in Bismarcks Verfassungsentwurf.[13] Savignys Konzept war daher keine bloße verfassungshistorische Marginalie. Dafür sorgte die Logik des Vorzimmers der Macht. Denn im persönlichen Regiment war das Allerhöchste Vertrauen die Richtschnur, an dem sich der politische Einfluss um den Thron messen ließ. Und der spätere Kanzler war nicht bereit, dieses Vertrauen mit potentiellen Konkurrenten zu teilen. Also musste er Wilhelm einen Verfassungsentwurf vorlegen, der dessen Wünschen weitestgehend entgegenkam.

In seinen Putbusser Diktaten verfasste Bismarck eine komplexe konstitutionelle Ordnung, deren Hauptaufgabe es war, die Hohenzollernsuprematie auf mehreren Ebenen institutionell zu kaschieren. „Man wird sich in ihrer Form mehr an den Staatenbund halten müssen, diesem aber praktisch die Natur des Bundesstaates geben mit elastischen, unscheinbaren, aber weitgreifenden Ausdrücken."[14] Die föderativen Strukturen sollten sich an „den hergebrachten Bundesbegriffen" des aufgelösten Deutschen Bundes orientieren, da dies „leichter bei den Beteiligten Eingang findet, auch wenn es Preußen" eine „dominierende Stellung sichert. [...] Einzelne Attributionen der Exelutivgewalt, die bisher von der Bundesversammlung geübt wurden, müßten allerdings schon jetzt auf unsern König als Oberfeldherrn und Präsidialmacht übergehen. So, abgesehen von den rein militärischen Attributen, [...] das Recht über Krieg und Frieden, Mobilmachung, Anstellung der gemeinsamen Beamten im Zoll-, Post-, Steuer-, Telegraphenwesen, immerhin mit Konkurrenz der Territorialregierungen in Gestalt eines Vorschlagrechts, aber doch mit Vereidigung auf den Bund und Disziplin in der Hand des Präsidiums."[15] Mit dieser Kompetenzverteilung wurde die preußische Krone faktisch in das Zentrum des politischen Entscheidungsprozesses gerückt, obgleich der König von Preußen im Fürstenbund institutionell lediglich die Rolle eines primus inter pares spielte. Der bürokratische Titel „Bundespräsidium" ließ auf den ersten Blick jedenfalls nicht erahnen, *wo* die Macht im Staat lag. Im Jahr 1869 sollte Bismarck argumentieren, „die Form, in welcher der König die Herrschaft in Deutschland übt, hat mir

---

13 Vgl. Becker, Bismarcks Ringen, S. 257–263, S. 281–286; Engelberg, Bismarck, Bd. 1, S. 643; Haardt, Bismarcks ewiger Bund, S. 127–133.

14 Diktat Bismarcks, 30. Oktober 1866. GW, Bd. 6, S. 167.

15 Diktat Bismarcks, 19. November 1886. Ebd., S. 168–170.

niemals eine besondere Wichtigkeit gehabt; an die Tatsache, daß Er sie übt, habe ich alle Kraft des Strebens gesetzt, die mir Gott gegeben [...]. Sollen wir denen, die nicht den Namen Preußen führen, die Unterordnung, ohne welche die Einheit unmöglich ist, durch äußerliche Formen erschweren?"[16]

Wilhelm sollte sich erst nach 1871 Kaiser nennen. Seine Prärogativen sollten allerdings dieselben sein, wie zeit seiner Herrschaft als „Bundespräsidium". Zwar gab es bereits nach Königgrätz eine öffentliche Debatte darüber, ob der preußische Herrscher einen Kaisertitel tragen sollte. Aber da die Mainlinie eine deutsche Einheit noch offiziell verhinderte, fand die Idee eines norddeutschen Kaisertums auf keiner politischen Ebene eine Mehrheit.[17] Und welche Position vertrat Wilhelm in der Kaiserfrage? Es mag kaum verwundern, dass er diesem mittelalterlichen Titel mit wenig Sympathien zu begegnen schien. Bereits 1849 hatte er seinem Bruder gegenüber argumentiert, der „Titel, den ich für Preußens König wünsche", sei „Statthalter von Deutschland!"[18] Nach Königgrätz berührte er die Titelfrage in seinen Briefen mit keinem Wort. Dies legt nahe, dass er ihr keine allzu große politische Bedeutung beigemessen haben mochte. Lediglich der britische Gesandte Loftus berichtet in seinen Memoiren, dass Wilhelm auch mit dem „Bundespräsidium" gehadert haben soll. „It had a Republican ‚sound', which was not pleasing to the ears of the King, and the use of it was invariably avoided, if possible. But there was no other title that he could assume."[19] Erst im Winter 1870/71 sollte die Titelfrage politisch relevant werden. Und Wilhelm konnte sich mit der Idee eines Kaisertums immer noch nicht anfreunden. Augusta klagte er, „die Kaiserfrage [...] benimmt mir alle Freudigkeit an dem großen Ereignis unserer Zeit, denn den preußischen Namen in den Hintergrund treten zu sehen ist mein halbes Grab!"[20] Ähnlich schrieb er seinem Bruder Carl, „ich halte die preußische Familie für geschichtlich so hochstehend und durch die Taten, die Preußen [...] seit 1866 vollbrachte, so glorreich dastehend, daß ich *todunglücklich* bin, den preußischen Königstitel in 2. Linie treten zu sehen!! [...] Ich kann es nur ansehen als daß ich den *Charakter* als Kaiser erhalte (wie man charakterisierter Oberstleutnant usw. wird), da es expreß heißt: ‚Der König von Preußen trägt als Oberpräsidialmacht den Titel Kaiser'."[21] Historiographisch wird dieser Titelstreit nicht selten als angeblicher Beleg kolportiert, dass die Reichsgründung dem König von Bismarck aufgezwungen worden sei. Aber weder 1870/71 *noch zu irgendeinem anderen Zeitpunkt seit 1858* stand es für Wilhelm zur Debatte, *dass* er in Deutschland die Rolle eines Reichsmonarchen ausüben wollte. Die Kaiserfrage war für ihn keine politische Grundsatzfrage, sondern lediglich eine „Titelaffaire", wie er wiederholt betonte. Des-

---

16 Bismarck an Roon, 27. August 1869. Ebd., Bd. 6b, S. 134.

17 Vgl. Becker, Bismarcks Ringen, S. 323–326; Elisabeth Fehrenbach, Wandlungen des deutschen Kaisergedankens 1871–1918, München/Wien 1968, S. 53–60; Haardt, Bismarcks ewiger Bund, S. 144–146.

18 Wilhelm an Friedrich Wilhelm IV., 19. März 1849. Baumgart (Hrsg.), Wilhelm I., S. 237.

19 Loftus, Reminescences 1862–1879, Bd. 1, S. 155.

20 Wilhelm an Augusta, 7. Dezember 1870. GStA PK, BPH, Rep. 51 J, Nr. 509b, Bd. 15, Bl. 218.

21 Wilhelm an Carl, 17. Januar 1871. Heinrich Otto Meisner (Hrsg.), Kaiser Friedrich III. Das Kriegstagebuch von 1870/71, Berlin/Leipzig 1926, S. 484–485.

halb war es ihm auch schnell möglich, seine persönlichen Gefühle zurückzustecken und mit dem Kaisertitel auch den symbolischen Machtradius seiner nationalen Herrscherposition auszudehnen.[22]

Aber anno 1866 musste diese Position erst einmal geschaffen werden. Und Wilhelm beließ es nicht dabei, nur indirekten Einfluss auf die Verfassungsgenesis zu nehmen. Seit dem 9. Dezember lag ihm Bismarcks Entwurf zur Begutachtung vor. Fünf Tage später lud er zu einem Kronrat ein, und ließ die Verfassung in mehreren Punkten redigieren. Manche dieser Änderungen waren lediglich kosmetischer Natur. So wurde etwa die Vertretung der Einzelstaaten von „Bundestag" in „Bundesrat" umbenannt. Es muss spekulativ bleiben, ob der König den neuen Nationalstaat mit dieser Namensänderung möglicherweise vom aufgelösten Deutschen Bund distanzieren wollte. Folgenreicher waren ohnehin die Änderungen zu Artikel 21, der die militärische Bundesexekution regelte. Wilhelm ließ diesen dahingehend umschreiben, dass er die Exekution nicht als Bundespräsidium, sondern als Bundesfeldherr anordnen durfte. Diese Unterscheidung war von großer politischer Tragweite, da der Bundesfeldherr institutionell *unverantwortlich* und damit *unabhängig* Befehle erteilen konnte. Überhaupt änderten der König und Roon die Verfassungsartikel zum Kriegswesen in mehreren Punkten, die letztendlich die militärischen Kompetenzen der preußischen Krone deutlich ausweiteten.[23] Weder der Reichstag noch der Bundesrat noch der Bundeskanzler konnten den Bundesfeldherrn konstitutionell zur Verantwortung ziehen. Damit gelang es Wilhelm nicht nur, die monarchische Kommandogewalt des preußischen Konstitutionalismus in das neue Verfassungssystem zu transferieren, sondern diese auch noch zu stärken. Letztendlich hatte er damit einen neoabsolutistischen Keil in die spätere Reichsverfassung geschlagen. Lediglich das preußische Kriegsministerium fungierte nach wie vor als marginale konstitutionelle Schnittstelle. Aber auf Bundes- respektive Reichsebene konnte die Krone über die Matrikularbeiträge der Einzelstaaten auf eine autonome Finanzquelle zurückgreifen. Dadurch schwanden die Möglichkeiten des Parlaments, die Krone über den Budgethebel in militärischen Fragen unter Druck zu setzen.[24] Außerdem forcierte Wilhelm auch nach 1866 die strukturelle Entmachtung des Kriegsministeriums zugunsten des Militärkabinetts und Generalstabs. Indem er die Kompetenzen der Armeeführung auf drei Institutionen aufteilte, von denen zwei konstitutionell unverantwortlich waren, schuf er sich in militärischen Entscheidungsfragen eine Schlüs-

---

22 Vgl. Susanne Bauer/Jan Markert, Eine „Titelaffaire" oder „mehr Schein als Wirklichkeit": Wilhelm I., Augusta und die Kaiser-frage 1870/71, in: Ulrich Lappenküper/Maik Ohnezeit (Hrsg.), 1870/71. Reichsgründung in Versailles, Friedrichsruh 2021, S. 70–76.

23 Vgl. Konseilprotokoll, 14. Dezember 1866. Acta Borussica. Protokolle, Bd. 5, S. 265. Der Entwurf der Verfassung des Norddeutschen Bundes mitsamt der im Kronrat vorgenommen Änderungen findet sich in: GW, Bd. 6, S. 188–196. Siehe auch Roon an Bismarck, 13. Dezember 1866. Kohl (Hrsg.), Bismarck-Jahrbuch, Bd. 3, S. 245–246.

24 Vgl. Becker, Bismarcks Ringen, S. 289; Pflanze, Bismarck, Bd. 1, S. 349; Showalter, German Unification, S. 201–202; Haardt, Bismarcks ewiger Bund, S. 139–140

selrolle.[25] Bis 1918 sollte sich die monarchische Kommandogewalt im neoabsolutistischen Rahmen bewegen. Dieses folgenschwere Verfassungserbe kann direkt auf Wilhelm zurückgeführt werden. Im militärischen Bereich blieben die Parlamente, die Minister und der Kanzler Zaungäste.

Bismarck begegnete dem Monarchen auch nach 1866 nicht auf struktureller Augenhöhe. Aber mit der neuen Verfassung gelang es ihm, sich zumindest auf Bundes- respektive Reichsebene von den Restriktionen des preußischen Staatsministeriums zu emanzipieren. Denn der Kanzler war als einziger „Reichsminister" allein der Krone gegenüber verantwortlich. Damit war er in nationalen Fragen nicht mehr an die Mehrheitsentscheidungen der preußischen Minister gebunden. Nach 1866 konnte Bismarck daher auch offiziell eine politische Richtlinienkompetenz für sich beanspruchen. In dieser Doppelposition gewann die auf preußischer Ebene *extrakonstitutionelle* Intermediärfunktion des Ministerpräsidenten auf (nord)deutscher Ebene *konstitutionelles* Gewicht. Und Bismarck konnte und sollte dieses Gewicht auch Reichstag und Landtag gegenüber instrumentalisieren. Auf der parlamentarischen Bühne agierte der Kanzler in der Rolle des einzigen institutionalisierten Interessenvertreters des Allerhöchsten Willens. Angriffe auf die Kanzlerpolitik erklärte er zu Angriffen auf die Kaiserpolitik. Die *Figur* des Monarchen diente Bismarck daher bis 1888 als konstitutioneller Schutzschild, während er gegenüber der *Person* Wilhelm kontinuierlich um Vertrauen werben musste.[26] Allein auf dieser Vertrauensbeziehung gründeten Macht und Einfluss des „Eisernen Kanzlers". Im monarchischen System war es ihm schlichtweg unmöglich, die Loyalität des Herrschers konstitutionell zu erzwingen. Er konnte sie nur persönlich gewinnen.

Die Konstituierung des Norddeutschen Bundes war daher sowohl für Wilhelm als auch für Bismarck eine strukturelle Zäsur. Dem Kanzler gelang die institutionelle Emanzipation vom Staatsministerium – aber nicht vom Monarchen. Gleichzeitig veränderte sich mit der neuen Verfassung auch Wilhelms Regierungspraxis. Denn die Zwischeninstanz des Kanzleramts erlaubte es dem Herrscher, die Ministerialgeschäfte weitgehend an Bismarck zu delegieren. Auf dieser Zweimannebene sollte das persönliche Regiment auch in die Kaiserzeit getragen werden.[27] Dem Kronprinzen gegenüber soll Bismarck 1871 „laut" geklagt haben, „daß S.M. sich dermaßen in alle Einzelheiten einmischt[,] daß er es nicht aushalten könne".[28] Und 1875 notierte Lucius, sein Chef sei

---

25 Vgl. Schmidt-Bückeburg, Militärkabinett, S. 96–108; Meisner, Kriegsminister, S. 47–49; Craig, Prussian Army, S. 193–205.

26 Vgl. Pflanze, Bismarck, Bd. 1, S. 352–355; Konrad Canis, Bismarck und die Monarchen, in: Lothar Gall (Hrsg.), Otto von Bismarck und die Parteien, Paderborn u. a. 2001, S. 137–154, hier: S. 142; Arthur Schlegelmilch, Die Alternative des monarchischen Konstitutionalismus. Eine Neuinterpretation der deutschen und österreichischen Verfassungsgeschichte des 19. Jahrhunderts, Bonn 2009, S. 160–161; Neugebauer, Kaiserpalais, S. 83–84; Haardt, Bismarcks ewiger Bund, S. 137.

27 Vgl. Markert, Ein Kaiserreich, kein Bismarckreich, S. 58–68.

28 Tagebuch Friedrich Wilhelm, 29. April 1871. Winfried Baumgart (Hrsg.), Kaiser Friedrich III. Tagebücher 1866–1888, Paderborn 2012, S. 173.

„in behaglicher Stimmung, klagte über die Neigung Sr. Majestät, ohne genaue Kenntnis der Vorgänge in den Geschäftsgang einzugreifen. Es kämen dann Anfragen, eigenhändige Briefe, deren Beantwortung ganze Wochen Arbeit erfordere."[29] Weder zog sich Wilhelm im Nationalstaat aus dem aktiven politischen Entscheidungsprozess zurück, noch verlor er das Interesse an tagespolitischen Fragen.[30] Aber während er zwischen 1858 und 1866 *alle* Minister mit Instruktionen und Interventionen systematisch persönlich beschäftigt hatte, wurde nach 1866 primär Bismarck der Adressat dieser monarchischen Tagesbefehle. Und dem Kanzler oblag es dann, den Allerhöchsten Willen institutionell zu verteidigen. Vor diesem Hintergrund verlor der Kronrat als Entscheidungsinstitution an struktureller Bedeutung. Zwischen Januar 1867 und Dezember 1870 sollte der König lediglich jeden vierunddreißigsten Ministerrat persönlich leiten. Nach 1871 sollte er sogar nur noch zu insgesamt sieben Kronratsitzungen einladen.[31] Diese Entwicklung war sicherlich auch altersbedingt. Immerhin stand Wilhelm 1867 in seinem siebzigsten Lebensjahr. Aber wie seine Korrespondenz belegt, nahm das Arbeitspensum des Monarchen im neuen Verfassungssystem eher zu als ab. Bereits im September 1866 berichtete er Luise, „meine Zeit" sei „jetzt dermaßen in Anspruch genommen, durch courante und extraordinäre Geschäfte, zu denen die Organisation der Armée in vergrößertem Staatsstabe nicht die geringste Arbeit ist, – daß ich kaum zu Athem komme!"[32] Und ein Jahr später klagte er Augusta, er sei „bis 11 Uhr" nachts an den Schreibtisch gefesselt, da „die Arbeiten in diesen Tagen wegen Reichstag und neuer Länder sich dermaßen häufen daß ich gewöhnlich des Abend Hallaly bin."[33]

Bis zu seinem Tod war Wilhelm *nie* bereit, seine politische Rolle lediglich auf zeremonielle oder protokollarische Aufgaben zu beschränken. Der erste Hohenzollernkaiser war weder ein Grüßaugust noch eine bloße Unterschriftenmaschine. Bismarcks exzeptioneller Handlungsspielraum muss daher *unterhalb* des Kanzleramts gesucht und gefunden werden. Über dieser Ebene befand sich die Krone als unverrückbare strukturelle Grenze. So bemerkte Stosch über den Kanzler, „der alte König allein zwingt ihn immer wieder zu einem Beachten des Bestehenden, und in ihm findet Bismarck den Widerstand, den er trotz aller Größe nicht überwinden kann. Man lernt das monarchische Element noch mehr schätzen, wenn man sieht, wie dadurch allein eine so wunderbar mächtige Natur gezügelt werden kann."[34] Ähnlich notierte Schweinitz, „Bismarck würde gefährlich sein, wenn der Kaiser nicht wäre; nun aber würde er von diesem beschränkt, während er seinerseits den Kaiser vorwärts getrieben habe, und so sei das Zusammenwirken dieser beiden Männer segensreich und schöpferisch gewor-

---

29 Tagebuch Lucius, 28. Februar 1875. Lucius von Stoedten (Hrsg.), Bismarck-Erinnerungen, S. 70.
30 Vgl. Sterkenburgh, William I and monarchical rule, S. 24–55.
31 Vgl. Neugebauer, Kaiserpalais, S. 81–83.
32 Wilhelm an Luise, 5. September 1866. GStA PK, BPH, Rep. 51, Nr. 853.
33 Wilhelm an Augusta, 9. September 1867. GStA PK, BPH, Rep. 51 J, Nr. 509b, Bd. 13, Bl. 106.
34 Stosch an Freytag, 25. Dezember 1872. Winfried Baumgart (Hrsg.), General Albrecht von Stosch. Politische Korrespondenz 1871–1896, Oldenburg 2014, S. 90.

den."[35] Auch Keudell betonte, „daß der Einfluß Seiner Majestät auf Bismarck ein viel bedeutender gewesen ist, als von vielen angenommen wird."[36] Und Bismarcks Mitarbeiter Arthur von Brauer berichtet in seinen Memoiren, der Kanzler „hat niemals ‚unumschränkt regiert'; er war niemals Großvezier, Richelieu oder Hausmeier, so oft man es auch behauptet hat. Immer mußte er mit einem festen, manchmal geradezu unerschütterlich festen Willen seines Königs rechnen. Und Bismarck, der sich fürwahr vor keinem Kampf mit Volksvertretung, Ministerkollegen oder fremden Regierungen scheute, um seinen Willen durchzusetzen, ging jeder Mißhelligkeit mit seinem königlichen Herrn ängstlich aus dem Wege, solange es irgend möglich war. [...] In dieser Stimmung hat er sich dem Willen des Königs viel öfter gebeugt, als man gemeinhin annimmt und als es vielleicht nützlich war."[37] Bis 1888 konnte Bismarck Macht und Einfluss nur von Wilhelms Gnaden ausüben. Er war nie ein populär legitimierter oder vermeintlich charismatischer Herrscher.[38] Seinem Arzt gegenüber soll der Kanzler 1881 sogar unumwunden gestanden haben, „seine Partei bestände nur aus dem König und ihm."[39] Nach 1888 sollte Bismarck mit den strukturellen Konsequenzen dieses einseitigen Abhängigkeitsverhältnisses konfrontiert werden. Denn mit Wilhelms Tod endete auch die Kaiser-Kanzler-Partei. Und nur zwei Jahre später wurde Bismarck in den Zwangsruhestand geschickt. Die Hohenzollernmonarchie war nicht nur dem Namen nach ein *König*reich respektive nach 1871 auch ein *Kaiser*reich. Ein Bismarckreich war sie entgegen langlebiger Legenden allerdings nie.

Wilhelm konnte sich auch jenseits der Beziehungsebene von Kaiserpalais und Kanzleramt als institutioneller Sieger der Nationalstaatsgründung betrachten. Der am 14. Dezember 1866 im Kronrat redigierte Verfassungsentwurf wurde nur einen Tag später den norddeutschen Regierungen vorgelegt. Und er wurde nahezu einhellig kritisiert. Denn die föderativen Scheinkonzessionen konnten nicht darüber hinwegtäuschen, dass dieses Dokument die Hohenzollernsupremacie strukturell zementierte. Aber die mindermächtigen Kleinstaaten (und das besiegte Sachsen) konnten sich in den Verhandlungen mit dem Berliner Hof nicht durchsetzen. Im Februar 1867 mussten sie der Fürstenbundfiktion nolens volens zustimmen.[40] Im Norddeutschen Bund wurde die Souveränität der Landesfürsten nach außen effektiv aufgehoben. Sie verloren sogar ihre Kommandorechte an den Bundesfeldherrn. Faktisch wurde ihre militärische Rolle auf die zeremonielle Ebene reduziert. Sie durften nicht viel mehr als Paraden halten und

---

35 Tagebuch Schweinitz, 30. Oktober 1880. Schweinitz (Hrsg.), Denkwürdigkeiten, Bd. 2, S. 133.
36 Keudell, Erinnerungen, S. 256.
37 Helmuth Rogge (Hrsg.), Im Dienste Bismarcks. Persönliche Erinnerungen von Arthur von Brauer, Berlin 1936, S. 153.
38 Vgl. Christian Jansen, Otto von Bismarck. Modernität und Repression, Gewaltsamkeit und List. Ein absolutistischer Staatsdiener im Zeitalter der Massenpolitik, in: Frank Möller (Hrsg.), Charismatische Führer der deutschen Nation, München 2004, S. 63–83.
39 Aufzeichnungen Cohens, 6. Januar 1881. GW, Bd. 8, S. 394.
40 Vgl. Becker, Bismarcks Ringen, S. 290–346; Pflanze, Bismarck, Bd. 1, S. 356–361; Haardt, Bismarcks ewiger Bund, S. 141–154.

Orden verteilen.[41] Der König von Sachsen bat Wilhelm darum, wenigstens formal noch am Recht festhalten zu dürfen, Offiziere zu ernennen. Aber selbst diese rein symbolische Konzession lehnte der spätere Kaiser ab.[42] Und nicht einmal seinen eigenen Kriegsalliierten gegenüber zeigte er sich kompromissbereit. Allen Einzelländern wurde 1867 das preußische Militärsystem und damit bis dato ungekannte finanzielle Belastungen aufgezwungen. Den thüringischen Kleinstaaten drohte durch diese Entwicklung zeitweise gar der Staatsbankrott. Der Weimarer Großherzog versuchte vergeblich, seinen preußischen Schwager für eine Neuregelung zu gewinnen.[43] Aber für den König war diese Bitte nichts weiter als der Versuch einer neuen militärischen Trittbrettfahrerei. „Wenn jeder Staat, wie Du es verlangst, und gewiß doch mit gleichem Anspruch, Erleichterungen beansprucht, wie soll da künftig eine Bundesarmee aufgestellt werden können, in welcher Preußen nicht wiederum, wie seit fünfzig Jahren, allein die Lasten zu tragen hat?"[44] Wieder endete Wilhelms monarchische Solidarität dort, wo er die preußischen Machtinteressen tangiert sah. Den thüringischen Fürstentümern wurde lediglich ein siebenjähriges Moratorium gewährt. Erst in den 1870er Jahren sollte es den mindermächtigen Herrschern graduell gelingen, ihre existentielle Finanznot zu überwinden. Aber dafür war nicht eine plötzliche kaiserliche Großzügigkeit verantwortlich, sondern der Gründerboom und eine Neuregelung der Reich-Länder-Matrikularbeiträge.[45] In der Verfassungspraxis blieb der auf dem Papier bestehende Fürstenbund bis 1918 weitgehend eine Fiktion. Zwar sollte sich zeit des Kaiserreichs durchaus eine Föderalismusdynamik entwickeln. Doch wurden dieser Dynamik durch die asymmetrischen Beziehungen der Bundesstaaten zu Preußen enge strukturelle Grenzen gesetzt.[46] Und Wilhelm war lediglich der Öffentlichkeit gegenüber bereit, die Rolle eines primus inter pares zu spielen. Die inszenierte Fürstenbundillusion diente dem ersten Hohenzollernkaiser als propagandistischer Schutzschild gegen Parlamentarismus und Volkssouveränität.[47] Hinter den Kulissen der Berliner Reichsleitung lehnte er hingegen jegliche föderativen Konzessionen ab. Während der Beitrittsverhandlungen der süddeutschen

---

41 Vgl. Becker, Bismarcks Ringen, S. 206–210, S. 338–346.

42 Siehe Johanns Briefwechsel mit Wilhelm vom 7. und 13. Februar 1867, in: Herzog von Sachsen (Hrsg.), Briefwechsel, S. 449–452.

43 Vgl. Becker, Bismarcks Ringen, S. 328–329.

44 Wilhelm an Carl Alexander, 4. Januar 1867. Schultze (Hrsg.), Weimarer Briefe, Bd. 2, S. 86–87.

45 Vgl. Jonscher, Carl Alexander S. 25–26.

46 Vgl. Paul Lukas Hähnel, Rethinking Federalism. Das Kaiserreich als dynamisches und kooperatives Mehrebenensystem, in: Andreas Braune/Michael Dreyer/Markus Lang/Ulrich Lappenküper (Hrsg.), Einigkeit und Recht, doch Freiheit? Das Deutsche Kaiserreich in der Demokratiegeschichte und Erinnerungskultur, Stuttgart 2021, S. 55–76; Oliver F.R. Haardt, Der Bundesrat als Einrichtung föderalen Mitentscheidens, in: Ulrich Lappenküper/Wolfram Pyta (Hrsg.), Entscheidungskulturen in der Bismarck-Ära, Paderborn 2024, S. 117–139.

47 Vgl. Frederik Frank Sterkenburgh, Staging a Monarchical-federal Order: Wilhelm I as German Emperor, in: German History Vol. 39, Nr. 4 (2021), S. 519–541.

Staaten 1870 übte er sogar Druck auf Bismarck aus, Bayern und Württemberg allein auf der symbolischen Ebene entgegenzukommen.[48]

Aber auch das Verhältnis der Hohenzollernkrone zum Reichstag war nie spannungsfrei. Bei den Wahlen am 12. Februar 1867 enthielt sich die preußische Regierung zwar jeder direkten Manipulationsversuche. Aber über die lokale Kandidatenauswahl griff sie zumindest indirekt in den Wahlkampf ein. Von Berlin aus wurden „national gesinnte" Strömungen sowohl im konservativen wie liberalen Spektrum protegiert, um partikularistische Kandidaten und Fraktionen zu neutralisieren.[49] Wie bereits vor Königgrätz argumentierte Bismarck auch Anfang 1867, „so unerwünscht eine oppositionelle Mehrheit im Reichstag wäre, so halte ich doch einen dauernden, vielleicht vom Auslande unterstützten Widerstand der Bundesregirungen noch gefährlicher für die Durchführung der der Regirung obliegenden Aufgabe."[50] Das demokratische Experiment kann letztlich als geglückt betrachtet werden. Denn mit dem Paulskirchenwahlrecht gelang es der Hohenzollernmonarchie tatsächlich, eine staatstragende Parlamentsmehrheit zu mobilisieren. In Preußen vollzogen knapp fünfundsechzig Prozent der wahlberechtigten Bevölkerung den Urnengang. Über die Wahlbeteiligung in den anderen norddeutschen Staaten liegen kaum aussagekräftige Zahlen vor. Die großen Gewinner dieser ersten Reichstagswahlen waren die Nationalliberalen mit achtzig und die Konservativen mit neunundfünfzig Sitzen. Unter den regierungsnahen Mehrheitsfraktionen befanden sich auch die Altliberalen mit siebenundzwanzig Mandaten. Dagegen zog die Fortschrittspartei lediglich mit neunzehn Abgeordneten in das Nationalparlament ein.[51] In Wilhelms Augen war das Wahlkalkül weitgehend aufgegangen. Seiner Schwester schrieb er, „glücklicherweise sind die Preußischen Wahlen in überraschender Weise conservativ ausgefallen; wogegen die nicht-Preußischen viel Particularisten und Libérale aufzuweisen haben."[52] Laut seinem Sohn soll der König während der feierlichen Parlamentseröffnung am 24. Februar „sichtlich ergriffen u[nd] ganz bei der Sache" gewesen sein, „wie sonst noch nie bei solcher Veranlassung."[53] In seiner Thronrede ließ der Monarch keinen Zweifel daran, dass er den Norddeutschen Bund nicht als Schlusspunkt der nationalen Einigung sah. „Ganz Deutschland, auch über die Grenzen unseres Bundes hinaus, harrt der Entscheidungen, die hier getroffen werden sollen." Und er mahnte die Abgeordneten, „die Nothwendigkeit, die Einigung des Deutschen Volkes an der Hand der Thatsachen zu suchen, und nicht wieder das Erreichbare dem Wünschenswerthen

48 Siehe Wilhelms Briefe an Augusta vom 23. und 27. Oktober sowie vom 14. und 24. November 1870, in: GStA PK, BPH, Rep. 51 J, Nr. 509b, Bd. 15, Bl. 165–167, Bl. 193, Bl. 205–207.
49 Vgl. Pollmann, Parlamentarismus, S. 93–101; Richter, Moderne Wahlen, S. 335–341.
50 Bismarck an Eulenburg, 17. Januar 1867. GW, Bd. 6, S. 238.
51 Vgl. Pollmann, Parlamentarismus, S. 139–151.
52 Wilhelm an Luise, 1./27. Februar 1867. GStA PK, BPH, Rep. 51, Nr. 853.
53 Tagebuch Friedrich Wilhelm, 24. Februar 1867. Baumgart (Hrsg.), Friedrich III., S. 52.

zu opfern."[54] Damit hatte der spätere Kaiser öffentlich nichts anderes erklärt, als dass der Reichstag den Verfassungsentwurf möglichst unverändert annehmen sollte.

Aber die Volksvertreter hielten sich nicht an den königlichen Befehl. Der konstituierende Reichstag mochte zwar nur über eine begrenzte Verhandlungsfreiheit verfügen. Denn neben den monarchischen Regierungen übte auch die nationale Öffentlichkeit keinen geringen Druck auf das Parlament aus, das Einigungswerk so schnell wie möglich zum Abschluss zu bringen.[55] Aber es gelang den Abgeordneten, den Verfassungstext in mehreren Punkten zu ändern, und dabei vor allem den Kompetenzbereich des Bundes gegenüber den Ländern zu stärken.[56] Zwar spielte der Reichstag damit letztendlich der Hohenzollernmonarchie in die Hände. Und Wilhelm blieb diese Verhandlungstendenz nicht unbemerkt, wie seine Briefe aus dem Frühjahr 1867 belegen.[57] Doch kann mit Blick auf das Parlamentsgeschehen nicht einseitig von einer Reichsgründung „von oben" gesprochen werden. Denn der 1867 geschaffene Nationalstaat besaß durchaus „halbdemokratische Legitimität", wie es Christopher Clark formuliert.[58] Und die Verfassung des Norddeutschen Bundes muss letztendlich als Kompromiss betrachtet werden.[59] Allerdings darf dabei nicht vergessen werden, dass es sich um einen „Kompromiß sehr ungleicher Partner" handelte, wie Wolfram Siemann zu Recht betont.[60] Jene Verfassung, die am 1. Juli 1867 in Kraft trat und letztendlich bis in die Wirren der Novemberrevolution 1918 an Gültigkeit behalten sollte, zementierte das Monarchische Prinzip auf nationaler Ebene.[61] Wilhelm konnte diesen Schritt nicht zu Unrecht als Kulmination seiner Politik feiern. Gegenüber Augusta jubelte er, mit dem Ende der Verfassungsverhandlungen sei „ein großer wichtiger Schritt" geschehen, „dessen Folgen sich erst in späteren Zeiten ganz entwickeln werden. Gott gebe seinen ferneren Seegen. Wer hätte heut vor einem Jahre, wo die ersten Kämpfe begonnen, ahnden können, daß nach einem Jahre ein solches Ziel erreicht sein würde! [...] Wer in Deutschland von nun an der Erste sein sollte, ward durch die politisch richtige und schnelle Benutzung der Siege entschieden und so stehen wir also heute am ersten Abschnitt dieser sichtlichen Führung der Vorsehung zu Gunsten Deutschlands."[62] Im Sommer 1867 stand Wilhelm

---

54 Rede Wilhelms, 24. Februar 1867. Stenographische Berichte über die Verhandlungen des Reichstages des Norddeutschen Bundes im Jahre 1867, Bd. 1, Berlin 1867, S. 1–2.

55 Vgl. Haardt, Bismarcks ewiger Bund, S. 77–78.

56 Vgl. Pollmann, Parlamentarismus, S. 198–257.

57 Siehe Wilhelms Briefe an Augusta vom 30. April sowie vom 2. und 8. Mai 1867, in: GStA PK, BPH, Rep. 51 J, Nr. 509b, Bd. 13, Bl. 4–5, Bl. 14.

58 Clark, Preußen, S. 624.

59 Vgl. Wolfgang J. Mommsen, Die Verfassung des Deutschen Reiches von 1871 als dilatorischer Herrschaftskompromiß, in: ders., Der autoritäre Nationalstaat. Verfassung, Gesellschaft und Kultur im deutschen Kaiserreich, Frankfurt am Main 1990, S. 39–65.

60 Siemann, Gesellschaft, S. 288.

61 Der Text der Verfassung des Norddeutschen Bundes findet sich in: Huber (Hrsg.), Dokumente, Bd. 2, S. 272–285.

62 Wilhelm an Augusta, 26. Juni 1867. GStA PK, BPH, Rep. 51 J, Nr. 509b, Bd. 13, Bl. 57–58.

auf dem vorläufigen Höhepunkt seiner Macht. Und bis zu seinem Tod sollte er diese Macht noch ausbauen.

Genauso wie die preußische Verfassung schuf die spätere Reichsverfassung ein dualistisches System von Krone und Parlament. Beide Institutionen waren im Gesetzgebungsprozess zur systematischen Zusammenarbeit gezwungen. Dieser strukturelle Verständigungszwang sollte langfristig das Entstehen einer dynamischen und entwicklungsoffenen Kompromisskultur sowohl im Reich als auch in den Ländern begünstigen.[63] Auf der Exekutivebene blieb den Volksvertretern dagegen das Mitspracherecht verwehrt. Aber in diesen Punkten unterschied sich der deutsche Verfassungsstaat kaum von anderen konstitutionellen Monarchien.[64] Besonders war das politische System von 1867 jedoch mit Blick auf den Dualismus von Reich und Preußen. Mit der untrennbaren Doppelfunktion des Königs und Kaisers entstanden parallele Regierungsstrukturen, die sich schließlich bis zum Vorabend des Ersten Weltkriegs gegenseitig paralysieren sollten. Der Kanzler musste gegenüber dem Reichstag die deutsche Politik verantworten. Als preußischer Ministerpräsident war er aber auch an die Entscheidungen des Staatsministeriums gebunden, das sich vor dem Reichstag nicht verantworten musste. Gleichzeitig entwickelten sich auch die Parlamente auseinander. In Preußen wurde das Abgeordnetenhaus bis 1918 nach dem Dreiklassenwahlrecht gewählt. Um die Jahrhundertwende trugen Urbanisierung und Bevölkerungsexplosion dazu bei, dass der Wahlzensus wieder konservative Mehrheiten garantierte. Doch der nach dem allgemeinen und gleichen Stimmrecht gewählte Reichstag rückte immer mehr nach links. Mit diesen völlig entgegengesetzten Mehrheiten konnte der Kanzler und Ministerpräsident bis 1914 effektiv kaum noch regieren. Dem konservativ dominierten Landtag war der Ministerpräsident zu links. Und dem liberal bis sozialdemokratisch dominierten Reichstag war der Kanzler zu rechts. Weder Wilhelm noch Bismarck hatten diese Entwicklung 1867 voraussehen können. Das verschränkte Nebeneinander von Preußen und Reich hatte eine Parlamentarisierung auf beiden Ebenen verhindern sollen. Und diese Aufgabe erfüllte das Verfassungssystem bis zuletzt recht erfolgreich. Aber es erfüllte sie *so erfolgreich*, dass jede strukturelle Reform nahezu unmöglich wurde.[65]

Dennoch war der demokratisch gewählte Reichstag eine der wenigen gesamtdeutschen Institutionen und damit ein nationales Identifikationssymbol. Neben den institutionellen Dualismus von Hohenzollernkrone und Volksvertretern trat daher auch

---

63 Vgl. Wolfram Pyta, Kaiserreich kann Kompromiss, in: Andreas Braune/Michael Dreyer/Markus Lang/ Ulrich Lappenküper (Hrsg.), Einigkeit und Recht, doch Freiheit? Das Deutsche Kaiserreich in der Demokratiegeschichte und Erinnerungskultur, Stuttgart 2021, S. 77–99.

64 Vgl. Kirsch, Monarch und Parlament, S. 319–329, S. 396–409; Hans-Christof Kraus, Monarchischer Konstitutionalismus. Zu einer neuen Deutung der deutschen und europäischen Verfassungsentwicklung im 19. Jh., in: Der Staat Vol. 43, Nr. 4 (2004), S. 595–620.

65 Vgl. Lennart Bohnenkamp/Jan Markert, Von europäischen Normalitäten und preußisch-deutschen Besonderheiten: Das hegemoniale Regierungssystem des Kaiserreichs im Wandel der Zeit, in: FBPG NF 33 (2023), S. 133–173.

graduell eine symbolische Konkurrenz.[66] Wilhelm II. sollte in diesem Konkurrenzkampf schließlich unterliegen. Spätestens 1918 war der Legitimationsquell ausgetrocknet, den sein Großvater der Monarchie hinterlassen hatte. Diese Legitimität war fast plebiszitärer Natur gewesen. Denn auf der öffentlichen Ebene trat der Kaiser eben nicht als primus inter pares, sondern als Reichsmonarch auf. Er war das personifizierte Symbol der nationalen Einheit.[67] Und nach 1871 spielte nicht Bismarck die mediale Rolle eines mythologisierten Reichsgründers, sondern sein kaiserlicher Souverän. Dieser Kaiserkult war nicht allein das Resultat höfischer Propaganda, obgleich deren Wirkmacht nicht unterschätzt werden darf. Es dürfte kaum einen Untertanen der Hohenzollernkrone gegeben haben, der nicht über die offizielle Biographie des „Heldenkaisers" unterrichtet war.[68] Wilhelms ereignisreiches Leben verband den jungen Nationalstaat unmittelbar mit den vermeintlichen Höhen und Tiefen der deutschen Geschichte im 19. Jahrhundert. Dieses Bild stieß gerade in bürgerlichen Kreisen auf breite Rezeption.[69] Erst nach 1888 sollte Bismarck den verstorbenen Herrscher graduell aus der Reichsgründerrolle verdrängen. Und auch die anderen großen und kleinen Reichsgründer in Regierung, Militär und Parlamenten, die Deutschland seit dem Vormärz in unterschiedlichem Maße in Richtung Nationalstaat bewegt hatten, verschwanden im Schatten des „Eisernen Kanzlers".[70] Aber diese Entwicklung erlebte Wilhelm nicht mehr.

Am 16. März 1888 zog die kaiserliche Beerdigungsprozession unter großer öffentlicher Anteilnahme durch die Straßen der Reichshauptstadt. Der Tod des ersten Deutschen Kaisers war ein mediales Großereignis. Nicht wenige öffentliche Stimmen bemerkten, dass mit ihm gewissermaßen auch das 19. Jahrhundert zu Grabe getragen wurde. Aber vor allem wurde in nahezu ganz Deutschland von einer *nationalen* Herrscherfigur Abschied genommen.[71] Noch postum konnte Wilhelms monarchischer Agenda der Erfolg nicht abgesprochen werden. Die Nationalisierung der Monarchie hatte zur Monarchisierung der Nation geführt. Und auch nach dem Tod des Kaisers stießen die monarchischen Strukturen des Nationalstaats lange Zeit weder in Politik

---

66 Vgl. Wolfram Pyta, Der Reichstag als Symbol der deutschen Nation, in: Tilman Mayer (Hrsg.), 150 Jahre Nationalstaatlichkeit in Deutschland. Essays, Reflexionen, Kontroversen. Baden-Baden 2021, S. 135–165, hier: S. 139–143.

67 Vgl. Fehrenbach, Kaisergedanke, S. 55–81, Canis, Bismarck und die Monarchen, S. 143–144; Sellin, Gewalt und Legitimität, S. 124; Wolfgang Neugebauer, Der Kampf ums Symbol. Preußische Traditionen und deutsche Kontinuitäten um 1870/71, in: FBPG NF 31 (2021), S. 77–96.

68 Vgl. Sterkenburgh, William I and monarchical rule, S. 121–151.

69 Vgl. Alexa Geisthövel, Den Monarchen im Blick. Wilhelm I. in der illustrierten Familienpresse, in: Habbo Knoch/Daniel Morat (Hrsg.), Kommunikation als Beobachtung. Medienwandel und Gesellschaftsbilder 1880–1960, München 2003, S. 59–80; dies., Wilhelm I. am „historischen Eckfenster": Zur Sichtbarkeit des Monarchen in der zweiten Hälfte des 19. Jahrhunderts, in: Jan Andres/Alexa Geisthövel/Matthias Schwengelbeck (Hrsg.), Die Sinnlichkeit der Macht. Herrschaft und Repräsentation seit der Frühen Neuzeit, Frankfurt am Main 2005, S. 163–185.

70 Vgl. Christoph Nonn, Das Bild Otto von Bismarcks als „Reichsgründer", in: Ulrich Lappenküper/Maik Ohnezeit (Hrsg.), 1870/71. Reichsgründung in Versailles, Friedrichsruh 2021, S. 159–165.

71 Vgl. Sterkenburgh, William I and monarchical rule, S. 180–187.

noch in Gesellschaft auf größere Opposition.[72] Aber für die Hohenzollernkrone erwies sich diese Entwicklung letztendlich als zweischneidiges Schwert. Denn der Pakt des preußischen Königtums mit der deutschen Nationalbewegung war spätestens mit der Reichsgründung unkündbar geworden. Oder wie der liberale Politiker Friedrich Naumann 1905 argumentierte, „die Dynastie ist auf Leben und Sterben an den 1866 und 1870 entstandenen größeren Staatskörper gekettet, mit ihm steigt sie, und mit ihm fällt sie, seine Gesundheit ist ihre Gesundheit, und seine Verhängnisse ihr Schicksal."[73] Neun Jahre, nachdem Naumann diese Zeilen publiziert hatte, brach der Erste Weltkrieg aus. The rest, as they say, is history.

---

72 Vgl. Martin Kohlrausch, Der Monarch im Skandal. Die Logik der Massenmedien und die Transformation der wilhelminischen Monarchie, Berlin 2005; Frank-Lothar Kroll, Geburt der Moderne. Politik, Gesellschaft und Kultur vor dem Ersten Weltkrieg, Berlin 2013, S. 11–22; Andreas Fahrmeir, Die parlamentarische Monarchie am Ende der Sackgasse? Probleme und Perspektiven des politischen Systems unter Wilhelm II., in: Friedl Brunckhorst/Karl Weber (Hrsg.), Kaiser Wilhelm II. und seine Zeit, Regensburg 2016, S. 55–65.

73 Friedrich Naumann, Demokratie und Kaisertum. Ein Handbuch für innere Politik, Berlin ⁴1905, S. 150.

Schlussbetrachtungen

Im November 1831, einen Monat nach der Geburt seines Sohnes, schrieb Wilhelm seiner Schwester Charlotte, „wenn ich so die Wahrscheinlichkeit in meinem Innern überdenke, über das, was diesem Kleinen einst beschieden sein kann, – so ist auch mir *so oft* schon der Gedanke gekommen, daß Dein Sacha" – der spätere Zar Alexander II. – „und unser Junge, leicht zusammen eine wichtige Zeit verleben können, beide in gleich hohem Berufe! Da kann ich nur mit Dir sagen: mögen sie einer würdigen Zeit entgegenreifen! – Die jetzige kann man nicht so nennen! Unsere Generation erscheint mir wie die *Märtyrer Generation*; wir sollen *Alles* durchmachen; vielleicht viele Umstellungen in der Welt und menschlichen Gesellschaft erleben, die, man muß es der göttlichen Weisheit vertrauen, – einst zum Heil der Menschen ausschlagen sollen, – von welchem Heil ich jedoch jetzt nichts ahnden kann; – wenn unsere Generation dies also *Alles* durchgemacht haben wird, sich selbst aber wohl schwerlich an das Neue gewöhnen wird, so müssen wir hoffen, daß unsere Kinder den Seegen dessen genießen werden, wofür wir leiden!"[1] Diese Quelle illustriert zwei zentrale Konstanten der politischen Biographie des ersten Hohenzollernkaisers. Erstens können Wilhelms Erfahrungshorizonte und Handlungsspielräume nicht in einem lediglich preußischen oder deutschen Rahmen rekonstruiert und analysiert werden. Vielmehr muss ein europäisch-dynastischer Vergleichsmaßstab angelegt werden. Und zweitens fungierten als primärer politischer Motivationsfaktor *aller* monarchischen Akteure seiner Zeit – egal ob in Berlin, Wien, Sankt Petersburg, London oder Paris – Revolutionsfurcht und Revolutionserfahrungen.

Die Revolution als reales wie imaginiertes Bedrohungsszenario begegnete der Monarchie in verschiedenen Erscheinungsformen. Nach 1815 wurde sie von den konservativen Eliten sogar geradezu herbeigeredet. Gesellschaftliche Spannungen und politische Opposition galten als Ausdruck angeblicher konspirativer Umsturzbestrebungen. Auch Wilhelm teilte diese paranoide Wirklichkeitswahrnehmung. Sie diente vormärzlichen Entscheidungsakteuren wie Metternich oder Nikolaus I. als Legitimation einer Politik, die dem Repräsentations- und Partizipationsprinzip diametral entgegenstand. Noch im Nachmärz gründete die monarchische Agenda Kaiser Franz Josephs oder König Georgs V. von Hannover auf dem Restaurationsdogma, dass jede Begrenzung der Krongewalt langfristig zu einer Erosion der Monarchie als Herrschafts- und Gesellschaftsmodell führen müsse. Aber auch jene Fürsten, die eine Domestizierungspolitik ihrer Souveränität entweder aktiv implementierten oder sich ihr zumindest nicht in den Weg stellten, verfolgten revolutionsprophylaktische Ziele. Sie alle sahen sich einem existentiellen Legitimationsdruck ausgesetzt. Einer Rückkehr zum Monarchiemodell des Ancien Régime, obgleich wiederholt in Angriff genommen, war nirgendwo in Europa langfristiger Erfolg vergönnt. Selbst der Petersburger Hof musste am Vorabend des Ersten Weltkrieges konstitutionelle Partizipationsräume konzedieren.[2]

---

1 Wilhelm an Charlotte, 13. November 1831. GStA PK, BPH, Rep. 51, Nr. 857.
2 Vgl. Manfred Hagen, Die Entfaltung politischer Öffentlichkeit in Russland 1906–1914, Wiesbaden 1982.

https://doi.org/10.1515/9783111323954-049

Diese europäische Dimension *jeder* Monarchiegeschichte und Monarchenbiographie des 19. Jahrhunderts kann an Wilhelms Beispiel insbesondere im Zeitraum vor 1848 beobachtet werden. Denn nicht deutsche oder spezifisch preußische Ereignisse und Entwicklungen ließen ihn seit den späten 1820er Jahren die politische Bühne betreten, sondern der Moskauer Dekabristenaufstand und die Pariser Julirevolution. Das kollektive Revolutionstrauma der Jahre vor 1815 hatte die Erfahrungswelt des zweitgeborenen Prinzen lediglich indirekt geprägt. Als negativer Bezugspunkt diente ihm Napoleon I. Konkurrenzideologien wie Liberalismus oder Nationalismus nahm er in jungen Jahren hingegen kaum wahr. Erst infolge jener Revolutionserfahrungen by proxy 1826 und 1830 begann Wilhelm, eine konkrete politische Agenda zu formulieren. Die repressiv-kompromisslose Restaurationsperspektive, die seine Biographie bis in die Märztage 1848 geradezu determinierte, bewegte sich in einer Ideenwelt, die auch an den Höfen in Wien und Sankt Petersburg kultiviert wurde. Es war allerdings nicht allein eine gedankliche Nähe, die den präsumtiven preußischen Thronfolger, Metternich und Nikolaus I. verband, sondern auch eine Ebene aktiver Kooperation – gegen Friedrich Wilhelm IV.

Obwohl Wilhelms älterer Bruder nach 1840 eine biographische Kontrahentenrolle übernahm, kann der Romantikkönig zumindest vor 1848 nur bedingt als ideengeschichtlicher Gegenpunkt jener informellen Heiligen Allianz charakterisiert werden. Beide königlichen Brüder teilten vergleichbare Revolutionstraumata. Doch suchten und fanden sie unterschiedliche Antworten auf das Legitimationsdruckproblem. Der innerpreußische Dynastiebruch war kein personifizierter Konflikt konkurrierender Monarchiemodelle, kein vermeintlicher Richtungsstreit, ob Preußens Zukunft im westeuropäischen Konstitutionalismus oder im osteuropäischen Absolutismus liegen würde. Ebenso wenig wie sein Vater Friedrich Wilhelm III. oder sein jüngerer Bruder war Friedrich Wilhelm IV. gewillt, das absolutistische System der Hohenzollernmonarchie institutionell grundlegend zu reformieren. Doch reflektierte er immerhin die Grenzen des Repressionssystems. Und er sah die gesellschaftlichen und politischen Spannungen, die infolge der Reformstagnation in Preußen wie in Deutschland seit den 1820er Jahren wuchsen. Eine Antwort auf die wachsende Legitimationskrise glaubte er in der Ständepolitik einer imaginierten Vergangenheit gefunden zu haben. Als Konkurrenzmodell nicht des Absolutismus, sondern des Konstitutionalismus und Parlamentarismus scheiterte diese anachronistische Herrschaftsordnung jedoch mit dem Debakel des Ersten Vereinigten Landtags. Aber auch jener monarchische Repressivstaat, den Wilhelm propagierte, den Metternich dirigierte, und den beide Männer in den Augen der Märzrevolutionäre repräsentierten, brach unter dem gewaltsamen Druck einer politisierten und mobilisierten Öffentlichkeit zusammen. Wilhelm hatte das Entstehen dieser öffentlichen Handlungsebene erfolglos zu verhindern versucht. Und Friedrich Wilhelm IV. hatte sie ebenso erfolglos in den Ständestaat zu integrieren versucht. Letztendlich gelang es keinem der königlichen Brüder vor 1848, eine erfolgreiche Antwort auf die Existenzkrise der Monarchie zu finden.

Auf einer imaginierten Achse monarchischer Akteure und Systeme der Restaurationsära, die den absolutistisch-autokratischen Petersburger Hof an einem Ende und den konstitutionell-parlamentarischen Londoner Hof am anderen Ende sieht, müssen sowohl Wilhelm als auch Friedrich Wilhelm IV. näher an Ersterem als an Letzterem verortet werden. Und obgleich Queen Victoria und Prince Albert das politische System der Hohenzollernmonarchie vor wie nach 1848 meist despektierlich betrachteten, darf nicht vergessen werden, dass das britische Herrscherpaar eine repräsentativ-zeremonielle Rolle lediglich der Öffentlichkeit gegenüber spielte. Hinter den Kulissen des Londoner Hofs versuchten auch Queen und Prince, die politische Macht der Krone zu stärken.[3] Letztlich unterschieden sie sich von ihren kontinentalen Kollegen lediglich dadurch, dass sie im Rennen gegen den Delegitimierungsprozess eine strukturell restriktivere Ausgangsposition besaßen. Dieses Rennen nicht zu verlieren, war das Ziel *aller* monarchischen Akteure des 19. Jahrhunderts. Auf ihren unterschiedlichen Ausgangspositionen standen ihnen allerdings vergleichbare Legitimierungsstrategien zur Verfügung. Sie konnten versuchen, die Monarchie auf einer performativen Inszenierungsebene, durch öffentliche Autorität und Popularität, oder durch eine konstitutionelle wie nationale Politik zu legitimieren. Gleichwohl konnten nicht alle Dynastien die gleichen Legitimierungsstrategien in gleichem Umfang nutzen. Dem Hohenzollernkönigreich etwa war es aufgrund geographischer wie ethnographischer Faktoren deutlich einfacher als der Habsburgermonarchie, die nationale Frage zu instrumentalisieren. Wie die beiden deutschen Großmächte war auch die Wittelsbachermonarchie nach 1815 ein im Inneren fragmentierter Kompositionsstaat. Doch gelang es den bayerischen Herrschern, den Konstitutionalismus früh als Integrationsinstrument zu nutzen, und neben der nationalen auch eine einzelstaatliche Identität zu generieren, die noch nach 1871 als relevanter innerdeutscher Politikfaktor auftrat.[4] Und der Londoner Hof konnte bereits auf ein differenziertes System medialer Kommunikationsstrukturen zurückgreifen, als die Kontinentalmonarchien noch den aussichtslosen Kampf ausfochten, das staatliche Meinungsmonopol durch Zensurmaßnahmen zu verteidigen.[5] Dennoch muss betont werden, dass sich im Europa des 19. Jahrhunderts *nirgendwo* ein überzeugter „Demokrat auf dem Königsthron" finden ließ. Das gilt auch für jene parlamentarischen Fürstentümer, die das erste große Monarchiesterben nach 1917/18 überleben sollten. Das Selbst- und meist auch Herrschaftsverständnis dynastischer Eliten blieb bis ins 20. Jahrhundert autokratisch.

Vor dem Hintergrund einer solchen europäischen Vergleichsebene verliert Wilhelms vormärzliche Absolutismusagenda jeglichen Exotenstatus. Als historisch exzeptionell muss allerdings die Thronfolgeropposition des späteren Kaisers bis 1848 bewertet werden. Nahezu alle dynastischen Nachfolgerkonflikte fungierten auf der öffentlichen Politikebene als Beleg der Wandlungs- und Zukunftsfähigkeit der Monarchie, also als

---

3 Vgl. David Cannadine, The last Hanoverian sovereign?: the Victorian monarchy in historical perspective, 1688–1988, in: A.L. Beier/David Cannadine/James M. Rosenheim (Hrsg.), The First Modern Society. Essays in English History in Honour of Lawrence Stone, Cambridge u. a. 1989, S. 127–165.

4 Vgl. Körner, Königreich Bayern, S. 48–57, S. 115–121, S. 142–153.

5 Vgl. John Plunkett, Of Hype and Type. The Media Making of Queen Victoria 1837–1845, in: Critical Survey Vol. 13, Nr. 2 (2001), S. 7–25.

sprichwörtliches Salz in der Suppe. Doch der Bruderzwist nach 1840, der im Revolutionsjahr 1848 in Wilhelms mehr oder minder offenen Staatsstreichdrohungen kulminierte, entfaltete eine ausschließlich systemdestabilisierende Wirkung. Als Oberhaupt einer oppositionellen Hof- und Militärpartei besaß der Prinz von Preußen eine institutionelle Machtbasis, die zwar nicht stark genug war, um die ständischen Reformideen des Königs zu blockieren, aber um sie zu torpedieren, um ihre Realisierung zu bremsen. Diese prinzliche Obstruktionspolitik trug entschieden dazu bei, dass Friedrich Wilhelm IV. auf keinerlei öffentliches Popularitätsmomentum zurückgreifen konnte, als er 1847 den Vereinigten Landtag einberief. Gleichzeitig desavouierte Wilhelm nicht nur das Ansehen seiner eigenen Person, sondern auch das der Hohenzollernmonarchie allgemein. Als einziger dynastischer Akteur in Deutschland sah sich der „Kartätschenprinz" während der Märztage zur Flucht gezwungen. Friedrich Wilhelm IV. gelang es nur *ohne*, ja *gegen* seinen jüngeren Bruder, Krone und Thron zu retten. Erst nach 1848 konnte der Thronerbe erfolgreich die Rolle einer systemstabilisierenden dynastischen Projektionsfläche spielen. Durch seine Opposition gegen die Reaktionspolitik stand er für ein Alternativmodell monarchischer Herrschaft, dem öffentlich mit Sympathien begegnet wurde. Für seinen älteren Bruder fungierte er allerdings von 1840 bis 1857 als systematischer Irritations- und Obstruktionsfaktor. Bereits in den etwa zwei Jahrzehnten, bevor er ein persönliches Regiment in Berlin etablieren sollte, drängte der spätere Kaiser kontinuierlich in das Zentrum des politischen Entscheidungsprozesses. Die Geschichte der Herrschaft Friedrich Wilhelms IV. kann daher nicht ohne die Person und Figur Wilhelms I. geschrieben werden.

Die Revolutionsereignisse führten jedoch nicht nur zu einer veränderten Position des Thronfolgers im politischen System der Hohenzollernmonarchie. Sie müssen vielmehr als *die* biographische Zäsur in Wilhelms neunzigjährigem Leben bewertet werden. Denn er erlebte die Berliner Märztage nicht allein als politische, sondern auch als physische Bedrohung. Das Revolutionstrauma von Flucht und Exil, vom Beinahe-Kollaps der Monarchie, sollte die Wirklichkeitswahrnehmung des Prinzen zeit seines weiteren Lebens maßgeblich prägen. Hier muss die Genesis der spezifischen monarchischen Agenda des späteren Kaisers verortet werden. Bereits vor 1840 hatte Wilhelm erste revolutionsprophylaktische Ideen formuliert. Er hatte argumentiert, dass sein Vater in der offenen Verfassungsfrage präventiv agieren müsse, solange sich die Monarchie noch in einer Position der Stärke befand. Doch mit der Thronbesteigung seines Bruders, eines in Wilhelms Augen schwachen und dadurch gefährlichen Herrschers, schloss sich dieses potentielle window of opportunity für ihn. Die Absolutismusagenda des Thronfolgers nach 1840 war rein defensiv ausgerichtet. Sie setzte auf Stagnation und Repression, nicht Legitimation durch populäre Politik. Eine differenzierte monarchische Agenda, ja ein konzeptuelles Mehrebenenprojekt, entwickelte er erst angesichts der Implosion des absolutistischen Regimes und der durch das Revolutionsgeschehen veränderten Handlungsparameter fürstlicher Politik. Das Revolutionstrauma erzeugte die Revolutionsprophylaxe.

Wilhelm brachte seine monarchische Agenda nicht in einer zentralen Quelle, einer Denkschrift oder einem Brief zu Papier. Aber die systematische Analyse seiner umfangreichen Korrespondenz nach 1848 erlaubt das Verdikt, dass diese Agenda bis in die Zeit der Reichsgründung kohärent, konsistent und persistent blieb. Die Destabilisationseffekte der Märztage und die augenscheinlich permanente Revolutionsgefahr, die er nicht nur als Thronfolger, sondern auch als Regent und König überall zu sehen glaubte, ließen ihn neue Legitimationsquellen sowohl auf *innerpreußischer* wie *außerpreußischer* Ebene suchen. Nicht länger konnte die Krone lediglich befehlen und verordnen. Stattdessen musste sie durch eine erfolgreiche Regierungspolitik öffentliche Sympathien generieren. Im Inneren sollte der von Wilhelm vor 1848 aktiv bekämpfte Konstitutionalismus die Hohenzollernmonarchie neu *stabilisieren*, die politische Öffentlichkeit als unverrückbaren politischen Entscheidungsfaktor *integrieren*, und die Partizipationsforderungen des Liberalismus *kanalisieren*. Zwar betrachtete er den Verfassungsstaat zeit seines Lebens bestenfalls als notwendiges Übel. Doch akzeptierte er den Bankrottruin des Absolutismus – anders als sein älterer Bruder. Wilhelms Verhältnis zum institutionalisierten Partizipations- und Repräsentationsprinzip, zu Landtag und Reichstag, blieb bis 1888 ambivalent. Es war gar von eskalativer Konfliktnatur, wenn die Parlamentarier nicht dem Allerhöchsten Willen folgten. Doch selbst während des Verfassungskonflikts war der Herrscher nie bereit, offen mit dem Konstitutionalismus zu brechen. Eine Rückkehr in vormärzliche Zeiten erschien ihm unmöglich.

Noch deutlicher muss die Revolutionszäsur allerdings für Wilhelms Verhältnis zur nationalen Frage betont werden. Anders als Friedrich Wilhelm IV. oder Ludwig I. von Bayern waren für den preußischen Thronfolger Nationalbewegung und Nationalstaatsidee vor 1848 bestenfalls marginale Politikfaktoren. Eine Deutsche Frage stellte sich ihm schlichtweg nicht. Und eine vermeintliche Notwendigkeit gesamtdeutscher Organisationsinstitutionen, einer strukturellen Einheit der deutschen Staaten jenseits der Wiener Verträge von 1815, sah er lediglich auf dem Gebiet einer gemeinsamen Sicherheits- und Verteidigungspolitik. Auch die Frankfurter Einigungstendenzen nach Ausbruch der Märzrevolution betrachtete er anfangs als Bedrohung des Hohenzollernkönigreichs, und nicht als potentiellen Legitimationsquell. Erst mit dem sich abzeichnenden Ausscheiden der Habsburgermonarchie aus Deutschland und der beginnenden preußischen Reaktion im November 1848, also einer neuen äußeren wie inneren Handlungsfreiheit des Berliner Hofs, änderte er seine Position zum Paulskirchenreich sowie zur Nationalstaatsidee allgemein. Eine kleindeutsche und monarchische Lösung der Deutschen Frage, *ein dynastisches Hijacking der Nationalbewegung* – hier muss Wilhelms langfristige Nachmärzagenda verortet werden.

Die Hohenzollernsuprematie, die der spätere Kaiser seit dem Winter 1848/49 im außerösterreichischen Deutschland anstrebte, und die er nach 1866 erreichen sollte, war eine *monarchische Legitimierungsstrategie*. Sie kann daher weder als dezidiert nationale Programmatik noch als simple preußische Expansionspolitik charakterisiert werden. Wilhelm war kein Anhänger deutschnationaler Ideen wie sein Sohn Friedrich III. oder sein Enkel Wilhelm II. Auch war er kein Anhänger einer mittelalterlichen Reichsromantik wie Friedrich Wilhelm IV. Stattdessen muss seine Position in der Deutschen Frage nach 1848 als rein funktional bezeichnet werden. Die nationale Handlungsebene diente ihm lediglich als Mittel zum Zweck des Machterhalts und

Machtgewinns der Hohenzollernmonarchie. Sie war ihm eine öffentlichkeitsstrategische Legitimierungsbühne im Inneren und ein machtpolitisches Pressionsinstrument nach außen. Aber auch hier muss betont werden, dass Wilhelm weder der erste noch der letzte dynastische Akteur des 19. Jahrhunderts war, der versuchte, den Nationalismus vor den Karren fürstlicher Herrschaftsinteressen zu spannen.[6] Kein Monarch konnte es sich im Nachmärz langfristig leisten, vermeintlich nationale Interessen zu ignorieren. Sie alle mussten Staatsidentitäten jenseits dynastischer Souveränitätsvorstellungen kultivieren. Franz Josephs Restaurationsagenda gegen die Nationalisierungstendenzen in Italien, Deutschland und Ungarn scheiterte 1859 und 1866/67. Und spätestens unter der Herrschaft Zar Alexanders III. begann auch die Romanowmonarchie, in der Peripherie des Imperiums eine Russifizierungsagenda nicht nur zu tolerieren, sondern auch aktiv zu fördern.[7] Gemeinsam mit dem italienischen König Viktor Emanuel II. muss der erste Hohenzollernkaiser jedoch als einer der erfolgreichsten europäischen Herrscher bewertet werden, denen es gelang, einen politischen wie gesellschaftlichen Nationalisierungsprozess in monarchische Bahnen zu lenken.

Dieser Erfolg war in Wilhelms Fall alles andere als vorgezeichnet gewesen. Ein biographischer roter Faden von 1848 zu 1871 existiert nicht. Kohärenz, Konsistenz und Persistenz müssen der *monarchischen Agenda* des ersten Deutschen Kaisers bescheinigt werden – weniger aber den Methoden, mit denen er Preußen an die Spitze Deutschlands zu führen versuchte. Weder gab es einen Masterplan noch eine langfristige Primärstrategie. Die verschiedenen relevanten inner- wie außerpreußischen Machtfaktoren einer erfolgreichen Deutschlandpolitik unterlagen strukturellen Fluktuationen: dem Dynamisierungsgrad des Pentarchiekonzerts, der Stärke oder Schwäche der innerdeutschen Rivalen Preußens, oder der Popularität und Autorität der Hohenzollernkrone. Im Winter 1850 war er sogar bereit, einen allgemeinen europäischen Krieg zu riskieren, um eine Restauration der vormärzlichen Bundesordnung zu verhindern. Friedlicher war hingegen die Strategie, die Sympathien der Nationalbewegung zu gewinnen und neue Machtbasen außerhalb der bestehenden Bundesstrukturen zu finden. Allerdings wäre dies für die Ordnung von 1815 kaum weniger destruktiv gewesen als der Versuch, das Kongresssystem durch militärischen Druck zu demolieren. Denn letztendlich lief eine moralische Eroberung Deutschlands auf nichts anderes hinaus, als den Deutschen Bund als Institution nationaler Politik zu delegitimieren und die Hohenzollernmonarchie als alleinigen Motor einer deutschen Einheit zu installieren. Dieses Experiment scheiterte sowohl an der ungeklärten Frage, *wie* die Mittel- und Kleinstaaten zu ihrem kleindeutschen Glück gezwungen werden konnten, als auch am preußischen Verfassungskonflikt. Nichts spricht mehr gegen eine teleologische Linie vom „Kartätschenprinz" zum „Heldenkaiser" als die Tatsache, dass Wilhelm seine Deutschlandagenda durch die Militärfrage gewissermaßen selbst an die Wand gefahren hatte. Erst der Deutsch-Dänische Krieg und dessen Folgen eröffneten ihm neue Handlungsmög-

---

6 Vgl. Langewiesche, Monarchie, S. 12–26; Sellin, Gewalt und Legitimität, S. 217–239.
7 Vgl. Kappeler, Vielvölkerreich, S. 200–201, S. 207–220.

lichkeiten. Letztendlich wurde die Kopenhagener Regierung ungewollt zum Ausgangspunkt eines „Mirakels des Hauses Brandenburg" 2.0. Der Konfliktraum nördlich der Elbe
und dessen innerdeutsche Rückwirkungen erlaubten dem Berliner Hof schließlich
wieder auf das Instrument militärischer Pressionspolitik zurückzugreifen, um die
Deutsche Frage im preußischen und monarchischen Sinne zu lösen.

Obgleich daher *keine historische Teleologie von Olmütz nach Königgrätz* besteht,
gibt es doch eindeutige biographische Agendakonstanten. Erstens war Wilhelm nie
bereit gewesen, eine preußisch-österreichische Paritätslösung zu akzeptieren. Denn als
lediglich partielle Nationalmonarchie konnte die preußische Krone nicht darauf hoffen,
die Deutsche Frage als Legitimationsquell zu instrumentalisieren. Zweitens betrachtete
er die Öffentlichkeit als essentiellen politischen Entscheidungsfaktor, den der Berliner
Hof als institutionellen Bündnispartner gegen partikularistische Zentrifugalkräfte gewinnen und gegen die innerdeutschen Rivalen instrumentalisieren müsse. Stärker noch
als Friedrich Wilhelm IV. rückte Wilhelm nach 1848 die öffentliche Handlungsebene in
den Fokus seiner monarchischen Agenda. Drittens spielten sich die relevanten innerdeutschen Entscheidungsfragen für ihn primär auf der Großmächteebene zwischen
Preußen und Österreich ab. In dieser Dualismusperspektive konnten die Mittel- und
Kleinstaaten lediglich eine marginale Rolle spielen. Sie dienten ihm letztendlich nur als
Verhandlungsmasse. Und viertens muss der *zentrale Stellenwert* der Deutschen Frage
für Wilhelms monarchische Agenda nach 1848 deutlich betont werden. Auch nachdem
die Revolution 1849 militärisch niedergeschlagen worden war, betrachtete er die Nationalisierung des Königreichs als überlebensnotwendige Strategie. Allein nationale
Erfolge konnten die Hohenzollernmonarchie in seinen Augen langfristig von der Last
des Legitimierungsdrucks befreien. Diese Perspektive beeinflusste sein Agieren auch in
von der Deutschen Frage scheinbar losgelösten Baustellen der preußischen Politik wie
dem Krimkrieg, der Neuchâtel-Krise oder dem Verfassungskonflikt.

Motiviert, ja getrieben von einer permanenten Revolutionsparanoia rückte Wilhelm
die vermeintliche historische Mission Preußens in Deutschland systematisch in den
Agendafokus des Berliner Hofs. Dieses borussische Narrativ, das er adaptierte und
propagierte, gründete zwar kaum weniger auf einem imaginierten Geschichtsbild als
das romantische Deutschland Friedrich Wilhelms IV., in dem Herrscher und Untertanen
in christlicher Ständeharmonie zusammenlebten. Aber in einer Zeit sich verändernder
Selbst- und Kollektividentifikationen konnte es auf Rückhall nicht nur innerhalb der
konservativen preußischen Eliten hoffen, sondern auch innerhalb der liberalen deutschen Öffentlichkeit. Daher muss Wilhelm als *erster moderner preußischer König* betrachtet werden. Denn unter seiner Herrschaft gelang es der Monarchie erfolgreich,
eine populäre Legitimationsbasis *zu suchen und zu finden.* Implizit beantwortet diese
Diagnose bereits die Frage nach der Verortung des ersten Deutschen Kaisers innerhalb
der preußischen und deutschen Geschichte.

Was bleibt letztlich vom Bild jenes entscheidungsschwachen Monarchen, der angeblich geklagt haben soll, es sei nicht leicht, unter Bismarck Kaiser zu sein? Nichts. Wie
dieses Buch belegt, kann weder der Thronfolger noch der Herrscher Wilhelm als mar-
ginaler politischer Akteur betrachtet werden, gar als vermeintlicher Spielball seiner

Umgebung. Zwar können und müssen mehrere zentrale biographische Einwirkungsakteure hervorgehoben werden. Doch fungierte niemand in der Rolle eines Spiritus
rector seiner monarchischen Agenda oder gar der Regierungspolitik nach 1858. Auch
finden sich diese Akteure *gerade nicht* unter jenen usual subjects bismarckzentrierter
Narrative, die neben Wilhelm zu den politischen Siegern von 1866 gezählt werden
müssen. Roon und Bismarck etwa gewannen Macht und Einfluss nicht dadurch, dass sie
dem Herrscher ihre Agenda aufzwangen, sondern indem sie diesem einfach nach dem
Mund redeten.

Augusta besetzte nach 1829 als biographische Konstante eine potentiell einflussreiche Position in der persönlichen Nähe ihres Ehemanns. Kein anderer politischer oder
höfischer Akteur besaß einen vergleichbaren systematischen Zugang zum Herrscher
wie sie. Die Korrespondenz von Kaiser und Kaiserin wie auch die gesellschaftlichen
Zirkel an Augustas Tafel fungierten als Informations- und Kommunikationskanäle, die
keiner gouvernementalen Kontrolle unterlagen. Doch diese meist indirekten Einflussmöglichkeiten der Monarchengattin variierten zeit Wilhelms Leben stark. Sie stießen
dann auf positive wie produktive Resonanz, wenn beide Ehepartner vergleichbare Ziele
teilten – etwa in ihrer Opposition gegen die Reaktionspolitik Friedrich Wilhelms IV. und
der hochkonservativen Kamarilla. Ohne einen solchen gemeinsamen Bezugspunkt stieß
Augustas Aktivismus fast immer ins Leere. Während des Verfassungskonflikts war sie
am Berliner Hof sogar weitgehend isoliert. Die Frage nach der Erfolgsbilanz der ersten
Deutsche Kaiserin als politischer Akteurin kann daher letztendlich nur entlang einer
ambivalenten „Ja, aber...“-Argumentationslinie beantwortet werden. Innerhalb einer
patriarchalen Gesellschafts- und Politikstruktur gelang es Augusta wiederholt, die re-
striktiv-misogynen Geschlechterrollen ihrer Zeit nicht nur infrage zu stellen, sondern
sie bisweilen gar zu durchbrechen. Gleichwohl ging sie aus allen Konflikten mit ihrem
Ehemann als eindeutige Verliererin hervor. Sie konnte ihre politische Agenda weder
während der Neuen Ära und schon gar nicht während des Verfassungskonflikts
durchzusetzen. Es gelang Augusta daher nie, in einer vergleichbaren Ehepartnerrolle zu
agieren, wie sie Prince Albert an der Seite Queen Victorias aktiv und kreativ spielte. Aber
sie *versuchte* dies immerhin zeit ihres Lebens und zeit Wilhelms Herrschaft. Und allein
dafür zog sie sich die Feindschaft des „Eisernen Kanzlers“ zu, die selbst mit ihrem Tod
1890 kein Ende fand, wie die *Gedanken und Erinnerungen* belegen.

Neben Augusta müssen relevante politische Einwirkungsakteure ebenfalls in der
Zeit vor 1862 gesucht und gefunden werden, innerhalb der Wochenblattpartei etwa, vor
allem aber im Kreis konservativer Reformer wie Joseph Maria von Radowitz und Albrecht von Bernstorff. Beide Namen sind untrennbar mit der preußischen Unionspolitik
1849/50 respektive ihrer Neuauflage 1861/62 verbunden. Und beide Männer konnten
Wilhelm als politischen Kooperationspartner und dynastischen Protektor gewinnen.
Obgleich weder für Radowitz noch für Bernstorff eine eindeutige direkte Ideengeber-
rolle anhand der Quellen rekonstruiert werden kann, muss ihre Einwirkungsfunktion
auf Wilhelms monarchische Agenda letztendlich als größer bewertet werden als etwa
diejenige Bismarcks. Doch gerade das Beispiel Bernstorffs, dessen Ministerkarriere 1862
an der Causa Lückentheorie scheiterte, demonstriert auch die engen Grenzen autono-

mer Politikagenden in der Umgebung des Herrschers. Wilhelm umgab sich systematisch mit Personen, von denen er forderte, dass sie seine politischen Ziele ausführen oder diesen entgegenarbeiten sollten. Allein königliche Befehlsempfänger konnten darauf hoffen, das Allerhöchste Vertrauen zu gewinnen und zu behalten.

Dieses Vertrauens- und Abhängigkeitssystem, das Wilhelm 1857/58 am Berliner Hof etablierte, sollte seine *zentrale* wie *finale* Entscheidungsposition bis 1888 strukturell sichern. Gleichzeitig war der Herrscher zwischen 1858 und 1866 aber nicht gewillt, allein durch dieses System qua seiner monarchischen Richtlinienkompetenz zu regieren. Wilhelms persönliches Regiment war durch ein systematisches aktives Eingreifen in die Regierungsgeschäfte geprägt, durch einen begrenzten politischen Gestaltungsraum der Minister, und durch eine Erosion der leitenden Funktion des Ministerpräsidenten. Nahezu alle politischen Entscheidungsfragen der Neuen Ära wie der ersten vier Jahre der Regierung Bismarck gingen direkt oder indirekt auf die Person und Agenda des Herrschers zurück. Gegen den Willen des Monarchen konnte kein Ministerium und kein Ministerpräsident eine eigenständige Politik verfolgen. Wilhelms politischer Handlungsspielraum, obgleich durch konstitutionelle Institutionen und Strukturen begrenzt, war daher auf der Ebene der Exekutiventscheidungen kaum geringer als der Napoleons III. oder des österreichischen Kaisers. Da der erste Hohenzollernkaiser zudem eine einheitliche und zielgerichtete monarchische Agenda besaß, und da er inmitten rivalisierender Hofgruppierungen seine Autonomie wahren konnte, muss auch die politische Stellung seines Enkels Wilhelm II. als vergleichsweise schwächer bewertet werden. Das erste wilhelminische persönliche Regiment wurde dieser Bezeichnung gerechter als jenes System, das die Hohenzollernmonarchie nach 1888 in eine strukturelle Richtlinienanarchie stürzen sollte.

Gleichzeitig impliziert diese Totalrevision des tradierten Kaiserbildes, dass auch andere angeblich entscheidungsschwache Fürsten einer biographischen wie politikgeschichtlichen Neuanalyse harren. Die maßgebliche Rolle von Monarchen sowie zumindest in Wilhelms Fall auch von Thronfolgern im politischen Entscheidungsprozess zu betonen, soll jedoch nicht einen Rückfall in eine personalistische Historiographie bedeuten, eine Geschichte vermeintlich großer Männer (und weniger Frauen). Gleichwohl darf das biographische Element nicht auf Kosten einer Struktur- und Gesellschaftsgeschichte marginalisiert werden – vor allem in Bezug auf monarchiehistorische Fragestellungen. Zwei Argumentationsaxiome sollen diesen Balanceakt illustrieren: Einerseits ist es unmöglich, ja absurd bis anmaßend, ein letztendlich primär auf *eine institutionalisierte Person* zugeschnittenes Herrschaftssystem wie das der europäischen Monarchien vor 1914 zu analysieren und explizieren, ohne die Persönlichkeit, die politische Agenda und die Einflussmöglichkeiten des Monarchen zu berücksichtigen. Zu Recht argumentierte etwa Karl Marx 1843 mit Blick auf Friedrich Wilhelm IV., „der König ist in Preußen das System."[8] Dieses konzise Verdikt verliert auch mit Blick auf Wilhelms Herrschaft nichts an analytischer Präzision. Eine Geschichte von Reichsgründung und

---

8 Marx an Ruge, Mai 1843. MEW, Bd. 1, S. 340.

Kaiserreich kann nicht ohne jenen Kaiser geschrieben werden, der etwa dreißig Jahre im Zentrum des monarchischen Entscheidungskomplexes stand. Andererseits waren Erfahrungshorizonte und Handlungsspielräume *aller* gekrönten Herrscher aufs engste mit den politischen und gesellschaftlichen Umbrüchen seit 1789 verbunden. Eine Monarchenbiographie muss daher auch als Epochengeschichte geschrieben werden. Ebenso kann und darf jede Politikgeschichte des 19. Jahrhunderts nicht vermeiden, jene Herrschaftselite miteinzubeziehen, die in ihrem eigenen Selbstverständnis von Gott eingesetzt wurde, die sich allein diesem abstrakten Legitimationsquell gegenüber verantwortlich sah, die aber dennoch gezwungen war, irdische Legitimität zu suchen und zu finden. Strukturell befanden sich die monarchischen Akteure jener Umbruchepoche in einer exzeptionellen Beobachter- aber auch Handlungsposition. Sie konnten aufgrund von kodifizierter Macht, traditionellem elitärem Einfluss und öffentlicher Repräsentationsrolle sowohl als institutioneller Motor als auch als Hemmfaktor eines Modernisierungsprozesses fungieren.

Wilhelm agierte zeit seines Lebens und seiner Herrschaft in beiden Rollen. Er *förderte* und *hinderte* die Modernisierung der Hohenzollernmonarchie. Die zentrale Stellung der preußischen Krone im politischen Entscheidungsprozess sowie ihre neoabsolutistische Stellung in militärischen Kommandofragen müssen als folgenschweres inneres Erbe der Herrschaft des Kaisers bewertet werden. Wilhelm hatte die konstitutionelle Machtfrage, den Konflikt von Krone und Parlament, nach 1858 zwar nicht gezielt gesucht. Aber er hatte den Verfassungskonflikt indirekt herbeigeredet, hatte eine stringente Eskalationsstrategie verfolgt, hatte diese Strategie allen Ministerien aufgezwungen, und sich erst dann scheinbar konziliant gezeigt, als jede symbolische Kompromisslösung auf einen de-facto-Sieg von Monarchie und Militär hinauslaufen musste. Obgleich über das Ausmaß der strukturellen Folgen des Verfassungskonflikts in der weiteren deutschen Geschichte gestritten werden kann, muss zumindest argumentiert werden, dass Wilhelms Agieren gegenüber dem Parlament als innerdynastischer Präzedenzfall fungierte. Wilhelm II. sollte zeit seiner Herrschaft das Vorbild seines Großvaters beschwören. Und auch nach dem Zusammenbruch der Monarchie sollten sich die Mitglieder der Hohenzollerndynastie nahezu ausschließlich in autoritären und antiparlamentarischen Denkmustern und Kreisen bewegen.[9]

Gleichzeitig hatte Wilhelm die Nationalisierung von Thron, Dynastie und Staat maßgeblich forciert. Er hatte Preußen nach 1858 überhaupt erst auf jenen preußisch-österreichischen Kollisionskurs geführt, der schließlich in Königgrätz endete. Weder Friedrich Wilhelm IV. noch Friedrich Wilhelm III. hatten aktiv versucht, für Preußen in Deutschland eine strukturell-institutionelle Führungsrolle zu erreichen. Erst Wilhelm rückte dieses Ziel in das Zentrum der preußischen Deutschlandpolitik. Bereits als Thronfolger argumentierte er nach 1848, dass Berlin den Großmächtedualismus als

---

9 Vgl. Stephan Malinowski, Die Hohenzollern und die Nazis. Geschichte einer Kollaboration, Berlin 2021; Jacco Pekelder/Joep Schenk/Cornelius van der Bas, Der Kaiser und das „Dritte Reich". Die Hohenzollern zwischen Restauration und Nationalsozialismus, Göttingen 2021.

existentiellen Konkurrenzkampf betrachten, behandeln und vor allem gewinnen müsse. Nach 1858 war er als erster Hohenzollernherrscher bereit, die Habsburger Hegemonialansprüche in Deutschland systematisch herauszufordern und die Großmächterivalität eskalieren zu lassen. Zwar suchte er die militärische Konfrontation nicht gezielt. Aber er wollte sie auch nicht vermeiden, als er nach 1865 überzeugt war, dass sie letztendlich unvermeidbar sei.

Die innere und äußere Neuordnung Deutschlands nach 1866 muss daher als Kulmination der monarchischen Agenda des ersten Deutschen Kaisers bewertet werden. Jener kleindeutsche Nationalstaat, der nicht nur das Ende der Hohenzollernmonarchie, sondern auch die nationalsozialistische Gewaltherrschaft und die Teilung während des Kalten Krieges überdauerte, ist untrennbar mit Wilhelms Biographie verbunden. Auf einer historiographische Metaebene muss daher die deutsche Nationalstaatsgründung weniger als Folge einer vermeintlich von bürgerlich-liberalen Interessen oder gar ökonomischen Zwängen vorangetriebenen Entwicklung charakterisiert werden, denn mehr als monarchiehistorischer Prozess. Und frei nach Klaus Hildebrand muss die „initiierende Verantwortung" für diesen Prozess jenem Monarchen zugeschrieben werden, der den Stein in Richtung Königgrätz ins Rollen brachte.[10] Aber kann Wilhelm deshalb auch der Titel eines Reichsgründers verliehen werden? Dieser Moniker besitzt jedenfalls mehr mythologisierende Qualität als geschichtswissenschaftliches Definitionspotential. Auch gab es nicht *den einen* Reichsgründer, der Deutschland quasi im Alleingang geeint haben soll. Doch im Kontext des langjährigen Reichsgründungsprozesses kann „Reichsgründer" durchaus als *Rollenbeschreibung* für jene Akteure verwendet werden, die auf den unterschiedlichen politischen Handlungsebenen die Bahnen in Richtung Nationalstaat legten. Und da Wilhelm am Berliner Hof für diese Weichenstellung maßgeblich verantwortlich war, kann er durchaus als *ein* Reichsgründer bezeichnet werden. Ein anderer Reichsgründer auf der politischen Exekutivebene hieß Bismarck. Aber die Quellen legen nahe, dass der Anteil des ersten Hohenzollernkaisers am Nationalstaatsgründungsprozess insgesamt *gewichtiger* ausfiel als der des „Eisernen Kanzlers". Gleichwohl muss jedoch erneut und deutlich betont werden, dass dieser Monarch sein eigenes sowie das gesamte Schicksal der Hohenzollernkrone allein deshalb auf Gedeih und Verderb mit der Deutschen Frage verband, da er sich durch Revolutionserfahrungen, Revolutionstrauma und Revolutionsparanoia dazu genötigt sah. Am Anfang des ersten deutschen Nationalstaats standen daher weder Bismarck noch Wilhelm. Am Anfang war *doch* eine Revolution.

---

10 Vgl. Klaus Hildebrandt, Das vergangene Reich. Deutsche Außenpolitik von Bismarck bis Hitler, Stuttgart 1995, S. 302.

Abkürzungsverzeichnis

AGE	Kohl (Hrsg.), Anhang zu den Gedanken und Erinnerungen
AGKK	Baumgart (Hrsg.), Akten zur Geschichte des Krimkriegs 1853–1856
APP	Die auswärtige Politik Preußens 1858–1871
BPH	Brandenburg-Preußisches Hausarchiv
FBPG	Forschungen zur Brandenburgischen und Preußischen Geschichte
FBPG NF	Forschungen zur Brandenburgischen und Preußischen Geschichte. Neue Folge
GA	Gerlach-Archiv
GStA PK	Geheimes Staatsarchiv Preußischer Kulturbesitz
GW	[Bismarck], Bismarck. Die gesammelten Werke
HA	Hauptabteilung
HZ	Historische Zeitschrift
MEW	Karl Marx. Friedrich Engels. Werke
NFA	[Bismarck], Bismarck. Gesammelte Werke. Neue Friedrichsruher Ausgabe
OBS	Otto-von-Bismarck-Stiftung
PÖM	Die Protokolle des österreichischen Ministerrats 1848–1867
QdPÖ	Srbik (Hrsg.), Quellen zur deutschen Politik Österreichs 1859–1866
QGDB	Müller (Hrsg.), Quellen zur Geschichte des Deutschen Bundes
Rep.	Repositorium

https://doi.org/10.1515/9783111323954-050

Ungedruckte Quellen

Geheimes Staatsarchiv Preußischer Kulturbesitz, Berlin

GStA PK, Brandenburg-Preußisches Hausarchiv (BPH)

GStA PK, BPH, Rep. 51: Kaiser Wilhelm I. und Familie

    Nr. 128: Ansprache Wilhelms I. an das neue Ministerium (8. November 1858)

    Nr. 853: Briefe (Abschriften) Wilhelms I. an seine Schwester Luise (1817–1870)

    Nr. 856: Briefe (Abschriften) Wilhelms I. an seine Schwester Charlotte (1830)

    Nr. 857: Briefe (Abschriften) Wilhelms I. an seine Schwester Charlotte (1831)

    Nr. 858: Briefe (Abschriften) Wilhelms I. an seine Schwester Charlotte (1832)

    Nr. 859: Briefe (Abschriften) Wilhelms I. an seine Schwester Charlotte (1833)

    Nr. 860: Briefe (Abschriften) Wilhelms I. an seine Schwester Charlotte (1834)

    Nr. 861: Briefe (Abschriften) Wilhelms I. an seine Schwester Charlotte (1835–1836)

    Nr. 862: Briefe (Abschriften) Wilhelms I. an seine Schwester Charlotte (1837)

    Nr. 863: Briefe (Abschriften) Wilhelms I. an seine Schwester Charlotte (1838–1839)

    Nr. 864: Briefe (Abschriften) Wilhelms I. an seine Schwester Charlotte (1840)

GStA PK, BPH, Rep. 51 D I

    Nr. 1: Aufzeichnungen Wilhelms I. militärischer Art (1807–1882)

GStA PK, BPH, Rep. 51 E I, Generalia, Nr. 1

    Bd. 1: Stellvertretung, Regentschaft, Ministerium der Neuen Ära, Thronbesteigung, Erbhuldigung, Krönung als König und als Kaiser (1857–1871)

    Bd. 2: Krönung in Königsberg (18. Oktober 1861)

GStA PK, BPH, Rep. 51 E III

    Nr. 1: Krankheit Friedrich Wilhelms IV. (1857–1858)

GStA PK, BPH, Rep. 51 E spez.

    Nr. 50: Abdikation 1862

GStA PK, BPH, Rep. 51 F III

    Nr. 1, Bd. 3: Journale der Adjutanten Wilhelms I. (1864–1866)

GStA PK, BPH, Rep. 51 J

    Nr. 21f1: Briefe (Abschriften) Wilhelms I. an Leopold von Baden (1827–1857)

    Nr. 21m: Briefe (Abschriften) Wilhelms I. an Friedrich I. von Baden (1850–1873)

    Nr. 263: Briefwechsel Wilhelm I. mit August von der Heydt (1849–1869)

    Nr. 437: Briefwechsel Wilhelm I. mit Helmuth von Moltke (1861–1871)

    Nr. 509: Briefe Wilhelms I. an Augusta (1829–1887)

    Nr. 509a: Briefe (Abschriften) Wilhelms I. an Friedrich Wilhelm III. (1803–1840)

    Nr. 509b: Briefe (Abschriften) Wilhelms I. an Augusta (1847–1887)

    Nr. 511a: Briefe (Abschriften) Wilhelms I. an seine Schwester Charlotte (1817–1860)

    Nr. 842: Briefe (Abschriften) Wilhelms I. an Fanny Biron von Kurland (1847–1882)

    Nr. 866: Briefe (Abschriften) Wilhelms I. an verschiedene Personen (1822–1878)

GStA PK, BPH, Rep 51 L IV

    Nr. 1: Materialien der Kaiser-Wilhelm-Stiftung betreffend die Herausgabe des Schriftwechsels Wilhelms I.

    Nr. 1a: Korrespondenz Paul Bailleus betreffend die Herausgabe der Briefe Wilhelms I. und Augustas

GStA PK, BPH, Rep. 51 S III.c

    Nr. 1: Streitigkeiten zwischen Wilhelm I. und seinem Sohn Friedrich III. (1863)

GStA PK, BPH, Rep. 51 T, Lit. P

    Nr. 12: Briefe (Abschriften) Augustas an Wilhelm I. (1842–1869)

https://doi.org/10.1515/9783111323954-051

GStA PK, BPH, Rep. 51 T, Lit. S
    Nr. 22a: Briefe Alexanders von Schleinitz an Augusta (1857–1869)
GStA PK, BPH, Rep. 52 A II
    Nr. 1: Briefe aus Augustas Nachlass betreffend die Erziehung Friedrichs III.
GStA PK, I. Hauptabteilung (HA), Rep. 89
    Nr. 3042: Akten betreffend die Vemählungs-, Haus-, Hofstaatsangelegenheiten Wilhelms I. und
    Augustas (1828–1887)
GStA PK, VI. HA
GStA PK, VI. HA, Nachlass Rudolf von Auerswald (Nl. Auerswald, R. v.)
    Nr. 13: Notizen, Denkschriften und Erlasse (1859–1862)
GStA PK, VI. HA, Nachlass Otto von Manteuffel (Nl. Manteuffel, O. v.)
    Titel 1, Nr. 2: Briefwechsel mit Wilhelm I. (1845–1866)
GStA PK, VI. HA, Nachlass Wilhelm I. (Nl. Preußen, Wilhelm I.)
    Nr. 2: Briefe Augustas an Wilhelm I. (1848)
GStA PK, VI. HA, Nachlass Joseph Maria von Radowitz der Ältere (Nl. Radowitz d. Ä.)
    1. Reihe, Nr. 7: Briefwechsel mit Wilhelm I. (1849–1853)
GStA PK, VI. HA, Nachlass Rudolf Vaupel (Nl. Vaupel)
    Nr. 56: Briefwechsel (Abschriften) Friedrich Wilhelm IV. mit Wilhelm I. (1804–1839)
    Nr. 57: Briefwechsel (Abschriften) Friedrich Wilhelm IV. mit Wilhelm I. (1840–1851)
    Nr. 58: Briefwechsel (Abschriften) Friedrich Wilhelm IV. mit Wilhelm I. (1840–1847)
    Nr. 59: Briefwechsel (Abschriften) Friedrich Wilhelm IV. mit Wilhelm I. (1848–1850)
    Nr. 60: Briefwechsel (Abschriften) Friedrich Wilhelm IV. mit Wilhelm I. (1851–1852)
    Nr. 61: Briefwechsel (Abschriften) Friedrich Wilhelm IV. mit Wilhelm I. (1853)
    Nr. 62: Briefwechsel (Abschriften) Friedrich Wilhelm IV. mit Wilhelm I. (1854)
    Nr. 63: Briefwechsel (Abschriften) Friedrich Wilhelm IV. mit Wilhelm I. (1855–1857)
    Nr. 67: Briefwechsel (Abschriften) Wilhelm I. mit Albrecht von Roon (1847–1879)
GStA PK, VI. HA, Nachlass Karl Ludwig Zitelmann (Nl. Zitelmann, K. L.)
    Nr. 2: Briefwechsel Wilhelm I. mit Otto von Bismarck (1862–1865)

Gerlach-Archiv, Erlangen

GA, Bestand Ernst Ludwig von Gerlach (ER)
    ER02478: Otto von Bismarck an Ernst Ludwig von Gerlach (28. Juni 1851)
    ER02492: Otto von Bismarck an Ernst Ludwig von Gerlach (2. Mai 1853)
    ER02611: Otto von Bismarck an Ernst Ludwig von Gerlach (23. November 1864)
    ER02790: Tagebuch 1856–1864
    ER02791: Tagebuch 1864–1870
GA, Gerlach'sche Familiengeschichte (FA)
    FA02362: Gerlach'sche Familiengeschichte (1840–1853)
    FA02363: Gerlach'sche Familiengeschichte (1853–1864)
GA, Bestand Leopold von Gerlach (LE)
    LE02750: Tagebuch (Abschriften) 1840–1846
    LE02751: Tagebuch (Abschriften) 1847–1848
    LE02752: Tagebuch (Abschriften) 1848–1849
    LE02753: Tagebuch (Abschriften) 1850
    LE02754: Tagebuch (Abschriften) 1851
    LE02755: Tagebuch (Abschriften) 1852
    LE02756: Tagebuch (Abschriften) 1853
    LE02757: Tagebuch (Abschriften) 1854

LE02758: Tagebuch (Abschriften) 1855
LE02759: Tagebuch (Abschriften) 1856
LE02760: Tagebuch (Abschriften) 1858
LE02761: Tagebuch (Abschriften) 1859
LE02762: Tagebuch (Abschriften) 1860
LE02764: Beilagen zum Tagebuch (Abschriften) 1848
LE02765: Beilagen zum Tagebuch (Abschriften) 1849 – 1858
LE02766: Beilagen zum Tagebuch (Abschriften) 1850
LE02767: Beilagen zum Tagebuch (Abschriften) 1851
LE02768: Beilagen zum Tagebuch (Abschriften) 1852
LE02769: Beilagen zum Tagebuch (Abschriften) 1853
LE02770: Beilagen zum Tagebuch (Abschriften) 1854
LE02771: Beilagen zum Tagebuch (Abschriften) 1855
LE02772: Beilagen zum Tagebuch (Abschriften) 1856
LE02773: Beilagen zum Tagebuch (Abschriften) 1857
LE02774: Beilagen zum Tagebuch (Abschriften) 1858
LE02775: Beilagen zum Tagebuch (Abschriften) 1859
LE02776: Beilagen zum Tagebuch (Abschriften) 1842 – 1860
LE02777: Beilagen zum Tagebuch (Abschriften), Reisen 1826 – 1827
LE02778: Beilagen zum Tagebuch (Abschriften), Reisen 1827 – 1828
LE02779: Beilagen zum Tagebuch (Abschriften), Reisen 1828 – 1829
LE02780: Beilagen zum Tagebuch (Abschriften), Reisen 1830 – 1835
LE02781: Beilagen zum Tagebuch (Abschriften), Reisen 1835

Otto-von-Bismarck-Stiftung, Friedrichsruh

OBS, Bestand A: Otto Fürst von Bismarck
    A 211: Korrespondenz Konvolut
OBS, Bestand B: Korrespondenz (an und von) Otto und Herbert von Bismarck
    B 104: Verschiedene Briefe an Otto und Herbert von Bismarck (1833 – 1903)
    B 125: Briefe Wilhelms I. an Otto von Bismarck (1848 – 1869)
    B 126: Briefe Wilhelms I. an Otto von Bismarck (1870 – 1888)

Royal Archives, Windsor Castle

Bourne, Kenneth (Hrsg.), The Papers of Queen Victoria on Foreign Affairs. Part 2, Germany and Central
    Europe 1841 – 1900, 1990 [Mikrofilm].

Gedruckte Quellen

[–], Der Prinz von Preußen und die Berliner Märzrevolution, Berlin 1848.

[–], Reue eines preußischen Soldaten über die Greuelthaten des „herrlichen Kriegsheeres" in Baden. In der Verzweiflung von ihm niedergeschrieben zur Warnung für seine Kameraden, Brüssel ²1849.

[–], Der Potsdamer Depeschen-Diebstahl, Berlin 1856.

[–], Materialien zur Geschichte der Regentschaft in Preußen, Anfang Oktober bis Ende Dezember 1858, Berlin 1859.

[–], Stenographische Berichte über die Verhandlungen des Reichstages des Norddeutschen Bundes im Jahre 1867, 2 Bde., Berlin 1867.

[–], Die auswärtige Politik Preußens 1858–1871. Diplomatische Aktenstücke, 11 Bde., Oldenburg/Berlin 1933–2023.

[–], Karl Marx. Friedrich Engels. Werke, hrsg. v. d. Institut für Marxismus-Leninismus beim Zentralkomitee der SED, 42. Bde., Berlin (Ost) 1956–1983.

[–], Die Protokolle des österreichischen Ministerrats 1848–1867, hrsg. v. österreichischen Komitee für die Veröffentlichung der Ministerratsprotokolle, 28 Bde., Wien 1970–2015.

[–], British Envoys to Germany, 1816–1866, 4 Bde., Cambridge 2000–2010.

[–], Acta Borussica. Neue Folge. 1. Reihe. Die Protokolle des Preußischen Staatsministeriums 1817–1934/38, hrsg. v. d. Berlin-Brandenburgischen Akademie der Wissenschaften, 12 Bde., Hildesheim u. a. 2001–2004.

[–], Acta Borussica. Neue Folge. 3. Reihe. Praktiken der Monarchie. Die späte mitteleuropäische Monarchie am preußischen Beispiel (1786–1918), hrsg. v. d. Berlin-Brandenburgischen Akademie der Wissenschaften, 3 Bde., Paderborn 2022–2024.

Abeken, Heinrich, Ein schlichtes Leben in bewegter Zeit, aus Briefen zusammengestellt, Berlin ²1898.

Andrae-Roman, Alexander, Erinnerungen eines alten Mannes aus dem Jahre 1848, Bielefeld 1895.

Bailleu, Paul (Hrsg.), Briefwechsel König Friedrich Wilhelm's III. und der Königin Luise mit Kaiser Alexander I. Nebst ergänzenden fürstlichen Korrespondenzen, Leipzig 1900.

Bailleu, Paul (Hrsg.), Aus den Briefen König Friedrich Wilhelms III. an seine Tochter Prinzessin Charlotte, in: Hohenzollern-Jahrbuch 18 (1914), S. 188–236.

Bailleu, Paul (Hrsg.), Aus dem letzten Jahrzehnt des Königs Friedrich Wilhelm III. Briefe des Königs an seine Tochter Charlotte, Kaiserin von Rußland, in: Hohenzollern-Jahrbuch 20 (1916), S. 147–174.

Bamberger, Ludwig, Bismarck Posthumus, Berlin 1899.

Baumgart, Winfried (Hrsg.), Akten zur Geschichte des Krimkriegs 1853–1856, 12 Bde., München 1979–2006.

Baumgart, Winfried (Hrsg.), Bismarck und der deutsche Kolonialerwerb 1883–1885. Eine Quellensammlung, Berlin 2011.

Baumgart, Winfried (Hrsg.), Kaiser Friedrich III. Tagebücher 1866–1888, Paderborn 2012.

Baumgart, Winfried (Hrsg.), König Friedrich Wilhelm IV. und Wilhelm I. Briefwechsel 1840–1858, Paderborn u. a. 2013.

Baumgart, Winfried (Hrsg.), General Albrecht von Stosch. Politische Korrespondenz 1871–1896, Oldenburg 2014.

Baumgart, Winfried (Hrsg.), Herbert Graf von Bismarck. Erinnerungen und Aufzeichnungen 1879–1895, Paderborn 2015.

Baumgart, Winfried (Hrsg.), Der König und sein Beichtvater. Friedrich Wilhelm IV. und Carl Wilhelm Saegert. Briefwechsel 1848 bis 1856, Berlin 2016.

Below, Georg von (Hrsg.), Karl Freiherr v. Vincke über die Bewegungen in den Jahren 1847 und 1848. Ungedruckte Briefe desselben, in: Deutsche Revue 27. Jhrg. Nr. 3 (1902), S. 91–108.

Benson, Arthur Christoph/Brett, Reginald (Hrsg.), The Letters of Queen Victoria. A Selection from Her Majesty's Correspondence between the Years 1837 and 1861, 3 Bde., London 1911.

https://doi.org/10.1515/9783111323954-052

Berner, Ernst (Hrsg.), Kaiser Wilhelms des Großen Briefe, Reden und Schriften, 2 Bde., Berlin 1906.

Bernhardi, Friedrich von (Hrsg.), Aus dem Leben Theodor von Bernhardis, 9 Bde., Leipzig 1893–1906.

Besier, Gerhard (Hrsg.), Die „Persönlichen Erinnerungen" des Chefs des Geheimen Zivilkabinetts, Karl von Wilmowski (1817–1893), in: Jahrbuch für Berlin-Brandenburgische Kirchengeschichte 50 (1977), S. 131–185.

Bethmann-Hollweg, Moritz August von, Die Reaktivierung der Preußischen Provinziallandtage, Berlin 1851.

Beust, Friedrich Ferdinand von, Aus drei Viertel-Jahrhunderten, 2 Bde., Stuttgart 1887.

[Bismarck, Otto von], Bismarck. Die gesammelten Werke, 15 Bde., Berlin 1924–1935.

[Bismarck, Otto von], Otto von Bismarck. Gesammelte Werke. Neue Friedrichsruher Ausgabe, 10 Bde., Paderborn u. a. 2004–2021.

Bleich, Eduard (Hrsg.), Der Erste Vereinigte Landtag in Berlin 1847, 4 Bde., Berlin 1847.

Blumenthal, Albrecht von (Hrsg.), Tagebücher des Generalfeldmarschalls Graf von Blumenthal aus den Jahren 1866 und 1870/1871, Stuttgart/Berlin 1902.

Börner, Karl Heinz (Hrsg.), Der Prinz von Preußen über die Berliner Märzrevolution 1848, in: Zeitschrift für Geschichtswissenschaft 41 (1993), S. 425–436.

Börner, Karl Heinz (Hrsg.), Prinz Wilhelm von Preußen an Charlotte. Briefe 1817–1860, Berlin 1993.

Brandenburg, Erich (Hrsg.), König Friedrich Wilhelms IV. Briefwechsel mit Ludolf Camphausen, Berlin 1906.

Buckle, George Earl (Hrsg.), The Letters of Queen Victoria. Second Series. A Selection from Her Majesty's Correspondence and Journal between the Years 1862 and 1878, 2 Bde., London 1926.

Busch, Moritz, Tagebuchblätter, 3 Bde., Leipzig 1899.

Bußmann, Walter (Hrsg.), Staatssekretär Graf Herbert von Bismarck. Aus seiner politischen Privatkorrespondenz, Göttingen 1964.

Caemmerer, Hermann von (Hrsg.), Aus den Berliner Märztagen. Aufzeichnungen des Grafen Eduard v. Waldersee, Berlin 1909.

Calpary, Anna (Hrsg.), Ludolf Camphausens Leben. Nach seinem schriftlichen Nachlaß, Stuttgart/Berlin 1902.

Cohn, Alexander Meyer (Hrsg.), Briefe Kaiser Wilhelm des Großen aus den Jahren 1811–1815 an seinen Bruder, den Prinzen Carl von Preußen, Berlin 1897.

Conrad, Horst (Hrsg.), Ein Gegner Bismarcks. Dokumente zur Neuen Ära und zum preußischen Verfassungskonflikt aus dem Nachlaß des Abgeordneten Heinrich Beitzke (1798–1867), Münster 1994.

Cornicelius, Max (Hrsg.), Heinrich von Treitschkes Briefe, 3 Bde., Leipzig 1912–1920.

Corvin, Otto von, Aus dem Leben eines Volkskämpfers. Erinnerungen, 4 Bde., Amsterdam 1861.

Curtius, Friedrich (Hrsg.), Ernst Curtius. Ein Lebensbild in Briefen, Berlin 1903.

Curtius, Friedrich (Hrsg.), Denkwürdigkeiten des Fürsten Chlodwig zu Hohenlohe-Schillingsfürst, 2 Bde., Stuttgart/Berlin [4]1907.

Dehio, Ludwig (Hrsg.), Die preußische Demokratie und der Krieg von 1866. Aus dem Briefwechsel von Karl Rodbertus und Franz Ziegler, in: Forschungen zur Brandenburgischen und Preußischen Geschichte 39 (1927), S. 229–259.

Delbrück, Hans, Erinnerungen, Aufsätze und Reden, Berlin 1902.

Diwald, Hellmut (Hrsg.), Von der Revolution zum Norddeutschen Bund. Politik und Ideengut der preußischen Hochkonservativen 1848–1866. Aus dem Nachlaß von Ernst Ludwig von Gerlach, 2 Bde., Göttingen 1970.

Egloffstein, Hermann von (Hrsg.), Kaiser Wilhelm I. und Leopold von Orlich, Berlin 1904.

Ernst II. von Sachsen-Coburg und Gotha, Aus meinem Leben und meiner Zeit, 3 Bde., Berlin [6]1889.

Fenske, Hans (Hrsg.), Vormärz und Revolution 1840–1849, Darmstadt 1976.

Fenske, Hans (Hrsg.), Quellen zur deutschen Revolution 1848–1849, Darmstadt 1996.

Foerster, Wolfgang (Hrsg.), Prinz Friedrich Karl von Preußen. Denkwürdigkeiten aus seinem Leben. Vornehmlich auf Grund des schriftlichen Nachlasses des Prinzen, 2 Bde., Stuttgart [4]1910–1911.

Freytag, Gustav, Der Kronprinz und die deutsche Kaiserkrone, Leipzig 1889.

Friesen, Heinrich von (Hrsg.), Erinnerungen aus meinem Leben. Von Richard Freiherrn von Friesen, Königl. Sächsischem Staatsminister a. D., 3 Bde., Dresden 1880–1910.

Fuchs, Walther Peter (Hrsg.), Großherzog Friedrich I. von Baden und die Reichspolitik 1871–1907, 4 Bde., Stuttgart 1975–1980.

Fulford, Roger (Hrsg.), Dearest Child. Private Correspondence of Queen Victoria and the Princess Royal 1858–1861, London 1981 [ND 1964].

Fulford, Roger (Hrsg.), Dearest Mama. Letters between Queen Victoria and the Crown Princess of Prussia 1861–1864, London 1969.

Fulford, Roger (Hrsg.), Your Dear Letter. Private Correspondence of Queen Victoria and the Crown Princess of Prussia 1865–1871, London 1971.

Gebauer, Johannes Heinrich (Hrsg.), Der „Prinz von Preußen" und der Herzog Christian August von Augustenburg. Nach den Briefen des Prinzen, in: Deutsche Rundschau 241 (1934), S. 176–181.

Gerlach, Ulrike Agnes von (Hrsg.), Denkwürdigkeiten aus dem Leben Leopold von Gerlachs, General der Infanterie und General-Adjutanten König Friedrich Wilhelms IV. Nach seinen Aufzeichnungen, 2 Bde., Berlin 1891–1892.

Glaser, Heinrich (Hrsg.), Fürstliche Gegner Bismarcks im Kampf um den Krieg 1866 an der Hand von teilweise unveröffentlichten politischen Korrespondenzen dargestellt, in: Die Grenzboten 72, 2. Vierteljahr (1913), S. 7–31.

Govone, Alberto (Hrsg.), General Govone, die italienisch-preußischen Beziehungen und die Schlacht bei Custoza 1866. Nach Berichten, Aufzeichnungen und Briefen des Generals, Berlin 1903.

Granier, Herman (Hrsg.), Hohenzollernbriefe aus den Freiheitskriegen 1813–1815, Leipzig 1913.

Granier, Herman (Hrsg.), Prinzenbriefe aus den Freiheitskriegen 1813–1815. Briefwechsel des Kronprinzen Friedrich Wilhelm (IV.) und des Prinzen Wilhelm (I.) von Preußen mit dem Prinzen Friedrich von Oranien, Stuttgart/Berlin 1922.

Gruner, Justus, Rückblick auf mein Leben I–III, in: Deutsche Revue 26. Jhrg. Nr. 1 (1901), S. 25–36, S. 148–155, S. 278–288.

Gruner, Justus, Rückblick auf mein Leben IV–VI, in: Deutsche Revue 26. Jhrg. Nr. 2 (1901), S. 41–50, S. 180–193, S. 333–345.

Gruner, Justus, Rückblick auf mein Leben VII–IX, in: Deutsche Revue 26. Jhrg. Nr. 3 (1901), S. 74–89, S. 155–163, S. 297–312.

Haenchen, Karl (Hrsg.), Revolutionsbriefe 1848. Ungedrucktes aus dem Nachlaß König Friedrich Wilhelms IV. von Preußen, Leipzig 1930.

Haenchen, Karl (Hrsg.), Aus dem Nachlaß des Generals von Prittwitz, in: Forschungen zur Brandenburgischen und Preußischen Geschichte 45 (1933), S. 99–123.

Haenchen, Karl (Hrsg.), Neue Briefe und Berichte aus den Berliner Märztagen, in: Forschungen zur Brandenburgischen und Preußischen Geschichte 49 (1937), S. 254–288.

Hahn, Ludwig Ernst (Hrsg.), Die innere Politik der Preußischen Regierung von 1862 bis 1866. Sammlung der amtlichen Kundgebungen und halbamtlicher Äußerungen, Berlin 1866.

Haller, Johannes (Hrsg.), Aus 50 Jahren. Erinnerungen, Tagebücher und Briefe aus dem Nachlaß des Fürsten Philipp zu Eulenburg-Hertefeld, Berlin ²1925.

Hasenclever, Adolf (Hrsg.), Aus Josua Hasenclevers Tagebüchern. Aufzeichnungen über seine Beziehungen vornehmlich zu Mitgliedern der preußischen Königsfamilie, in: Forschungen zur Brandenburgischen und Preußischen Geschichte 29 (1916), S. 490–505.

Hegel, Immanuel, Erinnerungen aus meinem Leben, Berlin 1891.

Heinrich, Gerd (Hrsg.), Berlin 1848. Das Erinnerungswerk des Generalleutnants Karl Ludwig von Prittwitz und andere Quellen zur Berliner Märzrevolution und zur Geschichte Preußens um die Mitte des 19. Jahrhunderts, Berlin/New York 1985.

Herzog von Sachsen, Johann Georg (Hrsg.), Briefwechsel zwischen König Johann von Sachsen und den Königen Friedrich Wilhelm IV. und Wilhelm I. von Preußen, Leipzig 1911.

Heyderhoff, Julius (Hrsg.), Ein Brief Max Dunckers an Hermann Baumgarten über Junkertum und Demokratie in Preußen (6. Juni 1858), in: Historische Zeitschrift 113 (1914), S. 323–329.

Heyderhoff, Julius (Hrsg.), Deutscher Liberalismus im Zeitalter Bismarcks. Eine politische Briefsammlung, 2 Bde., Osnabrück 1970 [ND 1925–1926].

Heyderhoff, Julius (Hrsg.), Im Ring der Gegner Bismarcks. Denkschriften und politischer Briefwechsel Franz v. Roggenbachs mit Kaiserin Augusta und Albrecht v. Stosch 1865–1896, Leipzig 1943.

Hoetzsch, Otto (Hrsg.), Peter von Meyendorff. Ein russischer Diplomat an den Höfen von Berlin und Wien. Politischer und privater Briefwechsel 1826–1863, 3 Bde., Berlin/Leipzig 1923.

[Hohenlohe-Ingelfingen, Kraft zu], Aus meinem Leben. Aufzeichnungen des Prinzen Kraft zu Hohenlohe-Ingelfingen, 4 Bde., Berlin 1897.

Huber, Ernst Rudolf (Hrsg.), Dokumente zur deutschen Verfassungsgeschichte, 5 Bde., Stuttgart u. a. [3]1978–1997.

Jagow, Kurt (Hrsg.), Queen Victoria. Ein Frauenleben unter der Krone. Eigenhändige Briefe und Tagebuchblätter 1834–1901, Berlin 1936.

Jagow, Kurt (Hrsg.), Prinzgemahl Albert. Ein Leben am Throne. Eigenhändige Briefe und Aufzeichnungen 1831–1861, Berlin 1937.

Jagow, Kurt (Hrsg.), Der Alte Kaiser erzählt. Anekdoten aus dem Leben Kaiser Wilhelms I., Berlin 1939.

Jagow, Kurt (Hrsg.), Jugendbekenntnisse des Alten Kaisers. Briefe Kaiser Wilhelms I. an Fürstin Luise Radziwill Prinzessin von Preußen 1817 bis 1829, Leipzig 1939.

Jansen, Christian (Hrsg.), Nach der Revolution 1848/49. Verfolgung, Realpolitik, Nationsbildung. Politische Briefe deutscher Liberaler und Demokraten 1849–1861, Düsseldorf 2004.

Jansen, Karl/Samwer, Karl, Schleswig-Holsteins Befreiung, Wiesbaden 1897.

[Jhering, Rudolf von], Rudolf von Jhering in Briefen an seine Freunde, Leipzig 1913.

Jörg, Joseph Edmund, Die neue Aera in Preußen, Regensburg 1860.

Kessel, Eberhard (Hrsg.), Moltke. Gespräche, Hamburg 1940.

Kessel, Eberhard (Hrsg.), Helmuth von Moltke. Briefe 1825–1891. Eine Auswahl, Stuttgart [1959].

Keudell, Robert von, Fürst und Fürstin Bismarck. Erinnerungen aus den Jahren 1846 bis 1872, Berlin/Stuttgart 1901.

Klee, Hermann, Das preußische Königthum von Kaiser Wilhelm I. Eine historische Studie, Berlin 1888.

Klocke, Friedrich von (Hrsg.), Georg von Vincke und der preußische Thronfolger Wilhelm um 1848. Bemerkungen aus unveröffentlichten Akten und Briefen, in: Westfälische Forschungen 8 (1955), S. 95–101.

Kohl, Horst (Hrsg.), Bismarck-Jahrbuch, 6 Bde., Berlin 1894–1900.

Kohl, Horst (Hrsg.), Anhang zu den Gedanken und Erinnerungen von Otto Fürst von Bismarck, 2 Bde., Stuttgart/Berlin 1901.

Kolb, Eberhard (Hrsg.), Strategie und Politik in den deutschen Einigungskriegen. Ein unbekanntes Bismarck-Gespräch aus dem Jahr 1895, in: Militärgeschichtliche Mitteilungen 48 (1990), S 123–142.

Kotulla, Michael (Hrsg.), Das konstitutionelle Verfassungswerk Preußens (1848–1918). Eine Quellensammlung mit historischer Einführung, Berlin 2003.

Knesebeck, Ludolf Gottschalk von dem (Hrsg.), Briefwechsel Wilhelms I. mit Fritz Freiherr v. Wintzingerode, in: Forschungen zur Brandenburgischen und Preußischen Geschichte 41 (1928), S. 126–136.

Knesebeck, Ludolf Gottschalk von dem (Hrsg.), Unveröffentlichte Briefe Friedrich Wilhelm IV. und Wilhelm I. an Landrat Fritz von Berg, in: Forschungen zur Brandenburgischen und Preußischen Geschichte 42 (1929), S. 300–315.

Krieg, Thilo, Constantin v. Alvensleben. General der Infanterie. Ein militärisches Lebensbild, Berlin 1903.

Kugler, Bernhard, Die Berliner Märztage 1848. Ein Brief Graf Rudolf's von Stillfried-Alcántara, in: Deutsche Rundschau 62 (1890), S. 412–422.

Lerchenfeld-Köfering, Hugo von, Erinnerungen und Denkwürdigkeiten von Hugo Graf Lerchenfeld-Köfering. Kgl. Bayr. Staatsrat und Gesandter am Kgl. Preuß. Hof. 1843 bis 1915, Berlin [2]1935.

Linke, Horst Günther (Hrsg.), Quellen zu den deutsch-russischen Beziehungen 1801–1917, Darmstadt 2001.

Loe, Walter von, Erinnerungen aus meinem Berufsleben 1849 bis 1867, Stuttgart/Leipzig 1906.

Loftus, Augustus, The Diplomatic Reminescences of Lord Augustus Loftus, 1832–1862, 2 Bde., London u. a. 1892.

Loftus, Augustus, The Diplomatic Reminescences of Lord Augustus Loftus. Second Series, 1862–1879, 2 Bde., London u. a. 1894.

Lucius von Stoedten, Hellmuth (Hrsg.), Bismarck-Erinnerungen des Staatsministers Freiherrn Lucius von Ballhausen, Stuttgart/Berlin 1920.

Lüttichau, Philipp, Erinnerungen aus dem Straßenkampfe, den das Füsilier-Bataillon 8ten Infanterie Regiments am 18 t März 1848 in Berlin zu bestehen hatte, u. die Vorgänge bis zum Abmarsch desselben am 19ten Vormittags 11 Uhr, Berlin 1849.

Marmora, Alfonso La, Un Po' Più di Luce. Sugli Eventi Politici e Militari dell'Anno 1866, Florenz ²1873.

Marwitz, Luise v. d. (Hrsg.), Vom Leben am preußischen Hofe, 1815–1852. Aufzeichnungen von Caroline v. Rochow geb. v. d. Marwitz und Marie de la Motte-Fouqué, Berlin 1908.

Meisner, Heinrich Otto (Hrsg.), Kaiser Friedrich III. Das Kriegstagebuch von 1870/71, Berlin/Leipzig 1926.

Meisner, Heinrich Otto (Hrsg.), Kaiser Friedrich III. Tagebücher von 1848–1866, Leipzig 1929.

Merbach, Paul Alfred (Hrsg.), Wilhelms I. Briefe an seinen Vater König Friedrich Wilhelm III. (1827–1839), Berlin 1922.

Metternich-Winneburg, Richard (Hrsg.), Aus Metternich's nachgelassenen Papieren, 8 Bde., Wien 1880–1884.

Möring, Walter (Hrsg.), Joseph Maria von Radowitz. Nachgelassene Briefe und Aufzeichnungen zur Geschichte der Jahre 1848–1853, Stuttgart 1922.

Mutius, Albert von (Hrsg.), Graf Albert Pourtalès. Ein preußisch-deutscher Staatsmann, Berlin 1933.

Mühler, Georgine von (Hrsg.), Heinrich v. Mühler. Königl. Preußischer Staats- und Kultusminister geb. 1813 – gest. 1874, Berlin 1909.

Müller, Jürgen (Hrsg.), Quellen zur Geschichte des Deutschen Bundes. Für die Historische Kommission bei der Bayerischen Akademie der Wissenschaften herausgegeben von Lothar Gall. Abteilung III. Quellen zur Geschichte des Deutschen Bundes 1850–1866, 4 Bde., München 1996–2017.

Natzmer, Gneomar von (Hrsg.), Unter den Hohenzollern. Denkwürdigkeiten aus dem Leben des Generals Oldwig v. Natzmer, 4 Bde., Gotha 1887–1889.

Nippold, Friedrich (Hrsg.), Christian Carl Josias Freiherr von Bunsen. Aus seinen Briefen und nach eigener Erinnerung geschildert von seiner Witwe, 3 Bde., Leipzig 1868–1871.

Nippold, Friedrich (Hrsg.), Aus dem Bunsenschen Familienarchiv, in: Deutsche Revue 22. Jhrg., Nr. 3 (1897), S. 1–19, S. 170–186, S. 257–270.

[Oelrichs, August Friedrich], Die Flucht des Prinzen von Preußen nachmaligen Kaiser Wilhelms I. Nach den Aufzeichnungen des Majors O. im Stabe des Prinzen von Preußen, Stuttgart 1914.

Oncken, Hermann (Hrsg.), Die Rheinpolitik Kaiser Napoleons III. von 1863 bis 1870 und der Ursprung des Krieges von 1870/71. Nach den Staatsakten von Österreich, Preußen und den süddeutschen Mittelstaaten, 3 Bde., Osnabrück 1967 [ND 1926].

Oncken, Hermann (Hrsg.), Großherzog Friedrich I. von Baden und die deutsche Politik von 1854–1871. Briefwechsel, Denkschriften, Tagebücher, 2 Bde., Berlin/Leipzig 1927.

Pagel, Karl (Hrsg.), Der Alte Kaiser. Briefe und Aufzeichnungen Wilhelms I., Leipzig 1924.

Perthes, Otto (Hrsg.), Äußerungen des Kriegsministers v. Roon über die Berufung des Herrn v. Bismarck in das Ministerium 1862, in: Historische Zeitschrift 73 (1894), S. 288–289.

Philippson, Martin, Max von Forckenbeck. Ein Lebensbild, Dresden/Leipzig 1898.

Ponsonby, Frederick (Hrsg.), Letters of the Empress Frederick, London 1928.

Poschinger, Heinrich von (Hrsg.), Erinnerungen aus dem Leben von Hans Viktor von Unruh (geb. 1806, gest. 1886), Stuttgart u. a. 1895.

Poschinger, Heinrich von (Hrsg.), Bismarck-Portefeuille, 5 Bde., Stuttgart/Leipzig 1898–1900.

Poschinger, Heinrich von (Hrsg.), Unter Friedrich Wilhelm IV. Denkwürdigkeiten des Ministers Otto Freiherrn von Manteuffel, 3 Bde., Berlin 1901.

Poschinger, Heinrich von (Hrsg.), Preußens auswärtige Politik 1850 bis 1858. Unveröffentlichte Dokumente aus dem Nachlasse des Ministerpräsidenten Otto Frhrn. v. Manteuffel, 3 Bde., Berlin 1902.

Poschinger, Margarethe Landau von, Kaiser Friedrich. In neuer quellenmäßiger Darstellung, 3 Bde., Berlin 1898–1900.

[Prokesch von Osten, Anton], Aus den Briefen des Grafen Prokesch von Osten, k.u.k. österr. Botschafters und Feldzeugmeisters (1849–1855), Wien 1896.

[Radziwill, Catherine], Hof und Hofgesellschaft in Berlin, Budapest ³1884 [unter dem Pseudonym Graf Paul Vassili].

Ranke, Leopold von (Hrsg.), Aus dem Briefwechsel Friedrich Wilhelms IV. mit Bunsen, Leipzig 1873.

Rassow, Peter (Hrsg.), Der Konflikt König Friedrich Wilhelms IV. mit dem Prinzen von Preußen im Jahre 1854. Eine preußische Staatskrise, Mainz 1961.

Real, Willy (Hrsg.), Karl Friedrich von Savigny 1814–1875. Briefe, Akten, Aufzeichnungen aus dem Nachlaß eines preußischen Diplomaten der Reichsgründungszeit, 2 Bde., Boppard am Rhein 1981.

Rich, Norman/Fisher, Max Henry/Frauendienst, Werner (Hrsg.), Die geheimen Papiere Friedrich von Holsteins, 4 Bde., Göttingen/Berlin/Frankfurt am Main 1956–1963.

Ringhofer, Karl (Hrsg.), Im Kampfe für Preußens Ehre. Aus dem Nachlass des Grafen Albrecht v. Bernstorff, Staatsministers und kaiserlich deutschen außerordentlichen und bevollmächtigten Botschafters in London und seiner Gemahlin Anna geb. Freiin v. Koenneritz, Berlin 1906.

Ritter, Paul (Hrsg.), Vier Briefe des Prinzen Wilhelm von Preußen (Kaiser Wilhelms I.), in: Deutsche Rundschau 134 (1908), S. 187–217.

Rogge, Helmuth (Hrsg.), Im Dienste Bismarcks. Persönliche Erinnerungen von Arthur von Brauer, Berlin 1936.

Roon, Waldemar von (Hrsg.), Denkwürdigkeiten aus dem Leben des Generalfeldmarschalls Kriegsministers Grafen von Roon. Sammlung von Briefen, Schriftstücken und Erinnerungen, 3 Bde., Berlin ⁵1905.

Rosenberg, Hans (Hrsg.), Ausgewählter Briefwechsel Rudolf Hayms, Osnabrück 1967 [ND 1930].

Rothkirch, Malve von (Hrsg.), Königin Luise von Preußen. Briefe und Aufzeichnungen 1786–1810, München 1985.

Samter, Adolf (Hrsg.), Politischer Monats-Kalender. Monat Januar, Königsberg 1848.

Schiemann, Theodor (Hrsg.), Eine Denkschrift des Prinzen von Preußen über die russische Politik vom Juli 1855, in: Historische Zeitschrift 87 (1901), S. 438–448.

Schiemann, Theodor (Hrsg.), Kaiser Nikolaus I. und Friedrich Wilhelm IV. über den Plan, einen vereinigten Landtag zu berufen, in: Beiträge zur brandenburgischen und preußischen Geschichte. Festschrift zu Gustav Schmollers 70. Geburtstag, Leipzig 1908, S. 275–285.

Schleinitz, Alexandra von, Aus den Berliner Märztagen des Jahres 1848. Ein Stück Weltgeschichte in subjectiver Spiegelung, in: Neue Freie Presse (Wien) vom 19. März 1898, S. 1–4.

[Schleinitz, Otto von], Aus den Papieren der Familie von Schleinitz, Berlin 1905.

Schlözer, Leopold von (Hrsg.), Petersburger Briefe von Kurd von Schlözer 1857–1862. Nebst einem Anhang Briefe aus Berlin-Kopenhagen 1862–1864 und einer Anlage, Stuttgart/Berlin 1921.

Schlumbohm, Jürgen (Hrsg.), Der Verfassungskonflikt in Preußen 1862–1866, Göttingen 1970.

Schneider, Louis, Aus dem Leben Kaiser Wilhelms 1849–1873, 3 Bde., Berlin 1888.

Schnürer, Franz (Hrsg.), Briefe Kaiser Franz Josephs I. an seine Mutter 1838–1872, München 1930.

Schoeps, Hans-Joachim (Hrsg.), Neue Quellen zur Geschichte Preußens im 19. Jahrhundert, Berlin (West) 1968.

Schulthess, Heinrich (Hrsg.), Europäischer Geschichtskalender. Siebenter Jahrgang. 1866, Nördlingen 1867.

Schultze, Johannes (Hrsg.), Max Duncker. Politischer Briefwechsel aus seinem Nachlaß, Stuttgart/Berlin 1923.

Schultze, Johannes (Hrsg.), Prinz Wilhelm im Sommer 1848. Briefe an den Ministerpräsidenten Rudolf von Auerswald, in: Forschungen zur Brandenburgischen und Preußischen Geschichte 39 (1927), S. 123–133.

Schultze, Johannes (Hrsg.), Kaiser Wilhelms I. Weimarer Briefe, 2 Bde., Berlin/Leipzig 1924.

Schultze, Johannes (Hrsg.), Kaiser Wilhelms I. Briefe an seine Schwester Alexandrine und deren Sohn Großherzog Friedrich Franz II., Berlin/Leipzig 1927.

Schultze, Johannes (Hrsg.), Kaiser Wilhelms I. Briefe an Politiker und Staatsmänner, 2 Bde., Berlin/Leipzig 1931.

Schuster, Georg (Hrsg.), Zur Jugend und Erziehungsgeschichte des Königs Friedrich Wilhelm IV. von Preußen und des Kaisers und Königs Wilhelm I. Denkwürdigkeiten ihres Erziehers Friedrich Delbrück, 3 Bde., Berlin 1904–1907.

Schuster, Georg (Hrsg.), Briefe, Reden und Erlasse des Kaisers und Königs Friedrichs III., Berlin ²1907.

Schuster, Georg/Bailleu, Paul (Hrsg.), Aus dem literarischen Nachlaß der Kaiserin Augusta. Mit Portraits und geschichtlichen Einleitungen, 2 Bde., Berlin 1912.

Schüßler, Wilhelm (Hrsg.), Die Tagebücher des Freiherrn Reinhard v. Dalwigk zu Lichtenfels aus den Jahren 1860–71, Stuttgart/Berlin 1920.

Schweinitz, Wilhelm von (Hrsg.), Denkwürdigkeiten des Botschafters General von Schweinitz, 2 Bde., Berlin 1927.

Schweinitz, Wilhelm von (Hrsg.), Briefwechsel des Botschafters General von Schweinitz, Berlin 1928.

Simon, Ludwig (Hrsg.), So sprach der König. Reden, Trinksprüche, Proclamationen, Friedrich Wilhelm IV., Königs von Preußen. Denkwürdigkeiten aus und zu Allerhöchstdessen Lebens- und Regierungsgeschichte vom Jahre 1840–1854, in systematisch geordneter Zusammenstellung, Stuttgart 1861.

Simson, Bernhard von (Hrsg.), Eduard von Simson. Erinnerungen aus seinem Leben, Leipzig 1900.

Srbik, Heinrich von (Hrsg.), Quellen zur deutschen Politik Österreichs 1859–1866, 5 Bde., Osnabrück 1967 [ND 1934–1938].

Staroste, Daniel, Tagebuch über die Ereignisse in der Pfalz und Baden im Jahre 1849: Ein Erinnerungsbuch für die Zeitgenossen und für alle, welche Theil nahmen an der Unterdrückung jenes Aufstandes, 2 Bde., Berlin 1852–1853.

Steglich, Wolfgang (Hrsg.), Quellen zur Geschichte des Weimarer und Berliner Hofes während der Krisen- und Kriegszeit 1865/67, 2 Bde., Frankfurt am Main 1996.

Stern, Alfred (Hrsg.), Ein Bericht des Generals v. Steigentesch über die Zustände Preussens aus dem Jahre 1824, in: Historische Zeitschrift 83 (1899), S. 255–268.

Stolberg-Wernigerode, Otto zu (Hrsg.), Robert Heinrich Graf von der Goltz. Botschafter in Paris 1863–1869, Oldenburg/Berlin 1941.

Stolberg-Wernigerode (Hrsg.), Ein unbekanntes Bismarckgespräch aus dem Jahr 1865, in: Historische Zeitschrift 194 (1962), S. 357–362.

Stosch, Ulrich von (Hrsg.), Denkwürdigkeiten des Generals und Admirals Albrecht v. Stosch, ersten Chefs der Admiralität. Briefe und Tagebuchblätter, Stuttgart/Leipzig ²1904.

Streckfuß, Adolf, 500 Jahre Berliner Geschichte. Vom Nischendorf zur Weltstadt. Geschichte und Sage, Berlin ²1878–1879.

Sybel, Heinrich von (Hrsg.), Denkschrift des Prinzen von Preußen (Kaiser Wilhelm's I.) über die deutsche Frage, in: Historische Zeitschrift 70 (1893), S. 90–95.

Sydow, Anna von (Hrsg.), Wilhelm und Caroline von Humboldt in ihren Briefen, 7 Bde., Berlin 1907–1916.

Tiedemann, Christoph von, Sechs Jahre Chef der Reichskanzlei unter dem Fürsten Bismarck. Erinnerungen, Leipzig 1909.

Tümpling, Wolf von (Hrsg.), Erinnerungen aus dem Leben des General-Adjutanten Kaiser Wilhelms I., Hermann von Boyen, Berlin 1898.

Uhde-Berhays, Hermann (Hrsg.), Henriette Feuerbach. Ihr Leben in ihren Briefen, Berlin 1912.

[Varnhagen von Ense, Karl August], Aus dem Nachlaß Varnhagen's von Ense. Tagebücher von K.A. Varnhagen von Ense, 14 Bde., Leipzig u. a. 1861–1870.

Vierhaus, Rudolf (Hrsg.), Das Tagebuch der Baronin Spitzemberg, geb. Freiin v. Varnbüler. Aufzeichnungen aus der Hofgesellschaft des Hohenzollernreiches, Göttingen ²1960.

Voigts-Rhetz, A. von (Hrsg.), Briefe des Generals der Infanterie von Voigts-Rhetz aus den Kriegsjahren 1866 und 1870/71, Berlin 1906.

[Voß, Sophie Marie von], Neunundsechzig Jahre am Preußischen Hofe. Aus den Erinnerungen der Oberhofmeisterin Sophie Marie Gräfin von Voß, Leipzig ⁵1887.

Wagener, Hermann, Erlebtes, meine Memoiren aus der Zeit von 1848 bis 1866 und von 1873 bis jetzt, Berlin 1884.

Wiese, René (Hrsg.), Vormärz und Revolution. Die Tagebücher des Großherzogs Friedrich Franz II. von Mecklenburg-Schwerin 1841–1854, Köln/Weimar/Wien 2014.

Wiese, René/Jandausch, Kathleen (Hrsg.), Schwestern im Geiste. Briefwechsel zwischen Großherzogin Alexandrine von Mecklenburg-Schwerin und Königin Elisabeth von Preußen, 2 Bde., Wien/Köln/Weimar 2021–2023.

[Wilhelm I.], Politische Correspondenz Kaiser Wilhelm's I., Berlin 1890.

[Wilhelm I.], Militärische Schriften weiland Kaiser Wilhelms des Großen Majestät, hrsg. v. Königlich Preußischen Kriegsministerium, 2 Bde., Berlin 1897.

[Wilhelm I.], Aus der unveröffentlichten Korrespondenz Kaiser Wilhelms I., in: Deutsche Revue 33. Jhrg. Nr. 3 (1908), S. 129–132.

Wilhelm II., Meine Vorfahren, Berlin 1929.

Willis, Geoffrey Malden (Hrsg.), Hannovers Schicksalsjahr 1866 im Briefwechsel König Georgs V. mit der Königin Marie, Hildesheim 1966.

Wolff, Gustav Adolf, Berliner Revolutions-Chronik. Darstellung der Berliner Bewegungen im Jahre 1848 nach politischen, socialen und literarischen Beziehungen, 3 Bde., Berlin 1851–1854.

Zingeler, Karl Theodor, Karl Anton Fürst von Hohenzollern. Ein Lebensbild nach seinen hinterlassenen Papieren, Stuttgart u. a. 1911.

Literatur

Ackermann, Volker, Nationale Totenfeiern in Deutschland. Von Wilhelm I. bis Franz Josef Strauß. Eine Studie zur politischen Semiotik, Stuttgart 1990.

Afflerbach, Holger, Wilhelm II as supreme warlord in the First World War, in: Annika Mombauer/Wilhelm Deist (Hrsg.), The Kaiser. New Research on Wilhelm II's role in Imperial Germany, Cambridge 2003, S. 195–216.

Alter, Peter, Weltmacht auf Distanz. Britische Außenpolitik 1860–1870, in: Eberhard Kolb (Hrsg.), Europa vor dem Krieg von 1870. Mächtekonstellation – Konfliktfelder – Kriegsausbruch, München 1987, S. 77–91.

Alter, Peter, Albrecht Graf von Bernstorff als preußischer Gesandter in London, in: ders./Rudolf Muhs (Hrsg.), Exilanten und andere Deutsche in Fontanes London, Stuttgart 1996, S. 416–430.

Anderson, Benedict, Imagined Communities. Reflections on the Origin and Spread of Nationalism. Revised Edition, London/New York 2006.

Angelow, Jürgen, Von Wien nach Königgrätz. Die Sicherheitspolitik des Deutschen Bundes im europäischen Gleichgewicht (1815–1866), München 1996.

Angelow, Jürgen, Wilhelm I. (1861–1888), in: Frank-Lothar Kroll (Hrsg.), Preußens Herrscher. Von den ersten Hohenzollern bis Wilhelm II., München 2000, S. 242–264.

Angelow, Jürgen, Geräuschlosigkeit als Prinzip. Preußens Außenpolitik im europäischen Mächtekonzert zwischen 1815 und 1848, in: Wolfram Pyta (Hrsg.), Das europäische Mächtekonzert. Friedens- und Sicherheitspolitik vom Wiener Kongreß 1815 bis zum Krimkrieg 1853, Köln u. a. 2009, S. 155–173.

Angermann, Erich, Die deutsche Frage 1806 bis 1866, in: Ernst Deuerlein/Theodor Schieder (Hrsg.), Reichsgründung 1870/71. Tatsachen – Kontroversen – Interpretationen, Stuttgart 1970, S. 9–32.

Arand, Tobias/Bunnenberg, Christian, „Ohne Düppel kein Königgrätz, ohne Königgrätz kein Sedan, ohne Sedan kein deutsches Kaiserreich!" Der Gedächtnisort Düppel/Dybbøl und seine Entwicklung in der deutschen und dänischen Erinnerungskultur von 1864 bis in die Gegenwart: Geschichtsbilder und Erinnerungskulturen in Norddeutschland, in: Janina Fuge/Rainer Hering/Harald Schmid (Hrsg.), Gedächtnisräume. Geschichtsbilder und Erinnerungskulturen in Norddeutschland, Göttingen 2014, S. 159–182.

Aschmann, Birgit, Königin Augusta als „political player" in Preußens Politik, in: Ingeborg Schnelling-Reinicke/Susanne Brockfeld (Hrsg.), Karrieren in Preußen – Frauen in Männerdomänen, Berlin 2020, S. 271–290.

Aschoff, Hans-Georg, Die Welfen. Von der Reformation bis 1918, Stuttgart 2010.

Austensen, Roy A., Austria and the „Struggle for Supremacy in Germany", 1848–1864, in: The Journal of Modern History Vol. 52, Nr. 2 (1980), S. 195–225.

Austensen, Roy A., „Einheit oder Einigkeit"? Another Look at Metternich's View of the German Dilemma, in: German Studies Review Vol. 6, Nr. 1 (1983), S. 41–57.

Austensen, Roy A., The Making of Austria's Prussian Policy, 1848–1852, in: The Historical Journal Vol. 27, Nr. 4 (1984), S. 861–876.

Austensen, Roy A., Metternich, Austria, and the German Question, 1848–1851, in: The International History Review Vol. 13, Nr. 1 (1991), S. 21–37.

Bahne, Siegfried, Die Verfassungspläne König Friedrich Wilhelms IV. von Preußen und die Prinzenopposition im Vormärz, Habilitationsschrift, Bochum 1970 [maschinenschriftlich].

Bahne, Siegfried, Vor dem Konflikt. Die Altliberalen in der Regentschaftsperiode der „Neuen Ära", in: Ulrich Engelhardt/Volker Sellin/Horst Stuke (Hrsg.), Soziale Bewegung und politische Verfassung. Beiträge zur Geschichte der modernen Welt, Stuttgart 1976, S. 154–196.

Bailleu, Paul, Der Prinzregent und die Reform der deutschen Kriegsverfassung. Ein Beitrag zur Centenarfeier, in: Historische Zeitschrift 78 (1897), S. 385–402.

Bailleu, Paul, Prinz Wilhelm von Preußen und Prinzessin Elisa Radziwill (1817–1826), in: Deutsche Rundschau 147 (1911), S. 161–190.

https://doi.org/10.1515/9783111323954-053

Bailleu, Paul, König Wilhelm I. und der Frankfurter Fürstentag (1863), in: Festschrift der Kaiser-Wilhelm-Gesellschaft zur Förderung der Wissenschaft dargebracht von ihren Instituten, Berlin 1921, S. 262 – 271.

Barclay, David E., Anarchie und guter Wille. Friedrich Wilhelm IV. und die preußische Monarchie, Berlin 1995.

Barclay, David E., Ein deutscher „Tory democrat"? Joseph Maria von Radowitz (1797 – 1853), in: Hans-Christof Kraus (Hrsg.), Konservative Politiker in Deutschland. Eine Auswahl biographischer Porträts aus zwei Jahrhunderten, Berlin 1995, S. 37 – 67.

Barclay, David E., Monarchy, Court, and Society in Constitutional Prussia, in: Theodore S. Hamerow/David Wetzel (Hrsg.), International Politics and German History. The Past Informs the Present, Westport/London 1997, S. 59 – 73.

Barclay, David E., Preußen und die Unionspolitik 1849/50, in: Gunther Mai (Hrsg.), Die Erfurter Union und das Erfurter Unionsparlament, Köln u. a. 2000, S. 53 – 80.

Barclay, David E., Großherzogliche Mutter und kaiserliche Tochter im Spannungsfeld der deutschen Politik. Maria Pawlowna, Augusta und der Weimarer Einfluß auf Preußen (1811 – 1890), in: „Ihre Kaiserliche Hoheit". Maria Pawlowna. Zarentochter am Weimarer Hof. 2. Teil (CD-R) zur Ausstellung im Weimarer Schloßmuseum, o. O. 2004, S. 77 – 82.

Barker, Nancy Nichols, Austria, France, and the Venetian Question, 1861 – 66, in: The Journal of Modern History Vol. 36, Nr. 2 (1964), S. 145 – 154.

Bauer, Rolf, Österreich, Preußen und Deutschland. Der Weg nach Königgrätz und seine Folgen, in: Richard Dietrich (Hrsg.), Europa und der Norddeutsche Bund, Berlin (West) 1968, S. 57 – 84.

Bauer, Susanne/Markert, Jan, Eine „Titelaffaire" oder „mehr Schein als Wirklichkeit": Wilhelm I., Augusta und die Kaiserfrage 1870/71, in: Ulrich Lappenküper/Maik Ohnezeit (Hrsg.), 1870/71. Reichsgründung in Versailles, Friedrichsruh 2021, S. 70 – 76.

Bauer, Susanne, Die Briefkommunikation der Kaiserin Augusta, (1811 – 1890). Briefpraxis, Briefnetzwerk, Handlungsspielräume, Berlin 2024.

Baumgart, Winfried, Der Friede von Paris 1856. Studien zum Verhältnis von Kriegführung, Politik und Friedensbewahrung, München/Wien 1972.

Baumgart, Winfried, Zur Außenpolitik Friedrich Wilhelms IV. 1840 – 1858, in: Otto Büsch (Hrsg.), Friedrich Wilhelm IV. in seiner Zeit. Beiträge eines Colloquiums, Berlin (West) 1987, S. 132 – 156.

Baumgart, Winfried, Bismarck und der Deutsche Krieg 1866. Im Lichte der Edition von Band 7 der „Auswärtigen Politik Preußens", in: Historische Mitteilungen (der Ranke Gesellschaft) 20 (2007), S. 93 – 115.

Baumgart, Winfried, Friedrich Wilhelm IV. (1840 – 1861), in: Frank-Lothar Kroll (Hrsg.), Preußens Herrscher. Von den ersten Hohenzollern bis Wilhelm II., München 2000, S. 219 – 241.

Baumgart, Winfried, The Crimean War 1853 – 1856. Second Edition, London/New York 2020.

Becker, Hans, Christian Carl Josias von Bunsen. Sein politisches und diplomatisches Wirken im Dienste Preußens und des Deutschen Bundes, in: ders./Frank Foerster/Hans-Rudolf Ruppel (Hrsg.), Universeller Geist und guter Europäer. Christian Carl Josias von Bunsen 1791 – 1860. Beiträge zu Leben und Werk des „gelehrten Diplomaten", Korbach 1991, S. 103 – 154.

Becker, Hans/Frank Foerster/Hans-Rudolf Ruppel (Hrsg.), Universeller Geist und guter Europäer. Christian Carl Josias von Bunsen 1791 – 1860. Beiträge zu Leben und Werk des „gelehrten Diplomaten", Korbach 1991.

Becker, Otto, Bismarcks Ringen um Deutschlands Gestaltung. Herausgegeben und ergänzt von Alexander Scharff, Heidelberg 1958.

Becker, Winfried, Die angebliche Lücke der Gesetzgebung im preußischen Verfassungskonflikt, in: Historisches Jahrbuch 100 (1980), S. 257 – 283.

Behnen, Michael, Das Preußische Wochenblatt (1851 – 1861). Nationalkonservative Publizistik gegen Ständestaat und Polizeistaat, Göttingen u. a. 1971.

Behr, Hans-Joachim, „Recht muß doch Recht bleiben". Das Leben des Freiherrn Georg von Vincke (1811 – 1875), Paderborn 2009.

Bendikowski, Tillmann, 1870/71. Der Mythos von der deutschen Einheit, München 2020.

Bergengrün, Alexander, David Hansemann, Berlin 1901.

Bergengrün, Alexander, Staatsminister August Freiherr von der Heydt, Leipzig 1908.

Berner, Ernst, Der Regierungs-Anfang des Prinz-Regenten von Preußen und seine Gemahlin, Berlin 1902.

Bernhard, Andreas, Friedrich III. Ein Prinz im Widerstreit der Erziehungsmethoden, in: Im Dienste Preußens. Wer erzog Prinzen zu Königen?, hrsg. v. d. Stiftung Stadtmuseum Berlin, Berlin 2001, S. 173 – 195.

Biefang, Andreas, National-preußisch oder deutsch-national? Die deutsche Fortschrittspartei in Preußen 1861 – 1867, in: Geschichte und Gesellschaft 23. Jhrg., H. 3 (1997), S. 360 – 383.

Biefang, Andreas, „Der Reichsgründer"? Bismarck, die nationale Verfassungsbewegung und die Entstehung des Deutschen Kaiserreichs, in: Ulrich Lappenküper (Hrsg.), Otto von Bismarck und das „lange 19. Jahrhundert". Lebendige Vergangenheit im Spiegel der „Friedrichsruher Beiträge" 1996 – 2016, Paderborn 2017 [ND 1999], S. 124 – 146.

Biefang, Andreas, Die andere Seite der Macht. Parlament und Öffentlichkeit im „System Bismarck" 1871 – 1890, Düsseldorf 2009.

Billinger Jr., Robert D., The War Scare of 1831 and Prussian South German Plans for the End of Austrian Dominance in Germany, in: Central European History Vol. 9, Nr. 3 (1976), S. 203 – 219.

Binder, Hilde, Queen Victoria und König Wilhelm im Jahre 1866, in: Forschungen zur Brandenburgischen und Preußischen Geschichte 47 (1935), S. 104 – 121.

Biskup, Marian, Preußen und Polen. Grundlinien und Reflexionen, in: Jahrbücher für Geschichte Osteuropas. Neue Folge 31 (1983), S. 1 – 27.

Bissing, Wilhelm Moritz von, Königin Elisabeth von Preußen (1801 – 1874). Ein Lebensbild, Berlin (West) 1974.

Bissing, Wilhelm Moritz von, Sein Ideal war der absolut regierte Staat. Prinz Carl von Preußen und der Berliner Hof, in: Der Bär von Berlin. Jahrbuch des Vereins für die Geschichte Berlins 25. Folge (1976), S. 124 – 144.

Bittner, Anja, Höfe in Preußen von 1786 bis 1918: Amtsorganisation, Akteurinnen, Akteure und die Arbeitswelt des Hofpersonals, in: Acta Borussica. Neue Folge. 3. Reihe. Praktiken der Monarchie. Die späte mitteleuropäische Monarchie am preußischen Beispiel (1786 – 1918), hrsg. v. d. Berlin-Brandenburgischen Akademie der Wissenschaften, Bd. 1, Paderborn 2022, S. 1 – 193.

Blasius, Dirk, Friedrich Wilhelm IV. 1795 – 1861. Psychopathologie und Geschichte, Göttingen 1992.

Blasius, Dirk, Friedrich Wilhelm IV. Persönlichkeit und Amt, in: Historische Zeitschrift 263 (1996), S. 589 – 607.

Blasius, Dirk, „Neutralität und Interessensphäre". Friedrich Wilhelm IV. und der Krimkrieg, in: Forschungen zur Brandenburgischen und Preußischen Geschichte. Neue Folge 26 (2016), S. 179 – 195.

Bled, Jean Paul, Franz Joseph. „Der letzte Monarch der alten Schule", Wien u. a. 1988.

Blumberg, Arnold, Russian Policy and the Franco-Austrian War of 1859, in: The Journal of Modern History Vol. 26, Nr. 2 (1954), S. 137 – 153.

Bohnenkamp, Lennart/Markert, Jan, Von europäischen Normalitäten und preußisch-deutschen Besonderheiten: Das hegemoniale Regierungssystem des Kaiserreichs im Wandel der Zeit, in: Forschungen zur Brandenburgischen und Preußischen Geschichte. Neue Folge 33 (2023), S. 133 – 173.

Boldt, Hans, Deutscher Konstitutionalismus und Bismarckreich, in: Michael Stürmer (Hrsg.), Das kaiserliche Deutschland. Politik und Gesellschaft 1870 – 1918, Kronberg 1977 [ND 1970], S. 119 – 142.

Boldt, Hans, Die Erfurter Unionsverfassung, in: Gunther Mai (Hrsg.), Die Erfurter Union und das Erfurter Unionsparlament, Köln u. a. 2000, S. 417 – 432.

Boldt, Hans, Die preußische Verfassung vom 31. Januar 1850. Probleme ihrer Interpretation, in: Geschichte und Gesellschaft. Sonderheft Vol. 6. Preußen im Rückblick (1980), S. 224 – 246.

Boldt, Werner, Konstitutionelle Monarchie oder parlamentarische Demokratie? Die Auseinandersetzung um die deutsche Nationalversammlung in der Revolution 1848 – 49, in: Historische Zeitschrift 216 (1973), S. 553 – 622.

Bonjour, Edgar, Vorgeschichte des Neuenburger Konflikts 1848 – 56, Bern/Leipzig 1932.

Bonjour, Edgar, Englands Anteil an der Lösung des Neuenburger Konflikts 1856/57, Basel 1943.

Bonjour, Edgar, Der Neuenburger Konflikt 1856/57. Untersuchungen und Dokumente, Basel/Stuttgart 1957.

Bourdieu, Pierre, Die biographische Illusion, in: Bios. Zeitschrift für Biographieforschung und Oral History 3 (1990), S. 75 – 81.

Borries, Kurt, Preußen im Krimkrieg (1853 – 1856), Stuttgart 1930.

Borries, Kurt, Deutschland und das Problem des Zweifrontendrucks in der europäischen Krise des italienischen Freiheitskampfes 1859, in: Heinrich Dannenbauer/Fritz Ernst (Hrsg.), Das Reich. Idee und Gestalt. Festschrift für Johannes Haller. Zu seinem 75. Geburtstag, Stuttgart 1940, S. 262 – 303.

Bosbach, Heinz, Fürst Bismarck und die Kaiserin Augusta, Dissertation, Köln 1936.

Botzenhart, Manfred, Die Habsburger Monarchie und der deutsche Nationalstaat 1848/49. Eine multinationale Herrschaftsordnung unter dem Druck der Völker, in: Patrick Bahners/Gerd Roellecke (Hrsg.), 1848 – Die Erfahrung der Freiheit, Heidelberg 1998, S. 107 – 118.

Böhme, Helmut, Deutschlands Weg zur Großmacht. Studien zum Verhältnis von Wirtschaft und Staat während der Reichsgründungszeit 1848 – 1881, Köln/Berlin (West) 1966.

Börner, Karl Heinz, Die Krise der preußischen Monarchie 1858 bis 1862, Berlin (Ost) 1976.

Börner, Karl Heinz, Voraussetzungen, Inhalt und Ergebnis der Neuen Ära in Preußen, in: Jahrbuch für Geschichte 14 (1976), S. 85 – 123.

Börner, Karl Heinz, Bourgeoisie und Neue Ära in Preußen, in: Helmut Bleiber (Hrsg.), Bourgeoisie und bürgerliche Umwälzung in Deutschland 1789 – 1871, Berlin (Ost) 1977, S. 395 – 432.

Börner, Karl Heinz, Wilhelm I. Deutscher Kaiser und König von Preußen. Eine Biographie, Berlin (Ost) 1984.

Börner, Karl Heinz, Wilhelm I. Vom Kartätschenprinz zum deutschen Kaiser, in: Gustav Seeber (Hrsg.), Gestalten der Bismarckzeit, Bd. 1, Berlin (Ost) [2]1987, S. 58 – 78.

Börner, Karl Heinz, Prinz Wilhelm von Preußen. Kartätschenprinz und Exekutor der Konterrevolution, in: Helmut Bleiber/Walter Schmidt/Rolf Weber (Hrsg.), Männer der Revolution von 1848, Bd. 2, Berlin (Ost) 1987, S. 487 – 512.

Börner, Karl Heinz, Die Rolle Prinz Wilhelms von Preußen im Lager der Konterrevolution, in: Helmut Bleiber/Rolf Dlubek/Walter Schmidt (Hrsg.), Demokratie und Arbeiterbewegung in der deutschen Revolution von 1848/49. Beiträge des Kolloquiums zum 150. Jahrestag der Revolution von 1848/49 am 6. und 7. Juni 1998 in Berlin, Berlin 2000, S. 226 – 233.

Brandenburg, Erich, Die Reichsgründung, 2 Bde., Leipzig 1916.

Brandenburg, Erich, Untersuchungen und Aktenstücke zur Geschichte der Reichsgründung, Leipzig 1916.

Brandt, Harm-Hinrich, Franz Joseph I. von Österreich (1848 – 1916), in: Anton Schindling/Walter Ziegler (Hrsg.), Die Kaiser der Neuzeit 1519 – 1918. Heiliges Römisches Reich, Österreich, Deutschland, München 1990, S. 341 – 381.

Branig, Hans, Fürst Wittgenstein. Ein preußischer Staatsmann der Restaurationszeit, Köln/Wien 1981.

Bremm, Klaus-Jürgen, 1866. Bismarcks Krieg gegen die Habsburger, Darmstadt 2016.

Brosius, Dieter, Georg V. von Hannover – der König des „monarchischen Prinzips", in: Niedersächsisches Jahrbuch für Landesgeschichte 51 (1979), S. 253 – 291.

Brosius, Dieter, Hannovers politische und militärische Rolle im Krieg von 1866, in: Winfried Heinemann/Lothar Höbelt/Ulrich Lappenküper (Hrsg.), Der preußisch-österreichische Krieg 1866, Paderborn 2018, S. 303 – 314.

Brunck, Helma, Bismarck und das Preußische Staatsministerium 1862 – 1890, Berlin 2004.

Bunsen, Marie von, Kaiserin Augusta, Berlin 1940.

Burchard, Lothar, Helmuth von Moltke, Wilhelm I. und der Aufstieg des preußischen Generalstabs, in: Roland G. Foerster (Hrsg.), Generalfeldmarschall Helmuth von Moltke. Bedeutung und Wirkung, München 1991, S. 19 – 38.

Burgaud, Stéphanie, Plädoyer für eine Reise nach Moskau. Eine neue Deutung der Bismarckschen Rußlandpolitik (1863 – 1871), in: Forschungen zur Brandenburgischen und Preußischen Geschichte. Neue Folge 18 (2008), S. 97 – 116.

Burgaud, Stéphanie, La politique russe de Bismarck et l'unification allemande. Mythe fondateur et réalités politiques, Strasbourg 2010.

Bussiek, Dagmar, „Mit Gott für König und Vaterland!" Die Neue Preußische Zeitung (Kreuzzeitung) 1848–1892, Münster 2002.

Bußmann, Walter, Die Krönung Wilhelms I. am 18. Oktober 1861. Eine Demonstration des Gottesgnadentums im preußischen Verfassungsstaat, in: Dieter Albrecht/Hans Günter Hockerts/Paul Mikat/Rudolf Morsey (Hrsg.), Politik und Konfession. Festschrift für Konrad Repgen zum 60. Geburtstag, Berlin (West) 1983, S. 189–212.

Bußmann, Walter, Zwischen Preußen und Deutschland. Friedrich Wilhelm IV. Eine Biographie, Berlin 1990.

Buttenschön, Marianna, Die Preußin auf dem Zarenthron. Alexandra, Kaiserin von Russland, München 2012 [ND 2011].

Canis, Konrad, Die politische Taktik führender preußischer Militärs 1858–1866, in: Ernst Engelberg (Hrsg.), Diplomatie und Kriegspolitik vor und nach der Reichsgründung, Berlin (Ost) 1971, S. 45–85.

Canis, Konrad, Joseph Maria von Radowitz. Konterrevolution und preußische Unionspolitik, in: Helmut Bleiber/Walter Schmidt/Rolf Weber (Hrsg.), Männer der Revolution von 1848, Bd. 2, Berlin (Ost) 1987, S. 449–486.

Canis, Konrad, Leopold von Gerlach, in: Gerhard Becker/Karl Obermann/Sigfried Schmidt/Peter Schuppan/Rolf Weber (Hrsg.), Männer der Revolution von 1848, Bd. 1, Berlin (Ost) [2]1988, S. 463–481.

Canis, Konrad, Die preußische Gegenrevolution. Richtung und Hauptelemente der Regierungspolitik von 1848 bis 1850, in: Wolfgang Hardtwig (Hrsg.), Revolution in Deutschland und Europa 1848/49, Göttingen 1998, S. 161–184.

Canis, Konrad, Bismarck und die Monarchen, in: Lothar Gall (Hrsg.), Otto von Bismarck und die Parteien, Paderborn u. a. 2001, S. 137–154.

Canis, Konrad, Konstruktiv gegen die Revolution. Strategie und Politik der preußischen Regierung 1848 bis 1850/51, Paderborn 2022.

Cannadine, David, The Context, Performance and Meaning of Ritual. The British Monarchy and the „Invention of Tradition", c. 1820–1977, in: Eric Hobsbawm/Terence Ranger (Hrsg.), The Invention of Tradition, Cambridge u. a. 1983, S. 101–164.

Cannadine, David, The last Hanoverian sovereign?: the Victorian monarchy in historical perspective, 1688–1988, in: A.L. Beier/David Cannadine/James M. Rosenheim (Hrsg.), The First Modern Society. Essays in English History in Honour of Lawrence Stone, Cambridge u. a. 1989, S. 127–165.

Caruso, Amerigo, Nationalstaat als Telos? Der konservative Diskurs in Preußen und Sardinien-Piemont 1840–1870, Berlin 2017.

Cecil, Lamar, Wilhelm II., 2 Bde., Chapel Hill/London 1989–1996.

Clark, Chester Wells, Franz Joseph and Bismarck. The Diplomacy of Austria before the War of 1866, New York 1964 [ND 1934].

Clark, Christopher, Preußen. Aufstieg und Niedergang 1600–1947, München [5]2007.

Clark, Christopher, After 1848. The European Revolution in Government, in: Transactions of the Royal Historical Society. Sixth Series Vol. 22 (2012), S. 171–197.

Clark, Christopher, Frühling der Revolution. Europa 1848/49 und der Kampf für eine neue Welt, München 2023.

Collingham, H.A.C., The July Monarchy. A Political History of France 1830–1848, London/New York 1988.

Conradi, Helene-Marie, Die weltanschaulichen Grundlagen der politischen Gedanken der Königin und Kaiserin Augusta, Dissertation, Göttingen 1945 [maschinenschriftlich].

Conze, Eckart, Schatten des Kaiserreichs. Die Reichsgründung von 1871 und ihr schwieriges Erbe, München 2020.

Conze, Werner, Die Ermöglichung des Nationalstaates, in: Ursula von Gersdorff/Wolfgang von Groote (Hrsg.), Entscheidung 1866. Der Krieg zwischen Österreich und Preußen, Stuttgart 1966, S. 196–242.

Cook, Kathrine Schach, Russia, Austria, and the Question of Italy, 1859–1862, in: The International History Review Vol. 2, Nr. 4 (1980), S. 542–565.

Corti, Egon Caesar Conti, Unter Zaren und gekrönten Frauen. Schicksal und Tragik europäischer Kaiserreiche an Hand von Briefen, Tagebüchern und Geheimdokumenten der Zarin Marie von Rußland und des Prinzen Alexander von Hessen, Salzburg/Leipzig ⁹1936.

Corti, Egon Caesar Conti, Wenn... Sendung und Schicksal einer Kaiserin. Auf Grund des bisher unveröffentlichten Tagebuches der Kaiserin Friedrich und ihres zum großen Teil ebenfalls unveröffentlichten Briefwechsels mit ihrer Mutter der Königin von England, Graz u. a. 1954.

Corti, Egon Caesar Conti, Mensch und Herrscher. Wege und Schicksale Kaiser Franz Josephs I. zwischen Thronbesteigung und Berliner Kongreß, Graz u. a. 1952.

Craig, Gordon A., Portrait of a Political General. Edwin von Manteuffel and the Constitutional Conflict in Prussia, in: Political Science Quarterly Vol. 66, Nr. 1 (1951), S. 1 – 36.

Craig, Gordon A., The Politics of the Prussian Army 1640 – 1945, London u. a. 1955.

Craig, Gordon A., Königgrätz, Wien/Hamburg 1966.

Dallinger, Gernot, Karl von Canitz und Dallwitz. Ein preußischer Minister des Vormärz. Darstellung und Quellen, Köln/Berlin (West) 1969.

Dehio, Ludwig, Wittgenstein und das letzte Jahrzehnt Friedrich Wilhelms III., in: Forschungen zur Brandenburgischen und Preußischen Geschichte 35 (1923), S. 213 – 240.

Dehio, Ludwig, Zur November-Krise des Jahres 1850. Aus den Papieren des Kriegsministers von Stockhausen, in: Forschungen zur Brandenburgischen und Preußischen Geschichte 35 (1923), S. 134 – 145.

Dehio, Ludwig, Edwin von Manteuffels politische Ideen, in: Historische Zeitschrift 131 (1925), S. 41 – 71.

Dehio, Ludwig, Die Pläne der Militärpartei und der Konflikt, in: Deutsche Rundschau 213 (1927), S. 91 – 100.

Dehio, Ludwig, Die Taktik der Opposition während des Konflikts, in: Historische Zeitschrift 140 (1929), S. 279 – 347.

Deist, Wilhelm, Kaiser Wilhelm II. als Oberster Kriegsherr, in: John C.G. Röhl (Hrsg.), Der Ort Kaiser Wilhelms II. in der deutschen Geschichte, München 1991, S. 25 – 42.

Demandt, Philipp, Luisenkult. Die Unsterblichkeit der Königin von Preußen, Köln/Weimar/Wien 2003.

Dietrich, Richard, Das Jahr 1866 und das „Dritte Deutschland", in: ders. (Hrsg.), Europa und der Norddeutsche Bund, Berlin (West) 1968, S. 85 – 108.

Dietrich, Richard, Der Norddeutsche Bund und Europa, in: ders. (Hrsg.), Europa und der Norddeutsche Bund, Berlin (West) 1968, S. 221 – 243.

Dietze, Carola, Die Erfindung des Terrorismus in Europa, Russland und den USA 1858 – 1866, Hamburg 2016.

Dorn, Arno, Robert Heinrich Graf von der Goltz. Ein hervorragender Diplomat im Zeitalter Bismarcks, Halle an der Saale 1929.

Dorpalen, Andreas, Emperor Frederick III and the German Liberal Movement, in: The American Historical Review Vol. 54, Nr. 1 (1948), S. 1 – 31.

Dudarew, Wasilij, Die dänische Frage und der Wiener Frieden im System der deutsch-russischen Beziehungen, in: Oliver Auge/Ulrich Lappenküper/Ulf Morgenstern (Hrsg.), Der Wiener Frieden 1864. Ein deutsches, europäisches und globales Ereignis, Paderborn 2016, S. 293 – 306.

Duroselle, Jean-Baptiste, Die europäischen Staaten und die Reichsgründung, in: Theodor Schieder/Ernst Deuerlein (Hrsg.), Reichsgründung 1870/71. Tatsachen – Kontroversen – Interpretationen, Stuttgart 1970, S. 386 – 421.

Dylong, Alexander, Hannovers letzter Herrscher. König Georg V. zwischen welfischer Tradition und politischer Realität, Göttingen 2012.

Echard, William E., Napoleon III. and the Concert of Europe, Baton Rouge/London 1983.

Eckhart, Franz, Die deutsche Frage und der Krimkrieg, Berlin 1931.

Eibich, Stephan M., Polizei, „Gemeinwohl" und Reaktion. Über Wohlfahrtspolizei als Sicherheitspolizei unter Carl Ludwig Friedrich von Hinckeldey, Berliner Polizeipräsident von 1848 bis 1856, Berlin 2004.

Elrod, Richard B., Bernhard von Rechberg and the Metternichian Tradition. The Dilemma of Conservative Statecraft, in: The Journal of Modern History Vol. 56, Nr. 3 (1984), S. 430 – 455.

Elze, Reinhard, Die zweite preußische Königskrönung (Königsberg 18. Oktober 1861). Zum Druck eingerichtet von Arno Borst und Markus Wesche. Vorgetragen in der Sitzung vom 6. Februar 1998, in: Bayerische Akademie der Wissenschaften. Philosophisch-Historische Klasse. Sitzungsberichte Jhrg. 2001 Nr. 6.

Embree, Michael, Bismarck's First War. The Campaign of Schleswig and Jutland 1864, Solihull 2007 [ND 2006].

Enax, Karl, Otto von Manteuffel und die Reaktion in Preußen, Dissertation, Dresden 1907.

Engelberg, Ernst, Bismarck, 2 Bde., Berlin (Ost) 1985–1990.

Epkenhans, Michael, Victoria und Bismarck, in: Rainer von Hessen (Hrsg.), Victoria Kaiserin Friedrich. Mission und Schicksal einer englischen Prinzessin in Deutschland, Frankfurt am Main/New York 2002, S. 151–178.

Epkenhans, Michael, 1866 – Die Schlacht bei Königgrätz. Ein Wendepunkt in der deutschen und europäischen Geschichte?, in: Winfried Heinemann/Lothar Höbelt/Ulrich Lappenküper (Hrsg.), Der preußisch-österreichische Krieg 1866, Paderborn 2018, S. 351–371.

Epkenhans, Michael, Die Reichsgründung 1870/71, München 2020.

Erbe, Michael, Louis-Philippe (1830–1848), in: Peter C. Hartmann (Hrsg.), Die Französischen Könige und Kaiser der Neuzeit. Von Ludwig XII. bis Napoleon III. 1498–1870, München [2]2006, S. 402–421.

Erbe, Michael, Napoleon III. (1848/52–1870), in: Peter C. Hartmann (Hrsg.), Die Französischen Könige und Kaiser der Neuzeit. Von Ludwig XII. bis Napoleon III. 1498–1870, München [2]2006, S. 422–452.

Etges, Andreas, „Der erste Keim zu einem Bunde in Bunde". Der Deutsche Zollverein und die Nationalbewegung, in: Hans-Werner Hahn/Marko Kreutzmann (Hrsg.), Der deutsche Zollverein. Ökonomie und Nation im 19. Jahrhundert, Köln u.a. 2012, S. 97–124.

Eyck, Erich, Bismarck. Leben und Werk, 3 Bde., Erlenbach-Zürich 1941–1944.

Evans, Richard J., Das europäische Jahrhundert. Ein Kontinent im Umbruch 1815–1914, München 2018.

Faber, Karl-Georg, Realpolitik als Ideologie. Die Bedeutung des Jahres 1866 für das politische Denken in Deutschland, in: Historische Zeitschrift 203 (1966), S. 1–45.

Fahrmeir, Andreas, Revolutionen und Reformen. Europa 1789–1850, München 2010.

Fahrmeir, Andreas, Die parlamentarische Monarchie am Ende der Sackgasse? Probleme und Perspektiven des politischen Systems unter Wilhelm II., in: Friedl Brunckhorst/Karl Weber (Hrsg.), Kaiser Wilhelm II. und seine Zeit, Regensburg 2016, S. 55–65.

Fehrenbach, Elisabeth, Wandlungen des deutschen Kaisergedankens 1871–1918, München/Wien 1969.

Fenske, Hans, Bismarck und die deutsche Frage 1848 bis 1870, in: Forschungen zur Brandenburgischen und Preußischen Geschichte. Neue Folge 26 (2016), S. 55–89.

Fesser, Gerd, Ernst II. Herzog von Sachsen-Coburg und Gotha (1818–1893). Sympathisant und Schirmherr der Liberalen, in: Helmut Bleiber/Walter Schmidt/Susanne Schötz (Hrsg.), Akteure eines Umbruchs. Männer und Frauen der Revolution von 1848/49, Berlin 2003, S. 23–246.

Feuerstein-Praßer, Karin, Augusta. Kaiserin und Preußin, München [2]2011.

Figes, Orlando, Krimkrieg, Berlin 2014.

Fischer, Robert-Tarek, Wilhelm I. Vom preußischen König zum Deutschen Kaiser, Köln u.a. 2020.

Fischer-Aue, H.R., Die Deutschlandpolitik des Prinzgemahls Albert von England 1848–1852, Coburg 1953.

Flöter, Jonas, Beust und die Reform des deutschen Bundes 1850–1866. Sächsisch-mittelstaatliche Koalitionspolitik im Kontext der deutschen Frage, Köln u.a. 2001.

Frandsen, Steen Bo, Dänemark – der kleine Nachbar im Norden. Aspekte der deutsch-dänischen Beziehungen im 19. und 20. Jahrhundert, Darmstadt 1994.

Frandsen, Steen Bo, Klein und national. Dänemark und der Wiener Frieden 1864, in: Oliver Auge/Ulrich Lappenküper/Ulf Morgenstern (Hrsg.), Der Wiener Frieden 1864. Ein deutsches, europäisches und globales Ereignis, Paderborn 2016, S. 225–238.

Frauendienst, Werner, Das preußische Staatsministerium in vorkonstitutioneller Zeit, in: Zeitschrift für die gesamte Staatswissenschaft/Journal of Institutional and Theoretical Economics 116 (1960), S. 104–177.

Frehland-Wildeboer, Katja, Treue Freunde? Das Bündnis in Europa 1714–1914, München 2010.

Frie, Ewald, Preußische Identitäten im Wandel (1760–1870), in: Historische Zeitschrift 272 (2001), S. 353–375.

Frie, Robert, Das Legitimätsprinzip des Wiener Kongresses, in: Archiv des Völkerrechts 5. Bd., Nr. 3 (1955), S. 272–283.

Friedjung, Heinrich, Österreich von 1848 bis 1860, 2 Bde., Stuttgart/Berlin ³1908–1912.

Friese, Christian, Rußland und Preußen vom Krimkrieg bis zum Polnischen Aufstand, Berlin 1931.

Fricke, Hans-Dierk, Der vermiedene Krieg zwischen Preußen und der Schweiz. Operationsgeschichtliche Aspekte der „Neuenburger Affaire" 1856/57, in: Militärgeschichtliche Zeitschrift 61 (2002), S. 431–460.

Frischbier, Wolfgang, „Die Schmach von Olmütz" – Mythos und Wirklichkeit, in: Forschungen zur Brandenburgischen und Preußischen Geschichte. Neue Folge 25 (2015), S. 53–81.

Fuchs, Walther Peter, Studien zu Großherzog Friedrich I. von Baden, Stuttgart 1995.

Fujitani, Takashi, Splendid Monarchy. Power and Pageantry in Modern Japan, Berkeley/Los Angeles 1996.

Gailus, Manfred, Food Riots in Germany in the Late 1840s, in: Past & Present 145 (1994), S. 157–193.

Gall, Lothar, Der Liberalismus als regierende Partei. Das Großherzogtum Baden zwischen Restauration und Reichsgründung, Wiesbaden 1968.

Gall, Lothar, Bismarck. Der weiße Revolutionär, Frankfurt am Main/Berlin (West)/Wien 1980.

Gall, Lothar, Bismarcks Süddeutschlandpolitik 1866–1870, in: Eberhard Kolb (Hrsg.), Europa vor dem Krieg von 1870. Mächtekonstellation – Konfliktfelder – Kriegsausbruch, München 1987, S. 23–32.

Gall, Lothar, Bismarck, Preußen und die nationale Einigung, in: Ulrich Lappenküper (Hrsg.), Bismarcks Mitarbeiter, Paderborn u. a. 2009, S. 1–15.

Gall, Lothar, Hardenberg. Reformer und Staatsmann, München u. a. 2016.

Galm, Caroline, Integrative „Beziehungsarbeit". Augusta von Preußen und ihr politischer Umgang mit der katholischen Bevölkerung, in: Historisch-Politische Mitteilungen 27 (2020), S. 27–49.

Galm, Caroline, Anmerkungen zum politischen Handlungs- und Gestaltungsraum der Königin. Das Beispiel Augustas von Preußen, in: Forschungen zur Brandenburgischen und Preußischen Geschichte. Neue Folge 32 (2022), S. 53–70.

Geiss, Imanuel, Der lange Weg in die Katastrophe. Die Vorgeschichte des Ersten Weltkriegs 1815–1914, München ²1991.

Geisthövel, Alexa, Den Monarchen im Blick. Wilhelm I. in der illustrierten Familienpresse, in: Habbo Knoch/Daniel Morat (Hrsg.), Kommunikation als Beobachtung. Medienwandel und Gesellschaftsbilder 1880–1960, München 2003, S. 59–80.

Geisthövel, Alexa, Augusta-Erlebnisse. Repräsentationen der preußischen Königin 1870, in: Ute Frevert/Heinz-Gerhard Haupt (Hrsg.), Neue Politikgeschichte. Perspektiven einer historischen Politikforschung, Frankfurt am Main/New York 2005, S. 82–114.

Geisthövel, Alexa, Wilhelm I. am „historischen Eckfenster": Zur Sichtbarkeit des Monarchen in der zweiten Hälfte des 19. Jahrhunderts, in: Jan Andres/Alexa Geisthövel/Matthias Schwengelbeck (Hrsg.), Die Sinnlichkeit der Macht. Herrschaft und Repräsentation seit der Frühen Neuzeit, Frankfurt am Main 2005, S. 163–185.

Geldbach Erich (Hrsg.), Der gelehrte Diplomat. Zum Wirken Christian Carl Josias von Bunsens, Leiden 1980.

Gerhard, Johannes, Der Erste Vereinigte Landtag in Preußen von 1847. Untersuchungen zu einer ständischen Körperschaft im Vorfeld der Revolution von 1848/49, Berlin 2007.

Gersdorff, Ursula von/Groote, Wolfgang von (Hrsg.), Entscheidung 1866. Der Krieg zwischen Österreich und Preußen, Stuttgart 1966.

Gerwarth, Robert, Der Bismarck-Mythos. Die Deutschen und der Eiserne Kanzler, München 2007.

Giloi, Eva, Durch die Kornblume gesagt. Reliquien-Geschenke als Indikator für die öffentliche Rolle Kaiser Wilhelms I., in: Thomas Biskup/Martin Kohlrausch (Hrsg.), Das Erbe der Monarchie. Nachwirkungen einer deutschen Institution seit 1918, Frankfurt am Main/New York 2008, S. 96–116.

Giloi, Eva, Monarchy, Myth, and Material Culture in Germany 1850–1950, Cambridge u. a. 2011.

Goddard, Stacie E., When Right Makes Might. How Prussia Overturned the European Balance of Power, in: International Security Vol. 33, Nr. 3 (2008/09), S. 110–142.

Gollwitzer, Heinz, Ludwig I. von Bayern. Königtum im Vormärz. Eine politische Biographie, München 1986.

Görtemaker, Manfred, Bismarck und Moltke. Der preußische Generalstab und die deutsche Einigung, in: Ulrich Lappenküper (Hrsg.), Otto von Bismarck und das „lange 19. Jahrhundert". Lebendige Vergangenheit im Spiegel der „Friedrichsruher Beiträge" 1996–2016, Paderborn 2017 [ND 2004], S. 467–493.

Gross, Klaus D., Der preußische Gesandte in London. Bunsens politisches und diplomatisches Wirken, in: Erich Geldbach (Hrsg.), Der gelehrte Diplomat. Zum Wirken Christian Carl Josias von Bunsens, Leiden 1980, S. 13–34.

Groß, Reiner, Johann (1854–1873), in: Frank-Lothar Kroll (Hrsg.), Die Herrscher Sachsens. Markgrafen, Kurfürsten, Könige 1089–1918, München 2004, S. 263–278.

Gruner, Wolf D., Die deutsche Frage in Europa 1800 bis 1990, München 1993.

Gruner, Wolf D., Die europäischen Mächte und die deutsche Frage 1848–1850, in: Gunther Mai (Hrsg.), Die Erfurter Union und das Erfurter Unionsparlament, Köln u. a. 2000, S. 271–305.

Gruner, Wolf D., Der Beitrag der Großmächte in der Bewährungs- und Ausbauphase des europäischen Mächtekonzerts. Österreich 1800–1853/56, in: Wolfram Pyta (Hrsg.), Das europäische Mächtekonzert. Friedens- und Sicherheitspolitik vom Wiener Kongreß 1815 bis zum Krimkrieg 1853, Köln u. a. 2009, S. 175–208.

Gruner, Wolf D., Der Deutsche Bund 1815–1866, München 2012.

Gruner, Wolf D., Der Deutsche Bund, das „Dritte Deutschland" und die deutschen Großmächte in der Frage Schleswig und Holstein zwischen Konsens und Großmachtarroganz, in: Oliver Auge/Ulrich Lappenküper/Ulf Morgenstern (Hrsg.), Der Wiener Frieden 1864. Ein deutsches, europäisches und globales Ereignis, Paderborn 2016, S. 101–140.

Gruner, Wolf D., Die süddeutschen Staaten, das Ende des Deutschen Bundes und der steinige Weg in das deutsche Kaiserreich (1864–1871), in: Winfried Heinemann/Lothar Höbelt/Ulrich Lappenküper (Hrsg.), Der preußisch-österreichische Krieg 1866, Paderborn 2018, S. 241–301.

Grünthal, Günther, Konstitutionalismus und konservative Politik. Ein verfassungspolitischer Beitrag zur Ära Manteuffel, in: ders., Verfassung und Verfassungswandel. Ausgewählte Abhandlungen, hrsg. v. Frank-Lothar Kroll, Joachim Stemmler u. Hendrik Thoß, Berlin 2003 [ND 1974], S. 224–259.

Grünthal, Günther, Das preußische Dreiklassenwahlrecht. Ein Beitrag zur Genesis und Funktion des Wahlrechtsoktrois vom Mai 1849, in: Historische Zeitschrift 226 (1978), S. 17–66.

Grünthal, Günther, Parlamentarismus in Preußen 1848/49–1857/58. Preußischer Konstitutionalismus – Parlament und Regierung in der Reaktionsära, Düsseldorf 1982.

Grünthal, Günther, Zwischen König, Kabinett und Kamarilla. Der Verfassungsoktroi in Preußen vom 5. Dezember 1848, in: ders., Verfassung und Verfassungswandel. Ausgewählte Abhandlungen, hrsg. v. Frank-Lothar Kroll, Joachim Stemmler u. Hendrik Thoß, Berlin 2003 [ND 1983], S. 76–125.

Grünthal, Günther, Das Ende der Ära Manteuffel, in: ders., Verfassung und Verfassungswandel. Ausgewählte Abhandlungen, hrsg. v. Frank-Lothar Kroll, Joachim Stemmler u. Hendrik Thoß, Berlin 2003 [ND 1990], S. 281–321.

Grünthal, Günther, Die Wahlen zum preußischen Abgeordnetenhaus 1858, in: ders., Verfassung und Verfassungswandel. Ausgewählte Abhandlungen, hrsg. v. Frank-Lothar Kroll, Joachim Stemmler u. Hendrik Thoß, Berlin 2003 [ND 1994], S. 188–207.

Grünthal, Günther, Im Schatten Bismarcks – Der preußische Ministerpräsident Otto Freiherr von Manteuffel (1805–1882), in: Hans-Christof Kraus (Hrsg.), Konservative Politiker in Deutschland. Eine Auswahl biographischer Porträts aus zwei Jahrhunderten, Berlin 1995, S. 111–133.

Grünthal, Günther, Eine „englische Partei" in Berlin? Sir Robert Morrier und die Neue Ära in Preußen, in: ders., Verfassung und Verfassungswandel. Ausgewählte Abhandlungen, hrsg. v. Frank-Lothar Kroll, Joachim Stemmler u. Hendrik Thoß, Berlin 2003 [ND 1999], S. 166–187.

Grünthal, Günther, Verfassung und Verfassungskonflikt. Die Lücke als Freiheit des Monarchen, in: ders., Verfassung und Verfassungswandel. Ausgewählte Abhandlungen, hrsg. v. Frank-Lothar Kroll, Joachim Stemmler u. Hendrik Thoß, Berlin 2003 [ND 2001], S. 208–223.

Grypa, Dietmar, Der diplomatische Dienst des Königreichs Preußen (1815–1866). Institutioneller Aufbau und soziale Zusammensetzung, Berlin 2008.

Gundermann, Iselin, Einleitung, in: Via Regia. Preußens Weg zur Krone. Ausstellung des Geheimen Staatsarchivs Preußischer Kulturbesitz 1998, Berlin 1998, S. 1–12.

Gundermann, Iselin, Unvollendet... Zur Edition des Briefwechsels zwischen Wilhelm I. und seinem Bruder Friedrich Wilhelm IV., in: Jürgen Kloosterhuis (Hrsg.), Archivarbeit für Preußen. Symposium der Preußischen Historischen Kommission und des Geheimen Staatsarchivs Preußischer Kulturbesitz aus Anlass der 400. Wiederkehr der Begründung seiner archivischen Tradition, Berlin 2000, S. 389–406.

Güntheroth, Nele, Friedrich Wilhelm IV. „... Sie wollten vielleicht weniger Ihren guten Ruf, als die Eigenthümlichkeit der jungen Prinzen bewahren...", in: Im Dienste Preußens. Wer erzog Prinzen zu Königen?, hrsg. v. d. Stiftung Stadtmuseum Berlin, Berlin 2001, S. 129–139.

Haarbusch, Elke, Der Zauberstab der Macht. „Frau bleiben". Strategien zur Verschleierung von Männerherrschaft und Geschlechterkampf im 19. Jahrhundert, in: dies./Helga Grubitzsch/Hannelore Cyrus (Hrsg.), Grenzgängerinnen. Revolutionäre Frauen im 18. und 19. Jahrhundert. Weibliche Wirklichkeit und männliche Phantasien, Düsseldorf 1985, S. 219–255.

Haardt, Oliver F.R., Bismarcks ewiger Bund. Eine neue Geschichte des deutschen Kaiserreichs. Darmstadt 2020.

Haardt, Oliver F.R., Der Bundesrat in Verfassung und Wirklichkeit, in: Andreas Braune/Michael Dreyer/Markus Lang/Ulrich Lappenküper (Hrsg.), Einigkeit und Recht, doch Freiheit? Das Deutsche Kaiserreich in der Demokratiegeschichte und Erinnerungskultur, Stuttgart 2021, S. 39–54.

Hachtmann, Rüdiger, Berlin 1848. Eine Politik- und Gesellschaftsgeschichte der Revolution, Bonn 1997.

Hachtmann, Rüdiger, Die Potsdamer Militärrevolte vom 12. September 1848. Warum die preußische Armee dennoch ein zuverlässiges Herrschaftsinstrument der Hohenzollern blieb, in: Militärgeschichtliche Mitteilungen 57 (1998), S. 333–369.

Haeckel, Julius, Der Revolutionär Max Dortu, in: Hans Hupfeld (Hrsg.), Potsdamer Jahresschau. Havelland-Kalender 1932, Potsdam 1932, S. 41–57.

Haenchen, Karl, Flucht und Rückkehr des Prinzen von Preußen im Jahre 1848, in: Historische Zeitschrift 154 (1936), S. 32–95.

Hagen, Manfred, Die Entfaltung politischer Öffentlichkeit in Russland 1906–1914, Wiesbaden 1982.

Hahn, Hans Henning, Die Anfänge des völkischen Diskurses in der Paulskirche 1848, in: ders. (Hrsg.), Hundert Jahre sudetendeutsche Geschichte. Eine völkische Bewegung in drei Staaten, Frankfurt am Main u. a. 2007, S. 39–59.

Hahn, Hans-Werner, Geschichte des Deutschen Zollvereins, Göttingen 1984.

Hahn, Hans-Werner, Hegemonie und Integration. Voraussetzungen und Folgen der preußischen Führungsrolle im Deutschen Zollverein, in: Geschichte und Gesellschaft, Sonderheft 10, Wirtschaftliche und politische Integration in Europa im 19. und 20. Jahrhundert (1984), S. 45–70.

Hamerow, Theodore S., The Origins of Mass Politics in Germany 1866–1867, in: Imanuel Geiss/Bernd Jürgen Wendt (Hrsg.), Deutschland in der Weltpolitik des 19. und 20. Jahrhunderts, Düsseldorf ²1974, S. 105–120.

Hammer, Karl, Die preußischen Könige und Königinnen im 19. Jahrhundert und ihr Hof, in: Pariser Historische Studien 21 (1985), S. 87–98.

Hampe, Karl, Wilhelm I. Kaiserfrage und Kölner Dom. Ein biographischer Beitrag zur Geschichte der deutschen Reichsgründung, Stuttgart 1936.

Hanisch, Manfred, Nationalisierung der Dynastien oder Monarchisierung der Nation? Zum Verhältnis von Monarchie und Nation in Deutschland im 19. Jahrhundert, in: Adolf M. Birke (Hrsg.), Bürgertum, Adel und Monarchie. Wandel der Lebensformen im Zeitalter des bürgerlichen Nationalismus, München 1989, S. 71–91.

Hank, Manfred, Kanzler ohne Amt. Fürst Bismarck nach seiner Entlassung 1890–1898, München 1977.

Hannig, Alma, Österreich. Entscheidung zum Krieg, in: Winfried Heinemann/Lothar Höbelt/Ulrich Lappenküper (Hrsg.), Der preußisch-österreichische Krieg 1866, Paderborn 2018, S. 39–61.

Hardtwig, Wolfgang, Von Preußens Aufgabe in Deutschland zu Deutschlands Aufgabe in der Welt. Liberalismus und borussianisches Geschichtsbild zwischen Revolution und Imperialismus, in: Historische Zeitschrift 231 (1980), S. 265 – 324.

Hassel, Paul, Joseph Maria v. Radowitz. 1797 – 1848, Berlin 1905.

Hasselhorn, Benjamin, Der Kaiser und sein Großvater. Zur politischen Mythologie Wilhelms II., in: Forschungen zur Brandenburgischen und Preußischen Geschichte. Neue Folge 25 (2015), S. 321 – 335.

Haupts, Leo, Die liberale Regierung in Preußen in der Zeit der „Neuen Ära". Zur Geschichte des preußischen Konstitutionalismus, in: Historische Zeitschrift 227 (1978), S. 45 – 85.

Hauser, Oswald, Zum Problem der Nationalisierung Preußens, in: Historische Zeitschrift 202 (1966), S. 529 – 541.

Hähnel, Paul Lukas, Rethinking Federalism. Das Kaiserreich als dynamisches und kooperatives Mehrebenensystem, in: Andreas Braune/Michael Dreyer/Markus Lang/Ulrich Lappenküper (Hrsg.), Einigkeit und Recht, doch Freiheit? Das Deutsche Kaiserreich in der Demokratiegeschichte und Erinnerungskultur, Stuttgart 2021, S. 55 – 76.

Heikaus, Ralf, Die ersten Monate der provisorischen Zentralgewalt für Deutschland (Juli bis Dezember 1848). Grundlagen der Entstehung – Aufbau und Politik des Reichsministeriums, Frankfurt am Main u. a. 1997.

Hein, Dieter, Die Revolution von 1848/49, München [5]2015.

Hein, Dieter, Deutsche Geschichte im 19. Jahrhundert, München 2016.

Hein, Dieter, Die deutsche Nation in Europa 1848/49. Die Anfänge nationaler Außenpolitik und das europäische Gleichgewicht, in: Klaus Ries (Hrsg.), Europa im Vormärz. Eine transnationale Spurensuche, Ostfildern 2016, S. 165 – 176.

Heinzen, Jaspar, Making Prussians, Raising Germans. A Cultural History of Prussian State-Building after Civil War, 1866 – 1935, Cambridge 2017.

Hiery, Hermann, Deutschland als Kaiserreich. Der Staat Bismarcks. Ein Überblick, Wiesbaden 2021.

Helfert, Rolf, Die Taktik preußischer Liberaler von 1858 bis 1862, in: Militärgeschichtliche Mitteilungen 52 (1993), S. 33 – 47.

Helmert, Heinz, Albrecht von Roon. Zwischen Krone und Parlament, in: Gustav Seeber (Hrsg.), Gestalten der Bismarckzeit, Bd. 2, Berlin (Ost) 1986, S. 1 – 25.

Helmert, Heinz, Helmuth von Moltke. Über die Macht des Schwertes und den Entschluß zum Kriege, in: Gustav Seeber (Hrsg.), Gestalten der Bismarckzeit, Bd. 1, Berlin (Ost) [2]1987, S. 106 – 124.

Herre, Franz, Kaiser Wilhelm I. Der letzte Preuße, Köln 1980.

Herres, Jürgen/Holtz, Bärbel, Rheinland und Westfalen als preußische Provinzen (1814 – 1888), in: Georg Mölich/Veit Veltzke/Bernd Walter (Hrsg.), Rheinland, Westfalen und Preußen. Eine Beziehungsgeschichte, Münster 2011, S. 113 – 208.

Hessen, Rainer von (Hrsg.), Victoria Kaiserin Friedrich. Mission und Schicksal einer englischen Prinzessin in Deutschland, Frankfurt am Main/New York 2002.

Heymann, Ernst, Das Testament von König Friedrich Wilhelm III., in: Sitzungsberichte der Preußischen Akademie der Wissenschaften 15 (1925), S. 127 – 166.

Hewitson, Mark, „The Old Forms are Breaking Up, … Our New Germany is Rebuilding Itself". Constitutionalism, Nationalism and the Creation of a German Polity during the Revolutions of 1848 – 49, in: The English Historical Review Vol. 125, Nr. 516 (2010), S. 1173 – 1214.

Hildebrand, Klaus, Das vergangene Reich. Deutsche Außenpolitik von Bismarck bis Hitler, Stuttgart 1995.

Hildebrand, Klaus, No intervention. Die Pax Britannica und Preußen 1865/66 – 1870/71. Eine Untersuchung zur englischen Weltpolitik im 19. Jahrhundert, München 1997.

Hildebrandt, Gunther, Heinrich von Gagern. Führer der Liberalen im Frankfurter Parlament, in: Helmut Bleiber/Walter Schmidt/Rolf Weber (Hrsg.), Männer der Revolution von 1848, Bd. 2, Berlin (Ost) 1987, S. 357 – 390.

Hildebrandt, Gunther, Felix Fürst zu Schwarzenberg (1800–1852). Ein weitsichtiger Vertreter des konservativen Lagers in Österreich, in: Helmut Bleiber/Walter Schmidt/Susanne Schötz (Hrsg.), Akteure eines Umbruchs. Männer und Frauen der Revolution von 1848/49, Berlin 2003, S. 741–786.

Hillerbrand, Hans J., „Ich und mein Haus, Wir wollen dem Herrn dienen". Friedrich Wilhelm IV. zwischen Frömmigkeit und Staatsräson, in: Peter Krüger/Julius H. Schoeps (Hrsg.), Der verkannte Monarch. Friedrich Wilhelm IV. in seiner Zeit, Potsdam 1997, S. 23–44.

Hillgruber, Andreas, Bismarcks Außenpolitik, Freiburg 1972.

Hinrichs, Ernst, Staat ohne Nation. Brandenburg und Preußen unter den Hohenzollern (1415–1871), hrsg. v. Rüdiger Landfester, Bielefeld 2014.

Hirschmüller, Tobias, „Freund des Volkes", „Vorkaiser", „Reichsvermoderer" – Erzherzog Johann als Reichsverweser der Provisorischen Zentralgewalt von 1848/1849, in: Jahrbuch der Hambach-Gesellschaft 20 (2013), S. 27–57.

Hoffmann, Kurt M., Preußen und die Julimonarchie 1830–1834, Berlin 1936.

Hofmann, Jürgen, Ludolf Camphausen. Erster bürgerlicher Ministerpräsident in Preußen, in: Helmut Bleiber/Walter Schmidt/Rolf Weber (Hrsg.), Männer der Revolution von 1848, Bd. 2, Berlin (Ost) 1987, S. 425–448.

Holtz, Bärbel, Wider Ostrakismos und moderne Konstitutionstheorien. Die preußische Regierung im Vormärz zur Verfassungsfrage, in: dies./Hartwin Spenkuch (Hrsg.), Preußens Weg in die politische Moderne. Verfassung – Verwaltung – politische Kultur zwischen Reform und Reformblockade, Berlin 2001, S. 101–139.

Holtz, Bärbel, Das preußische Staatsministerium auf seinem Weg vom königlichen Ratskollegium zum parlamentarischen Regierungsorgan. Nachlese zu einem Editionsprojekt, in: Forschungen zur Brandenburgisch-Preußischen Geschichte. Neue Folge 16 (2006), S. 67–112.

Holtz, Bärbel/Neugebauer, Wolfgang/Wienfort, Monika (Hrsg.), Der preußische Hof und die Monarchien in Europa. Akteure, Modelle, Wahrnehmungen (1786–1918), Paderborn 2023.

Hoyer, Katja, Im Kaiserreich. Eine kurze Geschichte 1871–1918, Hamburg 2024.

Höbelt, Lothar, Österreich und der Deutsch-Dänische Krieg. Ein Präventivkrieg besonderer Art, in: Oliver Auge/Ulrich Lappenküper/Ulf Morgenstern (Hrsg.), Der Wiener Frieden 1864. Ein deutsches, europäisches und globales Ereignis, Paderborn 2016, S. 163–184.

Huber, Ernst Rudolf, Deutsche Verfassungsgeschichte seit 1789, 8 Bde., Stuttgart u. a. 1957–1991.

Hughes, Michael L., Splendid Demonstrations. The Political Funerals of Kaiser Wilhelm I and Wilhelm Liebknecht, in: Central European History Vol. 41, Nr. 2 (2008), S. 229–253.

Hull, Isabel V., „Persönliches Regiment", in: John C.G. Röhl (Hrsg.), Der Ort Kaiser Wilhelms II. in der deutschen Geschichte, München 1991, S. 3–23.

Hundt, Sebastian, Die politischen Vorstellungen des jungen Otto von Manteuffel, in: Forschungen zur Brandenburgischen und Preußischen Geschichte. Neue Folge 30 (2020), S. 95–125.

Husung, Hans-Gerhard, Protest und Repression im Vormärz. Norddeutschland zwischen Restauration u. Revolution, Göttingen 1983.

Jagow, Kurt, Wilhelm und Elisa. Die Jugendliebe des Alten Kaisers, Leipzig 1930.

Jahr, Christoph, Blut und Eisen. Wie Preußen Deutschland erzwang 1864–1871, München 2020.

Janorschke, Johannes, Bismarck, Europa und die „Krieg-in-Sicht"-Krise von 189, Paderborn u. a. 2010.

Jansen, Christian, Der schwierige Weg zur Realpolitik. Liberale und Demokraten zwischen Paulskirche und Erfurter Union, in: Gunther Mai (Hrsg.), Die Erfurter Union und das Erfurter Unionsparlament, Köln u. a. 2000, S. 341–368.

Jansen, Christian, Einheit, Macht und Freiheit. Die Paulskirchenlinke und die deutsche Politik in der nachrevolutionären Epoche 1849–1867, Düsseldorf 2000.

Jansen, Christian, Otto von Bismarck. Modernität und Repression, Gewaltsamkeit und List. Ein absolutistischer Staatsdiener im Zeitalter der Massenpolitik, in: Frank Möller (Hrsg.), Charismatische Führer der deutschen Nation, München 2004, S. 63–83.

Jansen, Christian, Gründerzeit und Nationsbildung 1849–1871, Stuttgart 2011.

Jedlicka, Ludwig, Vom Kaisertum Österreich zur Doppelmonarchie Österreich-Ungarn, in: Ursula von Gersdorff/Wolfgang von Groote (Hrsg.), Entscheidung 1866. Der Krieg zwischen Österreich und Preußen, Stuttgart 1966, S. 243–271.

Jessen, Olaf, Die Moltkes. Biographie einer Familie, München 2010.

Jonscher, Reinhard, Großherzog Carl Alexander von Sachsen-Weimar-Eisenach (1853–1901). Politische Konstanten und Wandlungen in einer fast 50jährigen Regierungszeit, in: Lothar Ehrlich/Justus H. Ulbricht (Hrsg.), Carl Alexander von Sachsen-Weimar-Eisenach. Erbe, Mäzen und Politiker, Köln u. a. 2004, S. 15–31.

Judson, Pieter M., Habsburg. Geschichte eines Imperiums 1740–1918, München [2]2017.

Kaduk, Svenja, „…die zarten Künste der Damenpolitik": Zur geschlechtlichen Dimension des Politischen deutschsprachigen Nationalhistoriographie, in: Willibald Steinmetz (Hrsg.), „Politik". Situation eines Wortgebrauchs im Europa der Neuzeit, Frankfurt am Main/New York 2018, S. 314–338.

Kaelble, Hartmut, 1848. Viele nationale Revolutionen oder eine europäische Revolution?, in: Wolfgang Hardtwig (Hrsg.), Revolution in Deutschland und Europa 1848/49, Göttingen 1998, S. 260–278.

Kaernbach, Andreas, Bismarcks Konzepte zur Reform des Deutschen Bundes. Zur Kontinuität der Politik Bismarcks und Preußens in der deutschen Frage, Göttingen 1991.

Kahlenberg, Friedrich P., Das Epochenjahr 1866 in der deutschen Geschichte, in: Michael Stürmer (Hrsg.), Das kaiserliche Deutschland. Politik und Gesellschaft 1870–1918, Kronberg 1977 [ND 1970], S. 51–74.

Kappeler, Andreas, Rußland als Vielvölkerreich. Entstehung – Geschichte – Zerfall. Aktualisierte Neuausgabe, München 2008.

Kann, Robert A., Dynastic Relations and European Power Politics (1848–1918), in: The Journal of Modern History Vol. 45, Nr. 3 (1973), S. 387–410.

Katzer, Nikolas, Der gescheiterte Staatsstreich des aufgeklärten Adels. Der Dekabristenaufstand von 1825 in Rußland, in: Uwe Schultz (Hrsg.), Große Verschwörungen. Staatsstreich und Tyrannensturz von der Antike bis zur Gegenwart, München 1998, S. 175–192.

Katzer, Nikolas, Nikolaus I., in, Hans-Joachim Torke (Hrsg.), Die russischen Zaren 1547–1917, München [4]2012, S. 289–314.

Keinemann, Friedrich, Preußen auf dem Wege zur Revolution. Die Provinziallandtags- und Verfassungspolitik Friedrich Wilhelms IV. von der Thronbesteigung bis zum Erlaß des Patents vom 3. Februar 1847. Ein Beitrag zur Vorgeschichte der Revolution von 1848, Hamm 1975.

Kirsch, Martin, Monarch und Parlament im 19. Jahrhundert. Der monarchische Konstitutionalismus als europäischer Verfassungstyp – Frankreich im Vergleich, Göttingen 1999.

Kittel, Manfred, Abschied vom Völkerfrühling? National- und außenpolitische Vorstellungen im konstitutionellen Liberalismus 1848–49, in: Historische Zeitschrift 275 (2002), S. 333–383.

Kliem, Manfred, Genesis der Führungskräfte der feudal-militaristischen Konterrevolution 1848 in Preußen, Dissertation, 2 Bde., Berlin (Ost) 1966 [maschinenschriftlich].

Kober, Adolf, Jews in the Revolution of 1848 in Germany, in: Jewish Social Studies Vol. 10, Nr. 2 (1948), S. 135–164.

Koch, Jeroen/Meulen, Dik van der/Zanten, Jeroen van, The House of Orange in Revolution and War. A European History, 1772–1890, London 2022.

Kohlrausch, Martin, Der Monarch im Skandal. Die Logik der Massenmedien und die Transformation der wilhelminischen Monarchie, Berlin 2005.

Kolb, Eberhard, Rußland und die Gründung des Norddeutschen Bundes, in: Richard Dietrich (Hrsg.), Europa und der Norddeutsche Bund, Berlin (West) 1968, S. 183–219.

Kolb, Eberhard, Großpreußen oder Kleindeutschland? Zu Bismarcks deutscher Politik im Reichsgründungsjahrzehnt, in: Johannes Kunisch (Hrsg.), Bismarck und seine Zeit, Berlin 1992, S. 11–36.

Kolb, Eberhard, Bismarck, München 2009.

Koschier, Marion, „Aus solchen Wirren den lösenden Gang zu finden". Herrschaftskonsolidierung in der Habsburgermonarchie zwischen äußerer Bedrohung und innerer Reform (1848–1860), in:

Frank-Lothar Kroll/Dieter J. Weiß (Hrsg.), Inszenierung oder Legitimation?/Monarchy and the Art of Representation. Die Monarchie in Europa im 19. und 20. Jahrhundert. Ein deutsch-englischer Vergleich, Berlin 2015, S. 95 – 108.

Köglmeier, Georg, Der Rücktritt König Ludwigs I., in: Sigmund Bonk/Peter Schmid (Hrsg.), Königreich Bayern. Facetten bayerischer Geschichte 1806 – 1919, Regensburg 2005, S. 65 – 74.

Körner, Hans-Michael, Geschichte des Königreichs Bayern, München 2006.

Köster, Fredy, Das Ende des Königreichs Hannover und Preußen. Die Jahre 1865 und 1866, Hannover 2013.

Kraehe, Enno E., Austria and the Problem of Reform in the German Confederation, 1851 – 1863, in: The American Historical Review Vol. 56, Nr. 2 (1951), S. 276 – 294.

Kraus, Hans-Christof, Das preußische Königtum und Friedrich Wilhelm IV. aus der Sicht Ernst Ludwig von Gerlachs, in: Otto Büsch (Hrsg.), Friedrich Wilhelm IV. in seiner Zeit. Beiträge eines Colloquiums, Berlin (West) 1987, S. 48 – 93.

Kraus, Hans-Christof, Ursprung und Genese der „Lückentheorie" im preußischen Verfassungskonflikt, in: Der Staat Vol. 29 Nr. 2 (1990), S. 209 – 234.

Kraus, Hans-Christof, Ernst Ludwig von Gerlach. Politisches Denken und Handeln eines preußischen Altkonservativen, 2 Bde., Göttingen 1994.

Kraus, Hans-Christof, Konstitutionalismus wider Willen – Versuche einer Abschaffung oder Totalrevision der preußischen Verfassung während der Reaktionsära (1850 – 1857), in: Forschungen zur Brandenburgischen und Preußischen Geschichte. Neue Folge 5 (1995), S. 157 – 240.

Kraus, Hans-Christof, Machtwechsel, Legitimität und Kontinuität als Probleme des deutschen politischen Denkens im 19. Jahrhundert, in: Zeitschrift für Politik. Neue Folge 45 (1998), S. 49 – 68.

Kraus, Hans-Christof, Bismarck und die preußischen Konservativen, in: Ulrich Lappenküper (Hrsg.), Otto von Bismarck und das „lange 19. Jahrhundert". Lebendige Vergangenheit im Spiegel der „Friedrichsruher Beiträge" 1996 – 2016, Paderborn 2017 [ND 2000], S. 226 – 250.

Kraus, Hans-Christof, Die Konservativen und das Erfurter Unionsparlament, in: Gunther Mai (Hrsg.), Die Erfurter Union und das Erfurter Unionsparlament, Köln u. a. 2000, S. 393 – 416.

Kraus, Hans-Christof, Friedrich August II. (1836 – 1854), in: Frank-Lothar Kroll (Hrsg.), Die Herrscher Sachsens. Markgrafen, Kurfürsten, Könige 1089 – 1918, München 2004, S. 237 – 262.

Kraus, Hans-Christof, Monarchischer Konstitutionalismus. Zu einer neuen Deutung der deutschen und europäischen Verfassungsentwicklung im 19. Jh., in: Der Staat Vol. 43, Nr. 4 (2004), S. 595 – 620.

Kraus, Hans-Christof, Geschichte als Lebensgeschichte. Gegenwart und Zukunft der politischen Biographie, in: ders./Thomas Nicklas (Hrsg.), Geschichte der Politik. Alte und neue Wege, München 2007, S. 311 – 332.

Kraus, Hans-Christof, Wahrnehmung und Deutung des Krimkrieges in Preußen. Zur innenpolitischen Rückwirkung eines internationalen Großkonflikts, in: Forschungen zur Brandenburgischen und Preußischen Geschichte. Neue Folge 19 (2009), S. 67 – 89.

Kraus, Hans-Christof, Nur Reaktion und Reichsgründung? Ein neuer Blick auf Preußens Entwicklung von 1850 bis 1871, in: Wolfgang Neugebauer (Hrsg.), Oppenheim-Vorlesungen zur Geschichte Preußens an der Humboldt-Universität zu Berlin und der Berlin-Brandenburgischen Akademie der Wissenschaften, Berlin 2014, S. 213 – 239.

Kraus, Hans-Christof, Bismarck. Größe – Grenzen – Leistungen, Stuttgart 2015.

Kraus, Hans-Christof, Die politische Neuordnung Deutschlands nach der Wende von 1866, in: Winfried Heinemann/Lothar Höbelt/Ulrich Lappenküper (Hrsg.), Der preußisch-österreichische Krieg 1866, Paderborn 2018, S. 317 – 332.

Kreklau, Claudia, The Gender Anxiety of Otto von Bismarck, 1866 – 1898, in: German History Vol. 40, Nr. 2 (2022), S. 171 – 196.

Kreutzmann, Marko, Föderative Ordnung und nationale Integration im Deutschen Bund 1816 – 1848. Die Ausschüsse und Kommissionen der Deutschen Bundesversammlung als politische Gremien, Göttingen 2022.

Kroll, Frank-Lothar, Friedrich Wilhelm IV. und das Staatsdenken der deutschen Romantik, Berlin 1990.

Kroll, Frank-Lothar, Monarchie und Gottesgnadentum in Preußen 1840–1861, in: Peter Krüger/Julius H. Schoeps (Hrsg.), Der verkannte Monarch. Friedrich Wilhelm IV. in seiner Zeit, Potsdam 1997, S. 45–70.

Kroll, Frank-Lothar, Helmuth von Moltke. Der Stratege als Politiker, in: Bernd Heidenreich/Frank-Lothar Kroll (Hrsg.), Macht- oder Kulturstaat? Preußen ohne Legende, Berlin 2002, S. 147–158.

Kroll, Frank-Lothar, Herrschaftslegitimierung durch Traditionsschöpfung. Der Beitrag der Hohenzollern zur Mittelalter-Rezeption im 19. Jahrhundert, in: Historische Zeitschrift 274 (2002), S. 61–85.

Kroll, Frank-Lothar, Zwischen europäischem Bewußtsein und nationaler Identität. Legitimationsstrategien monarchischer Eliten im Europa des 19. und frühen 20. Jahrhunderts, in: Hans-Christof Kraus/Thomas Nicklas (Hrsg.), Geschichte der Politik. Alte und neue Wege, München 2007, S. 353–374.

Kroll, Frank-Lothar, Die Hohenzollern, München 2008.

Kroll, Frank-Lothar, Staatsräson oder Familieninteresse? Möglichkeiten und Grenzen dynastischer Netzwerkbildung zwischen Preußen und Rußland im 19. Jahrhundert, in: Forschungen zur Brandenburgischen und Preußischen Geschichte. Neue Folge 20 (2010), S. 1–41.

Kroll, Frank-Lothar, Geburt der Moderne. Politik, Gesellschaft und Kultur vor dem Ersten Weltkrieg, Berlin 2013.

Kroll, Frank-Lothar, Die Idee eines sozialen Königtums im 19. Jahrhundert, in: ders./Dieter J. Weiß (Hrsg.), Inszenierung oder Legitimation?/Monarchy and the Art of Representation. Die Monarchie in Europa im 19. und 20. Jahrhundert. Ein deutsch-englischer Vergleich, Berlin 2015, S. 111–140.

Kroll, Frank-Lothar, Modernity of the outmoted? European monarchies in the 19th and 20th centuries, in: ders./Dieter J. Weiß (Hrsg.), Inszenierung oder Legitimation?/Monarchy and the Art of Representation. Die Monarchie in Europa im 19. und 20. Jahrhundert. Ein deutsch-englischer Vergleich, Berlin 2015, S. 11–19.

Kroll, Frank-Lothar, Zwischen Autokratie und Konstitutionalismus. Herrschaftsbegründung und Herrschaftsausübung im späten Zarenreich, in: Benjamin Hasselhorn/Marc von Knorring (Hrsg.), Vom Olymp zum Boulevard. Die europäischen Monarchien von 1815 bis heute – Verlierer der Geschichte?, Berlin 2018, S. 101–124.

Kühne, Thomas, Dreiklassenwahlrecht und Wahlkultur in Preußen 1867–1914. Landtagswahlen zwischen korporativer Tradition und politischem Massenmarkt, Düsseldorf 1994.

Langewiesche, Dieter, Republik, konstitutionelle Monarchie und „Soziale Frage". Grundprobleme der deutschen Revolution von 1848/49, in: Historische Zeitschrift 230 (1980), S. 529–548.

Langewiesche, Dieter, Liberalismus in Deutschland, Frankfurt am Main 1988.

Langewiesche, Dieter, „Revolution von oben?" Krieg und Nationalstaatsgründung in Deutschland, in: ders. (Hrsg.), Revolution und Krieg. Zur Dynamik historischen Wandels seit dem 18. Jahrhundert, Paderborn 1989, S. 117–133.

Langewiesche, Dieter, Bismarck und die Nationalliberalen, in: Lothar Gall (Hrsg.), Otto von Bismarck und die Parteien, Paderborn 2001, S. 73–89.

Langewiesche, Dieter, Reich, Nation, Föderation. Deutschland und Europa, München 2008.

Langewiesche, Dieter, Die Monarchie im Jahrhundert Europas. Selbstbehauptung durch Wandel im 19. Jahrhundert, Heidelberg 2013.

Langewiesche, Dieter, Das europäische 19. Jahrhundert in globaler Perspektive. Versuch einer historischen Ortsbestimmung, in: Birgit Aschmann (Hrsg.), Durchbruch der Moderne? Neue Perspektiven auf das 19. Jahrhundert, Frankfurt am Main/New York 2019, S. 310–328.

Langewiesche, Dieter, Der gewaltsame Lehrer. Europas Kriege in der Moderne, München 2019.

Lappenküper, Ulrich, Die Mission Radowitz. Untersuchungen zur Rußlandpolitik Otto von Bismarcks (1871–1875), Göttingen 1990.

Lappenküper, Ulrich, Frühformen politischer Einigung Europas. Metternich und das Europäische Konzert, in: ders./Guido Thiermeyer (Hrsg.), Europäische Einigung im 19. und 20. Jahrhundert. Akteure und Antriebskräfte, Paderborn u. a. 2013, S. 117–135.

Lappenküper, Ulrich, „Il vous sacrifiera demain le Danemarc, s'il y trouverait son compte". Frankreich, der Deutsch-Dänische Krieg und der Wiener Frieden von 1864, in: Oliver Auge/Ulrich Lappenküper/Ulf

Morgenstern (Hrsg.), Der Wiener Frieden 1864. Ein deutsches, europäisches und globales Ereignis, Paderborn 2016, S. 239–263.

Lappenküper, Ulrich, „Date clé du règne de Napoléon III." Frankreich und der preußisch-österreichische Krieg 1866, in: Winfried Heinemann/Lothar Höbelt/Ulrich Lappenküper (Hrsg.), Der preußisch-österreichische Krieg 1866, Paderborn 2018, S. 89–106.

Lappenküper, Ulrich, Bismarck und Frankreich 1815 bis 1898. Chancen zur Bildung einer „ganz unwiderstehlichen Macht"?, Paderborn u. a. 2019.

Laufs, Adolf, Eduard Simson – Präsident der deutschen Nationalversammlung zu Frankfurt am Main 1848/49, in: Bernd-Rüdiger Kern/Klaus-Peter Schroeder (Hrsg.), Eduard von Simson (1810–1899). „Chorführer der Deutschen" und erster Präsident des Reichsgerichts, Baden-Baden 2001, S. 43–70.

Lauterbach, Angar, Im Vorhof der Macht. Die nationalliberale Reichstagsfraktion in der Reichgründungszeit (1866–1880), Frankfurt am Main 2000.

Lässig, Simone, Die historische Biographie auf neuen Wegen?, in: Geschichte in Wissenschaft und Unterricht 60 (2009), S. 540–553.

Lee, Lloyd E., Baden between Revolutions: State-Building and Citizenship, 1800–1848, in: Central European History Vol. 24, Nr. 3 (1991), S. 248–267.

Leonhard, Jörn, Liberalismus. Zur historischen Semantik eines europäischen Deutungsmusters, München 2001.

Lengemann, Jochen, Das deutsche Parlament von 1850. Wahlen, Abgeordnete, Fraktionen, Präsidenten, Abstimmungen, in: Gunther Mai (Hrsg.), Die Erfurter Union und das Erfurter Unionsparlament, Köln u. a. 2000, S. 307–339.

Lenz, Max, Die Begegnung König Wilhelms I. mit dem Kaiser Franz Joseph in Gastein am 3. August 1863, in: Alfred Doren u. a. (Hrsg.), Staat und Persönlichkeit. Erich Brandenburg zum 60. Geburtstag, Leipzig 1928, S. 169–213.

Lenz, Max, König Wilhelm und Bismarck in ihrer Stellung zum Frankfurter Fürstentag, in: Sitzungsberichte der Preußischen Akademie der Wissenschaften Jhrg. 1929, Philosophisch-Historische Klasse, S. 162–175.

Lenz, Max, Bismarcks Plan einer Gegenrevolution im März 1848, in: Sitzungsberichte der Preußischen Akademie der Wissenschaften Jahrg. 1930, Philosophisch-Historische Klasse, S. 251–276.

Lermann, Katharine Anne, Wilhelm's War: A Hohenzollern in Conflict 1914–18, in: Frank-Lorenz Müller/Heidi Mehrkens (Hrsg.), Sons and Heirs. Succession and Political Culture in Nineteenth-Century Europe, London 2016, S. 247–262.

Lincoln, Bruce W., Nicholas I. Emperor and Autocrat of All the Russias, DeKalb 1989 [ND 1978].

Lincoln, Bruce W., The Romanovs. Autocrats of All the Russias, New York 1981.

Linke, Horst Günther, Fürst Aleksandr M. Gorčakov (1798–1883). Kanzler des russischen Reiches unter Zar Alexander II., Paderborn 2020.

Linke, Horst Günther, Bismarck und Gorčakov. Verlauf und Beweggründe einer spannungsreichen Beziehung, Friedrichsruh 2021.

Loch, Thorsten/Zacharias, Lars, Mythos Königgrätz. Zum politischen Konstrukt der Schlacht von 1866. Eine operationsgeschichtliche Analyse, in: Winfried Heinemann/Lothar Höbelt/Ulrich Lappenküper (Hrsg.), Der preußisch-österreichische Krieg 1866, Paderborn 2018, S. 161–188.

Lorenz, Ottokar, Kaiser Wilhelm und die Begründung des Reichs 1866–1871 nach Schriften und Mitteilungen beteiligter Fürsten und Staatsmänner, Jena 1902.

Lorenz, Ottokar, Gegen Bismarcks Verkleinerer. Nachträge zu „Kaiser Wilhelm und die Begründung des Reichs", Jena 1903.

Losch, Philipp, Der letzte deutsche Kurfürst Friedrich Wilhelm I. von Hessen, Marburg 1937.

Löwe, Heinz-Dietrich, Alexander II., in: Hans-Joachim Torke (Hrsg.), Die russischen Zaren 1547–1917, München ⁴2012, S. 315–338.

Löwenthal, Fritz, Der preußische Verfassungsstreit 1862–1866, München/Leipzig 1914.

Luchterhandt, Manfred, Österreich-Ungarn und die preußische Unionspolitik 1848–1851, in: Gunther Mai (Hrsg.), Die Erfurter Union und das Erfurter Unionsparlament, Köln u. a. 2000, S. 81–110.

Lutz, Heinrich, Zwischen Habsburg und Preußen. Deutschland 1815–1866, Berlin 1994.

Machtan, Lothar, Star-Monarch oder Muster-Monarchie? Zum politischen Herrschaftssystem des Großherzogtums Baden im langen 19. Jahrhundert, in: Detlef Lehnert (Hrsg.), Konstitutionalismus in Europa. Entwicklung und Interpretation, Köln/Weimar/Wien 2014, S. 257–286.

Mai, Gunther, Erfurter Union und Erfurter Unionsparlament, in: ders. (Hrsg.), Die Erfurter Union und das Erfurter Unionsparlament, Köln u. a. 2000, S. 9–52.

Malinowski, Stephan, Die Hohenzollern und die Nazis. Geschichte einer Kollaboration, Berlin 2021.

Mann, Bernhard, Das Ende der Deutschen Nationalversammlung im Jahre 1849, in: Historische Zeitschrift 214 (1972), S. 265–309.

Mann, Bernhard, Soldaten gegen Demokraten? Revolution, Gegenrevolution, Krieg 1848–1850, in: Dieter Langewiesche (Hrsg.), Revolution und Krieg. Zur Dynamik historischen Wandels seit dem 18. Jahrhundert, Paderborn 1989, S. 103–116.

Marcks, Erich, Kaiser Wilhelm I., hrsg. v. Karl Pagel, Berlin [9]1943.

Marcowitz, Reiner, Frankreich – Akteur oder Objekt des europäischen Mächtekonzerts 1814–1848?, in: Wolfram Pyta (Hrsg.), Das europäische Mächtekonzert. Friedens- und Sicherheitspolitik vom Wiener Kongreß 1815 bis zum Krimkrieg 1853, Köln u. a. 2009, S. 103–123.

Markert, Jan, Es ist nicht leicht, unter Bismarck Kaiser zu sein? Wilhelm I. und die deutsche Außenpolitik nach 1871, Friedrichsruh 2019.

Markert, Jan, Wider die „Coalition der Jesuiten und Ultramontanen und Revolution". Kaiser Wilhelm I. und die Zentrumspartei, in: Historisch-Politische Mitteilungen 27 (2020), S. 5–25.

Markert, Jan, Der verkannte Monarch. Wilhelm I. und die Herausforderungen wissenschaftlicher Biographik, in: Forschungen zur Brandenburgischen und Preußischen Geschichte. Neue Folge 31 (2021), S. 231–244.

Markert, Jan, „Das Nicht zu Standekommen einer Deutschen Einigung ist das Ziel der Révolution." Wilhelm I. und die Deutsche Frage 1848 bis 1870, in: Ulrich Lappenküper/Maik Ohnezeit (Hrsg.), 1870/71. Reichsgründung in Versailles, Friedrichsruh 2021, S. 22–28.

Markert, Jan, „Wer Deutschland regieren will, muß es sich erobern". Das Kaiserreich als monarchisches Projekt Wilhelms I., in: Andreas Braune/Michael Dreyer/Markus Lang/Ulrich Lappenküper (Hrsg.), Einigkeit und Recht, doch Freiheit? Das Deutsche Kaiserreich in der Demokratiegeschichte und Erinnerungskultur, Stuttgart 2021, S. 11–37.

Markert, Jan, Ein System von Bismarcks Gnaden? Kaiser Wilhelm I. und seine Umgebung – Plädoyer für eine Neubewertung monarchischer Herrschaft in Preußen und Deutschland vor 1888, in: Wolfram Pyta/Rüdiger Voigt (Hrsg.), Zugang zum Machthaber, Baden-Baden 2022, S. 119–148.

Markert, Jan, Kaiser Wilhelm I. und die Hohenzollernmonarchie. Ein Forschungsbericht, in: Jahrbuch für die Geschichte Mittel- und Ostdeutschlands 68 (2022), S. 221–237.

Markert, Jan, „Nur das vertrocknete Gehirn eines Diplomaten könne zweifeln ob die jetzige Bewegung zum Ziel kommen werde." Bismarck, Wilhelm I. und die Elmshorner Volksversammlung am 27. Dezember 1863, in: Heimatkundliches Jahrbuch für den Kreis Pinneberg 55 (2022), S. 157–170.

Markert, Jan, Ein Kaiserreich, kein Bismarckreich. Die Hohenzollernmonarchie unter Wilhelm I. in neuer Perspektive, in: Ulrich Lappenküper/Wolfram Pyta (Hrsg.), Entscheidungskulturen in der Bismarck-Ära, Paderborn 2024, S. 23–68.

Markert, Jan, Wilhelm I., in: Frankfurter Personenlexikon, online unter: https://frankfurter-personenlexikon.de/node/13673 (veröffentlicht 2024).

Medyakov, Alexander, Russland und der Deutsche Krieg 1866, in: Winfried Heinemann/Lothar Höbelt/Ulrich Lappenküper (Hrsg.), Der preußisch-österreichische Krieg 1866, Paderborn 2018, S. 129–157.

Meinecke, Friedrich, Radowitz und die deutsche Revolution. Zugleich Schlußband des Werkes Joseph Maria von Radowitz von Dr. Paul Hassel, Berlin 1913.

Meisner, Heinrich Otto, Der preußische Kronprinz im Verfassungskampf 1863, Berlin 1931.

Meisner, Heinrich Otto, Der Kriegsminister 1814–1914. Ein Beitrag zur militärischen Verfassungsgeschichte, Berlin 1940.

Menger, Philipp, Die Heilige Allianz. „La garantie religieuse du nouveau système Européen"?, in: Wolfram Pyta (Hrsg.), Das europäische Mächtekonzert. Friedens- und Sicherheitspolitik vom Wiener Kongreß 1815 bis zum Krimkrieg 1853, Köln u. a. 2009, S. 209–236.

Merz, Johannes, Max II. Die soziale Frage, in: Alois Schmid/Katharina Weigand (Hrsg.), Die Herrscher Bayerns. 25 historische Portraits von Tassilo III. bis Ludwig III., München 2001, S. 330–342.

Messerschmidt, Manfred, Die politische Geschichte der preußisch-deutschen Armee, München 1975.

Meyer, Arnold Oskar, Bismarcks Kampf mit Österreich am Bundestag zu Frankfurt (1851 bis 1859), Berlin/Leipzig 1927.

Meyer, Arnold Oskar, Der preußische Kronrat vom 29. Mai 1865, in: Gesamtdeutsche Vergangenheit. Festgabe für Heinrich Ritter von Srbik zum 60. Geburtstag, München 1938, S. 308–318.

Meyer, Arnold Oskar, Bismarck. Der Mensch und der Staatsmann, Stuttgart 1949.

Meyer, Dora, Das öffentliche Leben in Berlin im Jahr vor der Märzrevolution, Berlin 1912.

Mieck, Ilja, Preußen und Westeuropa, in: Wolfgang Neugebauer (Hrsg.), Handbuch der Preußischen Geschichte, Bd. 1, Berlin 2009, S. 411–853.

Mikoletzky, Lorenz, Ferdinand I. von Österreich (1835–1848), in: Anton Schindling/Walter Ziegler (Hrsg.), Die Kaiser der Neuzeit 1519–1918. Heiliges Römisches Reich, Österreich, Deutschland, München 1990, S. 329–340.

Mitchell, A. Wess, The Grand Strategy of the Habsburg Empire, Princeton 2018.

Mohrmann, Elli, David Hansemann, in: Gerhard Becker/Karl Obermann/Sigfried Schmidt/Peter Schuppan/Rolf Weber (Hrsg.), Männer der Revolution von 1848, Bd. 1, Berlin (Ost) [2]1988, S. 417–439.

Mommsen, Wolfgang J., Die Verfassung des Deutschen Reiches von 1871 als dilatorischer Herrschaftskompromiß, in: ders., Der autoritäre Nationalstaat. Verfassung, Gesellschaft und Kultur im deutschen Kaiserreich, Frankfurt am Main 1990, S. 39–65.

Mommsen, Wolfgang J., 1848. Die ungewollte Revolution, Frankfurt am Main 1998.

Monzali, Luciano, Italien und der Krieg von 1866, in: Winfried Heinemann/Lothar Höbelt/Ulrich Lappenküper (Hrsg.), Der preußisch-österreichische Krieg 1866, Paderborn 2018, S. 63–86.

Morgenstern, Ulf, Versuche mittelstaatlichen Agenda-Settings gegen die Realpolitik der Großmächte. Sachsen zwischen Bundesreform, Bundesexekution und dem Bankrott einer souveränen Außenpolitik (1859–1866), in: Oliver Auge/Ulrich Lappenküper/Ulf Morgenstern (Hrsg.), Der Wiener Frieden 1864. Ein deutsches, europäisches und globales Ereignis, Paderborn 2016, S. 185–209.

Morgenstern, Ulf, „Wether 'tis nobler in the mind to suffer [...]. Or to take arms against a sea of troubles." Das Jahr 1866 in der sächsischen Geschichte, in: Winfried Heinemann/Lothar Höbelt/Ulrich Lappenküper (Hrsg.), Der preußisch-österreichische Krieg 1866, Paderborn 2018, S. 209–239.

Morris Jr., Warren B., The Prussian Plan of Union. Traditional Policy by „Revolutionary" Means, in: The Historian Vol. 39, Nr. 3 (1977), S. 515–530.

Mosse, Werner E., The Crown and Foreign Policy. Queen Victoria and the Austro-Prussian Conflict, March–May, 1866, in: The Cambridge Historical Journal Vol. 10, Nr. 2 (1951), S. 205–223.

Mosse, Werner E., England and the Polish Insurrection of 1863, in: The English Historical Review Vol. 71, Nr. 278 (1956), S. 28–55.

Mosse, Werner E., Alexander II and the Modernization of Russia. Revised Edition, New York 1962.

Mosse, Werner E., Queen Victoria and Her Ministers in the Schleswig-Holstein Crisis 1863–1864, in: The English Historical Review Vol. 78, Nr. 307 (1963), S. 263–283.

Möckl, Karl, Hof und Hofgesellschaft in den deutschen Staaten im 19. und beginnenden 20. Jahrhundert. Einleitende Bemerkungen, in: ders. (Hrsg.), Hof und Hofgesellschaft in den deutschen Staaten im 19. und beginnenden 20. Jahrhundert, Boppard am Rhein 1990, S. 7–16.

Möller, Frank, Heinrich von Gagern. Eine Biographie, Habilitationsschrift, Frankfurt am Main 2003 [unveröffentlicht].

Möller, Frank, Vom revolutionären Idealismus zur Realpolitik. Generationswechsel nach 1848?; in: Historische Zeitschrift. Beihefte Vol. 36 (2003), S. 71–91.

Möller, Frank, „Zuerst Großmacht, dann Bundesstaat". Die preußischen Ziele im Deutsch-Dänischen Krieg 1864, in: Oliver Auge/Ulrich Lappenküper/Ulf Morgenstern (Hrsg.), Der Wiener Frieden 1864. Ein deutsches, europäisches und globales Ereignis, Paderborn 2016, S. 141–162.

Möller, Frank, Eine zweite Chance des Konstitutionalismus von 1848. Die Regierungen Auerswald und Schmerling im Vergleich, in: Thomas Stamm-Kuhlmann (Hrsg.), Auf dem Weg in den Verfassungsstaat. Preußen und Österreich im Vergleich 1740–1947, Berlin 2018, S. 119–137.

Möller, Frank, Preußens Entscheidung zum Krieg 1866, in: Winfried Heinemann/Lothar Höbelt/Ulrich Lappenküper (Hrsg.), Der preußisch-österreichische Krieg 1866, Paderborn 2018, S. 19–37.

Møller, Jes Fabricius, Die Domestizierung der Monarchien des 19. Jahrhunderts, in: Benjamin Hasselhorn/Marc von Knorring (Hrsg.), Vom Olymp zum Boulevard. Die europäischen Monarchien von 1815 bis heute – Verlierer der Geschichte?, Berlin 2018, S. 35–45.

Müller, Frank Lorenz, Britain and the German Question. Perceptions of Nationalism and Political Reform, 1830–63, Basingstoke 2002.

Müller, Frank Lorenz, The Spectre of a People in Arms. The Prussian Government and the Militarisation of German Nationalism, 1859–1864, in: The English Historical Review Vol. 122, Nr. 495 (2007), S. 82–104.

Müller, Frank Lorenz, Der 99-Tage-Kaiser. Friedrich III. von Preußen. Prinz, Monarch, Mythos, München 2013.

Müller, Frank Lorenz, „Frauenpolitik". Augusta, Vicky und die liberale Mission, in: Frauensache. Wie Brandenburg Preußen wurde, hrsg. v. d. Generaldirektion der Stiftung Preußische Schlösser und Gärten Berlin-Brandenburg, Berlin 2015, S. 252–258.

Müller, Frank Lorenz, „Winning their Trust and Affection". Royal Heirs and the Uses of Soft Power in Nineteenth-Century Europe, in: Heidi Mehrkens/Frank Lorenz Müller (Hrsg.), Royal Heirs and the Uses of Soft Power in Nineteenth-Century Europe, London 2016, S. 1–19.

Müller, Frank Lorenz, Die Thronfolger. Macht und Zukunft der Monarchie im 19. Jahrhundert, München 2019.

Müller, Frank Lorenz, Symptomatisch für den Niedergang des Bismarck-Reiches? Die leise Entkrönung der kleineren deutschen Königreiche im November 1918, in: Holger Afflerbach/Ulrich Lappenküper (Hrsg.), 1918. Das Ende des Bismarck-Reiches?, Paderborn 2021, S. 79–99.

Müller, Hans, Die militärische Wirksamkeit des Prinzen Wilhelm von Preußen, Dissertation, Hamburg 1937.

Müller, Harald, Die Krise des Interventionsprinzips der Heiligen Allianz. Zur Außenpolitik Österreichs und Preußens nach der Julirevolution von 1830, in: Jahrbuch für Geschichte 14 (1976), S. 9–56.

Müller, Harald, Friedrich Heinrich Ernst von Wrangel. General der Konterrevolution, in: Helmut Bleiber/Walter Schmidt/Rolf Weber (Hrsg.), Männer der Revolution von 1848, Bd. 2, Berlin (Ost) 1987, S. 513–536.

Müller, Harald, Deutscher Bund und deutsche Nationalbewegung, in: Historische Zeitschrift 248 (1989), S. 51–78.

Müller, Harald, Ernst von Pfuel (1799–1866). Der unbequeme Nothelfer auf Zeit, in: Helmut Bleiber/Walter Schmidt/Susanne Schötz (Hrsg.), Akteure eines Umbruchs. Männer und Frauen der Revolution von 1848/49, Berlin 2003, S. 515–562.

Müller, Johann Baptist, Der politische Professor der Konservativen – Friedrich Julius Stahl (1802–1861), in: Hans-Christof Kraus (Hrsg.), Konservative Politiker in Deutschland. Eine Auswahl biographischer Porträts aus zwei Jahrhunderten, Berlin 1995, S. 69–88.

Müller, Jürgen, Bismarck und der Deutsche Bund, in: Ulrich Lappenküper (Hrsg.), Otto von Bismarck und das „lange 19. Jahrhundert". Lebendige Vergangenheit im Spiegel der „Friedrichsruher Beiträge" 1996–2016, Paderborn 2017 [ND 2000], S. 202–226.

Müller, Jürgen, Deutscher Bund und deutsche Nation 1848–1866, Göttingen 2005.

Müller, Reinhold, Die Partei Bethmann-Hollweg und die orientalische Krise 1853–1856, Halle a.d.S. 1926.

Na'aman, Shlomo, Der Deutsche Nationalverein. Die politische Konstituierung des deutschen Bürgertums 1859–1867, Düsseldorf 1987.

Naumann, Friedrich, Demokratie und Kaisertum. Ein Handbuch für innere Politik, Berlin ⁴1905.

Netzer, Hans-Joachim, Albert von Sachsen-Coburg-Gotha. Ein deutscher Prinz in England, München 1988.

Neugebauer, Wolfgang, Die Hohenzollern, 2 Bde., Stuttgart 1996–2003.

Neugebauer, Wolfgang, Funktion und Deutung des „Kaiserpalais". Zur Residenzstruktur Preußens in der Zeit Wilhelms I., in: Forschungen zur Brandenburgischen und Preußischen Geschichte. Neue Folge 18 (2008), S. 67–95.

Neugebauer, Wolfgang, Der Kampf ums Symbol. Preußische Traditionen und deutsche Kontinuitäten um 1870/71, in: Forschungen zur Brandenburgischen und Preußischen Geschichte. Neue Folge 31 (2021), S. 77–96.

Nipperdey, Thomas, Deutsche Geschichte 1800–1866. Bürgerwelt und starker Staat, München 2013 [ND 1983].

Nipperdey, Thomas, Deutsche Geschichte 1866–1918, 2 Bde., München 2013 [ND 1990–1992].

Nitschke, Wolf, Junker, Pietist, Politiker – Hans Hugo v. Kleist-Retzow (1814–1892), in: Hans-Christof Kraus (Hrsg.), Konservative Politiker in Deutschland. Eine Auswahl biographischer Porträts aus zwei Jahrhunderten, Berlin 1995, S. 135–156.

Nitschke, Wolf, Adolf Heinrich Graf v. Arnim-Boitzenburg (1803–1868). Eine politische Biographie, Berlin 2004.

Nitschke, Wolf, Zum Verhältnis der Provinziallandtage zum Vereinigten Landtag bzw. zum Preußischen Landtag (1823–1875), in: Gabriele Schneider/Thomas Simon (Hrsg.), Gesamtstaat und Provinz. Regionale Identitäten in einer „zusammengesetzten Monarchie" (17. bis 20. Jahrhundert), Berlin 2019, S. 127–209.

Nobbe, Stephan, Der Einfluß religiöser Überzeugung auf die politische Ideenwelt Leopold von Gerlachs, Dissertation, Erlangen 1970.

Nonn, Christoph, Bismarck. Ein Preuße und sein Jahrhundert, München 2015.

Nonn, Christoph, Das deutsche Kaiserreich. Von der Gründung bis zum Untergang, München 2017.

Nonn, Christoph, 12 Tage und ein halbes Jahrhundert. Eine Geschichte des deutschen Kaiserreichs 1871–1918, München 2020.

Nonn, Christoph, Das Bild Otto von Bismarcks als „Reichsgründer", in: Ulrich Lappenküper/Maik Ohnezeit (Hrsg.), 1870/71. Reichsgründung in Versailles, Friedrichsruh 2021, S. 159–165.

Obenaus, Herbert, Anfänge des Parlamentarismus in Preußen bis 1848, Düsseldorf 1984.

Oncken, Hermann, Großherzog Friedrich I. von Baden. Ein fürstlicher Nationalpolitiker im Zeitalter der Reichsgründung, Berlin/Leipzig 1926.

Oncken, Hermann, Die Baden-Badener Denkschrift Bismarcks über die deutsche Bundesreform (Juli 1861), in: Historische Zeitschrift 145 (1932), S. 106–130.

Opitz, Eckardt, Otto von Bismarck und die Integration des Herzogtums Lauenburg in den preußischen Staat, in: Ulrich Lappenküper (Hrsg.), Otto von Bismarck und das „lange 19. Jahrhundert". Lebendige Vergangenheit im Spiegel der „Friedrichsruher Beiträge" 1996–2016, Paderborn 2017 [ND 2001], S. 311–324.

Opitz, Eckardt, Die Bernstorffs. Eine europäische Familie, Heide 2017.

Ortner, M. Christian, Die Schlacht von Custozza am 24. Juni 1866, in: Winfried Heinemann/Lothar Höbelt/Ulrich Lappenküper (Hrsg.), Der preußisch-österreichische Krieg 1866, Paderborn 2018, S. 189–206.

Oster, Uwe A., Die Großherzöge von Baden (1806–1918), Regensburg 2007.

Osterhammel, Jürgen, Die Verwandlung der Welt. Eine Geschichte des 19. Jahrhunderts, Bonn 2010 [ND 2009].

Otte, Thomas G., A Janus-like Power. Great Britain and the European Concert, 1814–1853, in: Wolfram Pyta (Hrsg.), Das europäische Mächtekonzert. Friedens- und Sicherheitspolitik vom Wiener Kongreß 1815 bis zum Krimkrieg 1853, Köln u.a. 2009, S. 125–153.

Otte, Thomas G., „Better to increase the power of Prussia". Great Britain and the events of 1864, in: Oliver Auge/Ulrich Lappenküper/Ulf Morgenstern (Hrsg.), Der Wiener Frieden 1864. Ein deutsches, europäisches und globales Ereignis, Paderborn 2016, S. 265–292.

Otte, Thomas G., „A bandit quarrel". Great Britain and the 1866 War, in: Winfried Heinemann,/Lothar Höbelt/Ulrich Lappenküper (Hrsg.), Der preußisch-österreichische Krieg 1866, Paderborn 2018, S. 107–127.

Otto, Martin, Revolution auf Raten. Das Ende der Monarchie in den deutschen Kleinstaaten als politischer Prozess, in: Stefan Gerber (Hrsg.), Das Ende der Monarchie in den deutschen Kleinstaaten. Vorgeschichte, Ereignis und Nachwirkungen in Politik und Staatsrecht 1914–1939, Wien/Köln/Weimar 2018, S. 85–108.

Paetau, Rainer, Die regierenden Altliberalen und der „Ausbau" der Verfassung Preußens in der Neuen Ära (1858–1862). Reformpotential – Handlungsspielraum – Blockade, in: Bärbel Holtz/Hartwin Spenkuch (Hrsg.), Preußens Weg in die politische Moderne. Verfassung – Verwaltung – politische Kultur zwischen Reform und Reformblockade, Berlin 2001, S. 169–191.

Pakula, Hannah, Victoria. Tochter Queen Victorias, Gemahlin des preußischen Kronprinzen, Mutter Kaiser Wilhelms II., München 1999.

Paulmann, Johannes, „Dearest Nicky...". Monarchical Relations between Prussia, the German Empire and Russia during the Nineteenth Century, in: Roger Bartlett/Karen Schönwälder (Hrsg.), The German Lands and Eastern Europe. Essays on the History of their Social, Cultural and Political Relations, London 1999, S. 157–181.

Paulmann, Johannes, Pomp und Politik. Monarchenbegegnungen in Europa zwischen Ancien Régime und Erstem Weltkrieg, Paderborn u. a. 2000.

Paulmann, Johannes, Searching for a „Royal International". The Mechanics of Monarchical Relations in Nineteenth-Century Europe, in: Martin H. Geyer/Johannes Paulmann (Hrsg.), The Mechanics of Internationalism. Culture, Society and Politics from the 1840s to the First World War, Oxford/New York 2001, S. 145–176.

Paulmann, Johannes, Globale Vorherrschaft und Fortschrittsglaube. Europa 1850–1914, München 2019.

Peiffer, Bastian, Alexander von Schleinitz und die preußische Außenpolitik 1858–1861, Frankfurt am Main 2012.

Pekelder, Jacco/Schenk, Joep/Bas, Cornelius van der, Der Kaiser und das „Dritte Reich". Die Hohenzollern zwischen Restauration und Nationalsozialismus, Göttingen 2021.

Petersdorff, Hermann von, Kleist-Retzow. Ein Lebensbild, Stuttgart/Berlin 1907.

Petersdorff, Hermann von, Graf Albrecht v. Alvensleben-Erxleben, in: Historische Zeitschrift 100 (1908), S. 263–316.

Petersen, Hans-Christian, Deutsche Antworten auf die „slavische Frage". Das östliche Europa als kolonialer Raum in den Debatten der Frankfurter Paulskirche, in: Michael Fahlbusch/Ingo Haar/Anja Lobenstein-Reichmann/Julien Reitzenstein (Hrsg.), Völkische Wissenschaften: Ursprünge, Ideologien und Nachwirkungen, Berlin/Boston 2020, S. 54–79.

Pflanze, Otto, Bismarck, 2 Bde., München 1997–1998.

Philippi, Hans, Preußen und die braunschweigische Thronfolgefrage 1866–1913, Hildesheim 1966.

Pilbeam, Pamela M., The 1830 Revolution in France, London u.a 1994 [ND 1991].

Planert, Ute, Auftakt zum 19. Jahrhundert. Die Neuordnung der Welt im Zeitalter Napoleons, in: Birgit Aschmann (Hrsg.), Durchbruch der Moderne? Neue Perspektiven auf das 19. Jahrhundert, Frankfurt am Main/New York 2019, S. 29–55.

Plunkett, John, Of Hype and Type. The Media Making of Queen Victoria 1837–1845, in: Critical Survey Vol. 13, Nr. 2 (2001), S. 7–25.

Pollmann, Klaus Erich, Parlamentarismus im Norddeutschen Bund 1867–1870, Düsseldorf 1985.

Price, Roger, The French Second Empire. An Anatomy of Political Power, Cambridge 2004 [ND 2001].

Prietzel, Sven, Friedensvollziehung und Souveränitätswahrung. Preußen und die Folgen des Tilsiter Friedens 1807–1810, Berlin 2020.

Prinz von Sachsen, Albert, König Johann von Sachsen und die Freundschaft zu seinen preußischen Verwandten – König Friedrich Wilhelm IV. und Kaiser Wilhelm I., in: Hans Assa von Polenz/Gabriele von Sedewitz (Hrsg.), 900-Jahr-Feier des Hauses Wettin. Regensburg 26.4.–1.5.1989. Festschrift des Vereins zur Vorbereitung der 900-Jahr-Feier des Hauses Wettin e.V., Bamberg 1989, S. 93–104.

Promnitz, Kurt, Bismarcks Eintritt in das Ministerium, Berlin 1908.

Pyta, Wolfram, Liberale Regierungspolitik im Preußen der „Neuen Ära" vor dem Heereskonflikt. Die preußische Grundsteuerreform von 1861, in: Forschungen zur Brandenburgischen und Preußischen Geschichte. Neue Folge 2 (1992), S. 179–247.

Pyta, Wolfram, Geschichtswissenschaft, in: Christian Klein (Hrsg.), Handbuch Biographie. Methoden, Traditionen, Theorien, Stuttgart 2009, S. 331–338.

Pyta, Wolfram, Kaiserreich kann Kompromiss, in: Andreas Braune/Michael Dreyer/Markus Lang/Ulrich Lappenküper (Hrsg.), Einigkeit und Recht, doch Freiheit? Das Deutsche Kaiserreich in der Demokratiegeschichte und Erinnerungskultur, Stuttgart 2021, S. 77–99.

Pyta, Wolfram, Der Reichstag als Symbol der deutschen Nation, in: Tilman Mayer (Hrsg.), 150 Jahre Nationalstaatlichkeit in Deutschland. Essays, Reflexionen, Kontroversen. Baden-Baden 2021, S. 135–165.

Pyta, Wolfram, Kompromissorientierter Konstitutionalismus, Kooperationsmuster zwischen Reichsleitung und Fraktionsparlament im Bismarckreich 1871–1890, in: Ulrich Lappenküper/Wolfram Pyta (Hrsg.), Entscheidungskulturen in der Bismarck-Ära, Paderborn 2024, S. 141–189

Quataert, Jean H., Staging Philanthropy. Patriotic Women and the National Imagination in Dynastic Germany, 1813–1916, Ann Arbor 2001.

Raasch, Markus (Hrsg.), Die Deutsche Gesellschaft und der konservative Heroe. Der Bismarckmythos im Wandel der Zeit, Aachen 2010.

Rackwitz, Martin, Dahlmanns größte Herausforderungen: Die Schleswig-Holstein-Frage und die Verfassungsfrage in der Deutschen Nationalversammlung 1848/49 im Spiegel der politischen Karikatur, in: Utz Schliesky/Wilhelm Knelangen (Hrsg.), Friedrich Christoph Dahlmann, Husum 2012, S. 71–100.

Radewahn, Wilfried, Europäische Fragen und Konfliktzonen im Kalkül der französischen Außenpolitik vor dem Krieg von 1870, in: Eberhard Kolb (Hrsg.), Europa vor dem Krieg von 1870. Mächtekonstellation – Konfliktfelder – Kriegsausbruch, München 1987, S. 33–64.

Rathgeber, Christina/Spenkuch, Hartwin, Monarchenbüro, Ausdruck königlicher Selbstregierung, extrakonstitutionelle Instanz: Zivil-, Militär- und Marinekabinett in Preußen 1786–1918, in: Acta Borussica. Neue Folge. 3. Reihe. Praktiken der Monarchie. Die späte mitteleuropäische Monarchie am preußischen Beispiel (1786–1918), hrsg. v. d. Berlin-Brandenburgischen Akademie der Wissenschaften, Bd. 3, Paderborn 2023, S. 1–156.

Rathke, Ursula, Die Rolle Friedrich Wilhelms IV. von Preußen bei der Vollendung des Kölner Doms (Teil II), in: Kölner Domblatt. Jahrbuch des Zentral-Dombau-Vereins 48 (1983), S. 27–68.

Rapport, Mike, 1848. Year of Revolution, New York 2009.

Raulff, Ulrich, Das Leben – buchstäblich. Über neuere Biographik und Geschichtswissenschaft, in: Christian Klein (Hrsg.), Grundlagen der Biographik. Theorie und Praxis des biographischen Schreibens, Berlin 2002, S. 55–68.

Rautenberg, Hans-Werner, Der polnische Aufstand von 1863 und die europäische Politik im Spiegel der deutschen Diplomatie und der öffentlichen Meinung, Wiesbaden 1979.

Reder, Dirk Alexander, „...aus reiner Liebe für Gott, für den König und das Vaterland." Die „Patriotischen Frauenvereine" in den Freiheitskriegen von 1813–1815, in: Karen Hagemann/Ralf Pröve (Hrsg.), Landsknechte, Soldatenfrauen und Nationalkrieger. Militär, Krieg und Geschlechterordnung im historischen Wandel, Frankfurt am Main 1998, S. 199–214.

Reichold, Helmut, Bismarcks Zaunkönige. Duodez im 20. Jahrhundert. Eine Studie zum Föderalismus im Bismarckreich, Paderborn 1977.

Rendall, Matthew, Defensive Realism and the Concert of Europe, in: Review of International Studies Vol. 32, Nr. 3 (2006), S. 523 – 540.

Retallack, James, King Johann of Saxony and the German Civil War of 1866, in: ders., Germany's Second Reich. Portraits and Pathways, Toronto u. a. 2015, S. 107 – 137.

Rich, Norman, Why the Crimean War? A Cautionary Tale, Hanover/London 1985.

Richert, Elisabeth, Die Stellung Wilhelms, des Prinzen von Preußen, zur preußischen Außen- und Innenpolitik 1848 – 1857, Dissertation, Berlin 1948 [maschinenschriftlich].

Richter, Günter, Friedrich Wilhelm IV. und die Revolution von 1848, in: Otto Büsch (Hrsg.), Friedrich Wilhelm IV. in seiner Zeit. Beiträge eines Colloquiums, Berlin (West) 1987, S. 107 – 131.

Richter, Günter, Kaiser Wilhelm I., in: Wilhelm Treue (Hrsg.), Drei Deutsche Kaiser. Wilhelm I. – Friedrich III. – Wilhelm II. Ihr Leben und ihre Zeit 1858 – 1918, Würzburg 1987, S. 14 – 75.

Richter, Hedwig, Moderne Wahlen. Eine Geschichte der Demokratie in Preußen und den USA im 19. Jahrhundert, Hamburg 2017.

Richter, Hedwig, Demokratie. Eine deutsche Affäre. Vom 18. Jahrhundert bis zur Gegenwart, München 2020.

Ridley, Jasper, Napoleon III and Eugenie, New York 1980.

Rieber, Alfred J., Alexander II. A Revisionist View, in: The Journal of Modern History Vol. 43, Nr. 1 (1971), S. 42 – 58.

Ries, Klaus, Europa im Vormärz – eine transnationale Spurensuche, in: ders. (Hrsg.), Europa im Vormärz. Eine transnationale Spurensuche, Ostfildern 2016, S. 9 – 45.

Ritter, Gerhard, Die preußischen Konservativen und Bismarcks deutsche Politik 1858 – 1876, Heidelberg 1913.

Ritter, Gerhard, Die Entstehung der Indemnitätsvorlage von 1866. Mit Aktenbeilagen, in: Historische Zeitschrift 114/1 (1915), S. 17 – 64.

Ritter, Gerhard, Staatskunst und Kriegshandwerk. Das Problem des „Militarismus" in Deutschland, 4 Bde., Oldenburg/München 1954 – 1968.

Roloff, Gustav, Brünn und Nikolsburg. Nicht Bismarck sondern der König isoliert, in: Historische Zeitschrift 136 (1927), S. 457 – 501.

Roloff, Gustav, Bismarcks Friedensschlüsse mit den Süddeutschen im Jahre 1866, in: Historische Zeitschrift 146 (1932), S. 1 – 70.

Roosbroeck, Robert van, Die politisch-diplomatische Vorgeschichte, in: Ursula von Gersdorff/Wolfgang von Groote (Hrsg.), Entscheidung 1866. Der Krieg zwischen Österreich und Preußen, Stuttgart 1966, S. 11 – 76.

Rose, Andreas, Die „alte Fregatte" und ihr „Todfeind". Augusta und der „Eiserne Kanzler", in: Jürgen Luh/Truc Vu Minh (Hrsg.), Die Welt verbessern. Augusta von Preußen und Fürst von Pückler-Muskau. Siebtes Colloquium vom 28.–30. September 2018, online unter: https://www.perspectivia.net/publikationen/kultgep-colloquien/7/rose (veröffentlicht 2018).

Ross, Anna, Beyond the Barricades. Government and State-Building in Post-Revolutionary Prussia, 1848 – 1858, Oxford/New York 2019.

Rothkirch, Malve, Prinz Carl von Preußen. Kenner und Beschützer des Schönen 1801 – 1883. Eine Chronik aus zeitgenössischen Dokumenten und Bildern, Osnabrück 1981.

Röhl, John C.G., Kriegsgefahr und Gasteiner Konvention. Bismarck, Eulenburg und die Vertagung des preußisch-österreichischen Krieges im Sommer 1965, in: Imanuel Geiss/Bernd Jürgen Wendt (Hrsg.), Deutschland in der Weltpolitik des 19. und 20. Jahrhunderts, Düsseldorf ²1974, S. 89 – 103.

Röhl, John C.G., Wilhelm II., 3 Bde., München 1993 – 2008.

Röhl, John C.G., Kaiser, Hof und Staat. Wilhelm II. und die deutsche Politik, München ⁴1995.

Rumpler, Helmut, „Dass neu und kräftig möge Österreichs Ruhm erstehen!" Der Thronwechsel vom 2. Dezember 1848 und die Wende zur Reaktion, in: Ernst Bruckmüller/Wolfgang Häusler (Hrsg.), 1848. Revolution in Österreich, Wien 1999, S.139 – 154.

Rusconi, Gian Enrico, Cavour und Bismarck. Zwei Staatsmänner im Spannungsfeld von Liberalismus und Cäsarismus, München 2013.

Satlow, Bernt, Wilhelm I. als summus episcopus der altpreußischen Landeskirche. Persönlichkeit, Frömmigkeit, Kirchenpolitik, Dissertation, Halle 1960 [maschinenschriftlich].

Sauer, Paul, Reformer auf dem Königsthron. Wilhelm I. von Württemberg, Stuttgart 1997.

Schatten, Lore, Louis Schneider. Porträt eines Berliners, in: Der Bär von Berlin. Jahrbuch des Vereins für die Geschichte Berlins 8. Folge (1959), S. 116–141.

Scheeben, Elisabeth, Ernst II., Herzog von Sachsen-Coburg und Gotha. Studien zu Biographie und Weltbild eines liberalen deutschen Bundesfürsten in der Reichsgründungszeit, Frankfurt am Main 1987.

Scheidle, Ilona Christa, Emanzipation zur Pflicht. Großherzogin Luise von Baden, in: Zeitschrift für die Geschichte des Oberrheins 152 (2004), S. 371–392.

Schieder, Theodor, Das Problem der Revolution im 19. Jahrhundert, in: Historische Zeitschrift 170 (1950), S. 233–271.

Schieder, Theodor, Das Jahr 1866 in der deutschen und europäischen Geschichte, in: Richard Dietrich (Hrsg.), Europa und der Norddeutsche Bund, Berlin (West) 1968, S. 9–34.

Schiemann, Theodor, Bismarck's Audienz beim Prinzen von Preussen. (Gedanken und Erinnerungen I, 113–115.) Zur Kritik der Bismarck-Kritik, in: Historische Zeitschrift 83 (1899), S. 447–458.

Schlegelmilch, Arthur, Das Projekt der konservativ-liberalen Modernisierung und die Einführung konstitutioneller Systeme in Preußen und Österreich 1848/49, in: Martin Kirsch/Pierangelo Schiera (Hrsg.), Verfassungswandel um 1848 im europäischen Vergleich, Berlin 2001, S. 155–177.

Schlegelmilch, Arthur, Die Alternative des monarchischen Konstitutionalismus. Eine Neuinterpretation der deutschen und österreichischen Verfassungsgeschichte des 19. Jahrhunderts, Bonn 2009.

Schmidt, Rainer F., Bismarck. Realpolitik und Revolution, München 2006 [ND 2004].

Schmidt, Walter, Die Partei Bethmann Hollweg und die Reaktion in Preußen 1850–1858, Dissertation, Berlin 1910.

Schmidt-Bückeburg, Rudolf, Das Militärkabinett der preußischen Könige und deutschen Kaiser. Seine geschichtliche Entwicklung und staatsrechtliche Stellung 1787–1918, Berlin 1933.

Schmitt, Hans A., Prussia's Last Fling. The Annexation of Hanover, Hesse, Frankfurt, and Nassau, June 15–October 8, 1866, in: Central European History Vol. 8, Nr. 4 (1975), S. 316–347.

Schmitt, Hans A., From Sovereign States to Prussian Provinces. Hannover and Hesse-Nassau, in: The Journal of Modern History Vol. 57, Nr. 1 (1985), S. 24–56.

Schoeps, Hans-Joachim, Der Weg ins Deutsche Kaiserreich, Berlin (West) 1970.

Schoeps, Hans-Joachim, Der Erweckungschrist auf dem Thron. Friedrich Wilhelm IV., in: Peter Krüger/Julius H. Schoeps (Hrsg.), Der verkannte Monarch. Friedrich Wilhelm IV. in seiner Zeit, Potsdam 1997 [ND 1971], S. 71–90.

Schoeps, Hans-Joachim, Das andere Preußen. Konservative Gestalten und Probleme im Zeitalter Friedrich Wilhelms IV., Berlin (West) ⁵1981.

Schoeps, Julis H., Von Olmütz nach Dresden 1850/51. Ein Beitrag zur Geschichte der Reform am Deutschen Bunde. Darstellung und Dokumente, Köln/Berlin (West) 1972.

Schorn-Schütte, Luise, Königin Luise. Leben und Legende, München 2003.

Schöbel, Anja, Monarchie und Öffentlichkeit. Zur Inszenierung der deutschen Bundesfürsten 1848–1918, Köln 2017.

Schönpflug, Daniel, One European Family? A Quantitative Approach to Royal Marriage Circles 1700–1918, in: Karina Urbach (Hrsg.), Royal Kinship Anglo-German Family Networks 1815–1918, München 2008, S. 25–34.

Schönpflug, Daniel, Luise von Preußen. Königin der Herzen. Eine Biographie, München 2010.

Schönpflug, Daniel, Die Heiraten der Hohenzollern. Verwandtschaft, Politik und Ritual in Europa 1640–1918, Göttingen 2013.

Schrader, Otto, Augusta. Herzogin zu Sachsen, die erste deutsche Kaiserin. Züge und Bilder aus ihrem Leben und Charakter nach mehrfach ungedruckten Quellen, Weimar 1890.

Schroeder, Paul W., Did the Vienna Settlement Rest on a Balance of Power?, in: The American Historical Review Vol. 97, Nr. 3 (1992), S. 683–706.

Schulz, Matthias, Europagedanke und europäischer Frieden zur Zeit des Wiener Kongresses, in: Klaus Ries (Hrsg.), Europa im Vormärz. Eine transnationale Spurensuche, Ostfildern 2016, S. 61–70.

Schulze-Wegener, Guntram, Wilhelm I. Deutscher Kaiser. König von Preußen. Nationaler Mythos, Hamburg 2015.

Schwarz, Angela, Wilhelm I. (1797–1888), in: Michael Fröhlich (Hrsg.), Das Kaiserreich. Portrait einer Epoche in Biographien, Darmstadt 2001, S. 15–26.

Schwemer, Richard, Geschichte der Freien Stadt Frankfurt a. M. (1814–1866), 3 Bde., Frankfurt am Main 1910–1918.

Schwengelbeck, Matthias, Die Politik des Zeremoniells. Huldigungsfeiern im langen 19. Jahrhundert, Frankfurt am Main 2007.

Scully, Richard, The Other Kaiser. Wilhelm I and British Cartoonists, 1861–1914, in: Victorian Periodical Reviews Vol. 44, Nr. 1 (2011), S. 69–98.

See, Klaus von, Freiheit und Gemeinschaft. Völkisch-nationales Denken in Deutschland zwischen Französischer Revolution und Erstem Weltkrieg, Heidelberg 2001.

Seier, Hellmut, Wilhelm I. Deutscher Kaiser (1871–1888), in: Anton Schindling/Walter Ziegler (Hrsg.), Die Kaiser der Neuzeit 1519–1918. Heiliges Römisches Reich, Österreich, Deutschland, München 1990, S. 395–409.

Sellin, Volker, Gewalt und Legitimität. Die europäische Monarchie im Zeitalter der Revolutionen, München 2011.

Sellin, Volker, Das Jahrhundert der Restaurationen 1814 bis 1906, München 2014.

Sellin, Volker, Die Nationalisierung der Monarchie, in: Benjamin Hasselhorn/Marc von Knorring (Hrsg.), Vom Olymp zum Boulevard. Die europäischen Monarchien von 1815 bis heute – Verlierer der Geschichte?, Berlin 2018, S. 241–253.

Senner, Martin, Wien 1855 – Paris 1856. Zwei Friedenskonferenzen im Spiegel einer neuen Aktenedition, in: Francia 26 (1999), S. 109–127.

Showalter, Dennis E., The Wars of German Unification. Second Edition, London u. a. 2015.

Siebler, Clemens, Luise Marie Elisabeth von Baden 1838–1923, in: Elisabeth Noelle-Neumann (Hrsg.), Baden-Württembergische Portraits. Frauengestalten aus fünf Jahrhunderten, Stuttgart 2000, S. 137–144.

Siemann, Wolfram, Die deutsche Revolution 1848/49, Frankfurt am Main 1985.

Siemann, Wolfram, Heere, Freischaren und Barrikaden. Die bewaffnete Macht als Instrument der Innenpolitik in Europa 1815–1847, in: Dieter Langewiesche (Hrsg.), Revolution und Krieg. Zur Dynamik historischen Wandels seit dem 18. Jahrhundert, Paderborn 1989, S. 87–102.

Siemann, Wolfram, Gesellschaft im Aufbruch. Deutschland 1848–1871, Frankfurt am Main 1990.

Siemann, Wolfram, Metternich. Stratege und Visionär. Eine Biographie, München 2016.

Simms, Brendan, Kampf um Vorherrschaft. Eine deutsche Geschichte Europas 1453 bis heute, München 2014.

Smith, Helmut Walser, An Preußens Rändern oder: Die Welt, die dem Nationalismus verloren ging, in: Sebastian Conrad/Jürgen Osterhammel (Hrsg.), Das Kaiserreich transnational. Deutschland in der Welt 1871–1914, Göttingen 2004, S. 149–169.

Sondhaus, Lawrence, Schwarzenberg, Austria, and the German Question, 1848–1851, in: The International History Review Vol. 13, Nr. 1 (1991), S. 1–20.

Spenkuch, Hartwin, Das Preußische Herrenhaus. Adel und Bürgertum in der ersten Kammer des Landtags 1854–1918, Düsseldorf 1998.

Sperber, Jonathan, Echoes of the French Revolution in the Rhineland, 1830–1849, in: Central European History Vol. 22, Nr. 2 (1989), S. 200–217.

Sperber, Jonathan, Festivals of National Unity in the German Revolution of 1848–1849, in: Past & Present 136 (1992), S. 114–138.

Sperber, Jonathan, The European Revolutions, 1848–1851, Cambridge ²2005.

Srbik, Heinrich von, Der Prinz von Preußen und Metternich 1835–1848, in: Historische Vierteljahrschrift 37 (1926), S. 188–198.

Srbik, Heinrich von, Deutsche Einheit. Idee und Wirklichkeit vom Heiligen Reich bis Königgrätz, 4 Bde., München 1935–1942.

Srbik, Heinrich von, Die Schönbrunner Konferenzen vom August 1864, in: Historische Zeitschrift 153 (1936), S. 43–88.

Srbik, Heinrich von, Preußen und Italien 1859–1862. Die Anerkennung des Königreichs Italien durch Wilhelm I., in: Italien-Jahrbuch Nr. 4, Jahr 1941 (1943), S. 11–29.

Stadelmann, Rudolf, Das Jahr 1865 und das Problem von Bismarcks deutscher Politik, München/Berlin 1933.

Stadelmann, Rudolf, Moltke und der Staat, Krefeld 1950.

Stamm-Kuhlmann, Thomas, War Friedrich Wilhelm III. von Preußen ein Bürgerkönig?, in: Zeitschrift für Historische Forschung Vol. 16, Nr. 4 (1989), S. 441–460.

Stamm-Kuhlmann, Thomas, König in Preußens großer Zeit. Friedrich Wilhelm III. Der Melancholiker auf dem Thron, Berlin 1992.

Stamm-Kuhlmann, Thomas, Friedrich Wilhelm III. (1797–1840), in: Frank-Lothar Kroll (Hrsg.), Preußens Herrscher. Von den ersten Hohenzollern bis Wilhelm II., München 2000, S. 197–218.

Stamm-Kuhlmann, Thomas, Preußen und die Gründung des Deutschen Zollvereins. Handlungsmotive und Alternativen, in: Hans-Werner Hahn/Marko Kreutzmann (Hrsg.), Der deutsche Zollverein. Ökonomie und Nation im 19. Jahrhundert, Köln u. a. 2012, S. 33–50.

Stamm-Kuhlmann, Thomas, Militärische Prinzenerziehung und monarchischer Oberbefehl in Preußen 1744–1918, in: Martin Wrede (Hrsg.), Die Inszenierung der heroischen Monarchie. Frühneuzeitliches Königtum zwischen ritterlichem Erbe und militärischer Herausforderung, München 2014, S. 438–467.

Steefel, Lawrence D., The Schleswig-Holstein Question, Cambridge 1932.

Steinberg, Jonathan, Bismarck. Magier der Macht, Berlin 2012.

Steinhoff, Peter, Die „Erbkaiserlichen" im Erfurter Parlament, in: Gunther Mai (Hrsg.), Die Erfurter Union und das Erfurter Unionsparlament, Köln u. a. 2000, S. 369–392.

Sterkenburgh, Frederik Frank, Narrating Prince Wilhelm of Prussia. Commemorative Biography as Monarchical Politics of Memory, in: Heidi Mehrkens/Frank Lorenz Müller (Hrsg.), Royal Heirs and the Uses of Soft Power in Nineteenth-Century Europe, London 2016, S. 281–301.

Sterkenburgh, Frederik Frank, William I and monarchical rule in Imperial Germany, Dissertation, Warwick 2017 [unveröffentlicht].

Sterkenburgh, Frederik Frank, Revisiting the „Prussian triangle of leadership". Wilhelm I and the military decision-making process of the Prussian high command during the Franco-Prussian War, 1870–71, in: Martin Clauss/Christoph Nübel (Hrsg.), Militärisches Entscheiden. Voraussetzungen, Prozesse und Repräsentationen einer sozialen Praxis von der Antike bis zum 20. Jahrhundert, Frankfurt am Main/New York 2020, S. 430–454.

Sterkenburgh, Frederik Frank, Staging a Monarchical-federal Order: Wilhelm I as German Emperor, in: German History Vol. 39, Nr. 4 (2021), S. 519–541.

Sterkenburgh, Frederik Frank, Monarchical Entries in Nineteenth-Century Germany: Emperor Wilhelm I, 1848–1888, in: Eva Giloi/Martin Kohlrausch/Heikki Lempa/Heidi Mehrkens/Philipp Nielsen/Kevin Rogan (Hrsg.), Staging Authority. Presentation and Power in Nineteenth-Century Europe. A Handbook, Berlin 2022, S. 259–300.

Sterkenburgh, Frederik Frank, Wilhelm I as German Emperor: Staging the Kaiser, London 2024.

Stern, Alfred, König Friedrich Wilhelm IV. von Preußen und Fürst Metternich im Jahre 1842, in: Mitteilungen des Instituts für österreichische Geschichtsforschung 30 (1909), S. 120–135.

Sterne, Margaret, The End of the Free City of Frankfort, in: The Journal of Modern History Vol. 30, Nr. 3 (1958), S. 203–214.

Sternfeld, R., Der preußische Kronrat vom 2./3. Jan. 1864, in: Historische Zeitschrift 131 (1925), S. 72–80.

Stickler, Matthias, Monarchischer Konstitutionalismus als Modernisierungsprogramm? Das Beispiel Bayern und Württemberg (1803–1918), in: Frank-Lothar Kroll/Dieter J. Weiß (Hrsg.), Inszenierung oder

Legitimation?/Monarchy and the Art of Representation. Die Monarchie in Europa im 19. und 20. Jahrhundert. Ein deutsch-englischer Vergleich, Berlin 2015, S. 47 – 65.

Stickler, Matthias, Die Habsburger – eine alteuropäische Dynastie im Spannungsfeld von Konstitutionalismus und Nationalismus, in: Benjamin Hasselhorn/Marc von Knorring (Hrsg.), Vom Olymp zum Boulevard. Die europäischen Monarchien von 1815 bis heute – Verlierer der Geschichte?, Berlin 2018, S. 125 – 155.

Stockinger, Thomas, Ministerien aus dem Nichts. Die Einrichtung der Provisorischen Zentralgewalt 1848, in: Jahrbuch der Hambach-Gesellschaft 20 (2013), S. 59 – 84.

Stolberg-Wernigerode, Otto zu, Anton Graf zu Stolberg-Wernigerode. Ein Freund und Ratgeber König Friedrich Wilhelms IV., München/Berlin 1926.

Stribrny, Wolfgang, Die Könige von Preußen als Fürsten von Neuenburg-Neuchâtel (1707 – 1848). Geschichte einer Personalunion, Berlin 1998.

Stürmer, Michael, Das ruhelose Reich. Deutschland 1866 – 1918, Berlin ³1983.

Swale, Alistair D., The Meiji Restoration. Monarchism, Mass Communication and Conservative Revolution, New York 2009.

Sybel, Heinrich von, Graf Brandenburg in Warschau (1850), in: Historische Zeitschrift 58 (1887), S. 245 – 278.

Thamer, Hans-Ulrich, Karl X. (1824 – 1830), in: Peter C. Hartmann (Hrsg.), Die Französischen Könige und Kaiser der Neuzeit. Von Ludwig XII. bis Napoleon III. 1498 – 1870, München ²2006, S. 389 – 401.

Thiele, Alexander, Der konstituierte Staat. Eine Verfassungsgeschichte der Neuzeit, Frankfurt am Main 2021.

Thielitz, Sabine, Adel in der Zeit des politischen Umbruchs. Gottlieb von Thon-Dittmer und Otto von Bray-Steinburg im bayerischen „Märzministerium" von 1848, in: Markus Raasch (Hrsg.), Adeligkeit, Katholizismus, Mythos. Neue Perspektiven auf die Adelsgeschichte der Moderne, München 2014, S. 171 – 207.

Thimme, Friedrich, Wilhelm I., Bismarck und der Ursprung des Annexionsgedankens 1866, in: Historische Zeitschrift 89 (1902), S. 401 – 456.

Thomas, Ludmilla, Russische Reaktionen auf die Revolution von 1848 in Europa, in: Wolfgang Hardtwig (Hrsg.), Revolution in Deutschland und Europa 1848/49, Göttingen 1998, S. 240 – 259.

Thurston, G.J., The Italian War of 1859 and the Reorientation of Russian Foreign Policy, in: The Historical Journal Vol. 20, Nr. 1 (1977), S. 121 – 144.

Treitschke, Heinrich von, Der Prinz von Preußen und die reichsständische Verfassung 1840 – 1847, in: Forschungen zur Brandenburgischen und Preußischen Geschichte 1/2 (1888), S. 263 – 274.

Treitschke, Heinrich von, Deutsche Geschichte im Neunzehnten Jahrhundert, 5 Bde., Leipzig ¹⁰1918.

Treue, Wilhelm, Wollte König Wilhelm I. 1862 zurücktreten?, in: Forschungen zur Brandenburgischen und Preußischen Geschichte 51 (1939), S. 275 – 310.

Ullrich, Volker, Fünf Schüsse auf Bismarck. Ferdinand Cohen-Blind und das Attentat vom Mai 1866, in: ders., Fünf Schüsse auf Bismarck. Historische Reportagen, München 2002, S. 40 – 48.

Unckel, Bernhard, Österreich und der Krimkrieg. Studien zur Politik der Donaumonarchie in den Jahren 1852 – 1856, Lübeck/Hamburg 1969.

Urbach, Karina, Die inszenierte Idylle. Legitimationsstrategien Queen Victorias und Prince Alberts, in: Frank-Lothar Kroll/Dieter J. Weiß (Hrsg.), Inszenierung oder Legitimation?/Monarchy and the Art of Representation. Die Monarchie in Europa im 19. und 20. Jahrhundert. Ein deutsch-englischer Vergleich, Berlin 2015, S. 23 – 33.

Urbach, Karina, Queen Victoria. Die unbeugsame Königin. Eine Biografie, München 2018.

Vierhaus, Rudolf, Handlungsspielräume. Zur Rekonstruktion historischer Prozesse, in: Historische Zeitschrift 237 (1983), S. 289 – 309.

Vocelka, Michaela/Vocelka, Karl, Franz Joseph I. Kaiser von Österreich und König von Ungarn 1830 – 1916. Eine Biographie, München 2015.

Vogel, Barbara, Verwaltung und Verfassung als Gegenstand staatlicher Reformstrategie. in: Bernd Sösemann (Hrsg.), Gemeingeist und Bürgersinn. Die preußischen Reformen, Berlin 1993, S. 25 – 40.

Vogel, Friedrich, Die Krankheit Friedrich Wilhelms IV. nach dem Bericht seines Flügeladjutanten, in: Otto Büsch (Hrsg.), Friedrich Wilhelm IV. in seiner Zeit. Beiträge eines Colloquiums, Berlin (West) 1987, S. 256–271.

Vogtherr, Thomas, Die Welfen. Vom Mittelalter bis zur Gegenwart, München 2014.

Voigt, Rüdiger (Hrsg.), Weltmacht auf Abruf. Nation, Staat und Verfassung des Deutschen Kaiserreichs (1867–1918), Baden-Baden 2023.

Wahl, Adalbert, Die Unterredung Bismarcks mit dem Herzog Friedrich von Augustenburg am 1. Juni 1864, in: Historische Zeitschrift 95 (1905), S. 58–70.

Walter, Dierk, Preußische Heeresreformen 1807–1870. Militärische Innovationen und der Mythos der „Roonschen Reform", Paderborn u. a. 2003.

Walter, Dierk, Der Berufssoldat auf dem Thron. Wilhelm I. (1797–1888), in: Stieg Förster/Markus Pöhlmann/Dierk Walter (Hrsg.), Kriegsherren der Weltgeschichte. 22 historische Portraits, München 2006, S. 217–233.

Wandycz, Piotr S., The Lands of Partitioned Poland, 1795–1918, Seattle 1973.

Wawro, Geoffrey, The Austro-Prussian War. Austria's War with Prussia and Italy in 1866, Cambridge 1996.

Weber, Rita, Wilhelm I. Nicht zum König geboren und nicht zum König erzogen, in: Im Dienste Preußens. Wer erzog Prinzen zu Königen?, hrsg. v. d. Stiftung Stadtmuseum Berlin, Berlin 2001, S. 153–164.

Wehler, Hans-Ulrich, Das Deutsche Kaiserreich 1871–1918, Göttingen 5 1983.

Wehler, Hans-Ulrich, Deutsche Gesellschaftsgeschichte, 5 Bde., München 1987–2008.

Weigand, Katharina, König Maximilian II. Kultur- und Wissenschaftspolitik im Dienst der bayerischen Eigenstaatlichkeit, in: Sigmund Bonk/Peter Schmid (Hrsg.), Königreich Bayern. Facetten bayerischer Geschichte 1806–1919, Regensburg 2005, S. 75–94.

Werner, Eva Maria, Die Märzministerien. Regierungen der Revolution von 1848/49 in den Staaten des Deutschen Bundes, Göttingen 2008.

Werner, Karl Ferdinand, Fürst und Hof im 19. Jahrhundert: Abgesang oder Spätblüte?, in: ders. (Hrsg.), Hof, Kultur und Politik im 19. Jahrhundert, Bonn 1985, S. 1–53.

Werner, Wigbert O., Zwischen Liberalismus und Revolution. Friedrich Daniel Bassermann – Ein politisches Portrait, Heidelberg 2007.

Wertheimer, Eduard von, Bismarck im politischen Kampf. Mit Benutzung ungedruckter Quellen, Berlin 1930.

Wiegler, Paul, Wilhelm der Erste. Sein Leben und seine Zeit, Leipzig 1927.

Wienfort, Monika, Verliebt, verlobt, verheiratet. Eine Geschichte der Ehe seit der Romantik, München 2014.

Wienfort, Monika, Geschichte Preußens, München 2 2015.

Wienfort, Monika, Dynastic Heritage and Bourgeois Morals. Monarchy and Family in the Nineteenth Century, in: Heidi Mehrkens/Frank Lorenz Müller (Hrsg.), Royal Heirs and the Uses of Soft Power in Nineteenth-Century Europe, London 2016, S. 163–179.

Wienfort, Monika, Familie, Hof und Staat. Königin Augusta von Preußen, in: Jürgen Luh/Truc Vu Minh (Hrsg.), Die Welt verbessern. Augusta von Preußen und Fürst von Pückler-Muskau. Siebtes Colloquium vom 28.–30. September 2018, online unter: https://www.perspectivia.net/publikationen/kultgep-colloquien/7/wienfort (veröffentlicht 2018).

Wienfort, Monika, Das 19. Jahrhundert als monarchisches Jahrhundert, in: Birgit Aschmann (Hrsg.), Durchbruch der Moderne? Neue Perspektiven auf das 19. Jahrhundert, Frankfurt am Main/New York 2019, S. 56–82.

Wilhelmy, Petra, Der Berliner Salon im 19. Jahrhundert (1780–1914), Berlin/New York 1989.

Willms, Johannes, Bismarck. Dämon der Deutschen. Anmerkungen zu einer Legende, München 2015 [ND 1997].

Willms, Johannes, Napoleon III. Frankreichs letzter Kaiser, München 2 2014.

Wilson, A.N., Victoria. A Life, London 2015 [ND 2014].

Wilson, A.N., Prince Albert. The Man Who Saved the Monarchy, London 2020 [ND 2019].

Wilson, Peter H., Eisen und Blut. Die Geschichte der deutschsprachigen Länder seit 1500, Darmstadt 2023.

Winkler, Heinrich August, Preußischer Liberalismus und deutscher Nationalstaat. Studien zur Geschichte der Deutschen Fortschrittspartei, 1861–1866, Tübingen 1964.

Winkler, Heinrich August, Der lange Weg nach Westen, 2 Bde., München ²2001.

Winkler, Heinrich August, Eine Revolution von oben. Der „deutsche Krieg" von 1866 als historische Zäsur, in: ders., Deutungskämpfe. Der Streit um die deutsche Geschichte. Historisch-politische Essays, München ²2021, S. 46–56.

Winkler, Heinrich August, Die Deutschen und die Revolution. Eine Geschichte von 1848 bis 1989, München 2023.

Wolf, Dieter, Herzog Friedrich von Augustenburg – ein von Bismarck 1864 überlisteter deutscher Fürst?, Frankfurt am Main 1999.

Zamoyski, Adam, Phantome des Terrors. Die Angst vor der Revolution und die Unterdrückung der Freiheit 1789–1848, München 2016.

Zechlin, Egmont, Bismarck und die Grundlegung der deutschen Großmacht, Darmstadt ²1960.

Zechlin, Egmont, Die Reichsgründung, Berlin (West) 1967.

Zeidler, Hans/Zeidler, Heidi, Der vergessene Prinz. Geschichte und Geschichten um Schloß Albrechtsberg, Basel 1995.

Personenregister

Im Register wird lediglich auf jene Seiten hingewiesen, auf denen den historischen Personen eine eigene (aktive, indirekte oder kommentierende) Agenda nachgewiesen werden kann oder ihnen diese zumindest von anderer Seite zugeschrieben wird. Verweise auf Briefadressaten werden deshalb nicht mitaufgelistet. Da Friedrich Wilhelm IV. von Preußen und Otto von Bismarck in der ersten respektiv zweiten Buchhälfte nahezu durchgängig Erwähnung finden, werden sie untenstehend ebenfalls nicht genannt. Monarchische Akteure werden unter Angabe des Landes gelistet, über das sie herrschten, respektive dessen herrschender Dynastie sie angehörten. Dies gilt auch für die eingeheirateten weiblichen Dynastiemitglieder (sowie den britischen Prinzgemahl), die daher nicht unter ihrem Geburtsnamen genannt werden.

https://doi.org/10.1515/9783111323954-054

Radowitz, Joseph Maria von   217–218, 227, 232,
  238, 244–246, 249–250, 252, 255–259, 262,
  264–266, 268, 411, 483, 719
Radziwill, Anton   22
Radziwill, Catherine   33
Radziwill, Elisa   22, 24
Radziwill, Luise   22
Ranke, Leopold von   474
Raumer, Karl Otto von   300–301, 382, 384
Rechberg, Bernhard von   443–444, 486–487, 572,
  607–610
Reuß, Heinrich VII.   487
Rochau, Ludwig August von   243
Rochow, Caroline von   15, 24, 32, 71,
Rochow, Gustav von   84,
Rochow, Theodor von   92, 279, 307–309
Rochow-Plessow, Hans von   362–363
Roggenbach, Franz von   481–484, 486, 609, 626,
  631–632
Roon, Albrecht von   242, 422, 454–456, 459–460,
  466, 471–472, 478, 490–491, 493, 495, 500,
  502–503, 507, 509, 511–512–514, 517, 519,
  525, 532–533, 539, 554, 586, 599, 618, 630,
  633, 636, 649, 658, 660, 671, 685, 688, 701, 718
Rönne, Friedrich von   504–505
Russel, John   643
Russland, Alexander I. von   17–19, 37–38, 41, 51,
  53
Russland, Alexander II. von   85, 348–350, 353,
  355, 371–372, 419–420, 434, 445–446, 463,
  487, 533–536, 583, 609, 643, 672, 676, 711
Russland, Alexander III. von   462, 716
Russland, Charlotte von   14, 37–38, 40–41, 64,
  92, 107, 120, 195, 201, 217, 233, 254, 330, 349–
  350, 352, 376–377, 395, 401, 420, 462–463,
  711
Russland, Nikolaus I. von   14, 37–38, 40–43, 47,
  51, 53–54, 64, 85–86, 92, 106–107, 116, 120,
  150, 180, 195, 217, 243, 254–256, 267, 273,
  291–292, 301–302, 304, 322–327, 330, 333–
  334, 336–337, 343, 348, 354, 415, 449, 711–
  712

Sachsen, Johann von   426, 438–441, 566–569,
  659, 681, 705
Sachsen-Coburg und Gotha, Ernst II. von   80–81,
  103, 128, 190, 251–252, 294, 324, 400, 408,
  412, 417, 431, 436, 439–442, 457–458, 511,
  566, 568, 628–629, 651, 658, 670, 687

Sachsen-Weimar-Eisenach, Carl Alexander von
  408, 439–442, 566, 570, 581, 623, 637–638,
  658, 664, 677, 680, 705
Sachsen-Weimar-Eisenach, Maria Pawlowna von
  23, 422
Saegert, Carl Wilhelm   162, 189, 194, 197
Samwer, Karl   543, 591–592
Saucken-Julienfelde, August von   342, 410, 548
Saucken-Tarputschen, Ernst von   268
Savigny, Friedrich Carl von   111
Savigny, Karl Friedrich von   272, 315, 478–479,
  698–699
Sayn-Wittgenstein, Wilhelm von   76–77, 79, 95, 118
Schack, Hans Wilhelm von   278–279
Schleinitz, Alexandra von   165–166
Schleinitz, Alexander von   165, 282, 380, 388–389,
  391, 395, 397–398, 408–409, 413–414, 418,
  421, 424–425, 433, 435–437, 440, 443, 447,
  454, 472–473, 479, 483, 495, 517, 547, 551,
  553, 580, 590, 628, 630, 642, 652
Schleinitz, Julius von   164–166
Schlözer, Kurd von   491, 524
Schmerling, Anton von   562, 610
Schneider, Adam   239
Schneider, Louis   32, 71, 184, 280–281, 325, 390,
  449, 453, 464, 473, 475, 663, 682
Schön, Theodor von   80–81
Schreckenstein, Ludwig Roth von   193, 196
Schwarzenberg, Felix zu   219, 223–224, 243, 246,
  253, 255–256, 259, 263, 269–270, 272–273,
  290–291, 304–306, 311–312
Schweinitz, Hans-Lothar von   174, 476, 643, 647,
  654, 658, 670, 703–704
Schwerin-Putzar, Maximilian von   491, 509
Seherr-Thoß, Arthur von   526
Senfft von Pilsach, Ernst   542
Simons, Ludwig   270–271, 384, 398, 405
Simson, Eduard   228–229, 234, 491
Spitzemberg, Hildegard von   675–676
Stahl, Friedrich Julius   281–282
Steigentesch, Ernst August von   59
Steinschneider, Moritz   158
Stiehle, Gustav von   648
Stillfried-Alcántara, Rudolf von   160
Stockhausen, August von   257, 263–264, 266, 268,
  299–300
Stolberg-Wernigerode, Anton zu   162, 284–285
Stolberg-Wernigerode, Eberhard zu   406
Stosch, Albrecht von   525, 660, 669–670, 673, 684,
  691, 703